U0326232

"十二五"
国家重点图书

孙传尧　主编

选矿工程师手册

Handbook for Mineral Processing Engineers

（第 4 册）

下卷：选矿工业实践

北 京

冶金工业出版社

2015

内 容 提 要

本手册由孙传尧院士主编，130 多位专家、学者合力撰写而成。初稿完成后又历经三次较大规模的审稿。各章的主要作者均是该领域多年从事科研、设计、教学和选矿生产实践的知名学者和工程技术专家，具有相当丰富的理论基础和工程技术、生产实践经验。

本手册共 47 章，分上、下两卷（共 4 册）出版。上卷是选矿通论，涵盖矿产资源与矿床、工艺矿物学、各类选矿方法专论、选矿厂生产的共性技术、烧结矿、球团矿生产，选矿试验研究及选矿厂设计等；下卷是选矿工业实践，涵盖各种固体矿产资源的选矿新技术与装备、典型选矿厂生产实例，并附有国内外同类选矿厂的技术资料。此外，还特别安排章节重点介绍了选矿厂生产技术管理、选矿厂尾矿系统、选矿厂环境保护、二次资源综合利用及三废处理、生物冶金及选矿、矿物材料等内容，以适应新时期技术创新的需求。

本手册内容广博，既有现代选矿理论、传统的和最新的工艺技术及装备，又与选矿厂生产实践紧密结合。希望本手册能成为矿物加工界的大专院校师生，科研和设计机构的工程技术人员、选矿厂工程师、企业家以及相关的领导人员手中的一部当代最新、最全的矿物加工领域的百科全书。

图书在版编目（CIP）数据

选矿工程师手册. 第 4 册/孙传尧主编. —北京：冶金工业出版社，2015.3

"十二五"国家重点图书

ISBN 978-7-5024-6797-5

Ⅰ. ①选… Ⅱ. ①孙… Ⅲ. ①选矿—手册 Ⅳ. ①TD9-62

中国版本图书馆 CIP 数据核字（2014）第 246989 号

出 版 人 谭学余
地　　址　北京市东城区嵩祝院北巷 39 号　邮编　100009　电话　(010)64027926
网　　址　www.cnmip.com.cn　电子信箱　yjcbs@cnmip.com.cn
责任编辑　徐银河　美术编辑　彭子赫　版式设计　孙跃红
责任校对　王永欣　刘倩　责任印制　牛晓波
ISBN 978-7-5024-6797-5
冶金工业出版社出版发行；各地新华书店经销；三河市双峰印刷装订有限公司印刷
2015 年 3 月第 1 版，2015 年 3 月第 1 次印刷
787mm×1092mm　1/16；66.5 印张；1606 千字；1033 页
265.00 元

冶金工业出版社　投稿电话　(010)64027932　投稿信箱　tougao@cnmip.com.cn
冶金工业出版社营销中心　电话　(010)64044283　传真　(010)64027893
冶金书店　地址　北京市东四西大街 46 号(100010)　电话　(010)65289081(兼传真)
冶金工业出版社天猫旗舰店　yjgy.tmall.com

（本书如有印装质量问题，本社营销中心负责退换）

鸣　谢

《选矿工程师手册》编撰支持单位：

鞍山钢铁集团公司
中国铝业公司
鞍钢集团矿业公司
金川集团股份有限公司
中国有色矿业集团有限公司
中国黄金集团公司
白银有色集团股份有限公司
广西华西集团股份有限公司
　车河选矿厂
东北大学
中南大学
广州有色金属研究院
昆明理工大学
江西铜业集团公司
大冶有色金属集团控股有限
　公司
中信重工机械股份有限公司
包头钢铁集团有限责任公司
湖南柿竹园有色金属有限责
　任公司
云南磷化集团有限公司

新疆有色金属工业（集团）
　有限责任公司
武汉理工大学
武汉科技大学
江西理工大学
辽宁科技大学
北京有色金属研究总院
湖南有色金属研究院
长沙矿冶研究院
中国地质科学院郑州矿产综
　合利用研究所
中国地质科学院矿产综合利
　用研究所
中国瑞林工程技术有限公司
中国恩菲工程技术有限公司
威海市海王旋流器有限公司
长沙有色冶金设计研究院
马鞍山矿山研究院
北京凯特破碎机有限公司
北京矿冶研究总院

《选矿工程师手册》作者名录

第1章	王京彬　杨　兵　孙延绵　梅友松　周圣华	北京矿产地质研究院
第2章	肖仪武　费溅初　贾木欣	北京矿冶研究总院
第3章	王泽红　韩跃新	东北大学
第4章	段希祥　肖庆飞 雷存友 吴彩斌	昆明理工大学 中国瑞林工程技术有限公司 江西理工大学
第5章	魏德洲　高淑玲　刘文刚	东北大学
第6章	王常任　袁致涛 刘永振　梁殿印(6.3~6.5)　徐建民(6.14)	东北大学 北京矿冶研究总院
第7章	钟　宏　王　帅	中南大学
第8章	胡岳华　黄红军 沈政昌(8.4)	中南大学 北京矿冶研究总院
第9章	黄礼煌　罗仙平　邱廷省　梁长利 张一敏	江西理工大学 武汉理工大学
第10章	汪淑慧 印万忠 茹　青	核工业北京化工冶金研究院 东北大学 北京矿冶研究总院
第11章	邱冠周　冯其明　　罗家珂	中南大学　北京矿冶研究总院
第12章	温建康 邱冠周 陈勃伟　武　彪　刘兴宇　周桂英 尹华群	北京有色金属研究总院 中南大学 北京有色金属研究总院 中南大学
第13章	余仁焕　徐新阳	东北大学
第14章	周俊武　曾荣杰	北京矿冶研究总院
第15章	马锦黔　张廷东　刘海洪　宫香涛	中冶北方工程技术有限公司
第16章	田文旗　岑　建　郑学鑫	中国恩菲工程技术有限公司

第 17 章	邓朝安 张光烈 夏菊芳　唐广群 刘翠萍	中国恩菲工程技术有限公司 中冶北方工程技术有限公司 中国恩菲工程技术有限公司 中冶北方工程技术有限公司
第 18 章	杨慧芬　孙春宝	北京科技大学
第 19 章	姜涛　范晓慧　李光辉　张元波 贺淑珍　饶明军	中南大学
第 20 章	韩跃新 郑水林 朱一民	东北大学 中国矿业大学(北京) 东北大学
第 21 章	魏明安　赵纯禄	北京矿冶研究总院
第 22 章	陈雯 樊绍良	长沙矿冶研究院 马鞍山矿山研究院
第 23 章	麦笑宇 张永来	长沙矿冶研究院 马鞍山矿山研究院
第 24 章	孙体昌　寇珏	北京科技大学
第 25 章	张文彬　方建军　刘殿文	昆明理工大学
第 26 章	赵纯禄　魏明安　程龙	北京矿冶研究总院
第 27 章	程新朝 李晓东 王中明　宋振国	北京矿冶研究总院 湖南柿竹园有色金属有限责任公司 北京矿冶研究总院
第 28 章	吴伯增 黄闰芝 蒋荫麟 余忠保　陈建明　杨林院	广西有色金属集团有限公司 广西华锡集团股份有限公司 云南锡业集团(控股)有限责任公司 广西华锡集团股份有限公司
第 29 章	王荣生　罗思岗　王福良　赵明林	北京矿冶研究总院
第 30 章	袁再柏	锡矿山闪星锑业有限责任公司
第 31 章	何发钰　吴熙群　田祎兰　宋磊 王立刚　李成必	北京矿冶研究总院
第 32 章	于晓霞　程少逸　岳春瑛　张秀品 胡保拴	金川集团股份有限公司 西北矿冶研究院
第 33 章	彭永锋	贵州汞矿

第34章	胡岳华　冯其明　黄红军	中南大学
第35章	周少珍　周秀英	北京矿冶研究总院
第36章	丁　勇	宜春钽铌矿
第37章	董天颂	广州有色金属研究院
第38章	董天颂　高玉德	广州有色金属研究院
第39章	车丽萍 池汝安 罗仙平	包钢集团矿山研究院 武汉工程大学 江西理工大学
第40章	印万忠 刘耀青 马英强	东北大学 北京矿冶研究总院 东北大学
第41章	张忠汉　胡　真	广州有色金属研究院
第42章	汪淑慧	核工业北京化工冶金研究院
第43章	冯安生　李英堂　张志湘 刘亚川 朱赢波　高惠民 吴照洋	中国地质科学院郑州矿产综合利用研究所 中国地质科学院矿产综合利用研究所 武汉理工大学 中国地质科学院郑州矿产综合利用研究所
第44章	池汝安　张泽强　罗惠华　李冬莲	武汉工程大学
第45章	刘炯天 张海军　桂夏辉	郑州大学 中国矿业大学
第46章	王　勇 武豪杰 董家辉 张兆元	大冶有色金属集团控股有限公司 太原钢铁(集团)有限公司 江西铜业股份有限公司 鞍钢集团矿业公司
第47章	张一敏 周连碧 罗仙平 陈代雄 包申旭	武汉理工大学 北京矿冶研究总院 江西理工大学 湖南有色金属研究院 武汉理工大学
附录	茹　青　刘耀青	北京矿冶研究总院

《选矿工程师手册》审稿专家名录

（按姓氏笔画）

一 审 专 家

马 力	北京矿产地质研究院	李长根	北京矿冶研究总院
文书明	昆明理工大学	李成必	北京矿冶研究总院
王化军	北京科技大学	李茂林	长沙矿冶研究院
王启柏	铜陵有色金属集团控股有限公司	杨华明	中南大学
王继生	中信重工机械股份有限公司	杨 强	国土资源部矿产资源储量评审
王 勇	大冶有色金属集团控股有限公司		中心
车小奎	北京有色金属研究总院	谷万成	核工业北京化工冶金研究院
卢寿慈	北京科技大学	邱冠周	中南大学
刘慧纳	东北大学	邵铨瑜	中国瑞林工程技术有限公司
孙仲元	中南大学	陈代雄	湖南有色金属研究院
孙传尧	北京矿冶研究总院	陈正学	长沙矿冶研究院
孙炳泉	马鞍山矿山研究院	周连碧	北京矿冶研究总院
毕学工	武汉科技大学	周秀英	北京矿冶研究总院
池汝安	武汉工程大学	林培基	江钨集团寻乌南方稀土有限责任
汤集刚	北京矿冶研究总院		公司
余仁焕	东北大学	罗 茜	东北大学
吴伯增	广西有色金属集团有限公司	罗家珂	北京矿冶研究总院
张一敏	武汉理工大学	罗新民	湖南有色金属研究院
张云海	北京矿冶研究总院	姚书典	北京科技大学
张文彬	昆明理工大学	段其福	中信泰富有限公司
张光烈	中冶北方工程技术有限公司	胡永平	北京科技大学
张忠汉	广州有色金属研究院	胡岳华	中南大学
张泾生	长沙矿冶研究院	赵明林	北京矿冶研究总院
张荣曾	中国矿业大学(北京)	夏晓鸥	北京矿冶研究总院
张振亭	中国恩菲工程技术有限公司	徐建民	北京矿冶研究总院
张 覃	贵州大学	高新章	北京矿冶研究总院

董天颂　广州有色金属研究院	魏克武　东北大学
谢建国　长沙矿冶研究院	魏明安　北京矿冶研究总院
韩　龙　北京矿冶研究总院	魏德洲　东北大学
管则皋　广州有色金属研究院	

二 审 专 家

文书明　昆明理工大学	张文彬　昆明理工大学
王　勇　大冶有色金属集团控股有限公司	张光烈　中冶北方工程技术有限公司
王化军　北京科技大学	李长根　北京矿冶研究总院
冯安生　中国地质科学院郑州矿产综合利用研究所	李晓东　湖南柿竹园有色金属有限责任公司
冯其明　中南大学	邱显扬　广州有色金属研究院
包国忠　金川集团股份有限公司	邵铨瑜　中国瑞林工程技术有限公司
卢寿慈　北京科技大学	陈代雄　湖南有色金属研究院
刘永振　北京矿冶研究总院	陈俊文　中国恩菲工程技术有限公司
刘石桥　中冶长天国际工程有限责任公司	陈登文　中国恩菲工程技术有限公司
刘亚川　中国地质科学院矿产综合利用研究所	幸伟中　北京矿冶研究总院
刘洪均　中国铝业公司	罗仙平　江西理工大学
刘耀青　北京矿冶研究总院	罗家珂　北京矿冶研究总院
印万忠　东北大学	姚书典　北京科技大学
孙仲元　中南大学	胡永平　北京科技大学
孙传尧　北京矿冶研究总院	胡岳华　中南大学
孙体昌　北京科技大学	胡保拴　西北矿冶研究院
孙春宝　北京科技大学	茹　青　北京矿冶研究总院
朱穗玲　北京矿冶研究总院	倪　文　北京科技大学
汤玉和　广州有色金属研究院	徐文立　清华大学
何发钰　北京矿冶研究总院	徐建民　北京矿冶研究总院
余仁焕　东北大学	敖　宁　北京矿冶研究总院
杨传福　冶金工业出版社	高金昌　长春黄金研究院
张　麟　大冶有色金属集团控股有限公司	梁冬云　广州有色金属研究院
张一敏　武汉科技大学	韩跃新　东北大学
	雷存友　中国瑞林工程技术有限公司

前　言

　　选矿，现称矿物加工，此前有一段时间称矿物工程，现在也有称矿产资源加工的。在我国现今学科分类中，矿物加工属于矿业工程的二级学科。国外一些国家也有纳入冶金工程、化学工程，甚至材料科学与工程的。无论学科名称如何演变，在我国从事固体矿产资源加工的大多数企业仍然称选矿厂。而且，这一传统的名称还会延续很长时间。

　　选矿，在矿产资源开发和综合利用的产业链中，是介于地质、采矿与冶金或化工之间几乎不可缺少的重要环节；矿物材料是矿物加工的新领域，属于无机非金属材料的范畴。对此，业内的同行都明白。但遗憾的是，社会上还有不少人，提起地质、采矿和冶金他们大都知道，但对选矿专业却缺乏了解。时至今日，甚至还有学理工科的人，一提起选矿就误认为是手里提个锤子漫山遍野去找矿。

　　冶金和化工所需的原料，例如精矿，是有国家标准的，而进入选矿厂的原矿却谈不上标准，因为从采场运来什么矿石选矿厂就选什么矿石，从未听说有哪一家选矿厂把运来的矿石又拉回采场的。要把无标准的，甚至杂乱无章的、低品位复杂共生的矿产资源，加工成单独有序的、合乎国家标准的精矿供冶炼厂或化工厂冶炼、加工，其中有价元素的富集比要达到几倍、几十倍甚至几百倍、上千倍。这一复杂过程需要具有流程工业特点的不同类型、不同规模，乃至原矿日处理量高达十几万吨的现代化巨型选矿厂来完成。对此，选矿厂的工程师和技术工人不分昼夜地作出了直接的贡献。选矿研究和设计人员为工艺、装备的技术进步和工程转化提供了技术支撑。

　　有研究表明，一个国家在工业化阶段，随着工业化的进程，对矿产资源的需求是快速增长的，几乎没有例外。中国正处于工业化中后期的中高速发展阶段，加之众多的十三亿人口以及城镇化建设进程的加快，今后几十年，国家对矿产资源消耗强度的增加是不争的事实。

地质学家认为，中国处于环太平洋成矿域、中亚成矿域和特提斯成矿域三大构造成矿域的交汇带；组成中国大陆的各小板块之间相互碰撞、岩矿物质混合，导致成矿物质复杂；各成矿带之间有相互交接与物质混合；早、晚形成的矿床之间有叠加作用。上述因素决定了我国地质构造环境的复杂性和矿床成因的多样性，由此形成了我国矿产资源诸多的特点：总量较丰富，矿种较全，其中钨、锡、锑、钼和稀土是优势矿种。但国民经济和社会发展需求量较大的大宗矿产却不足。此外，矿产禀赋差，贫矿多、富矿少，共伴生复杂矿多、单一矿少，小矿多、大矿少。就连近年来在我国西藏、新疆和云南等省区发现的一批新矿床，也大体上遵循了上述规律。还由于地理、交通、海拔、气候和水电等因素，导致了采选开发的困难。

在今后较长一个时期内，我国对矿产资源的需求持续增加，矿物加工的难度增大，而且对节能减排、生态环境的要求日趋严格。因此，选矿工程师和研究、设计人员面临严峻的挑战。

面对这一挑战，国家已采取了应对措施，包括加强高等院校矿物加工学科的建设；提升选矿专业队伍的技术创新平台及选矿厂的建设、技术改造与更新等。目前，全国共有33所大学设有矿物加工专业，每年招收2660余名本科生、540余名硕士研究生和约100名博士研究生，教师人数达550人。此外，还有9家研究院所招收该专业的研究生，每年培养约50名工学硕士。

全国约有30家科研院所设有选矿及相关专业的研究机构，从事该领域的科研人员约1500人，这还不包括地勘系统和民营机构的统计。

据估计，全国各类型的选矿厂数量在1万座以上，任职的选矿工程师更难计其数。

上述每一项数字均排世界第一，这是任何国家都无法与我国相比的。并且，我国已取得了一大批举世瞩目的成果。近年来，在多届国际矿物加工大会上（IMPC），中国的论文数和参会人数在几十个国家中屡次排名伯仲，足已引起国际矿物加工界的高度关注。选矿或曰矿物加工，这一传统的专业学科，无论国际还是国内都是支撑国家可持续发展的产业，绝非是夕阳产业。但必须承认，在矿物加工领域的某些方面，我们与发达矿业大国相比还有明显的差距。

依靠创新驱动发展，实现中国从矿业大国向矿业强国的转变，这是全国选矿工作者肩负的历史使命。

《选矿工程师手册》就是在这一大背景下撰写、编辑出版的。

早在几年前，冶金工业出版社就策划出版这部书，时任总编辑、现任社长的谭学余先生邀我牵头主编这部手册。我很感谢出版社对我的信任，也愿意承担这一任务，只是顾虑工作量大，困难多，涉及的作者和审编人员多，并且又都是业务骨干，工作原本已饱满，承接这一工作必定要增加同行专家的负担。另外，我当时作为执行副主席协助主席、中国工程院副院长王淀佐先生继申办成功后，历经五年时间筹备并组织了由北京矿冶研究总院承办，于2008年在北京召开的第二十四届国际矿物加工大会，这是矿物加工界的奥林匹克盛会，也是第一次在亚洲国家召开，被国际同行公认为迄今为止组织得最好的一次学术会议。显然，基于当时的背景也无力启动编辑这一部大书。对此，我油然而生一种歉意，如果早几年动手，这部手册会早些时候呈献在读者手中。

本书历经五年时间，由来自国内三十多个高等院校、科研和设计机构以及相关企业的130多位专家、学者撰稿协作而成。各章的主要执笔者，均是该领域中多年从事科研、设计、教学、生产实践和选矿厂生产技术管理的学术带头人和技术专家，他们有丰富的理论基础和工程实践经验，熟悉国内外的情况。有的作者还深入到多家企业了解最新的生产情况，以便采用最新的数据。各位作者辛勤的努力使本书的编辑工作基点高，质量有保证。

审稿也是一项浩大的工程。全书分三次审稿。参加一审的有50多位专家，分别承担某章或几章的审稿工作。作者根据一审专家意见修改后提交二审。二审由两次会审完成。会上先由两位主审专家对每章提出初审意见，再经与会专家充分讨论形成会议决议提交作者再次修改，修改后提交三审。三审也是会审，形成三审会议决议再提交作者修改，对于修改量不大的章节，由审稿专家代为完成。参加二审、三审的会审专家也达50多人。在撰稿和审稿的专家中不乏有国内外知名的老一代学者。对于学术观点争议较大的几个章节，还另外召开专门会议请专家充分研讨，力求内容科学、准确。全书统稿后交出版社之前，再请矿物加工专业具有研究员职称或博士学位的专业人员以读者的身份读稿，提出修改意见。应该说，作者和审编者还算认真、尽力了。

　　全书共47章，分上、下两卷4册出版。各章均列有三级目录，书后附录提供了选矿专业常用的资料供读者查阅。上卷是选矿通论，涵盖矿产资源与矿床、工艺矿物学、各种选矿方法专论，选矿厂生产的共性问题，烧结矿、球团矿生产，选矿试验研究及选矿厂设计等；下卷是选矿工业实践，涵盖各种固体矿产资源的选矿新技术与装备、典型选矿厂生产实例，并附有国内外同类选矿厂的技术资料。此外，还特别安排章节择重介绍了选矿厂生产技术管理、选矿厂尾矿系统、选矿厂环境保护、二次资源综合利用及三废处理、生物冶金及选矿、矿物材料等内容，以适应新时期技术创新的需求。

　　希望本手册的出版能成为矿物加工界大专院校的广大师生，科研院所和工程设计机构的科学研究及工程设计人员，选矿厂工程师，企业家以及相关的领导人员手中的一部具有现代选矿理论，传统和最新的工艺技术、装备，并与生产实践紧密结合的，具有理论和实用价值的最新、最全面的矿物加工领域的百科全书。

　　感谢冶金工业出版社的选题策划并将本书申请列为国家重点图书出版。尤其要感谢社长、编审谭学余先生的信任、委托，现场指导和帮助；感谢原总编辑兼副社长杨传福编审的具体指导和帮助，感谢责任编辑徐银河女士辛勤的认真负责的工作。

　　本手册的全部编辑工作是依托北京矿冶研究总院完成的。主要院领导及众多相关人员给予了极大的支持，有的院领导直接承担审稿工作或参加审稿会。特别是该院的刘耀青、茹青、敖宁和朱穗玲四位研究员作为主要编辑人员，为全书的撰稿、审编和编务工作付出了极大的辛劳。矿物加工科学与技术国家重点实验室、中国矿业联合会选矿委员会、中国有色金属学会选矿学术委员会的骨干人员直接参与了本书的撰稿和审编工作。

　　本手册的编辑出版工作还得到了著名学者王淀佐先生、陈清如先生、余永富先生、卢寿慈先生、孙玉波先生和孙仲元先生的指导与支持。

　　本手册是在无专款经费的情况下开展工作的。各位作者、审编者和所在单位给予充分的理解和支持。整个编辑和出版工作得到了三十多个著名企业、高等院校和研究设计机构的支持，没有上述的这些支持和帮助，本书不可能完成编辑和出版工作。借此机会，向全体作者、审稿和编辑人员以及所有支持单位一并表示感谢，是各位的力挺和业界的大力协作，共同为行业作出了贡献。

关于本手册参考文献的标注，起初在编写大纲中有统一要求，但各章作者的观点及文稿中的实际标注方式并未统一。经编者与出版社充分协商并考虑到手册的特点，决定文稿内不加标注，而统一在每章末尾将文献列出。请文献作者及读者谅解。

由于编者的知识面不宽，学术水平有限，主编这样一部手册缺乏经验，深感力不从心。虽经努力，但书中错漏之处难免，敬请广大专家、读者和选矿专业的同行批评指正。

最后，将笔者的一首小诗奉献给读者：

选矿厂交响曲

那座庞然大物是选矿厂，并非布达拉宫。

厂里传出的交响曲，

听起来是那样高亢又令人振奋。

奏出这和弦的不是小号、单簧管，

也不是定音鼓和提琴，

那是几百台机器在轰鸣和回响交混。

深夜里，一位选矿工程师在车间查巡，

他的眼里还漂浮着几片红云，

说起工厂的工艺设备他如数家珍，

任何一点异常也逃不过他的耳朵和眼神。

他，犹如一位出色的指挥家，

不让乐手发出任何离谱的弦音。

矿物加工科学与技术国家重点实验室主任
中国矿业联合会选矿委员会主任委员
中国有色金属学会选矿学术委员会主任委员
中国工程院院士、北京矿冶研究总院研究员

2014 年 11 月　于北京

总 目 录

第 3 册

下卷：选矿工业实践

第 4 册

下卷：选矿工业实践

目　　录

第34章 铝土矿选矿

34.1 铝矿物及铝矿床

34.1.1 铝

铝是地壳中分布最广的元素之一，约占地壳成分的8%，在金属中居于首位。铝的化学性质比较活泼，极易氧化，在自然界中多以氧化物、氢氧化物和含氧硅酸盐矿物存在，极少发现铝的自然金属。

铝因其资源丰富，加上铝及其合金具有密度小、导电导热性好、易于机械加工及其他许多优良的性能，因此被广泛地用于国民经济各部门及人们的日常生活中，成为仅次于钢铁的第二重要金属。

目前，全世界用铝量最大的是建筑、交通运输和包装部门，其消费占总消费量的60%以上。另外，铝也是电器工业、飞机制造工业、机械工业和民用器具不可缺少的原材料。

铝的冶炼历史并不太长，但发展较快，其发展大致可分为三个阶段：最初是化学法炼铝，它是采用钾汞齐、钾还原无水氯化铝、钠还原 $NaCl \cdot AlCl_3$ 混合盐、钠或镁还原无水氯化铝等方法提炼铝。1886年，当美国霍尔和法国埃鲁特二人不约而同地提出电解冰晶石-氧化铝熔盐提炼铝的专利后，铝的冶炼进入了电解法炼铝的新阶段。起初，电解法炼铝是采用小型预焙电解槽，后来逐渐出现了小型侧部导电的自焙阳极电解槽和上部导电的自焙阳极电解槽。

20世纪50年代以后，大型预焙阳极电解槽的出现，使电解炼铝技术迈向大型化、现代化的发展阶段：电解槽的容量增大、设计安装和操作控制实现现代化。冰晶石-氧化铝熔盐电解法仍然是目前工业生产金属铝的唯一方法。因此，铝的冶炼包括从铝矿石中生产氧化铝以及电解炼铝两个主要过程。

34.1.2 铝土矿资源特征

34.1.2.1 铝土矿矿石类型

铝土矿是生产氧化铝的主要原料，其含铝矿物主要为一水氧化铝（一水软铝石或一水硬铝石）或三水氧化铝（三水铝石）。因此，根据含铝矿物的不同把铝土矿分为三水铝石型、一水软铝石型、一水硬铝石型以及混合型四类。铝土矿的分类及各自的主要性质详见表34-1-1。

表 34-1-1 铝土矿的类型及其主要性质

铝土矿类型	三水铝石	一水软铝石	一水硬铝石
化学分子式	$Al_2O_3 \cdot 3H_2O$	γ-AlO(OH)	α-AlO(OH)
氧化铝含量/%	65.35	84.98	84.98
化合水含量/%	34.65	15.02	15.02
晶 系	单斜晶系	斜方晶系	斜方晶系
莫氏硬度	2.3~3.5	3.5~5	6.5~7
密度/kg·cm^{-3}	2.3~2.4	3.01~3.06	3.3~3.5

铝土矿资源中，三水铝石型和三水铝石——水软铝石混合型铝土矿合计占世界总储量的90%以上。国外铝土矿主要属三水铝石型或三水铝石——水软铝石混合型，而我国的铝土矿资源主要属一水硬铝石型。

34.1.2.2 铝土矿中的矿物组成

铝土矿是一种以氢氧化铝为主要成分的复杂矿石，其主要化学组成有 Al_2O_3、SiO_2、Fe_2O_3、TiO_2，少量的 CaO、MgO、硫化物，微量的镓、锗、磷、铬等元素。

二氧化硅在铝土矿中含量高的可达20%以上，低的在1%以下。主要以高岭石、伊利石、叶蜡石、绿泥石等硅酸盐矿物存在，可能还含有石英、蛋白石（非晶质 $SiO_2 \cdot nH_2O$）以及其他黏土矿物。随着氧化硅在铝土矿中存在的形态不同，其化学活性也不相同，蛋白石的活性最大，其次为多水高岭石、高岭石，石英的活性最小。在碱法生产氧化铝工艺中，SiO_2 与铝酸钠反应生成不溶性的水合铝硅酸钠（生产中称为钠硅渣），导致 Al_2O_3、Na_2O 损失。对于管道溶出工艺，钠硅渣的生成还将导致管道结疤，严重影响生产的正常进行。因而，SiO_2 是碱法生产氧化铝过程最为有害的杂质之一。

铝土矿中的含铁矿物主要是赤铁矿，其次是针铁矿等。铝土矿中 Fe_2O_3 的含量一般在2%~25%。采用碱法生产氧化铝时，Fe_2O_3 不与碱作用，进入残渣，残渣因之呈红色，故称为赤泥。氧化铁虽不与碱液作用而引起 Al_2O_3 和 Na_2O 的化学损失，但矿石中含铁量过高，特别是当铁以针铁矿形式存在时，使赤泥分离与洗涤困难。铁的含量越高，赤泥量越大，由赤泥带走的 Al_2O_3、Na_2O 损失也随之增大。另外，赤泥洗涤用水量的增大，需要蒸发的洗水量也随之增多，使生产成本增高。

铝土矿中的 TiO_2 多以锐钛矿和金红石存在，它在矿石中的分散程度差别很大。高压溶出时，氧化钛能在一水硬铝石表面形成一层结构致密的钛酸钠膜，阻止铝土矿的进一步溶出。因此，碱法生产氧化铝工艺，TiO_2 也是主要的有害杂质之一。

34.1.3 世界铝土矿床赋存状态

世界铝土矿床赋存状态，根据伏基岩性质大体可分为三种类型：红土型铝土矿床，岩溶型铝土矿床，沉积型（也称齐赫文型）铝土矿床。红土型铝土矿床，是由下伏铝硅酸盐岩（如玄武岩、花岗岩、粒玄岩、长石砂岩、麻粒岩等）在热带和亚热带气候条件下，经深度化学风化（即红土化）作用而形成的与基岩呈渐变过渡关系的残积矿床（包括就近搬移沉积的铝土矿）。此类型矿床储量占世界总储量的86%左右，其矿石产量占世界铝土矿产量的65%。在地理上，主要赋存于南、北纬30°（热带亚热带）范围内的大陆边缘的近海平原、中低高地、台地和岛屿上。据 G·巴尔多西的意见，全世界红土型铝土矿床可划分为 8 个成矿省（Ⅰ级成矿单元）：L_1 南美地台成矿省，L_2 巴西东南部成矿省，L_3 西非成矿省，L_4 东南非成矿省，L_5 印度成矿省，L_6 东南亚成矿省，L_7 西澳及北澳成矿省，L_8 东南澳成矿省（见图 34-1-1）。储量规模大于 10 亿吨的六大红土型铝土矿区分布于澳大利亚、几内亚、巴西、喀麦隆、越南和印度。且均为易采的露天矿。

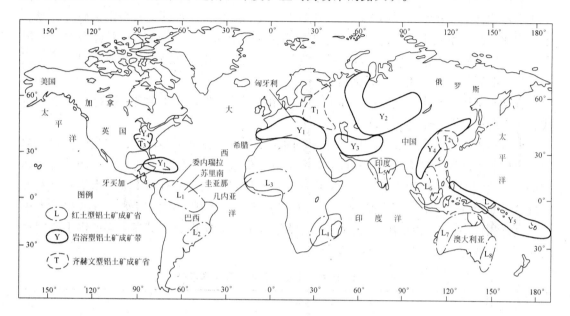

图 34-1-1　世界铝土矿成矿区划示意图

L_1—南美地台成矿省；L_2—巴西东南部成矿省；L_3—西非成矿省；L_4—东南非成矿省；

L_5—印度成矿省；L_6—东南亚成矿省；L_7—西澳及北澳成矿省；L_8—东南澳成矿省；Y_1—地中海成矿带；

Y_2—乌拉尔—西伯利亚—中亚成矿带；Y_3—伊朗—喜马拉雅成矿带；Y_4—东亚成矿带；Y_5—加勒比海成矿带；

Y_6—北美洲成矿带；Y_7—太平洋西南成矿带；T_1—东欧成矿省；T_2—中国—朝鲜成矿省；T_3—北美成矿省

岩溶型铝土矿床，是覆盖在灰岩、白云岩等碳酸盐岩凹凸不平岩溶面上的铝土矿床。此类矿床与基岩呈不整合或假整合关系，其矿体是古红土风化壳被剥蚀、长距离（30 ~ 40km）搬运、沉积于岩溶地形中的产物。此类矿床储量占世界总储量的 13% 左右。主要赋存于红土型铝土矿带的北面北纬 30° ~ 60°间及附近的温带地区，主要分布于南欧和加勒比海地区，我国的大部分铝土矿床属于此类。北半球分布着 6 个Ⅰ级成矿单元（这里 G·巴尔多西称为成矿带）：Y_1 地中海成矿带，Y_2 乌拉尔—西伯利亚—中亚成矿带，Y_3 伊朗—喜马拉雅成矿带，Y_4 东亚成矿带（中国），Y_5 加勒比海成矿带，Y_6 北美洲成矿带（美国）。而赤道以南仅有少数几个岩溶型铝土矿床分布，如所罗门、洛亚尔提、汤加和斐济等群岛，形成 Y_7 太平洋西南成矿带。

沉积型（齐赫文型）铝土矿床，是覆盖在铝硅酸盐岩剥蚀面上的碎屑沉积铝土矿床。矿床与下伏基岩一般呈不整合接触，没有直接成因关系，成矿物质是从远方红土风化壳搬运来的。此类矿床赋存于温带，典型的沉积型铝土矿床产于俄罗斯齐赫文市附近，故由此而得名，常见于俄罗斯地台、乌拉尔山脉，中国、美国也有分布。这类矿床一般规模较小，工业意义较次要，其储量仅占世界总储量的1%左右。此类矿床有三个Ⅰ级成矿单元：T_1东欧成矿省，T_2中朝成矿省，T_3北美成矿省。世界铝土矿床赋存时代，自晚元古代以来的各地史时期都有产出，但主要在晚古生代、中生代和新生代三个成矿期。红土型铝土矿床主要产于新生代，多为近代地表红土风化壳矿床；齐赫文型铝土矿床，绝大多数为古生代隐伏矿床；岩溶型铝土矿床，在三个成矿期均有产出；三水铝石型铝土矿，主要是新生代的产物；一水软铝石型铝土矿，主要是中生代的产物；一水硬铝石型铝土矿，主要产于古生代。红土型铝土矿床，主要由三水铝石型和三水铝石-一水软铝石混合型铝土矿组成，矿石以高铁、中铝、低硅、高铝硅比为特征，是铝工业易采易溶的优质原料；适宜流程简单，能耗低的拜耳法生产氧化铝。

齐赫文型铝土矿床，主要由一水硬铝石型和一水硬铝石-一水软铝石混合型铝土矿组成，矿石质量较差，工业意义次要。

岩溶型铝土矿床，因成矿时代和地域不同，而其矿石类型呈多样性，如我国古岩溶铝土矿床以一水硬铝石型为主，矿石以高铝、高硅、低铁、中等铝硅比为特征；而地中海和加勒比海地区的岩溶型铝土矿床，既有中生代一水软铝石型，又有新生代三水铝石型及各种混合型，多为良好的铝工业原料。红土型和岩溶型铝土矿床中的三水铝石型和三水铝石-一水软铝石混合型铝土矿合计储量占世界总储量的90%以上。世界主要产铝土矿国家的矿石类型及化学成分列于表34-1-2。

表34-1-2 世界铝土矿矿石类型及化学成分

序号	国 家	化学成分/%					矿石类型
		Al_2O_3	SiO_2	Fe_2O_3	TiO_2	LOI	
1	澳大利亚	25~58	0.5~38	5~37	1~6	15~28	三水铝石，一水软铝石
2	几内亚	40~60.2	0.8~6	6.4~30	1.4~3.8	20~32	三水铝石，一水软铝石
3	巴 西	32~60	0.95~25.75	1.0~58.1	0.6~4.7	8.1~32	三水铝石
4	中 国	50~70	9~15	1~13	2~3	13~15	一水硬铝石
5	越 南	44.4~53.23	1.6~5.1	17.1~22.3	2.6~3.7	24.5~25.3	三水铝石，一水硬铝石
6	牙买加	45~50	0.5~2	16~25	2.4~2.7	25~27	三水铝石，一水软铝石
7	印 度	40~80	0.3~18	0.5~25	1~11	20~30	三水铝石
8	圭亚那	50~60	0.5~17	9~31	1~8	25~32	三水铝石
9	希 腊	35~65	0.4~3.0	7.5~30	1.3~2.1	13~16	一水硬铝石，一水软铝石
10	苏里南	37.3~61.7	1.6~3.5	2.8~19.7	2.8~4.9	29~31.3	三水铝石，一水软铝石
11	前南斯拉夫	48~60	1~8	17~26	2.5~3.5	13~27	一水硬铝石，一水软铝石
12	委内瑞拉	35.5~60	0.9~9.3	7~40	1.2~3.1	19.3~27.3	三水铝石
13	前苏联	36~65	1~32	8~45	1.4~3.2	10~14	软、硬铝石，三水铝石
14	匈牙利	50~60	1~8	15~20	2~3	13~20	一水软铝石，三水铝石
15	美 国	31~57	5~24	2~35	1.6~6	16~28	三水铝石，一水铝石
16	法 国	50~55	5~6	4~25	2~3.6	12~16	一水硬铝石，一水软铝石
17	印度尼西亚	38.1~59.7	1.5~13.9	2.8~20	0.1~2.6		三水铝石
18	加 纳	41~62	0.2~3.1	15~30			三水铝石
19	塞拉利昂	47~55	2.5~30				三水铝石

34.2 国内外铝土矿资源

34.2.1 世界铝土矿资源分布

世界铝土矿资源极其丰富，遍及五大洲40多个国家。据美国地质调查局估计，世界铝土矿资源总量（储量加次经济资源及推测资源）为550亿~750亿吨。主要分布在：非洲160亿~200亿吨、大洋洲70亿~100亿吨、南美洲190亿~250亿吨、亚洲80亿~130亿吨、加勒比海地区20亿~30亿吨、欧洲30亿~40亿吨。

世界铝土矿储量是第二次世界大战后，随着铝工业的发展和铝土矿勘查活动全球性开展而大幅度增长起来的。据美国矿业局统计，1945年世界铝土矿储量约10亿吨，1955年增加到30亿吨，1965年增加到60亿吨，70年代增加幅度最大，到1985年高达210亿吨。而近十年来，由于世界铝工业发展放慢和铝土矿勘查活动减少，其储量增长明显趋缓。1992~1996年五年间，世界铝土矿储量一直停滞在230亿吨水平上。截至1996年底，世界铝土矿储量及分布情况见表34-2-1。从地理分布上看，几内亚和澳大利亚两国的储量占世界储量的49%；西半球的巴西、牙买加、圭亚那和苏里南四国的储量占世界总储量的26%。值得注意的是，近十几年来，亚洲的铝土矿储量在世界储量中所占比例由1985年10%增长到现在的20%。但在美国矿业局的统计中，没有反映出中国和越南等亚洲某些国家铝土矿储量的实际情况，据山东铝厂1992年越南铝土矿资源调查报告，越南铝土矿探明储量为20.3亿吨，应居世界第五位，而中国比越南储量还多，应居世界第四位。

表34-2-1 世界铝土矿储量表

国 家	储量/亿吨	占世界比例/%	储量基础/亿吨	国 家	储量/亿吨	占世界比例/%	储量基础/亿吨
澳大利亚	56.0	24.3	79.0	希 腊	6.0	2.6	6.5
几内亚	56.0	24.3	59.0	苏里南	5.8	2.5	6.0
巴 西	28.0	12.2	29.0	委内瑞拉	3.2	1.4	3.5
牙买加	20.0	8.7	20.0	匈牙利	3.0	1.3	3.0
印 度	10.0	4.3	12.0	其他国家	35.0	15.4	53.0
圭亚那	7.0	3.0	9.0	世界总计	230	100.0	280.0

应该指出的是，美国、欧共体、日本合计铝的年消费量占世界原铝总产量的50%，但他们的铝土矿资源仅占世界总储量的2%左右。这些国家多年来积极开展利用氧化铝含量低的铝土矿和非铝土矿含铝原料提炼氧化铝的试验研究，以此作为扩大其铝土矿资源的一个有效途径。前苏联曾利用磷霞岩和霞石正长岩中的霞石精矿在一个时期弥补了其氧化铝原料的短缺。美国矿业局从1973年起开始执行从非铝土矿资源中提取铝的研究计划。世界非铝土矿中的铝资源相当巨大。包括自然界大量产出的富铝矿物，如拉长石、红柱石、白榴石、钠明矾石、片钠铝石、钙长石、霞石、高岭土等，它们也是铝的重要潜在来源。为世界铝土矿资源不足的主要消费国铝工业提供了广泛的后备资源。

34.2.2 我国铝土矿资源的特点

我国铝土矿资源较为丰富，截至2011年底，中国铝土矿查明资源储量为38.7亿吨，其资源有以下一些主要特点：矿石类型主要为一水硬铝石型，分布比较集中。我国铝土矿资源中一水硬铝石型铝土矿占98%以上，主要分布于山西、河南、广西、贵州、山东及四

川、云南等 7 省区。其中沉积型铝土矿占总储量的 89.9%，堆积型铝土矿占总储量的
8.5%，其余基本上属于红土型铝土矿。

我国的一水硬铝石型铝土矿中，大多数一水硬铝石呈均匀分布，只有少数呈微粒集合
体产出；有的一水硬铝石则构成鲕粒或同高岭石等铝硅酸盐矿物一起构成多层鲕粒；还有
一部分呈胶质或隐晶质出现。一水硬铝石的嵌布粒度一般在 $5\sim10\mu m$。

铝土矿中矿物种类多、组成复杂，矿物嵌布粒度较细。除主要含一水硬铝石外，还含
有其他一些杂质矿物，如含硅矿物石英、高岭石、叶蜡石、伊利石、绿泥石等，含铁矿物
赤铁矿、褐铁矿、水赤铁矿等，含钛矿物锐钛矿、金红石等。此外，我国铝土矿组成的复
杂性还表现在一水硬铝石与主要含硅矿物之间的嵌布关系复杂，一水硬铝石常与高岭石、
叶蜡石和伊利石等含硅矿物彼此紧密镶嵌，解离较难。

与国外铝土矿相比，我国铝土矿明显具有高铝、高硅、低铁的特点。虽然我国的铝土
矿中 Al_2O_3 的含量比较高，但是由于矿石中同时含有较高的 SiO_2，因此矿石的铝硅比总体
较低。我国主要省区铝土矿的基本特征与化学组成如表 34-2-2 所示。

表 34-2-2　我国主要省区的铝土矿特征与化学组成

产地	矿床类型	矿区个数	矿床规模			平均品位/%			A/S
			大	中	小	Al_2O_3	SiO_2	Fe_2O_3	
山西	沉积型	70	17	36	17	62.36	11.57	5.78	5.39
贵州	沉积型	62	3	19	40	65.43	9.02	5.72	7.25
	堆积型	4	0	1	3	66.48	8.20	6.94	8.11
河南	沉积型	37	7	18	12	65.41	11.80	3.41	5.54
广西	沉积型	13	0	6	7	57.06	9.45	12.33	6.04
	堆积型	7	6	0	1	54.31	5.76	21.35	9.43
山东	沉积型	23	0	2	21	55.54	15.36	9.33	3.62
四川	沉积型	18	0	4	14	58.39	12.66	8.95	4.61
云南	沉积型	17	0	1	16	58.36	11.30	4.57	5.16
	堆积型	4	0	0	4	56.79	8.01	16.54	7.09
合计	沉积型	240	27	86	127	63.11	11.10	5.71	5.69
	堆积型	15	6	1	8	54.83	5.96	20.63	9.20
合　计		255	33	87	135	61.99	10.40	7.73	5.96

表 34-2-2 中的数据表明，约占我国铝土矿总储量 96% 的山西、河南、广西、贵州、
山东及四川、云南等 7 省区的 255 个矿区中，铝土矿平均品位为：Al_2O_3 61.99%，SiO_2
10.4%，Fe_2O_3 7.73%，矿石的平均铝硅比仅 5.96。而在全国 307 个铝土矿矿区中，据统
计，A/S 大于 10 的矿区只有 7 个，储量仅占 6.97%，有近一半储量铝土矿的 A/S 处于
4~6 之间（详见表 34-2-3）。

表 34-2-3　我国不同 A/S 值的铝土矿矿区数及储量比例

A/S	<4	4~6	6~7	7~9	9~10	>10	合　计
矿区个数	75	145	36	36	8	7	307
储量比例/%	7.42	48.59	10.94	14.63	11.65	6.97	100

与三水铝石、一水软铝石相比，一水硬铝石的溶出需要较高的温度、压力和苛性比条
件；再加上因矿石的铝硅比不高，以这种矿石作为拜耳法生产氧化铝的原料时，经济效益
差。因此，难溶、高硅、低铝硅比的铝土矿资源特点，在很大程度上限制了我国氧化铝工
业乃至整个铝工业的发展。

34.2.3 世界铝土矿资源开发利用概况

铝土矿是氧化铝工业的主要原料。全世界92%左右的铝土矿产量用于冶炼金属铝,其余8%左右用于耐火材料、研磨材料、陶瓷及化工等工业原料。全世界目前约有300个铝土矿区(每个矿区包括若干矿床组或矿带),40多个铝土矿开采国,80余座铝矿山。国外铝土矿山总生产能力约1.5亿吨/年,其中露天开采占95%,地下开采占5%。

全世界1900~1997年,共采出铝土矿石31.7亿吨,其中近50%是近15年开采的。进入90年代以来,世界铝土矿年产量基本保持在1.1~1.2亿吨。1998年全世界开采铝土矿12466万吨,其中澳大利亚产量居首位为4455.3万吨,占当年世界铝土矿产量的35.74%;其次为几内亚1700万吨,占世界13.64%;牙买加1264.64万吨,占10.14%,巴西1196.11万吨,占9.59%。以上四国的产量占世界总产量的69.11%。近年来世界各铝土矿生产国的开采量列于表34-2-4。

表34-2-4 世界铝土矿产量一览表 (万吨)

序号	国别	1993年	1994年	1995年	1996年	1997年	1998年	1999年1~6月
大洋洲								
1	澳大利亚	4168.00	4215.90	4265.50	4306.30	4446.50	4455.30	2333.00
美洲								
2	牙买加	1117.25	1156.35	1085.75	1182.86	1198.73	1264.64	635.24
3	巴西	966.90	867.33	1021.41	1106.01	1116.28	1196.11	598.05
4	委内瑞拉	253.0	441.90	502.20	480.69	508.39	482.57	151.82
5	苏里南	320.05	376.59	359.63	369.53	387.72	388.96	169.02
6	圭亚那	209.39	199.11	202.81	247.55	247.09	226.74	84.00
7	美国	5.5	10.00	10.00	10.00	10.00	10.00	5.00
美洲合计		2872.12	3051.28	3181.80	3396.64	3468.21	3569.02	1643.13
亚洲								
8	中国	646.82	740.00	825.55	887.88	900.00	900.00	450.00
9	印度	527.68	480.91	524.00	575.75	598.50	598.01	390.68
10	哈萨克斯坦	300.00	242.50	331.85	334.59	341.60	343.68	164.36
11	印度尼西亚	132.04	134.24	89.90	74.20	80.87	105.56	60.18
12	土耳其	53.84	37.34	21.35	54.45	36.95	45.90	22.95
13	马来西亚	6.87	16.19	18.45	21.87	27.90	14.98	10.50
亚洲合计		1667.25	1651.18	1811.10	1958.74	1985.82	2008.13	1098.67
非洲								
14	几内亚	1704.00	1483.34	1773.33	1849.26	1925.00	1700.00	850.00
15	加纳	42.37	42.61	51.30	47.32	51.92	44.25	17.11
16	塞拉利昂	94.49	73.47		3.28			
17	莫桑比克	0.60	0.96	1.07	1.15	0.82	0.61	0.30
非洲合计		1841.46	1600.38	1825.70	1901.01	1977.74	1744.86	867.41
欧洲								
18	俄罗斯	436.40	363.30	370.60	320.00	340.00	348.84	175.00
19	希腊	220.55	219.64	220.02	223.00	187.66	182.30	94.84
20	匈牙利	156.13	83.60	101.51	104.40	74.30	113.89	48.05
21	前南斯拉夫	7.50	4.00	15.00	32.30	47.00	22.60	16.20
22	法国	15.10	12.80	13.10	16.50	16.42	8.00	4.00
23	罗马尼亚	18.71	18.40	17.50	17.45	12.75	13.52	6.76
24	意大利	9.01	2.34	1.12				
25	克罗地亚	0.17	0.13	0.10				
欧洲合计		863.57	704.21	738.95	713.65	678.13	689.13	344.85
1~25	世界总计	11412.40	11222.95	11823.05	12276.34	12556.40	12466.46	6287.06

　　世界铝土矿资源和产量，虽然集中于大洋洲、拉丁美洲和非洲，但实际产量所有权大部分都掌握在北美和西欧等铝工业大国手中。西方国家的大型铝业公司通过海外巨额投资控制着大量铝土矿的产能。澳大利亚大半铝土矿产能所有权属于美国。美国掌握着世界铝土矿产量的 30%；几内亚和牙买加铝土矿产量分别居世界第二和第三位，但其所有权仅占 5% 左右；巴西也有 40% 以上的铝土矿产量为西方铝工业大国所有。

　　由于世界各地区铝土矿储量及生产规模与氧化铝工业布局很不相适应，从而形成每年 3000 多万吨的铝土矿贸易量。1996 ~ 1998 年各地区铝土矿和氧化铝产量列于表 34-2-5。

表 34-2-5　各地区铝土矿和氧化铝产量对比表　　　　　　　　　（万吨）

地　区	1996 年		1997 年		1998 年	
	铝土矿	氧化铝	铝土矿	氧化铝	铝土矿	氧化铝
欧　洲	713. 65	906. 8	678. 132	934. 9	689. 15	971. 40
非　洲	1901. 01	62. 2	1977. 74	52. 7	1744. 86	50. 00
亚　洲	1958. 74	258. 4	1985. 82	375. 1	2008. 13	389. 90
北　美	10. 00	588. 4	10. 00	622. 3	10. 00	651. 60
中南美	3386. 30	933. 4	3458. 21	998. 9	3559. 02	1056. 10
大洋洲	4306. 30	1334. 9	4446. 50	1345. 8	4455. 30	1385. 30
总　计	12276. 34	4084. 14	12556. 40	4329. 7	12466. 46	4504. 30

　　从表 34-2-5 可看出世界铝土矿的主要出口地区是非洲，其次是中南美洲，而大洋洲的澳大利亚虽是世界铝土矿第一生产大国，但因大部分铝土矿已被加工成氧化铝，所以其铝土矿的出口量不大，仅占其产量的 20% 左右。铝土矿的主要进口地区是北美和欧洲，其铝土矿的产量仅是世界总产量的 5.6%，而氧化铝产量占世界总产量的 36%，因此需要大量进口铝土矿。

34.3　氧化铝生产对铝土矿的要求

　　矿石中的主要有用组分 Al_2O_3 的存在形态及矿石矿物组成类型不同，其工业溶出的条件有较大差异，三水铝石型铝土矿最易冶炼，Al_2O_3 在较低温度及常压条件下即可溶出；其次为一水软铝石型铝土矿，Al_2O_3 在中温中压条件下溶出；一水硬铝石型铝土矿较难冶炼，需在高温高压条件下才能溶出（详见表 34-3-1）。氧化铝工业不同生产工艺方法对矿石的质量要求列于表 34-3-2。

表 34-3-1　不同类型矿石溶出条件

矿 石 类 型	溶出条件	
	压力/MPa	温度/℃
三水铝石型	0. 1(常压) ~ 0. 5	100 ~ 150
一水软铝石	1. 6 ~ 3. 4	200 ~ 240
一水硬铝石	3. 7 ~ 6. 5	245 ~ 280
三水铝石—一水软铝石混合型	1. 3 ~ 1. 8	190 ~ 205
一水软铝—一水硬铝石混合型	3. 7 ~ 6. 5	245 ~ 280

表 34-3-2 不同氧化铝工艺对矿石质量要求

工艺方法		矿石质量要求	备 注
拜耳法	国 外	Al_2O_3：40% ~60%	工艺简单，成本低，但对矿石质量要求高
		SiO_2 <5% ~7%	
		A/S >7 ~10	
		Fe_2O_3：无限制	
	国 内	Al_2O_3 >50%	
		A/S >8	
烧结法		Al_2O_3 >55%	能处理低品位矿石，但能耗高
		A/S >3.5	
		Fe_2O_3 >10%	
		F/A ≥0.2	
联合法		Al_2O_3 >50%	能充分利用矿石资源，但工艺流程复杂，能耗高
		A/S >4.5	
		Fe_2O_3 >10%	

34.3.1 铝土矿铝硅比

由于氧化硅是一种酸性氧化物，能溶解于强碱性溶液中，因此在碱法生产氧化铝工艺中，特别是拜耳法生产工艺中氧化硅是很有害的杂质。二氧化硅的含量直接关系到氧化铝生产的成本、原料消耗、能量消耗、氧化铝回收率等主要经济指标。SiO_2 含量低，氧化铝生产成本低，原料、能耗消耗也低，氧化铝回收率高。SiO_2 含量的高低是衡量铝土矿质量好坏的主要指标之一。在氧化铝生产上，通常采用铝硅比（A/S）来衡量铝土矿质量的好坏。

$$A/S =（矿石中 Al_2O_3 的质量）/（矿石中 SiO_2 的质量）$$

目前工业生产氧化铝要求铝硅比不低于 3.0 ~3.5。表 34-3-3 是我国现行使用的铝土矿质量标准（GB 3497—83）。

表 34-3-3 按化学成分划分的铝土矿工业品级

项 目	铝土矿化学成分		用 途
	A/S（不小于）	Al_2O_3（不小于）/%	
一级品	12	73	刚玉型研磨材料、高铝水泥、氧化铝
		69	氧化铝
		66	氧化铝
		60	氧化铝
二级品	9	71	高铝水泥、氧化铝
		67	氧化铝
		64	氧化铝
		50	氧化铝
三级品	7	69	氧化铝
		66	氧化铝
		62	氧化铝
四级品	5	62	氧化铝
五级品	4	58	氧化铝
六级品	3	54	氧化铝
七级品	6	48	氧化铝

34.3.2 氧化铝生产方法

34.3.2.1 拜耳法

拜耳法是根据拜耳于 1889 ~ 1892 年发明的两项专利，用于生产氧化铝而命名的方法。拜耳于 1889 年发现溶出烧结熟料的摩尔比为 1.8 的铝酸钠溶液，不通入二氧化碳气体，在常温下添加晶种氢氧化铝并不断搅拌，可从溶液中析出氢氧化铝，分解后的铝酸钠溶液的摩尔比提高到 6。这个过程即是铝酸钠溶液的晶种分解过程。1892 年他又发现加热分解后的摩尔比为 6 的铝酸钠溶液又可溶解铝土矿中的氧化铝水合物，铝酸钠溶液的摩尔比又可降到 1.8。这个过程即是种分母液溶出铝土矿的过程。

因此，拜耳法生产氧化铝的实质是下一反应在不同条件下的交替进行：

$$Al_2O_3 \cdot xH_2O + 2NaOH + (3 - x)H_2O + aq \underset{\text{分解 / 溶出}}{=\!=\!=\!=} 2NaAl(OH)_4 + aq$$

$$(34\text{-}3\text{-}1)$$

式中，x 在溶出一水铝石和三水铝石时分别取 1 和 3，在分解铝酸钠溶液时取 3。

生产中首先使反应向右进行，即在高温下用苛性钠溶液或高摩尔比的铝酸钠溶液溶浸铝土矿中的氧化铝水合物，得到低摩尔比的铝酸钠溶液；其次使反应向左进行，即在常温下向得到的低摩尔比铝酸钠溶液中添加氢氧化铝作为晶种，连续搅拌分解，从中析出氢氧化铝；析出氢氧化铝后的铝酸钠溶液摩尔比高，又可溶浸另一批铝土矿，又得到摩尔比低的铝酸钠溶液，低摩尔比铝酸钠溶液再次分解，又可得到一批新的氢氧化铝。如此不断循环，每循环一次可从铝土矿中提取一些氢氧化铝。

拜耳的两项专利交替应用，溶出过程和晶种分解过程串联起来，铝酸钠溶液循环使用，每处理一批铝土矿就可从中得到一些氧化铝产品，即构成了拜耳循环作业。

拜耳法适宜于处理低硅优质铝土矿（A/S 大于 8）。其特点是流程简单，产品质量好，能耗低，成本低，但它需要比较昂贵的烧碱。现在，全世界的氧化铝和氢氧化铝有 90% 以上是用拜耳法生产的。

34.3.2.2 烧结法

碱石灰烧结法的基本原理是由碱石灰、铝土矿组成的炉料经过烧结，使炉料中氧化铝转变为易溶的铝酸钠（$Na_2O \cdot Al_2O_3$），氧化硅转变为不溶的原硅酸钙（$2CaO \cdot SiO_2$），氧化铁转变为易水解的铁酸钠（$Na_2O \cdot Fe_2O_3$）：

$$Al_2O_3 + Na_2CO_3 \longrightarrow Na_2O \cdot Al_2O_3 + CO_2 \qquad (34\text{-}3\text{-}2)$$

$$SiO_2 + 2CaO \longrightarrow 2CaO \cdot SiO_2 \qquad (34\text{-}3\text{-}3)$$

$$Fe_2O_3 + Na_2CO_3 \longrightarrow Na_2O \cdot Fe_2O_3 + CO_2 \qquad (34\text{-}3\text{-}4)$$

由这三种化合物组成的熟料，用稀碱溶液溶出时，铝酸钠很易溶于溶液：

$$Na_2O \cdot Al_2O_3 + aq \longrightarrow 2NaAl(OH)_4 + aq \qquad (34\text{-}3\text{-}5)$$

铁酸钠水解为 NaOH 和 $Fe_2O_3 \cdot H_2O$：

$$Na_2O \cdot Fe_2O_3 + aq \longrightarrow 2NaOH + Fe_2O_3 \cdot H_2O \downarrow + aq \qquad (34\text{-}3\text{-}6)$$

原硅酸钙不与溶液反应，全部转入赤泥，从而达到制备铝酸钠溶液和使有害杂质

SiO_2、Fe_2O_3 与有用成分 Na_2O 和 Al_2O_3 分离的目的。得到的铝酸钠溶液经净化处理后，通入 CO_2 气体进行碳酸化分解，便得到晶体氢氧化铝：

$$2NaAl(OH)_4 + CO_2 + aq \longrightarrow 2Al(OH)_3\downarrow + Na_2CO_3 + aq \qquad (34\text{-}3\text{-}7)$$

碳分母液的主要成分是 Na_2CO_3，可以循环返回配料。

烧结法可以处理高硅铝土矿（A/S 为 3~5）和利用较便宜的碳酸钠，但流程复杂，能耗高，产品质量比拜耳法差，单位产品投资和生产成本高。

34.3.2.3 联合法

上面的分析表明，拜耳法和烧结法都有各自的优缺点和原料适用范围。含硅低的优质铝土矿宜采用拜耳法，而含硅高、铝硅比较低的铝土矿一般采用烧结法。但是为了充分利用矿石资源，并用廉价的苏打补偿拜耳法的苛性碱损失，降低成本，就采用拜耳法和烧结法同时处理含硅不同的两种矿石，构成联合法生产氧化铝。根据铝土矿的化学与矿物组成以及其他条件不同，二者可组成并联、串联和混联三种基本流程。

并联法是指拜耳法和烧结法两个系统平行配置，拜耳法系统处理高品位矿石（A/S > 8），烧结法系统处理低品位矿石（A/S 为 3 左右）。烧结法系统的精液并入拜耳法系统，以补偿生产过程中的苛性钠损失。串联法是指拜耳、烧结两系统先后配置，将中等品位的铝土矿（A/S 为 5~7）先以较简单的拜耳法处理，提取其中的大部分氧化铝，然后再用烧结法回收拜耳赤泥中的 Al_2O_3 和碱，所得铝酸钠溶液补入拜耳法系统。混联法是指将拜耳法和同时处理拜耳赤泥与低品位铝土矿的烧结法结合在一起。目前，我国仍主要采用混联法生产氧化铝。

显然，上述三种生产工艺都是用碱（NaOH 或 Na_2CO_3）处理含铝矿石，使矿石中的氧化铝变成可溶于水的铝酸钠。矿石中的铁、钛等杂质和绝大部分的硅则成为不溶性的化合物。将不溶性的赤泥与溶液分离，经洗涤弃之或综合处理回收其中的有用成分。把精制后的纯净铝酸钠溶液进行分解以析出氢氧化铝，经分离、洗涤和煅烧后，可获得氧化铝产品，分解母液则循环使用来处理下一批矿石，我们把上述基于氧化铝可溶于碱的特性而形成的生产方法总称为碱法。

由于碱法生产氧化铝工艺具有各自的优缺点，因此在工业生产中究竟采取哪一种方式，主要取决于作为氧化铝生产原料的铝土矿的质量，从某种意义来说也就取决于铝土矿中氧化硅的含量。

34.3.2.4 其他方法

除了采用碱法可生产氧化铝外，从铝土矿或其他含铝原料中提取氧化铝的方法还有很多，概括起来说可分为酸法、酸碱联合法和热法几种。

酸法生产氧化铝则是基于氧化铝可溶于酸的特性而产生的方法，用硝酸、硫酸、盐酸等无机酸处理含铝原料得到相应铝盐的酸性水溶液，然后使这些铝盐或水合物晶体（通过蒸发结晶）或碱式铝盐（通过水解结晶）从溶液中析出，亦可用碱中和这些铝盐水溶液，使铝呈氢氧化铝析出。煅烧氢氧化铝、各种铝盐的水合物或碱式铝盐，便得到氧化铝。其主要工序包括：原料预处理、将氧化铝转化为可溶性的铝盐，使其与不溶性残渣分离、铝盐提纯除杂、铝盐的分解和氢氧化铝的焙烧、酸的回收。

酸碱联合法生产氧化铝，一种方法是先用酸法从高硅矿石中制取含铁、钛等杂质的不纯氢氧化铝，然后再用碱法处理，这一方法的实质是酸法除硅，碱法除铁、钛；另一种方法是用酸处理焙烧后的黏土矿提取氧化铝，再往溶液中加入氨分解铝盐，得到氢氧化铝和氮肥。

热法是用电炉或高炉来进行铝矿石的还原熔炼，同时获得硅铁合金和含氧化铝的炉渣，二者借以密度分离后，再用碱法从炉渣中提取氧化铝。

虽然氧化铝生产方法的种类有许多，但由于技术和经济方面的原因有些方法已被淘汰，有些方法还处于试验研究阶段，目前应用于工业生产的几乎全属碱法。

34.4　铝土矿选矿技术及发展趋势

铝土矿脱硅技术研究较多，从目前的研究现状来说，铝土矿脱硅的方法主要有化学选矿、生物选矿和物理选矿脱硅等。

34.4.1　铝土矿脱硅方法

34.4.1.1　化学选矿脱硅

化学选矿脱硅的两个重要方法——原料预脱硅及焙烧预脱硅。原料预脱硅是利用碱溶液或高苛性比值的铝酸钠溶液，在高液固比及低温下可以让硅选择性地进入溶液。焙烧预脱硅工艺包括预焙烧，溶浸脱硅，固液分离等。其特点是，在一定温度下使含硅矿物发生分解，成为氧化铝和二氧化硅，然后用苛性钠溶液溶出而达到脱硅的目的。见报道的有焙烧—氢氧化钠溶出脱硅工艺和氢氧化钠直接溶出—分选脱硅工艺。但是焙烧预脱硅工艺仍然存在一定的技术难点尚需要解决。

34.4.1.2　生物选矿脱硅

生物选矿脱硅是用微生物分解硅酸盐和铝硅酸盐矿物，将铝硅酸盐矿物分解成为氧化铝和二氧化硅，并使二氧化硅成为可溶物，而氧化铝不溶，从而使得铝、硅得以分离。

V. I. Grondeva 采用 8 个菌种（其中 3 个为环状芽孢杆菌类，3 个为其实验室突变种，另 2 个是黏液芽孢杆菌类）对 5 种矿样进行了 5 天的脱硅试验，硅浸出率为 12.5% ~ 73.6%，硅可能与细菌产生的多糖类结合成配合物，使 SiO_2 转化为可溶物。前苏联对克茨阿无那铝土矿也进行了细菌选矿。21 世纪是生物技术高速发展的时期，生物技术的进步将为细菌脱硅法奠定技术基础，是一种具有长远发展前途的方法，细菌选矿能够获得较高的工艺指标，减少对环境的污染，有节能、低成本等优点，有发展潜力，但目前受到适宜菌种培育及反应动力学因素的限制，周期长，尚处于发展的初级阶段，有待进一步研究。

34.4.1.3　物理选矿脱硅

物理选矿脱硅工艺以天然矿物形态除去含硅矿物，以降低铝土矿中 SiO_2 的含量。根据分选方法的不同，物理选矿工艺又可分为选择性磨矿、洗矿与筛分、选择性絮凝和浮选等，其中浮选法研究较多。

A　选择性碎解

选择性碎解是根据一水硬铝石与脉石硅酸盐矿物的硬度不同，采用不同的磨矿介质和工艺参数，使得铝硅矿物发生不同程度的破碎解离，产生不同粒径和粒级范围的含铝和含硅矿物，再进行粒级分离达到脱硅目的的方法。在铝土矿选矿脱硅过程中，磨矿过程对于后续的选别过程具有重要的影响。我国铝土矿主要组成矿物中一水硬铝石硬度较大，其莫氏硬度为 6.5~7，比较难磨；脉石矿物以铝硅酸盐矿物为主，硬度小，如高岭石莫氏硬度为 1~2.5，磨矿后，硅酸盐矿物易泥化。根据铝土矿组成矿物的这些特点，采用铝土矿选择性磨矿，通过分级粗粒级产品可直接作为精矿，结合铝土矿选矿脱硅工艺，如正浮选，提高粗粒级的铝硅比，不仅可以满足氧化铝工业对原料粒度的要求，而且还能提高选别系统的处理能力，降低成本，消除或者减少粗粒级沉槽现象；对于反浮选脱硅工艺，通过选择性地磨矿工艺，提高铝硅酸盐矿物的磨矿速率，通过分散、选择性絮凝预先脱泥，消除细泥对后续作业的影响，不仅达到脱硅的要求，而且也降低捕收剂的用量，降低成本，增加矿物的处理量。中南大学对一水硬铝石和高岭石的可磨性进行了研究，粉碎性能试验表明，高岭石中 -0.076mm 粒级的生成速度为一水硬铝石的两倍。前苏联对一水软铝石型铝土矿进行了选择性碎解试验，得到 +0.043mm 的精矿和 -0.043mm 的尾矿，原矿 A/S 为 3.9，精矿 A/S 为 6.20，Al_2O_3 回收率 73.8%。我国广西冶金研究院对平果那豆矿石进行了选择性碎解试验，原矿 A/S 为 5.61，选择性碎解后，其粗级别（ +0.037mm）矿 A/S 为 9.76 以上，产率 46.49%。

考虑铝土矿选矿脱硅的特点，从铝土矿组成矿物的物理性质和结晶学特性差异出发，结合各种磨矿因素如磨矿介质、磨矿设备、磨矿浓度以及助磨剂的研究，选择性地强化铝硅酸盐矿物的磨矿过程，使粗粒级中铝矿物相对富集，形成适应我国铝土矿特点的选择性磨矿技术，也将是今后铝土矿选矿脱硅的研究方向之一。

B 化学物理脱硅

我国铝土矿主要属岩溶型矿床，其矿物结构主要包括细晶结构、隐晶胶状结构、豆鲕结构及内碎屑结构，铝矿物与黏土矿物、铁矿物紧密共生，相互之间嵌布粒度很细，铝土矿的这些结构特点，决定了选矿时即便磨得很细也难以使各种矿物充分解离。这就要求适当考虑结合化学的方法来对铝土矿进行预脱硅。化学物理选矿是先将铝土矿用简单的化学方法处理，使铝矿物和硅矿物等杂质充分解离，然后再用物理方法将铝矿物分选出来得到精矿。矿物的化学处理结合在氧化铝生产过程中进行，磨矿按照拜耳法磨矿要求，矿石粒度为 -0.043mm，矿浆在贮槽中 95℃ 左右进行拜耳法常压预脱硅，矿石中部分或大部分高岭石发生反应，以达到铝矿物和硅矿物（包括新生成的水合铝硅酸钠和未反应的高岭石）互相解离的目的。互相解离的矿物具有不同的粒度和密度，一水硬铝石矿物粒度为 $-150\mu m + 10\mu m$，密度为 3.3~3.5g/cm³；高岭石和新生的水合铝硅酸钠等硅矿物粒度为 $-10\mu m$，密度为 2.58~2.8g/cm³，两者用简单的机械分选方法分离，溢流是硅矿物尾矿，底流是一水硬铝石精矿。

C 洗选、筛分流程

洗选和筛分通常适用某些高岭石型铝土矿，根据高岭石易泥化的特点，通过洗选和分级除掉。我国天津地调所对广西平果地区太平矿区 121 号矿体的粒度分析研究表明，+0.5mm 粒级矿石 A/S >20，0.5~0.1mm 粒级矿石 A/S 为 6.95 左右，而 -0.1mm 粒级矿的 A/S <2，这种矿石利用洗选和筛分方法预计能取得非常好的选矿效果。

D 选择性絮凝

选择性絮凝方法适用于嵌布粒度很细的一水软铝石型矿石，矿物中含泥较多，先将矿石细磨至 $-5\mu m$ 的占 30%~40%，以聚丙烯酰胺作絮凝剂，用苏打苛性钠调整 pH 值，以六偏磷酸钠作分散剂,矿浆中铝矿物发生絮凝,絮凝物沉淀与悬浮物分离,原矿含 Al_2O_3 50.25%、SiO_2 18.32%、A/S 为 2.75,经选择性絮凝后,精矿 Al_2O_3 60.2%,SiO_2 12.3%,A/S 5.0,产率为 50.40%。前苏联对一水软铝石型铝土矿进行选择性絮凝脱硅小型试验,原矿 A/S 为 3.9,得到精矿 A/S 为 6.2,Al_2O_3 回收率 58.1%。在国内,中南大学选矿研究团队处理原矿 A/S 为 4.88,获得精矿 A/S 为 6.63,Al_2O_3 回收率 86.74%。

E 浮选

浮选脱硅法是迄今为止研究较多的方法,依据矿物表面性质的不同,实现矿物的分离,也是较为有效和经济的方法之一。按照选别过程中有用矿物的走向,在铝土矿的浮选技术上又可分为正浮选和反浮选。正浮选是浮选有用目的矿物,也即一水硬铝石矿物,使脉石矿物留在槽中的选别过程。反浮选则是根据一水硬铝石型铝土矿中主要矿物的含量特点,采用浮少抑多的原理,将矿石中含量较少的含硅矿物作为泡沫产品浮出,使产率为 70%~80% 的高铝硅比一水硬铝石精矿留在浮选槽内,从而实现铝土矿脱硅的工艺。正浮选技术相对来说较容易实现,但是由于铝土矿中的氧化铝含量高,正浮选不符合浮少抑多的原则,同时还存在精矿脱水困难、药耗高,精矿中夹带的浮选药剂影响后续的冶炼过程等缺点,从而提出了在原理上具有明显优势的反浮选工艺,亦即浮选含硅矿物使得铝土矿中的铝硅得以分离的方法。因此,反浮选是具有发展前途的方法。

几十年来,国外以及我国对铝土矿脱硅选矿进行了大量的试验研究,方法大致分为物理选矿和化学选矿,目前这些方法大多还处于实验室试验阶段或半工业化试验阶段。因为选矿受到经济、能耗、环境三方面的制约,相对于其他有色金属精矿而言,铝精矿价格相对低得多,所以对铝土矿选矿,只能采用工艺简单、成本低、能耗低、无环境污染的方法来选出精矿,才能在氧化铝工业生产中付诸实现。

34.4.2 铝土矿磨矿

34.4.2.1 矿物的嵌布特性与选择性磨矿

我国的铝土矿主要为沉积型一水硬铝石型铝土矿,矿石的特点是铝、硅含量高,铝硅比较低,据统计,铝硅比小于 9 的矿石占 81.38%。通过选矿脱硅可以将矿石的铝硅比提高到 11 以上,满足拜耳法生产氧化铝工艺的生产要求。铝土矿的磨矿是铝土矿选矿脱硅,实现铝、硅矿物分离的前提。

一水硬铝石型铝土矿中主要的富铝矿物为一水硬铝石,主要的含硅矿物为高岭石、伊利石、叶蜡石等层状铝硅酸盐。其嵌布特性是:主要矿物的嵌布粒度细,一水硬铝石与铝硅酸盐矿物的嵌布关系复杂。一水硬铝石常以粒状、板状、柱状、鲕状、细粒或隐晶质等形式产出,嵌布粒度较细,有重结晶等作用后,粒度增粗。铝硅酸盐矿物主要以隐晶质、微晶质、细鳞片状集合体和胶体等形式产出,嵌布粒度比一水硬铝石的更细。河南铝土矿样中,一水硬铝石的嵌布粒度:+0.074mm 的占 23.2%,-0.020mm 的占 36.43%;铝硅酸盐矿物的嵌布粒度:+0.074mm 的占 12.41%,-0.020mm 的占 50.08%。

鉴于铝土矿中主要矿物的嵌布粒度细,要实现铝、硅矿物间较充分的单体解离需要细磨。因此,早期的铝土矿选矿脱硅,往往磨矿细度在 -0.074mm 的占 95% 以上。但是,入选粒度过细,造成选矿过程中铝、硅分离的选择性下降,选矿指标偏低,精矿脱水困难,而且磨矿能耗高。20 世纪 90 年代以来,磨矿细度放粗到 -0.074mm 的占 70%~

80%，选矿脱硅指标得到较大幅度的提高，选矿工艺流程畅通，选矿—拜耳法生产氧化铝工艺已经开始工业应用。

拜耳法生产氧化铝工艺要求原料的铝硅比大于8，即允许少量铝硅酸盐矿物进入精矿。表34-4-1中列出了不同的铝硅比精矿中允许存在的铝硅酸盐矿物的比例，这说明，可以适当放粗磨矿细度。

表34-4-1 不同铝硅比的精矿中一水硬铝石与铝硅酸盐矿物的比例

精矿铝硅比	一水硬铝石：铝硅酸盐	
	重量比	体积比
11	(5.55~8.30):1	(4.32~6.77):1
13	(6.65~9.87):1	(5.22~8.09):1
15	(7.74~11.44):1	(6.04~9.31):1

通过磨矿，获得适宜粒度的入选物料是选别前磨矿的目的之一，但是磨矿的根本目的在于使有用矿物从脉石矿物中解离出来。简单的放粗磨矿细度，虽然可以降低磨矿能耗、避免过粉碎，但是难以实现铝、硅矿物的有效解离。因此，利用最小的能量输入，获得最高的单体解离度和最适宜的入选粒度是磨矿过程的最终目标。

根据氧化铝工业的要求，要提高铝硅分离的选择性，降低能耗，获得更好的选矿技术经济指标，同时又要避免过粉碎，在铝土矿石的粉碎中，选择性解离至关重要，铝土矿应该采用选择性磨矿。

在铝土矿的选择性磨矿过程中，诸多因素都会影响其选择性，需要建立矿石的工艺矿物学性质与选择性解离之间的关系；研究不同的粉碎力作用方式对铝土矿选择性解离的影响，介质形状、介质尺寸、介质配比、介质充填率及粉磨浓度等对铝土矿选择性解离的影响，磨矿助剂对铝土矿选择性磨矿效果、粉碎效率的影响等。利用含铝矿物与含硅矿物之间可磨性的差异，实现一水硬铝石和含硅矿物在粗磨条件下选择性解离。

34.4.2.2 铝土矿石及其粉碎产品的特性

A 铝、硅矿物的特性

我国铝土矿石中，作为铝矿物回收的主要是一水硬铝石，需要脱除的含硅矿物为铝硅酸盐，有高岭石、伊利石、叶蜡石。

铝、硅矿物在硬度上有明显的差异（见表34-4-2）。一水硬铝石的硬度较高，以上三种铝硅酸盐矿物的硬度低。这两类矿物在晶体结构上也差异明显：一水硬铝石属链状结构，原子间主要以离子键相连；高岭石、伊利石、叶蜡石均为层状结构，层间为氢键、弱离子键、分子键。因此，四种矿物在相同的外力场中粉碎时，粒度减小速率不同。这是铝土矿石中铝、硅矿物选择性解离的基础。

表34-4-2 铝、硅矿物的硬度差异

矿 物	一水硬铝石	高岭石	伊利石	叶蜡石
莫氏硬度	6~7	1~3	1~2	1~2

B 铝土矿石粉碎产品的特性

在铝土矿石中，由于铝、硅矿物及其集合体的性质差异较大，机械强度各不相同，在常规的破碎、磨矿条件下粉碎，铝、硅矿物在产品中各粒级的分配存在着选择性。硅矿物的平均粒度小于一水硬铝石，主要以细粒级存在，粗粒级中硅矿物的含量相对较低。即铝土矿石在粉碎过程中表现出明显的选择性碎解特性。

表 34-4-3 是河南铝土矿样工业规模细碎产物的粒度分析。从表 34-4-3 可见，铝土矿石破碎产物的特性主要表现为：粗粒级的产率较低，细粒级含量较高，细碎产品 −0.074mm 粒级产率大于 10%；细碎产品中，各粒级的铝硅比不相同，从粗粒级到细粒级，粒级的铝硅比呈明显的下降趋势。铝土矿在破碎过程中存在着选择性粉碎作用，铝硅酸盐矿物较一水硬铝石更易于粉碎，使铝硅酸盐矿物在细粒级富集。

表 34-4-3   河南某铝土矿细碎产品粒度分析

粒级/mm	产率/%	品位/%		A/S
		Al_2O_3	SiO_2	
−12 +4	31.97	65.0	10.66	6.10
−4 +2	13.27	67.2	10.66	6.30
−2 +0.83	25.63	64.6	10.95	5.90
−0.83 +0.15	12.36	63.5	11.24	5.65
−0.15 +0.09	3.07	61.4	11.96	5.13
−0.09 +0.074	0.09	60.3	12.64	4.78
−0.074 +0.043	1.36	60.1	12.40	4.85
−0.043 +0.037	1.29	57.8	15.31	3.78
−0.037 +0.010	7.74	56.0	17.32	3.23
−0.010	2.41	48.7	22.54	2.16
合　计	100.00	63.6	11.74	5.42

铝土矿矿石磨矿产品的粒度分布呈粗细两极分化的典型特性：−0.074mm +0.045mm 的中间粒级含量低，各粒级的铝、硅矿物含量也不同，粗粒级铝硅比高于平均铝硅比值，细粒级尤其是 −0.010mm 粒级铝硅比低于平均值。表 34-4-4 是两种河南铝土矿样实验室磨矿产品的粒度分析，可见铝、硅矿物在铝土矿石磨矿产品各粒级的分配规律与破碎产品相同，铝矿物在粗粒级富集，铝硅酸盐矿物在细粒级富集，磨矿过程中也存在着选择性。

表 34-4-4   河南某铝土矿磨矿产品粒度分析

样品	粒级/mm	产率/%	品位/%		A/S
			Al_2O_3	SiO_2	
试样 1	+0.15	5.69	65.4	10.35	6.32
	−0.15 +0.097	16.87	66.7	10.67	6.25
	−0.097 +0.074	3.46	66.5	10.67	6.22
	−0.074 +0.043	16.16	66.0	10.39	6.35
	−0.043 +0.037	6.91	64.6	10.54	6.13
	−0.037 +0.010	22.14	65.0	8.86	7.34
	−0.010	28.77	51.5	15.88	3.24
	合　计	100.00	61.61	11.70	5.27
试样 2	+0.15	4.88	67.2	9.7	6.93
	−0.15 +0.097	17.07	68.4	9.12	7.50
	−0.097 +0.074	5.28	68.4	8.92	7.67
	−0.074 +0.043	16.26	68.4	8.77	8.00
	−0.043 +0.037	8.23	67.4	9.21	7.23
	−0.037 +0.010	21.36	67.5	8.05	8.39
	−0.010	26.92	48.8	15.31	3.18
	合　计	100.00	62.79	10.53	5.96

34.4.2.3　磨矿方式与铝土矿的选择性磨矿

矿石的粉碎有干式和湿式两种方式。相比之下，湿式磨矿比干式磨矿更有利于选择性解离。图34-4-1是铝土矿的磨矿方式对选择性磨矿作用的影响。结果表明，对原矿铝硅比为5.88的河南铝土矿，在磨矿产品的 +0.038mm 粒级中，湿式磨矿比干式磨矿的粗粒级中的金属分布率低、铝硅比高，尤其是 +0.15mm 粒级，湿磨比干磨产品铝硅比的提高幅度大。图示试验磨矿机为 ϕ305mm × 305mm 球磨机。

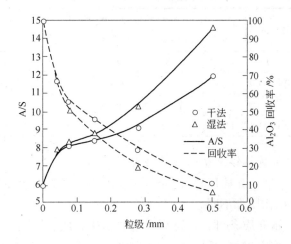

图 34-4-1　磨矿方式对铝土矿磨矿选择性的影响

图34-4-2是实验室球磨产品的粒度分析，图34-4-3是实验室棒磨产品的粒度分析。铝土矿棒磨机磨矿产品的粒度组成比球磨机磨矿产品的粒度组成相对均匀，在磨矿细度从 −0.074mm 占55%增至95%时，棒磨产品 +0.15mm 粒级产率始终较低，而球磨产品在磨矿细度较粗时，尤其是磨矿细度小于 −0.074mm 占60%时， +0.15mm 粒级产率高达20%以上。

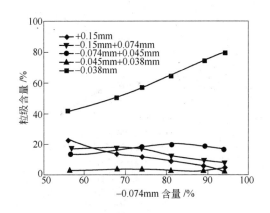

图 34-4-2　实验室球磨排矿中各粒级含量与磨矿细度的关系

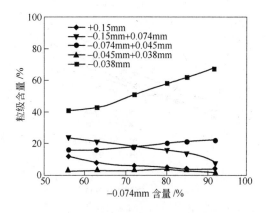

图 34-4-3　实验室棒磨排矿中各粒级含量与磨矿细度的关系

对铝土矿实验室磨矿产品中 +0.074mm 粒级的解离分析发现（表34-4-5），在磨矿细度略高于球磨时，棒磨产品中 +0.10mm 粒级含一水硬铝石大于95%的连生体只占粒级总量的7.33%，而球磨产品中则占粒级总量的17.82%；棒磨产品中 +0.074mm -0.10mm 粒级含一水硬铝石大于95%的连生体只占粒级总量的11.85%，而球磨产品中则占粒级总量的19.14%。这说明，棒磨产品粗粒级的解离程度较球磨低，棒磨产品粗粒级中连生体的含量高，棒磨的选择性磨矿作用差。

表 34-4-5　铝土矿磨矿产品 +0.074mm 粒级解离分析

磨矿方式磨矿细度 (-0.074mm)/%	粒级/mm	产率/%	一水硬铝石连生体含量/%			硅矿物连生体含量/%		
			含铝 >95%	含铝 >50%	合计	含硅 >95%	含硅 >50%	合计
球磨 74	+0.10	15.6	17.82	50.64	68.46	3.75	23.87	27.62
	-0.10 +0.074	10.4	19.14	60.59	79.73	2.51	11.34	13.85
棒磨 75.7	+0.10	9.4	7.33	59.36	66.69	3.03	24.22	27.25
	-0.10 +0.074	14.6	11.85	52.65	64.50	4.02	24.37	28.39

34.4.2.4　磨矿介质与铝土矿的选择性磨矿

在铝土矿磨矿中，磨矿介质形状对磨矿的影响明显。不同形状的磨矿介质对铝土矿的磨矿速率和选择性磨矿作用都不同。

采用表 34-4-6 所示介质条件，对球形介质、长棒介质、短圆柱介质、短圆柱和球形介质混装进行实验室磨矿试验，长棒介质采用棒磨机，其他三种介质条件采用球磨机。图 34-4-4 是磨矿产品中 -0.074mm 粒级的含量与磨矿时间的关系。图 34-4-5 是磨矿产品 +0.074mm粒级铝硅比随时间的变化曲线。

表 34-4-6　铝土矿磨矿介质

介质	长棒介质	球形介质	短圆柱介质	短圆柱 + 球形介质
重量/kg	8.38	11.15	11.15	11.15

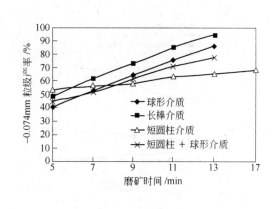

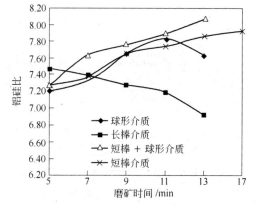

图 34-4-4　磨矿产品 -0.074mm 粒级含量与
　　　　　磨矿时间的关系

图 34-4-5　磨矿产品 +0.074mm 粒级铝硅比
　　　　　随时间的变化

从图 34-4-4 可见，在相同的磨矿时间下，不同磨矿介质的磨矿产品中 -0.074mm 粒级的含量不同，对于四种介质条件，其磨矿速率由高到低的顺序为：长棒介质 > 球形介质 > 短圆柱 + 球形介质 > 短圆柱介质。

从图 34-4-5 可见，在相同的磨矿时间下，不同磨矿介质的磨矿产品中 + 0.074mm 粒级的铝硅比不同；随着磨矿时间的增长，长棒介质的磨矿产品中 + 0.074mm 粒级的铝硅比不断降低，即磨矿的选择性作用下降，其他三种介质的磨矿产品中 + 0.074mm 的铝硅比提高，即磨矿的选择性作用增强。因此，这四种介质条件的选择性磨矿作用由高到低的顺序为：短圆柱 + 球形介质和短圆柱介质 > 球形介质 > 长棒介质。长棒介质对于铝土矿没有选择性磨矿作用，球形介质对铝土矿具有一定的选择性磨矿作用，短圆柱介质和短圆柱 + 球形介质对铝土矿具有较好的选择性磨矿作用。

不同尺寸磨矿介质及其配比对提高磨矿速率和选择性磨矿的影响不可忽视。大尺寸介质有利于粗粒物料的粉碎，但过量后产生过粉碎，且造成能量浪费。添加一定量小尺寸介质能强化介质对物料的磨剥作用，减少冲击作用，有利于选择性磨矿。

图 34-4-6 是介质的尺寸对铝土矿的选择性磨矿作用。对矿石铝硅比为 5.88 的河南铝土矿，直径 15 ~ 50mm 的五种球介质的选择性磨矿作用不同：ϕ50mm 球与 ϕ40mm 球提高粗粒级铝硅比的作用规律一致，尤其是对 + 0.25mm 粒级铝硅比提高较大，ϕ40mm 球的选择性磨矿作用强于 ϕ50mm 球；ϕ30mm 球与 ϕ20mm 球提高粗粒级铝硅比的作用规律一致，ϕ20mm 球的选择性磨矿作用强于 ϕ30mm 球，但是，这两种中等直径的球介质对 + 0.4mm 粒级的选择性磨矿作用比前两种大直径的球要弱；ϕ15mm 球对 + 0.15mm 粒级的提高铝硅比的作用较弱。也就是说，要实现铝土矿选择性磨矿，不同粒级的铝土矿适宜的球径不同，适当降低磨矿介质的尺寸，有利于增强选择性磨矿作用，但尺寸过小，难以产生选择性磨矿作用。图 34-4-6 所示的试验是在 ϕ305mm × 305mm 球磨机上完成的。

图 34-4-7 是介质的尺寸和配比对铝土矿磨矿选择性的影响。试验矿样为河南铝土矿，矿样铝硅比为 5.68，磨矿设备为 XMQ-67 型实验室球磨机，短圆柱和球形介质混装，介质总重量 4kg，磨矿浓度 60%，介质配比见表 34-4-7。

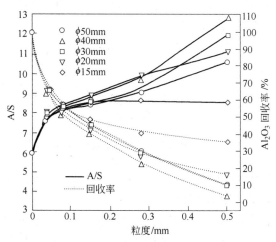

图 34-4-6　铝土矿选择性磨矿中
介质尺寸的影响

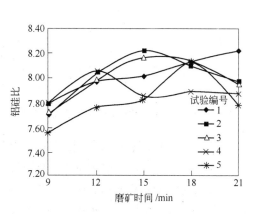

图 34-4-7　介质配比对铝土矿的
选择性磨矿作用

表 34-4-7　磨矿介质配比条件

试验编号	φ24mm×35mm/%	φ18mm×30mm/%	φ20mm/%	φ10mm/%
1	18	24	40	18
2	27	27	32	14
3	28	33	25	15
4	32	32	18	18
5	25	49	13	13

　　从图 34-4-7 可见，介质条件 1 时，磨矿产品的铝硅比随磨矿时间延长而增加，其他四种介质条件下，磨矿产品的铝硅比在某一磨矿时间达到最大值，随后进一步延长磨矿时间，产品的铝硅比下降，这四种介质条件下，分别在不同的磨矿时间下达到产品铝硅比的最大值。这说明，要强化铝土矿磨矿的选择性，必须有合适的磨矿介质配比。

　　磨矿介质的充填率对铝土矿的选择性磨矿也有影响，适当的充填率，有利于选择性磨矿作用的产生，如图 34-4-8 所示，介质充填率 40% 比 35% 的磨矿产品的铝硅比更高。

34.4.2.5　影响铝土矿磨矿选择性的其他因素

　　铝土矿磨矿过程中，球料比、磨矿浓度、磨机的转速率等均影响磨矿的选择性。这些因素各自的取值适当时，才能较好地实现选择性磨矿。

　　图 34-4-9 是料球比对铝土矿选择性磨矿的影响，料球比 1.1 与 0.9 比较，后者的条件下，磨矿产品的铝硅比有更大提高。

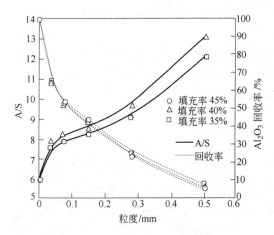

图 34-4-8　铝土矿选择性磨矿中介质充填率的影响　　图 34-4-9　料球比对铝土矿选择性磨矿的影响

　　图 34-4-10 反映的是磨矿浓度对铝土矿选择性磨矿的影响，可见磨矿浓度过高或过低均不利于选择性磨矿，磨矿浓度 70% 时，选择性磨矿作用最强。

　　磨机的转速率会影响磨矿介质的运动方式。适当的转速率才能有较好的选择性磨矿效果。图 34-4-11 示出，转速率在 91% 时，+0.04mm 各粒级的铝硅比从 6 提高到 8 以上，最高达到 13 以上。

　　助磨剂影响矿物的可磨性已为许多研究所证实。化学助剂同样对铝土矿磨矿的磨矿效

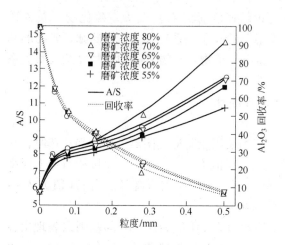

图 34-4-10 磨矿浓度对铝土矿选择性磨矿的影响

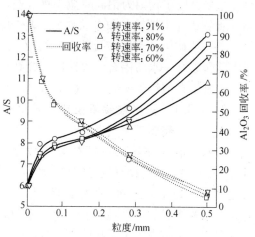

图 34-4-11 磨机的转速率对铝土矿选择性磨矿的影响

率和磨矿过程的选择性有影响。六偏磷酸钠、柠檬酸等五种助剂对铝土矿磨矿效率的影响是，它们均可以提高铝土矿磨矿的效率（见表34-4-8），也就是说，选择合适的助磨剂强化磨矿过程是可行的。但是，助剂对磨矿效率的提高存在着饱和值，当磨矿效率提高到一定值后，再增加助剂的用量，磨矿效率不再提高。如图34-4-12六偏磷酸钠用量低时，对磨矿效率基本不产生影响；当六偏磷酸钠用量增加到0.1%时，磨矿产品中 – 0.074mm 粒级含量从 47% 增加到大于53%，进一步增大六偏磷酸钠的用量，磨矿效率增加不大。

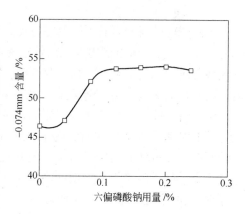

图 34-4-12 六偏磷酸钠对铝土矿磨矿效率的影响

表 34-4-8 化学助剂对铝土矿磨矿效率的影响

助剂种类	粒级含量提高值/%					
	– 0.043mm	– 0.076mm	– 0.154mm	– 0.28mm	– 0.5mm	– 2.0mm
DC(Z-16)	7.0	7.47	7.89	8.55	8.44	2.26
DA	6.9	7.88	8.01	8.72	8.66	2.53
DC-40	6.41	7.54	7.40	8.04	7.71	1.82
六偏磷酸钠	6.86	7.62	8.64	9.77	9.37	2.35
柠檬酸	1.57	1.59	2.03	2.69	2.89	0.47

34.4.3 一水硬铝石型铝土矿的浮选

我国铝土矿资源的特点是高铝、高硅、低铁，一水硬铝石是铝土矿中的主要有用矿物，主要杂质矿物则为铝硅酸盐矿物（高岭石、伊利石、叶蜡石、绿泥石）、石英、铁矿物（针铁矿、水针铁矿和赤铁矿）、钛矿物（锐钛矿和金红石）及少量硫化物（黄铁矿等）等。原矿中的铝硅酸盐脉石矿物与一水硬铝石的嵌布关系复杂。在含硅脉石矿物的基质中常包裹有一水硬铝石、锐钛矿、金红石和锆石等矿物。矿物之间的这些复杂嵌布关系给一水硬铝石型铝土矿的选矿脱硅带来了较大难度。

34.4.3.1　一水硬铝石型铝土矿中矿物的可浮性

A　一水硬铝石可浮性

一水硬铝石的零电点（PZC）一般为 5 ~ 7。当采用脂肪酸类阴离子捕收剂浮选时，在 pH 值为 4 ~ 11 时均具有较好的可浮性，尤其是在 pH 值为 5 ~ 10 时，一水硬铝石的上浮率可达到 90% 以上。当 pH 值大于 11 时，一水硬铝石的上浮率略有降低。当 pH 值为 3 ~ 4 时，一水硬铝石的可浮性较差，上浮率为 20% ~ 40%。

采用脂肪胺类阳离子捕收剂浮选时，一水硬铝石在 pH 值为 5 ~ 10 的范围内表现出较好的可浮性，一水硬铝石的上浮率可达 80% 以上。pH 值大于 10 和小于 5 的范围内，一水硬铝石可浮性相对较差。

B　高岭石可浮性

不同产地的高岭石有不同的零电点，一般在 2.5 ~ 4。当采用脂肪酸类阴离子捕收剂浮选时，在整个 pH 值范围内表现出较差的可浮性，其上浮量仅在 30% 左右。当采用十二烷基硫酸盐或十二烷基磺酸盐作捕收剂时，高岭石的可浮性有所提高，pH 值为 2 ~ 7 的范围内，高岭石上浮量可达 50% 左右。随着 pH 值增加，其可浮性同样逐渐下降。

采用脂肪胺类阳离子捕收剂浮选高岭石，在 pH 值为 2 ~ 4 的范围内表现出较好的可浮性，其上浮率可达 80% 左右，随 pH 值的升高，其可浮性降低。pH 值大于 10 的范围内，高岭石的上浮量降低至 20% 左右，这可能与脂肪胺类药剂的性质有关。十六烷基三甲基溴化铵等季铵盐类阳离子捕收剂在高用量时，对高岭石的捕收能力和选择性均较十二胺好，且浮选的 pH 值范围较十二胺时宽。

C　伊利石可浮性

铝土矿矿石中，伊利石是所有硅酸盐矿物中可浮性最差的矿物。当采用脂肪酸类阴离子捕收剂浮选时，在整个 pH 值范围内的可浮性均较差，其上浮量仅在 10% 左右。当采用脂肪胺类阳离子捕收剂浮选时，在强酸性范围内表现出相对较好的可浮性，其上浮率可达 30% 左右，随 pH 值的升高，其可浮性显著降低，直至不浮。

D　叶蜡石可浮性

叶蜡石是铝土矿矿石中所有硅酸盐矿物中可浮性相对最好的矿物。当采用脂肪酸类阴离子捕收剂浮选时，在整个 pH 值范围内，其可浮性均较其他硅酸盐矿物好，其上浮率可达 60% 左右。采用脂肪胺类捕收剂浮选时，其浮选 pH 值范围较其他硅酸盐宽，在 pH 值为 3 ~ 9 的范围内表现出相对较好的可浮性，其上浮率可达 80% 左右，随 pH 值的升高，其可浮性略有降低。

采用合成的新型阳离子胺类捕收剂，叶蜡石、伊利石、高岭石的可浮性都有所改善，特别是用多胺、季胺、酰胺基胺类捕收剂，三种矿物的可浮性非常好。而且，几种无机和有机调整剂能调整一水硬铝石与这些硅酸盐矿物可浮性的差异，为一水硬铝石与硅酸盐矿物的分离奠定了基础。

34.4.3.2 铝土矿浮选脱硅工艺影响因素

影响浮选过程的各种工艺因素均影响铝土矿浮选脱硅过程。根据铝土矿浮选脱硅的特点，重要的影响因素包括以下内容。

A 矿石性质

主要指铝土矿原矿的铝硅比、矿物组成和嵌布关系等。此外，不同产地的铝土矿，由于成矿条件的不同，可浮性也存在显著差异。一般而言，原矿铝硅比越高，矿石的可选性就越好（见表34-4-9和表34-4-10）。当原矿铝硅比降低至4以下时，其分选脱硅的难度明显增加。

表34-4-9 山西及河南矿区铝土矿正浮选指标

矿 区	精矿品位/%		Al_2O_3 回收率/%	原矿 A/S	精矿 A/S
	Al_2O_3	SiO_2			
山西矿区	67.64	6.14	85.35	4.40	11.02
河南矿区	66.82	6.04	84.92	4.29	11.06
	70.87	6.22	86.45	5.90	11.39

表34-4-10 山西及河南矿区铝土矿反浮选指标

矿 区	精矿品位/%		Al_2O_3 回收率/%	原矿 A/S	精矿 A/S
	Al_2O_3	SiO_2			
山西矿区	65.91	8.12	81.07	4.71	8.12
河南矿区	69.43	6.60	85.04	5.67	10.52
	68.90	6.86	85.76	5.72	10.04

铝土矿中矿物组成的变化对浮选脱硅的影响较大，具体表现在：

（1）铝土矿中叶蜡石含量偏高时，因其可浮性较好，易进入泡沫产品，对正浮选脱硅不利，相反则对反浮选有利。

（2）铝土矿中高岭石含量偏高时，由于其可浮性较差，对正浮选脱硅有利，而对反浮选脱硅不利。

（3）铝土矿中伊利石含量偏高时，因其为相对最难浮的矿物，因此对正浮选脱硅极为有利，相反对反浮选脱硅过程极为不利。

B 粒度

铝土矿石中不同矿物之间的可磨度差别较大，磨矿过程中极易发生过粉碎现象，产生大量次生矿泥，从而影响浮选脱硅过程。试验研究表明，随着磨矿细度的增加，虽对提高精矿铝硅比有利，但由于泥化现象而会影响浮选过程。因此，要达到一水硬铝石较好解离而又减少过粉碎，实现选择性磨矿是极为关键的。

在达到矿物有效解离的前提下，对正浮选而言，磨矿产品粒度相对细时为好，而反浮选的磨矿细度相对可适当放粗。但由于矿石粒度组成不均匀，且不同矿物间的可磨度差别较大。磨矿试验的指导思想是：通过调整磨矿工艺参数，尽量减少+0.15mm和-0.043mm两个粒级的含量，增加中间易浮粒级的含量，从而实现选择性磨矿。

C　矿泥

目前在铝土矿浮选过程中对处理矿泥所采取的措施主要有：

（1）添加矿泥分散剂，如碳酸钠、六偏磷酸钠、水玻璃及新型分散剂等。

（2）分段、分批加药。反浮选过程中，由于阳离子捕收剂对矿泥特别敏感，应采用分段加药。

（3）研究表明，采用选择性脱泥是消除矿泥影响最有效的方法。不论是正浮选还是反浮选，脱除矿泥都是非常重要的。通常在磨矿过程中添加高效分散剂，然后采用浓泥斗等脱泥设备实现选择性脱泥。试验结果表明，可脱除的矿泥产率为 10%，铝硅比小于 1.6。

D　矿浆浓度

矿浆浓度对铝土矿浮选脱硅过程的影响显著。矿浆过浓时，矿浆黏度增加，机械夹杂严重。矿浆浓度过稀，浮选时间相应缩短，药剂消耗增加。对正浮选过程，浮选可相应采用较高矿浆浓度。对反浮选脱硅过程则相应采用较低的矿浆浓度，试验适宜的反浮选矿浆浓度为 15% ~ 20%。

E　药剂制度

药剂制度是影响浮选过程的重要因素。对铝土矿浮选脱硅而言，合理添加浮选药剂，不仅能保证矿浆中药剂的有效浓度，而且能大幅度提高浮选指标。药剂的添加方式与矿石性质、药剂性质、采用的浮选工艺及要求有关。对铝土矿浮选脱硅工艺而言，捕收剂则最好采用分段添加方式。

F　其他因素

a　矿浆酸碱度　铝土矿浮选脱硅过程中，矿浆酸碱度主要影响矿物表面电性及浮选药剂的作用。采用脂肪酸类捕收剂浮选时，正浮选工艺适宜的矿浆 pH 值宜控制在 8 ~ 10 的范围内。采用季铵盐类阳离子捕收剂浮选时，反浮选工艺的矿浆 pH 值则应控制在 5 ~ 7 的范围内为好。

b　水质　浮选水质对铝土矿浮选过程有较大影响。正浮选工艺由于采用脂肪酸类捕收剂，对浮选用水中的钙、镁离子极为敏感。对钙、镁含量高的硬水，可加大碳酸钠的用量以减轻它们对浮选过程的影响。反浮选工艺由于采用阳离子捕收剂时，选矿水质对工艺过程的影响则相对较小。

c　矿浆温度　由于铝土矿正浮选采用脂肪酸类捕收剂，对矿浆温度有一定要求，矿浆温度一般应控制在 15℃ 以上。温度过低时，捕收剂的溶解度下降，捕收性能随之降低。反浮选工艺若采用脂肪胺类阳离子捕收剂，如十二胺时，浮选矿浆温度也应保持在 25℃ 以上。对中南大学开发的新型阳离子捕收剂 DTAL 而言，由于其具有良好的水溶性能，可在 5℃ 以上的低温矿浆中使用。

d　浮选机转速　浮选机转速影响矿浆中颗粒的悬浮、矿浆流体的运动状态及颗粒与药剂间的接触等。对正浮选工艺，为避免粗颗粒脱落，浮选机转速比常规浮选机转速低 20% ~ 30%，为 150 ~ 270r/min。反浮选试验结果表明，浮选机转速较低时，矿浆的紊流作用差，颗粒悬浮效果差，表现出精矿回收率较高，而精矿质量相对较差。转速升高有利于颗粒与药剂接触，细粒含硅矿物浮选速率增大，精矿质量提高，较适宜的浮选机转速为 300 ~ 350r/min。

e　浮选机充气量　泡沫结构是影响浮选过程的关键因素，但影响泡沫结构的因素众多，主要包括起泡剂种类及用量、浮选矿浆浓度、浮选机转速、浮选机转子与定子结构及充气量等。对正浮选工艺，其浮选机充气量应调整为常规浮选设备的20%左右，才能保证粗颗粒一水硬铝石的有效上浮，一般应控制在 $0.15 \sim 0.30 m^3/(m^2 \cdot min)$。反浮选试验结果表明，随充气量的增加，气泡量增多，泡沫流量增大，含硅物浮选速率增大，反浮选精矿的质量提高，但回收率相对下降。适宜的充气量范围与常规有色金属矿浮选相近，一般为 $1.0 m^3/(m^2 \cdot min)$ 左右。

34.4.3.3 铝土矿正浮选脱硅工艺

正浮选工艺采用浮多抑少的原则，泡沫产品为一水硬铝石，其产率约为80%，槽内产品为含硅脉石矿物，产率约为20%。经过"九五"攻关系统的研究，完成了铝土矿正浮选脱硅工艺50t/d规模的工业试验，并于2003年在河南中州铝厂实现了工业应用，建成了世界上第一座铝土矿选矿厂。

"九五"攻关的工业试验样品取自河南洛阳、渑池、沁阳、济源和巩义等矿区。工艺矿物学研究表明，原矿中一水硬铝石为主要有用矿物，含量大约为66.72%。脉石矿物主要为伊利石、高岭石、叶蜡石及绿泥石。铁矿物有锐钛矿、针铁矿、赤铁矿及板钛矿等。其中，伊利石含量约为15.43%，高岭石含量约为6.45%，叶蜡石含量约为1.96%，含钛矿物含量约为2.92%，其他矿物含量约为6.52%。

正浮选工艺工业试验中，在磨机中添加碳酸钠分散矿浆，磨矿细度为 -0.076mm 的占75%。添加阴离子捕收剂 HZB 浮选一水硬铝石，组合药剂 HZT（以六偏磷酸钠为主）作矿浆分散剂和硅酸盐矿物抑制剂。浮选工艺流程见图 34-4-13，试验指标见表 34-4-11。

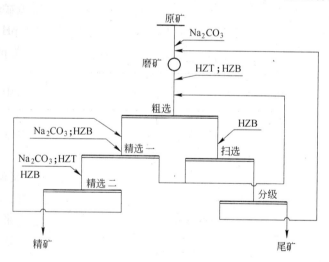

图 34-4-13 铝土矿正浮选工业试验原则工艺流程

表 34-4-11 铝土矿正浮选"九五"攻关工业试验指标

产品名称	产率/%	品位/%		回收率/%		A/S
		Al_2O_3	SiO_2	Al_2O_3	SiO_2	
精 矿	79.52	70.87	6.22	86.45	44.76	11.39
尾 矿	20.48	43.13	29.81	13.55	55.24	1.45
原 矿	100.00	65.19	11.05	100.00	100.00	5.90

铝土矿正浮选工业试验结果表明，在原矿铝硅比为 5.90 时，可获得精矿铝硅比为 11.39，Al_2O_3 回收率为 86.45% 的优良指标。

尽管铝土矿正浮选脱硅工艺在工业生产中得到了应用，但尚存在许多不足之处，正浮选工艺表现出以下基本特点：

（1）适应于处理伊利石和高岭石含量高的铝土矿；

（2）由于采用了脂肪酸类药剂，精矿疏水性强，脱水困难，精矿水分高；

（3）使用脂肪酸类药剂，矿浆需保持较高的温度；

（4）精矿含大量有机物，对后续拜耳溶出过程存在一定影响。

34.4.3.4 铝土矿反浮选脱硅工艺

反浮选工艺采用浮少抑多的原则，泡沫产物为含硅矿物（产率约为 20%），槽内产物为一水硬铝石（产率约为 80%）。一水硬铝石型铝土矿中，硅酸盐矿物种类较多，可浮性差别较大，反浮选脱硅的工艺技术难度明显较正浮选工艺大。在大量试验室研究的基础上，针对采自河南省洛阳铝矿贾沟矿区、渑池铝矿转沟矿区、沁阳民采矿点、巩义涉村矿区及济源民采矿的铝土矿矿样，在河南小关铝矿进行了规模为 50t/d 的铝土矿反浮选工业试验。原矿化学成分分析结果见表 34-4-12。

表 34-4-12 原矿化学成分分析结果

成 分	Al_2O_3	SiO_2	Fe_2O_3	TiO_2	CaO	MgO	K_2O	Na_2O	S	A/S
含量/%	64.10	11.12	5.18	3.10	0.67	0.42	1.28	0.095	0.16	5.76

工艺矿物学研究结果表明，试验矿样中主要矿物为一水硬铝石、伊利石、高岭石和叶蜡石，其次为锐钛矿、石英，以及少量的针铁矿和微量的方解石等，见表 34-4-13。

表 34-4-13 铝土矿矿样的矿物组成 （%）

一水硬铝石	高岭石	伊利石	蒙脱-伊利石	叶蜡石	锐钛矿	石英	赤铁矿
67.5	7.9	8.4	5.0	5.5	1.9	2.0	1.8

根据图 34-4-14 的工艺流程，工业试验经过 32 个生产班的稳定运转，得到的加权综合

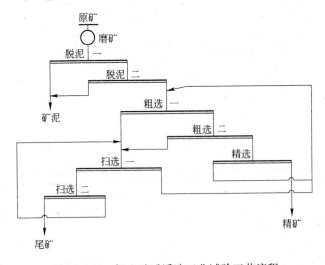

图 34-4-14 铝土矿反浮选工业试验工艺流程

指标为：处理干矿量 162.20t，原矿 Al_2O_3 64.07%，SiO_2 10.89%，铝硅比为 5.88，精矿 Al_2O_3 68.67%，SiO_2 6.80%，铝硅比为 10.10，精矿 Al_2O_3 回收率 82.41%，SiO_2 48.01%。

通过工业试验表明铝土矿反浮选脱硅工艺具有以下基本特点：

（1）与正浮选工艺相比，反浮选工艺采用浮少抑多的原则，原理上更加合理。

（2）得到的一水硬铝石精矿脱水性能好，陶瓷过滤机产能提高约 400kg/(m^2·h)，水分低，有机物含量低，有利于拜耳法溶出过程，在经济上较正浮选也具有较大的优势。

（3）新型阳离子捕收剂具有良好的水溶性和耐低温性（小于5℃），药剂性能不会受到任何影响，非常适合于北方地区使用。

34.4.4　铝土矿选矿药剂

34.4.4.1　铝土矿选矿捕收剂

A　多胺类化合物

烯烃具有碱性，在一般情况下不能与亲核试剂发生加成反应。但当双链上碳链有强吸电子基团，如—CN、—F、—COOR 等时，由于诱导效应与共轭效应，发生插烯作用，结果导致插烯系统的末端碳原子能像羰基碳原子一样的方式与碱发生反应：

$$HB: + -\overset{|}{\underset{|}{C}}{}^{\delta+}\!\!=\!\!C\!-\!C\!=\!N^{\delta-} \rightleftharpoons H\!-\!B^+\!-\!\overset{|}{\underset{|}{C}}\!-\!C\!=\!C\!=\!N^- : \rightleftharpoons$$

$$(34\text{-}4\text{-}1)$$

$$B\!-\!\overset{|}{\underset{|}{C}}\!-\!C\!=\!C\!=\!N\!-\!H \rightleftharpoons B\!-\!\overset{|}{\underset{|}{C}}\!-\!\overset{|}{\underset{H}{C}}\!-\!C\!\equiv\!N$$

式中，HB 为亲核试剂，B 为亲核原子。

反应的结果，亲核反应物加成到碳-碳双链上。

丙烯腈正是活化后的烯烃，能发生插烯作用。脂肪胺是碱，是亲核试剂，两者在一定条件下易发生亲核加成反应，生成 3-取代氨基-丙腈。主反应式为：

$$RNH_2 + H_2C = CH-CN \longrightarrow RNH_2CH_2CH_2CN \qquad (34\text{-}4\text{-}2)$$

可能发生的副反应有：

（1）丙烯腈的聚合反应，反应式是：

$$nH_2C\!=\!CH\!-\!CN \longrightarrow \{CH_2\!-\!\underset{CN}{\overset{|}{CH}}\}_n \qquad (34\text{-}4\text{-}3)$$

（2）脂肪胺对碳-氮三键的亲核加成，反应式是：

$$RNH_2 + H_2C\!=\!CH\!-\!C\!\equiv\!N \longrightarrow H_2C\!=\!CH\!-\!\underset{NHR}{\overset{|}{C}}\!=\!NH \qquad (34\text{-}4\text{-}4)$$

对丙烯腈（$H_2C^3\!=\!C^2H\!-\!C^1\!\equiv\!N$），$C^1$ 与 C^2 和 C^3 p-π 共轭，由于 N 原子的吸电子效应，共轭体系的电子云向 N 上转移：

$$H—^{\delta+}C^3{=}C^2—C^1{\equiv}N^{\delta-} \qquad (34\text{-}4\text{-}5)$$
$$\underset{\mathstrut}{\underset{H \quad H}{|\quad|}}$$

因此，丙烯腈分子中三个碳原子上的电子密度顺序为 $C^1 > C^2 > C^3$。当在丙烯腈分子上发生亲核加成反应时，C^3 的活性远强于 C^1。所以，发生如式（34-4-3）的副反应很少。

从上面分析得知，脂肪胺与丙烯腈加成，主要副反应是丙烯腈的聚合反应，控制该反应的发生，将有利于脂肪胺对丙烯腈的亲核加成反应。

腈的还原，通常采用催化氢化，反应式为：

$$RNHCH_2CH_2CN \xrightarrow[\text{加压}]{H_2,\text{雷尼镍}} RNHCH_2CH_2CH_2NH_2 \qquad (34\text{-}4\text{-}6)$$

在实验室中可采用金属钠与乙醇作还原剂来还原腈，也可较高产率制备 N-烷基-1,3—丙二胺类化合物，反应式为：

$$RNHCH_2CH_2CN \xrightarrow[\text{加热}]{Na,C_2H_5OH} RNHCH_2CH_2CH_2NH_2 \qquad (34\text{-}4\text{-}7)$$

B　醚胺类化合物

丙烯腈具有很大的活性，易被亲核试剂进攻，发生烯烃碳上的加成反应。脂肪醇是弱的亲核试剂，在碱的催化下也能与丙烯腈发生亲核加成反应，反应原理是：

$$ROH + B^- : \longrightarrow RO^- : + HB \qquad (34\text{-}4\text{-}8)$$

$$RO^- : + H—C^{\delta+}H{=}CH—C{\equiv}N^{\delta-} \rightleftharpoons RO—CH_2—CH{=}C{=}N^- : \qquad (34\text{-}4\text{-}9)$$

$$HB + RO—CH_2—CH{=}C{=}N^- : \rightleftharpoons RO—CH_2—CH{=}C{=}N—H + B^- : \qquad (34\text{-}4\text{-}10)$$

$$RO—CH_2—CH{=}C{=}N—H \rightleftharpoons RO—CH_2—CH_2—C{\equiv}N \qquad (34\text{-}4\text{-}11)$$

反应的结果是脂肪醇加成在丙烯腈的碳-碳双键上，生成烷基丙基醚腈。

同脂肪胺对丙烯腈的亲核加成反应一样，脂肪醇与丙烯腈的亲核加成反应的主要副反应也是丙烯腈的聚合反应。

烷基丙基醚腈的还原反应可采用类似 3-取代氨基-丙腈的还原方法，在实验室同样使用金属钠与无水乙醇反应来还原烷基丙基醚腈，反应式是：

$$RO—CH_2CH_2CN \xrightarrow{Na,\text{无水乙醇}} RO—CH_2CH_2CH_2NH_2 \qquad (34\text{-}4\text{-}12)$$

C　叔胺类化合物

胺类的烷基化方法通常有两种：

（1）胺类化合物的直接烷基化。反应原理是胺作为亲核试剂与卤代烃发生双分子亲核取代反应，反应式是：

$$R'—X + RNH_2 \xrightarrow{Al_2O_3} R—\underset{\underset{R'}{|}}{N}H_2 + X^- \rightleftharpoons RN\underset{\underset{R'}{|}}{H} + HX \qquad (34\text{-}4\text{-}13)$$

$$\overset{\displaystyle R}{\underset{}{RNH}} + R'—X \xrightarrow{Al_2O_3} \overset{\displaystyle R'}{\underset{\displaystyle R'}{RNH}} + X^- \rightleftharpoons RNR'_2 + HX \qquad (34\text{-}4\text{-}14)$$

开始产生的仲胺作为比原伯胺强的碱与原伯胺竞争卤代烷，反应的结果将不仅产生仲胺，而且还产生叔胺和季铵化合物，该类反应操作简便，但产物单一性控制困难，通常情况下，得到的是伯胺、仲胺、叔胺和季铵盐的混合物，通过控制反应物料比，可使反应主产物为叔胺，但产率不会太高，因此，最后纯化将非常困难。所以，制备叔胺用此法不妥。

(2) 胺类化合物的还原烷基化。反应原理是醛或酮和胺作用并以甲酸为还原剂，得到N-取代烷基胺。反应式是：

$$—\overset{\displaystyle}{\underset{}{NH^+}}—\overset{\displaystyle}{\underset{}{C}}=O \rightleftharpoons —\overset{\displaystyle}{\underset{}{N^+H}}—\overset{\displaystyle}{\underset{}{C}}—O^- \rightleftharpoons —\overset{\displaystyle}{\underset{}{N}}—\overset{\displaystyle}{\underset{}{C}}—OH \rightleftharpoons —\overset{\displaystyle}{\underset{}{N}}—\overset{\displaystyle}{\underset{}{C}}— + H_2O$$

$$(34\text{-}4\text{-}15)$$

$$(34\text{-}4\text{-}16)$$

醛、酮的活泼性对此反应影响较大。如使用最活泼的甲醛，可在水溶液中进行，而且总是生成完全甲基化的胺-叔胺，如使用活性较小的醛，特别是酮，必须在无水条件下进行，而且往往需要高温。

此反应用于制备叔胺较为适宜。因此，叔胺的制备采用胺的还原烷基化反应，用脂肪胺和甲醛为反应原料，甲酸为还原剂制备。化学反应式是：

$$RNH_2 + 2HCHO \xrightarrow{\text{甲酸}} RN(CH_3)_2 + CO_2 \qquad (34\text{-}4\text{-}17)$$

$$R = n\text{-}C_{12}H_{25}, n\text{-}C_{14}H_{29}$$

D 酰胺基胺类化合物

当N上引入甲基或乙基后，极性基的静电作用增强，但捕收剂的静电吸附是缺乏选择性的。捕收剂的捕收能力过强，就可能在各种矿物表面都发生强烈吸附，造成在浮起高岭石、伊利石和叶蜡石的同时，一水硬铝石也会同时被浮起，达不到分离的目的。对于胺类捕收剂，碱性越强，即氮原子上的电子密度越大，就越容易吸引质子形成阳离子表面活性剂，然后通过静电力吸附在矿物表面，为了使捕收剂对几种矿物表面的吸附作用产生差异，适当减弱捕收剂分子的碱性，即降低氮原子上的电子密度。在靠近氮原子的位置引入一个吸电子的基团，使氮原子上的电子云向吸电子基方向偏移，从而降低氮原子周围的电子密度，于是提出以下结构的捕收剂：

$$CH_3(CH_2)_nCO—NH—CH_2—CH_2—NR_2$$

$$R = H、-CH_3、-C_2H_5；\quad n = 10、12、14、16$$

该结构的化合物，是在靠近胺基的地方引入了一个酰胺基。酰胺基是一个吸电子基团，能够通过碳链产生诱导效应使氮原子周围的电子云向酰胺基方向偏移，导致氮原子上的电子云密度有一定程度的降低。作为 Lewis 碱，其碱性有所削弱。同时引入的酰胺基也可能成为吸附活性点，此类极性基的捕收剂，既有多可吸附位点，又有适当强的静电作用能力。用脂肪酸甲脂与乙二胺反应。反应是一个亲核取代反应：

$$CH_3(CH_2)_nCOOCH_3 + NH_2CH_2CH_2NH_2 \longrightarrow CH_3(CH_2)_nCONHCH_2CH_2NH_2 + CH_3OH$$

$$(34\text{-}4\text{-}18)$$

长链脂肪酸酯与二元取代胺反应：

$$CH_3(CH_2)_nCOOCH_3 + NH_2CH_2CH_2N(CH_3)_2 \longrightarrow CH_3(CH_2)_nCONHCH_2CH_2N(CH_3)_2$$

$$(34\text{-}4\text{-}19)$$

$$CH_3(CH_2)_nCOOCH_3 + NH_2CH_2CH_2N(CH_3CH_2)_2 \longrightarrow$$
$$CH_3(CH_2)_nCONHCH_2CH_2N(CH_3CH_2)_2 \qquad (34\text{-}4\text{-}20)$$

一般使用脂肪酸甲脂与 $NH_2CH_2CH_2CH_2N(CH_3)_2$ 和 $NH_2CH_2CH_2CH_2N(CH_2CH_3)_2$ 反应，条件温和，反应温度只有 115℃ 左右，反应生成的副产物 CH_3OH，由于沸点较低，很容易从反应体系中排出，从而促使反应平衡向产物方向移动，有利于提高反应产率。

　　E　新型胺类捕收剂

　　a　新型捕收剂极性基的结构与性能　　基团电负性（x_g）是表征浮选药剂极性基的简便方式，而浮选剂的极性基主要决定浮选药剂的价键因素。因此，基团电负性（x_g）是药剂极性大小的判据，可用于浮选药剂极性基设计。其计算方法是：

对极性基团：
$$\overset{\quad\;0\qquad\;1\qquad\;2}{A-|-B-|-C-|-D} \qquad (34\text{-}4\text{-}21)$$

式（34-4-21）中，A 为亲固原子。

基团电负性的计算方法是：
$$x_g = 0.31 \times \left(\frac{n^* + 1}{r}\right) + 0.5 \qquad (34\text{-}4\text{-}22)$$

$$n^* = (N - P) + \Sigma 2m_0\varepsilon_0 + \Sigma s_0\delta_0 + \Sigma \frac{2m_i + s_i}{\alpha^i}\delta_i \qquad (34\text{-}4\text{-}23)$$

$$\varepsilon_0 = \frac{x_A}{x_A + x_B}, \qquad \delta_0 = \frac{x_B - x_A}{x_A + x_B}$$

$$\varepsilon_1 = \frac{x_B}{x_B + x_C}, \qquad \delta_1 = \frac{x_C - x_B}{x_B + x_C}$$

$$\varepsilon_2 = \frac{x_C}{x_C + x_D}, \qquad \delta_2 = \frac{x_D - x_C}{x_C + x_D}$$

式中　r——A 原子的共价半径；

　　　N——A 原子的价电子数；

　　　P——A 原子被 B 原子键合的电子数；

　　　m_i——与 A 原子间隔为 i 的二电子数；

α——隔离系数（2.5）；

s_i——与 A 原子相隔 i 键的原子未成键电子数；

x_i——i 原子的电负性值。

表 34-4-14 是根据式（34-4-22）计算出的三类合成化合物极性基团的基团电负性（x_g）以及这三类化合物极性基团电负性与 Al 和 Si 元素的电负性的差值（Δx）。

表 34-4-14 合成化合物的基团电负性及与 Al 和 Si 元素的电负性之差值

亲矿物基	x_g	Δx	
		Al	Si
—NH$_2$	3.7	2.2	1.9
—NH(CH$_3$)	4.1	2.6	2.3
—N(CH$_3$)$_2$	4.5	3.0	2.7

b 新型捕收剂非极性基的结构与性能　　非极性基对浮选药剂的性能有多方面的影响：非极性基的组成和结构决定了浮选药剂在矿浆中溶解分散能力；非极性基相互间的缔合作用能影响药剂在矿物表面吸附牢固程度；非极性基的极性效应（诱导效应和共轭效应）间接影响极性基键合原子的配位能力；非极性基的体积大小还能影响药剂向矿物表面的接近；非极性基的结构和大小决定了药剂是否有足够的疏水能力使浮选发生。

在浮选药剂分子设计中，亲水—疏水因素是考虑的重点之一。药剂分子的疏水特性是由非极性部分烃链的疏水缔合能（$n\Phi$）衡量。药剂的亲水特性，包括分子极性部分自身的水化趋势以及同矿物表面成键的亲水特性。键的离子性，可用电负性差（Δx）为判据。据 Pauling 提出的理论，成键原子电负性差的平方与该键偏离典型共价键的键能差值有关，故（Δx^2）可作为药剂分子的亲水性的判据。药剂的亲水性（Δx^2）与药剂的疏水性（$n\Phi$）的对比就成为浮选剂特性指数（i）。浮选药剂是由异极性物质组成的，在分子中带有极性基和非极性基。极性基呈亲水性，非极性基呈疏水性或亲油性。在表面活性剂的研究使用中，采用一种表征这种特征的标度，称为"水—油平衡度"即亲水—疏水平衡值（HLB）。因此，浮选剂特性指数（i）和亲水—疏水平衡值（HLB）是浮选药剂分子亲水或疏水能力的定量判据，是药剂分子中极性基与非极性基的相对比例关系的反映，通常根据它们的大小来区分药剂的种类，估计药剂在浮选中使用时的可能用途。一般说来，抑制剂的 i 值和 HLB 值较大，捕收剂的 i 值和 HLB 值较小。分配系数（P）是反映化合物在正辛醇有机相和水相中的分配情况，体现了化合物的亲水—疏水平衡关系，它具有独特的碎片疏水性贡献值线性加和性，在使用中非常方便，也常用于判断浮选药剂分子的亲水—疏水能力，还可用于大致推算药剂分子相当于直链烷基的碳原子数。

浮选剂特性指数的计算公式是：

$$i_1 = \frac{\Sigma(x_g - x_H)^2}{\Sigma n\Phi} \tag{34-4-24}$$

或

$$i_2 = \Sigma(x_g - x_H)^2 - \Sigma n\Phi + K \tag{34-4-25}$$

在式（34-4-24）和式（34-4-25）中，x_g 为极性基的基团电负性，x_H 为氢原子的电负性，n 为非极性基的链长，$\Phi = 1$，$K = 20$。

亲水—疏水平衡值（HLB）的计算公式是：

$$HLB_1 = \Sigma(亲水基值) - \Sigma(亲油基值) + 7 \tag{34-4-26}$$

或　　　　　　　　$$HLB_2 = \frac{\Sigma(无机性)}{\Sigma(有机性)} \times k \quad (k 约为 10) \tag{34-4-27}$$

浮选药剂大部分是有机表面活性剂。在表面活性剂研究中把有机化合物在有机相（通常用正辛醇）和水相中的平衡浓度之比表征为该有机物的分配系数 P。实际上，分配系数也是反映药剂的亲水—疏水因素，在水相中的平衡浓度为药剂的亲水性，在有机相中的浓度为药剂的亲油性即疏水性。利用 Hammett 方程中的线性自由能相关关系原理，分配系数的对数值与药剂分子的各个碎片对分子疏水性贡献值线性加合线性相关。即分配系数的计算公式是：

$$\lg P = \sum_{i=1}^{n} f_i + \sum_{j=1}^{m} F_j \tag{34-4-28}$$

式中，f_i 是碎片 i 对化合物疏水性能的影响，F_j 是结构因素对化合物疏水性能的影响。

根据碎片计算法的计算原理，可以导出直链烷基原子数 N 与它的分配系数 P 之间的关系式：

$$N = 1.85\lg P - A \tag{34-4-29}$$

式中，A 为常数，当 $N=1$ 时，$A=0.65$；当 $N \geq 2$ 时，$A=0.87$。

c　新型多胺类化合物（DN 系列）　　DN 系列的捕收能力均强于 DDA。对铝硅酸盐，随着 pH 值升高，回收率的趋势是先升高再下降，在 pH 值为 4~6 时，回收率最高，随捕收剂用量增加，铝硅酸盐矿物可浮性增加，高岭石和叶蜡石的回收率超过 80%；伊利石可达 60%~70%。

用 DN_{12}、DN_{14}、DN_{16} 和 DN_{18} 浮选铝硅酸盐矿物时，四种捕收剂对高岭石的捕收能力顺序是 $DN_{12} > DN_{14} \approx DN_{16} > DN_{18}$，随着碳链增长，药剂对高岭石捕收的最佳浮选区间变窄，浮选 pH 范围为 4~9。对叶蜡石的捕收能力顺序是：酸性条件下 $DN_{14} \approx DN_{16} \approx DN_{18} > DN_{12}$，pH 大于 6 后，$DN_{12} > DN_{14} > DN_{16} > DN_{18}$，有效浮选 pH 范围为 4~9。因此，多胺系列化合物作为捕收剂时，捕收铝硅酸盐矿物，最佳浮选区间是 pH 值为 4~9，浮选性能顺序是 $DN_{12} > DN_{14} \approx DN_{16} > DN_{18}$，其中，$DN_{12}$ 最好。DN 系列中，DN_{12}、DN_{14} 和 DN_{16}（特别是 DN_{12}）有可能成为铝土矿反浮选的优良捕收剂。

DN_{12} 对矿物 ζ-电位的影响见图 34-4-15。由图 34-4-15(a)、(b) 和 (c) 可见，在广泛的 pH 值范围，DN_{12} 可使三种单矿物的 ζ-电位向正向增大，高岭石、叶蜡石和伊利石的等电点分别由 3.6、1.8 和 3.4 变为 5.4、3.2 和 4.6，说明该药剂在矿物表面发生了吸附。

图 34-4-15(d) 是 DN_{12} 对铝硅酸盐矿物作用前后，矿物表面动电位的变化差值与 pH 值的关系曲线。可以看出：DN_{12} 作用后，叶蜡石的表面 ζ-电位变化最大，高岭石次之，伊利石的 ζ-电位变化最小，表明，DN 系列药剂在三种矿物表面静电吸附能力可能是叶蜡石 > 高岭石 > 伊利石，这正是 DN 系列药剂对三种铝硅酸盐矿物的捕收顺序。而且，DN 系列药剂作用后，三种铝硅酸盐矿物的 ζ-电位变化均在 pH 值为 4~8 范围出现极大值，说明在该 pH 值范围内 DN 系列药剂在矿物表面的吸附能力强，捕收能力强。在实际浮选中，该

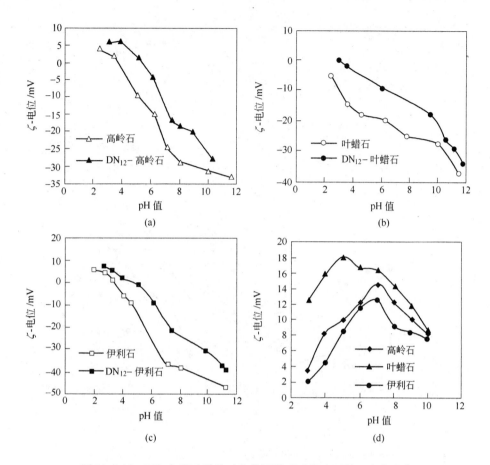

图 34-4-15 DN_{12} 与铝硅酸盐矿物作用前后矿物表面的 ζ-电位变化

（固体浓度：0.01%；$c_{DN_{12}} = 2 \times 10^{-4} mol/L$）

pH 值范围也正是 DN 系列药剂浮选高岭石、叶蜡石和伊利石的最佳 pH 值范围。

d 新型醚胺类化合物（ON 系列） ON_{12} 对叶蜡石的捕收能力较强，并随 pH 值升高，回收率缓慢下降。ON_{12} 对高岭石和伊利石捕收能力不强，随 pH 值升高，回收率下降平缓。随药剂浓度的增加，铝硅酸盐矿物的回收率也增加，当药剂浓度超过 $3 \times 10^{-4} mol/L$ 后，叶蜡石和伊利石的回收率的增加变得平缓，而高岭石的回收率仍增加。高岭石和叶蜡石的回收率可达 80% 以上，伊利石的回收率为 60% 左右。

用 ON_{14}、ON_{16} 作捕收剂，浮选铝硅酸盐矿物，可浮性顺序为叶蜡石＞高岭石＞伊利石，弱酸性条件下可浮性好，随 pH 值的升高，三种矿物的回收率下降，浮选 pH 值为 4～9。随药剂用量增加，叶蜡石及高岭石的回收率可达 80% 以上，伊利石的回收率为 60%～70%。

醚胺应用于铝土矿反浮选，适宜的 pH 值为弱酸性。

ON_{12} 对矿物表面 ζ-电位的影响见图 34-4-16。由图 34-4-16（a）、（b）和（c）可见，同 DN 系列药剂一样，在广泛的 pH 值范围内，ON_{12} 能使三种单矿物的 ζ-电位有不同的升高，高岭石、叶蜡石和伊利石的等电点由 3.6、1.8 和 3.4 分别变为 6.1、5.4 和 5.8，说明该类药剂在铝硅酸盐矿物表面发生了吸附。

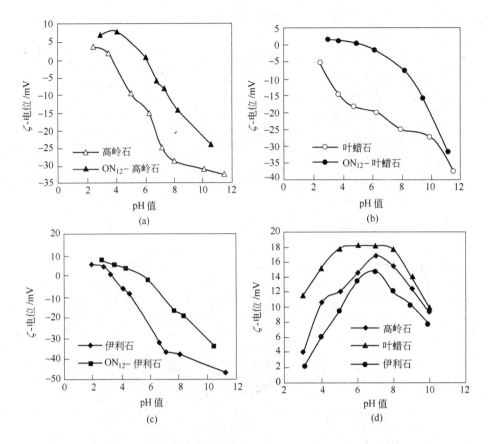

图 34-4-16　ON_{12} 与铝硅酸盐矿物作用前后矿物表面的 ζ-电位变化

（固体浓度：0.01%；$c_{ON12} = 2 \times 10^{-4} mol/L$）

图 34-4-16(d) 是 ON_{12} 对铝硅酸盐矿物作用前后，矿物表面动电位的变化差值与 pH 值的关系曲线。可以看出：药剂 ON_{12} 作用后，叶蜡石的 ζ-电位变化最大，在 pH 值为 4~9 时，ζ-电位变化都超过 10mV；高岭石的 ζ-电位变化次之，伊利石的 ζ-电位变化最小。说明了 ON 系列药剂对铝硅酸盐矿物的捕收能力是叶蜡石 > 高岭石 > 伊利石，而且，ζ-电位变化最大的 pH 值范围为 4~9。

e　新型叔胺类化合物（DRN_{12} 和 DRN_{14}）　DRN_{12} 作捕收剂，铝硅酸盐矿物的回收率随 pH 值升高呈下降趋势，叶蜡石及高岭石可浮性较好，伊利石可浮性较差。随药剂浓度增加，叶蜡石的回收率增加较快，当药剂浓度为 $2 \times 10^{-4} mol/L$ 时，其回收率就达到 80%，随后其回收率随药剂浓度的增加而上升得比较平缓；其余两种单矿物的浮选回收率在药剂浓度为 $4 \times 10^{-4} mol/L$ 时，可获得较高回收率。

DRN_{14} 捕收能力大于 DRN_{12}，即烃链长的叔胺，捕收能力较强。DRN_{14} 捕收铝硅酸盐矿物的趋势与 DRN_{12} 基本相同。固定药剂用量（药剂浓度为 $2 \times 10^{-4} mol/L$），对三种铝硅酸盐矿物，pH 值升高，回收率呈下降趋势。在 pH 值为 4.5~5.5 时，随药剂用量的增加，矿物的回收率升高，其中，叶蜡石的回收率在开始时增加得最快，当药剂浓度为 $1.5 \times 10^{-4} mol/L$ 时，其回收率就超过 80%。随药剂用量的增加，叶蜡石的回收率可进一步提高到90%。高岭石和伊利石也有较好的可浮性。

DRN$_{12}$对矿物表面的 ζ-电位影响见图34-4-17。由图34-4-17（a）、（b）和（c）可见，在较大的 pH 值范围，DRN$_{12}$作用后，使三种单矿物的 ζ-电位有不同的升高，高岭石、叶蜡石和伊利石的等电点由3.6、1.8和3.4分别变为4.8、3.9和4.2，说明该类药剂在三种单矿物表面都发生了吸附。

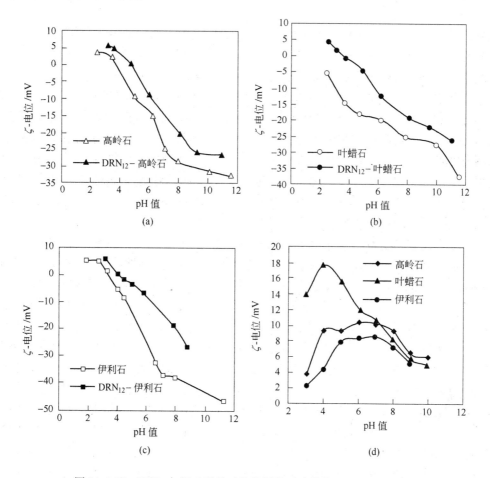

图 34-4-17   DRN$_{12}$与铝硅酸盐矿物作用前后矿物表面的 ζ-电位变化

（固体浓度：0.01%；$c_{DRN12} = 2 \times 10^{-4}$ mol/L）

图34-4-17(d)是 DRN$_{12}$对铝硅酸盐矿物作用前后，矿物表面动电位的变化差值与 pH 值的关系曲线。可以看出：DRN$_{12}$对叶蜡石的 ζ-电位影响最大，高岭石次之，伊利石最小，说明药剂在叶蜡石表面的静电吸附最强，在高岭石表面的静电吸附次之，而在伊利石表面的静电吸附最弱，表明 DRN 系列药剂对三种铝硅酸盐矿物的捕收顺序可能是叶蜡石 > 高岭石 > 伊利石，实际浮选顺序正是这样。而且，与 DN 系列和 ON 系列相比，DRN 系列药剂对铝硅酸盐矿物的表面电位的改变除在 pH 值为4左右对叶蜡石的表面 ζ-电位改变较大外，均相对较小。

34.4.4.2　铝土矿选矿调整剂

调整剂是指除捕收剂和起泡剂之外的在矿物浮选中所使用的化学药剂。其作用可概括为：

（1）调整矿浆的酸碱度、离子组成及对矿泥的分散和聚团状态起调节作用，以造成矿物分选的有利条件。

（2）活化目的矿物或抑制非目的矿物，改善捕收剂对矿物的选择性，增强或削弱捕收剂与矿物之间的相互作用，从而提高或降低矿物的可浮性，扩大可浮性差距，达到分离矿物的目的。

对铝土矿浮选的要求是：一水硬铝石与硅酸盐矿物高岭石、伊利石和叶蜡石的有效分离。使得铝土矿的铝硅比达到要求。从技术上可分为正浮选一水硬铝石和反浮选铝硅酸盐矿物两种工艺。在酸性条件下，硅酸盐矿物具有较好的可浮性，一水硬铝石的可浮性较差，采用反浮选铝硅酸盐矿物可使其与一水硬铝石分离；在 pH 值为 10 附近，由于一水硬铝石具有非常好的可浮性，而硅酸盐矿物的可浮性明显降低，变得很差，可采用正浮选工艺技术，捕收一水硬铝石使其与硅酸盐矿物分离。在季铵体系中，一水硬铝石在整个 pH 值范围内可浮性很差，而硅酸盐矿物在不同的 pH 值条件下有一定的可浮性，pH 值愈低，愈有利于硅酸盐矿物的浮选，使其与一水硬铝石的可浮性差距愈大，可采用反浮选达到分离的目的；当用阴离子捕收剂油酸钠时，在 pH 值为 7~9 的范围内，一水硬铝石的可浮性好，铝硅酸盐矿物的可浮性较差，可采用正浮选分离。

无论是十二胺或油酸钠捕收剂还是季铵盐捕收剂，也无论是采用正浮选还是反浮选工艺技术，一水硬铝石与硅酸盐矿物的可浮性差距都不大。当用阴离子捕收剂时，由于矿物表面铝活性点数的不同，铝硅酸盐矿物的可浮性一般不如一水硬铝石，但铝硅酸盐矿物硬度低，可碎性好，经细磨后，层面在总表面中所占份额变小，二者可浮性差距变小。另外，当矿浆中存在阳离子（如 Al^{3+}、Ca^{2+}、Fe^{3+} 等）时，铝硅酸盐矿物会吸附它们而得到活化，从而进一步缩小了在阴离子捕收剂作用下和铝矿物可浮性的差异，故高效调整剂的应用很有必要。当用阳离子捕收剂时，阳离子与矿物表面活性点之间作用主要是静电力或氢键力，而铝矿物、铝硅酸盐矿物的零电点都小于 6，且相差较小，同时由于矿物表面电荷的不均匀性，因而难以通过控制溶液的 pH 值而使目的矿物与非目的矿物之间的表面带上不同的电荷，铝矿物与铝硅酸盐矿物的分离仍然较差，所以高效调整剂的应用尤为重要。为了扩大一水硬铝石与硅酸盐矿物的可浮性差距，达到有效分离的目的，寻找合适的有效调整剂并合理地协调配合使用捕收剂和调整剂具有十分重要的意义，也成为浮选分离能否成功的关键之一。

调整剂按其在浮选中的作用可分为抑制剂、活化剂、介质 pH 值调整剂、矿泥分散剂、凝结剂和絮凝剂。调整剂包括各种无机化合物（如酸、碱和盐）和有机化合物。

A　硅酸钠

硅酸钠在水溶液中通过水解和聚合作用，形成带负电荷的硅酸胶粒及相应的水解组分。由于它们与硅酸盐矿物具有相同的酸根，比较容易吸附在含硅矿物的表面，且吸附比较牢固。一方面，由于硅酸组分的强亲水性，增强对矿物的抑制效果；另一方面，由于它的吸附使得矿物具有较高的负电位，增强矿物之间的排斥作用力，提高含硅矿物的分散性，对矿物的可浮性造成影响，而且因为增强矿物的负电性而减弱阴离子捕收剂的吸附或增强阳离子捕收剂的吸附，从而引起抑制或活化作用。因此硅酸钠对矿物到底是产生活化还是抑制作用要由上述两种因素共同决定。

在十二胺浮选体系中，硅酸钠对一水硬铝石的可浮性影响较小；硅酸钠在酸性条件下，能轻微活化高岭石和叶蜡石的浮选，而在碱性条件下，抑制高岭石和叶蜡石的浮选；对于伊利石，硅酸钠基本上起到抑制作用，只有在非常强的酸性条件下，才表现出轻微的活化作用。硅酸钠容易吸附在含硅矿物表面降低它们的负电性，酸性条件有利于十二胺捕收剂的阳离子化，增强捕收剂与硅酸盐矿物的静电作用，从而活化硅酸盐矿物的浮选。碱性条件下，由于十二胺离子的减少，静电作用减弱，捕收剂的吸附减少，同时因为硅酸钠的强亲水性，从而抑制硅酸盐矿物的浮选。

在季铵盐 DTAL 捕收剂体系中，硅酸钠活化一水硬铝石和高岭石的浮选，在中性 pH 值附近，硅酸钠对一水硬铝石和高岭石的活化作用减弱，浮选回收率出现低谷；对于伊利石和叶蜡石的浮选，硅酸钠表现为轻微的抑制作用。矿物表面的定位离子是 H^+、OH^-，酸性条件下，矿物表面通过质子化作用带正电，硅酸根阴离子易发生吸附；碱性条件下，硅酸根通过氧联作用易吸附在矿物表面，而中性条件下，矿物表面主要呈羟基形式存在于矿物表面，不利于硅酸根离子的吸附。季铵盐在水溶液中呈完全离子化的状态，通过静电作用与矿物表面作用，负电性越高，静电作用越强，捕收剂吸附更容易。因此，酸性或碱性条件下，硅酸钠更容易活化高岭石和一水硬铝石的浮选，而中性条件下，硅酸钠的活化作用有所降低。就伊利石和叶蜡石来说，它们的晶体结构中的 (001) 面和 (00-1) 面都是硅氧四面体层，由于它们与硅酸根具有相同的阴离子，硅酸根易在伊利石和叶蜡石表面发生强烈的吸附，硅酸根离子的亲水性占主要地位，也即抑制作用大于活化作用，从而硅酸钠在伊利石和叶蜡石的浮选中表现出轻微的抑制作用。

硅酸钠对一水硬铝石、高岭石、伊利石和叶蜡石的 ζ-电位的影响见图 34-4-18 和图 34-4-19，从两图中可以看到：硅酸钠在酸性条件下，降低各单矿物表面的正电位，而在碱性条件下降低一水硬铝石、伊利石和叶蜡石的 ζ-电位的绝对值；而对高岭石的 ζ-电位随着 pH 值的增大而进一步降低。硅酸钠在酸性条件下，硅酸根阴离子在矿物表面吸附，降低矿物表面的正电位；而在碱性条件下，由于硅酸根离子在矿物表面的吸附罩盖以及硅酸根离子的氧联缩聚作用，从而减少矿物表面的羟基位，随着 pH 值的增大，矿物表面的负电位降低。

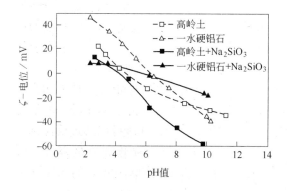

图 34-4-18　硅酸钠对一水硬铝石和高岭石
ζ-电位的影响与 pH 值的关系

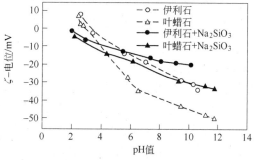

图 34-4-19　硅酸钠对伊利石和叶蜡石
ζ-电位的影响与 pH 值的关系

因而，在酸性条件下，硅酸钠降低矿物表面的正电性，从而降低矿物表面对阳离子捕收剂的排斥作用，增强捕收剂在矿物表面的吸附。由于十二胺的阳离子化程度与 pH 值有关，与完全阳离子化的季铵盐 DTAL 比较起来，矿物表面对十二胺的静电作用弱于对 DTAL 的静电作用。因此，硅酸钠在 DTAL 体系中对矿物的活化作用强于在十二胺体系中的活化作用。

B　氟化钠、氟硅酸钠

a　氟化钠和氟硅酸钠对铝硅矿物浮选的影响

（1）十二胺体系　在十二胺浮选体系，氟化钠在小于某 pH 值的条件下活化一水硬铝石、高岭石、伊利石和叶蜡石的浮选，它们相应的 pH 值分别为：一水硬铝石为 6.2、高岭石为 10.0、伊利石小于 3、叶蜡石为 5。而在大于这些 pH 值的条件下分别对应抑制相应矿物的浮选。同样，在十二胺浮选体系，调整剂氟硅酸钠的性能与氟化钠相似，在小于某 pH 值的条件下对一水硬铝石、高岭石和叶蜡石表现出活化作用，但是，它们相应的 pH 值有所变化。而在大于这些 pH 值的条件下氟硅酸钠对一水硬铝石、高岭石和叶蜡石产生抑制作用。

因此，在十二胺浮选体系，调整剂氟化钠或氟硅酸钠对于一水硬铝石和铝硅酸盐矿物的作用表现为同时活化或同时抑制，对它们的分离无明显效果。

（2）季铵盐 DTAL 体系　在季铵盐 DTAL 体系下，较低浓度（0.003mol/L）和较高浓度（0.03mol/L）的氟化钠对一水硬铝石的浮选均没有明显影响，回收率保持在较低水平。而较低浓度的氟化钠能强烈活化高岭石的浮选，并且随着氟化钠浓度的升高，活化性能明显变大，在较宽的 pH 值范围内，高岭石的回收率达到了 75% 以上。高浓度的氟化钠对伊利石和叶蜡石的浮选也表现出活化作用，尤其是强酸性和强碱性条件下，可浮性非常差的伊利石在 0.03mol/L 的氟化钠作用下，其可浮性明显得到改善，这样有利于反浮选脱硅工艺。

在季铵盐 DTAL（4×10^{-4} mol/L）捕收剂体系下，氟硅酸钠在酸性条件下，对一水硬铝石的浮选没有明显影响，但随着 pH 值的增大，一水硬铝石的可浮性显著上升，在 pH 值约为 10 时，达到最大值；氟硅酸钠浓度的增大并未对一水硬铝石的浮选产生明显的变化。低浓度的氟硅酸钠在 pH 值约为 4 时，开始对高岭石和伊利石产生活化作用，随着 pH 值的增大，活化作用增强，但低浓度的氟硅酸钠对叶蜡石浮选的作用不明显。进一步增大氟硅酸钠的浓度后，氟硅酸钠对硅酸盐矿物高岭石、伊利石和叶蜡石的浮选产生强烈的活化作用，并且使得硅酸盐矿物的浮选几乎不受 pH 值的影响，亦即在整个 pH 值范围内浮选回收率均较大。

通过比较氟化钠和氟硅酸钠对一水硬铝石、高岭石、伊利石和叶蜡石浮选性能的影响可以知道：用季铵盐作捕收剂时，较低的 pH 值和高浓度氟化钠或氟硅酸钠能较好的活化硅酸盐矿物的浮选，而没有或者仅轻微的活化一水硬铝石的浮选，从而可以通过反浮选工艺使得它们分离。氟化钠对一水硬铝石的浮选没有活化作用，而氟硅酸钠在弱碱性条件下，对一水硬铝石有一定的活化作用，因此，氟化钠可能比氟硅酸钠具有更好的选择性。

b　氟化物在铝土矿浮选中的作用机理

（1）氟化钠和氟硅酸钠对矿物 ζ-电位的影响　图 34-4-20 ~ 图 34-4-23 分别给出了氟化钠和氟硅酸钠对一水硬铝石、高岭石、伊利石和叶蜡石 ζ-电位的影响与 pH 值的关系。从图中可以看出，氟化钠和氟硅酸钠在酸性条件下降低一水硬铝石的 ζ-电位，而在碱性条

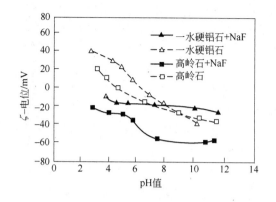

图 34-4-20 氟化钠对一水硬铝石和高岭石
ζ-电位的影响与 pH 值的关系

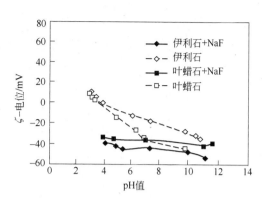

图 34-4-21 氟化钠对伊利石和叶蜡石
ζ-电位的影响与 pH 值的关系

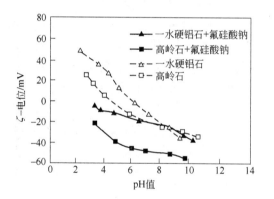

图 34-4-22 氟硅酸钠对一水硬铝石和高岭石
ζ-电位的影响与 pH 值的关系

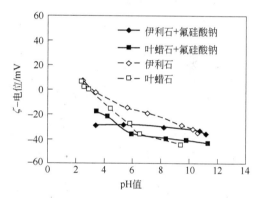

图 34-4-23 氟硅酸钠对伊利石和叶蜡石
ζ-电位的影响与 pH 值的关系

件下降低一水硬铝石的负电位的绝对值，也即提高其电位，使得一水硬铝石的动电位从酸性到碱性条件下维持在较小的负值范围内。从图中可以看到，氟化钠或氟硅酸钠在整个 pH 值范围内显著降低高岭石的 ζ-电位。氟化钠在试验 pH 值范围内显著降低伊利石的电位，并且维持在 $-40 \sim -50$mV 范围内，受 pH 值影响较小。氟硅酸钠在酸性 pH 值条件下，显著降低伊利石的电位；碱性条件下，对伊利石的电位影响较小，使得与氟硅酸钠作用后的伊利石的电位在试验 pH 值范围内维持在 $-25 \sim -35$mV 的窄区间范围内。氟硅酸钠对伊利石电位的影响不如氟化钠的作用强。氟化钠或氟硅酸钠在酸性条件下均降低叶蜡石的 ζ-电位，碱性条件下，降低叶蜡石 ζ-电位的绝对值。

电位测试表明：氟化钠或氟硅酸钠均较大地降低了一水硬铝石、高岭石、伊利石和叶蜡石的动电位，说明氟离子或氟硅酸根离子在矿物表面发生了强烈吸附。Fijal 等认为：氟离子通过取代矿物表面的羟基而吸附在矿物表面，见式（34-4-30），引起矿物表面动电位的降低。由于氟离子对矿物表面的羟基位的取代，使得矿物表面的羟基位减少，因而当矿浆溶液的 pH 值发生变化时，矿物表面的质子化/去质子化作用减弱，从而矿物的 ζ-电位受 pH 值影响较小。从方程中可以看出，溶液的 pH 值对氟离子的取代有很重要的影响。

$$> \text{S—OH（表面）} \xrightarrow{\text{H}^+, \text{F}^-} > \text{S—OH}\cdots\text{H}^+ \xrightarrow{\text{F}^-} > \text{S—OH}\cdots\text{H}^+ \text{F}^- \rightarrow > \text{S—F} + \text{H}_2\text{O}\cdots$$

$$(34\text{-}4\text{-}30)$$

式中，$>$S 代表矿物的表面铝或者硅活性位。

当氟化钠或氟硅酸钠与一水硬铝石发生作用后，酸性条件下，一水硬铝石由正电位变为负电位，与十二胺阳离子捕收剂的静电作用由排斥变为吸引，从而促进捕收剂的吸附，活化一水硬铝石的浮选；碱性条件下，由于氟化钠或氟硅酸钠降低一水硬铝石的负电位的绝对值，静电作用力减弱，降低捕收剂的吸附，浮选回收率略有下降。

十二胺在硅酸盐矿物表面的吸附机理主要是静电作用、阳离子交换吸附以及可能存在的氢键作用。当氟化钠或氟硅酸钠在硅酸盐矿物表面发生吸附后，一方面显著降低硅酸矿物表面的电位，静电力作用增强，促进捕收剂的吸附，表现为活化作用；另一方面，氟化钠或氟硅酸钠对矿物表面羟基的取代，减弱捕收剂与矿物表面的阳离子交换吸附，同时也减弱了氢键作用，表现为抑制作用。由此看出，氟化钠或氟硅酸钠在酸性条件下对硅酸盐矿物是抑制还是活化作用要由上述两种作用共同决定。氟化钠或氟硅酸钠在酸性条件下对高岭石或者叶蜡石的 ζ-电位降低较大，活化作用大于抑制作用，从而对高岭石和叶蜡石表现出活化作用；而氟化钠或氟硅酸钠在酸性条件下对伊利石 ζ-电位的降低不强烈，活化作用较弱，抑制作用占优势，从而抑制伊利石的浮选。在碱性条件下，十二胺主要以分子形式存在溶液中，吸附主要是以弱的氢键作用为主。当氟化钠或氟硅酸钠通过取代矿物表面的羟基而在矿物表面发生吸附时，进一步减少了矿物表面的羟基从而降低十二胺分子与矿物表面的氢键作用。因此，氟化钠或氟硅酸钠在碱性条件下抑制了硅酸盐矿物的浮选。

在 DTAL 体系中，静电作用和阳离子交换吸附是 DTAL 在硅酸盐矿物表面发生吸附的主要原因。与十二胺不同的是，DTAL 在水溶液中完全离子化，不受 pH 值的影响。随着 pH 值的增大，矿物表面电位降低，静电作用增强。氟硅酸钠与 DTAL 对硅酸盐矿物的 ζ-电位的影响，分别见图 34-4-24 ～图 34-4-26。由图可以看出：DTAL 的吸附显著增加了高岭石和叶蜡石的 ζ-电位，说明DTAL 在它们的表面有较高的吸附，从而使得高岭石和叶蜡石有较好的可浮性；与氟硅酸钠作用后的高岭石和叶蜡石进一步与

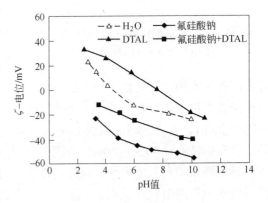

图 34-4-24　氟硅酸钠与 DTAL 对
高岭石的 ζ-电位的影响

DTAL 作用后，电位均显著上升，并且随着 pH 值的增加，电位上升更明显，说明氟硅酸钠活化了 DTAL 在它们表面的吸附，从而活化高岭石和叶蜡石的浮选；DTAL 对伊利石的电位的影响不明显，说明 DTAL 在伊利石的表面吸附很弱，这与浮选实验结果一致。与氟硅酸钠作用后的伊利石进一步与 DTAL 作用后，电位在强酸性和强碱性条件下均上升，表明有氟硅酸钠存在时的强酸性和强碱性条件下，DTAL 的吸附更容易，从而活化伊利石的浮选。

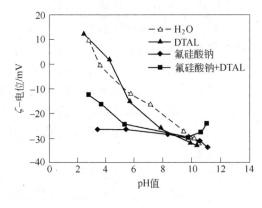

图 34-4-25 氟硅酸钠与 DTAL 对
伊利石的 ζ-电位的影响

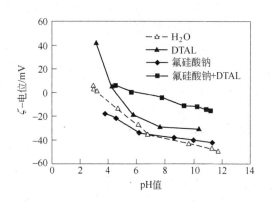

图 34-4-26 氟硅酸钠与 DTAL 对
叶蜡石的 ζ-电位的影响

（2）氟离子在矿物表面的吸附 图 34-4-27 给出了氟离子在矿物表面的吸附与 pH 值的关系。图中表明：在酸性条件下，氟离子在硅酸盐矿物表面上的吸附量显著大于在一水硬铝石表面的吸附量；氟离子在矿物表面上的吸附随着 pH 值的增加而降低。还可以看出，在酸性条件下，氟离子在矿物表面上的吸附量（Γ）的关系是：$\Gamma_{高岭石} \approx \Gamma_{伊利石} > \Gamma_{叶蜡石} > \Gamma_{一水硬铝石}$。氢氟酸是弱酸，在酸性水溶液中，氟离子经质子化作用生成相应的 HF_2^-，HF 甚至 $H_xF_{x+1}^-$，氟化物溶液的 pH 值强烈影响着氟离子的溶液组分；根据式（34-4-30），氟离子取代矿物表面上的羟基可以分为两个过程：①氢离子通过氢键作用与矿物表面的羟基发生作用；②氟离子与矿物表面的氢作用形成弱解离的 HF_2^-，HF 甚至 $H_xF_{x+1}^-$ 组分而发生吸附。溶液中的氢离子为氟离子对矿物表面的羟基的取代奠定基础，酸性条件使式（34-4-30）向右进行，加速了氟离子对矿物表面羟基的取代作用。因此，酸性条件下，氟离子在矿物表面上显著吸附，并随着 pH 值的增加而降低。

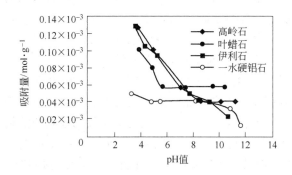

图 34-4-27 在矿物表面的吸附量与 pH 值的关系

氟离子在矿物表面上的吸附给阳离子捕收剂的吸附提供了阴离子活性位，从而促进阳离子捕收剂通过静电作用发生吸附，活化矿物的浮选。因此，氟化钠或氟硅酸钠活化了季铵盐 DTAL 对硅酸盐矿物的浮选。对于十二胺体系，由于十二胺阳离子组分在水溶液中浓度与溶液 pH 值有关，酸性条件下，阳离子组分浓度较高，因而更容易通过静电作用在矿物表面发生吸附。所以，在十二胺浮选体系，氟化钠或氟硅酸钠对矿物的活化作用存在某一 pH 值临界点，这与浮选实验结果一致。在季铵盐浮选体系中，氟化钠或氟硅酸钠在碱性条件下也存在较好的活化作用，这似乎与氟离子在矿物表面的吸附实验结果不一致。我们认为，这可能是因为氟离子在矿物表面的吸附速度存在差异引起的。如前所述，氢离子显著加速了氟离子在矿物表面的吸附，随着 pH 值的增加，溶液中的氢离子浓度变低，因而式（34-4-30）向右进行的速度变慢。在不同的 pH 值条件下，相同的作用时间使得吸附量随着 pH 值的增加而降低。随着作用时间的增加，可以推测，氟离子在矿物表面也会发生强烈的吸附。另一方面，碱性条件下，有利于矿物表面的羟基位发生去质子化作用而使矿物表面带较高的负电荷，也能活化阳离子捕收剂的吸附。

（3）氟化物与矿物表面反应机理　前面提到，氟化物与矿物表面的作用机理是：氟离子取代矿物表面的羟基而在矿物表面发生吸附。氟化物对硅酸盐矿物也有一定的侵蚀和溶解作用。

Smith 认为，氢氟酸侵蚀矿物表面生成氟硅酸根离子。其作用过程可以分为以下三步：①氟离子取代铝氧八面体中的羟基；②八面体铝的溶解；③氟离子进一步与矿物表面的硅作用，取代硅羟基形成 Si—F 键。同样，矿物表面的硅位也会发生溶解，在水溶液中生成稳定的 SiF_6^{2-}，该离子在矿物表面上发生吸附，显著降低矿物表面的负电位，促进阳离子捕收剂的作用。因而经过氟化物作用的硅酸盐矿物表面形成一定量的 Si—F 键（通过取代或生成的 SiF_6^{2-} 的吸附），矿物表面带负电。酸性条件下，氢离子通过氢键作用与矿物表面的羟基发生作用，从而为氟离子的吸附和取代奠定基础，加速氟离子对矿物表面羟基的取代作用。

因此，氟离子于矿物表面的作用包括了氟离子对矿物表面羟基的取代作用以及氟离子对矿物晶体结构的溶蚀作用。

C　六偏磷酸钠对铝硅矿物浮选的影响

a　十二胺体系　用十二胺作捕收剂条件下，磷酸三钠在中性条件下可活化一水硬铝石的浮选，强酸性或强碱性条件下对一水硬铝石的浮选没有太大的影响。正磷酸钠在整个 pH 值范围内活化了高岭石的浮选，尤其是在中性 pH 值附近，活化作用最强。正磷酸钠在酸性条件下抑制了伊利石的浮选，在碱性条件下作用不明显。正磷酸钠在酸性条件下活化叶蜡石的浮选而在碱性条件下抑制叶蜡石的浮选。

从磷酸盐在水溶液中的优势组分图，可以看出，在酸性条件下，磷酸根离子主要以 H_3PO_4、$H_2PO_4^-$ 的形式存在。当它们在矿物表面发生吸附时，对矿物表面的电位的降低作用可能不够强烈，因而对酸性条件下阳离子化的十二胺的吸附的活化作用也不够强烈（如高岭石、叶蜡石），加上 P—O 或 P—OH 键的强亲水性，可能带来一定的抑制作用（如伊利石、一水硬铝石）。中性条件下，磷酸盐的优势组分主要是 $H_2PO_4^-$ 和 HPO_4^{2-}，由于它们的吸附作用，有可能显著降低矿物表面的电位，促进阳离子捕收剂的吸附，从而活化矿物的浮选，同样，由于 P—O 或 P—OH 键的强亲水性，对吸附捕收剂较少的矿物（如伊利石）也可表现出一定的抑制作用。而在碱性条件下，磷酸盐的优势组分是 PO_4^{3-} 和 HPO_4^{2-}，它们在矿物表面的吸附使得矿物表面的动电位显著降低，但是，碱性条件下，十二胺捕收剂在水溶液中以水合的十二胺分子的形式存在，捕收剂的吸附不再是静电作用。因此，磷酸盐组分在矿物表面的吸附并导致的矿物表面电位降低并不能增强捕收剂的吸附，反而成为矿物与捕收剂之间作用的障碍，从而抑制矿物的浮选。

SHMP-M(9)在酸性条件下活化各单矿物的浮选，而在碱性条件下抑制各单矿物的浮选，随着 pH 值的增大，浮选回收率下降。SHMP-M(9)是聚合度比较低的但仍然具有链状结构的六偏磷酸钠。在酸性条件下，与单体磷酸根离子相比，其质子化程度较低，但仍然带有一定的负电荷。因此，SHMP-M(9)及其水解组分在矿物表面的吸附能显著降低矿物表面的负电位而促进阳离子捕收剂的吸附，从而活化矿物的浮选；中性或碱性条件下，其作用机理可能与正磷酸钠相似。随着聚合度的增加，六偏磷酸钠对一水硬铝石的抑制作用增强。当其聚合度达到 47 时，六偏磷酸钠在 pH 值为 5～10 的范围内基本上可完全抑制一水硬铝石，进一步增加其聚合度，六偏磷酸钠对一水硬铝石表现出抑制作用有效 pH 值范围向酸性条件扩大。

六偏磷酸钠在酸性条件下，抑制叶蜡石的浮选；碱性条件下对叶蜡石浮选的影响不明显随着六偏磷酸钠的聚合度的增大，抑制作用也增强，这与六偏磷酸钠对一水硬铝石的作用一致。

SHMP-M(9)在整个 pH 值范围内活化了高岭石的浮选；较高聚合度的六偏磷酸钠在强酸性条件下强烈活化高岭石的浮选，在 pH 值为 5 附近，浮选回收率急剧下降，六偏磷酸钠对高岭石的作用由强烈活化变成抑制。不同聚合度的六偏磷酸钠对伊利石的浮选影响不明显。

由上可知，一定聚合度的六偏磷酸钠很好的抑制了可浮性较好的一水硬铝石，而在特殊条件下仍然可活化或不影响硅酸盐矿物的浮选，达到了有效分离一水硬铝石和硅酸盐矿物的目的，从而能较好的实现铝土矿反浮选。

b　油酸钠体系　　用油酸钠作捕收剂，一水硬铝石在六偏磷酸钠的作用下，在 pH 值为 5～8 的范围内仍然有较好的可浮性，而高岭石的可浮性仍然很差。六偏磷酸钠对一水硬铝石和高岭石的抑制说明六偏磷酸钠的抑制作用是非选择性的。随着用量的增加，六偏磷酸钠对一水硬铝石和高岭石的抑制作用增强，它们的可浮性差距慢慢减小。因此，用油酸钠作捕收剂，调整剂六偏磷酸钠的用量最好保持在较低水平，增加六偏磷酸钠的用量是不利于一水硬铝石和高岭石的分离的。

D　有机调整剂

有机抑制剂在矿物表面吸附亲固的方式主要有以下几种：

（1）物理相互作用。药剂与矿物间的物理作用包括静电力作用、疏水相互作用、偶极吸引力等。

静电引力发生在带荷电基团的药剂与荷相反电荷的矿物表面之间。如带正电的淀粉吸附于荷负电的石英表面；羧甲基淀粉易于吸附在带正电的赤铁矿表面；木质素磺酸盐在荷正电的刚玉表面吸附等。这种作用的大小与药剂的离子性程度有关，取决于药剂离子与矿物表面间的电位差，吸附能大小一般在 0～20kJ/mol。

疏水性相互作用是非离子型浮选剂在疏水矿物表面的主要作用形式，如多糖在疏水煤颗粒表面的吸附以及在硫化矿表面的吸附等。浮选药剂非极性基烃链间也有疏水相互作用，这种作用有利于药剂分子吸附量的增加和多药剂的混合吸附。

偶极吸引力，也称色散力，起因于物体间的瞬时偶极相互作用，能量介于 8～40kJ/mol。偶极分子在离子晶体表面的吸附属于这种情形。

（2）化学相互作用。药剂极性基与矿物表面金属离子形成化学键或离子键以及药剂极性基键合原子与矿物表面金属离子通过配位键形成络合物或螯合物均是化学作用。有关这方面报道较多的是带羧酸基团的药剂在含钙矿物表面的吸附以及羟肟酸药剂在锡石表面的吸附等。这种作用吸附热往往有 80 ~ 400kJ/mol。因此为强化药剂与矿物的作用，可考虑对原药剂进行改性，使之带上能与矿物表面金属离子发生化学作用的极性基。

另外，药剂与矿物间还有一种较重要的作用力——氢键作用。关于氢键作用的归属，文献报道不很一致，有的认为它是一种物理作用，而有人又将其划分为化学作用之列。目前，认为它是一种化学作用的观点占优势。各种金属氧化物矿物，含氧酸盐类矿物及卤化物矿物等含有高电负性元素的矿物，以及在水中发生水化作用的矿物，都可能与药剂间形成氢键。许多含羟基、羧基等基团的有机抑制剂常常通过氢键的方式吸附于矿物表面；通常，人们认为氢键键合是普遍存在的吸附机理，它对于药剂的选择性吸附是有害的。但对矿物进行适当的表面处理，可以对选矿中氢键作用进行控制。

a　有机调整剂的作用方式　　有机高分子药剂对矿物可浮性产生调整作用的机理主要有：

（1）在矿物表面形成亲水性膜，使矿物表面亲水性增大，降低其可浮性。有机抑制剂分子中都带有极性基，其中包括对矿物的亲固基和其他亲水基，当极性基与矿物表面作用后，亲水基朝向矿物表面之外使之呈较强的亲水性而不能上浮。对于高分子抑制剂，在其吸附于矿物表面后，由于亲水性分子链较长，不但可以直接使矿物表面呈亲水性，而且还可掩盖已被吸附的捕收剂的疏水性。

（2）束缚矿浆中的杂质离子，起到去活作用。在浮选矿浆中存在的各种杂质离子及其他成分，有一些会使矿物受到活化，从而破坏了各种矿物浮选的选择性。例如我们所熟知的通常存在于水中的钙、镁、铁离子，不但对石英及其他硅酸盐矿物有活化作用，还会使捕收剂（如脂肪酸类）成为不溶的金属盐沉淀物而失去浮选作用。但调整剂存在时，它会通过吸附或化学反应等消耗这些杂质离子，减少它们在矿物表面的附着而使之失去活化作用。

（3）溶解矿物表面捕收剂疏水膜（使吸附于矿物表面的捕收剂发生解吸）或防止捕收剂吸附。矿浆中的捕收剂和抑制剂在矿物表面会发生竞争吸附和作用，当抑制剂和矿物表面的作用力较捕收剂强时，抑制剂会优先与矿物作用，甚至排挤取代已吸附的捕收剂与矿物作用，降低矿物的可浮性。实践表明，同名离子的竞争吸附是抑制作用的重要方式。或者当抑制剂带有和捕收剂荷相同电性的基团时，吸附在矿物表面的抑制剂会与捕收剂之间发生静电斥力，阻止捕收剂向矿物靠近、吸附，发挥抑制剂的作用。

（4）高分子调整剂的凝聚分散作用。高分子有机化合物往往具有较长的分子链，并且链上带有多个能与矿物表面作用的亲固基，它可同时吸附于多个矿粒表面，使矿粒间联合起来并长大成粒度较大的絮团。此外，很多高分子化合物带有荷电的基团，当其荷电性与矿物表面不同时，它会吸附于矿物表面，中和物表面的电性，使矿粒表面的动电位降低到"不稳电位"，静电斥力减小，悬浮液失稳发生凝聚。

如果药剂的吸附使矿粒表面的动电位增加，或者在矿粒表面形成一吸附层，使矿粒间因静电斥力或位阻作用不能相互靠近、聚集时，药剂就表现出分散作用。

b　有机调整剂的结构特点　　浮选药剂的基本组成单元为亲水基、亲矿物基（亲固基）和烃基，亲水基和亲矿物基都具有亲水作用，又统称为极性基，烃基是疏水性的，又称为非极性基。根据浮选剂结构与性能的关系，有机抑制剂的结构可表示如下：

$$X_m—R—Y_n$$

X 为矿物亲固基，Y 为亲水基，R 为烃基。药剂在矿物表面吸附能力决定于 X 基：当 X 的亲固能力是比捕收剂亲固基更强的基团时，$m = 1$ 即可满足需要；若 X 是比捕收剂更弱的或相同的基团时，需要 $m \geqslant 2$，以便与被抑制矿物表面形成更强的吸附作用。亲水基 Y 的极性越大，数量越多，药剂的亲水性越强，其抑制能力也会相应增加。烃基 R 的分子量越小，药剂疏水性减弱，抑制活性会加强。由此看来，理想的有机抑制剂是在分子量尽量小的烃基上，具有对矿物作用较强并且有选择性的亲固基（对硫化矿可用硫醇—SH，黄原酸—OCSSH，硫代磷酸 > O₂PSSH，氨基黄酸 > NCSSH 等，对氧化矿可用羧基—COOH，磺酸基—SO₃H，肟酸基—PO₃H₂ 及羟肟基—C(O)NHOH 等），更重要的是，分子中必须带有足够的亲水基（—COOH，—OH，—SO₃H 等）。

当药剂极性基处在利于同矿物金属离子发生化学键合或配位的位置时，药剂与矿物间的作用力会增强，药剂才能充分发挥其浮选作用。最明显的例子是在对高岭土抑制中，古尔胶分子单体中有两个羟基为顺式结构，淀粉分子单体中的两个相邻羟基是反式结构，结果前者分子中的两个羟基可同时与矿物表面作用，表现出较强的抑制作用，而后者则只有一个羟基同矿物表面键合，抑制作用较差。文献的研究也发现古尔胶与矿物表面的金属离子间有化学反应。两个或多个极性基位置间的合理配置，对药剂与矿物表面金属离子能否发生螯合作用具有至关重要的意义，是药剂设计中考虑的重点。

对于高分子有机抑制剂，其化学结构对其浮选性能具有同小分子抑制剂相同的作用外，高分子的链结构和分子构型对其浮选性能也有一定的影响：高分子烃链大多是由碳碳单链组成，这种高分子一般柔性较大，在溶液中随外部环境的不同而表现出多种构型，从而使之作用发生量的甚至是质的改变。如在聚丙烯酸—氧化铝水溶液体系中，通过改变 pH 值，使聚丙烯酸的构型发生变化，其絮凝或分散就得到了控制。而在主链带有苯环的高分子化合物或由葡萄糖单体组成的多糖中，由于苯环和吡喃环的存在，分子刚性增加，溶液中分子构型比较单一，性能也会稳定些。

除了主链构成的不同外，高分子的烃链还有直链和支链的区分。一般来说，支链聚合物的溶解和分散性较好，对矿物的抑制作用较强，而同分子量的直链聚合物絮凝效果较好。

药剂的分子量对高分子的用途影响较大，一般地，絮凝剂的分子量较高，而分散剂的分子量相对较小，当需要抑制的脉石矿物粒度较小时，药剂的分子量大一些好，即它同时起到絮凝及抑制的双重作用。

E 铝土矿活化剂

一水硬铝石反浮选脱硅中，在加强一水硬铝石抑制的同时，对铝硅酸盐矿物的捕收是另一个重要方面。强化对铝硅酸盐矿物的捕收，一是通过研制新型高效捕收剂，另一方面可研制活化剂活化铝硅酸盐矿物的浮选。

由于铝硅酸盐矿物浮选的捕收剂主要为阳离子型捕收剂，而且，铝硅酸盐矿物的分散、团聚行为严重影响其浮选行为。因此铝硅酸盐矿物浮选的活化剂应具有两个特点：①可显著增加铝硅酸盐矿物表面的负 ζ-电位；②可改变铝硅酸盐矿物颗粒的团聚、分散行为。一些有机高分子化合物同时具有这两个特点，因此，将是理想的铝硅酸盐矿物浮选的活化剂。

（1）改性高分子化合物对高岭石的活化：

1）改性聚丙烯酰胺对高岭石的活化　图 34-4-28 是高岭石在不同药剂作用下回收率随 pH 值的变化曲线。可以看出，聚丙烯酰胺类药剂均显著提高了高岭石的回收率。几种药剂相比，非离子、阴离子、阳离子和两性聚丙烯酰胺（PAM）对高岭石的活化性能很强，它们在 pH 值为 4 时可将高岭石的回收率从 61% 提高到 90% 以上，在 pH 值为 7 左右时，可从 15% 提高到 75% 左右；而氧肟酸聚丙烯酰胺（HPAM）对高岭石的活化性能较弱，在 pH 值为 4 时，它仅使高岭石的回收率提高到 59.7%。

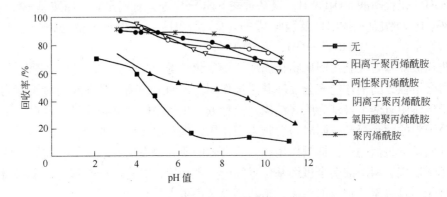

图 34-4-28　矿浆 pH 值对矿物浮选性能的影响

（十二胺用量：40mg/L；聚丙烯酰胺药剂用量：33.3mg/L）

试验过程中发现，当向浮选槽中分别加入非离子聚丙烯酰胺（PAM）、阴离子聚丙烯酰胺（PHP）、阳离子聚丙烯酰胺（CPAM）以及两性离子聚丙烯酰胺（DPAM）时，槽中立即有絮团出现，并且随药剂加入量的增加，絮团逐渐变大。这表明聚丙烯酰胺高分子药剂对高岭石具有明显的絮凝作用。

2）变性淀粉对高岭石的活化　几种变性淀粉对高岭石可浮性的影响示于图 34-4-29

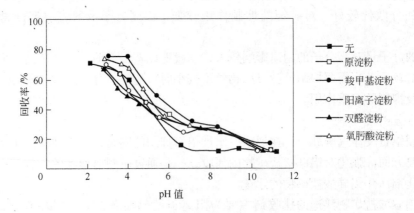

图 34-4-29　几种变性淀粉对高岭石浮选性能的影响

（十二胺用量：40mg/L；变性淀粉用量：40mg/L）

中。在 pH 值大于 5 时，这些药剂均提高了高岭石的回收率。在酸性 pH 值下，羧甲基淀粉和氧肟酸淀粉对高岭石有活化作用，这对实现铝土矿反浮选脱硅是十分有利的。如果铝土矿中高岭石含量较高，则使用羧甲基淀粉或氧肟酸淀粉作调整剂，可抑制一水硬铝石，活化高岭石的浮选。阳离子淀粉、原淀粉和双醛淀粉对高岭石的浮选影响不大。

图 34-4-30 表现了变性淀粉用量对高岭石回收率的影响。在实验用量范围内，各曲线变化平缓，说明淀粉浓度对矿物可浮性影响不大。相比而言，氧肟酸淀粉和羧甲基淀粉对高岭石浮选的活化作用较强。

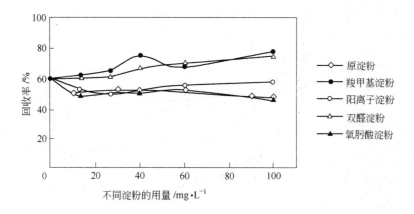

图 34-4-30 淀粉用量对高岭石浮选性能的影响
（十二胺用量：40mg/L；pH 值为 4.0）

（2）改性高分子化合物与高岭石表面作用机理：

1）变性淀粉与高岭石的作用 图 34-4-31 表示淀粉对高岭石 ζ-电位的影响。高岭石纯矿物的零电点的 pH 值为 4.2，在 pH 值大于 4.2 时，阳离子淀粉通过静电吸附作用使高岭石表面的 ζ-电位向正的方向移动，零电点移至 pH 值为 5.6 附近。当高岭石表面荷正电时，阳离子淀粉对其表面电位仍有影响，说明阳离子淀粉与高岭石表面不仅存在静

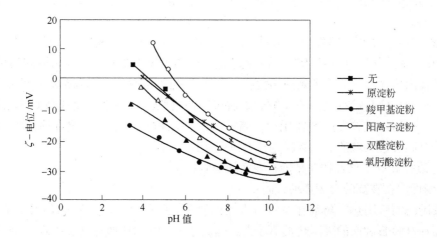

图 34-4-31 高岭石的 ζ-电位与 pH 值的关系

电力的作用，还可能存在氢键作用。羧甲基淀粉和双醛淀粉使高岭石表面电位在负向发生了较大位移，在整个试验的 pH 值范围，矿物表面均荷负电。氧肟酸淀粉使高岭石 ζ-电位也发生了负移，但幅度很小。原淀粉对高岭石表面电位影响较小。在酸性介质中，四种药剂使高岭石表面电位发生负向位移的幅度大小顺序为：羧甲基淀粉 > 双醛淀粉 > 氧肟酸淀粉 > 原淀粉。当高岭石表面带正电时，阴离子药剂与之作用，存在静电力作用，在高岭石表面荷负电时，阴离子药剂仍影响着矿物表面动电位，也说明其他作用力的存在。

2）改性聚丙烯酰胺与高岭石表面的作用　几种聚丙烯酰胺药剂对高岭石矿物表面电位的影响见图 34-4-32。

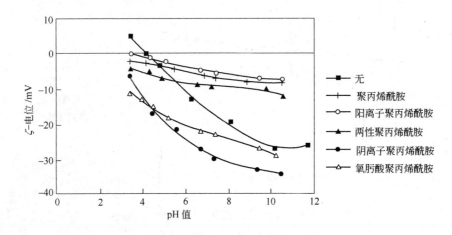

图 34-4-32　pH 值对高岭石表面 ζ-电位的影响

在 pH 值大于 4.2 范围，阴离子聚丙烯酰胺和氧肟酸聚丙烯酰胺在带负电的高岭石表面吸附并使高岭石电位发生负移，并且负移数值较大。而非离子、阳离子和两性离子聚丙烯酰胺不同，它们在 pH 值小于 5 左右时，使高岭石表面电位负移，当 pH 值大于 5 左右时，使高岭石表面电位正移。可以看出，在药剂电性与矿物表面电性相同时，药剂依然可以改变矿物的表面电位，说明药剂与高岭石之间存在除静电力以外其他力的作用，如化学作用。

从图 34-4-32 中还可以发现，不同药剂对高岭石 ζ-电位的影响差异较大，在 pH 值为 5 时，药剂使高岭石电位负移程度的大小顺序是：阴离子聚丙烯酰胺 > 氧肟酸聚丙烯酰胺 > 两性离子聚丙烯酰胺 > 非离子聚丙烯酰胺 > 阳离子聚丙烯酰胺，与药剂对高岭石的可浮性影响大致相同，使高岭石电位较负的氧肟酸聚丙烯酰胺并没能很好地提高矿物的回收率。这说明，在聚丙烯酰胺类药剂作用下，高岭石表面 ζ-电位并不是影响其回收率的主要因素，而其对高岭石颗粒的适当絮凝则具有决定作用。

（3）改性高分子化合物在高岭石表面的吸附：

1）变性淀粉在高岭石表面的吸附：

①吸附态与吸附热。药剂在高岭石表面的吸附情况显示于表 34-4-15 中，可以看出，变性淀粉在高岭石表面的吸附热负值较大，远高于 H^+ 和 OH^- 吸附热，表明药剂与矿物表面存在着远较 H^+ 和 OH^- 强的作用力。

表 34-4-15 药剂在高岭石表面吸附计算数据

药 剂	吸附热/kJ·mol^{-1}		药 剂	吸附热/kJ·mol^{-1}	
	{001}	{00-1}		{001}	{00-1}
羟肟酸淀粉二价负离子	-61.3421	-52.0295	氢离子（H$^+$）	-0.6652	-0.5092
氧肟酸淀粉一价负离子	-52.4187	-49.2326	氢氧根离子（OH$^-$）	-2.30517	-1.76189
羧甲基淀粉一价负离子	-60.6751	-41.8052	原淀粉	-80.7592	-63.1746
阳离子淀粉	-65.2089	-50.0323			

②与十二胺的竞争吸附。表 34-4-16 显示了淀粉药剂与十二胺在高岭石 {001} 和 {00-1} 发生竞争吸附时模拟数据。可以看出，当淀粉药剂与捕收剂十二胺共存时，十二胺的吸附热负值较大，而淀粉药剂中除了原淀粉仍保持较负的吸附热外，其他变性淀粉的吸附热较大，甚至变为零。说明当淀粉类药剂与捕收剂十二胺均存在时，十二胺对淀粉药剂在高岭石表面的吸附产生了阻碍作用。

表 34-4-16 药剂在高岭石表面共吸附计算数据

编号	药 剂	吸附热/kJ·mol^{-1}		编号	药 剂	吸附热/kJ·mol^{-1}	
		{001}	{00-1}			{001}	{00-1}
1	十二胺	-65.4155	-51.1657	4	十二胺	-55.6681	-53.7166
	氧肟酸淀粉一价负离子	0	-12.2284		羧甲基淀粉一价负离子	-37.4204	-13.4815
2	十二胺	-57.9524	-62.802	5	十二胺	-55.713	-49.1323
	原淀粉	-75.9117	-44.2963		羟肟酸淀粉二价负离子	0	0
3	十二胺	-58.9643	-50.8965				
	阳离子淀粉	0	0				

模拟计算考察的是两种药剂同时存在的情况，实际浮选操作中，两类药剂的加入有先后次序。因为浮选试验中，淀粉药剂先加入，所以药剂在高岭石表面的吸附基本不受影响。只是当捕收剂加入后，淀粉药剂在高岭石表面吸附才受阻。这样，可避免淀粉药剂与十二胺的混合吸附。这些分析推想与变性淀粉对高岭石具有活化作用浮选试验结果基本相一致。

2）改性聚丙烯酰胺在高岭石表面的吸附：

①吸附热。与模拟高分子药剂在一水硬铝石表面吸附情况相同，对药剂在高岭石的两个主要表面 {001} 和 {00-1} 上的吸附情况进行的模拟计算结果见表 34-4-17。

表 34-4-17 药剂在高岭石表面吸附的计算数据

药 剂	吸附热/kJ·mol^{-1}		药 剂	吸附热/kJ·mol^{-1}	
	{001}	{00-1}		{001}	{00-1}
聚丙烯酰胺	-48.3994	-39.4397	羟肟酸聚丙烯酰胺	-70.5601	-50.8472
阴离子聚丙烯酰胺	-62.2759	-44.3578	氧肟酸聚丙烯酰胺	-67.439	-56.0194
阴离子聚丙烯酰胺二价负离子	-59.7791	-47.686	羟肟酸聚丙烯酰胺三价负离子	-63.6049	54.18083
两性聚丙烯酰胺	-52.8374	-51.2716	氧肟酸聚丙烯酰胺二价负离子	-60.2931	-56.1308
两性聚丙烯酰胺离子	-64.5186	-53.4236	阳离子聚丙烯酰胺	-87.1273	-65.4816

可以看出，药剂在高岭石两个表面的吸附作用均较强，并且药剂离解前在 {001} 面的吸附热较离解后的负，而离解后在 {00-1} 表面的吸附热负。这是高岭石 {001} 和 {00-1} 面的组成不同所致。{001} 面由氧原子组成，药剂离解后带负电，二者会产生静电斥力，使药剂的吸附减弱，而 {00-1} 面由氢原子组成，情况与 {001} 面恰好相反。这一点可以说明，药剂在高岭石表面的吸附，静电力作用较强。大分子药剂在 {00-1} 面的吸附将促进高岭石的团聚与浮选行为。

几种药剂相比，它们在高岭石 {001} 表面的吸附热大致顺序是：阳离子聚丙烯酰胺 > 羟肟酸聚丙烯酰胺 > 氧肟酸聚丙烯酰胺 > 阴离子聚丙烯酰胺 ≈ 两性离子聚丙烯酰胺 > 非离子聚丙烯酰胺，吸附量顺序也与此大致相同。在高岭石 {00-1} 面上，药剂吸附热顺序为：阳离子聚丙烯酰胺 > 氧肟酸聚丙烯酰胺 > 羟肟酸聚丙烯酰胺 > 两性离子聚丙烯酰胺 > 非离子聚丙烯酰胺；而吸附量顺序为羟肟酸聚丙烯酰胺 > 阴离子聚丙烯酰胺 > 阳离子聚丙烯酰胺 > 两性离子聚丙烯酰胺 > 氧肟酸聚丙烯酰胺 > 非离子聚丙烯酰胺。吸附热与吸附量二者顺序不同，这是因为不同药剂与矿物表面的作用力不同，吸附量低但吸附热高的药剂，与矿物表面的作用势能大；反之，则药剂与矿物表面间作用势能低。图 34-4-33 是各种药剂在高岭石表面的吸附量测定结果。可以看出，非离子聚丙烯酰胺在高岭石的吸附量受介质 pH 值影响很小，在整个试验的 pH 值范围内，其吸附量几乎没有变化；而阳离子聚丙烯酰胺、氧肟酸聚丙烯酰胺、两性离子聚丙烯酰胺和阴离子聚丙烯酰胺则随介质 pH 值的升高而下降，其中氧肟酸聚丙烯酰胺在酸性介质中吸附量的下降速度较缓。五种药剂相比，在 pH 值为 3 时，阳离子聚丙烯酰胺在高岭石表面的吸附量最大，其次是氧肟酸聚丙烯酰胺、两性离子聚丙烯酰胺和阴离子聚丙烯酰胺，而非离子聚丙烯酰胺最差；在弱酸性介质中，药剂的顺序有所改变，吸附量最高的仍是阳离子聚丙烯酰胺，其次是氧肟酸聚丙烯酰胺，但两性离子聚丙烯酰胺和阴离子聚丙烯酰胺居后两位。阳离子聚丙烯酰胺在荷负电的高岭石表面吸附最多，表明药剂与矿物间静电力的作用更加重要，阳离子聚丙烯酰胺主要依靠静电力吸附于高岭石表面。

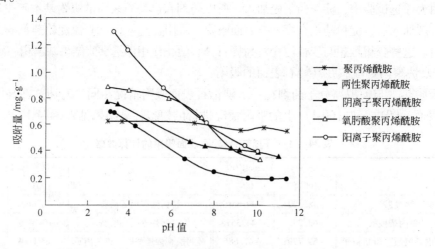

图 34-4-33   聚丙烯酰胺类药剂在高岭石表面的吸附量

（药剂用量：66.7mg/L）

②与十二胺的竞争吸附。在十二胺存在时，聚丙烯酰胺在高岭石两个底面的吸附量以及吸附热计算结果见表34-4-18。数据表明，在聚丙烯酰胺类药剂与十二胺进行共吸附时，十二胺保持着较负的吸附热，而聚丙烯酰胺衍生物中，除了阳离子型的外，其他药剂吸附热却大幅度提高。说明高分子在高岭石表面的吸附作用较十二胺弱。由于实际浮选过程中，聚丙烯酰胺药剂比捕收剂十二胺先行加入，它们在高岭石表面吸附不受影响，并使矿粒发生絮凝，而在捕收剂加入后，那些没有吸附的高分子不再吸附，不会削弱由捕收剂吸附引起的矿物表面的疏水性，所以药剂总体对高岭石表现出良好的活化性能。

表 34-4-18　药剂在高岭石表面共吸附的计算数据

编号	药　剂	吸附热/kJ·mol⁻¹ {001}	吸附热/kJ·mol⁻¹ {00-1}	编号	药　剂	吸附热/kJ·mol⁻¹ {001}	吸附热/kJ·mol⁻¹ {00-1}
1	十二胺	-57.5002	-61.0531	4	十二胺	-55.8856	-49.5641
	羟肟酸聚丙烯酰胺二价负离子	0	-46.3553		两性聚丙烯酰胺离子	-15.8894	-13.8555
2	十二胺	-58.4152	-54.4284	5	十二胺	-73.0189	-49.1136
	阴离子聚丙烯酰胺二价负离子	-16.5121	-16.7472		氧肟酸聚丙烯酰胺二价负离子	-20.1503	-9.39304
3	十二胺	-56.4594	-54.3714	6	十二胺	-75.178	-47.2971
	聚丙烯酰胺	0	-27.3427		阳离子聚丙烯酰胺	-74.5359	-125.759

34.4.5　选择性絮凝脱硅国内外技术现状和发展趋势

利用聚合物（絮凝剂）絮凝细粒物质以及使这些团聚体与其他分散相组分分离的过程称之为选择性絮凝。必须控制不同组分的表面对絮凝剂的竞争，以达到使絮凝剂吸附在目的组分上。这样，就可采用沉淀/淘析法或絮团浮选法从悬浮液中将覆盖着聚合物的颗粒形成的团聚体或絮团分离出来。倘若它们相当牢固，那么这些絮团就能进一步精选，以提高精矿品位。选择性絮凝法包括4个工序：①微细颗粒的分散（通常都在该段中加入分散剂）；②聚合物选择性地吸附在絮凝组分上，并形成絮团；③低剪切速率下调浆使絮团长大；④用沉淀/淘析/筛分法或浮选法分离絮团，如有必要，可接着再分散和再絮凝以精选絮团。

选择性絮凝剂技术已广泛应用于矿物加工工程的诸多领域。一些关于铝土矿选择性絮凝技术的研究已经在开展中。该方法的主要目的是利用絮凝剂和沉降的方法将一水硬铝石颗粒选择性絮凝，再从矿浆中分离出来达到脱硅的目的。

一水硬铝石型铝土矿的天然性质非常的有利于利用选择性絮凝的方法进行脱硅。铝硅硅酸盐矿物和一水硬铝石在硬度、晶体性质、颗粒表面性质、电性质和其他的一些差异使得选择性絮凝工艺得以实施。但是由于在矿物加工领域选择性絮凝工艺不是常规的处理方法，该项工艺长期未必重视。同时在过去的20年里，铝土矿正浮选脱硅工艺在我国已经得以工业化，解决了铝土矿大部分脱硅的问题。反浮选工艺也取得了诸多突破性的进展，并且即将进行工业化。

然而，在铝土矿正浮选的工业上，矿石的脱泥预处理环节给了研究者启示，该处理环节的强化有可能得到令人满意的铝土矿精矿产品。利用选择性絮凝剂强化这一过程就是铝土矿选择性絮凝工艺技术思路的雏形。

中南大学通过实验室实验，以及在中铝集团郑州研究院进行的选择性絮凝脱硅扩大试验，为消除河南水中钙镁离子对选择性絮凝指标的影响，采用 Adobesoft 作为水处理助剂，以新型药剂 AlFlocPro 作为絮凝剂，碳酸钠作为分散剂，对原矿铝硅比为 4.5～4.8 的铝土矿混合样进行二段磨矿三段脱泥扩大试验。试验流程见图 34-4-34，试验结果见表34-4-19。

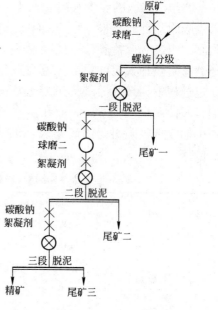

图 34-4-34　扩大试验流程

表 34-4-19　扩大试验结果　　　　　　　　　　（%）

产　品	产　率	Al_2O_3	SiO_2	A/S	氧化铝回收率
原　矿	100.00	60.97	12.94	4.71	100.00
综合精矿	76.96	64.43	9.63	6.69	81.25
综合尾矿	23.04	49.37	23.31	2.12	20.28

注：均为十三个班指标的平均值。

通过试验室试验和扩大连续试验，采用选择性絮凝脱硅新工艺，在原矿铝硅比为 4.7 左右时，可获得铝硅比为 6.7 左右，氧化铝回收率为 81% 左右的优良指标。

34.5　铝土矿选矿厂

到目前为止，工业应用的铝土矿选矿方法有两种，一是堆积型铝土矿洗矿富集，二是沉积型铝土矿正浮选脱硅。

34.5.1　铝土矿选择性磨矿—聚团浮选脱硅

2003 年，由中南大学研发的铝土矿选择性磨矿—聚团浮选脱硅技术在中州铝业公司的选矿—拜耳法生产氧化铝生产线获得成功应用。

2003 年中国铝业中州分公司建设了 30 万吨/年选矿—拜耳法氧化铝生产线，其中选矿系统处理能力为 70 万吨/年。选矿系统于 2003 年 10 月投产，全线于 2004 年初建成投产，3 个月达产，半年内达标，工艺指标良好，拜耳法氧化铝回收率最高达到 84.6%，综合能耗按标准煤计为 594kg/t，碱耗 78kg/t，氧化铝生产成本与传统拜耳法基本持平，低于烧结法。随后，中州分公司又建成投产了第 2 条 30 万吨/年选矿—拜耳法氧化铝生产线。由此可见，通过选冶联合，可以经济地利用中低品位一水硬铝石型铝土矿生产氧化铝。这对保障我国铝工业可持续发展有重要意义。通过铝土矿选矿脱硅，应用选矿—拜耳法生产氧化铝，可以使现有铝土矿资源的服务年限提高3倍以上。

由于铝土矿原矿中 Al_2O_3 含量高，故正浮选的泡沫产品产率必然较高，往往可达到80%甚至更高。因此，按常规方法进行一水硬铝石型铝土矿正浮选，就产生出两个问题：①浮选槽内矿浆浓度急剧降低，粗细两级兼收困难，粗粒易沉槽；②细粒硅矿物易被夹杂进入泡沫产品，影响精矿质量。

铝土矿选择性磨矿—聚团浮选脱硅工艺首先充分利用铝土矿的选择性碎解特性进行选择性磨矿，使磨矿产品中粗粒级的铝硅比提高，将粗粒级直接作为精矿，再通过选择性聚团浮选处理细粒级，强化铝硅的分离和细粒级铝矿物的回收。浮选过程分为粗、扫选和精选两大循环。粗、扫选循环获得的粗精矿进入精选循环，产出浮选精矿；精选循环的尾矿和粗扫选尾矿合并作为最终尾矿。选择性磨矿—聚团浮选脱硅工艺的原则流程见图34-5-1。

该工艺从根本上解决了粗粒回收、低浓度硅矿泥中矿干扰粗选等问题，可以大幅度减少浮选药剂的用量，提高浮选段的处理能力和铝硅分离的选择性，进而提高选别指标和经济效益，并使精矿中有机物含量降低。

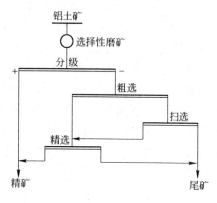

图 34-5-1　铝土矿选择性磨矿—
聚团浮选脱硅原则流程

表34-5-1是河南和山西铝土矿选择性磨矿—聚团浮选脱硅的试验结果。可见，选择性磨矿—聚团浮选脱硅工艺对不同产地、不同铝硅比的铝土矿有很好的适应性，能获得优良的选别指标。而且，与1999年"九五"攻关工业试验流程相比，处理相同矿石（中州矿）的处理能力提高24.47%，碳酸钠、分散剂、捕收剂的用量分别是原工艺的66.62%，48.25%和53.83%。

表 34-5-1　铝土矿选择性磨矿—聚团浮选脱硅试验结果

矿　样	试验规模	工　艺	处理量 /t·d⁻¹	铝硅比 原矿	铝硅比 精矿	Al_2O_3 回收率/%	药剂用量 /kg·t⁻¹
中州样	工业试验	选择性磨矿—聚团浮选	64.02	6.34	12.33	88.74	5.188
中州样	工业试验	"九五"攻关流程	51.43	6.34	13.40	86.54	8.273
山西样	扩大连选	选择性磨矿—聚团浮选	1.52	4.40	11.09	85.57	4.730

铝土矿选择性磨矿—聚团浮选脱硅技术作为中州铝业公司选矿—拜耳法氧化铝生产工艺中的选矿脱硅工艺，从2003年10月投产以来，取得了良好的技术经济指标。中州铝业公司30万吨/年生产线建成投产第1年的铝土矿选矿指标为：原矿铝硅比5.0~5.7，精矿铝硅比10.3~11.7，精矿 Al_2O_3 回收率84.5%~89.0%；其选矿成本相当于原矿采购价格的20%。而中低品位铝土矿采购价格大大低于拜耳法生产需要的高铝硅比矿石价格，所以采用选矿精矿作为拜耳法的生产原料，从经济上来说是适宜的。2004年10月起，中州铝业公司选矿—拜耳法生产成本（矿石铝硅比5.6左右）已和强化烧结法（矿石铝硅比6.8左右）的成本相当，与传统拜耳法基本持平。鉴于强化烧结法生产氧化铝所具有的工艺先

进性和成本的竞争性，证明了选矿—拜耳法的成本潜力和发展后劲。

34.5.2　磨矿全浮选流程浮选铝土矿

随着近几年中等品位铝土矿越来越少，而铝硅比 3 ~ 4 的低品位铝土矿越来越多，原来的选择性磨矿—聚团浮选已经不能通过一步磨矿分离出符合要求的铝硅比在 8 以上的高品位合格精矿。低品位铝土矿需要原矿磨矿后全部经由浮选才可能得到能够用于拜耳法生产的合格精矿。

34.5.2.1　中铝河南分公司

中铝河南分公司最初选矿工艺流程由中铝国际沈阳铝镁设计院设计，由中南大学和选厂在 2009 年 4 ~ 9 月间进行工业试验。采用的流程为一段闭路磨矿—全浮选—尾矿分级粗粒再磨再选工艺，但是该工艺流程从试车到 2009 年 4 月流程一直不通，选矿车间对工艺流程经过了三次大的改动：一段闭路磨矿—全浮选—尾矿分级粗粒精矿工艺；一段磨矿—两级分级—半浮选工艺流程。一段磨矿—两级分级—全浮选工艺流程。整改之后工艺流程逐渐稳定，工艺指标好转，到 2009 年 9 月达产，工艺流程如图 34-5-2 所示。达产后工艺指标如表 34-5-2 所示（该数据为氧化铝二厂技术部统计提供）。

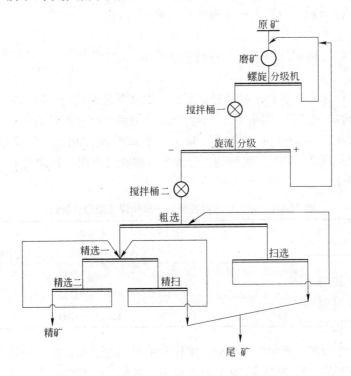

图 34-5-2　中铝河南分公司现行浮选流程

表 34-5-2　中铝河南分公司生产指标

产　品	铝硅比	产率/%	回收率/%
精　矿	6.5 ~ 7.5	70 ~ 74	76 ~ 79
原　矿	3.5 ~ 4.5	100	100
尾　矿	1.35 ~ 1.50	26 ~ 30	21 ~ 24

选矿成本主要依据以 2010 年 2 月车间统计为依据，精矿过滤成本经过氧化铝二厂技术部多月统计为 15～20 元/吨，计算时为 17.5 元/吨。其中，选矿加工成本为 152.82 元，（不算矿石成本、折旧、工资）（参见表 34-5-3）。

表 34-5-3　中铝河南分公司生产成本

消耗项目		单价/元·t⁻¹	单耗/t	单位成本/元
原　矿		253.85	1.443	366.34
钢　球		10940	0.00154	16.83
水		1.83	3.96	7.25
电		0.49	96.388	47.23
蒸　汽		142.54	0.178	25.43
药　剂	碳酸钠	1180	0.00706	8.33
	捕收剂	9500	0.00175	16.59
	分散剂	770	0.00179	1.07
	硫　酸	470.07	0.00139	1.74
备件维修费用				9.92
机物料				0.93
工　资				35.55
折　旧				95.00
过滤费用				17.5
合　计				649.71
选矿加工成本				152.82
原矿量/t		37598		
干精矿量/t		26053		

34.5.2.2　汇源公司

中南大学针对河南汇源铝硅比为 4.6 的低品位铝土矿，开发出梯度浮选技术，实现日处理 2000t 规模生产。流程图见图 34-5-3。

A/S 为 4.0 左右的低品位铝土矿经破碎工段破碎成不大于 15mm 的粉矿，经皮带秤计量后，与经过计量的水和调整剂一起进入球磨机磨矿，然后经旋流器分级，底流到溢流磨再磨，溢流粒度达到 -0.074mm 不小于 90%，进入浮选搅拌槽，合理添加浮选药剂搅拌，而后进三粗二精一扫浮选流程进行浮选。产率约 30% 的尾矿经尾矿泵送到堆场，产率约 70% 的精矿经精矿泵打到浓密机沉降，浓密底流经泵送到压滤机压滤，溢流水（0.1% 浮游物）流到循环水池系统，循环使用。经压滤后滤饼精矿（水分不大于 14%）送到混矿系统配矿，压滤水回浓密机系统。混矿矿浆送到生产系统中。

2009 年 2 月试车，2009 年 3 月底达产达标，2～8 月生产统计指标列于表 34-5-4。选

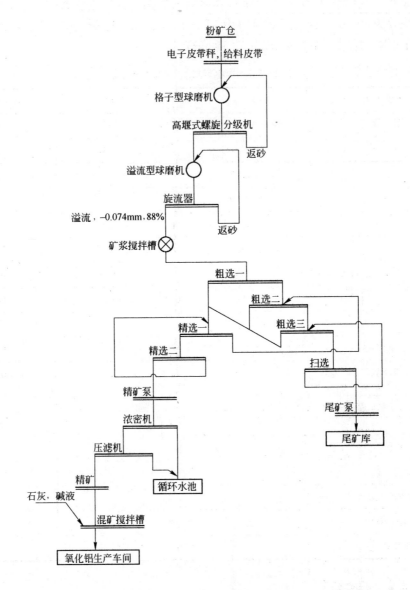

图 34-5-3　汇源公司现行流程

矿成本主要依据为 2010 年 2 ~ 8 月车间统计，列于表 34-5-5，其中，选矿加工成本为 116.90 元，（不算矿石成本、折旧、工资）。

表 34-5-4　汇源公司生产指标

产　品	铝硅比	产率/%	回收率/%
精　矿	8.5 ~ 10.0	68 ~ 75	78 ~ 85
原　矿	4.0 ~ 4.4		
尾　矿	1.28 ~ 1.39		

表 34-5-5　汇源公司生产成本

消耗项目		单位	单价	单耗（吨精矿）	单位成本/元
原　矿		t	100	1.367	136.65
钢球（锻）		t	7000	0.000600	4.20
水		t	2	2.100	4.20
电		度	0.585	100.34	58.70
蒸　汽		t	120	0.028	3.36
药剂	碳酸钠	t	1200	0.00550	6.60
	捕收剂	t	18600	0.000850	15.81
	分散剂	kg	6760	0.06656	0.45
	助沉剂	kg	23000	0.07000	1.61
维修费用		元			8.30
油　品		元			1.17
职工工资		元			13.44
折　旧		元			10.76
过滤费用		元			12.5
合　计					277.75
选矿加工成本					116.90
原矿量/t			25408.56		
干精矿量/t			18593.47		

参 考 文 献

[1] 刘中凡. 世界铝土矿资源综述[J]. 轻金属，2001(5)：7～12.

[2] 中国地质矿产信息研究院. 国外矿产年评[Z]. 1996～1997.

[3] 于传敏. 铝土矿选矿为氧化铝工业发展开辟一条新路[J]. 轻金属，2000(9)：3～6.

[4] 杨重愚. 轻金属冶金学[M]. 北京：冶金工业出版社，2002.

[5] 杨重愚. 氧化铝生产工艺学[M]. 北京：冶金工业出版社，1993.

[6] 王庆义. 氧化铝生产[M]. 北京：冶金工业出版社，1995.

[7] 高子忠. 轻金属冶金学[M]. 北京：冶金工业出版社，1993.

[8] 吴秀铭. 影响我国铝工业生存与发展的几大问题[J]. 世界有色金属，1997(7)：4～10.

[9] 刘今，等. 低铝硅比铝土矿预脱硅研究[J]. 中南工业大学学报，1996(6)：666～670.

[10] 刘永康. 一水硬铝石型铝土矿化学选矿脱硅中焙烧过程的研究[D]. 长沙：中南工业大学，1997.

[11] 仇振琢. 铝土矿预脱硅工艺的改进[J]. 轻金属，1985(9)：9～12.

[12] 罗琳，何伯泉. 高硅铝土矿焙烧预脱硅研究现状评述[J]. 金属矿山，1999(1)：31～35.

[13] 罗琳. 一水硬铝石型铝土矿化学脱硅与综合利用研究[D]. 长沙：中南工业大学，1999.

[14] 马跃如，罗琳. 铝土矿的化学选矿[J]. 中国锰业，1999，17(2)：10～13.

[15] Vasan S S, Modak J M, Natarajan K A. Some recent advances in the bioprocessing of bauxite[J]. Inter. J. Min. Process., 2001(62)：173～186.

[16] AНеДрееВ П И，等. 高硅铝土矿微生物脱硅法[J]. 轻金属，1992(3)：12～14.

[17] 李聆值. 采用生物技术提高铝土矿质量[J]. 中国有色金属学报，1998，18(增刊2)：361～364.

[18] V. I. Grondeva. 铝土矿的微生物选矿[J]. 国外金属矿选矿, 1989(11)：9～11.

[19] 谢珉. 论铝土矿选矿的必要性和可行性[J]. 国外金属矿选矿, 1991(7～8)：69～76, 21.

[20] 王毓华, 胡岳华, 何平波, 等. 铝土矿选择性脱泥试验研究[J]. 金属矿山, 2004(4)：38～40.

[21] Pauling. 化学键的本质[M]. 北京：科学出版社.

[22] 刘祥民. 中国铝土矿资源可持续发展战略研究[J]. 中国金属通报, 2005(14)：9～11.

[23] 刘家瑞, 刘祥民. 应用选矿—拜耳法工艺处理一水硬铝石型中低品位铝土矿生产氧化铝的工业实践[J]. 轻金属, 2005(4)：11～14.

[24] 肖亚庆. 节约资源 降本增效 打造中铝百年老店[J]. 企业文明, 2006(2)：11～13.

[25] 刘伟, 刘祥民, 李小斌. 中州 300 kt/a 选矿拜耳法产业化技术分析[J]. 轻金属, 2005(2)：3～8.

第 35 章　锂铍矿选矿

35.1　锂矿物及锂矿床

35.1.1　锂的主要性质及用途

35.1.1.1　锂的性质

锂（Li）是稀有金属，也是自然界中最轻的金属，密度仅为 $0.531g/cm^3$（20℃）。锂比铅柔软，富延展性。与其他碱金属相比，锂原子半径小，压缩性最小，硬度最大，熔点最高。在干燥空气中呈银白色，熔点 180℃，沸点 1342℃，具有较高的比热容和电导率。温度高于 -117℃ 时，金属锂是典型的体心立方结构，但当温度降至 -201℃ 时，开始转变为面心立方结构，温度越低，转变程度越大，但是转变不完全。在 20℃ 时，锂的晶格常数为 3.50Å，电导率约为银的五分之一。锂易与除铁以外的任意一种金属熔合。

锂是化学性质非常活泼的碱金属元素，腐蚀性大，可与大量无机试剂和有机试剂发生反应。在一定条件下，能与大部分金属与非金属反应，但不像其他的碱金属那样容易。锂在空气中易被氧化，遇湿空气能与氧、氮迅速化合，在表面生成锂化合物而使表面变暗，其密度比煤油小，因此锂只能存放在凡士林、液体石蜡或惰性气体中。锂很软，可以用小刀轻易切开，新切开的锂有金属光泽，但是暴露在空气中会慢慢失去光泽，表面变黑，若长时间暴露，最后会变为白色。主要是生成氧化锂和氮化锂，氢氧化锂，最后变为碳酸锂。在 500℃ 左右容易与氢发生反应，是唯一能生成稳定得足以熔融而不分解的氢化物的碱金属，电离能 5.392eV，与氧、氮、硫等均能化合，是唯一能与氮在室温下反应，生成氮化锂（Li_3N）的碱金属。

它能与水和酸作用放出氢气，易与氧、氮、硫等化合。常温下，在除去二氧化碳的干燥空气中几乎不与氧气反应，但在 100℃ 以上能与氧发生燃烧生成氧化锂，火焰呈蓝色，但是其蒸汽火焰呈深红色，反应如同点燃的镁条一样，十分激烈、危险；氧族其他元素也能在高温下与锂反应形成相应的化合物。锂与碳在高温下生成碳化锂。在锂的熔点附近，锂很容易与氢反应，形成氢化锂。

锂可以与水较快地发生作用，但是反应并不特别剧烈，不燃烧，也不熔化，其原因是它的熔点、燃点较高，且因生成物 LiOH 溶解度较小（20℃：$12.3 \sim 12.8g/100gH_2O$），易附着在锂的表面阻碍反应继续进行，块状锂可以与水发生反应。但粉末状锂与水发生爆炸性反应。金属锂在干燥空气中性质稳定，与盐酸、硝酸和稀硫酸反应激烈。锂和浓硫酸也能反应，有剧烈反应并熔化燃烧的可能性。锂能与很多有机化合物及卤素或其衍生物反应，生成相应的锂化合物，很多反应在有机合成上有重要的意义。锂盐在水中的溶解度与镁盐类似，而不同于其他的碱金属盐。

35.1.1.2　锂的用途

锂的应用涉及到人们日常生活用品领域，如电视机、洗衣机、电冰箱、住宅冷暖设备及厨房用品等，锂已成为与人类日常生活密切相关的重要元素之一。现在，锂已广泛应用于冶金、航空、航天等多个领域，其最引人注目的应用领域是锂电池和可控热核聚变反应堆。锂已成为长期供给人类能源的重要材料。锂被誉为"能源金属"和"推动世界前进的金属"，锂电池是 IT 行业发展的支柱，因而目前全球对锂金属的需求十分迫切。

锂最早的主要工业用途是以硬脂酸锂的形式用作润滑剂的增稠剂，锂基润滑脂兼有高抗水性、耐高温和良好的低温性能。如果在汽车的一些零件上加一次锂润滑剂，会大大延长其使用寿命，足以用到汽车报废为止。

在冶金工业上，利用锂能强烈地与氧（O）、氮（N）、氯（Cl）、硫（S）等物质发生反应的性质，将其作为脱氧剂和脱硫剂。在铜的冶炼过程中，加入十万分之一到万分之一的锂，即能改善铜的内部结构，使之变得更加致密，从而提高铜的导电性。锂在铸造优质铜铸件中能除去有害的杂质和气体。在现代需要的优质特殊合金钢材中，锂是清除杂质最理想的材料。

在玻璃工业上，如果在制造玻璃中加入锂，锂玻璃的溶解性只是普通玻璃的 1%（每一普通玻璃杯热茶中大约有万分之一克玻璃），即加入锂可使玻璃"永不溶解"，并可以抗酸腐蚀。

在航空航天领域，锂是作为火箭燃料的最佳金属之一。1kg 锂通过热核反应燃烧后可释放 42998kJ 的热量，相当于燃烧两万多吨优质煤。火箭的有效载荷直接取决于比冲量的大小。若用锂或锂的化合物制成固体燃料来代替固体推进剂，用作火箭、导弹、宇宙飞船的推动力，不仅能量高、燃速大，而且有极高的比冲量，可有效提升火箭等的有效载荷。

很软的纯铝加入少量锂、镁、铍等金属熔成的合金，既轻便，又特别坚硬。用这种合金来制造飞机，能使飞机减轻 2/3 的重量，一架锂飞机两个人就可以抬走。此外，锂-铅合金也是一种良好的减摩材料。

锂电池是 20 世纪 30 ~ 40 年代才研制开发的优质能源，它以开路电压高、比能量高、工作温度范围宽、放电平衡、自放电子、对环境无污染等优点，成为当今及未来便携式电子产品可再充电式电源优先选择的对象之一。当今笔记本电脑、数字照相机、移动电话、医疗器械及近地轨道地球卫星等新型电子仪器设备中都已装有锂电池。

真正使锂成为举世瞩目的金属，是它优异的核性能。由于它在原子能工业上的独特性能，人们称它为"高能金属"。

^{6}Li 捕捉低速中子能力很强，可以用来控制铀反应堆中核反应发生的速度，同时还可以在防辐射和延长核导弹的使用寿命方面及将来在核动力飞机和宇宙飞船中得到应用。Li 在原子核反应堆中用中子照射后可以得到氚，而氚可用来实现热核反应。由锂制取氚，用来发动原子电池组，中间不需要充电，可连续工作 20 年。

Li 在核装置中还可用作冷却剂。含锂制冷剂正全面取代氟利昂，以保护地球的臭氧层，军事上还用锂做信号弹、照明弹的红色发光剂和飞机用的稠润滑剂。

35.1.2　锂的主要矿物

锂在自然界的丰度很低，地幔中为 1.4mg/kg，地壳中为 12mg/kg，在上地壳高达

20mg/kg。现今世界上先后发现含锂的矿物有 150 多种，其中以锂为主的矿物约有 30 种，典型的锂矿物主要有如下几种：

（1）锂辉石　化学组成 LiAl［Si_2O_6］，Li_2O 理论含量为 8.07%。属单斜晶系晶体，常呈短柱状、板状产出，也见有粒状、致密块状或断柱状集合体。颜色通常呈灰白色、粉红色、淡黄色或淡绿色。玻璃光泽，半透明到不透明，硬度 6.5～7.0，密度 3.15～3.60g/cm³，无磁性。锂辉石在花岗伟晶岩中与石英、长石和云母等经常共生在一起，极易风化，并且其中的锂易被钠及钾所置换。锂辉石有两种晶型结构，单斜晶系的 α 锂辉石在 720℃时转变为正方晶系的高温型 β 锂辉石，同时体积增加 30%，而且易被破碎成粉末。锂辉石是目前世界上开采利用的主要锂矿物资源之一。

（2）透锂长石　化学组成 Li［$AlSi_4O_{10}$］，Li_2O 理论含量为 4.89%。常呈灰色、红白色、黄白色、白色或无色，硬度为 6.0～6.5，密度 2.3～2.5g/cm³，外观与石英相似，700℃时转变为高温型锂辉石。1817 年，阿尔弗雷德松（Arfredson）就是从瑞典的乌托伟晶岩所产的透锂长石中首次分离出了 Li_2O。目前世界上最大的透锂长石矿床是津巴布韦的比基塔矿床。

（3）锂云母　化学组成 K｛$Li_{2-x}Al_{1+x}$［$Al_{2x}Si_{4-2x}O_{10}$］F_2｝其中 $x = 0～0.5$，成分变化大。一般代替钾的有钠（≤1.1%）、铷（≤4.9%）、铯（≤1.9%）；代替锂和铝的有 Fe^{3+}（≤1.5%）、Mn^{2+}（≤1%），Ca^{2+}、Mg^{2+} 和 Ti^{4+} 较少；F 常被（OH）（≤2.6%）所代替，Li_2O 理论含量为 3.2%～6.45%。晶体呈假六方片状，但发育完整的晶体极其罕见，常呈片状或鳞片状产出，偶尔见有晶簇出现，颜色为白色或浅白色，但也常有玫瑰色、浅紫色出现，偶尔也见有桃红色锂云母，玻璃光泽，解理面呈珍珠光泽，硬度 2.0～3.0，薄片具有弹性，密度 2.8～3.0g/cm³。锂云母主要产于花岗伟晶岩中，中国辽宁、河南、内蒙古及新疆等地均产出。中国江西省宜春钽铌矿是伴生锂云母及铷、铯的多金属矿床，是目前世界上最大的伴生锂云母矿床，也是中国正在开采利用的主要锂云母资源之一。

（4）锂磷铝石　化学组成 Li｛Al［PO_4］（OHF）｝，Li_2O 理论含量为 10.1%。最典型的混入物是 Na_2O，其含量可达 1.96%（一部分锂类质同象地被钠置换）。锂磷铝石属三斜晶系。白色、灰色、暗灰色、稍带黄色或玫瑰色；玻璃光泽至油脂光泽，解理面呈珍珠光泽，硬度为 6.0，密度 2.92～3.15g/cm³，性质与锂辉石类似，可溶于硫酸，虽然锂含量高，但矿物资源少。

（5）锂霞石　化学组成 LiAl［SiO_4］，Li_2O 理论含量为 11.88%。晶体属六方晶系，晶形细小，常呈粒状集合体和致密块状产出，成晶体者极少见，是锂辉石变蚀的产物。颜色常呈灰白色或灰色带浅黄、浅褐、浅红、浅绿等色，有时也见有无色者，晶面呈玻璃状光泽，断口则呈现脂肪光泽，硬度 5.0～6.0，密度 2.6～2.67g/cm³，矿物资源量亦不多。

（6）铁锂云母　化学组成 K｛LiFeAl［$AlSi_3O_{10}$］F_2｝，成分变化很大。钾能被钠、钡、铷、锶和少量的钙代替；在八面体位置的锂、铁、铝可被钛、锰等代替；F 常为（OH）所代替。有时 F∶OH < 1∶1。在铁锂云母中 Si∶Al 比值与锂的含量一样比较高，并且不含或含少量的镁。Li_2O 理论含量为 4.13%。密度 3.0g/cm³，硬度 3.0。铁锂云母常作为一种气成矿物产于含锡石及黄玉的伟晶岩内及云英岩中，与黑钨矿、锡石、黄玉、锂云母、石英等共生。

（7）锂冰晶石　化学组成 Na_3［$Li_3Al_2F_{12}$］，晶体结构为石榴石型，［AlF_6］八面体通过公用角顶与［LiF_6］四面体连结成架状，Na 充填在孔洞中，配位数为8。晶体粗大，常呈菱形十二面体状，有时为菱形十二面体状或四角八面体的聚形。呈白色、无色、灰白色，薄片呈无色，该矿物资源稀少。

35.1.3 锂矿床主要类型

锂常与氧形成氧化物赋存于硅酸盐类矿物中。在自然界中有两个锂的同位素：即^6Li与^7Li。锂常与钾、铷、铯发生置换，并与铍、硼密切共生。锂主要聚集于岩浆结晶分异的晚期，伟晶作用阶段和气成热液阶段，尤其是伟晶作用晚期，常形成有价值的锂矿床。在富硼镁的盐湖里，锂以离子状态赋存于卤水中，形成规模巨大的锂矿床。

锂矿床可分为六种类型，即伟晶岩矿床、花岗岩矿床、卤水矿床、海水矿床、气成热液矿床和堆积矿床等，目前开采利用最多的锂资源是伟晶岩矿床和卤水矿床。常见工业开发矿床如下：

(1) 花岗伟晶岩锂矿床 这类矿床的特点是锂品位高，储量大，并伴生可供综合利用的铍、铌、钽等有用成分。矿床中的主要锂矿物有锂辉石、锂云母、锂磷铝石和透锂长石等，一般伴生钽铌铁矿等有用矿物。中国新疆阿勒泰可可托海3号伟晶岩锂铍铌钽矿床、四川康定呷基卡锂铍矿床、四川金川可尔因锂铍矿床等均属于这一类型。

(2) 碱性长石花岗岩型矿床 钠长石-锂云母花岗岩型矿床，钠长石-铁锂云母花岗岩型矿床，钠长石-锂白云母花岗岩型矿床，钠长石-黑鳞云母花岗岩型矿床均属这类矿床。共伴生组分有钽、铌、钨、锡、铍、铷、铯、锆、铪、钇、钍等，矿床中的主要锂矿物有锂云母、铁锂云母、烧绿石等，如江西宜春钽铌锂矿床，江西牛岭坳等。

(3) 盐湖卤水沉积矿床 这类锂矿床规模比伟晶岩锂矿床储量更大，但锂品位低，其中的锂主要以氯化锂状态存在于盐湖卤水及其沉积矿床，是一种很有远景的矿产资源。如青海柴达木盆地中部的一里坪锂矿床，东、西台吉乃尔湖锂矿床等。

35.1.4 锂矿床工业指标

2002 年中国颁布的《稀有金属矿产地质勘查规范》中，规定了锂矿床参考性工业指标，如表 35-1-1 所示。根据生产实践经验，若矿体中锂辉石粒径大于3cm，矿石品位 Li_2O 在 2% ~ 3% 以上就适于手选，划分为手选矿石。手选矿石的尾矿具有机选价值的或不适于手选的矿石，均属机选矿石。

表 35-1-1 锂矿床参考性工业指标

矿床类型	边界品位		最低工业品位		最低可采厚度/m	夹石剔除厚度/m
	机选 Li_2O/%	手选锂辉石/%	机选 Li_2O/%	手选锂辉石/%		
花岗伟晶岩类矿床	0.4 ~ 0.6		0.8 ~ 1.1	5.0 ~ 8.0	1.0	≥2.0
碱性长石花岗岩类矿床	0.5 ~ 0.7		0.9 ~ 1.2		1.0 ~ 2.0	≥4.0
盐湖类型（卤水中的氯化锂）			1000mg/L			

锂矿石有时与其他矿物共、伴生形成综合性矿床，或伴生在钨锡等多金属矿床中并具有综合开采和综合利用价值，在地质勘探过程中应进行综合评价。为此，国土资源部制定了《伴生铍锂铌钽综合回收参考性工业指标》(稀有金属矿产地质勘查规范，DZ/T 0203—2002)，

见表35-1-2。

表35-1-2 伴生铍锂综合回收参考性工业指标

矿床类型	铍	锂
	BeO/%	$Li_2O/\%$
花岗伟晶岩类矿床与气成-热液矿床	≥0.04	≥0.2
碱性长石花岗岩类矿床	≥0.04	≥0.3
盐湖矿床		≥200~300g/L

35.2 铍矿物及铍矿床

35.2.1 铍的主要性质及用途

35.2.1.1 铍的主要性质

铍，原子序数4，是最轻的碱土金属元素。铍为稀有金属，颜色为铅灰色。铍有以下特性：①低密度、高熔点。铍的密度（$1.85g/cm^3$），为铝的2/3，铁的1/4；铍的熔点1278（±5）℃，高出铝或镁1倍以上。②比强度大，力学性能好。铍沸点2970℃。铍的弹性模量是3.03×10^5，为铝的4倍、钛的2.5倍，故铍有较高的屈服强度和抗拉强度。铍的强度并非金属中最大，但由于密度低，所以比强度（材料的抗拉强度与材料比重之比）在常见金属中最高，为铝的1.7倍、镁的2.1倍、钛的1.1倍、钢的1.5倍。③优良的热性能。铍的室温比热容为$1.926kJ/(kg\cdot K)$，所有金属中最大，是铝的2.5倍、钛的4倍。突出的比强度和比刚度使铍在对轻质高强要求较高的航空航天领域具有竞争性；良好的导热性使铍在高温、低温下都能保持良好的使用性能，保证了在太空昼夜几百度温差恶劣条件下的尺寸稳定性。铍是导弹惯性导航系统制造陀螺仪及框架的重要材料。④优异的核性能。铍在所有金属中有最小的热中子吸收截面积和最大的散射截面，是核反应堆最好的中子屏蔽层材料和核弹头包壳材料；铍中子在核中的结合能小，在能量粒子轰击下很容易释放出中子，可以用来做中子源和中子增殖器，用于军事方面的科研和医疗等目的。⑤优异的光学性能。金属铍经抛光的表面，对紫外线的反射率是55%，对红外线反射率是99%，特别适合做光学镜体；再加上质轻和优异的力学性能以及尺寸稳定性，使铍成为各类卫星空间遥感系统最理想的镜体材料。⑥很好的合金性能。可以制备铍-铜、铍-铝合金及含铍不锈钢等。其中铍-铜合金由于高刚性和延展性、高耐蚀性及冲击无火花性，广泛应用于各工业领域，成为最重要的铍合金和最大的耗铍材料。

铍有三个缺点，即贵、脆、毒，极大地限制了它的推广应用。铍的脆性源于铍在高温下是密排六方晶格，缺少滑移面，这使它不能像铜、铝等金属那样直接进行压延加工。铍的材料须用粉末冶金工艺制取，以获得必需的强度和延伸率等力学指标。

铍是所有金属中最毒的，其毒性是一种专属于铍的特殊毒性。铍毒主要是通过粉尘损害肺部和直接接触损害皮肤，关于铍的致癌问题也有研究报道，铍职业病属个体敏感性疾病。粉末冶金工艺恰好十分不利于铍毒防护。

金属铍和铍材都很贵，首先是由于矿物资源少，其次是因为制备工艺复杂、生产流程长、综合成材率低，再次是铍毒防护和职业病防治投资很大，生产成本高。对铍毒的致害机理和致害范围尚有诸多未知需要研究。

35.2.1.2　铍的用途

铍是国防工业上的重要材料，由于它的中子吸收截面小，散射截面大，对热中子有很大的反射性能和减速作用，因而金属铍被用作原子能反应堆的防护材料和制备中子源。在宇航和航空工业用于制造火箭、导弹、宇宙飞船的转接壳体和蒙皮，大型飞船的结构材料，制作飞机制动器和飞机、飞船、导弹的导航部件，火箭、导弹、喷气飞机的高能燃料的添加剂。

在冶金工业中铍作为添加剂，生产铍铜、铍镍、铍铝等各类合金，如含铍 2.5% 的铍青铜淬火后异常坚硬，常用于制造高级手表的游丝、精密仪器上或高温下作业的弹簧、高速车刀、轴承、轴套及耐磨齿轮等；含铍 2.25%、镍 1.1% ~ 1.3% 的铜铍镍合金在撞击时不产生火花，常常被用来制造不发火花的工具——凿子、锤子等，应用于某些特殊场合。此外，铍还可用于合金钢的添加剂，制作铍铜、铍镍、铍铝等合金，可用于制作耐火材料、陶瓷、特种玻璃、集成电路、天线等。

35.2.2　铍的主要矿物

铍在地壳中的含量为 4×10^{-6} ~ 6×10^{-6}。铍与硅的地球化学性质近似而置换硅氧四面体中的硅。在碱性岩中，铍的含量虽然很高，因其中的钛、锆、稀土的丰度高，碱性环境有利于铍形成络离子，故铍大量分散。在碱性岩浆期后气成热液作用时，由于铍重新聚合，才能形成独立矿物。在花岗岩结晶的早期，铍因缺乏高价的氧离子而很少富集，绿柱石产于钠长石花岗岩、花岗伟晶岩及气成热液矿床的整个形成过程中。自然界中含铍矿物约有 50 种，矿物种类以硅酸盐类最多，分布较广；其次为磷酸盐类；仅有少数为简单氧化物、硼酸盐、砷酸盐和锑酸盐等。具有工业价值的铍矿物主要有：绿柱石、硅铍石、羟硅铍石、日光榴石、金绿宝石等。

(1) 绿柱石（绿宝石）　化学组成 $Be_3Al_2[Si_6O_{18}]$，亦可用通式 $R_n^{+1}Be_{3-n/2}Al_2[Si_6O_{18}] \cdot pH_2O$ 表示。R 为一价碱金属元素锂、钠、钾、铯、铷等，有时亦可有少量铁、镁代替铝，$n = 0 ~ 1$，$p = 0.2 ~ 0.8$。属铝硅酸盐矿物，其晶形为六方晶系，结晶为长柱状，有时为块状，呈绿色、淡黄色、淡蓝色、淡红色等，条痕为白色，一般无磁性。莫氏硬度 7.5 ~ 8.0，密度 2.6 ~ 2.8 kg/m³，纯绿柱石 BeO 理论含量为 14.1%，Al_2O_3 约 19%，SiO_2 约 67%，但实际上绿柱石常含有其他杂质成分，一般含有 Na_2O、K_2O、Li_2O 和少量的 CaO、FeO、Fe_2O_3、Cr_2O_3、V_2O_3 等。绿柱石常产于伟晶岩及热液矿脉中。绿柱石是除美国以外世界其他国家开采的主要铍矿石类型。

(2) 金绿宝石（尖晶石）　化学组成 $BeAl_2O_4$，斜方晶系，多呈板状或块状结晶，呈绿色或黄绿色，常因含有氧化铁、氧化锰等杂质而呈弱磁性。莫氏硬度 8.5，密度 3.0 ~ 3.8 kg/m³，其理论成分含 BeO 19.8%、Al_2O_3 80.2%，但常因含有氧化铁、氧化锰等杂质而使其实际品位稍低，金绿宝石常与绿柱石产于花岗伟晶岩中。

(3) 日光榴石　化学组成 $Mn_4[BeSiO_4]_3S$，有部分铁、锌代替锰。等轴晶系，褐色，有时呈黄色或绿色，常具有弱磁性，莫氏硬度 6.0 ~ 6.5，密度 3.2 ~ 3.4 kg/m³，BeO 理论含量为 12.5% ~ 13.6%，多产于矽卡岩矿床中。

(4) 羟硅铍石 化学组成 $Be_4Si_2O_9H_2$，斜方晶系，无色或淡黄色，常为薄板状、片状、性脆，莫氏硬度 6.5～7.0，密度 $2.6kg/m^3$，BeO 理论含量为 39.6%～42.77%，产于花岗伟晶岩或气成热液矿床中，常与绿柱石等共生。羟硅铍石是美国开采的主要铍矿石类型。

(5) 硅铍石（似晶石） 化学组成 $Be_2[SiO_4]$，常含有少量的镁、钙、铝和钠。硅铍石的晶体结构是由 $[BeO_4]$ 四面体和 $[SiO_4]$ 四面体以角顶互相连结而成，每两个 $[BeO_4]$ 四面体和一个 $[SiO_4]$ 共一个角顶，沿三次螺旋轴（即 c 轴）连接成柱，六个柱以其四面体共角顶围绕中空的六方筒状。莫氏硬度 7.5～8.0，密度 $3.0kg/m^3$，BeO 理论含量为 43.82%。

含铍矿物还有蓝柱石 $2BeO\ Al_2O_3\ 2SiO_2\ H_2O$、铍石 BeO、磷钠铍石 $Na_2O\ 2BeO\ P_2O_5$、磷钙铍石 $CaO\ 2BeO\ P_2O_5$、双晶石 $Na_2O\ 2BeO\ 6SiO_2H_2O$、板铍石 Be_2BaSiO_2、硼铍石 $4BeO\ B_2O_5H_2O$、铍榴石、锑钠铍矿、白铍石、密黄长石等，另外还有中国首次发现的两种含铍新矿物，一种是香花石 $Ca_3Li_2[BeSiO_4]_3F_2$，于 1958 年在湖南香花岭含铍条纹岩中发现；另一种是顾家石 $Ca_2[BeSi_2O_7]$，于 1959 年在辽宁一与碱性岩有关的矽卡岩中发现。

35.2.3 铍矿床主要类型

世界铍资源以伴生矿产出居多，分布广泛，矿床类型繁多，但主要有三类：

(1) 含绿柱石花岗伟晶岩矿床，分布甚广，主要产在巴西、印度、俄罗斯和美国；

(2) 凝灰岩中羟硅铍石层状矿床，属近地表浅成低温热液矿床，美国犹他州斯波山 (Spor Mountain) 矿床是该类矿床的典型代表，BeO 探明储量 7.5 万吨，品位高（BeO 0.5%），矿山年产铍矿石 12 万吨，美国铍资源几乎全部来自该矿；

(3) 正长岩杂岩体中含硅铍石稀有金属矿床，加拿大西北地区的索尔湖矿床属此类矿床。

中国铍矿床类型多，主要分为伟晶岩型、花岗岩型、气水热液型、火山岩型和残坡积类砂矿床。

(1) 伟晶岩型铍矿床 尤以花岗伟晶岩型矿床为主，这类矿床是主要的铍矿床类型，铍储量约占 50%。这类矿床多分布在地槽褶皱带内，主要产于新疆、四川、云南等地。花岗伟晶岩矿床常表现为若干伟晶岩脉聚集的密集区，如在新疆阿勒泰伟晶岩区，已知有 10 万余条伟晶岩脉，聚集在 39 个以上的密集区内；川西伟晶岩密集区成矿区带，在四川西部康定、石渠、金川和马尔康等地分布有大量而密集的稀有金属伟晶岩脉，并形成大型、特大型锂铍矿床，如康定呷基卡锂铍矿（锂为特大型、铍为大型）；金川地区锂铍矿（锂为大型、铍为中型）位于金川、马尔康两县接壤地带，以可尔因为中心，锂铍矿化花岗伟晶岩脉成群分布，是川西锂铍等稀有金属的重要成矿区带之一。该类铍矿床主要含铍矿物为绿柱石，其天然晶粒粗大，好选，常伴生锂和钽铌矿物，综合利用价值高，是我国最主要的铍矿工业开采类型。

(2) 花岗岩型铍矿床 多见于地槽褶皱带。含铍花岗岩分为酸性岩和碱性岩两种，岩体规模较小，呈岩株，岩舌，岩盖状出现，矿体位于岩体顶部或边缘。酸性花岗岩中常形成二种矿物组合：以铍为主，伴生有铌钽锂或钨锡钼镓等有用矿产，如新疆青河县阿斯喀尔特铍矿;另一种以钽铌为主,伴生铍等稀有金属,如江西宜春钽铌锂铍矿。含铍矿物为绿柱石,矿化均匀,但矿石品位低。碱性花岗岩中也有两种矿物组合,或以稀土为主,伴生铍、铌、锆等(内蒙古巴尔哲矿)或以锡为主,伴生铍(云南个旧马拉格)。含铍矿物为羟硅铍钇铈矿和日光榴石。矿石品位低,成分复杂。

花岗岩型铍矿多属难选矿石,目前能够开发利用的不多。

(3)气水热液型铍矿床 这类矿床以热液石英脉型铍矿床为主,此外少量为火山热液型铍矿床(福建福里石),但该类型矿床尚未被开发利用。其中,石英脉型铍矿床具有规模中等、品位较富、矿物结晶较粗等特点,是目前开发利用的类型之一。该矿床主要分布在中南及华东地区。矿脉分带性明显,矿物成分复杂,金属矿物以黑钨、锡石、白钨矿、辉钼矿为主,铍伴生在其中。铍矿物多为绿柱石,也可见羟硅铍石和日光榴石。金属硫化物十分发育,多形成绿柱石-黑钨矿、绿柱石-锡石和绿柱石-多金属脉型等综合性矿床。

该类矿床的典型代表为中国香花岭矿床。其他小型的矿床有广东惠阳枸麻山、潮安万峰山,湖南临湘虎形山,江西星子枭木山。

(4)火山岩型铍矿床 这类矿体产出于次火山岩体与二叠系陆相火山岩接触带附近,矿体延伸规模较大,同时伴生有铀等工业矿产。如新疆和布克赛尔白杨河矿,有用铍矿物主要为羟硅铍石。

(5)残坡积类砂矿床 残坡积冲积型稀有矿床(如广东台山残坡积、冲积铌钽砂矿床,增城派潭河流冲积型铌铁矿砂矿等),铍常以伴生形式存在于钽铌矿床中。

35.2.4 铍矿床工业指标

2002 年中国颁布的《稀有金属矿产地质勘查规范》中,给出了铍矿床参考性工业指标,如表 35-2-1 所示。根据生产实践经验,若矿体中绿柱石的粒径大于 0.5cm,矿石 BeO 品位在 0.1% ~0.2% 以上,就适于手选,划分为手选矿石。手选矿石的尾矿具有机选价值的或不适于手选的矿石,均属机选矿石。

铍矿物与其他矿物共、伴生形成综合性矿床,或伴生在钨锡等多金属矿床中并具有综合开采、综合利用价值,在地质勘探过程中应进行综合评价。

表 35-2-1 铍矿床参考性工业指标

矿床类型	边界品位/%		最低工业品位/%		最低可采厚度/m	夹石剔除厚度/m
	机选 BeO	手选绿柱石	机选 BeO	手选绿柱石		
气成-热液矿床	0.04 ~0.06	0.05 ~0.10	0.08 ~0.12	0.2 ~0.7	0.8 ~1.5	≥2.0
花岗伟晶岩类矿床	0.04 ~0.06	0.05 ~0.10	0.08 ~0.12	0.2 ~0.7	0.8 ~1.5	≥2.0
碱性长石花岗岩类矿床	0.05 ~0.07		0.10 ~0.14		1 ~1.5	≥4.0
残坡积类砂矿床		0.6kg/m³		2 ~2.5kg/m³	1.0	

35.3 世界锂铍矿资源

锂元素的赋存状态有两种,一种是存在于固体矿石中,常用来提炼锂的固体矿物有锂辉石、透锂长石、锂云母和锂磷铝石等；另一种是存在于盐湖卤水中，卤水中的锂可以存在于表面卤水或者晶间卤水，也可参与到矿物晶格中。全球锂资源极为丰富，世界锂储量较多的国家有智利、中国、澳大利亚和阿根廷等。智利是世界最大碳酸锂生产国，美国是世界上最大的锂制品生产国和消费国，也是最大的锂矿物出口国。日本是最大的锂矿物进口国。澳大利亚、加拿大和津巴布韦是锂精矿的重要出口国。全世界锂的储量约为 7.6×10^6 t，可回收利用的为 2.2×10^6 t。

35.3.1　世界锂资源及分布

锂资源主要赋存在盐湖和花岗伟晶岩矿床中。全球已查明的岩石型锂资源 2255 万吨，其中储量 587.4 万吨，储量基础 1590.7 万吨（见表 35-3-1）。按世界历年最高锂产量 1 万吨（1990 年）计，现有储量足以保证世界生产 500 年。

表 35-3-1　世界岩石型锂储量和储量基础

国　家	储量/万吨	储量基础/万吨	国　家	储量/万吨	储量基础/万吨
玻利维亚		540.0	美　国	38.0	41.0
智　利	130.0	300.0	津巴布韦	2.3	2.7
中　国	383.6	523	阿根廷	0.36	100.0
巴　西	0.091		巴　西	0.091	NA
加拿大	18.0	36.0	俄罗斯	NA	NA
澳大利亚	15.0	16.0	世界合计	587.36	1590.7

注：NA—未能获得数据。

盐湖锂资源占世界锂储量的 69% 和世界锂储量基础的 87%。在世界 7 个国家的 19 个大型锂矿床中，有 4 个矿床的锂资源超过 100 万吨。已知重要的含锂盐湖有智利的阿塔卡玛（Atacama）、玻利维亚的乌尤尼（Uyuni）、阿根廷的翁布雷穆埃尔托（Hombre Mueno）、美国"银峰"（Silver Peak）、美国希尔斯（Searles）、美国大盐湖（Great Salt Lake）、中东死海（Dead Sea）、中国青海柴达木盐湖及西藏扎布耶盐湖等（见表 35-3-2）。盐湖中含有多种有用组分，可以综合提取 Li、K、Na、Mg、Br、I 等。目前正在开发和生产的有智利阿塔卡玛盐湖、阿根廷翁布雷穆埃尔托盐湖、美国"银峰"盐湖、中国青海柴达木盆地中的盐湖和西藏扎布耶盐湖等，还未开发的重要盐湖有玻利维亚的乌尤尼盐湖等。世界著名锂盐湖见表 35-3-2。

盐湖锂矿床大多分布在干旱地区，主要被开发的盐湖都处于气候干旱区，如美国希尔斯湖、美国大盐湖、智利阿塔卡玛盐湖、中国青藏高原的含锂盐湖，这些湖区年降雨量仅 20~150mm，而年蒸发量为 1800~3500mm，气温 43.3 ~ -36.8℃。

花岗伟晶岩型锂矿床分布广泛，著名的矿床有美国北卡罗来纳州的金斯山（Kings Mountain）和贝瑟默（Bessemer），加拿大的伯尼克湖（Bernic Lake），澳大利亚的格林布希斯（Greenbushes），津巴布韦的比基塔（Bikita），刚果（金）的马诺诺-基托托洛（Manono-Kitotolo），中国江西宜春、四川呷基卡和新疆可可托海，以及葡萄牙、俄罗斯等许多伟晶岩矿床（见表 35-3-3），主要开采锂辉石、透锂长石、锂云母、磷铝锂石等。

表 35-3-2　世界著名锂盐湖

国家（地区）	矿床或矿区	储量/万吨	品　位	类　型
美　国	克莱顿河谷（ClaytonValley）盆地锂矿	Li_2O 430. 57	Li_2O 228 × 10^{-6}	
美　国	银峰（Silver Peak）	锂 77. 5		地下卤水
美　国	大盐湖（Great Salt Lake）	锂 52. 6		地面卤水
美　国	希尔斯（Searles）	锂 0. 035 ~ 0. 042		地下卤水
智　利	阿塔卡玛（Atacama）	锂 120. 0	Li_2O 0. 32%	地下卤水
约　旦	死海（Dead Sea）	锂 277. 0		表面卤水
玻利维亚	乌尤尼（Uyuni）锂矿床	锂 550	Li 0. 03%	
中　国	青海柴达木盆地盐湖锂矿 一里坪 西台吉乃尔 东台吉乃尔 察尔汗盐湖	LiCl 92. 97 LiCl 267. 72 LiCl 55. 3 LiCl 995	LiCl 2. 2g/L LiCl 2. 57g/L LiCl 3. 12g/L	地表卤水
中　国	西藏扎布耶盐湖锂矿	Li_2CO_3 81. 88（液体矿），总储量 184. 1	Li_2CO_3 0. 517%	

表 35-3-3　世界著名锂矿床

国家（地区）	矿床或矿区	储量/万吨	品位/%	矿床类型
加拿大	伯尼克湖（Bernic Lake）锂-铍-钽-铯矿床	Li_2O 24. 97，铍矿石 92，Ta_2O_5 4478t，Cs_2O 8. 127t	Li_2O 2. 755，BeO 0. 2，Ta_2O_5 0. 156	伟晶岩型
美　国	金斯山（Kings Mountain）	Li_2O 151. 7	Li_2O 1. 31	花岗伟晶岩
美　国	贝瑟默（Bessemer）锂矿床	锂矿石 2330	Li_2O 0. 65	伟晶岩型
巴　西	圣若昂德尔雷（Sao Joao Del Rei）锂-钽矿床	Li_2O 66. 95，Ta_2O_5 9768t		伟晶岩风化层
津巴布韦	比基塔（Bikita）锂-铍-铯矿床	锂矿石 600，铍矿石 25，铯榴石矿石 10	Li_2O 2. 9	花岗伟晶岩型
刚果（金）	马诺诺-基托托洛（Manono-Kitotolo）锂-铌-钽矿床	Li_2O 180. 19，Nb_2O_5 >30，Ta_2O_5 >1. 7	Li_2O 6. 03，Nb_2O_5 0. 9 ~ 1. 6	花岗伟晶岩型
捷克-德国	辛诺维-津瓦尔德（Cinovee-Zinnwald）锂矿床	Li_2O 307. 86	Li_2O 0. 54	花岗岩型
澳大利亚	格林布希斯（Creenbushes）锂-铌-钽矿床	Li_2O 23. 68，Nb_2O_5 6750t，Ta_2O_5 1. 04	Li_2O 3. 875，Nb_2O_5 0. 031，Ta_2O_5 0. 044	伟晶岩型
中　国	江西宜春锂铌钽矿床	Li_2O 75. 22，Ta_2O_5 1. 85，Nb_2O_5 1. 49	Li_2O 0. 398，Nb_2O_5 0. 0105，Ta_2O_5 0. 01	花岗岩型
中　国	江西、四川康定呷基卡锂铍铌钽矿床	Li_2O 15. 5，BeO 6. 5，Nb_2O_5 501t，	Li_2O 1. 203，BeO 0. 051，Nb_2O_5 0. 0273 ~ 0. 013	花岗伟晶岩型
中　国	新疆可可托海锂铍铌钽矿床	Li_2O 92. 0，BeO >1，Nb_2O_5 8687t，Ta_2O_5 1047t	Li_2O 0. 982，BeO 0. 043，Nb_2O_5 0. 0063，Ta_2O_5 0. 0245	花岗伟晶岩型

35.3.2 世界铍资源及分布

世界铍资源丰富，分布广泛，按 BeO 计，国外铍资源总量 338.3 万吨，其中储量 116.4 万吨，主要集中在巴西（储量 39 万吨）、印度（17.9 万吨）、俄罗斯（16.9 万吨）、美国（7.5 万吨）、阿根廷（7.1 万吨）及澳大利亚（6.9 万吨）等国家。绿柱石储量首推巴西，其次为俄罗斯、印度、中国、非洲等。美国羟硅铍石的储量占世界首位，其储量估计足够以目前的生产能力维持未来 100 年的生产。

据美国《矿产手册 1992—1993》公布的数据，世界金属铍的保有储量为 48.1 万吨，按已探明的铍矿产资源量排序为：巴西（29.1%）、俄罗斯（18.7%）、印度（13.3%）、中国（10.4%）、阿根廷（5.2%）和美国（4.4%）。世界铍矿石的储量情况见表 35-3-4。

表 35-3-4 世界铍矿资源储量情况

国 家	储量/万吨锂	所占比例/%	国 家	储量/万吨锂	所占比例/%
巴 西	14.0	29.1	澳大利亚	1.1	2.3
俄罗斯	9.0	18.7	卢旺达	1.1	2.3
印 度	6.4	13.3	哈萨克斯坦	1.0	2.1
中 国	5.0	10.4	刚果（布）	0.7	1.5
阿根廷	2.5	5.2	莫桑比克	0.5	1.0
美 国	2.1	4.4	津巴布韦	0.1	0.2
加拿大	1.5	3.1	葡萄牙	0.1	0.2
乌干达	1.5	3.1	总 计	48.1	100
南 非	1.5	3.1			

巴西是铍资源大国，含绿柱石的伟晶岩广泛发育于巴伊亚州、塞阿腊州、米纳斯吉拉斯州，已查明有几万条伟晶岩脉。米纳斯吉拉斯州戈韦尔纳多-瓦拉达雷斯伟晶岩矿床的绿柱石矿石储量为 38.6 万吨，含 BeO 11.5%，约相当铍金属 1.6 万吨。另外，该州还查明有两个大型独立云英岩铍矿床（博阿维斯塔），矿石 BeO 含量为 0.3%，已探明的 BeO 储量为 4.14 万吨。

前苏联有 27 处铍矿床，25 处位于俄罗斯，2 处位于哈萨克斯坦。预测前苏联的氧化铍储量大约有 10 万吨，其中俄罗斯为 9 万吨左右。俄罗斯的大部分铍矿储量是以稀有金属伟晶岩或绿柱石-云母交代矿的形式存在，这两种类型组成的矿层含有大约 80% 的铍储量。

印度是铍资源第三大国。含巨晶绿柱石的伟晶岩矿床分布于拉贾斯坦邦、比哈尔邦、奥里萨邦、安得拉邦和中央邦。在比哈尔邦已知的 250 多个伟晶岩体中，约有一半以上伟晶岩体的绿柱石具有工业价值。

美国羟硅铍石的蕴藏是世界上最丰富的，已探明的储量有 769 万吨，矿层的平均含铍量为 0.263%。铍的储量主要集中在犹他州斯波山的霍戈斯拜克（HogsBack）与托帕兹（Topaz）两个羟硅铍石矿床中。霍戈斯拜克是世界上最大的铍矿床之一，也是目前世界上最大的铍矿石产地，其 BeO 探明储量为 3.56 万吨，总储量为 6.17 万吨，BeO 品位为 0.69%。托帕兹铍矿床铍矿石的推测/推定储量为 40.7 万吨，BeO 品位为 0.67%。内华达州产在硅化石灰岩中的芒特惠勒铍矿床储量为 25 万吨，含铍 0.75%。美国已知铍矿床中，还查明有铍资源约 6.6 万吨。

加拿大的铍储量主要集中于西北地区耶洛奈夫城东南 100 公里处的托尔湖含硅铍石稀有金属矿床中，该矿床 BeO 的探明储量为 3.75 万吨（1989 年），矿石 BeO 品位为 0.66% ~ 1.4%。该矿床除铍之外还含有钇、锆、铌和稀土。

澳大利亚铍储量的一半以上集中在布罗克曼含硅铍石稀有金属矿床中。该矿床 BeO 的探明储量为 0.74 万吨，总储量 3.94 万吨，BeO 品位 0.08%。其余铍储量分布在含绿柱石的伟晶岩中，如南澳欧莱里、西澳皮尔巴拉以及布罗肯希尔等地区。

1988 年挪威地质调查所发现了欧洲第一个具有商业价值的独立铍矿床赫格蒂夫矿床。该矿床位于挪威中部摩城的北面，估计硅铍石储量为 40 万吨，矿石含铍 0.18%。

35.3.3　中国锂铍资源

35.3.3.1　中国锂资源及分布

中国是一个锂资源大国，产出类型与世界各地一样，也有两种类型，一是花岗伟晶岩和花岗岩型的稀有金属矿床，含锂矿物主要有锂辉石和锂云母等；二是盐湖卤水锂矿床。

中国已探明的锂矿资源工业储量仅次于玻利维亚，居世界第二位。花岗伟晶岩和花岗岩型锂矿床主要分布在四川、江西、湖南和新疆等地区，中国已探明的矿区（多数为锂、铍、铌、钽综合性的内生矿床）有 32 处，现保有储量（Li_2O）达百万吨以上。

中国锂矿资源分布在 9 个省区，主要分布在 7 个省区，保有储量（Li_2O）排序依次为：四川占 51.1%，江西占 29.4%，湖南占 15.3%，新疆占 3%，4 省区合计占 98.8%，其次是河南、福建、山西，3 省合计仅 1.2%。中国主要锂、铍矿产地见表 35-3-5。

中国卤水锂资源仅次于玻利维亚和智利，居世界第三位，卤水锂资源占锂资源总量的 79%。青海柴达木盆地和西藏扎布耶湖的锂资源储量在全国占有重要地位。青海柴达木盆地的大柴旦湖、一里坪湖、东台吉乃尔湖、达布逊湖、察尔汗盐湖等 33 个盐湖，累计探明 LiCl 储量 1396.77 万吨，保有储量 1390.9 万吨，占全国 LiCl 保有储量的 83%。西藏扎布耶湖是世界三大百万吨级盐湖之一，在国内是锂储量最大的盐湖，其卤水含量仅次于智利的阿塔卡玛盐湖，达 837 万吨。

卤水锂资源类型有碳酸盐型、硫酸盐型和卤化物型三种。目前主要开发的盐湖卤水为碳酸盐型和硫酸盐型。碳酸盐型锂资源主要集中于藏北西部的扎布耶盐湖和东部的班戈-杜佳里湖中；硫酸盐型锂资源主要分布于柴达木盆地和藏北碳酸盐型锂资源带的北侧；氯化物型盐湖锂资源主要分布在藏北无人区和青海可可西里地区。

西藏碳酸盐型盐湖呈带状分布，以冈底斯山脉为界分为岗南和岗北两个盐湖亚带。岗南亚带盐湖规模较小，锂含量较低；岗北亚带西段锂盐湖以富含铯为特征，锂矿物以天然碳酸锂——扎布耶石与含锂白云石为主，主要集中在扎布耶盐湖；东段以含锂菱镁矿及易溶锂矿物为主，主要集中在藏北东部班戈湖-杜佳里湖区。

目前青海柴达木盆地已查明有 11 个硫酸盐型的盐湖中锂含量达到工业品位，其中东台吉乃尔盐湖锂资源为 55 万吨；藏北高原的硫酸盐型盐湖锂资源主要集中于西部的扎仓茶卡和东部的鄂雅错、比洛错，其锂资源量为 29.8 万吨、4.2 万吨和 7000t。

表 35-3-5 中国锂、铍矿主要矿产地一览表

矿产地名称	储量规模		平均品位/%		利用情况
	锂	铍	Li$_2$O	BeO	
内蒙古扎鲁特旗巴尔哲铌稀土矿		大		0.051	未用
江西宜春钽铌矿	超大		0.398		已用
江西石城海罗岭铌钽矿			0.115		已用
河南卢氏铌钽矿	中		0.65		部分利用
湖北潜江凹陷卤水矿（含锂）	超大				
湖北通城断峰山钽铌矿		中		0.032	已用
湖南临武香花铺尖峰山铌钽矿	大		0.299		
湖南道县湘源正冲锂铷多金属矿	大		0.557		
湖南平江传梓源铍钽铌矿		中		0.022	
云南龙陵黄连沟铍矿		中		0.049	未用
云南中旬麻花坪钨铍矿		大		0.241	已用
四川金川-马尔康可尔因锂铍矿	大	中	1.20~1.27	0.040~0.045	已用
四川康定呷基卡锂铍矿	超大	大	1.203	0.04	已用
四川石渠扎乌龙锂矿	中		1.109		
青海柴达木西台吉乃尔盐湖锂矿	超大		LiCl 2.2g/L		
青海柴达木东台吉乃尔盐湖锂矿	大		LiCl 2.57g/L		
新疆富蕴可可托海锂铍铌钽矿	大	超大	0.982	0.051	已用
新疆富蕴柯鲁木特锂铍铌钽矿	中	中	0.987	0.049	已用
新疆青河阿斯卡尔特铍矿		中		0.091	已用
新疆福海库卡拉盖锂矿	中		1.10		未用
新疆和布克赛尔白杨河铍矿		特大			部分利用

注：矿床储量规模按1987年全国矿产储量委员会发布的"矿床规模划分标准参考资料"：

锂（矿物锂矿，Li$_2$O）：大型 >10 万吨，中型 1~10 万吨，小型 <1 万吨；（盐湖锂矿，LiCl）：大型 >50 万吨，中型 10~50 万吨，小型 <10 万吨。

铍（BeO）：大型 >1 万吨，中型 0.2~1 万吨，小型 <0.2 万吨。五倍于大型矿床储量的矿床划分为超大型矿床或称大型矿床。

中国盐湖卤水中锂的含量从北（柴达木盆地）向南（西藏）逐渐增大，锂的平均含量：柴达木盆地盐湖为67.8mg/L，可可西里盐湖为73.7mg/L，西藏盐湖264mg/L。整体看来，西藏、可可西里和柴达木盆地盐湖共有5个高锂分布区，其中西藏盐湖有2个高锂分布区，第一个为狮泉河到措勤县之间，第二个是尼玛县分布区，锂含量分别超过500mg/L和300mg/L。中国主要盐湖卤水成分见表35-3-6。

35.3.3.2 中国铍资源及分布

中国铍矿储量丰富，据国土资源部储量司编制的全国矿产资源储量汇总表《全国矿产资源储量通报》的统计数据，已探明的矿产资源全国套改后氧化铍的资源储量为28万吨，其中，基础储量1.92万吨，占6.8%；资源量26.35万吨，占93.2%。但工业储量只有2.1万吨，只占已探明储量的7.5%左右。

表 35-3-6　中国主要盐湖卤水化学成分

湖 名	化学成分/mg · L⁻¹										
	Li^+	Na^+	K^+	Ca^{2+}	Mg^{2+}	Cl^-	SO_4^{2-}	CO_3^{2-}	HCO_3^-	B^{3+}	Mg/Li
大柴旦	84.9	88386	3222	453.5	9697	155892	16557	105.1	181.1	469.8	114
一里坪	262	81351	11019	374	24181	196464	13829		25.93	224.1	92.3
东台吉乃尔	141	116452	3786	433.7	5686	187037	18028		111.8	214.5	40.32
西台吉乃尔	202	103286	6895	294.5	13650	188047	23996	34.51	143.4	309.8	65.57
达布逊	256	101175	84444	1989	15737	183501	35315	230.1		378.7	77.90
察尔汗	15.8	71360	12110	1017	28667	201555	6414	9.03	232.2	77.63	1837
扎布耶	879	123563	26601	0.761	21	146077	46693	28280		2726	0.02

　　中国已探明储量的绿柱石与氧化铍矿区有 75 处，矿床分布在国内 15 个省区，其中新疆、内蒙古、四川、云南四个省区占总储量的 89.5%。其次为：江西、甘肃、湖南、广东、河南、福建、浙江、广西、黑龙江、河北、陕西等 11 个省区，合计占 10.5%。绿柱石矿物储量主要分布在新疆（占 77.2%），四川（占 9.6%），其次为甘肃、云南、陕西、福建，四个省区合计占 9%。

　　新疆铍矿产资源储量约占全国的三分之一，现已探明的铍矿区有 22 处，铍矿产资源的保有储量为 6.7 万吨（BeO），其中可可托海矿区探明的铍储量占新疆铍储量的 87% 左右。可可托海矿区是国内著名的大型稀有金属花岗岩矿床，富含锂、铷、铯、铍、铌、钽等，为我国开发最早的稀有金属矿产资源的基地。该矿区的 3 号矿脉是我国稀有金属的宝地，铍、锂、钽、铯资源储量占全国首位，其中铍矿石的保有储量为 1377 万吨，平均氧化铍（BeO）含量 0.052%，氧化铍保有储量 6.5 万吨。另外，富蕴县的柯鲁木特大型锂铍钽铌稀有金属矿床 26 条脉矿累计探明铍矿石的远景储量为 4183 万吨。

　　截至 2012 年底，在新疆西北部的和布克赛尔县白杨河矿已探明铍矿资源储量 5.2 万吨，矿区面积为 13km²，为亚洲最大的羟硅铍石型铍矿床，矿床平均品位 0.1391%，平均厚度为 4.58m，氧化铍矿体连续性好，工业矿带延伸稳定，矿体规模较大，资源前景看好。

　　四川的铍矿资源也极为丰富，有特大型、大型、中型矿各一处。位于川西康定、雅江、道孚三县交界处的呷基卡锂铍矿床，是中国 20 世纪 70 年代初期勘查的特大型锂矿，共生的氧化铍储量达到了大型矿床规模，矿石品位较高，BeO 含量为 0.050% ~ 0.091%。由于矿床多数位于海拔 3500 ~ 4000m 的高寒地区，开采困难。

　　内蒙古自治区哲里木盟扎鲁特旗的 801 矿，是我国已探明的特大型稀有稀土多金属矿体，其中 Y_2O_3 16.28 万吨，$[Ce]_2O_3$；16.13 万吨，BeO5.89 万吨，Nb_2O_5 13.28 万吨，Ta_2O_5 0.83 万吨，ZrO_2 120 万吨。有关单位综合利用试验结果表明，采用适当的选矿流程可以获得四种有工业价值的精矿：兴安石精矿、铌铁精矿、铌精矿、锆精矿。其中兴安石精矿，即硅铍钇矿 $[Y_2FeBe(SiO_4)_2O_2, Gadolinite]$，这种精矿含 Re_2O_3 37%，含 BeO 5.6%。铍冶炼厂 1995 年曾经对类似精矿作过工业试验。在生产氧化铍的同时还回收了混合稀土氧化物。

　　内蒙古赤峰市的台菜花钽铌铍矿脉范围内有 10 多处铍的矿脉，初步推算氧化铍储量有 0.26 万吨。品位变化于 0.1% ~ 1%，平均品位大于 0.4%，最高大于 1%。该矿床具有易开采（适于露天开采）、易选矿的有利条件。另外，浙江宁化县溪源矿区锌铍矿石储量也很丰富，现已探明锌铍矿石储量达 410 万吨，铍金属量 1200t。

湖南的香花岭矿，已探明的 BeO 储量高达 8.4 万吨，主要为金绿宝石 [$BeAl_2O_4$, Chrysoberyl]、香花石 [$Ca_3Li_2Be_3Si_4O_{12}(FOH)_2$]、塔菲石 [$Be_4Mg_4Al_{16}O_{32}$] 等，BeO 含量在 0.11% ~ 0.65% 之间。

35.3.3.3 中国锂铍资源特点及存在问题

A 中国锂铍资源特点

从矿业开发角度来看，中国锂铍矿产资源有以下主要特点：

（1）分布高度集中，有利于建设大型采选冶联合企业。矿石锂集中分布在四川、江西、湖南、新疆四省区，占全国矿石锂储量的 98.8%；卤水锂主要分布在青海柴达木盆地盐湖发育区、西藏和湖北潜江凹陷油田内，其中柴达木盆地盐湖区占全国卤水锂保有储量的 83%。铍矿集中分布在新疆、内蒙古、四川、云南四省区，占全国铍储量的 89.9%。

由此可见，锂、铍矿不仅集中分布在少数几个省区里，而且在省区内的分布又高度集中在几个大型、特大型（或称超大型）矿床（田）中，如四川矿石锂储量占全国 1/2 以上，其储量主要集中在川西高原的康定和金川两个特大型花岗伟晶岩型矿床（田）中，探明的储量占四川锂储量 90% 以上；新疆锂储量主要集中在富蕴可可托海和柯鲁木特两个矿床中，占新疆锂储量的 80% 以上。新疆铍矿储量占全国 1/3，其中可可托海锂铍矿区探明的铍储量占新疆铍储量的 87%。

实践证明，矿产资源高度集中分布有利于集中投资建设大型采选冶联合企业，集中开发，易于发挥经济、社会效益。如新疆阿尔泰山蕴藏丰富的稀有金属矿产资源，1953 年始对富蕴县可可托海等矿区进行勘探，20 世纪 60、70 年代即建成稀有金属大型采选冶联合企业，成为中国锂、铍重要生产基地，年产锂辉石精矿 3 万吨。以锂辉石为原料的新疆锂盐厂成为世界三大锂盐生产厂家之一，所生产氢氧化锂和碳酸锂的产量占全国锂产量 80% 以上。20 世纪 60 年代末在江西发现了江西宜春特大型富钽稀有金属矿床，70 年代建成中国最大的钽铌厂矿——江西宜春钽铌矿和九江钽铌冶炼厂，钽精矿产量占全国产量一半以上，成为中国钽铌工业的主要采选冶企业，该企业是锂云母精矿的重要产地。

（2）单一矿床少，共伴生矿床多，综合利用价值大。勘探表明，中国锂、铍矿大部分是综合性矿床，以共（伴）生矿床为主。据统计，铍矿与锂、铌、钽矿伴（共）生占 48%，与稀土矿伴生占 27%，与钨矿伴（共）生占 20%。此外，尚有少量与钼、锡、铅、锌等有色金属和云母、石英岩等非金属矿产相伴生。综合性矿床综合利用价值巨大，如新疆可可托海大型花岗伟晶岩型矿床共伴生锂铍铌钽铯铷，在采选冶过程中进行综合回收、综合利用，取得显著的经济效益。江西宜春钽铌矿山除生产钽铌精矿、锂云母精矿等外，还综合开采、综合利用长石粉、高岭土精矿、石英砂和白花岗岩石料等副产品，矿山取得的经济与社会效益十分可观，1986 ~ 1996 年的 10 年中，综合利用工业产值达到近 9000 万元，占矿山总产值的 40%。

另一方面，多金属共生也大大增加了选矿的难度。

（3）品位低、储量大。中国锂、铍矿除少数矿床或矿脉、矿体品位较高外，大多数矿床品位低，因而制定的矿产工业指标较低，故勘探以低品位指标计算的储量则很大。

原矿铍、锂品位低，国外开采的伟晶岩铍矿，BeO 品位都在 0.1% 以上，而我国都在 0.1% 以下，且锂铍矿共（伴）生复杂多金属，给选矿分离和综合回收带来困难（例如锂辉石和绿柱石的分离一直是世界性选矿难题），也是矿石型锂铍资源提取成本居高不下的原因之一。

中国锂盐资源储量大，卤水中锂离子质量浓度低，伴有钾、硼、镁、铯、铷等有用元素，除扎布耶盐湖外镁锂比都高。大部分盐湖分布较分散，地处偏远高寒地区，不利于大规模开采。

B 中国铍资源存在的问题

从表面看，中国含铍矿产资源储量丰富，位列世界第四位，但是中国铍矿的工业储量少，仅有 2.1 万吨，仅占探明储量的 7.5%，以每年生产 300t 氧化铍计算，铍资源的工业储量只够服务 18 年，因此可以说中国仍是贫铍国家。主要表现在下列方面：

（1）中国含铍矿以伴生矿居多，铍的单一矿产规模很小，所占储量不及总储量的 1%；缺少高品位、易采选的大型独立铍矿山。而且大多数矿山分布在边远与边境地区，自然地理条件差，实际开采困难，采选技术难度大，成本高。

（2）矿石品位低，富矿少。国外开采的伟晶岩铍矿 BeO 品位都在 0.1% 以上，而中国都在 0.1% 以下，最高不超过 0.091%，这使得中国铍精矿的选矿成本很高。

（3）铍毒的防护问题突出。

35.4 锂铍精矿质量标准

35.4.1 锂辉石精矿

锂辉石精矿质量标准（YB 836—75）见表 35-4-1，低铁锂辉石精矿质量标准见表 35-4-2。

表 35-4-1 锂辉石精矿质量标准（YB 836—75）

等级	Li_2O 质量分数/%	杂质/%			
		Fe_2O_3	MnO	P_2O_5	$K_2O + Na_2O$
1	≥6	≤3	≤0.5	≤0.5	≤3
2	≥5	≤3	≤0.5	≤0.5	≤3
3	≥4	≤4	≤0.6	≤0.6	≤4
4	≥3.5	≤4.5	≤1.0	≤1.0	≤4

表 35-4-2 低铁锂辉石精矿质量标准

晶组	Li_2O/%	SiO_2/%	Al_2O_3/%	杂质/%		
				$Fe_2O_3 + MnO$	P_2O_5	$K_2O + Na_2O$
微晶玻璃级锂辉石精矿	≥6	≥65	≥22	≤0.2	≤0.2	≤1.0
陶瓷级锂辉石精矿	≥6	≥65	≥22	≤0.4~0.8	≤0.2	≤1.5

该标准适用于经手选和浮选所获取的锂辉石精矿，供提取锂及其化合物等用。

技术要求如下：

（1）按化学成分锂辉石精矿分为四级，以干矿品位计算，应符合表 35-4-1 和表 35-4-2 的规定；

（2）精矿中水分不得大于 8%；

（3）精矿中不得混入外来夹杂物。

浮选精矿双层袋包装；手选精矿可用竹篓或麻袋、木箱装。

35.4.2 锂云母精矿

锂云母精矿质量标准（GB 3201—82）见表35-4-3。

表 35-4-3 锂云母精矿质量标准（GB 3201—82）

品　级	主成分(不小于)/%			
	$Li_2O + Rb_2O + Cs_2O$			Li_2O
特级品	6			4.7
一级品	5			4.0
玻璃、陶瓷用				
品　级	主成分(不小于)/%			杂质(不大于)/%
	$Li_2O + Rb_2O + Cs_2O$	Li_2O	$K_2O + Na_2O$	Fe_2O_3
一级品	5	4	8	0.4
二级品	4	3	7	0.5
三级品	3	2	6	0.6

注：表中第二部分还包含 Al_2O_3 列，数值依次为 26、28、28。

该标准适用于经过选别富集而获得的锂云母精矿，供提取锂及其化合物和玻璃、陶瓷工业用。

技术要求如下：

（1）按化学成分分为五级，以干矿品位计算，应符合表35-4-3的规定；

（2）精矿中水分不得大于10%；

（3）如需方另有要求，供需双方议定；

（4）精矿中不得混入外来夹杂物。

精矿可散装或尼龙编织袋包装。

35.4.3 铍精矿质量标准

绿柱石精矿质量标准（YB 746—75）见表35-4-4。

表 35-4-4 绿柱石精矿质量标准（YB 746—75）

精矿种类	等　级	BeO/%	杂质/%		
			Fe_2O_3	Li_2O	F
浮选精矿	1	≥10	≤2	≤1.2	≤0.5
	2	≥8	≤3	≤1.5	≤1.0
	3	≥8	≤4	≤1.8	≤1.0
手选精矿	1	≥10	≤4	≤1.5	≤0.5
	2	≥8	≤5	≤1.8	≤1.5

该标准适用于经手选和浮选所获得的绿柱石精矿，供提取铍及其化合物等用。

绿柱石精矿按精矿类型和化学成分分为两类共五级，以干矿品位计算，应符合表35-4-4的规定。

精矿中不得混入外来夹杂物。

浮选精矿应双层袋包装；手选精矿可用竹篓或麻袋、木箱装。

35.5　锂铍矿选矿技术及发展趋势

35.5.1　锂矿石选矿

由于锂矿石中氧化锂的含量低，不同锂矿石性质不同，并且锂矿物常与含铍矿物及多种硅酸盐脉石矿物甚至钽铌矿物共生，因此锂矿石分选工艺较为复杂。在锂矿产开发进程中，最初是锂辉石、透锂长石和锂云母占据重要地位，锂磷铝石及锂霞石等因资源不多，开发较少，所以长期以来锂矿产的开发是围绕锂辉石、透锂长石及锂云母等含锂矿物的加工和提纯进行的。

35.5.1.1　锂辉石选矿方法和工艺

目前，锂辉石选矿方法主要有手选法、浮选法、热裂选矿法、重介质选矿法和磁选法等五种。

A　手选法

手选法是基于锂矿物晶体粗大且与脉石矿物在颜色和形状上，存在较大差异，用人工可达到分选目的的一种选矿方法。手选粒度一般在 10 ~ 25mm 之间，在伟晶岩矿床中还可手选出大块的锂辉石矿物，手选粒度下限的确定取决于经济效益。手选是锂矿选矿史上最早使用的选矿方法，美国早在 1906 年就采用手选法从南达科他州布莱克山地区伟晶岩矿床中生产锂辉石精矿，有时还附带回收一些长石和重金属矿物。布莱克山地区一矿床含 Li_2O 1.5% ~ 1.7%，矿石主要由锂辉石、石英、微斜长石、钠长石、白云母、磷灰石和电气石组成。1948 年采用手选法选出产率为 10.5% 的锂辉石精矿，品位为 Li_2O 4.8%，回收率 30% ~ 40%。由于经济效益低，1949 年将 3.3 ~ 38mm 粒级矿石改用重介质选矿，38 ~ 300mm 粒级矿石仍用手选剔除废石。

中国 20 世纪 50 年代在新疆可可托海矿务局和阿勒泰一直用手选法生产锂辉石精矿。原矿含 Li_2O 1.5% ~ 1.8%，手选精矿含 Li_2O 5% ~ 6%，回收率 20% ~ 30%。

手选法由于劳动强度大，生产率低，选矿指标差，资源浪费大，已普遍为浮选方法或其他选矿方法取代。但有较好条件的矿区，手选仍不失为一种从粗粒嵌布锂矿石中生产锂精矿的重要方法。

花岗伟晶岩锂矿手选流程：原矿选择性开采—手选锂矿石—破碎—手选锂矿石，其尾矿再选回收重矿物和锂矿物。

B　浮选法

浮选法是锂辉石选矿最重要的方法。锂辉石浮选的技术难点是与共生的角闪石、绿柱石、石英、长石、云母、石榴子石及磷灰石等浮游性相近的多种结构的硅酸盐矿物及其他矿物的浮选分离。如果原矿中含有绿柱石，当 BeO 含量大于 0.04% 时，应考虑锂辉石与绿柱石的浮选分离，这是国际选矿界的难题之一。

在锂辉石晶体结构中，硅氧四面体 [SiO_4] 以共顶氧的方式沿 c 轴方向连接无限延伸，铝氧八面体 [AlO_6] 以共棱方式也沿 c 轴方向连接成无限延伸的 “之” 字形链，每两个硅氧四面体 [SiO_4] 与一个铝氧八面体 [AlO_6] 形成 “I” 形杆，各 “I” 形杆之间借助于氧连接起来。晶体结构中 Si—O 键主要为共价键，Li—O 键和 Al—O 键主要为离子键，Li—O 键的离子成分大于 Al—O 键的离子成分，矿物解离时主要沿 Li—O 键断裂的方向进行，故矿物解离后破裂表面有较多的 Li 及少量的 Si 和 Al。在溶液中，锂辉石表面的 Li^+ 与液相中的 H^+ 进行交换使 H^+ 吸附于矿物表面氧区，Si 和 Al 离子也能吸附 OH^-，因此锂辉石表面键合大量羟基，导致矿物在较大的 pH 值范围内带负电，零电点低。表面纯净的锂辉石因其表面缺乏活化阳离子，当用油酸钠类阴离子捕收剂浮选时，不易浮起；但用胺类阳离子捕收剂却极易浮起。

理论研究表明，锂辉石与常见脉石石英、长石等矿物的天然可浮性相近，当矿浆中存在 Ca^{2+}、Fe^{3+}、Pb^{2+}、Mg^{2+} 等高价金属阳离子时锂辉石、石英、长石等均受到活化，加大了锂辉石与脉石矿物的分离难度。如果先用碱（NaOH 等强碱）处理锂辉石表面，再用捕收剂浮选锂辉石就能使锂辉石与石英、长石等脉石矿物分离。氢氧化钠在此过程中所起的作用，一方面可以减少和消除矿物表面污染，恢复矿物天然可浮性；另一方面可使矿物表面 SiO_2 发生选择性溶蚀，减少水化性较强的硅酸盐表面区，使金属阳离子富集，从而有利于捕收剂在矿物表面的吸附。用氢氧化钠处理时，锂辉石回收率随其用量的增加而提高。

粗粒难浮是锂辉石浮选的特点之一，浮选粒度一般要小于 0.15mm。若粒度为 0.2mm 时，浮选的回收率为 61%；粒度为 0.3mm 时，浮选的回收率仅为 22%。

锂辉石浮选流程可分为反浮选工艺和正浮选工艺。锂辉石反浮选工艺是，矿浆用石灰和糊精调浆，在 pH 值为 10.5~11 的条件下用阳离子捕收剂反浮选石英、长石、云母等。为了获得锂辉石精矿，将含有某些含铁矿物的槽内产品浓密后用氢氟酸调浆处理，再用脂肪酸类捕收剂精选，则槽内产品就是锂辉石精矿。研究发现，淀粉、糊精抑制剂的选择性较好，在合理的用量下可抑制锂辉石，而对脉石矿物抑制作用不大，但用量多时，则都可抑制。

20 世纪五六十年代，美国多采用反浮选流程。美国金斯山（Kings Mountain）选矿厂的反浮选流程是在石灰造成的碱性介质中添加糊精和淀粉抑制锂辉石，用阳离子捕收剂浮出硅酸盐类脉石矿物，槽内产品即为锂辉石精矿，可作化工级产品出售。为降低锂精矿中的铁含量，槽内产品需进一步精选，为此添加氢氟酸、树脂酸盐和起泡剂选铁矿物，这样获得的锂精矿可作陶瓷工业的原料出售。金斯山选矿厂的反浮选原则流程见图 35-5-1。

锂辉石正浮选工艺的基础是用氢氧化钠处理高浓度下的原矿浆，处理后锂辉石由于表面浸出 SiO_2 而被活化，而脉石矿物由于其表面的活化阳离子（铁等）生成难溶化合物从矿物表面排除而被抑制。洗矿脱泥后添加脂肪酸或其他皂类捕收剂直接浮选锂辉石。为了更好地抑制脉石矿物，可添加水玻璃、栲胶及乳酸等调整剂。

前苏联选矿设计研究院米哈诺布尔曾对扎维琴矿床矿石进行选矿研究。该矿床为伟晶岩矿床，试样采自粗晶带，局部风化，锂辉石晶粒以 10~15mm 为多。制定的流程为正浮选流程，如

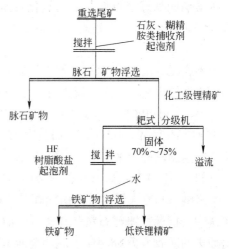

图 35-5-1　金斯山选矿厂的反浮选原则流程

图 35-5-2 所示。当给矿 Li_2O 为 0.7% ~ 0.9% 时，可获得 Li_2O 品位大于 5% 的锂辉石精矿，锂回收率 70% ~ 75%。

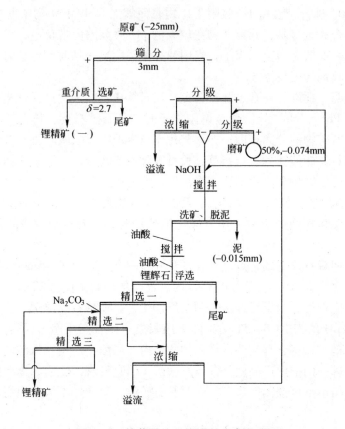

图 35-5-2　前苏联处理扎维琴矿建议流程

20 世纪 60 年代，在对新疆可可托海伟晶岩锂辉石矿进行选矿研究时，中国学者吕永信先生及其合作者发明和制定了不脱泥不洗矿的碱法正浮选简化流程，即将氢氧化钠和碳酸钠同加球磨机内，采用氧化石蜡皂、环烷酸皂和柴油作捕收剂在矿浆温度为 7 ~ 22℃ 的条件下浮选锂辉石，开创了中国工业正浮选锂辉石的历史，其原则流程见图 35-5-3。

不脱泥不洗矿的碱法正浮选流程特点：碱性矿浆环境下浮选，利于保护设备，流程及药剂制度较为简单，工艺流程过程稳定，易于控制，浮选指标先进。

该工艺于 1961 年用于生产，工业生产指标为：给矿含 Li_2O 1.30% ~ 2%，锂辉石精矿 Li_2O 品位为 4% ~ 5%，锂回收率 85% ~ 90%。在原矿品位下降到 0.5% 左右时，回收率均可达到较好水平。

20 世纪 70 年代以来，美国金斯山选矿厂进行变革逐渐采用正浮选流程。1976 年，北卡罗来纳州州立大学对金斯山锂辉石矿石进行了正浮选工艺的研究，通过半工业试验获得了满意的指标：锂辉石精矿中 Li_2O 品位为 6.3%，作业回收率（不计矿泥）为 94.5%，对原矿的回收率为 88.4%。此后金斯山矿区美国锂公司和福特矿产公司的选矿厂都采用了这种流程。两选矿厂的处理能力分别为 2400t/d 和 2600t/d，锂辉石精矿分别为 480t/d 和

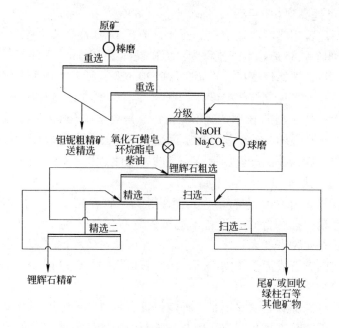

图 35-5-3 新疆可可托海选矿厂正浮选锂辉石的原则流程

530t/d，另产长石 1300t/d、石英 750t/d 和云母 100t/d。选矿厂锂精矿品位为 6.3%，回收率 75% ~78%，药剂消耗稍多于 1kg/t，金斯山选矿厂正浮选原则流程见图 35-5-4。

C 热裂选矿法

热裂选矿法是基于天然锂辉石在 1000 ~ 1200℃焙烧时，其晶体从 α 型转变为 β 型，密度由 3.15g/cm³ 变到 2.40g/cm³，同时体积膨胀，并变成质脆易碎矿石，但此时石英等脉石却没有多大的变化，而不易磨的石英等脉石仍然是比较粗的，从而可用选择性磨矿和筛分或风力选矿法使锂辉石与脉石矿物分离。此法可把含 Li₂O 0.8% ~2.0% 的锂辉石原矿富集到含 Li₂O 4% ~6% 的锂精矿，其回收率为 70% ~ 80%。此法在加拿大选矿厂，中国和前苏联的试验室内均研究过。

中国曾用含 Li₂O 1.58% 的原矿进行试验，先在 1050℃下焙烧 1h，冷却后置于橡皮球磨机中选择性磨矿，最后用 0.104mm 筛子筛分，筛

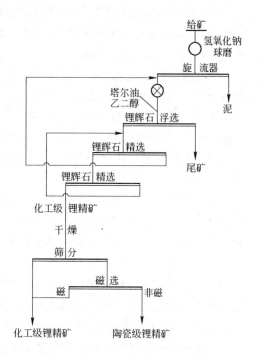

图 35-5-4 金斯山锂辉石正浮选原则流程

下产物为精矿，Li₂O 品位为 4.9%，回收率 74%；四川甘孜州雅江县呷基卡矿区进行的锂辉石热裂法选矿试验结果表明，原矿 Li₂O 含量为 2.0% 左右的锂辉石在温度为 1050 ± 50℃，矿石粒度为 -55mm +0.2mm，恒温时间为 30 ~40min 的工艺条件下进行电炉焙烧，

精矿中 Li_2O 品位可提高到 6% ~ 8% ，回收率达到 80%。

加拿大一选矿厂曾用热裂法选别锂辉石矿，原矿 Li_2O 品位 1.85%，锂辉石精矿 Li_2O 品位为 4.39%，回收率 85%。生产流程为：原矿破碎至 19mm，再用筛孔为 0.20mm 筛子筛分，筛上产物焙烧，选择性磨矿，再筛分（0.20mm），筛下产物为锂辉石精矿。

热裂选矿法一是要求控制焙烧温度在 1100℃ 左右，温度过高时矿石中的云母会烧结，温度过低时，锂辉石从 α 型向 β 型转变不完全；二是要求矿石中不能含有大量的焙烧时易熔融的矿物或具有热裂性的其他矿物。此法因焙烧时需要很高的温度，且对其他有用金属组分不能综合回收，所以在实际应用上有一定的局限性。

D　重介质选矿法

锂辉石的密度为 $3.2g/cm^3$ 左右，与其伴生脉石矿物在密度上的差别不大，采用通常的跳汰机、螺旋溜槽、摇床等重选设备不适于锂辉石矿的选别。由于锂辉石比共生的石英、长石等主要脉石矿物密度大一些，对于结晶粒度相对较粗的锂辉石，可以采用重悬浮液或重液选矿法使锂辉石成为重矿物产品，而脉石矿物则为轻的产品，实现锂辉石与伴生脉石矿物的有效分离。

重液及重介质分选锂辉石试验还是一种简便且直观有效的预可选性考察方法，它能了解目的矿物在不同破碎粒度下单体解离度及从脉石中分离的精度，从而快速作出可选性初步评价，为下步重选分离锂辉石提供依据。

中国四川某特大型锂辉石矿进行的重介质选矿工业试验表明，当锂辉石样品的粒级为 -3mm+1mm，重介质系统的介质密度为 2.95 ~ 3.0kg/L 时，可获得品位为 7.06%，总回收率为 87.47% 的锂辉石精矿。

美国南达科他州和北卡罗来纳州锂矿生产中都先后采用过重介质选矿法。在南达科他州一选矿厂以 74.4μm 硅铁为加重剂制备密度为 $2.9kg/m^3$ 的重介质，使用重介质圆锥选矿机选别粒度为 3.3 ~ 3.8mm 的锂辉石矿石，锂辉石精矿 Li_2O 达到 5.31%，作业回收率 78%。在北卡罗来纳州金斯山矿，除重介质圆锥选矿机外，还使用过重介质旋流器选别粒度范围更细的锂辉石矿石。此外，美国矿山局还用四溴乙烷作重液（密度 $2.9529g/cm^3$）进行了重液旋流器选别锂辉石的连续试脸，取得了满意的结果。其给矿粒度为 -0.417mm，含锂辉石 20%，精矿中含锂辉石 92% ~ 95%，回收率 86% ~ 89%，重液回收率在 95% 以上。多年实践证明，只要有良好的防护，四溴乙烷是可以大规模使用的。但有机溶剂价格较高，多用于实验室浮沉试验，工业生产应用有待进一步考察。

E　磁选法

磁选法是提高锂精矿质量的一个辅助措施，常用于除掉锂辉石精矿中的含铁杂质或分选弱磁性的铁锂云母。采用浮选法所得到的锂辉石精矿，有时含铁较多，为了获得低铁锂辉石，以提高锂辉石精矿的产品等级，可用磁选法进行处理。如美国北卡罗来纳州金斯山选矿厂浮选生产的锂辉石精矿含铁高，只能作为化工级精矿出售。为了满足陶瓷工业的要求，该厂采用磁选除铁。此外，由于铁锂云母具有弱磁性，磁选可以作为生产铁锂云母精矿的主要方法。

35.5.1.2　锂辉石与绿柱石的分离

A　锂辉石与绿柱石浮选分离工艺

花岗伟晶岩矿床中锂辉石与绿柱石经常共（伴）生在一起，它们的浮游性相近，两者的浮选分离被视为浮选领域的难题之一。实现这一分离的关键是寻找选择性抑制剂。国内外上个世纪五六十年代对锂、铍矿物浮选分离研究较多，研究发现，在阴离子捕收剂浮选体系中，几种常用的调整剂对锂辉石的抑制作用递增顺序为：氟化钠、木素磺酸盐、磷酸盐、碳酸盐、氟硅酸钠、硅酸钠、淀粉等。其中木素磺酸盐对锂辉石的抑制作用很微弱，而氟化钠基本不起抑制作用，反而可以增加其浮选速度。而对绿柱石浮选来说，上述调整剂的抑制作用有很大差别，在中性和弱碱性介质中，大量氟化钠、木素磺酸盐、磷酸盐和碳酸盐等对其有强烈的抑制作用，尤其以氟化钠的作用为好，而少量的淀粉、硅酸钠的抑制作用不明显，在强碱性介质中上述药剂对绿柱石的抑制作用普遍减弱，而对锂辉石的抑制作用普遍加强。早期对锂辉石与绿柱石浮选分离的研究即是基于上述调整剂对两种矿物的作用不同而展开的。工业生产中得到实际应用的锂铍分离工艺归纳起来有以下三种：

（1）优先浮选部分锂辉石，锂铍混合浮选精矿再浮选分离工艺。这是北京矿冶研究总院研制的工艺流程。用氟化钠、碳酸钠作调整剂，用脂肪酸皂作捕收剂优先浮选部分锂辉石，然后添加氢氧化钠和 Ca^{2+}，用脂肪酸皂混合浮选锂辉石和绿柱石，最后将锂辉石和绿柱石混合泡沫产物用碳酸钠、氢氧化钠和酸、碱性水玻璃加温处理，浮选分出绿柱石。原则工艺流程示于图 35-5-5。该工艺流程于 1965 年工业试验成功后曾直接移交企业用于生产。

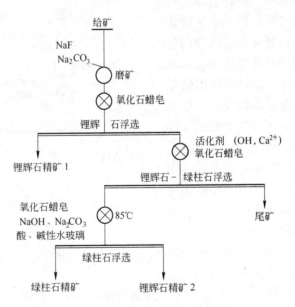

图 35-5-5　优先浮选部分锂辉石，锂铍混合浮选精矿
再浮选分离的原则工艺流程

（2）优先浮选绿柱石，再浮选锂辉石工艺。这是北京有色金属研究总院研制的工艺流程。先反浮选易浮矿物，然后在碳酸钠、硫化钠和氢氧化钠高碱介质中使锂辉石处于受抑条件下，用脂肪酸皂优先浮选绿柱石。绿柱石浮选尾矿经氢氧化钠活化后，添加脂肪酸皂浮选锂辉石。原则工艺流程示于图 35-5-6。此工艺流程在后来设计可可托海选矿厂时用作

一号系统铍矿石的生产流程。

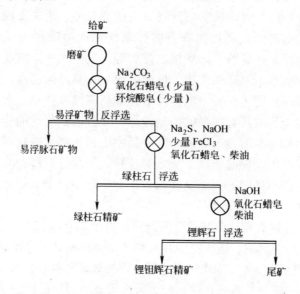

图 35-5-6 优先浮选绿柱石再浮选锂辉石的原则流程

（3）优先浮选锂辉石，再浮选绿柱石工艺。这是新疆冶金研究所在北京矿冶研究总院和北京有色金属研究总院流程的基础上提出的工艺流程。在碳酸钠和碱木素（用碱溶解木素磺酸盐）长时间作用的低碱介质中，绿柱石和脉石矿物受到一定的抑制，用氧化石蜡皂、环烷酸皂和柴油浮选锂辉石。此后，加氢氧化钠、硫化钠、三氯化铁活化绿柱石并抑制脉石矿物，用氧化石蜡皂和柴油浮选绿柱石。原则流程示于图 35-5-7。由于碳酸钠和碱木素的组合调整剂对绿柱石的抑制效果不稳定，因此在优先选锂作业中，铍在锂精矿中的损失较大，铍的最终回收率相对低些。此工

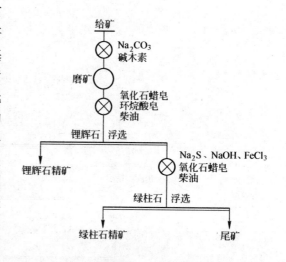

图 35-5-7 优先浮选锂辉石再浮选绿柱石的原则流程

艺流程在后来设计可可托海选矿厂时用作二号系统锂矿石生产流程。

20 世纪 60 年代初制定的上述三种流程用新疆可可托海 3 号伟晶岩锂铍矿石进行了工业试验，均获得了成功，结果示于表 35-5-1。

2003 年，中南大学与新疆可可托海矿进行科研合作，处理可可托海选矿厂伟晶岩矿石锂铍矿石，其中主要金属矿物有锂辉石、绿柱石和钽铌铁矿和细晶石等，脉石矿物主要为云母、长石和石英，次为少量的石榴子石、角闪石、磷灰石和电气石等。原矿经过破碎、棒磨和球磨，钽铌重选后，进行锂铍矿物的浮选，锂铍矿物浮选流程如图 35-5-8 所示。

表 35-5-1 三种锂铍分离流程工业试验结果

流 程	原矿品位/%		铍精矿/%		锂精矿/%	
	BeO	LiO₂	BeO	回收率	LiO₂	回收率
优先浮选部分锂辉石,锂铍混合浮选精矿再浮选分离	0.045	0.99	9.62	54.5	5.84	84.4
优先浮选绿柱石,再浮选锂辉石	0.054	0.895	8.82	60.2	6.01	84.6
优先浮选锂辉石,再浮选绿柱石	0.0457	1.097	8.44	49.9	5.67	84.6

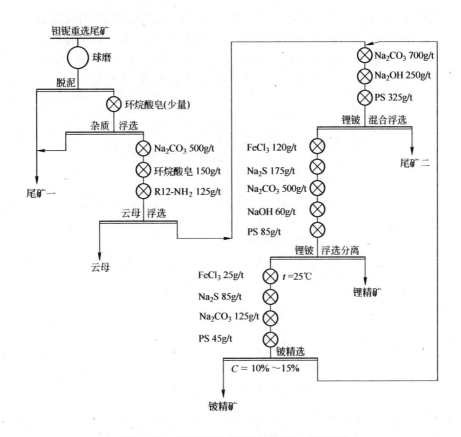

图 35-5-8 可可托海矿 2004 年浮选工艺流程

浮选采用碳酸钠和氢氧化钠作调整剂,一种新型的阴离子组合药剂 PS 作锂辉石(铍)矿物浮选的捕收剂,经过一次粗选两次精选一次扫选得到锂辉石(含铍)混合精矿,添加组合调整剂三氯化铁、碳酸钠、氢氧化钠和硫化钠于混合精矿中并进行加温和强搅拌处理,采用 PS 组合药剂作铍矿物捕收剂,进行锂铍的浮选分离,获得了单一的锂辉石和铍精矿。2004 年的生产指标见表 35-5-2,平均药剂消耗为 4.5kg/t。

表 35-5-2　2004 年可可托海生产指标

产　物	产率/%	品位/%		回收率/%	
		Li₂O	BeO	Li₂O	BeO
锂铍混合精矿	2.63	5.21	1.955	62.28	79.12
锂精矿	2.16	5.81	1.871	57.01	33.51
铍精矿	0.47	2.46	6.290	5.27	45.59
尾　矿	97.37	0.09	0.014	37.72	20.88
原　矿	100.00	0.22	0.065	100.00	100.00

$$品位/\% \quad Li_2O \quad BeO$$

$$回收率/\% \quad Li_2O \quad BeO$$

1959 年，美国 J. S. 布朗宁（Browning）和他的同事们用金斯山选矿厂选出锂精矿和云母后的尾矿进行了锂辉石与绿柱石的半工业试验回收绿柱石。试验给矿含 BeO 0.068%，Li_2O 0.44%，矿物组成为绿柱石 0.6%，锂辉石 5.1%，云母 1.8%，长石 50.9%，石英 41.5%，其他矿物 0.1%。

试验规模为 1.5t/h，回收绿柱石采用了碱性介质浮选工艺和酸性介质浮选工艺。碱性介质浮选工艺流程为给矿经水力分级机分级后，采用氟化钠调浆，油酸作捕收剂浮选部分锂辉石，其尾矿在碱性介质中混合浮选锂辉石-绿柱石，混合精矿再进行锂辉石-绿柱石分离，获得绿柱石和两个锂辉石产品，半工业试验流程如图 35-5-9 所示。

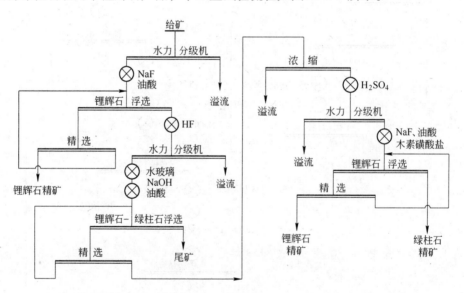

图 35-5-9　碱性介质—脂肪酸浮选工艺流程

酸性介质浮选工艺是给矿经水力分级机分级后，采用氟化钠调浆，油酸作捕收剂浮选锂辉石，锂辉石浮选尾矿在酸性介质中进行绿柱石-长石的混合浮选与分离，获得绿柱石、锂辉石和长石三种产品，该工艺获得的绿柱石指标优于碱性介质工艺，药剂消耗为 2kg/t。半工业试验流程如图 35-5-10 所示。

碱性介质浮选工艺和酸性介质浮选工艺获得的试验指标为：

（1）碱性介质—脂肪酸浮选工艺：绿柱石精矿品位 4.12%，回收率 71.10%；锂辉石精矿品位 Li_2O 5.97%。回收率 71.10%。

（2）酸性介质—石油磺酸盐浮选工艺：绿柱石精矿品位 BeO 6.42%，回收率

76.80%；锂辉石精矿品位 5.90%，回收率 49.20%；长石精矿品位 98%。

B　锂辉石、绿柱石浮选实践中存在的问题

20 世纪 50 ~ 60 年代，国内外对锂辉石、绿柱石浮选原理及工艺的研究较多，也较为充分。近年来，国内外对选矿原理及对具体矿石浮选工艺的研究取得了很大的进展，但对锂辉石、绿柱石浮选的研究并不多，落后于对其他矿石浮选的研究。归纳起来，目前锂辉石、绿柱石浮选实践中存在的问题主要有以下几点：

（1）捕收剂效能不高。锂辉石、绿柱石浮选捕收剂大多仍采用效能低下的传统型药剂。锂辉石、绿柱石原矿品位一般较低，如绿柱石原矿中 BeO 含量一般不超过千分之一，要分选出合格精矿产品，富集比常常需要达到几十甚至上百，这就对捕收剂的捕收性能提出了很高的要求。国内外锂辉石和绿柱石浮选

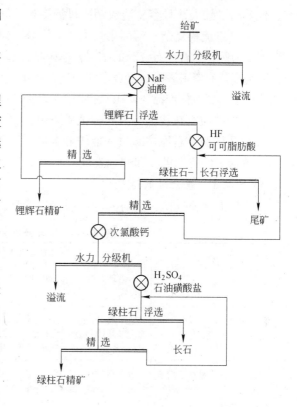

图 35-5-10　酸性介质—石油磺酸盐浮选工艺流程

工业实践中用到的捕收剂一般包括脂肪酸及其皂类，即油酸、氧化石蜡皂、环烷酸皂、塔尔油等，烷基硫酸盐及磺酸盐等，也有少量用螯合捕收剂的，此外，柴油等燃料油常作为辅助捕收剂与脂肪酸类捕收剂混用，胺类阳离子捕收剂也有应用。但是这些捕收剂都有自身的缺点，如脂肪酸类捕收剂所需用量较大。单独使用时或者捕收能力不强，或者起泡能力不强，尤其是选择性不好。一般需要两种或多种捕收剂混合使用，而且这类捕收剂不易溶解和分散，对使用温度也有较高的要求，这就给药剂的配制和添加带来诸多不便。烷基硫酸盐和烷基磺酸盐只有在酸性介质中才对锂辉石、绿柱石有较强的捕收能力，采用这类捕收剂，需要浮选设备有抗酸腐蚀的能力。在中性和碱性介质中，胺类阳离子捕收剂对锂辉石、绿柱石有很强的捕收能力，但它同时对石英、长石等脉石矿物的捕收能力也很强，选择性差，一般需要加入氢氟酸或硫酸活化绿柱石，同时抑制石英等脉石矿物，在酸性介质中将绿柱石浮起。氢氟酸和硫酸的使用带来了环保或设备方面的问题。

（2）浮选调整剂选择性不强。锂辉石、绿柱石浮选采用的抑制剂选择性不强，有的因毒性和环保问题使用受限。生产实践中常用的抑制剂有：NaF，水玻璃，淀粉，糊精，木素磺酸盐，Na_2S 等。这些药剂在环保、用量、稳定性等诸多方面尚存在问题。如 NaF 本来是抑制绿柱石的有效药剂，但因毒性及环保问题限制使用。目前尚未找到对锂辉石或绿柱石抑制选择性良好的理想调整剂；Na_2S 是新疆可可托海稀有金属矿浮选实践中用到的一种选择性抑制剂，但是 Na_2S 具有一定毒性，已不能满足当前越来越高的环保要求；水玻璃虽是石英等脉石矿物常用的抑制剂，也是锂辉石和绿柱石分离的选择性抑制剂和活化

剂，但其用量较大，且容易造成精矿过滤困难等问题。

（3）浮选流程复杂、药剂用量大、成本高。以我国最大的锂铍矿——新疆可可托海稀有金属矿为例，随着矿石资源的枯竭，原矿品位逐年下降，致使选别指标不理想，药剂消耗也越来越高。有资料表明，浮选车间药耗曾一度高达7kg/t以上，铍精矿成本超过销售价格的几倍以上，属亏损产品，矿山只得停止选别绿柱石，而将选铍系统改造为选锂系统。

（4）羟硅铍石在我国是另一种铍矿资源，但其选矿问题目前研究不充分。

（5）我国铍矿石原矿品位一般较低，虽然资源量可观，但精矿产率小，经济效益不好限制了铍选矿的技术进步和产业发展。

35.5.1.3 锂云母的选别

锂云母的主要选矿方法与云母选别方法类似，见表35-5-3。

表35-5-3 锂云母的主要选矿方法

类别	选矿方法		原理及效果简介	适用范围
片状锂云母	手选法		不需复杂设备，劳动强度大，选矿回收率80%，尾矿品位高	适用于小型矿山
	摩擦选矿法		生产效率较高，当厚度超过5mm时，形状与脉石相似的云母晶体易进入废石中，反之亦然。处理粒度70~20mm矿石，云母回收率85%~95%	由于工艺和设备尚不完善，应用不广泛
碎锂云母	浮选法	酸性阳离子捕收剂法	回收率77%，精矿品位高。要求在104~74μm筛上仔细脱泥，易造成细粒云母损失	1.17mm以下复合矿物的矿石选别
		碱性阴离子捕收剂法	回收率90%，精矿品位高	0.833mm以下含泥的、复合矿物的矿石选别
	风选法	振动空气分选机	借助离心力、上升气流及筛体的复杂振动作用使锂云母片与砂粒分离	适用于+0.246mm粉锂母除杂
		室式风选机	料流在气流的作用下，分离出各个组分，气流的方向与被分选颗粒的速度矢量方向垂直	选别细鳞片状锂云母矿石，分选粒度范围-1.4mm+0.147mm
		Kipp-kelly空气分选机	利用颗粒混合料间密度上的差异实行分选，是加拿大用于云母风选的专用设备	分选粒度范围-1.65mm+0.147mm
		之行空气分选机	脉石矿物通过之行空气分选机粗选段的气流落入尾矿；锂云母片为气流挟带进入旋流器而被收集，再经之行空气分选机精选，筛除小粒物即获精矿	分选粒度范围-4.7mm+0.208mm

对于细粒嵌布、粒度小于1.17mm的锂云母矿石主要采用浮选法。

锂云母属于TOT型三层结构硅酸盐矿物，其基本结构是由呈八面体配位的阳离子夹在两个相同的[(Si,Al)O$_4$]四面体网层之间，[(Si,Al)O$_4$]四面体共三个角顶相连组成六方网层，四面体活性氧朝向一边。附加阴离子OH$^-$位于六方网层的中央，并于活性氧位于同一平面上。两层六方网层的活性氧上下相对，和OH$^-$呈最紧密堆积，组成的八面体空隙被阳离子Li、Al充填，结成八面体层，从而构成了两层六方网层中夹一层八面体层的锂云母结构层。由于[SiO$_4$]四面体六方网层中的Si^{4+}有1/4被Al^{3+}取代，使结构层内正电荷短缺，因此结构层间有大半径、低电价的阳离子Li$^+$充填以补偿电荷。锂云母结构中

Li—O 的键强远小于 Al—O 键和 Si—O 键，因此矿物解离时 Li—O 键最易断裂，即在外力作用下锂云母主要沿层间断裂，解离面上暴露出 Li$^+$ 和硅氧四面体阴离子，端面上含有铝、氧和部分硅离子。由于锂云母解离面与端面的面积比很大，因此其表面上主要是硅氧四面体阴离子，表面剩余键能为离子键。另外由于暴露于表面上的 Li$^+$ 在水溶液中易于溶解，与水溶液中 H$^+$ 进行交换，锂云母矿物表面具有极强的键合羟基的能力，因此矿物表面带有不依赖于 pH 值的较高的负电荷，负电性较强，零电点很低，使其在低 pH 值时也可以使阳离子捕收剂覆盖在负电荷区而使矿物疏水。

表面纯净的锂云母不容易被油酸及其皂类浮起，必须先用氢氟酸活化矿物表面。活化原理是，氢氟酸对矿物表面有溶蚀作用，使 Al^{3+}、Li$^+$ 金属离子突出暴露于矿物表面，从而使矿物表面的 ζ 电位负值减少；F$^-$ 与正离子间存在强烈的静电引力，F$^-$ 易与体积小的多价正离子形成稳定的络离子，另一方面，由于 F$^-$ 变形性很小，难以与体积较大的正离子形成稳定的络离子，因此 HF 解离后产生的少量 F$^-$ 或溶蚀硅酸产生的 SiF$_6^{2-}$ 不能吸附在大半径金属阳离子区，而只能吸附在小半径的 Al^{3+}、Li$^+$ 区，导致在氢氟酸作用下矿物表面大半径的多价金属阳离子富集，正电性增加。

锂云母常呈鳞片状或叶片状集合体，浮游性好。锂云母的捕收剂以阳离子捕收剂最好，用十八胺时，在酸性和中性介质中都能很好的浮选锂云母。根据捕收剂的不同主要分为在酸性介质中用阳离子浮选法和碱性介质中阴离子、阳离子捕收剂浮选法两种。

酸性介质中阳离子捕收剂浮选法的原则流程（见图 35-5-11）是，原矿在棒磨机内磨矿时加入氢氧化钠，以促使黏性矿泥的分散和弃除。棒磨机装有筛孔为 0.833mm 的圆筒筛，筛上产物为粗粒锂云母组成，筛下产物分级脱泥后进入调浆槽，槽内添加 pH 值调整剂和石英抑制剂。矿浆内加入胺类捕收剂，经粗选、精选获得锂云母精矿。

碱性介质中，阴、阳离子捕收剂浮选法的流程与酸性介质中阳离子捕收剂浮选流程相同。碱性介质浮选法的原则流程（见图 35-5-12）是，原矿在棒磨机内磨矿时加入氢氧化

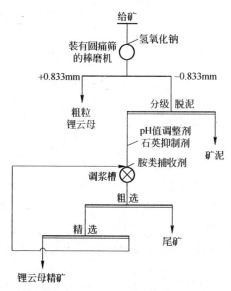

图 35-5-11　酸性介质中浮选原则流程

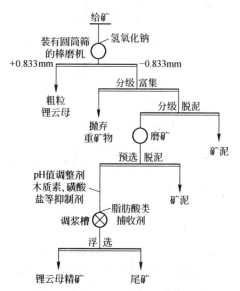

图 35-5-12　碱性介质中浮选原则流程

钠，以促使黏性矿泥的分散和弃除。0.833mm 圆筒筛筛上产物为单独的锂云母精矿取出。筒筛筛下产物富集和弃除大部分石英、褐铁矿和重矿物，再分级脱除部分矿泥。再经过磨矿、预选、脱泥后进入调浆槽，添加 pH 值调整剂、木质素、磺酸盐等抑制剂，以脂肪酸和脂肪酸醋酸盐做捕收剂浮选。

油酸钠浮选锂云母时需预先用氢氟酸活化，HF 用量 200g/t，活化 20min 后经过多次洗涤，然后用苛性钠（10kg/t）预先处理锂云母矿物的表面，再用油酸钠使其浮出，浮选时的 pH 值为 3.0 ~ 8.5，浮选效果较好。其他活化剂还有 $Ca(OCl)_2$、Na_2SiO_3、$K_4[Fe(CN)_6]$ 等。

矿浆中的一些铁盐、铝盐、铅盐、硫化钠、淀粉及磷酸氢钠等均能抑制锂云母；锂的碳酸盐和硫酸盐能活化锂云母。用十八胺选别锂云母时，最好的活化剂是水玻璃和硫酸锂，而强的抑制剂是漂白粉、硫化钠和淀粉的混合物。铜、铝和铅的硝酸盐是锂云母的抑制剂，二铜和铝的硫酸盐却是锂云母的活化剂。

35.5.1.4　透锂长石的可浮性

用阴离子捕收剂如油酸、油酸钠、异辛基砷酸钠来浮选透锂长石，在整个 pH 值范围内均不浮；用阳离子捕收剂如十八胺来浮选透锂长石，则其浮游性很好。用十八胺做捕收剂，矿浆 pH 值为 5.5 ~ 6.0 时，透锂长石回收率为 78%，而采用烷基胺盐在碱性介质（pH 值为 7.5 ~ 9.5）中浮选时，透锂长石回收率可提高到 90% ~ 92%。

采用烷基胺盐为捕收剂时，氯化铁（300 ~ 500g/t）能强烈地抑制透锂长石，在介质的 pH 值为 5.8 时，透锂长石回收率下降到 10% ~ 15%，在酸性和碱性介质中，其抑制作用加强；氯化钙能活化透锂长石，在中性及碱性介质中（pH 值为 9.2）能提高其回收率。采用烷基胺盐时，透锂长石会受到硫化钠、硅酸钠、淀粉、单宁、碳酸钠、氟硅酸钠及磷酸氢钠等抑制。

35.5.2　盐湖卤水提锂技术

20 世纪 80 年代中期以前，世界各国主要从矿石中提取锂，但随着含锂矿石的日益减少，品位逐渐下降，含锂盐湖的不断发现，人们逐渐将提锂的目光转向了盐湖提锂。由于盐湖卤水资源丰富，1997 年以后，国外卤水提锂技术逐渐成熟，且提锂成本大大低于矿石提锂，所以卤水提锂在上世纪末已成为世界提锂工业的主导。盐湖提锂技术的发展不仅改变了锂业的市场格局，而且对世界锂资源的分布和配置产生了深刻的影响。鉴于低成本锂盐产量的不断增加，以锂辉石为锂盐原料的矿山和工厂越来越少。俄罗斯、加拿大、津巴布韦等硬岩型锂资源大国相继退出世界锂资源和锂盐供应市场，美国的锂资源地位也显得微不足道。中国、智利、阿根廷、玻利维亚等成为世界锂资源大国。

盐湖卤水中 Li^+ 常以微量形式与大量的碱金属、碱土金属离子共存，由于它们的化学性质非常相近，因此从中分离提取锂十分困难，尤其是高含量 Mg^{2+} 的存在，使分离 Li^+ 的技术更为复杂。盐湖沉积形成锂矿床也是锂的重要来源。从盐湖卤水中提取锂主要采用化学处理法，目前世界上多以碳酸锂、氯化锂的形式从卤水中将锂提取出来；从沉积锂矿床中提取锂化合物采用的是化学法或化学-浮选法。

随着研究工作的深入开展，卤水提锂的新技术、新工艺不断涌现。从盐湖卤水中提取锂盐的工艺技术方法，归纳起来主要有沉淀法、离子交换吸附法、溶剂萃取法、煅烧浸取法、盐析法、碳化法和选择性半透膜法等。其中，沉淀法是盐湖卤水提锂技术中较成熟的方法，在工业上一般都是采用蒸发-结晶-沉淀法，该法的最终产品一般是碳酸锂；溶剂萃取法与吸附剂法是较有前途的方法，其中吸附法工艺简单，回收率高，从经济和环保角度考虑比其他方法都有较大的优势，特别适用于从低品位的盐湖水中提锂。盐湖卤水提锂的各项技术各有优缺点，分别适用于不同组成的卤水。

35.5.2.1 沉淀法

沉淀法是利用碳酸锂、铝酸盐等沉淀剂，使锂从卤水中析出，是最早研究并已在工业上应用的方法。沉淀法原理是利用太阳能将含锂卤水在蒸发池中通过自然蒸发、浓缩、制盐，然后通过脱硼、除钙、镁等分离工序，使锂存于老卤中，当锂含量达到适当浓度后，以碳酸盐、铝酸盐或碱石灰与氯化钙的混合物为沉淀剂或盐析剂，使锂以碳酸锂的形式析出。

沉淀法从盐湖卤水中提锂包括碳酸盐沉淀法、盐梯度太阳池提锂法、铝酸盐沉淀法、水合硫酸盐结晶沉淀法以及硼镁、硼锂共沉淀法等方法。

A 碳酸盐沉淀法

碳酸盐沉淀法是最成熟的生产方法，主要原理是利用太阳能将含锂卤水在蒸发池中自然蒸发、浓缩，再用石灰沉淀卤水中残留的钙镁杂质，然后再加入工业纯碱 Na_2CO_3 作为沉淀剂使锂以碳酸锂的形式析出。此法适宜于低镁锂比的盐湖卤水提锂。

美国西尔斯湖、银峰锂矿及智利阿塔卡玛盐湖都采用此方法开发 Li_2CO_3 产品。中国自贡张家坝化工厂和正在开发中的西藏扎布耶盐湖也采用这一技术从生产钾盐后的老卤中提取 Li_2CO_3 产品。

Minsal 公司采用的锂钾分离法是采用碳酸盐沉淀法从智利阿塔卡玛盐湖提取碳酸锂的典型例子。其工艺是，先将卤水在氯化钠池沉淀除去 NaCl，剩余卤水中含有 K、Li、$Na_2B_4O_7$，蒸发结晶出 KCl，经浮选、干燥，生产出 KCl 产品。将沉淀 KCl 后的盐卤在锂蒸发池日光蒸发，使锂浓度富集到 6%，用煤油萃取除去硼，然后加苏打沉淀碳酸镁除去80%的镁，加石灰沉淀氢氧化镁除去其余 20%的镁；除硼和镁后的卤水富含氯化锂，加苏打可以生产出碳酸锂产品纯度 99%。

此法适于处理低镁锂比的盐湖卤水，不适用于含大量碱土金属的卤水及锂浓度低的卤水。对于镁锂比值高的卤水（如察尔汗盐湖和死海），提锂之前必须除镁，而除镁工序常需消耗大量的碱类物质，成本较高。虽然该类方法工艺流程较复杂，耗碱量较大，但近年来已有较大的改进，已成为低镁锂比盐湖卤水提锂的主要方法。改进工艺将采用此法得到的碳酸锂泥浆在反应器中与 CO_2 反应转化成 $LiHCO_3$ 水溶液，再经过滤除杂、离子交换除 Ca^{2+}、Mg^{2+} 后，溶液转入另一反应器于 60～100℃加热沉淀出高纯 Li_2CO_3（＞99.4%）产品，钠含量低于 20mg/kg。目前，以盐湖 Li_2CO_3 工业纯产品为原料，制取高纯 Li_2CO_3 的关键技术研究已成为新的研究热点。

近年来也有将碳酸盐沉淀法用于从高镁锂比盐湖卤水中提取碳酸锂的研究。利用日晒蒸发池对盐湖晶间卤水进行自然蒸发浓缩，分段结晶分离加入沉淀剂，与镁离子形成难溶盐（碳酸镁或氢氧化镁），固液分离；液相除镁，料液经调节 pH 值，蒸发浓缩，使 NaCl 结晶析出，提高锂离子浓度；以碳酸钠为沉淀剂，使碳酸锂沉淀析出，经分离、干燥，制得碳酸锂产品。该方法工艺过程操作性强，利用太阳能自然蒸发，既有利于降低成本，也易于实现工业化。工艺过程采用分阶段结晶分离，副产多种产品，能提高对盐湖资源的综合利用率。也可以将高镁锂比盐湖卤水在 40~100℃ 范围内控制达到过饱和浓度，在保温的状态下立即抽入到带搅拌器的振荡分离塔中，加入化学计量的碳酸钠，并同时开动搅拌机及振荡器振荡 5~10min，静置至锂镁碳酸盐有明显的分界面为止，同步分离出碳酸镁和碳酸锂，再在离心机中将碳酸锂悬浮物脱水，将碳酸锂粗级产品按常规精制法精制。该方法可以在盐湖区直接一步分离出碳酸锂、大大减少了运输量，且不需淡水，分离步骤简单、快速、降低了生产成本。

但总体而言，工业上应用的碳酸盐沉淀法提锂，对于高镁锂比的盐湖卤水（如青海柴达木盆地盐湖卤水以及以色列的死海海水），因浓缩卤水中过饱和的 $MgCl_2$ 导致纯碱耗量大，生产成本较高，目前暂不具有应用价值。

近年来，在扎布耶湖已经建立起了 330 万平方米的盐田，在国际上首次采用盐梯度太阳池生产碳酸锂，可望有力地提高和改善中国锂盐工业在国际上的竞争地位。

B 盐梯度太阳池提锂法

根据西藏地区太阳能丰富，但氧气不足、缺乏矿物能源和交通不便的特点，发明了适合西藏扎布耶锂资源开发新技术——"盐梯度太阳池提锂法"。该法制卤阶段利用了当地冬季丰富的冷资源，从卤水中除去大量芒硝和泡碱，从而使卤水中的锂得到快速富集。在结晶阶段，主要采用了太阳池技术，利用当地丰富的太阳能资源来加热锂饱和卤水，直接得到品位 70% 左右的碳酸锂产品。太阳池又叫盐梯度太阳池，为一个天然或人工的储存池，一般由三个区域构成，最上层区域称为上对流层，是一层淡水，中间区域称为浓度梯度层，下层是储能区。在浓度梯度层中，盐溶液的密度随池深度逐渐增大，使该层没有对流运动。所以浓度梯度层就具有防止下层热量向上散发的作用，使太阳能量蓄存池底储能区，是太阳池关键所在。卤水在太阳池内可升温 40~60℃，满足碳酸锂高温结晶的条件，使碳酸锂沉淀。

盐梯度太阳池提锂法操作过程：首先将盐田晒制好的富锂卤水灌入太阳池中下部，然后灌入淡水或咸水，从而形成太阳池分层结构，下部卤水经过一段时间储热，温度升高，促使富锂卤水中的锂离子呈碳酸锂集中析出，直接生产高品位碳酸锂精矿。

盐梯度太阳池提锂法充分利用了西藏地区太阳能充足（年热照时数平均达 3100h）、温差大、淡水资源充分、有适宜修建盐田的黏土层等地理条件，克服了缺少能源供给、交通不便带来的物资供应短缺的困难，是因地制宜、就地取材的典范。"盐梯度太阳池提锂法"的一整套工艺技术简单易行、经济合理，绿色环保，提锂成本大大降低，发展前景可观。

2004 年 10 月西藏扎布耶锂资源开发产业化示范工程建成投产，表明我国将转变碳酸锂主要靠进口的局面，并可实现由自给自足到出口，标志着我国锂产业将走上复兴之路，是我国锂业生产的重要里程碑。

C 铝酸盐沉淀法

铝酸盐沉淀法是利用多种化学反应制得活性氢氧化铝，再与卤水中锂作用形成锂铝化合物进行提锂。

铝酸钠碳化沉淀法提锂，是以 10% 铝酸钠为原料，经二氧化碳（浓度为 40%）碳化分解制得对溶液中锂盐具有高效选择性的无定形 $Al(OH)_3$，将制得的 $Al(OH)_3$ 按铝锂重量比 13~15 加入提硼后的卤水（含锂 0.13%）中沉淀锂分离镁。锂镁的分离率均达 95%

以上。铝锂沉淀物（$LiCl \cdot 2Al(OH)_3 \cdot nH_2O$）于350℃焙烧30min，用水在室温下浸取，使沉淀物中铝锂分离。浸取液用石灰乳和碳酸钠除去镁、钙等杂质，蒸发浓缩，加入20%碳酸钠溶液，在95℃反应生成碳酸锂，经洗涤烘干可达工业一级品标准。从碳化液中回收的碳酸钠与氢氧化铝渣在900℃煅烧，浸取后的铝酸钠溶液可循环使用。

用铝酸钠碳化焙烧法从大柴旦盐湖饱和氯化镁卤水脱硼母液中进行提取碳酸锂的研究表明，锂沉淀率和镁分离率可达95%以上，制得的碳酸锂纯度98%以上，锂回收率达87%，并发现无定形氢氧化铝溶液对锂具有高效选择性且与制备方法无关。

铝酸钙沉淀法提锂是将氢氧化铝与碳酸钙焙烧形成铝酸钙，铝酸钙在酸化条件下转化为活性氢氧化铝，作为卤水中锂的沉淀剂，再将含锂沉淀物加压、高温压煮分解出锂盐，最后以碳酸钠沉淀出碳酸锂。此方法锂的总回收率为84%，碳酸锂纯度为98.5% ~ 99.0%，工艺的工序较多、周期较长。

以色列研究人员以 $AlCl_3$ 为原料加到死海卤水中，用 $Ca(OH)_2$ 调节 pH 值6.8 ~ 7.0，形成的氢氧化铝沉淀含有大量的锂，Li_2O/Al_2O_3 摩尔比为 1 : 5；沉淀分离并水洗后溶解在36%的盐酸中，再用有机溶剂（如甲基异丙酮）萃取锂，$AlCl_3$ 和沉淀的水洗液可以被循环利用，该法提锂结合了溶剂萃取法，但工艺流程较繁琐。

日本学者用铝酸盐沉淀法从地热水中回收锂时发现，先沉淀地热水中的 Ca、Mg，再加入铝盐 $AlCl_3 \cdot 6H_2O$，调 pH 值10 ~ 13，形成的铝盐沉淀剂能够与地热水中的 Li^+ 更有效地结合成锂铝化合物。

铝酸盐沉淀法提锂主要存在着淡水耗量大、碳化液及焙烧浸取液蒸发能耗高和碳酸钠消耗多，生产成本较高等问题，尚未实现工业化应用。

D 水合硫酸锂结晶沉淀法

水合硫酸锂结晶沉淀法20世纪80年代已有专利报道，但所得 $Li_2SO_4 \cdot H_2O$ 纯度小于95%，回收率小于76%。近年，Jerome 引用阿塔卡玛盐湖卤水蒸发浓缩获得两种不同组成的卤水，混合后卤水中的硫酸锂超过它的溶解度，再分三个阶段沉淀出 $Li_2SO_4 \cdot H_2O$ 晶体。第一种卤水中氯化钾、光卤石和硫酸锂饱和，含 Mg^{2+} 4.7% ~ 6%，Li^+ 0.8% ~ 1.2%，SO_4^{2-} 1.2% ~ 4.2%；第二种卤水中水氯镁石、光卤石和硫酸锂饱和，Li^+ 含量2.5% ~ 6%，Mg^{2+} 小于6%，SO_4^{2-} 小于0.2%。两种卤水以三种形式混合：一是两种卤水先分别预热至30 ~ 70℃，在结晶器中混合，沉淀出 $Li_2SO_4 \cdot H_2O$ 晶体，再进行固液分离，洗涤；二是直接将两种卤水混合，首先沉淀出光卤石，固液分离后母液送至另一结晶器沉淀出 $Li_2SO_4 \cdot H_2O$ 晶体，再进行过滤、洗涤；三是先将由氯化钾、光卤石和硫酸锂饱和的卤水冷却至5 ~ 15℃沉淀出光卤石，分离母液并预热至20 ~ 40℃后，与另一种水氯镁石饱和的卤水混合沉淀出 $Li_2SO_4 \cdot H_2O$ 晶体，再进行固液分离，洗涤，流程中产生的多余母液送至蒸发池浓缩后再返回流程，$Li_2SO_4 \cdot H_2O$ 纯度可达98.97%，锂的总回收率达73.3%。该方法不需另加化学原料，较适合于低镁锂比的硫酸盐型盐湖卤水，其技术关键是要获得上述两种不同组成的卤水。

E 硼镁、硼锂共沉淀法

采用硼镁、硼锂共沉淀法可从高镁锂比盐湖卤水中进行锂、镁、硼的分离和碳酸锂的制取，该法分离工序较简单，分离效率较高。硼镁共沉淀法是将盐田析出钾镁混盐后的卤水经盐田脱镁，加入沉淀剂如氢氧化物、碳酸钠等，在一定温度、压力和 pH 值条件下使硼镁共沉淀与锂分离，母液加氢氧化物深度除镁后，再加碳酸钠沉淀出碳酸锂，锂回收率达 80% ~ 90%。硼锂共沉淀法采用了盐田析出钠、钾盐的老卤脱 SO_4^{2-} 后，自然蒸发去镁，加酸进行硼锂共沉淀，沉淀用水洗涤、深度除钙镁、加沉淀剂碳酸钠制取碳酸锂，锂回收率达 75% ~ 85%。硼锂共沉淀还可以采用另一种工艺流程，即一次冷冻、兑卤蒸发、一次蒸发、二次冷冻、二次蒸发，再过量硫酸沉淀硼锂的工艺流程进行硼锂共沉淀，硼锂回收率有较大提高，实用性较强。

此外，沉淀法从盐湖卤水中提锂还有氨和碳酸氢铵两段沉镁提锂法、SO_4^{2-} 沉淀剂法、磷酸盐沉淀法等方法。总之，沉淀法操作简单，回收率和纯度较高，可靠性高，但在前期卤水处理过程中需要蒸发大量的水，能耗高且工艺流程复杂，而且不适应于处理含大量碱土金属的卤水及低锂卤水。

35.5.2.2　离子交换吸附法

吸附法是利用对锂离子选择性吸附的吸附剂来吸附锂离子，再将锂离子洗脱下来，达到锂离子与其他杂质离子分离的目的。离子交换吸附法的原理是利用可选择性吸附阳离子的物质作为离子交换剂，使卤水中的 Li^+ 吸附于交换剂，达到分离富集 Li^+ 的目的，再用淋洗液反交换，即可得到锂盐溶液。受吸附剂的吸附容量限制，该法一般适于处理低品位含锂卤水。吸附法更适合于从高镁锂比的卤水中提取锂，更具有发展前景。

吸附法实施的关键，一是寻找吸附选择性能好的吸附剂；二是要求吸附剂循环利用率高，吸附-洗脱性能稳定；三是要求吸附剂的制备方法简便，成本相对较低，对环境无污染。

根据其性质吸附剂可分为有机系吸附剂和无机系吸附剂。

A　有机离子交换吸附技术

有机系吸附剂一般为有机离子树脂。有机离子树脂交换法是把人工树脂直接加入到卤水中来吸附卤水中的 Li^+，如 IR-120B 型阳离子交换树脂。有机离子交换树脂对较高价态的离子吸附效果较好，对较低价态的，如对一价锂离子选择性吸附较差。

一般说来，有机离子交换树脂不易亲水，且对锂离子的吸附选择性差，通常要在交换溶液中配入 80% ~ 95% 的甲醇抑制其他阳离子的交换，提高其对锂离子的选择性，由于大量地使用了甲醇，在技术上难以实现产业化；螯合树脂虽然对 Li^+ 有特殊的选择性吸附性，但 Li^+ 的解析困难，有机载体抗 Cl^- 腐蚀能力较差，成本较高；有机离子交换树脂法还存在以下缺点：吸附容量小、交换速度慢、溶损度大、易破碎、利用率低，而且需要处理大量卤水，动力能耗大，成本较高，因此难以实现产业化，应用前景较小。

B　无机离子交换吸附技术

无机离子吸附法是利用无机离子吸附剂对 Li^+ 有较高的选择性和特定的记忆效应的特点，实现从稀溶液中选择性提锂的方法，特别是具有离子筛效应的无机离子交换吸附剂，对高镁/锂比的盐湖卤水中的 Li^+ 有很好的竞争选择吸附性。无机离子交换吸附法工艺简单，对环境友好，且对锂的选择性较高，回收率高，成本较低，已成为从盐湖卤水富集提锂的主要研究方向之一。

目前研究较多的提锂无机离子交换吸附剂主要有无定型氢氧化物吸附剂、层状吸附剂、复合锑酸盐吸附剂和铝盐吸附剂及离子筛型氧化物吸附剂等，其中尤以离子筛型氧化物吸附剂的研究最多。

a 离子筛型氧化物吸附剂 离子筛型氧化物是 20 世纪 70 年代初由苏联人合成并发现的，近十年来，日本、俄罗斯、中国的科学家对离子筛也进行了一些研究。

离子筛型氧化物吸附剂就是预先在无机化合物（如 MnO_2）中导入目的离子（如 Li^+），两者加热反应生成复合氧化物（如 $LiMn_2O_4$），在不改变复合氧化物晶体结构的前提下，用酸处理复合氧化物，将其中的目的离子（Li^+）抽取出来，$LiMn_2O_4$ 中的锂几乎可以定量被抽取出来，从而得到具有规则空隙结构的无机物质。这种空隙对原导入的目的离子（如 Li^+）具有特定的接受性能，吸入原目的离子并形成最佳晶体结构，故其在有多种离子存在的情况下，对原导入的离子有筛选和记忆作用，这种作用即为"离子筛效应"。

离子筛法可以直接从低浓度的锂水中提锂，原则工艺流程见图 35-5-13。

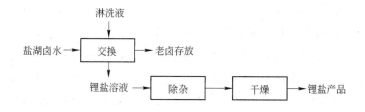

图 35-5-13 离子筛法提锂原则工艺

已研制的从卤水中提锂的离子筛主要包括 $\lambda\text{-}MnO_2$、二氧化钛、金属磷酸盐以及复合锑酸盐和铝酸盐等。

$\lambda\text{-}MnO_2$ 是目前研究的较多、综合性能最好的一种离子筛。该方法是从标准的立方尖晶石结构的 $LiMn_2O_4$，经过酸洗除去晶格中的 Li^+，从而转变为尖晶石结构的 $\lambda\text{-}MnO_2$，它对 Li^+ 有理想的选择吸附性质，$\lambda\text{-}MnO_2$ 可有效地从含 Na^+、K^+、Ca^{2+}、Mg^{2+}、Sr^{2+} 等的卤水（海水、地热水、盐湖卤水）中选择性吸附 Li^+ 还原为正尖晶石结构的锂锰氧化物，从而达到提取 Li^+ 的目的。

锰氧化物离子筛是由不同配比的锂、锰的碳酸盐或氧化物等混合反应生产前驱体，再经由酸洗制得的。

根据反应物中锂、锰配比不同，制备方法和条件的不同，会造成吸附剂的组成和性能的差异。

$\lambda\text{-}MnO_2$ 对锂的吸附性能与制备方法有关，某研究室利用 Sol-Gel 法制得的 $\lambda\text{-}MnO_2$ 离子筛吸附容量已达到 26mg/g，日本学者 Ramesh Chitrakar 等利用水热法制得的锰氧化物离子筛吸附容量达 40mg/g，但溶损度大，每次可达 0.5% 左右。

氧化锰离子筛对锂的吸附性能很大程度上取决于晶体和微孔结构，需要加入价格昂贵的锂作为目的离子，而且合成过程中的温度、反应时间等制备条件的控制对性能的影响较大，制备工艺流程较为复杂。

钛氧化物离子筛是用 Li_2CO_3 和 TiO_2 合成 Li_2TiO_3，经过酸洗后制得的对锂离子具有记忆功能的选择性吸附材料。钛氧化物离子筛的化学稳定性、机械强度及吸附容量都比锰型离子筛好，相比更具有工业应用价值。

离子筛型金属氧化物稳定性好、选择性强、吸附容量大、环境友好，为从组成复杂的盐湖卤水中提锂展示出良好的应用前景，尤其对低浓度卤水的提锂具有明显的优势。

　　离子交换吸附剂一般是粉体，由于其流动性和渗透性较差，工业应用时常需制成粒状应用，导致其吸附性能下降。由于解决造粒和溶损的相关技术尚不成熟，离子筛型氧化物吸附剂目前还处于实验室研究阶段。

　　b　无定型氢氧化物吸附剂　　氢氧化物吸附剂的吸附能力依赖于它的表面羟基，在吸附过程中，自由表面羟基可以作为配体，在氧化物表面上吸附阳离子而形成含羟基配合物，其吸附机理可表达为：

$$S - OH + Z^+ + OH^- \Longrightarrow S - O - Z + H_2O$$

其中，S 代表氧化物，Z 代表被吸附阳离子。这类吸附剂主要用铝的氧化物和含水氧化物作为原料，它对锂的吸附强弱与溶液锂的浓度有关，锂浓度越高，吸附性越强。铝型吸附剂的吸附机理如下：

$$Al_2O_3 \cdot nH_2O + OH^- + Li^+ + (5 - n)H_2O \longrightarrow LiH(AlO_2)_2 \cdot 5H_2O$$

　　由于生成难溶型铝酸盐 $LiH(AlO_2)_2 \cdot 5H_2O$，可以有效地将锂离子分离出来，锂的沉淀率为 95% 以上，将此沉淀物焙烧浸取，可以获得纯度在 98.5% 以上的碳酸锂产品，并且铝型吸附剂可循环使用，共存元素影响小，选择性高。该吸附剂更适合从高镁低锂的盐湖卤水中提取锂，对我国盐湖卤水提锂有着重要意义。

　　c　层状吸附剂　　层状离子交换吸附剂大多为层状结构的多价金属酸性盐，对金属离子选择性与层间隔有关。一般而言，层状离子交换吸附剂对金属离子的选择性与层间隔大小成反比。对于呈层状结构的 4 价金属酸性盐，如砷酸盐和磷酸盐，层间隔越小，对锂离子的亲和性越大，对锂的选择性也越强。其中，砷酸钍的晶体结构紧密，只有锂离子尺寸与其空隙大小相同，所以能深入其结构置换氢，其他离子因大小不适合，只能停留在晶体外面而不能被吸附，从而将锂离子与其他杂质离子分离开来。锂对砷酸钍的置换反应是可逆的：

$$Th(HAsO_4)_2 + 2Li^+ \Longrightarrow Th(LiAsO_4) + 2H^+$$

　　在碱性环境中（pH 值达 9.6 以上），砷酸钍全部转化为锂型，在酸性环境中全部保持原来的氢型，而 Li^+ 进入溶液中，这样达到了锂离子的选择性吸附和吸附剂再生过程。

　　另外，层状吸附剂的酸处理物在适当的温度加热处理后，其层间结构会发生变化，吸附剂选择性发生变化。由于离子大小等性质，决定了选择性大小顺序依次为 Li > Na > K，由于锂的选择性提高，该吸附剂值得进一步研究。但因砷酸钍有毒，制约了它的使用范围，所以在实际生产中一般不被使用。

　　d　锑酸盐吸附剂　　过渡金属氢氧化物和锑酸复合后，呈现出与各单一氢氧化物不同的选择性，尤其是对锂的选择性明显提高，形成的锑酸盐对锂具有特殊的记忆功能。例如使用锑酸锡，Sb/Sn 的摩尔比越高，对锂的吸附性就越强，最大吸附容量可达到 1.0 ~ 1.4mg/g。通过对复合锑酸型吸附剂离子交换特性的研究，分析其核磁共振（NMR）谱图，可初步断定，在锂选择性高的部位，锂是被牢固吸附的，最后通过改变解吸液的酸度来回收锂。

　　e　铝盐吸附剂　　铝盐吸附剂的研制是受铝盐沉淀法提锂的启发，其通式为 $LiX \cdot 2Al(OH)_3 \cdot nH_2O$，其中 X 代表阴离子，通常是 Cl；n 表示含结晶水的个数。通常该吸附剂可表示为 $LiCl \cdot 2Al(OH)_3 \cdot nH_2O$。

　　吸附剂 $LiCl \cdot 2Al(OH)_3 \cdot nH_2O$ 是 LiCl 插入 $Al(OH)_3$ 中生成的插入化合物，这种化

合物是缺欠型无序结构，X 射线衍射呈无定型。从组分中洗掉部分 Li^+ 以后，产生的空位具有对 Li^+ 的吸附活性，可以用做从含锂离子卤水中吸附锂离子的吸附剂，其吸附和洗脱原理为：

$$LiCl \cdot 2Al(OH)_3 \cdot nH_2O + H_2O \Longrightarrow xLiCl + (1 - x)LiCl \cdot 2Al(OH)_3 \cdot (n + 1)H_2O$$

因为较小的金属离子以特殊方式进入，占据 $Al(OH)_3$ 层八面体空穴，这里的阴离子空穴起到离子筛效应，较大的碱金属及碱土金属离子因空间位阻效应不能进入，因此对锂离子有选择性的吸附，较好地解决了镁锂分离的难度。

制备这种吸附剂的方法有两种。20 世纪 90 年代以前，吸附剂 $LiCl \cdot 2Al(OH)_3 \cdot nH_2O$ 的制备方法为：在阴离子交换树脂内加入 $AlCl_3$ 溶液，然后加入 NH_4OH 溶液。将 $AlCl_3$ 转化成 $Al(OH)_3$，再用 $LiCl$ 溶液处理即得 $LiCl \cdot 2Al(OH)_3 \cdot nH_2O$，后者分散在树脂的空隙内。该方法制得的吸附剂能有效地从卤水中提取锂，且实验表明经卤水交替流动，循环使用 140 个周期后，树脂对锂的交换能力没有明显的减小。但由于树脂价格较高，且容易被卤水中的其他离子污染，而导致其不能再生。所以在 90 年代以后，又发明了另一种方法：将 $Al(OH)_3$ 颗粒（1651 ~ 104μm）放置于 $LiOH$ 溶液中，使 $LiOH$ 进入到 $Al(OH)_3$ 颗粒的空隙中，形成颗粒状的 $LiOH/Al(OH)_3$，再用 HCl 使 $LiOH/Al(OH)_3$ 转化成 $LiCl/Al(OH)_3$ 即可。该方法较前种方法更为简便，且制得的吸附剂不易被污染，不易破损，使用寿命更长。

吸附法对提取卤水中的微量锂，尤其是在高镁锂比的卤水中提取锂具有工艺简单、选择性高、提取率高及易连续操作等特点，与其他方法相比有较大优越性。

35.5.2.3 萃取法

萃取法提锂是 20 世纪 60 年代发展起来的。目前研究的锂萃取体系主要有：磷酸酯萃取体系，脂肪醇萃取体系，短链酮萃取体系，大环聚醚配位萃取体系及混合离子萃取体系等；关于锂的萃取剂主要有醇、酮、β-双酮类，有机磷类，季胺盐、偶氮类离子螯合剂-缔合类，冠醚类，肽菁类五大类。

溶剂萃取法原理：在含有溶质的溶液中加入与之不相溶的对溶质有较大溶解度的第二种液体，利用溶质在两相中的溶解度差异，促使部分溶质通过界面迁入第二液相，达到转相浓缩的目的。溶剂萃取法原则流程见图 35-5-14，萃取剂的选择性是溶剂萃取提锂的关键。

1968 年美国研究者发明了二异丁酮-磷酸三丁酯从高镁卤水中萃取锂的方法，该方法

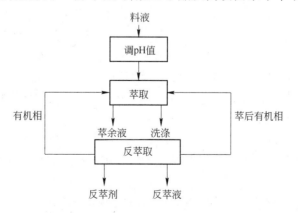

图 35-5-14 萃取法提取锂的工艺流程

存在二异丁酮价格高、水中溶损严重和锂萃取率低等缺点而无法实现工业应用。

在中国以 TBP 萃取法提锂研究较为深入，从高镁锂比卤水中提锂较为有效，是具有工业应用前景的盐湖高镁锂比卤水提锂方法之一。1975 年进行了 20% 503、20% TBP（磷酸三丁酯）和 60% 200 号煤油体系从饱和氯化镁溶液中萃取锂盐的研究，锂的萃取率可达 90%。在此基础上，发明了 80% TBP-200 号磺化煤油萃取体系，将卤水蒸发浓缩分离析出石盐、钾盐和部分硫酸盐，再除硼后，加入 $FeCl_3$ 溶液形成 $LiFeCl_4$，用 TBP-煤油萃取体系将 $LiFeCl_4$ 萃取入有机相，形成组成为 $LiFeCl_4 \cdot 2TBP$ 的萃合物，经酸洗涤后用 6~9mol/L 盐酸反萃取，再经除杂、焙烧等作业可获得无水氯化锂。锂萃取率达 99.1%，锂镁分离系数达 1.87×10^5，铁和有机相一起处理可恢复萃取能力继续循环使用。

采用 TBP（磷酸三丁酯）溶剂萃取法处理大柴旦高镁含锂卤水流程为：日晒后的盐田经除石盐、光卤石、水氯镁石后得到盐湖卤水，然后用 60% TBP-40% 200 号煤油作萃取剂、以 $FeCl_3$ 为共萃剂处理，在高浓度氯卤水中形成 $LiFeCl_4$ 而被萃入有机相，再用盐酸反萃取，锂元素就以化合物的形式进入水相，即得纯度接近 99% 的氯化锂产品。

对于 TBP 溶剂萃取体系，卤水中大量存在的氯化镁具有盐析剂作用，使高镁锂比的难点转变成促进锂被萃取的有利因素。但该方法尚存在设备腐蚀和萃取剂溶损等问题，暂未实现工业化。

锂的协萃取体系如以三辛基氧化膦［TOPO］为协萃取剂的研究较多，对锂与其他碱金属离子能够达到较好的分离效果。

溶剂萃取法适于处理高锂卤水，具有提取的锂纯度高、原料消耗少、流程简单等优点，在降雨量小、蒸发量大地区有一定使用价值，20 世纪 70~90 年代成为卤水提锂研究的一大热点。但处理低浓度卤水时则需增加预浓缩工艺，存在工艺流程长、产品单一、需要处理的卤水量大、对设备腐蚀性大及成本高等缺点。未来的研究方向是寻找新的高效低毒的萃取剂。

35.5.2.4　煅烧浸取法

煅烧浸取法是在传统的煅烧法基础上进行改进，将提硼后的卤水蒸发，得到老卤（其 $n(Mg^{2+})/n(Li^+)$ 为 1~2），然后在老卤中加入沉淀剂，使 Mg^{2+}、Li^+ 分别以氢氧化物、碳酸盐、磷酸盐或草酸盐形式沉淀出来，最后沉淀煅烧分解，通过碳化或碳酸化作用，使 Li^+ 溶入溶液，而 Mg^{2+} 仍然在沉淀中，从而实现镁锂分离。

煅烧浸取法原则流程：将提硼后的卤水蒸发去水 50%，得到四水氯化镁，在 700℃ 煅烧 2h，得到氯化镁，然后加水浸取锂（浸取液含 Li 为 0.14%），用石灰乳和纯碱除去钙、镁等杂质，将溶液蒸发浓缩至含锂 2% 左右，加入纯碱沉淀出碳酸锂，锂回收率在 90% 左右。煅烧后的氧化镁渣精制后可得到纯度 98.5% 的氧化镁副产品。利用东台吉乃尔湖卤水提硼后的母液进行了煅烧法提锂工艺实验，镁的分离率和锂的浸收率均在 95% 以上，较好地解决了镁锂分离。

煅烧浸取法有利于综合利用锂镁等资源，生产碳酸锂并副产镁砂，原料消耗少，但能源消耗大，镁的利用使流程复杂，设备腐蚀严重，需要蒸发的水量较大。

35.5.2.5　盐析法

饱和氯化镁卤水提硼后，经冷冻蒸发，即可获得含 LiCl 为 6%~17% 的浓缩卤水，除硼净化后，得到锂镁氯化物的水盐溶液，利用 LiCl 和 $MgCl_2$ 在 HCl 水溶液中溶解度的不同，用 HCl 盐析 $MgCl_2$ 提取 LiCl。该法虽然在技术上可行，但工艺过程要在封闭条件下进行，锂的总回收率低，实际应用还有困难。

35.5.2.6 碳化法

碳化法主要依据碳酸锂和二氧化碳、水反应生成溶解度较大的碳酸氢锂将卤水中锂与其他元素分离。

在传统沉淀法的基础上，采用碳化除钙法从脱硼后的母液中提锂，在碱性母液中（pH 值大于 12），用石灰乳使 Mg^{2+} 以 $Mg(OH)_2$ 沉淀去除，再通入 CO_2，将溶液的 pH 值保持在中性或弱碱性，使 Ca^{2+} 以碳酸钙沉淀，同时避免 Li_2CO_3 沉淀的生成。采用"擦洗-分离-水浸-碳化-热解"制取碳酸锂工艺处理扎布耶盐湖锂资源，得到的碳酸锂精矿品位 76.86%，锂回收率 72.91%。利用锅炉烟道气碳化分离碳酸根，太阳能浓缩富集锂，碳酸钠直接沉淀碳酸锂的方法处理扎布耶盐湖卤水，生产碳酸锂产品，锂的回收率为 50%，碳酸锂纯度为 98.12%。但由于二氧化碳气源等问题，未能实现工业应用。

35.5.2.7 泵吸法

泵吸法是一种利用"蒸发泵原理"和"原地化学反应池法"对蒸发量远远大于降水量的干旱、半干旱地区进行的盐湖卤水提锂新方法。

青海察尔汗盐湖区属高原温带极度干旱气候，察尔汗盐湖海拔最低点为 2200 多米，冬长夏短，多风少雨，蒸发强烈，年平均气温 5.3℃，年平均降水量 24.2mm，年蒸发量 3564.4mm。对该盐湖的高镁含锂老卤进行了室内和野外提锂试验，该方法将卤水中 LiCl 质量浓度由 0.7212g/L 富集至 45.18g/L，同时得到大量副产品水氯镁石。

该方法具有高效合理、成本低等特点，但按工艺要求，需要修建原地化学反应池（各级蒸发池、蒸发槽、锂卤水储备池），其修建难度大、建筑工艺要求高。

35.5.2.8 结晶法

结晶法对富锂卤水基于 $LiCl-MgCl_2-H_2O$ 三元体系相图进行蒸发，通过两次重结晶析出六水氯化镁后，卤水中镁锂质量比可由 20:1 降至 6:1，锂含量明显上升，且每段锂回收率均达到 84% 以上。该方法工艺流程简单，操作方便，成本较低。将硫酸盐型的高镁锂比卤水蒸发至氯化锂复盐 $LiCl \cdot MgCl_2 \cdot H_2O$ 的饱和点，将每批分离出的水氯镁石混盐固相用洗涤液进行洗涤，在 $Li_2SO_4 \cdot H_2O$ 接近饱和前，按与 SO_4^{2-} 物质的量比为 1:(0.95~1) 向卤水中加入硫酸盐沉淀剂，分离沉淀物后即可提高卤水中锂离子的浓度。该技术工艺简单，可以将硫酸盐型卤水锂镁进行粗分离。对盐湖卤水进行兑卤和二次蒸发，工艺为：兑卤工序中加入硫酸钠，一次蒸发工序的蒸发终点为卤水的硫酸锂饱和点，二次蒸发工序的蒸发终点为卤水的水氯镁石析出点。该工艺中无废液排放，原料硫酸钠可以回收利用，但是该工艺蒸发能耗高，同时母液硫酸钠回收不完全，损耗较严重。

35.5.2.9 选择性半透膜法

选择性半透膜法是采用物理手段提锂，是非常绿色的工艺技术，也是盐湖提锂一个新的研究方向。将含锂的盐湖卤水或盐田日晒浓缩的老卤（Mg/Li 质量比 1:1~300:1）通过一级或多级电渗析器，利用一价选择性离子交换膜进行循环（连续式、连续部分循环或批量循环式）工艺浓缩锂，获得富锂低镁卤水。然后通过深度除杂、精制浓缩，便可制取 Li_2CO_3 或 LiCl 所需的原料。该法可使 Li^+ 的回收率超过 80%、多价阴阳离子的脱除率超过

95%，分离浓缩得到 Li^+ 浓度为 $2 \sim 20g/L$。

近年来，结合电渗析法和吸附法从卤水中浓缩锂，先将卤水通过氧化锰吸附剂，使卤水中锂含量提高到 $1.2 \sim 1.5g/L$，再通过电渗析将卤水中锂含量提高到 $15g/L$，提锂母液循环利用，锂的回收率达 85%。

此外，也有针对高镁锂比卤水，分别采用盐析法、液膜法、兑卤与两步蒸发法、芒硝循环法、碳酸锂混盐制取锂化合物方法等。

35.5.3　铍矿石选矿

含铍矿物一般与石英、长石、角闪石、石榴子石、云母、锂辉石、方解石、萤石、白云石等矿物密切共生，有时矿石中还含有黑钨矿、锡石、辉钼矿、黄铁矿等矿物。因此，为了回收铍矿物，或同时回收其他有用矿物，选矿流程一般比较复杂。原则流程是，当矿石中含有钨、锡、钽、铌等矿物时，首先采用重选回收相应矿物；当矿石中含有硫化物时，采用预先浮选回收钼、铅、锌、铁等硫化矿；当矿石中含有黄玉、滑石、云母等易浮矿物时，同样必须采用预先浮选以排除易浮矿物对后续作业的影响。

在选矿作业中，含铍矿物与萤石的分离是铍矿石浮选的重要环节。当萤石为主要回收组分，铍矿物可浮性较差时，可优先浮选萤石；但是，一般为了充分回收矿石中的铍矿物，萤石优先浮选是不彻底的，因此在后续铍浮选尾矿以及铍精选中矿中，可进一步通过浮选获得萤石精矿。当矿石的价值以铍矿物为主而且铍矿物可浮性较好时，可以优先浮选铍矿物获得铍精矿。当矿石中铍矿物和萤石的可浮性比较接近，优先浮选难以实施时，也可采取铍矿和萤石混合浮选再分离的方案。一般认为，含铍矿物可浮性从高到低的顺序为：硅铍石、羟硅铍石、金绿宝石、蓝柱石、绿柱石、锌日光石、白闪石。

在铍矿物中对绿柱石、羟硅铍石、硅铍石、金绿宝石、日光榴石和香花石等铍矿物开展了不同程度的选矿及其他处理方法的研究，其中对绿柱石、羟硅铍石、硅铍石和金绿宝石研究得较多。

35.5.3.1　绿柱石的选矿方法和工艺

绿柱石的选矿主要有手选法、浮选法、放射性选矿法、粒浮选矿法、选择性磨矿法等。常用方法为手选法和浮选法。国内外对伟晶岩中晶体粗大、易选的绿柱石常采用手选法生产绿柱石精矿。对于低品位、细粒嵌布的绿柱石矿石主要采用浮选法。

A　手选法

手选是根据绿柱石与共（伴）生矿物外观特征（颜色、光泽、晶形）的差异，进行人工拣选获得绿柱石精矿的一种选矿方法。手选常在慢速运动的皮带上进行，也有在矿石堆上或采场拣选的。选别的矿石粒度通常大于 $10 \sim 25mm$，矿石粒度下限的确定主要取决于经济因素。为了提高手选效率，矿石在手选前常需预先筛分，必要时还需洗矿，且工作区内应有良好工作环境。

新中国成立初期，新疆、湖南、江西和广东等地开始用手选法从伟晶岩和石英脉矿中生产绿柱石精矿，1959 年仅新疆、湖南两地手选生产出的绿柱石精矿就达 2800t。1962 年世界绿柱石精矿总产量为 7400t，手选精矿占当年绿柱石产量的 91%。手选劳动强度大，生产效率低，选别指标差，资源浪费大，它正在逐渐地为其他机械选矿方法所取代，然而，伟晶岩中绿柱石晶体粗大，易选，手选仍不失为生产绿柱石精矿的重要方法之一。

手选铍矿石还有一个重要目的，即拣选质量良好的绿柱石和金绿宝石作为宝石原料。图 35-5-15 是绿柱石手选的原则流程。

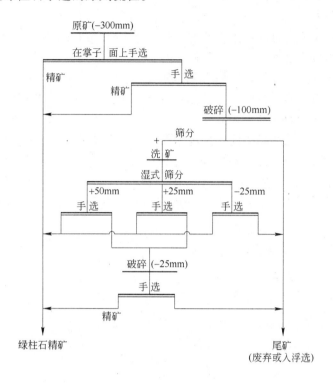

图 35-5-15 绿柱石手选流程

B 浮选法

浮选是选别低品位、细粒嵌布绿柱石的重要方法。国外有拉姆法（Lamb）、拉比德西蒂法（Rabid City）、朗克法（Runke）、卡尔冈法（Calgon）、艾格列斯法（Egeles）等众多方法。

鉴于绿柱石与锂辉石的浮选分离国内有北京矿冶研究总院法、北京有色金属研究总院（广州有色金属研究院）法和新疆有色金属研究所法，锂辉石选矿一节已有叙述，本节重点叙述绿柱石浮选法。

绿柱石属于环状结构的硅酸盐矿物。在纯水中矿物的零电点 $2.8 \sim 3.4$，比锂辉石略高。当绿柱石破碎时，表面暴露出少量的 Be^{2+}、Al^{3+} 阳离子。当无外加高价金属阳离子活化时，用油酸钠类阴离子捕收剂（用量 160mol/L），浮选纯净的绿柱石，回收率不足 25%，但比锂辉石浮选回收率略高。但 Ca^{2+}、Mg^{2+}、Fe^{3+}、Pb^{2+} 等多价金属阳离子在适宜的 pH 值下能强烈地活化绿柱石的浮选；用氢氟酸处理也大大提高其可浮性。当用十二胺类阴离子捕收剂浮选时，绿柱石可在广泛的 pH 值范围内具有很高的可浮性。高价金属阳离子对胺类阳离子捕收剂浮选绿柱石有一定的抑制作用。当 pH 值为 10 左右时可浮性最好。

按照采用捕收剂的性质，绿柱石浮选可以分为阴离子捕收剂浮选和阳离子捕收剂浮选两大类。若矿浆经氢氟酸预先处理，在强酸性介质中，绿柱石和长石表面形成荷负电的氟硅络合物，强化了与胺类阳离子捕收剂之间的吸附过程，而石英在此条件下受到强烈抑制，因此，可以实现绿柱石、长石与石英的浮选分离。实践表明，无论使用阳离子捕收剂还是阴离子捕收剂都能使绿柱石浮游，但只有选择好的调整剂相配合，才能实现绿柱石与脉石矿物的有效分离。

绿柱石浮选前一般需要进行预先处理，按预先处理的方式不同，绿柱石浮选流程可以分为两类：一类为酸法流程，另一类为碱法流程。

a 酸法浮选流程 酸法浮选流程是预先用氟氢酸（或氟化钠和硫酸）调节矿浆，溶去附着在铍矿物表面的重金属盐，并活化绿柱石，然后加捕收剂和起泡剂浮选绿柱石，其中，酸的用量对 BeO 回收率影响很大。根据绿柱石在流程中选出的顺序，酸法流程又可细分为酸法混合浮选流程和酸法优先浮选流程两种。酸法混合流程有丹佛（Denver）公司推荐的流程（图35-5-16）：先在酸性（用硫酸调浆）介质中（pH 值为 1.5 ~ 2.0）用胺类醋酸盐和起泡剂浮出云母，再加氟氢酸活化长石和绿柱石，用阳离子捕收剂混合浮选长石和绿柱石，混合精矿经洗矿、脱泥后，用石油磺酸盐浮选绿柱石。丹佛公司处理含 BeO

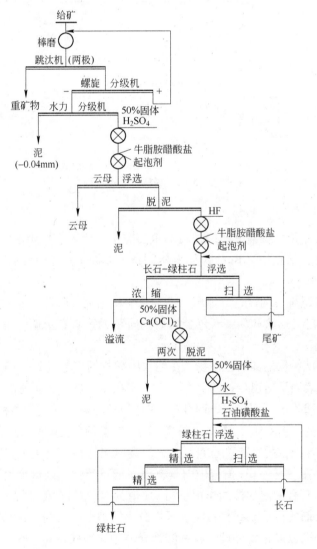

图 35-5-16 丹佛公司推荐的酸法混合浮选流程

0.95%的原矿获得了含 BeO 8.61%的绿柱石精矿，精矿铍回收率 87.8%。

酸法优先浮选流程是用硫酸调浆，加阳离子捕收剂浮出云母；洗矿，浓缩，再加氟氢酸调节矿浆，在碳酸钠介质中用脂肪酸类捕收剂浮选绿柱石。美国某矿床的矿石含 BeO 0.14%，矿石经磨矿、脱泥后加硫酸、硫酸铝和阳离子捕收剂和中性油浮出云母，然后往云母浮选尾矿中添加氟氢酸以活化绿柱石，在碳酸钠介质中再加油酸和中性油浮选绿柱石，浮选所得绿柱石精矿通过磁选除去磁性矿物，最后得到含 BeO 8%以上的绿柱石精矿，铍回收率 69%。

需要指出的是，上述浮选工艺得到的绿柱石精矿品位不太高，通常需要磁选、加温浮选或其他方法精选，以提高绿柱石精矿质量。

当矿石中含有硫化物时，可用黄药等药剂首先浮出。如果矿石中萤石较多，可在云母浮选后用少量水玻璃和阴离子捕收剂将其浮出。如矿石中含有较多的强烈风化的长石，通常采用优先浮选工艺就可获得较好的结果。

b 碱法浮选流程 碱法浮选流程是在磨矿过程中或浮选调浆时用氢氧化钠对矿石先进行处理并洗矿、脱泥，然后加入脂肪酸类捕收剂和起泡剂浮选绿柱石。

拉姆采用碱法流程对某伟晶岩绿柱石矿进行选矿试验，从含 BeO 1.3%的原矿中选出品位为 BeO 12.2%的绿柱石精矿，铍回收率 74.7%。

艾格列斯研究了一种绿柱石浮选流程，其特点是用水力旋流器脱泥，磁选排除磁性矿物，再用硫化钠调节脱泥后的矿浆，添加热油酸（85℃）浮选绿柱石。用品位为 BeO 0.091%的原矿进行半工业试验，获得了含 BeO 4.34%的绿柱石精矿，铍回收率 81.2%。

绿柱石浮选实践表明，矿石中与绿柱石伴生的某些重矿物（或称易浮矿物），如石榴子石、角闪石、电气石、磷灰石等对最终绿柱石精矿质量影响颇大，应尽量排除。1963 年莫伊尔（Moir）等人提出绿柱石精矿品位取决于原矿中易浮矿物含量的论点，提出了预先排出易浮矿物的必要性，并制定出了先选易浮矿物的酸法绿柱石优先浮选流程。莫伊尔等人用品位 BeO 0.2%的原矿成功地完成了连续选矿试验，获得了品位 BeO 10.9%的绿柱石精矿，回收率高于 75%，试验流程见图 35-5-17。

我国早在 1960 年就开展了绿柱石碱法浮选流程的研究，采用氢氧化钠-硫化钠-碳酸钠或氢氧化钠-碳酸钠调浆后用氧化石蜡皂和环烷酸皂辅以柴油为混合捕收剂直接浮选绿柱石的不脱泥、不洗矿的碱法正浮选简易流程，并成功地进行了工业试验。该工艺的突出优点是革除了绿柱石浮选前矿浆必须脱泥和洗矿的复杂工序。新疆可可托海选矿厂选铍系列的流程就是应用的这种碱法流程。

C 辐射选矿法

辐射选矿是基于绿柱石受 γ 射线照射后，发生放射性感应（放出中子），计数器将其记录并操纵执行机构，将绿柱石矿块收集到精矿槽内。1958 年美国加利福尼亚州的一选矿厂曾用此法代替手选以生产绿柱石精矿，规模为 100t/d。

D 粒浮（台浮）选矿法

粒浮选矿是根据各种矿物质表面物理化学性质上的不同，加入浮选药剂，调节矿浆，依靠表面张力的作用，使疏水性矿物表面聚集许多小气泡结成团粒而浮于水面，亲水性矿物则沉于水底并按重选原理分选。粒浮在中国钨锡选矿厂中应用较广，主要设备为粒浮摇

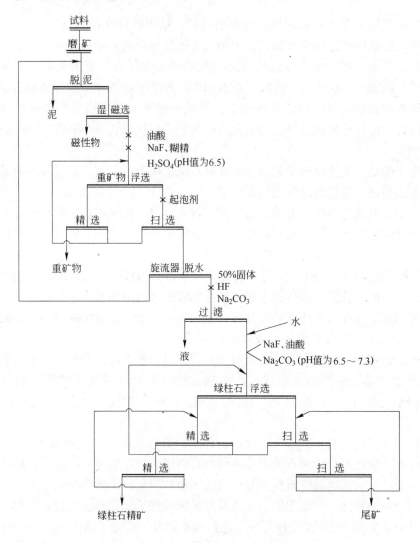

图 35-5-17　莫伊尔连续选矿试验流程

床或溜槽。

20 世纪 50 年代起中国江西画眉坳、荡萍、盘古山钨矿曾开展过试验并用粒浮法选别低品位绿柱石精矿。一般过程是：将手选低品位精矿破碎到 2mm，脱泥后加入油酸钠、煤油等捕收剂调浆，然后静置 2h 左右，最后用溜槽粒浮。绿柱石精矿品位为 BeO 9% 左右，回收率 85% ~90%。江西某矿选别手选绿柱石低品位精矿的最终精矿品位为 BeO 9.28%，回收率 90%。此法由于劳动强度大，药耗高，应用范围有限。

E　磁选法

磁选法是从绿柱石精矿中除去磁性杂质以提高精矿品位的一种辅助方法。某些与绿柱石伴生的矿物如石榴子石、电气石、角闪石和黑云母的浮游性与绿柱石相近，浮选分离困难。这些矿物具有弱磁性，可用磁选方法将其从绿柱石精矿中分选出来，提高绿柱石精矿质量。

F　选择性磨矿法

此法是根据绿柱石具有较高的莫氏硬度（7.5~8），当它与较软的脉石矿物（如云母片岩、滑石）在一起时，利用它们之间硬度的明显差异，采用选择性磨矿使易碎的脉石矿物磨细，而较硬的绿柱石仍保持较粗粒度，然后借助筛分可达到初步分离。

35.5.3.2　羟硅铍石和硅铍石的处理方法和工艺

美国铍工业在世界上占优势，20 世纪 60 年代末美国"铍资源公司"曾用正浮选工艺选别羟硅铍石黏土矿以生产低品位羟硅铍石精矿。浮选厂的规模为 250t/d，细磨原矿浮选出云母和长石后，在特别的能产生微泡的浮选机中浮选羟硅铍石，获得的铍精矿品位不高，含 BeO 只有 3% ~ 7%，铍回收率 85%。

1959 年美国内华达州发现一铅银矿中含有丰富的羟硅铍石和硅铍石矿物，随后进行了小型试验和连续试验。1964 年 R·汉芬斯撰文介绍了连续试验情况：浮选铅银尾矿-堆积矿（Ⅱ）（含 BeO 0.78%，含羟硅铍石 0.8%，硅铍石 1.0%，石英 25%，方解石 15%，萤石 21%，长石 10%，云母 20%）进行的连续试验（23kg/h），获得了品位为 21% 的铍精矿，铍回收率 78.3%。试验流程为：用氟化氢、六偏磷酸钠和水调浆，加煤油、油酸和松醇油浮选，获得两个铍精矿。

与堆积矿（Ⅱ）不同，堆积矿（Ⅰ）中含有 1% 黄铁矿，所以在流程的前部加黄药等药剂首先将黄铁矿浮出，然后再浮铍矿物，获得了品位为 BeO12.2% 的铍精矿，铍回收率 75%。

高品位试料连续试验的重点是要产出高质量精矿。获得的铍精矿品位为 BeO 25%，铍回收率 85.5%。试验指出，六偏磷酸钠的搅拌时间以 20 ~ 30min 为宜，时间过长回收率高，精矿品位低；使用六个小容积搅拌桶串联比使用单个大容积搅拌桶的效果好；氟化钠和六偏磷酸钠混合使用能更好地抑制方解石和萤石；硅铍石比羟硅铍石易浮，20 ~ 74μm 粒级的铍矿物比其他粒级铍矿物易浮。

美国犹他州斯波山羟硅铍石资源非常丰富，原矿含 BeO 0.5% ~ 1.5%。羟硅铍石结晶极细，难于用机械选矿方法有效富集。美国矿山局研究人员成功地研制出以原矿直接提取铍化物的液-液萃取工艺，并用于工业生产。该工艺的成功，结束了绿柱石作为唯一铍原料的时代，同时使羟硅铍石一跃而成为主要的铍原料。液-液萃取工艺的主要过程是：矿粉与 10% 浓度的硫酸混合并搅拌，矿浆 pH 值维持在 0.5 ~ 1.5，羟硅铍石溶解成硫酸铍盐，通过过滤丢弃绝大部分尾矿（即硅石泥）。含铍滤液用萃取剂 P204 萃取，铍转入有机相中，随后用氢氧化钠反萃取。将反萃取液加热煮沸，铍盐水解成 $Be(OH)_2$，铝盐不能水解，从而达到铍铝的分离。水解后 $Be(OH)_2$ 在 1100℃ 下煅烧 2 ~ 3h，可获得纯度为 99% 左右的氧化铍。

美国海伍德资源公司正积极开发加拿大托尔湖（Thor Lake）硅铍石资源。该矿除含铍外，还含有稀土、钇、铀、钍、铌和钽等组分。选矿试验表明，可获得品位近 BeO 20% 的铍精矿，铍回收率 80% ~ 85%。

35.5.3.3　金绿宝石的选冶工艺

金绿宝石是一种含铍较高的重要铍矿物，研究甚少，迄今未见开发利用。

在我国，金绿宝石矿是仅次于绿柱石的重要铍矿资源。湖南某矿金绿宝石品位高，储量大，是潜在的重要铍原料基地。该矿床分为尖晶石含铍条纹岩、尖晶石含铍大理岩和电气石尖晶石含铍条纹岩等类型。金绿宝石与萤石、方解石和尖晶石密切共生，嵌布很细，很难分选。国内曾对该矿进行了选矿和选冶工艺研究。主要有：阳离子捕收剂或阴离子捕收剂浮选金绿宝石，浮选-酸浸-浮选工艺、浮选-焙烧-浮选工艺。同时，前苏联选矿研究设计院也对该矿石进行了重选-浮选工艺的试验研究。这些研究工作都取得了一定成果。但是，这些试验或者得不到能满足冶炼要求的商品铍精矿，或者虽能处理富矿（BeO 1%），获得品位达11%以上的铍精矿，但回收率极低，只有21%。

针对上述情况，70年代初，我国从选冶结合的角度考虑，又开展了大量的试验研究工作，取得了突破性进展。

根据在铍精矿冶炼时常常需要添加大量的助熔剂萤石的特点，因而提出了首先浮出含有适量萤石和方解石的低品位、高回收率的铍精矿，然后用冶炼方法处理这种铍精矿的方案。

该试料的矿物组成为：金绿宝石2.08%，硅铍石0.05%，萤石34.82%，云母20.39%，方解石30.91%，电气石和角闪石7.65%，硫化物0.93%，氟硼镁石3.19%。通过用浮选-浸出-溶剂萃取法从金绿宝石矿石中提取氧化铍的扩大试验，获得了可靠的结果。工艺的主要过程是：原矿先经细磨到 $-74\mu m$ 的占98%，浮选出硫化物及部分方解石，然后在水玻璃和氟硅酸钠等调整剂作用下，加脂肪酸皂浮选金绿宝石，最后从浮选尾矿中选出萤石和锂云母。由于要求铍精矿含有一定量的萤石作熔剂，铍精矿的品位可适当降低，因而铍浮选的作业回收率就大为提高。将这种铍精矿再用焙烧—浸出—萃取工艺处理，最后获得氢氧化铍或氧化铍产品。试验的原矿品位为 BeO 0.4%，获得的氧化铍产品纯度在97%以上，选矿回收率高于80%，对原矿的选冶总回收率为60%。

35.5.4 铍提取工艺

目前，世界上从矿石中提取氧化铍的仅有中国（如水口山六厂）、美国的布拉什-威尔曼公司和哈萨克斯坦的乌尔宾斯基冶金工厂等为数不多的数家企业。从矿石中提取铍系列产品中最重要的中间产品——工业氧化铍的生产方法大体可分为主要的硫酸法、氟化法和硫酸盐萃取法。

35.5.4.1 硫酸法

硫酸法仍是现代氢氧化铍与氧化铍生产中广泛应用的方法之一，根据打开矿物的方法不同分为加熔剂硫酸法和不加熔剂硫酸法。不加熔剂法是在熔炼过程中不加碱性熔剂，该工艺方法要求矿石品位高，否则转化率低。中国目前采用的工艺方法是加熔剂熔炼法，其原理是利用预焙烧破坏铍矿物的结构与晶型，再采用硫酸酸解含铍矿物，使铍、铝、铁等酸溶性金属进入液相，与硅等脉石矿物初步分离，然后将含铍溶液进行净化、除杂，最终得到合格的氧化铍（或氢氧化铍）产品，其原则流程见图35-5-18。此法流程长，但产品质量较纯，

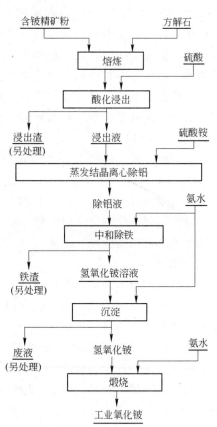

图35-5-18 硫酸法生产氧化铍的原则工艺流程

其使用的提取剂多为强酸强碱，要求有较好的设备防腐措施。同时，铍盐及其氧化物又是高毒性物质，在安全防护上要求有较完备的通风密闭净化设施及三废处理设施。

早在20世纪40年代，德国德古萨公司就采用硫酸法（即德古萨工艺）流程生产氢氧化铍。随后，美国布拉什铍公司对该流程进行了改进（即Brush工艺），1969年美国布拉什-威尔曼公司建成了一家结合萃取技术（即酸浸—萃取工艺）处理低品位硅铍石与绿柱石的工厂。

A 德古萨工艺

德古萨工艺适合于处理含铍较高的绿柱石精矿。由于绿柱石不能直接被硫酸分解，必须加入碱熔剂或经热处理改变其晶型或结构，增加反应活性后才能酸解，其反应为：

$$3BeO \cdot Al_2O_3 \cdot 6SiO_2 + 2CaO \longrightarrow CaO \cdot Al_2O_3 \cdot 2SiO_2 + CaO \cdot 3BeO \cdot SiO_2 + 2SiO_2$$

加入的熔剂可以为碱性氧化物如纯碱、石灰等，也可以为氯化物如氯化钙、氯化钠等。其中，石灰具有价格与环保优势，焙烧时配料比（$m_{石灰}/m_{绿柱石}$）通常控制为1~3，焙烧温度一般为1400~1500℃。

B Brush工艺

Brush工艺免除了添加熔剂步骤，直接将绿柱石在电弧炉中加热到1700℃熔化，然后倾入高速流动的冷水中，得到粒状的铍玻璃，再在煤气炉中加热至900℃使氧化铍析出，粉碎后与93%的硫酸混合成浆状，将料浆于250~300℃时酸解，矿石中铍的浸出率可以达到93%~95%。

C 酸浸—萃取工艺

美国矿山局于20世纪60年代采用酸浸—萃取工艺处理犹他州的硅铍石精矿和北卡罗纳州金斯山的绿柱石精矿。1969年，美国布拉什-威尔曼公司在犹他州的德尔塔建立了用硫酸—萃取工艺处理低品位硅铍石精矿的工厂，所采用的原则流程见图35-5-19。

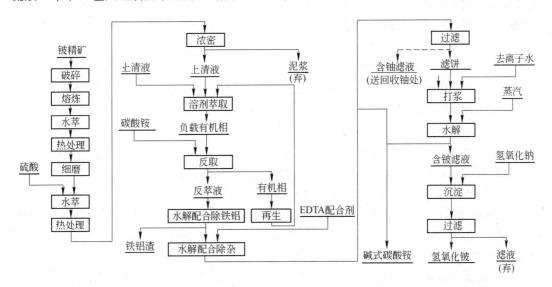

图35-5-19 酸浸—萃取生产氢氧化铍的原则工艺流程

硅铍石首先经粉碎焙烧，将焙砂破碎（为避免粉尘飞扬而用水喷淋）后在带分级机的球磨机中湿磨至小于 0.07mm，喷淋和湿磨均采用逆流倾注洗涤浓密机的洗水。湿磨后往矿浆中加入 10% 的硫酸，在固液比为 3 及温度 65℃ 的条件下搅拌酸浸 24h，然后再在逆流倾注洗涤浓密机中逆流沉降，弃去泥浆，所得浸出液含铍 0.4～0.7g/L、铝 4～7g/L，pH 值为 0.5～1.0。以磷酸二（2-乙基己基）酯（D2EHPA）-乙醇-煤油作为萃取剂进行八级逆流萃取，铍及少量铝、铁进入有机相。获得的负载有机相用碳酸铵溶液反萃，铍进入水相中形成铍碳酸铵，铁、铝也进入水相，反萃后的有机相经硫酸酸化再生后返回萃取工序，反萃液则加热至 70℃，使铁、铝水解沉淀而分离；再将除铁、铝后的溶液加热至 95℃，并且加入 EDTA 络合剂，使铍碳酸铵溶液水解得到碱式碳酸铍沉淀，过滤后的含铀滤液用于回收铀，而滤饼则用去离子水打浆后再用蒸汽加热至 165℃ 水解，水解得碱式碳酸铍沉淀和含铍滤液，滤液加碱后沉淀出氢氧化铍，与碱式碳酸铍一同作为产品。

酸浸—萃取工艺具有如下特点：有机相及反萃沉淀均可返回利用，效率较高；排出的污染物除浸出渣外，只有萃余液和酸洗废液，数量少易于处理；萃取与反萃过程易实现连续化、自动化；可处理杂质锂、氟含量高的矿石并获得质量好的氧化铍产品。

D　水口山六厂的提铍工艺

水口山六厂所采用的提铍生产流程为 Brush 工艺。该厂于 1958 年开始铍的生产，是中国主要的铍冶炼厂，素有"中国铍业一枝花"之称。该厂以绿柱石精矿为原料提取氧化铍，经过 40 多年的实践，工艺日趋完善，具体流程见图 35-5-20。

将绿柱石与方解石经配料混合，装入电弧炉，在 1400～1500℃ 下进行熔炼，熔体经水淬，成为高反应活性的铍玻璃体，湿磨后的细铍玻璃与浓硫酸混合后，剧烈反应可使温度升至 250℃ 左右，过程中硅酸脱水，析出 SiO_2，然后用水浸取，固液分离后得到含铍的浸出液，浸出液中含铁、铝等杂质，经浓缩后，添加硫酸铵，再冷却结晶，铁、铝形成硫酸亚铁铵和硫酸铝铵矾渣，固液分离后得到含铍的除铝液，往除铝液中加入氧化剂，以氨水作中和剂，调节 pH 值至 5 左右沉淀铝、铁，固液分离后得到含铍的中和液。用氨水调节中和液的 pH 值至 7.5，氢氧化铍即从溶液中完全沉淀，所含的少量杂质铝可通过碱洗进一步分离，将氢氧化铍煅烧即得到氧化铍。

该工艺由德国德古萨工艺改进而来，虽然流程较长，但金属回收率、产品质量较高，化工原料均廉价易得，因此具有成本较低的优点。

35.5.4.2　氟化法

氟化法建立在铍氟酸钠能溶于水，而冰晶石不溶于水的原理之上。氟化法是将磨细的绿柱石精矿与氟硅酸钠及碳酸钠混合，并制团，在电阻加热窑炉中加热至 750℃ 烧结 2h，铍变成可溶于水的铍氟酸钠。烧结块磨细，用冷水多级逆流浸出，滤除残渣后，得到含 BeO 4～5g/L 的铍氟酸钠溶液。然后再加入氢氧化钠溶液，铍氟酸钠水解为氢氧化铍沉淀。将硫酸铁加入含浓度较低的氟化钠水解废液中，生成硫酸钠和铁氟酸钠沉淀，回收铁氟酸钠返回配料继续使用。

氟化法处理的矿物是高品位（BeO 大于 10%）绿柱石精矿，低品位精矿中一般含有较多的含钙矿物，烧结时，矿物中的钙会生成不溶的铍氟酸钙，而影响铍的浸出率。氟化法也不适应高氟矿，因为高氟铍矿中的氟主要以氟化钙的形式存在。

氟化法有如下特点：生产工艺流程短，腐蚀性小，铍的回收率高，生产成本低，并且

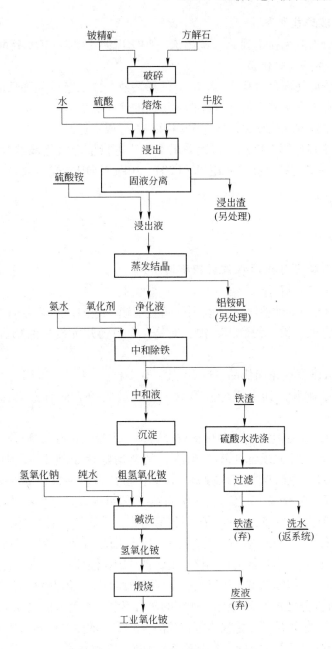

图 35-5-20 水口山六厂提取铍的原则工艺流程

还适合处理含氟高的原料，但烧结条件控制要求严格，产品中含硅高；稀土杂质进入最终
产品，导致产品质量低；处理低品位矿时，除辅助剂耗量增加外，钙和磷的增加将降低烧
结料中的水溶铍的含量，影响回收率；生产过程中毒性大，烧结时氟的溢出，加重了防护
和环保的难度。

美国的卡维奇-铍利可公司（Kawecki Berylco Inc.）和日本 NGK 公司曾经用氟化法生
产工业氧化铍。我国曾有厂家采用氟化法生产工艺氧化铍，后因种种原因在短期内陆续停
产。目前只有印度采用氟化法生产氧化铍。

35.5.4.3 硫酸盐萃取法

硫酸盐萃取法工艺流程主要为：浸出液→40% P204 萃取→25% 硫酸淋洗→草酸洗涤→4% 氢氧化钠反萃→氢氧化铍。

优点：萃取法可处理含铍 0.2~0.4g/L 的稀溶液，该工艺可处理低品位铍矿，同时为综合利用其他稀有矿物尾矿中的铍资源提供了新的途径。

缺点：工艺过程中乳化现象严重，分相困难，且成本过高。

1992 年湖南水口山第六冶炼厂再次采用萃取法进行生产氧化铍试验，铍回收率较高，达到 92.2%，但每千克氧化铍需消耗 2kg P204、10kg NaOH，成本太高。

35.6 锂矿选矿厂

35.6.1 锂矿石选矿厂

35.6.1.1 新疆可可托海锂铍铌钽矿选矿厂

A 矿山及选矿厂概述

可可托海矿区位于新疆阿勒泰富蕴县可可托海镇，是国内外著名的大型稀有金属花岗伟晶岩矿床，富含锂、铍、铌、钽、铷、铯等，为中国开发最早的稀有金属矿产资源的基地。

可可托海矿区已发现花岗伟晶岩脉 25 条，其中盲脉 14 条，围岩为角辉长岩，经勘探提交储量的有 6 条矿脉，其中 3 号脉最大，也是最典型的稀有金属伟晶岩脉，闻名国内外。

3 号矿脉富产锂铍铌钽铷铯等多种稀有金属，是成带性良好、规模巨大的锂辉石-钠长石型花岗伟晶岩脉。岩脉顶部出露于地表，其余均隐伏于地下。探明脉长 2250m，宽 1500m，厚 20~60m，呈阶梯状渐次倾斜。该矿体上部呈岩钟状，下部接缓倾斜带。岩钟部分从外向内呈同心圆分带：1、2、4 带为石英-白云母带，是绿柱石的主要矿化带，包含少量的锂辉石和钽铌铁矿；5、6 带为石英-锂辉石带，是锂辉石的主要矿化带，包含较高的钽铌矿物和绿柱石；7 带为叶钠长石-锂辉石带，是铀细晶石和钽铌铁矿等钽铌主要矿化带，并伴生锂辉石和绿柱石；第 8 带是石英核，第 3 带是细粒钠长石带，此两带 Li、Be、Ta、Nb 极少矿化。岩钟下部的缓倾斜带矿体巨大，主要是含绿柱石，但 BeO 品位低。目前缓倾斜部分尚未开采。岩钟部分已开采 50 余年，所剩的矿石不多。半个多世纪以来，3 号矿脉中开采的绿柱石、锂辉石、铌钽矿石、铯榴石等在我国该类矿产的生产中占有重要地位。

探明储量：绿柱石 32.3 万吨、锂辉石 50 万吨、铯榴石 432.1t，铋 1 万吨。以氧化物计锂（Li_2O）15.5 万吨、铍（BeO）6.5 万吨、钽铌（TaNb）$_2O_5$ 1314t。

可可托海选矿厂于 1976 年建成投产，设计规模 750t/d。此前在 1959 年建成了一座小型的选矿厂（250t/d），处理 3 号矿脉的手选尾矿，生产锂辉石精矿和钽铌铁矿精矿，又承担了新建选矿厂的工业试验任务。

B 矿石性质

矿石中主要金属矿物为锂辉石、锂云母、绿柱石、铌铁矿、钽铁矿、细晶石、基性泡铋矿、辉铋矿、铯铷榴石等；主要非金属矿物为长石、石英、云母、石榴子石、角闪石、磷灰石和电气石等。矿床锂、铍、铌、钽平均品位：Li_2O 为 0.9824%，BeO 为 0.051%，

Nb_2O_5 为 0.0056%，Ta_2O_5 为 0.0245%。

代表性矿样的矿物组成如表 35-6-1 所示。

表 35-6-1 代表性矿样的矿物组成　　　　　　　　（%）

试 样	绿柱石	锂辉石	云 母	长 石	石 英	易浮矿物[①]	其 他
1	0.6	2	10	53.4	25.2	3.7	5.1
2	1.7	1.5	7.3	72.0	11.7	4.7	1.1
3	0.8	6	18	30.5	37.8	3.4	3.5

① 易浮矿物指磷灰石、电气石、石榴子石、铁锰氧化物、角闪石。

C 生产工艺及流程

选矿厂分三个系统分别处理不同矿带的锂铍钽铌矿石，其中 1 号系统选别高铍低锂矿石，设计处理能力为 400t/d，2 号系统选别高锂低铍矿石，处理能力为 250t/d，3 号系统选别高钽铌的锂铍矿石，处理能力为 100t/d。

原矿来自 3 号脉露天采场（自卸车运输），经两段一闭路碎矿流程，碎矿产品进入三个粉矿仓，分别供给 3 个系统。三个系统原设计均综合回收锂铍钽铌，磨矿作业均为一段开路棒磨，二段球磨，与用水力旋流器组成闭路。

在磨矿-分级回路中采用重选法实现钽铌矿物粗选，在精选车间，经弱磁-重选-强磁-电选等复杂作业，可获得钽铌精矿，（$Ta_2O_5 + Nb_2O_5$）品位达 60%。磨浮车间钽铌重选（粗选）尾矿浮选回收锂辉石和绿柱石。分为两种原则浮选流程：

（1）重选回收钽铌-浮选回收锂辉石。原则流程是在磨矿机中加入 Na_2CO_3 和 NaOH，在磨矿分级回路中用重选法回收钽铌粗精矿，重选尾矿浮选锂精矿，用氧化石蜡皂和环烷酸皂，还加入适量柴油做混合捕收剂，经一粗，二扫，二精的简化流程可获得良好的锂辉石浮选指标。

对于低品位锂矿石，当原矿含 Li_2O 0.34% 时，精矿品位可达 Li_2O 4.40%，回收率超过 60%；对于高品位锂矿石，当原矿含 Li_2O 1.32% 时，精矿品位 Li_2O 5.97%，回收率 86.50%。可可托海锂辉石浮选水平居国内最高，并居国际领先。

（2）锂辉石和绿柱石综合回收。原设计 1 号系统优先浮选绿柱石，再选锂辉石（对高铍低锂原矿）。1977 年工业试验成功后，曾在中国首次生产含 BeO 8% 以上的合格浮选铍精矿，销往水口山六厂。但铍尾矿选锂指标不好，后因选矿成本高，绿柱石浮选停产改单一浮选锂矿石。

2 号和 3 号系统，采用优先浮选锂辉石再选绿柱石的流程。1977 年 2 号系统工业试验曾获得成功，但因工艺不稳定及成本高等原因没有回收绿柱石，只浮选锂辉石。一个系统浮选前用重选回收钽铌。

此后 30 年间，可可托海选矿厂以及有关高校、科研院所几经试验研究，但绿柱石浮选未有根本性的突破，工业生产铍精矿 BeO 一般低于 8%，始终未达到 20 世纪 60 年代北京矿冶研究总院、北京有色金属研究总院及新疆有色金属研究所的工业试验（或部分投产）技术指标。

选矿厂 2 号系统（锂系统）处理高锂低铍伟晶岩矿石，设计能力 250t/d、生产流程见图 35-6-1。

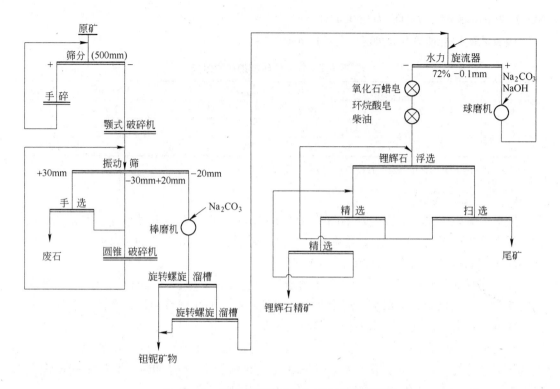

图 35-6-1   可可托海选矿厂 2 号系列生产流程

1983 年生产平均指标为：原矿品位 Li_2O 1.32%，精矿品位为 Li_2O 5.97%，回收率 86.5%，平均药剂消耗 5.5kg/t。锂辉石精矿的化学成分、矿物组成及粒度分布示于表 35-6-2 ~ 表 35-6-4。

原设计是在锂辉石浮选后用硫化钠、氢氧化钠和氧化石蜡皂等浮选绿柱石。但锂系列仅回收锂辉石，而未回收绿柱石。

表 35-6-2   可可托海选矿厂锂辉石精矿的化学成分

成 分	Li_2O	BeO	$(Ta, Nb)_2O_5$	$Fe_2O_3 + MnO$	SiO_2
含量/%	5.95	0.061	0.045	1.69	64.24
成 分	Al_2O_3	K_2O	Na_2O	MgO	P_2O_5
含量/%	23.32	0.21	3.51	0.14	0.27

表 35-6-3   锂辉石精矿的矿物成分   （%）

样 品	锂辉石	绿柱石	钽铌矿	电气石	石榴子石	角闪石	铁锰物质	石英	长石	矿泥
1	83.4	3.1	0.0468	1.4	0.9	0.8	5.0	3.2	2.0	
2	88.1					0.44	2.2	2.22	6.8	0.12

表 35-6-4   锂辉石精矿粒度组成

粒级/mm	+0.154	-0.154 + 0.1	-0.1 + 0.07	-0.07 + 0.04	-0.04
分布率/%	1.12	9.62	23.49	16.33	49.44
累计/%	1.12	10.74	34.23	50.56	100.00

浮选产出的锂辉石精矿经乌鲁木齐锂盐厂湿法冶金进一步处理生产碳酸锂、一水氢氧化锂、氯化锂和金属锂。1983 年采用硫酸酸解法生产碳酸锂，每生产 1t 碳酸锂产品产出 10t 锂渣（称酸法锂渣），由于硫酸法生产碳酸锂的工艺优于石灰石法生产氢氧化锂的方法，所以在 1994 年底便完全淘汰了石灰石烧结法，锂辉石精矿采用硫酸法生产碳酸锂工艺流程见图 35-6-2。

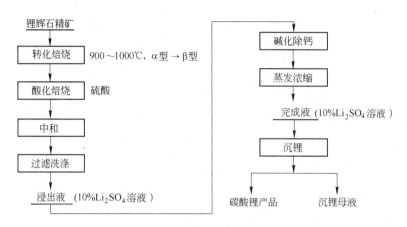

图 35-6-2 锂辉石精矿硫酸法生产碳酸锂的工艺流程

生产锂盐用的锂辉石精矿分高品位和低品位两种，其化学成分见表 35-6-5，矿物组成见表 35-6-6。

表 35-6-5 碳酸锂生产所用锂辉石精矿化学成分   （%）

名　　称	Li_2O	Na_2O	K_2O	SiO_2	Al_2O_3	CaO	Fe_2O_3	MgO	MnO
高品位精矿	6.80	0.61	0.25	64.40	23.31	1.31	3.21	0.03	0.29
低品位精矿	6.32	0.65	0.26	64.45	23.34	1.38	3.76	0.07	0.29

表 35-6-6 碳酸锂生产所用锂辉石精矿矿物成分   （%）

锂辉石	钠长石	石　英	角闪石	铁屑（磨矿带入）	矿　泥
88.1	6.80	2.22	0.44	2.22	0.12

35.6.1.2 新疆柯鲁木特选矿厂

A 选矿厂概述

柯鲁木特选矿厂 1983 年建成投产，规模为 200t/d，1997 年因亏损停产。该厂矿石性质和选矿流程与可可托海选矿厂相似。

B 矿石性质

柯鲁木特锂矿处于阿尔泰-可可托海-蒙古阿尔泰成矿带中部。矿区内有多条伟晶岩脉，主要为钠长石-微斜长石粒状块状型和钠长石-锂辉石块状型伟晶岩脉。矿物成分以钠长石、微斜长石、石英、锂辉石为主，还含有白云母、绢云母、锂云母等。

矿脉上部锂辉石晶体小，颜色杂；中下部则晶体粗大，多为粉红色及少量白色，呈薄板状、板柱状分布，玻璃及丝绢光泽，晶体内常包裹有细粒白云母、钠长石等，沿裂隙和晶体边缘常被晚期形成的钠长石、石英交代，多斜交脉壁生长，向中心结晶变得粗大，块度一般为 1cm×8cm×20cm，大者可达 3cm×20cm×80cm，在石英-钠长石-锂辉石带富集，其他各带中少量分布，交代集合体中没有锂辉石生成，只有极少量腐锂辉石。

　　C　生产工艺及流程

　　选矿厂生产流程如图 35-6-3 所示。生产指标为：原矿 Li_2O 0.69%，锂辉石精矿 Li_2O 为 5.19%，回收率 72%，总药剂消耗 3.7~4.2kg/t。

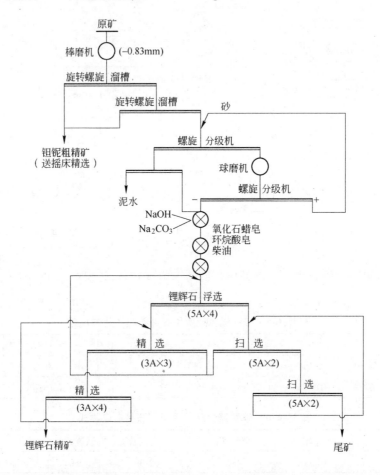

图 35-6-3　柯鲁木特选矿厂工艺流程

35.6.1.3　四川呷基卡锂铍选矿厂

　　呷基卡锂铍矿床位于四川省西部康定、雅江、道孚三县交界处，是我国 20 世纪 70 年代初期勘查的以锂辉石为主同时伴生有钽铌、铍等可利用元素的特大型矿床，矿石锂储量居全国之首。探明锂辉石矿石总储量 8029 万吨，其中氧化锂（Li_2O）资源储量 102 万吨，钽铌矿石储量 476.3 万吨，铍矿石储量 223.9 万吨。矿石平均品位：Li_2O 为 1.20%、BeO 为 0.043%、Nb_2O_5 为 0.013%、Ta_2O_5 为 0.009%。现由甘孜州融达锂业有限公司开发。

　　呷基卡锂铍矿属于花岗伟晶岩型稀有金属矿床。矿石中矿样组成复杂，已发现的矿物有 40 多种，主要有用矿物为锂辉石，其次为绿柱石、钽铌矿；主要脉石矿物为长石、石英、白云母及少量黑云母、电气石、磷灰石、石榴子石等。该矿中 134 号矿体是矿体中品位最高规模最大的矿体，以锂为主，并伴生有铍、铌、钽、锡等可综合利用的有价金属。

呷基卡锂辉石选矿流程见图35-6-4。

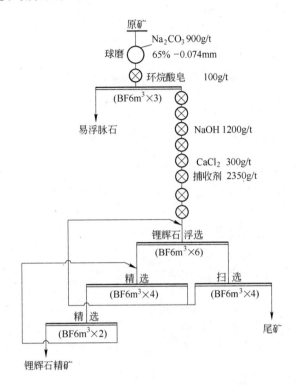

图35-6-4　呷基卡锂辉石选矿厂工艺流程

甘孜州融达锂业有限公司回收呷基卡锂辉石生产指标为原矿含 Li_2O 1.35%、锂辉石精矿含 Li_2O 5.48%、回收率75.44%。

35.6.1.4　四川金川李家沟锂选矿厂

李家沟锂矿为四川省阿坝藏族自治州管辖，位于四川省西北部之川西高原，金川县集沐乡境内，为我国目前已探明储量品位较高的锂辉石矿。矿区内共有矿脉9条，单一含 Li_2O 矿脉6条，含锂并伴有钽铌的矿脉有3条。探明矿石资源量为1303.6万吨，其中氧化锂17.02万吨，平均品位1.31%，预测伴生资源量：以氧化物计铌（Nb_2O_5）1230t、钽（Ta_2O_5）1212t、铍（BeO）6868t、锡（SnO_2）8306t。现由德鑫矿业资源有限公司开发。

李家沟锂辉石矿属花岗伟晶岩型矿床，矿石类型均属含铍、铌、钽、锡的细晶构造锂辉石型矿石，主要有用矿物为锂辉石、绿柱石、钽铌铁矿、锡石，主要脉石矿物有钠长石、石英，其次为白云母、钾长石等。

李家沟锂辉石矿选矿流程见图35-6-5。

在原矿含 Li_2O 0.90%、Ta_2O_5 0.005%、Nb_2O_5 0.009%、Sn 0.064% 的条件下，采用重—磁—浮的联合工艺流程，扩大试验最终获得了钽铌精矿品位 $(TaNb)_2O_5$ 49.55%（其中 Ta_2O_5 17.00%、Nb_2O_5 32.55%）、Ta_2O_5 回收率59.02%、Nb_2O_5 回收率65.54%；获得锂辉石精矿品位5.53%、回收率72.68%；获得锡精矿品位52.16%、回收率80.04%。

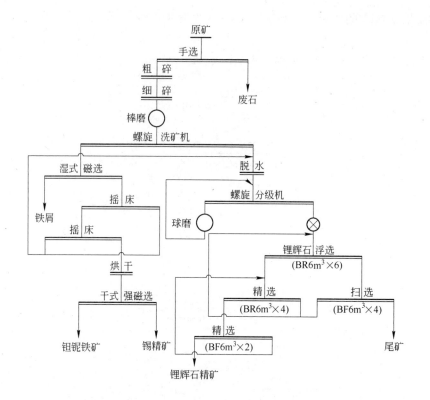

图 35-6-5　李家沟锂辉石矿选矿厂工艺流程

35.6.1.5　江西宜春钽铌锂矿

A　选矿厂概述

宜春钽铌矿位于江西省宜春市东南 20km 处，矿区面积 7km²，是以钽为主的特大型稀有金属矿床。累计探明储量：钽（Ta_2O_5）1.85 万吨、铌（Nb_2O_5）1.49 万吨、矿石锂（Li_2O）75.22 万吨、铷（Rb_2O）40.17 万吨、铯（Cs_2O）5.43 万吨。矿山建设始于 1973 年，选矿厂原设计能力 1500t/d，一期基建工程于 1976 年完成。该厂实现钽铌和锂云母及长石综合回收。

B　矿石性质

矿石类型有原生钽铌矿和残坡积型砂矿两种，其中原生矿约占全区储量的 99.2%，原生钽铌矿体赋存于钠长石化、锂云母化的花岗岩中。矿床主要矿石矿物有细晶石、富锰铌钽铁矿、含钽锡石、锂云母、铯榴石及绿柱石等，铷、铯绝大部分赋存于锂云母中，脉石矿物以长石、石英为主，还有少量黄玉、磁铁矿、赤铁矿、磷灰石等。

C　生产工艺及流程

锂云母选矿车间是选矿厂的一部分，入选原矿含有大约 20% 锂云母。

原矿经破碎、磨矿后由重选产出钽铌精矿，经精选获商品精矿，重选尾矿给入锂云母选别车间，向重选尾矿矿浆中加入调整剂盐酸调浆，采用椰油为捕收剂直接浮选锂云母，泡沫产物即为锂云母精矿，锂云母精矿及粗、细锂长石粉的生产工艺流程见图 35-6-6，锂云母回收率约 80% ~ 85%，同时从锂云母精矿中回收了铷和铯，锂云母精矿化学组成见表 35-6-7。

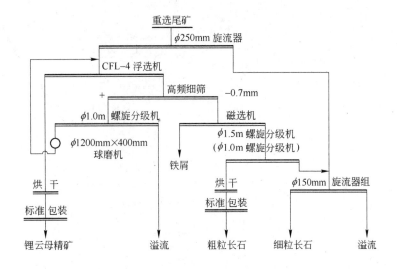

图 35-6-6 宜春钽铌矿选矿厂锂云母、长石综合回收工艺流程

表 35-6-7 宜春钽铌矿锂云母精矿化学组成

成 分	Li_2O	Na_2O	K_2O	Rb_2O	Cs_2O	SiO_2	Al_2O_3	Fe_2O_3
含量/%	4.56	1.35	8.22	1.40	0.22	53.28	23.70	0.25

锂云母的回收是利用选矿厂重选回收钽铌精矿后的尾矿，大大降低了碎磨的生产成本，减少了项目的建设投资费用，最大限度地综合回收利用了矿产资源，并延长了尾矿库的服务年限，有利于环境保护。

35.6.1.6 河南卢氏锂辉石矿

卢氏县官坡镇东至蔡家，西至安坪有一条长 20km，宽 1km 的伟晶岩脉，矿区范围 20km²，100 余条矿脉线不同程度都富生以锂、钽铌为主的稀有金属矿。矿石量为 218304t，其中 C 级 44924t，D 级 173379t。

矿区系以锂、钽、铌为主的花岗岩伟晶岩型稀有金属矿床，依其工业和自然类型划分为锂云母-钽矿石型、锂辉石-钽矿石型和铌钽矿石三种类型。属于锂云母-钽矿石型的矿脉有 7 条，其稀有元素含量分别为 Ta_2O_5 0.010% ~ 0.100%、Nb_2O_5 0.005% ~ 0.022%、Li_2O 0.40% ~ 1.95%；属于锂辉石-钽矿石型的矿脉有 8 条，其稀有元素含量分别为 Ta_2O_5 0.005% ~ 0.011%、Nb_2O_5 0.004% ~ 0.021%、Li_2O 0.13% ~ 0.87%；属于铌钽矿石型的矿脉有 27 条，多属表外矿石，其稀有元素含量分别为 Ta_2O_5 0.004% ~ 0.021%、Nb_2O_5 0.008% ~ 0.012%、Li_2O 0.08% ~ 1.53%。主要有用矿物为锂辉石、腐锂辉石、绿柱石、磷锂铝石、锰铌矿、锰钽矿、锡石、黄铁矿等，主要脉石矿物有石英、斜长石、微斜长石、条纹长石、白云母，其次为黑电气石、高岭石、绿泥石、伊利石、绢云母等。

对卢氏锂辉石试验研究表明，矿石中锂元素较为分散，主要含锂矿物 α-锂辉石在很大程度上被云母、高岭土等交代变为腐锂辉石，矿石难选。对入选品位 Li_2O 为 1.60% 的矿石进行扩大试验，试验流程见图 35-6-7，获得锂辉石精矿品位 4.59%，回收率为 61.29%。

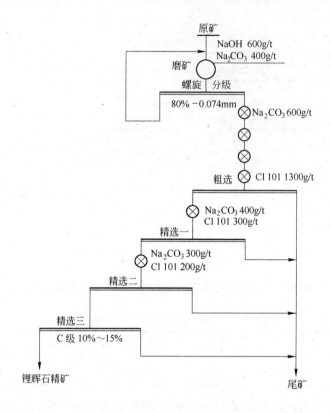

图 35-6-7   卢氏锂辉石浮选扩大联系选矿试验工艺流程

35.6.1.7   加拿大魁北克锂矿

魁北克矿床 Li_2O 储量为 46.6Mt，品位为 1.19%。岩石主要由花岗闪长石岩基，火山岩和黑云母片岩以及侵入花岗闪长石岩和火山岩的花岗岩脉组成。火山岩中主要有角闪石、斜长石和少量石英、绿帘石、黑云母和绿泥石。副产矿物主要有榍石、磷灰石、磁铁矿、黄铁矿和白钛石。部分角闪石蚀变为绿泥石或部分被锂蓝闪石取代。

选矿厂处理能力 900t/d，原矿经一台颚式破碎机粗碎和两台圆锥破碎机细碎后进入球磨。磨矿采用两段一闭路，首先经湿式棒磨，产品进入球磨和旋流器组成的二段磨矿作业。磨矿产品用两段高压小旋流器进行两段脱泥。然后经交换洗涤塔清洗矿物表面。脱泥后矿石加入选矿药剂调浆，一粗两精浮选产出含 Li_2O 大于 5.7% 的锂辉石精矿，选别流程见图 35-6-8。

矿山早年生产指标为处理量约 900t/d 产出 169t 平均品位 Li_2O 约 5.78% 锂辉石精矿；后期 SGS 进行了试验，当原矿含 Li_2O 1.22% 时，实验室获得锂精矿 Li_2O 品位 6%，回收率 82%~85%。

浮选精矿首先在煅烧窑中加热煅烧，在 1025℃ 下煅烧 15min，将 α-锂辉石转换为可酸溶的 β-锂辉石。煅烧后的精矿经冷却后，在搅拌槽中与浓硫酸反应生成硫酸锂。反应后的产品在室温下用水溶解。随后进行第一步提纯，在溶液中添加石灰沉淀铁铝氢氧化物。最后富锂溶液进行第二步提纯，添加碳酸氢钠和碳酸钠，生成碳酸钙和碳酸锰沉淀。每一步提纯作业中生成的沉淀经过滤和洗涤后排入尾矿池。富锂溶液随后经离子交换去除残余的钙镁离子。离子交换树脂经盐酸处理后用氢氧化钠再生。经离子交换后的溶液基本上已脱除了大部分杂质。

35.6.1.8　美国金斯山锂矿

金斯山（Kings Mountain）锂矿位于美国北卡罗来纳州境内，属于伟晶岩矿床。是世界最大的锂辉石产地，锂辉石基本储量为7000万吨矿石，原矿中金属矿物有锂辉石、钾长石、钠长石等；脉石矿物为石英、白云母、角闪石、黏土和少量其他矿物。这些矿物在原矿中的含量为锂辉石19%～22%、钠钾长石28%～33%、石英25%～35%、白云母及角闪石5%～15%、其他矿物少量。原矿中含有 Li_2O 1.4%～1.5%、BeO 0.04%、Fe_2O_3 0.51%～0.7%、Al_2O_3 12.2%～17.9%。

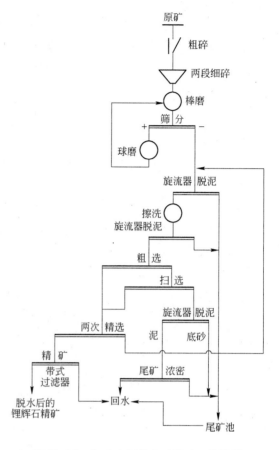

图35-6-8　加拿大魁北克矿选矿工艺流程

选矿厂采用过不同的流程，20世纪50年代采用重介质选矿和反浮选，随后又进行变革，70年代以来，选矿厂一般采用正浮选流程。

A　反浮选流程

金斯山选矿厂的反浮选流程是在用石灰造成碱性介质中添加糊精和淀粉抑制锂辉石，用阳离子捕收剂浮出硅酸盐类脉石矿物，槽内产品即为锂辉石精矿，可作化工级产品出售。为降低锂精矿中的铁含量，槽内产品需进一步精选，为此添加氢氟酸、树脂酸盐和起泡剂选铁矿物，这样获得的锂精矿可作陶瓷工业的原料出售。脉石矿物浮选获得的泡沫产品进一步分离浮选获得云母精矿、长石精矿和石英精矿。金斯山选矿厂的反浮选生产流程见图35-6-9。当原矿含 Li_2O 1.5%左右时，锂精矿含 Li_2O 高于6%，回收率约70%，总药剂耗量2.5～3kg/t，选矿规模为360t/d。

B　正浮选流程

20世纪70年代以来，美国金斯山选矿厂进行变革逐渐采用正浮选流程。两选矿厂的处理能力分别为2400t/d和2600t/d，锂辉石精矿分别为480t/d和530t/d，另产长石1300t/d、石英750t/d和云母100t/d。选矿厂锂精矿品位为6.3%，回收率75%～78%，药剂消耗稍多于1kg/t，金斯山选矿厂正浮选生产流程见图35-6-10。

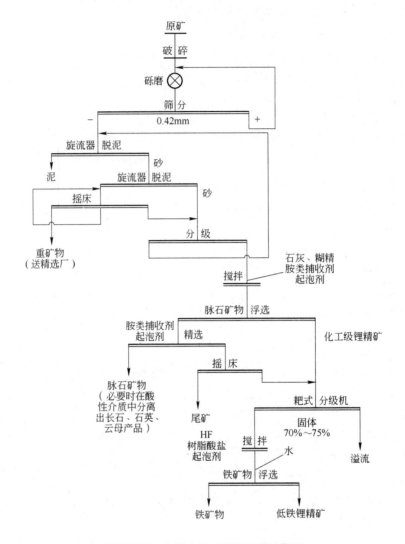

图 35-6-9　金斯山选矿厂的反浮选流程

35.6.2　盐湖锂提取厂

35.6.2.1　智利阿塔卡玛盐湖锂提取

阿塔卡玛盐湖位于南美洲智利北部，海拔 2300m，年均降水量 20 ~ 50mm，年均蒸发量 3300mm 以上。该盐湖是一个巨大的干盐湖，面积 2900km^2，盐类沉积面积达 1400km^2，在盐类沉积中富含晶间卤水，其深度达 0.6m，是一种富含硼、锂的硫酸盐型卤水。盐湖卤水组成属典型的 Na$^+$、K$^+$、Mg^{2+}、Cl$^-$、SO$_4^{2-}$ 海水型体系，其特征是卤水 Mg/Li 比较低，一般 Mg/Li < 10。现在主要由智利锂公司（塞浦路斯福特公司分支机构）和敏撒尔（Minsal）公司（SQM 子公司）开发。

1984 年，智利锂公司就开始用该盐湖卤水生产碳酸锂，1989 年生产能力为 6800t，1990 年达 11800t，1995 年其加工出口的碳酸锂达 12600t，其副产品钾盐全部出售给 SQM 公司。智利锂公司目前的加工方法是将除去镁和硫酸根后的母液蒸发浓缩到一定浓度后，

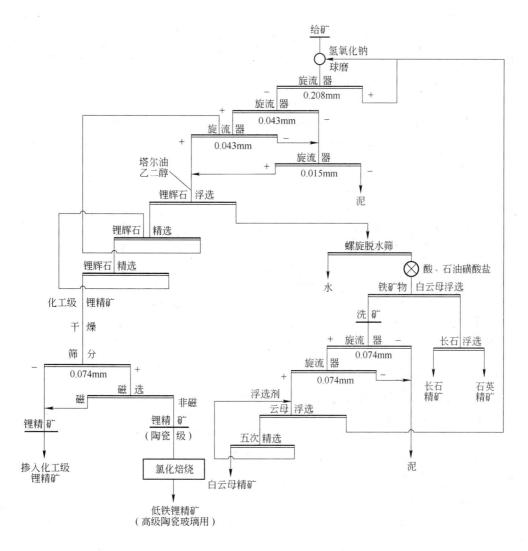

图 35-6-10 金斯山锂辉石正浮选流程

用碳酸钠沉淀出碳酸锂产品。

敏撒尔公司对阿塔卡玛盐湖的资源勘查和开发研究始于 1986 年，该公司在开发盐湖时把钾碱作为卤水提取的主要产品，碳酸锂作为副产品，同时回收卤水中的硼，使生产成本大大降低，其工艺过程为：盐湖卤水经预晒除去大部分 NaCl、钾盐后，先用含钙溶液与卤水混合，使硫酸根形成石膏从卤水中除去，以避免夏季温度较高时，在盐田中形成硫酸钾锂复盐而损失锂，然后继续在盐田晒制卤水，使锂离子质量分数达到 4.3%，最后将浓缩卤水运至安托法加斯塔的拉内格拉化学精炼厂进行化学加工。先用石灰乳使 pH 值升至 11 左右，除去大部分 Mg^{2+} 和 SO_4^{2-}，再用 Na_2CO_3 除去卤水中残留的钙和镁，最后加热用 Na_2CO_3 处理并经压滤后的母液，经过滤、干燥制得碳酸锂。

2003 年，该公司已有年产碳酸锂 2.8 万吨的生产能力，其产量占世界总产量的 30%，销售份额占国际碳酸锂市场的 40%，销售到 50 多个国家。

35.6.2.2　扎布耶盐湖锂提取

扎布耶盐湖位于青藏高原冈底斯山脉北麓，距离拉萨市1100km，海拔4422m，面积247km²。湖区蒸发量（2423mm/a）与降水量（121mm/a）比为20∶1，年均气温为1.4℃，年均日温差12℃，年日照时数达3100h。

扎布耶盐湖为富锂碳酸盐型盐湖，其固相沉积物中就含有天然碳酸锂，与国内外各大盐湖卤水相比，扎布耶盐湖卤水具有明显的资源优势。除了固相的硼砂、芒硝、石盐等外，卤水中富含锂、硼、钾、铷、铯、溴等多种元素。锂资源量以 Li_2CO_3 计为183万吨，钾肥资源量以KCl计为1592万吨，B_2O_3 资源量为963万吨。

扎布耶盐湖分为南、北两湖，北湖为卤水湖，矿产主要以地表卤水为主，南湖为半干盐湖，以地表卤水和晶间卤水形式共存。扎布耶盐湖水化学类型属碳酸盐型，卤水矿化度高（参见表35-6-8）。湖水演化已经达到石盐饱和阶段，矿化度随季节变化幅度较大，夏季高，冬季低。

表35-6-8　扎布耶盐湖卤水矿一览表

矿种	Li^+品位/g·L^{-1}	矿化度/g·L^{-1}	相对密度	水化学类型
南湖地表卤水	0.42~0.71	250.0~430.0	1.250~1.310	碳酸盐型
南湖晶间卤水	0.92~1.61	287.0~460.0	1.280~1.330	碳酸盐型
北湖地表卤水	0.89~1.32	330.0~440.0	1.260~1.280	碳酸盐型

利用西藏扎布耶盐湖高寒、日照强等优势环境条件，1982年研究者首创了适合我国国情的冷冻、热晒、梯度太阳池的低成本提锂新工艺，工艺流程见图35-6-11。2005年已生产出600t锂混盐，并建成了一条年产7128t75%碳酸锂精矿的生产线。另外，年产5000t锂盐生产线已投料试车，该项目是目前中国盐湖卤水提锂生产规模最大的工程项目，它的建成标志着中国盐湖提锂工艺取得了成功突破。首创"冷冻除碱硝—梯度太阳池升温析锂"工艺并实现产业化。其工艺利用高原太阳能和冷资源优势，不添加任何化学原料，从盐湖中生产出高品位碳酸锂精矿，高于国外卤水提锂原料含量3~4倍；产品成本低，市场竞争力强，经济效益高，实现了清洁、环保、节能的社会效益。

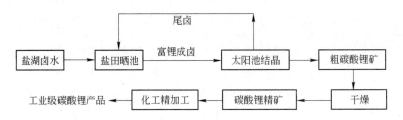

图35-6-11　扎布耶盐湖卤水沉锂工艺路线图

35.6.2.3　台吉乃尔盐湖开发

台吉乃尔湖锂矿区位于柴达木盆地中部，分为东、西两部分，海拔2770m，气候干燥、降水量小（30.24mm/a）、蒸发量大（2649.6mm/a）、风速高、风期长、平均气压低。西台吉乃尔湖位于一里坪东南30km处，东距大柴旦210km，西距茫崖200km。东台吉乃尔湖位于西台吉乃尔湖东30km。锂矿主要赋存于地表卤水和地下晶间与孔隙卤水中（参见表 35-6-9），并伴生有极其丰富的硼、钾、镁、钠等有益元素。

表 35-6-9 西台吉乃尔盐湖卤水矿一览表

矿 种	LiCl 品位/g·L^{-1}	矿化度/g·L^{-1}	相对密度	水化学类型
地表卤水	3.82	326.2~345.2	1.218	硫酸镁亚型
晶间卤水	3.85	350.0~360.0	1.245	硫酸镁亚型
孔隙卤水	3.60	320.0~350.0	1.236	氯化物型
晶间承压卤水	1.88	320.0	1.225	硫酸镁亚型

西台吉乃尔盐湖是一个以液体锂矿为主、固液共生的特大型锂矿床，同时还富产钾肥、硼矿、镁矿、石盐等矿产。液体矿床主要由四部分组成：地表卤水矿、晶间卤水矿层、孔隙卤水矿层和晶间承压卤水矿层。锂资源量以 LiCl 计为 308 万吨，可采储量约 130 万吨。钾盐资源量以 KCl 计为 2609 万吨，B_2O_3 资源量为 163 万吨。

针对西台吉乃尔盐湖的资源特点和地理气候条件，首先开发晶间承压卤水矿。在锂盐的生产工艺中采用了"煅烧法"，巧妙地让镁和锂分别进入固液相，从而实现分离。生产流程是将晶间承压卤水抽至石盐池，自然蒸发晒制使石盐析出，至软钾镁矾饱和；将卤水倒入钾镁盐池，析出钾镁混盐，然后卤水酸化提硼；卤水倒入镁盐池，蒸发至硫酸锂接近饱和，母液喷淋干燥，使水氯镁石和硫酸锂混盐析出，煅烧使水氯镁石脱水形成 MgO，冷却至常温，然后用淡水浸取过滤得到锂溶液，用石灰乳二次除镁，母液浓缩后用碳酸钠沉淀锂，分离得到工业级碳酸锂产品。该工艺方法要产生大量氯化氢气，容易腐蚀设备，增加成本。

35.7 铍选矿厂及冶炼厂

35.7.1 新疆可可托海锂铍铌钽矿选矿厂

选矿厂 1 号系统入选矿石含铍相对较高，但通常 BeO 品位不超过 0.1%。选矿原则流程为：重选法先选出钽铌粗精矿，然后在磨矿时加入 Na_2CO_3 调节矿浆，用氧化石蜡皂和环烷酸皂浮出易浮矿物，在易浮矿物浮出后的矿浆中加入 NaOH 和 Na_2CO_3 调节矿浆（pH 值为 11），在碱性条件下用氧化石蜡和环烷酸皂进行绿柱石浮选。

可可托海的铍储量为 6.5 万吨，由于其选冶加工技术及市场需求的限制，长期以来只是手选绿柱石送往水口山加工（最早提供给前苏联），最高年产量 2500t。随铌钽锂的开采，3 号矿脉已采出 347.8 万吨铍矿石并单独堆存，未得到利用。这些铍矿石的化学成分及矿物组成示于表 35-7-1 和表 35-7-2。

表 35-7-1 可可托海 3 号矿脉铍矿石典型化学成分

成 分	BeO	Li_2O	Ta_2O_5	Fe	Mn	CaO	SiO_2
含量/%	0.096	0.46	0.0089	0.87	0.11	0.05	75.81
成 分	Al_2O_3	K_2O	Na_2O	MgO	Nb_2O_5	其 他	
含量/%	13.22	2.66	2.10	0.062	0.014	4.48	

表 35-7-2   铍矿石矿物组成   (%)

样 品	绿柱石	锂辉石	云母	石英	长石	易浮矿物[1]	其 他
1	0.6	2	10	25.2	53.4	3.7	5.1
2	1.7	1.5	73	11.7	72.0	4.7	1.1
3	0.8	6	18	37.8	30.5	3.4	3.5

[1] 易浮矿物指磷灰石、电气石、石榴子石、铁锰氧化物和角闪石。

由于数十年来采出的铍矿石长期堆存，地表铍矿石的化学成分发生了很大变化，与表 35-7-1 所列典型成分相比已有很大差别，如 BeO 含量已变为 0.045% ~ 0.1%，Li_2O 含量已变为 0.16% ~ 0.46%。经研究堆存的铍矿石的选矿工艺有两种，一是锂铍混合浮选再分离的流程，原则流程如图 35-7-1 所示；二是优先浮选铍再选锂的浮选流程，原则流程见图 35-7-2。

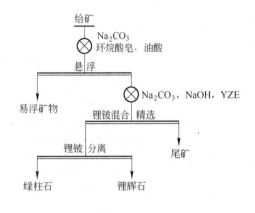

图 35-7-1   锂铍混合浮选再分离
原则工艺流程

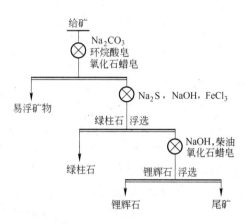

图 35-7-2   优先浮选铍再选锂的
浮选原则工艺流程

选矿厂 1 号系列 1977 年正式投产选别高铍低锂矿石，设计能力 400t/d。入选的伟晶岩矿石有用矿物为锂辉石、绿柱石、钽铌铁矿等；主要脉石矿物为长石、石英、云母；此外尚有少量石榴子石、角闪石、磷灰石和电气石等。

选矿厂 1 号系统 1983 年选矿原则流程见图 35-7-3。

1983 年 1 号系统入选矿石的原矿 BeO 约为 0.10%，绿柱石精矿 BeO 为 7.35%，铍回收率 59.86%，平均药剂消耗为 6.4kg/t。近年来，生产流程稍有变更，精选作业次数减少。

35.7.2   麻花坪钨铍多金属矿选矿厂

香格里拉县麻花坪钨铍多金属矿选矿厂隶属云南省香格里拉县虎跳峡鑫磊钨业有限公司，该公司于 2008 年成立，为股份制企业，由云南腾云西创投资实业有限公司控股，主要加工生产钨、铍等多金属矿。麻花坪钨铍多金属矿选矿厂为该公司提供生产原料，主要生产钨精矿、绿柱石精矿和萤石精矿。设计生产能力为处理原矿 700t/d。

35.7.2.1   矿石性质

麻花坪钨铍多金属矿为高温热液沉积型矿床。矿床的矿物组成较为简单，有用金属矿

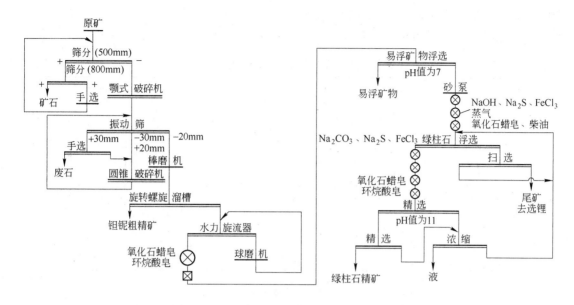

图 35-7-3　可可托海选矿 1 号系统生产原则流程

物以白钨矿为主，其次有绿柱石、黑钨矿、萤石，主要铍矿物为绿柱石，少量蓝柱石、硅铍石；硫化矿物数量极微。脉石矿物主要为方解石、白云母，其次为金云母、石英等。矿石中铍矿物——绿柱石和硅铍石粒度较粗，绿柱石 90% 以上嵌布粒度大于 0.08mm，约 70% 的硅铍石嵌布粒度大于 0.08mm。

矿石硬度 7.5 ~ 8，密度 2.6 ~ 3g/cm³，原矿含泥量 2% ~ 3%，含水量 5% 左右。绿柱石（含蓝柱石）晶体中包含白云母、方解石等包裹体，并见有白云母交代现象。绿柱石单矿物化学分析主要成分为 BeO 12.06%，Al_2O_3 19.70%，Na_2O 0.38%，MgO 1.07%。

绿柱石（含蓝柱石）大多在脉壁生长，与萤石和白云母连生，具较粗晶体。主要嵌布形式如下：绿柱石呈自行晶柱状嵌布于萤石中或萤石与白云母之间；绿柱石晶腺状集合体嵌布成群嵌布于萤石与白云母之间。其成分分析见表 35-7-3。

表 35-7-3　原矿成分分析结果

成　分	WO_3	BeO	Zn	Cu	Fe	SiO_2
含量/%	0.63	0.73	0.007	0.001	0.32	12.40
成　分	MgO	Al_2O_3	S	CaF_2	$CaCO_3$	Pb
含量/%	1.61	6.30	0.10	28.17	42.92	0.017

35.7.2.2　工艺流程

破碎为三段开路流程，最终破碎粒度 +20mm 的不大于 10%。采用阶段磨矿阶段选别，重、浮选联合流程选出白钨矿和黑钨矿，其尾矿 -200 目 65%，再进行反浮选铍（绿柱石）作业。反浮选采用的是萤石四次粗选、尾矿一粗二精三扫进行云母选别作业。因为绿柱石与硅铍石嵌布粒度都比较粗，故反浮选之前先用旋流器脱泥，除去细粒级，这样还可以大大降低药剂的用量；再加入抑制剂 CP1 合剂和捕收剂 GY101 四次粗选选出其中的萤石，其尾矿再加入抑制剂 CP2 合剂和捕收剂 GY101 以及十八胺盐选出其中的云母，尾矿经脱水便为绿柱石精矿。工艺流程图见图 35-7-4。

主要工艺指标见表 35-7-4、表 35-7-5、表 35-7-6，主要设备见表 35-7-7。

表 35-7-4　钨浮选尾矿主要成分分析结果

成　分	BeO	CaF₂	CaCO₃	SiO₂	Al₂O₃
含量/%	0.73	25.17	36.53	11.80	6.27
成　分	MgCO₃	S	Pb	白云母	黄铁矿
含量/%	2.93	0.10	0.017	15.10	0.088

表 35-7-5　绿柱石精矿主要成分分析结果

成　分	BeO	CaF₂	CaCO₃	SiO₂
含量/%	7.60	6.28	30.12	3.50
回收率/%	71.59	1.35	10.95	12.59

表 35-7-6　单位消耗指标

项　目	水	电	钢球	GY101	CP1	CP2	碳酸钠	十八胺
单　位	m³/t	kW·h	kg/t	g/t	g/t	g/t	g/t	g/t
用　量	4.04	24.2	0.06	1600	3000	1050	480	420

表 35-7-7　主要设备

序　号	设备名称及规格	单　位	数　量	备　注
1	400×600 颚式破碎机	台	1	
2	PEF250×1000 颚式破碎机	台	1	
3	S75 圆锥破碎机	台	1	
4	MQY1500×3000 格子型球磨机	台	2	
5	FG1200 单螺旋分级机	台	2	
6	TNZ-12 浓缩机	台	1	
7	SF-4	台	19	
8	SF-2.8 浮选机	台	4	
9	ϕ250 水力旋流器	台	2	
10	10m³ 陶瓷过滤机	台	1	

绿柱石与萤石、方解石、石英、云母等氧化物在可浮性非常接近的情况下，在中性介质中能得到分选，工艺流程简短，设备要求不高，投资小，成本低，经济效益好，尤其是对环境不造成污染，符合国家的低投入、低能耗，高产出的低碳经济要求。工艺流程中不需要添加起泡剂、重金属盐活化剂等，药剂用量小，成本低，且药剂不会腐蚀设备，废水排放远远低于国家排放标准，选矿药剂价格低廉，且生产中不产生有毒、有害气体，故不会造成环境污染。工艺对尾矿处理后可同时获得萤石精矿和绿柱石精矿，资源利用率高，产品品位高，综合回收率可达 65%～81%，经济效益好。工艺的最大特点在于加入酸化水玻璃后，萤石精选在中性介质中进行；加入酸化水玻璃进行云母粗选，加入碳酸钠进行云母精选，故整个选矿能控制在中性介质中进行，废水的处理成本较低。

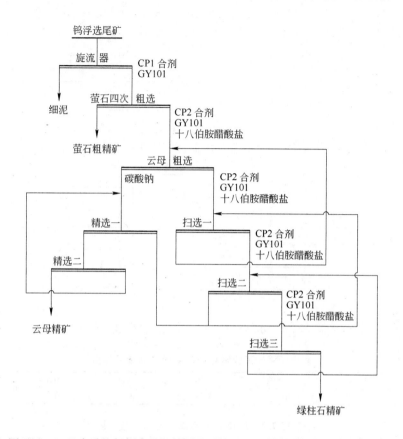

图 35-7-4　云南香格里拉麻花坪钨铍多金属选矿厂绿柱石反浮选工艺流程图

35.7.3　水口山六厂冶炼厂

水口山有色金属集团公司第六冶炼厂位于湖南衡阳，1958 年建厂，是中国最早从铍矿石中提取铍的铍冶炼厂。生产工业氧化铍工艺是在德古萨酸法流程基础上进行改进而来：①用氯酸钠代替双氧水。利用氯酸钠在弱酸性溶液中氧化速度缓慢的特点，使铁形成类似针铁矿的过滤性能好的铁渣，而双氧水则由于氧化速度快，使铁形成胶状氢氧化铁，过滤性能极差，生产难以顺利进行。②改低温沉淀为高温沉淀。沉淀出的氢氧化铍 BeO 含量达到 25% 以上，过滤、洗涤性能好，烘干煅烧量减少，而低温沉淀产出的氢氧化铍含 BeO 仅 5%～8%，过滤、洗涤困难，烘干煅烧难度很大，由于吸附杂质多，氧化铍质量也差。③利用锆的磷酸盐溶度积小而且在酸性溶液中不溶的特性，在相应工序加入锆盐除磷，即使矿石磷含量波动很大，工业氧化铍中的磷仍保持稳定。

改进后工艺流程如图 35-7-5 所示。工业氧化铍冶炼回收率为 74%～78%。为降低生产过程中铝铵矾和铁渣中的铍含量，采用针铁矿法洗涤铁渣，使铁渣含 BeO 从 1.5% 左右降低到不大于 0.5%，工业氧化铍回收率提高到 80%。

水口山六厂工业氧化铍主要杂质含量的典型值见表 35-7-8。1996～2005 年工业氧化铍产量见表 35-7-9。

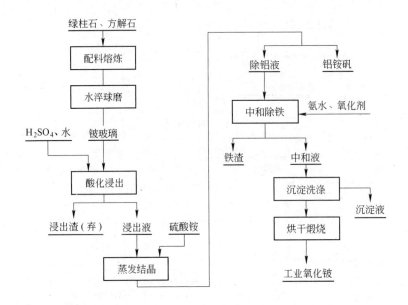

图 35-7-5   水口山六厂工业氧化铍生产原则流程

表 35-7-8   工业氧化铍主要杂质含量典型值

成　分	Fe_2O_3	Al_2O_3	SiO_2	CaO	MgO	P
含量/%	0.3	0.7	0.3	0.2	0.2	0.05

表 35-7-9   1996 ~ 2005 年工业氧化铍产量

年　份	1996	1997	1998	1999	2000	2001	2002	2003	2004	2005
产量/t	18.7	33.9	55.2	60.6	72.7	92	115.1	118.3	115.2	97

　　水口山六厂除生产工业氧化铍外，还生产高纯氧化铍、铍铜中间合金、金属铍等。高纯氧化铍的生产工艺流程见图 35-7-6，金属铍的工艺流程图见图 35-7-7。

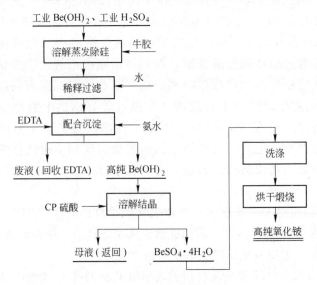

图 35-7-6   水口山六厂高纯氧化铍生产流程

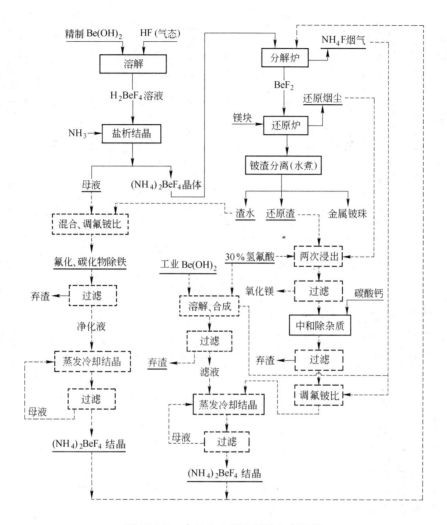

图 35-7-7   水口山六厂金属铍生产流程

水口山六厂高纯氧化铍生产工艺与美国布拉什-威尔曼公司 UOX 氧化铍粉生产工艺基本相同,都是通过煅烧硫酸铍来获得高纯氧化铍粉。不同之处是布拉什公司用萃取法生产的氢氧化铍为原料,水口山六厂是用经过提纯的工业氢氧化铍为原料,该厂年生产能力为 10t。

水口山六厂金属铍车间自 1980 年后停产,2004 年 10 月经改造后恢复生产,中断了 24 年。过去的流程是一个不完善的流程。一些含铍物料,如还原烟尘、分解烟尘,因为其吸湿性很强,没有找到适宜的回收设备,基本上没有回收。母液、渣水、还原渣虽然回收了,也因为技术方面的问题,其中的铍没有实现返回利用,造成含铍物料流失和对环境的污染。

改造后的流程选用了先进的收尘设备,使还原烟尘、分解烟尘得以有效地回收。所有收回的物料,包括母液、渣水、还原渣、烟尘等,都建立了相应的回收处理流程,实现了全流程闭路循环。

35.8   主要锂铍选矿厂汇总

国内外主要锂铍选矿厂概略汇总于表 35-8-1。

表35-8-1　主要锂铍矿选矿厂汇总

厂名	地理位置	设计规模 /t·d⁻¹	矿石类型及矿石组成	投产时间	选矿工艺	综合回收	选矿指标/%		
							原矿品位	精矿品位	回收率
可可托海选矿厂	新疆	250（锂系统） 400（铍系统） 100（锂铌钽系统）	花岗伟晶岩矿床，主要有用矿物锂辉石、绿柱石、钽铌铁矿和细晶石、云母、石英、石榴子石、黄玉、磷灰石和电气石等；主要脉石矿物为长石、石英等	1976 年	碱法正浮选选锂辉石（锂系统） 优先浮选绿柱石（铍系统）	铷、铯	1.32, Li_2O 0.1, BeO （1983年指标）	5.97, Li_2O 7.35, BeO	86.5, Li_2O 59.86, BeO
宜春钽铌矿	江西	1500	铌钽锰-细晶石花岗岩矿床，主要金属矿物富锰钽铌铁矿、细晶石、锡石、锂云母等；主要脉石矿物为长石、石英、黄玉、磷灰石等	1976 年	三段开路碎矿+加湿洗矿流程，两段磨矿、两段分级、泥沙分选重选尾矿浮选锂云母	铷、铯、长石	20, 锂云母		80~85, 锂云母
柯鲁木特选矿厂	新疆	200	与可可托海类似	1983 年	碱法正浮选锂辉石		Li_2O, 0.69	Li_2O, 5.19	Li_2O, 72
甲基卡锂选矿厂	四川		花岗伟晶岩型稀有金属矿床，锂辉石、绿柱石、钽铌矿、长石、白云母等		碱法正浮选锂辉石	钽铌矿物、锡石	Li_2O, 1.35	Li_2O, 5.48	Li_2O, 75.44
麻花坪钨铍多金属矿石选矿厂	云南		高温热液沉积型矿床，白钨矿、绿柱石、硅铍石、蓝柱石、萤石、白云母、金云母、石英等		反浮选铍 （绿柱石）	白钨矿、黑钨矿、萤石、云母	BeO, 0.73	BeO, 7.60	BeO, 71.59
金川李家沟锂选矿厂	四川	500	花岗伟晶岩型矿床，锂辉石、绿柱石、钽铌铁矿、锡石钠长石、石英、白云母、钾长石等		碱法正浮选锂辉石	钽铌矿物、锡石	Li_2O, 0.90	Li_2O, 5.53	Li_2O, 72.68
加拿大大魁北克锂矿	加拿大	900	锂辉石、角闪石、斜长石、绿帘石、少量石英、黑云母和绿泥石		碱法正浮选锂辉石		Li_2O, 1.19	Li_2O, 大于5.7	Li_2O, 82
美国金丝山（Kings Mountain）锂矿	美国	2400	锂辉石、钾长石、钠长石、角闪石、白云母等；脉石矿物为石英		先后采用重介质选矿，反浮选、正浮选流程	云母、长石和石英	Li_2O, 1.4~1.5; BeO, 0.04	反浮选精矿品位 Li_2O 高于6，正浮选精矿品位 Li_2O, 6.3	反浮选回收率70, Li_2O, 6.3; 正浮选回收率75~78

参 考 文 献

[1] 林大泽. 锂的用途及其资源开发[J]. 中国安全科学学报，2004，14(9):72~76.

[2] 王濮，等. 系统矿物学[M]. 北京：地质出版社，1987.

[3] 张玲，林德松. 我国稀有金属资源现状分析[J]. 地质与勘探，2004，40：28~30.

[4] 李明慧，郑绵平. 锂资源的分布及其开发利用[J]. 科技导报，2003，12：37~41.

[5] U. S. Geological Survey. Mineral Commdity Summaries[J]. January 2008.

[6] 戴自希. 世界锂资源现状及开发利用趋势[J]. 中国有色冶金，2008(4).

[7] 国土资源部信息中心. 世界矿产资源年评2011~2012[M]. 北京：地质出版社，2012.

[8] 铍矿资源 http：//baike. baidu. com/view/7362082. htm.

[9] 张燎原. 国外铍资源和铍铜工业[J]. 湖南有色金属，5(5):11~16.

[10] 锂、铍、铌、钽矿产资源 [OL]，2008-01-29 http：//www. metalnews. cn/ys/show-141021-1. html.

[11] 我国卤水锂资源概况及开发前瞻分析 [OL]. 2007-10-16，http：//wenku. baidu. com/view/
1c4e742f2af90242a895e546. html.

[12] 巫辉，张柯达，等. 我国盐湖锂资源的开发及技术研究[J]. 化学与生物工程，2006，23(8):4~7.

[13] 赵元艺. 中国盐湖锂资源及其开发进程[J]. 矿床地质，2003，22(1):99~106.

[14] 郑喜玉，等.《中国盐湖志》[M]. 北京：科学出版社，2002，47~413.

[15]《矿产资源综合利用手册》编辑委员会编.《矿产资源综合利用手册》[M]. 北京：科学出版
社，2000.

[16] 廖石林，刘瑞春. 锂辉石热裂法选矿试验[J]. 四川有色金属，1991，(1):33~37，50.

[17] 陶家荣. 锂辉石矿重介质选矿工业试验与研究. 有色金属（选矿部分）[J]. 2002，(2):13~16.

[18] 孙传尧，印万忠. 硅酸盐矿物浮选原理[M]. 北京：科学出版社，2001，466.

[19] 张宝全. 柴达木盆地盐湖卤水提锂研究概况[J]. 海湖盐与化工，2000，29(4):9~13.

[20] 祁贵明，王发科，等. 气象条件对察尔汗盐田卤水蒸发的影响分析[J]. 青海科技，2008(5).

[21] 郑绵平，刘喜方. 中国的锂资源[J]. 新材料产业，2007(8):13~16.

[22] 乜贞，卜令忠，郑绵平. 中国盐湖锂资源的产业化现状——以西台吉乃尔盐湖和扎布耶盐湖为例
[J]. 地球学报，Vol. 31 No. 1 Feb. 2010：95~101.

第36章 钽铌矿选矿

36.1 钽铌矿物及钽铌矿床

36.1.1 钽铌矿物

目前已发现的钽铌矿物已有130多种,常见的有30多种。主要钽铌工业矿物有钽铌铁矿、细晶石、黄绿石、褐钇铌矿、易解石、钽锡石、黑稀金矿等。主要矿物见表36-1-1。

表36-1-1 几种主要钽、铌矿物

矿物名称	分子式	含量/%			密度/$g \cdot cm^{-3}$	磁性	介电常数
		Ta_2O_5	Nb_2O_5	Er_2O_3			
钽铁矿	$(Mn,Fe)(Ta,Nb)_2O_5$	41~48	2.0~4.0		6.7~8.3	弱	7~8
铌铁矿	$(Mn,Fe)(Ta,Nb)_2O_5$	1~40	2.35~77		5.3~6.6	弱	10~12
细晶石	$(Ca,Na)_2Ta_2O_6(O,OH,F)$	68.4~77	0~7.7	0.17~4.2	5.4~6.42	非	4.4~5.72
烧绿石	$(Ca,Na)_{22}O_6(O,OH,F)$	0~5.86	37.54~65.6	13.33	4.1~5.4	非	5~9.5
褐钇铌矿	(Y,Er,Ce,U,F) $(Nb,Ta,Ti)O_4$	17	47	50	5.5~5.8	弱	4~4.96
易解石	$(Ce,Ca,Th,U)(Ti,Nb)_2O_6$	0~6.9	23.8~32	15.5~19	5.2	弱	3.5~5.7
黑稀金矿	(Y,Ce,U,Ca,Th) $(Ti,Nb,Ta)_2O_6$	0~47.31	3.83~47.4	16.36~31.45	4.5~5.9	弱	3.74~4.6
钛铌钽矿	$(Ti,Fe,Ta)O_2$	36	6.9		5.3~5.9	弱	
铌铁金红石	$(Ti,Fe,Nb)O$	0.39~14.9	0.9~42.6		4.6~5.1		
等轴钽钙石	$(Nb,Ca,Th,Er)_2(Nb,Ta,Ti)_2-$ $(O,OH,F)_7$		56.43		4.5		5~9.5

铌钽主要以铌钽酸盐类即复杂氧化物类矿物形式存在于自然界,此外还以类质同象形式赋存于钛硅酸盐和锆硅酸盐矿物中。以往的矿物化学分类中,认为铌钽是以假象酸根形式存在,而称铌钽酸盐矿物。当今的铌钽工业矿物,主要是正铌钽酸盐类、偏铌钽酸盐类(其中包括易解石族、黑稀金族、铌铁矿族和铌钇矿族)和焦铌钽酸盐类(烧绿石族)。

36.1.1.1 铌铁矿族

铌铁矿族的化学通式为AB_2O_5,二者简称铌钽铁矿。A为铁、锰,B为铌、钽。从纯铌到钽的不同形式具有一系列同晶结构,其特点是铁和锰的比例不定。其中含Nb_2O_5 1.97%~78.88%,Ta_2O_5 5.56%~83.57%,MnO 1.26%~16.25%,FeO 1.89%~16.25%。还有钛、锆、钨、铒、铀等类质同象混入物。组元中铌占多数,就称该矿物为铌铁矿,如果钽占多数,则称为钽铁矿,如果锰的原子数大于铁的原子数,则分别称为铌锰矿和钽锰矿,铌铁矿族的划分见表36-1-2。

表 36-1-2　铌铁矿族的划分

项　目		Nb/Ta（原子比）	
		>1	<1
Fe/Mn	<1	铌锰矿	钽锰矿
（原子比）	>1	铌铁矿	钽铁矿

钽铁矿是铁、锰、钽的氧化物矿物，是钽的主要矿物，是铌的次要矿石矿物。铁黑色或褐黑色。柱状或板系晶，斜方晶系。密度 $6.2 \sim 8.2 g/cm^3$，莫氏硬度 6～6.5。性脆，有弱磁性。不溶于盐酸、硝酸和硫酸，可溶于氟氢酸和磷酸中。产于花岗岩伟晶岩中，常与绿柱石、铌钇矿、钠花石、锂辉石、磷铝石等共生。矿物含五氧化二钽41%～84%，五氧化二铌2.0%～40%，是提取钽铌的重要矿物。纯的钽铁矿很少见，常常有些铌，与铌铁矿是一个系列，铌铁矿是矿物系列另一端成员。当纯的时候，钽铁矿的密度是 $7.9 g/cm^3$，随铌含量增加而减少。钽铁矿可以根据很高的密度、黑色和一组完全的解理辨认出来，钽铁矿和铌铁矿产在花岗岩及有关的伟晶岩中，常与黑钨矿、锡石、细晶石共生。

铌铁矿也是铌铁矿族中的主要矿物，其物理、化学性质与钽铁矿相似。随钽含量增高，硬度和密度增大。产于花岗岩和花岗伟晶岩中，常与绿柱石、电气石等共生，也见于有关风化矿床和砂矿中。主要产地有挪威的阿纳罗德，德国的巴伐利亚，格陵兰，美国的黑山、斯坦迪什，巴西的米纳斯吉拉斯。我国广西栗木锡矿也是大型铌铁矿床，新疆阿尔泰有数千克重的铌铁矿晶体产出。

铌铁矿-钽铁矿的比磁化系数为 $(22.1 \sim 37.2) \times 10^{-6} cm^3/g$。铌铁矿的介电系数为10～12，钽铁矿为7～8。矿物的密度为 $5.15 \sim 8.20 g/cm^3$（随钽的含量增高而增大）。

36.1.1.2　钽锡石

主要化学成分为 SnO_2，晶体属四方晶系的氧化物矿物。含 Fe 和 Ta、Nb 等氧化物的细分散包裹物，或 Nb、Ta 也可以类质同象方式替代 Sn。晶体具金红石型结构，通常为带双锥的短柱体，有时呈细长柱状或双锥状。集合体大多呈粒状块。

36.1.1.3　细晶石和烧绿石

细晶石与烧绿石同属焦钽铌酸盐类矿物，二者是类质同象矿物，但细晶石中的 Nb_2O_5 含量不超过10%，而烧绿石中的 Ta_2O_5 含量不超过5.86%，因此，它们没有完全的类质同象。除了细晶石比烧绿石重一些，其他性质都差不多。细晶石密度为 $6.4 g/cm^3$。由于 Na、Ca 常可被 Er、U、Th 等置换，Nb 和 Ta 不仅彼此类质同象置换，又可被 Ti 等置换。鉴定特征：以其油脂光泽、解理和放射性为特征。成因产状：细晶石则常见于花岗伟晶岩的钠长石化部位。世界著名产地有瑞典 Stockholm 的 Uto 岛、美国加利福尼亚州、我国新疆阿尔泰地区等地存在细晶石，而巴西、加拿大等地产烧绿石。

36.1.1.4　黄钇钽矿

主要成分 $YTaO_4$，含 Ta_2O_5 约55%，常含铌、铒等。与褐钇铌矿形成类质同象系列。四方晶系，晶体呈柱状或双锥状，通常呈不规则粒状集合体。灰色、黄色或褐色。条痕为浅黄灰色。光泽暗淡，新鲜断口半金属光泽至树脂光泽。硬度5.5～6.5。断口次贝壳状。密度 $6.24 \sim 7.03 g/cm^3$。产于伟晶岩中，与独居石、黑稀金矿、硅铍钇矿等共生，是提取钽和稀土元素的矿石矿物。

36.1.2 我国钽铌矿物及矿床类型

我国钽铌矿床以花岗岩型及花岗伟晶岩型为主，主要工业类型见表36-1-3。

表36-1-3 我国钽铌矿床类型

矿床类型	围岩种类	主要金属矿物及脉石矿物	实例
花岗伟晶钽铌矿	花岗岩	主要金属矿物有钽铌铁矿、细晶石、绿柱石、锂辉石。主要脉石矿物为长石、石英、云母	可可托海
褐钇铌矿花岗岩石	花岗岩	主要金属矿物有褐钇铌矿、铌铁矿、钛铁矿。主要脉石物为长石、石英	姑婆山
铌铁矿花岗岩	花岗岩	主要金属矿物有铌铁矿、锆英石、三水铝石。主要脉石矿物为绢云母、长石、石英	泰美
铌铁矿-钽铌铁矿花岗岩	花岗岩	主要金属矿物有铌铁矿、钽铁矿。主要脉石矿物为白云母、长石、石英	博罗
钽铌矿-铌钽锰矿花岗岩	花岗岩	主要金属矿物有钽铌铁矿、钽铌锰矿、细晶石、锡石、铪锆石、黑钨矿。主要脉石矿物为长石、石英	栗木
铌钽锰矿-细晶石花岗岩	花岗岩	主要金属矿物有富锰钽铌铁矿、细晶石、含钽锡石、锂云母。主要脉石矿物为长石、石英、黄玉	宜春
黄钇钽矿花岗岩	花岗岩	主要金属矿物有黄钇钽铌矿、氟碳钙钇矿、锡石、稀土矿。主要脉石矿物为长石、石英	牛岭坳
沉积变质高温热液交代矿	白云岩	主要金属矿物有钛铁矿、铌铁矿、磁铁矿、赤铁矿。主要脉石矿物为长石、石英	包头

36.1.3 钽铌矿床工业要求

钽铌矿床一般工业要求见表36-1-4，钽铌矿床伴生矿物较多，要注意综合评价和综合回收。

表36-1-4 钽铌矿床一般工业要求

矿床类型	$Ta_2O_5/$ Nb_2O_5	边界品位/%		工业品位/%		最小可采厚度/m	夹石剔除厚度/m
		$(Ta、Nb)_2O_5$	或Ta_2O_5	$(Ta、Nb)_2O_5$	或Ta_2O_5		
花岗伟晶岩类矿床	>1	0.012~0.015	0.007~0.008	0.022~0.026	0.012~0.014	0.8~1.5	≥2
碱性长石花岗岩矿床	>1	0.015~0.018	0.008~0.01	0.024~0.028	0.012~0.015	1.5~2	≥4
风化壳矿床	—	0.008~0.010	重砂 80~120g/m³	0.016~0.020	重砂 250~280g/m³	0.5~1.0	—
原生铌矿床	—	0.05~0.06	—	0.08~0.12	—	5.0	≥5.0
砂矿床	—	0.004~0.006	重砂40g/m³	0.01~0.012	重砂≥250g/m³	0.5	≥2

36.2 国内外钽铌矿资源

36.2.1 国外钽铌矿资源

国外钽铌资源储量大国主要是澳大利亚、加拿大、巴西、扎伊尔、尼日利亚以及其他几个非洲国家，泰国、马来西亚的钽资源与锡矿伴生。

国外钽铌资源储量的统计数值在许多资料上说法不尽相同，有的甚至相差很大。各国用以确定储量的工业品位不同是统计储量出入较大的主要原因。根据国土资源部引自美国矿业局公布的数据，1998 年世界钽储量 2.2 万吨，储量基础 3.5 万吨；世界铌储量 350 万吨，基础储量 420 万吨。具体情况列于表 36-2-1。

表 36-2-1　国外钽铌储量和基础储量（金属量）

国家	钽储量/万吨		铌储量/万吨		国家	钽储量/万吨		铌储量/万吨	
	储量	基础储量	储量	基础储量		储量	基础储量	储量	基础储量
泰 国	0.73	0.91	—	—	巴 西	0.18	0.23	330	360
澳大利亚	0.45	0.91	—	—	马来西亚	0.09	0.18	—	—
尼日利亚	0.32	0.45	6.4	9.1	其他国家	0.14	0.18	0.6	0.9
扎伊尔	0.18	0.45	3.2	9.1	总 计	2.2	3.5	350	420
加拿大	0.18	0.23	14	41					

随着许多国家钽铌资源的新发现，世界钽铌资源储量不断进行着修正和补充。目前在格陵兰、澳大利亚、埃及等国又陆续发现了许多新的钽铌矿床，这些新发现的钽铌资源已使最新统计的钽铌储量发生了较大的变化。据美国地质勘探局新公布的数据：2001 年世界钽储量为 2.8 万吨，储量基础 6.0 万吨以上。到了 2002 年世界铌的储量又上升至 461.6 万吨，储量基础已达 569 万吨。TIC2002 年公布的数据，全球钽的储量又上升到了 3.64 万吨。

澳大利亚、加拿大的钽资源（Ta_2O_5）品位高达 0.32% ~ 0.117%；巴西、澳大利亚、加拿大铌资源（Nb_2O_5）品位高达 2.47% ~ 0.62%。

国外主要钽铌矿山的基本情况列于表 36-2-2。

表 36-2-2　国外主要钽铌矿山基本情况

国家	矿 山	矿床类型	品位/%		储量/t		产量/t·a^{-1}	备 注
			Ta_2O_5	Nb_2O_5	Ta_2O_5	Nb_2O_5		
澳大利亚	格林布什矿（Greenbush）	花岗伟晶岩型	0.02 ~ 0.05	—	44000（9700 万磅）	—	两矿共 1134（250 万磅/年），Ta_2O_5	露天开采
	沃吉纳矿（Wodgina）	花岗伟晶岩型	0.0324	—	27400（6040 万磅）	—		露天开采
	秃头山矿（Bald hill）	花岗伟晶岩型	0.0472	—	—	—	45.4，Ta_2O_5	露天开采
	拜诺矿（Bynoe）	花岗伟晶岩型	0.05 ~ 0.32	—	—	—	22.7，Ta_2O_5	露天开采
加拿大	钽科矿（Tanco）	碳酸岩型	0.117	—	1275.3	—	100，Ta_2O_5	露天开采
	尼奥贝克矿（Niobec）	碳酸岩型	—	0.58 ~ 0.66	—	3.14（69300 磅）	3400，Nb_2O_5	露天开采
巴西	阿拉克萨矿（Araxa）	碳酸岩型	—	3.1	—	149.3（3290300 磅）	30000，Nb_2O_5	露天开采
	卡塔拉矿（Catalao）	碳酸岩型	—	1.5	—	—	3600，Nb_2O_5	露天开采
莫桑比克	莫卢阿矿（Morrua）	花岗伟晶岩型	0.07	—	5250	—	114 ~ 127，Ta_2O_5	露天开采
埃塞俄比亚	肯提察矿（Kenticha）	花岗伟晶岩型	0.05	—	—	—	75，Ta_2O_5	露天开采

36.2.2　国内钽铌矿资源

根据国土资源部提供的全国套改后钽铌储量数据，截至 1999 年底全国钽（Nb_2O_5）储量约 1.92 万吨，基础储量为 3.06 万吨，铌（Nb_2O_5）储量约为 1.91 万吨，基础储量 6.12 万吨。详情见表 36-2-3。

表 36-2-3　截至 1999 年底全国套改后钽铌保有储量

矿 产 名 称			资源储量/t	基础储量/t	占比/%	储量/t	占比/%	资源量/t	占比/%
铌钽矿	铌钽铁砂矿	铌钽铁矿	2227					2227	100.0
	氧化铌钽	$(Nb+Ta)_2O_5$	2587	326	12.6	165	6.38	2261	87.4
铌矿	铌铁砂矿	铌铁砂矿	15945	10718	67.22	343	2.16	5227	32.78
	褐钇铌铁砂矿	褐钇铌铁砂矿	8573	6528	76.15	—	—	2045	23.8
	氧化铌	Nb_2O_5	3845473	61224	1.59	19052	0.50	3784249	98.41
钽矿	氧化钽	Ta_2O_5	84172	30656	36.42	19247	22.87	53516	63.58
	细晶石	细晶石	250	139	55.6			111	44.4
	钽铁砂矿	钽铁砂矿	116					116	100

套改后的钽铌储量数据显示，我国钽（Ta_2O_5）储量和基础储量在数量上还是很大的，但我国钽资源 Ta_2O_5 品位几乎没有一个超过 0.02%，显然以这样低的品位套改出的"储量"与国外高品位计算出的储量难有可比性。铌亦是如此。

我国的钽铌矿原矿品位都比较低，一般含（$Nb+Ta$）$_2O_5$ 为 0.022% ~ 0.0226%。

我国钽矿主要分布在 13 个省份，江西占 25.8%、内蒙古占 24.2%、广东占 22.66%，3 省合计占 72.6%，其次为湖南、广西、四川等；我国铌矿主要分布在 15 个省区，内蒙古占 72.1%、湖北占 24%，两省合计占 96.1%，其次为广东、江西、陕西、四川等。

我国钽矿床规模小，矿石品位低，嵌布粒度细而分散，多金属伴生，造成难采、难选，回收率低；赋存状态差，大规模露采的矿山较少。我国没有独立的铌矿山，铌往往与稀土、钽伴生。我国所规定的钽铌矿床储量计算的最低工业品位指标为：（Ta、Nb）$_2O_5$ 0.016% ~ 0.028%，从表 36-2-4 来看，我国大部分钽铌矿床品位都接近或略高于最低工业位指标。Ta_2O_5 品位达 0.02% 的几乎没有，而 Nb_2O_5 品位 0.1% 的也只有几个碳酸岩类型的矿床，其他类型矿床 Nb_2O_5 的品位均在 0.02% 左右。

表 36-2-4 国内一些钽铌矿统计情况

矿区名称	矿床类型	品位/%		储量/t		备注
		Ta_2O_5	Nb_2O_5	Ta_2O_5	Nb_2O_5	
江西宜春钽铌矿	花岗岩型	0.0125	0.0084	18126	14790	特大,已采
湖南茶陵金竹垄铌钽矿	花岗岩型	0.0121	0.0107	2587	2298	特大
广东博罗县524铌铁矿	花岗岩型	0.0036	0.0213	6130	36409	特大,已采
广东博罗县525铌钽矿	花岗岩型	0.0083	0.0134	11099	17990	特大,已采
广西栗木锡老虎头、水溪庙	花岗岩型	0.008 ~ 0.0155	0.0093 ~ 0.0149	2615	2679	特大
内蒙古扎鲁特旗801矿	碱性花岗岩型	0.016	0.048 ~ 0.258	15500	309331	特大
福建南平西坑铌钽矿	花岗伟晶岩	0.012	0.013 ~ 0.018	1647	1902	特大,已采
江西横峰铌钽矿	花岗伟晶岩	0.0017 ~ 0.0044	0.045	1361	22701	大,已采
广西资源茅安塘钽铌矿	花岗伟晶岩	0.0094	0.0091	1244	1241	大
四川安康呷基卡	花岗伟晶岩	0.0052 ~ 0.0277	0.0139 ~ 0.0273	3723	8687	特大
新疆可可托海矿	花岗伟晶岩	0.008 ~ 0.049	0.0063	1046.7	501	大,已闭坑
内蒙古白云鄂博都拉哈拉	含铌稀土花岗岩型	—	0.097 ~ 0.202	—	66991	特大,已采
湖北竹山县庙垭铌稀土矿	碳酸岩型	—	0.118	—	929535	特大
内蒙古白云鄂博铁矿	高温热液型	—	0.108 ~ 0.141	—	909014	特大,已采
湖南临武香花铺尖峰岭铌钽矿	高温热液型	0.0132	0.0123	4093	3900	特大
合计	—	—	—	69261.7	2930902	—

36.2.3 钽铌需求

根据近年 Roskill Information Services Ltd 提供的数据,钽和铌的需求结构见表 36-2-5 和

表 36-2-6。

表 36-2-5   世界钽产品结构及其增长（1994～2001）

产品	指标	1994	1998	1999	2000	2001	应用
Ta$_2$O$_5$及其他化合物	总销量/t	6.12	159.90	112.67	146.99	171.36	化合物晶体，溅射靶材，涂层材料，光学玻璃，催化剂
	平均增长/%			13.85			
合金添加剂（以 Ta 计）	总销量/t	57.79	72.23	145.02	127.81	139.16	耐腐蚀、耐高温合金，超合金添加组分
	平均增长/%			25.97			
TaC	总销量/t	115.59	140.36	127.66	175.60	197.80	硬质合金添加组分
	平均增长/%			10.91			
钽电容器用粉/阳极	总销量/t	492.76	795.33	1013.26	1359.33	750.32	通讯机站，手机、电脑、汽车、电子、数码电器等领域用钽电容器
	平均增长/%			8.02（除2001年为25.62）			
钽电容器用钽丝	总销量/t	78.84	146.01	158.30	209.21	115.34	钽电容器用阳极引线
	平均增长/%			4.26（除2001年为20.62）			
其他加工制品	总销量/t	116.00	80.07	98.26	121.64	100.78	冶金、化工、航空航天、电子等领域
	平均增长/%			5.04			
锭、未成型金属	总销量/t	92.61	84.55	80.94	94.48	86.41	钽加工品用料
	平均增长/%			0.43			
合　计	总销量/t	1061.74	1478.48	1736.11	2235.08	1561.59	
	平均增长/%			5.47（除2001年为19.17）			
钽电容器用粉/阳极、钽丝	总销量/t	571.60	941.34	117.56	1568.54	865.66	
	平均增长/%			7.75（除2001年为25.27）			

表 36-2-6   世界铌产品结构、消费数量、增幅及应用领域

产品	指标	1998	1999	2000	应用
Nb$_2$O$_5$（Nb 计）	总销量/t	2207.93	2188.41	2864.94	陶瓷电容器、人工晶体、光学玻璃、化工原料、铌合金原料
	1993～2000 年增幅/%		12.1		
铌及铌合金（Nb 计）	总销量/t	556.58	927.24	954.92	超导、原子能、化工、航空航天工业等结构材料
	1993～2000 年增幅/%		10.2		
钢铁用铌添加剂	总销量/t	24067.34	20940.31	20367.23	汽车、桥梁、输油管等用高强度低合金钢、各牌号不锈钢、显微合金锻造钢
	1993～2000 年增幅/%		8.9		
合计（以 Nb 计）	总销量/t	26831.86	24056.19	23989.23	
	1993～2000 年增幅/%		9.7		

从表36-2-5和表36-2-6的数据来看，世界近年对钽的总需求在2000t左右，而对铌的需求是20000余吨；钽的主要用途是电容器用钽粉及钽丝，其用量占总消费量的一半以上；铌的主要用途是作炼钢的添加剂，其用量占总消费量的近九成。2000年是钽消费的高峰之年，钽的总用量达到创纪录的2235t，2001年则迅速下降到1562t，接近1998年的水平；铌的需求则一直较为平稳。

近年来，由于计算机、数码相机、手机、车载电子系统需求转旺的拉动，钽的需求在逐步走出低谷。钽精矿的价格也回到正常水平，但由于2000年到2001年间钽市场的剧烈波动，导致用陶瓷电容器、铝电容器和铌电容器替代钽电容器的势头上升。

36.3 钽铌精矿质量标准

36.3.1 钽铁矿-铌铁矿精矿质量标准

该标准适用于砂矿、风化壳及原生矿经选矿富集获得的钽铁矿-铌铁矿精矿，供提取钽铌氧化物及其金属和制造合金等用。

钽铁矿-铌铁矿精矿按五氧化二铌、钽含量的含率及五氧化二钽的含率分为四级十五类，以干矿品位计算，应符合表36-3-1的规定。

表36-3-1 钽铁矿-铌铁矿精矿质量标准

等级			一级品				二级品			
分类			1类	2类	3类	4类	1类	2类	3类	4类	5类
成分/%	$(TaNb)_2O_5$（不小于）		60	60	60	60	50	50	50	50	50
	Ta_2O_5		≥35	≥30	≥20	<20	≥30	≥25	≥17	<17	<17
	杂质（不大于）	TiO_2	6				7			9	
		SiO_2	7				9			9	
		WO_3	5				5			6	

等级			三级品				四级品	
分类			1类	2类	3类	4类	1类	2类
成分/%	$(TaNb)_2O_5$（不小于）		40	40	40	40	30	30
	Ta_2O_5		≥24	≥20	≥13	<13	≥20	≥15
	杂质（不大于）	TiO_2	8				10	
		SiO_2	11				13	
		WO_3	5				5	

注：精矿中U_3O_5、ThO_2的含率由供方通知需方，但不作为限定杂质。精矿中不得混入外来夹杂物。用双层袋包装，包装质量由供需双方议定。

36.3.2 褐钇铌矿精矿质量标准

该标准适用于砂矿或原生矿经选矿富集获得的褐钇铌精矿，供提取铌（钽）和稀土等金属及其化合物用。

褐钇铌矿精矿质量标准按化学成分分为两级，以干矿品位计算，应符合表36-3-2的规定。

表 36-3-2　褐钇铌矿精矿质量标准

等　级	(TaNb)$_2$O$_5$（不小于）/%	杂质（不大于）/%		
		TiO$_2$	SiO$_2$	WO$_3$
一级品	35	4	4	0.5
二级品	30	5	6	0.5

注：精矿中（TaNb）$_2$O$_5$含率少于30%时，由供需双方议定。精矿中不得混入外来夹杂物。用双层袋包装，包装质量由供需双方议定。

36.4　钽铌矿选矿技术及发展趋势

36.4.1　钽铌矿选矿技术概述

钽铌矿粗选一般采用重选法，精选则采用重选、浮选、电磁选或选冶联合工艺。处理粉矿或原生泥含量多的矿石，洗矿作业必不可少，同时采用高效磨矿分级设备，以降低钽铌矿物的泥化。

钽铌浮选常用捕收剂有脂肪酸类、胂酸类、膦酸类、羟肟酸类、阳离子型捕收剂等，捕收剂的环境污染及药剂成本问题至关重要。

随着化学工业的发展，原料来源广泛，合成工艺简单，易生物降解、选择性好、无毒无害、价格合理的药剂将不断出现，以满足钽铌选矿的需求。

钽铌矿选矿一般采用重选先丢弃大部分脉石矿物，获得低品位混合粗精矿，进入精选作业的粗精矿矿物组成复杂，一般含有多种有用矿物，分选难度大，通常采用多种选矿方法如重选、浮选、电磁选或选冶联合工艺进行精选，从而达到多种有用矿物的分离。

36.4.1.1　国外钽铌选矿

处理粉矿或原生泥含量多的矿石，十分注重洗矿作业。澳大利亚格林布什矿风化伟晶岩冲积黏土粗选厂，设两个洗矿系统，原矿用直径 1.5m，孔径 10mm 的圆筒筛两次洗矿后，筛下入选，筛上大块及黏土进擦洗机擦洗，再用孔径 10mm 的圆筒筛筛分，筛下物料入选，筛上物料丢弃或返回再磨。洗矿耗水 5m³/t，圆筒筛处理量达 350 吨/（时·台）。

国外钽铌选矿厂重视采用高效磨矿分级设备，以降低钽铌矿物的泥化。格林布什矿原生伟晶岩粗选厂用周边排矿棒磨机与振动筛闭路取得较好结果。加拿大伯尼克湖钽矿经过不断改进，目前采用的磨矿流程很有特色。该矿用一台 φ2.4m×3.6m 马西型格子球磨机与 A-C 水平振动筛（直线筛）闭路，筛分粒度 2.5mm，筛下用德瑞克筛按 0.2mm 分级，−2.5mm+0.2mm 粒级用螺旋选矿机选别，其尾矿经弧形筛脱水后返回再磨。球磨机有两种产品构成循环，即采用一台磨机实现两段闭路磨矿。该磨矿回路经调整后循环负荷率通常为 180% 左右，循环负荷小易形成过粉碎。

国外对钽铌铁矿矿石的粗选仍以重选为主，并多用高效的重选设备，流程简单。如格林布什矿对 −10mm 原矿直接用跳汰机粗选。加拿大伯尼克湖钽矿 20 世纪 80 年代形成的重选—浮选—重选流程日趋完善，该流程仍以重选为主，浮选只用于处理细泥。重选设备采用了 GEC 螺旋选矿机、3 层悬挂式戴斯特摇床、霍尔曼矿泥摇床、横流皮带选矿机。前苏联采用浮选对重选精矿中钽铁矿、细晶石与黄玉进行分离，捕收剂为异羟肟酸，调整剂为草酸，在盐酸介质中（pH 值为 2）浮选，当给矿含 Ta$_2$O$_5$ 2.52% 时，精矿品位 27%，回收率90%。

　　烧绿石矿的选矿方法主要采用浮选方法，为提高精矿质量和降低药剂消耗，近年来烧绿石选矿流程加强了脱泥、除铁、脱硫、磷、铅、钡等作业。尼奥贝克烧绿石矿 -0.2mm 入选原矿用旋流器脱除 -10μm 矿泥，并按泥砂分别选别。先用脂肪酸捕收剂浮选磷灰石和碳酸盐矿物，然后进行磁选脱铁，再用胺类捕收剂浮选烧绿石，最后对烧绿石精矿进行黄铁矿浮选和盐酸浸出，以降低硫、磷和碳酸盐矿物含量。当原矿含 Nb_2O_5 0.6% ~0.7% 时，获得最终精矿品位 58% ~62%，回收率 60% ~65%。

36.4.1.2　国内钽铌选矿

A　钽铌矿粗选

　　国内钽铌矿原矿品位一般很低，其矿物性脆、密度大。为了保证磨矿粒度，避免过粉碎，一般采用阶段磨矿阶段选别流程。江西宜春钽铌选矿厂采用棒磨机与德瑞克筛取代直线振动筛构成闭路，为现场一段磨矿筛分改造提供了一种新的思路。福建南平钽铌矿是一个大型花岗伟晶岩矿床，1998 年由广州有色金属研究院对该矿石进行选矿试验研究，为建厂提供设计依据，根据钽铌和锡石矿物粒度嵌布特征，提出采用阶段磨矿、阶段选别工艺。一段采用棒磨机，并与筛子构成闭路，以减少过粉碎。二段磨矿采用球磨机，并与高频振动细筛构成闭路，除能严格控制粒度外，还可增加处理能力，提高磨矿效率。该矿粗选采用单一重选流程。重选设备有 GL 螺旋选矿机、螺旋溜槽和摇床。该矿入选原矿含 $(TaNb)_2O_5$ 0.0499%，Sn 0.0598%，经粗选后获得的粗精矿产率为 0.248%，含 $(TaNb)_2O_5$ 14.94%（其中 Ta_2O_5 10.79%），对原矿回收率为 74.30%（Ta_2O_5 回收率为 74.96%）；含 Sn 15.71%，对原矿回收率为 65.11%。

B　钽铌矿精选

　　粗选工艺获得的粗精矿一般是混合粗精矿，需进一步精选分离出多种有用矿物。粗精矿矿物组成不同，采用的分离方法也不同，一般是多种方法联合使用。

　　（1）磁选分离　钽铁矿、铌铁矿和褐钇铌矿都具有弱磁性，其比磁化系数分别为：$2.4 \times 10^{-5} cm^3/g$、$2.5 \times 10^{-5} cm^3/g$、$5.8 \times 10^{-5} cm^3/g$。这些铌钽矿物则可通过磁选法将其非磁性的脉石矿物分开。当粗精矿中含有石榴子石和电气石时，磁选分离变得困难。石榴子石和电气石则随其铁的含量而变化，石榴子石当 Fe_2O_3 的含量由 7% 增加到 25% 时，其比磁化系数由 $11 \times 10^{-6} cm^3/g$ 增加到 $124 \times 10^{-6} cm^3/g$，电气石的 Fe_2O_3 的含量由 0.3% 增加到 13.8% 时，其比磁化系数由 $1.1 \times 10^{-6} cm^3/g$ 增加到 $30 \times 10^{-6} cm^3/g$。这时需仔细的调整磁场强度，使其分开。为了提高矿物在磁场中的分离效果，一般先用酸清洗矿物表面（固：液 =1：5，作用时间 5 ~15min），以清除表面的铁质。

　　在进行钽铌铁矿与磁性锡石分离时，使用氧化焙烧—磁选工艺，能使钽铌铁矿与锡石分离。

　　有些矿石的含钽铌矿物组成比较简单，仅为钽铌铁矿，不含细晶石时，可先用湿式高梯度强磁选机，将钽铌矿物选入精矿中。

　　福建南平钽铌精选采用磁—重—浮联合流程，先用 6% 的盐酸溶液清洗矿物表面，再用弱磁选除去强磁性矿物及铁屑，烘干并筛分成 +0.2mm、+0.1mm 和 -0.1mm 三个级别，分别用干式强磁选机经一次粗选、一次扫选获得钽铌精矿，干式强磁选的非磁性部分用重选回收锡石并抛尾，重选的精矿进行浮选脱除硫化矿获得锡精矿。精选结果：钽铌精矿产率0.0764%，含（TaNb）$_2$O$_5$ 45.64%（Ta$_2$O$_5$ 32.57%），对原矿回收率69.92%（Ta$_2$O$_5$回收率69.071%），精选作业回收率94.11%；锡精矿产率为0.0581%，含锡60.25%，对原矿回收率58.49%，精选作业回收率89.84%。

（2）电选分离   当粗精矿中存在钽铌铁矿、石榴子石等弱磁性矿物，而磁选分离比较困难时，可以通过电选法将其分离。如湖北通城钽铌矿，矿石中存在磁性较强的石榴子石，磁选分离困难，而采用电选法则可将其分开。

电选时先将物料进行窄级别筛分分级，分别加温电选。大于0.2mm粒级一般采用低电压（20~35kV）、大极距（80~100mm）、慢转速的分离条件。对-0.2mm+0.08mm粒级物一般采用低电压（35~50kV）、小极距（50~80mm）、快转速的分离条件，将钽铌铁矿与石榴子石分开，电选也可以分离钛钽铌矿、锡石和磷钇矿，或者用来提高褐钇铌矿的品位，降低杂质含量。用电选法还可以分离粗粒钽铌铁矿与独居石、细晶石与锡石。

（3）细粒钽铌矿浮选   用浮选法可将粗精矿的硫化矿脱除，或用浮选法把锆英石、独居石、锡石和白钨矿与钽铌矿物分离开来。

进行细粒级的钽铌铁矿与独居石的浮选分离时，可用油酸作捕收剂，碳酸钠作调整剂，硅酸钠和硫化钠作抑制剂，在矿浆pH值为9的条件下浮出独居石，使钽铌铁矿与独居石分离。

进行细粒细晶石与锡石浮选分离时，先用2%的盐酸处理15min，用烷基硫酸钠或羟肟酸类作捕收剂，用氟硅酸钠作抑制剂，在矿浆pH值为2~2.3条件下浮出锡石，使细晶石与锡石分离。

江西大吉山钨矿中的69号矿体是一个大型含钽铌钨花岗岩矿体，该矿中主要有用矿物为黑钨矿、白钨矿、钽铌铁矿和细晶石，有用矿物嵌布粒度很细，大部分粒度在40~74μm，因此采用常规的重选方法，选矿回收率较低，钽回收率仅25%~33%。广州有色金属研究院采用重—浮联合流程回收钽铌及伴生的钨矿物，在浮选给矿WO$_3$ 0.088%，Ta$_2$O$_5$ 0.0145%时，浮选精矿产率为0.7%，精矿含WO$_3$ 10.84%，Ta$_2$O$_5$ 1.8%，钨和钽的回收率分别为85%和87%，精矿富集比在100倍以上。然后再重选富集，水冶分离钽和钨，使钽的选冶回收率达44%。

进行钽铌铁矿与黑钨矿分离时，通常采用水冶方法。先磨矿并加碳酸钠进行焙烧，然后再细磨至-0.04mm，用水浸或碱浸，过滤后滤渣用5%的盐酸除硅，可获得人造钽铌精矿。滤液为钨酸钠溶液，经中和、结晶可获得氧化钨产品。

包头白云鄂博矿的矿石性质非常复杂，特别是铌矿物以贫、细、杂难选闻名于世，尽管目前选矿技术比过去有很大的进步，但稀土的选矿回收率仍然较低，铌的选矿回收仍处于研究阶段。广州有色金属研究院用浮选法对稀土浮选尾矿进行铌矿物富集，采用Pb（NO$_3$）$_2$为活化剂，D-1为钙矿物的抑制剂，以羟肟酸为主的组合捕收剂，在pH值为6的介质中进行铌浮选，经浮选富集的铌粗精矿脱硫后，采用弱磁—摇床工艺精选，获得富铌铁精矿和铁精矿。富铌铁精矿一含Nb$_2$O$_5$ 1.66%，精矿二含Nb$_2$O$_5$ 0.59%，铌总回收率35.58%。陈泉源等人对白云鄂博矿的稀土浮选尾矿研究后提出，稀土浮选尾矿浓缩脱泥后，添加氧化石蜡皂、水玻璃反浮选萤石及残余的稀土矿物，槽内产品浓缩后，添加氟硅酸铵、氧化石蜡皂浮选铁矿物得到铁精矿，选铁尾矿加硫酸、羧甲基纤维素、水杨羟肟酸、C$_{5~9}$羟肟酸和草酸，经一次粗选、三次精选得到含Nb$_2$O$_5$ 1.67%，回收率40.14%的铌浮选精矿，该精矿再经强磁进行铁、铌分离，得到非磁性产品的铌精矿和磁性产品的铌次精矿。另外磁—浮流程还可以得到稀土泡沫产品及铁精矿。

C 钽铌矿浮选药剂的研究现状

钽铌产资源以贫、细、杂难选闻名于世，尽管目前选矿技术比过去有很大的进步，但选矿回收率仍然较低。近年来，国内外许多学者在钽铌浮选药剂方面，进行大量的研究工作，其中比较有效的捕收剂有脂肪酸类、肟酸类、膦酸类、羟肟酸类、阳离子型捕收剂。

(1) 钽铌矿物捕收剂：

1) 脂肪酸类捕收剂。前苏联波立金 С. И. 和格拉德基赫 Ю. А. 两人 1959 年曾采用氧化矿捕收剂：油酸、油酸钠、十三烷酸钠、硫酸烷酯钠和异辛基磷酸钠详细研究铌铁矿-钽铁矿、电气石和石榴石的可浮性。试验表明：使用脂肪酸作捕收剂时，饱和烃基的捕收能力比不饱和的差。当 pH 值为 6 ~ 8 时，用油酸钠浮选铌铁矿-钽铁矿极有成效，在强酸性介质和强碱性介质中浮选效果差。

对脂肪酸进行改性，能提高其选择捕收性。例如，在分子中引入新的有效活性基团磺酸基、多羧基、硫酸基、卤素、胺（氨）基、胺基酰基和酰胺基等。

2) 肟酸类捕收剂。肟酸能与钽、铌等稀有金属矿物形成牢固的表面化合物，烃基向外，使矿物疏水。但与脉石矿物不存在这种化学吸附，因此捕收能力强、选择性好。缺点是含肟物质在生产和使用上都存在污染问题。苄基肟酸和甲苯肟酸是钽铌矿物及黑钨矿、锡石的有效捕收剂，肟酸与黄药混用能大大提高黑钨矿和锡石的回收率，也能提高钽铌矿物回收率。

3) 膦酸类捕收。膦酸在水溶液中的溶解度随 pH 值改变而改变，一般在碱性介质中溶解度好，实际上是生成碱金属盐而溶解。膦酸与 Ca^{2+}、Fe^{2+}、Fe^{3+}、Sn^{2+} 等金属离子生成难溶盐，因而能捕收钽铌矿物。用双膦酸捕收铌铁金红石的研究表明：在矿浆 pH 值为 2 ~ 4 时，双膦酸是铌铁金红石良好的捕收剂，其回收率达到 90.87% ~ 91.70%，同时认为双膦酸在铌铁金红石表面被吸附，吸附形式主要为化学吸附。

4) 羟肟酸类捕收剂。羟肟酸及其盐早期用于浮选孔雀石和赤铁矿，其后用于各种稀有金属矿的捕收剂。萘羟肟酸对黑钨矿有良好的选择捕收性能，而对石英和萤石的捕收能力极弱。用 C_{7-9} 羟肟酸浮选黄绿石矿，精矿含 Nb_2O_5 6% ~ 20%，回收率 65% ~ 66%。我国某地钽铌细泥矿用工业异羟肟酸配以变压器油进行粗选，当给矿含 Nb_2O_5 0.094% 时，可得粗精矿品位 Nb_2O_5 0.9% ~ 1.0%，回收率 90% 左右。

5) 阳离子捕收剂。在中性介质中，阳离子捕收剂是钽铌矿物的有效捕收剂；在强酸介质中，钽铌矿物表面大多带正电，不利于阳离子捕收剂吸附；从溶液化学的观点看，阳离子捕收剂在水溶液中发生水解反应，在强碱介质中，OH^- 浓度大不利于水解反应进行，捕收剂阳离子浓度降低，对浮选不利。巴西 Araxa 选厂采用胺类捕收剂，浮选烧绿石获得良好效果。另有研究表明，十二烷基醋酸胺在中性介质中能有效地浮选铌铁矿类矿物。

6) 其他捕收剂。利用新药剂 N_2 对钽铌矿物进行捕收性能研究表明，高碳链的 N_2 是钽铌矿物的有效捕收剂，其在钽铌矿物表面的吸附是化学吸附。用 N-亚硝基苯胲胺浮选白云鄂博铌矿石取得较好结果。前苏联别尔格尔 ГС 的探索试验表明，烃基硫酸酯也适应于伟晶岩矿床铌铁矿-钽铁矿的浮选。

很多浮选剂，特别是捕收剂，单独使用时，效果不太理想，但当某些药剂按一定比例组合使用后，出现的效果不是简单的加和效果，而是增效效果。如黄药与羟肟酸组合浮选氧化铜；油酸钠与羟肟酸组合浮选红柱石；肟酸与黄药混用，铜铁灵与苯甲羟肟酸混用，苯甲羟肟酸与塔尔皂混用，浮选黑钨细泥；F_{2O3} 与水杨羟肟酸混用浮选锡石细泥都取得较好结果。这些成果，为钽铌矿的浮选提供了很好的思路。

（2）钽铌矿浮选调整剂：钽铌矿床中主要脉石矿物是硅酸盐类矿物、萤石和碳酸盐矿物。这些矿物的典型抑制剂是水玻璃、六偏磷酸钠、淀粉、焦磷酸、磷酸氢钠、木素磺酸钠、丹宁、乳酸、柠檬酸、酒石酸等。pH 值对钽铌浮选过程有较大影响，常用于调整 pH 值的调整剂有硫酸、盐酸、氢氧化钠、苏打等。

D　钽铌矿浮选存在问题分析

（1）捕收剂的捕收性问题。分子中含有官能团—COOH、—SO$_4$H、—SO$_3$H 的捕收能力强、选择性差，只适用于浮选矿物组成简单、以石英为主要脉石的钽铌细泥。羟肟酸对钽铌细泥的捕收能力较脂肪酸弱，但选择性较好。膦酸对钽铌矿捕收能力比较强，但对 Fe^{2+}、Ca^{2+} 敏感。对浮选过程产生较大影响。

（2）捕收剂的环境污染及药剂成本问题。肟酸能与钽、铌等金属矿形成牢固的表面化合物，烃基向外，使矿物疏水，而与脉石矿物不存在这种化学吸附，因此捕收能力强、选择性好，同时肟酸对 Ca^{2+}、Mg^{2+} 不敏感，对含方解石高的矿石适应性强。但肟酸毒性较高，可能造成环境污染。与膦酸、磺化琥珀酸配合使用的调整剂氟硅酸钠或氟化钠也有一定的毒性。在钽铌细泥浮选中，使用药剂量大，且价格高；同时，有些药剂毒性较大，需增加环保费用，从而使选矿成本上升。使用羟肟酸浮选时，效果较好，但药剂用量较大。

近年来，国内外许多学者在钽铌浮选药剂的选择、研制方面做了大量工作，发现了许多选择性好的捕收剂。虽然在钽铌浮选药剂研究方面取得了一定进展，但由于药剂价格太高，目前只有国外少数铌矿山采用浮选方法，如加拿大奥卡选矿厂、巴西阿拉克萨矿。随着越来越多的难选钽铌资源的开发，预计对选择性好、价格合理的钽铌选矿药剂需求也会不断增加。

36.4.2　钽铌矿的重选

大部分钽铌矿石的粗选以重选为主，重选效率高低，决定选别效果。钽铌矿的重选要注意以下几个方面：

（1）采用阶段磨矿阶段选别流程。由于钽铌矿物性脆而易碎，在碎磨过程中，易过粉碎而成矿泥，影响选别效果。因此，减少钽铌矿物过粉碎是钽铌矿物选别中最为重要的因素，采用阶段磨矿、阶段选别是钽铌矿选矿流程的主要特征。

其次，为了减少钽铌矿物过粉碎，对磨矿浓度也有一定的要求，一般宜采用相对较低的磨矿浓度，最低可控制在 45% ~ 50% 范围。宜春钽铌矿的生产实践表明，过高的磨矿浓度，有时会造成钽铌精矿回收率下降 2 ~ 4 个百分点，可见其影响之大。

采用闭路磨矿时，与其配套的筛分设备，也是影响钽铌矿物过粉碎的原因。筛分设备控制的要点是筛上物料中 − 0.074mm 的含量，其过高的产率必然造成钽铌矿物过粉碎。一般可采用筛面增加淋洗水的方法来进行控制。

采用二段磨矿作业时，对二段磨矿介质的尺寸大小进行控制，也是提高磨矿效率，减少过粉碎的有效手段。宜春钽铌矿采用 $\phi40mm \times 45mm \times \phi35mm$ 钢段，取代原 $\phi60mm$ 钢球，作为二段磨矿介质，工业试验表明，有效入选粒级 − 0.2mm + 0.030mm 金属量增加

4.5个百分点以上，提高了磨矿过程矿物单体解离度并改善了磨矿产品质量。

（2）不同性质物料宜分别进行选别。在破碎流程中洗出的原生矿泥，一般采用独立的重选流程进行处理，这是常规的做法。而在磨矿重选流程中，很多选矿厂习惯将粒度相近的物料合并进行处理，这很有可能是错误的。最常见的一种做法是，一段选别流程的溢流与二段磨矿的排矿合并，再经过脱泥作业，其沉砂再进入重选流程。这样设置的流程，对细粒级重矿物的回收，必然会带来明显的损失。

究其原因，主要是有以下几方面：①一段选别的溢流中含有大量的原生矿泥和磨矿产生的次生细泥，这部分细泥的特性之一，就是很容易包裹微细粒重矿物单体，造成微细粒重矿物单体假比重变小，因而影响其回收效果。②二段磨矿的排矿，其重矿物单体本来粒径就相对一段磨矿要小，微细粒级（主要是$-38\mu m$粒级）含量相对较多，因此，造成的损失就明显的反映出来了。③不同原因产生的微细矿泥，其表面特性有很大区别，原生风化的矿泥和磨矿产生的次生矿泥合并，有可能对重选带来的危害，不仅仅表现在回收效果的变差，有时还影响到精矿品位。

钽铌重选，特别是细粒嵌布钽铌矿物的重选，矿泥对选别的影响，是一个值得关注的问题，流程的设置一定要考虑到这一特点，只考虑粒度相近而采用简化流程，将两个不同性质的物料进行合并处理，必然造成细粒重矿物的损失。

36.4.3　钽铌矿选矿技术发展趋势

钽铌原矿品位逐年降低，是钽铌资源开发的总体趋势。目前对我国钽铌矿工业来说，易采易选的钽铌矿资源越来越少，低品位细粒嵌布钽铌矿占有主要地位。因此加强钽铌矿选矿工艺研究，寻找新的选矿工艺和方法，在提高效率、降低成本、开展资源综合利用，仍将成为钽铌选矿科研和生产的重要课题。

36.4.3.1　调浆重选的发展

调浆重选，也就是在对微细粒级物料进行重选时，采用特定的浮选药剂，对矿浆进行调整处理，从而提高微细粒级矿物的回收效率。

调浆重选的原理是：调整剂（分散剂）与矿泥充分作用，分散矿泥，将被矿泥包裹的微细粒重矿物单体得到较大机会被释放出来，选择性絮凝剂首先与矿泥发生絮凝，形成相对稳固的絮团，防止微细粒重矿物单体再次被矿泥包裹，其次选择性絮凝剂与微细粒重矿物单体发生凝剂，最后，采用常规重选的方法进行处理。

调浆重选的关键是药剂的选择，一般而言，采用同浮选相同或相近的分散剂，就可达到分散矿泥的效果，其用量视成分不同，一般为$60\sim600g/t$。合适的选择性絮凝剂，最好通过试验确定，其用量一般为$5\sim15g/t$。调浆时间分别控制在$2\sim3min$，一般情况下，其效果都是很明显的。

目前，调浆重选在试验室已取得突破。在原矿品位$(TaNb)_2O_5$ 0.024%，采用摇床进行对比试验，调浆重选钽铌精矿回收率高达58%，比常规重选提高8个百分点，效果明显。工业探索试验也有相近的结果，其$-0.074mm+0.038mm$粒级回收率高，充分说明了调浆重选的选择性絮凝作用。

36.4.3.2　未来的钽铌重选技术——在离心力场中分选矿物

由于经济和环境保护的考虑，近年来人们对重选仍给予足够的重视。除了粗粒预选设备和常规重选设备有所改进外，重选设备的主要研究方向是开发细微粒重选新设备。

离心选矿机简称离心机，离心选矿机的种类很多，但结构基本相同。离心选矿机高速旋转时产生很大的离心力，强化重选过程，使微细矿粒得到更有效的回收，离心选矿机的出现成功的解决了微细粒的充分回收问题，因此，目前离心选矿机广泛用于回收钨、锡、铁等矿泥。

常规的卧式离心选矿机转鼓内颗粒群松散和分层规律为：转鼓内沉积层的最底部为大密度细颗粒，其次为小密度细颗粒，再其次为大密度粗颗粒，沉积层的最顶层为小密度粗颗粒。前人的试验和理论研究结果表明：影响卧式离心选矿机转鼓内颗粒群松散和分层规律的主要因素为转鼓转速和给矿浓度。

常规的卧式离心选矿机选别细粒钽铌矿物，在给矿粒度为 $-0.038mm$ 占 89%、原矿品位为 0.0113% 的条件下，离心加速度为 $(80\sim120)g$，其初选富集比为 2 左右，加上精选作业，总富集比为 $15\sim20$，总回收率为 38%~45%。对常规的卧式离心选矿机，加以适当改造，转鼓内铺设土工布，暂且将这种离心机叫铺布-离心机。采用铺布-离心机，并调整其离心加速度为 $10g$，在相近处理量且不补加洗涤水的情况下，单机一次粗选的工业试验指标为：富集比为 $15\sim40$，回收率 35%~48%。这个工业探索试验，其最大的成就就在于，它大大打破了常规卧式离心选矿机在选别细粒钽铌矿物的富集比极限，给予我们直接的感觉是，离心加速度并不要太高，洗涤水也可以不要，而选矿富集比也可以达到较高。而更深层次的意义就是：离心力场中分选矿物，如何合理而有效的利用离心力场来选别细粒重矿物，甚至是利用离心力场来选别较粗粒的矿物，对离心选矿机的结构进行创新，就成为必然。

近年国外重选设备，尤其值得注意的是离心化成为重选设备的一个重要发展方向。由于回收尾矿和泥矿中的有用金属日益引起选矿界的关注，研制能有效回收细粒金属矿物的重选设备成为一项重要课题。FALON 立式单壁式离心选矿机主体为一倒锥形筒体，其高度约为直径的两倍。工作时，筒体旋转产生的离心加速度可达 $(200\sim300)g$。矿浆通过位于筒体中心的给料管给到筒体底部，由筒底的叶轮均匀地分布到筒壁上。矿浆在倒锥形筒体的带动下做离心运动，使矿粒产生离心沉降，高密度的矿粒沉降到筒壁内表面，沿锥壁向上运动到上部排矿缝隙处排出成为精矿。低密度的矿粒沉降到高密度矿粒的外层，也向上运动并从锥体上端排出成为尾矿。按精矿排矿方式该设备分为两种形式，B 型为间歇式排矿，C 型为连续式排矿。目前最大规格的 C40 型 FALON 离心选矿机直径达 1m，处理能力可达 100t/h，要求给矿粒度小于 0.084mm（20 目）。KNELSON 离心选矿机由两个立式同心圆构成，内筒由聚氨酯制成，为带水平环的倒锥体，半锥度为 15°，筒内按一定规律排列着切向进水孔。外筒为不锈钢制作的圆柱形筒体，与内筒构成密封水套，同时带动内筒旋转。工作时，矿浆通过中心给料管给到筒体底部，然后随倒锥形内筒体做离心运动，离心加速度可达 $60g$，从而在内筒体表面发生离心沉降。同时流态化反冲水沿筒体旋转方向相反的方向切向给入。这一反向流态化冲洗水对重选过程有重要影响。高密度颗粒的离心沉降速度大于反向冲洗水速度，可以顺利地沉降到倒锥体表面。而低密度颗粒即使沉降到倒锥体表面，也会在反向冲洗水的作用下重新悬浮起来。由于采用了流态化反向冲洗水，设备转速及离心力可以大大提高，从而提高设备处理能力。上述两种设备，目前主要在黄金等贵金属中得到应用。

36.5 钽铌矿选矿厂

36.5.1 宜春钽铌矿选矿厂

宜春钽铌矿位于江西省宜春市境内。宜春钽铌矿选矿厂始建于 1970 年，1976 年建成试生产，由于存在一些问题，一直未能达到设计指标。1982 年开始技术改造，1984 年改造工程完成，1985 年 5 月开始全面流程调试，然后转入正式生产，生产规模为日处理量 1500t。

2004 年进行了扩产改造，经过两年的调试，流程日趋稳定，产能稳步提高，目前生产能力已基本达到 2500t/d，年产钽铌精矿可达 150t、锂云母精矿 4.5 万吨、锂长石粉 40 ~ 45 万吨。

宜春钽铌矿是钠长石化-云英岩化-锂云母化花岗岩型含钽、铌、锂、铷、铯、铍多种稀有金属的大型矿床。主矿体的矿石有残坡积型-表土矿风化型、半风化矿及原生矿三种矿石类型。矿石的变化按矿体由上往下钠化程度逐渐减弱，钽、铌、锂、铷、铯有用元素的储量逐渐下降，有用矿物的嵌布粒度逐渐变细，矿石硬度逐渐变硬，共生矿物相对复杂，主要有用元素钽、铌的分散率增加。钽铌矿物主要有富锰钽铌铁矿、细晶石、含钽锡石。锂矿物主要是锂云母。铍矿物主要是绿柱石、磷钠铍石。铷、铯绝大部分赋存于锂云母中。脉石矿物以长石、石英为主。其他少量矿物有黄玉、磁铁矿、赤铁矿、钛铁矿、锰矿物、磷灰石等。原矿石成分分析结果见表 36-5-1、矿物组成见表 36-5-2。

表 36-5-1　原矿成分分析结果

成　分	SiO_2	Al_2O_3	CaO	MgO	MnO	K_2O
含量/%	69.13	18.80	0.103	0.038	0.14	2.95
成　分	Na_2O	BeO	TiO_2	ZrO_2	U_3O_8	Sn
含量/%	4.04	0.038	0.032	0.005	<0.006	0.027
成　分	WO_3	Li_2O	Rb_2O	Cs_2O	P_2O_5	ThO_2
含量/%	<0.005	0.84	0.25	0.06	0.41	0.002
成　分	S	Ca	F	Fe	Ta_2O_5	Nb_2O_5
含量/%	0.14	0.002	1.35	0.17	0.016	0.01

表 36-5-2　原矿矿物组成

矿物名称	含量/%	矿物名称	含量/%	矿物名称	含量/%
富锰铌钽铁矿	0.0168	长石	61.2384	钛铁矿	0.001
细晶石	0.0072	石英	23.6282	锰矿物	0.007
含钽锡石	0.0086	黄玉	1.1351	磷灰石	0.003
锂云母（含锂白云母）	13.9407	磁铁矿、赤铁矿	0.014	合　计	100.00

36.5.1.1　主要有用矿物的嵌布粒度特征

矿石中主要有用矿物为富锰铌钽铁矿、细晶石、含钽锡石、锂云母等。矿物密度见表 36-5-3。

表 36-5-3　主要矿物密度

矿物名称	富锰钽铌铁矿	细晶石	含钽锡石	长石	石英	锂云母	黄　玉
密度/t·m⁻³	6.28	5.68	6.41	2.7	2.65	2.87	3.4~3.6

（1）富锰铌钽铁矿：斜方晶系，多呈板状晶形或呈粒状星散嵌布于锂云母、长石和石英之中，与含钽锡石紧密共生，与细晶石、锆石嵌布密切，嵌布粒度一般在 0.3~0.1mm 之间，0.4mm 开始出现单体，0.1mm 时单体解离率达 95%。

（2）细晶石：等轴晶系，多呈不规则粒状晶形，分布在长石和锂云母之间，与富锰铌钽铁矿、含钽锡石紧密共生，有的颗粒表面为细鳞云母包裹。嵌布粒度一般为 0.2~0.8mm，0.3mm 开始出现单体。0.1mm 时单体解离率达 95%。细晶石单矿物分析中 U_3O_8 含量为 3.28%。

（3）含钽锡石：正方晶系，不规则粒状或四方双锥晶形，主要呈不规则粒状分散嵌布于长石、石英中，其次分布于锂云母中，与富锰铌钽铁矿、细晶石共生紧密。嵌布粒度一般为 0.3~0.8mm，0.4mm 出现单体，0.1mm 时单体解离率为 95%。

（4）锂云母：单斜晶系，呈叶片状、鳞片状集合体。产于长石、石英之间，其层理间常嵌布有细微的铌钽矿物颗粒。原矿碎至 0.4mm 时单体解离已达 85%。0.1mm 时锂云母单体解离率达 99%。

该矿山是含钽、铌、锂、铷、铯、铍等多种稀有金属矿物的共生矿床，脉石矿物以长石、石英为主，是玻璃、陶瓷工业的理想原料，具有较高的综合利用价值。充分发挥其资源优势，做好综合回收是该矿的重要特点。目前生产中除产出钽铌精矿外，还生产锂云母精矿、长石粉和高岭土产品。

36.5.1.2　选矿厂工艺流程较为合理和完善

原矿洗矿采用振动给矿筛分洗矿机、重型振动筛、单轴振动筛、高频细筛脱水脱泥的联合多层次洗矿工艺流程。实践证明该流程适用于原矿含水含泥量变化幅度大的矿石，洗矿脱泥效率高，矿泥（0.2mm）洗出率 88% 以上。

棒磨机与高频细筛组成闭路，螺旋分级机二次分级的磨矿分级工艺流程，可提高磨矿效率，降低有用矿物过磨损失。有用矿物充分解离和分级入选，对重力选矿至关重要。原用弧形筛与棒磨机组成闭路，筛分效率仅 35%~56%，而且操作麻烦，改用高频细筛后，筛分效率达 80% 以上，棒磨机磨矿效率提高 5.4%，处理量提高 7%~8%。二段球磨采用水力旋流器与螺旋分级机（或细筛）联合脱水、脱细（-0.2mm）工艺，小于 0.2mm 合格粒级入磨占有率由 50% 下降至 36.5%，球磨机单位处理量由 0.405t/(m³·h) 提高到 0.54t/(m³·h)。选矿工艺流程如图 36-5-1 所示。

强化分选前物料的分级、脱泥和脱铁，对重力选矿各段作业至关重要。分层次的分级、脱细，能缩小分选物料级别，加强矿泥集中，提高选别效果。一次分级脱细 0.038~0mm 粒级归队率达 70% 以上。入选物料在加工过程中有相当数量（含铁 0.13%~0.15%）的铁质混入，铁质易于沉积氧化而黏结于选别设备的表面，破坏正常分选过程，影响选矿效果，选用性能适合的磁选设备设于流程的合理部位并及时脱出铁质，对方便操作管理和提高选矿指标均有利。粗选设备采用螺旋溜槽，可丢弃尾矿 60%~80%，富集比 3~6 倍，从而大量减少占地面积大的摇床。

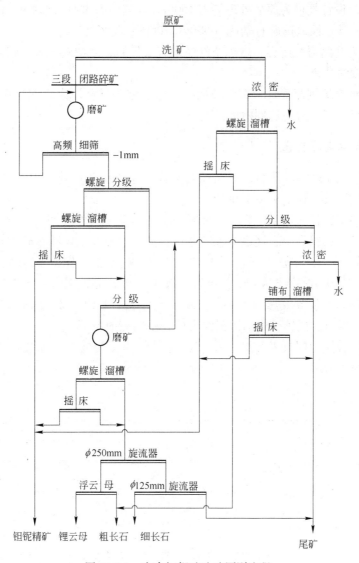

图 36-5-1 宜春钽铌矿选矿原则流程

近几年选矿厂的生产指标为：原矿品位（TaNb）$_2$O$_5$ 0.023%、Li$_2$O 品位为0.75%；精矿品位（TaNb）$_2$O$_5$：44% ~47%、Li$_2$O：3.0% ~4.5%；回收率（TaNb）$_2$O$_5$：46.5%、Li$_2$O：41%。

现行生产工艺流程的主要特点有：

（1）破碎前洗矿、洗出的原生细泥单独处理；

（2）阶段磨矿、阶段选别；

（3）泥砂分选；

（4）综合回收效益好。

36.5.1.3 现行生产工艺流程存在的主要问题

现行生产工艺流程存在的主要问题有以下几点：

（1）虽然采用三段一闭路破碎，但因矿石黏性较大等原因，实际碎矿产品粒度为20 ~ 0mm，没有完全达到要求的闭路破碎效果。

（2）选厂原设计规模为原矿处理能力 1500t/d，其中磨重段入选矿石量 1250t/d，2004年扩产改造后，磨重段入选矿石量达 2000t/d，设备超负荷运行。

（3）二段为开路磨矿流程，磨矿条件尚未有效控制，磨矿效果未得到充分发挥，矿石欠磨现象有时较为严重。

（4）次生细泥选别流程是，次生细泥经浓密机浓缩后和原生细泥尾矿进入铺布溜槽-摇床选别，粒级范围太大，选别指标很差。

36.5.2　广西栗木老虎头选厂

老虎头选厂位于广西壮族自治区恭城县境内。老虎头选厂建于 1966 年，多次扩建由广西冶金设计院设计，现生规模 1000t/d。

栗木矿系锡、钽铌、钨花岗岩多金属矿床。主要金属矿物有锡石、黝锡矿、胶态锡、铌锰矿、锰钽矿、钛钽铌矿、铌铁矿、细晶石、黑钨矿等。主要脉石矿物有石英、长石和少量的黄玉等。矿石一般含 Sn 0.115%，含五氧化二钽铌 0.0204%，含三氧化钨0.017%。主要金属矿物的结晶粒度：锡石一般小于 0.2mm，铌锰矿 0.2~0.05mm，锰钽矿 0.15~0.01mm，钛钽铌矿 0.1~0.3mm，细晶石 0.12~0.18mm，黑钨矿 0.05~0.1mm。分散在锡石、黑钨矿中的钽铌约占矿石中钽铌的 50%。

用选—冶联合流程回收锡、钨、钽、铌，由粗选厂、精选厂、水冶厂组成。流程如图36-5-2~图 36-5-4 所示。

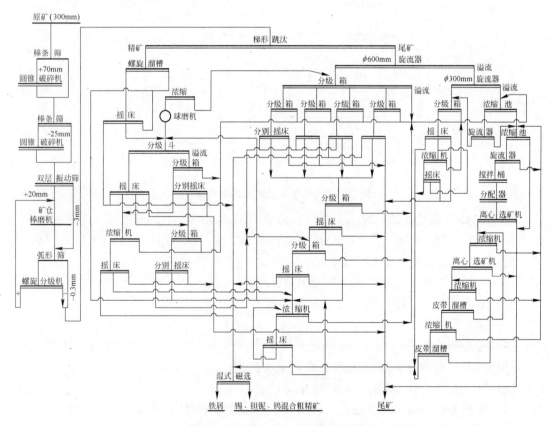

图 36-5-2　栗木矿新木粗选厂流程

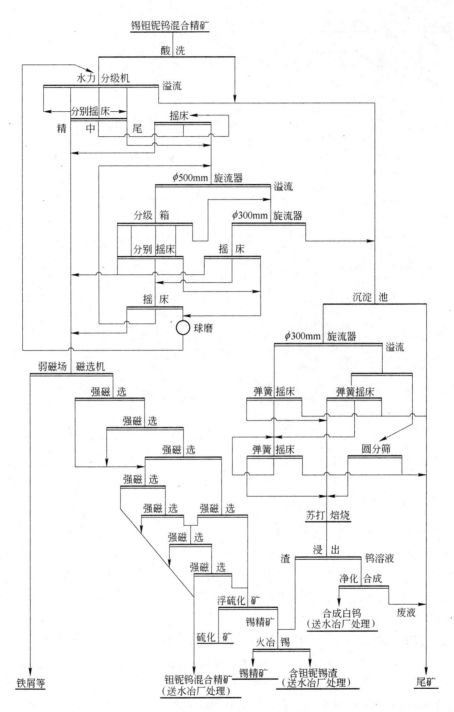

图 36-5-3 栗木矿精选厂流程

该厂处理的矿石有用矿物种类多，结晶粒度细，有用矿物间互相共生关系密切。钽铌分散在锡石、黑钨矿物中达50%左右，选别得到锡、钽铌、钨混合精矿，锡、钽铌、钨混合精矿由冶炼厂进一步分离。选矿工艺流程的主要特点是各段碎矿设有预先筛分，矿石入磨前将产品中细粒级预先筛出，磨机与弧形筛构成一段闭路磨矿循环，二段球磨与分级

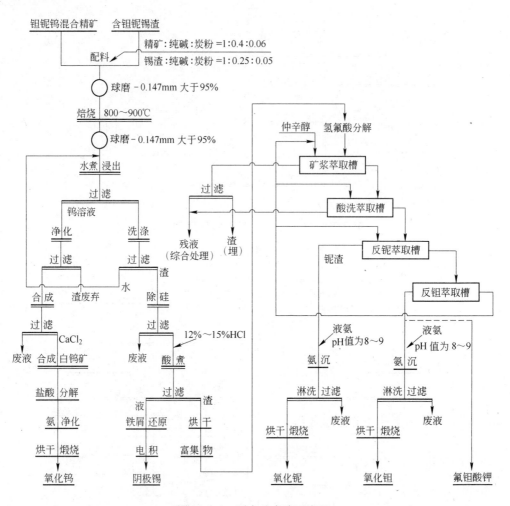

图 36-5-4　栗木矿水冶厂流程

斗、摇床组成闭路磨矿，取代原螺旋分级机的二段磨矿、二段选别、矿泥集中处理的工艺
流程。该流程针对矿石中锡石、钽铌矿物、黑钨矿均性脆的特点，磨矿过程中尽量避免有
用矿物过粉碎。分级效果的好坏，也影响各段选别指标，矿泥能否尽可能集中而不流失与
分级有直接关系。选前进行三次分级，重选前再分级，第一次采用旋流器分组，二、三次
采用分级箱分级。

　　粗选厂采用二段破碎、二段磨矿的跳汰—螺旋—摇床流程。矿石（300mm）经筛孔为
70mm 棒条筛，大于 70mm 矿石送给 400mm × 600mm 颚式破碎机。粗碎产品中大于 25mm
物料给入 φ900mm 标准圆锥破碎机破碎至 -25mm，经过双层振动筛筛分，大于 3mm 物料
给入 φ2100mm × 3000mm 棒磨机，磨矿粒度 0.3mm，棒磨机与弧形筛、螺旋分级机构成闭
路。小于 0.3mm 物料给入梯形跳汰机，跳汰精矿用螺旋溜槽—摇床选出部分粗精矿，尾
矿给入球磨机，再磨至 0.15mm。经分级斗分级，分级斗溢流（-0.15mm）采用分级摇
床。分级斗沉砂（+0.15mm）先用摇床选出部分精矿，丢弃部分尾矿，然后将摇床中矿
返回磨矿回路，做到"早收早丢"，避免了过磨碎。跳汰尾矿经过 φ500mm、φ300mm、
φ125mm 和 φ75mm 旋流器分级、脱泥，旋流器沉砂用摇床选别，旋流器溢流用离心选矿

机、皮带溜槽选矿，获得的锡—钽铌—钨总粗精矿含锡12.54%，（TaNb）$_2$O$_5$ 1.614%，WO$_3$ 31.139%，粗选回收率锡52%～53%，（TaNb）$_2$O$_5$ 41%～42%，WO$_3$ 64%～65%，送精选厂进一步处理。尾矿为玻璃、陶瓷原料。

精选厂（含锡火冶工段）采用选冶联合流程。来自粗选厂的锡—钽铌—钨混合粗精矿先用7%盐酸在温度80℃的条件下搅拌煮洗，然后经过水力分级机分级、水力旋流器脱泥和摇床选别等作业。摇床精矿先用弱磁场磁选机除去铁矿物，然后用干式强磁选机分选出磁性和非磁性两组矿物。磁性矿物为钽铌铁矿—黑钨矿（即钽铌—钨混合精矿）送水冶厂处理。非磁性矿物为锡石—硫化矿物，再经浮游重选脱除硫化矿，所得锡精矿送给火冶工段炼成精锡。锡渣中尚含（TaNb）$_2$O$_5$ 10%～12%，送给水冶厂处理。流程中产生的细泥，集中给入沉淀池，再经ϕ300mm和ϕ125mm旋流器分级，旋流器底流用弹簧摇床选别。旋流器溢流用圆分槽选别。选出的细泥精矿经过苏打焙烧、浸出，浸出渣送火冶厂处理，获得精锡和钽铌锡渣。浸出的钨溶液经净化合成得合成白钨，与含钽铌锡渣一并送水冶厂处理。精选指标：精锡含锡99.8%，回收率76%～85%；锡渣含（TaNb）$_2$O$_5$ 10%～12%。钽铌—黑钨混合精矿含：（TaNb）$_2$O$_5$ 17%、WO$_3$ 37%、锡6%，回收率：（TaNb）$_2$O$_5$ 87%，WO$_3$ 90%。

水冶厂采用碳酸钠焙烧、氢氟酸分解、仲辛醇萃取工艺。整个工艺由富集段，钽铌萃取分离段，钨锡综合回收段三个部分组成。首先将钽铌—黑钨混合精矿和含钽铌锡渣送富集段经过配料（精矿：纯碱：炭粉=1：0.4：0.06；锡渣：纯碱：炭粉=1：0.25：0.05）、磨矿（-0.5mm>95%）、焙烧（800～900℃）、磨矿、水煮浸出、过滤等工序。含钨溶液送钨锡综合回收段用镁盐净化法脱除磷、砷、硅，然后加氯化钙（CaCl$_2$）合成白钨矿，再用盐酸分解，氨净化，生产工业级氧化钨。滤渣用稀酸脱硅、盐酸煮、过滤等工序，其滤液经铁屑还原、电积，在阴极产生Sn 75%～85%的电积锡。渣即人造钽铌精矿，送萃取分离段用氢氟酸分解，仲辛醇萃取，钽铌进入有机相，加反铌剂2NH$_2$SO$_4$反萃取铌溶液，再加反钽剂纯水萃取钽溶液。铌溶液经氨沉、煅烧获得氧化铌（含Nb$_2$O$_5$ 98.72%）产品；钽溶液经氨沉、煅烧获得氧化钽（Ta$_2$O$_5$ 99.84%）和氟钽酸钾产品。水冶指标：氧化钽品位99.84%Ta$_2$O$_5$，氧化铌品位98.72%Nb$_2$O$_5$，钽铌水冶回收率85.97%；氧化钨品位99.8%WO$_3$，钨水冶回收率81%。

36.5.3 福建南平钽铌矿

福建南平钽铌矿位于福建省南平市境内，是一大型伟晶花岗岩型矿床，矿区内分布着多条钽铌矿脉，其中31号和14号矿脉贮量较大。

闽宁钽业有限公司于2000年建成规模为600t/d的采选厂，后扩产至750t/d规模。

2001年对31号和14号矿脉二者之比为2.5：1的原矿进行化学分析，结果见表36-5-4。

表36-5-4 原矿成分分析结果

成 分	Ta$_2$O$_5$	Nb$_2$O$_5$	Li$_2$O	BeO	Mn	Cu	TiO$_2$	Al$_2$O$_3$
含量/%	0.038	0.012	0.13	0.71	0.02	0.002	0.15	15.95
成 分	SiO$_2$	ZrO$_2$	WO$_3$	Sn	K$_2$O	Na$_2$O	Fe$_2$O$_3$	
含量/%	70.58	0.033	<0.01	0.065	2.73	4.50	1.03	

　　原矿中的主要含钽铌矿物有铌钽铁矿、钽铌铁矿、重钽铁矿、钽铌锰矿、锡钽锰矿和微量细晶石,其他金属矿物有锡石、钛铁矿、褐铁矿、磁黄铁矿、黄铁矿等。脉石矿物有石英、钠长石、钾长石、绢云母、白云母、腐锂辉石、电气石、磷铝石等,其矿物组成见表 36-5-5。

表 36-5-5　主要矿物组成

矿　物	含量/%	矿　物	含量/%
钽铌矿物	0.0642	石　英	29.2910
锡　石	0.0712	长　石	39.6026
磁黄铁矿	0.0578	绢云母	15.6515
黄铁矿	0.0400	白云母	7.6570
黄铜矿	0.0024	锂辉石	0.8616
方铅矿	0.0027	电气石	0.3704
闪锌矿	0.0007	磷铝石	0.2882
褐铁矿	0.4966	围岩岩屑	5.5410
钛铁矿	0.0003	铁　屑	0.0008

　　钽铌矿物嵌布粒度极不均匀,粗的可达 10mm,而细粒仅为数微米,一般为 0.01 ~ 8mm。锡石的嵌布粒度也极不均匀,只是比钽铌矿物略粗,一般为 0.01 ~ 8mm。

　　该矿要回收的有价矿物为钽铌矿和锡石,可综合回收长石。

　　原矿石一段磨矿采用 2100mm × 3000mm 棒磨机,棒磨机与 GYX31—1007 型高频细筛构成闭路,磨矿粒度为 − 0.7mm。高频细筛筛下物进入 ϕ1200mm 螺旋分级机进行分级,+ 0.3mm 粒级进入 GL 螺旋选矿机选别,螺旋选矿机的粗精矿用摇床选得粗精矿,螺旋选矿机及摇床的尾矿进入第二段磨矿。第二段磨矿的磨机为 2100mm × 2200mm 球磨,球磨与高频细筛构成闭路,高频细筛的筛下产品粒度为 − 0.3mm,高频细筛的筛下产品与 ϕ1200mm 螺旋分级机溢流一起进入 ϕ250mm 旋流器,其沉砂进入水力分级箱,分成两级,分别用 ϕ1200mm 及 ϕ900mm 螺旋溜槽一次粗选一次扫选,螺旋溜槽粗精矿分别用摇床选获得粗精矿。ϕ250mm 旋流器溢流浓缩之后用 ϕ900mm 螺旋溜槽粗选、摇床精选得粗精矿。

　　所有粗精矿经弱磁选脱铁之后进入精选段。粗精矿含 Ta_2O_5 11.41%,锡 22.00%,Ta_2O_5 的回收率为 69%,锡的回收率为 79%。

　　2001 年选厂粗选流程如图 36-5-5 所示。

　　入精选段的物料筛分成 + 0.2mm 及 − 0.2mm 两级,各级分别用干式强磁选机磁选得钽精矿,非磁产品分别经台浮和浮选脱除硫化矿后,再用干式强磁选机磁选得钽精矿,非磁产品则为锡精矿。钽精矿含 Ta_2O_5 28.81%、Nb_2O_5 10.2%,精选作业回收率为 89%,对原矿回收率为 62%。锡精矿含 Sn 64.38%,精选作业回收率为 84%,对原矿回收率为 66%。

　　总尾矿用 ϕ250mm 旋流器脱泥,其沉砂用湿式强磁选机脱除含铁杂质,用高频细筛脱除部分绢云母,高频细筛筛下再经 ϕ1500mm 螺旋分级机脱泥后,其返砂则为长石产品。

　　2001 年精选流程见图 36-5-6。

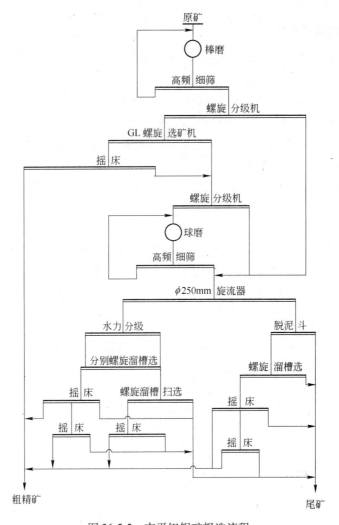

图 36-5-5 南平钽铌矿粗选流程

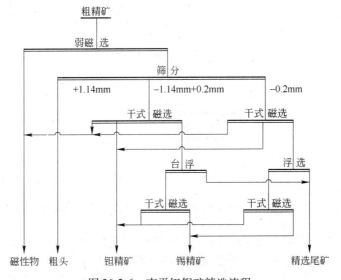

图 36-5-6 南平钽铌矿精选流程

36.5.4　格林布什钽矿选矿厂

格林布什钽矿（Greenbushes）位于西澳大利亚西南部，距佩斯（Perth）市南部约300km，距 Bunbury 港口约80km。

格林布什矿是世界上最大的稀有金属花岗岩带，最大的原生钽矿，并且也是世界上最大和品位最高的锂矿。格林布什矿的总贮量超过4600万吨，Ta_2O_5 储量达 10600t。

格林布什矿选厂处理的矿石系风化的黏土伟晶岩，由风化的石英、云母、电气石组成。原矿含锡石 $250g/m^3$，钽铁矿 $60g/m^3$。钽矿选矿分粗选、精选两部分。粗选包括风化伟晶岩冲积黏土粗选厂、原生伟晶岩粗选车间和尾矿再选车间。粗精矿集中由精选车间处理。

选矿厂年处理矿量 350 万吨，年产钽精矿含 Ta_2O_5 1 万吨（2300 万磅）以上。选矿流程见图 36-5-7。粗选厂产出高品位和低品位两种粗精矿。流程中，粗粒级用跳汰机两次选别得到含锡25%、Ta_2O_5 7% 的高品位粗精矿，细粒级采用螺旋选矿机—摇床选得含 Sn 7%、Ta_2O_5 2% 的低品位粗精矿。

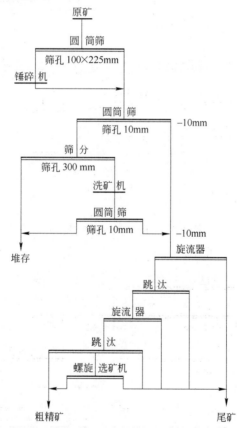

图 36-5-7　格林布什矿风化伟晶岩黏土矿粗选流程

三个粗选厂生产的高品位粗精矿含锡40%、Ta_2O_5 8%，低品位粗精矿含锡5%、Ta_2O_5 2%。两种粗精矿送精选车间进行多段湿式和干式精选。精选流程如图 36-5-8 所示。最终得到含锡72%、Ta_2O_5 3%、锑 1% 的锡精矿；含 Ta_2O_5 40% ~42%、Nb_2O_5 25% ~

28%、锡3%~5%、锑0.5%~1%的钽精矿。精矿中的锑先在1000℃温度下，用硫化焙烧方法挥发锑，再经电炉熔炼得锡锭和含钽锡渣，钽铁矿中的锑锡采用1000℃还原焙烧方法使其生成锑锡合金予以分离。锑钽铁矿精矿用原熔炼方法得锑锡合金和含钽锑渣。

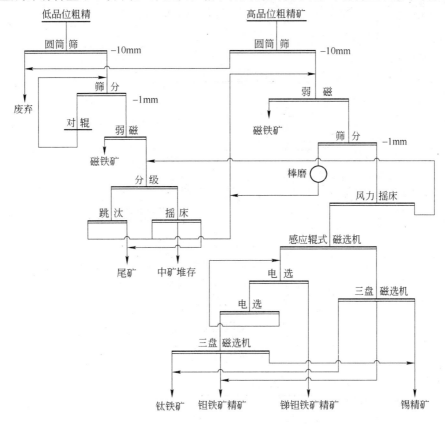

图 36-5-8　格林布什矿精选流程

36.5.5　尼奥贝克烧绿石矿选矿厂

尼奥贝克公司所属的圣·霍诺雷铌矿位于加拿大魁北克省境内，为碳酸盐烧绿石矿床，是世界上第三大铌铁生产厂家。矿山已证实的矿石储量4230t，铌品位0.51%，1976年开始投入工业化生产，按照现有的生产能力，尼奥贝克矿山可以开采到2020年，并且资源量还有扩大的潜力。

铌矿物为烧绿石，其粒度小于0.2mm。脉石矿物为方解石和白云母。选矿厂规模2450t/d，选矿流程如图36-5-9所示。流程包括分级脱泥、碳酸盐浮选、再脱泥、磁选、烧绿石浮选、黄铁矿浮选、烧绿石精矿浸出脱磷和浸出渣浮硫八个部分。

碳酸盐浮选按0.2~0.04mm和0.04~0.01mm两个粒级分别进行，用乳化脂肪酸作捕收剂，硅酸钠作烧绿石的抑制剂和软化剂，在pH值约为8的条件下，浮出25%~30%的碳酸盐，其中损失的烧绿石占总量的2%~5%。两个碳酸盐浮选段的尾矿经ϕ254和ϕ100两组旋流器脱除次生的$-10\mu m$的细泥，并用优质软化水代替硬水，使总盐含量大大降低。旋流器沉砂经过两个串联的鼓型埃利兹磁选机选出磁铁矿。非磁性物料送烧绿石浮选段处

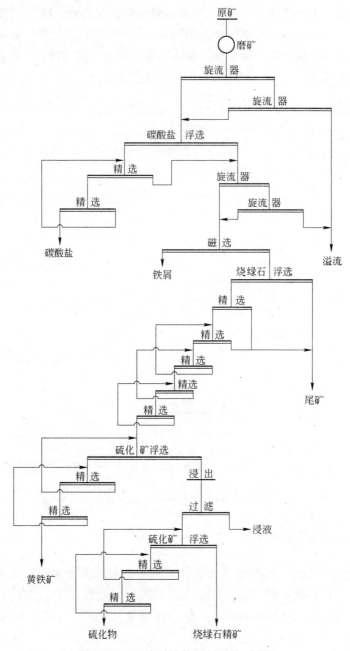

图 36-5-9　尼奥贝克烧绿石选矿厂流程

理。非磁性物料用草酸、氟硅酸及乳化脂肪二胺醋酸盐，在 pH 值为 6.8~7.5 的条件下浮选烧绿石，烧绿石粗精矿经五次精选，每次精选都添加草酸和氟硅酸，调整矿浆 pH 值，一次至五次精选 pH 值依次是：5.5、4.5、3.5、3、2.7。每次精选富集比平均 1.9 倍，获得含 Nb_2O_5 45%~50% 的精矿，需脱硫、脱磷后才能得到商品烧绿石精矿。烧绿石浮选回路的泡沫产物加 NaOH 调 pH 值至 11，加木薯淀粉抑制烧绿石，加戊基钾黄药选黄铁矿，可将 95% 的黄铁矿浮出，槽内产物送浸出作业进一步处理。将槽内产物浓缩后加 HCl（1.816kg/t）浸出，使部分磷灰石溶解。浸出渣送另一浓缩机脱除溶液，并加少量新鲜水洗涤，沉砂给入第二浸出槽，加 HCl 227g/t，pH 值为 0.5，经过两次连续浸出，可使磷含量降到 0.1% 以下。浸出渣经过滤后送调浆桶调浆，加 $CuSO_4$ 活化剩余的硫化物，加 NaOH 调整 pH 值至 0.5，加黄药浮出硫化物。槽内产物（烧绿石精矿）含 Nb_2O_5 60%~62%、硫 0.1%、P_2O_5 0.07%、SiO_2 2.02%。

36.6　国内外主要钽铌选矿厂汇总

国内外主要钽铌选矿厂基本情况列于表 36-6-1 中。

表 36-6-1　国内外钽铌选矿厂基本情况

序号	选矿厂名称	规模 /t·d^{-1}	矿床类型及矿物组成	工艺流程简介	产品名称	指标/%		
						原矿(Ta、Nb)$_2$O$_5$	精矿(Ta、Nb)$_2$O$_5$	回收率
1	宜春钽铌矿	2400	铌钽锰矿-细晶石花岗岩矿床。主要金属矿物为富锰钽铌铁矿、细晶石、含钽锡石、锂云母	三段一闭路碎矿加洗矿流程，二段磨矿、二段分级、泥砂分选、重选矿浮锂云母。浮选尾矿分级回收长石粉	钽铌精矿锂云母精矿	0.0223	42.01	46.31
2	派潭矿选矿厂	1200	砂矿。主要金属矿物为钽铁矿、锆矿、锡石、独居石、钛铁矿	原矿筛洗除渣，分级跳汰、螺旋溜槽、摇床粗选，粗精矿精选采用重—磁—电联合流程	铌钽精矿	0.0083	55.80	41.85
3	可可托海选矿厂	750	花岗伟晶岩矿床。主要金属矿物钽铌铁矿、细晶石、锂辉石、绿柱石	二段开路碎矿、二段磨矿、二段选别，采用旋转螺旋溜床粗选和摇床—磁选—电选联合流程	钽铌精矿	0.025	50.0	65
4	栗木矿选矿厂	1000	钽铌铁矿-铌钽铁矿花岗岩矿床。主要金属矿物为铌铁矿、铌锰矿、锰钽矿、细晶石、锡石、黝锡矿、胶态锡、黑钨矿	二段开路碎矿、二段磨矿、二段分级跳汰、摇床，矿泥集中分级，摇床、离心机、皮带溜槽重选流程得锡、钽、铌、钨混合粗精矿，精矿精选采用重—磁—水冶联合流程	钽铌钨混合精矿	0.0205	2.515	40.44
5	[加]伯尼克湖钽选矿厂	830	花岗伟晶岩矿床。主要金属矿物为锡石、锡锰钽矿、重钽铁矿、钽锆矿、钽锡矿、细晶石	三段闭路碎矿、一段磨矿、螺旋选矿机、摇床粗选，摇床中矿再磨再选，矿泥集中采用重—浮流程	钽精矿	0.13	35~40	72~74
6	[巴西]阿拉克萨铌选矿厂	500	碳酸盐岩复合矿床。主要金属矿物为水钡锶黄绿石、针铁矿	一段碎矿，一段磨矿，经三次旋流器脱泥后浮选	铌精矿	2.5~3.0	59~65	69.9
7	福建南平钽铌矿	750	花岗伟晶岩矿床，钽铌矿物有铌钽铁矿、钽铌矿、其他金属矿物有锡石、钛铁矿、磁黄铁矿	二段磨矿、二段选别、螺旋选矿机粗选，摇床精选得粗精矿，磁选、台浮、浮选、重选得钽精矿和锡精矿	钽精矿锡精矿长石粉	0.05 Sn 0.065	38.35 Sn 64.38	62 66
8	尼奥贝克烧绿石选厂	2085	碳酸盐烧绿石矿床。铌矿物为烧绿石，脉石矿物为方解石和白云母	浮选	烧绿石精矿	0.58~0.6	60~62	

参 考 文 献

［1］王濮，等．系统矿物学（上册）［M］．北京：地质出版社，1982：558～559.

［2］张培善，等．中国稀土矿物学［M］．北京：科学出版社，1998：202～203.

［3］《矿产资源综合利用手册》编辑委员会．矿产资源综合利用手册［M］．北京：科学出版社，2000：319～336.

［4］涂春根，等．全球最大的钽原料供应商［J］．钽铌工业进展，2003(2)：1～5.

［5］何季麟，等．中国钽铌工业发展的思考［J］．钽铌工业进展，2004(4)：2～7.

［6］周少珍，等．钽铌矿选矿的研究进展［J］．矿冶，2002(增刊)：175～178.

第 37 章 钛矿选矿

钛是第二次世界大战后登上世界工业大舞台的优质轻型耐蚀结构材料、新型功能材料和重要的生物工程材料的主要原料，被誉为仅次于铁、铝的正在崛起的"第三金属"。它具有储氢、超导、形状记忆、超弹和高阻等特殊功能，对国防、国民经济建设和社会发展具有极其重要的战略意义。世界各国的发展实践表明，先进的钛工业是综合国力的重要标志。

钛在元素周期表中的序数为 22，原子核由 22 个质子和 20~32 个中子构成。钛的最高化学价为四价。

钛的熔点为 1688℃，比铁的熔点高 118℃，是轻金属中的高熔点金属。钛的密度为 4.51g/cm³，仅为铁的 57.4%。纯钛金属的电阻率和导热率与奥氏体不锈钢大致相当。钛的比热容与奥氏体不锈钢相似，但由于密度小，则热容小，容易加热也容易冷却。

37.1 钛矿物及钛矿床

37.1.1 钛矿物

钛在地壳中的丰度为 0.56%，按元素丰度排列居第九位，仅次于氧、硅、铝、铁、钙、钠、钾和镁。钛资源则仅次于铁、铝、镁而居第四位。因此，按储量而论，钛不是一种稀有金属，而是一种储量十分丰富的元素。

钛矿物种类繁多，地壳中含钛 1% 以上的矿物有 80 多种，其中重要的矿物见表 37-1-1。但现阶段具有利用价值的只有少数几种矿物，主要是金红石和钛铁矿，其次是白钛石、锐钛矿、钙钛矿。

表 37-1-1 常见的重要钛矿物

矿　物	化　学　式	TiO_2 含量 /%	密度 /g·cm⁻³	莫氏硬度	磁性	颜　色
钛铁矿	$FeTiO_3$	52.66	4.5~5.6	5~6	弱磁性	铁黑至淡褐黑或钢灰色
金红石	TiO_2	100.00	4.5~5.2	6~6.5	无磁性	淡红褐、血红、淡黄、淡蓝等色
锐钛矿	TiO_2	100.00	3.8~3.9	5.5~6	无磁性	黄褐、蓝、黑等色
板钛矿	TiO_2	100.00	3.7~4	5.5~6	无磁性	褐、淡红、淡黑、铁黑等色
白钛矿	$TiO_2 \cdot nH_2O$	约94	3.5~4.5	4~5.5	无磁性	白、黄、褐等色
钙钛矿	$CaTiO_3$	58.9	3.9~4	5.5	无磁性	淡黄、淡红褐、灰黑等色
榍　石	$CaTiSiO_5$	40.8	3.4~3.6	5~5.5	无磁性	褐、黑、黄、紫、灰等色
铁板钛矿	Fe_2TiO_5	33.35	4.39	6.0	弱磁性	暗褐色
钛磁铁矿	$Fe(Fe, Ti, V)_2O_4$	12~16	4.63~4.86	6	强磁性	黑色、铁黑色
红钛铁矿	$Fe_2O_3 \cdot 3TiO_2$	60.01	4.25	5.5	弱磁性	赤褐色

钛铁矿是一种钢灰至黑色矿物，分子式为 $FeTiO_3$，理论上含 TiO_2 52.66%，FeO 47.34%。钛铁矿常含类质同象混入物镁和锰，此外，还可能含有细鳞片状赤铁矿包体，但仅能形成有限的类质同象（Fe_2O_3 <6%）。含赤铁矿的钛铁矿呈褐色。

金红石是一种褐红色矿物、条痕浅褐，金刚光泽。金红石分子式为 TiO_2，含 Ti 60%，常含有铁、铌、钽、铬、锡等混合物，富含铁的金红石称为铁金红石，富含铌和钽的称为铌钽金红石。铁金红石和铌钽金红石均为黑色，不透明，密度可达 $4.4 \sim 5.6 g/cm^3$，晶体为四方柱，双晶体。

锐钛矿通常为褐黄色，也有的为蓝灰色和黑色，分子式同金红石。双锥形晶体。

板钛矿的分子式也与金红石相同，颜色为黄褐色至深褐色。仅以板状晶体与金红石、锐钛矿相区别。

37.1.2 钛矿床类型

具有工业价值的钛矿床可概括为岩浆钛矿床（原生矿）和钛砂矿两大类。

原生钛铁矿矿床依其所含矿物种类可分为磁铁钛铁矿和赤铁钛铁矿两种主要类型。从矿床成因看，与基性深成岩，特别是与辉长岩、苏长岩和斜长岩密切相关。在辉长岩中钛矿石主要以磁铁钛铁矿出现，在斜长岩中主要以赤铁钛铁矿出现。我国四川攀枝花和河北承德的钛矿床为磁铁钛铁矿，其中含钒很高，称为钒钛铁矿矿床。

砂矿床依所含矿物种类可分为金红石型砂矿和钛铁矿型砂矿两类，依成因及形成过程又可分为海滨砂矿、残坡积砂矿、冲积砂矿等。

我国钛矿床类型见表 37-1-2。

表 37-1-2 我国钛矿床类型

矿 种	类 型		产 地
钛铁矿	原生矿		四川攀枝花、河北承德、广东
	砂 矿	海滨砂矿	海南、广西、广东
		残坡积砂矿	广东化州、海南万宁
		冲积砂矿	云 南
金红石	原生矿		湖北、河南、陕西、江苏、山西、山东
	砂 矿	海滨砂矿	海南、广东、广西、福建
		风化壳	河南、山东、湖北、湖南

37.1.3 钛矿床工业要求

钛矿床的一般工业要求见表 37-1-3。

表 37-1-3 钛矿床的一般工业要求

要 求	原生矿		砂 矿	
	金红石	钛铁矿	金红石	钛铁矿
边界品位	$TiO_2 \geqslant 2\%$	$TiO_2 \geqslant 5\% \sim 6\%$	矿物≥1kg/m³	矿物≥10kg/m³
工业品位	$TiO_2 \geqslant 3\% \sim 4\%$	$TiO_2 \geqslant 9\% \sim 10\%$	矿物≥2kg/m³	矿物≥15kg/m³
可采厚度/m	0.5 ~ 1		0.5	0.5 ~ 1
夹石剔除厚度/m	0.5 ~ 1		剥采比≤4	0.5 ~ 1

　　我国原生钛铁矿床通常并不是单一的钛矿床，而是铁和钛等的综合矿床，要进行综合评价。

　　原生金红石矿多与其他有价矿物伴生，在砂矿中也往往与独居石、锆英石等有价矿物伴生，应注意综合评价和综合回收。

37.2　国内外钛资源

37.2.1　世界钛资源

　　全球钛资源分布较广，30多个国家拥有钛资源。据2007年美国地质调查局（USGS）公布的资料表明，全世界钛铁矿基础储量约12亿吨，储量约6亿吨，金红石基础储量为1亿吨，储量为0.5亿吨，详见表37-2-1。

表37-2-1　2007年世界钛铁矿、金红石的储量和基础储量（以 TiO_2 计）　　（万吨）

国　家	钛 铁 矿		金 红 石		国　家	钛 铁 矿		金 红 石	
	储　量	基础储量	储　量	基础储量		储　量	基础储量	储　量	基础储量
南　非	6300	22000	830	2400	美　国	600	5900	40	180
挪　威	3700	6000			中　国	20000	35000		
澳大利亚	13000	10000	1900	3100	莫桑比克	1600	2100	48	57
加拿大	3100	3600			乌克兰			250	250
印　度	8500	21000	740	2000	芬　兰	590			
巴　西	1200	1200	350	350	其　他	1500	2800	810	1700
越　南	520	750			总　计	60610	110350	4968	10037

　　有关世界钛资源的统计数据只具有参考价值，不是十分准确的完全统计。例如，印度发表资料称印度拥有3.48亿吨钛铁矿资源，占世界钛铁矿资源的35%，还有1800万吨的金红石资源，占世界金红石资源的10%。另外，加拿大和肯尼亚称发现有世界级的钛矿资源，加拿大魁北克省发现有含重矿物（含钛、锆、铁的矿物）5.9%的砂矿21亿吨，肯尼亚有世界上最大的未开发金红石和锆英石资源。

　　此外，韩国、伊朗、芬兰、莫桑比克等都发现了大型钛铁矿资源。

　　就目前公布的钛资源情况来看，全球钛资源主要分布在澳大利亚、南非、加拿大、中国和印度等国。其中加拿大、中国、印度主要是钛铁矿原生矿，澳大利亚、美国主要是钛砂矿。

　　按目前钛矿年开采规模约为500万吨（以 TiO_2 计）计算，就目前发现的资源储量，可满足今后50年的需要。若再加上不断被发现的新的钛资源，可以预计今后100年内不会发生钛资源危机。

　　世界上所有开采的原生矿基本都是共生矿，有钛铁矿、钛磁铁矿和赤铁矿等不同类型。原生矿的特点是产地集中、储量大、可大规模开采。缺点是结构致密、选矿回收率低、精矿品位低。主要生产国有加拿大、挪威、中国、印度和俄罗斯。砂矿是水生矿，在海岸和河滩沉积成矿，主要钛矿物是钛铁矿和金红石，多与独居石、锆英石、锡石等共生。优点是结构松散，易采、钛矿物单体解离性好，可选性好、精矿品位高。缺点是资源分散、原矿品位低。主要产于南非、澳大利亚、印度和南美洲国家的海滨和内陆沉积层中。

目前，全世界钛铁矿的年产量大约500万吨（按 TiO_2 计），2006年世界共生产了495万吨钛铁矿，共生产了36万吨金红石（按 TiO_2 计）。

在钛矿的产量和出口量方面，澳大利亚居第一位，其次为南非、加拿大、乌克兰和挪威，这五国生产的钛矿占世界总产量的84%，这些国家的矿床非常集中，采矿和选矿规模很大。

37.2.1.1 国外主要原生钛铁矿

加拿大的阿莱得湖赤铁钛铁矿床，是该国最主要也是唯一的开采的钛铁矿山，矿床产于斜长岩体上，赋存的矿体长1100m，宽1050m，厚6~60m，矿石储量9000万吨。粗选后的粗精矿含 TiO_2 34.3%。

挪威是欧洲钛矿石的最大生产国，其中特尔尼斯矿占有重要的经济地位。矿石储存于斜长-苏长岩体中，矿体呈船形，长2300m，宽400m，埋深350m，原矿含 TiO_2 18%，矿石储量3亿吨。勒得撒德矿床，矿石含TFe 30%，TiO_2 4%，矿石储量500万~1000万吨。

美国纽约州有4个钛磁铁矿矿床，目前投入开采的是桑福德山矿山，矿体长1600m，宽270m，矿石储量约1亿吨。

芬兰的奥坦梅基矿床，长50m，厚15m，矿石储量1500万吨。

南非的布什唯尔矿床储量巨大，矿石储量达20亿吨，但该国砂矿资源丰富，故该矿床只回收铁、钒，钛并未回收。

37.2.1.2 国外主要砂矿钛铁矿

国外生产钛铁矿砂矿的矿区主要有7个，即澳大利亚东西海岸、南非理查兹湾、美国南部和东海岸、印度半岛南部喀拉拉邦、斯里兰卡、乌克兰、巴西东南海岸。

37.2.1.3 国外主要砂矿金红石

国外砂矿金红石矿区主要有3个，即澳大利亚东西海岸、塞拉利昂西南海岸、南非理查兹湾。印度、斯里兰卡、巴西、美国也有少量产出。

37.2.2 中国钛资源

37.2.2.1 我国钛资源及分布

我国钛矿物资源丰富，占世界钛矿资源的32%，位居世界第一位。全国20多个省（区）都有钛矿资源，主要分布在四川攀西、河北承德、云南、海南、广西和广东。

我国原生钛铁矿储量最多，TiO_2 约为1.5亿吨，砂矿钛铁矿为0.2亿吨，金红石储量仅有几百万吨。钛铁矿型钛资源占钛资源总储量的98%，金红石仅占2%。在钛铁矿型资源中原生矿占97%，砂矿占3%。在金红石矿中原生矿占86%，砂矿占14%。

国土资源部2004年公布我国钛矿资源统计数据，见表37-2-2（仅列主要钛矿地区）。

表 37-2-2　我国钛矿资源储量（以 TiO_2 计）　　　　　　（万吨）

地　区	矿区数/个	储　量	基础储量		资源量	资源储量
			基础储量	经济的基础储量		
四　川	27	14979	20799	16579	40822	61612
河　北	8	380	572	507	1007	1579
广　西	10	226	425	322	334	7585
云　南	11	168	256	256	987	1243
广　东	11	43	556	445	67	623
海　南	42	189	409	236	1696	2105
合　计	109	15985	23008	18345	44913	74747

37.2.2.2　我国原生钛铁矿分布

我国原生钛铁矿主要以钒钛磁铁矿为主。主要分布在四川省的攀枝花和红格、米易的白马、西昌的太和，河北省承德的大庙、黑山、丰宁的招兵沟、崇礼的南天门，山西省左权的桐峪，陕西省洋县的毕机沟，新疆的尾亚、哈密市香山，甘肃的大滩，河南省舞阳的赵案庄，广东省兴宁的霞岚，黑龙江省的呼玛，北京昌平的上庄和怀柔的新地。

现在已经探明储量的大型矿床有以下几处：

（1）攀西地区钒钛磁铁矿。矿区位于四川省西南部，包括攀枝花和凉山州的 20 余个县市。攀西地区是一个巨大的钛聚宝盆，其钛资源探明储量为世界的 1/4，其中伴生着钒、钛、钴、镓等十几种稀有、贵金属。已探明二氧化钛储量 8.73 亿吨。其钛储量占全国钛资源储量的 90.5%，钒居全国第一位。原矿平均品位 TiO_2 含量为 5%。

（2）承德钒钛磁铁矿。承德地区有丰富的钒钛磁铁矿资源，已探明钛资源储量 2031 万吨。其储量仅次于攀西地区，位居国内第二位。主要分布在大庙、黑山、头沟的基性、超基性岩体内。其原矿平均品位 TiO_2 含量为 8%。

（3）广东省兴宁市霞岚钒钛磁铁矿。近年经普查和详查，探明矿山远景储量达 45000 万吨，第一期已普查探明矿石量为 9345.4 万吨，矿石平均品位 TiO_2 含量为 6.08%。

（4）陕西洋县毕机沟钒钛磁铁矿。矿区位于洋县、佛坪县、石泉县三县交界处，主体属洋县桑溪乡范围。现已探明 TiO_2 储量 215 万吨，据勘探论证，远景储量可达 10000 万吨以上。其原矿平均品位 TiO_2 含量 6%。此外，陕西省紫阳县境内近年也发现钒钛磁铁矿，已详查和普查的 5 处矿床，钛磁铁矿储量 24250 万吨，TiO_2 储量为 1311.52t，且伴生钒、磷等多种有用矿物。

（5）甘肃大滩钛铁矿。大滩钛铁矿地处天祝藏族自治县赛什斯镇，该矿是特大型单一钛铁矿岩浆熔离型矿床，具有矿物组分简单、规模巨大、品位低等特点。目前，共发现 9 个矿区，55 个矿体，共提交资源储量 3315.38 万吨，平均品位 TiO_2 含量为 6.17%。

37.2.2.3　我国砂矿钛铁矿分布

我国砂矿钛铁矿资源主要分布在广东、广西、海南和云南等省（区），矿点比较分散，尚未发现大型矿床。我国砂矿钛铁矿的品位低于国外同类型矿床，大部分精矿中的 TiO_2 含量在 48% ~ 52%，只在广西部分地区 TiO_2 含量为 54% ~ 60% 的高品位优质钛铁矿。全国共有钛铁矿砂矿区 66 处，其中大型 9 处、中型 15 处、小型 42 处。其矿床特点是矿点比较分散、规模小、品位低。海南和云南的储量较大。

海南省的砂矿钛铁矿共有 20 处，主要分布在东南沿海一带，北起文昌经琼海、万宁、陵水直到南部的三亚市，沿海岸线断续分布，是我国目前重要的钛铁矿产地。万宁县的长安、保定、兴隆为 3 个大型矿区，其中以长安矿区规模最大。

云南省钛矿主要分布在禄劝、武定、富民、禄丰、保山板桥、西双版纳的勐海及滇南的石屏、建水、华宁、蒙自、富宁等地区。云南省已探明的钛铁矿床有 30 个，其中大型 15 个、中型 5 个、小型 10 个，探获钛铁矿储量 5561 万吨，含钙镁低，为优质富钛铁矿。其矿床特点是储量大、品位高、矿物组成简单、分选性能良好，钛精矿钙镁杂质低、品质好，是生产海绵钛的优质原料。

广东省有砂矿钛铁矿床 8 处，主要分布在湛江、汕头、水东、徐闻。

广西砂矿钛铁矿共有 13 处，大都属于风化矿，原生矿较少。梧州地区的钛铁矿主要分布在藤县、岑溪、苍梧等地，已探明的 TiO_2 储量约 600 万吨，原矿品位为 $20 \sim 40 kg/m^3$，最高 $160 kg/m^3$；玉林地区的钛铁矿主要分布在陆川、博白、贵县、玉林等地，TiO_2 储量约 500 万吨以上，原矿品位 $16 \sim 25 kg/m^3$，最高达 $90 kg/m^3$；钦州地区的钛铁矿主要分布在钦州、防城、合浦、灵山以及北海市、北部湾一带，估计 TiO_2 储量在 500 万吨以上，已探明储量 100 万吨以上。此外在大新、百色、那坡等地也发现有钛铁矿，估计储量在数千万吨以上。

此外，在江苏省邳县燕子埠和铜山县汴塘乡马头山境内又发现了两处大型钛铁砂矿床，具有埋藏浅、厚度大、品位高、矿化均匀等特点，有较好的前景。

37.2.2.4　我国原生金红石矿分布

到目前为止，我国已发现金红石矿床、矿化点 88 处，分布于 17 个省（区、市），以湖北、河南、陕西、江苏、山西及山东为主（占全国总储量的 96%）。经过勘查的有 50 处，储量 1530 万吨（金红石 TiO_2）。其中，大型矿床 9 个，储量约 1400 万吨，占总储量的 91%。中型矿床 10 个，储量 84 万吨，占总储量的 5.4%。大型矿床中，岩矿型矿床 6 个，占总储量的 89% 左右；砂矿型矿床 3 个，占总储量的 11% 左右。选矿回收率较高的粗粒型矿床 1 个，仅占总储量的 6%。断续开发的有 9 处。上述矿床，其中有 9 处为 1985 ~ 1995 年发现或勘查的，新增储量 700 万吨。

我国天然金红石矿主要是原生金红石矿，已上平衡表矿区有 20 多个，再加上一些尚未上平衡表的伴生、共生矿区共 30 多处，主要分布在湖北、山西、河南、陕西、安徽、江苏等省（区）。湖北省枣阳市大阜山金红石矿和山西省代县碾子沟金红石矿是目前国内已发现的规模最大的两个产地，其储量占全国金红石岩矿资源总储量的 97%。

现在我国已探明的金红石矿包括：

（1）湖北枣阳大阜山金红石矿。该矿是目前国内地质工作程度最高的金红石矿，此矿床既有原生矿又有砂矿。20 世纪 70 年代初期，累计探明原生金红石矿 TiO_2 资源储量 556.93 万吨，其原矿品位平均含量为 2.32%；砂矿金红石储量为 10 万吨，TiO_2 含量为 0.6% ~ 1.71%。

（2）山西省代县碾子沟金红石矿。该矿区是我国金红石矿的主要产区，矿石储量居全国第二位。该金红石矿主要由义成沟、张山沟、碾子沟、羊延寺和刘家沟 5 个矿区组成。已探明的矿石储量为 6934 万吨，TiO_2 储量达 250 万吨多，远景矿石储量可达 30000 万吨多。其原矿 TiO_2 平均含量为 1.92%。该矿矿石品位低，但矿石易采、易选，金红石纯度高，杂质少，开发利用条件较好，可综合回收钛铁矿、磁铁矿。

（3）河南省金红石矿床。该矿床自北向南可划分为方城、西峡、新县 3 个较大的金红石成矿带。河南方城一带金红石矿，已详查 TiO_2 储量 397 万吨，已控制储量达 1000 万吨，预测整个矿区资源总量可在 5000 万吨以上，其 TiO_2 平均品位为 2.22%。河南西峡八庙金红石矿，仅水峡河段已探明金红石 TiO_2 储量 45 万吨，平均品位 2.86%，预计整个矿区远景金红石储量 2250 万吨。河南新县金红石矿，已探明储量 TiO_2 为 81.57 万吨，其平均品位为 1.65%。

（4）陕西省安康市镇坪县金红石矿。目前已探明 TiO_2 储量 63.01 万吨，矿石 TiO_2 含量为 3.33%~6.3%，平均品位 4.16%。安康大河熊山沟金红石矿 TiO_2 储量为 15 万吨，平均品位 3.62%。陕西商南县金红石矿，已探明 TiO_2 储量 60 万吨，预测远景储量 150万~200 万吨，矿石平均品位 1.91%。陕西户县大石沟金红石矿和蓝田县古沟金红石矿均有一定规模，但品位低、粒度细、难以利用。

（5）四川会东新山金红石矿。该矿为一特大型原生矿床，现已探明资源储量达 1740万吨多，TiO_2 平均品位高达 4.17%，矿体巨厚，出露地表，覆盖层薄，开采比低，适宜露天开采。

（6）江苏省新沂市、东海县金红石矿。该矿床是区域变质榴辉岩型原生金红石矿床。矿石中富含石榴石、绿辉石和磷灰石等，其 TiO_2 平均品位高达 3.3%。新沂市北沟镇白石村探明的金红石储量超过 10000 万吨。新沂市阿湖镇金红石总储量 61.53 万吨，含量为 2.4%~6.9%。东海县的金红石矿，经详查可上平衡表金红石资源储量为 507.49 万吨，平均品位 TiO_2 为 3.39%，主要分布在陆湖、青龙山、安峰、石湖、曲阳一带，有大大小小 200 多个榴辉岩体，其中以安峰乡毛北岩体最大，南北 2200 多米长，东西宽度达 100~300m，储量达 250 万吨，已查明的 1 号矿体，矿石中金红石含量为 2.3%，最高达 5.28%，覆盖层厚度仅为 1m。另外据化工部郑州物探大队资料，赣榆县石桥镇芦山脚下的榴辉岩型金红石矿，推测金红石资源量在 1000 万吨以上。该类矿床的特点：规模大、矿体厚、品位高、储量集中、露头矿、交通方便、开采条件优越。

（7）安徽省大别山南部潜山、太湖一带不仅分布有金红石砂矿，而且发育有超高压变质榴辉岩型的巨型原生金红石成矿带，金红石矿体产于榴辉岩中，矿石中 TiO_2 一般含量为 1.6%~3.68%。据估计，大别山地区原生金红石矿储量可达千万吨以上。

（8）山东省诸城市上崔家沟金红石矿。该矿属近年来新发现的一种榴辉岩型金红石，具有规模大、矿化均匀、便于开发利用的特点。初步计算，金红石的地质储量大于 20 万吨，可达大型金红石矿床规模，其金红石 TiO_2 含量为 1%~2%。

（9）此外，近年河北省保定市涞水县也发现了大型金红石矿属原生矿，TiO_2 含量为 3.87%。湖北省黄石市罗田县-英山县一带也蕴藏着榴辉岩型金红石资源，其金红石矿品位高，TiO_2 含量为 2.5%~4%，可长期大量开采。

37.2.2.5 我国砂矿金红石分布

砂矿金红石包括海滨砂矿型和残坡积风化壳型金红石矿。我国的砂矿金红石保有储量主要分布在河南、湖北、山东、湖南、陕西等 5 个省（区）。其次有广东、广西、海南，共有 27 个矿区，其中大型矿区 2 处、中型 4 处，其余均为小型矿区。海滨砂矿型金红石矿主要分布在海南、广东、广西、福建等省（区）。海南有 28 个锆英石矿中伴生有金红石矿，平均金红石含量为 1~2kg/m³，总储量 1.9 万吨。风化壳型金红石矿主要分布于河南、山东、湖北、湖南、陕西和福建、安徽、江苏等省（区）。河南方城柏树岗金红石矿为其中规模最大的矿床，金红石 TiO_2 含量为 1.88%；规模次之为陕西省安康大河熊山沟金红石矿和山东莱西县南墅与石墨矿伴生的金红石矿。此外，还有安徽潜山黄铺古井、河南新县红显边、山东诸城市上崔家沟、湖北枣阳大阜山、湖南湘阴的望湘、岳阳的新墙河、华容的三郎堰的金红石矿。河南省金红石砂矿表内储量（218.45 万吨）占全国同类储量（256.86 万吨）的 85%，山东省（17.68 万吨）占 6.9%，湖北省（9.24 万吨）占 3.6%，湖南省（6.99 万吨）占 2.7%，安徽省占 1.15%，海南省占 0.58%。该类矿床虽然规模较小、含量低，但由于具有易采、易选等特点，目前是我国金红石矿开发的主要矿石类型。

尽管我国是世界上钛资源储量最丰富的国家之一，但钛矿资源是以可选性差的原生钒钛磁铁矿为主，可选性好、品位高的砂矿不多，天然金红石矿产资源更少。

37.3 钛精矿质量标准

目前世界上 90% 以上的钛精矿用于生产钛白，有 4%~5% 的钛矿用于生产金属钛，其余用于制造电焊条、合金、碳化物、陶瓷、玻璃和化学品等。

天然金红石精矿品位高、杂质少，是氯化法生产四氯化钛的优质原料。因此，大部分用于氯化法生产钛白和金属钛。

钛铁矿精矿的 TiO_2 含量一般为 45%~58%（广西北海地区的含钛矿物主要为斜钛矿，纯矿物含 TiO_2 达 50%~60%），其中含大量铁和其他杂质，除直接可作为硫酸法生产钛白的原料外，一般都需经过富集处理加工成人造金红石后，再用来生产钛白和金属钛。人造金红石和经还原处理后的钛铁矿可用来制造电焊条。

钛精矿标准见表 37-3-1。有关电焊条厂对钛精矿的要求见表 37-3-2。天然金红石的质量标准见表 37-3-3。

表 37-3-1 钛精矿标准（YB 835—1987，YB/T 4031—2006）

类 别	用 途	级 别		化学成分/%			
				TiO_2	杂质含量		
					P	S	CaO + MgO
砂矿钛铁矿精矿	人造金红石	一级品①	一类	52	0.025		0.5
			二类	50	0.025		0.5
	钛铁合金高钛渣	二级品		50	0.030		0.5
		三级品		49	0.040		0.6
		四级品		49	0.050		0.6
		五级品		48	0.070		0.1
	钛白等用	一级品②	一类	50	0.020		
			二类	50	0.020		
		二级品	一类	49	0.020		
			二类	49	0.020		
岩矿钛精矿	钛 白	TJK47		47.0	0.050	0.03	
	高钛渣	TJK46		46.0	0.050	0.03	
	人造金红石	TJK45		45.0	0.050	0.03	

①TiO_2 > 57%，CaO + MgO < 0.6%，P < 0.045% 作为一级品；
②TiO_2 > 52%，Fe_2O_3 < 10%，P < 0.025% 作为一级品。

表 37-3-2　上海、株洲电焊条厂对钛铁精矿要求

成分	TiO_2	SiO_2	FeO	Fe_2O_3	S	P	Sn	Zn	粒　度
含量/%	≥46	≤5	≥30	≤10	<0.05	<0.05	微量	微量	-0.295mm

注：钛铁矿应为黑色、有金属光泽的细矿砂，经过选矿除去杂质和放射性元素。

表 37-3-3　天然金红石精矿质量标准（YS/T 352—1994）　　　（%）

质量等级	TiO_2	S	P	FeO
特级	96	<0.03	<0.03	<0.5
一级	92	<0.03	<0.03	<0.5
二级	90	<0.03	<0.03	<0.5

37.4　钛选矿技术及发展趋势

37.4.1　钛铁矿选矿工艺

钛铁矿选矿工艺取决于矿床类型、矿石性质及矿物组成等因素。鉴于钛原生矿石性质比较接近，目的矿物比较简单，故采用的选矿方法和工艺流程有共性。砂矿的矿物组成一般比较复杂，往往钛铁矿、金红石、独居石、磷钇矿、锆英石、锡石等有用矿物共生在一起，因而精选分离流程也相对比较复杂。

近几年来，在钛选矿中出现了一些高效的重选、磁选、电选设备，细粒钛铁矿新的浮选药剂也不断涌现。这些新设备和新药剂的使用为提高钛选矿指标起到了重要作用。

37.4.1.1　原生钛铁矿的选矿

工业上正在开发的原生矿物均系含铁、钛的复合矿床，选矿过程分为选铁和选钛两部分。

A　选铁

在工业上利用含铁、钛的复合矿的主要目的是获得铁精矿、钒铁精矿。首先入选矿石经破碎磨矿，使大部分铁矿物及其他矿物单体解离，然后采用湿式弱磁场磁选机选出铁精矿或铁钒精矿，磁选尾矿为综合回收钛的原料。

有的矿石中铁、钛矿物嵌布致密，采用一种选矿方法难以得到单独的精矿，故通过重选或其他方法丢弃尾矿后，将获得的铁钛混合精矿直接焙烧及熔炼，产出高纯生铁及钛渣。

B　选钛

选铁的尾矿进入选钛作业。选钛方法有重选、磁选、电选及浮选方法。工业上选钛工艺流程有以下几种：

（1）重选—电选工艺。采用重选法先丢弃低密度的脉石或废石矿物，获得的粗精矿进行电选得到钛铁矿精矿。对于含硫矿石，在电选之前需要用浮选法脱除硫化矿物。

（2）重选—磁选—浮选工艺。先将入选物料分级，粗粒采用重选粗选、磁选精选的方法，细粒采用浮选的方法获得钛精矿。

（3）粗粒重选—电选和细粒磁选—浮选工艺。该流程特点是将入选物料分成粗、细两部分，粗粒用重选粗选、电选精选方法处理；细粒则用磁选法进行粗选，然后再用浮选法获得细粒钛精矿。

(4) 单一浮选或磁选—浮选工艺。对嵌布粒度细的钛铁矿石，磨矿选铁后直接用浮选法获得钛精矿或先用湿式强磁选机作粗选设备，然后磁选的磁性部分用浮选法回收钛。单一浮选法或磁选—浮选法工艺流程都比较简单，操作管理方便，但使用浮选药剂会增加选矿成本。

37.4.1.2　砂矿钛铁矿选矿

钛铁矿砂矿主要矿床类型为海滨砂矿，其次是残坡积砂矿和冲积砂矿。砂矿是原生矿在自然条件下风化、破碎、富集生成，具有开采容易、可选性好、产品质量好、生产成本低的特点。砂矿是世界上钛铁矿、金红石、锆英石和独居石等矿产品的主要来源。

砂矿除少数矿体上部有覆盖层需要剥离外，一般不需要剥离即可用船采或干采等方式开采。干采机械有：推土机、铲运机及斗轮挖掘机等。船采所用采砂船有链斗式、搅吸式及斗轮式三种。采出矿石经皮带运输机或砂泵管道输送至粗选厂。

砂矿选厂分粗选和精选两部分。

A　粗选

粗选厂的入选矿石经除渣、筛分、分级、脱泥及浓缩后，进入粗选流程选别。

粗选的目的是为精选厂提供粗精矿。入选矿石按矿物密度，用重选法丢弃大量低密度脉石，获得重矿物含量达90%左右的重矿物混合精矿。

粗选厂一般与采矿作业为一体，组成采选厂，为适应砂矿特征，一般粗选厂可建成移动式的，移动方式有水上浮船及陆地轨道，履带托板等可定期拆迁。

粗选一般采用处理能力强、效率高、质量轻、便于移动式选厂应用的设备，多数用圆锥选矿机和螺旋选矿机等设备，少数用摇床。上述设备有单一使用的，也有配合使用的。单一圆锥选矿机主要用于规模大或原矿中重矿物含量高的粗选厂，多数选厂采用圆锥选矿机粗选、螺旋选矿机精选的工艺。一些规模较小的选厂常用螺旋选矿机粗选。

B　精选

砂矿中往往是含多种有价成分的综合性物料，精选的目的是将粗精矿中有回收价值的矿物有效分离及提纯，达到各自的精矿质量要求，使之成为商品精矿。

精选厂一般建成固定式的。精选作业分为湿式精选和干式精选，以干式精选为主。精选工艺的前段往往用湿式作业进一步丢弃低密度的脉石矿物。在精选过程中往往会出现干、湿交替的现象。

干式精选是按矿物的磁性、导电性、密度等性质的差异进行分选。精选厂常见矿物的磁性及导电性见表37-4-1。

表 37-4-1　精选厂中常见矿物的导电性和磁性

矿　物	导电性	磁　性
磁铁矿、钛铁矿（含铁高）	导　体	强磁性
钨锰矿、钛铁矿		中磁性
钽铌铁矿、赤铁矿、褐铁矿		弱磁性
锡石、金红石		非磁性
独居石、石榴石、钛辉石	非导体	中磁性
电气石、黑云母、白钛石		弱磁性
锆英石、楣石、长石、石英、黄玉、刚玉		非磁性

在生产中有时采用改变磁场及电场强度等操作条件，使电选、磁选作业交替进行，以改善分选效果。

砂矿流程结构变化较大。对于矿物组成比较复杂的、综合回收矿物种类较多的粗精矿，选矿工艺更为复杂，作业数较多。对于矿物组成简单的粗精矿，精选流程则很简单。

37.4.2 金红石选矿工艺

37.4.2.1 原生金红石矿的选矿工艺

原生金红石一般在岩浆岩中呈细小颗粒产出，偶见在伟晶岩中出现。在区域变质过程中，金红石由含钛矿物（如钛铁矿）转变而成，见于角闪石、榴辉岩、片麻岩和片岩中。

我国原生金红石矿普遍存在着贫、细、杂的特性。尽管各地所产矿石在性质方面有些差别，但也有一些共同特性，具体表现如下：

（1）原生金红石矿一般矿物组成复杂，除含金红石外，还伴生有钛铁矿、钛赤铁矿、赤铁矿、磁铁矿等有用矿物。脉石矿物常有石英、长石、白云母、黑云母、绿帘石、斜长石、石榴石、绿泥石、电气石、透闪石、滑石、蛭石、重晶石等。在这些矿物中，钛铁矿、钛赤铁矿、赤铁矿和磁铁矿都具磁性，且密度与金红石相似，均大于 $4.2g/cm^3$。

（2）原矿品位低，金红石矿含 TiO_2 一般为 2% ~ 4%，个别矿山或个别矿山的个别地段含 TiO_2 较高，有的达 5%。湖北枣阳大阜山金红石矿含 TiO_2 2.66%，代县碾子沟矿含 TiO_2 2.37%，方城五间房金红石矿含 TiO_2 2.19%，新县杨冲金红石矿含 TiO_2 1.97%，西峡八庙金红石矿含 TiO_2 4.84%。由于原矿品位低，每获得 1t 金红石精矿需要处理 75 ~ 150t 原矿石，在现在的经济技术条件下，一般处理 1t 原矿的采选加工费用需 60 ~ 100 元。因此金红石精矿的选矿成本就很高。

（3）金红石的嵌布粒度细，与其他矿物共生关系复杂，如湖北枣阳金红石矿，金红石常与白钛石、角闪石、钛铁矿共生，有呈单个颗粒或集合体与其他矿物连生，有呈尘埃状浸染分布在角闪石中，一般嵌布粒度范围为 0.03 ~ 0.1mm。河南西峡金红石矿，金红石嵌布粒度为 0.09 ~ 0.03mm。河南方城金红石矿，金红石嵌布粒度为 0.074 ~ 0.037mm，并且金红石和铁矿物间关系非常密切，它们互相穿插、互相包裹。

（4）矿石易泥化，待选物料中常含有大量原生泥。由于金红石嵌布粒度细，一般磨矿粒度也较细，这样也会产生较多的次生泥。

（5）矿石中常含有影响金红石精矿质量的黄铁矿和磷灰石等矿物，这些矿物若进入金红石精矿中，将会影响产品质量。

由于金红石脉矿的矿物组成复杂，矿石中一般含钛铁矿、赤铁矿、磁铁矿、褐铁矿等大密度矿物，金红石的嵌布粒度细（大部分金红石的嵌布粒度小于 0.1mm），因此在制定选矿工艺流程时应考虑以下原则：

（1）根据矿中所含主要矿物的可选性，一般采取多种选矿方法组成的联合选矿工艺来处理金红石原生矿。

1）重选—磁选—重选流程。该工艺的特点是通过重选丢弃大量脉石矿物，得到含金红石等重矿物的粗精矿，然后用磁选法选出其中的钛铁矿及其他磁性矿物。非磁部分用重选法得金红石精矿。

2）重选—磁选—电选流程。该工艺的特点是非磁部分用电选法获得金红石精矿。当原矿中的金红石的嵌布粒度细时，电选法往往效果不理想。一般电选法适宜的粒度为 +0.04mm，当处理 -0.04mm 的物料时，往往分选效果差，而且电选时会产生较多的粉尘。

3）重选—磁选—浮选流程。该工艺的特点是采用浮选法来分离磁选后的非磁性产品，得到金红石精矿。

4）浮选—磁选流程。该工艺流程的特点是原矿磨矿后通过硫化矿浮选选出含硫矿物，然后进行金红石浮选，得金红石粗精矿。在金红石粗精矿中必然存在钛铁矿及其他含铁矿物，须用磁选法除去这些杂质，才能获得合格的金红石精矿。由于浮选的回收粒度下限低于重选，因此往往会获得比重选法更高的技术指标。但是，由于浮选需要添加浮选药剂，因而会增加选矿成本。金红石原生矿的粗选作业采用何种选矿方法，应进行技术经济对比后再决定。一般当原矿品位高、金红石的嵌布粒度较细时，可以考虑用浮选直接选原矿。

5）浮选—磁选—焙烧—酸洗流程。该工艺的特点是当用浮选法和磁选法得到的金红石精矿中杂质含量高时，用焙烧、酸洗法除掉其中可溶于酸的杂质矿物，以得到合格的金红石精矿。

6）粗粒级采用重选—磁选流程，细粒级采用浮选—磁选流程。该工艺是将磨矿后的物料分为粗粒级和细粒级两部分，粗粒级采用重选—磁选法获得粗粒金红石精矿。细粒级部分通过浮选—磁选法回收细粒金红石精矿，这样进入浮选的矿量可大为减少，从而降低浮选成本。同时粗、细粒级采用不同的选矿工艺，可以发挥重选、浮选各自的特点，从而获得较好的技术经济指标。

（2）选矿流程要适应矿石中金红石矿物呈不均匀嵌布的特性，为了尽量避免在磨矿过程中有用矿物过粉碎而造成的金属损失，应该加强磨矿过程中的分级作业，尽量采用高频振动细筛作分级设备与磨矿机闭路，代替常用的螺旋分级机。螺旋分级机的分级过程是按轻、重矿物的等降比进行的，在螺旋分级机的返砂中往往会有大量粗粒已单体解离的金红石矿物存在，若返回磨矿机将会产生过粉碎现象。用筛子分级，过磨现象可大为减轻。

（3）根据金红石的嵌布粒度可选择多段磨矿、多段选别的工艺，或把粗粒未单体解离的物料返回至原矿磨再磨再选。

（4）对入选物料应予先脱泥，以消除其对选别过程的不利影响。特别是浮选作业，在浮选之前一般要脱除 -0.01mm 粒级的细泥，以改善浮选作业条件，提高浮选指标并降低浮选药剂成本。脱除 -0.01mm 粒级细泥的脱泥设备可以用小直径的水力旋流器、离心选矿机、斜板分级机或斜管浓密机来进行。

（5）应重视综合利用伴生有价成分。根据伴生有价成分的可选性特点，应尽量使这些有价成分在某产品中最大限度地富集。如矿石中的钛铁矿、云母、蒙脱石、石榴子石、钾长石、磷灰石、蓝晶石、辉绿石等，为下一步综合回收创造条件，但应指出，回收伴生有价成分的价值，应与由于流程复杂所增加的基建费和生产费用相适应。

37.4.2.2　砂矿金红石的选矿工艺

一般海滨砂矿先用重选法粗选获得粗精矿，粗精矿中往往有钛铁矿、锆英石、独居石、磷钇矿、白钛石和金红石，通过精选把这些矿物彼此分开。

海滨砂矿经过粗选获得的粗精矿进入精选厂。在粗精矿中除了重矿物之外，还有部分密度较小的轻矿物存在，需要用重选法先除之。在重砂矿物中，铁矿物、钛铁矿、磷钇矿、独居石及含铁金红石都具有磁性，可以调整磁场强度大小使它们彼此分开。金红石和锆英石为非磁性矿物，但金红石在电场中为导体，锆英石为非导体，二者通过电选可以分开。白钛石也是非导体，但密度比锆英石略小，用重选法分开。

在生产中可依据各种磁性矿物的数量，按照矿物的磁性强弱，逐次将磁性矿物分开。也可以将某几种磁性矿物或把全部磁性矿物选在一起，然后再改变磁场强度，将磁性不同的矿物彼此分开。在精选过程中，可以把磁选作业和电选作业交替使用，或者电选、磁选、重选、浮选作业交替使用。

在摇床重选作业中，主要是把石英、电气石、石榴子石及一部分白钛石作为尾矿分选出去，大部分锆英石在摇床精矿产品中，大部分金红石在摇床中矿产品中。进入精矿中的金红石待选锆英石后再返回金红石选别系统。在生产中，通过磁选可以把钛铁矿等磁性矿物选入磁性产品中，但也有少量含铁金红石进入其中。

通过电选可以把非导体的锆英石和白钛石分离出去，以提高金红石精矿的品位。

海滨砂矿精选原则流程如图 37-4-1 所示。

为了进一步降低金红石精矿的杂质含量，可以用浮选法除杂，即在 pH 值为 8 ~ 9 时，用纯碱、水玻璃作调整剂，用煤油、脂肪酸皂作捕收剂进行反浮选，把少量白钛石及其他杂质矿物浮选出来，通过浮选，能使金红石精矿品位进一步提高，而杂质磷含量可控制在 0.04% 以下。

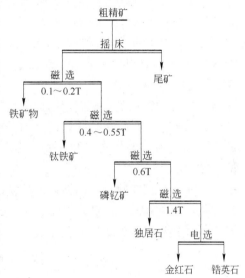

图 37-4-1 海滨砂矿精选原则流程

各地海滨砂矿的矿石性质不同，因此在金红石选矿过程中往往需要使用各种分离手段，才能选出合格产品。

37.5 钛铁矿选矿厂

37.5.1 攀枝花选钛厂

攀西地区攀枝花选钛厂位于四川省攀枝花市，是我国钒钛磁铁矿最丰富的地区，1980 年投产。

攀枝花选矿厂原设计年处理矿石 1350 万吨，产铁精矿 588 万吨。采用一段磨矿磁选流程，设计铁精矿含铁 53%，回收率 73%。实际生产铁精矿含铁 51.5%，回收率 75% ~ 77%。共有 16 个生产系列，第一个生产系列于 1970 年建成，到 1978 年 16 个生产系列全部建成。

2005 年起，选矿生产流程改造为二段磨矿磁选，年处理矿石 1150 万吨，产铁精矿 490 万吨。铁精矿含铁 54%，回收率 69%。

选矿厂原矿采自朱家包包、兰家火山及尖包包矿区。米易及及坪、田家村矿区供应另一选矿厂白马选矿厂的原矿。

目前，选矿厂球磨机仍为 ϕ3600mm × 4000mm 湿式磨机，但一段分级已采用 ϕ500mm 旋流器，二段分级采用旋流器与高频细筛组合。一段磨矿粒度 0.6mm，二段磨矿粒度 0.2mm。

以选矿厂磁选尾矿为原料生产钛精矿的选钛生产厂建成于 1979 年底。该厂采用重-电选工艺流程处理 0.4 ~ 0.04mm 粒级物料，设计年产钛精矿 5 万吨/年。1992 年扩建至 10 万吨/年。钛精矿含 TiO_2 大于 47%。

1997 年 –0.04mm 粒级钛铁矿强磁-浮选流程工业试验获得成功后，形成年产 2 万吨钛精矿生产线。经不断完善与优化，2002 年和 2004 年相继建成处理选矿厂全部 16 个生产系列磁尾以 0.065mm 分界的细粒级强磁-浮选生产流程及相配套的 +0.065mm 粒级重-电选流程生产系统。选钛厂年生产钛精矿达 30 万吨左右。

2009 年起开始对粗粒级采用强磁-浮选流程优化实践，钛精矿产能达 47 万吨/年。

37.5.1.1 矿石性质

攀枝花矿区的钒钛磁铁矿属海西期辉长岩的晚期岩浆矿床。工业矿体在岩体中呈似层岩状产出，规模巨大，层位稳定。后因构造被破坏及沟谷切割，沿走向自北东向南分成朱家包包、兰家火山、尖包包、倒马坎、公山、纳拉箐等 6 个矿体。攀枝花辉长岩体长约 19km，宽约 2km。

矿石中主要金属矿物有钛磁铁矿、钛铁矿、少量磁铁矿、磁赤铁矿、磁黄铁矿、黄铁矿、镍黄铁矿、紫硫镍矿、硫钴矿等，脉石矿物主要有钛辉石、斜长石、橄榄石、绿泥石等。矿石中铁钛钒元素的赋存状态见表 37-5-1。

表 37-5-1   攀枝花矿区铁、钛、钒赋存状态　　　　　　　　　　（%）

矿 区	矿 物	含 量	Fe		TiO_2		V_2O_5	
			品位	分配率	品位	分配率	品位	分配率
兰家火山 尖包包	钛磁铁矿	43.5	56.70	79.3	13.38	56.0	0.6	94.1
	钛铁矿	8.0	33.03	8.5	50.29	38.7	0.045	1.3
	硫化物	1.5	57.77	2.8				
	钛辉石	28.5	9.98	9.1	1.85	5.1	0.045	4.6
	斜长石	18.5	0.39	0.2	0.097	0.2		
	合 计	100.0	31.08	99.9	10.42	100.0	0.13	100.0
朱家包包	钛磁铁矿	44.9	55.99	80.4	13.37	52.1	0.54	97.8
	钛铁矿	10.4	32.81	10.9	49.65	44.8	0.05	2.2
	硫化物	1.5	51.48	2.5				
	钛辉石	26.7	6.64	5.7	13.40	3.1		
	斜长石	16.3	0.88	0.5				
	合 计	100.0	31.24	100.0	11.52	100.0	0.247	100.0

从表 37-5-1 可以看出，钛磁铁矿中的铁占总铁金属量的 80% 左右，钛铁矿中的 TiO_2 占总 TiO_2 含量的 38% ~ 44%。钒主要赋存于钛磁铁矿中。

钛铁矿为半自形或他形粒状，与钛磁铁矿密切共生充填于硅酸盐矿物颗粒间，形成海绵陨铁结构、网状结构。属岩浆晚期产物，钛铁矿分布较广，粒度为 0.4 ~ 0.1mm，是主要的回收对象。少量钛铁矿与钛磁铁矿嵌布于钛辉石、钛角闪石中，形成嵌晶结构，粒度较细，还有少量钛铁矿为伟晶岩期钛铁矿，粒度粗大，但含量少。

有35%的钴以微细含钴镍的独立矿物或以类质同象形态赋存于磁黄铁矿中，有57%的钴以微细包裹体形式赋存于钛磁铁矿中。

选铁后的尾矿给入选钛厂选钛。在选铁的磁选尾矿中主要含有钛铁矿、硫化矿物、钛辉石、斜长石等，同时也含有磁选选铁时剩余的钛磁铁矿。

选铁的尾矿一般含有 TiO_2 8%左右，含泥量较高，其中 $-0.043mm$ 粒级含量达34% ~ 39%。$+0.4mm$ 粒级中 TiO_2 的含量不高，仅为2% ~ 4%，可作为尾矿丢弃。

在磁选尾矿中钛铁矿的单体解离度为84.2% ~ 87%。钛铁矿与钛磁铁矿紧密共生，在钛铁矿表面分布有网脉状镁铝尖晶石及细脉状赤铁矿，脉宽 $1 ~ 2\mu m$。钛铁矿的密度实测为 $4.57g/cm^3$，具弱磁性和良好的导电性。

磁选尾矿主要化学成分分析结果见表37-5-2，主要矿物含量及性质见表37-5-3。

表 37-5-2　磁选尾矿主要化学成分分析结果

成分	TFe	TiO₂	Co	Cu	Ni	MnO	SiO₂	Al₂O₃	P	S	CaO	MgO	V₂O₅
含量/%	13.82	8.63	0.016	0.019	0.010	0.187	34.40	11.06	0.034	0.609	11.21	7.60	0.044

表 37-5-3　磁选尾矿中主要矿物含量及性质

项　目	钛铁矿	硫化物	钛磁铁矿	钛辉石	斜长石矿
相对含量/%	11.4 ~ 15.3	1.5 ~ 2.1	4.3 ~ 5.4	45.6 ~ 50.3	30.4 ~ 33.3
单体解离度/%	84.2 ~ 87.0	80.5 ~ 84.7	52.6 ~ 60.1	89.4 ~ 91.4	87.3 ~ 92.7
密度/g·cm⁻³	4.49 ~ 4.71	4.58 ~ 4.70	4.74 ~ 4.81	3.1 ~ 3.3	2.65 ~ 2.67
硬度/kg·mm⁻²	713 ~ 752	295 ~ 426	752 ~ 795	933 ~ 1018	762 ~ 894
比磁化系数/cm³·g⁻¹	240×10^{-6}	4100×10^{-6}	—	100×10^{-6}	14×10^{-6}
比电阻/Ω·cm	1.75×10^5	1.25×10^4	1.38×10^6	3.13×10^{13}	$>10^{14}$

37.5.1.2　试验研究工作

1975年为建设选钛厂进行了选钛工艺流程的半工业试验，实验方案主要有重—电方案和磁—重—电方案，重—电方案是以螺旋选矿机做粗选设备，以电晕电选机为精选设备的主体工艺流程方案；磁—重—电方案是用强磁选机和螺旋选矿机为粗选设备，以电选为精选工艺的方案。

重—电方案工艺流程如图37-5-1所示。

磁尾先用水力分级分成 $+0.1mm$、$-0.1mm +0.04mm$ 和 $-0.04mm$ 三级。水力分级的第一级采用螺旋选矿机粗选，粗选中矿再磨至 $-74\mu m$ 占40%后，再用螺旋溜槽、摇床选。第二级采用螺旋溜槽、摇床选。第一、二级所得的粗精矿经浮选脱硫后分别用电选法精选，电选经一次粗选、二次精选后可以得到含 TiO_2 48%以上的钛精矿。

磁—重—电方案是为了强化粗选作业，在螺旋选矿机选矿之前用湿式强磁选机对弱磁选尾矿进行强磁选，进一步丢弃尾矿，所获得的磁性产品再用螺旋选矿机选。试验流程如图37-5-2所示。

经过一次强磁选，第一级（0.4 ~ 0.1mm）可以获得含 TiO_2 12.98%的粗精矿，作业

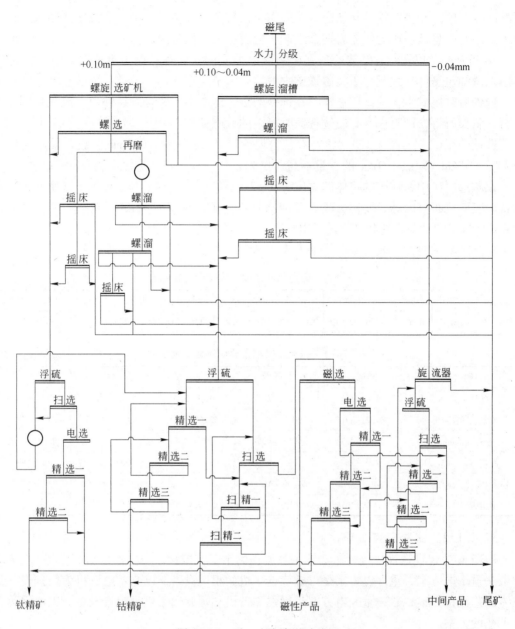

图 37-5-1   重—电方案试验流程

回收率为 87.41%；第二级（0.1~0.04mm）可以获得含 TiO_2 为 11.82% 的粗精矿，作业回收率为 89.64%。第一级和第二级强磁选丢弃的尾矿产率分别为 48.28% 和 34.97%，尾矿中 TiO_2 损失率分别为 12.59% 和 10.36%，两方案的试验结果见表 37-5-4。

表 37-5-4   两试验方案的试验结果对比

方　案	产　品	产率/%	品位(TiO_2)/%	回收率/%
重—电	钛精矿	7.37	48.86	50.07
磁—重—电	钛精矿	8.66	48.71	53.39

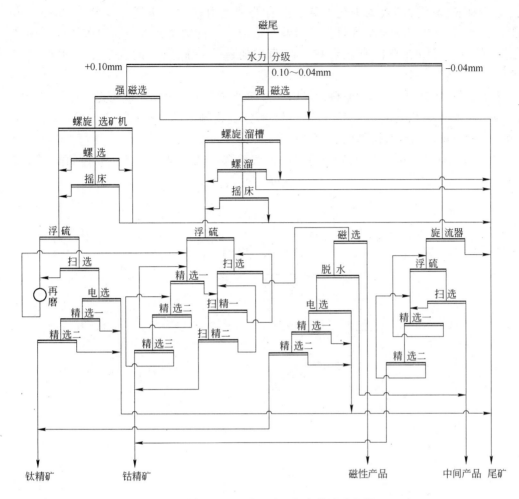

图 37-5-2 磁—重—电方案试验流程

两方案的对比试验表明，两方案的指标比较接近，磁—重—电方案的指标略高。

两方案对水力分级第三级（-0.04mm）物料仅进行了脱泥和硫化矿浮选，并未获得钛产品。该粒级的产率为 16.48%，含 TiO_2 7.67%，钛金属分布率为 16.73%。

37.5.1.3 选钛厂试生产

1979 年建成选钛厂，选矿工艺按磁—重—电方案工艺流程建设，后因强磁选作业所使用的笼式强磁选机的磁场强度低，达不到要求，因而决定采用重—电方案的流程进行生产。调试结果显示，钛精矿品位为 47.81%，回收率为 25.66%。试生产指标比试验指标仍有较大差距，其主要原因是由于水力分级机分级效果差，重选的给矿中有数量较多的 -0.04mm 粒级的细泥，影响了重选指标。

37.5.1.4 优化选矿工艺的试验和实践

A 圆锥选矿机选钛工艺及装备的研究

选钛厂的粗选设备为螺旋选矿机和螺旋溜槽，设备台数较多，生产管理困难。为了简化粗选流程，减少设备台数，减少水电消耗，降低选矿成本，广州有色金属研究院从 1981 年起进行粗选以圆锥选矿机为主体设备的选钛选矿工艺的研究。

圆锥选矿机是一种高效的重选设备，本身处理能力很大，达到每台 60～80t/h，占地面积小，节水节电，易操作管理。在国外的重选厂，特别是处理海滨砂矿的选厂得到了广泛的应用，国内在海南乌场钛矿、广西车河选厂的脉锡矿的选矿工艺中得到了应用。

以 2.5 个系列的选铁尾矿为原料，仅用 3 台圆锥选矿机就可以完成粗选工作，圆锥精矿品位 26%～28%，粗选回收率 27.17%～32.47%，粗精矿的产量达 1.38～12.8t/h，节省了 100 多台设备，水电费用降低了 45%。

1989 年又进行了以圆锥选矿机为粗选设备的精选工艺的试验，试验流程如图 37-5-3 所示。

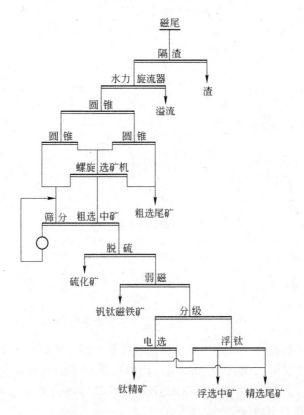

图 37-5-3　圆锥选矿机选钛工艺流程

选铁磁尾首先用隔渣筛除掉 +1mm 的粗粒杂物，然后用水力旋流器浓缩和脱泥。水力旋流器沉砂经圆锥选矿机一次粗选、一次精选和一次扫选，得到钛粗精矿和粗选尾矿。精选圆锥选矿机尾矿和扫选圆锥选矿机精矿用螺旋选矿机选，得钛粗精矿。圆锥选矿机精矿和螺旋选矿机精矿合并作为钛粗精矿，含 TiO_2 27.16%，回收率为 57.44%。

钛粗精矿经筛分，+0.32mm 部分磨矿至 -0.32mm 粒度，然后进行浮选脱除硫化矿，浮选槽内产品进行弱磁选选出强磁性铁矿物，然后分级，粗粒级用电选精选，细粒级用浮选获得钛精矿。经过精选后，可获得含 TiO_2 49.85%，回收率为 51.85% 的钛精矿。

整个选矿工艺比较简单，作业数较少，所用设备数量也比较少。选矿结果见表 37-5-5。

表 37-5-5 圆锥选矿机选钛试验结果

产 品	产率/%	品位(TiO₂)/%	回收率/%
钛精矿	10.58	49.85	51.85
浮选中矿	0.44	16.8	0.72
精选尾矿	9.46	3.64	3.37
粗选中矿	1.89	12.10	2.25
粗选尾矿	67.62	5.05	33.57
渣	0.57	3.88	0.22
旋流器溢流	8.40	7.90	6.52
硫化矿	0.42	11.45	0.47
铁矿物	0.62	16.86	1.03
合 计	100.00	10.17	100.00

B 细粒选别工艺的优化

随着采矿向深部开采，矿石性质发生了变化，采用重选—电选工艺选钛最有效粒级（−0.4mm + 0.045mm）的含量由原来的 60% 左右，降低到 40% 左右，而细粒（−0.04mm）部分钛金属量已上升至 60% 左右，细粒中的钛金属基本未回收，因而造成选钛厂回收率下降。原生产工艺中重选和电选的粒级回收情况见表 37-5-6。

表 37-5-6 主要选别设备对钛铁矿各粒级回收率

粒级/mm	回收率/%		
	600mm 铸铁螺旋选矿机	1200mm 螺旋溜槽	YD-3 型电选机
>0.40	11.31	91.38	0
0.40~0.315	25.12	63.71	95.77
0.315~0.250	38.82	66.98	95.90
0.250~0.154	49.37	53.97	95.28
0.154~0.100	56.98	42.34	90.87
0.100~0.074	55.52	42.98	81.16
0.074~0.045	34.12	43.74	˜59.25
<0.045	18.08	14.36	17.28
合 计	44.85	46.36	84.18

细粒中的钛铁矿最有效的回收手段是浮选法。为了降低浮选选矿成本，需要预先脱除 −0.019mm 部分细泥，并用高梯度湿式强磁选机预富集，丢掉大部分非磁性脉石后再进入浮选作业。

赣州冶金研究所研制的 SLon 湿式强磁选机具有不堵塞、精矿富集比高的特点。1995年用 SLon-1500 型强磁机选攀枝花细粒钛铁矿的工业试验，取得较好的试验指标。SLon-1500 型强磁选机的处理能力为每台 25t/h。当细粒级物料用 φ125mm 水力旋流器脱除 −0.019mm 的细泥后，沉砂给入强磁选机，强磁选机给矿中含 TiO₂ 为 11.36%，强磁精矿含 TiO₂ 为 21.23%，作业回收率为 76.24%，丢弃的尾矿产率为 60%。

对于强磁选的精矿，先后有多家研究单位进行了钛铁矿的浮选试验，其中长沙矿冶研究院、广州有色金属研究院、地科院综合所、攀钢矿山研究院、攀钢矿业公司等单位完成了 R-1、R-2、RST、ROB、F968、HO 等六种捕收剂的试验工作，取得了一定效果。

长沙矿冶研究院以强磁精矿为原料，以苯乙烯膦酸为捕收剂，以硫酸和草酸为调整剂，在给矿品位为 20.98% 时，精矿品位为 46.91%，作业回收率为 76.55%。

中国地质科学院矿产综合利用研究所对强磁选精矿以氧化石蜡皂为捕收剂，调整剂为草酸、水玻璃、硫酸。在给矿品位为 17.66% 时，精矿品位为 47.83%，浮选作业回收率为 60.97%。

1996 年，广州有色金属研究院以强磁精矿为原料进行了细粒钛铁矿浮选工业试验。试验以乳化塔尔油为捕收剂，以硫酸、CMC、水玻璃为调整剂进行一次粗选、一次扫选及四次精选试验，当给矿含 TiO_2 为 24.47% 时，工业试验获得 TiO_2 为 45.16%、回收率为 69.74% 的钛精矿。

中南大学用 MOS 作捕收剂进行浮选细粒钛铁矿的工业试验，以水玻璃和 CMC 为调整剂，给矿含 TiO_2 23.13%，一次粗选、一次扫选、四次精选的浮选试验，获得的精矿品位为 47.31%，回收率为 59.74%。1997～2001 年一直以 MOS 为捕收剂进行工业生产。

长沙矿冶研究院进行了 ROB 浮钛药剂的工业试验，当给矿品位为 21.65% 时，采用硫酸酸化水玻璃为抑制剂，SG 为活化剂，取得的钛精矿品位为 48.41%，作业回收率为 75.03%。

C　优化后形成的新的生产工艺

攀枝花钛选厂在过去重选—电选工艺流程的基础上，经过多年的技术攻关和技术改造，优化了选矿工艺。原来的选矿工艺由于原矿性质变化，钛铁矿粒度变细，而生产指标比建厂时有大幅度降低，原流程选矿技术指标见表 37-5-7。

表 37-5-7　原流程选矿技术指标　　　　　　　　　　（%）

年　份	钛精矿产率	精矿钛品位	钛精矿回收率
1980	1.31	46.28	8.72
1985	7.5	47.21	35.50
1990	3.27	47.35	16.74
1991	3.63	47.86	17.11
1992	3.73	47.69	17.85
1993	3.98	47.56	18.79
1994	3.59	47.54	19.36
平均	3.86	47.37	20.00

优化后的选矿工艺为粗粒级采用重选—电选工艺，细粒级采用磁选-浮选工艺。原矿先用斜板浓密机分级，将物料分成 +0.063mm 和 -0.063mm 两种粒级，+0.063mm 粒级经圆筒筛隔渣后，经螺旋选矿机选得钛粗精矿，该粗精矿经浮选脱硫后，过滤干燥，再用电选法得粗粒钛精矿。-0.063mm 粒级物料用旋流器脱除 -19μm 的泥之后，用湿式高梯度强磁选机将细粒钛铁矿选入磁性产品中，磁性产品先浮选硫化矿，再通过一次粗选、一

次扫选、四次精选的钛铁矿浮选流程,获得细粒钛铁矿精矿。2003~2005 年的生产技术指标见表 37-5-8。

表 37-5-8 选钛厂 2003~2005 年主要技术指标

项 目 \ 年 份	2003	2004	2005
年处理矿石/t	4427797.89	4337162.41	4805951.49
钛精矿产量/t	192325.66	218162.52	250700.28
钛精矿品位/%	47.67	47.51	47.48
回收率/%	20.88	24.64	24.62

2009 年,针对钛回收率仍偏低的状况,进一步对选钛工艺进行改造,原来粗粒级物料的生产工艺由原来的重选—电选生产流程改为强磁选—磨矿—浮选流程。目前优化后的生产流程如图 37-5-4 所示。按新的工艺流程生产,年产钛精矿 47 万吨,钛精矿品位为 47%,回收率为 37.26%。

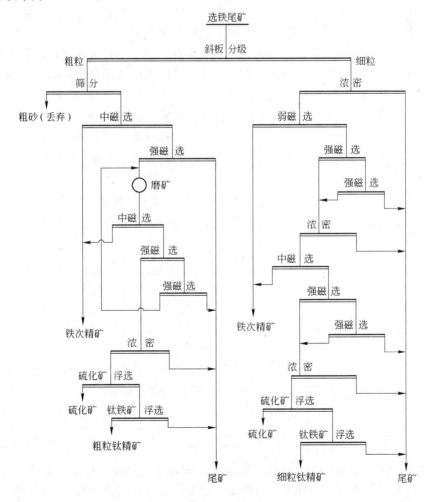

图 37-5-4 选钛厂优化后生产流程

37.5.2　黑山铁矿选矿厂

黑山铁矿隶属于承德钢铁公司，是承钢主要矿石原料生产基地之一，位于承德县马营子乡纪营子村南山的北坡。

37.5.2.1　矿床及矿石性质

黑山铁矿位于天山-阴山东西复杂构造带燕山段赤城——平泉东西向的基性、超基性岩带一个基性复岩体中。该基性岩体东西断续延伸 40km，侵入于前震旦系混合岩化结晶基底中。岩体以斜长岩为主，自西向东的大庙矿区、黑山矿区、头沟矿区均位于该岩体内，故称该岩体为"大黑头基性岩体"。

黑山铁矿为钛磁铁矿的晚期岩浆矿床。矿体形态主要受岩浆岩的流动构造和原生节理裂隙控制，致使矿体产状及形态较为复杂，成矿作用期间挥发组分虽然促进了岩浆的分异。但分异的作用并不完善，因此出现了大小程度极不相同的块状矿石及块状矿石与浸染状矿石互相混杂的情况，即在矿体中，块状矿石和浸染矿石无规律分布。矿液分异后，有的经过一段运动，贯入斜长岩中，构成质量好、规模较大的矿体。矿体的东北方向或上盘磷灰石相对富集，形成铁-磷矿化，使磷达到工业品位。

围岩蚀变不发育，以绿泥石化、云母化和碳酸岩化为主。

黑山矿床已发现大小不等的 60 多个矿体和露头，矿体一般为透镜状、似管状、似扁豆状或不规则的团块状。其中 1 号矿体和 2 号矿体是区内最大的两个矿体，占全矿区储量的 80%。

黑山铁矿的矿石分为致密钒钛磁铁矿和浸染型钒钛磁铁矿两种类型。主要矿物是钛磁铁矿、钛铁矿及少量金红石，含钴、镍的黄铁矿等。钒以类质同象赋存在磁铁矿中，钛铁矿与磁铁矿成固融体分离的格子状连晶。钴和镍赋存在黄铁矿和磁黄铁矿中。

其他还有铜、铬、磷、金、银及铂族等有益伴生元素。

黑山铁矿于 20 世纪 70 年代建有铁矿选矿厂，采用两段磨矿、两段磁选的选矿工艺，得到铁精矿，选铁后的磁选尾矿的主要化学成分分析结果及矿物组成分别见表 37-5-9 和表 37-5-10。

表 37-5-9　黑山铁矿磁选尾矿主要化学成分分析结果

成　分	TFe	FeO	Fe_2O_3	TiO_2	V_2O_5	SiO_2
含量/%	14.68	13.12	6.4	8.63	0.102	33.53
成　分	Al_2O_3	CaO	MgO	P_2O_5	S	Co
含量/%	16.27	6.44	4.18	0.19	0.52	0.024

表 37-5-10　黑山铁矿磁选尾矿中主要矿物组成

矿　物	钛铁矿	钛磁铁矿	赤铁矿	硫化物	绿泥石	斜长石	辉石	其他
含量/%	15.6	4.3	3.6	1	24.5	35.6	11.6	3.8

磁选尾矿中主要金属矿物以钛铁矿和钛磁铁矿为主，同时还有少量金红石、锐钛矿、白钛矿、褐铁矿、赤铁矿、硫化矿等。脉石矿物以绿泥石和斜长石为主，尚有少量的黑云母、石英、方解石、磷灰石等。

钛磁铁矿的含量达4.3%，它具有强磁性，在后续的钛铁矿选矿中，会干扰钛的分选。绿泥石密度较大，它本身含有铁，而且含铁量是变化的，有一部分绿泥石含铁量高，磁性较强，在用强磁选分选时，会进入到磁性产品中去。

矿石中硫化物的含量约1%，它是钛精选时的有害杂质，也必须在选钛时除去。

磁选尾矿主要矿物的密度和磁性见表37-5-11，磁选尾矿粒度组成分析及单体解离度见表37-5-12。

表 37-5-11　磁选尾矿主要矿物的密度及磁性

矿　物	密度/g·cm^{-3}	比磁化系数/10^{-6}cm^3·g^{-1}
钛磁铁矿	4.815	7300
钛铁矿	4.560	113
硫化物	4.830	<16
绿泥石	3.187	50~300
斜长石	2.635	10

表 37-5-12　铁矿磁选尾矿粒度组成分析及单体解离度

粒度/mm	产率/%		品位/%	分布率/%		单体解离度/%
	部分	累计		部分	累计	
+0.63	6.37	6.37	1.09	0.84	0.84	21.6
-0.63+0.40	11.53	17.90	2.35	3.29	4.13	50.7
-0.40+0.25	13.90	31.80	4.61	7.77	11.90	69.9
-0.25+0.16	16.08	47.88	7.31	14.26	26.16	87.8
-0.16+0.10	14.64	62.52	10.02	17.79	43.95	90.4
-0.10+0.074	18.15	80.67	12.48	27.47	71.42	94.5
-0.074+0.050	1.50	82.17	15.17	2.76	74.18	97.7
-0.050+0.030	7.49	89.66	14.43	13.11	87.29	98.6
-0.030+0.010	8.81	98.47	10.89	11.64	98.93	99.0
-0.010	1.53	100.00	5.82	1.07	100.00	99.5
合　计	100.00		8.25	100.00		

从表37-5-12可以看出，在+0.4mm以上粒级的产率为17.9%，钛金属分布率仅有4.13%，这部分粗粒可予先筛除。在-0.01mm粒级中，钛的分布率为1.07%，在-0.16mm+0.01mm粒级中，钛铁矿相对富集。+0.25mm各粒级钛铁矿的单体解离度相对较低。

37.5.2.2　选矿工艺试验及生产流程

1955~1978年，先后采取6批矿样进行选矿试验，选钛的工艺流程有重—电选方案、强磁—浮选方案、强磁—电选方案。获得钛选矿指标为：钛精矿品位35%~48%，回收率8%~39%。

1988年，为了适应国内外钛市场对钛精矿不断增长的需要，长沙矿冶研究院对选钛尾矿进行了选钛试验研究。

选钛试验主要进行了强磁—摇床流程，强磁—电选流程及强磁—摇床—电选流程试验。强磁—摇床流程，强磁选是用 SHP700 型强磁选机进行，强磁精矿经浮硫化矿后，进摇床精选得钛精矿。

强磁—摇床—电选流程，主要进行了两种流程试验，一种是对粗粒级进行摇床—浮硫—电选，对细粒级只进行摇床—浮硫。另一种流程是对粗、细粒均进行电选得钛精矿产品。

各种流程试验结果见表 37-5-13。

表 37-5-13　选钛流程试验结果　　　　　（％）

流　程	精矿产率	品　位			钛回收率
		TiO_2	S	P	
强磁—摇床	7.10	46.45	0.11	0.006	39.25
强磁—电选	4.91	46.43	0.089	0.009	27.46
强磁—摇床—电选	6.65	47.31	0.034	0.004	37.85
强磁—摇床—粗粒电选	7.37	47.58	0.032	0.003	42.06

在试验流程的基础上，按重选工艺建成了选钛车间。重选采用一段摇床选别，但处理能力低，产品品位为 35% 左右。1999 年，陆续增添了螺旋选矿机、电选机等工艺设备，使产量和精矿质量大大提高，精矿品位可以达 46% 以上。已具有年产 5000t 精钛矿的能力。

1999 年的选钛生产工艺如图 37-5-5 所示。

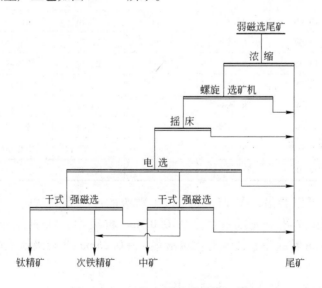

图 37-5-5　1999 年的选钛生产工艺

重选段粗精矿品位为 35% 左右，回收率 15% 左右。电选给矿中含有的硫化物、钛磁铁矿等金属矿物与钛铁矿同为导体矿物，造成分选困难，工艺指标受到影响。实际生产过程中，在最终精矿品位为 46% 时，电选段作业回收率为 50% 左右。该流程最终产品品位为 46%，综合回收率为 7.5% 左右。

2002 年，在小型试验的基础上，按照磁选—浮选流程建设了选钛厂。

选铁尾矿先进入斜板分级机，斜板分级机起到脱泥和浓密作用。通过分级脱除 -0.03mm 粒级物料。斜板分级机的沉砂由泵扬送至筒式弱磁选机，选出强磁性矿物钛磁铁矿，非磁部分进入湿式高梯度强磁选机进行钛铁矿的粗选，粗选的磁性产品进入高频振动细筛，筛上产物（ +0.15mm）磨至 -0.15mm 后再进一步进入高梯度强磁选机进行精选，每段强磁选的尾矿都作为最终尾矿丢弃。精选强磁选的精矿含 TiO$_2$ 为 24% 左右，该物料先浮选选出硫化矿，然后再进行钛铁矿浮选获得钛铁矿精矿。

黑山铁矿选钛原则流程如图 37-5-6 所示。

在选钛工艺中，由于选铁尾矿的浓度过低，矿浆流量大，使用斜板浓密分级机脱除的细泥物料产率大，金属损失大，首先应对选铁尾矿进行浓缩和脱泥。在溢流中损失的钛金属约占 30%。

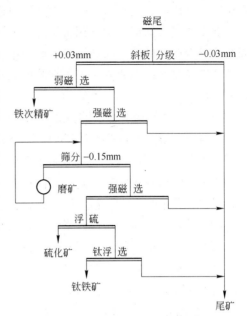

图 37-5-6　黑山铁矿选钛原则流程

高梯度强磁选机选钛铁矿，经一次粗选一次精选的选别工艺，得到的粗精矿含 TiO$_2$ 为 24% 左右，作业回收率为 62% 左右，尾矿中含钛偏高，特别是精选强磁选的尾矿含 TiO$_2$ 为 6% 左右，这部分应该再回收。

钛铁矿的浮选给矿中有较多的绿泥石，而且绿泥石的量和本身的含铁量是不断变化的，这就给浮选分离钛铁矿带来困难，因而有时钛精矿品位难以达到 46% 以上。该选矿工艺目前的钛回收率为 30% ~ 35%。

37.5.3　太和选矿厂

太和铁矿位于四川省西昌市太和乡境内，东距西昌市 10 km，南距攀枝花市 275km。太和铁矿 1988 年投产，选矿厂选铁生产流程为二段磨矿磁选，设计年处理矿石 70 万吨。

37.5.3.1　矿石性质

太和铁矿矿床为晚期岩浆分异大型钒钛磁铁矿矿床，产于基性-超基性辉长岩岩体中。矿石中赋存着铁、钒、钛、钴、镍、铜、钪等有益元素。

选铁尾矿主要化学成分分析结果见表 37-5-14。

表 37-5-14　选铁尾矿主要化学成分分析结果

成 分	TFe	FeO	Fe$_2$O$_3$	TiO$_2$	V$_2$O$_5$	SiO$_2$
含量/%	13.42	10.58	7.4	12.58	0.07	35.86
成 分	Al$_2$O$_3$	CaO	MgO	Co	Ni	
含量/%	11.56	11.32	9.25	0.018	0.013	

在选铁尾矿中主要金属氧化物为钛铁矿和钛磁铁矿，还有少量磁黄铁矿及黄铁矿，脉

石矿物有钛辉石、斜长石、橄榄石及少量磷灰石等。

钛铁矿是选铁尾矿中利用价值最高的工业矿物。钛铁矿的产出形式为粒状钛铁矿、呈固溶体分解产物的叶片状钛铁矿和脉石中包裹的针状钛铁矿。对选矿而言，后两种形式存在的钛铁矿是难以回收的，可以回收的只有粒状钛铁矿。钛铁矿矿物含 TiO_2 50.97%，含铁 33.20%。

由于钛铁矿结晶分异不够充分，致使在钛铁矿结晶粒中含有其他成分。因这些外来成分的含量不同，钛铁矿的磁性也有差异。其磁性变化范围为 $76.32 \times 10^{-6} \sim 140.26 \times 10^{-6} cm^3/g$。

钛磁铁矿是由磁铁矿、钛铁矿、钛铁晶石、镁铝-铁铝尖晶石组成的复合矿物。在选铁尾矿中，钛磁铁矿的特点是有不同程度的磁赤铁矿化。选铁尾矿中的钛磁铁矿的另一特征是绿泥石化强烈，在数量上绿泥石化钛磁铁矿含量比原矿石要高得多。

脉石矿物种类多，对选钛影响较大的有辉石、角闪石、橄榄石、绿泥石、斜长石和少量磷灰石等。脉石矿物具有不同磁性，其比磁化系数由小到大的变化范围为 $3.81 \times 10^{-6} \sim 206 \times 10^{-6} cm^3/g$，其中小于 $76.32 \times 10^{-6} cm^3/g$ 的脉石矿物产率达 80% 以上。脉石矿物的平均密度为 $3.06 g/cm^3$。

37.5.3.2　选矿试验和生产流程

1992 年进行了磁选尾矿回收钛铁矿的选矿试验，分别采用重选—浮硫—电选、强磁选—浮选流程，其试验结果见表 37-5-15。

表 37-5-15　磁选尾矿综合回收试验结果　　　　　　　　　　　　(%)

试验流程	产品	产率	品位（TiO_2)	回收率
螺旋—浮硫—电选	钛精矿	12.06	48.08	49.33
螺旋—强磁—浮硫—电选	钛精矿	14.75	47.67	60.35
强磁—浮选	钛精矿	14.94 ~ 13.15	48 ~ 49	56.64 ~ 50.90

太和选钛厂的给料为选铁尾矿，其中含 TiO_2 12% ~ 15%，原生产流程为重选—浮硫流程回收钛铁矿，选矿工艺流程如图 37-5-7 所示。

重选段采用螺旋选矿机粗粒抛尾，螺旋选矿机精矿经磨矿后用弱磁选机选出铁精矿，然后用摇床选，摇床精矿用浮选法得出钛精矿，在流程中，螺旋选矿机的作业回收率为 59%，摇床的作业回收率为 47%，摇床精矿经浮选后可获含 TiO_2 47%，回收率为 15% 的钛精矿。

由矿石性质可以看出，钛铁矿与脉石矿物具有较明显的磁性差异，采用磁选机作粗选设备可以丢弃大量的脉石矿物。因此将原生产流程按照强磁—浮选的流程进行改造。改造后的工艺流程如图 37-5-8 所示。

选铁尾矿首先进行浓密和分级，粗粒和细粒物料分别进入强磁选，粗粒的强磁选精矿磨矿后与细粒强磁选精矿一起进行弱磁选，产出铁精矿，弱磁选的非磁产品再用强磁选机磁选，选出钛粗精矿，然后再通过钛铁矿浮选获得钛铁矿精矿。

改造后的新工艺钛精矿品位可达到 47%，回收率为 50%，比原生产工艺选矿指标有了明显的提高，见表 37-5-16 和表 37-5-17。

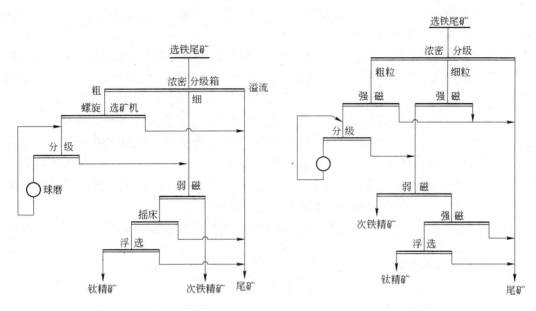

图 37-5-7 原选钛工艺流程   图 37-5-8 改进后的选钛工艺流程

表 37-5-16 改进前后指标对比

指 标	原流程	改进后	增 减
精矿品位(TiO_2)/%	47.00	47.00	0
精矿回收率(TiO_2)/%	15.00	50.00	35.00

表 37-5-17 不同设备作业回收率对比

方 案	作业设备	作业回收率(TiO_2)/%
原流程	螺旋选矿机	59.09
	摇 床	47.25
改进后	一次强磁	85.60
	二次强磁	85.70

37.5.4 芬兰奥坦马基选厂

奥坦马基选厂（Otanmäki）位于芬兰中部，1954 年建成投产，处理奥坦马基矿床的钒钛磁铁矿。1968 年起该厂并入芬兰最大的势塔鲁基钢铁公司。多年来奥坦马基一直是芬兰最大的钛矿山，1972 年底确定的钒钛磁铁矿储量接近 2000 万吨。矿山包括地下采矿（内有一段硐室破碎）、附有干式磁选作业的破碎车间、选矿车间以及有焙烧设备的钒车间四个部分。

选矿厂采用磁选—浮选联合流程进行生产。1972 年处理原矿 105 万吨，生产磁铁矿精矿 25.7 万吨，钛铁矿精矿 14.95 万吨、黄铁矿精矿 0.5 万吨及五氧化二钒 2124 吨。其中，钒产品供应瑞典、英国、联邦德国、苏联和其他欧洲国家。

奥坦马基的可开采矿体都赋存于一些扁豆状矿体中，这些矿体长度为 20～200m，宽度为 30～50m 不等。选矿厂处理的矿石含磁铁矿 38%～40%、钛铁矿 27%～30%、黄铁矿 1%～2%，其他为硅酸盐脉石（主要为绿泥石、角闪石和斜长石）。单体解离状态的石英实际上是不存在的，因此矿石比较难磨。矿石组成不均匀，矿石中主要元素含量：TFe 40%，TiO₂13%，V 0.25%，S 1%，P 0.01%。

该厂投产后选矿工艺有两次较大的改革。1958年以前采用粗粒干式磁选丢尾，粗精矿再磨后湿式磁选选出磁铁矿精矿，磁选尾矿先浮选出硫精矿，然后经脱泥后浮选钛铁矿。浮选钛铁矿采用塔尔油在 pH 值为 6.5 的条件下进行，浮选精矿品位 TiO₂ 为 44%，回收率为 74%。1958年以后改为油-药乳化浮选钛铁矿的工艺流程，其特点是硫浮选尾矿直接在高浓度（40%~70%）、pH 值为 6.2~6.6 的条件下和药剂进行长时间（40~60min）的搅拌，采用的捕收剂为塔尔油和柴油的混合物（塔尔油：柴油＝1：2）并加入占混合物 3%~5% 的 Einxolp-19 作乳化剂，粗选 pH 值为 3.2~3.6。实现这一作业后，获得钛精矿品位 TiO₂ 为 44%，回收率为 88%，较脱泥浮选提高 14%。

经多年生产实践又进行了许多改革，改革后的奥坦马基选矿工艺流程如图 37-5-9 所

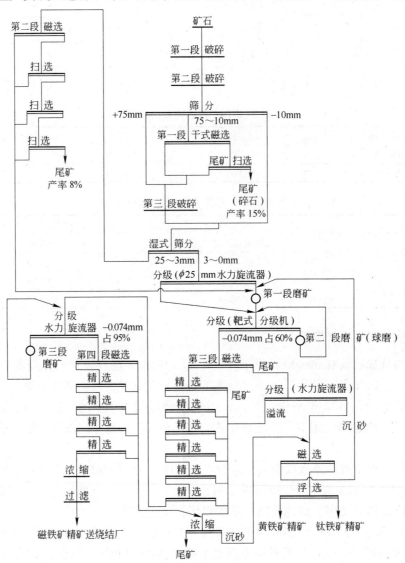

图 37-5-9 奥坦马基选矿工艺流程

示。原矿经三段破碎，最终碎矿粒度为25～0mm。在第二段破碎之后，以干式磁选从粒度75～10mm的物料中预选分离出15%左右的废弃尾矿。第三段破碎后的矿石，在筛孔为3mm的格筛进行筛分。筛上产品再经第Ⅱ段磁选分出8%的废弃尾矿。筛下产品送入直径为250mm的水力旋流器分级，其底流同第Ⅱ段磁选选别的磁性产品合并给入棒磨机磨矿。棒磨机排矿与旋流器溢流合并给入耙式分级机，其返砂再用球磨机磨矿，球磨机排矿与分级机闭路。分级机溢流粒度为-0.074mm占60%。

分级溢流给入第Ⅲ段湿式磁选。所得磁性产品再经第Ⅲ段磨矿分级，粒度为-0.074mm达95%，给入第Ⅳ段磁选，获得含Fe 69%、TiO_2 1%～1.5%、SiO_2 2%和V_2O_5 0.6%的磁铁矿精矿，该精矿送至提钒车间经磨细烧结后，用浸出法回收钒。磁选尾矿采用浮选法选别黄铁矿及钛铁矿。磁选尾矿经脱泥后先采用一次粗选、二次精选、二次扫选的浮选流程选出黄铁矿精矿。浮选黄铁矿后的尾矿先经过40～60min高浓度搅拌，然后采用一次粗选、两次精选、一次扫选的钛浮选流程获得合格钛铁矿精矿。

37.5.5 美国麦金太尔选矿厂

美国麦金太尔（MacIntyre）选矿厂位于纽约州东北部阿迪隆达克山区。1942年投产，原生产能力为3000t/d，现处理能力达10600t/d。矿石中的有用矿物为钛铁矿及磁铁矿，脉石矿物为钠长石、角闪石、辉石、石榴子石和黑云母等。矿石坚韧难碎、难磨，不含黏土。原矿石平均含铁28%。选厂采用磁选流程选别磁铁矿，用重选—磁选流程选别粗粒钛铁矿，共有5个系列，选别原则流程如图37-5-10所示。

入选原矿首先预先筛分，筛上产物用1220mm×1520mm颚式破碎机第一段破碎，破碎粒度为-203mm。一段开路破碎产物和一段筛分作业筛下产物全传送到二段筛分作业，其筛分粒度为63.5mm。一、二段筛分作业均采用格条筛。二段筛分作业的筛上产物采用2130标准型圆锥破碎机碎至-38mm。二段破碎后产物与二段筛分作业筛下产物合并进入第三段筛孔为19mm和11mm两级别，进入磁滑轮磁选，丢弃部分尾矿。

磁选精矿进1650mm短头圆锥破碎机进行第三段破碎，破碎产品与双层筛筛下-11mm产品合并进入细矿仓。

细碎后的矿石首先给入棒磨机与弧形筛闭路的磨矿系统，磨矿粒度为-0.6mm。弧形筛筛下产品经带式磁选机粗选，永磁筒式磁选机精选，获得磁铁矿精矿。永磁选溢流及磁铁矿精矿脱水溢流用泵扬送至浮选系统进行细粒钛铁矿浮选。磁选尾矿进行粗粒钛铁矿选别。

粗粒钛铁矿采用重选—磁选联合流程选别。磁选尾矿进入选钛系统后，先用水力分级机分成三个粒级，较粗的两级入摇床重选，-74μm粒级进入浮选段。摇床选获得钛铁矿粗精矿、中矿及最终尾矿。

摇床中矿经球磨机再磨后再返回到磁选段进行复选。

摇床精矿中含磁铁矿连生体，采用永磁磁选机将其选出，然后经球磨机再磨再选。永磁机磁选尾矿即粗粒钛铁矿粗精矿再经韦瑟里尔型强磁选机选别，获得最终粗粒钛铁矿精矿。

细粒钛铁矿是浮选法回收的。该厂将全厂细泥，包括磁选溢流、磁铁矿脱水溢流、分级机溢流全部集中到浮选段选别。

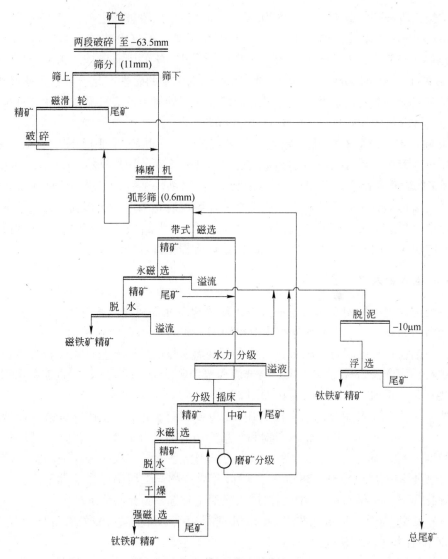

图 37-5-10　麦金太尔选矿生产流程

进入浮选段的矿石采用两段水力旋流器进行脱泥，溢流粒度为 $-10\mu m$。浮选采用的药剂有塔尔油、燃料油、硫酸、氟化钠及起泡剂。浮选流程为一粗二精，得细粒钛铁矿精矿。

设置浮选段是为了获得高品位的纯净钛铁矿，为保证浮选效果，装有检测仪表及某些自动化控制装置。

37.5.6　加拿大索雷尔选矿厂

索雷尔（Sorel）选矿厂位于加拿大蒙特利尔附近，属魁北克铁钛公司（Quebec Iron & Titanium Corp，简称 Q. I. T）。该公司系加拿大唯一的开采处理钛铁矿的企业。

矿石采自该公司所属的魁北克拉德湖地区的拉克提奥矿。该矿为国外目前最大的钛铁矿床之一，储量超过 1 亿吨。该矿于 1950 年投产，露天开采，采出矿后就地进行粗碎和中碎，然后运至索雷尔选矿厂进行选矿和冶炼。生产出含 TiO_2 70% ~ 72% 的高钛渣和纯生铁两种产品。

1950年该厂投产时，矿石经碎矿后直接进行电弧炉熔炼。但因矿石品位波动大，硫含量高，至使钛渣含硫量高达0.6%。为了给电弧炉提供均匀的高品位原料，于1956年增加了选矿厂。至1972年，原矿年处理量达200万吨，高钛渣和生铁的年产量分别达到82万吨和57万吨。

该矿原矿为块状钛铁矿与赤铁矿的混合矿，其比例为2∶1。脉石矿物主要为斜长石，此外还有少量辉石、黑云母和黄铁矿。矿石平均含TiO_2 35%，含Fe 40%。矿石中的赤铁矿呈细粒嵌布于钛铁矿中，不能用选矿方法分离。黄铁矿遍布于钛铁矿与赤铁矿的晶格间，平均含硫量为0.3%。矿石中铁和钛氧化物含量平均为86%，矿石密度为4.4~4.9g/cm³。该矿原矿化学成分见表37-5-18。

表37-5-18　拉克提奥矿石化学成分

成　分	TiO_2	CaO	S	FeO	MgO	$Na_2O + K_2O$
含量/%	34.30	0.90	0.30	27.50	3.10	0.35
成　分	P_2O_5	Fe_2O_3	Cr_2O_3	SiO_2	V_2O_5	Al_2O_3
含量/%	0.015	25.20	0.10	4.30	0.27	3.50

索雷尔选厂工艺流程如图37-5-11所示。原矿先破碎至-9.5mm，然后用1500mm×4300mm泰洛克振动筛筛分，+1.2mm粒级含量为85%，进入重介质旋流器进行分选。重

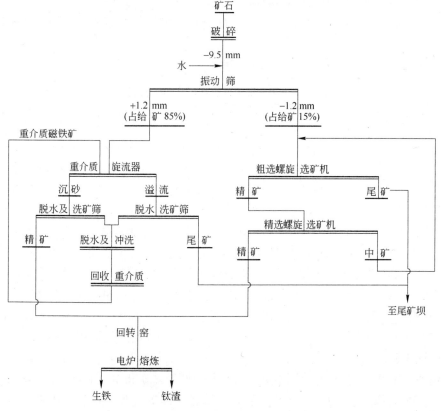

图37-5-11　索雷尔选厂生产流程

介质旋流器用磁铁矿作介质。

　　-1.2mm 物料经浓缩脱泥后，用螺旋选矿机分选。重介质选矿的给料中铁和钛氧化物平均含量为 80%，经选别后提高到 94%。螺旋选矿机给料中铁钛氧化物含量为 75%，经选别后提高到 91.5%。两者混合精矿中铁与钛的氧化物含量平均为 93%。其中含 TiO_2 36.8%，含 Fe 41.8%。选厂精矿产量为 150 ~ 200t/h，回收率约为 90%。精矿产品经煅烧脱硫，用电弧炉煤粉还原，生产出高钛渣和纯生铁产品。该厂高钛渣成分见表 37-5-19。

表 37-5-19　高钛渣成分

成　分	TiO_2	CaO	C	P_2O_5	FeO	MgO	S	MnO	Fe	Cr_2O_3
含量/%	70 ~ 72	< 1.2	0.03 ~ 0.1	< 0.025	12 ~ 15	4.5 ~ 5.5	0.03 ~ 0.1	0.2 ~ 0.3	< 1.5	< 0.25

37.5.7　挪威泰坦尼亚选钛厂

　　泰坦尼亚钛矿（Titania）位于挪威罗加兰南部，是欧洲已探明的最大钛铁矿床。原矿含 TiO_2 18%，露天开采，平均处理能力为 300 万吨/年。泰坦尼亚公司属克劳诺斯钛公司（Kronos Titan）。

　　泰坦尼亚选矿厂最初是一座全浮选的选厂，生产后由于矿石性质的变化，采用单一浮选法指标波动较大，回收率低，只有 60% ~ 65%，并且浮选过程很难控制。

　　1986 年改变了工艺流程，采用粗粒重选，细粒磁选—浮选的工艺流程，生产指标有了较大提高，并将生产能力扩大到 400t/h。

　　泰坦尼亚钛铁矿在地质上是在 Eger-Sund 斜长岩里的一个侵入体，储量有 3 亿多吨的矿床。

　　泰坦尼亚钛矿平均矿物组成见表 37-5-20。

表 37-5-20　泰坦尼亚钛矿平均矿物组成

矿物	铁钛矿	磁铁矿	斜长石	硫化物	紫苏辉石	磷灰石	黑云母	次生矿物
含量/%	39	2	36	< 1	15	< 1	3.5	2.5

　　泰坦尼亚钛矿主要有用矿物为钛铁矿、磁铁矿和少量硫化矿。脉石矿物主要有斜长石、紫苏辉石、磷灰石和黑云母。另外由于矿体的蚀变作用，使得矿石中含一定数量的黏土、绿泥石、滑石、石灰石等裂隙矿物。

　　原矿经三段破碎，将矿石碎至 -12mm。磨矿采用一段磨矿作业，球磨机与水力旋流器成闭路，磨矿粒度为 -0.4mm。磨矿产品先用弱磁选机选出磁铁矿及强磁性硫化矿，非磁产品经三段水力旋流器分级和脱泥，一、二段水力旋流器的溢流粒度为 -74μm。第三段水力旋流器是脱除 -10μm 的泥，直接丢弃。一、二段水力旋流器沉砂进入重选回路。其原则流程是以 50μm 分界，粗粒级重选、细粒级强磁—浮选，选矿原则流程如图 37-5-12 所示。

　　重选回路是用圆锥选矿机作粗选设备，圆锥选矿机选出的精矿用螺旋选矿机两次精选得粗粒钛铁矿精矿。

　　重选回路中共使用了 18 台圆锥选矿机，每台圆锥选矿机的处理能力为 70 ~ 90t/h，给矿浓度（质量分数）为 60% ~ 68%。精选用的螺旋选矿机共 240 台。螺旋选矿机的尾矿返回至圆锥选矿机再选。圆锥选矿机产出的带连生体的中矿再返回到磨矿机。磨矿产品中

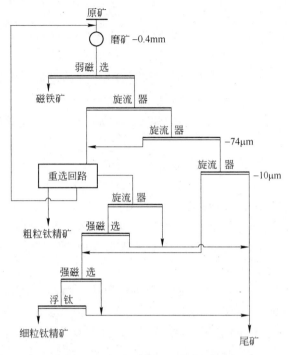

图 37-5-12　泰坦尼亚选钛厂原则流程

$-74\mu m + 10\mu m$ 部分及重选回路的尾矿用强磁选机进行选钛磁选,磁选可以丢弃大部分脉石矿物。磁选给矿含 TiO_2 15%左右,富集后精矿含 TiO_2 32%,作业回收率为93%。强磁选的精矿进入浮选选钛作业。因为回收细粒钛铁矿使用了磁选—浮选工艺,使入浮选的矿量比过去减少了80%,原来的浮选给料含 TiO_2 为17% ~18%,现在浮选给料含 TiO_2 可达30% ~32%。

浮选采用脂肪酸作捕收剂,中间有浓缩及 pH 值调整作业。

重选的钛精矿品位为44%,回收率为46%,浮选钛精矿品位为44%,回收率为29%,总回收率为75%。

泰坦尼亚选钛厂几个主要产品粒度分析结果见表 37-5-21。

表 37-5-21　选钛厂主要产品粒度分析结果　　　　　　　　　　　　　　(%)

粒度/mm	磨矿旋流器溢流		重选尾矿		重选精矿		强磁给矿		浮选给矿	
	产率	TiO_2	产率	TiO_2	产率	TiO_2	产率	TiO_2	产率	TiO_2
+0.417	2	3	5	2						
-0.417 +0.218	12	8	35	8	3	44				
-0.218 +0.149	11	17	29	8	18	44				
-0.149 +0.104	15	19	16	4	28	42	6	3	2	7
-0.104 +0.074	14	20	8	7	30	43	13	4	6	10
-0.074 +0.044	14	21	4	22	19	45	28	12	23	26
-0.044	32	20	3	35	2	46	53	23	69	37
合　计	100	18	100	5	100	44	100	16	100	32

37.5.8 海南岛南港钛矿

37.5.8.1 概况

南港钛矿位于海南省琼海县境内。该矿于 1970 年开始筹建，1973 年投产，设计规模为年产钛精矿 11000t。1982 年建成了年处理能力为 600 万吨的干采、水运、螺旋溜槽选别的小型采选厂。1987 年建成了年规模为 2000 万吨的干采、干运、螺旋溜槽选别的移动式采选厂。

精选厂的精选流程为重选—磁选—电选—浮选流程。以回收钛铁矿为主，并综合回收锆英石、独居石等。

37.5.8.2 矿床概况及矿石性质

南港海滨砂矿矿区南北走向沿海岸线分布，地貌为砂堤及砂地两种，矿床属含钛铁矿、锆英石、独居石的综合海滨沉积砂矿。矿体出露地表，形态比较完整，厚度变化不大，位于海平面以上，适合干采。

矿石中有 50 多种矿物，其中有工业价值的矿物主要有钛铁矿、独居石、锆英石，其次为少量及微量的锐钛矿、金红石、白钛石、磷钇矿、锡石及自然金等。脉石矿物以石英为主，其他为长石、高岭土、角闪石、绿帘石、电气石及石榴子石等。全区矿物平均品位为钛铁矿 41.6kg/m³，独居石 0.41kg/m³，原矿主要化学成分分析及矿物相对含量分别见表 37-5-22 和表 37-5-23。

表 37-5-22 原矿主要化学成分分析结果

成 分	TiO_2	$(Zr、Hf)O_2$	TR_2O_3	Sn	TFe	Al_2O_3	K	Na
含量/%	1.16	0.058	0.045	0.0013	2.21	2.12	1.5	0.48
成 分	Ca	Mg	P	SiO_2	W	Mo	F	Au
含量/%	0.6	0.12	0.12	86.24	0.0015	0.0006	0.006	0.1g/t

表 37-5-23 原矿矿物相对含量

矿 物	含量/%	矿 物	含量/%
钛铁矿	1.665	磷钇矿	0.001
钛磁铁矿	0.254	钍石	0.001
磁铁矿	0.174	自然金	0.15g/t
褐铁矿	0.291	铁铝榴石	0.103
独居石	0.036	钙铝榴石	0.102
锆英石	0.087	黄玉刚玉、尖晶石	0.028
白钛石	0.118	角闪石、电气石	2.739
锐钛矿金红石	0.015	石英、长石、方解石	94.142
榍 石	0.242	合 计	100.00
锡 石	0.002		

南港钛矿矿石粒度比较均匀，偏粗，含泥量少，90% 的矿物集中在 -0.8mm +0.2mm 粒级中，有用矿物富集于 -0.32mm +0.08mm 粒级。有用矿物与脉石矿物间存在着明显的

粒度差，适用筛选丢废。原矿样筛分分析结果见表 37-5-24。

表 37-5-24　原矿样筛分分析结果　　（%）

粒级/mm	产率	品　位			金属分布率		
		TiO$_2$	ZrO$_2$	TR$_2$O$_3$	TiO$_2$	ZrO$_2$	TR$_2$O$_3$
+1.6	0.97	0.11	0.01	0.012	0.09	0.14	0.35
-1.6+1.25	3.79	0.23	0.03	0.042	0.71	1.39	4.84
-1.25+0.80	16.02	0.10	0.013	0.010	1.31	3.09	4.87
-0.8+0.63	22.12	0.19	0.01	0.010	3.43	3.28	6.73
-0.63+0.50	15.57	0.167	0.015	0.016	2.41	3.47	7.58
-0.50+0.40	16.77	0.185	0.016	0.016	3.42	3.24	8.16
-0.40+0.32	12.28	0.72	0.02	0.019	7.01	3.64	7.09
-0.32+0.2	5.94	3.73	0.05	0.048	21.40	5.15	10.13
-0.20+0.10	3.94	15.38	0.85	0.26	49.44	49.68	31.15
-0.10+0.08	1.94	11.38	1.65	0.55	9.60	25.46	17.39
-0.08	0.66	2.01	0.14	0.10	0.92	1.16	1.71
合计	100.00	1.23	0.067	0.033	100.00	100.00	100.00

37.5.8.3　工艺流程及技术指标

采选厂技术指标均以干采、干运、筛选、螺旋选矿机工艺为准。南港钛矿粗选工业试验选矿工艺流程如图 37-5-13 所示。

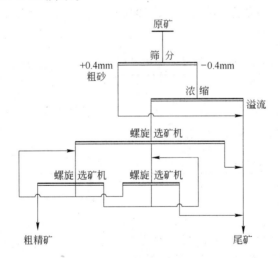

图 37-5-13　南港钛矿粗选工业试验工艺流程

用 ZL-50 型装载机干采，采出矿石运至矿仓，经皮带给矿机控制矿量，经皮带运输机输送到移动选矿厂。原矿造浆，隔渣筛筛下物给入细筛筛选。采用 YQ3-1007 型高频细筛，筛选用筛采用高频率、低振幅振动、三路给矿、重叠筛网、封闭振动器，具有筛分效率高、处理量大、运转平稳及筛孔不易堵塞等优点。原矿经 0.4mm 预先筛分，丢弃 40% 左右的筛上物后送螺旋选矿机选别。

螺旋选矿机是澳大利亚矿床公司（M.D.L）生产的，螺旋断面形状由抛物线、立方抛物线、直线及圆四种线型复合而成，不等距螺旋。螺旋选别流程结构为一次粗选、中选再选及精选。

筛选—螺旋粗选流程简单，事先筛除去 40% 以上的低品位筛上物，提高了入选矿石品位，减少了入选矿量及设备投资，缩小了入选粒度范围，与单一螺旋溜槽流程相比，投资及动力消耗节省 40%，金属回收率提高 10% 以上。该工艺技术指标见表 37-5-25。

表 37-5-25 筛选—螺旋粗选流程技术指标 （%）

产 品	产 率	品 位		回收率	
		TiO$_2$	ZrO$_2$	TiO$_2$	ZrO$_2$
粗精矿	4.32	30.81	1.76	74.35	77.57
筛上物	41.87	0.28	0.027	6.55	11.62
尾 矿	53.81	0.64	0.02	19.10	10.81
原 矿	100.00	1.79	0.10	100.00	100.00

精选厂以生产钛铁矿精矿为主，对独居石、锆英石、金红石等伴生矿物也具有一定的综合回收能力，现有生产能力为年产钛精矿 12000t。精选厂由钛铁矿、独居石和锆英石三个精选车间组成。

粗精矿首先采用重选法丢弃大部分脉石矿物，然后用干式磁选获得钛铁矿精矿。选钛的尾矿用重选、磁选、浮选、电选法分别获得锆英石精矿和独居石精矿。

精选厂的原则流程如图 37-5-14 所示，1983 年精选厂生产技术指标见表 37-5-26。

表 37-5-26 1983 年精选厂生产技术指标 （%）

产 品	品 位	回收率
钛铁矿精矿	TiO$_2$ 49.7	77~84
独居石精矿	TRE 60.0~65.0	71.0
锆英石精矿	ZrO$_2$ 60.0~65.0	60.0

37.5.9 沙老钛矿

沙老钛矿位于海南岛琼海县长坡乡沙老河旁，该矿是海南岛东部沿海海滨沉积的钛铁矿、锆英石、独居石砂矿中规模较大的矿床之一。

沙老矿全区共 6 个矿体，其中 V 号、VI 号矿体最大。矿体分水上矿体和水下矿体。含钛铁矿 22.7~34.6kg/m^3，含锆英石 2.3~4kg/m^3。

沙老矿石中除含钛铁矿、锆英石外，还含有独居石、金红石和白钛石等有用矿物，脉石矿物

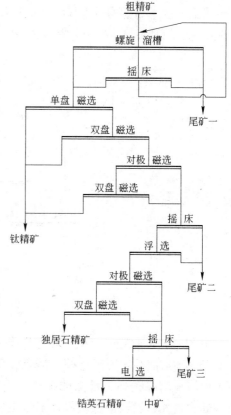

图 37-5-14 南港钛矿精选流程

主要有长石和石英，脉石矿物主要集中在 +0.4mm 粒级中，各种有用矿物绝大多数呈矿物存在。

采矿采用采砂船开采法，该法是利用一个飘浮式设备完成水下砂矿的采掘、提升、选矿以及将尾砂排弃的作业方式，采用采砂船和选矿船布置在同一湖面上，两者通过输浆管道连接。

采砂船从水下采的矿浆由砂泵运送至选矿船，然后用螺旋选矿机分选出毛精矿和尾矿，毛精矿由砂泵输送上岸，尾矿则用砂泵排放至采空区，由于采矿用水和选矿用水构成闭路循环，对周围环境不会产生污染。

采矿使用绞吸式采砂船，该船由船体、挖掘机构、泵、水枪、定位系统组成。最大挖掘深度 7.5m，扬程 20.6m，生产能力 100 t/h，回采时将采砂船绞刀下放至湖底，使之与砂矿层接触，开动绞刀，使砂石松动，并且导向砂泵吸管口，随着水下矿体的采掘，水上矿体自然滑落至矿浆中，砂泵将矿浆吸上，经泵管输送到选矿船顶部。采砂船上还备有水枪，用来冲垮高陡坚实的边帮，使之缓慢滑落至湖中。采砂船的移动、定位由船上的卷扬机完成。

根据原矿矿石性质，选择螺旋选矿机作主要重选设备。选矿船主要由船体、分矿器、螺旋选矿机、起吊设备、定位装置、上下操作平台等构成。

来自采砂船的矿浆通过隔渣筛除掉杂草和卵石后，经分矿器进入粗选螺旋选矿机中。经一次粗选、一次精选及中矿再选，获得粗精矿。并送到岸上的精选厂中。选矿船的粗选选矿原则流程如图 37-5-15 所示。

沙老钛矿精选工艺的特点是采用预先筛分丢弃粗砂，然后进行磁选回收钛铁矿，磁选尾矿再用摇床丢尾并分组，对摇床分组产品采用磁选、电选及浮选等工艺回收锆英石、金红石、独居石产品。该厂精选工艺流程如图 37-5-16 所示，技术指标见表 37-5-27。

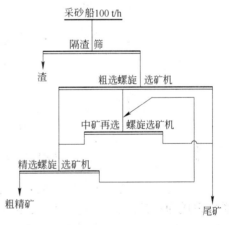

图 37-5-15 沙老钛矿粗选原则流程

表 37-5-27 沙老矿精选技术指标

年份	钛铁矿			锆英石		独居石		金红石	
	产量/t	品位 (TiO_2)/%	回收率 /%	产量/t	品位 (ZrO_2)/%	产量/t	品位 (R_2O_3)/%	产量/t	品位 (TiO_2)/%
1980	9791	51	90.4		62~65	48	63	45	90.76
1981	9574	51	89.6		62~65	54	61	42	90.57

37.5.10 澳大利亚西部钛矿公司选矿厂

西部钛矿公司选矿厂自 1965 年开始生产，选别澳大利亚西部的海滨砂矿，矿石含 Cr_2O_3 较低（0.03%~0.04%），含 TiO_2 54%~60%。该矿采用重选、磁选、电选联合流

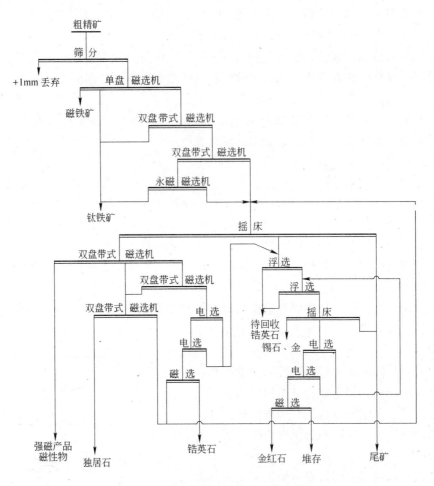

图 37-5-16　沙老钛矿精选工艺流程

程，每小时处理原矿 60t。精矿重矿物含量为 93% ~ 95%，产量为每小时 25 ~ 35t。重矿物
矿物组成为：钛铁矿 70% ~ 85%、锆英石 3% ~ 5%、独居石小于 4%、金红石小于 5%、
白钛石 1% ~ 20%、石榴石小于 15%，还有少量电气石、十字石、尖晶石、黑云母及褐铁
矿等，该厂通过两次湿选两次干选选出钛铁矿精矿，并综合回收金红石、白钛石、锆英
石、独居石等精矿。

　　原矿入厂先经筛孔为 9.5mm 的圆筒筛筛分，筛下产物再进行筛分， +4mm 筛上物丢
弃， -4mm 的筛下物分级脱水。分级箱的粗砂再经一台弧形筛、一台艾利斯、查默斯
（A.C）筛分机筛分，筛下产物粒度小于 0.6mm，送至螺旋选矿机粗选及三段螺旋选矿机
精选，产出粗精矿。一次湿选流程如图 37-5-17 所示。

　　一次湿选粗精矿先在木板或混凝土的棕席晒干 72h，使精矿含水降低到 5% ~ 7.5%，
然后送入旋转干燥机（长 10.7m、直径 1.95m），在温度为 55 ~ 65℃ 的条件下干燥，干燥
物经过在运输机上冷却后进行筛分（0.6mm），筛上物返回一次湿选厂，筛下物采用 32 台
拉彼德四极三盘磁选机和一台交叉带式磁选机选收钛铁矿，磁选尾矿采用四辊高压电选机
和三台拉彼德四极三盘磁选机回收剩余的钛铁矿，一次干选流程如图 37-5-18 所示。

　　一次干选尾矿再进行二次湿选时，为了在常温下脱除矿物表面的氧化铁，采用低浓度

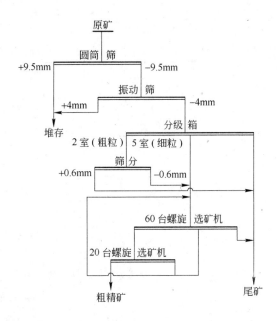

图 37-5-17 西部钛矿公司选矿厂一次湿选流程

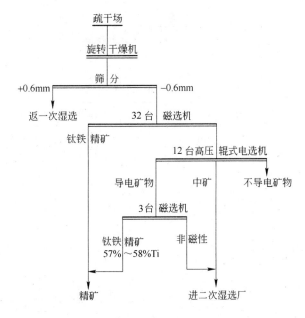

图 37-5-18 西部钛矿公司选矿厂一次干选流程

氢氟酸和焦亚硫酸钠清洗，以利分选。清洗后的物料经螺旋选矿机粗选，螺旋选矿机的精矿分级入摇床选，螺旋选矿机的中矿再用摇床选，中矿再选的精矿返回至摇床选，摇床的精矿经浓缩加药、擦洗后入二次干选厂。二次干选采用四段筛板式静电选矿机分选，在二次干选中还采用了极性交替方式改善了分选效果，静电选后的导体部分再经电选、磁选与其他矿物分离，获得锆英石、独居石、金红石、白钛石精矿。二次湿选的流程如图37-5-19 所示。二次干选的流程如图 37-5-20 所示。

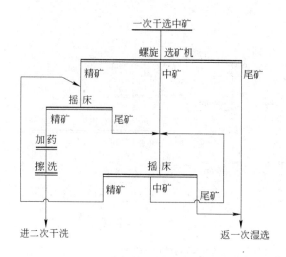

图 37-5-19　西部钛矿公司选矿厂二次湿选流程

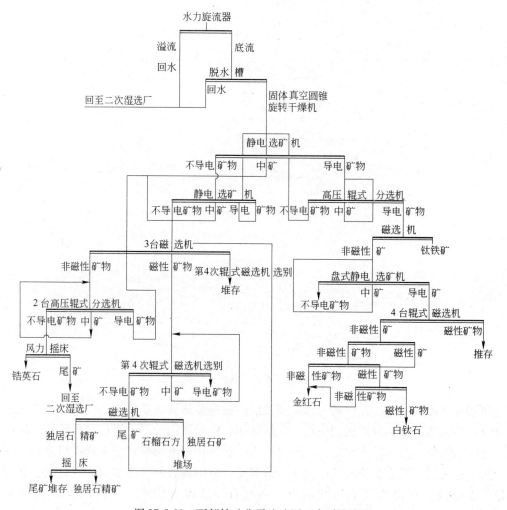

图 37-5-20　西部钛矿公司选矿厂二次干选流程

37.6 金红石选矿厂

金红石是自然界中含钛最高的矿物，是提取金属钛、制造钛白粉和具有光催化特性二氧化钛的主要原料。

我国的金红石的储量比较少，基础储量约 2000 万吨，占总钛资源基础储量的 2% 左右。

我国金红石矿的开发处于初级阶段，年产量大约 2500t，其中 90% 来自砂矿。金红石精矿的主要产地为广东、广西和海南，此外在山东省和安徽省也有少量生产。国内原生金红石矿尚未大规模开发利用，年产量仅几百吨，目前原生金红石矿的生产仅湖北枣阳大阜山金红石矿，年处理能力 9 万吨，现已建成年产 1200t 金红石的选矿厂。其他少数金红石矿仅断续或小量生产。

37.6.1 澳大利亚纳勒库帕选矿厂

澳大利亚纳勒库帕（Narecoopa）选矿厂位于澳大利亚金岛，是一座海滨砂矿，1969 年投产。矿床含重矿物约 50%，有用矿物主要为锆英石和金红石，其次是白钛石、钛铁矿、磁铁矿、石榴石和锡石。其湿选流程如图 37-6-1 所示。

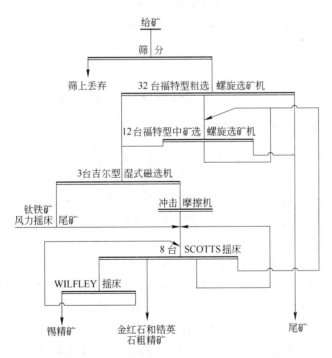

图 37-6-1 纳勒库帕金红石公司湿选厂流程

采出的原矿进入粗选厂预先筛分（4mm），筛上产物丢弃，筛下产物给至 32 台福特型螺旋选矿机粗选，中矿再经 12 台螺旋选矿机再选。两次螺旋选矿机精矿用砂泵扬至 3 台吉尔型磁选机磁选，磁性产物即为钛铁矿精矿，非磁性产物经过 Uinatex 喷射冲击箱擦洗，再给入 8 台摇床别选。摇床精矿为锡精矿，次精矿为含锆英石、金红石的粗精矿。摇床中矿返至本摇床作业，尾矿至中矿再选的螺旋选矿机。

粗精矿采用高压电选、强磁选及风力摇床干选联合流程精选，获得锆英石和金红石精矿。其干式精选流程如图 37-6-2 所示。

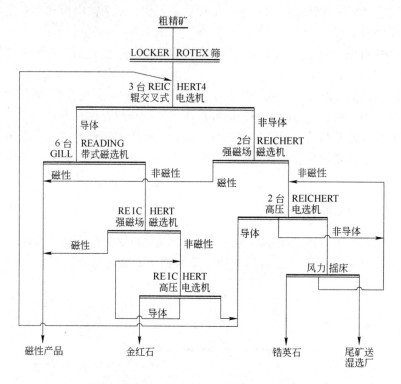

图 37-6-2 纳勒库帕金红石公司干选厂流程

37.6.2 塞拉利昂金红石公司采选厂

塞拉利昂金红石矿山位于西非塞拉利昂首都弗里顿东南 270km 处，靠近莫扬巴和邦地区谢布罗岛附近的大西洋海岸，可开采利用的金红石矿床较多。开采的是储量最大、品位最高的莫格维摩矿床（Mogbowemo）。该矿床品位最高的表层平均含 TiO_2 2.5%，整个矿层平均含 TiO_2 大于 2%。此外还伴生有锆英石和钛铁矿，因量少尚未开采利用。

采矿采用 0.68m³ 采砂斗的多斗采砂船。船上共有 68 个料斗，挖掘速度 26 斗/分钟，挖掘深度为水平面以下 15.25m，并可挖及水平面上 6.1m。挖掘能力 1445t/h，船重 2700t，安装功率 4200kW，由岸上电厂以 13.2kV 电缆供电。此外，为采矿还备有一些辅助设备，包括推土机 4 台、装载机 1 台等。

采出的矿石先用 1 台 5.74×6.71m 擦洗机第一次洗矿，然后再给到另外两台擦洗机第二次洗矿。擦洗机排出的细粒部分分别送到 16 台德瑞克高频振动细筛筛分，筛上 +1mm 物料作为尾矿排除。筛下物料用砂泵通过一条由浮架支撑的直径为 610mm 的管道送到水上浮动湿选厂。浮动选矿厂为一单独浮船，与采砂船相距 600m。

水上浮动选矿厂进行第一段湿选。第二段湿选在岸上选矿厂进行。

送到湿选厂的矿石，先经两段水力旋流器脱泥，旋流器沉砂粒度为 1~0.063mm，品位为 TiO_2 2%~4%，干矿量 580t/h，经 20 台圆锥选矿机选别，精矿品位提高到 TiO_2 48%~51%。精矿量 34.5t/h，用 1 台 Zimpro 高压泵，通过 ϕ7.62cm 管送到岸上储矿场，储矿场可存摇床给矿 10000t。

岸上选矿厂设备包括 4 台 8 室水力分级机。首先将第一段湿选精矿给入分级机分级，然后给入 8 台摇床，摇床精矿品位提高到含 TiO_2 70% 左右，重矿物含量为 95%。重矿物组成是金红石、假金红石、锆英石、钛铁矿、独居石、石榴石及少量石英。

摇床精矿经过滤、干燥后干选。

进入干选流程的矿石，先经几段卡普科（Corpco）高压辊式电选机电选，使非导体（锆英石、石英、独居石和石榴石）与大部分导体（金红石与钛铁矿）分离。然后经几段筛分及感应辊式磁选机分出金红石与钛铁矿。由于锆英石与金红石分离困难，1980 年在流程中配置了 8 台 MOL 板式电选机。

干选厂处理矿石 18.7t/h，金红石精矿产量 13.2t/h，精矿中含 TiO_2 96%，ZrO_2 和 Fe_2O_3 的含量小于 1%。

塞拉利昂年产 10 万吨金红石精矿的选矿生产流程如图 37-6-3 所示。

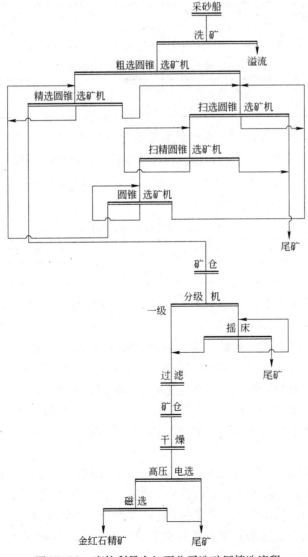

图 37-6-3 塞拉利昂金红石公司选矿厂精选流程

37.6.3   湖北枣阳金红石矿

枣阳金红石矿是我国目前已开发利用的一个特大型金红石原生矿床,自投产以来由于矿石性质复杂,选矿指标一直很低。1983 年以前生产总回收率仅有 16.65%,以后进行了流程改造,总回收率也仅有 23% ~26%。

37.6.3.1   矿石性质

枣阳金红石矿系变质基性岩矿床,主要有用矿物有金红石、钛铁矿、磁铁矿、榍石、白钛石、黄铁矿等。脉石矿物主要为石榴石、角闪石、绿泥石、云母、长石、石英等。

原矿主要化学成分分析结果及矿物组成分别见表 37-6-1 和表 37-6-2。

表 37-6-1   枣阳金红石矿原矿主要化学成分分析结果

成　分	TiO_2	SiO_2	Al_2O_3	FeO	Fe_2O_3	CaO
含量/%	2.90	41.41	16.85	13.91	4.10	8.45
成　分	MgO	P_2O_5	S	V_2O_5	Na_2O	ZrO_2
含量/%	0.45	0.15	<0.027	0.14	2.70	0.044

表 37-6-2   枣阳金红石矿矿物组成

矿　物	金红石	钛铁矿	角闪石	石榴石	绿帘石	绿泥石
含量/%	2.60	0.80	67.90	9.30	11.70	4.50

有部分金红石矿物本身含铁,或颗粒共生有含铁矿物(主要是铁矿物、角闪石等),因而带有磁性,金红石常与白钛石、角闪石、钛铁矿、榍石共生,有呈尘埃状浸染分布在角闪石中或呈筛孔状包裹在角闪石中。一般嵌布粒度为 0.1 ~0.03mm,最大 0.9mm,最小0.015mm。金红石矿物的嵌布粒度见表 37-6-3。

表 37-6-3   金红石矿物嵌布粒度

粒度/mm	1 ~0.5	0.5 ~0.1	0.1 ~0.015	<0.015
金红石分布率/%	7.6	56.86	35.6	24

钛在脉石中的分布率高,脉石中含钛金属量占原矿钛总量的 15% ~20%。

37.6.3.2   选矿工艺及技术指标

原生产工艺为一段磨矿,磨矿粒度为 -0.074mm 占 32%,磨矿产品经水力分级机分级、脱泥。水力分级各粒级分别用摇床选别。摇床粗精矿干燥后用磁选法选出磁性物。非磁部分再经摇床选,其精矿经浮选脱除硫化矿后,再用磁选法脱除磁性物得金红石精矿。

该工艺粗选 TiO_2 的回收率仅为 37.25%,62.75% 的 TiO_2 损失在摇床尾矿中,经过精选后,最终可以得到含 TiO_2 为 87% 的金红石精矿,回收率为 16.65%。原选矿工艺原则流程如图 37-6-4 所示。

1983 年,在原有流程的基础上进行了技术改造,改造后的流程如图 37-6-5 所示,改造后的流程特点是采用二段磨矿、二段选别。即第一段的磨矿粒度为 $-74\mu m$ 占 32%,脱泥后进一段摇床选别,摇床中矿再磨至 $-74\mu m$ 占 65%,使连生体进一步单体解离,然后进入第二段摇床选别。重选回收率由改造前的 37.25% 提高到 49.45%,全厂总回收率由16.65% 提高到 23%。

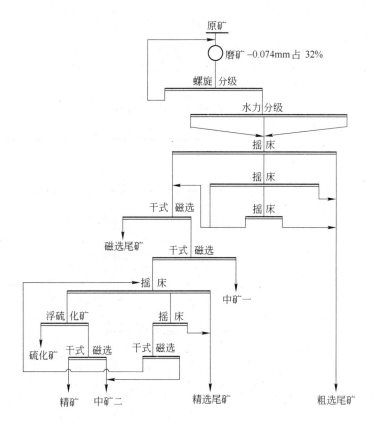

图 37-6-4　枣阳金红石矿原选矿流程

37.6.4　山西代县碾子沟金红石矿

37.6.4.1　矿石性质

碾子沟金红石矿床为蚀变岩原生矿，矿石中主要金属矿物有金红石、钛铁矿和磁铁矿。脉石矿物主要为透闪石、滑石、角闪石，其次为阳起石、绿泥石、黑云母、石英等。矿石的结构和构造比较简单。金红石呈半自形粒状结构和交代残余结构及少量自形柱状结构。金红石粒度较粗，一般为 0.5~1mm。交代残余结构的金红石大部分被脉石矿物交代。自形柱状结构则为少量细粒（0.05~0.1mm）金红石，被包裹于滑石、透闪石中。

碾子沟金红石矿矿石储量居全国第二位，原矿平均含 TiO_2 1.92%，原矿品位较低，但该矿易采、易选，金红石纯度高、杂质少，开发利用条件较好，可综合回收钛铁矿、磁铁矿。

37.6.4.2　选矿工艺

碾子沟矿已建有选矿厂，选矿工艺为：重选—磁选—酸洗联合流程。获得的金红石精矿品位可达 90%，但回收率较低，不到 50%。

湖北地质试验研究所、长沙矿冶研究院及原化工部矿产地质研究所曾对碾子沟金红矿进行过可选性试验，其工艺流程及选矿指标见表 37-6-4。

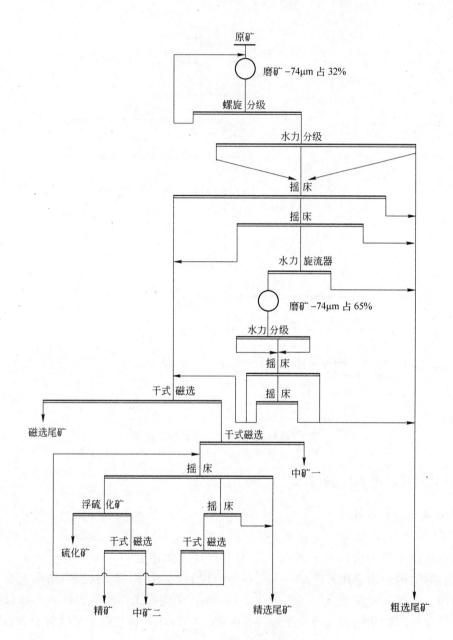

图 37-6-5　改造后的选矿流程

表 37-6-4　三研究单位试验工艺流程及指标

单　位	工艺流程	原矿品位(TiO_2)/%	精矿品位(TiO_2)/%	回收率/%
湖北地质试验研究所	重—磁—酸洗	2.5	94.75	75.31
长沙矿冶研究院	重—磁—电—酸洗	1.86	93.13	75.05
原化工部矿产地质研究所	重—磁—酸洗	2.08	95.28	76.93

试验结果表明，采用重—磁方案均能获得相似的指标。而生产指标与试验指标差距仍偏大。

37.6.5　山西商南金红石矿

商南金红石矿现已建小型选厂，金红石回收率为40%左右，由于回收率低，所以未能正常生产。

37.6.5.1　矿石性质

商南金红石矿中主要金属矿物有金红石、钛赤铁矿、钛铁矿、榍石、方铅矿、黄铁矿、磁黄铁矿、褐铁矿等。脉石矿物主要有角闪石、黑云母、长石、方解石、绿泥石、透闪石、磷灰石等。金红石粒度为0.15~0.03mm，大于 0.15mm 及小于0.03mm 粒级的金红石量占20%。金红石单矿物中含 TiO_2 97.83%，含 Fe_2O_3 1.35%。

37.6.5.2　选矿工艺

选矿原则流程如图37-6-6所示。矿石经两段磨矿、两段重选得粗精矿，该粗精矿经过磁选选出含铁的磁性矿物。非磁产品经酸洗后用摇床选，摇床精矿经过浮选脱除硫化矿后，再通过电选获得金红石精矿。由于矿石性质复杂及用电选选金红石时因粒度太细而电选效果不够理想等原因，使金红石的生产回收率较低。

陕西地矿局西安测试中心、西北有色金属地质研究所、武汉科技大学和昆明理工大学分别对该矿进行选矿工艺研究，其研究结果见表37-6-5。

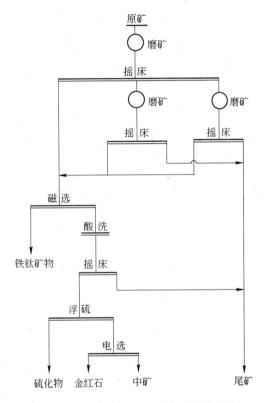

图 37-6-6　商南金红石矿选矿原则流程

表 37-6-5　各单位选矿试验工艺及指标

单　位	工　艺	原矿品位(TiO_2)/%	精矿品位(TiO_2)/%	回收率/%
昆明理工大学	重—磁—酸洗—重—电	2.4	94.06	65
陕西地矿局西安测试中心	重—磁—重—酸洗—焙烧	2.14	88.86	49.73
西北有色金属地质研究所	重—磁—重—酸洗—浮	2.14	92.71	38.14
武汉科技大学	重—浮—磁	2.68	88.08	47.57

37.7   国内外主要钛选矿厂汇总

国内外主要钛选矿厂汇总见表 37-7-1。

表 37-7-1   国内外主要钛选矿厂汇总

厂 名	设计规模 /t·d⁻¹	矿石类型及矿石组成	投产日期	选矿工艺	综合回收	选矿指标/%		
						原矿品位	精矿品位	回收率
四川攀枝花	20000	原生钛铁矿床，主要含钛铁矿、钒钛磁铁矿、钛辉石、斜长石	1979	重—磁—电—浮		9.8	47.00	37.26
四川太和	1000	原生钛铁矿床，主要含钛铁矿、钛磁铁矿、钛辉石、斜长石	1988	磁—浮		12.58	47.67	50
河北承德双塔山	1500	原生钛铁矿床，主要含钛铁矿、钛磁铁矿、钛辉石、斜长石	1959	重—磁		6.62	44.33	5.17
河北承德黑山	2000	原生钛铁矿床，主要含钛铁矿、钛磁铁矿、绿泥石、斜长石	2002	磁—浮		8.25	40~45	30~35
海南万宁	2400	海滨砂矿，主要矿物有钛铁矿、锆英石、金红石、独居石、石英	1965	重—磁—电	锆英石金红石	1.01	50.40	81.70
海南南港	600	海滨砂矿，主要矿物有钛铁矿、锆英石、金红石、独居石、石英	1973	重—磁—电	锆英石金红石	1.37	50.07	80~81
海南沙老	2000	海滨砂矿，主要矿物有钛铁矿、锆英石、金红石、独居石、石英	1971	重—磁—电	锆英石金红石	2.4~4.8	50~51	87.6
湖北枣阳大阜山		原生金红石矿，主要矿物有金红石、钛铁矿、黄铁矿、石榴石、角闪石		重—磁—浮		2.9	87	23
云南禄劝县秧草地选钛厂	3000	钛铁矿，其次为钒钛磁铁矿，并有大量褐铁矿，少量白钛石、绿泥石-伊利石-高岭石黏土		重—磁	铁	8.05	45.96	33.97
山西代县碾子沟金红石矿		原生金红石矿，主要矿物有金红石、钛铁矿、黄铁矿、角闪石、石英、白云石		重—磁—酸洗		2	90	50
陕西商南金红石矿	300	原生金红石矿，主要矿物有金红石、钛铁矿、黄铁矿、角闪石、黑云母、长石		重—磁—浮—电		2.14	87	30
芬兰奥坦马基	3500	原生钛铁矿，主要矿物有钛铁矿、磁铁矿、绿泥石、角闪石、斜长石		磁—浮	铁	13	44	74
挪威泰坦尼亚	9600	原生钛铁矿，主要矿物有钛铁矿、磁铁矿、斜长石、紫苏辉石	1986	磁—重—磁—浮	铁	20	44	75
澳大利亚埃巴尔	20000	海滨砂矿，主要矿物有钛铁矿、锆英石、金红石、独居石、石英	1976	重—磁—电	锆英石金红石		58~0	
加拿大索雷尔	6000	原生钛铁矿，主要矿物有钛铁矿、赤铁矿、斜长石、云母、辉石	1950	重—电炉	铁	35	70~2	90

参 考 文 献

[1] 莫畏. 钛冶金[M]. 北京：冶金工业出版社，1998：127～131.

[2] 胡克俊，等. 攀枝花钛资源经济价值分析[J]. 世界有色金属，2008(1):36～42.

[3] 邓国珠. 世界钛资源及其开发利用现状[J]. 钛工业进展，2002，19(5):9～12.

[4] 朱俊士. 中国钒钛磁铁矿选矿[M]. 北京：冶金工业出版社，1996：217～341.

[5] 朱建光，等. 利用协同效应最佳点配制钛铁矿捕收剂[J]. 有色金属（选矿部分)，2002(4): 39～41.

[6] 朱建光. 浮选金红石用的捕收剂和调整剂[J]. 国外金属矿选矿，2008(2):3～5.

[7] 许新邦，磁—浮流程回收攀钢微细粒钛铁矿的试验研究[J]. 矿冶工程，2001(2):37～40.

[8] 矿产资源综合利用编辑委员会. 矿产资源综合利用手册[M]. 北京：科学出版社，2000：336～363.

[9] 敖慧玲. SLon立环式脉动高梯度磁选机在承德黑山选钛厂的应用[J]. 江西有色金属，2005(4): 43～45.

[10] 王兆元. 从太和铁矿选铁尾矿中回收钛铁矿的工业试验研究[J]. 江西有色金属，2004(3):16～18.

[11] 王广瑞，等. 黑山铁矿选钛工艺改进方案探讨[J]. 承钢技术，2002(3):3～4.

[12] 刘付毓. 金红石的选矿工艺[J]. 广东有色金属，1997(4):14～17.

[13] 赵军伟，等. 原生金红石选矿研究现状[J]. 矿产保护与利用，2007(1):44～49.

[14] 王占岐，等. 海滨砂矿中金红石矿综合利用研究[J]. 地球科学，1998(6):624～632.

[15] 冯树高. 枣阳金红石选矿工艺流程评述[J]. 工程设计与研究，1991，72：8～12.

[16] 吴贤，等. 我国大型原生金红石矿的选矿工艺[J]. 稀有金属快报，2006，25(8)：5～10.

[17] 高利坤，等. 河南方城金红石矿选矿试验研究[J]. 矿产综合利用，2003(3):3～6.

[18] Arnstein Amundsen，等. 泰坦尼亚公司将浮选改建为重选—强磁选[J]. 国外金属矿选矿[J]. 1989 (1):45～51.

第38章 锆矿选矿

38.1 锆的性质

锆是元素周期表中第五周期ⅣB副族元素，原子序数为40，原子量为91.224，核外电子排布为2，10，18，10，2，外围电子排布为$4d^2$，$5s^2$。锆在海水中的含量为0.000009×10^{-6}，地壳中的含量为190×10^{-6}。地壳中锆的含量居第20位，几乎与铬相当。金属锆呈银灰色，粉状锆呈深灰色。锆的表面易形成一层氧化膜，具有光泽，故外观与钢相似。锆的熔点为1852.0℃，沸点为4377.0℃。锆的电阻率为$0.44\mu\Omega \cdot m$。

锆具有耐腐蚀性，不溶于盐酸、硝酸及强碱溶液，但能溶于氢氟酸和王水中；高温时，锆可与非金属元素和许多金属元素反应，生成固体溶液化合物。金属锆是一种强氧化剂，但在室温下是稳定的金属，其稳定性在很大程度上取决于其纯度和表面状态。锆的主要氧化数为+2、+3、+4，常温下锆不活泼，在空气中形成致密氧化膜保持明亮光泽。

38.2 锆的用途

锆金属分为银灰色致密状及深灰色到黑色粉末状两种。锆具有极优良的抗腐蚀性，优于钛近于钽。锆的化合物具有独特的优良性能，如耐高温、抗氧化、耐腐蚀、压电性和突出的核能性，在工业中得到广泛的应用。主要用在：

（1）锆英石大量用于高级铸造型砂和冶金窑内衬中，并可作为陶瓷和玻璃工业的添加剂及遮光剂。

（2）二氧化锆是新型陶瓷的主要材料，可用作抗高温氧化的加热材料。二氧化锆可作耐酸搪瓷和玻璃的添加剂，能显著提高玻璃的弹性、化学稳定性及耐热性。二氧化锆可作为耐火材料、钛锆酸铅系列压电陶瓷、图像存储媒体锆钛酸镧铅和氟化锆光纤。

（3）锆化物，如硼化锆、氮化锆、碳化锆等高熔点、高硬度、高耐腐蚀材料用于相应的工程中。

（4）锆的热中子俘获截面小，有突出的核能性，是发展原子能工业不可缺少的材料，可作原子反应堆堆芯结构材料。工业级锆广泛用于化工机械、医疗设备和军火工业。

（5）锆粉在空气中易燃烧，可作引爆雷管及无烟火药。锆可用于优质钢脱氧去硫的添加剂，也是装甲钢、大炮用钢、不锈钢及耐热钢的组分。

（6）锆还是铝镁合金的变质剂，能细化晶粒。

（7）锆在加热时能大量地吸收氧、氢、氨等气体，是理想的吸气剂，如电子管中用锆粉作除气剂，用锆丝和锆片作栅极支架、阳极支架等。

（8）粉末状铁与硝酸锆的混合物，可作为闪光粉。

（9）锆的化学药品可作聚合物的交联剂。

38.3 锆矿物及锆矿床

38.3.1 锆矿物

目前已发现的锆矿物约 50 余种，其中常见的有 20 余种，主要的工业锆矿物有锆英石、含（富）铪锆英石、异性石等。具有工业开采价值的锆矿物只有 10 种左右，其中几种重要的锆矿物中 ZrO_2 和 HfO_2 的含量见表 38-3-1。

表 38-3-1　几种重要的锆矿物

矿　物	化　学　式	ZrO_2/%	HfO_2/%	密度/g·cm^{-3}	莫氏硬度	颜　色
锆英石	$ZrSiO_4$	61~67	1~1.8	4.2~4.9	7.5	无色、淡黄、黄褐、黑等
斜锆石	ZrO_2	80~98	0.5~2	5.5~6	6~6.5	无色至黄、绿、暗绿、褐黑或黑色等
钛锆钍矿	$(Ca,Fe)(Ti,Zr,Th)_2O_3$	52	1~2.7	4.7	5.5	黑色、深棕色
曲晶石	变种锆英石含 TR、U、Th 等	52.4	5.5~17	4.1	6	褐色
水锆石	变种锆英石含 Al、Ta、Nb、H_2O、U、Th 等	53.2~65.1	3.7~4.6	3.89~3.93	6	无色
苗木石	变种锆英石含 TR、Ta、Nb、U、Th 等	49.8	3.5~7	4.1	7.5	绿、褐色

38.3.1.1 锆英石

化学组成为 $Zr(SiO_4)$，含 ZrO_2 67.1%，SiO_2 32.9%，有时含有 MnO、CaO、MgO、Fe_2O_3、Al_2O_3、Er_2O_3、ThO_2、U_3O_8、TiO_2、P_2O_5、Nb_2O_5、Ta_2O_5、H_2O 等混入物。当含有较高量的 H_2O、Er_2O_3、U_3O_8、$(Nb,Ta)_2O_5$、P_2O_5、HfO_2 等杂质，而 ZrO_2 和 SiO_2 的含量相应降低时，其物理性质也发生变化，硬度和密度降低，且常呈非晶质体状态。从而可形成锆英石的各种变种：

（1）山口石和大山石中含有较高的 Er_2O_3（10.93% ~ 17.7%）及 P_2O_5（5.30% ~ 7.60%）。

（2）苗木石含有较高的 Er_2O_3（9.12%）、$(Nb,Ta)_2O_5$（7.69%），U、Th 高而不含 P_2O_5。

（3）曲晶石含有较高的 Er_2O_3 及 U_3O_8。

（4）水锆石中水含量一般为 3% ~ 10%。

（5）铍锆石，在挪威的花岗伟晶岩中，曾发现锆英石中含 BeO（达 14.73%）、HfO_2（达 6%）、Th 和 Er，其中 Be 的含量可能为混合物。

不同类型岩石中，锆英石的锆与铪比值（ZrO_2/HfO_2）不同。产于碱性岩中的锆英石，其 ZrO_2/HfO_2 比值最大（大多数在 60 以上），最富含锆。其次从基性岩、中性岩到酸性岩，其中锆英石的 ZrO_2/HfO_2 比值依次相应降低。产于基性岩中的锆英石相对地富锆，而产于花岗岩中的锆英石相对地富铪。

产在花岗岩类岩石中的锆英石，其 ZrO_2/HfO_2 比值从花岗岩、岩浆晚期蚀变花岗岩到花岗伟晶岩依次降低。产于花岗岩中的锆英石 ZrO_2/HfO_2 比值多数介于 20～40；产于岩浆晚期蚀变花岗岩中的锆英石大多在 10～20，产于花岗伟晶岩的锆英石通常最富铪，其 ZrO_2/HfO_2 比值大多介于 3～20。产于岩浆晚期蚀变花岗岩和花岗伟晶岩中的富铪锆英石常与铌、钽的矿化紧密相关。因此富铪锆英石可以作为寻找与酸性岩浆有关的稀有元素矿床的标志之一。富铪锆英石的晶形一般为四方柱与四方双锥的聚形，而四方柱不发育。多数情况下晶形呈短柱状或四方双锥状。富铪锆英石常含有较高量的 H_2O 和 U、Th 等杂质，因而通常发生非晶质化现象。H_2O 可以 $(OH)_4$ 形式代替 SiO_4。

锆英石的晶体结构为四方晶系，呈双锥状、柱状、板柱状等形状。

锆英石的颜色为无色、淡黄色、黄褐色、紫红色、淡红色、蓝色、绿色、烟灰色等。由于锆英石的颜色绚丽多样，人们常把美丽的锆英石用作宝石。红褐色的红锆石和无色至黄色的黄锆石是常见的宝石矿物。玻璃至金刚光泽，断口油脂光泽。透明到半透明。断口不平坦或贝壳状。硬度 7.5～8。性脆。密度 4.4～4.8g/cm³，有放射性。均质体的密度为 3.6～4.0g/cm³。有时在 X 射线下发黄光，阴极射线下发弱土黄色光，紫外线下发明亮的橙黄色光。

锆英石在酸性和碱性岩浆岩中为分布广泛的副矿物。在基性岩和中性岩中分布较少。此外亦见于与碱性超基性岩有成因关系的碳酸岩中。在伟晶岩中，锆英石常与稀有元素矿物钽铌铁矿、褐钇铌矿、钍石、独居石等密切共生。在碳酸盐、萤石热液脉中有时可见。在沉积岩和变质岩中亦较为常见。锆英石在碱性岩中有时富集成矿床，如挪威南部霞石正长岩中产出的巨型的锆英石矿床。另外由于锆英石的物理化学性质稳定，常富集成砂矿。

目前主要开采和应用的锆铪矿物是锆英石（$ZrSiO_4$）和斜锆石（ZrO_2）。锆英石主要从砂矿，特别是海滨砂矿中开采，主要产地在沿海诸国，如澳大利亚、巴西、美国、印度。斜锆石主要从岩矿中采选，主要产地在南非。而锆英石又常与钛铁矿、金红石和独居石共生，因此，锆英石往往是作为钛铁矿采选时的副产品。锆英石作为制取金属锆、铪和锆化学制品的原料。

38.3.1.2　斜锆石

化学组成为 ZrO_2，含锆 74.1%，锆经常被铪取代，除 HfO_2（达 3%）、Fe_2O_3（达 2%）、Sc_2O_3（达 1%）外，还混入 Na_2O、K_2O、MgO、MnO、Al_2O_3、SiO_2 和 TiO_2 等。斜锆石亦可有铌、钽、稀土元素取代锆和铪，斯里兰卡产斜锆石含 $(Zr,Hf)O_2$ 98.90%，密度 5.72g/cm³。巴西产斜锆石含 $(Zr,Hf)O_2$ 96.52%，密度 6.02g/cm³。南非帕拉波拉产斜锆石含 $(Zr,Hf)O_2$ 95.20%，密度 5.739g/cm³。

斜锆石晶体结构为单斜晶系，加热到 1000℃ 时为四方晶系，在 1900℃ 以上长时间加热，则成六方变体，ZrO_2 变体虽多，但在常温下稳定的变体属单晶系。

斜锆石的颜色为无色至黄、绿、暗绿、绿棕、红、褐、褐黑或黑色。白色或棕色条痕。油脂或玻璃光泽，黑色斜锆石呈半金属光泽。透明至半透明。不平坦状或亚贝壳状断口。硬度 6.5，密度 5.40～6.02g/cm³（实测），5.59g/cm³（计算），土状斜锆石的密度 4.6～4.8g/cm³。显微镜下特征透射光下无色至棕褐色，有时呈现带状，多色性明显。

在简易化学试验时块矿斜锆石不溶于酸，细粉末能缓慢地溶于浓硫酸；在酸性硫酸钾溶液里斜锆石可加热分解。吹管焰下不熔，但矿物褪色。与碳酸钠混熔后，加少量盐酸及水溶之，使姜黄试纸呈橘黄色。

斜锆石是一种高温矿物。产于碳酸盐岩里的斜锆石，与烧绿石、磷灰石共生。磁铁矿辉石岩中的斜锆石，与钛锆钍矿、钙钛矿等共生。在霞石片岩和霞霓脉岩热液蚀变带里的斜锆石，呈胶状或纤维状，与沸石、黏土质矿物共生，它可能是热水溶液对岩石中锆英石作用的产物。

38.3.2　锆矿床

38.3.2.1　矿床的成因类型

锆英石矿床按其成因可分为脉矿和砂矿两种类型。具有工业开采价值的锆英石矿床以砂矿矿床为主，包括冲积砂矿、残积砂矿、海滨砂矿，其中海滨砂矿具有工业开采价值。这些砂矿矿床形成过程决定了其矿石类型。

38.3.2.2　矿床的工业类型

锆英石矿床主要有砂矿、风化壳矿床和原生矿床三类。其中砂矿为主要矿床类型。世界上约有90%的锆英石来源于砂矿。砂矿又分为海滨砂矿、冲积砂矿和残积砂矿，海滨砂矿的规模和产量远大于冲积砂矿。

38.4　国内外锆矿资源

38.4.1　世界锆矿资源

世界上锆矿物分布较广，总储量在4000万吨（以ZrO_2计）左右。其中澳大利亚占1/3，其次为美国、南非共和国、印度、巴西、斯里兰卡和塞拉利昂等国。澳大利亚、美国和印度等以海滨砂矿为主，特点是锆英石砂粒形貌均匀，颗粒适中，放射性元素易于选别。澳大利亚东海岸锆英石砂矿为太古代基岩风化形成的中—新生代沉积砂矿。矿床中主要矿物为石英砂，几乎不含长石和云母；重矿物以锆英石、金红石、钛铁矿为主，局部砂中的重矿物含量多达70%。重矿物中锆英石含量约占30%，金红石含量比锆英石更高。含矿石英砂分布面积约$200km^2$。最厚之处约200m。南非矿以斜锆石为主，产品质量好。海滨砂矿是目前我国生产锆英石及其他有用矿物，如钛铁矿、独居石、金红石等的主要矿床类型之一。辽东半岛、山东半岛、福建、广东、海南诸省沿海都有分布，大中型矿如海南万宁、广东海丰等地，已开发利用。据中国冶金项目组2006年统计资料，世界各国锆储量见表38-4-1。

表 38-4-1　世界各国锆储量（以 ZrO_2 计）

国　家	澳大利亚	美　国	加拿大	巴　西	前苏联	马达加斯加	塞拉利昂
储量/万吨	1351.4	735.6	90.7	195.0	453.5	18.1	181.4
国　家	南　非	中　国	印　度	马来西亚	斯里兰卡	世界总计	
储量/万吨	1097.4	90.7	272.1	18.1	136.0	4630	

38.4.1.1　澳大利亚

澳大利亚海滨砂矿主要分布在东、西海岸。东海岸主要海滨砂矿在南威尔士州，南起悉尼附近的果斯福德，北至特威德赫德，纵贯 700km。东海岸海滨砂矿主要有用矿物是金红石和锆英石，二者产出比例为 1∶1，伴生矿物有钛铁矿、独居石和磷钇矿。在可利用的重矿物中，金红石和锆英石占 20%～50%，澳大利亚西海岸海滨砂矿床深入腹地 30km，并在那里与第三纪到第四纪的古海岸线连接。西海岸企业基本上位于西海岸南部地区和中部地区。西海岸矿石坚硬，粒度极不均匀，含泥量大，该地区少雨、干旱、用水困难。原矿重矿物品位较高，一般为 5.5%～50%，平均 15%～17%，有用矿物以钛铁矿为主，其含量占重矿物 70% 以上。除钛铁矿外，还含有金红石、锆英石、白钛石和少量独居石。锆英石与金红石产出比例为 3∶1。

38.4.1.2 南非共和国

南非共和国海滨砂矿埋藏在西海岸（弗雷登达耳、纳马卡兰德）和东海岸（东敦和莫桑比克交界处）。南非共和国目前最重要海滨砂矿床是位于纳塔尔省的祖卢兰德海岸的理查兹湾矿床。该矿床从海港城市理查兹湾以北约 7km 处开始与海岸平行，宽 2km，向圣·卢西巴方向延伸 17km。该矿床为大约 80m 高的砂丘，赋存于海拔 20～30m 的第四纪黏土砂岩上。矿床含重矿物的矿砂总计有 7 亿多吨，含钛铁矿 5%～7%；金红石 0.2%～0.3%；锆英石 0.4%。矿山 1977 年中开始投产。采矿和粗选作业在一个长 200m，宽 80m 矿池内进行。采用两台抽吸式采砂船采矿，选矿厂为一浮动选厂。采矿推进速度 1～3m/d。粗选精矿重矿物含量 90%。干选厂（精选）生产能力为钛铁矿精矿 934kt/a，金红石精矿（含 TiO$_2$ 95%）56kt/a，锆英石精矿 115kt/a。

38.4.1.3 印度

印度的东西海岸有多种类型的含钛铁矿、金红石、独居石、锆英石、石榴石、硅线石等重砂矿床。矿床主要类型为海滨砂矿；该类型砂矿床长为 2～20km，宽为 10～60m，厚 0.5～2m，有的地方达 8m。砂矿床含重矿物可达 80%；在世界上属最富的矿床。

印度现在最大的具有重要经济意义的海滨砂矿位于西南海岸，在北起喀拉拉邦的卡亚姆库兰、南到泰米尔纳德邦的坎尼亚库马里之间。由喀拉拉邦印度稀土公司或称喀拉拉邦矿物和金属公司经营开采。矿床位于喀拉拉邦的卡亚姆库兰和尼恩卡拉之间，奎隆以北的恰互拉海岸地区。采得的主要产品为钛铁矿，其次为金红石、白钛石、硅线石、锆英石和独居石。

印度稀土公司下属的奥里萨砂矿公司，计划年产量为钛铁矿 200kt、金红石 10kt、硅线石 30kt、独居石 4000t、锆英石 2000t。

38.4.1.4 斯里兰卡

斯里兰卡海滨砂矿床位于东海岸木莱提武、亭可马里和卡查维利，以及亭可马里南 200km 之间，长 280km 一段海岸地区内。非常富的普尔姆代海滨砂矿，位于亭可马里以北 55km，矿石含钛铁矿 70%～80%、金红石 8%～12%、锆英石 8%～10%。矿床沿海岸延伸，宽 80～100m，长 10km，厚 1.5～3m。查明的矿石储量为 3300kt。

从 1978 年开始，新建的普尔姆代选矿厂投产，年处理原矿 125kt，生产钛铁矿 80kt、金红石 14kt、锆英石 9500t 以及少量独居石。

38.4.1.5 马来西亚

马来西亚的主要海滨砂矿是以锡石为主的综合矿床。矿床位于霹雳州和雪兰莪州。每年从选锡的尾矿中可回收钛铁矿 150～200kt，钛钽铌矿 150t，锆英石 5000t，独居石 2000t。

38.4.1.6　塞拉利昂

塞拉利昂海滨砂矿赋存于靠海岸的平原地区，主要有用矿物为金红石。此外，还有蚀变钛铁矿、锆英石、独居石等砂矿床。这类矿床形成于第三纪到更新纪时期，多呈"凹"状，并被破碎沉积物所填满。矿床特点是沉积物不分层或分层不明显，没有或很少受到后来风化作用的影响。沉积物常常是由等量的砂、黏土、淤泥组成，重矿物富集于从表面到深 20m 的地段。上层 5~6m 严重红土化。

现在勘探最好的矿床为姆格威姆和罗蒂丰克矿床。邦巴马的姆格威姆矿床位于弗里敦东南130km，离海岸约40km。

38.4.2　中国锆矿资源

中国已发现的锆铪矿床约100处，ZrO_2 总储量为907kt，主要集中在海南、广东、广西、山东、内蒙古和云南，其中以海南文昌地区居多，万宁次之，内蒙古主要是岩矿，约占总储量的70%。具工业意义的锆矿床分布在东南沿海的砂矿，包括海滨沉积砂矿、河流冲积砂矿、沉积砂矿和风化壳砂矿。锆英石多作为钛铁矿、金红石、铌铁矿、独居石和磷钇矿的共（伴）生矿物。目前开发利用的含锆铪矿物主要在海南及大陆沿海地区，有南山海独居石矿、沙老钛矿、清澜钛矿、甲子锆矿、南港钛矿等。岩矿储量几乎全部集中在内蒙古孔鲁特801矿，该矿床为碱性花岗石矿床，含锆铪矿物主要为锆英石，伴生铌、铍、金、稀土多种有用元素。但此矿由于选矿困难，目前待开采和利用。以锆英石含铪1%计，中国锆英石储量中伴生铪资源总计达 50~80kt，已探明储量的铪矿产地有4处，共有铪1800t，为资源总量的2.2%，均为锆英石砂矿床，主要集中在广西北流520锆英石风化壳型砂矿和山东荣成石岛锆英石海滨砂矿两处，我国砂矿矿石松散，粒度均匀，颗粒形貌为圆形或锥形（部分晶体缺陷），含泥量较少，有用矿物解离度较好，大多露在地表，无覆盖层。水平面上矿物厚度一般为 1.51~1.91m，开采条件较好，属易选矿。但矿床较分散，原矿中含 ZrO_2 和 TiO_2 较低，矿石中钍、铀元素含量较高，且呈细粒嵌布，并与钛铁矿、独居石、褐钇矿共生，其中以荣成海砂型锆矿含钍、铀较低，平桂矿稍高，影响应用。

38.4.3　中国锆矿资源特点

中国锆矿资源主要分布在14个省、区，储量居世界第九位。内蒙古、海南、广东，云南和广西探明的储量都在100kt以上，其中最多为内蒙古，占70.4%，其次为海南，占19.5%，再次为广东，占3.7%。我国锆英石矿床分岩矿床和砂矿床两大类型，前者主要分布在内蒙古，后者主要分布在东南沿海及海南岛东海岸。矿区数量以砂矿占绝大多数，为矿区总数的94%，岩矿则仅有6处。而在储量上则以岩矿床为主，占总量的71%，砂矿床只占总量的29%。砂矿床以海南最多，储量占砂矿总量的67%，其次为广东，占12.3%。岩矿储量集中在内蒙古，储量占岩矿总量的99.3%。锆矿床一般工业要求见表38-4-2。从总体上来看，中国锆矿资源有以下特点：

（1）资源分布不均匀，储量相对集中。全国保有储量集中在内蒙古和海南，占全国总量的90%。

（2）富矿少，伴生矿产多，锆英石砂矿品位一般为 $1 \sim 3 kg/m^3$，属中等品位。锆英石品位大于 $2kg/m^3$ 的矿区只有 13 处，其储量仅占全国总量的 14.8%。属钛铁矿、独居石等矿产的伴生锆英石产地最多，占全国总产地数的 80%。储量占全国砂矿总量的 92%。

（3）砂矿床类型较齐全，分布具有一定规律。锆英石储量以岩矿占优势，风化壳型砂矿及花岗伟晶岩型岩矿为国外所少见。

（4）风化壳型砂矿大多数易采选，可综合开发利用。一般锆矿床埋藏较浅，多数矿体裸露地表，适合大规模机械化开采。锆矿往往与多种矿产共生或伴生，可以综合开发回收利用。

（5）锆矿石放射性强度偏高，对环境产生污染。我国锆英石精矿的放射性强度多超过国家标准，而且难以通过选矿方法消除，故在选冶过程中易造成不同程度的环境污染。

中国已开发利用锆矿产地有 38 处，占矿产地总数的 44.7%，其储量占全国锆矿石总量的 14.5%。在未开发利用的矿产地中，可供设计利用的有两处，其储量占全国总量的 4.8%，可供规划利用的有 3 处，储量较少；可供进一步工作的产地有 10 处，储量占全国总量的 74.7%，其余为 21 世纪内难以利用的产地，共有 32 处，其储量仅占全国总量的 3.5%。总的来看，我国锆矿开发利用程度低，未利用的锆矿储量绝大部分为经济价值较低的岩矿，而利用价值较高的砂矿则开发程度很高，70% 的砂矿已开发利用，特别是海滨砂矿几乎全部已开发利用。目前，中国锆矿比较正规的国营矿山不多，广东和海南两省共有 6 处，其中生产能力最大的为广东南山海矿，年产锆英石精矿 3500t。凡有锆矿分布的沿海地区，乡镇办矿山及群众采矿点遍布，其产量约占全国总产量的 1/3。锆矿床一般工业要求见表 38-4-2。

表 38-4-2　锆矿床一般工业要求

矿床类型	边界品位		最低工业品位		最低可采厚度/m	夹石剔除厚度/m
	ZrO_2/%	锆英石/g·cm^{-3}	ZrO_2/%	锆英石/g·cm^{-3}		
海滨砂矿床	0.04 ~ 0.06	1 ~ 1.5	0.16 ~ 0.24	4 ~ 6	0.5	
风化壳矿床	0.3		0.8		0.8 ~ 1.5	
内生矿床	3.0		8.0		0.8 ~ 1.5	≥2.0

38.4.4　锆英石精矿的产量和消费量

近年来，世界锆英石精矿的产量由 20 世纪 70 年代末的 600kt 增加到近 1200kt。但随着冶金、化工、轻工、建材、陶瓷等工业的不断发展，锆英石精矿的用量也迅速增加，其产量仍供不应求。特别是中国锆英石精矿产量更是远远不能满足需求，每年尚需进口约 200kt。目前，中国锆英石精矿需求量约在 300kt/a，但自产锆英石精矿仅约 80kt，年需进口 200 ~ 250kt。2003 年中国消费锆英石精矿接近世界产量的 11.3%，成为世界锆英石精矿最大的消费国。锆英石精矿消费的主要来源为澳大利亚 50kt，南非 25kt，越南 50kt，国产 50kt，阿斯创（澳大利亚东海岸砂和南非优级砂）20kt。另外还有少量的乌克兰和俄罗斯斜锆石。世界锆英石精矿的需求情况见表 38-4-3。

表 38-4-3　世界锆英石精矿的需求情况　　　　　（万吨）

年份	陶瓷	耐火材料	铸件	镀膜玻璃	氧化锆及其化合物	其他	需求合计	生产量	需求平衡
2002	56.1	16.0	16.1	8.5	10.2	2.4	109.3	109.3	0
2003	56.8	16.3	16.5	9.0	10.4	2.4	113.3	108.9	-4.5
2004	59.8	15.8	16.3	9.3	10.6	2.5	114.2	109.2	-5.0
2005	61.7	15.6	16.5	9.6	11.0	2.5	116.9	112.7	-4.3
2006	64.0	15.3	16.5	9.8	11.2	2.5	119.3	119.4	0.1

38.5　锆英石精矿质量标准

不同用途的锆英石精矿质量要求和化学分析结果分别列于表 38-5-1 ~ 表 38-5-3。

表 38-5-1　中国锆英石精矿质量标准（YB 834—75）

级　别	化学成分/%						粒度/mm
	$(Zr,Hf)O_2$（不小于）	杂质含量（不大于）					
		TiO_2	P_2O_5	Fe_2O_3	Al_2O_3	SiO_2	
特级品	65.50	0.3	0.20	0.10	0.80	34	-0.4
一级品	65.00	0.5	0.25	0.25	0.80	34	
二级品	65.00	1.0	0.35	0.30	0.80	34	
三级品	63.00	2.5	0.50	0.50	1.00	33	
四级品	60.00	3.5	0.80	0.80	1.20	32	
五级品	55.00	8.0	1.50	1.50	1.50	31	

表 38-5-2　炼钢用锆砖对锆英石精矿的质量要求

化学成分/%				粒级占有率/%（0.5 ~ 0.21mm）	真密度/$g \cdot cm^{-3}$	放射能/$mrem \cdot h^{-1}$
ZrO_2	Al_2O_3	Fe_2O_3	REO			
≥65	≤0.5	≤0.3	微	≥50	4.65	0.12

表 38-5-3　中国主要厂家锆英石精矿化学分析结果　　　　　（%）

产地	矿名	ZrO_2	SiO_2	TiO_2	Al_2O_3	Fe_2O_3	CaO	MgO	Na_2O	K_2O	灼减
海南	万宁乌场钛矿	66.42	32.42	0.24	0.21	0.05	0.06	0.04	0.01	微	0.23
	文昌清澜选矿厂	66.16	32.89	0.27	0.25	0.05	0.05	0.03	0.01	0.01	
	琼海某厂	59.53	34.17	0.40	3.26	0.33	0.19	微	微		
广东	湛江某厂	64.96	32.19	0.84	0.46	0.14	微	微	微		
	阳江南山海稀土矿	65.91	32.04	0.39	1.11	0.14	0.25	微			0.13
	电白水东选矿厂	66.50	32.40	0.14	0.19	0.12	0.05	0.03			
	广州大沙头选矿厂	66.41	32.69	0.26	0.25	0.15					0.2
山东	荣成锆矿	66.81	32.40			0.05					
福建	厦门矿	62.37	32.52	1.89	1.47	0.26	微	0.12	微		
	诏安矿	62.49	31.45	4.65	0.40	0.25					

38.6　锆矿选矿技术及发展趋势

世界上大多数国家锆英石生产厂为采选联合企业，先大规模开采砂矿，然后综合回收锆英石和钛铁矿、独居石、金红石等多种有用矿物。虽然各选矿厂一般都采用重选、磁选、电选和浮选等联合选矿流程，但也有各自的特色。如澳大利亚精选厂采用多段选别，不同选别作业使用不同系列的设备。在锆英石精选作业中给料经一次提升到六辊电选机后，导体和非导体分别自流到两台重叠配置的板式和筛板式电选机，自上而下经 13 段选别，一次选出合格锆精矿。厂房紧凑，仪表集中。年产几十万吨产品的精选厂，每班操作人员仅 1～2 人。

我国从 20 世纪 60 年代开始生产锆英石精矿。目前主要生产厂家有广东的水东选矿厂、甲子锆矿选矿厂、南山海稀土矿选矿厂、湛江选矿厂、徐闻选矿厂，海南的乌场钛矿选矿厂、清澜选矿厂、南港钛矿选厂，广西的北海选矿厂、钦州地区选矿厂、陆川选矿厂、博白选矿厂、南宁新青选矿厂以及山东的石岛选矿厂等。早在 1982 年，海南的乌场钛矿选矿厂生产规模为 1500t/d，采用斗轮挖掘干采、皮带运输机运输、圆锥选矿机和螺旋溜槽为主体选别（粗选）设备的采选新工艺。投产后，锆、钛粗精矿产量增加 30%，成本降低了 40% 左右。我国大多数选厂也都采用重选、磁选、电选（或浮选）联合流程从海滨砂矿选钛尾矿中选出锆英石，一般只能生产三、四级（ZrO_2 60% ~ 63%）锆英石精矿产品。

锆矿物的密度为 4.1 ~ 6.0g/cm³，而与其共生的大量脉石矿物（如长石和石英）的密度为 2.7g/cm³ 左右，它们之间的密度差很大，可以用重选方法将锆英石与脉石矿物分离开。锆英石和斜锆石为非磁性矿物，可用磁选将锆英石和斜锆石矿物与磁铁矿、钛铁矿和独居石等磁性矿物分离开。锆英石和斜锆石为非导体矿物，而金红石的导电性较好，可在精选作业中用静电选方法分离锆英石和金红石。锆英石和斜锆石表面具有很好的可浮性，采用浮选方法可以将锆英石与金红石、锡石、铌钽铁矿等分离开。因此，可以采用重选—磁选—电选—浮选联合流程处理锆矿石，即在粗选作业中采用处理能力大的重选方法，分离出产率高于 90% 的脉石矿物。在精选作业中，用磁选、电选和浮选方法将锆英石和斜锆石矿物与其他重矿物（如钛铁矿、磁铁矿、铌钽铁矿、金红石、锡石和稀土矿物）分离开，从而得到合格的锆精矿。

对于海滨砂矿中的锆英石，由于砂矿中的重矿物一般含量较低，首先采用处理能力大的设备进行粗选，如大型跳汰机、圆锥选矿机和螺旋选矿机、扇形溜槽等。它们需随采场的推进而搬迁，所以除了安装在采砂船上外，必须考虑到设备的拆装方便。对于经过粗选得到的重砂粗精矿，可送到精选车间或中心精选厂处理。精选厂中安装有重选、磁选、浮选以及电选等设备。将各种有用矿物分别分离出来成为最终精矿，达到综合回收的目的。目前，锆英石的选矿工艺主要有如下几种类型。

38.6.1　重选—磁选流程

采出的砂矿原矿，一般先用筛子筛除砾石、贝壳等不含矿的粗砂直接丢弃，然后用重选法丢弃大量尾矿，得粗精矿，粗精矿经弱磁选除铁矿物后，再经强磁选选别获得钛铁精矿及锆英石精矿。该工艺适合于重矿物组成比较简单、不含金红石的矿石。重选—磁选方案的原则流程见图 38-6-1。

　　某含低品位锆英石的海滨砂矿，含 ZrO_2 0.032%。矿砂松散、细小，一般在 0.20～0.70mm，部分锆英石更细，分布在 -0.074mm 粒级中。原矿中主要有用矿物有锆英石、钛铁矿、磁铁矿、独居石，主要脉石矿物有石英、长石、角闪石、云母等。经过重选—磁选联合流程选别，可获得铁品位为 64.47% 的磁铁矿精矿、作业回收率为 18.98%，含 TiO_2 19.61% 的钛铁矿半成品，含 ZrO_2 57.95% 的锆英石精矿。

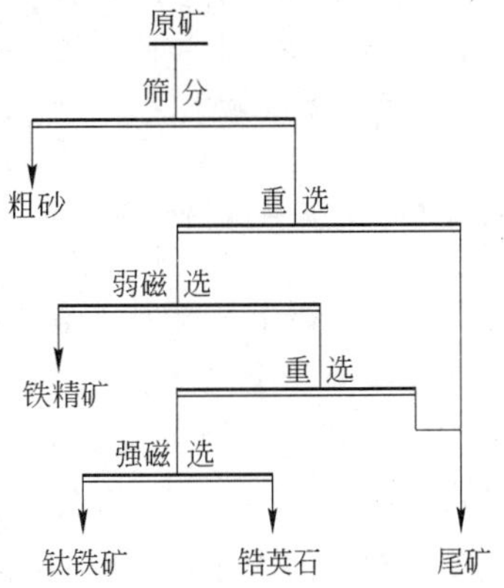

38.6.2　重选—磁选—电选流程

　　国内外海滨砂矿精选厂所处理的重选混合粗精矿，含有钛铁矿、独居石、金红石、锆英石等矿物。其中以钛铁矿的磁性较强，独居石次之，金红石和锆英石都是非磁性矿物。但金红石的导电性比锆英石好。因此精选这类粗精矿时，可采用重选—磁选—电选联合流程（见图 38-6-2），该工艺仍然是目前国内外采用最广泛的常规选锆流程。当选别含有钛铁矿、独居石、金红石、锆英石等有用矿物的海滨砂矿时，一般都先用圆锥选矿机和螺旋溜槽等重选设备丢弃大量的石英等脉石，然后用磁选和电选分别产出钛铁矿、独居石和金红石，其尾矿可用摇床除去在粗选时未被分选出的石英、电气石、石榴石等脉石矿物，再经强磁选和电选多次精选，得到锆英石精矿，含 ZrO_2 可达 60%～63%，有时可达 65%。

　　广东水东选矿厂是国内精选海滨砂矿最早的厂家之一，该厂采用强磁选—电选精选流程选别锆英石。从 20 世纪 80 年代起，该厂先后试验和生产出含 ZrO_2 65%～66%、含 TiO_2 和 Fe_2O_3 均为 0.12%～0.16% 的优质锆精矿，产率为 50% 左右，成为我国首家提供彩色显像管玻屏所需的锆英石粉原料的厂家。为保证和提高产品质量，该厂在生产实践中随时根据原料性质的变化，灵活地调整图中的流程结构，主要是增加强磁选和电选次数以及强化电选工艺条件等。

　　湛江选矿厂于 1990 年用含 ZrO_2 63% 的锆英石精矿作原料，经三次以上反复电选和强磁选的试验，结果得到含 ZrO_2 65.8% 的优质锆英石精矿，但产率和生产能力都比较低。为适应目前仍广泛采用的磁选—电选常规流程的需要，我国已研制出一种新型电选机，即 SDX 型筛板式电选机。与普通电选机相比，其主要不同点在于它具有 10 个能产生发散静电场的椭圆形大电极（正极）和 10 组接地弧板和筛板，无需传动机构，工作电压可达 40kV。它主要适用于从非导体矿物中分选出夹带的导体矿物，能选出高品位的非导体矿

图 38-6-1　重选—磁选原则流程

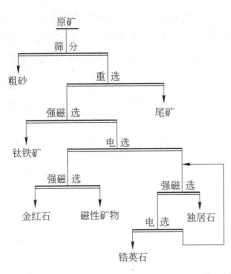

图 38-6-2　重选—磁选—电选原则流程

物。如作锆英石精选，当给矿含 ZrO_2 64.5% 和 TiO_2 0.28% 时，获得的锆英石精矿含 ZrO_2 65.2%，而 TiO_2 含量降至 0.06%。目前，海南、广东和广西的一些选矿厂使用这种筛板式电选机精选锆英石。

38.6.3　重选—浮选流程

锆英石属正硅酸盐类矿物，零电点 pH 值为 5~6.05（在个别情况 pH 值为 2.5），采用阴离子和阳离子捕收剂，锆英石均相当好浮。采用胺类捕收剂时，在酸性 pH 值范围内，锆英石会被硫酸盐、磷酸盐和草酸盐的阴离子活化，当采用油酸钠在碱性 pH 范围内浮选时，锆英石会被铁离子活化。水玻璃可作锆英石浮选的调整剂，当用阴离子捕收剂而水玻璃浓度较低（0.1kg/t）时，水玻璃是脉石的有效抑制剂，并对锆英石有轻微的活化作用，但当浓度较高时（1.0kg/t），它对锆英石浮选起抑制作用，当采用混合（阴、阳离子）捕收剂时，在酸性 pH 值的条件下，氟硅酸钠可作锆英石的抑制剂。

在澳大利亚的 Byron Boy，锆英石金红石公司采用泡沫浮选法从分离海滨砂矿所获的非磁性产物中分选出锆英石。此法是先将这些非磁性产物调成 30% 固体浓度的矿浆，在碱性条件下，用等量的油酸和硬脂酸混合物预先处理 20min，然后在室温下用水冲洗三次，酸冲洗一次。最后在 pH 值为 1.9 的强酸性条件下用桉树油浮选，可获得大于 95% 的回收率和含锆英石 95% 的精矿产品。

前苏联早期最好的浮锆方法是：含锆英石产品在含 0.5% 肥皂和 0.025% NaOH 溶液中加热至 95℃，调和后用清水洗涤四次，最后用 0.24% H_2SO_4 溶液洗涤一次，在 pH 值为 1.2 的条件下，浮选可得到含 98% 锆英石的精矿，回收率达 99%。近几年，又用氧肟酸作捕收剂浮选锆英石。

由于锆英石很容易被油酸等脂肪酸类捕收剂浮起，故一般回收率都很高，但精矿质量不够好。目前多用煤油作捕收剂，肥皂作辅助捕收剂浮选锆英石，选别指标有所提高。广西钦州地区矿产公司选矿厂、广东海康选矿厂等都用此法生产含 ZrO_2 60%~63% 的锆英石精矿，回收率可达 70% 左右。

采用传统浮锆工艺一般只能生产出低品级锆精矿产品。而且，使用脂肪酸类药剂浮锆时矿浆需加温。更重要的是，在含有 Ca^{2+}、Mg^{2+} 及其他重金属离子的水介质中，使用脂肪酸或煤油作捕收剂、碳酸钠作调整剂浮锆，会生成脂肪酸钙和脂肪酸镁凝聚状沉淀，并黏附在锆英石表面，使其呈疏水性；煤油是非极性物质，作为捕收剂也吸附在锆英石表面上，难以洗脱。这不仅造成金属流失，而且也影响产品销售。为此，专家们研究了各种锆精矿的脱药方法，包括焙烧法和擦洗法，脱药效果前者优于后者。

38.6.4　重选—磁选—浮选流程

含钽铌矿的重选混合精矿中，通常含有锆英石、钛（磁）铁矿、独居石、褐钇铌矿及其他钽铌矿物。钽铌矿物的磁性与独居石、钛铁矿的相近，在精选分离这些矿物时，仅采用磁选不能完全达到目的，必须与浮选相配合，独居石、锆英石可采用 Na_2CO_3、Na_2SiO_3、油酸钠作浮选药剂进行浮选分离。

图38-6-3为某厂含钽铌矿物的重选混合精矿的磁选—浮选流程。分选指标如下：锆英石精矿品位 ZrO_2 为59.83%，回收率88.49%，钽铌精矿品位（Nb，Ta）$_2O_5$ 为30.74%，回收率61.74%；钽铌中矿品位（Nb，Ta）$_2O_5$ 为5.94%，回收率4.92%；独居石精矿品位 TR_2O_3 为60.94%，回收率65.43%，钛铁矿精矿品位 TiO_2 为43.24%，回收率91.45%。通过精选加工的锆英石精矿，还要经过粉碎或超细粉磨等方能得到各种不同规格要求的产品。目前国内开发利用、精选加工的锆英石矿主要有山东荣成锆矿、广东省陆丰县的甲子、海南省万宁县的乌场及天利等地的海滨砂矿。

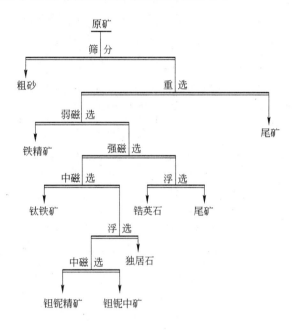

图38-6-3　重选—磁选—浮选原则流程

38.7　锆矿选矿厂

38.7.1　海南万宁乌场钛矿选矿厂

38.7.1.1　概述

乌场钛矿位于我国海南省境内，是我国海滨砂矿主要的生产厂矿之一。矿区矿石储量大，开采条件较好。采场和选厂工艺技术水平及装备水平在我国海滨砂矿生产厂矿中居领先地位，综合回收效果好。

该矿于1959年完成地质勘探，从1965年开始建设国营矿山，1969年建成了精选厂，1971年完成精选厂扩建，1978年开始采用推土机配合水枪开采、砂泵运输、摇床选矿的工艺。1982年用干采干运、以圆锥选矿机为主体选矿设备的移动式采选厂处理砂矿。

38.7.1.2　矿石性质

乌场钛矿目前开采矿区属保定矿区，矿床位于大塘岭至牛庙岭之间，是一个沿海岸线分布的含钛铁矿及锆英石为主并伴生有多种有价矿物的综合性海滨砂矿矿床,矿区火成岩出露较少,属海滨地貌,第四纪地质以海相沉积为主。矿体全长 18km,平均宽度有230m,海平面以上矿体平均厚度 9.5m,矿体出露地表,呈砂堤状,无覆盖层。矿石粒度均匀松散,含泥量少,开采条件较好。

矿石中有用矿物以钛铁矿和锆英石为主,钛铁矿与锆英石赋存量比例为10 ~ 19:1。除主要有用矿物外,还伴生有独居石、金红石、锡石、磁铁矿及微量黄金等多种有价矿物,可综合回收。脉石矿物以石英为主,其余为少量长石、云母,总量占原矿总矿物量的 97% 左右。由于矿石粒度均匀,无卵石,粗粒及细泥含量均较少,有用矿物绝大部分以单体存在,而且有用矿物与脉石矿物间有明显的密度差,故可选性较好。该矿区的原矿成分分析、筛分分析及矿物组成分别见表 38-7-1 ~ 表38-7-3。

表 38-7-1 原矿成分分析结果

成 分	SiO_2	Fe_2O_3	Al_2O_3	CaO	MgO	V
含量/%	81.0	1.14	2.20	1.13	1.07	0.003
成 分	P_2O_5	Mn	TR_2O_3	TiO_2	ZrO_2	
含量/%	0.199	0.039	0.036	1.01	0.09	

表 38-7-2 原矿筛分分析结果

粒度/mm	重量/%		品位/%		占有率/%			
					TiO_2		ZrO_2	
	个别	累计	TiO_2	ZrO_2	个别	累计	个别	累计
+1.00	2.65		0.073	0.0065	0.18		0.16	
-1.00 +0.80	7.26	9.91	0.072	0.0059	0.49	0.67	0.39	0.55
-0.80 +0.63	13.55	23.46	0.044	0.0063	0.56	1.23	0.77	1.32
-0.63 +0.50	11.54	35.00	0.058	0.0063	0.63	1.86	0.66	1.98
-0.50 +0.40	16.13	51.13	0.084	0.0061	1.28	3.14	0.89	2.87
-0.40 +0.30	20.74	71.87	0.12	0.0076	2.34	5.48	1.42	4.29
-0.30 +0.20	17.62	89.49	0.44	0.011	7.30	12.78	1.75	6.04
-0.20 +0.16	7.16	96.65	4.40	0.14	29.67	42.45	9.05	15.09
-0.16 +0.10	2.69	99.34	19.90	2.06	50.42	92.87	50.04	65.13
-0.10 +0.08	0.38	99.72	17.83	9.34	6.38	99.25	32.06	97.19
-0.08	0.28	100.00	2.83	1.11	0.75	100.00	2.81	100.00
合 计	100.00		1.062	0.11	100.00		100.00	

表 38-7-3　原矿矿物组成

矿　物	含量/%	矿　物	含量/%
钛铁矿	1.5028	磁铁矿	0.0338
锐钛矿、金红石	0.0231	褐铁矿	0.0189
白钛石	0.0514	铁铝榴石	0.0290
榍　石	0.0318	钙铝榴石	0.0086
锆英石	0.1253	尖晶石	0.0118
独居石	0.0314	绿帘石、十字石	0.0360
钍　石	0.003	黄玉、蓝晶石	0.0063
磷钇矿	0.008	角闪石、电气石	0.7739
锡　石	0.0004	长石、石英、方解石	97.1200
赤铁矿	0.1946	合　计	100.000

38.7.1.3　采选工艺

乌场钛矿采选厂采用一套移动式采选联合装置进行生产。全套装置于 1981 年建成，1982 年投产。整套装置由采运系统、储矿给矿缓冲系统及移动式选矿厂三部分组成。

采矿采用 69-4 型斗轮式挖掘机干采。采矿方式为前端式工作面法，采掘面宽度为 15m，生产能力为 100t/h。斗轮直径 1.6m，9 个挖斗，每个斗容积 11L。斗轮挖掘机总装机功率为 33kW，总重 13t。采矿单位电耗为 0.25kW·h/t，约为水采的 1/10。

采出矿经斗轮挖掘机排料，皮带运输机给到两台长 45m 的移动式皮带运输机上进行连续运输。斗轮机与两台 45m 运输机配合。每个采矿周期采幅可达 15m，长 200m。在此周期内，矿仓及选矿厂无需移动。依开采厚度而异，每周期可采矿量为 2850m³。

移动式矿仓由进料皮带运输机、矿仓、圆盘给矿机及履带式移动装置组成。45m 皮带运输机来矿经入料皮带运输机给入容积为 55m³ 的矿仓。其缓冲能力为 55min。在矿仓底部装有 ϕ2m 圆盘给矿机一台，用于控制给矿量。矿仓至移动选矿厂的排矿皮带运输机上装有 DZB-2A 型电子皮带秤进行矿量的检测和记录。

矿仓排矿送到移动式选矿厂。移动式选矿厂由电动驱动履带自行移动。选矿厂底盘面积宽 5m，长 8m，总高度 11m，总重量 26t，行走速度 0.9km/h。定位工作时由四个辅助支撑脚固定。移动式选厂分上下两层，下层为一个 2m 高的工作间，内装驾驶台、砂泵、电器控制等设备，上层为一露天平台，装有斜面打击筛、圆锥选矿机、螺旋选矿机及矿浆浓度测定仪等设备。圆锥选矿机设有四层操作平台，螺旋选矿机设有两层工作平台。

干矿入选矿厂，首先加水形成高浓度矿浆，矿浆浓度为 70%~72%，矿浆自流至一台五联 500mm×1000mm 斜面打击筛筛分，+1.2mm 以上产物，包括粗砂、贝壳及杂草等异物作为尾矿丢弃。-1.2mm 筛下产物由一台砂泵扬送至圆锥选矿机粗选。在圆锥选矿机给矿管上装有 QN-1 型浓度计，进行浓度检测。原矿经圆锥选矿机粗选丢弃的尾矿由砂泵扬送至采空区复砂堤。中矿返回至本机二段作业再选。精矿送至螺旋选矿机精选。精选分两段进行，一段螺旋选矿机精矿给二段螺旋选矿机精选，中矿返回至圆锥选矿机再选，尾矿丢弃。二段精选螺旋选矿机精矿为最终精矿，中矿返回到本段螺旋选矿机再选，尾矿返回一段精选螺旋选矿机再选。采选厂设备联系图及圆锥选矿机内部流程分别如图38-7-1和图38-7-2所

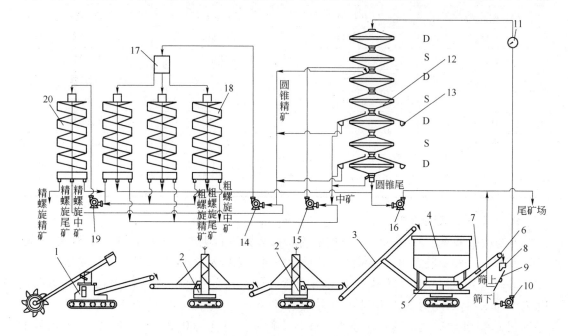

图 38-7-1　乌场钛矿移动采选装置联系图

（图中数字为表38-7-4代号）

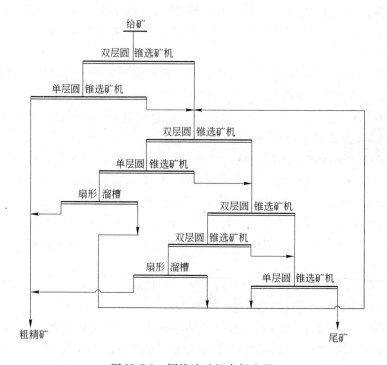

图 38-7-2　圆锥选矿机内部流程

示。采场和选矿厂设备见表38-7-4。

表38-7-4 采选设备

代 号	设 备 名 称	规 格 型 号	单位	数量	功率/kW
1	斗式挖掘机	69-4	台	1	25
2	移动式皮带运输机	L45m, B0.5m	台	2	7.5
3	皮带运输机	L20m, B0.5m	台	1	7
4	移动矿仓	55m³	台	1	
5	圆盘给矿机	φ2m	台	1	13
6	皮带运输机				4.5
7	电子皮带秤	L15m, B0.5m	台	1	
8	造浆斗	DZCB-2A	台	1	
9	斜面打击筛		台	5	2
10	原矿砂泵	500mm×1000mm	台	1	22
11	浓度计	6.35cm-PS	台	1	
12	圆锥选矿机	QN-1	台	1	
13	扇形溜槽	27层	台	12	
14	圆锥选矿机精矿泵	940mm×290mm	台	1	13
15	圆锥选矿机中矿泵	6.35cm-PS	台	1	22
16	圆锥选矿机尾矿泵	6.35cm-PS	台	1	22
17	螺旋溜槽分浆斗	6.35cm-PS	台	1	
18	一段精选螺旋溜槽		台	3	
19	砂泵	φ900 4圈4头	台	1	3
20	二段精选螺旋溜槽	1PN φ900 4圈4头	台	1	

移动式选矿厂工业试验及生产指标见表38-7-5，采场和选矿厂电耗为1.75~3.52kW·h/t，水耗为1.5~2t/t。

表38-7-5 移动式选矿厂技术指标

时 期	原矿品位/%		精矿产率/%	精矿品位/%		回收率/%	
	TiO₂	ZrO₂		TiO₂	ZrO₂	TiO₂	ZrO₂
工业试验	0.73	0.078	1.650	37.20	4.17	84.20	88.26
生产指标	1.01	0.123	1.319	33.60	3.85	82.21	77.28

38.7.1.4 精选工艺

乌场钛矿精选厂是我国规模较大、工艺流程比较完善的海滨砂矿精选厂之一，现有生产能力为年产钛精矿25kt，除生产钛精矿外，还综合回收锆英石、金红石、独居石、锡石等多种副产品。该厂精选流程如图38-7-3所示，技术指标见表37-7-6。

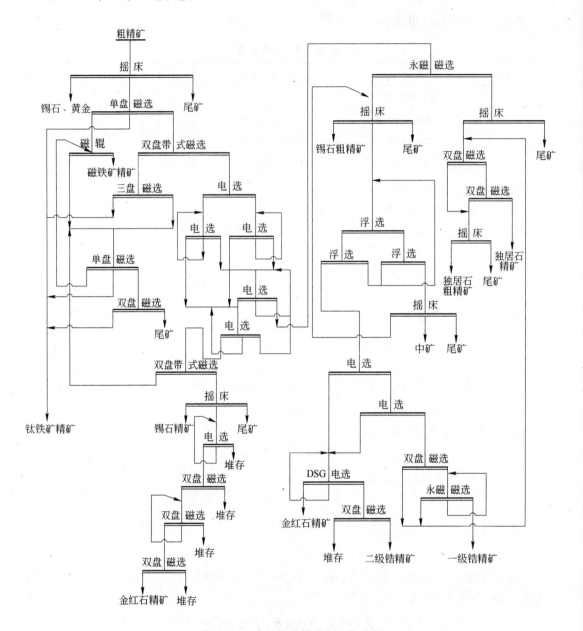

图 38-7-3 乌场钛矿精选厂工艺流程

表 38-7-6 乌场钛矿精选厂技术指标

年 份	钛铁矿精矿/%		锆英石精矿/%		金红石精矿	独居石精矿
	品位 TiO_2	回收率	品位 $(ZrHf)O_2$	回收率	品位/% (TiO_2)	品位/% $(TR_2O_3 + TRO_2)$
1982	50.25	88.65	65.31	46.00	87.95	61.92
1983	50.31	81.19	65.21	47.00	89.65	61.77
1984	50.26	81.98	65.10	47.50	90.14	61.10
1985	50.46	81.92	65.04	49.50	90.21	61.10
1986	50.40	81.70	65.15	51.00	90.05	60.90

该厂精选工艺采用预先摇床重选丢尾，磁选选出钛铁矿精矿，然后电选分组，再用强磁选、电选、浮选、重选等工艺进行分离提纯，回收金红石、锆英石、独居石等产品。

38.7.2　南山海稀土矿

38.7.2.1　概述

南山海稀土矿位于广东省西南沿海阳江县境内，距湛江230km，该矿水运出港，距茂名140km，有铁路通全国各地。

南山海矿属较大型海滨砂矿，主要有用矿物为独居石、磷钇矿等含轻稀土矿物，伴生矿物有锆英石、金红石、钛铁矿、白钛石等。目前已探明储量为独居石36000t，锆英石52000t，含钛矿物71000t。矿体平均标高5~8m，矿物粒度比较均匀，+0.833mm仅占总量的9.5%，-0.074mm占4.65%。开采条件较好。

该矿1958年勘探，同时开始土法开采。1970年开始建厂，1973年建成第一采选厂，日处理原矿能力为2000t，年产精矿1200t。1977年建成第二采选厂，也为日处理能力2000t，形成了4000t/d的生产能力，年产精矿能力为3600t。

38.7.2.2　矿石性质

南山海稀土矿是以锆英石、独居石为主的海滨砂矿，重矿物含量较低，以石英为主的轻矿物含量达98.68%，独居石含量为0.0516%，磷钇矿为0.0107%，钛铁矿为0.1722%，锆英石含量为0.1355%。有用矿物集中于-0.15mm粒级，除磷钇矿外，80%集中分布在0.11~0.074mm粒级。

原矿成分分析，主要有用矿物成分分析分别见表38-7-7和表38-7-8。

表38-7-7　原矿成分分析结果

成　分	TR_2O_3	TiO_2	ZrO_2	ThO_2	Ta_2O_5	Nb_2O_5	Ge
含量/%	0.047	0.31	0.152	0.005	0.0012	0.0024	0.006
成　分	Sn	SiO_2	Al_2O_3	Fe	MgO	CaO	烧减
含量/%	0.033	93.87	1.94	0.71	0.18	0.48	0.12

表38-7-8　主要有用矿物成分分析结果

钛铁矿	成　分	TiO_2	FeO	Fe_2O_3	MnO	$(Ta,Nb)_2O_5$	CaO
	含量/%	52.19	32.40	10.14	2.94	0.03	0.35
独居石	成　分	TR_2O_3	Ce_2O_3	ThO_2	P_2O_5	UO_3	
	含量/%	55.25	29.97	10.20	30.36	0.30	
磷钇矿	成　分	Y_2O_3	Ce_2O_3	ThO_2	P_2O_5	UO_3	
	含量/%	46.93	0.13	0.07	33.24	0.57	
锆英石	成　分	ZrO_2	HfO_2	SiO_2	P_2O_5	UO_3	ThO_2
	含量/%	64.74	1.11	30.84	0.40	0.07	0.0027

38.7.2.3　采选厂

南山海稀土矿现有采选厂两座，第一采选厂建于1973年，原设计为水采、水运、大型跳汰机选别流程。第二采选厂建于1977年，设计流程为水采、水运、摇床选别流程。

两座采选厂规模均为日处理原矿量2000t。其中的第二采选厂建成后仅经短时间试产，一直未投入生产使用；第一采选厂因原设计采用的大型跳汰技术经济效果不佳，现改为分级螺旋溜槽选别进行生产，改进后回收率由原来的50%～60%提高到70%以上，成本也有明显降低。

现生产的第一采选厂，采矿仍用水枪开采，砂泵运输。采出矿先进行水力分级分为三个级别，第一、二级产品再经2mm振动筛筛分，筛上丢弃，筛下进入螺旋溜槽选别。

溢流经沉淀池脱泥后进入螺旋溜槽选别。三个级别螺旋溜槽均得三个产品，即粗精矿、中矿和尾矿。粗精矿送精选厂精选，中矿集中浓缩后进行螺旋溜槽再选，得出粗精矿及尾矿，中矿返回浓缩斗；尾矿用砂泵扬送至尾矿场。该矿采选厂粗选工艺流程如图38-7-4所示，技术指标见表38-7-9。

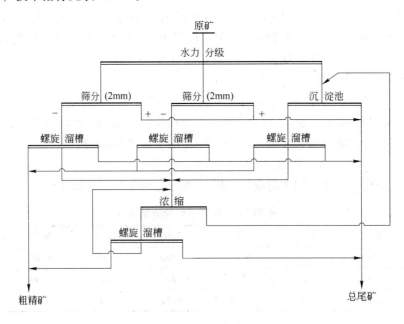

图 38-7-4 南山海稀土矿粗选流程

表 38-7-9 南山海稀土矿粗选技术指标

处理量 /t·d⁻¹	原矿品位/%	粗精矿品位/%			回收率/%	粗精矿产量 /t·a⁻¹
		TR_2O_3	ZrO_2	TiO_2		
2000	0.509	1.80	3.69	4.79	87.99	8799

38.7.2.4 精选厂

该矿有精选厂一座，1973年建成投产。目前精选厂生产所用粗精矿大部分自给，小部分收购民采产品。自产粗精矿可由采选厂自流到精选厂，粗精矿入厂后先用摇床进一步丢弃低密度脉石，摇床粗精矿再用磁选、浮选、电选及重选等联合工艺获得独居石、磷钇矿、钛铁矿、锆英石等产品，精选工艺流程如图38-7-5所示，技术指标见表38-7-10。

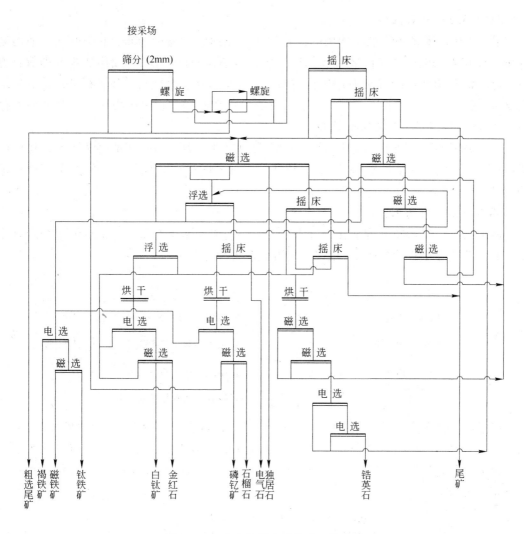

图 38-7-5 南山海稀土矿精选工艺流程

表 38-7-10 南山海稀土矿精选技术指标

处理量 /t·d⁻¹	原矿品位/%			精矿品位/%			回收率/%		
	TR₂O₃	ZrO₂	TiO₂	TR₂O₃	ZrO₂	TiO₂	TR₂O₃	ZrO₂	TiO₂
46.0	2.85	6.06	7.40	61.60	65.10	49.00	72.10	69.80	12.70

38.7.3 甲子锆矿

38.7.3.1 概述

甲子锆矿位于广东省东南沿海陆丰县甲子镇西南 2km。矿区距县城东海镇 51km，向东距汕头市 112km，甲子港可泊 600t 轮船，水陆交通比较方便。

该矿 1958 年建矿并投产，三年后停产，1966 年恢复生产至今。主要产品以锆英石为主，生产能力为年产精矿 1200t，副产品有钛铁矿、金红石和少量独居石产品。

38.7.3.2　矿石性质

甲子锆矿矿床属海滨堆积砂坝砂矿，矿体呈东西向沿海岸分布，长 5500m，平均宽 870m，面积 4.738km^2，矿体平均厚度 3.639m，最厚达 11m。矿石主要组成物为细粒石英砂，粒度 0.5 ~ 0.1mm，主要有用矿物有锆英石、钛铁矿、金红石、独居石等，脉石矿物主要为石英，还有少量长石、绿帘石、电气石、石榴石等。有用矿物绝大多数呈单体存在，多富集在 0.125 ~ 0.063mm 粒级。

截至 1982 年底保有矿石储量 1317.2168 万立方米，其中有锆英石 28774.8t，钛铁矿 75446.5t，平均地质品位锆英石为 2.185kg/m^3（ZrO_2 0.0908%），钛铁矿 5.728kg/m^3（TiO_2 0.185%）。

38.7.3.3　采选工艺

该矿采选厂自 1966 年建成投产以来，采矿一直采用水枪开采，砂泵运输至今未有改变，但技术经济效果不够理想，粗选工艺历年来在不断改造：

时　期	粗　选　工　艺
1958 ~ 1961 年	三角槽、轮胎螺旋选矿机—土摇床
1967 ~ 1973 年	广东 I 型跳汰机—摇床
1974 ~ 1978 年	轮胎螺旋选矿机—摇床
1979 年	塑料螺旋溜槽和螺旋选矿机

甲子锆矿为海滨砂矿，原矿中主要矿物含量为锆英石 0.3352%、钛铁矿 0.7006%、白钛石 0.145%、独居石 0.0158%、金红石和锐钛矿 0.0749%、铁矿物 0.0576%、绿帘石 0.0608%、电气石 0.0798%、石英和长石 98.5338%。锆英石和钛矿物在各粒级中相对含量分布见表 38-7-11。

表 38-7-11　锆英石和钛矿物在各粒级中的分布

粒级/mm	锆英石/%	钛铁矿/%	白钛石/%	金红石和锐钛矿/%
+0.32		1.20		
-0.32 +0.20		1.40	2.00	
-0.20 +0.16	1.00	4.30	6.00	0.50
-0.16 +0.10	7.10	27.40	45.00	22.30
-0.10 +0.08	76.40	58.60	45.00	74.20
-0.08	15.50	7.10	2.00	3.00
合　计	100.0	100.0	100.0	100.0

原矿经筛析，-0.08mm 粒级中 ZrO_2 分布率占 29.1%，TiO_2 分布率占 16.73%。从表中结果看出，主要有用矿物的粒度都在 0.1mm 以下，特别是锆英石的粒度在 0.1mm 以下占 91.9%，其中 -0.08mm 的锆英石占 15.5%。而 -0.08mm 粒级中 ZrO_2 分布率占 29.1%。这说明该矿石用重选法粗选，其回收率将会受到影响。

甲子锆矿的粗选工艺如图 38-7-6 所示，各时期生产技术指标列入表 38-7-12 中。

表 38-7-12 各时期生产技术指标

生产流程	原矿品位/%		粗精矿品位/%		回收率/%	
	ZrO_2	TiO_2	ZrO_2	TiO_2	ZrO_2	TiO_2
跳汰-摇床	0.183		6.71	12.76	51.81	
轮胎螺旋选矿机-摇床	0.263	0.756	10.67	15.70	49.68	25.42
塑料螺旋溜槽	0.349	0.840	8.86	20.76	57.21	55.94

为了提高粗选技术指标，进行了新型粗选设备试验，所用试验设备为广州有色金属研究院研制的 GL-600 型双头螺旋选矿机。该设备螺旋直径为 600mm，螺距为 360~400mm，给矿重砂品位小于 10%，给矿浓度 25%~45%，处理量 3~4t/h。试验结果见表 38-7-13，以螺旋选矿机为主体设备的粗选工艺流程如图 38-7-6 所示。

表 38-7-13 螺旋粗选方案试验结果

产 品	产率/%	品位/%		回收率/%	
		ZrO_2	TiO_2	ZrO_2	TiO_2
粗精矿	2.04	4.89	11.49	84.67	63.21
中 矿	7.80	0.06	0.65	3.70	12.75
尾 矿	90.16	0.02	0.13	11.63	24.04
给 矿	100.00	0.15	0.48	100.00	100.00

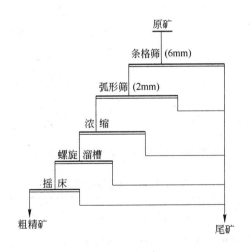

图 38-7-6 甲子锆矿粗选工艺流程

38.7.3.4 精选工艺

该矿精选厂是 1958 年扩建改造而成的，精选作业包括重选、磁选、电选、浮选等工艺。现有摇床 27 台、电选机 5 台、各种磁选机 8 台和浮选机 8 台 14 槽，精选工艺流程见图 38-7-7。精选技术指标见表 38-7-14。

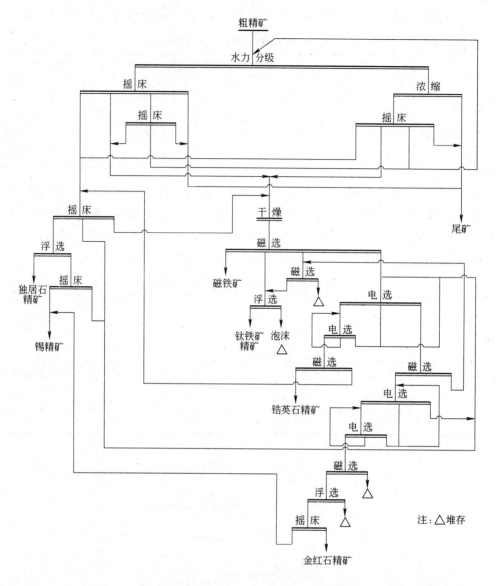

图 38-7-7   甲子锆矿精选工艺流程

表 38-7-14   精选技术指标

处理粗精矿			精矿产量/t					精选回收率/%			
处理量 /t·a⁻¹	品位/%		锆英石 精矿	钛铁矿 精矿	金红石 精矿	独居石 精矿	锡石 精矿	ZrO₂	TiO₂		
	ZrO₂	TiO₂							钛铁矿	金红石	合计
9115	10.92	22.98	1198	2175	151	5.46	4.99	85.47	59.28	7.06	66.34

38.7.4   澳大利亚联合矿产公司埃尼巴选厂

澳大利亚联合矿产公司埃尼巴（Eneabba）选厂是世界上第二大锆英石生产厂家，年产锆英石 130kt。

埃尼巴选矿厂于 1976 年投产，年产精矿 200kt，其中包括 70kt 锆英石精矿，35kt 金红石精矿，少量独居石，其余为钛铁矿精矿。矿区重矿物储量为 10000kt，重矿物平均含量为 17%，矿石粒度极不均匀，砂砾和泥含量都比较高，钛铁矿含 TiO_2 58% ~ 60%，质量很好。

该矿采用大型推土机及铲运机干采，沿工作面顺坡采矿，工作面宽 300m，挖掘深度 3 ~ 10m，年采矿量 7000kt，采出的矿石先定点堆放，然后采用大型前端式装载机给入一段筛分作业，筛下产物给入二次筛分作业，通过两次筛分除去卵石、杂草及 +3mm 粗砂，二次筛分作业筛下产物经旋流器脱泥，底流再经过一次控制筛分（筛孔尺寸为 3mm）及浓缩后进入圆锥选矿机选别，产出粗精矿和尾矿。

该矿区严重缺水，为了充分利用回水，采取了两项措施，一是将粗选厂溢流放入三个直径为 80m 的大型浓密机中，浓密机溢流返回再用，二是将筛分出的砾石分段筑坝，将浓密机沉淀的矿泥及粗选尾矿输送至库内，经澄清、渗滤的水返回到水源地。

精选厂按图 38-7-8 的流程进行生产，产出钛铁矿精矿、金红石精矿和锆英石精矿。

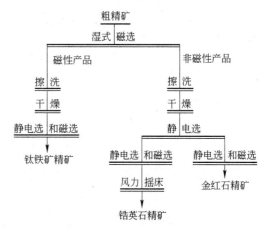

图 38-7-8　埃尼巴精选厂生产流程

38.7.5　澳大利亚西澳砂矿公司凯佩尔选厂

凯佩尔（Capel）矿区距海岸约 15km，矿体与海岸线平行，原矿重矿物含量为 12% ~ 15%，其中钛铁矿占 75%，白钛石和锆英石各占 10%，金红石占 1%，独居石占 0.5%。

该矿采用 25m³ 铲运机干采，并用一台推土机松动板结地段的矿石，采出的矿先运往堆矿场，运输距离约 400m，然后用装载机给入筛孔为 150mm 的振动格条筛筛分，筛下产物经第二和第三段筛分，筛上物经擦洗圆筒筛及气动筛筛分，筛除 +2mm 粒级物料作废石丢弃，筛下 -2mm 粒级经旋流器浓缩后与第三段筛筛下物合并进入粗选段选别，全部用圆锥选矿机粗选，通过一次粗选、一次扫选和两次精选的选别，获得供精选处理的粗精矿。

粗精矿中有用矿物以钛铁矿为主，进入精选段后，先用干式磁选机选出钛铁矿，选钛后的物料用螺旋选矿机进一步排除轻矿物，然后经干燥后再进行电选、磁选及重选选出独居石精矿、锆英石精矿、白钛石精矿。精选厂流程如图 38-7-9 所示。

38.7.6　内蒙古巴仁扎拉格稀有金属矿

中国的原生锆矿主要存在于内蒙古的巴仁扎拉格稀有金属矿床，其储量约占全国锆储量的 70%，目前国内还没有原生锆矿选矿厂，下面简要介绍该稀有金属矿床的概况及选矿试验概况。

该矿为我国大兴安岭地区的碱性花岗岩型稀有金属矿床。矿体围岩为一套侏罗-白垩系偏碱性的酸性火山晶屑凝灰岩，矿体处于其缓倾斜短轴背斜核部的北东和东西向断裂构

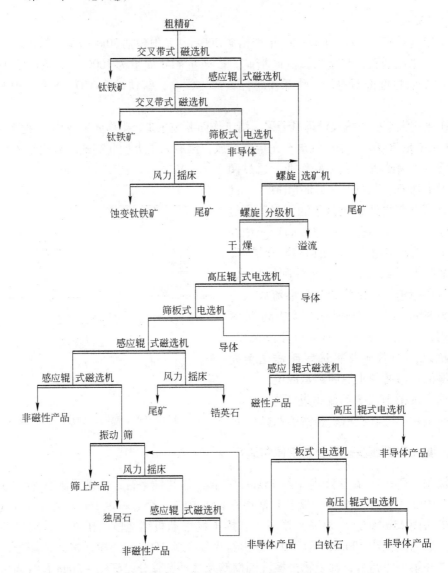

图 38-7-9 凯佩尔选矿厂精选流程

造交叉部位，属燕山晚期产物。岩性为蚀变粗-中粒碱性花岗岩，岩体上部蚀变较强，矿化好。而下部相对蚀变较弱，矿化变贫，矿化层无明显界线，含矿岩体普遍遭受交代蚀变作用，主要为钠长石化和硅化，局部有霓石化和萤石化。该矿床是一大型钽、铌、铍、稀土、锆的综合矿床。原矿样的成分分析结果见表38-7-15。

矿石主要有用矿物存在广泛的类质同象置换，这些矿物晶格中铁与锰，铌和钽与钛、稀土，铍与稀土元素之间的元素替代，生成的钽铌类矿物有锰钽铌铁矿、复稀金矿、铈烧绿石、铌铁金红石；铍矿物有钇兴安石、铈钕兴安石、锌日光榴石；稀土类矿物有氟碳铈矿、氟碳钇铈矿、氟铈矿、独居石、钍石、兴安石、复稀金矿；铁钛类矿物有钛磁赤铁矿、锰钛铁矿、铌铁金红石、褐铁矿。也就是说，本矿石中三种主要有价元素铌赋存于4种矿物中、铍赋存于3个矿物中、稀土赋存于7种矿物中。由于有用矿物中元素互含，给矿物分选带来难度。

表 38-7-15　原矿成分分析结果

成　分	Nb₂O₅	Ta₂O₅	Fe	BeO	ZrO₂	TREO	Pb	TiO₂
含量/%	0.33	0.02	3.92	0.058	2.00	0.45	0.11	0.93
成　分	Mn	Cu	SiO₂	Al₂O₃	CaO	MgO	Na₂O	K₂O
含量/%	0.041	0.004	71.84	8.50	0.31	0.057	1.75	4.06

矿　物	锰钽铌铁矿	铅钍复稀金矿	钇复稀金矿	铌铁金红石
含量/%	0.384	0.025	0.176	0.082
矿　物	锌日光榴石	钇兴安石	铈钕兴安石	铈烧绿石
含量/%	0.09	0.117	0.117	0.029
矿　物	独居石	氟碳铈矿	氟碳钇铈矿	锰钛铁矿
含量/%	0.06	0.02	0.082	0.665
矿　物	钛铁矿	钛磁赤铁矿	褐铁矿	锆英石
含量/%	0.319	1.962	0.625	5.452
矿　物	锡石	钍石	铁钍石	石英
含量/%	0.013	0.028	0.078	41.479
矿　物	微斜长石	正长石	钠长石	霓石/钠闪石
含量/%	1.233	23.553	11.889	2.188
矿　物	角闪石	钙铝榴石	褐帘石	榍石
含量/%	0.113	0.038	0.249	0.079
矿　物	磷灰石	黄铁矿	黑云母	黑硬绿泥石
含量/%	0.007	0.002	0.141	3.433

　　矿石中部分锆英石由于含有数量不等的铁矿物包裹体或铁染而具电磁性，磁性范围在 400~2000mT。但大多数锆英石具弱磁性到无磁性。锆英石含铁，并具变化的含铁量，其磁性和表面性质的改变对铌、铍和稀土矿物的磁选、浮选富集均产生一定的影响。

　　铌主要以锰钽铌铁矿和复稀金矿矿物形式存在，其次以铈烧绿石和铌铁金红石矿物形式存在。锰钽铌铁矿和复稀金矿中赋存的 Nb₂O₅ 占 70.11%，铈烧绿石中赋存的 Nb₂O₅ 占 4.27%，只有 0.24% 左右的 Nb₂O₅ 赋存于铌铁金红石中；该矿石中 Nb₂O₅ 的分散较严重，分散于铁钛矿物中的 Nb₂O₅ 占 8.04%，存在于钍石中 Nb₂O₅ 占 0.48%，并有 5.89% 的 Nb₂O₅ 分散于锆英石中，10.98% Nb₂O₅ 分散于钠闪石、霓石-霓辉石、长石、石英中。由于复稀金矿类矿物含 Nb₂O₅ 只有 30% 左右，若要获得 50% Nb₂O₅ 以上的铌精矿，回收率可能极低，因此宜富集铌、钽、稀土、铍和铁、钛的混合精矿。混合精矿 Nb₂O₅ 的最高占有率为 90% 左右。

　　铍主要以兴安石矿物形式存在，其次以锌日光榴石矿物形式存在，兴安石中的铍占原矿总铍量的 56.70% 左右；锌日光榴石中的铍占原矿总铍量的 13.39%；锆英石中含铍较高，分散于锆英石中的铍占原矿总铍量的 28.56%；约 1.34% 的铍分散于钠闪石、霓石-霓辉石、长石、石英中。铍的最高占有率为 70% 左右。

　　矿石中赋含稀土的矿物较多，稀土主要以兴安石、氟碳铈矿、独居石、钍石矿物形式存在。兴安石中的稀土占原矿总稀土量的 39.59%，独居石和氟碳铈矿中的稀土量占原矿总稀土量的 21.48%，钍石中稀土量占原矿总稀土量的 12.44%；复稀金矿和铈烧绿石也富含稀土，两矿物中稀土占原矿总稀土量的 17.14%。锰钽铌铁矿中稀土占原矿稀土总量的 0.51%；锆英石中含稀土较高，分散于锆英石中的稀土占原矿总稀土量的 2.2%；约 6% 的稀土分散于钠闪石、霓石-霓辉石、长石、石英中。混合精矿中稀土的最高占有率为 94% 左右。

矿石中各主要矿物嵌布粒度测定结果见表 38-7-16 和表 38-7-17。由测定结果可知，锰钽铌铁矿、兴安石、独居石、锌日光榴石、铌铁金红石的嵌布粒度相类似，嵌布粒度主要在 0.02 ~ 0.2mm，属细-微细粒粒度分布类型；锆英石、锰钛铁矿、钛磁赤铁矿嵌布粒度略粗，主要嵌布粒度为 0.04 ~ 0.32mm，属微细-细粒粒度分布类型；复稀金矿、氟碳铈矿类矿物（含氟碳铈钇矿、氟铈矿）嵌布粒度较微细，属微细粒度嵌布类型。

表 38-7-16   铌和稀土矿物嵌布粒度测定结果

粒级/mm	粒级含量/%					
	锰钽铌铁矿	复稀金矿	兴安石	氟碳铈矿	独居石	锌日光榴石
-0.32 +0.16	9.45		11.27		2.96	0.36
-0.16 +0.08	14.72	12.46	26.48	29.54	51.98	34.01
-0.08 +0.04	28.49	32.76	29.41	9.54	26.68	40.40
-0.04 +0.02	32.30	29.21	15.72	31.26	13.92	21.03
-0.02 +0.01	10.90	17.07	11.86	23.32	2.93	2.45
-0.01	4.14	8.50	5.26	6.34	1.53	1.55
合 计	100.00	100.00	100.00	100.00	100.00	100.00

表 38-7-17   锆铁钛矿物嵌布粒度测定结果

粒级/mm	粒级含量/%			
	锆英石	铌铁金红石	锰钛铁矿	钛磁赤铁矿
+0.32	4.03		2.53	5.16
-0.32 +0.16	10.50	3.44	26.16	9.14
-0.16 +0.08	48.69	21.51	40.13	34.66
-0.08 +0.04	23.92	44.67	16.54	23.38
-0.04 +0.02	8.85	24.77	10.21	19.15
-0.02 +0.01	3.06	5.61	3.91	7.98
-0.01	0.95	0.00	0.52	0.53
合 计	100.00	100.00	100.00	100.00

2008 年广州有色金属研究院对该矿进行选矿试验，试验流程如图 38-7-10 所示。

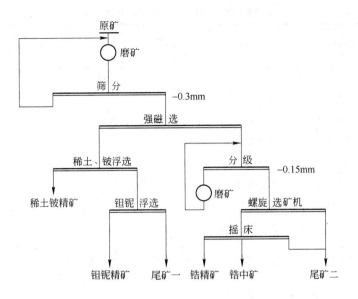

图 38-7-10 巴仁扎拉格稀有金属矿选矿试验原则流程

扩大试验研究获得的结果为:

稀土铍精矿产率 1.00%，稀土和铍品位分别为 20.27% 和 4.38%，稀土和铍回收率分别为 44.02% 和 53.57%。

铌精矿产率为 6.12%，铌品位为 2.25%，回收率为 39.81%。

锆精矿产率为 0.45%，品位为 58.36%，回收率为 9.61%。

锆中矿产率为 2.3%，品位为 35.50%，回收率为 26.91%。

对稀土铍精矿进行硫酸化焙烧-湿法浸出探索试验，稀土、铍和铌的浸出率达到 98.51%、97.93% 和 90% 以上。

38.7.7 朝鲜海洲锆矿选矿厂

朝鲜海洲锆矿属典型的海滨砂矿，是原生矿经天然风化、破碎，并在海浪作用下富集而成的。原矿含有磁铁矿、钛铁矿、锆英石及少量独居石等有用矿物。其主要成分分析结果见表 38-7-18。原矿粒度组成及金属分布见表 38-7-19。原矿粒度较粗，有用矿物主要集中在 −0.63 +0.10mm 粒级中，−0.10mm 矿量仅占原矿的 0.72%。

表 38-7-18 原矿主要成分分析结果

成 分	ZrO_2	TiO_2	TR_2O_3	TFe	其 他
含量/%	5.10	8.93	0.098	11.48	74.392

工业生产流程如图 38-7-11 所示。原矿经预先筛分，丢弃少量低品位筛上产物，筛下产品采用新型 TGL-0610 塔式螺旋溜槽进行选别，螺旋粗精矿经湿式弱磁选出强磁性铁矿物，湿式中磁选出钛铁矿后，非磁性产品采用摇床进一步选别，获得含 ZrO_2 54.10% 的摇床精矿，中磁选出的钛铁矿及摇床精矿烘干，再进一步精选，可获得品位 ZrO_2 64.47%、对原矿回收率 84.20% 的综合锆英石精矿及品位 TiO_2 49.24%，对原矿回收率 57.94% 的综合钛铁矿精矿。

表 38-7-19   原矿粒度组成及金属分布

粒级/mm	产率/%	积累产率/%	品位/%		金属占有率/%	
			ZrO₂	TiO₂	ZrO₂	TiO₂
+0.80	6.76		1.19	9.36	1.58	7.09
-0.80 +0.63	11.78	18.54	1.86	7.32	4.30	9.66
-0.63 +0.50	18.10	36.64	2.35	5.80	8.34	11.76
-0.50 +0.40	28.38	65.02	3.00	6.12	16.70	19.46
-0.40 +0.32	16.56	81.58	5.14	8.98	16.69	16.66
-0.32 +0.20	11.17	92.75	11.77	16.59	25.78	20.76
-0.20 +0.10	6.53	99.28	18.72	17.99	26.61	14.61
-0.10	0.72	100.00				
合 计	100.00		5.10	8.93	100.00	100.00

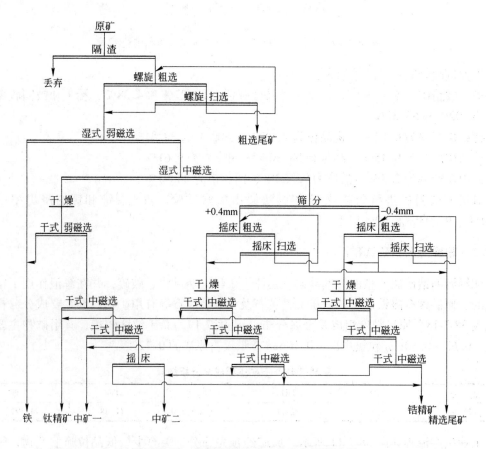

图 38-7-11   朝鲜海洲锆矿工业生产原则流程

38.8   国内外主要锆选矿厂汇总

国内外主要锆选矿厂概况汇总见表 38-8-1。

表 38-8-1 国内外主要锆选矿厂汇总

矿山名称	设计规模 /t·d^{-1}	矿石类型及矿物组成	投产年份	选矿工艺	综合回收的矿物	选矿指标/%		
						原矿（ZrO$_2$）品位	精矿（ZrO$_2$）品位	回收率
中国海南乌场钛矿	2400	海滨砂矿，主要矿物有钛铁矿、锆英石、金红石、独居石、石英	1965	重选—磁选—电选	钛铁矿、金红石	0.123	65.15	51.0
中国海南南港钛矿	2000	海滨砂矿，主要矿物有钛铁矿、锆英石、金红石、独居石、石英	1988	重选—磁选—电选	钛铁矿、金红石	0.03~0.08	61~65	60~65
中国海南沙老钛矿	2000	海滨砂矿，主要矿物有钛铁矿、锆英石、金红石、独居石、石英	1971	重选—磁选—电选	钛铁矿、金红石	0.06~0.25	62~65	50~55
中国广东甲子锆矿	1500	海滨砂矿，主要矿物有钛铁矿、锆英石、金红石、独居石、石英	1966	重选—磁选—电选	钛铁矿、金红石	0.146	61.81	47.52
中国广西北海精选厂	100	砂矿，主要矿物有钛铁矿、锆英石、金红石、独居石、石英	1967	重选—磁选—电选	钛铁矿、金红石	0.5~1.5	60~65	55~80
中国山东荣城锆矿	1400	砂矿，主要矿物有钛铁矿、锆英石、金红石、独居石、石英	1966	重选—磁选	钛铁矿、金红石	0.368	61.08	66.32
澳大利亚埃巴尔矿	20000	海滨砂矿，主要矿物有钛铁矿、锆英石、金红石、独居石、石英	1976	重选—磁选—电选	钛铁矿、金红石		58~60	
澳大利亚钛矿公司	1440	海滨砂矿，主要矿物有钛铁矿、锆英石、金红石、独居石、石英	1965	重选—磁选—电选	钛铁矿、金红石			
印度特拉凡科尔		海滨砂矿，主要矿物有钛铁矿、锆英石、金红石、独居石、石英		磁选—重选—电选	钛铁矿、金红石			
澳大利亚亚纳勒库帕		海滨砂矿，主要矿物有钛铁矿、锆英石、金红石、独居石、石英	1969	重选—磁选	钛铁矿、金红石			
澳大利亚昆士兰	1440	海滨砂矿，主要矿物有钛铁矿、锆英石、金红石、独居石、石英		重选	钛铁矿、金红石			
塞拉利昂金红石公司	3000	海滨砂矿，主要矿物有钛铁矿、锆英石、金红石、独居石、石英		重选—电选—磁选	钛铁矿、金红石			
朝鲜海洲锆矿选厂	1000	海滨砂矿，主要矿物有磁铁矿、钛铁矿、锆英石、独居石、石英	2005	重选—湿磁—重选—干磁	钛铁矿、独居石	5.10	64.47	84.20

参 考 文 献

［1］《矿产资源综合利用手册》编辑委员会 . 矿产资源综合利用手册［M］. 北京：科学出版社，2000：336～364.

［2］熊炳昆，罗方承，田振业，等 . 我国锆铪矿产资源利用可持续发展研究［J］. 稀有金属快报，2004（5）:2～7.

［3］王振海，黎祺绰 . 我国锆矿资源开发利用状况及发展对策［J］. 中国国土资源经济，1991（7）：15～18.

［4］成岳 . 锆英石选矿及应用综述［J］. 矿产保护与利用，1995（4）:40～43.

［5］肖加纯，杨慧根，方曼英 . 锆英石和高纯锆英石选矿工艺的新进展［J］. 广西冶金，1993（1）：11～18.

第39章 稀土矿选矿

稀土的英文是 rare earth，意为"稀少的土"，我国用"RE"表示稀土的符号。

根据国际纯粹与应用化学联合会对稀土元素的定义，稀土类元素是门捷列夫元素周期表第III_B族中原子序数从 57~71 的 15 个镧系元素，即镧（57）、铈（58）、镨（59）、钕（60）、钷（61）、钐（62）、铕（63）、钆（64）、铽（65）、镝（66）、钬（67）、铒（68）、铥（69）、镱（70）、镥（71），再加上与其电子结构和化学性质相近的钪（21）和钇（39），共 17 个元素。

根据稀土元素原子电子层结构和物理化学性质，以及它们在矿物中共生情况和不同的离子半径可产生不同性质的特征，17 种稀土元素通常分为两组。铈组（又称轻稀土）包括：镧、铈、镨、钕、钷、钐和铕；钇组（又称重稀土）包括：钆、铽、镝、钬、铒、铥、镱、镥、钇和钪。

1788 年，瑞典军官卡尔·阿雷尼乌斯（Karl Arrhenius）在斯德哥尔摩附近的伊特比（Ytterby）村产出的比较稀少的矿物中首次发现稀土元素，到 1794 年芬兰化学家加多林（J. Gadolin）分离出钇，再到 1947 年美国人马林斯基（J. A. Marinsky）、格兰德宁（L. E. Glendenin）和科列尔（C. D. Coryell）从原子能反应堆用过的铀裂变产物中分离出原子序数为 61 的元素钷为止，科学家历时 150 多年的发现制取，17 种稀土元素终于填满了化学元素周期表。过去认为自然界中不存在钷，直到 1965 年，芬兰一家磷酸盐工厂在处理磷灰石时发现了痕量的钷。

稀土一词是历史遗留下来的名称。"稀"是因为当时用于提取这类元素的矿物比较稀少，"土"是它们因为以氧化物或含氧酸盐矿物共生形式存在，获得的氧化物难以熔化，也难以溶于水，也很难分离，按当时的习惯，称不溶于水的物质为"土"，且其外观酷似"土壤"，而称之为稀土。

稀土元素在地壳中的含量并不稀少，实际上它们在地壳内的含量相当高，稀土总含量为地壳质量的 0.01%~0.02%，比常见元素铜、锌、锡、铅、镍、钴都多，最高的铈是地壳中第 25 丰富的元素，比铅还要高，最低的铥在地壳中的含量比金甚至还要高出 200 倍。总体上看稀土元素在自然界矿物中的分布具有三个特点：

（1）随原子序数的增加，稀土元素在地壳中的丰度呈下降趋势。

（2）原子序数为偶数的稀土元素在地壳中的丰度一般大于与其相邻的原子序数为奇数的元素。

（3）铈组元素（La、Ce、Pr、Nd、Pm、Sm、Eu、Gd）在地壳的含量大于钇组元素（Tb、Dy、Ho、Er、Tm、Yb、Lu、Y）。

稀土元素是典型的金属元素，具有银白色光泽，质软。它们的金属活泼性仅次于碱金属和碱土金属元素，而比其他金属元素活泼。在 17 个稀土元素当中，按金属的活泼次序排列，由钪、钇、镧递增，由镧到镥递减，即镧元素最活泼。稀土元素能形成化学稳定的氧化物、卤化物、硫化物；可以和氮、氢、碳、磷发生反应，易溶于盐酸、硫酸和硝酸中；能与热水作用产生氢（钪除外），并易溶于稀酸；能形成稳定的配合物，也能形成微溶于水的草酸盐、氟化物、碳酸盐、磷酸盐和氢氧化物等。镧、铈、镨、钕等轻稀土金属，由于熔点较低，在电解过程中可呈熔融状态在阴极上析出，故一般均采用电解法制取。

稀土元素因其电子结构和化学性质相近而共生，由于电子 4f 层电子数的不同，每个稀土元素又具有特殊的性质，同一结构或体系的稀土材料可具有两种或两种以上的物理和化学特性。随着稀土元素特殊性质的不断认识和发现，每隔 3～5 年，就会发现稀土的一种新用途，特别是它们的光学、电学及磁学性质已广泛地应用在医疗、陶瓷、农用、永磁体、玻璃等当今新材料、新技术领域。在高技术领域，这些稀土新材料发挥着重要的作用。目前，含有稀土的功能材料已达 50 多类，包括光学材料、磁性材料、电子材料、核物理材料、化学材料等。由于稀土元素的金属原子半径比铁的原子半径大，很容易填补在其晶粒及缺陷中，并生成能阻碍晶粒继续生长的膜，使晶粒细化，在合金钢和非铁合金中掺入少量混合稀土元素，可改善提高钢的性能；稀土易和氧、硫、铅等元素化合生成熔点高的化合物，因此在钢水中加入稀土，可以起到净化钢的效果。稀土元素具有未充满的 4f 电子层结构，并由这一特性而产生多种多样的电子能级，因此，稀土可以作为优良的荧光、激光和电光源材料以及彩色玻璃、陶瓷的釉料；稀土离子与羟基、偶氮基或磺酸基等形成结合物，使稀土广泛用于印染行业；而某些稀土元素具有中子俘获截面积大的特性，如钐、铕、钆、镝和铒，可用作原子能反应堆的控制材料和减速剂；而铈、钇的中子俘获截面积小，则可作为反应堆燃料的稀释剂；稀土具有类似微量元素的性质，可以促进农作物的种子萌发，促进根系生长，促进植物的光合作用；大多数稀土金属呈现顺磁性，钆在 0℃ 时比铁具更强的铁磁性，铽、镝、钬、铒等在低温下也呈现铁磁性；镧、铈的低熔点和钐、铕、镱的高蒸气压表现出稀土金属的物理性质有极大差异；钐、铕、钇的热中子吸收截面比广泛用于核反应堆控制材料的镉、硼还大；稀土金属具有可塑性，以钐和镱为最好；除镱外，钇组稀土较铈组稀土具有更高的硬度。稀土还是制造被称为"灵巧炸弹"的精密制导武器、雷达和夜视镜等各种武器装备及光学材料不可缺少或替代的元素。应用稀土可生产荧光材料、稀土金属氢化物电池材料、电光源材料、永磁材料、储氢材料、催化材料、精密陶瓷材料、激光材料、发光材料、超导材料、磁致伸缩材料、磁致冷材料、磁光存储材料、光导纤维材料等。稀土元素已广泛应用于电子、石油、化工、冶金、机械、材料、能源、轻工、环境保护、农业、医药等领域。因此，稀土被人们誉为高科技及功能材料的宝库，是发展高新技术的战略性元素。

39.1　稀土资源

稀土资源丰富，绝对量很大，但矿物中单一元素的含量偏低，且分布不均匀。稀土元素在地壳中的丰度大约为 2×10^{-4}，不是很稀少的资源，但是较为分散。因此，虽然稀土的绝对量很大，但到目前为止能真正成为可开采的稀土矿并不多，而且在世界上分布极不均匀。世界稀土资源拥有国有中国、澳大利亚、俄罗斯、吉尔吉斯斯坦、美国、巴西、加拿大、印度、越南、刚果（金）、南非、马来西亚、印度尼西亚、斯里兰卡、蒙古、朝鲜、阿富汗、沙特阿拉伯、土耳其、挪威、格陵兰、尼日利亚、肯尼亚、坦桑尼亚、布隆迪、马达加斯加、莫桑比克和埃及等国家和地区。稀土矿产资源主要集中在中国、俄罗斯、吉尔吉斯斯坦、美国、澳大利亚、印度、加拿大、埃及、南非、刚果（金）等国；主要进行开采、选矿生产的国家是中国、美国、俄罗斯、吉尔吉斯斯坦、印度、巴西、马来西亚等国。澳大利亚、印度、南非等拥有稀土资源的国家，生产稀土的能力在逐渐扩大。

世界各国已探明稀土工业储量所占世界储量的比例如图 39-1-1 所示。2009 年世界稀土资源分布见表 39-1-1。

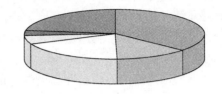

□ 中国 36.52%　　■ 美国 13.19%　　□ 独联体国家 19.27%
□ 澳大利亚 5.48%　■ 印度 3.14%　　■ 其他 22.40%

图 39-1-1　世界各国或地区已探明稀土
工业储量（REO）分布比例

表 39-1-1　2009 年世界稀土资源分布（美国地质调查局）

国家或地区	储量/t	国家或地区	储量/t
中　国	36000000	美　国	13000000
独联体国家	19000000	澳大利亚	5400000
印　度	3100000	巴　西	48000
马来西亚	30000	其　他	22000000

钇主要存在于独居石、磷钇矿和离子吸附型稀土矿中，独居石矿分布在全球各地的地表、风化层、碳酸岩、铀土岩中。含钇的独居石矿中含有磷灰岩、钽铌矿、铀矿。位于加拿大安大略省的尼罗河区域其独居石矿、铀矿中有丰富的钇。中国特有的离子吸附型稀土矿含丰富的钇，分为富钇、中钇富铕和富铕矿。

钪属于稀土元素，钪在地壳中的丰度为 $5 \times 10^{-6} \sim 6 \times 10^{-6}$，与铍、硼、锶、锡、锗、砷、硒和钨的丰度相当，但其分布却极为分散，是典型的稀散亲石元素。已知含钪的矿物多达 800 多种，主要存在于基性岩和超基性岩的铁-镁矿物中，它在岩石和矿物中多以氧化物、硅酸盐和磷酸盐的形式存在。钪的矿产资源较少，在自然界中罕见，它多与镧系元素和钇等其他元素共生，广泛分散于其他矿物中，如钛铁矿、锆英石、铝土矿、钒钛磁铁矿等，作为钪的独立矿物只有钪钇矿、水磷钪矿、铁硅钪矿、钛硅酸稀金矿和中国江西稀土矿中的富钪矿。全世界钪的储量约 200 万吨，主要分布于俄罗斯、中国、塔吉克斯坦、美国、马达加斯加、挪威等国家。近年来发现的中国长江三峡重庆段的淤砂是以高硅、高钙、高铝、镁型脉石矿物为主，含少量铁和钛，淤砂含钪 6.6g/t，其中钛铁矿含钪 101g/t，钛辉石含钪最高为 121g/t，是原矿（淤砂）含钪的主要矿物。每年流过重庆境内的金属钪量达 254t，而且淤砂中钪的资源不会枯竭，是极有开采价值的钪资源。

39.1.1　我国稀土资源

我国是世界上稀土资源最丰富的国家。自 1927 年丁道衡教授发现白云鄂博铁矿，1934 年何作霖教授发现白云鄂博铁矿中含有稀土元素矿物以来，我国地质科学工作者不断探索和总结中国地质构造演化、发展的特点，运用和创立新的成矿理论，在全国范围内发现并探明了一批重要稀土矿床。20 世纪 50 年代初期发现并探明超大型白云鄂博铁铌稀土矿床，20 世纪 60 年代中期发现江西、广东等地的风化淋积型（离子吸附型）稀土矿床，20 世纪 70 年代初期发现山东微山稀土矿床，20 世纪 80 年代中期发现四川凉山牛坪式大型稀土矿床等。这些发现和地质勘探成果为我国稀土工业的发展提供了最可靠的资源保证，同时还总结出我国稀土资源具有成矿条件好、分布面广、矿床成因类型多、资源潜力大、有价元素含量高、综合利用价值大等最基本的特点。截至目前，地质工作者已在全国 2/3 以上的省（区）发现上千处矿床、矿点和矿化产地，除内蒙古的白云鄂博、江西赣南、广东粤北、四川凉山为稀土资源集中分布区外，山东、湖南、广西、云南、贵州、福建、浙江、湖北、河南、山西、辽宁、陕西、新疆等省（区）亦有稀土矿床发现，但是资源量要比矿化集中富集区少得多。我国的海滨砂也极为丰富，在整个南海的海岸线及海南岛、台湾岛的海岸线可称为海滨砂存积的黄金海岸，有近代沉积砂矿和古砂矿，其中独居石和磷钇矿在处理海滨砂回收钛铁矿和锆英石时作为副产品加以回收。

我国的稀土资源不仅储量大，矿种和稀土元素齐全，稀土品位高，且矿点分布比较合理。我国稀土资源总量的 98% 分布在内蒙古、江西、广东、四川、山东等地区，形成北、南、东、西的分布格局，并具有北轻南重的分布特点。我国稀土资源按南北分成两大块。北方：轻稀土资源，集中在包头白云鄂博等地，在四川冕宁也有发现，主要含镧、铈、镨、钕和少量钐、铕、钆等元素；南方：中重稀土资源，分布在江西、广东、广西、福建、湖南等省，以罕见的离子态赋存于花岗岩风化壳层中，主要含钐、铕、钆、铽、镝、钬、铒、铥、镱、镥、钇和镧、钕等元素。我国稀土矿产资源分布广泛，目前已探明有储量的矿区 193 处，分布于 17 个省（区），即内蒙古、吉林、山东、江西、福建、河南、湖北、湖南、广东、广西、海南、贵州、四川、云南、陕西、甘肃、青海。

表 39-1-2 和表 39-1-3 列出了我国主要稀土矿床及其开发利用情况。

表 39-1-2 稀土原生矿床和淋积型矿床

编号	矿产地名称	矿床类别		储量规模			稀土类型	利用情况	备注
		原生矿（O）	淋积型（V）	REO	ΣCe_2O_3	ΣY_2O_3			
1	内蒙古白云鄂博主、东、西矿	O		超大型			轻稀土	已用	共伴生矿
2	内蒙古白云鄂博主、东矿底盘	O		超大型			轻稀土	未用	共生矿
3	内蒙古白云鄂博都拉哈拉	O		超大型			轻稀土	未用	共生矿
4	内蒙古扎鲁特旗八〇一矿	O			大型	大型	重、轻稀土	未用	共生矿
5	吉林大栗子铁矿红旗区	O					重稀土	未用	伴生矿
6	山东微山	O		中型			轻稀土	已用	
7	江西七〇一矿		V			大型	重稀土	已用	
8	江西七二一矿		V	大型			轻稀土	已用	
9	江西八〇七矿		V	大型			轻稀土	已用	
10	湖北竹山庙垭	O		大型			轻稀土	未用	
11	湖北应山广水	O			中型		重稀土	未用	
12	湖南江华		V	中型			轻稀土	已用	
13	广东新丰		V	中型			重、轻稀土	已用	
14	广东粤东北地区若干矿点		V				重、轻稀土	已用	
15	福建闽西南若干矿点		V				重、轻稀土	已用	
16	四川冕宁牦牛坪	O		大型			轻稀土	已用	
17	贵州织金新华	O		大型			轻、重稀土	未用	

表 39-1-3 独居石、磷钇矿、褐钇铌矿矿床

编号	矿产地名称	矿床类型	矿物储量规模	稀土类型	利用情况	备注
1	江西上犹长岭	风化壳砂矿	特大型	独居石	已用	
2	湖南岳阳筻口	河流冲积砂矿	大型	独居石	未用	
3	湖南华容三郎堰	河流冲积砂矿	大型	独居石	未用	
4	湖南湘阴望湘	河流冲积砂矿	大型	独居石	未用	
5	湖南平江南江桥	河流冲积砂矿	中型	独居石	未用	
6	湖北通城隽水	河流冲积砂矿	中型	独居石	已用	
7	海南万宁保定	海滨砂矿	中型	独居石	已用	共生矿
8	广东阳西南山海	海滨砂矿	大型	独居石	已用	
9	广东电白电城	海滨冲积砂矿	中型	独居石	已用	共生矿
10	广东电白博贺	海滨冲积砂矿	中型	独居石	已用	
11	广东广宁 513	风化壳砂矿	中型	独居石	已用	伴生矿
12	广东广宁 512	风化壳砂矿	中型	独居石	已用	伴生矿
13	广东新兴社墟	河流冲积砂矿	中型	独居石	未用	共生矿
14	广西上林水台	冲积砂矿	大型	独居石	已用	共生矿
15	广西钟山花山	风化壳砂矿	中型	独居石	已用	伴生矿
16	广西北流五二〇	风化壳砂矿	大型	独居石	未用	伴生矿
17	广西北流石玉	河流冲积砂矿	中型	独居石	未用	伴生矿
18	广西陆川白马	风化壳型	大型	独居石	已用	共生矿
19	云南勐海勐往	河流冲积砂矿	大型	独居石	未用	共生矿
20	江西上犹长岭	风化壳砂矿	大型	磷钇矿	未用	
21	广东新丰雪山	风化壳砂矿	大型	磷钇矿	已用	共生矿
22	广东惠阳沙尾	风化壳砂矿	中型	磷钇矿	已用	
23	广东广宁 513	风化壳砂矿	中型	磷钇矿	已用	
24	广东广宁 512	风化壳砂矿	中型	磷钇矿	已用	
25	广西北流五二〇	风化壳砂矿	大型	磷钇矿	已用	共生矿
26	广西北流石玉	风化壳砂矿	中型	磷钇矿	已用	共生矿
27	广西陆川白马	风化壳砂矿	大型	磷钇矿	已用	共生矿
28	湖南江华姑婆山	风化壳砂矿	大型	褐钇铌矿	已用	
29	湖南江华河路口	河流冲积砂矿	中型	褐钇铌矿	已用	
30	广西贺县姑婆山	风化壳砂矿	大型	褐钇铌矿	已用	共生矿

39.1.2 国外稀土资源

美国、印度、俄罗斯、澳大利亚、加拿大、南非、马来西亚、埃及、巴西、挪威等国家是国外稀土资源的主要集中地。

美国稀土资源储存量多、种类齐全、储藏量较大的主要有氟碳铈矿、独居石，以及在选别其他矿物时作为副产品可回收黑稀金矿、硅铍钇矿和磷钇矿。位于加利福尼亚的圣贝

迪诺县的芒廷帕司（Mountain Pass）矿，是世界上最大的单一氟碳铈矿，该矿山于 1949 年勘探放射性矿物时被发现，稀土（REO）品位为 5%～10%，储量达 500 万吨，是一处大型稀土矿。该矿山曾是世界稀土市场的主要供应商，2002～2007 年后停工，2010 年已经恢复生产。位于怀俄明州东北部的贝诺杰（Bear Lodge）山中北段也含有磷锶铬矿、氟碳铈矿和氟磷钙铈矿等矿物，主要是轻稀土，稀土氧化物储量 36.3 万吨。美国独居石资源有东南海岸砂矿、西北河床砂矿及大西洋大陆架沉积矿等，储量也相当可观。美国很早就开采独居石，现在开采的砂矿量是佛罗里达州的格林科夫斯普林斯矿，矿床长约 19km，宽 1.2km，厚为 6m，独居石储量较为丰富。此外，北卡罗来纳州、南卡罗来纳州、佐治亚州、爱达荷州和蒙大拿州也有砂矿分布，储量也相当可观。铀克瑞（Ucore）铀公司确认在周日湖发现新的稀土资源，垂直交叉 4.8m，其中 95% 为重稀土，稀土氧化物总量占到 1.8%。Ucore 铀公司同时提供了 2009 年以来钻探工程在博坎-特森岭阿拉斯加东南部项目进行的化验结果。在博坎西北山区已完成钻孔的地区，目前已被证实发现高档重稀土矿床，经钻孔的研究结果表明：轻稀土元素（LREO）：镧、铈、镨、钕、钐，重稀土元素（HREO）：铕、钆、铽、镝、钬、铒、铥、镱、镥、钇，以氧化物形式存在。美国拥有 87 个大型稀土矿矿山，包括全球最大的芒廷帕斯矿山。美国 87 个矿山如果全部开工，可以满足世界稀土矿 280 年的商业需求。

俄罗斯等独联体国家稀土矿产资源储量也很大。主要是位于科拉半岛的伴生矿床，存在于碱性岩中含稀土的磷灰石。前苏联的主要稀土来源就是从磷灰石矿石中回收稀土，此外，在磷灰石矿石中，还可回收的稀土矿物有铈铌钙钛矿，含稀土 29%～34%。另外，在赫列比特和森内尔还有氟碳铈矿。俄罗斯稀土矿主要有钛铌酸盐（如铈铌钙钛矿）、磷灰石及氟碳酸盐等，主要是从磷灰石矿石中回收稀土资源。托姆托尔岩体位于东部奥列尼奥克隆起和西部阿纳巴尔地盾之间。铌和稀土元素氧化物的平均含量，在碳酸岩中为千分之几，在风化壳中不到 5%。在富矿石中，铌的氧化物含量达到 12%，稀土元素氧化物总含量为百分之几十。

澳大利亚是独居石的资源大国，独居石是作为生产锆英石和金红石及钛铁矿的副产品加以回收。澳大利亚的砂矿主要集中在西部地区，已发现几座大的稀土矿山，总储量达到 520 万吨。其中，海滨砂矿可分为东海岸及西海岸两大带。20 世纪 70 年代以前，澳大利亚重矿物砂主要产自东海岸，目前西海岸重矿物砂的产量远大于东海岸。东海岸带从南部的纽卡斯尔（Newcastle）往北延伸到北部的弗雷塞岛（FraserIsland）附近，为一条断续状长达 1000km、宽数百米到 10km 不等的滨海平原，其中产出的砂矿数量多但矿山规模较西海岸小。东海岸海滨砂矿中包括锆石、金红石、钛铁矿、独居石等在内的重矿物总储量约 16Mt。重矿物中独居石品位一般为 0.5%～1%。西海岸带的海滨砂矿沿海岸断续延长 475km，但主要集中在斑伯里（Banbury）市和巴谢尔顿（Busselten）两市间长约 50km 的海岸带内。西海岸带砂矿重矿物的总蕴藏量在 59Mt 以上，其中有许多大型钛铁矿砂矿。独居石的储量和品位数字未见公布。如按重矿物中独居石品位 0.5%～1% 初步估算，西海岸独居石蕴藏量为 300～600kt。伊尼亚巴（Eneabba）矿山是西海岸最大的独居石砂矿，1988 年在其西区打钻又确证了一个新矿体，该处查明有重矿物品位 4% 的矿石储量 15Mt，独居石储量 43kt。澳大利亚也产磷钇矿。澳大利亚可开发利用的稀土资源，还有位于昆士兰州中部艾萨山采铀的尾矿，南澳大利亚州罗克斯伯唐斯铜、铀金矿床。比较著名的有澳大利亚韦尔德山稀土矿，它位于澳大利亚西部 Laverton 南部 35km，已于 2008 年进行了第一阶段开采，其主要稀土富集物储藏于风化了的地壳岩石中，开采相对较容易，大部分稀土氧化物存在于类似独居石的矿石中。韦尔德山矿与其他产地（如中国、美国）的氟碳铈矿和独居石矿相比，放射性钍含量低，含氟也非常少，品位 40%（REO）的稀土精矿中含有 0.16% 的氧化钍和 0.22% 的氟，其已探明的稀土储量 500 万吨，品位 11.8% REO；工业储量 120 万吨，品位 15.7% REO。另外，经理论推算还有 150 万吨，品位 9.9% REO 的储量，主要的矿石矿物为独居石、水磷钇矿、烧绿石和磷灰石等，属于品位高、易采选、经济意义巨大的超大型矿床。另一个是诺兰稀土矿，主要为富钍独居石和含氟的磷灰石，稀土金属量 84.8 万吨。澳大利亚也产磷钇矿。此外，澳大利亚可开发利用的稀土资源，还有位于昆士兰州中部艾萨山的采铀的尾矿，南澳大利亚州罗克斯伯唐斯铜、铀金矿床等稀土资源。

加拿大主要从铀矿中副产稀土。位于安大略省布来恩德里弗-埃利特湖地区的铀矿，主要由沥青铀矿、钛铀矿和独居石、磷钇矿组成，在湿法提取铀时，可把稀土也提取出来。此外，在魁北克省的奥卡地区拥有的烧绿石矿，也是稀土的一个很大潜在资源。还有纽芬兰岛和拉布拉多省境内的斯特伦奇湖矿，也含有钇和重稀土，正准备开发。加拿大雷神湖铍-铌-稀土矿床位于加拿大西北区耶洛奈夫（Yellowknife）城东南 100km 大奴湖（Great Slave Lake）北岸 4.8km 处，雷神湖矿床除铈、钇、铍、铌等矿化外，铀、钍、锆的矿化也较富，矿床产出的稀有稀土矿物有硅铍钇矿、磷钇矿、独居石、氟碳铈矿、氟碳钙铈矿、氟碳钙钇矿、钇萤石、硅铍石、羟硅铍石、日光榴石、香花石、锆石、铌铁矿、钽铁矿、易解石、烧绿石、铀钍石、晶质铀矿以及锡石等。雷神湖 L 矿体上 29 个钻孔已圈定矿石储量为 64Mt，其中稀有稀土金属品位为 Nb 0.4%、Ta 0.03、Zr 3.5%，ΣREO 1.7%，可大致估算出 L 矿体稀土金属储量约 1.09Mt，如以 T 矿体的 Y_2O_3 0.26% 计算，L 矿体的氧化钇储量约为 0.17Mt，雷神湖矿床以 T 矿体铍和钇的矿化最好，由 124 个钻孔圈出矿石储量近亿吨，其中钇 Y_2O_3 的品位为 0.26%，加上铈、钕、钐等含量大于钇的轻稀土，T 矿体的稀土储量相当大，在 T 矿体已圈定 BeO 品位为 0.85% 的氧化铍储量为 1.6Mt。因此，雷神湖矿床是一个经济价值很大的重要稀有稀土矿床，尤其是铍和钇，这样高的品位和巨大的储量是世界少见的。

1973 年，Roaldest E 报道了挪威怒梅达尔地区糜棱片麻岩古近系和新近系风化壳中的稀土浓度。未风化的糜棱片麻岩稀土含量是 260×10^{-6}。风化的岩石，比如云母，稀土含量更高，稀土总量分别为 530×10^{-6} 和 3761×10^{-6}。浅色云母占原有岩石的 2%，暗色云母约占岩石的 8%，EDTA 可以洗涤这些云母中大部分稀土含量的事实表明，稀土以吸附形式存在。

南非是非洲地区最重要的独居石生产国。位于开普省的斯廷坎普斯克拉尔的磷灰石矿，伴生有独居石，是世界上唯一单一脉状型独居石稀土矿。此外，在东南海岸的查兹贝的海滨砂中也有稀土，在布法罗萤石矿中也伴生独居石和氟碳铈矿，正计划并研究将其回收。

巴西是世界稀土生产最古老的国家，1884 年开始向德国输出独居石，曾一度名扬世界。巴西的独居石资源主要集中于东部沿海，从里约热内卢到北部福塔莱萨，长约 643km，矿床规模大。近年来，在莫鲁杜费鲁发现含有针脂铅铀矿、氟碳铈矿和褐帘石等重要稀土矿床，稀土氧化物品位为 4%。如巴西阿拉沙碳酸岩型铌-稀土矿床，发现于 1953

年，于 1961 年开发，是目前世界上最大的铌矿床。矿床位于巴西米纳斯吉拉斯州上巴拉奈巴（Alto Paranaiba）区阿拉沙城南约 6km 处。阿拉沙矿床已开采的铌矿物、稀土矿物以及磷灰石、重晶石等主要产在杂岩体上部的红土风化层中。红土层厚度从数米到 230m。含矿红土中可分为铌（稀土）矿石、磷矿石和稀土矿石三种类型。烧绿石是阿拉沙矿床开采铌的主要矿物对象，在从烧绿石提取铌和钽的同时，稀土和钍也可得到综合回收利用。稀土矿石赋存在杂岩体的北部，在距地表 15m 的深度内有 REO 品位 13.5%、Nb_2O_5 品位 2% 的矿石证实储量为 800kt。稀土矿石中现查明的稀土矿物主要是次生土状独居石和磷锶铝石。

埃及从钛铁矿中回收独居石。矿床位于尼罗河三角洲地区，属于河滨沙矿，矿源由上游风化的冲积砂沉积而成，独居石储量约 20 万吨。

印度是世界稀土出产大国，探明储量约 310 万吨。印度稀土资源主要是独居石，分布在海滨砂矿和内陆砂矿中。在印度西海岸南部的特拉凡哥尔砂矿，从科摩林角到科钦延伸达 250km 以上，为世界最大黑砂矿床之一，以产铬铁矿和独居石为主。印度的独居石生产从 1911 年开始，最大矿床分布在喀拉拉邦、马德拉斯邦和奥里萨拉邦。有名的矿区是位于印度南部西海岸的恰瓦拉和马纳范拉库里奇的称为特拉范科的大矿床，它在 1911~1945 年的供矿量占世界的一半，现在仍然是重要的产地。1958 年在铀、钍资源勘探中，在比哈尔邦内陆的兰契高原上发现了一个新的独居石和钛铁矿矿床，规模巨大。印度独居石钍含量高达 8% ThO_2。在马纳范拉库里奇采的重砂独居石占 5%~6%，钛铁矿占 65%，金红石 3%，锆英石 5%~6%，石榴石 7%~8%。

越南是在东南亚国家中探明稀土矿藏量大的国家，稀土储量约 1000 万吨，大部分属轻稀土。越南的莱州（Lai Chau）和安沛（Yen Bai）两省的 Nam Xe、Muong Hum 和 Yen Phu 地区也拥有丰富的稀土资源，此外位于越南的北端的 Dong Pao 地区也有储量不小的稀土矿。越南的稀土矿中多为"独居石"，开矿的地方都是山区，加之这种矿石具有放射性，开采难度和风险很大。

马来西亚稀土资源主要从锡矿的尾矿中回收独居石、磷钇矿和铌钇矿等稀土矿物，曾一度是世界重稀土和钇的主要来源。马来西亚锡矿资源丰富，其储量居世界第二，主要分布在西马地区除槟榔屿州外的其他各州，据此推测，其稀土资源很可能也主要产自西马的锡矿区。

哈萨克斯坦的稀土资源主要是从铀矿中提取，哈萨克斯坦铀资源丰富，其矿藏储量占全球的 25%，居世界第二位，铀矿主要集中在哈南部楚河-萨雷苏河铀矿区、锡尔河铀矿区和北部铀矿区。该国还有大量前苏联时代留下的铀矿残渣，预计可回收稀土的数量会非常可观。

蒙古国具备一定的稀土储量。在蒙古中央省巴彦查干县 Sondiin Am 有若干稀土矿区；在蒙古阿尔泰地区发现有碱性岩型稀土矿，尚未开采；在砂锡矿丰富的乌兰巴托也已发现稀土矿点几十处，是较有前景的矿产；位于蒙古东戈壁省境内的稀土碳酸盐岩矿，预测在探测的碳酸盐岩矿体内大约有 40000t REO，另外还有 60000t REO 为可能的资源；此外，在蒙古国东南的苏赫巴托尔省境内阿林·努尔铜钼矿及蒙古西部科布多省米彦嘎德县境内的哈勒赞·布热格泰矿也发现有稀土元素，但经济意义不大。

斯里兰卡海滨沉积物中富含钛铁矿、锆石、独居石和石榴石。

表 39-1-4 列出了国外主要稀土矿床及其开发利用情况。

表 39-1-4　国外主要稀土矿床及其开发利用情况

编号	公　司	位　置	矿物类型	产能 REO/t·a^{-1}	备　注
1	钼矿业公司	美国芒廷帕斯	氟碳铈矿	2000~3000	预计矿山服务年限 30 年
2	Lovozersky 矿业公司、Solikamsk 镁工厂	俄罗斯科拉半岛 Kamasurt 矿	铈铌钙钛矿	4400	矿山某些地区存在高放射性
3	印度稀土公司		独居石	25~100	
4	莱纳公司	韦尔德山，西澳		20000	
5	住友、Kazatomprom			15000	
6	丰田、Sojitz、越南政府	越　南		200~5000	矿山服务年限约为 20 年
7	三菱、Neo 材料技术公司	巴　西			富含镝
8	Alkane 资源公司	澳大利亚		1200~3000	锆副产品（富钇）
9	Avalon 稀有金属公司	加拿大		5000~10000	重稀土含量高
10	Quest 稀有金属	加拿大			富含重稀土
11	Ucore	美　国			复杂的重稀土配分
12	Matamec	加拿大魁北克			矿床含轻稀土、重稀土和钇
13	Arafura 资源公司	澳大利亚诺兰		10000	
14	Rareco	南　非			重新开采地下矿床
15	加拿大西部矿业公司	加拿大 Hoidas 湖		3000~5000	
16	稀有元素资源公司	美　国			推测储量为 1750 万吨
17	其他国家	越南、泰国、马来西亚	独居石	1800~2000	

39.1.3　稀土精矿生产

39.1.3.1　稀土产量

中国稀土工业是在新中国成立后建立和发展起来的，经历了三个发展阶段：1950～1962 年为初创阶段，学习、研究和引用世界已有的科学成果，掌握冶炼、分离、提纯技术，为工业化准备了条件；1963～1975 年为工业化阶段，陆续开发南方独居石、包头稀土矿、江西离子吸附型稀土矿等资源，建立了一批选矿厂和冶炼厂；1976 年后进入改革和振兴阶段，创造性地解决了包头稀土资源综合利用问题，不断采用新工艺方法，产量、质量和经济效益显著提高，同时开发新材料，并大量推广应用，产品和技术进入国际市场。

中国稀土工业经过 60 多年的发展，已形成从地质勘查到采、选、冶和材料加工与应用等完整的稀土工业生产体系，拥有一批大中小型矿山和冶炼提取与材料加工厂等，生产几百个品种和上千个规格的稀土产品，并创造了许多独特的稀土冶炼工艺方法，稀土工业的生产技术和一些技术经济指标已达世界先进水平。中国已成为稀土储量、产量、出口量居世界首位的稀土大国。

1978 年以前，中国稀土的开采生产量都较小，高品位稀土精矿还在试验阶段。80 年代初期包钢选矿厂开始生产高品位稀土精矿，南方风化壳淋积型稀土矿处于试开采阶段，年产量仅为 60t。1985 年，中国稀土精矿产品产量达 15000t；经过 1987 年以来选矿技术的发展，稀土精矿的生产水平和产品质量都产生了质的飞跃，年产精矿突破 2 万吨；1988 年达 29640t，稀土精矿产量居世界之首；1990 年四川冕宁开始生产氟碳铈矿稀土精矿，当年生产 730t；1995 年稀土产量达到 48002t；1999 年中国稀土精矿产量已达到 7 万吨，其中包头稀土精矿 41500t，冕宁矿 12500t，微山湖矿 1000t，风化壳淋积型稀土矿 5000t，产量和质量满足了国内生产和出口的需要，形成包头、冕宁、南方风化壳淋积型稀土矿三足鼎立、优势互补的格局；从 2002 年的年产 88400t，到 2003 年的年产 92000t，中国稀土精矿产品产量已占世界产量的 94.5%；2004 年稀土矿产品产量继续增长，产量达到 9.83 万吨（以 REO 计），同比增长 6.84%；2005 年稀土矿产品产量继续增长，产量达到 11.9 万吨（以 REO 计），同比增长 21.06%；2006 年稀土矿产品产量达到 13.25 万吨（以 REO 计），同比增长 11.62%；2007 年，国家对稀土矿产品和冶炼分离产品生产实行指令性计划管理，据统计，全年稀土矿产品产量为 12.08 万吨（以 REO 计，下同），比上年减少 8.83%，矿产品总量略低于指令性计划指标，但离子型稀土矿超采 9200t，四川省自 5 月份开始进行资源整合工作，氟碳铈矿产量大幅度减少，离子型稀土矿基本与上年持平，包头混合型稀土矿利用量有所增加；2008 年，稀土精矿产量达到 12.45 万吨，2009 年约 12 万吨，2009 年至今全国稀土精矿年产量基本保持在 10 万 ~ 14 万吨。

中国稀土精矿产品品种有包头稀土精矿（混合型稀土精矿），品位为 REO≥50% 和 REO 30% ~40% 以及单一氟碳铈矿精矿和独居石精矿；四川和山东的氟碳铈矿精矿，品位为 REO≥50% 和 REO 30% ~40%；广东的独居石精矿，品位为 REO 约 60%；广东的磷钇矿精矿，含 REO 30%，其中含 Y_2O_3 25%；南方风化壳淋积型稀土矿，含 REO≥92%。

39.1.3.2　稀土消费

1978 ~2009 年，中国稀土年消费量从 1000t 增至 7.3 万吨，净增 72 倍。2004 年以来，稀土新材料领域消费迅速增长，占总消费的 55%，总的稀土消费量从 1987 年的 1% 增加到 2009 年的 57.34%。

39.1.3.3　稀土市场

2004 年以前中国稀土产品 70% 出口，2004 年以后出口比例约占 30%。2009 年出口稀土 36074t，约占年总产量的 30%。

39.1.3.4　稀土供应

我国目前稀土年冶炼分离能力在 20 万吨以上，2009 年稀土产量 12 万吨，全世界稀土消费量约 9 万吨。2009 年世界稀土产品供应比例见表 39-1-5。

表 39-1-5　2009 年世界稀土产品供应比例

国　家	中　国	印　度	美　国	爱沙尼亚	巴　西	马来西亚
供应比例/%	94.23	1.97	1.24	1.82	0.47	0.28

39.1.3.5　稀土应用

稀土磁性材料：钕铁硼永磁是稀土磁性材料的主力军，2009 年我国产量 9.4 万吨，全球产量 1.44 万吨。目前，钕铁硼在传统领域的应用没有衰退，而随着低碳经济的到来，风电、新能源汽车、节能压缩机等新的应用领域正在形成，随着新的应用领域不断开发，预计未来 5 年全球钕铁硼行业仍将保持 15% 的增速，而中国将有望保持 20% 的增速。

稀土发光材料：目前我国各类稀土发光材料生产能力已达到 10000t 左右。2009 年，我国共生产各类稀土荧光粉约7200t，居世界第一。三基色荧光灯（节能灯）约占稀土发光材料的75%，是目前主要发光材料的主要应用领域，由于三基色荧光灯比白炽灯具有节能、寿命长等优点，未来将逐步淘汰白炽灯。2009年，我国稀土三基色荧光灯产量超过30亿只，若80%的白炽灯被替代，每年还需增加约30亿只稀土三基色荧光灯，合计年均需要荧光粉约1万吨，到2015年合计需要稀土三基色荧光粉约6万吨。

稀土贮氢材料：2009年，我国稀土储氢材料产量达到19000t，应用稀土量达7900t，占到全部稀土应用量的11%。稀土贮氢材料是制备镍氢电池的重要原料，由于镍氢电池在电动工具和电动汽车领域正显示出巨大的发展前景，因此专家预计2010年左右，我国混合动力汽车市场将迎来井喷式增长，年均增长率将达到12%。

稀土抛光材料：2008年世界稀土抛光粉用量约为20000t，其中液晶显示器用抛光粉用量达到了8000t；近年来随着液晶显示器产业的兴起，高性能液晶抛光粉得到了快速发展。目前我国稀土抛光粉合计产能超过15000万吨，预计到2010年我国稀土抛光粉的年生产能力将达到2万吨。

稀土催化材料：2009年中国在石油化工裂化催化领域消费稀土约7500t。据专家预测，2015~2020年，中国原油加工量将保持在5亿吨以上的规模，用于FCC催化剂的稀土用量将超过10000t。此外，随着燃料电池、天然气催化燃烧、水污染治理、空气净化等领域对稀土催化材料需求的大幅度增加，2015~2020年，中国稀土催化材料总消费需求将超过17000t。

39.2 稀土矿床

39.2.1 我国稀土矿床

39.2.1.1 稀土矿床分布

我国稀土矿床在地域分布上具有面广而又相对集中的特点。轻、重稀土储量在地理分布上又呈现出"北轻南重"的特点，即轻稀土主要分布在北方地区，重稀土则主要分布在南方地区，尤其是在南岭地区分布可观的离子吸附型中稀土、重稀土矿，易采、易提取，已成为中国重要的中、重稀土生产基地。此外，在南方地区还有风化壳型和海滨沉积型砂矿，有的富含磷钇矿（重稀土矿物原料）；在赣南一些脉钨矿床（如西华山、荡坪等）伴生磷钇矿、硅铍钇矿、钇萤石、氟碳钙钇矿、褐钇铌矿等重稀土矿物，在钨矿选冶过程中可综合回收和利用。

我国稀土资源的地质年代分布，主要集中在中晚元古代以后的地质历史时期，太古代时期很少有稀土元素富集成矿，这与活动的我国大陆板块的演化发展历史有关。中晚元古代时期，华北地区北缘西段形成了巨型的白云鄂博铁铌稀土矿床；早古生代（寒武纪）形成了贵州织金等地的大型稀土磷块岩矿床；晚古生代有花岗岩型和碱性岩型稀土矿床形成；中生代花岗岩型和碱性岩型稀土矿床广布于我国南方；新生代（喜山期）有碱性花岗岩和英碱岩稀土矿床的形成；第四纪有我国南方风化淋积型稀土矿床形成。我国稀土矿床成矿时代之多、分布时限之长，是世界上其他国家所没有的。但我国稀土资源最主要的富集期是中晚元古代和中新生代，其他时代的稀土矿床一般规模较小。

我国稀土矿床大多数与稀有元素共生在一起，在兴安岭-内蒙古、东秦岭、黑吉辽胶、华南、康滇等成矿区带均有不同程度的分布。

位于内蒙古成矿区的白云鄂博铁-铌、稀土矿床是一个多期叠加成矿的世界罕见特殊超大型稀土矿床。

分布在北方几条北西西向的岩带，如秦岭区、昆仑-祁连山区的稀有、稀土矿床。矿床类型以伟晶岩型为主，成矿规模较小。

在兴安岭-内蒙古区、阿尔泰区、天山-北山区、昆仑-祁连山区、东秦岭区、华南区、康滇区及黑吉辽胶区都形成许多规模不等的稀有、稀土矿床。

在川西发现大型锂辉石伟晶岩矿床和新疆阿尔泰地区柯鲁木特锂辉石-钠长石伟晶岩矿床。但尚未发现规模较大的稀土矿床。

华南成矿区的许多花岗岩型、气成热液和热液型、伟晶岩型、碱性岩及碱性花岗岩型、火山热液型等稀有、稀土矿床，绝大多数是在燕山期成矿的。此外，四川冕宁牦牛坪稀土矿床经研究属喜马拉雅期成岩成矿。

39.2.1.2　稀土矿床类型

我国稀土金属矿床类型十分复杂，目前尚未进行统一分类，也尚未颁发稀土金属矿床地质勘探规范。

我国地处欧亚板块、太平洋板块和南亚（印度）板块构造作用中间区，沿板块边缘构造活动带或板内裂谷带，组成大陆地壳的物质发生多期重熔、分异、迁移、富集，从而形成多种成因类型的稀土矿床。

由于我国地质构造的特殊性和稀土、稀有金属成矿的复杂性和多样性，因而形成了多种成因类型的稀土矿床，众多学者多以赋矿围岩为主要判别特征作为成因类型的划分依据。中国地质科学研究院白鸽、袁忠信研究员将我国已知稀土矿床划分为三大类、九亚类、32 种类型，中国科学院地质研究所张培善先生则划分为 10 种主要类型。根据主要成矿地质特征、赋矿围岩性质及矿床规模与工业意义，我国稀土矿床主要成因类型可分为 8 种，即：海底喷流（溢）沉积型或海相火山沉积稀有金属碳酸岩型（白云鄂博）、沉积型（贵州织金、云南昆阳）、变质岩型（湖北大别山）、花岗岩型（山东微山、内蒙古"801"矿）、花岗岩风化淋积型（江西寻乌、龙南等）、岩浆碳酸岩型（湖北庙垭、新疆瓦吉尔塔格等）、碱性岩型（四川冕宁、辽宁赛马等）、海滨砂矿（广东、海南、台湾）。

在已发现的稀土矿床中，以海底喷流（溢）沉积型、碱性岩型、花岗岩类风化淋积型稀土矿床在我国最具工业意义。在世界稀土矿床成因类型中，除含铀稀土变质砾岩型、含铀稀土砾岩、磷稀土碱性岩和铌稀土碳酸岩风化壳在中国少有发现外，其他类型均有发现。而在我国南方七省（区）广泛分布的风化淋积型稀土矿床、世界级超大型"白云鄂博式"铁铌稀土矿床、成矿时代（喜山期）最新的四川冕宁"牦牛坪式"稀土矿床，仅在我国有所发现，未见世界其他国家和地区有这类矿床发现的报道。除已知主要成矿区具有很大的资源潜力外，我国内蒙古东部地区与碱性花岗岩有关的稀有、稀土矿床，我国湖北、新疆等地与碳酸岩有关的铌稀土矿床、我国云南、四川等地与贵州织金相同类型的含稀土磷块岩矿床等均具有很大的资源潜力。有利的成矿条件、丰富的资源，为我国稀土的开发利用提供了最基本的物质条件。

稀土矿床由于成矿作用的复杂性和多样性，常与多种有价元素或矿物共生，构成综合利用价值极大的共生矿床，如铁、铌、稀土矿床，铌、稀土碳酸岩矿床，含稀土磷块岩床，含稀有、稀土碱性花岗岩矿床，含铀砾岩型稀土矿床等，而作为单一稀土矿床的则所见不多。我国已发现的重要稀土矿床，常与多种金属或非金属矿物共生，有益组分含量高，综合利用价值大。

根据我国稀土金属矿床具体情况，划分的主要工业类型见表39-2-1。

表 39-2-1 我国稀土矿床主要工业类型

矿床类型		矿床地质特征	矿体形态规模	矿石结构、构造及主要矿物	伴生组分	矿床价值	实例
沉积变质-热液交代型铌-稀土-铁矿床		稀土矿物分布在铁矿体及其上盘围岩中，围岩为元古代白云鄂博群白云岩，以轻稀土元素为主	矿体规模巨大，呈50°~60°透镜状和扫帚状产出	矿石类型分为三大类：即铌-稀土铁矿石、铌-稀土矿石、铌矿石。主要稀土矿物有：独居石、氟碳铈矿、氟碳钙铈矿等。稀土含量高	La、Ce、Pr、Nd、Sm、Th、Nb、Ti、Ta、Sr、Ba、Li等多种元素伴生	矿床规模巨大，有用组分丰富，是最重要的工业类型	白云鄂博铁矿
风化壳离子吸附型稀土矿床		风化壳为花岗岩、混合岩、火山岩风化产物。以重稀土或轻、重稀土为主	矿体形态呈似层状产出，一般与地形变化一致	矿石品位中等，稀土以离子状态吸附于高岭石、多水高岭石和水云母等黏土矿物表面。主要矿物为含稀土萤石、氟碳钙钇矿	ΣY、ΣCe	矿床规模大，易采、冶，有较大的工业意义	龙南稀土矿
砂矿床	冲积砂矿床	受河流控制，矿体赋存于砂砾层和砂中	矿体呈层状或似层状，较稳定	主要工业矿物为褐钇铌矿，品位变化稳定	独居石、钍石、锡石、钛铁矿	易采选，规模小，宜地方开采	河路口褐钇铌矿冲积砂矿床
	海滨砂矿床	呈长条状，环海岸线分布，矿体严格受地形控制	矿体多呈层状，产状一般微向海面倾斜，底板平坦	砂矿赋存于第四系不含土或含土很少的中细粒石英砂或黏土质石英砂岩中，主要矿物为独居石、磷钇矿	锡石、钛铁矿	矿床规模大，品位高，易采选，是重要的工业类型	阳江海滨砂矿
热液脉状矿床		含稀土、石英、重晶石碳酸盐脉和含稀土细脉浸染型的黑云母、钾长片麻岩、正长岩等岩脉，以含铈族元素为主	矿体呈脉状，产状较稳定，主脉品位高	矿物组合可分为：含稀土重晶石、石英、碳酸盐脉；含稀土放射状霓辉花斑岩脉；铈磷灰石脉等。矿物共生组合简单，有氟碳铈矿、氟碳钙铈矿	La、Ce、Pr、Nd	矿床规模小至中等，有一定工业价值	微山氟碳铈矿脉状矿床
其他		矿体赋存于海西期正长岩碳酸盐杂岩体、碱性正长斑岩体内，以含轻稀土为主	矿体呈似层状、板状、透镜状、平行雁形排列	主要矿物为独居石、氟碳钙铈矿，矿物粒度细，分选困难	锆石、磷灰石、钛铁矿	矿床规模较大，有用组分多，可综合利用，有较大的工业意义	东北、中南等地

中国科学院地质研究所张培善先生将中国稀土矿床分成以下类型：

（1）白云鄂博型铁-铌、稀土矿床。内蒙古包头白云鄂博矿，是一种特殊类型迄今独一无二的超大型稀土矿床，以其规模巨大，储量丰富，铈族稀土品位高而著称于世，具有巨大的经济价值，是中国稀土矿物原料最大的生产基地。对其成因类型划分至今众说纷纭，诸如特种高温热液说、沉积变质-热液交代说、岩浆碳酸岩说、火山碳酸岩沉积说、层控说、热卤水沉积说以及复合成因说等。

（2）花岗岩型铌、稀土矿床。该类型是与花岗岩类岩石有关的岩浆矿床，主要分布在赣南、粤北及湘南、桂东一带，如姑婆山含褐钇铌矿花岗岩。碱性花岗岩型稀土矿床主要分布在川西和内蒙古的东部地区，如内蒙古巴尔哲碱性花岗岩铌、稀土矿床。花岗岩型稀土矿床的特点是储量大、品位稳定，颇有远景。但品位较低，矿物粒度较细，目前尚未大规模开采利用。然而在其上发育的风化壳矿床和形成的冲积砂矿、海滨砂矿，易采易选，具有重要的工业意义，20 世纪 50 ~ 60 年代已开采这些砂矿中的独居石、磷钇矿、铌钽铁矿、锆石英等稀土、稀有元素矿物原料。

内蒙古巴仁扎拉格稀有金属碱性花岗岩型矿赋存于钠闪石花岗岩中，是一个超大型稀土、铍、铌和锆矿床。该矿石主要有用矿物中存在广泛的类质同象置换，这些矿物晶格中铁与锰，铌、钽与钛，稀土，铍与稀土之间的元素替代，生成的钽铌类矿物有锰钽铌铁矿、复稀金矿、铈烧绿石、铌铁金红石；铍矿物有钇兴安石、铈钕兴安石、锌日光榴石；稀土类矿物有氟碳铈矿、氟碳钇铈矿、氟铈矿、独居石、钍石、兴安石、复稀金矿；铁钛类矿物有钛磁赤铁矿、锰钛铁矿、铌铁金红石、褐铁矿。也就是说，本矿石中 3 种主要有价元素铌赋存于 4 种矿物中；铍赋存于 3 种矿物中；稀土赋存于 7 种矿物中。由于有用矿物中元素互含，给矿物分选带来难度。根据本矿石矿物性质特点，宜采取选矿预富集，获得铌、钽、铍、稀土混合精矿，然后采取冶金方法分离获取有价金属。

矿石中稀土元素的赋存状态：稀土在矿石中的平衡分配见表 39-2-2。结果表明，本矿石中赋含稀土的矿物较多，稀土主要以兴安石、氟碳铈矿、独居石、钍石矿物形式存在。兴安石中的稀土占原矿总稀土量的 39.59%，独居石和氟碳铈矿中的稀土量占原矿总稀土量的 21.48%，钍石中稀土量占原矿总稀土量的 12.44%；复稀金矿和铈烧绿石也富含稀土，两矿物中稀土占原矿总稀土量的 17.14%，锰钽铌铁矿中稀土占原矿稀土总量的 0.51%；锆石中含稀土较高，分散于锆石中的稀土占原矿总稀土量的 2.2%；约 6% 的稀土分散于钠闪石、霓石-霓辉石、长石、石英中。预计混合精矿中稀土的最高回收率为 94% 左右。

表 39-2-2　稀土金属矿物在矿石中的平衡分配

矿　物	矿物含量/%	矿物 ΣRE_2O_3 含量/%	ΣRE_2O_3 分配率/%	矿　物	矿物含量/%	矿物 ΣRE_2O_3 含量/%	ΣRE_2O_3 分配率/%
复稀金矿	0.125	31.5	7.96	钛磁赤铁矿	1.962		0.00
钇钍复稀金矿	0.176	25.8	9.18	褐铁矿	0.625		0.00
锰钽铌铁矿	0.284	0.88	0.51	锆　石	5.452	0.20	2.20
铌铁金红石	0.082		0.00	锡　石	0.013		0.00
锌日光榴石	0.09		0.00	钍　石	0.106	58.070	12.44
钇兴安石	0.45	43.53	39.59	黄铁矿	0.002		0.00
铈烧绿石	0.029	11.06	0.65	石英/长石/高岭石	82.765	0.020	3.35
独居石	0.06	65.60	7.96	霓石/钠铁闪石	6.248	0.210	2.65
氟碳铈矿	0.102	65.60	13.52	其　他	0.445		0.00
锰钛铁矿	0.984		0.00	合　计	100.000	0.495	100.00

（3）花岗伟晶岩型稀土矿床。我国花岗伟晶岩主要富含锂、铍、钽等稀有元素，富含稀土元素并不多见，仅在江西发现有稀土-铌钽-锂伟晶岩型矿床。这类矿床的特点是稀土品位较高，矿物粒度较大，易采易选，但规模有限，适于地方开采。

（4）含稀土氟碳酸盐热液脉状型矿床。该类型是独立的轻稀土矿床，经济价值巨大，为国外稀土矿的主要类型之一，如美国著名的芒廷帕斯特大型氟碳铈矿即属此类。我国目前已勘查出四川冕宁牦牛坪稀土矿床（大型）和山东微山湖郗山稀土矿床（中型）。这类矿床的形成常与碱性侵入岩有关，规模较大，稀土品位富，主要矿石矿物为氟碳铈矿，富含镧、铈、镨、钕等元素，矿石嵌布粒度大，属易选矿石类型。这两个矿床已开发利用，经济、社会效益十分可观。

（5）含铌、稀土正长岩-碳酸岩型矿床。这种类型矿床也是稀土矿床的主要类型之一，具有规模大，共伴生组分多的特点，颇有综合利用价值。主要矿石矿物以铈族稀土为主。有独居石、氟碳铈矿、氟碳铈钙矿等，铌矿物有烧绿石、铌铁矿、铌铁金红石等。在秦岭东段南坡，鄂陕交界处已勘查的湖北竹山庙垭大型铌稀土矿床，探明轻稀土氧化物121.5万吨，五氧化二铌92.95万吨，尚待开发利用。

（6）化学沉积型含稀土磷块岩矿床。在化学沉积型矿床中，目前在国内尚未发现独立的稀土矿床。稀土元素只是作为伴生组分富集在某些磷矿床、铝土矿床和铁矿床中，具有综合回收利用价值。其中，在磷块岩中的稀土元素主要呈类质同象形式赋存于胶磷矿或微晶磷灰石中，稀土含量与主元素磷的含量有密切的相关关系，最高含量可达0.3%，且钇族稀土往往有较高的比例。20世纪70年代初，勘探的贵州织金县新华磷矿床，探明的稀土氧化物储量已达大型矿床规模，其中氧化钇的储量占总储量的1/3。目前，磷矿已开采，稀土矿待综合回收利用。

（7）沉积变质型铌、稀土、磷矿床。该类型是近年来发现的一种变质矿床，分布于甘肃北部和内蒙古西部。矿床产于前寒武纪大理岩中。矿石矿物主要有铌铁矿、铌易解石、铌铁金红石、独居石、磷灰石等。矿床规模较大，以铌为主，稀土和磷可综合回收利用，具有潜在的工业意义。

稀土-磷灰石共生类型稀土矿：稀土矿物主要为氟碳铈矿和褐帘石，其次为独居石和氟碳钙铈矿、钍石，含稀土矿物有磷灰石。磷和含磷矿物主要为磷灰石，其次为独居石。金属硫化物有少量黄铁矿和微量黄铜矿。脉石矿物主要为辉石、角闪石、长石、石英、方解石、黑云母，大多数辉石和部分角闪石已蚀变为绿泥石。

稀土在矿石中的赋存状态：稀土元素在各矿物中的平衡分配见表39-2-3。

表 39-2-3　稀土元素在各矿物中的平衡分配

矿物名称	矿物含量/%	矿物 ΣRE_2O_3 含量/%	ΣRE_2O_3 分配率/%	矿物名称	矿物含量/%	矿物 ΣRE_2O_3 含量/%	ΣRE_2O_3 分配率/%
氟碳（钙）铈矿/独居石	2.12	63.23	35.97	石英/长石/方解石	17.31	0.09	0.42
褐帘石	6.24	19.80	33.17	角闪石/辉石/绿帘石	18.91	0.082	0.42
钍石	0.05	81.47	1.09	绿泥石/黑云母	14.52	0.43	1.68
褐铁矿	1.44	0.45	0.60	其他	2.78		
磷灰石	36.63	2.71	26.65	合计	100.00	3.725	100.00

本矿石中赋存于氟碳铈矿（含氟碳钙铈矿）和独居石的稀土占原矿稀土总量的36%左右，赋存于褐帘石中的稀土占原矿稀土总量的33%。由于褐帘石矿物占有量大，稀土含量低（ΣRE_2O_3 只有20%左右），因此决定了稀土精矿不可能获得品位达到40%的合格稀土精矿，预计该矿物理选矿最高品位为REO 31%，理论回收率为69%。若扣除约30%矿物量嵌布粒度小于0.01mm的氟碳铈矿和独居石（难选粒子）所负载稀土量的10%，实际上稀土的最高回收率只能达到59%左右；基于磷灰石具有工业价值，并与其他稀土矿物之间具有可分选性，可单独获取稀土-磷灰石精矿。预计从磷灰石中回收稀土，磷灰石精矿理论品位 TR_2O_3 为2.7%，理论回收率为26%左右。预计稀土精矿和稀土-磷灰石精矿的稀土总回收率为85%左右。

（8）混合岩型稀土矿床。这种稀土矿床是含独居石、磷钇矿的混合岩或混合岩化花岗岩。20世纪70年代以来在广东、辽宁、内蒙古陆续发现矿化区和矿床。如广东的五和含稀土混合岩矿床，辽宁的翁泉沟混合岩化交代型硼铁稀土矿床，内蒙古乌拉山-集宁一带的花岗片麻岩或混合岩中稀土元素含量很高，有可能找到混合岩型稀土矿床。这种矿床的矿石矿物主要是独居石、磷钇矿、褐帘石和锆石等，辽宁的混合岩中还有铈硼硅石等。混合岩型稀土矿床，一般规模较大，特别是在南方由混合岩型稀土矿床形成的风化壳矿床和海滨砂矿具有重要开采价值。

（9）风化壳稀土矿床。这类矿床广泛分布于南岭和福建一带的花岗岩型、混合岩型稀土矿床和个别含稀土火山岩发育的地区，多呈面型分布。根据稀土元素的赋存状态，风化壳矿床分为单矿物型和离子吸附型两类。

单矿物型风化壳矿床的稀土元素主要以稀土矿物形式出现，其工业矿物种类，视原岩而定。有的以褐钇铌矿为主，如湖南和广西富贺钟三县的风化壳花岗岩；有的则以磷钇矿和独居石为主。其含矿母岩为含矿花岗岩和混合岩。这类矿床采选简易，已成为稀土特别是重稀土的主要矿物原料来源。

所谓"离子吸附"是指稀土元素不以化合物的形式存在，而是以水合或羟基水合离子赋存于风化壳黏土矿物上，这些黏土矿物主要是高岭石、埃洛石和蒙脱石黏土矿物，是由花岗岩和火山岩经物理、生物和化学作用风化形成的。

风化壳淋积型稀土矿（ion absorpt deposit）是我国特有的稀土矿。风化壳淋积型稀土矿，主要分布在中国的江西、广东、湖南、广西、福建等地。风化壳淋积型稀土矿床为中国发现的新型稀土矿床，它具有分布广、多在丘陵地带、规模适中、品位低、稀土配分全、中重稀土元素含量高、适于手工和半机械化露天采矿、提取工艺简单方便、规模大、开采容易、成本低等特点，是稀土金属工业新的重要原料来源，特别是中重稀土的主要来源。

（10）独居石、磷钇矿冲积砂矿和海滨砂矿。在华东、中南、滇西南等地区第四系冲积层中遍布独居石和磷钇矿砂矿。其原岩为含矿花岗岩和混合岩，砂矿富集程度、品位随地貌单元趋新而渐富。矿床规模较小，但易采易选，适于边采边探，易于发挥经济效益。海滨砂矿比冲积砂矿规模大，也易采易选，经济价值巨大。主要分布在广东、海南、台湾等沿海省份一带。矿体赋存于第四纪滨海相细粒石英砂中，主要矿物为钛铁矿、金红石、锆石、独居石和磷钇矿等，均可综合开发、综合回收利用。

碳酸岩风化壳型稀土矿床（carbonatite weathering-crust type REE deposit）也是稀土矿

床成因类型之一。原生的稀土碳酸岩矿床经过长期的风化作用，形成厚大的红土型风化壳。风化壳内稀土等有用矿物富集，形成了高品位的稀土碳酸岩风化壳矿床。

碳酸盐岩深度风化蚀变类型稀土矿赋存于深度风化蚀变的碳酸岩火山颈风化层，矿石呈碎块状和粉状。矿石中富含包括铌、钽、钛、稀土、锆和磷等有价元素。该矿石经历强烈的风化蚀变，矿物次生变化复杂，原生和次生形成的矿物共有20多种，见表39-2-4。这些矿物由于蚀变，表面多具溶蚀现象，粒度变得非常细小，呈散粒状或包含于次生形成的纤磷钙铝石和褐铁矿中。铁和钛矿物也同样经历了强烈的风化蚀变，钒钛磁铁矿变化为钛赤铁矿、褐铁矿，钛铁矿部分变化为富钛钛铁矿（假金红石），残余的钛铁矿表面具溶蚀现象。原矿稀土含量达到2.76%，主要赋存于纤磷钙铝石中。

表 39-2-4　原矿矿物组成

矿物类型	矿物种类
铌钽矿物	铌铁金红石、铌铁矿、钡锶烧绿石、含铌钽金红石
铁钛锰氧化物	褐铁矿、磁铁矿、赤铁矿、锰钡矿、钛铁矿、假金红石
锆矿物	锆石、斜锆石
磷酸盐矿物	纤磷钙铝石、磷灰石
脉石矿物	埃洛石、石英、钠长石、蛇纹石，微量重晶石、白云石、钾长石

稀土元素在矿石中的赋存状态：稀土在各主要矿物中的平衡分配见表39-2-5。由表39-2-5中可见，稀土元素主要富集于纤磷钙铝石和褐铁矿中，纤磷钙铝石中稀土占原矿总稀土量的88.40%；分散于褐铁矿等铁矿物中的稀土占原矿总稀土量的11.47%；烧绿石中含稀土，但仅占原矿总稀土的0.13%。

表 39-2-5　矿石中稀土在各矿物的平衡分配

矿物名称	矿物含量/%	矿物 ΣRE_2O_3 含量/%	ΣRE_2O_3 分配率/%
铌铁矿	0.32		
钡锶烧绿石	0.28	1.40	0.13
铌铁金红石、假金红石	0.70		
含铌金红石	0.25		
钛铁矿	4.92	0.18	0.33
磁铁矿	3.36	0.11	0.14
赤铁矿	3.95	0.14	0.20
褐铁矿	30.70	0.96	10.80
钡锰矿	0.13		
纤磷钙铝石	53.49	4.51	88.40
其　他	1.90		
合　计	100.00	2.7291	100.00

39.2.1.3　矿床工业指标

稀土元素在地壳中虽分布较广，但不是所有含稀土的矿床都符合工业开发利用的要求。根据目前选矿和提取的技术水平，对稀土矿床的工业指标要求见表39-2-6。

表 39-2-6　稀土矿床一般工业指标（工业品位）

工业指标	矿床类型		
	原生矿	离子吸附型矿	
		重稀土	轻稀土
边界品位 w_{REO}/%	0.5 ~ 0.1	0.03 ~ 0.05	0.05 ~ 0.1
最低工业品位 w_{REO}/%	1.5 ~ 2.0	0.06 ~ 0.1	0.08 ~ 0.15
最低可采厚度/m	1 ~ 2	1 ~ 2	1 ~ 2
夹石剔除厚度/m	2 ~ 4	2 ~ 4	2 ~ 4

注：1. 品位指标的要求：矿床规模较大，开采技术条件、矿石可选性、外部建设条件较好，采用"下限值"，反之采用"上限值"。对于离子吸附型矿床，还应视矿石浸取率和其计价元素的含量而定。当计价元素比例高时，取"下限值"，低时取"上限值"；当易选、浸取率高时，可采用"下限值"，当难选、浸取率低时，可采用"上限值"。对小于最低可采厚度的富矿体用米百分值；

2. 最低可采厚度、夹石剔除厚度的要求：一般是缓倾斜、低品位、大规模采矿方法，可采用"上限值"；陡倾斜、高品位、小规模采矿方法，则采用"下限值"。稀土元素常共生在一起，分离困难，可按稀土元素总量估算储量和资源量。

如果稀土元素在矿床中作为伴生组分进行综合回收，则工业指标要求可根据矿床中主要有用元素而定。

中华人民共和国地质矿产行业标准稀土矿产地质勘查规范（DZ/T 0204—2002），2002年 12 月 17 日发布，2003 年 3 月 1 日实施，中华人民共和国国土资源部发布。

39.2.2　国外稀土矿床

国外稀土矿床主要集中在美国、加拿大、澳大利亚、俄罗斯、巴西、越南、印度等国家。除了美国（如芒廷帕司（Mountain Pass）和贝诺杰（Bear Lodge））、加拿大（如托尔湖（Thor Lake）和霍益达斯（Hoidas Lake））和澳大利亚（如韦尔德山（Mt Weld）和诺兰（Nolans））等国家外，俄罗斯、越南等国尽管也有大型稀土矿床发现，但鉴于无公开资料，在文中没有阐述。

美国的芒廷帕司稀土矿物赋存在碳酸岩侵入杂岩中，矿石主要由碳酸盐矿物（方解石，白云石、磷铁矿、铁白云石）、硫酸盐矿物（重晶石、天青石）、氟碳铈矿和硅酸盐矿物（石英）组成，含稀土矿物主要为氟碳铈矿。

美国贝诺杰稀土矿赋存在碳酸岩细脉群或碳酸岩岩墙中，稀土元素主要赋存在磷锶铬矿、氟碳铈矿和氟磷钙铈矿等矿物中，稀土配分以轻稀土为主。

加拿大托尔湖稀土矿赋存在碱性正长岩和花岗岩的次生蚀变带内，矿石矿物有褐钇铌矿、锆石、褐帘石、独居石和氟碳铈矿等。

加拿大霍益达斯稀土矿主要赋存在磷灰石、褐帘石等矿物中。澳大利亚韦尔德山稀土矿体在风化的圆形碳酸岩体内，稀土矿物主要为假象独居石，同时伴生钽、铌等稀有金属。

加拿大雷神湖矿床区域出露岩石主要为太古宙耶洛奈夫群云母片岩、花岗岩及花岗闪长岩。矿区位于布拉奇福德湖（Blachford Lake）碱性-基性岩杂岩体分布区。该杂岩体西部产出有辉长岩、斜长岩、正长岩、石英正长岩和花岗岩。杂岩体东部主要产出两类岩石

——雷神湖正长岩和格雷斯湖（Grace Lake）花岗岩，两者接触关系不太清楚，当正长岩中石英含量迅速增大时，正长岩过渡为花岗岩。两类岩石的岩性变化面或接触面的产状较缓，略向东倾斜，雷神湖正长岩似覆盖在格雷斯湖花岗岩上。雷神湖正长岩又可细分为五类：①粗中粒暗绿色辉石正长岩；②粗粒角闪石正长岩；③含角闪石巨晶的不等粒角闪石正长岩；④次斑状角闪石正长岩；⑤角闪石呈定向排列的中粒角闪石正长岩。矿区内的正长岩为中粗粒块状岩石，风化后呈浅黄到铁锈色，由自形钾长石、填隙状角闪石、磁铁矿及少量石英组成。岩石中还见有辉石及橄榄石以及蛇纹石和萤石。格雷斯湖花岗岩为碱性花岗岩，为中粗粒结构、块状构造，岩石风化后呈浅黄到粉红色。岩石主要由自形到半自形的条纹长石、石英、钠闪石、霓辉石、黑云母、星叶石、萤石以及铁和钛的氧化物等组成。副矿物有锆石、独居石、氟碳铈矿、硅铍石、羟硅铍石等。铍、铌、钇等的矿化主要与正长岩和蚀变正长岩有关，其次也与碱性花岗岩有关。雷神湖正长岩中锆石的 U-Pb 同位素年龄为 2094Ma，岩石形成于元古宙时代。

澳大利亚东海岸在地质构造上属于塔斯曼褶皱带，有大量造山期后花岗岩侵入，在新近系沿海岸有大量玄武岩喷发。东海岸砂矿中的重矿物部分来自沿岸的玄武岩，大部分来自花岗岩。西海岸地质上属于西澳克拉通，发育大量太古代古老变质岩系。砂矿中的重矿物主要来自古老的花岗片麻岩或混合岩。西海岸有 3 种不同时代的砂矿类型。较老的砂矿分布在离海岸线约 30km 处，位于标高 132～133m 的海岸阶地上。较年轻的砂矿距海岸线约 5～7km。现代砂矿直接沿滨海地带分布，砂矿体赋存部位稍高出海平面。

澳大利亚韦尔德山地区出露地层为太古宙火山沉积岩系，碳酸岩在空间和构造上与拉沃顿线性构造有关。碳酸岩岩体直径 4.5km，平面上近于回字形，主要由方解石碳酸岩组成。岩体中见有镁云碳酸岩、方解石镁云碳酸岩、白云石粗粒方解石碳酸岩以及云母岩和磷灰石岩。上述岩石中有磷灰石-磁铁矿-黑云母-烧绿石集合体块体产出。岩体外围有一圈宽约 0.5km 的角砾岩化作用带和霓长岩化作用带。碳酸岩经 Rb-Sr 法年龄测定为 2021Ma，岩体形成于元古宙。岩体上部产出红土风化层，直接发育在碳酸岩岩溶地貌上。风化层上覆盖有湖相沉积和冲积层。目前圈定的矿体主要在该风化层内，矿化深度为 30～75m，厚度大者为 100m，甚至达 130m。红土层剖面的上部为表土层，其中独居石、铁锰氢氧化物以及水磷铝铅矿等次生矿物发育，产出的原生或次生矿物尚有赤铁矿、针铁矿、高岭石、蒙脱石、纤磷钙铝石、磷钡铝石、磷锶铝石、磷铝铈矿等。表土层以下是厚大的富原生磷灰石的席状含矿层，主要由磷灰石、独居石、钛铁矿、金红石、斜锆石、锆石、磁铁矿和烧绿石等残余矿物及黏土、铁氢氧化物等次生矿物组成。整个红土层中稀土元素除以稀土或含稀土矿物形式产出外，相当一部分稀土可能是以离子吸附状态存在。稀土矿物或含稀土矿物有烧绿石、独居石、方铈石、水磷钇矿、磷灰石及水磷铝铅矿等。红土层的中央部位稀土最富。

澳大利亚诺兰稀土矿体产在变质花岗岩体中的矿石矿物主要为富钍独居石和含氟的磷灰石。

俄罗斯稀土矿主要有钛铌酸盐（如铈铌钙钛矿）、磷灰石及氟碳酸盐等，主要是从磷灰石矿石中回收稀土资源。托姆托尔岩体位于东部奥列尼奥克隆起和西部阿纳巴尔地盾之间。铌和稀土元素氧化物的平均含量，在碳酸岩中为千分之几，在风化壳中不到 5%，在富矿石中，铌的氧化物含量达到 12%，稀土元素氧化物总含量为百分之几十。它的位置与莫霍面堤状凸起及其周围的断裂有关。莫霍面的隆起带是所谓的热线，它穿过沿地幔对流环和在地幔中产生的原始基性-超基性熔融体交界处分布的较热的地幔物质上升带。据最新资料，阿纳巴尔地盾从构造性质上来看更接近于地垒，而不是典型的穹状构造。矿带在垂直剖面上包括：①含矿碳酸岩；②下矿层，郇由碳酸岩形成的风化壳；③上矿层即富矿石，是埋藏砂矿，是只在二叠纪地层下面保存下来的受到冲刷的风化壳。

　　巴西阿拉沙碳酸岩型铌-稀土矿床，位于一直径约 4.5km 的环形碳酸岩杂岩体内。由于杂岩体的侵入，石英岩和云母片岩隆起成一穹隆构造。杂岩体从外向内可分出四带：①云母岩及次要的镁云碳酸岩；②镁云碳酸岩及云母岩；③镁云碳酸岩及次要的云母岩；④粗粒方解石碳酸岩。杂岩体外围环绕着一圈霓长岩化蚀变带，蚀变带宽度达 2.5km。石英岩遭受蚀变作用，岩石破碎并有大量碱性长石、铁镁钠闪石、钠铁闪石、霓石-普通辉石、磷灰石及白云母发育，原岩中的石英有再结晶现象。除上述矿物外，霓长岩化石英岩中还见有烧绿石、稀土磷灰石、榍石、赤铁矿、针铁矿及锐钛矿等。在霓长岩化石英岩及其外围岩石中产出大量的同心环状和放射状方解石碳酸岩岩墙和煌斑岩岩墙。云母岩是杂岩体的主要组成岩石，暗褐色，细粒到粗粒结构，主要由金云母组成，其次是白云石。少量矿物有磁铁矿和磷灰石。云母岩中见有橄榄石和透辉石残余，并可见到金云母和蛇纹石呈橄榄石假象。云母岩中产出有金云母-钠铁闪石岩，其中钠铁闪石是由透辉石遭受蚀变而形成。云母岩可能是由超基性岩受到交代蚀变作用形成的。云母岩中的黑云母经 K-Ar 法测定其同位素年龄为 87.2Ma。杂岩体内的碳酸岩主要是镁云碳酸岩，中粒到粗粒结构，主要组成矿物是白云石，次要矿物有方解石和铁白云石，此外见有重晶石、磷灰石、磁铁矿、钙钛矿、次生石英、黄铁矿、金云母、钠角闪石、氟磷钙镁石及碳锶矿等。钡烧绿石是常见的副矿物。在碳酸岩的中心部位见到由碳酸盐、金云母、磷灰石和磁铁矿组成的金云磷灰碳酸岩，呈厚大岩块产出，是一种细粒到粗粒的遭受角砾岩化的暗色岩石。这种岩石很像非洲帕拉波拉碳酸岩杂岩体中产出的磷磁橄榄岩，只是在这里橄榄石和辉石已被金云母交代。这种岩石富含烧绿石，烧绿石或呈单独顺粒赋存于岩石中，或与磁铁矿结合呈集合体细脉带产出。

　　印度的稀土矿床大都产在海滨砂矿和内陆砂矿中，以独居石矿为主。巴西也是生产稀土矿的国家之一，19 世纪末就曾经开采其东部沿海的独居石砂矿并供应给德国，现在仍然是世界稀土原料市场的供应商之一。东南亚的马来西亚、菲律宾、印度尼西亚等国家也生产少量的海滨独居石砂矿。

39.3　稀土矿物

39.3.1　赋存状态特点

　　由于稀土元素性质活跃，使它成为亲石元素，地壳中还没有发现它的自然金属或硫化物，自然界稀土多以离子化合物形式赋存于矿物晶格中，呈配位多面体形式，其氧离子配位数一般为 7~12。稀土离子是亲氧性较强的过渡型离子，故稀土矿物以各种各样含氧酸盐的形式出现，最常见的是以复杂氧化物、含水或无水硅酸盐、含水或无水磷酸盐、磷硅酸盐、氟碳酸盐以及氟化物等形式存在。稀土元素的离子半径、氧化态和一些元素都近似，因此在矿物中它们常与其他元素一起共生。

在自然界中，稀土元素在地壳中主要富集在花岗岩、碱性岩、碱性超基性岩及与它们有关的矿床中，多数以矿物形式存在。稀土元素在矿物中的赋存状态，按矿物晶体化学分析主要有以下 3 种：

（1）作为矿物的基本组成元素，稀土以离子形式赋存于矿物晶格中，构成矿物必不可少的组成成分。这类矿物通常称为稀土矿物，独居石、氟碳铈矿等都属于此类。

（2）作为矿物的杂质元素，以类质同象置换的形式置换矿物中钙、锶、钡、钠、钍、锰、锆等元素，分散于造岩矿物和稀有金属矿物中，这类矿物可称为含有稀土元素的矿物，如磷灰石、萤石等。这类矿物在自然界中较多，但是大多数矿物中的稀土含量较低。

（3）稀土元素呈离子吸附状态赋存于某些矿物的表面或颗粒之间。稀土离子吸附于哪种矿物与风化前含矿母岩有关。目前已发现这类矿床中的稀土元素大多数是以离子状态吸附在各种黏土矿物如高岭石等矿物表面上，只有少量的稀土元素仍以未风化的稀土矿物形式存在。

稀土矿物总的特点是：

（1）缺少硫化物和硫酸盐（只有极个别的），这说明稀土元素具有亲氧性。

（2）含稀土的硅酸盐矿物主要是岛状构造，没有层状、架状和链状构造。

（3）部分稀土矿物（特别是复杂的氧化物及硅酸盐）呈现非晶质状态。

（4）稀土矿物的分布，在岩浆岩及伟晶岩中以硅酸盐及氧化物为主，在热液矿床及风化壳矿床中以氟碳酸盐、磷酸盐为主。富钇的矿物大部分都赋存在花岗岩类岩石和与其有关的伟晶岩、气成热液矿床及热液矿床中。

（5）稀土元素由于其原子结构、化学和晶体化学性质相近而经常共生在同一个矿物中，即铈族稀土和钇族稀土元素常共存在一个矿物中，但这类元素并非等量共存，有些矿物以含铈族稀土为主，有些矿物则以钇族为主。钪是典型的分散元素，钷是自然界中极为稀少的放射性元素，这两种元素与其他稀土元素在矿物中很少共生。

39.3.2 稀土矿物分类

稀土矿物按照稀土元素在矿物中的化学组成、晶体结构和晶体化学特征等区别划分为 12 类。其中，复酸盐类矿物又细分为 7 个不同的亚系，具体划分如下：

（1）氟化物类矿物：如钇萤石、氟铈矿、氟钙钠钇石等。

（2）简单氧化物类稀土矿物：如方铈石等。

（3）复杂氧化物类稀土矿物：如钙钛矿族中的铈铌钙钛矿，锶铁钛矿族中的镧铀钛铁矿、钛钡铬石、兰道矿。

（4）钽铌酸盐类和偏钛钽铌酸盐类稀土矿物：如褐钇铌矿族、易解石族、黑稀金矿族、钶钇矿族以及烧绿石族中的矿物。

（5）碳酸盐类稀土矿：如氟碳铈矿、碳锶铈矿等。

（6）磷酸盐类、砷酸盐类和钒酸盐类稀土矿物：如独居石、磷钇矿、砷钇矿、钒钇矿等。

（7）硫酸盐类稀土矿物：如水氟钙铈钒。

（8）硼酸盐类稀土矿物：如硼铈钙石。

（9）复酸盐类稀土矿物：

　　1）碳酸硅酸盐类稀土矿物，如碳硅铈钙石、碳硅钇石、碳硅铈钙石、碳硅钙钇石、硅碱钙钇石。

　　2）碳酸磷酸盐类稀土矿物，如大青山矿。

　　3）硅酸磷酸盐类稀土矿物，如铈硅磷灰石、水硅钛铈矿、磷硅铈矿。

　　4）硅酸硼酸盐类稀土矿物，如硼硅钡钇矿、菱硼硅铈矿。

　　5）硅酸砷酸盐类稀土矿物，如砷硅铁铈矿。

　　6）硫酸砷酸盐类稀土矿物，如不含磷的砷锶铝矾（开来石）。

　　7）碳酸硼酸盐类稀土矿物。

　　（10）多酸盐类稀土矿物：如磷硅铝钇钙石、砷锶铝矾。

　　（11）硅酸盐类稀土矿物：如钪钇矿、硅铍钇矿、兴安矿、硅铈石、铈硅磷灰石、羟硅铈矿。

　　（12）钛或锆硅酸盐和铝硅酸盐类稀土矿物：褐帘石、层硅铈钛矿、硅钛铈矿、赛马矿。

39.3.3　稀土矿物性质

　　重要的稀土矿物是指稀土元素在矿物中含量较高，容易回收，并且能在矿物的处理过程中获得较高经济收益的矿物。褐帘石、硅钛铈矿硅酸盐以及硼酸盐、砷酸盐等类矿物，虽然稀土元素在其矿物中有一定的富集度，但是因为加工工艺复杂，提取成本过高，工业利用价值不大，目前仍然不被认为是重要的工业矿物。磷灰石中稀土含量很低，一般不被列入稀土矿物之列，但它却是前苏联提取稀土的重要资源。同样，美国新墨西哥州产出的异性石，加拿大伊利奥特湖产出的铀矿物，一般也不被看作稀土工业矿物，但是，由于在异性石中提取锆，在铀矿中提取铀后，钇和其他稀土元素在副产品中得到了富集，进一步提取稀土产品比较容易，并且可以从中获得较大的经济效益，因此，这两种矿物在当地被认为是提取稀土的重要原料。由此可见，判别某稀土矿物是否具有重要的工业意义，应该依据该种矿物的直接回收价值和综合利用价值而论。

　　目前，世界上已经知道的稀土矿物大约有 169 种，而含有稀土元素的矿物有 250 多种，但是被开发利用具有工业意义的矿物仅有十几种。稀土元素的主要工业矿物有：

　　（1）含铈族稀土（镧、铈、钕）的矿物：氟碳铈矿、氟碳钙铈矿、氟碳铈钙矿、氟碳钡铈矿和独居石。

　　（2）富钐及钇的矿物：硅铍钇矿、铌钇矿、黑稀金矿。

　　（3）含钇族稀土（钇、镝、铒、铥等）的矿物：磷钇矿、氟碳钙钇矿、钇易解石、褐钇铌矿、黑稀金矿。

　　表 39-3-1 所示为工业稀土矿物的物理化学性质。

39.3.4　工业稀土矿物

　　根据近几年对世界各国稀土矿的储量与稀土矿山产量的统计可以知道，工业上目前使用的稀土矿物大约只有十余种，其中以独居石、氟碳铈矿、独居石与氟碳铈矿混合型矿、磷钇矿产量最大。

表 39-3-1 工业稀土矿物的物理化学性质

名 称	物 理 性 质					化 学 性 质		
	晶形	硬度	密度 /g·cm^{-3}	比磁化系数 /10^{-6}cm^3·g^{-1}	介电常数	分子式	REO/%	可溶性
氟碳铈矿	三方晶系	4~5.2	4.72~5.12	12.59~10.19	5.65~6.90	$CeCO_3F$	74.77	溶于 HCl
独居石	单斜晶系	5~5.5	4.83~5.42	12.75~10.58	4.45~6.69	$CePO_4$	67.76	溶于 H_2SO_4、HCl、H_3PO_4，微溶于 NaOH
磷钇矿	正方晶系	4~5	4.4~4.8	31.28~26.07	8.1	YPO_4	63.23	溶于 H_2SO_4、H_3PO_4，微溶于 NaOH
氟菱钙铈矿	三方晶系	4.2~4.6	4.2~4.5	14.37~11.56		$Ce_2Ca(CO_3)_3F_3$	60.30	溶于 HCl、H_2SO_4、HNO_3
硅铍钇矿	单斜晶系	6.5~7	4.0~4.65	62.5~49.38		$Y_2FeBe(SiO_4)_2O_2$	51.51	溶于 HCl，微溶于 NaOH
易解石	斜方晶系	4.5~6.5	5~5.4	18.04~12.92	4.4~4.8	$(CeThY)(TiNb)_2O_6$	29.36	溶于 H_2SO_4、H_3PO_4，易溶于 HF、H_2SO_4 + $(NH_4)_2SO_4$
铈铌钙钛矿	等轴晶系	5.8~6.3	4.58~4.89	6.54~5.23	5.56~7.84	$(NaCeCa)(TiNb)O_3$	28.71	不溶于 HCl、H_2SO_4、HNO_3，溶于 HF
复稀金矿	斜方晶系	4.5~5.5	4.28~5.05	21.05~18.00		$Y(TiNb)_2(O·OH)_6$	29.28~33.43	溶于 H_2SO_4、H_3PO_4、HF
黑稀金矿	斜方晶系	5.5~6.5	4.2~5.87	27.38~18.41	3.7~5.29	$Y(NbTi)_2(O·OH)_6$	20.82~29.93	溶于 HF、H_2SO_4、H_3FO_4
褐钇铌矿	四方晶系	5.5~6.5	4.89~5.82	29.2~21.16	4.5~16	$YNbO_4$	39.94	溶于 H_2SO_4、HNO_3

最为重要的稀土工业矿物有：

（1）氟碳铈矿（Bastnaesite）。化学成分性质：$(Ce,La)[CO_3]F$。机械混入物有 SiO_2、Al_2O_3、P_2O_5。氟碳铈矿易溶于稀 HCl、HNO_3、H_2SO_4、H_3PO_4。

晶体结构及形态：六方晶系，复三方双锥晶类。晶体呈六方柱状或板状。细粒状集合体。

物理性质：黄色、红褐色、浅绿或褐色。玻璃光泽、油脂光泽，条痕呈白色、黄色，透明至半透明。硬度 4~4.5，性脆，密度为 4.72~5.12g/cm^3，有时具放射性、具弱磁性。在薄片中透明，在透射光下呈无色或淡黄色，在阴极射线下不发光。

生成状态：产于稀有金属碳酸岩、花岗岩及花岗伟晶岩、与花岗正长岩有关的石英脉、石英-铁锰碳酸盐岩脉、砂矿中。

用途：氟碳铈矿是提取铈族稀土元素的重要矿物原料。铈族元素可用于制造合金，提高金属的弹性、韧性和强度，其合金是制造喷气式飞机、导弹、发动机及耐热机械的重要原材料。亦可用作防辐射线的防护外壳等。此外，铈族元素还用于制造各种有色玻璃。

目前，已知最大的氟碳铈矿位于我国内蒙古的白云鄂博，作为开采铁矿的副产品，它和独居石一道被开采出来，其稀土氧化物平均含量为 5%~6%。世界上大型的单一氟碳铈矿主要有：品位最高的工业氟碳铈矿矿床是美国加利福尼亚州的芒廷帕斯矿；我国四川的冕宁稀土矿、德昌稀土矿和山东微山稀土矿，布隆迪的卡鲁济矿也是开采稀土为主的氟碳铈矿。

（2）独居石（Monazite）。又名磷铈镧矿。化学成分及性质：$(Ce, La, Y, Th)[PO_4]$。成分变化很大，矿物成分中稀土氧化物含量可达 50% ~68% 。类质同象混入物有钇、钍、钙、$[SiO_4]$ 和 $[SO_4]$。独居石溶于 H_3PO_4、$HClO_4$、H_2SO_4 中。

晶体结构及形态：单斜晶系，斜方柱晶类。晶体成板状，晶面常有条纹，有时为柱、锥、粒状。

物理性质：呈黄褐色、黄色、棕色、棕红色，间或有绿色。半透明至透明。条痕白色或浅红黄色。具有强玻璃光泽。硬度 5.0 ~5.5 。性脆。密度为 4.9 ~5.5g/cm³ 。电磁性中弱。在 X 射线下发绿光。在阴极射线下不发光。

独居石溶于硫酸，与 KOH 溶合后加钼酸铵便出现磷钼酸铵黄色沉淀。

生成状态：产于花岗岩及花岗伟晶岩及其与之有关的期后矿床中，共生矿物可有氟碳铈矿、磷钇矿、锂辉石、锆石、绿柱石、磷灰石、金红石、钛铁矿、萤石、重晶石或铌铁矿等；稀有金属碳酸岩；云英岩与石英岩；云霞正长岩、长霓岩与碱性正长伟晶岩；阿尔卑斯型岩脉；混合岩；风化壳与砂矿。由于独居石的化学性质比较稳定、密度较大，故常形成滨海砂矿和冲积砂矿。

用途：主要用来提取稀土元素。

产地：除白云鄂博稀土矿床和南非与铜伴生及马来西亚与锡伴生的矿床外，全世界很少发现其他脉状内生稀土矿床产出独居石。具有经济开采价值的独居石主要资源是冲积型砂矿和海滨砂矿矿床。最重要的海滨砂矿矿床是在澳大利亚、巴西以及印度等沿海。此外，斯里兰卡、马达加斯加、南非、马来西亚、中国、泰国、韩国、朝鲜、埃及等国都含有独居石的重砂矿床。

独居石的生产近几年呈下降趋势，主要原因是由于矿石中钍元素具有放射性，对环境有害。

（3）磷钇矿（Xenotime）。化学成分及性质：$Y[PO_4]$。成分中 Y_2O_3 61.4% ，P_2O_5 38.6% 。有钇族稀土元素混入，其中以镱、铒、镝、钆为主。尚有锆、铀、钍等元素代替钇，同时伴有硅代替磷。一般来说，磷钇矿中铀的含量大于钍。磷钇矿化学性质稳定。

晶体结构及形态：四方晶系，复四方双锥晶类，呈粒状及块状。

物理性质：黄色、红褐色，有时呈黄绿色，亦呈棕色或淡褐色、条痕淡褐色。玻璃光泽，油脂光泽。硬度 4 ~5 ，密度为 4.4 ~5.1g/cm³ ，具有弱的多色性和放射性。

生成状态：主要产于花岗岩、花岗伟晶岩中。亦产于碱性花岗岩以及有关的矿床中。在砂矿中亦有产出。

用途：大量富集时，用作提炼稀土元素的矿物原料。

39.4 稀土精矿质量标准

稀土精矿主要有氟碳铈镧矿-独居石混合精矿、氟碳铈镧精矿、独居石精矿、磷钇矿、褐钇铌矿精矿、高稀土铁矿石、稀土富渣以及离子型稀土矿混合稀土氧化物等，其中，高稀土铁矿石主要供冶炼稀土富渣，稀土富渣和离子型稀土矿混合稀土氧化物的提取制备采用化学选矿方法。因此，将高稀土铁矿石、稀土富渣及离子型稀土矿混合稀土氧化物视作稀土精矿。

我国早已颁布了国家标准，供稀土精矿生产、销售和使用单位执行。现用 XB/T 102—2007 代替 GB/T 8634—1988、XB/T 103—2010 代替 YB/T 4030—1991、XB/T 104—2000 代替 XB/T 104—1995、XB/T 105—1995 代替 YB/T 838—1987、XB/T 106—1995 代替 YB/T 831—1975、XB/T 101—1995 代替 ZB D43 002—1990、XB/T 107—1995 代替 ZB D43 001—1990、GB/T 20169—2006 作为氟碳铈镧矿-独居石混合精矿、氟碳铈镧精矿、独居石精矿、磷钇矿、褐钇铌矿精矿、高稀土铁矿石、稀土富渣以及离子型稀土矿混合稀土氧化物等精矿质量标准。

39.4.1 氟碳铈镧矿-独居石混合精矿质量标准

氟碳铈镧矿-独居石混合精矿按照《氟碳铈镧矿-独居石混合精矿》(XB/T 102—2007)，产品按化学成分分为 5 个品级，以干矿品位计算，应符合表 39-4-1 所示的规定。

表 39-4-1　氟碳铈镧矿-独居石混合精矿质量标准

产品牌号	化学成分（质量分数）/%			
	REO（不小于）	非稀土杂质含量（不大于）		水分（不大于）
		F	CaO	
000060	60	10	9	12.5
000055	55	10	13	12.5
000050	50	12	15	12.5
000045	45	15	—	12.5
000040	40	15	—	12.5
000035	35	20	—	12.5
000030	30	20	—	12.5

39.4.2 氟碳铈镧矿精矿质量标准

氟碳铈镧矿精矿按照《氟碳铈镧矿精矿》(XB/T 103—2010)，按化学成分氟碳铈镧矿精矿分为 9 个牌号。以干矿品位计算，其指标应符合表 39-4-2 所示的规定。

表 39-4-2　氟碳铈镧矿精矿质量标准

产品牌号	化学成分（质量分数）/%					
	REO（不小于）	稀土杂质含量（不大于）				水分（不大于）
		F	CaO	P_2O_5	TFe	
000175	75	8.0	2.0	1.0	2.0	1.0
000170	70	8.0	2.0	1.0	2.0	1.0
000165	65	8.0	2.0	1.0	2.0	1.0
000160	60	8.0	2.0	1.0	2.0	5.0
000155	55	8.0	2.0	1.0	2.0	5.0
000150	50	8.0	2.0	1.0	2.0	5.0

注：1. 化学成分以干基计算；
　　2. 000165、000160、000155、000150 牌号提供的 F、CaO、TFe 数据，不作为考核依据。

39.4.3   独居石精矿质量标准

独居石精矿按照《独居石精矿》（XB/T 104—2010），产品按其化学成分分为 3 个牌号：000250、000255、000260。以干矿品分析结果计算，其化学成分应符合表 39-4-3 所示的规定。需方如有特殊要求，由供需双方协商解决。

表 39-4-3   独居石精矿质量标准

产品牌号	化学成分(质量分数)/%							
	REO（不小于）	ThO_2（不小于）	杂质含量（不大于）					
			CaO	TiO_2	ZrO_2	SiO_2	Fe_2O_3	水分
000260	60	5	1.0	1.5	1.5	2.5	1.5	0.5
000255	55	5	2.5	2.0	2.0	3.0	2.5	0.5
000250	50	4	3.0	3.0	3.0	4.0	3.0	0.5

39.4.4   磷钇矿精矿质量标准

磷钇矿精矿按照《磷钇矿精矿》（XB/T 105—2011），磷钇矿精矿产品按化学成分分为 5 个品级，以干矿品位计算，应符合表 39-4-4 所示的规定。

表 39-4-4   磷钇矿精矿质量标准

级 别	化学成分(质量分数)/%					
	$REO + ThO_2$（不小于）	Y_2O_3/REO（不小于）	杂质含量（不大于）			
			ThO_2	TiO_2	ZrO_2	SiO_2
000360	60.0	60.0	1.0	1.0	1.2	4.0
000357	57.0	60.0	1.3	2.0	1.5	5.0
000355	55.0	60.0	1.5	3.0	1.8	5.5
000353	53.0	60.0	1.7	4.0	2.0	6.0
000350	50.0	60.0	2.0	5.0	2.5	6.5

注：如需方对产品有特殊要求，由供需双方商定。

39.4.5   褐钇铌矿精矿质量标准

褐钇铌矿精矿按照《褐钇铌矿》（XB/T 106—1995），按化学成分，精矿分为两级（均以干矿品位计算），应符合表 39-4-5 所示的规定。

表 39-4-5   褐钇铌矿精矿质量标准

等 级	$(Ta、Nb)_2O_5$（不少于）/%	杂质(不大于)/%		
		TiO_2	SiO_2	P
一级品	35	4	4	0.5
二级品	30	5	6	0.5

注：精矿中含量少于 30% 时，由供需双方商定。

39.4.6　风化壳淋积型稀土矿混合稀土氧化物质量标准

风化壳淋积型稀土矿也称为风化壳离子型稀土矿或南方离子型稀土矿，简称离子型稀土矿。(mixed rare earth oxide of ion-absorbed type rare earth ore) 按照《离子型稀土矿混合稀土氧化物》(GB/T 20169—2006)。

产品分类：离子型稀土矿混合稀土氧化物按化学成分分为 8 个牌号，其牌号表示方法符合 GB/T 17803 的规定。

化学成分：产品化学成分应符合表 39-4-6 所示的规定。需方如对产品有特殊要求，供需双方可在合同中另行约定。

表 39-4-6　风化壳淋积型稀土矿质量标准

产品牌号	化学成分(质量分数)/%										
	REO	主要稀土氧化物							非稀土杂质		
		$Y_2O_3/$ REO	$Nd_2O_3/$ REO	$Eu_2O_3/$ REO	$Tb_4O_7/$ REO	$Dy_2O_2/$ REO	$La_2O_3/$ REO	$Sm_2O_3+Gd_2O_3/$ REO	Al_2O_3	SO_4^{2-}	H_2O
	不小于	不小于					不大于		不大于		
191012A	92	60	—	—	1.1	7.5	—	—	1.2	2	1.0
191012B	92	55	—	—	1.2	8.0	—	—	1.2	2	1.0
191012C	92	50	—	—	1.2	8.0	—	—	1.2	2	1.0
191012D	92	45	—	—	1.1	7.5	—	—	1.2	2	1.0
191012E	92	43		0.80	0.60	3.5	30	10	1.2	2	1.0
191012F	92	43		0.70	0.60	3.5	30	10	1.2	2	1.0
191012G	92	43		0.60	0.60	3.5	30	10	1.2	2	1.0
191012H	92	9	27	0.50	0.30	1.8	38	10	1.2	2	1.0

注：数值修约按 GB/T 8170 的规定进行。

39.5　稀土矿选矿技术及发展趋势

39.5.1　稀土选矿技术

39.5.1.1　混合稀土矿选矿

白云鄂博稀土共生矿是世界上罕见的富含稀土、铁、铌、钍、萤石等多元素共生的大型矿床。矿体中的铁是前寒武纪海相沉积的，在海西时期与黑云母花岗岩有关的大量的钠、氟、稀土、铌的热液重叠其上，使原始沉积的铁矿遭受热液交代蚀变作用，形成沉积-热液交代的综合性矿床，其中稀土矿物有十几种之多，主要为氟碳铈矿和独居石轻稀土混合矿，比例为 7:3 或 6:4。

A　矿石性质

白云鄂博矿区位于内蒙古包头市白云鄂博区内，南距固阳县城 90km，矿区范围东西长 16km，南北宽 3km，面积约为 48km²，由主矿、东矿、西矿、东介勒格勒和都拉哈拉等 5 个矿段组成。探明的储量规模：稀土、铌为世界罕见的超大型规模，铁矿也达到大型以上规模，并伴生多种有益组分，综合利用价值巨大。

白云鄂博矿区地处内蒙古地轴北缘向内蒙古古生代地槽的过渡地带。矿床位于宽沟大断裂与乌兰宝力格深大断裂交汇处的白云鄂博区。矿区主要分布有中元古界的下白云鄂博群地层，主要为浅色石英岩、板岩、灰岩和白云岩组成的一套准复理石沉积建造。矿区由近东西走向的宽沟背斜和白云鄂博向斜组成。矿区的侵入岩以海西期花岗岩类为主，分布于矿床南北，其次是辉长岩类、闪长岩类等。白云岩是矿区主要含矿层，对稀土和铌而言白云岩即是矿体。主矿段、东矿段和西矿段，不仅是铁矿体，而且均伴生有工业价值的稀土和铌等稀有金属矿产；东介勒格勒和都拉哈拉主要是铌-稀土矿段。各矿段的主要矿体规模如下：

(1) 主矿段位于白云鄂博向斜的北翼。矿体赋存于白云岩（H_8）与板岩（H_9）之间。矿体产状与围岩一致。矿体上盘围岩为黑色板岩蚀变而成的黑云母岩，下盘为萤石化、钠闪石化的白云岩。铁矿体长 1250m，最宽 415m，控制斜深 970m。稀土储量占全矿区总量的 32.1%，铌储量占全矿区总量的 21%。

(2) 东矿段位于主矿段之东，二者相近。矿体产状与围岩一致。矿体上盘围岩为白云岩和板岩，下盘为白云岩。铁矿体长 1200m，最宽 350m，呈帚状，西窄东宽，最大延深 800m。稀土储量占全矿区总量的 21.5%，铌储量占全矿区总量的 10.8%。

主、东矿段平均品位：主矿段 TFe 35.97%、REO 6.19%、Nb_2O_5 0.141%；东矿段 TFe 33.85%、REO 5.71%、Nb_2O_5 0.126%。在上盘蚀变板岩、白云岩和下盘蚀变白云岩中还有铌、稀土矿体产出，含 Nb_2O_5 0.051% ~ 0.153%，含 REO 0.8% ~ 8.18%。主、东矿段主要稀土、稀有元素工业矿物为独居石、氟碳铈矿、氟碳钙铈矿、黄河矿、铌铁矿、易解石、烧绿石等。此外，在主、东矿段境界外的底盘稀土品位 REO 为 3.55%，其储量占全矿区总量的 16%。

(3) 西矿段位于主矿以西，由 16 个大小不等的铁矿体组成，分布在白云鄂博向斜的两翼，向斜核部为（H_9）板岩，两翼为（H_8）白云岩，有的铁矿体本身呈向斜构造。铁矿体长 100 ~ 1900m，宽 10 ~ 170m。矿段中见有黑云母化、金云母化、钠闪石化、铁白云石化。稀土、铌矿化与其伴生，矿化比主、东矿段弱。矿段平均品位：TFe 33.57%、REO 0.948% ~ 1.072%、Nb_2O_5 0.064% ~ 0.08%。稀土储量占全矿区总量的 8.5%，铌储量占全矿区总量的 43.7%。

(4) 东介勒格勒矿段位于东矿段以南 1km 处，属白云鄂博向斜南翼，由 8 个小铁矿体和 13 个铌矿体组成。铌、稀土多分布在白云岩中，REO 含量为 1% ~ 3.89%，Nb_2O_5 含量为 0.2% 左右。

(5) 都拉哈拉铌-稀土矿段位于东矿段以东，与东矿段矿体下盘的白云岩相连，东西长 5700m，南北宽 1060m，面积 6km²。本矿段铁矿化不发育，未形成铁矿体。铌、稀土矿化集中于各种蚀变白云岩和金云母透辉石矽卡岩中，形成独立矿体。共有 4 个矿体，主矿体长 3200m，宽平均 230m，呈层状产于磁铁矿化白云岩、萤石磁铁矿化白云岩中，稀土平均品位 REO 为 3%，铌平均品位 Nb_2O_5 为 0.097%。其他 3 个矿体产于东部接触带，矿体长 320 ~ 500m，宽 65 ~ 100m，主要矿石类型为金云母透辉岩型，平均品位：稀土

（REO）为 0.3% ~ 0.99% 、铌（Nb_2O_5）为 0.146% ~ 0.202%。主要矿石矿物为独居石、铌铁矿、烧绿石等。

白云鄂博主、东、西矿体是大型的铁-稀土-铌多金属共生矿床，而主、东、西矿外围（包括主、东、西矿上下盘）又是一个巨型的以稀土-铌为主的综合性稀土、稀有元素矿区。

主、东矿体南北两侧分布的大面积白云岩铌-稀土矿化范围大，白云岩中稀土矿化不均匀，都拉哈拉较高，平均为 3.32%，东介勒格勒次之，为 2.5% 左右，主、东矿下盘最高，平均为 3.5% 左右；西矿最低为 1.44%。

主矿以西到阿布达断层，是都拉哈拉-东主矿段铁铌稀土矿化的西延。西矿的岩石（矿石）普遍经过了不同类型不同强度的蚀变作用，这些蚀变作用主要是钠化（钠闪石化、钠长石化、钠辉石化）、氟化（萤石化）、云母化（黑云母化、金云母化）和磷铁矿化。西矿的岩石种类主要是白云岩、板岩和黑云母岩三种，白云岩中岩石蚀变作用最强，相应稀土的矿化作用也较强，白云岩中 REO 的平均品位为 1.73%；而板岩 REO 的平均品位为 1.89%。

东部接触带系指东矿、东介勒格勒以东，呈东西走向、向斜南北两翼分布的特点。北翼部分，以白云石型铌、稀土矿石为主，在局部地点有少量白云石型铌-稀土铁矿石产出，其东侧分布有透辉石型铌矿石和白云石型铌稀土矿石。南翼部分，多在与花岗岩接触的部分有铌钽稀土和铁矿化，主要为白云石型铌稀土矿石。稀土矿物中，东矿段主要是独居石分布较为广泛。而独居石含 Ce_2O_3 为 36.62%，REO 为 32.54%，ThO_2 为 0.21%。

白云鄂博矿床物质成分极为复杂，已查明有 73 种元素，170 多种矿物。其中，铌、稀土、钛、锆、钍及铁的矿物共近 60 种，约占总数的 35%。主要矿石类型有块状铌稀土铁矿石、条带状铌稀土铁矿石、霓石型铌稀土铁矿石、钠闪石型铌稀土铁矿石、白云石型铌稀土铁矿石、黑云母型铌稀土铁矿石、霓石型铌稀土矿石、白云石型铌稀土矿石和透辉石型铌矿石。

稀土元素在各种类型矿石中均有不同程度的分布，其中以萤石型矿石中含量最高，其次为钠辉石型、钠闪石型矿石。稀土矿物的赋存特点：

（1）稀土矿物以铈、镧等轻稀土成分为主（见表 39-5-1），各种稀土矿物的 ΣCe/ΣY 比值通常大于 100。

表 39-5-1　白云鄂博稀土矿稀土成分含量　　　　　　　　　（%）

REO	La	Ce	Pr	Nd	Sm	Eu	Gd	Tb
	25	50	5	16	1.2	0.2	0.6	< 0.01
5.49	Dy	Ho	Er	Tm	Yb	Lu	Y	Sc
	< 0.01	< 0.01	< 0.01	< 0.01	< 0.01	< 0.01	0.43	0.06

（2）稀土矿物种类多，已发现的稀土矿物 16 种，如氟碳铈矿、独居石、氟碳铈钡矿、黄河矿、氟碳钡铈矿、中华铈矿、氟碳钙铈矿、氟碳钙钕矿、碳铈钠矿、大青山矿、褐帘石、硅钛铈矿、铈磷灰石、水磷铈矿、水碳铈矿、方铈石等稀土矿物（见表 39-5-2）。

表 39-5-2 白云鄂博稀土共生矿中的稀土矿物

类 别	矿物名称	成 分
稀土钛铌酸盐	铈褐钇铌矿	$(Ce,La,Nb,RE,Th)(Nb,Fe)O_4$
	单斜铈褐钇铌矿	$(Ce,RE)(Nb,Al)(O,OH)_4$
	钕褐钇铌矿	$(Nb,Ce,RE,Fe)(Nb,Ti)(O,OH)_4$
	单斜钕褐钇铌矿	$(Nb,Ce)NbO_4$
	铈铌易解石	$(Ce,Nb,La)(Nb,Ti,Fe^{3+})_2(O,OH)_6$
	钕铌易解石	$(Nb,Ce,Ca)(Nb,Ti,Al,Fe^{3+})(O,OH)_6$
	钕易解石	$(Nb,Ce,Ca,Th)(Ti,Nb,Fe^{3+})_2(O,OH)_6$
稀土氟碳酸盐	钕氟碳钙铈矿	$(Nb,Ce)_2Ca(CO_3)_3F_2$
	黄河矿	$Be(Ce,La,Nb)(CO_3)_3F$
	氟碳铈钡矿	$BaCe_2(CO_3)_5F_2$
	钕氟碳铈钡矿	$Ba_3(Nb,Ce)_2(CO_3)_5F_2$
	中华铈矿	$Ba_2(Ce,La,Nb)(CO_3)_3F$
钛硅酸盐	钡铁钛石	$Ba(Fe,Mn)_2Ti(O,OH,Cl)_2(SiO_7)$
	包头矿	$Ba_4(Ti,Nb,Fe)_8O_{16}(Si_4O_{12})Cl$
磷酸碳酸盐	大青山矿	$SrRE(PO_4)(CO_3)_2$

稀土矿物根据化学成分可分为稀土氟碳酸盐、磷酸盐、复杂氧化物、硅酸盐四类。氟碳酸盐中的氟碳铈矿是主要的稀土矿物,磷酸盐中的独居石位于其次,氧化物和硅酸盐稀土矿物含量很少,化学物相分析结果见表 39-5-3。矿石中约90%的稀土元素成独立矿物形态存在,并以氟碳铈矿和独居石为主。根据矿体所处的地段不同,氟碳铈矿与独居石的比例在7∶3~6∶4范围波动。因此,白云鄂博稀土共生矿,实际上是氟碳铈矿和独居石混合矿。

表 39-5-3 原矿稀土的化学物相分析结果

物 相	氟碳酸盐中 REO	磷酸盐中 REO	合 计
含量/%	3.94	1.76	5.70
分布律/%	69.12	30.88	100.00

白云鄂博主、东、西矿外围各类岩石和矿石中普遍含有钪元素,其中,主、东、西矿稀土铌矿物中钪的含量普遍较高。该矿床有用矿物之间共生关系密切,嵌布粒度细小,稀土矿物粒度一般在 0.074~0.01mm。矿石中有用矿物主要有磁铁矿、赤铁矿、氟碳铈矿、独居石、铌矿物等,主要脉石矿物有钠辉石、钠闪石、方解石、白云石、重晶石、磷灰石、石英、长石等。矿石的化学成分和矿物成分分别见表 39-5-4 和表 39-5-5。稀土矿物选矿待要解决的问题是稀土矿物与铁矿物、铌矿物、硅酸盐矿物以及含钙、钡等矿物的有效分离。

表 39-5-4 白云鄂博稀土共生矿一种典型矿样的主要化学成分

成 分	TFe	SFe	FeO	REO	F	Mn	P	TiO$_2$	BaO
含量/%	32.0	31.04	2.69	6.17	9.02	1.48	0.81	0.58	1.58
成 分	SiO$_2$	MgO	S	Al$_2$O$_3$	CaO	K$_2$O	Na$_2$O	Nb$_2$O$_5$	Th
含量/%	10.22	2.57	0.87	2.68	16.21	0.57	0.52	0.12	0.0304

表 39-5-5 白云鄂博稀土共生矿一种典型矿样的主要矿物成分

矿物种类	铁矿物类						
矿物名称	磁铁矿	半假象赤铁矿	假象赤铁矿	原生赤铁矿	褐铁矿	其他铁矿物	合计
含量/%	6.27	8.49	16.60	7.07	5.45	0.54	44.51
占有率/%	14.09	19.07	37.29	15.88	12.45	1.25	100.00
矿物种类	萤石、稀土、碳酸盐、硫酸盐矿物类						
矿物名称	萤 石	氟碳铈矿	独居石	重晶石	白云石、方解石	其他矿物	合计
含量/%	16.00	9.00	2.00	2.00	3.00	3.49	35.49
占有率/%	45.08	25.36	5.64	5.64	8.45	9.83	100.00
矿物种类	含铁硅酸盐和硅酸盐矿物类			
矿物名称	钠辉石、钠闪石	云 母	石 英	合 计
含量/%	15.00	3.00	2.00	20.00
占有率/%	75.00	15.00	10.00	100.00

对白云鄂博稀土共生矿中稀土矿物的粒度测定（见表 39-5-6）表明：矿石中两种主要稀土矿物——氟碳铈矿和独居石的结晶粒度都比较细，在 -0.04mm 粒级中上述两种稀土矿物量占 52.94%。不同磨矿细度与稀土矿物单体解离度的关系（见表 39-5-7）表明：矿石中稀土矿物与铁矿物和萤石共生关系非常紧密；当磨矿细度达到 -0.044mm 占 95% 时，稀土矿物的单体解离度才达到 90.10%。

表 39-5-6 白云鄂博稀土共生矿中主要稀土矿物的粒度

矿物名称	氟碳铈矿			
粒级/mm	+0.077	0.077 ~ 0.04	0.04 ~ 0.02	-0.02
含量/%	21.20	25.86	24.28	28.66
矿物名称	独居石			
粒级/mm	+0.077	0.077 ~ 0.04	0.04 ~ 0.02	-0.02
含量/%	35.10	23.07	13.62	28.21

表 39-5-7 不同磨矿细度与稀土矿物单体解离度的关系

磨矿细度（-0.074mm）组成/%	单体稀土矿物含量/%	与其他矿物连生的稀土矿物含量/%				总计含量/%
		与萤石	与铁矿物	与霓石、云母、闪石	与其他脉石	
75	63.42	12.12	18.97	0.86	4.63	100.00
85	69.97	11.61	14.78	0.72	2.92	100.00
95	75.95	8.13	12.67	0.40	2.85	100.00
95	84.87	5.45	8.89	0.13	0.66	100.00
95	90.10	4.03	5.38	0.03	0.46	100.00

B　选矿工艺发展

白云鄂博稀土共生矿床发现于 1927 年，1935 年在铁矿石标本中找到了稀土矿物。白云鄂博矿区 1957 年开始建设，1959 年矿山直接提供富铁块矿炼铁。从 20 世纪 60 年代开始，我国对白云鄂博氧化铁矿石的铁、稀土、铌的选矿组织过多次科技攻关，曾详细研究过 20 多种选矿工艺流程，其中具有代表性的或应用于工业生产的工艺有浮选—重选—浮选流程、浮选—选择性团聚选矿工艺、弱磁选—强磁选—浮选以及白云鄂博共生矿选矿最佳化工艺（德国哥哈德（KHD）公司）等。

a　浮选—重选—浮选选矿工艺流程　　1965 年，处理白云鄂博矿的包钢选矿厂开始陆续投入生产，当时的主要任务是从矿石中回收铁精矿，以满足包头钢铁公司生产钢铁的需求。同时，采用摇床处理选铁流程中的稀土泡沫，试生产含 REO 30% 的低品位稀土精矿。1970 年开始重选车间的设计，1974 年重选车间正式投产。1978 年开始设计一个处理重选精矿的浮选车间，1981 年投入生产。

从矿山运至选矿厂的 -200mm 的原矿，经两段破碎至 -25mm 送进磨选车间，经一段棒磨、两段球磨与分级闭路，磨至 -0.074mm 占（-200 目）85% ~ 90%，分别采用两种不同的原则流程进行分选。流程 I：先采用弱磁选获得磁铁矿精矿，随后进行部分萤石浮选，再进行稀土粗选和精选，获得含 REO 15% ~ 17% 的稀土泡沫送重选车间处理，稀土粗选尾矿与精选中矿合并送选铁作业；流程 II：为了降低铁精矿中的氟、磷含量，先采用浮选法浮出部分萤石之后，再进行稀土粗选和精选，获得含 REO 15% ~ 17% 的稀土泡沫送重选车间，稀土粗选尾矿与稀土精选中矿合并送去选铁作业。

全厂各系列的稀土泡沫均集中浓缩后送重选车间处理，粗选摇床和扫选摇床的精矿合并，送稀土浮选车间处理，扫选摇床的中矿经浓缩后，送浮选车间进行扫选作业处理。重选稀土精矿经浮选车间选别后，分别获得含 REO 60% 的稀土精矿和含 REO 30% 的稀土次精矿。包钢选矿厂回收稀土矿物的浮选—重选—浮选工艺流程如图 39-5-1 所示。

选铁流程中稀土浮选的药剂制度见表 39-5-8。用重选稀土精矿作入选原料分别选得含 REO 60% 的稀土精矿和含 REO 30% 的稀土次精矿的浮选药剂制度见表 39-5-9。

表 39-5-8　选铁流程中稀土浮选药剂制度

药剂名称	氢氧化钠	水玻璃	氧化石蜡皂
每吨原矿用量/g	300 ~ 400	850 ~ 1000	250 ~ 400

表 39-5-9　重选稀土精矿再浮选药剂制度

药剂名称	碳酸钠	水玻璃	氟硅酸钠	环烷羟肟酸
每吨重选精矿用量/g	800 ~ 1000	8700 ~ 9000	1200 ~ 1300	1650 ~ 1800

浮选—重选—浮选流程各选别作业的稀土选矿指标分别见表 39-5-10 ~ 表 39-5-12。

表 39-5-10　稀土浮选泡沫选别指标

项　目	REO 原矿品位	REO 稀土泡沫品位	稀土回收率（对原矿）
含量/%	4.5 ~ 6.5	15 ~ 20	20 ~ 30

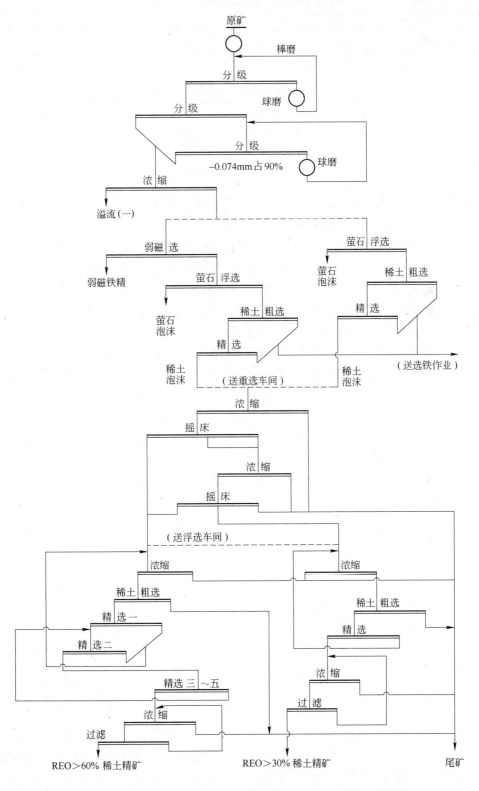

图 39-5-1 包钢选矿厂回收稀土矿物的浮选—重选—浮选工艺流程

表 39-5-11　稀土重选精矿选别指标

项　目	REO 给矿品位（稀土泡沫）	REO 重选稀土精矿	稀土回收率（对给矿）
含量/%	15～20	30～35	30～40

表 39-5-12　重选稀土精矿再浮选的选别指标

项　目	REO 给矿品位（重选稀土精矿）	稀土精矿		稀土次精矿	
		REO 品位	回收率（对给矿）	REO 品位	回收率（对给矿）
含量/%	30～35	55～60	50～60	30～35	25～30

　　b　浮选—选择性团聚选矿工艺流程　　选择性团聚（絮凝）是一项20世纪70年代国外在处理微细粒铁矿物方面取得了突破性进展的选矿新工艺。浮选—选择性团聚选矿流程是在总结国内外研究工作的基础上，针对白云鄂博稀土共生矿的特点新近制定的。北京矿冶研究总院和包头稀土研究院在开展对包头白云鄂博铁矿选矿方法的研究中，围绕细粒赤铁矿和含铁硅酸盐的分离问题，做了大量的试验研究工作。最终研究出利用矿石本身含有的细粒磁铁矿选择性团聚赤铁矿的性能，采用水玻璃或水玻璃和氢氧化钠等药剂进行选择性团聚的分离方法，提出了浮选—选择性团聚工艺流程。

　　流程的主要特点是：首先将原矿磨至 -0.074mm 占95%以上，经浓缩脱水，采用碳酸钠、水玻璃、氧化石蜡皂的药剂组合，在 pH 值为9的碱性矿浆中，按一次粗选、一次扫选、两次精选的混合浮选流程，把重晶石、萤石、稀土等易浮矿物选出，使其与铁和含铁硅酸盐矿物分离，槽内产品为铁和含铁硅酸盐矿物，这样就把矿物分成了两组分别加以处理。稀土、萤石混合浮选泡沫经水洗、浓缩脱药，用碳酸钠、水玻璃、氟硅酸钠、$C_{5～9}$羟肟酸铵组合药剂优先浮选稀土矿物，使之与萤石、重晶石、方解石等矿物分离；分离后的稀土粗精矿，再经脱泥、脱药和用碳酸钠、水玻璃、氟硅酸钠、$C_{5～9}$羟肟酸精选，分别获得含 REO 60% 的稀土精矿和含 REO 30% 的稀土次精矿，稀土的总回收率在45%以上；稀土、萤石混合浮选的尾矿即铁和含铁硅酸盐矿物，在氢氧化钠、水玻璃介质中细磨至 -0.037mm 占97.43%（或 -0.044mm 占98.6%），进行第一段选择性团聚脱泥，其沉砂再分别加入氢氧化钠和水玻璃，调浆后进行第二～第四段闭路选择性团聚脱泥，第四段脱泥斗的沉砂即为低氟、低磷的优质铁精矿。经四次脱泥使其与含铁硅酸盐矿物分离而获得含铁61%、含氟0.45%，铁回收率80%以上的选别指标。

　　浮选—选择性团聚选矿工艺半工业试验所取得的试验指标是：精矿含铁品位62.83%、含氟0.2%、含磷0.1%，铁回收率82.4%。1981年，包头钢铁公司决定采用从原矿开始用浮选法直接回收稀土精矿的浮选—选择性团聚选矿新工艺改造包钢选矿厂第二生产系列，以提高铁、稀土的回收率。1984年，北京矿冶研究总院、包头稀土研究院、包钢选矿厂、鞍山黑色矿山设计研究院根据白云鄂博矿石的特点，首次应用了浮选—选择性团聚选矿新工艺，于4～12月进行了首次工业试验，采用水洗脱药，并用碳酸钠、水玻璃、氟硅酸钠、羟肟酸（胺）组合药剂成功地解决了稀土与萤石混合浮选分离的技术，大幅度提高了稀土回收率，获得了低氟、优质、高回收率的铁精矿，其结果为原矿品位32.90%、铁精矿品位63.30%、铁回收率84.30%。经1984年和1986年两次工业试验证明：在获得含

REO 30%和含REO 60%的两种稀土精矿的条件下，稀土对原矿的总回收率可提高到45%以上。1998年该项目获国家发明一等奖。该流程取得的指标是先进的，推动了包钢球团及炼铁生产的快速发展，为微细粒嵌布矿石的选矿开辟了一条途径。

浮选—选择性团聚选矿工艺流程如图39-5-2所示。工艺流程的药剂制度及用量见表39-5-13。工业试验的选别指标见表39-5-14。

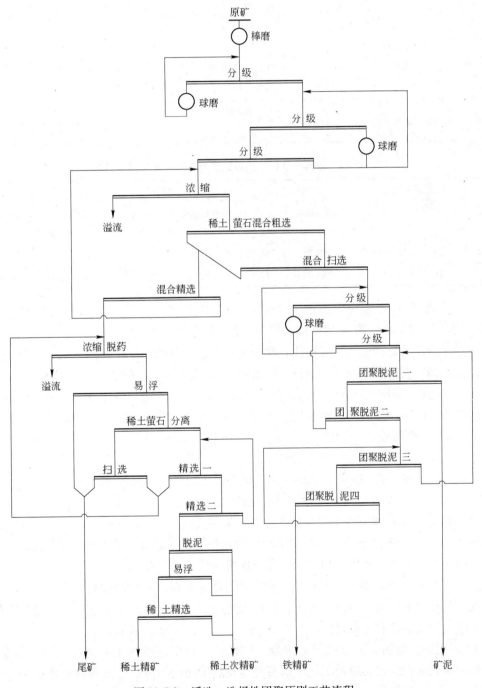

图 39-5-2　浮选—选择性团聚原则工艺流程

表 39-5-13　浮选—选择性团聚选矿流程药剂制度及用量

选别作业	药剂名称	每吨原矿用量/g
稀土（萤石混合浮选）	Na_2CO_3	1980
	Na_2SiO_3	1044
	氧化石蜡皂	1086
稀土分离及精选	Na_2CO_3	355
	Na_2SiO_3	4729
	Na_2SiF_6	2123
	$C_{5\sim9}$羟肟酸胺	499
	$C_{5\sim9}$羟肟酸	162
选择性团聚选铁	NaOH	1538
	Na_2SiO_3	2883

表 39-5-14　浮选—选择性团聚选矿流程工艺工业试验结果

年份	原矿品位/%			稀土精矿		稀土次精矿		铁精矿		
	Fe	REO	F	REO 品位/%	回收率/%	REO 品位/%	回收率/%	品位/%		回收率/%
								Fe	F	
1984	32.20	5.80	8.12	61.14	34.69	33.48	34.86	61.87	0.43	83.30
1986	32.25	5.63	7.92	60.49	22.13	37.29	26.31	61.38	0.46	80.83

　　c　国外推荐的处理共生矿的工艺流程　　处理共生矿的工艺流程由德国哥哈德（KHD）公司于 20 世纪 70 年代提供，原则流程如图 39-5-3 所示。

　　该流程的特点是：全流程采用优先联合选矿工艺，阶段磨矿、阶段选别。按有用矿物可选性特点，依次选出磁铁矿、萤石、赤铁矿、稀土矿物和铌矿物，最终舍弃尾矿。用弱磁选回收磁性铁；用正浮选法回收萤石，用强磁—正浮选工艺回收赤铁矿；用正浮选—重选法回收稀土矿物；用酸浸法回收铌。小型试验指标为：原矿含铁品位 30.87%，铁精矿品位 65.90%，铁回收率 74.10%。稀土、铌、氟等有价元素都得到了较充分地回收。

　　处理共生矿工艺流程存在的主要问题如下：

　　（1）最终磨矿粒度过细，$-20\mu m$ 含量增多，在精矿中一般为 33%～42%，个别的高达 85% 以上，磨矿作业与精矿过滤作业困难较大。

　　（2）试验中哥哈德公司采用自制的琼斯型强磁选机，作业富集比大，强磁精矿品位提高 33%～43%，而包钢选矿厂生产和试验用的各种类型强磁机，精矿品位仅能提高 12%～15%。因此，对未来工业生产用琼斯型强磁选机的性能应予验证。

　　（3）试验中所用药剂有些是国内所没有的，将来如何获得性能相当的药剂，以及这些药剂的来源和成本情况也需进行考虑，以便最终确定这一流程的实用价值和过渡到大规模工业生产上的现实性和可能性。

　　d　弱磁选—强磁选—浮选工艺流程　　弱磁—强磁—浮选工艺流程是中国科学院、长沙矿冶研究院根据白云鄂博氧化矿矿石特性和各矿物间的可选性差异以及选矿工艺、设备技术水平，利用矿物间的磁性差异，在大量试验研究工作的基础上提出的。通过弱磁—

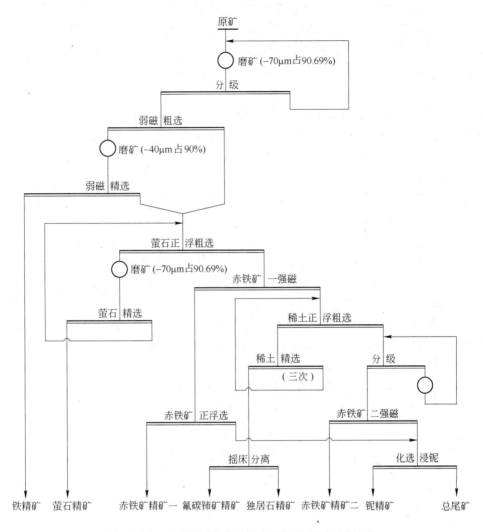

图 39-5-3　白云鄂博共生矿选矿最佳化原则工艺流程

强磁选别将原矿按矿物磁性强弱进行分组，使进一步需要深选的矿物成分简单化，提高其分选效果。

　　该工艺流程特点是：在磨矿粒度达到 -0.074mm 占 90% ~92% 时，采用弱磁选回收磁铁矿等磁性铁矿物，弱磁尾矿在强磁选机磁感应强度 1.4T 的条件下粗选，将赤铁矿及大部分稀土矿物选入强磁粗精矿中，粗精矿经一次强磁精选（0.6~0.7T），丢弃大量含铁硅酸盐等脉石矿物，并使稀土矿物、铌矿物在强磁中矿中得以初步富集，强磁精选铁精矿和弱磁铁精矿合并送去反浮选脱除随磁选带入的萤石、稀土等脉石矿物得到合格铁精矿，再从强磁中矿中以浮选法分别回收稀土矿物及铌矿物，以达到综合回收铁、铌和稀土的目的。

　　1982 年下半年对白云鄂博混合型及云母型矿样进行了选铁降氟的扩大连选试验。1982~1984 年，长沙矿冶研究院两次成功完成"弱磁—强磁—浮选综合回收铁、稀土、铌的选矿工艺流程"扩大连续试验。

1987 年，长沙矿冶研究院和包钢选矿厂共同进行了弱磁—强磁—浮选综合回收铁及稀土的工业分流试验，按每天处理原矿石 100t 的规模，试验获得了比较满意的技术指标。1990 年，长沙矿冶研究院与包钢公司合作，采用弱磁选—强磁选—浮选回收铁、稀土工艺流程改造包钢选矿厂两个生产系列，并进行工业试验获得成功，该工艺流程充分体现了以"铁为主、综合回收稀土矿物"的指导思想。

自 1990 年起先后将包钢选矿厂处理氧化铁矿石的 5 个选矿生产系列全部按弱磁—强磁—浮选工艺改造生产至今，生产效果良好。该项目被评选为 1991 年"国家十大科技成果"之一，1993 年获国家科技进步二等奖。

1987 年，在包钢选矿厂第三系列进行的弱磁—强磁—浮选综合回收铁、稀土的工业分流试验工艺过程为：原矿石经工业磨矿至 −0.074mm 占 90% 后，分流出的矿浆入圆筒隔渣筛除去木屑及大块矿粒，筛下矿浆经弱磁选（一粗一精），选出弱磁铁精矿。弱磁选尾矿脱水后经强磁选（一粗一精）分别得到强磁铁精矿、强磁中矿及强磁尾矿（即最终尾矿）。强磁精矿和弱磁精矿合并脱水后，进行反浮选。浮选采用碳酸钠、水玻璃、SR（SIM）分别作矿浆 pH 值调整剂、铁矿物的抑制剂及萤石等易浮矿物的捕收剂。经一次粗选、一次扫选及四次精选得到萤石及稀土泡沫产品（即浮选尾矿），扫选的槽内产品为浮选精矿全铁 60.54%，回收率为 79.19%，其中含氟 0.85%。强磁中矿经脱水后进行稀土矿物浮选，采用水玻璃作脉石矿物抑制剂，H205（邻羟基萘羟肟酸）作捕收剂，水玻璃为调整抑制剂，J210 为起泡剂的药剂组合，经过一次粗选、一次扫选、二次精选，分别得到含稀土氧化物 61.44%、回收率 18.81% 的混合稀土精矿，含稀土氧化物 39.01%、回收率 16.70% 的稀土次精矿。弱磁—强磁—浮选流程工业分流试验条件见表 39-5-15，工业分流试验结果见表 39-5-16。工艺流程如图 39-5-4 所示。

表 39-5-15　弱磁—强磁—浮选流程工业分流试验条件

项　目		磁场强度/kA·m⁻¹	碳酸钠	水玻璃	SIM	H205	J210	pH 值
弱磁选	粗选	159						
	精选	110						
强磁选	粗选	955~1035						
	精选	400~450						
反浮选	粗选		325	225	205			7.5~8
	扫选				100			
	精一							
	精二			30				
	精三			25				
	精四							
稀土浮选	粗选			475		390	420	9~9.5
	扫选					35		
	精一			15		30		
	精二							

注：给药量单位：g/t。

表 39-5-16 弱磁—强磁—浮选流程工业分流试验结果

产品名称	产率/%	品位/%			回收率/%		
		TFe	F	REO	TFe	F	REO
铁精矿	43.90	60.54	0.85		79.17	4.46	
萤石稀土泡沫（尾矿）	5.32	25.00	13.01		3.96	8.27	
强磁选尾矿	33.25	7.58	18.47		7.51	73.37	
稀土精矿	1.69	4.21		61.44	0.21		18.81
稀土次精矿	2.31	13.64		39.91	0.94		16.70
浮选稀土尾矿	12.95	20.88		2.65	8.05		6.21
脱水溢流							
原 矿		33.57	8.37	5.52			

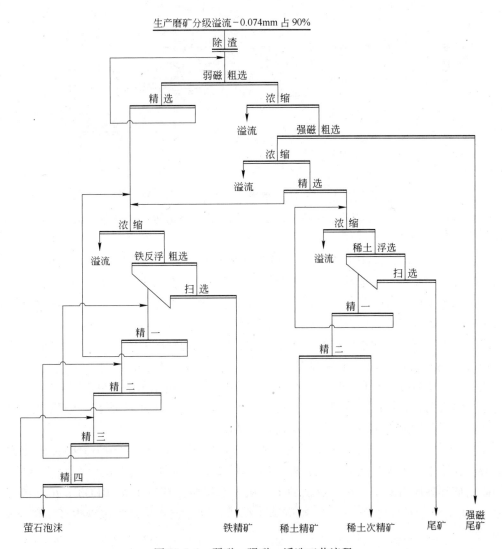

图 39-5-4 弱磁—强磁—浮选工艺流程

e 弱磁选—浮选工艺流程   弱磁选—浮选工艺适合处理含磁铁矿较多的矿石。该工艺为原矿石磨矿至 – 0. 074mm 占 90% 左右，先弱磁选选出磁铁矿粗精矿，磁铁矿粗精矿经过一次或二次弱磁选精选获得磁铁矿精矿；其尾矿经浓缩后作为入选稀土原料，采用水玻璃、J102、H205 组合药剂，经一次粗选、一次扫选、二次精选或三次精选生产可实际得到 50% ~ 60% REO 的稀土精矿和 34% ~ 40% REO 的次精矿。工艺流程如图 39-5-5 所示。

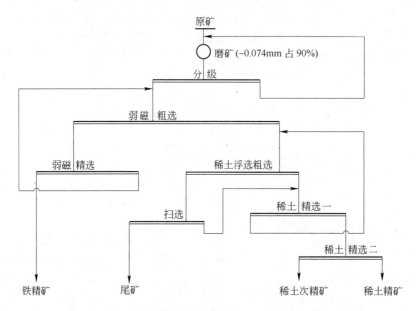

图 39-5-5 白云鄂博矿弱磁选—浮选工艺流程示意图

包头市达茂稀土有限责任公司和包钢白云铁矿博宇公司按该工艺建厂生产至今，生产效果良好。

f 氟碳铈矿与独居石矿的分离   氟碳铈矿和独居石是选矿特性相似的两个主要工业稀土矿，采用磁选、重选及常规浮选都很难有效分离。在白云鄂博矿床中，两者含量都很高，达到了工业品位，在选矿时，往往一同被选出形成混合稀土精矿，将这两种矿物分离成单一的氟碳铈矿和独居石则有利于稀土冶金。

浮选分离氟碳铈矿和独居石的工艺，其特征在于采用羟肟酸捕收剂、硅酸钠和一般的起泡剂（如酮醇油），以低品位氟碳铈矿和独居石等矿物为原料，经过一次粗选、三次精选，获得高品位氟碳铈矿和独居石（3 : 2）混合精矿，然后用苯酐加热水解或邻苯二甲酸半皂化产物作为氟碳铈矿捕收剂，铝盐作为独居石抑制剂，经过一次分离粗选、二次精选和二次扫选，分别获得氟碳铈矿精矿和独居石精矿。

1985 年，包头稀土研究院采用明矾为独居石抑制剂，邻苯二甲酸为氟碳铈矿捕收剂，在弱酸性介质中，实现了从包头混合稀土精矿中（REO 质量分数为 60%）分离出单一氟碳铈矿精矿和独居石精矿。在工业试验中，从重选粗精矿获得了 $w(REO) = 70.34\%$，回收率为 40. 23% ，纯度为 98. 04% 的氟碳铈矿精矿，这一技术奠定了包钢生产氟碳铈矿的基础。

20 世纪 90 年代初，包钢选矿厂又从一、三系列强磁中矿生产的高品位混合稀土精矿中，以明矾为抑制剂、H894 为氟碳铈矿捕收剂、H103 为起泡剂，在弱酸性介质中进行氟碳铈矿与独居石矿分离试验。

试验中采用水玻璃、H205、H103 药剂组合，在碱性介质中获得 REO 含量大于60%的混合稀土精矿，混合稀土精矿经脱泥、脱药后，以明矾作独居石矿物抑制剂，H103 为起泡剂，采用 H894 作为捕收剂在弱酸介质中优先浮选氟碳铈矿，经分离粗选作业，将混合稀土精矿分为两部分，一部分为泡沫产品，另一部分为槽底沉砂。泡沫产品经两次精选可获得氟碳铈矿精矿，粗选槽内沉砂产品经两次扫选可获得独居石精矿。不同规模试验结果见表 39-5-17，表 39-5-18 和表 39-5-19 分别为单一稀土精矿主要成分分析与稀土配分。试验原则流程如图 39-5-6 所示。

表 39-5-17　不同规模试验结果　　　　　　　　　　（%）

试验规模	产品名称	产率	品位（REO）		回收率（REO）		纯度（按氟碳铈矿计算）
			β_{REO-F}	β_{REO-P}	ε_{REO-F}	ε_{REO-P}	
小型试验	氟碳铈矿精矿	4.65	67.70	2.99	58.61	2.91	95.77
	独居石精矿	2.05	2.35	52.79	0.98	22.74	4.30
	混合稀土精矿二	4.49	19.15	36.63	16.73	34.31	34.39
	混合稀土精矿一	7.98	7.66	8.77	12.32	16.06	46.62
	尾　矿	80.83	0.74	1.38	11.36	23.08	34.91
	给　矿	100.00	5.28	4.65	100.00	100.00	63.17
工业试验	氟碳铈矿精矿	4.18	67.54	2.71	22.37	0.90	96.14
	独居石精矿	0.72	2.79	57.46	0.16	3.28	4.83
	混合稀土精矿二	6.05	57.32	27.48			
	混合稀土精矿一	5.76	47.26	21.06			
	尾　矿	83.29	3.75	24.75			
	给　矿	100.00	12.62	100.00	73.30		

表 39-5-18　两种单一稀土精矿主要成分分析　　　　　　（%）

矿物名称	REO	TFe	SFe	F	ThO$_2$	SiO$_2$	P$_2$O$_5$	CaO
氟碳铈矿精矿	69.89	1.44	1.25	7.29	0.181	1.12	1.73	3.24
独居石精矿	61.60	3.60	3.02	<0.1	0.492	1.37	24.53	1.66

表 39-5-19　单一稀土精矿稀土配分　　　　　　　　　（%）

成分　　　　矿物	La$_2$O$_3$	CeO$_2$	Pr$_5$O$_{11}$	Nd$_2$O$_3$	Sm$_2$O$_3$	Eu$_2$O$_3$	Gd$_2$O$_3$	Y$_2$O$_3$
氟碳铈矿精矿	27.76	51.03	4.69	15.10	1.03	≤0.30	≈0.30	<0.30
独居石精矿	22.09	50.66	5.45	19.81	1.51	≤0.30	0.45	<0.30

工业试验结果表明：采用氟碳铈矿与独居石分离试验工艺可将氟碳铈矿与独居石混合精矿有效地分离成单一氟碳铈矿和独居石。现包钢选矿厂已具备生产氟碳铈矿与独居石矿的能力，只要市场需要，包钢即可提供这两种单一稀土精矿产品。

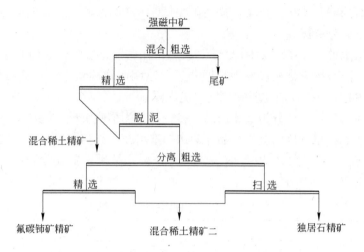

图 39-5-6 氟碳铈矿与独居石矿分离试验原则流程

　　g 稀土生产浮选工艺流程 在弱磁—强磁—浮选工艺中，能够从三处（即强磁中矿、强磁尾矿和反浮泡沫尾矿）回收稀土矿物，还有企业从选厂总尾矿中回收稀土精矿（选矿厂总尾矿溜槽去矿），强磁中矿、强磁尾矿、反浮泡沫尾矿及总尾矿作为浮选稀土原料，采用 H205（邻羟基萘羟肟酸）、水玻璃、J102（起泡剂）组合药剂，在弱碱性（pH 值为9）矿浆中浮选稀土矿物，经一次粗选、一次扫选、二次精选（或三次精选）得到不小于50% REO 的混合稀土精矿及30% REO 的稀土次精矿，浮选作业回收率为70% ~75%。

　　包钢选矿厂稀土选矿车间现在已归属内蒙古包钢稀土高科技股份有限公司，稀土高科稀选厂主要以强磁中矿、强磁尾矿为入选原料生产稀土精矿。包钢选矿厂已完成了从铁反浮泡沫尾矿中选别稀土矿物的试验，根据市场需要可随时生产稀土精矿。

　　目前，回收白云鄂博矿中稀土矿物采用的方法主要是浮选工艺，含稀土的入选原料经过一次粗选、二次精选、一次扫选浮选工序就可生产出 50% REO 的混合稀土精矿，如果需要60% REO 的精矿，只需增加一道精选作业即可。稀土选矿工艺流程如图 39-5-7 所示。

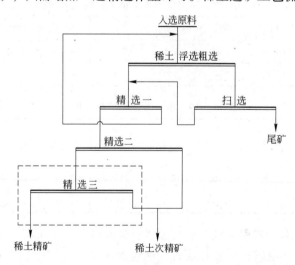

图 39-5-7 白云鄂博矿浮选稀土矿物工艺流程示意图

还可根据需要对混合稀土精矿进行氟碳铈矿与独居石的浮选分离，得到单一的稀土精矿。

　　C　选矿浮选药剂的发展

　　1975 年以前，稀土矿物浮选一直用脂肪酸类捕收剂，包头矿石中的稀土矿物与萤石、方解石、重晶石、赤铁矿等伴生，浮选稀土矿物时这些矿物随之上浮，较难分离，优先浮选稀土或混合浮选分离精选稀土矿物只能得到含 REO 20% 左右的稀土精矿。为了得到高品位稀土精矿，将原矿弱磁选磁铁矿后的尾矿进行半优先半混合浮选，加入 NaOH、Na_2SiO_3、氧化石脂皂组合药剂，在强碱性矿浆中（pH 值为 11）优先浮选出萤石、重晶石等易浮矿物丢尾，然后向矿浆中加入 Na_2SiF_6 活化稀土矿物，在弱碱性矿浆中（pH 值为 8 ~ 9），用氧化石蜡皂混合浮选出稀土及部分萤石，混合浮选的稀土泡沫采用刻槽矿泥摇床重选，得到含 REO 30% 左右的重选稀土精矿。该重选精矿如再用脂肪酸类捕收剂浮选，精选效果不大。因此，1966 ~ 1978 年期间包钢选矿厂只能生产出含 REO 20% ~ 40% 的稀土精矿供稀土冶炼使用，影响中国稀土冶炼、提取分离和应用的有效发展。重选稀土精矿化学成分见表 39-5-20。

表 39-5-20　重选稀土精矿化学成分

成　分	TFe	REO	F	P	BaO	SiO_2
含量/%	8.40	27.80	13.26	2.16	13.60	1.04

　　1975 年年底，有色金属研究院广东分院在实验室浮选重选稀土精矿试验时，采用大量水玻璃抑制脉石矿物（Na_2CO_3 作矿浆 pH 值调整剂，Na_2SiF_6 作稀土矿物活化剂），用 $C_{5~9}$ 羟肟酸浮选稀土矿物，取得了突破性进展，获得了含 REO 大于 60% 的稀土精矿。1976 年 10 月，包钢冶金研究所、北京有色金属研究院广东分院、包钢选矿厂等单位在包钢有色三厂进行了羟肟酸浮选包头稀土精矿 30t/d 的半工业试验，稀土精矿（REO）品位首次超过 60%。1978 年，高品位稀土精矿在包钢有色三厂进行试生产成功，结束了从包头的矿中只能选出低品位稀土精矿的历史。从此，拉开了从白云鄂博矿石中生产高品位稀土精矿的序幕。

　　由于 $C_{5~9}$ 羟肟酸捕收能力较弱，需要多段扫选，并且该药在生产中不太稳定。1979 年，包头冶金研究所成功研制出环烷基羟肟酸（使用时配制成环肟酸铵），1979 年年底在工业生产中应用，采用一粗一精闭路流程，当给矿（重选精矿）品位为 35.82% 时，可生产出稀土品位为 63.74%、浮选作业回收率为 66.75% 的稀土精矿。1979 ~ 1985 年都用环烷基羟肟酸生产稀土精矿，效果不错，但是在生产过程中环烷基羟肟酸显现出了选择性较差并且调整剂加药种类多，其中氟硅酸钠具有一定的毒性且使用不方便等不足之处。

　　1985 年，包头稀土研究院（原包头冶金研究所）成功研制了 H205（邻羟基萘羟肟酸）捕收剂，试验结果表明其对稀土矿物具有良好选择性，大大简化了浮选药剂制度，仅需添加水玻璃，矿浆浮选 pH 值为 9 左右。1986 年 7 月在选矿厂进行了工业试验，采用一粗一精闭路流程，当给矿（重选精矿）品位为 23.12% 时，可得到品位为 62.32%、稀土浮选作业回收率 74.74% 的稀土精矿。羟肟酸（异羟肟酸）能与稀土、铌（钽）、铁等过渡金属离子形成稳定的五元环螯合物，因此羟肟酸（盐）作捕收剂较脂肪酸（盐）浮选稀土矿物的选择性高，浮选回收率也高。生产结果表明，异羟肟酸的非极性基影响很大，H205 较烷基异羟肟酸效果好，可能主要与芳香烃类羟肟酸能形成 π·π 共轭双键，其键合原子"O"上的电子云密度较烷烃类异羟肟酸强有关。

由于 H205 在使用时需要在加入大量酒精的条件下，加入氨水，使其生成邻羟基萘羟酸铵，在生产车间配制复杂，并且 H205 的固体颗粒不能安全地有效溶解反应生成铵盐。1992 ~ 1994 年包钢稀土研究院（原包头稀土研究院）又成功研制 H316（H205 基础上的改进）代替 H205，与水玻璃、起泡剂 J103 组合使用（矿浆 pH 值为 7 ~ 8）进行了工业试验，经 H316 和 H205 工业试验结果对比表明，在稀土精矿品位相同（53%）时，H316 比 H205 的回收率提高 10.09%，并且 H316 使用时不需用氨水配药，改善了工作环境，减少了药剂用量，节约了药剂成本，降低了稀土精矿成本。

20 世纪 90 年代中后期，包头林峰化工公司在羟肟酸的基础上成功地研制了 LF 系列稀土捕收剂，新药剂 LF-P8 可在当地生产，储运方便，价格便宜，指标稳定，经济效益显著。

随着稀土浮选药剂的不断改进创新，稀土选矿经济效益得以提高，稀土选矿技术得到不断发展进步，促使中国稀土浮选的技术达到了国际领先水平。

39.5.1.2 氟碳铈矿选矿

A 四川凉山稀土矿

四川凉山地区稀土资源主要分布在冕宁县牦牛坪稀土矿区，其次在德昌稀土矿区。

a 牦牛坪稀土矿 牦牛坪稀土矿床位于四川冕宁县城直距 20km 处。矿区南北长约 3.5km，东西宽 1.5km，面积约 5km²，为大型稀土矿床。

四川冕宁牦牛坪稀土矿床为四川省地质矿产局 109 地质队于 1985 ~ 1986 年开展铅、锌矿点检查时发现和评价的一个大型轻稀土矿床。1987 年提交了《冕宁县牦牛坪稀土矿区光头山地段详查地质报告》，供冕宁县晶兰稀土公司开发。1990 年又提交了《冕宁县牦牛坪稀土矿区牦牛坪矿段普查地质报告》。

牦牛坪稀土矿床在地质构造上处于扬子地台西缘攀西裂谷带的北段，位于冕宁复式花岗岩基及哈哈断裂中部。矿床位于冕西岩体中段南缘。矿区岩浆岩分布有碱长花岗岩、英碱正长岩、流纹岩、碱性花岗斑岩以及云煌岩。矿区碱长花岗岩属冕宁碱长花岗岩基的一部分，为矿区分布最广的侵入岩；英碱正长岩既是伟晶状氟碳铈矿-霓辉石-萤石-重晶石岩脉等矿体的围岩，本身又常构成氟碳铈矿细脉-浸染型稀土矿石；流纹岩分布于矿区东部，与碱长花岗岩和英碱正长岩直接接触，见有微弱稀土矿化；碱性花岗斑岩呈岩脉赋存在英碱正长岩内，云煌岩仅见于碱长花岗岩和流纹岩中。成岩成矿时代据袁忠信等（1995 年）对该矿床的同位素年代学研究表明，牦牛坪矿床形成于喜马拉雅期（与成矿密切相关的英碱正长岩锆石 U-Pb 同位素测年为 12.2 ~ 40.3Ma），是迄今为止中国已知时代最年轻的内生稀土矿床。

冕西地区哈哈断裂呈北北东走向纵贯矿区，控制着含矿杂岩体的产出和矿带的展布，次级断裂、节理直接控制矿体的产出。矿带呈北北东向，长 2600m，由复杂脉状及网脉状稀土矿脉组成。经勘查已初步圈定出 64 个矿体。矿体一般长 200 ~ 700m，最长 1000 余米；一般厚 5 ~ 30m，最厚部位达 100.57m；沿倾斜延伸数十米至 400 余米，平均含稀土氧化物 1.07% ~ 5.77%。

矿床类型为中低温热液型稀土矿床。按含稀土矿物种类划分为氟碳铈矿型、硅钛铈矿-氟碳铈矿型和氟碳钙铈矿-氟碳铈矿型。供工业利用的主要是氟碳铈矿型矿石。

该矿床系碱性伟晶岩-方解石碳酸盐稀土矿床，稀土矿物以氟碳铈矿为主，少量为硅钛铈矿及氟碳钙铈矿，伴生矿物主要为重晶石、萤石、铁、锰矿物等，少量为方铅矿。稀土平均品位 3.70%。矿石从粒度上分为块矿和粉状矿，块矿的矿物嵌布粒度粗，一般大于 1.0mm，其中氟碳铈矿一般在 1~5mm，粒度粗，易碎易磨，单体解离度好。粉状矿石是原岩风化的产物，风化比较彻底，局部风化深度达 300m，形成矿石含 20% 左右的黑色风化矿泥，它们是铁锰非晶质氧化物集合体。黑色风化物矿泥的粒度 80% 小于 44μm，REO 为 2%~7%，其中铈、钇含量较高。牦牛坪原矿石主要化学成分及稀土配分分别见表 39-5-21 和表 39-5-22。牦牛坪采出的矿石是块矿与粉状自然存在的混合矿石，其中的黑色矿泥影响稀土矿物浮选，因此，在浮选前脱泥很重要。

表 39-5-21　牦牛坪矿石主要化学成分

成　分	TFe	S	BaO	FeO	SiO$_2$	K$_2$O	REO
含量/%	1.12	5.33	21.97	0.43	31.00	1.35	3.70
成　分	Al$_2$O$_3$	Na$_2$O	F	CaO	Nb$_2$O$_5$	MgO	P
含量/%	4.17	1.39	5.50	9.62	0.122	0.73	0.24

表 39-5-22　牦牛坪稀土矿主要稀土元素配分

元　素	La	Ce	Pr	Nd	Sm	Eu	Gd	Tb-Lu	Y
含量/%	28~30	45~50	5	12~14	1.5~2	0.4	0.8~1.0	1	0.76

b　德昌稀土矿　　德昌县大陆槽稀土矿是四川省地勘局 109 地质队继 20 世纪 80 年代发现和勘查牦牛坪大型稀土矿床以来，1994 年在德昌县大陆乡进行稀土化探 II 级异常查证时发现的又一稀土矿床。该矿床具有重大的找矿开发前景。通过十几年的开发，证实该矿床为一大型单一氟碳铈矿稀土矿床，矿山开发条件和选矿指标好。大陆槽稀土属氟碳铈稀土矿，D 级储量 REO 为 28 万吨，经推测预算远景储量为 78 万吨。

矿区位于德昌县境内，四面环山，海拔 1900~2300m，有一彝族自然村，居民 350 余人。德昌县-茨达乡有 30km 等级公路相通，茨达-矿山有 41km 矿山公路，交通方便。

按组成矿体的矿脉类型及不同矿脉中的矿物组合特征，将矿石划分为以下自然类型：

（1）碳酸盐化含霓辉萤石锶重晶石型稀土矿石。

（2）萤石钡天青石型稀土矿石。

（3）细网脉-正长岩型稀土矿石。

（4）细网脉-石英闪长岩型稀土矿石。

I 号矿体主体由（1）类型构成，III 号矿体主体由（2）类型构成，（3）（4）类型主要分布于矿体边部。

矿石主要结构有自形晶结构、半自形-他形粒状结构、碎裂结构。

矿石构造主要有浸染状构造、角砾状构造、斑杂状构造、条带状构造、多孔状及松散土状构造。

氟碳铈矿为各类矿石中最主要的稀土工业矿物，呈淡黄色，油脂光泽或玻璃光泽，条痕无色或略呈黄白色，性脆、不平坦断口，硬度 4.5，实测密度为 4.94g/cm^3，具弱电磁性。矿物结晶单体一般呈板柱状或他形粒状，粒度 0.01~5.00mm，偶见 10mm 左右伟晶体。主要呈浸染状、团块状嵌布于脉石矿物中。

稀土矿石中稀土矿物单一，脉石矿物复杂。稀土矿物到目前为止仅发现氟碳铈矿一种，也是唯一的工业稀土矿物。其他可综合利用的工业矿物有方铅矿、锶重晶石、钡天青石、萤石；脉石矿物有霓辉石、方解石、毒重石、云母、长石、石英等。矿石中有 95% 的 REO 呈氟碳铈矿矿物相产出，只有 5% 的 REO 分散于其他矿物中。

矿石富含稀土，该矿于 1994 年经四川省地勘局 109 地质队发现和初探，综合 REO 品位 5% ~ 7%，单样 REO 品位最高达 17.68%。其他成分主要有 SiO_2、CaO、SrO、Ba、Pb、F、CO_2、S、Th 等。REO 品位最高 17.68%，一般为 2% ~ 5%；$SrSO_4$ 品位可达 25% ~ 27%，ThO_2 含量仅 0.014%。原矿中的伴生有用组分 Sr、Ba、CaF_2、Pb 主要呈独立矿物形式产出。锶主要是呈锶重晶石矿物相存在；钡为锶重晶石及毒重石矿物相形式产出；CaF_2 是以萤石矿物相存在；铅主要是存在于方铅矿及其次生的白铅矿中。并伴生有 Sr、Ba、CaF_2、Pb 等有用组分。

矿石结构构造及氟碳铈矿嵌布复杂，且矿石风化严重，泥化率高，分布于矿泥中的稀土（REO）占有率为 16.56%。氟碳铈矿嵌布粒度极不均匀，大部分粒度细小，解离较差。原矿石主要化学成分和矿物组成分别见表 39-5-23 ~ 表 39-5-25。

表 39-5-23   原矿石主要化学成分

成　分	REO	BaO	SrO	F	Pb	Zn	SiO_2	TiO_2
含量/%	5.38	9.73	5.31	15.47	0.48	0.078	22.09	0.21
成　分	Al_2O_3	Fe_2O_3	FeO	MnO	CaO	MgO	Na_2O	K_2O
含量/%	3.09	2.71	0.00	0.61	23.18	0.24	0.08	2.25
成　分	P_2O_5	S	CO_2	ThO_2	U	H_2O^+	H_2O^-	总量
含量/%	0.35	2.40	4.55	0.033	0.0035	1.56	0.44	100.2445

表 39-5-24   原矿稀土及伴生有用组分含量

有用组分	REO	$SrSO_4$	$BaSO_4$	$BaCO_3$	CaF_2	Pb
含量/%	5.38	9.41	5.52	8.26	30.63	0.48

表 39-5-25   原矿石主要矿物组成及含量

矿　物	氟碳铈矿	锶重晶石	毒重石	萤石	长石	石英
含量/%	6.81	14.93	8.26	30.63	17.53	11.69
矿　物	霓辉石	方解石	褐铁矿	赤铁矿	方铅矿	白铅矿
含量/%	1.23	3.76	3.21	0.17	0.50	0.05
矿　物	黄铜矿	黄铁矿	黑云母	白云母	绢云母	绿泥石
含量/%	偶　见	0.02	0.56	0.14	0.12	0.27
矿　物	褐帘石	绿帘石	白钛石	磷灰石	锆石	合　计
含量/%	0.05	0.05	0.01	偶　见	0.02	100.00

　　c　选矿工艺发展　　四川凉山地区具有代表性的选矿工艺流程有以下几种。

　　(1) 单一重选工艺流程。原矿石磨至 -0.074mm 占 62%，经水力分级箱分成 4 级，分别在刻槽矿泥摇床上分选，可得到 REO 为 30%、50%、60% 的三种氟碳铈矿精矿，重选总的作业回收率为 75%。

　　(2) 磁选—重选联合工艺流程。原矿品位为 3.2% 的原矿石磨矿后先经弱磁选，再采用 SLon-1000 磁选机一次粗选、一次扫选、二次磁选得到 REO 为 5.64% 的磁性产品，磁选作业回收率为 74.2% (产率 42%)，磁选粗精矿经水力分级箱分为 4 级，分别摇床重选，重选总精矿 REO 为 52.3%，产率为 3.56%，稀土回收率为 55% 左右。

　　(3) 重选—磁选工艺流程。原矿石经过磨矿分级后，用刻槽摇床选别，摇床稀土粗精矿进行干燥，再采用干式强磁选机选别，在原矿品位 REO 5.30% 的条件下，采用重—磁选矿工艺流程可达到稀土精矿品位 REO 51.50%，回收率 52.00% 的工艺流程指标。

　　(4) 重选—浮选工艺流程。原矿石第一段磨至 -0.074mm 占 50%，经水力分级箱分为 4 级，分别经摇床重选 (脱除矿泥及部分轻比重脉石) 得到 REO 为 30% 的重选粗精矿，稀土回收率 74.5%。该粗精矿再磨至 -0.074mm 占 70%，用碳酸钠、水玻璃、$C_{5 \sim 9}$ 羟肟酸组合药剂浮选，经一次粗选、一次扫选、一次精选闭路流程浮选，获得含 REO 50% ~ 60% 的稀土精矿，稀土回收率 50% ~ 60%。

　　重选—浮选工艺流程如图 39-5-8 所示。

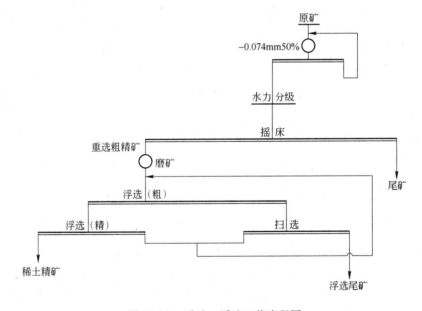

图 39-5-8　重选—浮选工艺流程图

　　重选—浮选工艺生产氟碳铈矿精矿效果较好，但是稀土回收率都比较低。曾将重选粗精矿浮选药剂改为水玻璃、H205 和磷苯二甲酸 1:1 混合使用的组合药剂在矿浆 pH 值为 8~9 的条件下浮选，得到稀土精矿品位 69.09%，浮选作业回收率 89.82%，重选—浮选流程稀土回收率为 66.92%，选矿技术指标有了明显提高。

　　(5) 重选—磁选—浮选工艺流程。重选—磁选—浮选联合流程可获得 REO 不小于 62%，回收率为 80% ~ 85% 的工业规模试验指标，其中浮选作业只需一次选别则可获得

REO为62% ~67%，浮选作业回收率为85% ~90%的浮选精矿。

重选—磁选—浮选工艺流程简述：原矿磨至 -0.15mm占65%，送入摇床重选，分选出粗粒氟碳铈矿精矿、摇床中矿和尾矿。摇床中矿经烘干或晒干后进行磁选，得到三种产品：中粒氟碳铈矿精矿、磁选尾矿和铁质矿物（作为废弃尾矿）。磁选尾矿与摇床尾矿合并进行筛分分级，除去粗粒脉石，连生体中矿进行二次磨矿（细度为 -0.074mm占75%），磨细后的矿浆与筛下产品合并进行选择性脱泥，脱泥后的沉砂进行浮选。浮选得到精矿和尾矿两种产品：精矿为微细粒氟碳铈矿，尾矿含重晶石和萤石，可作为下一步综合利用的原料。工艺流程结构如图39-5-9和图39-5-10所示。

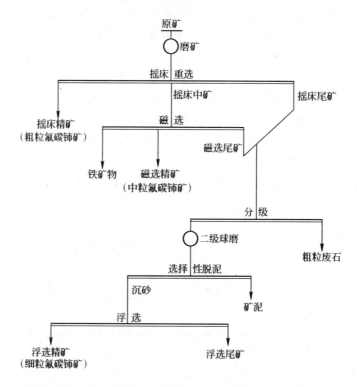

图 39-5-9　牦牛坪稀土矿采用的重选—磁选—浮选联合流程

B　山东微山稀土矿

山东微山湖稀土矿床又称为"101矿"，位于山东省微山县塘湖乡城东南20km处的韩庄镇郗山村，离济南市约200km。山东微山湖稀土矿属中低温热液充填石英-重晶石-碳酸盐稀土矿床，是华东地区唯一的稀土资源生产基地，在中国轻稀土行业占有重要地位，具有较高的开发利用价值。

a　矿石性质　山东微山湖稀土矿在1958~1962年先后由原济南地质局和802队放射性航测时发现，平均地质品位3.13%。山东省地质二队自1963~1971年对微山稀土矿床101矿区进行了详探，圈定了在东西长1.0km，南北宽0.85km，面积0.85km² 范围内的主矿脉有60条。主要矿脉钻孔钻探到 -450m深度。储量计算自 -450m至地表，在0.85km² 范围内，稀土氧化物总储量为1275万吨。经山东省国土资源厅同意，济宁市国土资源局委托山东省第二地质矿产勘查院编写完成了《山东省微山县郗山矿区及扩大区稀

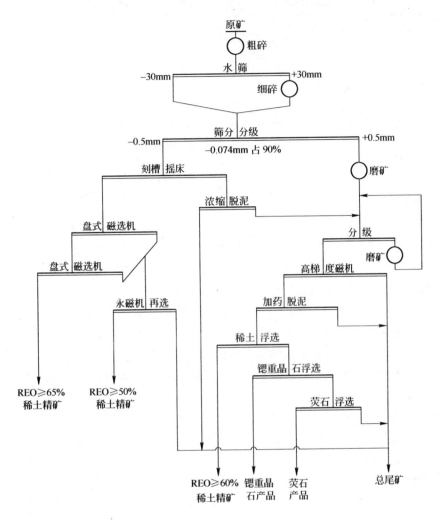

图 39-5-10　德昌大陆槽稀土选矿工艺流程

土矿资源储量核实报告》，2004 年 12 月该报告送达山东省储量评审办公室申报资源储量评审。省储量评审办公室组织有关专家及有关单位在济南召开了报告评审会。根据地质资料和多年来实际生产情况，就当前稀土产业技术经济状况，以及企业的技术条件，经有关专家评估论证，认为微山稀土资源的开发前景是可靠的，其资源储量和质量为矿山的发展和建设提供了保障。根据报告和评审会意见，截至 2004 年 12 月，采矿区保有基础储量及动用储量见表 39-5-26 和表 39-5-27。2006 年，山东省冶金设计院对矿区编制的《微山华能稀土总公司矿山扩建工程方案设计》进行了修订，并分析论证了地质资源条件和对现有生产条件进行扩建改造设计的可行性，确定矿山扩建后生产规模为年采、选原矿石 8.0 万吨，日处理 250t，生产稀土精矿产品 5000t/a，其中高品位（REO 60%）精矿 3000t/a，中低品位（REO 35%）精矿 2000t/a。设计开采范围为标高 +20 ～ -160m 的可采矿量，生产服务年限 12 年。采矿范围内的可采储量：矿石量 158416t，REO 7458.69t，预计可采储量：矿石量 625796t，REO 24483.09t；保有资源储量：矿石量 1979733t，REO 76786.83t。

表 39-5-26　矿区保有基础储量（111b + 122b）

矿体编号	保有基础储量		矿体编号	保有基础储量	
	矿石量/t	REO/t		矿石量/t	REO/t
12 号	721275	27096.87	4 号	16613	954.90
1 号	112299	7310.67	总　计	936721	37931.50
2 号	86534	2569.06			

表 39-5-27　矿区动用储量

矿体编号	动用储量		矿体编号	动用储量	
	矿石量/t	REO/t		矿石量/t	REO/t
1 号	199598	10017.24	4 号	22117	3718.71
2 号	47559	2093.39	总　计	399274	17829.34

　　微山矿矿区出露的岩石主要为太古宙泰山群变质岩系及以正长斑岩为主的碱性侵入岩。变质岩系中主要有黑云斜长片麻岩、角闪斜长片麻岩、二长片麻岩及斜长角闪岩。碱性侵入岩呈岩瘤产出，出露面积约 $0.5 km^2$，在地貌上构成椭圆形山包，主要见有正长斑岩、石英正长斑岩、霓辉石正长斑岩及石英霓辉石正长斑岩等。此外，还见到霓辉石花斑岩、钠长细晶岩及云斜煌斑岩等岩脉或透镜体。

　　正长斑岩为氟碳铈矿重晶石碳酸盐矿脉的主要围岩。岩体大致呈北东向展布，岩石具细-中粒结构，似斑状构造，主要由条纹长石及钠长石组成，二者占岩体矿物总量的 85% 以上，而且其含量互为消长。其次见有石英，含量可从少量到 10%。主要暗色矿物有霓辉石、霓石、透辉石、碱性角闪石及黑云母。副矿物有榍石、锆石、磷灰石、磁铁矿、独居石，局部见有重晶石、萤石，偶尔见到金红石、铌铁矿及锐钛矿。正长斑岩受到绿泥石化、绿帘石化及碳酸盐化等热液蚀变作用。

　　矿体主要为稀土矿化的矿脉，其次是矿化的霓辉石花斑岩和正长斑岩以及黑云母斜长片麻岩中发育的构造破碎带。按脉幅大小稀土矿脉可分为脉状及细脉状两种。脉状的氟碳铈矿石英重晶石脉，其中较大的有 10 多条，多呈北西走向（见图 39-5-11），倾向南西，倾角 50°~70°。其中一号矿脉已揭露长度数百米，宽 0.1~1.1m，斜深达数百米。一号矿脉的稀土（REO）含量都在 1.63% 以上，最高含量的样品 REO 达 59.14%。细脉状矿脉的经济意义较小，脉幅从几厘米到 10cm 以上，常由若干细脉集合构成细脉带。细脉带宽度为 4~10m。各种矿脉主要分布在距侵入岩接触带约 100m 的范围内。随着远离侵入体接触带，矿脉出现的频率和矿化强度均相应减弱。

　　组成矿脉的脉石矿物主要有重晶石、石英、方解石及白云石；其次有萤石、褐铁矿及黏土矿物；此外还见有长石、绿泥石、白云母、金云母、钠闪石、霓辉石、透闪石、透辉石、绿帘石等。副矿物有金红石、磁铁矿、钙钛矿、锐钛矿、赤铁矿、软锰矿、磷灰石、钍石及铌铁矿以及黄铁矿、闪锌矿、方铅矿等金属硫化物。稀土矿物主要是氟碳铈矿，少量或个别见到的有氟碳钙铈矿、碳铈钠石、独居石、褐帘石、烧绿石及铈磷灰石。氟碳铈矿为粒状、板状及不规则状，在矿脉中呈显微浸染状或囊状集合体产出。其稀土含量 REO 为 62.13%~69.80%。有的稀土矿物或囊状集合体由于受到后期破碎，出现细微裂隙，并被褐铁矿、石英、重晶石、碳酸盐等充填而使矿石具碎裂构造或假角砾构造。

山东微山湖稀土矿的特点是矿物及脉石成分简单，以氟碳铈矿及氟碳钙铈矿为主，并含有极少量的铈磷灰石和独居石。伴生的脉石矿物主要有方解石、白云石、重晶石、石英、萤石等，钛、铁、磷杂质含量较低。稀土元素97%呈单独的稀土矿物形态存在。稀土矿物嵌布粒度较粗，一般在0.5~0.04mm，矿石属易碎易磨易选矿石。原矿石主要化学成分见表39-5-28。精矿稀土配分见表39-5-29。

表 39-5-28　微山原矿石主要化学成分

成　分	REO	TFe	SFe	SiO_2	Al_2O_3	BaO	SrO	CaO	MgO
含量/%	3.17	2.81	2.69	47.92	22.48	11.99	0.27	1.18	1.18
成　分	K_2O	Na_2O	Nb_2O_5	Ta_2O_5	P	Th	F	S	Al_2O_3
含量/%	1.85	3.53	0.012	0.0045	0.12	0.002	0.698	2.1	22.48

表 39-5-29　精矿的稀土配分

成　分	La_2O_3	CeO_2	Pr_6O_{11}	Nd_2O_3
含量/%	24~41.47	48~53.45	3~6.67	7~16.13
成　分	Sm_2O_3	Eu_2O_3	Y_2O_3	
含量/%	0.3~2.3	0.15	0.08~0.46	

b　选矿工艺发展　　微山稀土矿自1971年建矿以来，对选矿工艺流程进行了多次改造，使技术经济指标不断提高。1988年前微山稀土矿处理矿石为民间开采的地表矿，以后则多为原生矿。由于原矿性质不同（见表39-5-30），所适用的选矿工艺流程和药剂制度也有较大差异。地表矿碳酸盐含量少、重晶石含量高，适应于酸性介质中选别。原生矿碳酸盐含量高，在酸性介质中不能正常选别；在碱性介质中含量在20%以上的重晶石和碳酸盐类矿物都具有较强的可浮性，从而给稀土矿物的选别带来困难，使选矿工艺比较复杂。所以，对两种不同性质的矿石所适应的选矿工艺流程也分别而论。

表 39-5-30　地表矿与原生矿矿物组成对比　　　　　　　　　　（%）

矿　物	稀土矿物	铁矿物	重晶石	碳酸盐	石　英
地表矿	6.86	6.10	27.00	0.86	11.54
原生矿	4.88	3.88	17.28	12.75	12.46
矿　物	长　石	云　母	闪　石	其　他	合　计
地表矿	40.00	2.10	4.76	1.69	100
原生矿	39.12	2.41	5.81	1.43	100

（1）地表矿选矿工艺流程。1984年以前选矿工艺流程为粗选、三次精选、一次扫选，中矿循序返回。脂肪酸为捕收剂（油酸和煤油组合），硫酸为介质调整剂。在pH值为5.5~6.0时稀土矿物具有良好的浮游性，而重晶石、硅酸盐等脉石矿物的可浮性较差，用硫酸、油酸、煤油组合，采用一次粗选、一次扫选、三次精选的流程配置，中矿循序返回，对保证

回收率和精矿品位是比较合理的。然而由于地表矿含泥量大，捕收剂选择性差，使各选别作业的富矿比较小。精选尾矿的循序返回影响了精选作业的选别效果，导致精矿品位下降。由于此流程药剂制度简单，易操作，在精矿品位要求不高的情况下具有较高的使用价值。

1984 年，由山东省冶金研究所、金岭铁矿、微山稀土矿联合试验研究的高品位稀土精矿选矿工艺流程（见图 39-5-11）成功地选出了 REO 不小于 68% 的高品位稀土精矿，生产实践中取得了较好的经济效果。高品位稀土精矿选矿工艺流程增加了精选次数，一精中矿单独再选。四精五精开路，减少了中矿对精选作业的干扰，能够直接选出含 REO 不小于68% 的高品位精矿。工艺过程为：在酸性介质中，用对稀土矿物选择性较强的 1 号药作捕收剂，配以组合起泡剂使精矿质量有所保证；中矿再选对可浮性较差、单体解离度不充分的稀土矿物实现了最大限度的回收。该流程可选出两个品级的产品（高品位 REO≥68%，低品位 REO≥35%），增加了产品的灵活性，经济技术指标达到了较高的水平。因此，它对处理地表矿是合理的。但这种流程的再选作业尾矿（含 REO 不小于 6%，与入选原矿相近）直接排放，选成了稀土金属流失，应进一步完善。

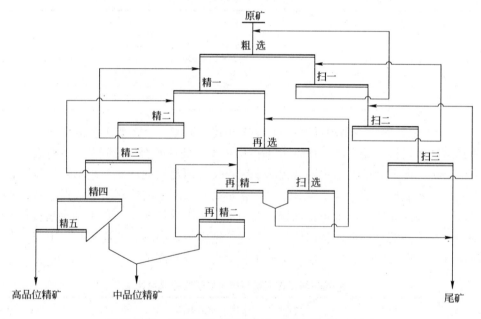

图 39-5-11　高品位稀土精矿选矿工艺流程（1984 年）

（2）生产工艺流程。微山稀土矿选矿厂的工艺流程（见图 39-5-12）包括：原矿经两段一闭路流程破碎至 18～0mm，经一段闭路磨矿磨至 -0.074mm 占 60%～75%，送浮选作业处理。浮选采用硫酸作调整剂，在弱酸性介质中用油酸、煤油作捕收剂，经一次粗选、三次扫选、三次精选流程选别，获得含 REO 45%～60% 的稀土精矿、稀土回收率为75%～80%。为满足稀土精矿出口的需要，可在上述流程基础上将精选次数增加至五次，精选中矿单独处理，以生产含 REO 68% 的优质稀土精矿出口，精选中矿经单独处理后出一个含 REO 30%～50% 的稀土次精供国内使用。

微山稀土矿选矿厂的浮选药剂制度及用量见表 39-5-31，选矿厂的稀土浮选指标见表39-5-32。

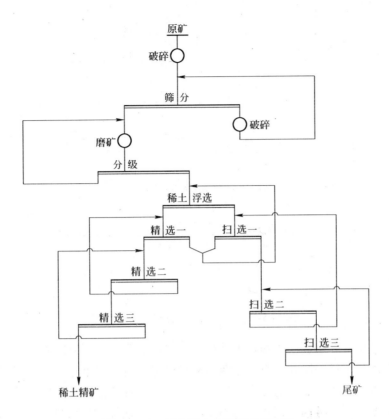

图 39-5-12 微山稀土矿选矿工艺流程

表 39-5-31 浮选药剂制度及用量

药剂名称	硫酸	油酸	煤油
用量/g·t^{-1}	1500	2100	7500

表 39-5-32 稀土浮选指标

原矿品位(REO)/%	稀土精矿品位(REO)/%	稀土回收率/%
3.5~4.5	45~60	75~80

（3）原生矿选别流程。1987 年扩建，山东省冶金设计研究院与微山稀土矿共同进行的"微山稀土矿原生矿可选性试验研究"推荐流程，选用了 H205 作捕收剂，在碱性介质中，用碳酸钠、水玻璃、氟硅酸钠作调整剂和抑制剂，用 PF-100 为起泡剂，小型闭路试验结果：原矿 REO 含 5%，中品位精矿 REO 为 38.60%，回收率为 33.18%；高品位精矿 REO 为 68.40%，回收率 48.47%，总收率为 82.65%。

1989 年 7 月的反浮选工艺流程（见图 39-5-13），采用强抑制强捕收的药剂制度在 pH 值为 10.5~11.0 的条件下浮选重晶石，尾矿经倾斜浓密箱脱药调浆至 pH 值为 8.5~9.0 时加捕收剂 H205 浮选稀土矿物。小型试验结果较好，但实际生产效果不理想。一是稀土回收率低，二是精矿品位低。因此，强抑制强捕收的反浮选工艺不适于选别微山稀土矿原生矿。

1991 年改造的工艺流程基本参考了 1987 年试验研究的流程，直接浮选稀土矿物，使

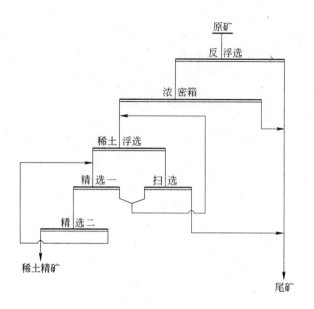

图 39-5-13   反浮选工艺流程（1989 年）

稀土回收率有了保证。扫选精矿和精一尾矿经浓密箱脱泥浓缩后返回原矿进行调浆，避免了循序返回造成的干扰，保证了粗选作业的相对稳定。精三作业开路对提高高品位精矿质量、稀土总回收率有利。最后用反浮选选出重晶石等脉石矿物，使高品位精矿质量得到了保证。药剂制度采用在碱性介质中以水玻璃明矾为抑制剂，用 H205 和 ZL102 为捕收剂，都取得了较好的指标。1991 年选矿工艺流程如图 39-5-14 所示。

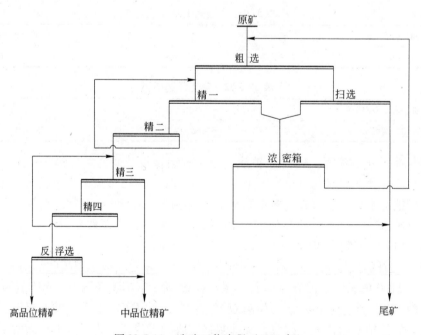

图 39-5-14   选矿工艺流程（1991 年）

1991 年，根据市场需要采用稀土捕收剂 L102（$C_6H_4OHCONHOH$），氢氧化钠作调整剂，水玻璃作抑制剂，铝盐作活化剂，L101（起泡剂）组合药剂，在弱碱性（pH 值为 8~8.5）矿浆中优先浮选稀土矿物，生产 REO 为 45%~50%、回收率为 80%~85% 的稀土精矿。在弱碱性矿浆中优先浮选稀土矿物浮选流程如图 39-5-15 所示。

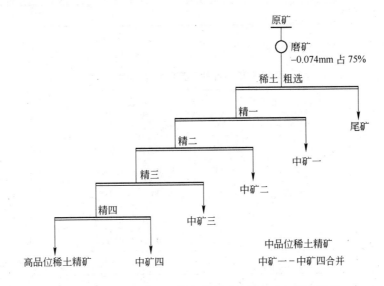

图 39-5-15 在弱碱性矿浆中优先浮选稀土矿物浮选流程

优先浮选稀土流程数据计算结果及矿浆介质 pH 值见表 39-5-33，药剂制度及药剂用量见表 39-5-34。

表 39-5-33 优先浮选稀土流程数据计算结果及矿浆介质 pH 值

作　业	pH 值	产品名称	产率/%	品位/%	回收率/%
粗　选	8.5	一精给矿	10.99	50.60	91.51
		尾　矿	89.01	0.58	8.49
		给　矿	100.00	6.077	100.00
精　一	8.5	二精给矿	8.87	57.56	84.01
		中矿一	2.12	21.49	7.50
		一精给矿	10.99	50.60	91.51
精　二	8.0	三精给矿	7.88	60.25	78.13
		中矿二	0.99	36.12	5.88
		二精给矿	8.87	57.56	84.01
精　三	8.0	四精给矿	6.53	62.27	66.91
		中矿三	1.35	50.50	11.22
		三精给矿	7.88	60.25	78.13
精　四	8.0	高品位稀土精矿	5.34	67.81	59.58
		中矿四	1.19	37.43	7.33
		四精给矿	6.53	62.27	66.91
中矿一-中矿四合并		中品位稀土精矿	5.65	34.34	31.93

表 39-5-34　药剂制度及药剂用量

药剂类别	调整剂	抑制剂	捕收剂	辅助捕收剂	活化剂	药剂总用量
药剂名称	氢氧化钠	水玻璃	L102	L101	铝盐	
用量/kg·t⁻¹	0.35	1.725	1.14	0.10	0.3	3.615

上述各种工艺流程选别指标见表 39-5-35。

表 39-5-35　各种工艺流程选别指标　（%）

流程年份	原矿品位	精矿品位 高精矿	精矿品位 中精矿	回收率 高精矿	回收率 中精矿	备　注
1984 以前	6.00	—	40.00	—	65.00	1984 年前一段结果
1984	6.00	68.72	36.11	45.88	24.47	工业性试验
1987	3.25	65.32	33.47	47.30	33.12	试生产流程考察结果
1989	3.71	—	41.04	—	61.10	1991 年上半年累计
1991	6.06	61.15	33.48	69.04	28.76	L102 生产结果
1991	6.25	—	36.72	—	87.64	H205 生产结果

1998～2000 年，山东省冶金研究院、青岛建工学院、微山稀土矿三家联合对微山稀土矿进行了"微山稀土矿选矿药剂试验研究"。用 S104 稀土捕收剂选别微山稀土矿取得了较好的效果，并分别与传统药剂 H205、L102 进行了对比试验，试验结果见表 39-5-36。

表 39-5-36　稀土选矿捕收剂对比试验结果统计　（%）

药剂名称	磨矿细度组成（−0.074mm 含量）	原矿品位（REO）	精矿品位（REO）	尾矿品位（REO）	回收率
H205	75	4.5	40.63	1.21	75.36
L102	75	4.5	38.45	1.57	67.79
S104	75	4.5	39.14	1.33	72.92
H205	80	4.5	40.76	1.18	75.98
L102	80	4.5	39.14	1.37	72.08
S104	80	4.5	39.74	1.30	73.52
H205	85	4.5	40.23	1.22	75.17
L102	85	4.5	39.65	1.44	70.56
S104	85	4.5	40.44	1.43	70.72

由于 S104、H205、L102 稀土捕收剂都有一个共同的特点就是选择性好而捕收能力却较差，在选矿过程不能有效地捕收粗颗粒的稀土矿物，这对嵌布粒度粗的微山稀土矿显然是个较大的弊端。用价格低廉的选矿捕收剂 M200 作为 S104 的辅助捕收剂进行的复合用药选矿试验，取得了较好的效果，试验数据表明，复合用药可以使 S104 药剂用量减少 20%，选矿药剂成本降低 10% 以上，精矿品位明显提高，稀土回收率提高 2～3 个百分点。用 M200 药剂与 H205、L102 分别进行了复合用药试验，也取得了较好的效果。

为了更好地开发利用微山稀土资源，进行了伴生矿物综合回收利用的研究工作。经过大量的试验研究，推荐的工艺流程是，首先选出 5% 左右的黄铁矿，硫精矿品位可以达到 40% 以上，回收率 60% 以上，从而为提高稀土精矿品位奠定了基础。然后选别稀土，最终尾矿进行重晶石回收，试验指标为重晶石精矿品位 $BaSO_4$ 93% 以上，回收率可达 75% 以上（详细情况参见有关论文）。最终尾矿一部分充填于井下采空区，其余被当地水泥厂用作添加剂。据水泥厂家反馈信息，水泥中加入 2% ~3% 的稀土尾矿，可以缩短熟化时间，使水泥标号提高 20MPa。

C 美国芒廷帕斯稀土矿

芒廷帕斯（Mountain Pass）矿床位于美国加利福尼亚州南部圣贝纳迪诺区北部。稀土矿赋存在一长 8km、厚 2.4km 的碳酸盐矿体中，呈不规则的脉状产出。矿石中含方解石 40% ~60%、含重晶石和天青石 20% ~35%、含石英 8%，并含有少量的磷灰石、方铅矿、赤铁矿等。矿石中的稀土矿物以氟碳铈矿为主，并含有极少量的独居石。矿石中稀土矿物嵌布粒度较粗，稀土平均品位为 7% ~8% REO。

该矿床发现于 1949 年，1951 年为美国联合石油集团钼公司（Molycrop. Inc.）所有。1952 年开始少量生产，1954 年浮选厂建成并投产后，年生产稀土精矿能力折合成稀土氧化物为 4077t。1966 年 12 月完成第二期扩建，生产能力达到 22650t。1972 年，由于稀土在钢中应用得到推广，1973 年该厂又扩建至 27210t。1980 年生产能力已扩大到 4 万多吨。该厂生产的产品品种有：含 REO 60% ~63% 的氟碳铈矿精矿；含 REO 68% ~72% 的稀土产品和含 REO 85% ~90% 的稀土产品。矿床的稀土产量也很大，1984 年约生产了 25.3kt 稀土精矿。除氟碳铈矿外可顺便开采重晶石及钍。科罗拉多美国钼公司近日宣布，将启动加利福尼亚州芒廷帕斯矿稀土生产工程，比最初预期提前 3 个月。该生产作业需美国钼公司追加投资 1.14 亿美元。该公司此次还声明表示，2012 年该矿场产能将由原来的 5000 ~7000t 增加至 8000 ~10000t，年产能可达 19050 吨/年。

a 矿石性质

芒廷帕斯矿区主要产出早寒武纪变质岩，包括石榴子石云母片岩和片麻岩、角闪石片麻岩、角闪岩、花岗片麻岩和混合岩。变质岩带近于南北向延伸，长约 40km，宽约 7km。矿区内的侵入岩有富辉正长岩、正长岩和花岗岩，形成不规则状的岩株和岩墙。7 个大的侵入岩体中有 4 个是岩石成分有变化的富辉正长岩-正长岩岩株，两个是正长岩岩株，1 个是花岗岩岩株。这些岩体又被晚期正长岩和花岗岩成分的岩墙和岩脉所切割。在这些岩体的内外接触带，角砾岩化作用强烈发育，岩石发生强烈的霓长岩化。

富辉正长岩由黑云母（25% ~40%）、辉石及角闪石（5% ~40%）、碱性长石（25%）组成。其中辉石为普通辉石、霓辉石及霓石。角闪石兼有普通角闪石、钠闪石及钠铁闪石。岩石中尚见有少量橄榄石。在 1 个岩石样品中见有假白榴石。富辉正长岩的 Rb-Sr 法年龄测定得出其同位素年龄为 1380 ~1450Ma。正长岩的成分变化较大，从浅色正长岩到中色正长岩。长石为正长石、微斜长石和条纹长石，有时出现石英。暗色矿物中以黑云母量最大，其次是辉石和角闪石。辉石和角闪石性质与富辉正长岩中的相似。花岗岩由石英（40%）、碱性长石和少量包括钠角闪石在内的暗色矿物组成。碳酸岩呈岩株或岩墙遍布于全区。其中最大的碳酸岩体称作萨尔菲德女王（Sulphide Queen），平面上长约 750m，宽平均 130m，产于矿区北部富辉正长岩附近。富辉正长岩中也有较多的碳酸岩岩墙或岩脉产出，宽度从数厘米到 6m。

矿区矿化面积约 27.5 km²。矿体可分为岩株状矿体、岩脉状矿体和矿化破碎带三大类。其中以第一大类规模最大，赋存在萨尔菲德女王碳酸岩体内。组成第一大类矿体的矿物有碳酸盐矿物（平均60%）、重晶石（20%）、稀土氟碳酸盐矿物（10%）、石英和其他矿物（10%）。按所含碳酸盐矿物种类的不同又可分出三类矿石：

（1）褐色含铁白云石矿石。这类矿石见于矿体北端分支处及矿体边缘部位，在矿体内部者呈横切面约数平方米的包裹体产出。矿石矿物主要是白云石及少量独居石。个别地段富含方解石、磷灰石、磁铁矿、氟碳铈矿、氟碳钙铈矿、赤铁矿、重晶石、霓石、蓝石棉等。这类矿石形成年代最早。

（2）灰色到粉红色方解石-重晶石矿石。这类矿石在三类矿石中分布最广。方解石含量为 40%～75%，重晶石为 15%～50%，氟碳铈矿为 5%～15%。矿石由近 1mm 的他形方解石细粒集合体组成，其中含有较大晶体的重晶石和细小的柱状氟碳铈矿晶体。通常沿该集合体的裂隙有由交代作用形成的石英、针铁矿和晚世代方解石和重晶石产出。矿石中还含少量蓝石棉、绿泥石和黑云母，微量矿物有褐帘石、独居石、锆石、磁铁矿、赤铁矿、方铅矿、白钛石等。有时见到金云母及绢云母。三类矿石中这类矿石形成时期较晚。

（3）硅化方解石矿石。这类矿石见于方解石-重晶石类矿石的构造破碎带中，形成最晚。与方解石-重晶石矿石的区别是含有大量石英及氟碳铈矿。氟碳铈矿含量可达 60%。相应地方解石含量减少。石英充填裂隙或溶洞，形成特殊的梳状构造，并常选择交代重晶石。氟碳铈矿呈片状，有的已破碎。矿石中见有重晶石，并在晚期锶重晶石脉中见到褐帘石与石英、方铅矿的集合体。组成矿石的其他矿物有独居石、绢云母、针铁矿以及赤铁矿等。

第二大类岩脉状矿体也可分以下几类：

（1）方解石白云石脉：含锶重晶石、菱铁矿、铁白云石和氟碳铈矿，有时含独居石和褐帘石。

（2）方解石重晶石脉：有时含氟碳铈矿，此外尚有菱铁矿、石英、萤石、方铅矿、黄铁矿、磷灰石、蓝石棉、钼铅矿等。

（3）菱铁矿重晶石氟碳铈矿石英脉：含铁白云石、方解石、针铁矿等。

（4）铁白云石重晶石脉：含氟碳铈矿、萤石、方铅矿、铜的氧化矿物。

（5）铁白云石萤石脉。

（6）石英脉。

第二大类岩脉状矿体分布最广的是其中第二类矿脉。第三类矿脉意义最大，脉中菱铁矿约占50%，氟碳铈矿和重晶石约占30%，局部氟碳铈矿可达50%。在各类矿脉中还见到少量氟碳钙铈矿、钍石、褐帘石及岩株状矿体中见到的矿物。

第三大类矿化破碎带矿体分布也较广。带的厚度为 0.5～5m，沿走向延伸达数百米。它们切穿了富辉正长岩、正长岩、片麻岩，甚至切穿了碳酸岩矿体。矿化破碎带旁的围岩受到强烈绿泥石化和铁矿化。除稀土矿化外，钍矿化也较强，带中氧化钍含量可达 6%。

芒廷帕斯矿床稀土矿石储量在 25Mt 以上，其中 REO 为 5%～10%，$BaSO_4$ 20%～25%及少量 ThO_2。REO 平均含量为 5%的稀土矿石地质储量可超过亿吨。

　b　选矿工艺

芒廷帕斯稀土矿选矿厂每天平均处理 1500t 含氟碳铈矿 10%（含稀土氧化物 7%左右）的原矿。选矿厂的工艺流程（见图 39-5-16）为：从矿山运来的矿石，经两段一闭路

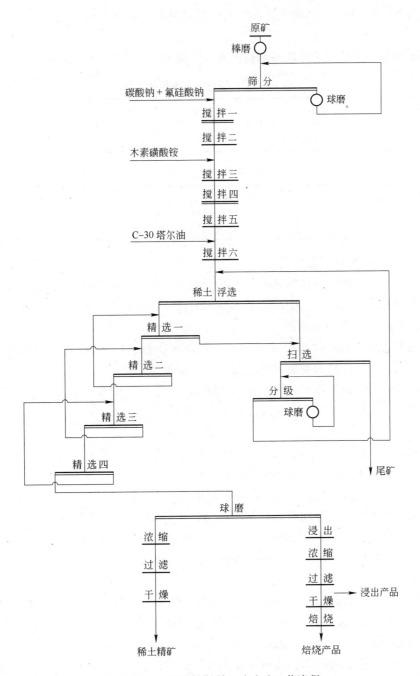

图 39-5-16 芒廷帕斯稀土矿选矿工艺流程

破碎至 -13mm，送磨浮车间。磨矿采用一段棒磨、一段球磨与水力旋流器组成的闭路流程，将矿石磨至 -0.149mm 占 80% 旋流器分级溢流送浮选作业。浮选前采用 6 个搅拌槽，在通蒸气加温（矿浆温度 85~90℃）的条件下搅拌，在第 1 个搅拌槽添加调整剂碳酸钠和氟硅酸钠，在第 3 个搅拌槽添加抑制剂木素磺酸铵，在第 6 个搅拌槽添加捕收剂 C-30 塔尔油，在 pH 值为 8.8 的条件下，进行一次粗选、一次扫选、四次精选获得含稀土氧化物 60%~63% 的稀土精矿，稀土回收率为 65%~70%。稀土浮选精矿用酸进一步处理，可获得含 REO 68% ~72% 的稀土产品；再经焙烧处理，可获得含 REO 85% ~90% 的稀土产品。

芒廷帕斯稀土选矿厂的浮选药剂制度及用量见表 39-5-37，稀土浮选指标见表 39-5-38。

表 39-5-37 浮选药剂制度及用量

药剂名称	碳酸钠	氟硅酸钠	木素磺酸铵	C-30 塔尔油
用量/g·t^{-1}	2500 ~3300	400	2300 ~3300	300

表 39-5-38 稀土浮选指标

原矿品位(REO)/%	稀土精矿品位(REO)/%	稀土回收率/%
7.0	60 ~63	65 ~70

39.5.1.3 独居石矿选矿

海滨砂矿中典型独居石矿的选矿技术独具特点。独居石的选矿可以采用重选、磁选、浮选方法，以及联合技术，其中浮选技术应用的较广，更有利于细粒独居石的选矿。

A 澳大利亚凯佩尔海滨砂矿

澳大利亚的海滨砂矿资源十分丰富，主要分布在悉尼以北至昆士兰州布里斯班的海岸、岛屿和西海岸的西澳大利亚州的埃尼巴至卡皮尔海岸。

西澳矿砂公司的海滨砂矿距海岸线约 15km，矿体与海岸线相平行。原矿重矿物含量为 5% ~12%，在重矿物中独居石仅占 0.5%，其他主要为钛铁矿、白钛石、锆英石以及少量的金红石。

矿区用 25m³ 自升式铲运机开采，一台推土机间歇地松动板结区段的矿石。采出的矿石堆存在离工作面 400m 的粗筛分场附近作为入选原矿。

a 粗选厂 送进粗选厂的原矿经三段筛分：第一段双层筛用高压水喷射矿石团块，第二段、第三段筛上产品再用圆筒擦洗筛筛分，以便使包裹在黏土里的重矿物解离出来，筛下产品经振动筛除去 +2mm 的废石，-2mm 产品经旋流器浓缩后送进圆锥选矿机，经一次粗选、一次扫选、两次精选的闭路流程获得粗精矿。西澳矿砂公司凯佩尔粗选厂流程如图39-5-17所示。

b 精选厂 西澳矿砂公司凯佩尔精选厂流程（见图39-5-18）包括：首先采用磁选方法分离出钛铁矿；随后用电选和风力摇床分选出蚀变钛铁矿；弱磁性产物与非导体产品合并，经螺旋、擦洗、分级后，堆存、脱水干燥，并作为下一阶段分离的给矿。这种给矿经一次高压辊式电选、两次筛板式电选除去导体矿物；非导体产物经感应辊式磁选和风力摇床分离出锆英石；另一种强场的感应辊式磁选分离出非磁性产品，其磁性产品再经风力摇床选别获得独居石精矿；导体矿物再经感应辊式磁选和高压辊式电选和筛板式电选获白钛石精矿。

B 广东南山海海滨砂矿

南山海稀土矿位于广东省境内，是中国大型含独居石的海滨砂矿矿床之一。该矿 1961 年开始勘探，1970 年兴建，1973 年投产。全矿包括采矿场、粗选场及精选厂。生产的产品有：独居石、磷钇矿、锆英石、钛铁矿和金红石精矿。

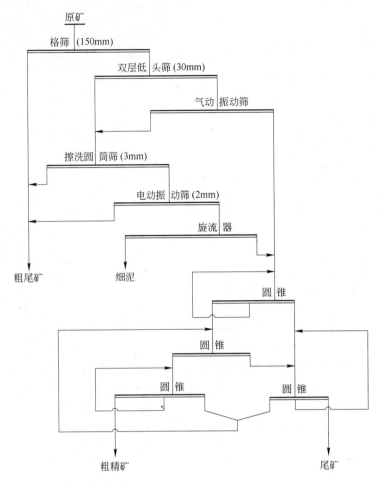

图 39-5-17 西澳矿砂公司凯佩尔粗选厂流程

a 矿石性质 南山海稀土矿系含独居石、磷钇矿的海滨砂矿。矿石中所含的主要矿物（见表 39-5-39）有：独居石、磷钇矿、锆英石、金红石、白钛石、钛铁矿及少量的锡石；主要脉石矿物有石英、长石、云母；并含有少量的电气石、黄玉、十字石等。原矿的主要化学成分分析见表 39-5-40。

表 39-5-39 原矿的主要矿物

矿 物 名 称	含量/%	矿 物 名 称	含量/%
独居石	0.0516	电气石	0.1663
磷钇矿	0.0107	磁、赤铁矿	0.0041
锆英石	0.1355	石英、长石、云母	98.68
金红石、锐钛矿	0.028	黄玉、十字石	0.6758
钛铁矿	0.1722	锡石、钍石	少 量
白钛矿	0.073		

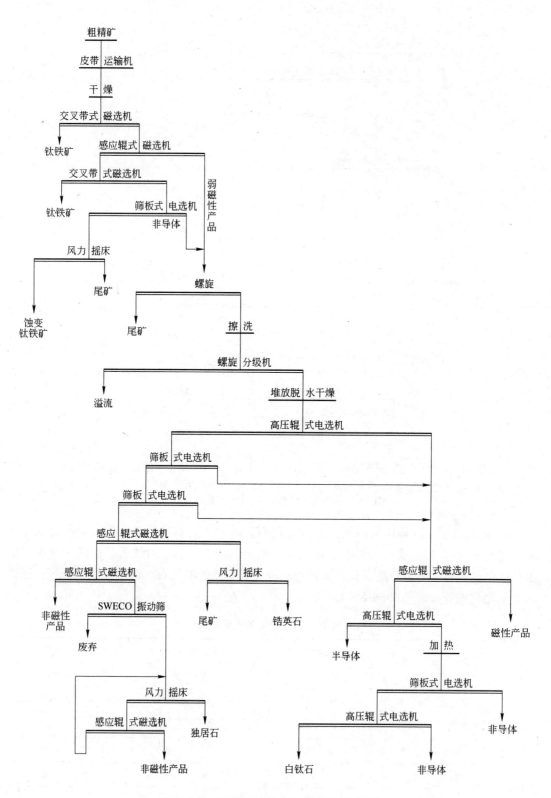

图 39-5-18 西澳矿砂公司凯佩尔精选厂流程

表 39-5-40 原矿的主要化学成分

成 分	含量/%	成 分	含量/%	成 分	含量/%
REO	0.047	ThO_2	0.005	CaO	0.48
Zr(Hf)O_2	0.152	Sn	0.033	Na_2O	0.32
TiO_2	0.31	Mn	0.26	K_2O	0.23
Ta_2O_5	0.0012	Fe	0.71	SiO_2	93.87
Nb_2O_5	0.0024	MgO	0.18	Al_2O_3	1.94

矿石的物质组成研究表明砂矿中有用元素比较分散。稀土只有74%以独居石、磷钇矿形态存在；二氧化锆以锆英石形态存在只占57%；二氧化钛只有50%呈钛铁矿、金红石、白铁石形态存在；其他以类质同象、离子吸附形态分布在石英、长石、云母之中。

矿石中有用矿物的粒度测定指出：除磷钇矿稍粗之外，其余的有用矿物80%分布在0.125～0.074mm粒级；50%分布在0.09～0.074mm粒级；锆英石及钛铁矿主要分布在0.074～0.061mm粒级。

b 工艺流程及选别指标 粗选厂和精选厂的选别指标如下：

（1）粗选厂：南山海稀土矿原设计粗选采用跳汰、摇床设备。后来，为了节省能耗和便于搬迁，已改为可移动式的组合螺旋流程（见图39-5-19）。

（2）精选厂：南山海稀土矿的精选流程是以重选开始，首先按密度不同分类，随后根据矿物的性质不同，分别采用磁选、电选、浮选联合流程进行分离，分别获得独居石、磷钇矿、钛铁矿、锆英石、金红石、磁铁矿精矿。南山海稀土矿的精选流程如图39-5-20所示。稀土选别指标见表39-5-41，主要设备及规格见表39-5-42。

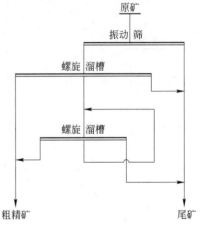

图 39-5-19 南山海稀土矿粗选原则流程

表 39-5-41 南山海稀土矿选别指标

年 份	原矿品位(REO)/%	粗 选		精选作业回收率[1]/%
		品位(REO)/%	回收率/%	
1980	0.0417	1.81	64.04	81.18
1981	0.0433	1.78	61.38	84.19
1982	0.0397	1.49	60.00	78.65
1983	0.0429	1.52	59.44	82.23

①在获得独居石合格精矿品位条件下的精选作业回收率。

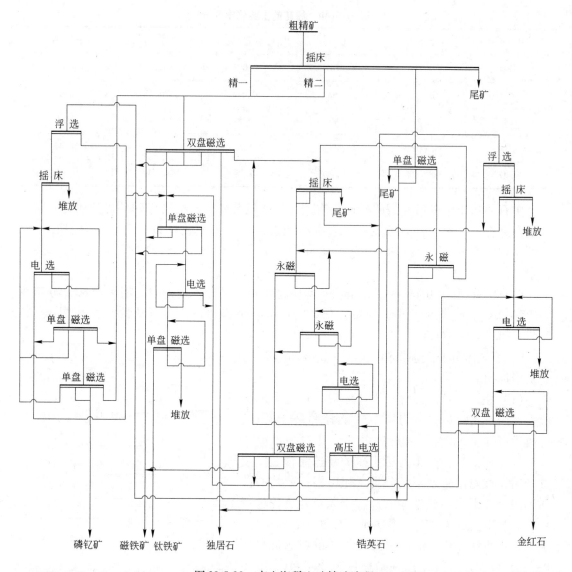

图 39-5-20　南山海稀土矿精选流程

表 39-5-42　主要设备及规格一览表

设备名称及规格	台 件	设备名称及规格	台 件
12.7cm(5in) 砂泵	6	CGRϕ560×400 永磁辊式强磁机	5
10sh 9A 水泵	3	ϕ120×1500 电选机	8
水 枪	6	DSG-6、ϕ260×1500 高压双辊电选机	1
10500×3000 单层振动筛	3	XJK0.35 浮选机	2
东方红-60 推土机	4	1000HP 柴油发电机组	1
ϕ1200、ϕ600 双头螺旋流槽	33	585 HP 柴油发电机组	1
6-S 摇床	47	544 HP 柴油发电机组	1
ϕ855 单盘磁选机	13	305 HP 柴油发电机组	3
ZPC 双盘磁选机	10	CA-10B 解放牌汽车	10

C　海南省保定海锆钛矿

保定海锆钛砂矿矿区位于海南省万宁市东南的保定海（或乌场镇）一带以南的南海近岸浅海区域，矿区范围面积38.51km²。探明矿体1个，矿体赋存于水深9.2～33.7m的海底表层，平均厚度9.0m。探明资源储量锆英石52.93万吨、钛铁矿223.99万吨。该矿平均品位锆英石1.86kg/m³、钛铁矿7.87kg/m³。矿区设计年开采原矿砂规模2368万吨；年产锆英砂精矿2.00万吨，钛铁矿精矿8.51万吨；并伴有金红石、独居石。

a　矿石性质　　海南省保定海锆钛矿是含有独居石的砂矿。主要组成矿物为石英，其次有长石、角闪石、云母、碳酸盐及碳酸盐化生物骨骼等。含锆矿物为锆石；含钛矿物主要为钛铁矿，其次有金红石和微量的榍石；铁矿物有磁铁矿、赤铁矿、褐铁矿等。此外样品中其他重砂矿物及副矿物种类繁多，有独居石、钍石、锡石、铬铁矿、黄铁矿、电气石等。化学分析和矿物组成分别见表39-5-43和表39-5-44。

表39-5-43　原矿的化学成分　　　　　　　　（%）

成　分	ZrO$_2$	TiO$_2$	TFe	FeO	Fe$_2$O$_3$	MnO	SiO$_2$	Al$_2$O$_3$
含　量	0.47	1.74	5.93	2.74	5.43	0.15	73.92	3.55
成　分	CaO	MgO	K$_2$O	Na$_2$O	P	S	Cl	Ig
含　量	3.75	0.49	1.95	0.41	0.052	0.025	0.38	4.55

表39-5-44　原矿中主要矿物的含量　　　　　（%）

矿　物	锆　石	钛铁矿	金红石	石　英	长　石	角闪石	碳酸盐生物骨骼
含　量	0.7	2.2	0.5	67.5	10.6	9.5	4.0
矿　物	云　母	磁铁矿	赤铁矿褐铁矿	榍　石	独居石	其　他	
含　量	3.0	0.2	0.3	0.2	0.2	1.1	

矿石性质表明：主要重砂矿物大多以单体状态存在，其单体矿物比例均在95%以上。化学成分主要为SiO$_2$，其次是Al$_2$O$_3$、CaO、Fe、K$_2$O等。可供回收的矿物有锆英石、钛铁矿、金红石、独居石，都有一定的含量。原矿中含有放射性元素钍。

b　工艺流程及选别指标　　海南省保定海锆钛矿采用隔渣筛—螺旋溜槽—湿式中磁选—摇床—干燥—电选—干式中磁选—强磁选工艺流程，可分别得到钛铁矿、锆精矿、金红石和独居石精矿。在全流程试验中，锆精矿产品中ZrO$_2$回收率为80.36%，钛精矿和金红石中TiO$_2$总回收率为65.98%，达到了试验预期目标。

通过上述重选试验（包括螺旋溜槽和摇床）、磁选试验（包括中磁和强磁）和电选流程及工艺条件试验，原矿选矿工艺流程如图39-5-21所示。按照试验最佳参数进行全流程试验，并对各最终产品进行化学成分检测，检测结果见表39-5-45。

表39-5-45　全流程试验产品检测结果

产品序号	产品名称	产率/%	含　量/%				
			ZrO$_2$	TiO$_2$	独居石	Fe$_2$O$_3$	P
I	钛铁矿1	1.950	0.09	50.63	—	49.03	0.087
II	锆精矿1	0.436	65.12	0.47	—	0.126	0.156
III	锆精矿2	0.147	63.78	0.85	—	0.221	0.198
IV	金红石	0.103	0.98	88.02	—	2.22	0.066
V	钛铁矿2	0.136	0.28	51.63	—	30.98	0.040
VI	独居石1	0.140	11.73	0.62	55.10	—	—

隔渣筛—螺旋溜槽—湿式中磁选—摇床—干燥—电选—干式中磁选—强磁选选矿原则流程如图 39-5-21 所示。

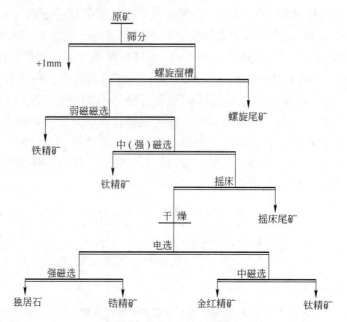

图 39-5-21　隔渣筛—螺旋溜槽—湿式中磁选—摇床—干燥—电选—干式中
磁选—强磁选选矿原则流程

图 39-5-22 所示是澳大利亚某矿床多矿物的选矿工艺示意图。矿床中的锆、钛等元素组成的矿物与稀土、铁、铬、硅、磷等元素密切共生，在锆、钛主体矿物回收的同时富集回收稀土等矿物。

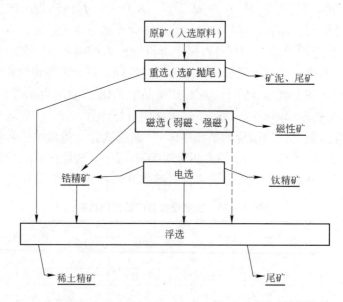

图 39-5-22　多矿物的分离回收工艺拟定原则流程图

从原矿中采用的重力选矿方法多种重选设备联合流程得到重粗砂矿，其中锆、钛、稀土等得以富集，通过此作业可以大量抛尾、脱泥并富集有用矿物。

磁力选矿方法是根据矿物的磁性不同对矿物进行分离，可用在重选得到粗砂，弱磁选选出磁性矿物如铁等强磁性矿物，强磁选通过调整磁场强度的变化进行锆矿物、稀土矿物等的分离，湿式可直接用于重粗砂，干选之前必须进行干燥处理。

电选方法通过不同的电流作用于不同电性的矿物，干式电选可将钛矿物分离，进入该作业的试料需干燥处理。

泡沫浮选方法是利用矿物表面物理化学性质的差异进行矿物之间的分离，适用于复杂细粒矿物之间的分离和回收，可有效地回收含有放射性的独居石稀土矿物。

39.5.1.4 磷钇矿选矿

磷钇矿资源主要分布在广东、湖南、广西、江西等地。广东雪山磷钇矿是以磷钇矿为主的独立矿床。磷钇矿和独居石一样，与其他矿物伴生产出，因此多半是经重选富集之后，再采用其他的选矿方法从重砂中予以回收。

A 矿石性质

广东雪山磷钇矿系花岗岩风化壳矿床。矿石中磷钇矿含量较高，伴生的有用矿物有独居石、锆英石；主要脉石矿物有长石、石英、黑云母等。

矿石物质成分研究表明：矿石中的稀土元素比较分散，稀土以磷钇矿形态存在只占45%，其余的稀土除一部分以独居石形态存在外，大部分以分散形态存在于脉石矿物之中。

B 工艺流程

广东雪山磷钇矿选矿工艺流程（见图39-5-23）：原矿磨至 −1mm 的条件下，采用摇床粗选弃尾；粗精矿经两次摇床精选，得到磷钇矿和独居石混合精矿；随后，采用分级分别磁选的方法使两者分离，分别获得含 Y_2O_3 39.90% 的磷钇矿精矿和独居石精矿。

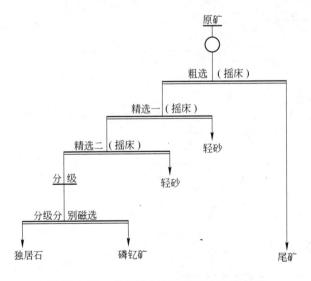

图 39-5-23 广东雪山磷钇矿选矿工艺流程

39.5.1.5 铈铌钙钛矿选矿

A 矿石性质

俄罗斯科拉半岛的铈铌钙钛矿产于碱性霓霞正长岩和异性霞石正长岩中，是一种含稀土、铌、钛的复合物。这种矿物的主要化学成分：REO 28.71%、ThO_2 0.52%、Nb_2O_5 9.4%、Ta_2O_5 0.38%、TiO_2 36.83%。矿物的密度为 4.64~4.89g/cm³；铈铌钙钛矿具有弱磁性。原矿含铈铌钙钛矿 3.53%~3.70%，伴生的脉石有霞石、霓石等。矿石中有用矿物嵌布粒度较粗，一般可采用重选、磁选方法回收。

B 工艺流程

a 重选—磁选流程及选别指标 从矿山运来的矿石，采用两段破碎流程破碎至 -20mm，经一段磨矿磨至 -1mm 送水力分级，粗粒级送跳汰，跳汰尾矿返回再磨，细粒级用摇床选别。所得的霞石-铈铌钙钛矿混合精矿用磁选除去霞石，获得含铈铌钙钛矿 89%~91% 的精矿，回收率为 70%~75%。流程如图 39-5-24 所示。

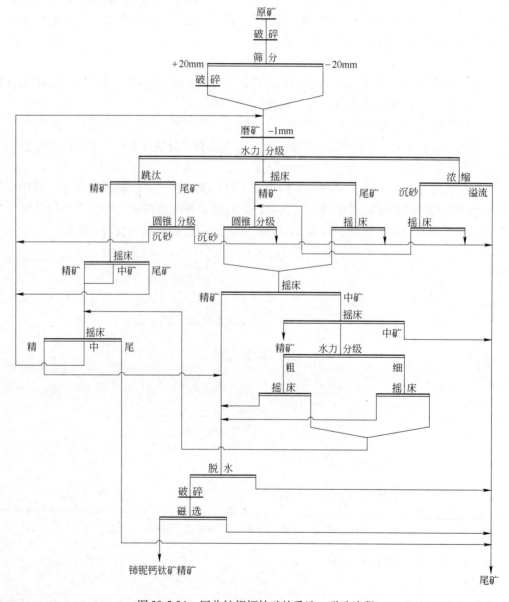

图 39-5-24 回收铈铌钙钛矿的重选—磁选流程

b 浮选回收重选矿泥中铈铌钙钛矿 用浮选法处理重选矿泥的流程（见图 39-5-25）：首先将矿泥中易浮的磷灰石浮出，经四次精选获得含 P_2O_5 36% ~ 38%、回收率 83% ~ 85% 的磷灰石精矿。磷灰石浮选尾矿进一步脱泥，并添加水玻璃和捕收剂 ИМ-50，采用 H_2SO_4 使矿浆 pH 值调整至 4.8 ~ 5.4，进行铈铌钙钛矿和霞石浮选；上述两种矿物的浮选泡沫经酸处理后，采用草酸、六偏磷酸钠、ИМ-50，在 pH 值为 6.2 ~ 6.4 的条件下浮选铈铌钙钛矿，经精选获得含铈铌钙钛矿 95% 的最终精矿，对重选矿泥的作业回收率为 82%（对原矿而言增加 8% ~ 10% 的回收率）。

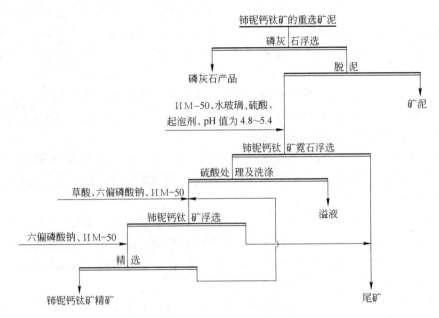

图 39-5-25 浮选回收重选矿泥中铈铌钙钛矿工艺流程

39.5.1.6 风化壳淋积型稀土矿

我国于 20 世纪 60 年代末期首先在江西省龙南足洞发现离子吸附重稀土矿及寻乌河岭离子吸附轻稀土矿后，相继在福建、湖南、广东、广西等南岭地区发现该类型矿床，但以江西比较集中且量大。风化壳淋积型稀土矿是一种国外未见报道的我国特有的新型稀土矿床。经 20 多年的研究，查明该类型矿床具有分布地面广、储量大、放射性低、开采容易、提取稀土工艺简单、生产成本低、产品质量好等特点。风化淋积型稀土矿含稀土花岗岩或火山岩，经多年风化而形成，矿体覆盖浅，矿石较松散，颗粒很细。在矿石中的稀土元素 80% ~ 90% 呈离子状态吸附在高岭土、埃洛石和水云母等黏土矿物上；吸附在黏土矿物上的稀土阳离子不溶于水或乙醇，但在强电解质（如 NaCl、$(NH_4)_2SO_4$、NH_4Cl、NH_4Ac 等）溶液中能发生离子交换并进入溶液，具有可逆反应。

A 资源发现

风化壳淋积型稀土矿最先是江西省地质局 908 大队第四分队在 1969 年对江西省赣州市龙南县足洞地区进行地质普查时在花岗岩风化壳中发现有稀土存在的迹象，后来经过相关权威机构和专家鉴定发现此类稀土矿在当时属于一种新型的外生稀土矿物，并且该类矿床也只有我国才有，非常独特。此类稀土矿被发现以后，国内的很多科研院所对其进行了大量细致的地质勘查、采选研究和成因分析。发现此类稀土矿中含有的矿物相稀土含量很少，大部分的稀土呈离子相附着在矿物中，同时揭开了离子型稀土矿神秘的面纱，确定了成矿原因和矿床类型，以及采用浸出的方式对此类稀土矿进行综合回收利用。相关研究还发现，该类稀土矿具有储存量大、放射性较低、开采相对容易等优点，为今后低成本、高效率、高品质的低碳开采离子型稀土矿奠定了基础。

最早对风化壳淋积型稀土矿进行浸出并获得合格产品的工作是由当时的江西共产主义劳动大学足洞分校的师生们完成的，他们为了自力更生，采用相对比较"土"的办法对离子型稀土矿进行浸出，用草酸沉淀稀土后再对其进行烘干，获得合格产品后以一个相对比较高的价格在国内市场上销售。当时的龙南县政府为此受到启发，积极并迅速调动科研人员和工作人员在足洞地区附近开办了我国第一个离子型稀土矿厂，当时的矿名叫做"五·七"矿，虽然此矿厂早些年的办厂历程相对艰辛，但一直坚持到现在。

从 20 世纪 80 年代开始，随着科技的发展，尤其是高新技术产业的发展，急剧增大了对稀土产品的需求，促使更多的离子型稀土矿矿山开办，同时一些更先进的稀土提取技术被发现和应用，加快了稀土采选业的发展。

风化壳淋积型稀土矿的发现不仅在我国，而且在全世界都具有很深远的历史意义，解决了中重稀土匮乏的问题，为我国乃至世界稀土工业的发展和应用写下了不朽的篇章。

B 资源分布

风化壳淋积型稀土矿矿床分散，主要分布于中国南方的江西、福建、广东、云南、湖南、广西、浙江七省（区），七省（区）中的 100 多个县（市）均有不同程度的分布，仅南岭五省的矿化面积就达近 10 万平方千米，已发现矿床 214 个，已探明储量中公开公布的数字为 148 万吨，江西赣南地区所占份额最大。

根据有关方面资料获知，近十多年来，南方七省（区）有关地矿部门和矿山相继探明大量风化壳淋积型稀土矿储量，共计探明上述几省（区）的风化壳淋积型稀土资源的远景储量约为 1000 万吨（按 REO 计，下同），其中探明储量约为 800 万吨，其中江西 280 万吨、广东 260 万吨，广西、湖南、云南各数十万吨，并预测中国南方风化壳淋积型稀土资源远景储量为 5000 万吨。因此，中国南方七省（区）是我国第二大稀土资源基地，其稀土总储量仅次于内蒙古白云鄂博地区。

风化壳淋积型稀土矿主要分布在中国南岭地区，位于赣南、粤北、湘南和闽西，其主要分布图如图 39-5-26 所示。

江西省的风化壳淋积型稀土矿储量最为丰富，占全国探明储量的 37% 左右，而赣南则占江西省储量的 90% 左右，主要分布在赣南一带，如龙南、定南、全南、大余、崇义、上犹、赣县、信丰、寻乌、兴国、广昌及黎川、南丰、乐安等地。因此，江西省有"风化壳淋积型稀土矿之乡"的美称。风化壳淋积型稀土矿的代表矿床主要有龙南重稀土矿、寻乌轻稀土矿、信丰和宁化中钇富铕稀土矿。

福建省的风化壳淋积型稀土矿资源较为丰富，目前已探明的储量 50000 多吨，远景储量达 400 万吨。主要集中在龙岩地区，该地区探明的储量为 4.59 万吨，远景储量 140 万吨，占全省的 35%。福建省的风化壳淋积型稀土矿主要以高铈、中钇型为主，矿石中的放射性、有害元素较低。

湖南省风化壳淋积型稀土矿目前已探明的保有资源量约为 10 万吨，主要分布于湖南

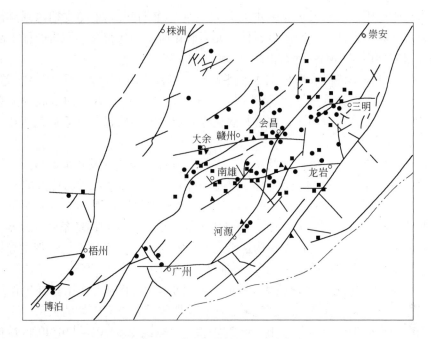

图 39-5-26　风化壳淋积型稀土矿床分布略图

省的岳阳地区，其稀土配分类型为中钇型重稀土。

广东省风化壳淋积型稀土矿储量仅次于江西，目前已探明的保有资源量约为 260 万吨，主要分布在江门、河源等地区，稀土成分是介于包头稀土矿和江西龙南重稀土矿之间，其含轻稀土量（镧、铈、镨、钕）约 78%；含中稀土量（钐、铕、钆）约 11%；含重稀土量约 11%。

广西壮族自治区风化壳淋积型稀土矿目前已探明的保有资源量约为 10 万吨，分布区域较广，主要在贺州市、崇左市、梧州市、贵港市、玉林市等地区，其稀土配分类型为中钇富铕型。

云南省风化壳淋积型稀土矿目前已探明的保有资源量约为 10 万吨，主要分布在楚雄市、德宏州地区，其稀土配分类型为中钇型轻稀土。

随着 21 世纪信息时代的到来，高新技术和高新产业得到了快速的发展，富含中、重稀土元素的离子型稀土矿已成为我国重要的战略资源，并在世界高新产业中占据着主导和支配地位。鉴于离子型稀土矿对我国经济发展所起的重要作用，必须树立正确的稀土资源战略储备理念，并合理开采利用该类型稀土矿，争取为世界稀土产业的发展及高科技新材料领域作出更大的贡献。

C　矿床性质

a　成矿原因　　风化壳淋积型稀土矿的形成条件十分复杂，主要有 3 个，缺一不可。第一，原岩中必须含稀土矿物，这是稀土来源的充分条件；第二，稀土必须赋存在可风化的稀土矿物和副矿物上，这能满足稀土矿物风化后形成稀土离子的内在条件；第三，原岩必须处于温暖湿润的气候地区，受生物、物理和化学作用，这是符合原岩风化的外在条件。此外，其矿床成矿地质条件还受岩石条件、构造条件和表生条件等多种因素的控制。

（1）岩石条件。稀土在不同岩石中的丰度极不均匀，花岗岩和火山岩是构成该类工业矿床的主要含矿地质体。形成风化壳的岩浆岩从加里东期到海西-印支期再到燕山早期及晚期的花岗岩和火山岩都有，因此岩石稀土元素矿化所属时代很长。原岩的稀土品位（风化壳）随成岩时间由早到晚，逐渐提高。

岩石化学成分控矿特征表现为矿化酸度差异、与碱金属结合差异和钙控矿差异三种，如钇族稀土元素矿化较铈族稀土元素矿化需要更大的酸度；前者与钠质成分关系较为密切，而后者与钾质成分更为相关；在熔浆演化晚期形成的钇族稀土元素矿化所要求的钙质含量比铈族更低。

稀土元素矿化类型与岩体产状及规模、岩石中造岩矿物含量及特征、岩石中稀土元素矿物种类及含量存在着一定的关系，如具有多成因和多期状侵入活动特点的复式及含富硅、富碱、贫二价离子、Fe^{3+}、Ti^{4+} 的岩石对稀土元素矿化均有利。

（2）构造条件。含矿岩体及单个矿床或矿体的产出往往受到构造条件的控制。区内构造控岩控矿的基本形式表现为东西向构造带主导控岩控矿、新华夏系构造带主导控岩控矿和东西向构造带与新华夏系构造带复合控岩控矿三个方面。

（3）表生条件。风化壳淋积型稀土矿矿床的形成经历了内生作用和外生作用两个阶段，二者缺一不可。表生作用与地理气候、地势和地貌等条件有密切的关系。

风化壳淋积型稀土矿矿床分布于北纬 22°~29°、东经 106°30′~110°40′区域内，尤以北纬 24°~26°矿床最为密集。这一地理区域属热带、亚热带气候，湿热潮湿雨多，植被发育，有机酸来源丰富，有利于化学风化为主的表生作用，常形成厚度较大的面型风化壳。致使风化壳中稀土含量比基岩高出数倍，富矿地段可高出数十倍以上。

风化壳淋积型稀土矿矿床大多产于海拔高度小于 550m、高差 60~250m 的丘陵地带，以平缓低山和水系发育为特征。在局部地貌上表现为微细地形起伏，对成矿有利。一般来说，山脊比山坳、山顶比山腰、山腰比山脚、缓坡比陡坡，宽阔山头比狭窄山头更有利于成矿。

b　矿床分类　　矿床可分为内生矿床和外生矿床。外生矿床又可继续分为砂矿床、沉积型矿床和风化壳淋积型矿床。根据矿床学定义，风化壳淋积型稀土矿床属于外生矿床。

据风化壳淋积型稀土矿与原生稀土矿床的关系及稀土元素配分特点，风化壳淋积型稀土还可以细分为不同的矿床类型，具体见表 39-5-46。

表 39-5-46　　风化壳淋积型稀土矿床分类

风化壳种类	矿床类型	含矿母岩岩石类型	含矿母岩主要稀土矿物	矿中离子相比率/%
深成岩风化壳	富钇重稀土型	细粒白云母花岗岩	氟碳钙钇矿	88.32
	富钇重稀土型	中细粒黑云母花岗岩	氟碳钙钇矿	80.73
	中钇重稀土型	中细粒黑云母花岗岩	氟碳钙钇矿	78.48
	富铈中钇轻稀土型	中细粒黑云母花岗岩	氟碳铈矿	85.25
	中钇低铈轻稀土型	中细粒黑云母花岗岩	氟碳铈矿	81.38
	无选择性配分型	中细粒二云母花岗岩	氟碳钙钇矿	90.43
	富铈轻稀土型	细粒黑云母花岗岩	氟碳铈矿	83.03
浅成岩风化壳	富镧富铈轻稀土型	花岗斑岩	氟碳铈矿	91.94
	无选择性配分型	煌斑岩	氟碳铈矿	86.08
喷出岩风化壳	高镧富铈轻稀土型	流纹斑岩	氟碳铈矿	91.98
	高镧富铈轻稀土型	凝灰岩	氟碳铈矿	96.81

c 矿床特征　　表生作用促使原岩分解和元素选择性迁移和富集，形成了不同成分的风化壳。根据含矿花岗岩、火山岩及混合岩风化壳的发育特征，认为风化壳矿体结构模式自上而下可分为腐殖层、残坡积层、全风化层和半风化层四层。

风化壳淋积型稀土矿矿床属于岩浆型原生稀土矿床，经风化淋积后形成风化壳构造带。由于原始岩浆矿物成分和含量的差异，岩石结晶根据不同条件因地而异。

风化壳淋积型稀土矿，主要的地质赋存类型分全复式和裸脚式两大类，其中全复式完全型和全复式非完全型分别占 35% 和 45%，裸脚式和特殊类型仅分别占 15% 和 5%。

风化壳淋积型稀土矿床品位普遍较低，通常稀土含量只有 0.03% ~0.15%，且绝大部分稀土富集在以黏土矿物为主的细粒级矿石中。

d 矿体特征　　风化壳淋积型稀土矿原矿稀土品位随矿体深度的变化主要以深潜式、浅伏式和表露式三种形式存在，具有一定的规律，如图 39-5-27 所示。

（1）深潜式：矿石风化彻底，全风化层厚度大，含 F^-、CO_3^{2-} 及 Ac^- 的地下水酸性较大，淋滤作用活跃，稀土的下迁速度加快。上层植被好，磨蚀差，稀土经漫长岁月下迁深潜在风化壳底部，10m 以下风化壳稀土含量最高。

（2）浅伏式：地下水淋滤适中，风化壳深度不是很大，上层植被较好，风化壳磨蚀少，稀土则主要富集在 0.5 ~2m 以下的全风化层。

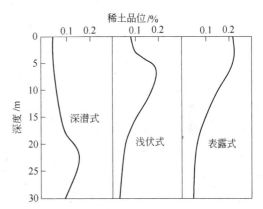

图 39-5-27　风化壳中稀土品位垂向
分布形式示意图

（3）表露式：风化壳上部由于植被突遭破坏，表土裸露，在不长时间内风蚀和水淋滤作用严重，使上表面风化壳的腐殖层流失，远古时代留下稀土含量较高的全风化层相对上升裸露于表面。

就大部分风化壳淋积型稀土矿而言，一般都是浅伏式，且离子相稀土主要赋存在全风化层，而半风化层和腐殖层则次之，基岩主要有未风化的稀土矿物。

D　矿石性质

a 物理性质　　形成风化壳淋积型稀土矿的原岩颜色主要为灰白色、灰黄色，原岩成分及风化程度对矿石颜色有较大影响。矿石密度为 1.3 ~1.8g/cm³，呈疏松状态的无规则颗粒。风化壳矿石的水溶性 pH 值是影响其中稀土元素化学行为的主要因素之一。在酸性条件下，风化壳矿石中稀土元素呈活化行为。研究表明，原矿均偏酸性，且全风化层酸度略低于腐殖层。

矿石粒度变化较大，取决于原岩的风化程度，但因黏土矿物颗粒细小，实际上是取决于矿体中未风化的残留矿物，如长石、石英及其他副矿物的粒度。一般来说，风化较彻底的矿石，粒度较细，稀土含量较高。对大多数风化壳淋积型稀土矿来说，矿石约 60% 的矿粒都小于 7.75mm，且比表面积为 1.71×10^4 ~2.04×10^4 cm²/kg。

矿石中黏土矿物含量多或大颗粒矿石残留少，矿石的黏结性就大，透水性能就差，从矿石中淋洗出离子相稀土所需时间就长。而矿石中的含水率取决于黏土矿物的含量，由于矿石主要由黏土矿物组成，所以吸水性很强。

b 物理化学性质 风化壳淋积型稀土矿矿石的物理化学特性，可归纳为以下四点：

（1）矿石的多水性。风化壳淋积型稀土矿是以黏土矿物为主的疏松无规则固体，它带有多种类型的水，包括吸附水、层间水和结构水。

（2）吸附稀土离子的稳定性。吸附在黏土矿物上的稀土离子遇水不溶解也不水解，具有一定的化学稳定性。

（3）原矿的缓冲性。由于原矿断裂键的特殊结构，使其遇到酸时就接受 H^+，遇到碱时释放出 H^+，在一定的 pH 值范围内具有缓冲能力，使得淋出的稀土母液 pH 值稳定在一定的范围内。

（4）吸附离子的可交换性。当原矿中加入电解质溶液时，吸附在黏土矿物活性中心上的稀土离子和杂质离子，就会与电解质溶液中的阳离子发生交换反应而进入溶液，这就是风化壳淋积型稀土矿化学提取稀土的理论基础。

c 矿物组成 风化壳淋积型稀土矿矿石原岩赋存于地下水存在的开放体系中，经生物、化学和物理作用，花岗岩和火山岩的原岩解离风化形成高岭土、埃洛石和蒙脱石等黏土矿物。其中以黏土矿物为主，辅以石英砂和造岩矿物长石等。原矿中黏土矿物含量大小依次为埃洛石（25%～50%）、伊利石（5%～20%）、高岭石（5%～10%）及蒙脱石（<1%）。由于原岩经受的风化程度不同，造成风化壳中各水平位置上矿物组成有所差别，在剖面上呈现一定的层状结构，通常可分为较明显的腐殖层、全风化层、半风化层和基岩四层。腐殖层和全风化层上部主要是高岭石和三水铝石。全风化层和半风化层上部主要是埃洛石和高岭石及伊利石，半风化层下部主要是伊利石和蒙脱石。风化壳矿石种类主要是受原岩控制，各风化壳矿体的原岩不同，风化的主要产物、黏土矿物组成也有所差别。

因原岩化学成分的影响，不同矿区风化壳矿石的化学成分不完全相同，但有许多共同点。矿石中主要的化学成分是 SiO_2，其次为 Al_2O_3，离子相稀土低于稀土总量，表明原岩在风化后仍有一部分稀土以矿物相形式赋存。

d 稀土元素的赋存状态 风化壳淋积型稀土矿中的稀土元素以多种不同的形态存在，按稀土元素的赋存状态可分为 4 种形式：

（1）水溶相稀土。风化壳淋积型稀土矿中水溶相稀土是指稀土元素由于风化作用等原因形成的水合或羟基水合稀土离子又未被吸附的游离态稀土，这些稀土离子在矿石中随淋滤水而迁移，在风化壳淋积型稀土矿石中的含量极低（分布率低于 0.01%），且回收困难，目前没有回收价值。

（2）胶态沉积相稀土。风化壳淋积型稀土矿中的胶态相稀土是指稀土元素以不溶于水的氧化物或氢氧化物胶体沉积在矿物上或与某种氧化物成键。这种赋存状态的稀土元素在风化壳淋积型稀土矿中的含量也较低（分布率为 3%～10%），且回收困难，因此目前的生产工艺也未对其考虑回收。

（3）矿物相稀土。风化壳淋积型稀土矿中的矿物相稀土是指稀土元素以离子化合物形式参与矿物晶格，构成矿物晶体不可缺少的部分，或者以类质同晶置换形式分散于造矿矿物中。这种赋存状态的稀土元素结合能较高，提取难度较大，而且在风化壳淋积型稀土矿中的含量较少（分布率为 3%～15%），故目前的选矿工艺未考虑对其进行回收。

（4）离子相稀土。风化壳淋积型稀土矿中的矿物相稀土是指稀土元素以水合阳离子或羟基水合阳离子的形式被吸附在矿石的黏土矿物（如蒙脱石、埃洛石、伊利石、高岭石等）中。这种吸附相态的稀土离子具有稳定的化学性质，不溶于水，在风化壳淋积型稀土矿矿物中的含量相对较高，约占稀土总量的70%~90%，是目前风化壳淋积型稀土矿中唯一有回收价值的稀土元素，采用离子交换的浸出方法对其进行回收。

e 配分类型   根据风化壳淋积型稀土矿的稀土配分特征，可将其分成三大类：

（1）轻稀土选择型。轻稀土选择型又可分为两个亚型：

1）富镧少铈轻稀土型：稀土主要以轻稀土为主。

2）富铈富镧型轻稀土：稀土元素主要以铈和镧为主，如寻乌轻稀土矿。

（2）中重稀土选择型。风化壳淋积型稀土矿中重稀土选择型稀土矿中的稀土主要以重稀土元素为主，同时也含有一定量的轻稀土元素，如富铈中钇稀土矿等，以铈为代表，含量为0.5%~1.0%。约占80%的稀土矿都是这种配分类型。

（3）重稀土选择型。风化壳淋积型稀土矿重稀土选择型稀土矿中主要为重稀土元素，如龙南重稀土矿，其中的重稀土含量达到90%左右，又称高钇型重稀土，以钇、铽、镝为代表，含量分别为25%~50%、0.5%~1.0%和3%~7%，江西赣州的龙南稀土矿就属于这一类型。

f 代表矿床   风化壳淋积型稀土矿的代表矿床主要有龙南重稀土矿、寻乌轻稀土矿、信丰和宁化中钇富铈稀土矿。

（1）龙南重稀土矿。龙南稀土矿床位于江西省龙南县足洞地区。其原岩是燕山早期的白云母花岗岩和黑云母花岗岩。风化壳就发育在这两种花岗岩上，发育厚度为数米至30多米。该矿床风化壳剖面的矿物分布具有明显的规律性。根据矿物组合特征可将风化壳划分为三个黏土矿物层：风化壳下部为含蒙脱石层（D），由蒙脱石、高岭石和7×10^{-10}m埃洛石组成；中部为高岭石和埃洛石（7×10^{-10}m）层；上部为含三水铝石层（A+B），矿物组分包括高岭石、三水铝石、7×10^{-10}m埃洛石、铝（层间）蛭石和云母-蛭石不规则混层矿物。黏土矿物带的划分与中国南方风化型高岭土矿床中的分层很类似，并以出现含三水铝石为特征。一般认为三水铝石是风化发展终结阶段的标志，而蒙脱石则反映母岩风化的初期阶段，因此，本区三个黏土矿物带构成较典型的风化发展剖面，它对华南地区相同类型风化壳具有代表性意义。

龙南重稀土矿床原岩所含的独立稀土矿物主要是硅铍钇矿和氟碳钙钇矿。因此原岩风化后，形成一个重稀土矿床，属于以钇元素为主的重稀土端元矿物矿床，为富钇重稀土矿。其中的重稀土含量达到80%左右，以钇、铽、镝为代表，含量分别为25%~60%、0.5%~1.0%和3%~7%。

（2）寻乌轻稀土矿。寻乌稀土矿床产于江西省赣南地区的寻乌县，是一种新型稀土矿种，它的选冶相对较简单，且含中重稀土较高，是一类很有市场竞争力的稀土矿。该矿特征是其稀土元素配分特殊，为低钇富铈稀土矿，Y_2O_3配分含量小于10%，是一个典型的轻稀土矿，稀土元素主要以铈和镧为主，特别是铈的含量达60%。通常情况下，对于一个敞开体系，三价铈是不稳定的，很容易被氧化成四价铈。但为什么三价铈能存在呢？普遍认为这是因为该矿区含有较丰富的还原物质，诸如锰的低价态的化合物，它能使三价铈不被氧化，而保持三价态。这些三价态的铈和其他稀土离子一样，以水合或羟基水合离子吸附在黏土矿物上。该矿提取产品中铈的配分值达到50%以上，也是发现的风化壳淋积型稀土矿床中唯一的以轻稀土为主的矿床，特别是不存在铈亏效应，也是一个罕见的以铈元素为主的轻稀土矿物矿床。

（3）信丰中钇富铕稀土矿。信丰稀土矿位于江西信丰县，稀土储量丰富，易采选，是一种典型的中钇富铕稀土矿。广东、福建、湖南、云南和广西也存在此类风化壳淋积型稀土矿。形成中钇富铕稀土矿床的原岩可以是加里东期或者燕山期的各种花岗岩和火山岩等，这种矿床在风化壳淋积型稀土矿床中分布最为广泛，而且大部分稀土矿床都是选择这种稀土配分类型，约占已开采和发现的风化壳淋积型稀土矿床的 68%。该矿床的钇配分含量为 20% ~30%，铈配分值往往低于 3%，存在铈亏效应。铕的配分值较高，和原岩相比，在全风化层有明显的富集，一般都在 0.5% 以上，有的高达 1.5%。

（4）宁化中钇富铕稀土矿。宁化稀土矿位于福建宁化县，风化壳淋积型稀土矿有 36处，总储量近 3 万吨，其中工业储量10000 余吨，远景工业储量近 2 万吨。全县 16 个乡镇中的 13 个均有分布。侵入岩地表风化作用发育，形成了 15 ~50 余米的巨厚风化壳，对南方风化壳淋积型稀土矿成矿作用极为有利。

宁化风化壳淋积型稀土矿花岗岩风化壳的原岩产于加里东期，出露面积为 1080km²。该风化壳组成复杂，矿石放射性比度极低。稀土元素配分表明，这是一类具有代表性的富铕中钇风化壳淋积型稀土矿，原矿风化较彻底，花岗岩已长石化，属花岗岩风化壳构造带。矿粒比其他时期所产花岗岩风化壳更细，稀土元素主要集中在细粒级，其中 0.076mm粒级稀土占有率为 30.14%。全风化层矿石已完全粉化，湿度为 5%。原矿安息角 33.4°，真假密度分别为 2.4g/cm³ 和 1.45g/cm³。

宁化风化壳淋积型稀土矿原矿矿物组分见表 39-5-47。

表 39-5-47　宁化风化壳淋积型稀土矿原矿矿物组分

矿物成分	钾长石	斜长石	石 英	黑云母	普通闪石
含量/%	22.72 ~42.68	24.55 ~40.24	20.58 ~27.84	4.92 ~9.41	<2.92

宁化风化壳淋积型稀土矿化学成分见表 39-5-48。

表 39-5-48　宁化风化壳淋积型稀土矿化学成分

成 分	SiO₂	Al₂O₃	TiO₂	Fe₂O₃	FeO	MnO
含量/%	70.85	13.44	1.48	0.78	2.81	0.05
成 分	MgO	CaO	Na₂O	K₂O	P₂O₅	
含量/%	1.01	1.35	3.25	4.52	0.21	

E　选矿方法

我国科技工作者长期深入南方稀土矿山，对风化壳淋积型稀土矿选矿工艺进行了长期的研究和生产实践，发现矿石中的稀土元素主要以水合或羟基水合离子的形式吸附在矿石的黏土矿物上，可借助离子交换的理论和方法来浸取稀土，并在此基础之上相继开发出了氯化钠桶浸、硫酸铵池浸和原地浸出三代浸出工艺，形成了独具特色的风化壳淋积型稀土矿化学选矿提取技术。

a　浸出的基本原理　目前，风化壳淋积型稀土矿中通过选矿可回收的稀土元素是以水合离子或羟基水合离子的形态吸附于矿石中的高岭石、长石、云母等黏土矿物中，约占矿石中稀土总量的60%～95%。采用重选、磁选、浮选等常规的物理选矿方法无法使这些被吸附的稀土离子富集为相应的稀土矿物精矿。但其具有类似于离子交换的物理化学特征，遇到化学性质更活泼的阳离子（如 Na^+、K^+、H^+、NH_4^+ 等）能被交换解吸，因此，风化壳淋积型稀土矿可用氯化钠或硫酸铵等无机盐类物质与其进行离子交换浸出回收。当风化壳淋积型稀土被含有此类阳离子的浸取剂淋洗时，稀土离子就会被交换下来，最终富集于浸出液中。

在浸出的过程中，吸附稀土离子的黏土矿物组成了结构复杂和一个大小不均匀的离子交换"树脂"。其中，吸附稀土离子的黏土矿物是固定相，浸出剂则为流动相，离子交换反应发生在黏土矿物和浸取剂之间。黏土矿物上的稀土离子与浸取剂中电荷相同的离子进行异相交换，浸取剂中的阳离子被吸附上去，稀土离子解吸下来。同样的，稀土离子也可以被再吸附上去，浸取剂阳离子再解吸下来。因此，浸取过程中的离子交换反应即是一个可逆反应，也是非均相反应。其浸取稀土的化学反应是一个快速离子交换反应，浸取剂以铵盐为例，其离子交换化学反应方程式可表示为：

$$[Clay]_m \cdot nRE_{(s)}^{3+} + 3nNH_{4(aq)}^+ \rightleftharpoons [Clay]_m \cdot (NH_4^+)_{3n(s)} + nRE_{(aq)}^{3+}$$

式中，[Clay] 表示黏土矿物；s 表示固相；aq 表示液相。

b　浸出工艺　　风化壳淋积型稀土矿中主要是黏土矿物，此类稀土矿中稀土元素85%左右以离子相存在，该矿石稀土含量低，稀土品位仅有0.05%～0.3%，矿石粒度极细，50%以上的稀土赋存于产率为24%～32%的−0.78mm粒级中。采用常规的物理选矿法无法使稀土富集为相应的稀土精矿，只能采用化学选矿法。根据风化壳淋积型稀土矿中稀土以离子相为主的特点，科技工作者对这一特殊矿种进行了长期的研究和实践，研究出了用电解质进行离子交换浸取稀土的方法。

（1）风化壳淋积型稀土矿第一代选矿工艺：氯化钠桶浸工艺。在风化壳淋积型稀土矿开发初期（20世纪70年代），人们发现采用氯化钠溶液能够将风化壳淋积型稀土矿中的稀土浸泡下来，经过不断地完善和提高，形成了早期的风化壳淋积型稀土氯化钠桶浸工艺，其工艺流程如图39-5-28所示。该工艺的操作过程为：将剥离表土后采掘的矿石用人力车搬运至室内，经筛分后置于木桶内，用氯化钠溶液作为电解质浸取液（浸出剂）浸析稀土，一次浸析矿石数十千克，浸后尾矿搬运至尾砂堆弃地，所获得的浸出液用草酸沉淀稀土。由于 NaCl 浸取液杂质含量高，灼烧后产品质量远远达不到国家标准，因此灼烧后产品尚需进行一次酸溶，然后再进行草酸沉淀，并再次灼烧后，才能生产出合格产品。经过不断地完善和提高，陆续形成了早期的氯化钠桶中浸泡，草酸沉淀回收稀土的工艺，这就是第一代工艺——氯化钠桶浸阶段。

但经过一段时间的生产实践，发现氯化钠桶浸工艺存在以下问题：①浸矿剂消耗量大且浓度要求较高（一般需要6%以上），因此会产生大量的氯化钠废水，造成土壤盐化和板结，使得周围环境遭受严重破坏。②浸出过程的选择性差，往往伴随大量的杂质被浸出，产品质量需要经过反复洗涤才能达到要求。③需要大量的劳动力，矿山工人劳动强度大，劳动条件差，生产成本高，生产效率很低，稀土产量低，产品质量差，生产规模极小。④采用草酸做沉淀剂，因草酸有剧毒，对环境污染大。

（2）风化壳淋积型稀土矿第二代选矿工艺：池浸工艺。随着工业的进步，逐渐形成大

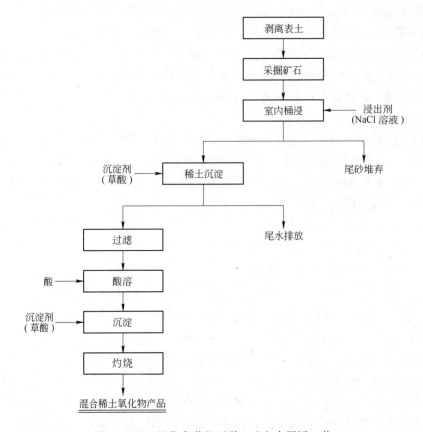

图 39-5-28   风化壳淋积型稀土矿室内桶浸工艺

规模的浸出工艺。由于室内桶浸工艺存在的诸多问题，20 世纪 70 年代中期便由室内桶浸改为野外池浸，即将剥离表土后采掘的矿石均匀填入浸出池内，工业生产上采用池浸的淋浸过程是在水泥池中进行，浸析池的体积一般在 10 ~ 20m³。

将平均粒度约为 1mm 的稀土原矿堆积在池中滤层上，装矿高度一般在 1 ~ 1.5m，池面积在 12m² 左右，用 7% NaCl 溶液自上而下自然渗入滤层。在浸取过程中，Na^+ 将原矿中的 RE^{3+} 交换至溶液中，渗滤液汇集在池的底部，池底呈一定倾斜角度，可将浸取液按稀土浓度分别收集。开始淋出的溶液中，稀土浓度较高（平均约 2g/L RE_2O_3），后期淋出的稀土浓度低，可返回配制淋洗液。

1979 年江西大学在浸取剂的研究取得新的突破，首先提出采用硫酸铵作浸取剂，经试验后，于 1981 年将硫酸铵提取稀土的新工艺应用于生产实践中。该工艺较之氯化钠浸取工艺简单，即采用硫酸铵作浸出剂，注入矿上淋泡，在池底收集浸出液，不仅实现了低浓度淋洗（硫酸铵浓度 1% ~ 4% 即可），减少了浸矿试剂的消耗，避免了浸矿剂对土壤的污染，而且提高了浸出过程的选择性，减少了钙、钡等杂质金属离子的浸出，有效地提高了稀土产品的质量，混合稀土氧化物产品纯度能达到用户的要求（稀土总量大于 92%）。此外，还采用清洁无毒的碳酸氢铵作为沉淀剂沉淀稀土，使得选矿的经济效益、环保效益与社会效益都明显提升，这便是风化壳淋积型稀土矿的第二代浸出工艺——硫酸铵池浸工艺，其工艺流程如图 39-5-29 所示。

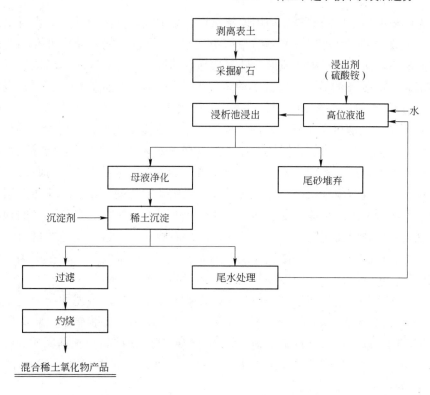

图 39-5-29 风化壳淋积型稀土矿池浸工艺流程

因此，该项技术不仅在江西省全面推广，而且在以后开发的广东、广西、福建和湖南的风化壳淋积型稀土矿矿山得到普遍应用，成为当时提取风化壳淋积型稀土矿中稀土的主要方法，促进了风化壳淋积型稀土矿的开发利用。

第一代浸取工艺技术的优点是用食盐和硫酸铵作浸矿剂浸取稀土，用草酸作沉淀剂既可析出稀土又能与伴生杂质（如铝、铁、锰等）分离。可缩短工艺流程，且回收率和产品质量较高。

但长期的生产实践表明，风化壳淋积型稀土矿第二代浸出工艺也暴露出一些缺点：

1）存在矿区的生态环境破坏严重的问题。第二代浸出工艺与第一代浸出工艺一样，需要开挖表土，破坏山体表面植被，植被复垦较难。产生大量的剥离物及尾砂，统计资料表明，每生产1t稀土产品，必须开采的地表面积达$200 \sim 800m^2$，需剥离表土和产生尾砂$1200 \sim 1500m^3$，严重破坏了矿区的生态环境。

2）资源利用率较低。在生产过程中矿山为了减少矿石及尾砂搬运费，浸池一般都建在矿石采取处附近，尾矿出池后直接往山下倾倒，使得浸池下面的矿石无法得到利用，而且剥离物也堆弃在半山腰以下，使得山腰以下的矿石基本被尾砂及剥离物掩盖而无法利用，加上露采到半风化矿时，由于矿石较坚硬，稀土品位较低，往往丢弃不采，因而采用第二代浸出工艺时稀土资源的利用率较低。

3）工人劳动强度大，劳动条件差，生产效率低，生产成本较高。

（3）风化壳淋积型稀土矿第三代选矿工艺：堆浸出工艺。1989年就有风化壳淋积型稀土矿堆浸法提取稀土的报道。近年来，风化壳淋积型稀土矿的堆浸已在一些矿山使用。

风化壳淋积型稀土矿的堆浸是利用地形筑堆，集中收液、集中处理来进行生产的，但没有从根本上改变采矿时对植被破坏的"搬山运动"。堆浸工艺首先构筑堆场，选择有利于采矿作业、不埋矿、不弃矿的地形条件，选择有利排渣、有利筑堰的场地进行平整，场地地面要求有 1% ~6% 的坡度。保证溶液定向流动。场地的低侧开挖汇流渠，浸出液从汇流渠流出。在堆场的四周挖筑围堰。围堰底宽大于 50cm。顶宽大于 20cm，堰高大于50cm。视地形条件围堰可高于堆高，围堤外侧开挖防洪沟。在平整的场地上铺垫 5 ~20cm的黏土整平夯实，作为防渗层，铺垫的黏土需 10% ~20% 的含水率。在防渗层埋设检漏电极。电极对不同电解质电阻变化要大。在防渗层上设置防水材料制成的防漏层，要延伸至四周围堰顶部。设置时检查质量，保证无破裂、无微孔的防漏层设置。在防漏层上，铺设溶液流动层，溶液流动层用能承受装卸矿器械作业的材料，制作成多种规格的预制件，在现场组合铺设，作业时要对防漏层无破坏作用。用对溶液具有过滤能力的材料铺盖在溶液流动层上，作为过滤层。对一些渗滤性能差的原矿，需用网筛装矿法，在堆场上部架设网筛框架和网筛，网筛在雨天作防雨棚架，下雨不影响生产。

在构筑好堆底的堆场进行装矿作业，装矿作业方式视原矿的渗滤性能而定。经装柱试验，高度 2m，流量小于 $100mL/(min \cdot m^2)$ 为渗矿，宜采用网筛装矿法，装矿器械运来的原矿倒在网筛的一端用拖板从网筛上拖入堆场。装矿高度（堆高）根据原矿的渗滤性能在1.5 ~5m 内选择。堆矿达到装矿量后，平整堆顶，在堆顶四周构筑 10 ~50cm 的围堰，以防加液时溶液外溢。

矿堆加液，将以前堆场流出的前、后贫液与浸取剂配置的溶液，以液固比(0.15 ~0.25)：1 液量由加液管加进堆顶作为此堆首次加液。让溶液自然往下渗透，待溶液渗至离堆顶 2 ~3cm 时，再用浸取剂溶液以液固比(0.1 ~0.25)：1 加进堆顶，作为第二次加液，在浸取剂溶液大部往下渗透。堆顶矿上大部出露后，以液固比为(0.4 ~0.6)：1 的液量加入清水，任其自然渗透至停堆，浸出液从堆底汇流渠流出，经管道送入车间处理为稀土产品。矿堆浸取作业时间，视矿堆大小，一般为 100 ~320h。其工艺流程如图 39-5-30 所示。

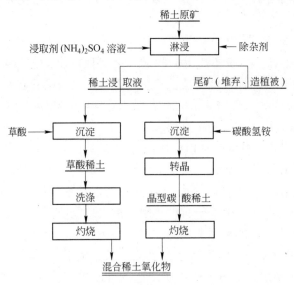

图 39-5-30　风化壳淋积型稀土矿第三代提取工艺流程

长期的稀土生产实践表明，第三代浸取工艺，由于每生产 1t 稀土产品，必须开采的地表面积达 200~800m²，需剥离矿物和产生尾砂 1200~1500m³，大量的尾砂及剥离物的堆弃，严重破坏了矿区生态环境。此外，为减少矿石及尾砂搬运费，浸池一般都在矿石采区附近，削离物也就地堆弃在半山腰以下，山腰以下的矿石基本被尾砂掩埋而无法利用，加上露采到半风化矿时，由于矿石较坚硬、品位略低，往往会丢弃不采，造成资源利用率极低，因此该浸取工艺有待改进。

风化壳淋积型稀土矿第三代的堆浸工艺，主要适合于原矿体地质结构复杂、矿体底部无假底层、原地浸出时浸液流向不清楚或可能存在暗流而导致无法接收稀土浸出液的矿体，换句话说，就是不适合原地浸出的矿山，应该选择堆浸。通常堆浸场依矿山矿体的形貌而定，能按最大矿石回采率来圈定堆场，只要设计好堆场的宽度和高度及坝基，就能有效防止地质灾害。虽然堆浸工艺需要挖山采矿、破坏植被，但有计划地在堆浸后的尾矿场平整出一块平地用于种植果树和旱地作物，很快就可以使植被恢复。第二代堆浸工艺可以解决池浸工艺的压矿问题，降低劳动强度，浸取工艺更为简单。此外它与原地浸出工艺相比，可以有效地控制稀土母液回收，提高稀土回收率，对于没有假底板的风化壳淋积型稀土矿应大力推广堆浸工艺。

(4) 风化壳淋积型稀土矿第四代选矿工艺：原地浸出工艺。为克服池浸工艺的缺点，充分、环保地利用资源，赣州有色冶金研究所于 20 世纪 80 年代初提出了原地浸矿的设想，经过“八五”、“九五”期间赣州有色冶金研究所、长沙矿冶研究院、长沙矿山研究院等单位进行国家重点科技攻关，详细研究了风化壳淋积型稀土矿原地浸出工艺，经过改进与推广，形成了目前比较成熟的风化壳淋积型稀土矿第四代选矿工艺——原地浸矿工艺，工艺流程如图 39-5-31 所示。但推广适应面小，不足15%。随后开展了深入研究，解决了较复杂地质类型全复式完全型矿体原地浸矿问题，适用面可提高 80%。在这期间，中南工业大学也开展了大量风化壳淋积型稀土矿原地浸取工艺理论及实际应用研究。近来，还有一些研究者继续开展有关原地浸出工艺的研究。

风化壳淋积型稀土矿的原地浸出工艺就是在不破坏矿区地表植被，不开挖表土与矿体的情况下，将浸出电解质溶液（浸取剂溶液）经浅井（槽）直接注入矿体（矿山上打井），电解质溶液中的阳离子将吸附在稀土矿物表面的稀土离子交换解析下来，形成稀土母液，在山底收集稀土浸出液。得到的稀土浸出液通过出液槽或者出液井流入集液沟，最后流进集液池，随后将收集的浸出液进行浓缩和富集处理，然后用碳酸氢铵沉淀回收稀土。浸取剂溶液注完后，用水顶出稀土浸出液，并充分回收稀土母液，实现闭路循环的系统。风化壳底板与潜水面的相互关系决定浸取液能否有效回收。风化壳底板与潜水面的关系是原地浸取法选择的首要依据和前提条件。

该工艺由于不存在搬山运动，不破坏矿山植被，因此对环境友好；另由于浸出电解质溶液从风化矿层上部注入，进入风化层下部后，还可渗入到半风化层、微风化层直到花岗岩基岩，因而大大提高了稀土资源的利用率；原地浸矿采场面积小则数千平方米，大则数万平方米，浸析矿量几万吨到几十万吨，稀土产量几十吨至几百吨，矿山生产能力比池浸工艺成倍增长，不但使工人劳动条件大为改善，而且费用大大降低。由于母液沉淀后清液经回收处理可循环利用，浸出电解质耗量比池浸工艺还要低，加上无需建造一系列造价较高的浸析池，因而吨稀土成本比池浸工艺又有大幅降低。特别应指出的是，原地浸矿工艺

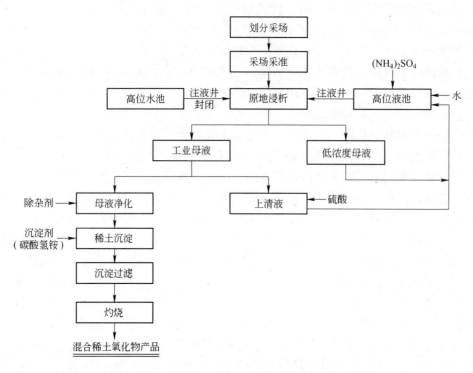

图 39-5-31　第四代风化壳淋积型稀土矿原地浸出工艺

不仅可处理淋积型稀土原矿，而且可处理淋积型稀土矿露采池浸残矿，这对延长淋积型稀土矿矿山的服务年限具有重要意义，原地浸出工艺是目前应用效果最好的风化壳淋积型稀土矿回收工艺。

由于风化壳淋积型稀土矿是我国特有的可工业利用稀土矿，所开发出的提取技术属中国原创。对水文地质条件好的矿体，重点推广原地浸出工艺，这不仅能克服稀土矿开采的搬山运动和防止压矿以及所带来的生态破坏和水土流失等一系列问题，而且能提高稀土回收率。因此对于有假底板的风化壳淋积型稀土矿应大力推广原地浸出工艺。

39.5.1.7　含稀土磷矿选矿

贵州稀土矿是典型含稀土磷矿，其分布较广，主要为磷块岩、铝土矿、煤矿伴生产出的沉积矿产，一般都有较为固定的含矿层位。

A　贵州稀土元素的特点与矿床类型

贵州稀土元素的特点与矿床类型如下：

(1) 贵州的稀土矿多作为副产品，与磷块岩、磷矿层上覆含磷岩屑细砂岩、下伏含磷硅质白云岩、铝土矿、煤矿等主矿种相伴产出，为典型的伴生沉积矿床。

(2) 贵州稀土矿以重稀土为主，轻稀土为次。稀土元素种类较齐全，如织金新华矿区属以钇为主的重稀土矿床，磷块岩中除钷（Pm）外，其余 15 种稀土元素均有反映。

(3) 钇组重稀土矿（化）主要与磷块岩、磷矿层上覆含磷岩屑细砂岩、下伏含磷硅质白云岩、煤矿相伴富集产出。

(4) 重稀土较集中分布于黔西北的磷块岩、煤矿主产区，轻稀土则集中分布在黔中地区的铝土矿成矿区。

（5）贵州已探明提交资源量的稀土矿床，主要有与磷块岩伴生产出的重稀土。

B 贵州织金新华含稀土磷矿床

贵州织金新华含稀土磷矿床，产出于早寒武统梅树村段及筇竹寺段底部含磷岩系。（上磷矿层）地质构造位置处于黔中隆起西南端上部，属扬子地台区。主要出露于织金果化背斜、张维背斜北西翼部。断裂比较简单，多以走向正断层为主，局部小构造较为发育。特别是新华戈仲伍组，是贵州早寒武统的重要含磷层位，底部是灯影组白云岩，以连续关系接触，顶部为牛蹄塘组黑色碳质页岩之下的一套生物碎屑白云质磷块岩系，以富含轻、重稀土元素而著称。普遍形成生物碎屑结构，生物碎屑主要以小壳类动物化石及藻类化石为主。

含稀土白云质磷块岩呈灰黑色、深灰～浅灰、灰蓝及灰黄色，常见薄层-中厚层构造，深色磷质及浅色白云质为主构成条带状构造。磷块岩矿物成分主要可分为两大类，磷酸盐矿物主要为碳氟磷灰石，多以非晶质、隐晶质及胶磷矿替代构成生物碎屑和内碎屑存在。矿石常以生物碎屑结构、泥晶结构及藻屑结构为主。伴生矿物常见的有白云石、方解石、石英、黏土矿物、闪锌矿、锐钛矿及黄铁矿等。稀土表现为轻、重稀土富集型。

白云质磷块岩稀土元素总量为 $251.15 \times 10^{-6} \sim 974.15 \times 10^{-6}$，平均 615.08×10^{-6}。

胶磷矿的稀土含量比其他单矿物稀土元素含量高出一倍多，显示稀土元素与胶磷矿的密切成因关系。含稀土磷块岩矿床中的主要矿物生物化石、胶磷矿、白云石中稀土元素的 LREE/HREE、（La/Sm）、（Gd/Yb）及（La/Yb）等特征比值基本类同。

贵州织金含稀土磷矿是贵州省磷矿资源和稀土资源储量最多的特大型矿区，包括一个勘探区和4个远景矿区。贵州织金已探明磷矿资源储量 13.4 亿吨，平均品位 $w(P_2O_5)$ 为 22% 左右；稀土资源储量为 144 万吨，稀土品位 $w(REO)$ 为 0.09% ～0.27%；重稀土约占稀土总量的 45% ～50%，其中以钇（Y_2O_3）、镧（La_2O_3）、铈（CeO_2）、钕（Nd_2O_3）为主，占稀土氧化物总量的 82% ～83%。

C 浮选试验

贵州大学着重进行了贵州含稀土磷矿选别工艺的研究，进行了磨矿性能、浮选试验等，取得磷和稀土同时富集的较好结果。磷精矿品位从原矿 $w(P_2O_5)$ 21% ～23%，提高到 32% 以上，磷回收率 84% ～90%；稀土品位从原矿 $w(REO)$ 0.07% 提升到 0.12% ～0.135%，稀土回收率为 83% 左右；而原矿 $w(MgO)$ 从 6% ～7% 降为 1.4% 左右，达到选矿指标。其浮选成本较低，采用硫酸、磷酸混酸为抑制剂时其吨矿药剂总费用约为 15.25 元，采用磷酸为抑制剂时其吨矿药剂总费用为 13 元。

武汉工程大学对 $w(P_2O_5)$ 25.18%、$w(MgO)$ 5.95%、稀土 $w(REO)$ 0.11% 的贵州磷矿，采用一次粗选、一次精选、一次扫选反浮选工艺，获得 $w(P_2O_5)$ 34.38%、$w(MgO)$ 0.28%、稀土 $w(REO)$ 0.16% 的磷精矿，磷回收率 86.36%，稀土回收率 86.74%，除镁率 96.48%。

贵州含稀土磷矿在工业上实现了含稀土磷肥的生产。

39.5.2 稀土选矿技术发展趋势

39.5.2.1 稀土矿物选矿

目前，我国使用的工业稀土矿物主要是白云鄂博混合型稀土矿、四川和山东的氟碳铈矿。稀土矿选矿发展趋势是提高稀土选矿回收率和资源利用率，保护好稀土二次资源（尾矿），做好环境保护和生态平衡以及资源综合利用的工作，研制和改进选矿工艺、设备和药剂，提高选矿回收率和稀土精矿品位，降低工业生产稀土精矿成本，规模生产，为冶炼厂提供优质精料。因此，降低成本，提高品位，提高回收率，提高资源利用率就是中国稀土矿选矿的发展方向，实现的途径主要有五种：①新理论的研究；②新方法的研制；③新工艺的研制；④新药剂的研制；⑤新设备的研制。选矿理论方法、工艺、药剂及设备的任何一项突破都会带来稀土选矿革命性的进步。从发展的规律来看，现代化的稀土选矿工业生产，选矿理论、方法、工艺、药剂和设备是分不开的，它们是互相促进、互相制约的，选矿理论起指导作用，选矿方法、工艺、设备的每一革新进步，都会建立新理论新学科；浮选药剂和选矿设备的进步直接关系到选矿方法和工艺的重大革新；选矿工艺技术与选矿设备的发展是同步的，设备的技术水平不仅是工艺水平的最好体现，其生产技术状态也直接影响着生产过程、产品的质量和数量以及综合经济效益。随着科技的迅速发展、理论的完善应用、知识的交替更新、材料的研发拓展等进步，稀土选矿技术都会有不同程度的进步。

A　选矿方法

选矿方法主要分为两大类，即物理选矿方法与化学选矿方法以及物理化学选矿方法。其中物理选矿方法包括人工选矿（手选）、光电选矿（光电选）、筛分选矿（筛选）、重力选矿（重选）、磁力选矿（磁选）、电力选矿（电选）等方法；化学选矿方法包括化学选矿（焙烧法、浸出法）、电化学选矿、团聚选矿、絮凝选矿、微生物选矿等方法；物理化学选矿方法有浮游选矿（浮选）方法。稀土矿物常用的选矿方法基本上是重选、磁选、电选、浮选。依据稀土与伴生矿物之间性质的差异，以上几种选矿方法都可以采用。

重选法是以流体力学为学科基础，根据矿物相对密度（通常称比重）的差异在一定的介质中来分选矿物的。密度不同的矿物粒子在运动介质中（水、空气与重液）受到流体动力和各种机械力的作用，沉降速度不同，造成适宜的松散分层和分离条件，从而使不同密度的矿粒得到分离。分选效果受矿物密度、矿物形状、粒级组成、选别介质等因素的影响。微细粒稀土矿物和密度差较小的矿物之间的重选有待突破。

磁选是以磁学为学科基础，根据不同矿物导磁性的差异在不均匀磁场中分选出不同矿物的一种选矿方法。分选效果受磁场强度、磁系分布、矿物性质的影响。微细粒矿物和弱磁性矿物之间的磁选有待突破。

电选是以电学为学科基础，利用矿物之间的电导率不同，通过电场对矿物进行有效分离，分离效果受电场、介电常数、分选介质等因素的影响。微细粒矿物、分选介质和导电率较低的矿物之间的电选有待突破。

浮选法是以表面化学为学科基础，根据不同矿物表面物理化学性质的差异，通过药剂作用，借助于气泡的浮力，使有用矿物与脉石分离，以实现不同矿物的分选。分离效果受入选矿物组成、矿物性质、浮选条件、浮选药剂等因素的影响。极微细粒矿物、难选矿物之间的浮选有待突破。

化学选矿是以化学为学科基础，基于矿物之间化学性质的差异，利用化学方法改变矿物组成，借助化学药剂的选择性分解作用，实现目的矿物的分解和提取。分离效果受矿物组成、矿物性质、化学药剂、压力、温度、反应器等因素的影响。新理论及交叉学科理论的应用、创造和创新有待突破。

　　浮选、化学选矿方法、团聚絮凝方法、微生物方法是处理和综合利用某些贫、细、杂等难选矿物原料的有效方法，也是充分利用矿产资源和解决三废（废水、废渣和废气）处理、变废为宝和保护环境的重要方法，是具有极大发展空间的选矿方法。

　　随着矿体的挖掘利用，稀土矿与其他资源矿一样面临着贫化（入选品位低）、细化（像嵌布粒度细）、杂化（伴生矿物多）。科学的矿石开采应考虑有用矿物的综合回收、最大利用，新的选矿方法以及现有选矿方法的研究和改进及多种方法的联合使用，都会更有效地解决选矿的难题。

　　环境意识的空前增强和新材料产业的蓬勃兴起，对于稀土矿物资源利用模式的变革和稀土矿选矿方法的发展产生了广泛而深远的影响。克服传统的资源开发与环境保护的矛盾，提高不可再生性矿产资源的利用效率，是稀土选矿方法研究的方向。

　　B　选矿工艺

　　根据稀土矿物入选原料的物理化学性质、化学成分、矿物组成、矿物种类、矿石类型、赋存状态、矿石结构、矿石构造、矿物的特征及嵌布关系、矿物粒度及解离度、矿物的物理性质和表面性质、矿物的可选性以及选矿的方法，制定相应的选矿工艺流程，将有用矿物与脉石矿物分开，并使各种共生的有用矿物尽可能相互分离，除去或降低有害杂质，以获得冶炼或其他工业所需要原料的过程。选矿使有用组分富集，减少冶炼或其他加工过程的燃料、运输等消耗，使低品位矿石能得到经济利用，提高产品档次，扩大矿物工业的应用范围。因此，选矿提纯工艺技术的发展，直接关系到我国矿产的开发和利用。在经济日益发展的我国，对矿产的需求也越来越大。随着矿产资源的逐渐耗尽，对选矿提纯技术的要求也越来越高。

　　针对新型药剂和药剂制度的特点改变选矿工艺流程；稀土冶炼技术和方法的变化和进步对稀土精矿有着新的要求，新的稀土选矿工艺流程需研究改进；新型设备的引入和应用以及新的选矿方法的进步，与之相应的新的稀土选矿工艺流程必将诞生；重选、磁选、浮选、电选、光电选矿、化学选矿、团聚絮凝、电化学选矿等选矿方法有效组合，重选—磁选，重选—浮选，磁选—浮选，重选—磁选—浮选，重选—磁选—浮选—化学选矿，重选—磁选—电选，重选—浮选—电选，磁选—浮选—电选，重选—磁选—浮选—电选，重选—磁选—浮选—电选—化学选矿，重选—磁选—浮选—电选—化学选矿—团聚絮凝选矿（作业可前后代替）等联合选矿工艺以及结合冶炼工艺方法的工艺将是稀土选矿研究的主要内容，多种选矿方法组成的联合选矿工艺也是矿山解决综合利用的有效途径。

　　C　选矿药剂

　　选矿药剂在浮选中起到关键的作用，主要起到调节矿物表面性质、提高浮选速度和选择性能的作用。药剂可分为调整剂、捕收剂和起泡剂三大类。

　　目前，工业生产选别稀土矿物的调整剂主要是采用水玻璃（即起到调整介质 pH 值同时又抑制脉石的作用），水玻璃生产成本低，价格低，调整能力强，使用较广。起泡剂有醇类、醚类或混合类，稀土浮选要求研制的新型调整剂和起泡剂应具备绿色环保、成本低廉、使用效果好的特点。捕收剂主要以异羟肟酸为代表，但该药剂存在着价格昂贵的缺点。

　　在稀土工业生产上要求应用的捕收剂不仅具有较强的捕收能力和良好的选择性能，又要具备价格低廉及用量少等优点。因此，稀土选矿捕收剂的研究应从以下几点着手：

（1）降低合成原料成本。如目前异羟肟酸的工业生产仍以羟胺法为主，羟胺法具有工艺条件简便、产率高的优点，但要解决原料羟胺的价格贵、产品成本高的问题，因此，降低羟胺的价格是降低羟肟酸生产合成成本的关键。生产羟胺的方法各有其特点，在合成生产中应根据实际情况，采用较合适的工业生产方法，以降低异羟肟酸的合成成本。

（2）药剂结构的研究。捕收剂疏水基团 R 的长短对捕收剂的捕收力和选择性有较大的影响。在合成具有良好的选择性，且捕收能力适中的捕收剂时，注意选择合适疏水基团 R 的长度。

（3）组合药剂。由于药剂间的协同效应对浮选过程产生的积极影响，越来越多的选矿厂逐渐意识到单一药剂的局限性，并从组合用药的实践中获得了巨大的经济效益。例如，芳香烃类羟肟酸对稀土矿物的选择性较好，但作为浮选氟碳铈矿捕收剂的研究，其捕收能力略差，采取混合用药，芳香烃类羟肟酸与少量的捕收能力较强的环烷基羟肟酸配合使用，可弥补其缺点，显示出良好的捕收能力；再如，羟肟酸捕收剂选别性能好，但价格昂贵。羟肟酸与异辛醇和煤油混用的试验，结果表明其协同效应明显，在保证选择性能的情况下捕收能力得以加强。该实验不仅减少了羟肟酸药剂的用量，而且还降低了工业生产的成本。

　　D　选矿设备

稀土选矿技术的发展很大程度上是与选矿设备的发展息息相关的。稀土矿产资源富矿少、贫矿多；粗颗粒少、细颗粒多；单一矿少、共生矿多。为了充分利用这些"贫、细、杂"的稀土矿产资源，实现矿业和环境的可持续发展，必须加速研发稀土选矿新型设备，保证设备取得优良的选别效果。

研制和开发新型稀土矿选矿设备必须要具备以下几个特点：

（1）处理量大，现代的矿物处理客观上要求以规模效应来创造效益。

（2）对微细粒级效果显著，保证微细粒级的回收。

（3）富集比较高，选别指标好。

（4）功耗低、体积小、质量轻、耗水少、耐磨性好、生产成本低。

（5）结构简单，便于维护。

（6）利于环境保护。

重力选矿设备将向着占地面积和空间小、处理量大、设备使用效率高、单机作业率高及生产能力强的方向开发研制设备，如能处理细粒、处理量大、连续生产的离心机的研制；从保护水资源出发，考虑水资源的稀缺性和不可逆性，重力选矿设备将向着减少用水量以及重选介质采用重液和空气方向研制开发新型设备，如风力重选设备的开发研制。

磁力选矿设备需要高磁场强度、操作简单的磁选机。发展有利于提高精矿品位的弱磁选机、处理量大的磁滑轮、提高产品质量的钕铁硼高磁场强度永磁磁选机、大型化工业应用的高梯度磁选机和超导磁选机。

电选设备发展空间比较大，新型电选设备应更具有节能、高效、清洁环境、低成本、易操作、处理量大等特点。为了改善生产环境，实现绿色环保的生产，电选设备应考虑改变电选介质等，电极电选设备、湿式电选设备、微细粒电选设备的开发研制将是电选设备的发展方向，创新点有待突破。

浮选设备的开发和研制，也应该发展占地小、处理量大、作业率高、效率高、易操作、节能、环保的浮选机，如新型浮选柱的研发。

随着稀土选矿技术的进步，新型重选、磁选、浮选、电选的设备必将得到不断地研制和开发。

考虑待选的原料越来越"贫、细、杂"，同时兼有重选磁选、重选浮选、磁选浮选、电选浮选、光电选矿、电选磁选、电选重选、电化学选矿以及重磁浮电光等，具有复合力场特性的多功能组合选矿设备的开发研制应用显得极为重要，对稀土精矿产品质量的提高、综合回收率提高、经济效益的改善、资源利用率和保护环境清洁生产起到了巨大的推动作用。

39.5.2.2　风化壳淋积型稀土矿选矿

风化壳淋积型稀土矿提取技术经过 50 多年的发展和积累，基础研究及提取工艺已取得了很大的进展。提出了很多新型高效的稀土提取工艺和矿山尾矿植被恢复措施，并逐步向绿色化学工艺方向迈进，对我国特有的风化壳淋积型稀土矿高效和综合开采已经取得一定的成果，但是风化壳淋积型稀土矿开采工艺也存在许多不足，破坏植被、水土流失、稀土回收率低、稀土资源利用率低等一系列实际问题，有待进一步完善。风化壳淋积型稀土矿应大力推广使用原位浸出工艺技术并要提高浸出过程的自动化水平，研究开发新型浸取剂，提高浸出液中的稀土浓度，进一步提高稀土浸出率。

A　加强浸取技术开发与完善

a　堆浸工艺

（1）进一步研究堆场厚度与浸出速率的关系，进一步加强浸出动力学和水力学的研究，有效地提高浸取速率，特别是对风化完全、黏土矿物完全、颗粒细小的风化壳淋积型稀土矿堆浸速率的研究。

（2）根据矿体特征选择好堆浸场，做好堆场基底建设，加固好堆场外围，防止堆场的塌陷及塌方。

（3）对于大型矿山，要开发百万吨级的大堆场。

（4）选择好的堆场的隔离薄膜，防止破损而导致的浸液泄漏。

（5）研究新的混配淋洗剂，提高浸取速率。

b　原地浸出工艺

（1）减少原地浸出的盲区。浸取液的侧渗速度影响原地浸取采场注液井的网密度，主要与矿石颗粒及矿石中的孔隙度相关，颗粒越粗，孔隙率大，注液井网密度可小一点。反之，则需加密注液井，以求尽量减少采场内浸取死角，提高资源利用率。

（2）采取加压注液。风化壳淋积型稀土矿所含黏土矿物较多，影响其渗透性，采取可提高渗透速度，可利用浸取液的自身压力来满足浸出所需要的渗透速度。

（3）规范操作，减少开采提取过程中的跑冒滴漏，增加资源利用率，提高浸出回收率。

（4）进一步开发新浸取剂，特别是组合浸取剂的协同使用，有效地提高稀土浸出率。

（5）增加合理的布液，优化布液工艺。风化壳淋积型稀土矿原地浸出并非易事，其关键在于注液和收液，需要合理布置注液井，井距和排距根据其向下的渗透速度和横向扩散速度来设计。

（6）测定不同风化壳淋积型稀土矿矿石饱和含水量，控制注液量低于矿石饱和含水量。防止因注液过量导致的矿体滑坡等地质灾害。

B　做好土地复垦

风化壳淋积型稀土矿堆浸可导致植被破坏。因此，必须做好植被的复垦，又称作生态恢复。要在开发前进行合理的规划，对比闭矿后的矿区进行提前安排。比如离居民点近的矿区可考虑结合平整土地，通过土壤改良用作耕地或果园，而较远的则宜植树造林。对于原地浸取工艺，植被破坏较小，对于少量损坏的地方种植树木就可以恢复植被，对于滑坡造成地质灾害的矿山也要进行土地复垦。

C　风化壳淋积型稀土矿研究发展趋势

（1）目前广泛应用的风化壳淋积型稀土矿原地浸矿工艺采用硫铵作浸出剂、碳铵作沉淀剂，造成稀土矿区土壤酸化、水体富氧化及氨氮超标，因此开发替代硫铵、碳铵的高效低污染浸取剂和沉淀剂，实现稀土矿的短流程高效低污染提取，是未来南方离子型稀土矿提取技术研究的重要方向。

（2）风化壳淋积型稀土矿的浸出工艺已发展到第三代浸出工艺，2012 年 7 月 26 日，国家工业和信息化部发布《稀土行业准入条件》，明确指出了"离子型稀土矿开发应采用原地浸矿等适合资源和环境保护要求的生产工艺，禁止采用堆浸、池浸等国家禁止使用的落后选矿工艺"。但由于风化壳淋积型稀土矿矿山地质结构和地下水系复杂，规范的堆浸工艺和原地浸出工艺到底谁更优劣，应该还需要从技术、安全、环保与经济方面进行更深入的比较。另外，还要加强原地浸出的浸取剂在矿体中渗流和扩散以及稀土交换规律等相关理论方面的研究。

（3）风化壳淋积型稀土矿原地浸出工艺对于植被保护有很大优势，但常常因注液不当导致山体滑坡，毁坏农田，直接影响矿山经济效益。在原地浸出工艺的实践中，防止山体滑坡是亟待解决的问题，需要大力研发抑制矿体中黏土矿物膨胀的混合浸取剂，有效防止矿山滑坡等地质灾害发生。

（4）为了减少氨氮废水污染，氯化镁可作为浸取剂进行试验，要探讨氯化镁作为浸取剂后稀土交换性能和稀土交换速率以及稀土提取率，进一步了解镁离子在交换过程中在矿体的迁移富集规律，解决氯化镁在最终矿产品中的残留对产品质量的影响。

（5）加强浸矿后的尾矿和尾矿体中的残留浸取剂的分解及迁移富集研究，了解残留浸取剂在土壤中降解反应和降解速率及过程，强化和控制浸取剂降解。

（6）风化壳淋积型稀土矿稀土浸出工艺，均存在水土流失及水系污染的环保问题，因此，对残留有浸矿剂的尾矿进行生态修复与植被修复将是重要的研究方向，特别是要注重稀土离子二次迁移富集规律的探索，有效地防止稀土矿开采后稀土离子对水体和水系的污染。此外，浸出尾液和淋滤废水中低浓度稀土的高效提取技术和中低浓度氨氮废水的处理技术也是需要重点研发的方向。

39.6　稀土矿选矿厂

39.6.1　国内稀土选矿厂

我国多数稀土企业分布在大型稀土矿山所在地区。2011 年我国拥有稀土生产企业 100余家，2012 年整合之后，尚有 20 余家，其稀土精矿处理能力可达到 17 万吨，有三大生产基地，一是以包头混合型稀土为原料的北方稀土生产基地，二是以江西等南方七省的风化壳淋积型稀土矿为原料的中重稀土生产基地，三是以四川冕宁氟碳铈为原料的氟碳铈矿风化壳淋积型稀土矿。稀土精矿生产能力可达 106000t，稀土精矿原料主要有四大类：

(1) 包头混合型稀土精矿，产量占 49.78%，精矿处理能力 100000t，精矿生产能力 70000t。

(2) 四川氟碳铈矿精矿，产量占 24.85%，精矿处理能力 30000t，精矿生产能力 18000t。

(3) 南方风化壳淋积型稀土矿，产量占 21.03%，精矿处理能力 20000t，精矿生产能力 15000t。

(4) 独居石精矿，产量占 4.34%，精矿处理能力 5000t，精矿生产能力 3000t。

综上所述，中国稀土精矿处理能力大于精矿生产能力，实际上稀土精矿仅能满足稀土生产的 85%。

我国稀土精矿生产企业主要有（先后顺序随机排列）：

(1) 龙岩市稀土开发有限公司。

厦门钨业与龙岩市政府合资成立龙岩市稀土开发有限公司，对龙岩市稀土矿山实行统一管理。

龙岩市稀土开发有限公司，厦门钨业占股 51%，龙岩市政府国有资产经营投资公司占股 49%。在龙岩市，各稀土资源县（市、区）也相应成立龙岩市稀土开发有限公司控股的子公司，这样就将全市的稀土资源集中于一家企业来开采，确保了政府对资源的有效管控。

地址：福建省龙岩市龙腾中路 291 号恒亿大厦 6 楼。

(2) 厦门钨业股份有限公司。

厦门钨业股份有限公司是在上海证券交易所上市的集团型股份公司，福建冶金（控股）公司为其控股股东。公司是国家级重点高新技术企业、国家火炬计划钨材料产业基地、国家首批发展循环经济示范企业。公司从 2006 年开始涉足稀土产业，已建成包括稀土贮氢合金、稀土发光材料、稀土磁性材料、稀土研发中心共四条稀土生产研发线。公司现已具有 5000t 15 种稀土分离、2000t 稀土金属、2000t 高纯稀土氧化物、1600t 三基色荧光粉生产线、6000t 钕铁硼磁性材料（首期 3000t）生产线，装备水平居国内领先。

地址：中国福建省厦门市湖滨南路 619 号滕王阁大厦 16 层。

(3) 福建省长汀金龙稀土有限公司。

福建省长汀金龙稀土有限公司，坐落在我国最美丽的山城之一——福建长汀，是国有控股上市企业厦门钨业股份有限公司绝对控股的子公司，主要从事稀土分离、稀土精深加工以及稀土功能材料的研发与应用。

公司采用先进的"模糊萃取工艺"、"非皂化技术"和自动控制技术，配备先进的生产设备和分析检测仪器，投资 4.5 亿元于 2008 年建成了 4000t 稀土分离、1000t 稀土金属、2000t 高纯稀土氧化物的高标准生产线。1000t 三基色荧光粉生产线预计于 2010 年第一季度试车投产；3000t 钕铁硼磁性材料生产线拟于 2010 年第三季度开工建设。为了做好稀土功能材料的研发和应用，厦钨总部决定投资 1 亿元在厦门建设厦钨能源新材料研究中心。

地址：福建省龙岩市长汀县腾飞工业开发区。

(4) 赣州有色冶金研究所。

　　赣州有色冶金研究所创建于 1952 年，是中国冶金系统最早成立的三个研究所之一。2000 年 7 月随国家有色企业体制改革下放江西省管理，隶属江西钨业集团有限公司。

　　赣州有色冶金研究所是南方稀土行业生产力促进中心、江西省稀土行业生产力促进中心、国家创新工程项目单位。设有国家商检局钨及稀土进出口商品检验实验室、中国有色金属工业钨及稀有金属产品质量监督检验中心、江西省有色金属产品质量监督检验站。

　　赣州有色冶金研究所组建了两个年产值超亿元的控股公司，即"江西南方稀土高技术股份有限公司"和"赣州金环磁选设备有限公司"。两个公司是国家和省重点高新技术企业、自营进出口企业，研制和生产的稀土产品广泛应用于永磁材料、储氢材料、发光材料、激光材料、合金材料及生命科学等高技术领域以及航空航天、电子、冶金、化工等行业，远销国内外；稀土金属产品在 1998 年用于发现号航天飞机"阿尔法磁谱仪"永磁体中。研制和生产的矿山磁选设备已在国内鞍钢、宝钢、攀钢、武钢等几十家大型企业和矿山广泛应用，并分别出口南非、秘鲁等国家。

　　地址：江西省赣州市章贡区青年路 34 号。

　　（5）赣州南方稀土矿冶有限责任公司。

　　赣州南方稀土矿冶有限责任公司由赣州虔东实业（集团）有限公司（控股）、江西南方稀土高技术股份有限公司、赣州市国有资产监督管理委员会、赣州有色冶金研究所、赣州市永源稀土有限公司等 5 家稀土生产、加工、经营企业和科研单位本着优势互补、共谋发展的原则共同出资组建而成，于 2000 年 5 月注册登记。经江西省人民政府批准为全省稀土矿产品指定经营单位。

　　地址：江西省赣州市文明大道 30 号金峰大厦 11 楼。

　　（6）赣州稀土矿业有限公司。

　　赣州稀土矿业有限公司成立于 2005 年 1 月，是赣州市国有企业，公司是赣州稀土的唯一采矿权人，对全市范围内的稀土矿山资源实施统一规划，统一开采，统一经营，统一管理。公司拥有南方离子型稀土 88 本采矿权证，即将整合为 44 本采矿权证；拥有年配额生产量 9000t。公司积极地与稀土科研单位和企业进行合作，逐步发展成为我国稀土行业集稀土开采、冶炼加工、应用开发的综合性骨干企业，构建了开采、加工、应用的产业链，形成了推动产业发展的综合科研、检测、交易平台。公司拥有赣州稀土龙南冶炼分离有限公司、赣州虔力稀土新能源有限公司两家全资子公司以及赣州科源稀土资源开发公司、江西金力永磁科技有限公司、江西广晟稀土有限责任公司、龙南新源瓷土综合利用有限公司等 4 家参控股企业。公司主要经营产品包括稀土氧化物产品、稀土合金、钕铁硼薄片等。

　　地址：江西省赣州市红旗大道 20 号稀土大厦。

　　（7）龙南县万宝稀土分离有限责任公司。

　　龙南县万宝稀土分离有限公司是一家从事稀土采矿及稀土分离深加工的稀土企业。公司拥有国家批准采矿权的高钇稀土矿藏储量 3 万吨以上。

　　公司年开采稀土原矿 1500t 以上。公司现有 8 条工艺先进、设备精良、自动化稀土分离深加工生产线，生产的各种单一稀土氧化物和混合物产品质量稳定。公司主要产品有：荧光级及陶瓷级氧化钇、氧化镧、氧化钕、氧化铽、氧化镝、氧化镨及混合稀土富集物等 11 种以上，产品主要用于工业制造科技领域，如石油化工、玻璃及陶瓷冶金，以及现代高科技的电子设备、电脑、电机驱动马达、汽车废气处理、永磁材料、磁性记忆体、光纤通信、超导体、精密光学仪器等。

地址：江西省龙南县东江乡大稳 105 国道线 2261 千米处。

（8）五矿稀土江华有限公司。

五矿稀土江华有限公司由中国五矿集团公司旗下的五矿有色金属控股有限公司，与中国稀土控股有限公司、江华瑶族自治县人民政府共同对原江华县稀土矿增资扩股组建而成，五矿有色金属控股有限公司持股51%。公司于 2011 年 10 月注册成立。公司所属的姑婆山矿区已探明稀土资源储量 10.43 万吨（REO），达大型离子稀土矿藏规模。

地址：湖南省永州市江华瑶族自治县沱江镇冯乘路。

（9）中铝广西有色崇左稀土开发有限公司。

中铝广西有色崇左稀土开发有限公司为中铝广西有色稀土开发有限公司控股公司，前身为"广西有色金属集团崇左稀土开发有限公司"，2009 年 4 月 1 日在广西崇左市注册成立，2012 年 1 月进行股权变更，于 2012 年 3 月更名为中铝广西有色崇左稀土开发有限公司。公司主要经营项目：稀土矿开采、稀土矿业权投资、稀土矿业股权投资；稀土产品深加工和新产品研发、生产与销售。根据公司的战略发展规划，"十二五"期间，公司将重点推进崇左稀土高新产业园项目建设，构建从稀土矿开采、分离到深加工的完整产业链，着力抓好三基色荧光粉和高性能钕铁硼磁性材料应用项目。

地址：广西崇左市新城东路市总工会大楼三楼。

（10）广晟有色金属股份有限公司。

广晟有色金属股份有限公司是主营稀土和钨业，开拓稀贵金属，集有色金属投资、采选、冶炼、应用、科研、贸易、仓储为一体的大型国有控股的上市公司。公司目前拥有 5 个钨矿山。产业链完善，建有采矿选矿、冶炼分离、精深加工、科研应用、贸易流通及进出口一条龙稀土产业体系。拥有中重稀土 15000t/a 的分离能力，掌握国内离子型稀土分离最先进的生产技术，并控有 5 家离子型稀土分离厂。设有省部级稀土稀有金属研究院、稀土新材料研究中心两个，拥有处理稀土冶炼氨氮废水的零排放技术、有机酸代替无机酸融矿、南北方矿联合分离的自主知识产权和部分专利技术，分离产品通过 ISO 14001：2004 环境管理体系认证和 ISO 9001：2008 质量管理体系认证。公司重点发展稀土永磁材料、储氢材料、催化材料、发光材料、抛光材料、功能材料等稀土高科技产业和镍氢动力电池、汽车尾气净化器、稀土节能灯具、稀土功能陶瓷等稀土应用产品。

地址：广州市广州大道北 613 号城光大厦四楼。

（11）陇川云龙稀土开发有限公司。

陇川云龙稀土开发有限公司成立于 1980 年 10 月，主营稀土矿开采、氧化稀土的生产与销售，2012 年 10 月被中央企业中国五矿有色金属股份有限公司以 51% 的股权控股陇川县云龙稀土开发有限公司，目前，公司取得了云南龙安稀土矿 0.6156km² 的采矿许可证。目前已完成了整个矿区的探矿、选矿设计、基础建设。

地址：云南省德宏傣族景颇族自治州章凤镇友谊路 8 号。

（12）云南奥斯迪龙矿业产业开发有限公司。

云南奥斯迪龙矿业产业开发有限公司主营稀土矿开采、氧化稀土的生产与销售，公司秉承"团结、敬业、奉献、创新"的理念，力争逐步发展成为我国稀土行业集稀土开采、冶炼加工、应用开发的综合性骨干企业。目前，公司取得了牟定县水桥稀土矿 0.929km²的采矿许可证。公司已完成了整个矿区的探矿，修通了矿区的公路和蓄水库，建成了一个年产 500t 氧化物生产车间。

地址：云南省牟定县。

（13）山东微山湖稀土有限公司。

山东微山湖稀土有限公司是山东唯一的稀土资源生产基地。下属微山稀土矿、稀土材料厂、钻探工具厂、实业公司、装饰贸易公司 5 个经济实体。目前，公司主要产品及产量为：年产原矿石 40000t，多品级（REO 30%~60%）稀土精矿 3500t，稀土抛光粉 100t，稀土选矿高级捕收剂 100t。高品位稀土精矿获国家"神龙杯"名优产品奖，产品远销美国、德国、日本、英国、韩国等国家。

地址：山东省济宁市微山县韩庄镇郗山。

（14）冕宁北大方正稀土新材料有限公司。

2001 年 2 月注册成立的冕宁北大方正稀土新材料有限公司是北京北大方正集团公司下属的专门从事稀土的生产与销售及技术方面的开发公司。

公司实施"四川凉山稀土采选冶联合项目"，8000t 稀土精矿冶炼，1500t 萃取分离线和年产 500t 稀土金属线，形成了包括稀土盐类、氧化物、金属及应用产品的完整产品体系。

该公司技术依托北京大学稀土材料化学及应用国家重点实验室和北京方正稀土科技研究所，在稀土分离和功能材料方面有多项专利和专用技术。该公司还将筹资开发牦牛坪 19-43 线稀土矿山以及稀土功能材料等深加工项目，逐步建成稀土从资源到深加工的完整产业链。

地址：四川省冕宁县漫水湾镇。

（15）四川冕宁昌兰稀土公司。

四川冕宁昌兰稀土公司是由四川省地勘局和冕宁县矿产公司联营的股份制企业。现已成为四川最大以探矿、采矿、选矿为一体地氟碳铈稀土原料生产基地。

公司日处理原矿 800t，可生产 REO 40%~74% 的氟碳铈稀土精矿产品，产品有害杂质少；具有稀土矿物单一，有价元素含量高，易冶炼分离，成本低、效益高等特点，适用于生产稀土合金及稀土湿法冶金。公司以市场为导向积极开发生产其深度加工的稀土氧化焙烧产品和平板玻璃抛光材料产品。

地址：四川省冕宁县森荣乡牦牛村。

（16）四川省冕宁县方兴稀土有限公司。

四川省冕宁县方兴稀土有限公司成立于 2002 年 4 月。公司 2009 年由四川江铜稀土有限责任公司增资重组，是一家集采矿、选矿、冶炼深加工与生产稀土金属为一体的国有控股企业。主要产品有稀土精矿、富铈渣、氧化铈、氧化镧、氧化镨钕、氧化钐铕钆、镨钕金属、镧铈金属、镧金属等。

采选：实现全机械化露天剥离采矿，达到了安全环保的生产要求，现具有年采稀土矿石 20 万吨的能力。采用选矿新工艺，通过技术改造，实现了重、磁、浮联合选矿流程，使选矿回收率由原来的 60% 提高到 82% 以上。具有年生产稀土精矿 1.2 万吨的能力。

萃取分离：以中国科学院长春应用化学研究所为技术依托，成功完成了"攀西稀土矿铈、钍、稀土萃取分离"国家高技术产业化示范工程的建设。2009 年 6 月，公司又在现有生产线的基础上进行技术改造，通过对关键设备（萃取槽）、工艺参数进行优化设计，形成年处理精矿（REO）7000t 稀土萃取分离能力。

稀土金属：公司建有年生产 500t 稀土金属的生产线，主要生产镨钕金属和镧金属，产品运销海内外。

地址：四川省西昌市航天大道 1 段 170 号。

（17）四川智能稀土科技股份有限公司。

公司成立于 1999 年 1 月 13 日，公司在四川省凉山彝族自治州德昌县自主投资勘测，拥有储量居世界同类稀土矿前列的德昌大陆槽氟碳铈轻稀土矿山一座，矿体面积 0.47km^2，平均矿物厚度 42m，地形坡度 15°～32°，区内无滑坡、崩塌等不良地质现象，保守估计矿床地质储量 360 万吨，平均稀土（REO）品位为 5% 左右，最高品位为 17.68%，具有品位高、易开采、杂质含量低等特点。

公司先后建设德昌稀土采选生产基地，建有氟碳铈轻稀土露天采矿场，年处理 30 万吨稀土原矿生产能力的选矿厂，有完善的生产流水线，建设有破碎车间 1 座、球墨车间 1 座、强磁车间 1 座、重选车间两座及矿仓、原矿坝、尾矿坝、配套水电站、化验室等设施。有各类生产设备 400 余台（套），挖掘机及运输车辆 20 余台。

地址：四川省成都市高新南区新加坡工业园区新园大道 10 号。

（18）四川汉鑫矿业发展有限公司。

四川汉鑫矿业发展有限公司由四川省地质矿产公司和四川汉龙（集团）有限公司共同出资，主要从事稀土开采及选矿。

主要经营业务：稀土矿开采、选矿、矿产品加工等。公司拥有的德昌大陆槽稀土矿资源目前已探明的稀土（REO）储量 120 万吨，远景（REO）储量 300 万吨，并伴生有丰富的锶、钡等多种重要资源。公司自成立以来，秉承建设"资源节约型、环境友好型、生态文明型"矿山的经营理念，针对德昌大陆槽稀土矿的具体特点，摸索出了一整套"重—磁—浮"选矿技术，将德昌稀土选矿回收率从过去的 20%，提高到了 60%。同时，为了更好更节约地利用资源，公司"产-学-研"紧密结合，正在与科研单位及大专院校一起合作，进行综合提锶和尾矿库选矿尾渣二次开发的技术公关。公司"德昌县大陆槽稀土矿选矿厂技改项目"被四川省列为 2009 年"四川重点技术改造项目"。2010 年 6 月建设完成后，公司拥有日处理 1500t 稀土原矿、年产近万吨稀土精矿的生产能力；拥有体积 230 万立方米的大型尾矿库 1 座、320m 长的矿山防洪隧道 1 座。

地址：四川省德昌县德州镇惠民路 88 号。

（19）四川江铜稀土责任有限公司。

江铜集团是中国最大的铜工业企业，也是江西省最大的企业，目前有 3 万多员工，年产铜金属 90 万吨，2009 年产值 500 多亿元。其中德兴铜矿是亚洲最大的铜矿，贵溪冶炼厂是具有世界先进水平的现代化冶炼厂。

四川江铜稀土责任有限公司是国有特大型企业——江铜集团于 2008 年 8 月 27 日创办的集稀土采、选、冶及精深加工为一体，生产技术达到世界先进水平的现代化企业。凉山州冕宁县牦牛坪现已探明储量高达近 200 万吨，现存储量 157 万吨，是仅次于包头的第二大稀土资源地。

2009 年 1 月 17 日增资重组冕宁方兴稀土公司。2 月 16 日开始恢复生产。江铜集团未来 6 年将投资 36.6 亿元开发中国第二大稀土资源——四川凉山州冕宁县牦牛坪稀土资源，并大力发展稀土精深加工，着手建设稀土材料国家工程四川研发基地。该项目建设分为二期，一期投资为 20.6 亿元，建成从稀土矿采选、冶炼到精深加工的完整产业链；二期投资 16 亿元完善公司产业结构，于 2015 年形成五大终端产品的产业链，建成以稀土深加工为导向的稀土产业基地，形成年产值超过 40 亿元的产业规模。

地址：四川省凉山州冕宁县稀土工业园区。

(20) 包头市达茂稀土有限责任公司。

包头市达茂稀土有限责任公司创建于 1989 年，其前身是达茂旗新宝力格选矿厂。公司地处白云鄂博稀土矿 23km 处，占地 400 万平方米。

公司的产品主要有：铁精粉 3 万吨，稀土精矿 2 万吨，碳酸稀土 1.6 万吨，氧化稀土 8000t，以及氯化稀土及盐类、单一稀土氧化物、稀土金属等 4 个系列，10 多个品种，20 多个规格的产品。公司享有自营进出口权，近几年年均出口创汇达 600 多万美元。

地址：内蒙古包头市达茂旗稀土工业区。

(21) 包钢集团巴润矿业有限责任公司。

包钢集团巴润矿业有限责任公司 (西矿) 于 2004 年 8 月 22 日正式注册登记，是包钢 (集团) 公司为了提高原料自给能力，合理开发白云鄂博矿产资源，实施原料战略而成立的全资子公司。

西矿是世界著名的白云鄂博矿床最大的矿体群，它位于白云鄂博矿床西部，东西长约 10km，南北宽约 2km。相对于主、东矿而言，属低磷、低氟、低稀土型铁矿床。矿体分布集中，适合大型露天开采。

公司对矿床赋存的稀土、铌、钍等战略资源，采用分采、分堆、分选的原则进行综合利用。

地址：内蒙古包头市达茂旗明安镇巴润工业园区。

(22) 包钢稀土高科技股份有限公司白云博宇分公司。

包钢稀土高科技股份有限公司白云博宇分公司始建于 1979 年 4 月，现已发展成为"一业为主，多种经营"的综合型企业。主要产品为稀土精矿、铁精矿粉，年生产能力分别达到了 2.5 万吨和 15 万吨。

地址：包头市白云矿区矿山路 5 号。

(23) 包头市汇全稀土实业 (集团) 有限公司。

包头汇全集团，全称为包头市汇全稀土实业 (集团) 有限公司，成立于 1997 年。公司已建成铁精矿选厂、稀土选厂、石材加工厂、稀土永磁体加工厂及专门生产稀土永磁电机和风力发电设备的内蒙古汇全环保动力有限公司 (该公司已获得 ISO 9001：2000 认证)。汇全集团已形成年生产铁精粉 40 万吨、稀土精矿 6000t、石材加工 3000m³、稀土永磁电机磁钢 50 万片的生产能力，同时生产各种用途稀土永磁电机和稀土永磁兆瓦级风力发电机组。

地址：内蒙古包头市稀土高新技术产业开发区富强路南端汇全集团大楼。

(24) 内蒙古包钢稀土高科技股份有限公司。

内蒙古包钢稀土高科技股份有限公司的前身是成立于 1961 年的"8861"稀土实验厂；

1997 年进行改制，其前身为始建于 1961 年的包钢稀土三厂和包钢选矿厂稀选车间。

公司以开发利用世界上稀土储量最丰富的白云鄂博稀土资源为主要业务，拥有得天独厚的资源优势。经过 40 多年的投入，公司积累了雄厚的技术实力，旗下有科研实力强大、闻名全国、享誉世界的包头（包钢）稀土研究院。

"包钢稀土"拥有从稀土选矿到稀土冶炼、分离、电解金属和稀土深加工等稀土生产工艺，具备年产 8 万吨稀土精矿的生产能力，可以生产稀土精矿、各种混合及单一稀土化合物、电池级混合稀土金属和各种单一稀土金属以及其他稀土应用产品 64 个品种 130 多个规格。

"包钢稀土" 1998 年通过并获得了 ISO 9002（GB/T 19002）质量体系认证。近年来，公司新获具有独立知识产权的发明专利 8 项。

地址：内蒙古包头稀土高新技术产业开发区稀土大厦东 100 米。

（25）五矿有色金属股份有限公司。

五矿有色金属股份有限公司成立于 2001 年 12 月，是由中国五矿集团公司为主发起人，联合国内其他五家企业依照现代企业制度共同出资组建的股份制企业。其主营产品的市场占有率在国内名列前茅，并在国际市场上颇具影响。五矿有色已初步完成了向完全市场化经营和以稀缺有色矿产资源为整合对象的资源型企业过渡的产业化布局。公司通过长期投资获取的资源性资产已占公司总资产的七成以上。

公司对国内优势资源钨、锑、稀土等的产业整合取得了初步成果，已经形成较为完整的产业链；对国内紧缺的、长期需要的铜、镍和氧化铝等资源的海外开发，目前也取得了相当的成绩：从美铝公司获得了每年 40 万吨、为期 30 年的氧化铝长期产能投资项目；与智利国家铜业公司签订了联合开发智利铜资源的合资协议，获得了总量约 84 万吨、为期 15 年的金属铜供应；联合江铜收购了加拿大北秘鲁铜业公司 100% 股权，该公司总资源量为铜 804 万吨、金 198t，预计 4～5 年后投产，投产后前 5 年平均可年产铜精矿含铜金属量 20 万吨以上。

地址：北京市海淀区三里河路 5 号中国五矿大厦 A 座。

（26）五矿稀土股份有限公司。

五矿稀土（赣州）股份有限公司（以下简称"五矿稀土"或"公司"）成立于 2008 年 10 月，是由中国五矿集团公司旗下的五矿有色金属股份有限公司为主发起人，联合赣县红金稀土有限公司和定南大华新材料资源有限公司原股东共同发起设立的股份制稀土企业集团。

公司目前共有 7 家子公司，已初步建成一条集稀土分离、发光材料生产、稀土节能灯批量制造的较为完整的产业链。其中拥有国内规模大、技术先进、产品质量稳定的离子型稀土分离企业——赣县红金和定南大华，整体分离能力达 8600t/a，拥有赣州地区首家节能灯制造企业——五矿东林公司，生产规模将达 2 亿只节能灯管和 1 亿只节能整灯，拥有国内产能大、技术领先的稀土荧光粉生产企业——五矿发光材料公司，生产规模将达 4000t/a，占全国荧光粉生产总量的一半以上。

39.6.2　国外稀土选矿厂

目前，国外很少有公司进行稀土矿的开采，几乎集中在中国。但是鉴于目前中国出口形势，国外其他许多公司打算开发中国以外的稀土资源。

（1）美国钼矿业公司。

美国钼矿业公司（Molycorp Minerals）曾开采稀土矿，预计矿山服务年限 30 年。该矿矿物类型为氟碳铈矿。产能（REO）2000～3000t/a。

由于经济形势问题，在 2002 年停止了芒廷帕斯矿的开采，该公司在 2010 年底恢复矿山开采。在 2012 年底产量（REO）达到 19050t/a，计划生产稀土金属及合金，最终实现磁体的生产。目前该公司处理库存精矿，主要产品为混合稀土氧化物、镨钕氧化物、镧化合物及钐铕钆精矿。

（2）Lovozersky 矿业公司/Solikamsk 镁工厂。

该公司位于俄罗斯科拉半岛 Kamasurt 矿，俄罗斯乌拉尔山 Solikamsk 加工厂。矿物为铈铌钙钛矿，加工成碳酸稀土，运输至爱沙尼亚、哈萨克斯坦、奥地利以及我国进行深加工。产能（REO）最高为 4400t/a。该矿山的某些地区存在高放射性。

（3）印度稀土公司。

印度含有丰富的矿砂，含有独居石，印度稀土公司以前在克拉拉邦的工厂处理独居石矿砂生产稀土产品，目前从库存的富钍废渣中提取稀土。产量（REO）大约为 25～100t/a。

原计划新建独居石加工厂，但计划搁置。

（4）住友/Kazatomprom。

SARECO 合资公司计划建冶炼厂处理富钇铀尾矿、铀矿以及稀土精矿来生产稀土氧化物和稀土金属，但项目仍处于可行性研究阶段。计划 2011 年年产量（REO）达到 3000t，2015 年提高到 1.5 万吨/年。

（5）阿瓦隆稀有金属公司。

2005 年，阿瓦隆稀有金属公司（Avalon Rare Elements Inc.）获得加拿大托儿湖稀土项目 100%权益，在对以前的钻探样品重新取样分析的同时，2007～2008 年开展了新一轮的勘探活动，并开展了小规模的冶金试验。

加拿大 Nechalacho 富含重稀土，整体品位较低（1.76 亿吨，REO 1.43%），但重稀土含量高，预计 2015 年生产 REO 5000t，最终提高到 1 万吨/年。

（6）澳大利亚莱纳公司。

澳大利亚莱纳公司（Lynas Corporation）获得西澳的韦尔德山矿权权益，并于 2002～2008 年对韦尔德山的稀土和稀有金属开展了补充勘探、资源评价和矿石选冶试验。根据莱纳公司网站公布的数据，以 4% REO 为边界品位，韦尔德山中央稀土区共圈定探明＋控制级别的资源量 620 万吨，推断级别资源量 150 万吨，稀土氧化物平均品位 11.9%，折合稀土金属量 92 万吨。

2008 年，莱纳公司委托澳大利亚矿山设计和开发公司对韦尔德山中央稀土区进行露天采矿设计和优化，并于 2008 年 6 月开展了第一阶段采矿活动，共采出矿石 77 万吨，平均品位 REO 15.4%。莱纳公司计划在韦尔德山矿山建设选矿厂，选出 REO 40% 的精矿运往设在马来西亚关丹市的稀土分离厂冶炼。稀土分离厂一期设计规模为年产稀土氧化物 10500t，二期扩建至 21000t/a。但由于金融危机，造成莱纳公司融资失败，目前选矿厂和分离厂项目建设都已搁置。后又启动项目，2009 年 10 月募集 4.5 亿澳元的资金，用于资助第一阶段项目的开发、完成韦尔德山选矿厂以及马来西亚稀土加工厂的建设。

（7）加拿大大西矿物公司。

加拿大大西矿物公司（Great Western Minerals Group Ltd.）拥有该区100%权益。截至2008年上半年，大西矿物公司已经施工了大约15000m钻探，揭露矿体长超过1000m，倾向延深350m以上，厚3~12m，矿体两端和深部延伸都未封闭。稀土金属主要赋存在磷灰石、褐帘石等矿物中。2007年，大西矿物公司委托Wardrop工程咨询公司对霍益达斯稀土项目开展预可行性研究。截至2007年年底的钻孔数据，以REO 1.5%为边界品位，该项目已获得探明十控制级别资源量115万吨，平均品位REO 2.36%，推断级别资源量37万吨，平均品位REO 2.15%，共含稀土氧化物金属量3.5万吨（符合N143~101标准）。

大西矿物公司设计日处理矿石能力500t，矿山寿命20年。与其他原料矿业公司不同的是，大西矿物公司采用经营矿山产品到稀土终端产品的商业运营模式，在英国和美国设有稀土产品加工厂，生产镍氢电池用的合金粉和钐钴磁性体。

（8）丰田/Sojitz/越南政府。

越南都巴奥有许多稀土矿体，总储量约为970万吨REO，最有前景的矿床储量为65万吨REO。矿山服务年限约为20年。计划2013年年产能为200~300t REO，最后扩产至5000t/a。

（9）三菱/Neo材料技术公司。

承担从巴西锡、钽、铌尾矿中提取重稀土的研究，根据报告，尾矿中含8.5% REO，富含镝。

（10）Alkane资源公司。

公司位于澳大利亚，计划作为锆的副产品生产重稀土，正在进行确定的可行性研究。2011年、2012年可能生产1200t REO（富钇），将来产能可能增加到3000t/a。

（11）Arafura资源公司。

公司是澳大利亚诺兰项目，正在进行银行可行性研究，计划2013年生产1万吨REO产品，但目前仍未确定加工厂的选址问题。

（12）加拿大西部矿业公司。

位于加拿大Hoidas湖，正在进行预可行性研究，计划2014年年生产REO 3000~5000t。

（13）稀有元素资源公司。

矿床位置在美国，推测储量为1750万吨，REO 3.46%。

（14）美国Ucore。

美国Ucore为复杂的重稀土配分。

（15）Quest稀有金属。

加拿大，富含重稀土。

（16）Matamec。

位于加拿大魁北克，矿床含轻稀土、重稀土和钇。

（17）Rareco。

位于南非，重新开采地下矿床，正在进行预可行性研究，获得采矿许可。

（18）其他国家公司。

越南、泰国、马来西亚的相关产品公司也少量生产稀土，处理矿物为独居石，产能（REO）为 1800~2000t/a。

39.7　国内外主要稀土选矿厂汇总

国内外主要稀土精矿生产厂家见表 39-7-1。

表 39-7-1　国内外主要的稀土精矿生产厂家

序号	公司（厂）名称	产品
1	内蒙古包钢稀土高科技股份有限公司	混合稀土精矿
2	包头市达茂稀土有限责任公司	混合稀土精矿
3	包钢白云铁矿博宇公司	混合稀土精矿
4	包头市汇全稀土实业（集团）有限责任公司	混合稀土精矿
5	成都飞天稀土实业有限公司	氟碳铈矿精矿
6	四川省冕宁县方兴稀土有限公司	氟碳铈矿精矿
7	四川汉鑫矿业发展有限公司	氟碳铈矿精矿
8	四川智能稀土科技股份有限公司	氟碳铈矿精矿
9	四川南俊稀土开发有限责任公司	氟碳铈矿精矿
10	四川省冕宁县昌华稀土公司	氟碳铈矿精矿
11	四川冕宁昌兰稀土公司	氟碳铈矿精矿
12	冕宁北大方正稀土新材料有限公司	氟碳铈矿精矿
13	四川江铜稀土有限责任公司	氟碳铈矿精矿
14	山东微山湖稀土有限公司	氟碳铈矿精矿
15	赣州南方稀土矿冶有限责任公司	风化壳淋积型稀土矿
16	龙南县万宝稀土分离有限责任公司	高钇风化壳淋积型稀土矿
17	江西省信丰县稀土矿公司	风化壳淋积型稀土矿
18	赣州有色冶金研究所	风化壳淋积型稀土矿
19	赣州稀土矿业有限公司	风化壳淋积型稀土矿
20	广东省揭西县土地矿产资源开发服务公司	风化壳淋积型稀土矿
21	广晟有色金属股份有限公司	风化壳淋积型稀土矿
22	龙岩市稀土开发有限公司	风化壳淋积型稀土矿
23	福建省长汀金龙稀土有限公司	风化壳淋积型稀土矿
24	湖南永州市湘江稀土有限公司	风化壳淋积型稀土矿
25	五矿稀土江华有限公司	风化壳淋积型稀土矿
26	中铝广西有色崇左稀土开发有限公司	风化壳淋积型稀土矿
27	陇川云龙稀土开发有限公司	风化壳淋积型稀土矿
28	云南奥斯迪龙矿业产业开发有限公司	风化壳淋积型稀土矿
29	五矿稀土股份有限公司	风化壳淋积型稀土矿
30	美国钼矿业公司（Molycorp Minerals）	氟碳铈矿
31	Lovozersky 矿业公司/Solikamsk 镁工厂	铈铌钙钛矿
32	印度稀土公司	独居石矿
33	住友/Kazatomprom	富钇
34	阿瓦隆稀有金属公司（Avalon Rare Elements Inc.）	重稀土

参 考 文 献

[1] 徐光宪. 稀土[M]. 北京：冶金工业出版社，1995：16～37.

[2] 陈晋阳. 浅谈稀土元素的发现[J]. 化学世界，2002，1：54～55.

[3] 吴朝玲. 稀土元素的发现与名称由来[J]. 四川稀土，2004，1：31～32.

[4] 张培善，陶克捷，杨主明，等. 中国稀土矿物学[M]. 北京：科学出版社，1998：198～216.

[5] 邱巨峰. 稀土应用研究开发成果[J]. 稀土信息，2000，8：8～9.

[6] 王彩凤. 我国稀土工业发展与展望[J]. 稀土信息，2009，9：4～8.

[7] 杨军，刘向生，王申辰，等. 我国稀土农用现状、发展趋势及对策[J]. 稀土信息，2009：29～31.

[8] 陈丽娟. 稀土元素的化学性质与稀土应用[J]. 2006，32：30.

[9] 马燕合. 我国稀土应用开发现状及其展望[J]. 材料导报，2000，1：3～5.

[10] 侯宗林. 中国稀土资源开发利用与可持续发展[C]//中国稀土资源综合开发利用与可持续发展学术研讨会论文集. 昆明，2004，(11)：4～7.

[11] 晓哲. 稀土元素钇及其应用[J]. 稀土信息，2005，8：30～32.

[12] 林河成. 金属钪的资源及其发展现状[J]. 四川有色金属，2010，2：1～5.

[13] 贾怀东. 多重战略　综合治理——把好稀土资源国门[J]. 稀土信息，2008(7)：22～23.

[14] 刘余九. 中国稀土产业技术发展战略的研究[J]. 稀土，2002，23(4)：69～71.

[15] 苏文清，等. 中国稀土产业概览[J]. 稀土信息，2004，12～13.

[16] 韩福军，王远良，熊家齐. 中国稀土的国际地位[J]. 稀土，1999，20(3)：70～75.

[17] 程建忠，车丽萍. 中国稀土资源开采现状及发展趋势[J]. 稀土，2010，31(2)：65～69.

[18] 侯宗林. 中国稀土资源知多少[J]. 四川稀土. 2001，4：14～15.

[19] 侯宗林. 浅论我国稀土资源与地质科学研究[J]. 稀土信息，2003，10：7～10.

[20] 神谷雅晴，尹付. 稀有金属资源 (1)[J]. 装饰，1989，5：10～15.

[21] 神谷雅晴，尹付. 稀有金属资源 (2)[J]. 江苏地质科技情报，1989，6：13～16.

[22] 池汝安，徐景明. 世界稀土资源及其开发[J]. 辽宁冶金，1994，1：8～13.

[23] 李建武，侯甡予. 全球稀土资源分布及开发概括[J]. 中国国土资源经济，2012，5：15～27.

[24] 王彦. 国外稀土[C]//中国稀土企业家联谊会论文集. 稀土，2008：30～36.

[25] 肖勇，王艳荣. 稀土矿山企业发展战略探析[J]. 稀土，2008，29(6)：103～104.

[26] 车丽萍，余永富. 中国稀土矿选矿现状及发展方向[J]. 稀土，2006，27(1)：95～102.

[27] 刘跃，谢丽英. 全球稀土消费现状及前景[J]. 稀土，2008，29(4)：98～99.

[28] 王彦 (译). 2007 年日本稀土市场状况[J]. 稀土信息，2008，(7)：24～25.

[29] 国家发展和改革委员会稀土办公室. 中国稀土年评[J]. 稀土信息，2006，(3)：4～7.

[30] 国家发展和改革委员会稀土办公室. 中国稀土年 (2006)[J]. 稀土信息，2007，(3)：4～8.

[31] 国家发展和改革委员会稀土办公室. 中国稀土年评[J]. 稀土信息，2010，(3)：3～9.

[32] 宋叔和. 中国矿床 (中册)[M]. 北京：地质出版社，1989：11～26.

[33] 夏同庆. 稀土矿床简介[J]. 国外铀金地质，1991，1：33～36.

[34] 袁忠信，白鸽. 中国内生稀有稀土矿床的时空分布[J]. 矿床地质，2001，20(4)：347～354.

[35] 吴良士，白鸽，袁忠信. 矿物与岩石——实用天然产物手册[M]. 北京：化学工业出版社，2005：20～37.

[36] 袁忠信. 稀土矿床浅谈[J]. 百科知识，1989，1：56～58.

[37] 张培善. 中国稀土矿床成因类型[J]. 地质科学，1989，1：26～32.

[38] 《现代材料动态》编辑. 稀土[J]. 现代材料动态，2010，12：21～22.

[39] Samo. VS，方继专. 蒙古某稀土矿床的矿石类型及其成分特征和成因[J]. 国外花岗岩类地质与矿

产，1989，3：14~18.

[40] Oresk K，李宏臣. 奥林匹克坝的构造环境与其他元石代铁——稀土矿床的对比[J]. 冶金地质动态，1991，2：9~10.

[41] 斯米.H B，李淑英. 北天山要克秋兹矿田稀土——钇矿床[J]. 国外地质科技，1994，4：28~30.

[42] 李淑英，等. 西伯利亚地台北部托姆托尔富稀土——铌矿的成因[J]. 国外地质科技，1996，2：29~30.

[43] 《稀土信息》编辑. 美国稀土公司公布有关钻石溪稀土资源勘探结果[J]. 稀土信息，2010，2：28.

[44] 《江苏氯碱》编辑. 美国稀土巨头收购加拿大 NEO[J]. 江苏氯碱，2012，2：43~44.

[45] 张沛臣. 美国芒廷帕斯矿将恢复开采[J]. 稀土信息，2006，4：18.

[46] 姚姿淇 (译). 美国钼公司芒廷帕斯矿的稀土储量增长 36%[J]. 稀土信息，2012，5：26.

[47] 赵文静. 钼公司注资芒廷帕斯矿第二期工程[J]. 稀土信息，2009，8：31.

[48] 王彦 (译).2005 年美国稀土产业状况[J]. 稀土信息，2006，(3)：30~31.

[49] 王彦 (译).2007 年美国稀土产业状况[J]. 稀土信息，2008，(2)：23~24.

[50] 王彦 (译).2008 年美国稀土产业状况[J]. 稀土信息，2009，(2)：24~25.

[51] 王彦 (译).2009 年美国稀土产业状况[J]. 稀土信息，2010，(2)：24~25.

[52] 《现代矿业》编辑. 探索铀矿公司在怪湖矿床附近发现新稀土矿区[J]. 现代矿业，2009，9：58.

[53] 谢丽英 (译). 加拿大发现大型稀土矿[J]. 稀土信息，2005，8：18.

[54] 《稀土信息》编辑. 加拿大搜索矿产公司发现新的含重稀土元素矿山[J]. 稀土信息，2010，9：27.

[55] 《稀土信息》编辑. 加拿大稀土金属公司公布其拉布拉多资源量评估结果[J]. 稀土信息，2012，1：23.

[56] 胥迎红，王晨昇，王向兰. 加拿大安大略省奈恩铜镍矿区岩相学\矿相学及稀土元素化学特征[J]. 矿产勘查，2012，4：537~544.

[57] 林枝 (译). 加拿大克帕瓦稀土矿选矿和湿法冶金半工业试验获得成功[J]. 稀土信息，2012，10：18.

[58] 《稀土信息》编辑. 阿瓦隆内查拉口矿稀土资源评估增加[J]. 稀土信息，2010，10：29.

[59] 王彦. 走进澳洲稀土工[J]. 稀土信息，2008，11：17~22.

[60] 《西部资源》编辑. 萨克森州发现 2 万吨稀土资源[J]. 西部资源，2013，2：43.

[61] 杨晓婵. 中国以外的稀土资源开发[J]. 现代材料动态，2007，11：11~12.

[62] 张培善，陶克捷. 中国稀土矿主要矿物学特征[J]. 中国稀土学报，1985，(3)：1~3.

[63] 张培善. 白云鄂博超大型稀土-铁-铌矿床矿物学研究[J]. 中国稀土学报，1991，(4).

[64] 朱志敏，郑荣才，罗丽萍，等. 四川木洛稀土矿床方解石元素地球化学特征及其成因意义[J]. 矿物学报，2008，(4).

[65] 陈志澄，洪华华. 花岗岩风化壳稀土存在形态分析方法研究[J]. 分析测试学报，1993(12)：21~25.

[66] 袁忠信，白鸽，张宗清. 白云鄂博矿床赋矿岩石的自交代现象及其意义[D]. 上海：中国科学院上海冶金研究所，2000.

[67] 池汝安，王淀佐. 稀土选矿与提取技术[M]. 北京：科学出版社：1996；1~30，127~241.

[68] 池汝安，王淀佐. 稀土矿的分类和选矿及冶炼[J]. 国外金属矿选矿，1991，28(12)：3~10.

[69] 袁忠信，等. 四川冕宁牦牛坪稀土矿床[M]. 北京：地震出版社，1995：10~23.

[70] 程建忠，侯运炳，车丽萍. 白云鄂博矿床稀土资源的合理开发及综合利用[J]. 稀土，2007，28(1)：70~73.

[71] 蒲广平. 牦牛坪稀土矿床成矿模式及找矿方向探讨[J]. 四川地质学报，1993，13(1)：46~57.

[72] 车丽萍. 氟碳铈矿的选矿研究[J]. 矿山，1990，(3)：19~22.

[73] 蒲广平. 冕西地区稀土成矿条件初步分析. [C]//三十届国际地质大会论文集. 北京：中国经济出版社，1996.

[74] 余永富，车丽萍. 包头白云鄂博矿床的矿石特点[J]. 矿山，2004，20(2)：1～5.

[75] 张卯均，等. 选矿手册（第八卷第三分册）[M]. 北京：冶金工业出版社，1990：160～166.

[76] 余永富. 中国稀土矿选矿技术及其发展[J]. 中国矿业大学学报，2001，30(6)：537～542.

[77] 高海洲. 白云鄂博矿区稀土稀有资源综合评述. [C]//中国稀土资源综合利用研讨会论文集. 矿山，2009：19～33.

[78] 董显宏. 四川德昌县大陆乡稀土矿床地质特征浅析. [C]//中国稀土资源综合利用研讨会论文集. 矿山，2009：44～46.

[79] 牛贺才，林传仙. 论四川冕宁稀土矿床的成因[J]. 矿床地质，1994，13(4)：345～353.

[80] 杨占峰，柳建勇. 白云鄂博稀土矿床探矿的必要性与可行性探讨[J]. 稀土，2007，28(6)：84～87.

[81] 潘明友. 山东微山湖稀土发展概况. [C]//中国稀土资源综合利用研讨会论文集. 矿山，2009：61～63.

[82] Chi Ruan，Tian Jun，Li Zhongjun，et al. Existing state and partitioning of rare earth on weathered ores [J]. Journal of Rare Earths，2005，23(6)：756～759.

[83] 章崇真. 华南花岗岩的成因类型及其深化系列[J]. 岩矿测试，1983(1)：11～14.

[84] 杨主明，杨晓勇，张培善，等. 江西大吉山花岗岩风化壳稀土矿床稀土元素地球化学[J]. 稀土，1999，18(6)：1～4.

[85] 陈家镛，杨守志，柯家骏. 湿法冶金的研究与发展[M]. 北京：冶金工业出版社，1998：174～181.

[86] 贺伦燕，王似男，周新木，等. 中国南方离子吸附型稀土矿[J]. 稀土，1989，11(1)：39～44.

[87] Hongming Zhou，Shili Zheng，Yi Zhang，et al. A kinetic study of the leaching of a low-grade niobium-tantalum ore by concentrated KOH solution. Hydrometallurgy，2005，80(3)：170～178.

[88] Roaldset，Posenqvist I Th. Unusual lanthanide distribution[J]. Nature（London）. Phy. Sci. 1971，130：153～154.

[89] 张祖海. 华南风化壳离子吸附型稀土矿床[J]. 地质找矿论丛，1990，5(1)：57～71.

[90] 龚崇辉. 宁化县稀土矿产开发前景综合分析[J]. 福建矿业，1999(1)：5～7.

[91] 陆智，刘晨，陆薇宇，等. 广西稀土产业现状及发展前景. [C]//中国稀土资源综合利用研讨会论文集. 矿山，2009：56～60.

[92] 陈开惠. 湖北均县风化型高岭土中蒙脱石矿物的形成和变化[J]. 地质科学，1981(4)：84～89.

[93] 池汝安. 福建离子吸附型稀土矿地质特征及其找矿标志[J]. 稀土，1988，9(4)：49～52.

[94] 车丽萍，余永富. 中国稀土矿选矿生产现状及选矿技术发展[J]. 稀土，2006，27(1)：95～102.

[95] 余永富，朱超英. 包头稀土选矿技术进展[J]. 金属矿山，1999，23(11)：18～22.

[96] 余永富，程建国，陈泉源. 磁浮新工艺流程选别白云鄂博中贫氧化矿的研究[J]. 矿冶工程，1989，9(4)：25～29.

[97] 车丽萍，王晓铁. 重选回收水浸渣中稀土及钍的研究[J]. 第四届全国青年选矿学术会议论文集. 昆明，1996，102～108.

[98] 骆世成，朱英江. 用螺旋溜槽提高稀土回收率的初探[C]//中国稀土资源综合开发利用与可持续发展学术研讨会论文集，2004，(11)：55～58.

[99] 熊文良，陈炳炎. 四川冕宁稀土矿选矿试验研究[J]. 稀土，2009，30(2)：89～91.

[100] 肖越信，田俊德，车丽萍，等，四川牦牛平稀土矿选矿工艺研究[J]. 稀土，1989，20(3)：26～30.

[101] 池汝安，施泽民. 西南稀土矿的矿石性质及分选工艺研究[J]. 稀有金属与硬质合金，1994，118：

33 ~ 38.

[102] 张家菁，许建祥，龙永迳. 风化壳离子吸附型稀土矿稀土浸出工业指标的意义[J]. 福建地质，2004，23(1)：34 ~ 37.

[103] Chi Ruan, Zhu G, Zhang P, et al. Chemical behavior of cerium element in rock weathering system [J]. Transactions of Nenferrous Metals Society of China. 1999, 9(1)：158 ~ 164.

[104] 邵亿生. 离子型稀土原地浸矿新工艺研究[M]. 北京：冶金工业出版社，2000：37 ~ 42.

[105] 喻庆华. 原地浸出及在低品位稀土矿中的应用[J]. 矿冶工程，1995，15(1)：53 ~ 58.

[106] 余斌，谢锦添，刘坚. 兰北坑离子型稀土矿就地控速淋浸技术研究[J]. 甘肃冶金，2005，27(2)：4 ~ 6.

[107] Prashant S Kulkarni, Krishnakant K Tiwari, Vijaykumar V Mahajani. Membrane stability and enrichment of nickel in the liquid emulsion membrane process[J]. Journal of Chemical Technology and Biotechnology, 2000, 75(7)：553 ~ 560.

[108] 池汝安，朱国才，施泽民. 西南 MN 矿稀土赋存状态及配分研究[J]. 有色金属，1998，50(4)：85 ~ 89.

[109] 杨元根，袁可能，何振立，等. 红壤中可溶态稀土元素的研究[J]. 稀土，1997，18(6)：1 ~ 4.

[110] Koppi A J, Edis R, Field D J, et al. Rare earth element trends and cerium-uranium-manganese association in weathered rock from kongarra[J]. Northern Territory, Australia, Geochimica et Cosmochimica Acta, 1996, 60(10)：1695 ~ 1707.

[111] Ruan Chi, Guocai Zhu. Rare earth partitioning of granitoid weathering crust in southern china[J]. Transactions of Nenferrous Metals Society of China, 1998, 8(4)：693 ~ 697.

[112] 池汝安，徐景明，何培炯，等. 川西某氟碳稀土矿矿泥浸取稀土研究[J]. 有色金属（选矿部分），1(1)：1 ~ 4.

[113] Ruan Chi, Zhongjun Li, Cui Peng, et al. Partitioning Properties of Rare Earth Ores in China[J]. Rare Metals, 2005, 24(3)：205 ~ 210.

[114] Ruan Chi, Jun Tian, Zhongjun Li, et al. Existing state and partitioning of rare earth on weathered ores [J]. Journal of Rare Earths, 2005, 23(6)：756.

[115] Julian S Marsh. REE Fractionation and Ce Anomalies in Weathered Karoo Dolerite[J]. Chemical Geology, 1991, 90：189 ~ 194.

[116] Johan Ingri, Anders Widerlund, Magnus Land, et al. Temporal variations in the fractionation of the rare earth elements in a boreal river, the role of colloidal particles[J]. Chemical Geology, 2000, 166：23 ~ 45.

[117] Julian S Marsh. REE fractionation and Ce anomalies in weathered Karoo dolerite [J]. Chemical Geology, 1991, 90：189 ~ 194.

[118] Johannesson K H, Xiaoping Zhou, Caixia Guo, et al. Origin of rare earth element sighatures in groundwaters of circumneutral pH from southern Nevada and eastern Calfornia [M]. USA：Chemical Geology, 2000：239 ~ 257.

[119] Cullers R L, et al. Experiment studies of the distribution of rare earth as trace elements among silicate minerals and liquid and water[J]. Geochemica et Cosmochimica Acta, 1973, 37(6)：1499 ~ 1512.

[120] 赵振华，等. 某些常用稀土元素地球化学参数的计算方法及其地球化学定义[J]. 地质地球化学，1985(1)：13 ~ 16.

[121] Laufer F, Yariv S, Steinberg M. The adsorption of quadrivalent cerium by kaolinite [J]. Clay Minerals, 1984, 19：137 ~ 149.

[122] Land M, Shlander B, Ingri J, et al. Solid speciation and fractionation of fare earth elements in a spodosol

profile from Northern Sweden as revealed by sequential extraction [J]. Chemical Geology, 1999, 160: 121 ~ 138.

[123] Braun I J, Viers J, Dupre B, et al. Solid/Liquid REE fractionation in the Lateritic system of Goyoum. East cameroon: the implication for the present dynamics of the soil covers of the humid tropical regions [J]. Geochimica et Cosmochimica Acta, 1998, 62(2): 273 ~ 299.

[124] Yingjun Ma, Congqiang Liu. Chemical weathering crust: a long-term storage of elements and its implications for sediment provenance [J]. Chinese Science Bulletin, 1999, 4: 107 ~ 110.

[125] Yingjun Ma, Congqiang Liu. Sr isotope evolution during chemical weathering of granites-impact of relative weathering rates of minerals [J]. Science in China (D), 2001, 44(8): 726 ~ 734.

[126] Yingjun Ma, Runke Huo, Congqiang Liu. Speciation and fractionation of rare earth elements in a lateritic profile from southern china: identification of the carriers of ce anomalies [J]. Geochimica et Cosmochimica Acta, 2002, 66(15): 471.

[127] Robyn E Hannigan, Edward R Sholkovitz. The development of middle rare earth element enrichments in freshwaters: weathering of phosphate minerals [J]. Chemical Geology, 2001, 175: 495 ~ 508.

[128] Ruan Chi, Zhuxu Dai, Zhigao Xu, et al. Correlation analysis on partition of rare earth in ion-exchangeable phase from weathered crust ores [J]. Transactions of Nonferrous Metals Society of China, 2006, 16 (6): 1421 ~ 1425.

[129] 雷树业, 包素锦, 王维城, 等. 松散介质空隙率渗透率的测定[J]. 工程物理学报, 1992, 12(4): 408 ~ 411.

[130] 池汝安, 田君. 风化壳淋积型稀土矿评述[J]. 中国稀土学报, 2007, 25(06): 641 ~ 650.

[131] 饶振华, 武立群, 袁源明. 离子型稀土发现、命名与提取工艺发明大解密[J]. 中国金属通报, 2007, (29): 8 ~ 15.

[132] 池汝安, 田君. 风化壳淋积型稀土矿化工冶金[M]. 北京: 科学出版社, 2006.

[133] 罗小亚. 湖南省稀土矿成矿条件及离子吸附型稀土矿形成机制[J]. 矿物学报, 2011, 1: 332 ~ 333.

[134] 池汝安, 田君, 罗仙平, 等. 风化壳淋积型稀土矿的基础研究[J]. 有色金属科学与工程, 2012 (4): 1 ~ 13.

[135] Chi R, Tian J. Weathered crust elution-deposited rare earth ores [M]. New York: Nova Science Publishers, 2008.

[136] Chi R, Tian J, Li Z, et al. Existing state and partitioning of rare earth on weathered ores [J]. Journal of Rare Earths, 2005, 23(6): 756 ~ 759.

[137] Kanazawa Y, Kamitani M. Rare earth minerals and resources in the world [J]. Journal of Alloys and Compounds 408 ~ 412, 2006: 1339 ~ 1343.

[138] Moldoveanu G A, Papangelakis V G. Recovery of rare earth elements adsorbed on clay minerals: I. Desorption mechanism [J]. Hydrometallurgy, 2012, 117 ~ 118(0): 71 ~ 78.

[139] 罗仙平, 邱廷省, 群严, 等. 风化壳淋积型稀土矿的化学提取技术研究进展及发展方向[J]. 南方冶金学院学报, 2002, 23(5): 2 ~ 6.

[140] 田君, 尹敬群, 谌开红, 等. 风化壳淋积型稀土矿浸出液沉淀浮选溶液化学分析[J]. 稀土, 2011, 32(4): 1 ~ 7.

[141] Tian J, Chi R, Yin J. Leaching process of rare earths from weathered crust elution-deposited rare earth ore [J]. Transactions of Nonferrous Metals Society of China, 2010, 20(5): 892 ~ 896.

[142] Tian Jun, Tang Xuekun, Yin Jingqun, et al. Process optimization on leaching of a lean weathered crust elution-deposited rare earth ores [J]. International Journal of Mineral Processing, Vols. 119, pp 83 ~

88，2013.

[143] Tian J, Yin J, Chen K, et al. Optimisation of mass transfer in column elution of rare earths from low grade weathered crust elution-deposited rare earth ore [J]. Hydrometallurgy, 2010, 103(1~4): 211~214.

[144] Tian Jun, Tang Xuekun, Yin Jingqun, et al. Enhanced Leachability of a Lean Weathered Crust Elution-Deposited Rare-Earth Ore: Effects of Sesbania Gum Filter-Aid Reagent[J]. *Metallurgical and Materials Transactions*, Vols. 44B(3), 2013.

[145] 罗仙平，钱有军，梁长利. 从离子型稀土矿浸取液中提取稀土的技术现状与展望[J]. 有色金属科学与工程，2012(5): 50~53.

[146] Tian J, Yin J, Chi R, et al. Kinetics on leaching rare earth from the weathered crust elution-deposited rare earth ores with ammonium sulfate solution [J]. Hydrometallurgy, 2010, 101(3~4): 166~170.

[147] 李永绣，周新木，刘艳珠，等. 离子吸附型稀土高效提取和分离技术进展[J]. 中国稀土学报，2012, 30(3): 257~264.

[148] 邱廷省，伍红强，方夕辉. 离子型稀土矿浸出过程优化与分析[J]. 有色金属科学与工程，2012, 3(4): 40~47.

[149] 赵中波. 离子型稀土矿原地浸析采矿及其推广应用中值得重视的问题[J]. 南方冶金学院学报，2000(03): 179~183.

[150] 汤洵忠，李茂楠，杨殿，等. 用原地浸析法回收离子型稀土露采残矿[J]. 矿冶工程，1998, (04): 13~15.

[151] 周晓文，温德新，罗仙平. 南方离子型稀土矿提取技术研究现状及展望[J]. 有色金属科学与工程，2010, 3(6): 81~85.

[152] 张震，戴超辉. 贵州稀土矿及成矿地质特征[J]. 矿产与地质，2010, 5(24): 6~9.

[153] 张杰，张覃，陈代良. 贵州织金新华含稀土磷矿床稀土元素地球化学研究[J]. 地质与勘探，2004, 1(40): 41~44.

[154] 张覃，张杰，陈肖虎. 贵州织金含稀土磷矿石选别工艺的选择[J]. 金属矿山，2003(3): 23~25.

[155] 陈义，黄芳，陈肖虎. 贵州织金含稀土低品位磷矿综合利用研究[J]. 贵州化工，2007, 6(32): 1~2.

[156] 张小敏，沈静，辜国杰. 含稀土磷块岩选矿工艺研究[J]. 化学矿物与加工，2004(11): 12~13.

[157] 赖兆添，姚渝州. 采用原地浸矿工艺的风化壳淋积型稀土矿山"三率"问题的探讨[C]//中国稀土资源综合利用研讨会论文集. 深圳，2009: 41~43.

[158] 袁长林. 中国南岭淋积型稀土溶浸开采正压系统的地质分类与相应的开采技术[C]//中国稀土资源综合利用研讨会论文集. 深圳，2009: 47~52.

[159] 张杰，张覃. 贵州织金含稀土中低品位磷块岩工艺矿物学特征[C]//中国稀土资源综合利用研讨会论文集. 深圳，2009: 111~114.

[160] 贺伦燕，冯天泽，傅师义，等. 硫酸铵淋洗从离子型稀土矿中提取稀土工艺的研究[J]. 稀土，1983, 3: 1~8.

[161] 车丽萍，余永富，庞金兴，等. 羟肟酸类捕收剂在稀土矿物浮选中的应用及发展[J]. 稀土，2004, 25(3): 49~54.

[162] 赵春晖，陈宏超，岳学晨. 新型浮选药剂 LF-8、LF-6 在稀土选矿生产中的应用[J]. 稀土，2000, 21(3): 1~3.

[163] 吴祥林，王美华. EX 新磁路稀土永磁磁选机的应用[C]//中国稀土资源综合开发利用与可持续发展学术研讨会论文集. 2004, (11): 59~67.

[164] 车丽萍，余永富，庞金兴，等. 羟肟酸类捕收剂性质、合成及应用[J]. 稀土，2004, 23(3):

　　　 36～42.

[165] 罗小亚. 湖南省稀土矿成矿条件及离子吸附型稀土矿形成机制[J]. 矿物学报, 2011, S1.

[166] 陈吉艳, 杨瑞东, 张杰. 贵州织金含稀土磷矿床稀土元素赋存状态研究[J]. 矿物学报, 2010(1).

[167] 刘世荣, 胡瑞忠, 姚林波, 等. 贵州织金新华磷矿床首次发现独立的稀土矿物[J]. 矿物学报, 2006, (1).

[168] 杨成富, 刘建中, 陈睿. 贵州水银洞金矿构造蚀变体稀土元素四分组效应[J]. 矿物学报, 2011. S1.

[169] 张培善, 陶克捷. 白云鄂博矿物学[M]. 北京: 科学出版社, 1986: 11～38.

[170] 罗家珂. 异羟肟酸合成及其在浮选中的应用[J]. 国外金属矿选矿, 1983, (2): 7～17.

[171] 潘明友, 冯婕. 微山稀土矿选矿工艺流程探讨[J]. 山东冶金, 1992, 14(1): 31～34.

[172] 兰玉成, 徐雪芳, 黄风兰, 等. 用邻苯二甲酸从山东微山矿浮选高纯氟碳酸盐稀土精矿的研究[J]. 稀土, 1983, 14(4): 27～32.

[173] 黄林旋. 稀土矿物新型捕收剂-环烷基异羟肟酸的合成及其子包头矿中的应用[J]. 矿产综合利用, 1980(1): 90～95.

[174] 余永富, 罗积扬, 李养正. 白云鄂博中贫氧化矿铁、稀土选矿试验研究[J]. 矿冶工程, 1992, 12(1): 15～19.

[175] 寇文生. 氟碳铈矿与独居石浮选分离新进展[J]. 有色金属 (选矿部分)[J]. 1994(1): 11～14.

[176] 徐雪芳. 氟碳酸盐稀土矿物新捕收剂及选别效果初步分析[J]. 中国稀土学报, 1985(4).

[177] 汪中, 车丽萍. 我国氟碳铈矿浮选研究的新进展[J]. 稀土, 1991(4).

[178] 金仲农. 石油发酵法生产微生物油脂 (皂) 及其在浮选上的应用[J]. 矿产综合利用, 1980(1).

[179] 李芳积, 朱英江, 等. L102 捕收剂在昌兰稀土选矿厂的应用[J]. 稀土, 2002(6).

[180] 李芳积, 曾兴兰. 细粒稀土矿物浮选研究[J]. 上海第二工业大学学报, 2000, 17(2).

[181] 蒲广平. 牦牛坪稀土矿的特点及其开发利用[J]. 矿产保护与利用, 1994, 5: 17～20.

[182] 侯宗林. 白云鄂博铁-铌-稀土矿床基本地质特征、成矿作用、成矿模式[J]. 地质与勘探, 1989, 1: 1～5.

第40章 金银矿选矿

40.1 金银矿物及金银矿床

40.1.1 金矿物类型及特征

根据矿物中金的结构状态和含金量，可将金矿床中的金矿物分为金矿物、含金矿物和载金矿物三大类。所谓金的独立矿物，是指以金矿物和含金矿物形式产出的金，它是金在自然界中最重要的赋存形式，也是工业开发利用的主要对象。

目前世界上已发现的金矿物和含金矿物有98种，常见的只有47种，而金的工业矿物只有二十几种。我国金的工业矿物主要是自然金和银金矿，少数矿床中有金银矿、碲金矿、针碲金银矿、碲金银矿和黑铋金矿等。

自然界主要的金矿物和含金矿物有以下几种：

(1) 自然金：密度 $15.6 \sim 18.3 g/cm^3$，硬度 $2 \sim 3$，经常含杂。

(2) 含银金矿物：有银金矿和金银矿，银金矿是自然金的亚种，其中银的含量一般大于15%。金银矿是自然银的亚种，含 $10\% \sim 20\%$ 的金。

(3) 金与铂族元素组成的互化物矿物：如铂金矿（含铂10%）、钯金矿（含钯11.6%）、铱金矿（含铱30%）、铂银金矿、钯铜金矿等。

(4) 铋金矿：含铋4%。

(5) 金与碲组成的矿物：碲金矿、亮碲金矿、针碲金银矿、碲金银矿和叶碲金矿等。

(6) 金锑矿：金与锑的化合物。

40.1.1.1 金矿物

在我国已发现的金矿物约49种（包括变种和未定名矿物，其中我国首次发现的金矿物约20种），岩金矿床中约44种，砂金矿床中约10种。

对于金矿物的分类，目前尚无统一的方法。从晶体化学角度考虑，将我国的金矿物划分为自然元素、合金及金属互化物，碲、硫、硒化物，氧化物，亚碲酸盐和碲酸盐四个大类。由于某些矿物的晶体结构不明，因此进一步按阴离子的性质和阳离子组合划分为金-银系列矿物、金（银）-铂族元素系列矿物、金-铜（铂族元素）系列矿物、金（银）-汞系列矿物、金-锡互化物、金-铅互化物、金-铋系列矿物、金-锑系列矿物、金-铬系列矿物、碲化物、硫化物、硒化物、氧化物、亚碲酸盐、碲酸盐共15种类型，我国金矿物种类见表40-1-1。

表 40-1-1 我国金矿物种类

类 型		矿物名称	矿物分子式	元素含量/%		
				Au	Ag	其 他
自然元素、合金及金属互化物	金-银系列矿物	自然金	Au	80~100	0~20	
		银金矿	(Au, Ag)	50~80	20~50	
		金银矿	(Ag, Au)	20~50	50~80	
		自然银	Ag	0~20	80~100	
	金（银）-铂族元素系列矿物	铂质自然金[1]	(Au, Pt)	80.1	9.0	Pt 8.7
		钯质自然金[1]	(Au, Pd)	87.6		Pd 10.2
		铂质金银矿[1]	(Ag, Au, Pt)	13.8~29.7	54.4~68.4	Pt 3.1~6.1
		未定名[2]	(Pd, Au)或(Pd, Pt)$_3$Au	32.4~35.6		Pd 43.65~46.1 Pt 13.2~19.9
	金-铜（铂族元素）系列矿物	铜质自然金[1]	(Ag, Au, Cu)			Cu>3
		四方铜金矿[2]	CuAu	75.18		Cu 32.74
		铜金矿	Cu(Au, Ag)	74.63	0.3	Cu 25.3
		未定名[2]（铂铜金矿）	(Au, Cu, Pt)或(Cu, Pt, Pd, Rh)Au	62.3		Cu 7.15 Pt 17.6 Pd 6.4 Rh 5.35
		未定名[2]（锇铜金矿）	(Cu, Os)Au$_2$	83.9	Cu 11.6 Os 5.2	
	金（银）-汞系列矿物	汞质自然金[1]	(Au, Hg)	73.38~88.23	0~13.56	Hg 8.83~10.07
		汞质银金矿[1]	(Au, Ag, Hg)	56.06~67.33	8.29~31.06	Hg 10~14.82
		汞质金银矿[1]	(Au, Ag, Hg)	28.73	61.00	Hg 10.27
		益阳矿[2]	Au$_3$Hg	73.21~75.86		Hg 23.82~26.81
		α-汞金银矿[2]	(Au, Ag)$_3$Hg	18.08~27.37	36.07~47.05	Hg 32.12~38.02
		金汞齐	(Au, Ag)$_2$Hg	58.76~67.52	0.09~6.54	Hg 32.38~36.48
		围山矿[2]	(Au, Ag)$_3$Hg$_2$	56.91	3.17	Hg 39.92
		γ-汞金矿[2]	(Au, Ag)Hg	36.64~45.55	1.55~9.16	Hg 51.79~53.17
	金-锡互化物	未定名[2]	AuSn	61.23~65.21		Sn 29.97~33.27
	金-铅互化物	珲春矿[2]	Au$_2$Pb	64.0~66.0	1.0	Pb 33.0~35.0
		未定名[2]	Au$_4$Pb$_3$	53.01~55.04	<0.7	Pb 38.29~43.96
		阿纽依矿	AuPb$_2$	35.62	0.3	Pb 62.5 Sb 1.88
	金-铋系列矿物	铋质自然金[2]	(Au, Bi)	83.84~92.08		Bi 5.69~13.00
		黑铋金矿	Au$_2$Bi	63.55~66.85		Bi 32.34~35.73
	金-锑系列矿物	方锑金矿	AuSb$_2$	41.80~47.86	0~7.55	Sb 50.0~57.04
		未定名[2]（锑金铂矿）	(Pt, Au)$_4$Sb	6.7~10.4		Pt 64.4~79.8 Pd 1.7~3.3 Sb 11.0~14.85
	金-铬系列矿物	铬质自然金[2]（铬金矿）	(Au, Cr, Ag)	90.78~91.96	4.56~5.85	Cr 2.69~4.05

类　型		矿物名称	矿物分子式	元素含量/%		
				Au	Ag	其　他
碲、硫、硒化物	碲化物	板碲金银矿	(Au, Ag)Te	40.1	13.0	Te 46.9
		亮碲金矿	Au_2Te_3	48.6~54.18		Te 45.82~50.65
		碲金矿	$AuTe_2$	37.32~45.84		Te 54.16~58.32
		铜质碲金矿[①]	(Au, Cu, Ag)Te_2	27.30~27.61	3.0~3.31	Cu 3.69~4.01
		斜方碲金矿	$AuTe_2$ 或(Au, Ag)Te_2	28.04~36.47	4.05~9.77	Te 53.46~64.7
		针碲金银矿	$AuAgTe_4$	23.96~27.80	9.78~11.9	Te 61.3~63.6
		杂碲金银矿	$AuAgTe_3$	22.51~35.27	0~7.49	Te 64.45~72.16
		未定名[②]	$AuAgTe_3$	39.0	23.39	Te 37.61
		未定名[②]	$AuTe_5$	22.718		Te 76.845
						Sb 0.347
		碲金银矿	Ag_3AuTe_2	20.94~33.93	33.2~44.94	Te 31.63~37.51
		未定名[②]	(Au, Ag)$BiTe_4$	37.6	3.0	Bi 16.8
						Te 42.1
		未定名[②]	$Pb_2AuBiTe_2$	17.28~19.6		Pb 38.55~40.68
						Bi 15.88~18.31
						Te 23.58~26.36
		金质碲金银矿[①]	(Au, Ag)$_2$Te	3.9~10.50	50.3~60.61	Te 35.10~36.25
	硫化物	硫金银矿	Ag_3AuS_2	18.6~35.9	41.0~67.7	S 10.7~11.7
	硒化物	硒金银矿	Ag_3AuSe_2	28.02	48.0	Se 23.98
氧化物	氧化物	未定名[②]	(Au, Pb)$_3$·TeO_2 或 Au_3PbTeO_3	57.37~59.86		Pb 15.09~17.26
						Te 14.32~15.98
						CaO 0.53~0.63
亚碲酸盐和碲酸盐	亚碲酸盐	未定名[②]	$AuTeO_3$	51.52~52.86		Te 33.49~34.72
						O 13.65~13.75
	碲酸盐	未定名[②] (碲酸铅金矿)	$Au_4(PbO)_3$·$(TeO_4)_2$	38.57~40.75		Pb 33.4~33.91
						Te 10.72~11.44

注：( ) 内为拟定名。
①变种；②我国首次发现的矿物。

40. 1. 1. 2　含金矿物

自然界含金矿物有 20 余种。主要有以下几种：

（1）自然金（Au）。自然金常呈粒状、片状及其他不规则形状，大的自然金块重达数十千克，小的在矿石中呈高度分散的微细金粒，其粒度可小到 0.1μm 或更细。自然金矿物并非化学纯，常含有银、铜、铁、碲、硒等杂质。但随杂质含量的增高密度降低，自然金密度为 15.6 ~ 18.3g/cm³（纯金密度为 19.3g/cm³），硬度 2 ~ 3；因含铁杂质而具有一定的磁性，结晶构造为金属晶格。

自然金中最常见的杂质是银、铜和铁。通常银的含量为 5% ~ 30%，最高可达 50%，铜达 1.5%，铁达 2%。自然金中虽含有铜、银等元素，但不是真正的合金，它具有特殊的结构和不均匀性，是热水溶液中的沉积物而不是熔融物凝固而成。

（2）含银的金矿物。由于金与银的原子半径相近，晶格结构类型相同，化学性质也相近，当自然金中含银量达 10% ~ 15% 时，可称之为银金矿（亦可归属银矿物），含金、自然银、银铜金等自然金属元素矿物。

（3）金与铂族元素组成的矿物。当自然金矿物中混入相当量的铂族元素（呈类质同象混入）时，可以形成钯金矿（含钯 11.6%）、铂金矿（含铂 10%）、铱金矿（含铱 30%）及铂银金矿和钯铜金矿等；当金元素类质同象混入铂族元素矿物中时又可称为铂金钯矿和铀金锇矿等。

（4）铋金矿。在某些特定的地质条件下金与铋结合形成的矿物称为铋金矿。当含铋 4% 时，呈固溶体；而含铋大于 4% 时，呈固溶体与自然铋的混合物，性质与自然金极为相似。

（5）金与碲组成的矿物。金与碲组成的化合物有碲金矿（AuTe₂）、亮碲金矿、针碲金银矿、碲金银矿和叶碲金矿等。

（6）金锑矿（AuSb₂）。金与锑的化合物称为金锑矿。

含金矿物中最常见和最主要的矿物是自然金，其次是银金矿、碲化金等。

40. 1. 1. 3　载金矿物

载金矿物是指金矿床中携带金的矿物或含金的某一矿石矿物或脉石矿物。硫化物、砷化物、硫砷化物、锑化物、铋化物类矿物是金矿床中常见的载金矿物，如黄铁矿、黄铜矿、磁黄铁矿、镍黄铁矿、辉铜矿、黝铜矿、辉锑矿、辉铋矿、辉银矿、毒砂、砷铂矿、砷铜矿、硫砷铜矿等矿物，其中都常有较高的含金量，且金通常成自然金形式存在。

40. 1. 1. 4　金矿床中的矿物

在金矿床及伴生金矿床中，与金伴生的矿物种类繁多，大约有 110 种以上，但常见的矿物只有数十种，其中主要金属矿物有：黄铁矿、磁黄铁矿、毒砂、黄铜矿、闪锌矿、方铅矿、辉银矿、黝铜矿、辉铋矿、白铁矿、辉锑矿、淡红银矿、黑钨矿、白钨矿、磁铁矿、雌黄、雄黄、辰砂、碲化物以及含铜、锑、铋硫盐等矿物。非金属矿物有：石英、玉髓、方解石、铁白云石、白云石、钠长石、冰长石、重晶石、萤石、云母和绿泥石等。主要金矿物为自然金、银金矿、碲金矿等。这些矿物大致可划分为贱金属矿物、贵金属矿物、非金属矿物及表生矿物四种类型，金矿床中的矿物见表 40-1-2。

表 40-1-2　金矿床中的矿物

贱金属矿物	贵金属矿物	非金属矿物	表生矿物
黄铁矿、白铁矿、胶状黄铁矿、磁黄铁矿、方铅矿、闪锌矿、黄铜矿、辉铜矿、硫铁铜矿、黝铜矿、砷黝铜矿、砷铜矿、硫砷铜矿、辉铋矿、辉钼矿、辉锑矿、硫铋锑铅矿、斜方辉铅铋矿、辉钴矿、辉砷钴矿、硫钴矿、方钴矿、镍黄铁矿、辉砷镍矿、针镍矿、红砷镍矿、四方硫铁矿、斜方砷铁矿、砷铂矿、脆硫锑铅矿、车轮矿、碲铋矿、辉碲铋矿、碲铅矿、磁铁矿、铬铁矿、金红石、菱铁矿、锡石、赤铁矿、软锰矿、硬锰矿、晶质铀矿、铀钍矿、钛铀矿、沥青铀矿、锆石、独居石、自然铜、自然铋	自然金、银金矿、金银矿、碲金矿、碲金银矿、针碲金矿、自然银、碲银矿、辉银矿、淡红银矿、深红银矿、硫锑铜银矿、砷硫银矿、辉锑银银矿、螺旋硫银矿、铂族元素矿物	石英、玉髓、方解石、铁白云石、白云石、重晶石、蔷薇辉石、透辉石、透闪石、绿泥石、绿帘石、石榴石、磷灰石、电气石、萤石、黄玉、微斜长石、钠长石、冰长石、明矾石、白云母、黑云母	褐铁矿、针铁矿、铜蓝、蓝铜矿、斑铜矿、孔雀石、菱锌矿、白铅矿、铅矾、铜绿矾、水绿矾、黄钾铁矾、臭葱石、砷铅铁矾、水锑铅矿、钴华、铋华、锑华、赤铜矿、锰土、水云母、绢云母、高岭石、伊利石、埃洛石

注：据栾世伟等，1987。

40.1.1.5　金矿石类型

根据矿石组成的复杂性和选矿工艺的难易程度，可划分为一般易选含金矿石和复杂难选含金矿石，金矿石大体可划分为以下几大类型。

A　贫硫化物矿石

贫硫化物矿石物质组成较为简单，多为石英脉型或热液蚀变型。黄铁矿为主要硫化物，但含量较少，间或伴生有铜、铅、锌、钨、钼等矿物。金矿物主要是自然金，其他矿物无回收价值。可用简单的选矿流程处理，粗粒金可用重选法和混汞法回收，细粒金一般采用浮选法回收，浮选精矿用氰化方法处理，极细粒贫矿石一般采用全泥氰化法回收。

B　高硫化物金矿石

高硫化物金矿石中黄铁矿及毒砂含量高，金品位偏低，自然金颗粒相对较小，并多被包裹在黄铁矿及毒砂中。从这种类型矿石中分选出金和硫化物一般较易实现，而金与黄铁矿及毒砂的分离需采用较复杂的选冶流程。

C　多金属硫化物含金矿石

多金属硫化物含金矿石的特点是硫化物含量高，矿石中除金以外还含有铜、铅、锌、银、钨、锑等多种金属矿物，后者常具有单独开采价值。自然金除与黄铁矿关系密切外，也与铜铅等矿物紧密共生。金粒度变化区间大，在矿石中的分布极不均匀，需综合回收的金属矿物种类多，因此对这类矿石的处理需采取较复杂的选矿工艺流程。该类型矿石一般随采矿深度的延伸，矿石性质也随之发生变化，选矿工艺流程也必须随之进行调整。

D　含金铜矿石

含金铜矿石与上述多金属硫化物含金矿石的区别在于金的品位低，但它是主要综合回收元素。金矿物粒度中等，与铜矿物共生关系复杂，在选矿过程中金大部分随铜精矿产出，冶炼时再分离出金。

E　含碲化金矿石

含金矿物仍然以自然金为主，但有相当一部分金赋存在金的碲化物中。这类矿石在成因上多为低温热液矿床，脉石矿物主要是石英、玉髓质石英和碳酸盐矿物等。由于碲化金矿物很脆，在磨矿过程中容易泥化，造成碲化金矿物浮选困难。因此，处理含碲化金矿石时，需选择阶段磨矿阶段浮选工艺流程。

F 含金氧化矿石

含金氧化矿石的主要金属矿物为褐铁矿，不含或少含硫化物，但含有含金的氢氧化铁或铁的含水氧化物等稳定的次生矿物和部分石英，这是该类矿石矿物组成的主要特点。金大部分赋存于主要脉石及风化的金属氧化物裂隙中，金粒度变化较大，矿物组成相对简单，选别方法以重选法和氰化法为主。

40.1.2 银矿物类型及特征

银主要以矿物形式存在，少数以类质同象进入其他矿物晶格中。在一般情况下，无论在空间分布上还是在形成时间上，都是在方铅矿中的含银量最高。也就是说，银在矿石中的含量与铅、锌含量呈正相关关系。到目前为止，发现有独立银矿物 117 种，其中自然元素及金属互化物有 9 种，碲化物、锑化物、砷化物、硒化物有 23 种，硫化物有 11 种，硫盐类有 60 种，卤化物有 10 种，硫酸盐有 2 种，其他有 2 种。最常见的是自然银、银的硫化物和硫盐。最主要的银矿物是自然银、辉银矿（AgS）、深红银矿（Ag_3SbS_3）、淡红银矿（Ag_3AsS_3）、黝铜矿-砷黝铜矿（Cu、Fe、Ag）$_{12}$（Sb、As）$_4S_{13}$、角银矿（$AgCl$）和银铁矾 $AgFe_3(SO_4)_2(OH)_6$ 等，银的主要矿物见表 40-1-3。

表 40-1-3 银的主要矿物

矿物名称	矿物分子式	含银量/%	矿物名称	矿物分子式	含银量/%
自然银	Ag	80~100	硒银矿	Ag_2Se	73.15
辉银矿	Ag_2S	87.1	碲银矿	Ag_2Te	62.86
锑银矿	Ag_3Sb	75.6	角银矿	$AgCl$	75.3
硫铜银矿	$(AgCu)_2S$	53.01	溴银矿	$AgBr$	57.44
深红银矿	Ag_3SbS_3	60.3	碘银矿	AgI	46
淡红银矿	Ag_3AsS_3	65.4	黄碘银矿	$(Ag,Cu)I$	38.20
辉锑银矿	$Ag_2S \cdot Sb_2S_3$	36.72	脆硫锑银矿	$5PbS \cdot Ag_2S \cdot 3Sb_2S_3$	8.8
辉铜银矿	Ag_3CuS_2		硫砷银矿	$Ag_7(As,Sb) \cdot S$	
硫锑铜银矿	$(Ag,Cu)_{16}Sb_2S_{11}$	75.6	银黝铜矿	$(Ag,Cu)_{12}SbS_{12}$	18.62
脆银矿	$5Ag_2S \cdot Sb_2S_3$	68.5	砷黝铜矿	$(Cu,Fe,Ag)_{12}(Sb,As)_4S_{13}$	
辉锑铅银矿	$4PbS \cdot 4Ag_2S \cdot 3Sb_2S_3$		银铁矾	$AgFe_3(SO_4)_2(OH)_6$	
硫锑铅银矿	$Ag_3Pb_2Sb_3S_8$	23.76	黑硫银锡矿	$4Ag_2S \cdot (Sn,Ge)S_2$	
硒铜银矿	Cu_2SeAg_2Se	18.7	金银矿	$AgAu$	50~80
硒铅银矿	$(Ag \cdot Pb)Se$	43.0	银金矿	$AuAg$	20~50

40.1.3 金矿床

金矿床工业类型是指可以作为金矿产的主要来源，在国民经济中有重要工业意义的金矿床类型，是以金矿床地质特征及金的工业利用为基础，从金矿床经济价值角度所进行的矿床分类。

从含金地质体入手，可将中国金矿床工业类型划分为 11 类，其简要特征及产出地质环境见表 40-1-4。

表 40-1-4　中国金矿床工业类型简要特征及产出地质环境

矿床工业类型	简要特征	产出地质环境	矿床实例
石英脉型	含金地质体为石英脉。矿体产出主要受断裂裂隙系统控制，属典型脉状矿床。矿体类型主要为金-石英和金-石英-多金属硫化物。近矿围岩主要遭受硅化、绢云母化、黄铁矿化等蚀变	古板块边缘隆起区、古隆起边缘坳陷区、古岛弧及被动陆缘区。容矿岩石为太古宇变质岩（多为绿岩地体组成部分）、元古宇浅变质碎屑岩系、古生界浅变质火山-碎屑沉积岩系，侵位于古老变质岩系中的交代-重熔花岗质杂岩	玲珑、文峪、金厂峪、夹皮沟、沃溪
糜棱岩型	含金地质体为多种成分糜棱岩，受韧性剪切带控制，呈带状展布。矿体与围岩界线过渡，形态简单，产状及矿化较为稳定。近矿围岩发育多种构造岩化及热液蚀变	古老地块及其边缘活动带。容矿岩石主要为前寒武纪变质岩	排山楼、河台、金山
蚀变碎裂岩型	金矿体为含金蚀变岩，受断裂破碎带控制，矿体与围岩界线过渡，形态、产状及矿石品位变化较小，金矿围岩蚀变发育，如硅化、绢云母化、钾（钠）化、黄铁矿化等	与石英脉型相似，但控矿构造性质不同	焦家、葫芦沟、上宫、老王寨
冰长石-绢云母石英脉型	含金地质体为含有大量低温矿物组合的石英脉，受火山机构或火山活动有关的断裂裂隙控制。矿体形态、产状及矿石品位变化较大。近矿围岩发育多种低温蚀变	东部地区为古陆和或中间地块中生代上叠火山盆地、板内中生代火山岩带。西部为晚古生代岛弧期后拉张裂陷盆地。容矿岩石主要为中酸性火山岩、次火山岩、火山碎屑岩	八宝山、团结沟、阿希
角砾岩型	矿体为含金角砾岩，受火山-浅成侵入构造或区域性断裂构造控制。矿体形态，产状复杂多样	火山-浅成侵入强烈活动地区或以拉张为主的断裂强烈活动区。容矿岩石多样	归来庄、祈雨沟、双王
矽卡岩型	矿体为含金矽卡岩，受接触带构造控制。矿体形态、产状极为复杂。矿石中共（伴）生组分多，近矿围岩除矽卡岩化外，发育矽卡岩的各种退化蚀变	大陆活化区内坳陷褶皱带局部隆区。容矿岩石为碳酸盐岩与中酸性侵入岩接触带的热变质-交代岩石	鸡冠嘴、鸡笼山、马山、金口岭
微细浸染型	矿体为含金蚀变细碎屑岩、硅泥质岩石及碳酸盐岩。金及其载体矿物呈浸染状分布。金矿极其微细，以超显微金为主	不同地质-构造单元过渡带、褶皱造山带。容矿岩石主要为古生代-三叠纪细碎屑岩、硅泥质岩及碳酸盐岩	板其、紫木函、金牙、高龙、丘洛、东北寨
铁帽型	含金地质体为含金铁帽风化壳。矿床规模不大，但矿石易采选	原生金矿化或铜铁金属矿化集中区，干湿交替或湿热气候及有利地形-泄水环境	黄狮涝山、新桥、吴家
红土型	含金地质体为含金红土风化壳。大矿量低品位与富矿石并存，易采选	易于红土化的原生金矿化体分布区，湿热气候及有利地形和泄水条件	蛇屋山、老万场
砂砾层型	金矿体为含金砂砾层，主要为第四纪河漫滩，阶地及河床中的砂金矿	矿质来源丰富，有缓慢升降，且上升大于下降幅度的新构造运动、有径流水量充足的永久性河流的地区	月河、韩家园子
伴生金	金作为伴生组分产于铜（镍、钴、钼）铅、锌、铁等金属矿床中。矿体形态及矿石的矿物成分复杂，成因类型多样。金品位一般为 $0.05 \times 10^{-6} \sim 1.0 \times 10^{-6}$	板（陆、地）块边缘、陆缘活动带及构造隆起区，受区域深断裂的控制明显。容矿岩石复杂多样，岩浆活动强烈	德兴、城门山、银山、新桥、铜绿山、多宝山、金川、德尔尼、玉龙等

40.1.4 银矿床

按矿床成因分类，我国银矿床的主要工业类型见表40-1-5。

表40-1-5 我国银矿床的主要工业类型

类 型	矿体特征	主要矿物	典型矿床	占储量比例/%
侵入岩型	脉状、不规则脉状，厚度不稳定，矿化不均匀	自然银、黄铁矿、方铅矿、闪锌矿、辉银矿、石英	吉林四平山门	28
海相火山类型	似层状、脉状，厚度稳定，品位较富	自然银，银金矿，共生铅、锌、金、铜	湖北竹山	12
陆相火山岩型	脉状、不规则脉状，厚度较稳定到不稳定，矿化不均匀，品位较富	方铅矿、闪锌矿、黄铁矿、螺状硫银矿、深红银矿、石英	浙江大岭口	7
浅成-超浅成侵入岩型	似层状、透镜状，沿走向和倾向有分支复合和尖灭再现现象	辉银矿、自然银、方铅矿、闪锌矿、黄铁矿、石英、绢云母	江西鲍家	18
沉积岩型	似层状，与围岩产状一致，银品位较低	方铅矿、闪锌矿、银黝铜矿、辉银矿、绿泥石、白云石、石英	陕西柞水	26
变质岩型	不规则似层状、脉状	辉银矿、金银矿、自然银、方铅矿、闪锌矿、黄铁矿	河南坡山	9

按含矿岩石与矿床特点分类，银矿床分类见表40-1-6。

表40-1-6 按含矿岩石与矿床特点分类的银矿床

类 型		储量比例/%	矿体形态	矿石类型及结构构造	矿床实例	备 注
矿床类型	矿化类型					
脉型	(Au)-Ag	24.5	似层状,破碎带中有微细石英脉	蚀变岩型含金银矿石。交代、包裹、嵌晶结构，浸染状、细-网脉状、角砾状构造	吉林四平山门、广东廉江庞西洞	包括岩浆期与岩浆期后形成的矿床
	Au-Ag		脉状和脉带状。脉长数十米至几千米。矿体长10~800m，厚零点几米至10m以上，延伸可达1000m	含银硫化物矿石。块状、浸染状、条带状、角砾状构造	河北丰宁牛圈	
	Pb-Zn-Ag				湖南醴陵石景冲	
	Cu-(U)-Ag				湖北当阳铜家湾	
	W-Sn-Ag-多金属				湖南宜章瑶岗仙	
	Sb-(Bi)-Ag				广西宾阳镇龙山	
	S-As-Ag				广东云浮茶洞	

类　型		储量比例 /%	矿体形态	矿石类型及 结构构造	矿床实例	备　注
矿床类型	矿化类型					
斑岩型	Cu-Mo-Ag	12.2	椭圆状、盆状 及不规则筒状, 面积零点几平方 千米至几平方千 米,深达数百米	含银铜钼硫化 矿石。细脉浸染 状构造。银矿石、 铅锌银矿石。细 脉状、团块状、 角砾状、条带状 和块状构造	内蒙古西旗乌 努格吐山、内蒙 古西旗查干布拉 根、江西贵溪冷 水坑	成矿与火山构造 有关
	Pb-Zn-Ag					
矽卡岩型	Pb-Zn-Ag- 多金属	20.0	似层状、透镜 状、筒状及复杂 形态,长十至数 百米,厚几米至 几十米	含银铅锌硫化 矿石、含银铜硫 化矿石。细脉浸 染状、块状、网 脉状构造	湖南江永铜山 岭、黑龙江铁力 二股西山、浙江 建德铜官	出现典型的矽卡 岩矿物
	Fe-Cu-Ag					
火山岩型	Au-Ag	18.1	层状、透镜状、 不规则脉状。长 数十米至数百米, 厚 1~200m	含金、银矿石。 多呈浸染状构造	湖北竹山银洞沟	可恢复原岩为火 山岩者列入此类 中,变质到片麻岩 相者可划归变质 岩型
	Pb-Zn-Cu-Ag			含银铜铅锌硫 化矿石。块状、 角砾状、浸染状 构造	甘肃白银厂小铁山	
岩浆岩型	Cu-Ni-(Pt)- (Co)-Ag	1.7	似层状、透镜 状、少量脉状,产 状常与岩体一 致	含银铜镍硫化 矿石。块状、浸 染状、海绵陨铁 状、角砾状构造	新疆富蕴喀拉 通克	与基性各超基性 岩浆侵入有关的岩 浆熔离矿床
变质岩型	Pb-Zn-Ag	5.1	层状、似层状、 筒状、透镜状、 扁豆状。长数百 米至几千米,厚 零点几米至 30m 以上	银矿石,含银 铜硫化矿石。块 状、浸染状、条 带状构造	河南桐柏山	中深变质程度 为主
	Cu-(Co)-Ag				江西弋阳铁砂街	
沉积岩型	Cu-Ag	16.5	层状、透镜状、 扁豆状。矿层厚 零点几米至十几 米,有的可达几 十米,矿体常由 多层矿构成	含银铜硫化矿 石。块状、浸染 状、条带状构造	云南大姚六苴	包括沉积（热 液）再造类矿床
	Pb-Zn-Ag				广东仁化凡口	
	V-P-Ag				湖北兴山白果园	
铁锰帽型	Fe-Mn-(S)- Ag-多金属	1.6	似层状、扁豆 状及不规则状	含银铁锰（多 金属）矿石。块 状、脉状、蜂窝 状及胶状构造	安徽铜陵新桥、 湖南郴县玛瑙山	本身已构成矿体 者,不论其成因

按工业类型分类,银矿床见表 40-1-7。

表 40-1-7 银矿床工业类型

工业类型		主要银矿物	银的主要载体矿物	主要脉石矿物	银矿物嵌布粒度	一般回收方法	矿山实例
银金矿石	单一银矿银金矿	自然银、辉银矿、自然金、银金矿、金银矿	少量黄铁矿、方铅矿、闪锌矿	石英、长石、方解石	中细粒嵌布	浮选、浮选-氰化、氰化-浮选、重选、混汞重选-浮选	墨西哥雅斯托里斯矿、美国德拉马银矿、中国桐柏银矿、罗山银矿
与硫化矿伴生的银矿	铜矿型 斑岩铜矿	银黝铜矿、硫铜银矿	黄铜矿、斑铜矿、辉铜矿、黄铁矿、黝铜矿	石英、云母、长石	细粒和微细粒嵌布	浮选、浮选-重选	澳大利亚包干维尔铜矿、中国德兴铜矿、中条山铜矿
	铜矿型 脉矿	自然银、银黝铜矿	黄铜矿、辉铜矿、黄铁矿	石英、白云石、方解石、重晶石	微细粒	浮选、浮选-重选、焙烧-浸出	秘鲁莫罗科查矿、中国通化铜矿
	铅锌型	辉银矿、螺状硫银矿、自然银、银黝铜矿、深红银矿	方铅矿、闪锌矿、黄铁矿、白铁矿、磁黄铁矿	石英、绢云母、长石、白云石、方解石	微细粒、显微粒度	浮选、浮选-氰化、重选-浮选	玻利维亚克奇斯拉矿、中国银山铅锌矿、贵溪银矿
	铜铅锌型	自然银、银金矿、金银矿、硫锑铜银矿、银黝铜矿	方铅矿、闪锌矿、黄铜矿、黄铁矿、黝铜矿、毒砂	石英、绢云母、长石、玉髓、方解石	微细粒、显微粒度	浮选、化学选矿、浮选-氰化	美国圣曼努埃尔矿、加拿大卡贝尔雷德湖矿、中国鸡冠山多金属矿
	铜镍钴型	自然银、银金矿、碲银矿、含镍锑铋银矿、铋银矿	磁黄铁矿、镍黄铁矿、黄铜矿、紫硫镍铁矿、黄铁矿、铂族矿物	橄榄石、辉石、蛇纹石、斜长石、绿泥石	微细粒、显微粒度	浮选、化学选矿、重选-浮选、浮选-磁选	加拿大隆德伯里镍矿、中国金川镍矿
与非硫化矿物伴生的银矿	铁矿型	自然银、金银矿	磁铁矿、黄铁矿、磁黄铁矿、黄铜矿	方解石、透辉石、透闪石、蛇纹石	微细粒	浮选-磁选、磁选-浮选	美国格雷斯矿、中国华铜铜矿
	锰矿型	碲银矿、硒银矿、辉银矿、银金矿、角银矿	菱锰矿、黄铁矿、毒砂	石英、方解石、重晶石、萤石	显微粒度、超显微粒度	浮选-重选、浮选-磁选、重选-浮选-磁选	日本上国矿、美国拉马矿、中国七宝山矿
	锡矿型	角银矿、辉银矿、碲银矿、硫铋银矿、金银矿	脆硫矿锑铅矿、锡石、黄锡矿	石英、长石、页岩、角闪石、石榴子石	细粒、显微粒度	重选、混汞-浮选-焙烧、重选-浮选	英国惠尔简锡矿、玻利维亚莫查卡马矿、中国大厂锡矿
	钨矿型	硫铋银铅矿、硫银铋矿、银黝铜矿、自然银	白钨矿、黑钨矿、辉铋矿、白铅矿、黄铋矿、黄铜矿	石英、辉石、方解石、石榴子石、透闪石	微细粒、显微粒度	浮选-重选、电选、重选-浮选	日本大谷矿、墨西哥圣托尼奥矿、中国江西宝山矿、汝城钨矿

40.2 国内外金银矿资源

40.2.1 国内外黄金资源及储量

截至目前，世界已开采出的黄金大约有 15 万吨，每年大约以 2% 的速度增加。2008年，世界查明的黄金储量为 4.2 万吨，基础储量为 9 万吨，见表 40-2-1。黄金储量和基础储量的静态保证年限分别为 17 年和 36 年。

表 40-2-1 2008 年世界黄金储量和基础储量

国家和地区	储量/t	基础储量/t	国家和地区	储量/t	基础储量/t
南 非	6000	36000	加拿大	1300	3500
美 国	2700	3700	中 国	1200	4100
澳大利亚	5000	6000	秘 鲁	3500	4100
俄罗斯	3000	3500	其 他	17000	26000
印度尼西亚	1800	2800	世界总计	42000	90000

资料来源：《Mineral Commodity Summaries》。

2008 年，已经查明的世界地质资源基础储量约 90000t，其中南非占世界地质储量的40.0%，澳大利亚占 6.7%，中国占 4.6%，美国占 4.0%，其他国家和地区占 44.7%。

我国金矿资源比较丰富。总保有储量金 4265t，居世界第 7 位，已探明的金矿储量按其赋存状态可分为脉金、砂金和伴生金三种类型，分别占储量的 59%、13% 和 28%。我国金矿分布广泛，除上海市、香港特别行政区外，在全国各个省（区、市）都有金矿产出。已探明储量的矿区有 1265 处。就省区论，山东省的独立金矿床最多，金矿储量占总储量 14.37%；江西伴生金矿最多，占总储量 12.6%；黑龙江、河南、湖北、陕西、四川等省金矿资源也较丰富。

表 40-2-2 所示为我国金矿主要成矿区域及矿床类型。

表 40-2-2 中国金矿主要成矿区域及矿床类型

成矿区域	成矿带或分布地区	矿床类型	占有储量/%
华北成矿域	辽吉-白云鄂博 胶东-辽东 临潼-嵩县	脉型、蚀变岩型、斑岩型、浸染型、砾岩型、砂金	28
扬子成矿域	江南-滇东 大别山-武当	石英脉型、蚀变岩型、浸染型、砾岩型、砂金	30
华南成矿域	华南地区	岩浆热液型、变质热液型、微细浸染型	5
天山-兴安成矿域	黑龙江 北天山-准噶尔	砂 金	18
昆仑-秦岭成矿域	秦岭-祁连 若羌-塔什	浸染型、脉型、砂金	17
滇藏成矿域	略阳-小金-木里 甘孜-红河 雅鲁藏布江	石英脉型、石英-重晶石脉型、浸染型、砂金	2

　　我国已发现金矿床（点）11000多处，矿藏遍及全国800多个县（市），探明的保有黄金储量4000t左右。但中国金矿中-小型矿床多；大型-超大型矿床少；金矿品位偏低；微细浸染型金矿比例较大；伴生多；金银密切共生。金矿床（点）主要分布在华北地台、扬子地台和特提斯三大构造成矿域中。中国难处理金矿资源比较丰富，现已探明的黄金地质储量中，这类资源分布广泛，约有1000t属于难处理金矿资源，约占探明储量的1/4。在各个产金省份均有分布。

　　我国黄金资源在地区分布上是不平衡的，东部地区金矿分布广、类型多。砂金较为集中的地区是东北地区的北东部边缘地带，中国大陆三个巨型深断裂体系控制着岩金矿的总体分布格局，长江中下游有色金属集中区是伴（共）生金的主要产地。中国金矿分布见表40-2-3。

表40-2-3　中国金矿分布

编号	矿山名称	保有储量①/t	品位（岩金/g·t⁻¹，砂金/g·m⁻³）	类型	开采利用情况
1	北京市京都黄金冶炼厂崎峰茶金矿	2.51	6.15	岩金	开采矿区
2	河北省金厂峪金矿	13.78	6.51	岩金	开采矿区
3	河北省峪耳崖金矿	12.35	11.17	岩金	开采矿区
4	河北省张家口金矿	22.78	8.0	岩金	开采矿区
5	河北省东坪金矿	16.06	7.33	岩金	开采矿区
6	河北省后沟金矿	5.14	3.78	岩金	开采矿区
7	河北省石湖金矿	21.94	11.28	岩金	开采矿区
8	山西省义兴寨金矿	7.32	9.36	岩金	开采矿区
9	山西省大同黄金矿业公司	8.59	5.44	岩金	开采矿区
10	内蒙古金厂沟梁金矿	17.67	13.09	岩金	开采矿区
11	内蒙古红花沟金矿	2.67	15.22	岩金	开采矿区
12	内蒙古哈德门金矿	20.86	5.21	岩金	开采矿区
13	辽宁省五龙金矿	9.02	6.70	岩金	开采矿区
14	辽宁省二道沟金矿	5.20	16.15	岩金	开采矿区
15	辽宁省柏杖子金矿	13.39	11.36	岩金	开采矿区
16	辽宁省排山楼金矿	25.88	4.00	岩金	开采矿区
17	辽宁省水泉金矿	1.31	4.02	岩金	开采矿区
18	吉林省夹皮沟金矿	17.92	12.43	岩金	开采矿区
19	吉林省海沟金矿	17.20	6.15	岩金	开采矿区
20	吉林省珲春金铜矿	26.87	1.84	共生金	开采矿区
21	黑龙江省乌拉嘎金矿	52.33	3.87	岩金	开采矿区
22	黑龙江省大安河金矿	4.02	11.84	岩金	开采矿区
23	黑龙江省老柞山金矿	18.40	6.85	岩金	开采矿区
24	黑龙江省黑河金矿	3.96	0.27	岩金	开采矿区
25	浙江省遂昌金矿	4.08	9.55	共生金	开采矿区
26	安徽省黄狮涝金矿	12.15	5.76	共生金	开采矿区
27	江西省金山金矿	55.88	6.17	共生金	开采矿区
28	福建省紫金山金矿	17.28	0.13	共生金	开采矿区
29	福建省双旗山金矿	5.53	7.98	岩金	开采矿区
30	山东省玲珑矿业公司	11.64	8.89	岩金	开采矿区
31	山东省焦家金矿	37.83	5.28	岩金	开采矿区
32	山东省新城金矿	38.36	6.61	岩金	开采矿区
33	山东省三山岛金矿	60.42	3.89	岩金	开采矿区
34	山东省招远股份公司	128.60	5.52	岩金	开采矿区
35	山东省仓上金矿	27.45	3.47	岩金	开采矿区
36	山东省黑岚沟金矿	10.51	9.95	岩金	开采矿区
37	山东省金城金矿	16.81	5.85	岩金	开采矿区
38	山东省河西金矿	24.26	5.13	岩金	开采矿区

编号	矿 山 名 称	保有储量①/t	品位（岩金/g·t⁻¹，砂金/g·m⁻³）	类 型	开采利用情况
39	山东省河东金矿	12.33	4.94	岩金	开采矿区
40	山东省大柳行金矿	11.76	7.48	岩金	开采矿区
41	山东省尹格庄金矿	71.22	2.90	岩金	开采矿区
42	山东省蚕庄金矿	6.34	5.73	岩金	开采矿区
43	山东省望儿山金矿	32.66	8.16	岩金	开采矿区
44	山东省金星矿业集团	5.53	14.03	岩金	开采矿区
45	山东省界河金矿	8.75	4.77	岩金	开采矿区
46	山东省牟平金矿	12.2	7.74	岩金	开采矿区
47	山东省金岭金矿	2.89	7.07	岩金	开采矿区
48	山东省乳山金矿	15.37	16.96	岩金	开采矿区
49	山东省归来庄金矿	18.69	6.99	岩金	开采矿区
50	山东省五莲县金矿	6.33	1.77	共生金	开采矿区
51	河南省文峪金矿	12.38	6.87	岩金	开采矿区
52	河南省桐沟金矿	1.97	8.12	岩金	开采矿区
53	河南省金渠金矿	2.26	6.90	岩金	开采矿区
54	河南省秦岭金矿	4.89	8.47	岩金	开采矿区
55	河南省抢马金矿	3.87	5.88	岩金	开采矿区
56	河南省安底金矿	3.12	6.22	岩金	开采矿区
57	河南省大湖金矿	26.13	6.05	岩金	开采矿区
58	河南省藏珠金矿	9.09	11.27	岩金	开采矿区
59	河南省樊岔金矿	1.08	11.84	岩金	开采矿区
60	河南省灵湖金矿	5.79	5.00	岩金	开采矿区
61	河南省老鸦岔金矿	1.32	8.51	岩金	开采矿区
62	河南省潭头金矿	19.32	9.40	岩金	开采矿区
63	河南省上宫金矿	20.69	6.18	岩金	开采矿区
64	湖南省店房金矿	3.96	5.67	岩金	开采矿区
65	河南省前河金矿	14.75	12.03	岩金	开采矿区
66	河南省祁雨沟金矿	8.78	6.24	岩金	开采矿区
67	河南省银洞坡金矿	43.40	7.33	岩金	开采矿区
68	湖南省湘西金矿	16.27	8.77	岩金	开采矿区
69	广东省河台金矿	38.06	8.45	岩金	开采矿区
70	海南省二甲金矿	2.92	6.77	岩金	开采矿区
71	广西高龙黄金矿业公司	8.02	3.78	岩金	开采矿区
72	广西金牙金矿	18.05	5.03	岩金	未大规模开采
73	湖北省黄石金铜矿业公司	26.59	3.94	共生金	未大规模开采
74	湖北省鸡笼山金矿	32.93	3.82	共生金	开采矿区
75	四川省东北寨金矿	52.82	5.54	岩金	未大规模开采
76	四川省广元金矿	7.21	0.27	岩金	开采矿区
77	四川省白水金矿	11.51	0.27	岩金	开采矿区
78	西藏崩纳藏布金矿	10.20		岩金	开采矿区
79	贵州省紫木凼金矿	29.32	5.95	岩金	开采矿区
80	贵州省烂泥沟金矿	59.72	6.96	岩金	未大规模开采
81	贵州省戈塘金矿	22.48	6.15	岩金	开采矿区
82	云南省墨江金矿	23.67	2.69	岩金	开采矿区
83	云南省镇沅金矿	61.98	5.14	岩金	未大规模开采
84	陕西省太白金矿	21.45	3.10	岩金	开采矿区
85	陕西省李家金矿	0.76	8.98	岩金	开采矿区
86	陕西省镇安金矿	2.95	3.54	岩金	开采矿区
87	陕西省安康金矿	1.33	0.14	岩金	开采矿区
88	陕西省东桐峪金矿	4.85	11.82	岩金	开采矿区
89	陕西省陈耳金矿	2.56	5.68	岩金	开采矿区
90	陕西省小口金矿	1.65	7.35	岩金	开采矿区
91	陕西省寺耳金矿	1.39	3.60	岩金	开采矿区
92	甘肃省白龙江金矿	5.77	0.34	岩金	开采矿区
93	甘肃省花牛山金矿	2.12	12.88	岩金	开采矿区
94	甘肃省格尔柯金矿	42.00	10.00	岩金	开采矿区
95	青海省班玛金矿	3.76	0.50	岩金	开采矿区
96	新疆阿希金矿	41.19	5.80	岩金	开采矿区
97	新疆哈密市金矿	10.04	8.10	岩金	开采矿区
98	新疆哈图金矿	0.93	7.93	岩金	开采矿区
99	新疆鄯善金矿	1.46	7.98	岩金	开采矿区
100	新疆哈巴河金矿	0.81	2.12	岩金	开采矿区

①保有储量以矿山现实际保有数为准与全国储量平衡表稍有不一致。

2006年，中国在滇黔桂、陕甘川等地区探明黄金储量超过650t，2007年至今，中国境内陆续发现5座大型、特大型金矿，分别是：储量大于120t的冈底斯雄村铜金矿；储量大于115t的东昆仑青海大场金矿；储量大于308t的秦岭甘肃省甘南地区阳山金矿；储量大于51.83t的山东省莱州市寺庄金矿；储量大于158.26t的海南抱伦金矿。

中国黄金产量一直呈上升趋势，近年来我国黄金产量、地质储量与资源服务年限见表40-2-4。

表40-2-4 我国黄金产量、地质储量与资源服务年限

年份	黄金产量/t	比上一年增长/%	探明储量/t	资源服务年限/a	年份	黄金产量/t	比上一年增长/%	探明储量/t	资源服务年限/a
2001	181.87	2.8	4467.9	14.5	2007	270.49	12.7	5541.3	12.1
2002	189.80	4.4	4539.0	14.1	2008	282.00	4.3	5951.8	12.4
2003	200.60	5.7	4412.0	12.9	2009	313.98	11.3	6701.0	12.6
2004	212.33	5.9	4613.0	12.8	2010	340.88	8.57	6864.8	11.9
2005	224.79	5.9	4752.0	12.4	2011	360.96	5.89	7608.4	12.4
2006	240.49	7.7	4979.0	12.2					

40.2.2 国内外白银资源及储量

2005年，世界银储量和储量基础分别为27万吨和57万吨。储量主要分布在波兰、中国、美国、墨西哥、秘鲁、澳大利亚、加拿大和智利等国，它们的总储量约占世界总储量和储量基础的80%以上（见表40-2-5）。而且波兰的储量和储量基础列居世界首位，分别为51000t和140000t，占世界银储量和储量基础的18.8%和24.6%。其实，未被列入统计表中的俄罗斯、哈萨克斯坦、乌兹别克斯坦和塔吉克斯坦等国也有不少的银资源。

表40-2-5 2005年世界银储量和储量基础

国家或地区	储量/t	占世界的比例/%	储量基础/t	占世界的比例/%	国家或地区	储量/t	占世界的比例/%	储量基础/t	占世界的比例/%
波兰	51000	18.8	140000	24.6	澳大利亚	31000	11.4	37000	6.5
中国	26000	9.6	120000	21.1	加拿大	16000	5.9	35000	6.2
美国	25000	9.2	80000	14.0	其他	50000	18.5	80000	14.1
墨西哥	37000	13.7	40000	7.0	世界统计（以整数计）	270000	100.0	570000	100.0
秘鲁	36000	13.3	37000	6.5					

资料来源：《Mineral Commodity Summaries》。

我国目前拥有11.65万吨白银储量，排名位居全球第六位。2006年3月，中国黄金协会（China Gold Association，CGA）公布中国目前拥有11.65万吨白银储量，排名在美国、加拿大、墨西哥、澳大利亚和秘鲁之后，位居全球第六位。

我国探明的银矿按其银品位及开发的经济技术条件分为独立银矿、共生银矿及伴生银矿三种。各类型银矿所占储量比例见表40-2-6。

表40-2-6 我国银矿保有储量的构成

项目	独立银矿	共生银矿	伴生银矿
银品位/$g \cdot t^{-1}$	>150	100~150	<100
利用方式	独立开采	综合开采	综合回收
占储量比例/%	25.5	16.5	58.0

　　我国银矿储量按照大区,以中南区为最多,占总保有储量的 29.5%;其次是华东区,占 26.7%;西南区,占 15.6%;华北区,占 13.3%;西北区,占 10.2%;最少的是东北区,只占 4.7%。

　　我国国内目前拥有 569 座银矿,从省区来看,保有储量最多的是江西,为 18016t,占全国总保有储量的 15.5%;其次是云南,为 13190t,占 11.3%;广东为 10978t,占 9.4%;内蒙古为 8864t,占 7.6%;广西为 7708t,占 6.6%;湖北为 6867t,占 5.9%;甘肃为 5126t,占 4.4%。以上 7 个省(区)储量合计占全国总保有储量的 60.7%。表 40-2-7 列示了我国主要的银矿床及其开发利用情况。

表 40-2-7　中国主要银矿产地一览表

编号	矿产地名称	位　置	规模	品位/g·t^{-1}	利用情况
1	多宝山铜钼矿	黑龙江嫩江市	大型	2.06	已采
2	山门银矿龙王矿段	吉林四平市	中型	293.5	未采
3	山门银矿卧龙矿段	吉林四平市	大型	190	已采
4	青城子铅锌矿大地银矿	辽宁凤城县	中型	291	已采
5	高家卜子银矿	辽宁凤城县	大型	299	已采
6	八家子铅锌矿	辽宁建昌县	大型	214.1	未采
7	查干布拉根银铅锌矿	内蒙古新巴尔虎右旗	中型	249	未采
8	甲乌拉银铅锌矿	内蒙古新巴尔虎右旗	大型	130~173	未采
9	孟恩套力盖银铅锌矿	内蒙古科尔沁右翼中旗	大型	83.9	未采
10	牛圈银金矿	河北丰宁县	中型	281	已采
11	支家地银矿	山西灵丘县	大型	277	未采
12	刁泉铜银矿	山西灵丘县	中型	154	未采
13	银硐子银铅多金属矿	陕西柞水县	大型	168	已采
14	小铁山多金属矿	甘肃白银市	大型	126	已采
15	白家嘴子铜镍矿	甘肃金昌市	大型	3.7	已采
16	花牛山铅锌矿	甘肃安西县	中型	174	已采
17	锡铁山铅锌矿	青海柴达木	大型	40.8	已采
18	破山银矿	河南桐柏县	大型	278	已采
19	铁炉坪银矿区	河南洛宁县	中型	206	已采
20	银洞沟银金矿	湖北竹山县	大型	224	已采
21	白果园银钒矿	湖北兴山县	大型	69~89	未采
22	银山铅锌矿	江西德兴县	大型	33.3	已采
23	武山铜硫铁矿区	江西瑞昌县	大型	9.74	已采
24	城门山铜硫铁矿区	江西瑞昌县	大型	9.9	已采
25	鲍家银铅锌矿	江西贵溪县	大型	305	已采
26	冷水坑银露岭银矿	江西贵溪县	中型	203	已采
27	大岭口银铅锌矿	浙江天台县	中型	166	已采
28	栖霞山铅锌矿	江苏南京市	大型	81.4	已采
29	呷村银矿	四川白玉县	大型	310	未采
30	金顶铅锌矿	云南兰坪县	大型	10.4	已采
31	白牛厂银多金属矿白羊矿段	云南蒙自县	大型	100	未采
32	老厂银铅锌矿	云南澜沧县	大型	167~193	已采
33	水口山铅锌矿	湖南常宁县	大型	83.8	已采
34	凡口铅锌银矿	广东仁化县	大型	102	已采
35	大宝山多金属矿	广东曲江县	大型	9.3	已采
36	厚婆坳锡铅锌矿区	广东潮州市	大型	189	已采
37	西洞银金矿	广东廉江县	中型	409.7	已采
38	大厂高峰锡铅锌矿	广西南舟县	中型	121	已采
39	凤凰山银矿	广西隆安县	大型	517	已采
40	金山金银矿	广西博白县	中型	207	已采

40.3 金精矿质量标准

金精矿行业质量标准见表40-3-1。

表 40-3-1 金精矿质量标准（YS/T 3004—2011）

矿床类型	品 级	Au(不低于)/g·t⁻¹	杂质(不大于)/%
			As
单一金属矿山	特级品	160	0.1
	一级品	140	0.1
	二级品	120	0.2
	三级品	100	0.2
	四级品	80	0.3
	五级品	70	0.3
多金属矿山	特级品	100	0.1
	一级品	80	0.2
	二级品	60	0.3
	三级品	40	0.3
	四级品	30	0.3

按照 GB/T 7739—2007 金精矿化学分析方法，将金精矿按化学成分可分为 13 个品级，均以干矿品位计，见表40-3-2。

表 40-3-2 金精矿化学成分（GB/T 7739—2007）

品 级	金(不小于)/g·t⁻¹	杂质元素(不大于)/%	
		As	C
一级品	180	0.30	0.5
二级品	160	0.30	0.5
三级品	140	0.30	0.5
四级品	120	0.35	0.5
五级品	100	0.35	0.5
六级品	90	0.35	0.5
七级品	80	0.35	0.5
八级品	70	0.40	0.5
九级品	60	0.40	0.5
十级品	50	0.40	0.5
十一级品	40	0.40	0.5
十二级品	30	0.40	0.5
十三级品	20	0.40	0.5

注：金精矿中铜或铅的含量大于最低计价品位规定，即含铜不小于1.0%、含铅不小于10%时，称为含铜金精矿或含铅金精矿。含铜金精矿中铅和锌含量均不大于3%，含铅金精矿中铜含量均不大于1.5%。如果含铜金精矿或含铅金精矿金品位超过80g/t时，其含铜、铅可适当放宽，由供需双方协商决定。

含铜金精矿、含铅金精矿是铜或铅的含量大于最低计价品位规定，即含铜不小于 1.0% 、含铅不小于 10% 时，称为含铜金精矿或铅金精矿。含铜金精矿中铅和锌含量均不大于 3% 。含铅金精矿中铜含量不大于 1.5% 。如果含铜金精矿或含铅金精矿金品位超过 80g/t，其含铜、锌或含铜可适当放宽，由供需双方协商解决。另外，金精矿中水分不大于 12% ，在冬季，精矿中水分不大于 8% 。

合质金质量标准见表 40-3-3。

表 40-3-3 合质金质量标准（GB/T 17373—1998）

品级	金(不小于)/%	汞(不大于)/%	品级	金(不小于)/%	汞(不大于)/%
一级品	90	0.04	四级品	60	0.04
二级品	80	0.04	五级品	50	0.04
三级品	70	0.04			

我国成品金质量见表 40-3-4。

表 40-3-4 成品金质量标准（GB 4134—1994）

金标号	代号	Au	Ag	Cu	Fe	Pb	Bi	Sb	其他	总杂质
一号金	Au-1	≥99.99	0.005	0.002	0.002	0.001	0.002	0.002	0.008	≤0.01
二号金	Au-2	≥99.95	0.025	0.02	0.003	0.003	0.002	0.002	0.015	≤0.05
三号金	Au-3	≥99.90	—	—	—	—	—	—	0.0675	≤0.1

40.4 银精矿质量标准

银精矿质量标准尚未颁布，目前按原中国有色金属工业总公司（1988）中色财字第 0596 号文："暂定银大于 3000g/t 的精矿为银精矿，含银 1000 ~ 3000g/t 的铜、铅精矿为银铜、银铅混合精矿"的规定执行。

自然界中银呈单体产出的富矿少见，多与有色金属硫化物相伴（共）生，需根据矿石性质尽量把银选入到铅精矿、铜精矿、金精矿、铋精矿或铅锌混合精矿中，对选入上述各种精矿中的银，品位大于 20g/t 予以计价。

成品银质量标准见表 40-4-1。

表 40-4-1 成品银质量标准（GB 4135—1994）

产品名称			1 号银	2 号银	3 号银
代 号			Ag-1	Ag-2	Ag-3
Ag 含量（不小于）			99.99	99.95	99.90
化学成分/%	杂质含量（不大于）	Bi	0.002	0.005	—
		Cu	0.003	0.030	—
		Fe	0.001	0.003	—
		Pb	0.001	0.005	—
		Sb	0.001	0.002	—
		S	—	—	—
		Au	—	—	—
		C	—	—	—
		总和	0.01	0.05	0.10
尺寸/mm	长		370 ± 5		
	宽		135 ± 2		
	厚		30 ± 1		
质量/kg			15 ~ 16		

40.5　金银选矿提取技术及发展趋势

金银选矿提取的方法主要包括物理选矿和化学选矿两大类。物理选矿包括浮选和重选，浮选法被广泛应用来处理各种脉金、银矿、硫化矿，重选法常用来处理品位低的砂金。化学选矿法主要包括氰化法、硫脲法、硫代硫酸盐法、水溶液氯化法、有机腈法、多硫化物法、含溴溶液浸出法、细菌浸出法、混汞法、石硫合剂法。对一些难处理金矿还用到氧化焙烧法、加压氧化法、细菌氧化法及酸浸、电氧化、硝酸法、多硫化铵法、三氯化铁法等。

在金银的化学选矿法中以氰化法工艺最成熟，提取率高，对矿石的适应性强，经过几十年的研究和改进，发展出了炭浆法、树脂矿浆法、堆浸法等新的无过滤氰化工艺，是生产中应用最广泛的方法。

40.5.1　物理选矿提取金银方法简介

40.5.1.1　浮选法提取金银

浮选法是各种岩金矿石的主要选矿方法，用于处理贫硫化物金矿、高硫化物金矿和伴生多金属含金银矿石。它能有效地分选出各种含金银硫化物精矿。浮选有利于实现矿产资源的综合回收。对于难直接混汞和氰化的难处理含金银矿石，需采用选冶联合流程处理，浮选是必不可少的方法。

浮选工艺流程的选择通常是根据金银矿石的性质以及产品的规格来确定的，常见的原则工艺流程有以下几种：

（1）浮选 + 浮选精矿氰化。将含金银矿石英脉的硫化矿经过浮选得到少量精矿，再进行氰化处理。浮选精矿氰化与全泥氰化流程相比，具有不需将全部矿石细磨、节省动力消耗、厂房面积小、基建投资省等优点。

（2）浮选 + 精矿焙烧 + 焙砂氰化。该流程常用来处理难溶的金-砷矿石、金-锑矿石和硫化物含量特高的金-黄铁矿等矿石，焙烧的目的是除去对氰化过程有害的砷、锑等元素。

（3）浮选 + 浮选精矿火法处理。绝大多数含金银的多金属硫化矿石用此方法处理。浮选时，金银进入与其密切共生的铜、铅等精矿中，然后送冶炼厂回收金银。

（4）浮选 + 浮选尾矿或中矿氰化 + 浮选精矿就地焙烧氰化。此方案用来处理含有碲化矿、磁黄铁矿、黄铜矿及其他硫化矿的石英硫化矿，矿石中能浮出硫化矿做精矿，然后为暴露硫化矿中的金银，经过焙烧再氰化处理。因浮选后的中、尾矿一般含金银尚高，要再氰化回收。

（5）原矿氰化 + 氰化尾矿浮选。当用氰化法不能完全回收矿石中与硫化物共生的金银时，氰化后的渣再浮选，可提高金银的回收率。

40.5.1.2　重选法提取金银

重选是根据矿物中金颗粒和脉石矿物颗粒间的密度差，在流体介质（如水）中进行金分选的选矿方法，又称重力选矿。在重力场或离心力场中，金颗粒的密度较大，有较大的沉降速度，在运动中趋向于进入粒群的底层或外层，密度较小的脉石矿物则转至上层或内层，分别排出后得到重产品（金精矿）和轻产品（尾矿）。

含金矿物原料处理的重力选矿方法较多，根据介质运动方式不同可分为：重介质选矿、跳汰选矿、摇床选矿、溜槽选矿、螺旋选矿、离心选矿、风力选矿。重选法回收含银矿物的主要方法有重介质预选、跳汰、摇床、螺旋分级机、水力旋流器等。

重选主要用于处理金矿物与脉石密度差较大的矿石，它是砂金提取金和脉矿中提取粗粒金银的传统选矿方法。重选具有不消耗药剂，环境污染小，设备结构简单，处理粗、中粒矿石能力强，能耗低等优点，其缺点是对微细粒矿石的处理能力弱，分选效率低。所以重选常常配合浮选方法使用。

40.5.2　化学选矿提取金银方法简介

40.5.2.1　氰化法

氰化法其实质是用碱金属或碱土金属氰化物的稀溶液，在有空气存在的条件下，浸出金、银等贵金属，溶解的金和银用锌置换，或用离子交换树脂或活性炭吸附。目前，氰化法仍然是从细粒金矿石中提取金、银的主要方法，它具有工艺成熟、提取率高、对矿石的适应性强等优点。

A　氰化法提取金

对氰化物溶液溶解金的机理有多种理论解释，其中最著名的是 F·哈巴什（Habashi，1966 年）的电化学溶解论。通过浸出动力学研究，该理论认为氰化物溶液浸出金的动力学实质是电化学溶解过程，大致遵循下列反应：

$$4Au + 8NaCN + O_2 + 2H_2O \longrightarrow 4NaAu(CN)_2 + 4NaOH$$

氰化浸出金所得的含金溶液称为贵液，常用锌置换法从中回收金，熔炼锌置换所得金泥可得合质金。

氰化提取金时，金的氰化浸出率主要取决于氰化物浓度、氧的浓度、矿浆 pH 值、金矿物原料组成、金粒大小、矿泥含量、矿浆浓度及浸出时间等因素。

（1）矿浆中氰化物的浓度（质量分数）。含金矿石氰化浸出时，氰化物浓度一般为 0.02% ~ 0.1%，渗滤氰化浸出时氰化物浓度一般为 0.03% ~ 0.2%。生产实践表明，常压条件下，氰化物浓度为 0.05% ~ 0.1% 时金的浸出速度最高。某些情况下，氰化物浓度为 0.02% ~ 0.03% 范围内金达到最高浸出速度。

（2）氧的浓度（质量分数）。当溶液中氰化物浓度较高时，金的浸出速度与氰化物浓度无关，但随溶液中氧浓度的增大而增大。氧在溶液中的溶解度随温度和溶液面上压力而变化，在通常条件下，氧在水中的最高溶解度为 5 ~ 10mg/L。

（3）矿浆的 pH 值。为了防止矿浆中的氰化物水解，使氰化物充分解离为氰根离子及使金的氰化浸出处于最适宜的 pH 值，氰化时必须加入一定量的保护碱以调整矿浆的 pH 值。常用的保护碱为石灰，石灰可使矿泥凝聚，有利于氰化矿浆的浓缩和过滤。矿浆适宜的 pH 值为 9 ~ 12，矿浆中的氧化钙含量为 0.002% ~ 0.012%。

（4）矿浆温度。金的浸出速度随矿浆温度的升高而增大，至 85℃ 时金浸出速度达最大值，再进一步升高矿浆温度时，金的浸出速度下降。一般选厂均在大于 15 ~ 20℃ 的常温条件下进行氰化浸出。

（5）金粒大小及其表面状态。金粒大小是决定金浸出速度和浸出时间的主要因素之一。特粗粒金和粗粒金的氰化浸出速度较小，因此，许多金选厂在氰化前用混汞法、重选法或浮选法预先回收粗粒金，以防止粗粒金损失在氰化尾矿中。

（6）矿泥含量与矿浆浓度。矿浆中的矿泥极难沉降，悬浮在矿浆中，增加矿浆黏度，降低试剂的扩散速度和金的浸出速度，矿泥还可吸附氰化矿浆中部分已溶金。一般条件下，处理泥质含量少的粒状矿物原料时，搅拌氰化物矿浆中的固体含量宜小于 30% ~ 33%，处理泥质含量较高的矿物原料时，矿浆浓度宜小于 20% ~25%。

（7）浸出时间。氰化浸出时间随矿石性质、浸出方法和氰化作业而异。一般搅拌氰化浸出时间常大于 24h，有时长达 40h 以上，碲化金的氰化浸出时间需 72h 左右。渗滤氰化浸出时间一般为 5d 以上。

氰化法提取金可分为搅拌氰化和渗滤氰化两种。搅拌氰化主要用于全泥氰化，即直接从经过细磨的金原矿石中提取金，也用以处理重选、混汞后的尾矿和浮选的含金精矿或尾矿；渗滤氰化用于处理低品位含金矿石或经制粒的低品位含金尾矿的堆浸。

B 氰化法提取金银的发展

传统的氰化法，一般包括槽浸、液固分离、锌置换三道主要工序。基建投资大、处理量小、消耗药剂多是其主要弊端。氰化法的发展主要是浸出工艺的改进，即用堆浸法取代槽浸法使处理量提高，用离子交换树脂或活性炭吸附取代锌置换。具体方法可分为炭浆法（CIP）、炭浸法（CIL）、树脂矿浆法（RIP）和堆浸法。

（1）炭浆法（CIP）。炭浆法（CIP）是氰化浸出的一种方法，除了对矿石进行氰化浸出外，还需向浸出矿浆中加入一定量的活性炭（约 20g/t），从氰化矿浆中吸附金，然后从矿浆中提取载金炭，载金炭经解吸后再用电积法从含金电解液中回收金。炭浆法的特点是以浸出、吸附与载金炭解吸作业取代了常规氰化法的浸出、洗涤和澄清作业。由于吸附金后载金炭与浸渣（氰化矿浆）的分离能在简单的机械筛分设备上完成，因此排除了泥质矿物的干扰。同时也可处理含铜、铁、砷、锑、碳质较高的矿石，所以对各类矿物有更广泛的适应性。可溶金的回收率高，经济效益好。

（2）炭浸法（CIL）。炭浸法（CIL）是指在氰化浸出的同时进行活性炭吸附金的提金方法，即氰化浸出与炭吸附在同一槽内进行。该法的显著优点是投资省、占地面积小、节能，由于边浸边吸，金的溶解速度快，易溶金的回收率高。但浸出时间短，流程中存炭量多（积存的金量多），炭的磨损量大，故炭浸法适用于易浸金和品位较低的金矿石。该法现已成为世界普遍公认的提取贵金属的方法。

（3）树脂矿浆法（RIP）。树脂离子交换技术首次用于提取金银是在 20 世纪 40 年代，由于树脂在吸附速度和吸附量上都优于活性炭，解吸也较容易。所以该法克服了活性炭易破碎、需高温活化、吸附速率低等缺点，使得 RIP 法的投资与操作费用大大节省。目前，南非的 Golden Jubilee 矿采用此法，获得了很大利润。阳离子交换树脂一般制成强碱性、弱碱性或二者的混合树脂。离子交换纤维材料作为树脂技术的发展，为吸附金的官能团提供了更大的附着面积，吸附时间一般小于 10min，比通常树脂颗粒快得多。树脂技术与炭吸附相比具有以下优点：

1）RIP 厂吸附槽可在高树脂浓度（可占矿浆体积 20% ~30%）下有效作业，而 CIP 的吸附槽中炭不超过矿浆体积 3% ~6%，因此，RIP 厂吸附槽体积只需 CIP 厂的 1/5 长。

2）树脂形状规则，表面光滑易过筛、泵送、磨损少，减少了树脂及其吸附金的损失。

3）树脂可在常压、60℃ 以下洗脱，且树脂不受有机物中毒，不受某些黏土矿物影响，无须热酸洗及定期热活化。

4）树脂可吸附其他金属的氰化物，从而产生对环境无害的尾矿，同时循环过量氰化物。目前树脂矿浆法已在加拿大、南非、俄罗斯等国使用，我国安徽霍山、河北涞源也已建成了树脂矿浆提金厂。

（4）堆浸法。堆浸法是将开采出来的矿石转运到预先备好的堆场上筑堆，或直接在堆存的废石或低品位矿石上用氰化浸出液喷淋或者渗滤，使溶液通过矿石而产生渗滤浸出作用。氰化浸出液经多次循环，反复喷淋矿堆，然后收集浸出液，再用活性炭吸附法、树脂吸附法或锌粉置换法回收金。我国于 20 世纪 70 年代末开始研究和推广堆浸提金工艺，目前已经取得了很大的进展。1988 年，陕西双王金矿万吨级堆浸工业试验获得成功；1990年，新疆萨尔布拉克金矿堆浸规模超过 1 万吨，而且技术指标达到了国际先进水平；1980年起，美国内华达州杜斯卡洛拉矿使用堆浸法处理废石场的含银矿石，银的回收率为40%。紫金山金铜矿 1993 年建成的金矿石堆浸厂日处理矿石量达 14 万吨。

另外，近年来氰化法的进展还体现在金的强化氰化浸出方面，具体如下：

（1）富氧浸出。通过向矿浆中充空气改成充氧以提高氧溶解浓度，强化氰化浸出，提高浸出效果，即富氧浸出提金工艺（CILO）。实践证明，只要 5～6h 就能得到与炭浸工艺（CIL）24～28h 相同的浸出率，最终金浸出率可提高 1%～3%。该工艺可降低氰化钠用量10%～30%，从而使浸出设备处理能力提高一倍以上，节省了建设投资，降低了生产成本。

（2）过氧化物助浸。过氧化物助浸（PAL）法是近几年发展起来的强化氰化浸出工艺，可以用来助浸的过氧化物有 H_2O_2、CaO_2、O_3、$KMnO_4$、BaO_2 等。过氧化物助浸法是向矿浆中加入过氧化物，通过其直接分解放出的溶解氧作为浸出过程中的氧化剂。目前，南非和澳大利亚等国家数十个矿山采用 PAL 工艺，我国黑龙江老柞山金矿也采用该工艺，均取得较好的指标。近来，PAL 工艺在应用中有所改进，即在体系中添加适量的磷酸盐或硼酸盐，这些盐类对于过氧化物与氰化物之间的副反应有抑制作用，从而改善氰化浸出过程。

40.5.2.2　硫脲法

硫脲（H_2NCSNH_2）晶体易溶于水。在水溶液中与过渡金属离子生成稳定的配阳离子，其反应通式为：$Me^{n+} + xTU = [Me(TU)_x]^{n+}$。用硫脲溶解金银的方法是 1941 年由苏联的 Пдаксин 等人首先提出来的。此法与传统氰化法相比，其优越之处是用酸性溶液代替碱性溶液，阳离子化合物代替氰化金属阳离子化合物。浸取速度快，无毒，对环境无污染。

A　硫脲法提取金

硫脲法提取金是一项日臻完善的低毒提金新工艺。硫脲酸性液浸出金具有浸出速度高、毒性小、药剂易再生回收和铜、砷、锑、碳、铅、锌、硫的有害影响小等特点，适用于从氰化法难处理或无法处理的含金矿物原料中提取金。

a　硫脲提金原理　硫脲的稳定性与介质 pH 值及硫脲的游离浓度（质量分数）有关。其稳定性随介质 pH 值的降低及硫脲游离浓度的减小而增加。因此，硫脲提金时只能采用硫脲的酸性溶液作浸出剂，并且宜采用较稀的硫脲酸性液作金的浸出剂。

硫脲酸性液浸金的温度不宜过高，一般均采用硫脲的稀硫酸溶液作浸出剂。操作时先加硫酸调浆后再加硫脲，以免矿浆 pH 值过高和局部温度过高而使硫脲分解失效。

在氧化剂存在的情况下，金可溶于硫脲酸性液中，且呈金硫脲配阳离子（$Au(SCN_2H_4)^{2+}$）形态转入硫酸酸性液中。其电化学方程如下：

$$Au + SCN_2H_4 \longrightarrow Au(SCN_2H_4)^{2+} + 2e$$

选择合适的氧化剂类型及其用量是实现硫脲提取金的一个关键问题。从经济方面考虑，硫脲提金时常用氧化剂为过氧化氢、溶解氧、二氧化锰、高价铁盐及二硫甲脒。但硫脲酸性液浸金使用强氧化剂时，硫脲很快就被氧化分解而失效。

硫脲浸金时可用调节溶液酸度和氧化剂用量的方法控制溶液的还原电位，使金能氧化配合浸出，使硫脲的氧化分解减至最低值以获得较高的金浸出率。

b　硫脲提金的主要影响因素　　硫脲酸性液浸金时，金浸出率主要与介质 pH 值、含金物料的矿物组成、金粒大小、磨矿细度、氧化剂类型与用量、硫脲用量、浸出液固比、搅拌强度、浸出温度、浸出时间及浸金工艺等因素有关。

B　硫脲法提取银

卡可夫斯基等用旋转圆盘电极对辉银矿（Ag_2S）在硫脲中的溶解进行研究，认为用硫脲从辉银矿中提取银是完全可行的。硫脲除了比氰化物更有效外，对药剂再生与返回也是适宜的。阿斯马等研究了用硫脲法从难浸土耳其古英斯科依的帕沙矿中提取银的最佳浸取条件及浸取动力学。研究表明：在 45℃、106Pa 氯化压力下浸取 2h，其浸出率可达 98%。近年来，国内外都对硫脲法表现出极大的兴趣，但又持谨慎的态度，主要原因是药剂消耗高、设备昂贵。

40.5.2.3　卤素及其卤盐法提取金

A　液氯法提取金

液氯法提取金是以氯气、电解碱金属盐（NaCl）溶液析出氯气或漂白粉，加硫酸反应生成的氯气作浸出剂浸出矿石中的金的方法。

在强酸性介质中，由于液氯的电位高于除金以外的其他贵金属的氧化还原电位，液氯可水解为盐酸和次氯酸。因此氯气可使金氧化而呈 $AuCl_4^-$ 配阴离子形态转入溶液中，其反应如下：

$$2Au + 3Cl_2 + 2HCl \longrightarrow 2HAuCl_4$$

液氯法的浸金速度与液中氯离子浓度和介质 pH 值密切相关。为了提高溶液中的氯离子浓度和酸度，以及金的溶解速度，常在溶液中加入盐酸和食盐。

液氯浸金后溶液中的金可用还原剂将其还原析出。常用的还原剂为硫酸亚铁、二氧化硫、硫化钠、硫化氢、草酸、木炭或离子交换树脂等。

液氯浸金速度远高于氰化物的浸金速度，而且液氯浸金速度随溶液中氯离子含量的增加而急剧增大。

液氯法的浸金效率与原料中硫的含量有关，金浸出率通常随原料中硫含量的增加而急剧降低。因此，液氯法一般只用于处理含金氧化矿或含金硫化矿氧化焙烧后的焙砂。一般来说，液氯法不宜用于处理硫含量大于 1% 的金矿物原料。

B　其他卤素及其卤盐法提取金

卤素及其卤盐法所采用的试剂主要是氯、溴、碘、氯盐、碘化物、溴化物等。例如氯气、次氯酸盐、氯盐法、K 试剂、Geobrom3400、Bio-D 试剂等氧化剂。除上述液氯法之外，溴化法是替代氰化法提金最有前途的浸出工艺之一，其特点是价格便宜、浸出率高、浸出速度快、无毒、无腐蚀、药剂可循环利用、从贵液中回收金方便等。国外研究碘化物法较多，使用碘-碘化物溶液浸出可以获得比氰化物法更高的金浸出率，从碘-碘化物中直接电积金也是可能的。

40.5.2.4　混汞法

混汞法提取金银作业一般不作为独立过程，常与其他选矿方法组成联合流程，多数情况下，混汞作业只是作为回收金银的一种辅助方法。

A　混汞法提取金

a　混汞法提取金原理　　混汞提取金是基于矿浆中的单体金粒表面和其他矿粒表面被汞润湿性的差异，金粒表面亲汞疏水，其他矿粒表面疏汞亲水，金粒表面被汞润湿后，汞继续向金粒内部扩散生成金汞合金，从而汞能捕捉金粒，使金粒与其他矿物及脉石分离。混汞后刮取工业汞膏，经洗涤、压滤和蒸汞等作业，使汞挥发而获得海绵金，海绵金经熔铸得金锭。蒸汞时挥发的汞蒸气经冷凝回收后，可返回混汞作业使用。

混汞提取金过程的实质是单体解离的金粒与汞接触后，金属汞排除金粒表面的水化层迅速润湿金粒表面，然后金属汞向金粒内部扩散形成金汞齐，俗称汞膏。金属汞排除金粒表面水化层的趋势愈大，进行速度愈快，则金粒愈易被汞润湿和被汞捕捉，混汞作业金的回收率愈高。因此，金粒汞齐化的首要条件是金粒与汞接触时，汞能润湿金粒表面，进而捕捉金粒。

b　影响混汞提取金的主要因素　　任何能提高金-水界面表面能和汞-水界面表面能及能降低金汞界面表面能的因素，均可提高金粒的可混汞指标及汞对金粒的捕捉功。因此，影响混汞提取金的主要因素为金粒大小与解离度、金粒成色、金属汞的组成、矿浆浓度、温度、耐碱度、混汞设备及操作制度等。

B　混汞法提取银

混汞法是借助于液体汞从矿石和精矿中提取银。银粒能被汞润湿，并聚集在汞中，形成汞齐。围岩矿物和其他贱金属则不能被润湿，不形成汞齐，这样就可能选择性的分离银和其他矿物。但这种方法劳动强度大，汞蒸气有剧毒，对环境污染严重，无法处理与硫化物结合并有覆盖层的银矿。所以目前混汞法日趋萎缩，已很少使用。

40.5.2.5　细菌浸出法提取金

细菌浸出是利用微生物及其代谢产物氧化溶浸矿石中金的一种新工艺。主要包括地浸、堆浸和槽浸 3 种方法。

细菌浸出在提取金方面的应用大致有以下几点：

（1）细菌浸出预处理难处理的含砷硫金矿石及其精矿，使载金矿物分解以释放包裹的金，然后进行氰化提金。

（2）细菌浸出法直接浸金，然后从浸液中提取易浸金。

（3）用微生物吸附溶液中的已浸金，然后从富集金的微生物中提取金。

A　难处理含金物料的细菌氧化浸出预处理

难处理含金硫化矿中的金常呈微粒或次显微状态，被黄铁矿、砷黄铁矿等包裹，此类含金矿石或浮选精矿可采用氧化硫杆菌及氧化亚铁硫杆菌等浸矿细菌分解黄铁矿和砷黄铁矿，使金暴露出来。

难处理含金物料经细菌氧化浸出后可用氰化法或硫脲法浸出金。

细菌预氧化浸出难处理含金硫化矿的主要影响因素为含金物料的粒度、温度、酸度、氧的浓度及碳、氮、磷等的浓度。

由于银是活性杀菌剂，有自然银或银离子存在的条件下，会降低金的回收率。

B 细菌浸金

细菌浸金的机理与氰化物浸金的机理相同，均由于溶液中存在与金离子成配能力大的配合剂或与微生物生成配合物。目前认为是利用细菌作用产生的氨基酸与金配合使金转入溶液中。

研究表明，微生物本身不是浸金物质，浸金物质为因微生物作用被分离并进入周围介质中的微生物生机活动（新陈代谢）的产物。刚从细菌分离时，这些产物的浸金作用最强。

新细菌的新陈代谢作用比老细菌或放置几天的细菌强些，积聚在培养基中的配合物也会影响细菌的新陈代谢。此外，培养基的成分也是细菌浸金的主要影响因素。

介质的起始 pH 值为 6.8 或 8.0 时，金的浸出率最高。金溶解过程中，细菌可碱化介质，介质 pH 值将分别上升至 7.7 或 8.6。细菌浸出 75~90d 时，金的浸出率（溶解度）最高。

40.5.2.6 腈化物法提取金

腈化物法采用丙二腈（又称酰基氰腈）、氰基乙酰胺和乙腈三种腈化物提取金。在处理碳质金矿石时，腈化物法金浸出率远高于氰化法。在处理氧化矿石和硫化矿石时，其金浸出率与氰化物浸出一样有效，但是价格较高。

40.5.2.7 多硫化物法和石硫合剂法提取金银

多硫化物法采用硫黄和石灰反应生成的试剂浸出金银，多硫螯合离子有 S_2^{2-} 等，它们对金离子有很强的配合能力，在合适的氧化剂（如高锰酸钾等）配合下，或者借助于多硫离子的歧化，能够有效地溶解金银。

石硫合剂的主要成分是多硫化钙（Ca_2S_x）和硫代硫酸钙（CaS_2O_3），其浸出金过程是多硫化物浸出金和硫代硫酸盐浸出金两者的联合作用，该法更适合于处理含碳、砷、锑、铜、铅的难处理金矿。

40.5.3 难浸金矿的预处理

40.5.3.1 高砷硫金矿石的预处理

中国脉金矿中低品位和含复杂硫化物的金矿资源尤为丰富，尤其是含金高砷硫化矿，不仅资源丰富，而且金品位较高，在黄金资源中占有很大的比例。中国产出的含金高砷硫化精矿约占全国总的金精矿的1/3，要提高黄金产量，处理这类金矿就显得尤为重要。高砷金精矿的预处理可以减少火法冶金过程中砷的污染以及砷形成黄渣之类造成熔炼中主金属的损失，消除湿法冶金过程中砷矿物雄黄、雌黄对浸出过程的化学干扰以及解除砷矿物（砷黄铁矿）对金的包裹，预处理是否得当直接影响金的回收率及提取金时试剂的消耗。高砷硫化物金矿的预处理工艺主要以下几种方法。

A 氧化焙烧法

氧化焙烧法是通过焙烧精矿，破坏包裹金的组织从而使金裸露，大大提高金浸出率的一种有效方法。该工艺自 1920 年前后在生产中应用以来，一直是高砷硫金矿预处理的基本手段，目前用焙烧作为砷金矿预处理工艺的国家几乎遍布世界各主要产金区。但氧化焙烧过程生成 As_2O_3 和 SO_2（含 As_2O_3 时难以制硫酸），造成严重的环境污染。而且，焙烧还生成不挥发的砷酸盐及砷化物，使砷不能完全脱除。金被易熔的铁和砷的化合物包裹而钝化，氰化处理含铁焙砂时也达不到高的回收率，要溶解钝化膜需要进行碱性或酸性浸出，再进行磨碎、浮选等附加作业。

薛光提出了一个含铜金精矿加氯化钠焙烧（酸浸铜-氰化浸出）的工艺方法。研究结果表明，加氯化钠焙烧可有效地提高金、银、铜的回收率。经不同类型矿样验证，金、银、铜的浸出率分别提高 35%、2%、8% 以上，具有极大的经济效益和社会效益。作者还提出了在金精矿焙烧-氰化工艺中提高金、银、铜浸出率的焙烧方法。该法基于在金精矿中加入一定量的碳酸钠进行焙烧，可有效地提高金、银、铜的浸出率。经含铜、砷不同类型金精矿验证，银的回收率可提高 30% 以上，金、铜的回收率也有所提高。新焙烧方法具有不增加设备、成本低、简单易行等特点。

江西某含砷硫铜金精矿加入助剂经低温焙烧预处理后，在添加活化剂的条件下氰化，金的氰化浸出率从直接氰化或焙砂氰化的 18% ~ 35% 提高到 80% ~ 90% 以上，浸出速度也有所提高。

鹿峰金矿采用原矿焙烧-焙砂氰化浸出工艺处理该矿难选冶微细粒浸染性金矿石，金的回收率达 80%，选矿吨矿综合成本为 70 元左右，技术指标较好，经济效益显著。

B　加压氧化

加压氧化法的原理主要是在加压容器中，往砷金矿的酸性（或碱性）矿浆中通入氧气（或空气），砷、硫被氧化成砷酸盐及硫酸盐（在一定条件下硫的氧化产物为元素硫），从而使砷硫矿物包裹的金裸露，便于溶剂对金的浸出。

加压氧化可分成酸性介质加压氧化和碱性介质加压氧化。酸性介质加压氧化具有使毒砂和黄铁矿完全分解，后续过程金的浸出率高、无污染等明显的优点，但却需要高压设备，投资大，砷等有价元素得不到回收，浸金试剂消耗较大，在我国应用困难较大。碱性介质加压氧化是指在碱性介质中通入高压氧从而完成毒砂和黄铁矿的分解，该法的优点是采用碱性介质，设备容易解决，无污染。但该法分解不彻底，固体产物形成新的包裹体，后续过程金的浸出率不高，试剂消耗大，砷难于回收，超细磨矿可能还会带来过滤问题。

薛光等对加压氧化-氰化浸出工艺从酸浸渣中提取金进行了试验研究。研究结果表明，利用高效浸金设备进行氰化浸出 4h，金的氰化浸出率可达 97.85%；其与常规氰化法相比，浸出时间缩短了 32h，浸出率提高了 2.05 个百分点，NaCN 用量减少了 4kg/t。

孙鹏等系统地研究了热压氧化预处理贵州某难选冶金矿石工艺条件中碱性介质选取及用量对金浸出率的影响。研究结果表明：NaOH 与 Ca(OH)$_2$ 作为碱性介质配合使用，预处理效果较好。在 NaOH 初始浓度为 0.1 ~ 0.2mol/L（每吨矿石为 10 ~ 20kg）、矿石粒度为 -0.074mm 占 98%、矿浆浓度为 25%、木质素磺酸钙用量 0.1kg/t、温度 220℃、操作压力 3.2MPa、氧化预处理 2h 条件下，金的氰化浸出率能稳定在 90% 以上。

福建紫金矿业股份有限公司邹来昌等人对某卡林型金矿进行了碱性热压氧化预处理试验研究，系统研究了碱性热压氧化预处理工艺的矿浆浓度、碱用量、温度、压力、时间、矿石粒度、SAA 用量、碱性介质、热压前化学预处理、添加催化剂等的影响规律。在矿石

粒度为 -0.044mm 占 90%、矿浆浓度（质量分数）20%、Ca(OH)$_2$ 20kg/t + 片碱 10kg/t、热压前化学预处理 24h、催化剂 2kg/t、SAA0.1kg/t、压力 3.2MPa、温度 220℃ 的条件下预处理 3h，硫的氧化率达到 98% 以上，金的浸出率达到 95% 以上。

C 细菌氧化

细菌预氧化的研究相当活跃。早在 20 世纪 60 年代，苏联在对砷金矿进行细菌浸出的工作中发现了新的可大大加速硫化物氧化和溶解的自养性氧化铁硫杆菌，利用这种耐砷的细菌分解砷黄铁矿及黄铁矿等，能使其包裹金获得解离，作用机理和加压氧化过程完全一致，细菌起到催化氧化的作用，生物氧化在某种程度上还可以钝化有机碳。在细菌作用下，很多矿物的分解氧化过程可加速几十倍，甚至几百倍。细菌氧化及提取金作业大致可分为以下 3 个阶段：

（1）细菌培养基培养铁硫杆菌等，制备 pH 值为 1.5 ~ 2.5 的硫酸细菌浸液。

（2）细菌催化氧化脱除砷、硫。

（3）预处理所得渣再进行氰化（或用其他方法），提取金预处理溶液用细菌活化后再利用。

20 世纪 80 年代中期，在南非 Fairview 建成世界上第一个难处理金精矿细菌氧化预处理的商业性工厂。目前，世界上已有多家细菌氧化提取金厂，其中包括我国的烟台黄金冶炼厂和山东天承公司的细菌处理厂等，见表 40-5-1。

表 40-5-1 部分难处理精矿的细菌氧化预处理厂

工 厂	规模/t·d^{-1}	投产及使用年份
费尔维尤（Fairview），南非	35	1986，1991 至今
贝洛哈里桑塔（Sao Bento），巴西	150	1990 至今
哈伯莱茨（Harbour Lights），澳大利亚	40	1992 ~ 1994
威卢纳（Wiluna），澳大利亚	115	1993 至今
阿善堤（Ashanti），加纳	1000	1994 至今
太姆包拉克（Tamboraque），秘鲁	60	1999 至今
尤恩米（Youanmi），澳大利亚	120	1994 ~ 1998
烟台黄金冶炼厂	50	2000 至今
山东天承细菌提金厂	100 ~ 120	1998 至今
辽宁天利细菌提金厂	100	2003 至今

东北大学杨洪英等人对细菌氧化预处理含砷难处理金矿的研究进行了回顾，着重阐述了含砷难处理金矿细菌氧化预处理的机理、氧化菌种和工艺流程，认为细菌氧化硫化矿存在 3 种作用机制，即直接机制、间接机制和复合机制。直接机制是指细胞膜直接通过酶机制作用于矿物表面；间接机制与直接机制的区别在于浸矿过程中有 Fe^{3+} 的参与；复合机制也称协同（Cooperative）或共生（Symbiotic）机制，指吸附在矿体上的细菌与悬浮在溶液中的细菌协同合作的作用机制，既有吸附细菌的直接作用，又有悬浮细菌通过 Fe^{3+} 的氧化的间接作用。细菌浸矿中常用的菌种是氧化亚铁硫杆菌、氧化铁硫杆菌和氧化亚铁微螺菌；细菌氧化技术用于浸矿的常用工艺有堆浸、地浸和槽浸法。

杨凤等人对广东省某含碳高砷型难浸金精矿进行了细菌氧化试验研究，该矿常规氰化金浸出率仅为 15.02%，通过采用细菌氧化技术，使硫化物包裹金暴露或解离，吸附金的有机碳被钝化，金的浸出率可达 94.41%。但需注意的是，在细菌氧化前需培养驯化出耐砷型菌种；氧化过程中培养基浓度和消耗量略有增加；氧化矿浆浓度不宜过高；适当延长细菌氧化时间，可以钝化有机碳，从而减少对氰化浸出的不利影响。

冯肇伍对广西某金矿高砷高硫金精矿进行了细菌氧化-氰化提金试验，该金精矿砷、硫含量高，且含多种杂质和有机碳，常规浸出率 15.02%。试验表明，选用长春黄金研究院耐高砷代号为 HyK-2 菌种，在磨矿细度为 −0.045mm 占 98%、矿浆浓度 16%、氧化时间达 8~10h 时，提取金效果较好；当氧化钙用量 45kg/t、碱处理 8h、矿浆浓度 35%、氰化钠用量 20kg/t、浸出时间 32h 时，金浸出率可达 94.17%。

钟少燕等对云南省某含砷浮选金精矿进行了细菌氧化预处理-氰化提取金试验，该矿原金精矿常规氰化金浸出率仅为 26.17%，采用氧化亚铁硫杆菌、螺旋菌及耐热高温氧化硫杆菌等混合菌种氧化预处理再进行氰化浸出后，金氰化浸出率可达到 98.28%。研究还表明，浮选金精矿磨矿细度对细菌氧化影响较大，适宜的磨矿细度为 −0.045mm 占 85%~90%；金精矿中所含的少量碳酸盐，在细菌氧化开始阶段就被溶解，产生的二氧化碳被细菌所利用。

熊英等研究了黄铁矿包裹型难浸金精矿的细菌预氧化工艺，结果表明，对黄铁矿包裹型难浸金精矿采用驯化诱变菌株，在选定的氧化工艺条件下，可有效地分解载金矿物黄铁矿。黄铁矿、毒砂的氧化率分别达到了 71.0% 和 92.45%，使该金精矿的氰化浸出率从未氧化前的 41.34% 提高到 90% 以上，且氧化时间短。该研究结果为同类型的难浸金精矿的开发利用提供了具有实际应用价值的预处理工艺。

盛艳玲等对河北某中硫含铜金矿石进行了细菌预氧化-堆浸提金试验研究。该矿矿石中包裹金含量达 28.77%，常规全泥氰化金浸出率仅为 51.78%。试验结果表明，在堆浸前对矿石进行了细菌氧化预处理，小于 5mm 粒级矿石经 45d 氧化后，铁的氧化率为 28.16%，硫的氧化率为 25.43%，铜的氧化率为 44.62%，氰化堆浸金的浸出率可达 80.35%。研究还表明，矿石粒度对细菌氧化效果有重要的影响。粒度越细，其表面积越大，越有利于细菌吸附于矿粒表面对矿物进行氧化。但粒度细的矿堆的渗透性较差，对堆浸提取金不利；由于矿石中含铜，并且细菌氧化具有选择性，即优先氧化铜，这样除影响氰化的次生铜矿物辉铜矿和铜蓝被氧化外，对氰化没有多少影响的硫化铜矿物也被氧化，耗费了氧化时间。

王金祥介绍了难浸金精粉箱式静态生物氧化的基本方法流程，试验样品采用该方法处理 187d 后，金的浸出率由 37.04% 提高到 93.01%，基本达到槽式搅拌氧化率达 93.68% 的水平。经济分析认为，小型金矿山采用箱式静态生物氧化处理难浸金精粉，投资、成本分别为槽式氧化的 1/3 和 1/2，具有很强的实用性。作者还介绍了难浸金矿石堆式细菌氧化-氰化炭浸提取金的基本试验方法和结果。采用柱浸方式模拟堆式氧化过程，对某含砷微细浸染型难浸矿石经堆式细菌氧化后，柱式氰化浸取金的浸出率由原来的 4.07% 提高到 57.46%。进而将矿石经细磨至粒度为 −0.045mm 左右后，采用氰化炭浸法浸金，金的浸出率达到 80.02%，这基本解决了金矿物同时受金属硫化矿物和非金属矿物包裹的问题，是该类难浸金矿石提取金的一种有效方法。

长春黄金研究院针对我国含砷难处理金矿的特点，筛选、培养、驯化出了活性高、适应性强、氧化速度快的 HY35-1 氧化亚铁硫杆菌株，并先后对国内 12 家难处理金矿的含砷金精矿进行了细菌氧化-氰化提金工艺研究；在掌握了大量技术参数和条件的基础上，将细菌氧化工艺的主体设备进行了放大，开发出了 5kg/d、100kg/d 级的连续扩大试验成套设备；在试验研究的基础上，开发出了可对含砷大于 10%、含硫大于 20% 或有害杂质含量高、微细包裹的金精矿进行快速氧化的两段细菌氧化方法。

王海瑞介绍了某含砷浮选金精矿细菌氧化提取金工艺的试验研究成果，生产实践表明，利用细菌对含砷金精矿进行氧化预处理，当金精矿含砷 14.71%，经细菌氧化 206h 后，砷脱除率达 88.03%，金氰化浸出率由常规的 12.5% 提高到 82.21%；当金精矿含砷 3.53%，经细菌氧化 108h 后，砷脱除率达 92.06%，金氰化浸出率由常规的 37.5% 提高到 90.99%。以上生产实践说明细菌氧化技术脱砷效果好，技术指标高，是处理难浸硫化物金矿的一条有效途径。

周洪波等人比较了三种来源不同的菌种的亚铁氧化能力，最后选用氧化能力较高的来自江西城门山的菌种为浸矿菌种，并在摇瓶中比较了使用和不使用生物预处理氰化法提取金的提取率。还研究了在难处理金矿生物氧化预处理过程中的一些影响因素，比如矿浆浓度、初始 Fe^{3+} 浓度、生物预氧化的时间等。结果表明，添加 10g/L 的 Fe^{3+} 有利于增加金的提取率。采用生物氧化预处理，难处理金矿金的提取率可以高达 92.1%，在生物氧化处理 4d 后就可以达到工业处理的要求。

D　HNO_3 分解法

利用 HNO_3 氧化砷黄铁矿、黄铁矿可使原料中的硫化物充分分解，从而使金成倍地富集，从而有利于金的回收。该法使用的 HNO_3 需要在 350℃ 下蒸馏再生，这在工业上难以实现，而且砷不但得不到利用，还需固化处理，所以认为该法在工业上应用的可能性极小，除非金的品位十分高，否则是不经济的。

陈玉明等人研究了金精矿超声波强化硝酸预氧化工艺，结果表明，超声波强化稀硝酸氧化效果显著，金的氰化浸出率比不加超声波提高了 13.5 个百分点；在直接氯化电解沉积金时，金的浸出率也提高了 7 个百分点。虽然超声波条件下的硝酸氧化-氰化工艺比硝酸氧化-碱煮脱硫-氯化电解沉积金工艺的金浸出率低 6.3 个百分点，但是，超声波强化氧化工艺没有碱煮工序，在成本上和可操作性方面易于被接受。

方兆珩等人研究了某高砷难处理金精矿的提取金工艺，该金精矿的直接氰化率仅为 34%，试验表明，硝酸或加亚硝酸钠溶液的二段氧化酸浸预处理，可使氰化率提高到 95%~96%，因而硝酸（或加亚硝酸钠）二段氧化酸浸-氰化-氰尾浮选流程的技术指标极佳；氰化尾渣浮选可得品位超过 100g/t 的二次金精矿，回收率在 80% 以上，使流程金的总回收率达 96%~99%；酸浸氧化过程中，砷的浸溶率可达 94%~96%，有效地从精矿中脱除了砷。

E　碱浸预处理

孟宇群等人采用塔式磨浸机细磨和碱浸预处理工艺处理某含砷金矿石。研究表明，在磨矿细度 -0.038mm 占 95%、40% 的矿浆浓度和 8.5℃ 的环境温度下，使用 NaOH 和 CaO 对砷质量分数为 2% 的金矿石碱浸预处理 16h，金的氰化浸出率从细磨碱浸前的 75.6% 提高到 93.3%。细磨和碱浸预处理成本大约 126 元/吨。采用该技术对 50t/d 规模的某黄金冶炼厂进行改造，每年可以多回收黄金 43.5kg，3 个半月收回细磨和预处理系统的设备投资。对另一种含砷金矿石进行了碱浸预氧化试验，在螺旋搅拌式塔式磨浸机中，先将目的

难浸金精矿细磨至 -0.037mm 占98%，然后在40%的矿浆质量浓度、11℃的环境温度和0.1MPa 的环境压力下强化碱浸24h，NaOH 的消耗量为每吨矿 88kg，仅为相同氧化率条件下将砷硫氧化成砷酸盐和硫酸盐所需理论碱耗量的 30%。预氧化完成后经 36 h 的氰化浸出和炭吸附，金的浸出率从预氧化前的 24.6% 提高到 95.4%，金的吸附率为 99.2%，NaCN 的消耗量为每吨矿 4kg，整个提取金工艺的成本约为每吨矿 300 元。

40.5.3.2　微细粒浸染性金矿石的预处理

周中定对微细粒浸染型含碳粉砂质页岩金矿石选金试验进行了研究，结果表明，对磨矿细度由 -0.074mm 占99% 提高到 -0.044mm 占99%，浮选金精矿品位和回收率均有较明显提高，说明细磨可提高金精矿指标；对金精矿进行了焙烧-氰化和热氧化-氰化浸出试验，表明对精矿进行热氧化预处理的结果较好。精矿热压预氧化方法为将精矿装入高压釜中，经调浆加入硫酸或硝酸，然后加温加压充氧气，黄铁矿和白铁矿等硫化物在酸性水介质中经高温高压氧化酸化反应，改变了矿物性质，使精矿中硫化物和硅酸盐中包裹金充分暴露出来，并除去对氰化有害的砷和有机碳等杂质，为氰化物浸金创造有利条件。

40.5.3.3　碳质金矿石的预处理

碳质金矿石为含有机碳的难浸矿石，该类矿石难浸的原因是由于有机碳与金氰配合物发生作用而严重影响了氰化提取金的效果。碳质金矿石中的碳主要有 3 种形式：元素碳、大分子烃类化合物、腐殖酸类。后两者统称为有机碳。一般认为，原生矿中的有机碳高于0.2% 就会严重干扰氰化提取金。

在美国和前苏联都发现了大型的碳质金矿床，在我国已发现的一些大中型金矿如镇沅、东北寨和戈塘等有机碳含量也都较高。因此，如何既经济又有效地处理碳质金矿石颇为国内外黄金工业界所关注。

从技术上划分，可将碳质金矿的预处理方法分为两类：除去或分解矿石中的碳质物；使碳质物在氰化提取金过程中失去吸金活性。正在试用的预处理方法有以下几类：

（1）竞争吸附法。通过添加吸金能力比碳质物强的离子交换树脂等抑制有机碳的有害影响。

（2）覆盖抑制法。通过添加表面活性剂覆盖碳质物表面的活性点，使碳质物不被浮选。

（3）高温焙烧法。在富氧或纯氧气氛下分解碳质物。

（4）湿化学氧化法。主要包括利用组合细菌分解有机碳、加压氧化法和水氯化法。目前，科研人员比较看重的是组合细菌分解法和水氯化法。美国纽蒙特黄金公司已培养出组合细菌，可将有机碳的"劫金率"从 68% 降至 5%。虽然氧化还原法（Nitrox 和 Asseno 法）能较有效地消除碳质物的有害影响，但处理成本高。研究结果表明：加压法只能部分消除有机碳的影响；而水氯化氧化法（包括氯酸盐法和三氯化铁法）的效果较好。

郭月琴研究了某碳质金矿预处理-炭浸新工艺，该矿石由于金嵌布粒度不均匀，首先粗磨用混汞法回收中粒和细粒裸露金，大大降低了尾矿中金的损失。另外，混汞法提金不同于浮选法所得到的含金精矿，可以就地直接炼金。而且，混汞法提金工艺过程简单、操作容易、成本低廉。由于有部分细粒金，所以混汞尾矿再磨后，采用石灰预处理矿浆 2h，再同时加入氰化物与活性炭，以排除矿石中有机碳优先吸附溶解金，从而提高了金的浸出率。

40.5.4 提金技术研究进展及展望

40.5.4.1 提取方法研究进展

美国格雷特福化学公司发明了用溴化物浸出法从浮选精矿矿样中浸出金的新工艺。矿样的含金品位为 $219 \sim 379g/t$。浸出前，把矿样置于 $650 \sim 750℃$ 的温度下进行焙烧。焙烧后产品中的金品位提高到 $269 \sim 489g/t$。使用含溴液体进行溴化浸出。溴化物浸出条件：含溴液体质量浓度 $2 \sim 6g/L$，浸出时间为 $4 \sim 6h$，pH 值为 $5 \sim 6$。进入溶液中的金回收率为 $94\% \sim 96\%$，溶液中金的含量近 $50mg/L$，浸出滤渣中的含金量小于或等于 $20g/t$。析出金后，溶液（含金为 $2 \sim 6mg/L$）再返回浸出过程，这样就能保证约 50% 的含溴溶液可以再生。含溴溶液的消耗量约为 $7.7kg/t$。溴化物浸出法与现在采用的氰化法相比，金回收率接近（$94\% \sim 96\%$），生产费用差不多（分别为 10.5 美元/吨和 9.5 美元/吨）。但是，溴化物浸出法的浸出时间（$4 \sim 6h$）比氰化处理法（$24 \sim 48h$）大大缩短，溴化物浸出法可在更适中的 pH 值范围内使用（pH 值为 $4 \sim 7$，而不是 $10.5 \sim 12$）。

高术林等人研究了树脂矿浆法提取金工艺中 SK-106 树脂在氰化浸金溶液中对金的吸附速率、吸附容量、吸附等温线以及载金树脂的解吸。研究表明，在较大的 pH 值范围内 SK-106 树脂对金的吸附率都很高，受溶液 pH 值的影响小；吸附速率快；受金的起始浓度影响不大，吸附量较大；使用弱酸性硫脲作解吸剂，使金的解吸和树脂的再生一步完成，操作方便，解吸率高，解吸速度快；用 SK-GSR 试剂提取解吸后贵液中的金效果非常好，提取率达到 99% 以上。

蔡艳荣等研究了 P510 树脂从含金氯化溶液中吸附金和解吸金的性能，结果表明，P510 树脂适合于从氯化体系的含金溶液中提取金，在吸附时间为 15min、盐酸浓度为 $1.0mol/L$ 的条件下金的吸附率可达到 99.28%。该树脂的金静态饱和吸附容量为每克干树脂 691mg。用硫脲解吸树脂上的金，使 $AuCl_4^-$ 转变为 $[Au(CS(NH_2)_2)_2]^+$，在中性或弱碱性介质中，硫脲质量分数为 3.0%，搅拌解吸 30min，金解吸率可达到 99.85%。

危俊婷等人研究了超细磨-树脂矿浆法从黄铁矿烧渣中提取金新工艺。以氧化铝球为研磨介质，考察了磨矿粒度、液固比、磨浸时间、助磨剂、助浸剂等因素对浸出效果的影响。以 AM-2b 树脂为吸附剂、弱酸性硫脲为解吸剂从氰化矿浆中回收金，分别用静态法、动态法考察了时间、温度、酸度、流速等因素对 AM-2b 树脂吸附金和解吸金的影响。研究结果表明，超细磨-树脂矿浆法是一种有效的提取金新工艺。把助磨剂、助浸剂引进浸出过程，浸出率能达到 88%，且比以前的氰化法缩短了 0.5h。树脂矿浆法（RIP）简化了工艺流程，降低了金在尾矿中的损失。

北京化工冶金研究院研制了 R410 特效树脂，该树脂能选择性吸附回收金，从吸附尾液中综合回收铜，经济技术指标良好。用本项新工艺处理含铜金精矿，金浸出率达 98.0%，吸附率、解吸率和电解回收率均不小于 99.5%，总回收率不小于 95.0%；铜同时被浸出，浸出率为 $90.0\% \sim 95.0\%$，还原沉淀率不小于 99.0%，总回收率约 90.0%。试剂可循环利用。

郑若锋对铜镍电解阳极泥中金、铂、钯的提取进行了试验研究，结果表明，铜镍电解一次阳极泥脱硫、铜、镍后，将筛分得到的细泥在稀盐酸、氯酸钠中浸取；在体系盐酸或王水的酸度小于 $1.0mol/L$ 或 10% 的条件下，用强碱性阴离子树脂从浸出液中有效地吸附金、铂、钯；载金、铂、钯树脂经 70℃、60g/L 硫脲和 2% HCl 溶液解吸后，锌粉置换富集金、铂、钯；MIBK3 级逆流萃取金，草酸铵反萃制得纯度为 99.78% 的海绵金；水相蒸发后，氯化铵反复沉淀、水合肼法和氯钯酸铵、氨配合联合法制得纯度均在 99.95% 以上的海绵铂和海绵钯产品。该工艺贯通性和操作性强，对环境友好。

林国梁对采用液膜法从氰化浸出矿浆中提取金的可行性进行了研究，研究表明，采用液膜法代替传统的炭浆法从氰化浸出矿浆中提取黄金的新技术，可以省去活性炭和相关的载金炭高温高压解吸、炭再生作业，从而避免了由于粉炭损失造成的黄金流失。新技术有望降低提金成本，简化工艺流程，提高黄金回收率。从氰化浸出矿浆中采用液膜法提取金，所用的乳化液膜应该是油包水型、且含流动载体的液膜。若用于处理浮选金精矿，可以利用矿浆中残留的捕收剂和起泡剂作为液膜的表面活性剂和膜溶剂，选择胺类萃取剂作为油膜的流动载体，膜内相试剂选用氢氧化钠，在实现液膜提取金的同时回收氰化钠。

方兆珩研究了石灰液体系中元素硫加压氧化浸金过程。通过四变量三水平的实验设计，发现元素硫与氢氧根的物质的量的比（摩尔比）及氧耗量是影响金浸出的最重要因素。单变量试验表明，适宜的 S^0/OH 物质的量的比（摩尔比）为 1.0 ~ 1.2，最优氧耗量为每克硫单质（标态）0.38 ~ 0.55L，浸出过程中最终 pH 值应为 3.5 ~ 6.0。最优条件下金的一段浸出率为 82% ~ 85%，二段浸出可达 91%。

陈江安等人研究了河南省某金精矿的石硫合剂（LSSS）法浸金试验，研究表明，用石硫合剂法浸出该金精矿是适宜的，而且在浸出液中添加 NaCl 之后，金的浸出率有了很大的提高，可达 94% 以上，实现了在常温下、低 NH_3 浓度浸取金的目的，同时可降低该工艺的生产成本。

杨大锦研究了硫脲从含金黄铁矿中浸金的工艺，试验研究表明硫脲能够有效浸出黄铁矿中的金。合适浸出的条件是：硫脲质量浓度 8 ~ 12g/L，硫酸质量浓度 15g/L，浸出时间大于 10h，浸出温度 40 ~ 50℃，氧化剂可以用空气或硫酸铁。

吴国元等研究了高砷金精矿氧化焙烧焙砂和真空蒸馏脱砷焙砂的硫脲浸出技术。研究表明，高砷金精矿经真空蒸馏脱砷后用硫脲浸出，金的浸出率可达 90% 以上，和金精矿直接硫脲浸出相比，金的浸出率提高了近 80%，且金的浸出率随焙砂中砷含量的减少而提高；用真空蒸馏法处理高砷金精矿焙砂和常规氧化焙烧脱砷率相近的焙砂相比，在金的浸出方面具有相同的效果。

熊英等研究了强化生物浸金的技术。生物浸金制剂的浸金原理是基于氨基酸对金的配合反应，在有其他化学配合剂存在的条件下以及某些金属离子在金的氧化和配合反应中起催化剂作用时，可加速氨基酸对金的配合反应，提高选择性，缩短反应时间。同时，氨基酸的存在并不影响无机化学配合剂对金的溶解，而应起到促进作用，两类配合剂对金的双重作用，可加速对金的溶解，并能降低药剂用量。研究者以汞碾后的尾矿（金品位为 27.0g/t）为试验样，在已研究成功的生物浸金制剂基础上，进行化学配合剂强化生物浸金。加入 WH_2 配合剂后使生物制剂用量从单独作用时的 70% 降为 1%（v/v）；浸出时间由 72h 缩短为 18h，大大提高了浸金速度。在所选定的浸出条件下，该金矿样金的浸出率达到 93%，而药剂总成本则降低了 80% 左右。

汤庆国等研究了氨性硫代硫酸盐体系中，碳质金矿中金的浸出行为，考察了硫代硫酸钠和氨水浓度，硫酸铜、硫酸铵用量对金浸出率的影响。结果证明：碳质金矿中的金可被硫代硫酸盐溶液有效浸出。金的浸出率从氰化法的 21.22% 提高到 90% 以上。实验证实，活性炭不能有效吸附浸出液中的 $Au(S_2O_3)_2^{3-}$ 配离子，这一独特性能可能使氨性硫代硫酸盐浸金体系成为碳质金矿中金的最有前途的回收方法。张钦发对采用硫代硫酸钠浸出银、连二亚硫酸钠还原银的工艺从分银渣中提取银进行了研究。结果表明：当分银渣中含银量为 0.38%、硫代硫酸钠的用量为 160kg/t、氨水用量为 50L/t、浸出温度 60℃、浸出时间为 3h，采用二段浸出，其浸出率大于 86%，采用连二亚硫酸钠还原银，还原率大于 95%，同时，还原后液可再生用于浸出。

李桂春等在浸金实验的基础上，分析了碘浸出金的机理；以碘-碘化物为浸出剂，实验研究含碳矿石中金的溶解，讨论金萃取的反应时间、碘-碘化物质量分数、pH 值对浸出的影响，并与氰化物的浸出结果进行对比；探讨从浸出液中回收金及碘的再生方法。所得金浸出的合理条件为：碘的质量分数在 0.8%~1.0%，$n(I_2):n(I^-) = 1:8~1:10$，助氧化剂过氧化氢质量分数为 1%~2%，浸出时间为 4h，液固比为 3:1~5:1，浸出温度为常温，矿浆为中性或酸性。金的浸出率可达 93% 以上，浸出液中的金和碘均可用电解方法回收。分析证明，在达到相同浸出率的情况下，与氰化法相比，碘化法浸出时间短、综合成本低。

福建双旗山金矿研究了锌粉置换法从含高铜、铅、锌贵液中回收金的技术及生产实践。研究表明，从铜、铅、锌含量高的贵液中直接用锌粉置换回收金，效果差。通过在锌粉置换作业中控制 $Pb(AC)_2$ 适宜用量，解决了铅、锌在流程溶液体系中积累、金置换率低及影响氰化浸出的问题，保证了锌粉置换作业技术指标。

逯艳军针对常规氰化浸出提取金、银工艺中浸出时间长，药品消耗大，金、银回收率低等现状，在保持原有选矿工艺流程不变的基础上，在氰化浸出环节上采用自行设计的高压浸出装置，对矿石进行加压氰化浸出提取金、银工艺试验。通过改变浸出过程的压力，增加浸出溶液的 O_2 含量，浸出时间由原来的一个流程 24h 缩短到 45min；金、银浸出率指标达到 93.2% 和 73.0%，分别提高了 19.6% 和 12.0%。

张述华等研究了外加电场氰化浸出技术，研究表明，外加电场后，氰化法可提高金浸出率，对氧化程度较高的矿石可提高 10% 左右，对氧化程度较低的矿石可提高 20% 以上，甚至更高；外加电场氰化法可缩短浸出周期，最大可缩短 50% 的浸出周期。

40.5.4.2 提取设备的进展

近年来，贵金属选矿在提取设备方面的进展不大。

灵宝河林矿产品加工厂为了提高氰化浸出指标，减少资源浪费，提高金回收率，对原工艺进行改造，增加二段磨矿作业，并采用先进的 TW-30 型塔式磨浸机作为二段磨矿设备，提高了磨浸效率和金总的浸出率。研究表明，塔式磨浸机有高效节能、基础简单、振动小、细磨能力强、磨浸率高等优点。塔磨机主要靠剥磨作用进行磨矿，破坏了物料表面的扩散界面层，使被磨物料不断露出新鲜表面，提高了边磨、边浸的效果。

张东山介绍了黄金提纯的酸溶专利设备，该设备由优质塑料加工制作，可耐王水腐蚀，可以通电加热，还能吸收反应中放出的酸气，除用于金提纯时的粗金溶解外，也可以用于炭吸附工艺中解吸电解金泥的酸浸前处理，还可以用于生产 Au99.99 过程中还原金粉的酸煮除杂工艺，具有很强的实用性。

乌拉嘎金矿氰化浸出作业采用空气搅拌浸出槽，该设备又称帕丘卡（Paqiuca）式浸出槽，是应用压缩空气搅拌矿浆，浸出槽本身没有机械运转系统，但需要配备空气压缩机，以提供压缩空气。该金矿的应用表明，该空气搅拌浸出槽具有操作简便、搅拌能力强、工作可靠等特点；与机械搅拌浸出槽相比，空气搅拌浸出槽占用空间大、投资大、动力消耗也较大，适用于需要强烈搅拌和充气量大的矿浆的氰化浸出。

40.5.4.3　提金技术展望

提金技术的发展趋势如下：

（1）重选工艺仍为回收砂金和粗粒金的有效方法。

（2）浮选工艺以新设备和新药剂的进展为前提，将有针对性地对含金硫化矿石和含金多金属矿石继续发挥重要作用。

（3）煤油金团聚法（CGA）将受到人们的青睐。

（4）适于回收低品位氧化金矿资源的堆浸工艺，在堆场选择、筑堆方法、制粒、喷淋设施、衬垫和冬浸等方面将进一步改革和提高。堆浸法和生物氧化法的有机结合将在提取金工艺中发挥更大的作用。

（5）常规的逆流倾锌置换工艺（CCD）、炭浆工艺（CIL）、炭浸工艺（CIL）、树脂矿浆工艺（RIP）和富氧浸出（CILO）、过氧化物助浸（PAL）、磁性炭提金等方法，及难选冶金矿的预处理将进一步完善、提高和有选择性的应用。

（6）选矿厂的零排放将成为必需的选择。

由于我国面临矿产资源的短缺问题，因此必须大力开发储量大、品位低、浸染粒度细和含杂量高的难选冶金矿石，而对生态环境污染的限制越来越严格，因此，降低生产成本，提高黄金开发的竞争能力将更加重要，今后开发黄金的重要原则将是采用先进技术、经济效益好和环境污染小的工艺。

40.5.5　银矿石提取工艺的革新和展望

40.5.5.1　提取工艺的革新

随着时代的发展，矿冶工业在原料、能源、环保和可持续发展等方面都遇到了前所未有的挑战。矿石中银的提取工艺也必须以改进传统技术，适应新的需求为目标。

由于银矿类型繁多，导致了选矿方法的多样化。利用放射法和光度分离法对大块矿石进行预先选别已在国外得到了广泛应用，如光度分离法选矿在菲律宾和美国用于银矿石的初步分选。预先选矿工艺的优点在于，使采用高效采矿法的矿山在开采贫矿时，易于达到环保要求。

浮选和氰化两种方法是银矿石提取的主要方法，因而近年来国内外对此研究较多。国外大多数银选厂对较单一的银矿（其他金属含量不多），基本上采用的都是这两种方法。矿物组成决定选矿方法，在方法的选用上对于不同的银矿石还是有差异的。当银矿物以辉银矿和自然银为主时，用浮选法和氰化法均可；对含有大量深红银矿、辉硒银矿、硒银矿等难于氰化的矿物，就只能用浮选方法；对含砷、锑的矿物则必须经过预先氧化焙烧，焙砂经水洗或酸溶后再用氰化法处理；对铜、锌、铅硫化物含量高的矿石，也只能用浮选法。

对于矿物组成复杂的含银矿石来说，浮选也是可行的，但要结合其他工艺，组成联合流程。例如浮选-磨矿-氰化流程适用于与硫化铁共生，而银又被包裹在硫化物内的矿石。当矿石中的贵金属不可能同贱金属硫化物分离时，浮选-熔炼流程则是处理这类矿石的常用方法。

浮选法的药剂是至关重要的。近年来，针对银的特效捕收剂有了很大的发展，主要是乙炔类和缩醛类的化合物，例如 4,4-乙烷-1,3 二黄酸就是很好的药剂。对于伴生银的多金属矿，要具体分析矿物的情况，以找出最适合的浮选剂。

浮选设备的改进也是浮选法革新的重要环节。1986 年，在芬兰首次安装了 Skim-Air 浮选机。由于浮选槽能处理高浓度矿浆的粗粒物料而不会沉砂，分级只使可浮离子进入浮选区。现此法已在世界各国磨矿流程中获得了广泛应用，特别是处理重而易脆的铅银矿物，其回收率能提高 2% ~3%。

氰化法的革新主要从浸出工艺上进行改进，除了前面提到的几种改进外，人们还探索了干式氰化法、管道化氰化法和磁炭法。这些方法都尚处于试验阶段，但它们也具有一些独特的优点，较有发展前途。

目前，很多国家面临着低品位大型堆浸工艺的实施和推广问题。美国在这方面已有成功的例子，利用堆浸法处理堆积多年的含银矿石，回收率可达 40% ~50%。这种方法具有投资少、见效快、操作简便的优点。早期铅锌选厂废弃的、经长期堆存而呈半氧化状态的尾矿中含有较多的银，应用此法进行回收利用，将是有较好经济效益的。

40.5.5.2 银矿石提取新技术及其发展前景

氰化物溶剂曾在贵金属的提取上有重大贡献，但它的弊端也是显而易见的。因此，无氰浸出一直是我们所期待的方法。目前，已知几十种化合物可用作银的溶剂，且毒性较小。美国 ISL 公司已研制出一种新的化学浸出剂，可取代氰化物对金银矿石进行有效浸出。这种浸出剂是基于氯化钠、次氯酸钠和青尿酸的水溶液研制而成的。浸出时 pH 值为 6.5 ~7.1，由于次氯酸钠很容易分解成氧气和氯化钠，所以此法利于环保。这种药剂适用于堆浸低品位的矿石和搅拌浸出高品位的矿石。对于难回收的贵金属来说，例如从含铜矿石中回收银，如用氰化法，则氰化物的消耗量很大，而用浸出剂几乎没有什么损耗。

近年来，微生物在矿冶方面的应用越来越广，甚至渗透到选矿工艺的各个层面，如生物浮选、生物磁选、生物吸附等，尤其对废水中贵金属的回收，已取得了重大成果。Charley 和 Bull 曾用假单孢菌和金色葡萄球菌的混合物进行实验，发现每千克细胞可固定 300mg 的银。奥地利纽斯布鲁克大学研究了在静态水和动态水两种条件下，用相当多的纯培养菌（400 多种）吸附银的问题。从奥地利蒂罗多尔铜精炼厂的炼铜产物中选出的菌在最适宜条件下（pH 值为 7）吸银量可达 10 ~300mg/g。

微生物在矿冶上的广泛应用，必将开创一个崭新的学科——微生物矿冶学。在不久的将来，有望在以下几个方面取得进展：

（1）新菌种的开发与应用。新菌种将更加适合恶劣的环境，对营养要求也较低，繁殖快，选择性强，从而缩短浸出周期。

（2）污水治理。基于从废水中吸附金属的机理，对矿业有毒废水进行治理，从而取代目前利用化学药剂治理的方法。

（3）高效率、低能耗的浸出工艺。由微生物取代氰化物溶液进行无氰堆浸，将是未来生物浸出工程的重要方面，而且应用范围除目前的铜、金、银、钴外，还会向其他（包括稀有金属）方面发展。

微生物的应用使银矿石提取工艺有了新的途径，也许在不久的将来，微生物提取银的工艺会占主导地位。我国银矿资源较为丰富，发展银的生产是国家的需要，也是每一位矿业工作者义不容辞的责任。合理地开发利用银矿资源，探索银的提取新工艺，将有利于推动银的生产，使我国早日成为世界产银大国。

40.6 脉金矿选矿及提取厂

40.6.1 贫硫化物含金石英脉型金矿

40.6.1.1 张家口金矿

张家口金矿是 20 世纪 70 年代建成投产的，是我国目前最大的炭浆法提取金厂，设计生产规模为 500t/d，原流程为混汞 + 浮选，选矿回收率为 75%，1984 年改造为炭浆提取金工艺，选冶回收率达到 93% 以上，又经数次技术改造，生产规模达到 600t/d。目前，该选厂工艺先进，自动化水平高，而且装备和配置较有特点，如采用了高效浓密机、新型浸出搅拌槽、自动化检测装置等。

A 矿石性质

张家口金矿属中温热液裂隙充填石英脉型矿床。矿石为贫硫化物含金石英脉类型。金属矿物氧化程度高，泥化较严重，属难选易氰化型矿石。矿石中主要金属矿物为褐铁矿和赤铁矿，其次为方铅矿和白铅矿、铅矾、磁铁矿及少量黄铁矿、黄铜矿以及自然金。脉石矿物以石英为主，其次有绢云母、长石、方解石、白云石等。绝大部分自然金与金属矿物共生，其中以褐铁矿含金为主（占 39.4%）。金粒度均小于 0.053mm，包裹金占 24.95%，粒间金占 35.7%，矿石密度 2.51t/m³。

B 工艺流程

原矿经两段一闭路流程破碎后，粉矿粒度达到 -12mm，经过两段磨矿，矿石细度达到 -0.074mm 占 85%。磨细的矿石经高效浓密机脱水，矿浆浓度提高到 40% ~ 45%，然后给入炭浸系统。在炭浸系统中添加氰化物，充入中压空气，加入活性炭。经过两段预浸和七段边浸边吸后，尾渣品位降至 0.3g/t，尾液品位降至 0.03g/t。炭浸尾矿排至污水处理系统，采用碱氯法进行处理，处理后尾矿浆含氰的质量浓度降至 0.5mg/L 以下，然后排至尾矿库沉淀自净。由炭浸系统提出的载金炭筛洗干净后到金回收系统解吸、电积。炭浸系统串炭由离心提炭泵和槽内溜槽桥筛完成。解吸柱与电积槽构成闭路循环，不设贵液槽和贫液槽。解吸作业使活性炭载金量由 3500g/t 降至 80g/t 以下，解吸炭经酸洗、加热再生后返回 CIL 系统使用。解吸贵液经矩形电积槽将溶液中的金沉积在阴极上。阴极金泥每月提取一次，到冶炼室进行金银分离和熔炼，其工艺流程如图 40-6-1 所示。

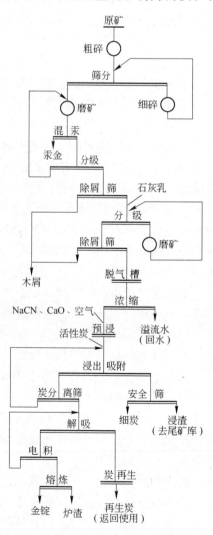

图 40-6-1 张家口金矿选冶流程

张家口金矿炭浆厂的工艺条件见表40-6-1，工艺指标见表40-6-2，主要材料消耗见表40-6-3。

表 40-6-1 张家口金矿炭浆厂工艺条件

CIL 系统	预浸时间/h	4.1	解吸时间/h	18
	矿浆浓度（质量分数）/%	40 ~ 45	解吸温度/℃	135
	充气量/m³·(h·m³)⁻¹	0.23	解吸压力/MPa	0.31
	pH 值	10.5 ~ 11.0	解吸液成分	1.0% NaOH + 1.0% NaCN
	氰化钠浓度（质量分数）/%	0.04 ~ 0.05	解吸液流速/L·s⁻¹	0.84
	炭浸时间/h	14.35	电积槽内阴极数/个	20
	活性炭密度/g·L⁻¹	10 ~ 15	电积时间/h	18
	串炭速度/kg·d⁻¹	700	电积温度/℃	60 ~ 90
解吸电积系统	每批处理炭量/kg	700	槽电压/V	1.5 ~ 3.0
	预热时间/h	2	槽电流强度/A	1000
酸洗作业	硝酸浓度（质量分数）/%	5.00	再生气氛	水蒸气
	碱浓度（质量分数）/%	10.00	再生时间/min	20 ~ 40
	洗涤时间/h	2.0	再生速度/kg·h⁻¹	25 ~ 35
加热再生作业	再生温度/℃	（一区）650	再生窑给炭水分/%	40 ~ 50
		（二区）810	再生炭冷却方式	水淬
		（三区）810	活性炭再生周期	3 个月

表 40-6-2 张家口金矿炭浆厂工艺指标

CIL 系统	氰原品位/g·t⁻¹	尾渣品位/g·t⁻¹	尾液品位/g·m⁻³	尾液氰化物含量/g·m⁻³	浸出率/%	吸附率/%
	2.5	0.2	0.03	200	92	97.50
解吸电积系统	载金炭品位/g·t⁻¹	解吸炭品位/g·t⁻¹	电积贫液品位/g·m⁻³	解吸率/%		电积率/%
	2000 ~ 3500	50	6	99.80		99.90

注：表内指标不包括混汞回收率。

表 40-6-3 张家口金矿炭浆厂主要材料消耗 （kg/t）

石 灰	氰化钠	活性炭	液 氯	硝 酸	氢氧化钠	水	电
10	0.7 ~ 0.8	0.05	1.86	0.038	0.2	3.15t/t	33.5kW·h/t

40.6.1.2　山东大尹格庄金矿

大尹格庄金矿于 1986 年由烟台黄金设计院设计 350t/d 选矿厂，并开始矿山一期建设，1991 年 11 月竣工投产。选别方法为单一浮选，产品为单一金精矿。以后经过多次改扩建，1998 年由北京有色冶金设计研究总院设计 2000t/d 露天选矿厂，2001 年 11 月竣工投产。选别工艺为浮选和重选，产品主要有金精矿和重选金矿。2007 年实施再扩建，使处理能力达到 4000t/d。

A　原矿性质

山东大尹格金矿矿石类型属低硫金矿石。金属矿物主要有黄铁矿和银金矿，其次有黄铜矿、方铅矿、闪锌矿、自然金等；非金属矿物主要有绢云母和石英，次有长石和方解石等。多呈粒状产出，次为脉状和片状。银金矿多呈裂隙金产出，自然金以晶隙金和包裹金为主。矿石结构主要为晶粒状结构，矿石构造主要为细脉状、浸染状和斑点状构造。矿石密度 2.79t/m³，矿石松散密度 1.68t/m³，矿石松散系数 1.66，矿石磨矿功指数 18 ~ 9.5kW·h/t。

B　工艺流程

选矿厂碎矿采用三段二闭路破碎流程（粗碎设于井下），单段磨矿，一次粗选二次扫选二次精选的浮选和两段脱水的工艺流程。碎矿产品粒度为 - 12mm，磨矿细度为 - 0.074mm 占 57%，精矿滤饼水分 15% ~ 18%。浮选金精矿销售给招远黄金冶炼厂。

在磨矿回路中采用尼尔森选矿机回收单体金，再用摇床精选获得重选金精矿，重选回收率在 14% 左右。

粗碎采用 900×1200 颚式破碎机并设在井下，中碎选用 1 台 HP-300 型标准圆锥破碎机，细碎选用 1 台 HP-300 型短头圆锥破碎机。矿石粗碎后，用箕斗提到地面井塔矿仓中，经振动放矿机给矿，通过 1 号带式输送机送到 2YAHF2460 型双层振动筛。上层筛筛上物料送到中碎 HP-300 型标准圆锥破碎机破碎。中层筛筛上物料送到 HP-300 短头圆锥破碎机破碎。中、细碎排矿，经 2 号带式输送机在转运站与原矿合并返回振动筛。筛下产品直接落入粉矿仓，最终产品粒度 - 12mm。矿石从粉矿仓，经带式输送机卸到 3 号带式输送机上，并装有电子皮带秤，与皮带给矿机连锁，自动控制皮带速度，以保证球磨机定量给矿。磨矿流程为球磨机与旋流器分级，磨矿细度为 - 0.074mm 占 57%。矿石经 φ4.0m×6.0m 球磨机磨矿后，用泵扬送到 φ500-4 旋流器分级，旋流器溢流经搅拌槽搅拌后进入浮选机，旋流器底流分成两股分别进入尼尔森选矿机和返回球磨机。尼尔森精矿去摇床精选，最终得重选金精矿。粗选、扫选选用 10 台 KYF-16m³ 型充气搅拌式浮选机，精选选用 5 台 KYF-4 m³ 浮选机。浮选金精矿直接送往脱水系统。由 φ12m 浓缩机和 XKG80U/1000 型箱式压滤机组成的脱水系统处理，脱水后的金精矿经皮带卸入精矿仓中，装车发往招远黄金冶炼厂。

山东大尹格庄金矿的选矿工艺流程如图 40-6-2 所示。

C　技术经济指标

山东大尹格庄金矿的主要技术经济指标见表 40-6-4。

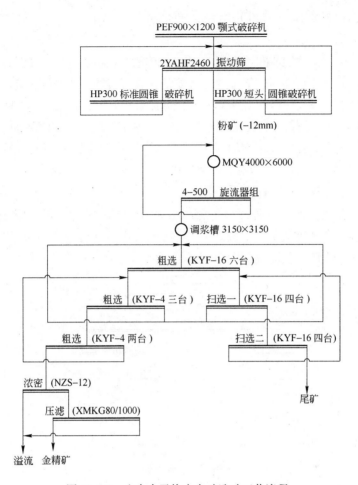

图 40-6-2　山东大尹格庄金矿选矿工艺流程

表 40-6-4　山东大尹格庄金矿主要技术经济指标

项　目	指　标		
	2005 年	2006 年	2007 年（上半年）
处理量/t	982459	1065347	550759
精矿量/t	31213	42240	19091
浮原品位/g·t^{-1}	2.40	2.32	2.22
原矿品位/g·t^{-1}	2.56	2.39	2.27
精矿品位/g·t^{-1}	68.54	55.51	60.47
尾矿品位/g·t^{-1}	0.15	0.13	0.13
选矿比	29	25	29
浮选回收率/%	93.96	94.79	94.51
选矿总回收率/%	94.33	94.95	94.64
一个台时的磨矿机利用系数/t·m^{-3}	0.82	0.83	0.81
实际生产能力/t·d^{-1}	2760	2976	3094
选矿耗电/kW·h·t^{-1}	24.30		
选矿成本/元·吨$^{-1}$	36.86		

40.6.1.3 山东黄金（莱州）新城金矿选矿厂

A 矿石性质

新城金矿属中温热液蚀变花岗岩型金矿床。矿体赋存在绢云母化、绿泥石化、硅化、黄铁矿化和碳酸盐化的含矿蚀变带中。矿石中主要金属矿物有黄铁矿，少量的黄铜矿、方铅矿、闪锌矿和银金矿。脉石矿物以石英、绢云母为主，绿泥石和方解石次之。矿石性质为中国典型的数量最多的石英脉型金矿石，均属贫硫化物含金矿石。矿石含硫较低，有害杂质少，金的嵌布粒度较细，一般赋存在黄铁矿为主的金属硫化物的裂隙和晶隙，包裹金较少，赋存在黄铁矿的裂隙和晶隙中的金约占60%以上。自然金的粒度较细，一般为 0.002 ~ 0.02mm，矿石密度 2.78t/m³。

B 生产工艺流程

浮选获得含金硫精矿，金回收率为95%左右。金精矿再磨，进行氰化浸出、锌粉置换，产出金泥和副产品硫精矿（即浸渣）。金泥经火法冶炼得到合质金，然后电解为最终产品金锭和银锭。选矿工艺流程如图 40-6-3 所示。

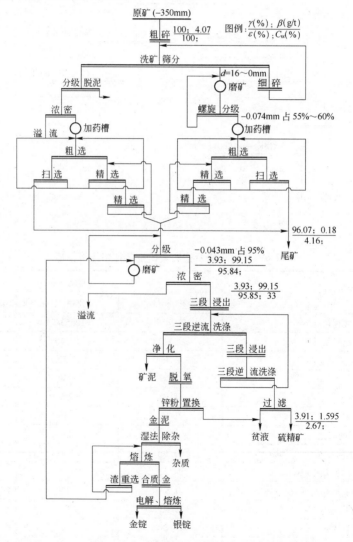

图 40-6-3　新城金矿选矿工艺流程

40.6.2 硫化物含金矿石

40.6.2.1 金厂峪金矿选矿厂

金厂峪金矿是我国1966年建成投产的，处理石英脉含金黄铁矿矿石的大型黄金选冶厂，技术指标较先进。选厂处理能力为1000t/d，采用浮选—氰化—冶炼工艺生产合质金。

A 原矿性质

金厂峪金矿的矿石产自含金硫化矿床。其主要金属矿物有黄铁矿、磁铁矿、褐铁矿、闪锌矿、自然金。其次为赤铁矿、黄铜矿、辉钼矿、少量的磁黄铁矿、斑铜矿、微量的方铅矿、辉铋矿、辉铜矿等。脉石矿物种类较多，也较复杂，其中主要有石英、碳酸盐类、斜长石、绢云母、绿泥石等15种以上的矿物。

自然金80%以上呈他形粒状，20%左右呈片状细粒状产出。自然金颗粒很细，一般在 5~25μm，其中最小颗粒为0.5μm，最大颗粒为30μm，主要产在黄铁矿中（约占58%），其次是产在石英中（占35%左右），少量分布在辉铋矿、褐铁矿与石英接触处。

B 生产工艺流程

采用浮选-氰化工艺回收金，生产流程如图40-6-4所示。

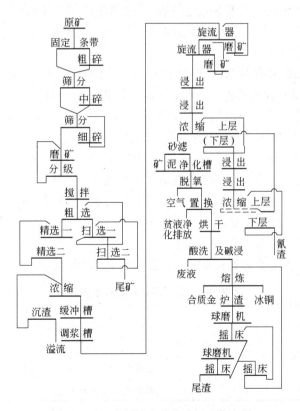

图 40-6-4 金厂峪金矿选矿厂工艺流程

磨矿细度为 -0.074mm 占55%，浮选流程为一次粗选、二次精选、二次扫选。浮选得含金硫精矿，金回收率94%。浮选精矿浓缩脱药后经两段连续闭路磨矿，细度达 -0.053mm 占99%，进氰化作业。氰化采用两浸两洗锌粉置换流程。副产硫精矿。

锌粉置换出的金泥熔炼得合质金，熔炼炉渣经球磨机磨细后用摇床回收金，渣再进行熔炼。

（1）脱药：采用一台 $\phi12m$ 浓密机进行脱药，其排放溢流水加清水调浆后，给入 $\phi1200mm \times 1200mm$ 调浆槽。

（2）磨矿：采用二段闭路流程。第一段和第二段磨矿均由 $\phi1200mm \times 1200mm$ 球磨机与 $\phi125mm$ 旋流器构成闭路。磨矿细度为 $-0.045mm$ 占 99% 以上；球磨机排放浓度 60%；旋流器溢流浓度 28% ~ 30%；旋流器给矿浓度 35% ~ 45%。

（3）浸出：采用二段浸出工艺流程。旋流器溢流直接给入第一段浸出的 $\phi3500mm \times 3500mm$ 两台串联浸出槽，浸出矿浆浓度为 28% ~ 30%，氰化钠浓度在 0.05% ~ 0.055%，石灰加在磨矿系统中，石灰浓度 0.03% 左右，充气压力大于 $0.6kg/cm^2$，分别在 1 号和 2 号浸出槽内加入浓度为 10% 的氰化钠溶液。第二段浸出同样使用两台串联的 $\phi3500mm \times 3500mm$ 浸出槽，氰化钠浓度为 0.045% ~ 0.05% 左右，其他操作条件与第一段浸出相同。

（4）洗涤：第一段浸出结束后的矿浆给入第一段逆流洗涤 $\phi7.5m$ 双层浓密机。排矿浓度为 50%，加清水调浆成矿浆浓度 30% 后，给入第二段浸出，浸出排矿再给入第二段逆流洗涤的 $\phi7.5m$ 浓密机，排矿浓度达 50%，排到尾矿坝。洗涤水（贫液）给入第二段洗涤双层浓密机下层，上层溢流作为洗涤水给入第一段洗涤双层浓密机的下层，上层溢流（贵液）进入锌粉置换作业。

（5）置换：采用锌粉置换法，在贵液中加入醋酸铅后，经 $3.0m \times 1.6m \times 2.0m$ 净化槽净化，$\phi1.0m \times 3.5m$ 脱氧塔脱氧的贵液，加入锌粉，给入 $20m^2$ 置换压滤机，定期取出金泥。置换作业控制贵液中的氰化钠浓度为 0.04% ~ 0.05%，氧化钙浓度 0.03%，醋酸铅浓度 0.003%。锌粉的粒度 $-0.045mm$ 大于 97%，贵液的混浊度小于 $10mg/L$，脱氧塔的真空度为 $(0.93 ~ 0.96) \times 10^5 Pa$，金泥水分 37% ~ 38%，贵液中含氧量 $0.1g/m^2$。

（6）含氰污水处理：氰化厂排放的贫液及氰化尾坝溢流进入污水处理作业，采用碱氯法进行处理。净化工艺过程，pH 值为 10，含氰污水经处理后，氰根含量低于 $5mg/L$ 以下。氯气和石灰的消耗量不太稳定。

C 技术经济指标及氰化厂经济指标

金厂峪金矿技术经济指标见表 40-6-5，氰化厂消耗指标见表 40-6-6。

表 40-6-5 金厂峪金矿技术经济指标

编号	氰化原矿含金 /$g \cdot t^{-1}$	氰化尾矿含金 /$g \cdot t^{-1}$	氰渣含金 /$g \cdot t^{-1}$	贵液含金 /$g \cdot t^{-1}$	贫液含金 /$g \cdot t^{-1}$	浸出率 /%	洗涤率 /%	置换率 /%	氰化总回收率 /%
1	137. 42	3. 86	3. 54	17. 869	0. 016	97. 329	99. 79	99. 91	97. 00
2	117. 45	3. 63	3. 37	9. 986	0. 012	97. 075	99. 78	99. 87	96. 73

表 40-6-6 金厂峪金矿氰化厂消耗指标   （kg/t）

铁 球	氰化钠	锌 粉	醋酸铅	氯 气	凝聚剂	石 灰			氰化总回收率 /%
						浸出	净化	总耗	
8. 65	6. 513	0. 601	0. 18	2. 647	—	19. 76	57. 6	77. 36	84. 4

40.6.2.2 玲珑金矿选矿厂

山东招远金矿玲珑选矿厂始建于 1962 年，原生产规模为处理原矿量 500t/d，经过新建和多年来的改扩建，现处理原矿的能力已达到 4000t/d。

A 矿石性质

玲珑选矿厂所处理矿石主要来源于九曲、大开头、西山及东山，所产矿石的类型为含金石英脉型。主要的金属矿物有黄铁矿、磁黄铁矿、黄铜矿、银金矿和自然金；主要的脉石矿物有石英、方解石、绢云母和斜长石。自然金多呈细粒，点滴状及脉状产出在黄铁矿、黄铜矿及石英中，磁黄铁矿也含有少量的金。自然金生成较晚，与黄铁矿关系较密切并呈镶嵌结构或脉状贯穿中心，颗粒较细。

B 工艺流程

碎矿工艺为带有预先筛分的三段一闭路破碎工艺流程；磨矿工艺为球磨机与旋流器构成的一段闭路磨矿；浮选为一次粗选、两次扫选和一次精选的工艺流程；金精矿再磨后进行氰化浸出、逆流洗涤、锌粉置换、金泥冶炼，合质金电解后获得最终产品金锭和银锭，以及副产品硫精矿。工艺流程如图 40-6-5 所示。选矿厂用水为井下涌水及尾矿库回水；用电来自玲珑新建 35kV 变电站。

C 选别药剂制度和产品指标

玲珑金矿选矿厂的浮选浓度为 42%~45%；浮选用药为丁基黄药和异戊基黄药，其比例

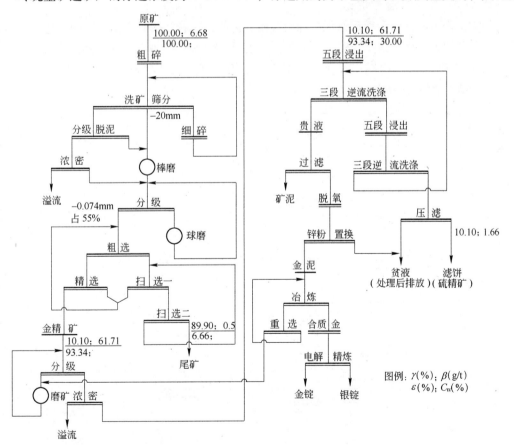

图 40-6-5 玲珑金矿选矿厂工艺流程

为 1 : 4，总用量为 66g/t；浮选用油为 11 号浮选油，用量为 20g/t；原矿金品位为 6.68g/t，精矿金品位为 61.71g/t，尾矿金品位为 0.5g/t，浮选金回收率为 93.34%。

近年来的主要技术创新为：应用先进的高效节能破碎设备实现了"多碎少磨"工艺；磨矿设备的大型化，为企业节约了生产成本，提高了经济效益；试验并成功应用了优先浮选工艺，此工艺获 2012 年国家知识产权局的发明专利授权；"处理上部中段氧化程度较深的低品位残矿浮选工艺的研究与生产实践"项目获得 2011 年山东黄金集团员工创新一等奖；"尾矿库在线监测技术应用研究"获 2011 年度中国黄金学会科学技术进步一等奖；浮选实现了混合用药制度，提高了浮选回收率。

40.6.2.3 黑龙江乌拉嘎金矿选矿厂

A 矿石性质

乌拉嘎金矿为石英黄铁矿型、碳酸盐黄铁矿型和玉髓质石英黄铁矿型矿石。矿石中的主要金属矿物为黄铁矿和白铁矿；主要非金属矿物为高岭石、石英、绢云母、碳酸盐等。矿石泥化十分严重。该矿石虽组分简单，可是包裹金占 57%（其中脉石包裹占 36%，黄铁矿包裹占 21%）。实际生产矿体分布位置不同，矿石性质也不同。金矿物以细粒嵌布为主，形态较复杂，以枝杈状为主，其次为角粒状及板片状，少量为浑圆状、针线状、麦粒状、叶片状等。

B 工艺流程与选矿指标

选矿工艺为浮选—金精矿氰化—锌粉置换。目前，随着开采矿点及深度的变化，矿石性质也发生了较大变化，致使选矿工艺生产指标较低，金精矿产率 8.69%、品位 24.87g/t、金浮选回收率 75.45%，金精矿氰化浸出率 75%，金精矿浸渣出售给冶炼厂。乌拉嘎金矿选矿工艺流程如图 40-6-6 所示。

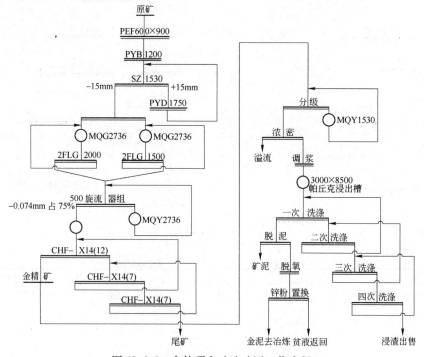

图 40-6-6　乌拉嘎金矿选矿厂工艺流程

40.6.3　多金属硫化物含金矿石

以夹皮沟金矿为例，夹皮沟金矿始建于 1938 年，几经改造和设备更新，现设备能力可达到 900t/d，实际生产能力为 600t/d。

A　矿石性质

夹皮沟金矿属中温热液裂隙充填石英脉矿床，矿石为含金多金属硫化物类型。矿石中主要金属矿物有黄铁矿、黄铜矿、方铅矿，其次为闪锌矿、白钨矿、磁铁矿和自然金等。脉石矿物主要有石英、长石和方解石等。自然金赋存在石英、黄铁矿裂隙处和磁铁矿孔隙中，以及方铅矿与黄铁矿边缘等。金的嵌布粒度很不均匀，一般为 0.01 ~ 0.037mm，但 0.037mm 以上的粗粒金含量也不少。

B　工艺流程

选金工艺采用混汞、浮选联合流程，产品为合质金和金精矿，工艺流程如图 40-6-7 所示。

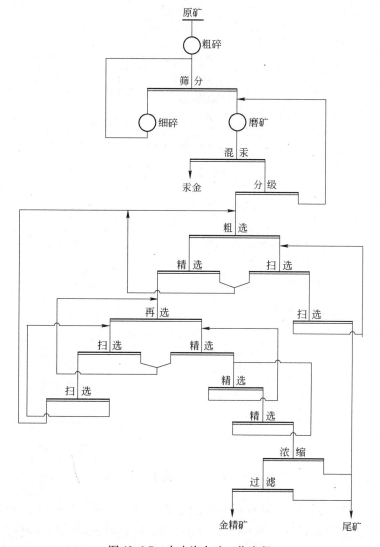

图 40-6-7　夹皮沟金矿工艺流程

混汞法是古老的选金方法，由于汞污染对环境的危害，已逐渐被淘汰。然而这种工艺对中粗粒单体金的回收，简易而有效。所以在我国部分黄金矿山仍在应用，如夹皮沟、湘西等金矿。夹皮沟金矿选矿流程可视原矿性质的变化而改为回收铜、铅。夹皮沟金矿选矿厂单位消耗指标见表 40-6-7。

表 40-6-7 夹皮沟金矿单位消耗指标（按原矿计）

名 称	水 /m³·t⁻¹	电 /kW·h·t⁻¹	铁球 /kg·t⁻¹	水银 /g·t⁻¹	异戊基黄药 /g·t⁻¹	铵黑药 /g·t⁻¹	2 号油 /g·t⁻¹
数 量	5.0	27.4	2.3	5.57	12.42	5.66	80.23

夹皮沟金矿 1989 年 9 月筹建炭浆厂，1991 年 1 月投产。选冶总回收率为 87%。夹皮沟炭浆厂的氰化原矿是该矿自己生产的浮选金精矿，含金品位 60g/t，含铜 2.3% ~ 5.5%，含铅 4% ~ 10%。其炭浆厂工艺流程如图 40-6-8 所示。

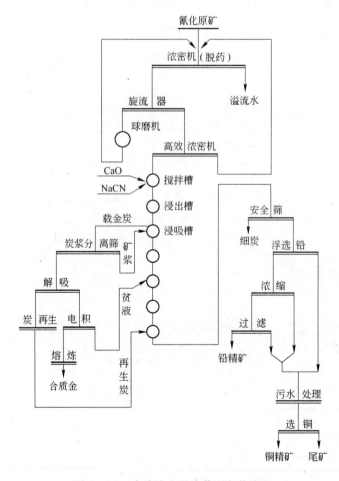

图 40-6-8 夹皮沟金矿炭浆厂工艺流程

技术条件：矿浆浓度 36% ~ 40%，磨矿细度为 -0.037mm 占 90%，处理矿量 35t/d，浸出槽氰化钠浓度为 0.07% ~ 0.09%，吸附槽炭密度 20 ~ 25g/L，CaO 的质量分数为 0.02%。解吸液为 3.0% NaOH + 3.0% NaCN，解吸液循环流速 1.25m³/h，解吸电积时间

$24 \sim 30h$。

　　技术指标：浸出率 94.4%，吸附率 99.0%，解吸率 99.5%，电积率 99.5%。

40.6.4　含金铜矿石

　　以四家湾铜金矿为例。该金矿是一个接触交代型矽卡岩矿床，铜品位高，伴生金品位也高，还含有少量银及大量的磁铁矿。选矿厂生产能力为 200t/d，生产金铜精矿及铁精矿两种产品。

40.6.4.1　矿石性质

　　四家湾铜金矿属于有代表性的矽卡岩型伴生金银的铜铁矿床。矿石中的铜矿物以次生硫化铜为主，其次是氧化铜矿物，主要有斑铜矿、铜蓝、蓝辉铜矿、辉铜矿、孔雀石、硅孔雀石。铁矿物主要为磁铁矿，其次是赤铁矿、褐铁矿。褐铁矿的结构复杂，其中常有铜矿物的交代残余体及分散状态的铜。金、银矿物主要有自然金、自然银、硫铜银矿等，多呈粒状分布于铜矿物及脉石裂隙中，或在其矿物内呈细小包裹体存在。粒度一般小于 0.02mm，自然金和自然银偶有细脉状分布。金主要呈独立金矿物存在，银则主要以类质同象状态赋存于自然金等矿物中。

40.6.4.2　选矿工艺

　　优先浮选硫化铜矿物和金银矿物，浮选尾矿用硫化法浮选氧化铜，尾矿磁选产出磁铁矿。磨矿细度为 -0.074mm 占 65%。工艺流程如图 40-6-9 所示。

　　药剂消耗：丁基黄药 170g/t，硫化钠 2000g/t，松醇油 120g/t。

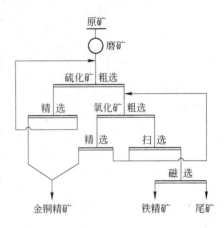

图 40-6-9　四家湾铜金矿选矿工艺流程

40.6.4.3　技术指标

　　原矿品位：Au 1.68g/t，Ag 25.14g/t，Cu 1.82%，Fe 23.83%。铜金精矿品位：Cu 21.58%，Au 20.27g/t，Ag 271g/t。回收率：Cu 77.22%，Au 81.86%，Ag 72.99%。铁精矿品位 62.88%，回收率 84.59%。

40.6.5　含金氧化矿石

　　以灵湖金矿为例。该矿为蚀变石英脉型矿石，矿物成分较简单，金属矿物量少，脉石矿物占 90% 以上。金属矿物主要是褐铁矿、磁铁矿和赤铁矿，其次为黄铁矿、银矿物和自然金等。主要含金矿物是自然金。金一般呈粒状、条片状、细脉状，也有少数呈树枝状嵌布于石英、褐铁矿中。自然金粒度在 $80 \sim 1\mu m$，其中 $20 \sim 8\mu m$ 居多。

　　原矿含 Au 4.7g/t，Ag 4.93g/t，Cu 0.02%，S 0.28%。生产规模为 250t/d。该矿采用全泥氰化炭浆吸附提取金流程，生产流程如图 40-6-10 所示。生产指标：金回收率可达 82.59%。

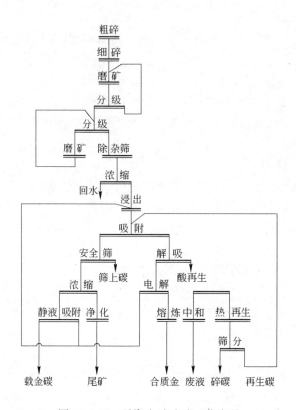

图 40-6-10　灵湖金矿选矿工艺流程

40.6.6　低品位金矿石的堆浸

近年来，我国针对低品位金矿石的堆浸取得了较大发展，因为堆浸技术具有投资省、生产成本低、氰化浸出液中杂质种类少、规模大、工艺设备简单等优点。对于低品位矿石、废矿堆、老尾矿、冶炼厂残渣等物料的处理，堆浸法愈发显示出其巨大的生命力。

40.6.6.1　湖南龙王山金矿选矿厂

湖南龙王山金矿为铁帽型泥质氧化矿。矿石氧化程度深，外观呈蜂窝状结构，孔隙发达，自然金主要赋存于褐铁矿中，含金品位 2.43~2.7g/t。矿石经一次粗碎后，-1mm 粒级的泥质粉矿就占 40% 左右。曾经采用浮选处理，金回收率只有 25% 左右。采用破碎后直接堆浸-锌置换工艺，金的回收率也只有 40%~50%。后改用粉矿制粒堆浸，金的回收率达 75% 以上，NaCN 消耗也由 1.5kg/t 降至 0.59kg/t。

该矿的矿堆虽超过万吨，但使用移动式皮带运输机筑堆，不经受载重车辆碾压。故堆场用推土机推平压实后，低凹处再填细土并洒水压实，经检查场地平整无碎石树根冒出后，铺油毛毡两层，上盖 0.05mm 塑料薄膜一层。薄膜上再铺一层厚 50mm 的卵石层。场地外围筑 400mm×300mm 的防雨水堤，下部边缘开 350mm×200mm 的集液沟。

进入原矿仓的矿石为 -200mm，并从矿仓自动给入 250mm×400mm 颚式破碎机，破碎后经振动筛筛分，+10mm 筛上块矿经由皮带运输机送至堆场筑堆，筛下粉矿由皮带运输机入 φ2800mm 圆盘制球机加水泥（11kg/t）、石灰（11.7kg/t）并喷 0.1% NaCN 液制球。由于粉矿含泥量特高，除水泥和石灰添加量增大外还需适量增加水，圆盘制粒机的倾角为48°，粉矿在圆盘上滚动约6min，制成含水12%～15%、φ10～20mm的球粒滚落到皮带机上，并经移动皮带运输机送至矿堆上与块矿自然混合筑堆并固化。湿球粒强度为94.7%，安息角为38°～42°，固化时间24h。

筑好的堆高为3.5m左右，整平后在堆的表面铺一层厚100mm的5～10mm的块矿，以防表面板结，减少沟流和偏析。喷淋先用含CaO 0.005%～0.01%的石灰水喷至排出液在pH值达到10～11后，再用NaCN和CaO液喷浸。NaCN浓度前期为0.08%～0.12%，中期0.05%～0.08%，后期0.03%～0.05%。矿堆顶部用喷头喷淋，四周边坡用φ25mm塑料管喷液，以保证浸液覆盖均匀。为改善矿堆中的供氧条件，矿堆中还按一定间距埋设竹制通气管，并采用间歇式浸出，即喷液1h停喷1h，喷液强度为45～52L/(d·t)。浸出周期为30～45d。

浸出贵液中金的吸附使用5个φ500mm×2000mm吸附塔串联运行，每个塔装活性炭100kg，贵液含金约4g/m³，以25m³/h的线速度供入塔中，金的吸附回收率98%，尾液返回浸出过程。载金炭的工业饱和容量控制在10kg/t左右，解吸使用4%～5%NaCN，3%的NaOH溶液在温度98℃解吸4～5h，再用1m³洗液洗涤8～10h。脱金炭含金100～300g/t，经酸洗后返回吸附过程。解吸液的电解采用钢棉阴极和不锈钢阳极，在槽电压3.5V，电流强度120～140A，电解至贫液含金1～5g/m³。金泥送火法熔炼。

堆浸终止后，用清水洗矿堆2d，沥干3d，再按每吨矿消耗2kg漂白粉，将其撒在矿堆上，静置3d后用推土机折堆。

整个过程中，金的浸出率大于75%，总回收率63%～70%。按车间生产成本（不包含原矿生产成本）核算，1991年处理原矿3.78万吨，车间成本94.89万元，毛利润157.79万元。1992年处理原矿3.71万吨，车间成本85.53万元，毛利润138.0万元。

40.6.6.2　福建紫金山金矿选矿厂

紫金山金矿位于福建省上杭县，自1993年开始开发建设，经过多次技术改造和扩建，现已成为国内单体矿山黄金产量最大、采选规模最大、矿石入选品位最低、单位矿石处理成本最低的特大型露天开采及采用堆浸技术的黄金矿山，单产黄金量连续多年名列全国第一。

A　矿石性质

紫金山金矿矿体是由浅成次火山浸入体及其伴随的火山岩的熔液系统从岩浆的去气化作用部位延伸到喷气孔和酸性热泉，将高硫化成矿环境结合为一体的，属高硫浅成低温热液矿床，特大储量的低品位资源。金矿石成分简单，伴生有害杂质含量极少，矿石为氧化次生金矿石。脉石成分占93%以上，主要有石英，其次是地开石和黏土矿物。矿石的普氏硬度系数为4～10，大多数偏软，密度为2.39t/m³，松散密度为1.6t/m³。矿石属于简单易选矿石。

B　选矿工艺流程

紫金山金矿经过20多年的发展，从一个单一的小规模直接堆浸企业，逐步完善生产工艺，发展成为目前以破碎—洗矿—矿泥炭浸—粗粒堆浸的联合选矿工艺，经过多次改造和扩建，选厂日处理能力达到14万吨，该工艺非常适合南方阴雨潮湿的气候条件，保持了堆浸、全泥氰化炭浸工艺（CIL）的优点，重选直接回收颗粒金，有利于选厂早拿多收的生产原则。该工艺一般控制入选矿石品位大于 0.5 g/t，到 2005 年，该工艺处理矿石量达到 1130 万吨，同时，根据矿山实际情况，对含金废石采取灵活多样的辅助堆浸工艺，对靠近露天采场的低品位（小于 0.4 g/t）矿石直接堆浸处理。对露天剥离的废石，采用洗矿的方法，对矿泥进行氰化处理，粗粒物料作为排土场坝体的筑堆材料，在坝体上进行喷淋浸出。紫金山金矿选矿厂不同选矿方法处理的矿石工艺流程如图 40-6-11 所示。表 40-6-8 所示为紫金山金矿 2005 年选矿主要技术指标。

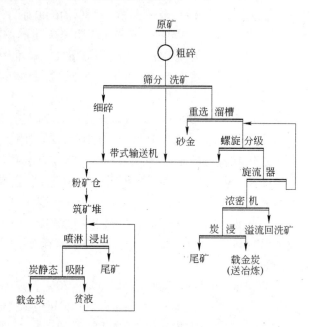

图 40-6-11　紫金山金矿联合选矿技术流程

表 40-6-8　紫金山金矿 2005 年选矿主要技术指标

选矿厂	选矿工艺	年处理量/万吨	入选品位/g·t^{-1}	综合回收率/%	尾渣品位/g·t^{-1}
一选厂	联合选矿工艺	338.19	0.925	87.88	0.111
	直接堆浸（含金废石）	431.39	0.395	72.45	0.109
二选厂	联合选矿工艺	807.65	0.919	89.36	0.098
三选厂	含金废石综合利用	571.12	0.448	71.73	0.127
合　计		2148.35	0.691	84.04	0.110

C　尾矿处理

紫金山金矿的矿石从采场到选厂的运输，主要是通过汽车—溜矿井—汽车（电机车、皮带）的直运或转运来完成的，原矿到选厂后进行两级分布，+ 500mm 矿块占 10% ~ 30%，- 5mm 级别的矿石占 40% ~ 60%，- 0.074mm 的矿石一般为 5% ~ 7%，有时候高达 13%。选矿厂就根据矿石分级情况，将矿石进行堆浸和炭浸分别处理，所以，紫金山金矿的尾矿就分为两种：

（1）堆浸矿渣（尾矿）。由于矿石在入堆前洗去了泥粉矿，堆浸的尾矿块度较好，因此，该尾矿的渗透性和透气性比较好，矿石经过 70d 左右的喷淋后，拆堆，浸矿渣（尾矿）按要求排放，这部分尾矿每年可达千万吨。

（2）炭浆尾矿。原矿经过清洗筛选分级后，所得筛下细矿物及洗出的粉矿先重选回收颗粒金，重选尾矿则经螺旋分级机与水力旋流器组成的两段分级作业，水力旋流器溢流再经浓密机浓缩脱水后至全泥氰化炭浆提取金，形成炭浆尾矿，这样的尾矿每年可达 130 万～140 万吨。

紫金山金矿独创的联合选矿工艺，为其尾矿资源的综合利用提供了条件，堆浸尾渣中含有少量（0.1～0.2g/t）已熔金，通过在堆浸末期加大喷淋量和连喷，可以回收 10%～15% 的已熔金，对待卸矿渣进行洗涤，可以回收 70%～90% 的已熔金。综合起来，可以提高整个选矿回收率的 1.37%～2.7%，经济效益显著。炭浆尾矿粒度较细，经过取样分析，这部分尾矿完全符合水泥和烧砖的材料，既为企业增加收益，也节约了国家资源，值得在其他矿山推广。

40.6.7 树脂矿浆法提取金

以新疆阿希金矿提金厂为例。该厂于 1993 年 6 月动工兴建，1995 年 6 月生产出第一块合格金锭。阿希金矿提金厂曾以预氰化、CIL 法提取金工艺作了设计，最终的方案是全面引进独联体的重选-树脂矿浆法提取金技术。该厂的生产规模为 750t/d，是一座大型金矿山，年产黄金 4 万两，折合 1250kg。

阿希金矿提金厂的基本工艺流程为：重选，其精矿单独强化氰化、树脂矿浆法提取金；其尾渣再磨、预氰化后再与重选的尾矿合并，进一步预氰化，然后树脂矿浆法吸附浸出提取金、银。载金树脂经硫酸洗涤除去锌、镍、铜等贱金属，硫脲、硫酸混合液解吸金、银，成品解吸液电积回收金、银，贫树脂碱再生。

提取金后的尾矿浆采用液氯气化所得的氯气氧化法处理。生产实践证明，该法的操作条件好，除氰合格率高。具体的破磨工艺流程，重选精矿预氰化，树脂矿浆法吸附浸出流程分别如图 40-6-12 和图 40-6-13 所示。

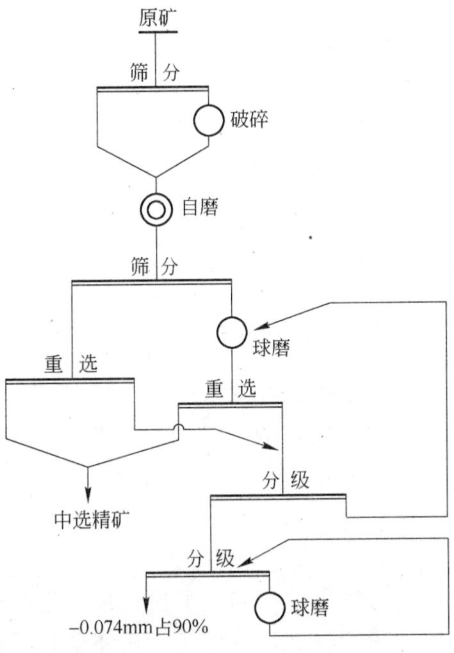

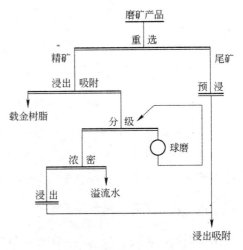

图 40-6-12　新疆阿希金矿破磨重选流程

图 40-6-13　新疆阿希金矿重选精矿及尾矿的氰化、树脂浸出吸附流程

本流程设计的总回收率为 92.36% ，而原设计的 CIL 法的总回收率仅为 89% 。投产后的第一年，实际选冶总回收率已超过 91% 。该矿采用的重选与树脂矿浆法提取金组合流程，比单一的 CIL 法提金增收（投产后的头一年）608 万元。其中节省 146 万元，因回收率提高而增收 462 万元。

40.7　砂金矿选矿厂

40.7.1　采金船开采选金

采金船开采法是我国砂金开采的主要方法，其产金量约占砂金总量的 60% 以上。我国采金船上的选金设备主要有转筒筛、矿浆分配器、溜槽、跳汰机、混汞筒、捕金溜槽等，选金设备的选择取决于采金船生产规模和所处理矿砂的性质。

如我国某砂金矿间断斗式采金船处理第四纪河谷砂矿。含金砂砾层多在冲积层下部，混合矿砂含金 0.265g/t，含矿泥 5% ~ 10% 。砂金粒度以中细粒为主，砂金多呈粒状和块状。伴生矿物主要有锆英石、独居石、磁铁矿、金红石等。

采金船法的选金工艺流程如图 40-7-1 所示。

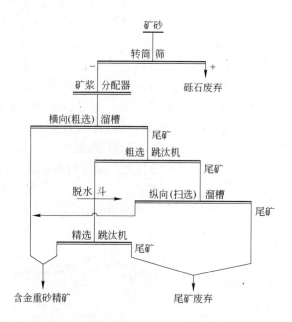

图 40-7-1　我国某砂金矿采金船选金工艺流程

粗选跳汰机的精矿用喷射泵输送到脱水斗进行脱水，以使其矿浆浓度适于精选跳汰机的操作要求。该船选金流程的特点是：横向（粗选）溜槽未能回收的微细粒金可用粗选跳汰机进行捕集。该船选金总回收率为 70% ~75% 。

40.7.2　水力开采和挖掘机开采选金

以哈尼河砂金矿选矿厂为例。哈尼河砂金矿选矿厂为机采机运的大型机选厂，生产能力为 500t/d，工艺流程完善，金回收率较高。矿区处平缓的剥蚀丘陵地带，矿体赋存于白山壕大沟内，为第四纪冲积砂矿。

A　矿石性质

哈尼河砂金矿为冲积型砂矿，共生矿物主要有磁铁矿、钛铁矿，其次为金红石、锆英石、独居石、褐铁矿。含金矿物为自然金，粒度较粗，一般为 1 ~ 0.1mm，−0.074mm 粒级含金甚微。原矿砂内不含胶质黏土，属易于洗选的砂金矿。

B　工艺流程

选矿工艺流程为：原矿筛分（圆筒筛），+16mm 筛上物有废石，筛下物跳汰选，其精矿分级，+1mm 和 −1 +0.3mm 级别跳汰选，−0.3 +0.1mm 和 −0.1 +0.074mm 两级分别摇床选，摇床精矿再入摇床精选，精选精矿再用淘汰盘淘洗，得到毛金，摇床尾矿即为重砂产物。其工艺流程如图 40-7-2 所示。

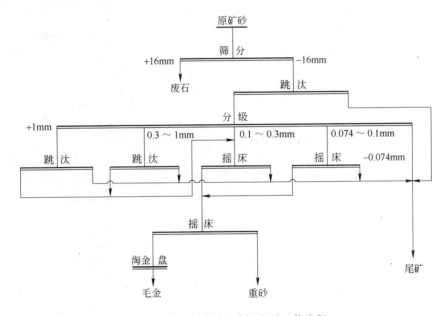

图 40-7-2　哈尼河金矿机选厂工艺流程

哈尼河金矿采取机采机运，集中建设大型机选厂，工艺流程较为完善，砂金回收率较高。对水源较困难地区以及有条件集中建厂的砂金矿可以借鉴。其工艺指标见表 40-7-1。

表 40-7-1　哈尼河金矿选矿厂工艺指标

项　目	单　位	指　标	项　目	单　位	指　标
砂金品位	g/m³	0.811	重砂含金	g/t	8.67
毛金品位	%	85	毛金回收率	%	93.38

40.8　含银矿石选矿厂

40.8.1　单一银矿选矿厂

40.8.1.1　广西凤凰山银矿选矿厂

以凤凰山银矿选矿厂为例。该矿成立于 1996 年，位于广西壮族自治区隆安县，是广西最大的独立银矿床，其氧化矿和原生矿矿石量达 433 万吨，银金属量 1333t，为大型独立银矿床。该矿原设计规模为 300t/d。选矿厂于 1999 年开工建设，2001 年 1 月竣工投产，2002～2009 年逐步对选矿车间进行了技改和扩建，使选矿的生产能力达到 550t/d 以上。

A　原矿性质

凤凰山银矿的原矿分三部分，一种是全氧化矿，在矿区的最上部，占矿区矿量的 20% 左右，用浮选法不能处理；一种是原生硫化矿里掺一小部分氧化矿，这部分矿在矿区的中上部；另一种是原生硫化矿，在矿区的中下部。选矿厂主要是通过浮选法来处理后两种原矿。原生硫化矿，有害杂质含量高，金属矿物主要为硫锰矿、菱锰矿、毒砂和黄铁矿，其次为闪锌矿、方铅矿、黄铜矿和少量或微量的黝锡矿。非金属矿物有石英、方解石和绢云母，并有微量的白云母。

该矿主要回收银矿物。工艺矿物学研究表明，银矿物种类较多，嵌布状态较复杂，嵌布粒度较细，银矿物嵌布在硫锰矿中。除独立的银矿物外，还有 2.94% 的银以类质同象形式赋存在黄铜矿、黄铁矿、毒砂和方铅矿之中。硫锰矿中包裹银相对减少，而粒间银相对增多；闪锌矿中包裹银增加。在矿石中还可见到自然银和金银矿包裹在脉石矿物和黄铁矿中。银大多呈次微细粒嵌布于黄铁矿、毒砂、炭质中，属难处理矿石。原矿化学分析结果见表 40-8-1。

表 40-8-1　凤凰山银矿原矿化学分析结果

成　分	SiO_2	Al_2O_3	CaO	MgO	Mn	S	As	Fe
含量/%	66.93	11.82	0.81	0.94	3.45	2.66	0.49	2.39
成　分	Pb	Sb	Zn	C	Au	Ag	Cu	
含量/%	0.22	0.062	0.11	0.901	0.26g/t	375g/t	0.014	

硫锰矿以粗粒浸染为主，较均匀嵌布；闪锌矿的浸染粒度是以粗粒为主，不均匀嵌布；而方铅矿则以粗粒和细粒为主，不均匀嵌布。主要金属矿物的浸染粒度详细见表 40-8-2。

表 40-8-2　主要金属矿物的浸染粒度

矿物名称	粒级/mm						
	+0.15	-0.15+0.10	-0.10+0.075	-0.075+0.056	-0.056+0.039	-0.039	合计
硫锰矿	53.35	13.28	4.09	8.93	9.18	11.17	100.00
闪锌矿	49.71	8.67	8.77	8.83	11.05	12.97	100.00
方铅矿	27.20	17.38	7.57	11.04	16.56	20.25	100.00

其他金属矿物如毒砂的浸染粒度最大达 0.1mm 左右，最小在 0.04mm 左右，一般分布比较均匀，黄铁矿的浸染粒度最大可达 0.15mm，最小达 0.03mm，一般粒度分布不甚均匀。

此外，矿石中方解石和绢云母的含量达到 40% 以上，故该矿较易于泥化。当磨矿细度为 -0.074mm 达到 65% 时，-10μm 组分的含量达到 30% 左右，且银含量高于原矿的品位。这部分矿泥会使银的回收受到影响，而且会破坏正常的浮选环境。

B　选矿工艺流程

选矿工艺流程如图 40-8-1 所示。

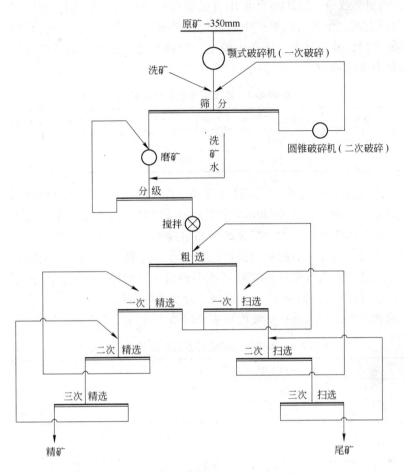

图 40-8-1 凤凰山银矿选矿工艺流程

矿石经过二段一闭路的破碎（筛分增加洗矿作业）后进入一段闭路磨矿，磨矿细度为 −0.074mm 占 65%、浓度为 28%～30% 的分级溢流经过一粗三精三扫的浮选流程后，获得精矿，尾矿通过自流管到砂泵池后输送到尾矿库。选矿药剂主要有：石灰、水玻璃、黄药、黑药、Z200 等。

C 生产系统的技改情况

a 扩大生产规模 矿区的原矿品位是上富下贫，开采顺序由上而下，随着矿区的向下开采，进入选矿的原矿品位下降的幅度更为明显，原矿品位的下降直接影响到矿山的生存。历年的选矿原矿品位变化情况见表 40-8-3。

表 40-8-3 凤凰山银矿原矿品位逐年变化情况

年 份	2001	2002	2003	2004	2005	2006	2007	2008	2009
品位/g·t⁻¹	435	364	322	314	336	314	272	242	217

为此，矿山在 2003 年增加了一台日处理 150t 的球磨机，使选矿的生产能力达到日处理原矿 450t，2008 年将 150t 的球磨机更换为 250t 的球磨机，从而使选矿的生产能力达到日处理原矿 550t 以上。

b 设备的更新改造 2006 年矿山开始对选矿的浮选设备进行更换,选矿的原浮选设备为 SF 型浮选机,更新为同类矿山普遍使用的充气式浮选机,这种浮选机采用外部充气,其搅拌能力强,处理量大,能耗也较小,维修方便。更新后的浮选机使用情况较好,其各项指标见表 40-8-4。

表 40-8-4 新旧浮选机各项指标对比

项 目	回收率/%	用电量/kW·h	处理能力/t·d^{-1}	每吨矿的维修费/元	易损件使用时间/月
旧设备	86~88	200	350	2.5	2~3
新设备	88~90	196	600	1.5	3~4

2007 年,矿山对破碎的粗碎和细碎设备进行改造,改造前的粗碎机为 400mm × 600mm 颚式破碎机,细碎机为 φ900mm 中型圆锥破碎机,两台破碎机的配置不能满足矿山今后的发展,而且圆锥破碎机的最终排矿产品也过粗,20~25mm 的粒级占 20% 以上,造成下步工序磨矿成本偏高,因此矿山投资近 160 万元将颚式破碎机和圆锥破碎机更换为由美卓矿机厂生产的 C80 破碎机和 GP100 圆锥破碎机,这两种破碎机处理量大,易维修,而且最终排矿粒度可以达到 15mm 以下,实现多碎少磨的目标。

改造后的破碎系统的最终排矿粒度见表 40-8-5。

表 40-8-5 改造前后的破碎系统的最终排矿粒度对比 (%)

粒级/mm	-20+15	-15+10	-10+5	-5+2	-2+1	-1
改造前	21.4	25.1	25.2	12.3	5.9	10.1
改造后	7.97	29.13	27.77	14.76	7.46	12.91

D 选矿的工艺研究

由于入选的原矿的矿物种类较多,嵌布状态较复杂,嵌布粒度较细,加上在洗矿作业中的洗矿水里还有较高品位的银矿物,因此矿山不断地对选矿工艺进行调整,寻求适合矿山的选矿药剂,以提高回收率。

表 40-8-6 所示为近年来凤凰山银矿选矿的各项指标。

表 40-8-6 历年选矿指标

年 份	原矿品位/g·t^{-1}	精矿理论指标			尾矿品位/g·t^{-1}
		产率/%	品位/g·t^{-1}	回收率/%	
2005	336.477	7.1754	4090.448	87.23	46.29
2006	314.422	7.2159	3823.777	87.75	41.50
2007	272.870	6.3000	3826.810	88.35	33.94
2008	242.203	5.6957	3722.480	87.54	32.00
2009	217.798	5.5415	3416.176	86.92	30.16

40.8.1.2 河南桐柏银矿选矿厂

河南桐柏银矿矿石中主要金属矿物为辉银矿、黄铁矿,其他金属矿物为方铅矿、闪锌矿。选厂处理能力为 800t/d,原矿在磨矿细度为 -0.074mm 占 85% 的条件下,采用一次粗选三次扫选二次精选混合浮选流程,获得产率为 3.2% 左右的银铅锌混合精矿。混合精

矿再磨细度为 -0.038mm 占 95%，采用二浸二洗、锌粉置换工艺，得到银泥，经冶炼获得银锭和金锭。

　　混合精矿氰化实际生产技术指标：浸出矿浆浓度 30%，磨矿细度 -0.038mm 占 95%，石灰用量 30kg/t，氰化钠用量 8.5kg/t，锌粉用量 8kg/t，银浸出率 92.08%，洗涤率99.70%，银的浸出洗涤率 91.35%。浸渣调浆再进行铅、锌分离，获得可出售的铅精矿、锌精矿、黄铁矿。生产工艺流程如图 40-8-2 所示。

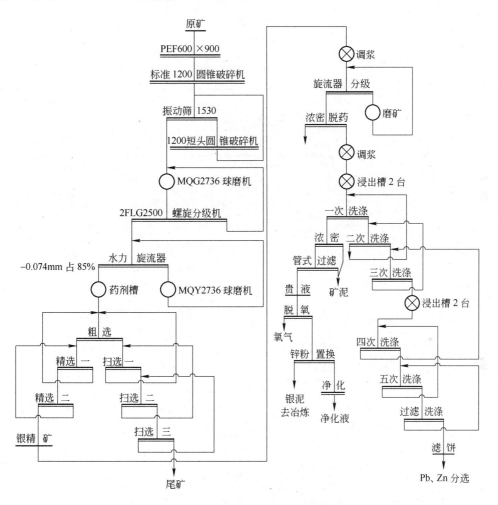

图 40-8-2　桐柏银矿选冶工艺流程

40.8.2　与硫化物伴生银矿选矿厂

40.8.2.1　青城子铅锌矿选矿厂

　　青城子铅锌矿为铅锌硫多金属含银硫化矿。选矿厂生产规模为 2000t/d。原矿含银 45~55g/t。

　　矿石性质属中温热液充填交代矿床。金属矿物主要有方铅矿、闪锌矿、黄铁矿，另含少量黄铜矿及银矿物。脉石矿物以方解石、白云石、石英为主。铅、锌、硫金属矿物之间关系密切，常呈粒状集合体出现，大部分为中粗粒结晶，组成较致密，与脉石矿物关系不甚密切。银主要以包裹银为主，与方铅矿紧密共生，分布在方铅矿中的银占 74.2%，在闪锌矿中银占 4.91%，黄铁矿中含银 18.47%。呈中细粒不均匀嵌布，以细粒嵌布为主。

选矿工艺：一段闭路磨矿，细度为 −0.074mm 占 50%，硫化物混合浮选丢弃尾矿；浮选精矿再磨，细度为 −0.074mm 占 90%，混合精矿进行铅锌矿物浮选分离，锌浮选尾矿即为硫精矿，银随铅精矿和锌精矿产出。工艺流程如图 40-8-3 所示。

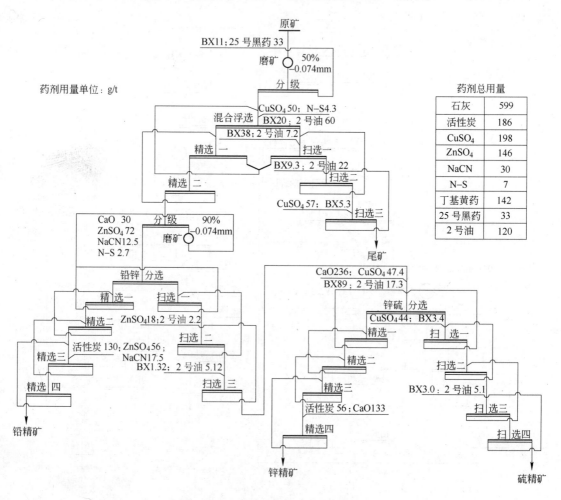

药剂总用量	
石灰	599
活性炭	186
CuSO$_4$	198
ZnSO$_4$	146
NaCN	30
N–S	7
丁基黄药	142
25 号黑药	33
2 号油	120

图 40-8-3　青城子铅锌矿选矿工艺流程

浮选药剂：石灰 600g/t，活性炭 186g/t，硫酸铜 200g/t，硫酸锌 150g/t，氰化钠 30g/t，硫氮 9 号 7g/t，丁基黄药 142g/t，25 号黑药 33g/t，松醇油 120g/t。

技术指标：原矿品位 Ag 56g/t，Au 0.36g/t，Pb 2.61%，Zn 2.27%，S 6.54%。

铅精矿品位：Ag 1191g/t，Au 3.0g/t，Pb 68.29%，S 16.01%。回收率：Ag 72.35%，Au 28.70%，Pb 89.69%，S 13.90%。

锌精矿品位：Ag 122g/t，Zn 54.86%，S 31.39%。回收率：Ag 8.11%，Zn 90.30%，S 16.58%。

硫精矿品位：S 37.98%，回收率 59.99%。

40.8.2.2 白银小铁山铜铅锌多金属选矿厂

白银小铁山选厂破碎采用三段一闭路流程，原矿最大粒度500mm，破碎最终产品粒度为12mm。磨矿分三段，一段磨矿分级机溢流粒度 −0.074mm 占70%，进行混合浮选并丢弃最终尾矿；第二段磨矿为铜、铅、锌、硫混合精矿再磨，分级粒度为 −0.074mm 占92% ~94%，进行硫与铜铅锌分离浮选；第三段为脱硫后的铜、铅、锌混合精矿再磨，磨矿粒度为 −0.074mm 占96% ~98%，浮铜抑铅锌，得到铜精矿和铅锌混合精矿，生产工艺流程如图40-8-4 所示。

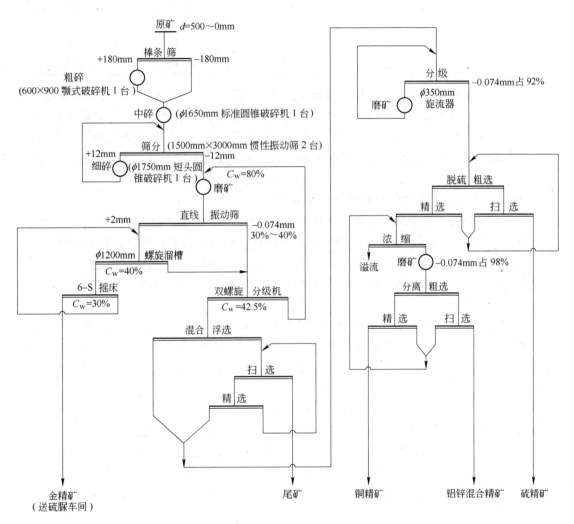

图 40-8-4 小铁山铅锌矿选矿工艺流程

在粗磨的情况下，用重选回收粗粒金，获得品位为 360g/t、回收率为 40% 的金精矿。浮选作业由全混合浮选、脱硫浮选和铜、铅、锌分离浮选组成，并分别在弱碱性、碱性及弱碱性介质中进行。为达到一次丢弃尾矿，金银主要富集在铜精矿和铅锌混合精矿中。铜精矿中金、银品位分别为7.85 g/t 和525 g/t，金、银回收率分别为21.49%和20.89%；铅锌混合精矿中金、银品位分别为3.15 g/t 和315 g/t，金、银回收率分别为38.94%和54.01%。重选回收部分粗粒金，回收率为 10.17%。金、银选矿指标见表 40-8-7。

表 40-8-7　小铁山铅锌矿金银选矿指标

产品名称	品位/g·t^{-1}		回收率 /%	
	Au	Ag	Au	Ag
铜精矿	7.85	525.0	21.49	20.89
铅锌混合精矿	3.15	315.0	38.94	54.01
硫精矿	0.98	32.0	5.98	2.71
重选金精矿	350.00		10.17	
尾　矿	0.28	19.35	23.42	22.39
原　矿	0.86	62.00	100.00	100.00

小铁山铅锌矿在回收伴生金银方面做了许多有益的工作，进行了一系列的工业试验，最终选定在磨矿分级回路中用螺旋溜槽回收粗粒金，金的回收率比单一浮选流程高 15% 左右。实践证明，螺旋溜槽在磨矿分级回路中回收粗粒金比较适合，该设备简单，动力消耗少，生产能力大，金的富集比高，回收率高，对入选矿浆适应能力强，不影响磨矿、浮选作业。

40.8.2.3　广东凡口铅锌矿伴生银的回收

广东凡口铅锌矿开采历史悠久，1958 年开始建设，1968 年建成规模 3000 t/d 的选矿厂并投产，1983 年二期建成投产，1990 年扩建投产。目前，选矿厂生产规模为 4500 t/d，年产铅锌金属量 15 万吨，正在进行 18 万吨的扩建，是中国最大的铅锌矿山之一。选矿厂采用优先浮选流程，生产铅、锌、硫三种精矿，伴生银富集于铅、锌精矿中综合回收。

A　矿石性质

凡口铅锌矿为中低温热液裂隙充填交代矿床。原矿石来自"沉积—改造型"层控矿床，矿石主要为致密块状原生硫化矿石。有价矿物主要有方铅矿、闪锌矿、黄铁矿，脉石主要为石英、方解石、白云石等。银矿物有银黝铜矿、深红银矿等。银、铅、锌矿物和硫矿物以细粒嵌布为主，矿物间结合极为紧密、复杂。方铅矿粒度不均匀，大部分在 0.01 ~ 0.1mm。在矿化阶段，闪锌矿先结晶，因而粒度较粗，大部分在 0.1 ~ 1.5mm，一般大于 0.1mm。黄铁矿中一部分结晶粒度较粗，一般在 0.1mm 以上，与方铅矿、闪锌矿的结合不紧密。另一部分黄铁矿粒度较细，一般在 0.02 ~ 0.1mm 之间，与闪锌矿、方铅矿的关系极为紧密，难以分选。有 97% 的银矿物分布在方铅矿、闪锌矿和黄铁矿之间。原矿中含铅、锌、硫、银、铁品位分别为 4% ~ 5%、9% ~ 11%、22% ~ 25%、95 ~ 110g/t、19% ~ 21%。

B　生产工艺流程及技术指标

工艺流程：破碎采用三段一闭路，粗碎在井下进行，粗碎产品提升到地面后由架空索道运至选矿厂，中碎前面安装检查筛，–30mm 物料与经过中碎破碎的 +30mm 物料一起给入最终检查筛，最终破碎细度为 –20mm。

凡口铅锌矿选矿厂的选别流程经过多次改造，曾经采用两个系列进行生产，一个系列采用高碱度、丁基黄药优先浮选流程，生产铅、锌、硫精矿，品位分别为 50%、51% ~ 53%、43% ~ 46%，回收率分别为 81% ~ 83%、91% ~ 93%、43% ~ 47%；另一个系列采用异步混合浮选流程，使用石灰、硫酸铜、苯胺黑药、丁基黄药和松醇油，生产铅锌混合精矿和硫精矿，铅锌混合精矿品位为55%，含银320 g/t，Pb、Zn、Ag的回收率分别为89%~90%、97.5%和88.23%。1992年，两个流程又改为优先浮选流程。采用细磨、高碱度、先浮铅后浮锌，两段磨矿，一段磨矿细度为-0.074mm占65%~68%，二段磨矿细度为-0.074mm占82%~84%。铅粗选精矿再磨矿细度为-0.038mm占92%，选铅的矿浆pH值为11.8~12，选锌的pH值为11.5~11.8。生产工艺流程如图40-8-5所示。

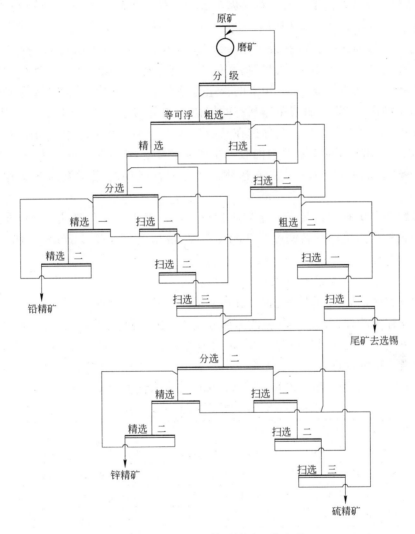

图40-8-5　凡口铅锌矿选矿工艺流程

40.8.2.4　湖南黄沙坪铅锌矿选矿厂

湖南黄沙坪铅锌矿是中国重要的伴生银矿山，选矿厂于1963年由长沙有色冶金设计院设计，1967年投产，设计规模1000 t/d，1978年扩建到1500 t/d。采用等可浮流程，生产铅、锌、硫三种精矿，伴生银富集在铅精矿和锌精矿中综合回收。

A　矿石性质

黄沙坪铅锌矿属高温到中温热液矿床，选矿厂处理的矿石属于碳酸盐岩石裂隙充填交代矿石。矿石中金属矿物主要有方铅矿、闪锌矿、黄铜矿、黄铁矿，其次为少量的白铁矿、砷黄铁矿、磁黄铁矿、黝锡矿，另外还伴生有辉铋矿、辉钼矿、辉银矿及稀散元素镓、铟、锗、镉等；脉石矿物主要为方解石、石英，其次为白云石、绢云母、绿泥石和萤石等。方铅矿多呈不规则粒状集合体，嵌布在黄铁矿、铁闪锌矿的裂隙和间隙中，粒度大于 0.043mm 者占 91%；铁闪锌矿也系不规则粒状集合体，嵌布在黄铁矿的裂隙中，粒度大于 0.043mm 占 86.3%。黄铜矿一般呈不规则粒状嵌布在黄铁矿间隙中，粒度大于 0.043mm 占 54.5%。黄铁矿一般呈粒状集合体，嵌布粒度大于 0.043mm 占 80.7%；锡石多呈自形晶状，部分呈他形晶状产出，粒度一般在 0.02 ~ 0.03mm。

银矿物主要以辉银矿、自然银、辉锑铅银矿的形式存在，与其他硫化物共生关系密切，与脉石矿物共生关系很少。银矿物呈包裹状态存在于方铅矿中，其分布率近 60%，银矿物粒度微细，在方铅矿中有 30% 的银呈固溶体状态。银在铁闪锌矿和黄铁矿中的分布率只有 10% 和 20%，而成单体状态的银矿物的分布率只有 10% 左右。所以，在选矿中只有 10% 左右的银可以单独分选在某一产品中，另外的银矿物很细，很难分选出单一银矿物，只能随主要载体矿物回收。主要矿物中，银的含量分别为方铅矿 908g/t，铁闪锌矿 51g/t，黄铁矿 57g/t，脉石矿物 2g/t。方铅矿中的银主要为非矿物状态的分散银。

黄沙坪铅锌矿矿石构造复杂，主要有致密块状、浸染状、角砾状、细脉状和条带状等，其中以致密状为主。矿石密度为 3.8t/m³，松散密度（小于 18mm）2.18t/m³，硬度为 4 ~ 6。

B　选矿生产工艺流程及技术指标

黄沙坪铅锌矿选矿厂的选别流程经过几十年的发展，不断进行改造，最初投产使用的是两段磨矿全浮选流程，随后不久就改为部分混合浮选流程，之后又改为一段磨矿、全浮选流程，最后改为等可浮浮选流程。多年的生产实践证明：等可浮流程既有混合浮选时浮选尾矿铅锌含量低的优点，又有优先浮选铅锌易于分离的优点，比较适合该矿的特点。黄沙坪铅锌矿选矿工艺流程如图 40-8-6 所示，选矿技术指标见表 40-8-8。

表 40-8-8　黄沙坪铅锌矿选矿技术指标

产品名称	产率 /%	品位/%					回收率/%				
		Cu	Pb	Zn	S	Ag/g·t⁻¹	Cu	Pb	Zn	S	Ag
铅精矿	5.17	0.42	73.89	3.24	16.30	788	12.76	92.27	2.36	5.30	47.37
锌精矿	14.64	0.61	0.61	44.71	31.70	91.99	52.68	2.16	92.19	29.19	15.66
硫精矿	25.99	0.19	0.54	1.01	35.91	95.00	28.47	3.38	3.70	58.69	28.71
尾矿	54.20	0.20	0.17	0.23	2.00	13.11	6.09	2.19	1.75	6.82	8.26
原矿	100.00	0.17	4.14	7.10	15.90	86.00	100.00	100.00	100.00	100.00	100.00

生产中，银的回收率受到一定的限制，因为银的回收与铅锌的品位和回收率有一定的影响，铅的品位从低到高变化时，铅精矿含银几乎没有什么变化，但银的回收率与铅精矿的产率关系密切，铅精矿的产率每增加 0.1%，可使银的回收率提高 1%，铅精矿的品位由 70% 降到 65%，可增加产率 0.29%，使银的回收率提高 2.9%。所以，应该综合平衡技术经济指标，使企业效益最大化。

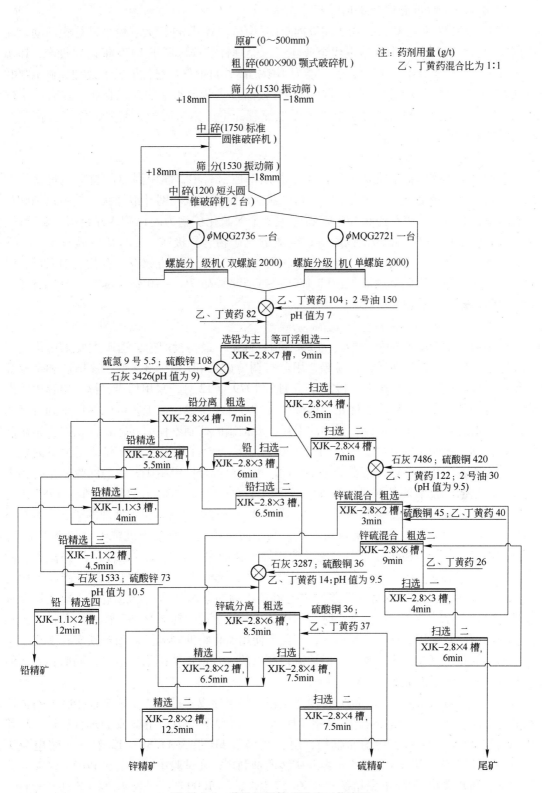

图 40-8-6 黄沙坪铅锌矿选矿工艺流程

40.8.2.5　四川会理锌矿选矿厂

四川会理锌矿历史悠久，在清朝康熙年间就有官办银厂进行大规模采矿炼银活动。新中国成立后，1951 年矿山开始现代企业建设，会理锌矿选矿厂于 1970 年正式投产，1976年进行扩建。1990 年再次扩建，生产能力不断提高，目前该矿已经形成了处理原矿 1000t/d 的规模，年产 Pb、Zn 金属量 2 万吨，具有较高技术装备水平的现代企业。建有两个选矿厂，所用工艺流程相同，均采用优先浮选流程，生产铅精矿和锌精矿，伴生银富集在铅、锌精矿中综合回收。

A　矿石性质

会理锌矿矿体赋存于震旦系灯影组中段上部白云岩中，属中温热液裂隙充填交代矿床。矿石类型比较复杂，主要有块状、角砾状、细脉浸染状和网脉细脉状，其中以细脉浸染状为主，约占全部矿石的 65%。矿石中主要金属硫化矿物为闪锌矿、方铅矿、黄铜矿、深红银矿、银黝铜矿、硫锑银铜矿等；金属氧化矿物有异极矿、菱锌矿、硅锌矿、褐铁矿、磁铁矿、金红石、白铅矿、铅矾等；脉石矿物有白云石、方解石、石英、绢云母、绿帘石、蛇纹石等。原矿金属品位：Pb 1.0% ~ 1.5%、Zn 7% ~ 10%、Ag 10 ~ 100g/t（平均 97.02g/t）、Cu 平均为 0.095%。

B　选矿工艺流程及指标

1970 年，会理锌矿的处理能力为 200 t/d，选矿厂最初投产前，选矿主要采用优先浮选工艺，采用少量的硫酸锌抑锌浮铅，用苏打调节矿浆 pH 值为 8，生产锌精矿和铅锌混合精矿，该阶段选矿指标较差。1970 年 5 月到 1979 年 12 月，采用抑铅浮锌、铅锌中矿混合浮选再磨分离流程，后改为优先浮选流程。经过几年实践，该工艺可以保证得到合格的锌精矿，但还是存在质量不保，要浮选的不浮，要抑制的抑制不住的问题，存在混合精矿问题和氰化物大量使用的问题。1975 年以后，改用部分混浮优先浮选流程，用少量的硫酸锌、硫代硫酸钠抑锌浮铅，实现了无氰浮选，可以获得合格铅精矿，锌的回收率也得到了提高。但铅的回收率只有 30% ~ 35%，锌回收率为 65% ~ 70%，还是比较低。1985 年开始新选矿厂的建设，1989 年建成投产，在设计建设新选矿厂时，由于处理的矿石含有长石类黏土矿物达 16.57%，这类矿石易泥化，为了防止矿泥堵塞破碎机排矿口和筛子筛孔，影响破碎机生产能力和筛分效率，所以破碎筛分作业采用在传统的三段一闭路流程基础上，增加中碎前的洗矿作业，其筛下产品用螺旋分级机洗矿脱泥，破碎最终产品粒度为 −12mm。选矿流程按矿物可浮性差异，把铅锌矿物的分离分为铅浮选循环、硫化锌浮选循环、氧化锌浮选循环。在浮选铅时，利用部分被活化的闪锌矿和可浮性好的黄铁矿一同进入泡沫产品，采用矿物等可浮浮选，避免了使用氰化物抑制闪锌矿和黄铁矿，实现了无氰浮选，简化了氧化锌浮选流程。但该流程产出的混合铅锌精矿难以出售，同时铅、锌回收率较低，影响了企业效益。

后来，经过大量研究，不断完善浮选流程，终于形成了目前"复杂难选铅锌矿石清洁高效选矿新工艺"，工艺流程如图 40-8-7 所示。该流程于 2001 年正式在会理锌矿选矿厂使用，采用 SN-9 号做铅矿物的捕收剂，用石灰调节 pH 值为 11.88 ~ 12.21，矿浆电位为 −272 ~ −252mV，用 YN + ZnSO$_4$ 做锌矿物的抑制剂，在试验中获得了含 Pb 74.94%、Zn 5.19%、回收率 66.81% 的铅精矿和含 Zn 57.0%、Pb 1.09%、回收率 86.72% 的锌精矿。生产出了合格的铅精矿和锌精矿，铅、锌的回收率大幅提高，伴生银的回收率也提高了

14.27%。经济效益和社会效益明显改善。

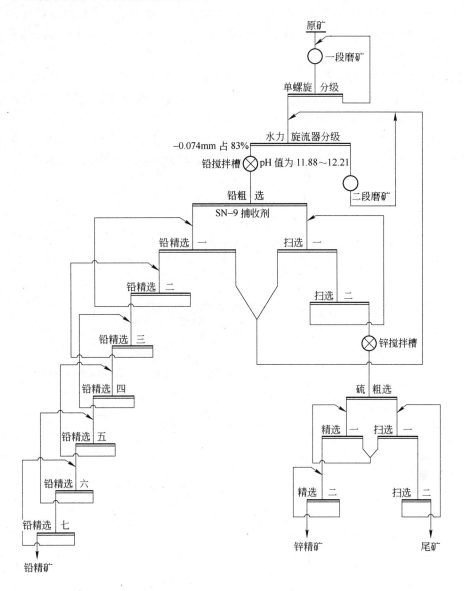

图 40-8-7 会理锌矿选矿工艺流程

40.8.3 与非硫化物伴生银矿选矿厂

以荡坪宝山钨矿为例。该矿属细粒嵌布的大型矽卡岩白钨铅锌型多金属矿床。选矿厂生产能力为 500t/d。主要产品有铜精矿、铅精矿、锌精矿、白钨精矿。银主要富集在铅精矿中。

该矿矿石性质为矽卡岩型白钨多金属硫化矿。主要有用矿物是方铅矿、闪锌矿、黄铜矿、白钨矿和萤石。主要脉石矿物是石英、方解石、钨铁辉石、石榴子石、透闪石和阳起石。有用矿物呈细粒不均匀嵌布，方铅矿多呈脉状和块状产出，粒度一般为 0.16 ~

0.25mm，常交代磁黄铁矿或闪锌矿。闪锌矿与黄铜矿紧密共生，粒度一般为 0.1~1mm；磁黄铁矿常以闪锌矿的包体产出；黄铜矿呈中细粒嵌布，粒度一般为 0.05~0.1mm，多为交代磁黄铁矿或闪锌矿。白钨矿与硫化矿物紧密结合，粒度一般为 0.1~0.2mm，常产于钙铁辉石中。

银的独立矿物为螺状硫银矿，少量是深红银矿、含银硫铋锑铅矿。银与金属硫化物关系密切，且绝大多数呈显微粒状嵌布于方铅矿中。分布于硫化矿物及脉石矿物中的银占 78.06%，呈游离银矿物存在的银仅占 21.94%。

选矿工艺：磨矿细度 -0.074mm 占 65%。银 60% 以上富集在铅精矿中，在铜精矿中的银约占 5%，锌精矿中的银只占 2% 左右，工艺流程如图 40-8-8 所示。

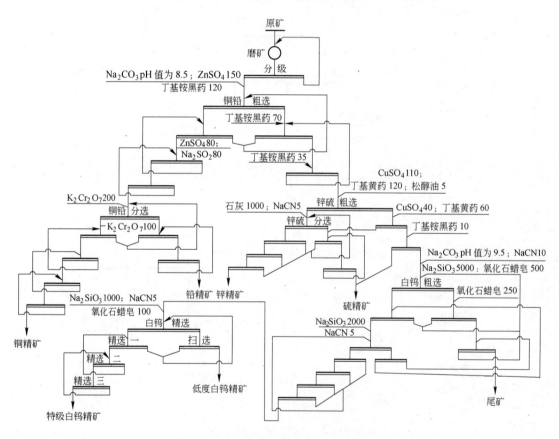

图 40-8-8　宝山多金属矿选矿工艺流程图

浮选药剂：碳酸钠 3000g/t、氰化钠 25g/t、硫酸锌 230g/t、硫酸铜 150g/t、亚硫酸钠 80g/t、丁基铵黑药 235g/t、重铬酸钾 300g/t、丁基黄药 180g/t、石灰 1000g/t、松醇油 5g/t、水玻璃 8000g/t、氧化石蜡皂 850g/t。

原矿品位：Ag 115g/t，Cu 0.10%，Pb 1.43%，Zn 1.01%，WO_3 0.30%。

铜精矿品位：Ag 1985g/t，Cu 20.66%。回收率：Ag 4.96%，Cu 60.05%。

铅精矿品位：Ag 3206g/t，Pb 56.07%。回收率：Ag 62.42%，Pb 87.93%。

锌精矿品位：Ag 154g/t，Zn 46.96%。回收率：Ag 2.21%，Zn 76.63%。

钨精矿品位：WO_3 68.3%。回收率：79.15%。

40.9　国内外主要金银选矿厂汇总

国内外主要金矿选矿厂及其选矿指标见表40-9-1。

表 40-9-1　国内外金矿选矿厂及其选矿指标

序号	选矿厂名称	规模 /t·d⁻¹	矿床类型及矿物组分	工艺流程简介	产品名称	选 别 指 标						
						原矿品位 /g·t⁻¹	精矿品位 /g·t⁻¹	浮选回收率 /%	浸出率 /%	洗涤率 /%	置换率 /%	总回收率 /%
1	夹皮沟金矿选矿厂	600	含金多金属石英脉矿床。主要金属矿物为黄铁矿、黄铜矿、方铅矿、自然金。脉石矿物为石英	二段一闭路破碎，一段磨矿，混汞-浮选联合流程	合质金和金精矿	5.0	90.97	38				91
2	岫岩金矿选矿厂	200	含金石英脉矿床。主要金属矿物为磁黄铁矿、黄铁矿、方铅矿、自然金。脉石矿物为石英	一段湿式自磨，一粗四扫四精浮选流程	金精矿	6.39	172	93.7				93.7
3	文峪金矿选矿厂	500	含金多金属石英脉矿床。主要金属矿物为方铅矿、黄铁矿、黄铜矿、自然金。脉石矿物为石英	三段一闭路破碎，一段磨矿，铜铅混合浮选，尾矿选硫	含金铅精矿、硫精矿	8.85	50	92				92
4	秦岭金矿金洞岔选矿厂	250	含金多金属石英脉矿床。主要金属矿物为黄铁矿、方铅矿、黄铜矿、自然金。脉石矿物为石英	三段开路破碎，二段磨矿，混汞-浮选联合流程；铜铅混合浮选再分离，尾矿选硫	含金铜、铅精矿	5.44	63	84.1				84.1
5	潼关金矿选矿厂	300	含金石英脉矿床。主要金属矿物为黄铁矿、褐铁矿、自然金。脉石矿物为石英	二段一闭路破碎，一段磨矿，单一浮选流程	金精矿	5.61	78.85					87.16
6	金厂沟梁金矿选矿厂	150	含金硫化石英脉矿床。主要金属矿物为黄铁矿、银金矿。脉石矿物为石英	二段一闭路破碎，单一浮选流程	含金硫精矿	4.9	26.5	92.8				92.8

序号	选矿厂名称	规模/t·d⁻¹	矿床类型及矿物组分	工艺流程简介	产品名称	选别指标						
						原矿品位/g·t⁻¹	精矿品位/g·t⁻¹	浮选回收率/%	浸出率/%	洗涤率/%	置换率/%	总回收率/%
7	红花沟金矿选矿厂	150	含金石英脉矿床。主要金属矿物为黄铁矿、银金矿。脉石矿物为石英	二段开路破碎，一段磨矿，单一浮选流程	金精矿	6.07	112	91.4				91.4
8	遂昌金矿选矿厂	300	含金银石英脉矿床。主要金属矿物为黄铁矿、金银矿。脉石矿物为石英	二段一闭路破碎，阶段磨矿，单一浮选流程	金精矿	11.2	107.1	94.2				94.2
9	湘西金矿选矿厂	980	含金钨锑石英脉矿床。主要金属矿物为白钨矿、辉锑矿、自然金。脉石矿物为石英	二段一闭路破碎，棒、球磨二段磨矿，重选、混汞、浮选联合流程	含金锑精矿、粗金锭、白钨精矿	4.26	68.13	88.15				88.15
10	黄金洞金矿选矿厂	80	含金高砷石英脉矿床。主要金属矿物为毒砂、黄铁矿、自然金。脉石矿物为石英	一段开路破碎，一段磨矿，浮选、焙烧联合流程	金精矿	3.27	86.4	83.12				83.12
11	龙水金矿龙水岭选矿厂	100	含金硫化物矿床。主要金属矿物为黄铁矿、自然金。脉石矿物为石英	二段一闭路破碎，一段磨矿，浮选、硫脲联合流程	金精矿	2.66	32	78.9				78.9
12	东南金矿选矿厂	100	含金石英脉矿床。主要金属矿物黄铁矿、自然金。脉石矿物为石英	一段开路碎矿，二段磨矿、混汞、浮选、重选联合流程	金精矿、粗金锭	2.69	58.9	38				89
13	团结沟金矿选矿厂	500	含金石英脉矿床。主要金属矿物为黄铁矿、褐铁矿、自然金。脉石矿物为石英、长石	三段一闭路破碎，二段磨矿，原矿氰化-锌粉置换流程	合质金锭	4.23			88.12	92.12	87.76	81.18

序号	选矿厂名称	规模 /t·d⁻¹	矿床类型及矿物组分	工艺流程简介	产品名称	选别指标						
						原矿品位 /g·t⁻¹	精矿品位 /g·t⁻¹	浮选回收率 /%	浸出率 /%	洗涤率 /%	置换率 /%	总回收率 /%
14	金厂峪金矿选矿厂	750	含金石英脉矿床。主要金属矿物为黄铁矿、自然金,脉石矿物为石英、碳酸盐	三段一闭路破碎,一段磨矿,浮选精矿再磨、氰化-锌粉置换联合流程	合质金锭、硫精矿	4.3	133.5	94.36	97.2	99.94	99.82	91.5
15	五龙金矿选矿厂	700	含金石英脉矿床。主要金属矿物为黄铁矿、磁铁矿、自然金。脉石矿物为石英	三段一闭路破碎,二段磨矿,浮选精矿再磨、氰化-锌粉置换联合流程	合质金锭、硫精矿	3.86	105.42	89.59	94.65	99.81	98.6	83.45
16	玲珑选矿厂	860	含金石英脉矿床。主要金属矿物为黄铁矿、黄铜矿、银金矿。脉石矿物为石英	三段一闭路破碎,二段磨矿,浮选精矿再磨、氰化-锌粉置换联合流程	金锭、银锭、硫精矿	6.63	64.39	95.13	97.62	99.75	99.96	92.6
17	焦家金矿选矿厂	750	蚀变花岗岩型金矿床。主要金属矿物为黄铁矿、银金矿。脉石矿物为石英、绢云母	二段一闭路破碎,一段磨矿,浮选精矿再磨,氰化-锌粉置换联合流程	合质金锭、硫精矿	4.49	137.79	91.44	98.49	99.64	99.59	89.37
18	新城金矿选矿厂	500	蚀变花岗岩型金矿床。主要金属矿物为黄铁矿、银金矿。脉石矿物为石英、绢云母	二段一闭路破碎,一段磨矿,浮选精矿再磨、氰化-锌粉置换联合流程	金锭、银锭、硫精矿	4.43	92.42	95.27	98.52	99.64	99.87	93.4
19	张家口金矿选矿厂	450	含金石英脉矿床。主要金属矿物为褐铁矿、赤铁矿、自然金。脉石矿物为石英	二段一闭路破碎,一段磨矿,浮选流程	金精矿	3.79	170.16	74.04				74.04
20	峪耳崖金矿选矿厂	200	含金石英脉矿床,金属矿物主要为黄铁矿,脉石矿物以石英、长石为主,其次为白云母和绢云母	二段闭路磨矿,炭浆工艺流程	合质金	3.80						83.17

序号	选矿厂名称	规模/t·d⁻¹	矿床类型及矿物组分	工艺流程简介	产品名称	选别指标						
						原矿品位/g·t⁻¹	精矿品位/g·t⁻¹	浮选回收率/%	浸出率/%	洗涤率/%	置换率/%	总回收率/%
21	三家金矿选矿厂	100	含金石英脉矿床,主要金属矿物有黄铁矿、磁铁矿、主要脉石矿物为石英	一段闭路磨矿,单一磁选流程	金精矿	2.65	111.31	87.81				87.81
22	迁西县化工厂硫酸烧渣提金	25	该厂处理金厂峪金矿氰化尾渣,提硫后烧渣中主要金属矿物为褐铁矿、赤铁矿、黄铁矿、黄铜矿、磁铁矿、自然金	烧渣经水淬后,一段闭路磨放,氰化浸出-锌丝置换工艺流程	合质金	3.50			73.70			68.78
23	仓上金矿选矿厂	1500	低温热液破碎带蚀变岩型,主要金属矿物为黄铁矿、方铅矿、闪锌矿、黄铜矿、自然金,脉石矿物为石英、长石、绢云母	一段闭路磨矿、浮选精矿再磨、氰化锌粉置换提金流程	合质金	3.95			95.01	95.16		90.41
24	三山岛金矿选矿厂	1500	中温热液型金矿,主要金属矿物为黄铁矿、银金矿、自然金,脉石矿物为石英、绢云母、残余长石	阶段磨矿阶段浮选,浮选精矿再磨氰化浸出、锌粉置换、金泥熔炼电解、浸渣浮选回收铅硫。贫液提取硫氰化亚铜	成品金、成品银、硫氰化亚铜、铅精矿、硫精矿				95.00			
25	哈图金矿选矿厂		蚀变玄武岩型含金黄铁矿,主要金属矿物为黄铁矿、辉砷镍矿、铬尖晶石、自然金,脉石矿物为石英、菱镁矿、滑石	一段闭路磨矿,浮选为一次粗选、一次精选、一次扫选,浮选金精矿焙烧再磨氰化,锌粉置换金泥熔炼	合质金	3.5	50	90	86			81.77

续表 40-9-1

序号	选矿厂名称	规模/t·d⁻¹	矿床类型及矿物组分	工艺流程简介	产品名称	选别指标						
						原矿品位/g·t⁻¹	精矿品位/g·t⁻¹	浮选回收率/%	浸出率/%	洗涤率/%	置换率/%	总回收率/%
26	金渠金矿选矿厂	350	低硫化物黄铁矿石英脉型,主要金属矿物为黄铁矿、黄铜矿、方铅矿、闪锌矿、自然金,脉石矿物以石英为主	一段闭路磨矿、混汞浮选流程,浮选作业为一次粗选、二次精选、三次扫选	汞金浮选精矿	6.44	27.99	29.31	64.19（汞金）			93.50
27	银洞坡金矿选矿厂	600	浅变质火山碎屑沉积岩型,主要金属矿物为黄铁矿、褐铁矿、黄钾铁矾、白铅矿、方铅矿,脉石矿物以方解石、炭质石英、绢云母为主	二段闭路磨矿,泥砂分离,浮选-氰化流程,矿砂、贵液锌粉置换、矿泥炭浆法提金	合质金	4.75	50.85	86.54	92.13			
28	东坪金矿选矿厂	600	少硫化物含金石英脉型金矿,主要金属矿物为褐铁矿、铅矾、自然金,主要脉石矿物为石英	二段闭路磨矿,富氧氰化浸出炭浆工艺	合质金	3.71			91.35			88.76
29	鸡冠嘴金矿选矿厂	250	混合型多金属含金矿石,主要金属矿物为褐铁矿、黄铁矿、白铁矿、辉铜矿、自然金,脉石矿物以方解石、长石、石英为主	二段闭路磨矿,浮选作业为一次粗选、三次精选、三次扫选,混合粗选半开路流程	金精矿	3.72	50.45	75.17				
30	鸡冠山金矿选矿厂	100	金属硫化物风化淋滤铁帽型金矿,主要金属矿物为褐铁矿,脉石矿物以石英为主	一段湿式半自磨,二段闭路球磨,全泥氰化炭浆提金	合质金	9.6			89.26			86.80

序号	选矿厂名称	规模/t·d⁻¹	矿床类型及矿物组分	工艺流程简介	产品名称	选别指标						
						原矿品位/g·t⁻¹	精矿品位/g·t⁻¹	浮选回收率/%	浸出率/%	洗涤率/%	置换率/%	总回收率/%
31	三台山金矿选矿厂	50	石英脉型中硫含砷金矿，金属矿物主要为黄铁矿、毒砂，脉石矿物以石英为主	二段闭路磨矿，全泥氰化炭浸提金	合质金	5.55			92.43			87.76
32	窄岭金矿选矿厂	100	含金黄铁矿石英脉型，主要金属矿物为黄铁矿、黄铜矿、自然金，脉石矿物以石英、方解石为主	二段闭路磨矿，一段预浸，五段炭浸，电解提金	合质金	3.99			93.23			88.89
33	吉林市金矿选矿厂	100	含金硫化物石英脉型，主要金属矿物为黄铁矿、黄铜矿、自然金，脉石矿物以石英为主	一段闭路磨矿，混汞-浮选，粗精矿分级再磨，炭浆提金电解熔炼	合质金	6.22	43.91	93.51	92.44			89.24
34	四家湾金矿选矿厂	200	接触交代矽卡岩型伴生金银的铜铁矿，主要金属矿物为斑铜矿、铜蓝、辉铜矿、孔雀石、磁铁矿、自然金、自然银，脉石矿物以石榴子石、方解石、石英为主	一段闭路磨矿，二次粗选，一次精选，一次扫选，扫选尾矿磁选	含金银铜精矿铁精矿	1.68	20.27	81.86				
35	张全庄金矿选矿厂	150	岩浆热液石英脉型，主要金属矿物为黄铁矿、方铅矿、闪锌矿，脉石矿物以石英为主，次为方解石、长石、高岭土	一段闭路粗磨，混汞，二段闭路细磨，炭浸，电解提取金	汞金合质金	6.62			95.26			96.35（加汞金）

序号	选矿厂名称	规模/t·d⁻¹	矿床类型及矿物组分	工艺流程简介	产品名称	选别指标						
						原矿品位/g·t⁻¹	精矿品位/g·t⁻¹	浮选回收率/%	浸出率/%	洗涤率/%	置换率/%	总回收率/%
36	霍山东溪金矿选矿厂	50		二段闭路磨矿,树脂矿浆工艺流程	合质金	7.33			96.34			95.61
37	山东大尹格庄金矿选矿厂	3000	低硫金矿石。金属矿物主要是黄铁矿和银金矿,其次有黄铜矿、方铅矿、闪锌矿、自然金等。非金属矿物主要是绢云母和石英	三段二闭路破碎,单段磨矿,一次粗选二次扫选二次精选	金精矿	2.22	60.47	94.51				94.64
38	黑龙江乌拉嘎金矿选矿厂		石英黄铁矿型、碳酸盐黄铁矿型和玉髓质石英黄铁矿型。主要金属矿物为黄铁矿和白铁矿,非金属矿物为高岭石、石英、绢云母、碳酸盐等	三段一闭路破碎,两段磨矿,一次粗选三次扫选两次精选,金精矿氰化,锌粉置换	合质金	2.85	24.87	75.45	75.00			
39	湖北三鑫金铜股份有限公司选矿厂	1900	中温热液矽卡岩型矿床和岩浆期后热液接触交代矽卡岩型矿床。主要金属矿物自然金、银金矿、黄铜矿、磁铁矿等,主要脉石为方解石和石英	三段一闭路破碎,一段磨矿,金、铜、硫混合浮选,再磨后金、铜、硫分离浮选,浮选尾矿磁选选铁,磁选尾矿重选金	金精矿、金铜精矿、硫精矿、铁精矿	2.00	78.8	83.92				85.14
40	云南鹤庆北衙金矿	4000	斑岩型和矽卡岩型Cu-Au矿床、铁质热液Fe-Au矿床及表生Fe-Au矿床。主要金属矿物为自然金、褐铁矿、孔雀石、白铅矿和闪锌矿等,主要脉石矿物为绿泥石、黑云母和石英	一段粗碎,半自磨,球磨,炭浆法氰化浸出,载金炭解吸电积	合质金、铁精矿	2.55			88.00			

序号	选矿厂名称	规模/t·d⁻¹	矿床类型及矿物组分	工艺流程简介	产品名称	选别指标						
						原矿品位/g·t⁻¹	精矿品位/g·t⁻¹	浮选回收率/%	浸出率/%	洗涤率/%	置换率/%	总回收率/%
41	云南镇沅金矿选矿厂	2000	贫硫化物碳质微细粒浸染型难处理金矿石，主要金属矿物为黄铁矿、白铁矿、辉锑矿和毒砂，主要脉石矿物为石英、绢云母和方解石等	三段一闭路流程破碎，一段磨矿分级后一次粗选、一次扫选、三次精选，扫选尾矿二段磨矿分级后进行一次粗选二次扫选二次精选	金精矿	1.46	27.94	80.00				
42	福建紫金矿业集团紫金山金铜矿	14000	高硫浅成低温热液矿床。单一次生氧化金矿石，脉石主要是石英，其次是地开石和明矾石	一段粗碎，洗矿，重选选金，粗粒堆浸，矿泥炭浸，活性炭吸附，电积工艺。即采用联合选矿工艺	合质金	0.395 ~ 0.93			72.45 ~ 89.0			
43	托库孜巴依金矿	500	含金石英脉型。主要金属矿物有黄铁矿、黄铜矿、磁黄铁矿等，主要脉石矿物为石英、斜长石、黑云母等	两段一闭路破碎，两段磨矿，一次粗选一次扫选三次精选的浮选流程	金精矿	3.26	40 ~ 50	87.00				
44	[加拿大]帕莫尔一号（Pamour）	3200	含金石英脉矿床。主要金属矿物为黄铁矿、磁黄铁矿、毒砂、自然金。脉石矿物为石英、方解石	三段一闭路阶段磨矿、浮选，精矿再磨、氰化、锌粉置换联合流程	合质金	3.67	125.6	93.02	98.92	98.92		92.02
45	[美国]杜瓦尔（Duval）	2720	硅质角砾岩含金硫化物矿床。主要金属矿物有黄铁矿、磁黄铁矿、黄铜矿、金银矿	三段一闭路破碎，二段磨矿，重选、氰化炭浆法联合流程	合质金	2.74						92.5

序号	选矿厂名称	规模/t·d⁻¹	矿床类型及矿物组分	工艺流程简介	产品名称	选别指标						
						原矿品位/g·t⁻¹	精矿品位/g·t⁻¹	浮选回收率/%	浸出率/%	洗涤率/%	置换率/%	总回收率/%
46	[美国]霍姆斯特克（Home-stake）	5250	碳酸镁铁岩含金矿床。主要金属矿物有黄铁矿、毒砂、磁黄铁矿、自然金。脉石矿物为石英、方解石	三段一闭路破碎，二段磨矿，泥砂分别用炭浆法和常规氰化法处理	金锭和银锭	4.8						95
47	[美国]醋栗（Goose-berry）	317	含金方解石石英脉矿床，主要金属矿物有辉银矿、自然金、银金矿、方铅矿、黄铜矿、闪锌矿，主要脉石矿物为方解石和石英	二段开路破碎，棒磨球磨二段一闭路磨矿，粗选精矿氰化浸出锌粉置换流程	"锌-银-金"金泥	6.50			83.0	95.80		
48	[美国]卡林（Carlin）	2500	粉砂岩和含碳石灰页岩金矿。主要金属矿物有黄铁矿、自然金。脉石矿物为石英、白云石	三段一闭路破碎，一段磨矿，碳质矿物加氯氧化，而后与氧化矿合并用常规氰化法处理	金锭和银锭	6~7.8						85
49	[南非]埃兰茨兰德（Eland-srand）	6000	含金石英砾岩矿床。主要金属矿物有黄铁矿、斑铜矿、自然金。脉石矿物为石英	自磨、球磨二段磨矿；重选、氰化联合流程	合质金	5						95
50	[美国]自由巷（Free-prot）	3000	贫硫浸染状金矿，主要金属矿物有黄铁矿、辉锑矿、雄黄、辰砂和自然金。脉石矿物为硅化石灰石、燧石	一段破碎，半自磨和球磨二段磨矿，氰化炭浆法-锌粉置换流程	合质金	7.2						
51	[美国]坎农（Cannon）金矿	2000	金矿物主要为自然金和银金矿，有少量黄铁矿和微量砷黄铁矿	两段破碎，棒磨机一段开路磨矿，排矿跳汰、摇床选金，二段球磨后一次粗选二次精选	金精矿	6.7		86				

序号	选矿厂名称	规模/t·d⁻¹	矿床类型及矿物组分	工艺流程简介	产品名称	选别指标						
						原矿品位/g·t⁻¹	精矿品位/g·t⁻¹	浮选回收率/%	浸出率/%	洗涤率/%	置换率/%	总回收率/%
52	[澳大利亚]希尔格罗夫锑金矿	100	低温热液锑金矿床,共生矿物有辉锑矿、磁黄铁矿、砷黄铁矿、白钨矿、绿泥石、石墨等	一段球磨,圆锥选矿机、双螺旋选矿机、摇床重选,重选尾矿浮选,浮选精矿摇床除砷后收金后硫脲浸出	金精矿、锑精矿	9						85
53	[美国]帕拉代斯峰(Paradise Peak)金银矿	3600	浅层热液岩层,主要矿物有自然金、自然银、银硫化矿物、卤化物、毒砂等	三段破碎,一段磨矿,氰化浸出	合质金(银)	3.6						92~95
54	[菲律宾]马斯巴特(Masbate)金银矿	3500	角砾岩和多孔的含锰石英脉	三段破碎,一段球磨,炭浆法提金,电解,精炼	合质金(银)	2.6			97.3			
55	[智利]埃尔因迪奥(EL Indio)	1250	块状硫化矿和石英脉矿体	三段碎矿,洗矿,一段磨矿,铜粗选和精选,浮尾用炭浆法生产金银锭	铜精矿、金银锭	12	345.2	95				
56	[朝鲜]咸兴(Sunghung)金铜矿		含金石英脉,主要矿物为黄铜矿、黄铁矿、金、银、石英、云母和方解石	三段闭路破碎,一段磨矿,粗粒跳汰机和摇床重选,细粒浮选	重选精矿、浮选精矿	3~15	100~150 40~50					93~94
57	[瑞典]埃纳森(Enasen)金铜矿	6000	矿床存在于花岗岩和高度变质的片麻岩中,主要为铁和铜的硫化物矿石	破碎,自磨,砾磨,浮选	含金铜精矿	0.8~2.2	90~100	80				
58	[斐济]瓦图库拉(Vatukoula)金银矿	1000	含金银的碲化物矿床	破碎,洗矿,磨矿,浮选	金精矿、硫精矿	2.4~7.6	2500 85	75				

序号	选矿厂名称	规模 /t·d^{-1}	矿床类型及矿物组分	工艺流程简介	产品名称	选别指标						
						原矿品位 /g·t^{-1}	精矿品位 /g·t^{-1}	浮选回收率 /%	浸出率 /%	洗涤率 /%	置换率 /%	总回收率 /%
59	［加拿大］舒马赫（Schumacher）金银铜矿	3000	主要有用矿物为黄铁矿、白铁矿、闪锌矿、斑铜矿、方铅矿和砷黝铜矿	三段破碎，磨矿，重选，浮选，氰化，熔炼	合质金	2.54						
60	［澳大利亚］芒特摩根铜有限公司	4000	含金、铜和银的多金属矿床	三段破碎，两段磨矿，浮选	含金铜精矿	2.0	22.6~32.5	60.5				
61	［巴基斯坦］山达克铜金矿	12500	斑岩型铜矿床，主要金属矿物为黄铜矿、黄铁矿和磁铁矿	三段破碎，磨矿，浮选，磁选	粗铜锭、硫精矿、铁精矿	0.492	17.97	61.0				

国内外主要银矿选矿厂及其选矿指标见表40-9-2。

表40-9-2　国内外银矿选矿厂及其选矿指标

序号	选冶厂名称	规模 /t·d^{-1}	矿床类型及矿物组分	工艺流程简介	产品名称	选别指标		
						原矿品位 /g·t^{-1}	精矿品位 /g·t^{-1}	回收率 /%
1	河南桐柏银矿	800	变质热液型银矿。主要金属矿物为自然银、辉银矿、方铅矿、闪锌矿、黄铁矿，主要脉石矿物为石英、绢云母	二段磨矿，优先浮选流程	银铅精矿、锌精矿、硫精矿	280	6280	84.33
2	贵溪银矿	500	斑岩型共生银矿。主要金属矿物为辉银矿、自然银、黄铁矿、闪锌矿和方铅矿，主要脉石矿物为石英和长石	一段磨矿，银铅部分优先浮选，铅锌混合浮选	银铅精矿、银铅锌混合精矿	178	3200	83.50
3	湖北银矿（原名：竹山银洞沟银金矿，目前属华凯矿业）	400	石英脉型和少量蚀变岩型，主要金属矿物为自然银、方铅矿、闪锌矿和黄铁矿，脉石矿物为石英、铁白云石、白云母、钠长石、绿泥石矿等	浮选-氰化	银精矿	165	7500	88.32

续表 40-9-2

序号	选冶厂名称	规模 /t·d⁻¹	矿床类型及 矿物组分	工艺流程简介	产品名称	选别指标		
						原矿品位 /g·t⁻¹	精矿品位 /g·t⁻¹	回收率 /%
4	浙江天台银铅锌矿	200	中低温热液型多金属矿床。主要金属矿物为闪锌矿、黄铁矿、方铅矿、毒砂和辉银矿，脉石矿物为石英和绢云母	一段磨矿，混合浮选	银铅锌混合精矿	158	2480	90.70
5	山东十里铺	100	热液脉状银矿床。主要金属矿物为辉银矿、螺状硫银矿、自然银、方铅矿、闪锌矿和白铅矿，脉石矿物为石英和长石	浮选-氰化	银精矿	289	8283	89.78
6	河南省罗山县银矿	100	含金褐铁矿银矿。主要金属矿物为辉银矿、金银矿、褐铁矿和黄铁矿，脉石矿物为石英和长石	二段磨矿、单一浮选	银精矿	319	4870	81.38
7	江西万年银矿	200	高砷型银矿床。主要金属矿物为银黝铜矿、方铅矿、闪锌矿、黄铜矿、黄铁矿和毒砂	单一浮选	银精矿	292	4236	81.50
8	安徽铜陵鸡冠石银选厂	50	银金多金属硫化矿。主要金属矿物为黄铁矿、闪锌矿、方铅矿、黄铜矿、毒砂、自然银、金银矿、银金矿，脉石矿物为石英、绢云母、高岭土、方解石和白云石	二段磨矿，部分优先浮选	银铜精矿、银铅锌精矿、硫精矿	680	8260	83.16
9	内蒙古孟恩套力盖银铅矿	600	中温热液裂隙充填矿床。主要金属矿物为黑硫银锡矿、银黝铜矿、方铅矿、闪锌矿和黄铁矿，脉石矿物为石英、长石和云母	一段磨矿、优先浮选	银铅精矿、锌精矿	79	3807	62.90

序号	选冶厂名称	规模 /t·d^{-1}	矿床类型及矿物组分	工艺流程简介	产品名称	原矿品位 /g·t^{-1}	精矿品位 /g·t^{-1}	回收率 /%
						选别指标		
10	广东凡口铅锌矿	4500	沉积层控铅锌矿床。主要金属矿物为方铅矿、闪锌矿、黄铁矿、毒砂、深红银矿、银黝铜矿，脉石矿物为石英、方解石和白云石	铅锌异步混合浮选	铅锌混合精矿	102.3	320.0	88.23
11	甘肃小铁山铅锌矿	800	黄铁矿型多金属硫化矿床。主要金属矿物为黄铁矿、闪锌矿、方铅矿、黄铜矿、银金矿、金银矿、自然银，脉石矿物为石英、斜长石、绿泥石和绢云母	重选回收粗粒金，铜铅锌异步混合浮选	铜精矿、铅锌精矿、金精矿	63.8	423.9	82.01
12	澜沧铅锌矿		火山-沉积岩容矿的硫化物矿床。主要金属矿物为方铅矿、闪锌矿、黄铜矿、黄铁矿，脉石矿物为石英、方解石、石榴子石、透辉石和白云石	单一浮选流程	铅精矿	97.23	382.4	62.64
13	八家子铅锌矿	800	矽卡岩型多金属硫化矿床。主要金属矿物为黄铁矿、方铅矿、闪锌矿、黄铜矿，脉石矿物为方解石、白云石和石英	铜铅混选、锌硫混选后精矿再磨分选	铜精矿、铅精矿、锌精矿、硫精矿	113.0	2243	63.43
14	广东厚婆坳铅锌矿	250	含银锡石多金属脉状矿床。主要金属矿物为方铅矿、闪锌矿、黄铁矿、锡石、银黝铜矿、自然银、石英、绿泥石和绢云母	二段磨矿、全浮精矿再磨-重选	锡精矿、铅精矿、铅锌混合精矿	258	1882	65.13
15	湖南黄沙坪铅锌矿	1500	热液交代铅锌矿床。主要金属矿物为方铅矿、铁闪锌矿、黄铁矿、黄铜矿、自然银，脉石矿物为石英、方解石和萤石	二段磨矿、等可浮	铅精矿、锌精矿、硫精矿	92	788	47.37

序号	选冶厂名称	规模 /t·d⁻¹	矿床类型及矿物组分	工艺流程简介	产品名称	选别指标		
						原矿品位 /g·t⁻¹	精矿品位 /g·t⁻¹	回收率 /%
16	湖南柿竹园铅锌矿		中温热液充填胶结矿床。主要金属矿物为方铅矿、闪锌矿、黄铁矿、辉银矿，主要脉石矿物为方解石、白云石和石榴子石	部分混合浮选	铅锌精矿、锌精矿	106	1900	64.58
17	湖南桃林铅锌矿	4500	热液脉型铅锌矿床。主要金属矿物为方铅矿、闪锌矿、黄铜矿、黄铁矿、辉银矿，脉石矿物为萤石、石英和重晶石	部分混合优先浮选	铜精矿、铅精矿、锌精矿	8	650	58.5
18	荡坪钨矿宝山选矿厂	500	矽卡岩型白钨铅锌多金属矿。主要金属矿物为方铅矿、闪锌矿、黄铁矿、白钨矿、银黝铜矿、螺状硫银矿、深红银矿，脉石矿物为萤石、石英、方解石和辉石	一段磨矿、铜锌部分混浮选、锌硫等可浮，选后分离，尾矿浮选白钨和萤石	铜精矿、铅精矿、锌精矿、白钨精矿、萤石精矿	115	3110	67.43
19	江西武山铜矿	3000	含铜黄铁矿型矿床。主要金属矿物为蓝辉铜矿、辉铜矿、黄铜矿、自然金和辉银矿，脉石矿物为石英和高岭土	二段磨矿（自磨+球磨），优先浮选	铜精矿、硫精矿	48	265	61.26
20	湖南江华铜山岭有色金属矿	300	矽卡岩型多金属硫化矿床。主要金属矿物为黄铜矿、闪锌矿、方铅矿、黄铁矿、硫锑铜银矿、银黝铜矿，脉石矿物为石榴子石、石英、方解石和透辉石	一段磨矿、铜铅部分混合浮选后分离，混合浮选尾矿浮锌	铜精矿、铅精矿、锌精矿	107	2392	79.28
21	安徽铜陵金口岭铜矿选矿厂	450	矽卡岩型铜矿。主要金属矿物为斑铜矿、黄铜矿、自然金、银金矿、金银矿和自然银，脉石矿物为石榴子石	一段磨矿、混汞-浮选	合质金银铜精矿	13	143	64.96

序号	选冶厂名称	规模 /t·d^{-1}	矿床类型及矿物组分	工艺流程简介	产品名称	选别指标		
						原矿品位 /g·t^{-1}	精矿品位 /g·t^{-1}	回收率 /%
22	抚顺红透山铜矿	1800	含铜黄铁矿型多金属硫化矿床。主要金属矿物为黄铜矿、闪锌矿、黄铁矿、自然银、自然金、金银矿、银金矿，脉石矿物为石英、透闪石和硅线石	二段磨矿、优先浮选	铜精矿、锌精矿、硫精矿	26.3	271	62.83
23	铜陵狮子山	3000	含铜矽卡岩型矿床。主要金属矿物为黄铜矿、黄铁矿、磁黄铁矿、银金矿、金银矿、自然银，脉石矿物为石榴子石、透辉石、方解石和石英	一段磨矿、单一浮选	铜精矿	18.68	272	59.10
24	湖北丰山铜矿	3500	矽卡岩型铜矿床。主要金属矿物为黄铜矿、斑铜矿、黄铁矿、辉钼矿，脉石矿物为石榴子石、透辉石和方解石	铜硫混合浮选，粗精矿再磨浮选	铜精矿、硫精矿	11.34	171.65	69.08
25	广东廉江银矿	250	中低温热液破碎带裂隙充填石英脉硫化矿床。主要金属矿物为辉银矿、螺状硫银矿、硫锑铜银矿、方铅矿、黄铜矿、黄铁矿和闪锌矿，主要脉石矿物为石英	一段磨矿、混合浮选	银精矿	553	12885	93.43
26	辽宁青城子铅锌矿	2000	中温热液充填交代矿床。主要金属矿物为方铅矿、闪锌矿、黄铁矿、银黝铜矿和深红银矿，脉石矿物为方解石、白云石和石英	一段磨矿、硫化物混合浮选、混合精矿再磨，铅、锌分离浮选，锌浮选尾矿即为硫精矿	铅(银)精矿、锌(银)精矿、硫精矿	56	1191 122	72.35 8.11

序号	选冶厂名称	规模 /t·d⁻¹	矿床类型及矿物组分	工艺流程简介	产品名称	选别指标		
						原矿品位 /g·t⁻¹	精矿品位 /g·t⁻¹	回收率 /%
27	瓦房店市华铜矿业有限公司	300	铁矿型铜矿。主要金属矿物为磁铁矿、磁黄铁矿、黄铜矿、黄铁矿、金银矿、银金矿，脉石矿物为风化黑云母、白云石、长石和叶绿泥石	一段磨矿，浮选-磁选	金银铜精矿、铁精矿	15	219	55.20
28	吉林四平银矿（四平昊融银业有限公司）	520	浸入岩中、低温岩浆后热液矿床，低硫化物型银矿。主要矿物有银黝铜矿、硫锑铜银矿、银金矿、金银矿和金银汞膏等	破碎，磨矿，浮选工艺	银精矿	146	3686	93
29	陕西银矿	900	含银多金属矿床，以硫化矿物为主，金属矿物主要有黄铁矿、方铅矿、磁铁矿	一段闭路磨矿、一次粗扫选、两次粗精选、三次精选	银精矿	160	9400	86
30	广西凤凰山银矿	550	原生硫化矿，有害杂质含量高，金属矿物主要为硫锰矿、菱锰矿、毒砂和黄铁矿，非金属矿物有石英、方解石和绢云母	二段破碎，一段磨矿，一次粗选三次扫选三次精矿的浮选流程	银精矿	217	3400	87
31	安徽凤凰山铜矿	3000	分含铜磁铁矿、高铜矽卡岩及低铜矽卡岩三种类型。主要金属矿物为黄铜矿、菱铁矿、磁铁矿等，主要脉石矿物为方解石、石英、长石等	三段开路破碎，两段磨矿，铜硫混合浮选、混精再磨、中矿再磨、铜硫分离、浮选尾矿弱磁选铁	铜精矿、硫精矿、银精矿	15.42	150.4	47.11
32	河北丰宁银矿	600	矿石中的银金矿物均以独立矿物存在，银矿物以辉银矿为主	二段一闭路破碎，两段磨矿，二次粗选三次扫选二次精选	银精矿	384	6569	90

序号	选冶厂名称	规模 /t·d⁻¹	矿床类型及矿物组分	工艺流程简介	产品名称	选别指标		
						原矿品位 /g·t⁻¹	精矿品位 /g·t⁻¹	回收率 /%
33	福建武平紫金悦洋银金属矿	2000	花岗岩型硫化银（铜）矿石，主要矿物为黄铜矿、方铅矿、闪锌矿、黄铁矿、辉银矿、螺状硫银矿、石英和绢云母等	两段一闭路破碎，两段磨矿，浮选	银精矿、铜精矿、硫精矿	85	1228.98	78.00
34	云南蒙自铅锌矿	6000	主要金属矿物为黄铁矿、白铁矿、磁黄铁矿等，脉石矿物有石英、方解石、铁白云石、绿泥石、绢云母等	二段磨矿，铅锌优先浮选流程，选铅一次粗选一次扫选二次精选，选锌一次粗选二次扫选三次精选	铅精矿、锌精矿	127	1846	50~60
35	［加拿大］基达·克里选矿厂	30000	块状闪锌矿-黄铁矿矿石。主要金属矿物为黄铜矿、方铅矿、闪锌矿、黄铁矿、银矿物和锡石，脉石矿物为硅酸盐	二段磨矿，优先浮选	铜精矿、铅精矿、锌精矿、硫精矿、锡石精矿	171.62	2164	59.57
36	［美国］爱达荷选矿厂		主要金属矿物辉锑矿、黄铁矿、毒砂、银金矿物	一段磨矿，优先浮选	金银精矿、锑银精矿	42.53	511	64.00
37	［美国］布腊德利选矿厂		含锑复杂多金属硫化矿，主要金属矿物为黄铁矿、毒砂、辰砂、辉锑矿、金和银矿物	二段磨矿，混合-优先浮选	金银精矿、锑银精矿	20.00	420	87.00
38	［智利］拉考帕（La Coipa）金银矿选冶厂	1500	银的可溶性盐，自然金	一段半自磨、二段球磨，全泥氰化	合质金（银）	82		85.00
39	［美国］德拉马（Delamar）银矿	1700	火山岩，含银矿物为硒银矿，脉石为黏土、明矾石和绢云母	半自磨加球磨两段磨矿，氰化浸出	合质金（银）	155		
40	［美国］桑夏恩（Sunshine）银矿	1200	中温热液交代矿脉，主要矿物为含银黝铜矿、黄铜矿、方铅矿、砷黄铁矿等	两段破碎，一段磨矿，二次浮选回路，再磨再浮选	银精矿	857	2488~3110	
41	［加拿大］银熊（Silver）银矿	150	火山岩和沉积凝灰岩，主要矿物为自然银、自然铋、黄铁矿、黄铜矿、闪锌矿等	两段闭路破碎，一段磨矿，跳汰重选、浮选	银精矿			

参 考 文 献

[1] 蔡玲，孙长泉，孙成林，等．伴生金银综合回收[M]．北京：冶金工业出版社，2007．

[2] 戴惠．选矿技术问答[M]．北京：化学工业出版社，2007．

[3] 周文波，刘涛，吴卫国，等．金的提取技术[J]．矿业快报，2006，02(2)：14～17．

[4] 张崇淼．矿石中银的提取方法及其展望[J]．矿业研究与开发，2003，23(2)：25～28．

[5] 孙传尧．矿产资源综合利用手册[M]．北京：科学出版社，2000．

[6] 孙传尧．黄金生产工艺指南[M]．北京：地质出版社，2000．

[7] 鲍利军，吴国元．高砷硫金矿的预处理[J]．贵金属，2003，24(3)：61～66．

[8] 薛光．加氯化钠焙烧提高含铜金精矿中金、银、铜浸出率的试验研究[J]．黄金，2002，23(12)：32～35．

[9] 薛光．提高金、银、铜回收率的焙烧——氰化试验研究[J]．黄金，2002，23(5)：26～28．

[10] 李绍卿，王莉平，罗建民．某含砷硫铜金精矿的氰化浸出工艺试验研究[J]．黄金，2005，26(3)：29～31．

[11] 雷军．原矿焙烧——焙砂氰化工艺处理鹿峰金矿矿石研究与实践[J]．黄金，2003，24(2)：38～42．

[12] 薛光，于永江，李志勤．加压氧化——氰化浸出工艺从酸浸渣中提金试验研究[J]．黄金，2004，25(5)：29～30．

[13] 孙鹏，黄怀国，江城，等．某难选冶金矿石压热氧化预处理工艺的碱性介质研究[J]．黄金，2002，23(12)：25～28．

[14] 邹来昌，罗吉束．某卡林型金矿碱性热压氧化预处理试验研究[J]．黄金科学技术，2006，14(1)：23～28．

[15] 訾建威，杨洪英，巩恩普．细菌氧化预处理含砷难处理金矿的研究进展[J]．贵金属，2005，26(1)：66～70．

[16] 姚东安．辽宁天利金业有限责任公司生物氧化提金厂竣工投产[J]．黄金，2003，24(8)：15．

[17] 杨凤，徐祥彬，赵俊蔚，等．含碳高砷型难浸金精矿细菌氧化试验研究[J]．黄金，2003，23(4)：37～39．

[18] 冯肇伍．高砷高硫金精矿细菌氧化——氰化提金试验研究[J]．黄金科学技术，2003，11(4)：12～16．

[19] 钟少燕，武良光．某含砷浮选金精矿的细菌氧化预处理——氰化提金试验研究[J]．黄金，2003，24(10)：37～41．

[20] 熊英，柏全金，胡建平，等．黄铁矿包裹型难浸金精矿的细菌预氧化工艺研究[J]．黄金，2003，24(11)：32～36．

[21] 盛艳玲，韩晓光，李珊．某中硫含铜金矿石的细菌预氧化——堆浸提金试验研究[J]．黄金，2003，24(3)：38～40．

[22] 王金祥．难浸金精粉箱式静态生物氧化试验研究[J]．黄金科学技术，2002，10(6)：20～24．

[23] 王金祥．难浸金矿石堆式细菌氧化——氰化炭浸法提金试验研究[J]．黄金，2002，23(6)：32～36．

[24] 本刊通讯员．细菌氧化——氰化提金工艺研究与工业化应用[J]．黄金科学技术，2003，11(5)：46．

[25] 王海瑞，张学仁．细菌氧化提金工艺的研究、设计与生产实践[J]．黄金科学技术，2004，12(5)：29～32．

[26] 周洪波，肖升木，胡岳华，等．金矿石生物氧化预处理研究[J]．中国矿业，2006，15(2)：39～42．

[27] 陈玉明，张培科，张丽珠，等．金精矿超声波强化硝酸预氧化工艺研究[J]．黄金，2004，25(11)：37～39．

[28] 方兆珩，夏光祥．高砷难处理金矿的提金工艺研究[J]．黄金科学技术，2004，12(2)：35～40．

[29] 孟宇群，代淑娟，宿少玲．某含砷金矿石提高回收率研究[J]．黄金，2005，26(1)：34～36．

[30] 孟宇群，吴敏杰，宿少玲，等．难浸含砷金精矿的碱性常温、常压强化预氧化工艺工业化研究 [J]．黄金，2004，25(2)：26～31．

[31] 孟宇群．难浸砷金精矿的碱性常温常压预氧化[J]．贵金属，2004，25(3)：1～5．

[32] 周中定．微细粒浸染型金矿石选金试验研究[J]．黄金，2003，24(6)：43～45．

[33] 本刊通讯员．碳质金矿石预处理方法[J]．黄金科学技术，2003，11(1)：32．

[34] 郭月琴，张辉民，王中生．某炭质金矿预处理——炭浸新工艺的研究[J]．黄金科学技术，2002，10(1)：23～26．

[35] 李玲玲编译．从浮选精矿中提金的新方法[J]．黄金，2003(6)：31．

[36] 高术林，张鹏，郎存棵．SK-106树脂在氰化提金中的应用研究[J]．黄金，2002，23(8)：35～39．

[37] 蔡艳荣，黄宏志．P510树脂从含金氯化溶液中吸附金和解吸金的性能研究[J]．黄金，2005，26(2)：34～37．

[38] 危俊婷，郭炳昆，严规有．超细磨——树脂矿浆法从黄铁矿烧渣中回收金的研究[J]．黄金，2002，23(4)：34～38．

[39] 本刊通讯员．非氰化浸出R-410吸附法从含铜金精矿中综合回收金和铜[J]．黄金科学技术，2002，10(2)：22．

[40] 郑若锋，刘川，秦渝．铜镍电解阳极泥中金、铂、钯的提取试验研究[J]．黄金，2004，25(4)：37～42．

[41] 林国梁，王玉坤，刘飞．采用液膜法从氰化浸出矿浆中提金的可行性研究探讨[J]．黄金，2004，25(1)：30～32．

[42] 方兆珩，韩宝玲，石伟．硫——石灰溶液中氧压浸出金精矿[J]．黄金科学技术，2002，10(3)：38～43．

[43] 陈江安，周源．某金精矿LSSS法浸金试验研究[J]．黄金，2004，25(8)：29～30．

[44] 杨大锦，廖元双，徐亚飞，等．硫脲从含金黄铁矿中浸金试验研究[J]．黄金，2002，23(10)：28～30．

[45] 吴国元，王友平，陈景．高砷金精矿氧化焙烧焙砂和真空蒸馏脱砷焙砂的硫脲浸出研究[J]．黄金，2004，25(10)：34～36．

[46] 熊英，柏全金，杨红霞，等．强化生物浸金剂的浸金性能研究[J]．黄金，2002，23(1)：38～41．

[47] 汤庆国，姜毅，谈建安．难浸碳质金矿中金的浸出研究[J]．黄金科学技术，2003，11(5)：23～27．

[48] 张钦发，龚竹青，陈白珍，等．用硫代硫酸钠从分银渣中提取银[J]．贵金属，2003，24(1)：5～9．

[49] 李桂春，王会平．用碘——碘化物溶液从含金矿石中提取金[J]．黑龙江科技学院学报，2005，15(6)：339～342．

[50] 卢辉畴．锌粉置换法从含高铜、铅、锌贵液中回收金的研究及生产实践[J]．黄金，2004，25(4)：36～38．

[51] 逯艳军，聂凤莲．用加压氰化浸出法提取金和银的工艺试验[J]．黄金地质，2003，9(4)：72～75．

[52] 张述华，王胜理．外加电场氰化浸出几种金矿石的试验研究[J]．黄金，2003，24(1)：30～35．

[53] 杨玮，张玮琦．增加二段磨矿作业的试验研究与生产实践[J]．黄金，2003，24(11)：40～42．

[54] 张东山，薛蕙芳，赵洪远．黄金提纯的酸溶设备[J]．黄金，2003，24(4)：8～10．

[55] 杨振兴，孙中健．空气搅拌氰化浸出槽的应用实践[J]．黄金，2002，23(9)：34～37．

[56] 《贵金属生产技术实用手册》编委会编．贵金属生产技术实用手册（上、下册）[M]．北京：冶金工业出版社，2011．

第41章 铂族金属矿选矿

41.1 铂族金属元素赋存状态及矿床

41.1.1 铂族金属元素简介

铂族金属元素包括铂（Pt）、钯（Pd）、铑（Rh）、铱（Ir）、锇（Os）、钌（Ru）6种金属，位于元素周期表中第Ⅷ副族。铂族元素在地壳中含量稀少，提取困难，但性能优越，应用广泛，价格昂贵，与金、银一起统称为"贵金属"。因其资源和储量比金、银少得多，铂族金属元素也被称为"稀有贵金属"。6种金属中，铂、钯在地壳中含量较另4种元素多且应用更广泛，称为"主铂族金属元素"，另四种称为"副铂族金属元素"。铂族金属元素的物理性能见表41-1-1。

铂族金属元素具有绚丽的色彩和良好的物理化学特性：高熔点、高强度、耐腐蚀、独特的生物活性和催化活性、持久稳定的使用寿命和长期的储存价值，在现代工业和人类生活各个领域备受人们青睐而获得广泛应用。铂族元素的各类化合物、浆料、金属或其合金制成的各种型材加工成成千上万个品种和规格的功能材料，广泛应用于人们的日常生活、农业、传统工业、高新技术、军工、宇航、医药卫生以及环境保护等各个领域。其主要应用如下：

（1）首饰和金融方面的应用，可以制作国际标准量器。

（2）在现代工业中的应用越来越广泛。主要表现在：汽车工业中用作尾气催化净化剂、工业有害废气催化净化等环境保护材料；化学化工即主要石油化工中用作催化剂，化学工业及有色金属冶炼工业用于阳极涂层、镀层；用于高级光学玻璃及玻璃纤维工业；用于电接触材料、钎料、包覆材料、磁性材料、耐磨轴尖材料、精密电阻材料、弹性材料、形状记忆材料等高精度、高可靠、长寿命特种功能高技术材料；用于生产氢气的电极材料、光敏材料、催化材料、燃料电池的催化电极、核能工业中的电极材料等新能源材料；用于医疗器械和医药。

（3）在高新技术方面的应用。铂族金属元素在生物工程、航空航天技术、信息技术、激光技术、自动化技术等高新技术方面应用日益广泛。

41.1.2 主要铂族矿物的特性及赋存状态

铂族元素矿物种类繁多，成分变化范围大，中国科学院地球化学研究所等单位早在20世纪80年代就对铂族元素矿物进行过系统研究，将当时国内外发现的已命名和未命名的120多种矿物归属为7大类。主要为自然金属及金属化合物、硫化物、锑化物、硫及硫砷化物、碲铋化物、含铂族元素的自然金属化物和锑化物等。元素的相对含量变化构成矿物新种和变种。目前发现的各种铂族矿物总计已达200多种。

　　自然界中有色金属硫化物、砷化物和硫砷化物是铂族元素的主要载体矿物。特别是自然金、自然银含铂族金属元素最高（自然金含铂 600×10^{-6}，钯 1000×10^{-6}），其次是黄铜矿、磁黄铁矿、辉砷镍矿和斑铜矿等。世界上97%的铂族金属元素来自铜镍硫化矿床。铂族元素主要物化性质见表41-1-1，铂族金属元素主要矿物见表41-1-2，常见铂族元素矿物的主要物化性质见表41-1-3。

表 41-1-1　铂族元素主要物化性质

元素名称性质	钌（Ru）	铑（Rh）	钯（Pd）	锇（Os）	铱（Ir）	铂（Pt）
地壳丰度	0.005	0.001	0.013	0.05	0.001	0.005
原子序数	44	45	46	76	77	79
相对原子质量	101.07	102.91	106.4	109.2	192.2	195.09
主要氧化态	+3，+4，+6，+8	+2，+3，+4	+2，+4	+2，+3，+4，+6，+8	+2，+3，+4，+6	+1，+2，+4
原子半径/pm	132.5	134.5	137.6	134	135.7	138.8
原子体积/mol	8.177×10^{-6}	8.286×10^{-6}	8.859×10^{-6}	8.419×10^{-6}	8.516×10^{-6}	8.085×10^{-6}
晶体结构	密集六方	面心立方	面心立方	密集六方	面心立方	面心立方
晶格常数/pm	270.6	380.4	388.2	273.4	383.9	392.2
原子间距/pm	270.6	269.2	275.3	273.4	271.6	277.6
离子半径/pm	63（+4）	75（+3）	86（+2）64（+4）	65（+4）60（+6）	64（+4）	85（+2）70（+4）
第一电离能/eV	7.37	7.46	8.34	8.7	9.1	9.0
逸出功/eV	74.54	4.90	4.99	4.8	5.40	5.27
金属半径/pm	133.6	134.2	137.3	135.0	135.5	138.5
电负性[①]	1.42[②]	2.28	2.20	2.20	2.20	2.28
颜色	灰白（银）色	灰白色	银白色	灰蓝色	银白色	银白色
熔点/℃	2310	1966	1552	2700	2410	1772
沸点/℃	2900	3727	3140	>5300	4130	3827
密度/g·cm⁻³	12.30	12.4	12.02	22.48	22.42	21.45
比热容（20℃）/J·(kg·K)⁻¹	230.5	246.4	244.3	129.3	128.4	131.2
导热率（0~100℃）/W·(m·K)⁻¹	105	150	76	87	148	73
线膨胀系数/K⁻¹	9.1×10^{-6}	8.3×10^{-6}	11.1×10^{-6}	6.1×10^{-6}	6.8×10^{-6}	9.1×10^{-6}
电阻率（0℃）/μΩ·cm	6.80	4.33	9.93	8.12	4.71	9.85
电阻温度系数（0~100℃）/℃	0.0042	0.0046	0.0038	0.0042	0.0043	0.0039
磁化系数/cm³·g⁻¹	0.427×10^{6}	0.09903×10^{6}	5.231×10^{6}	0.052×10^{6}	0.133×10^{6}	0.9712×10^{6}
抗拉强度/N·mm⁻²	496	688	172		1090	125
弹性模量/kN·mm⁻²	417	316	117	556	516	172
硬度（金刚石10）	6.5		5	7	6.5	4.5

①电负性为 L. Pauling 值；

②电负性为 Alfred-Rochow 值。

表 41-1-2   主要铂族金属元素矿物

类别	名称	化学式	主要组分含量/%	重要组分含量/%	晶系结构	颜色	密度/g·cm⁻³	莫氏硬度
自然元素类	自然钌 自然钯	Ru Pd	Ru 91.1~100 Pd 86.2~100	P 0~1.6, Rh 0~3, Os 0~0.7, Ru 0~0.2, Ir 0~0.2, Ir 0~5.0, Rh 0~1.4	等轴	银白—钢灰	10.84~11.97	4.5~5.0
	自然铂	Pt	Pt 84~98	Os 0~1.7, Au 0~4.5			21.5	4.0~4.5
金属互化物类	铁铂矿	$PtFe_2$-Pt<2Fe	Pt 62.1~83.5	Pd 0~3, Ir 0~3, Rh 0~1.9 Ru 0~0.3, Au 0~3 Ag 0~3	等轴	锡白—浅灰	12~15	4.0~4.5
	铜铂矿	Pt_4Cu_5	Pt 68.5~73.8				14.5	3.5
	铱铂矿	Pt_2Ir-Pt_{12}Ir	Pt 48.3~77, Ir 7~27.8	Ru 0~68, Pd 0~0.79, Rh 0~6.86, Os 痕, Ag 0~1			17~19.5	4.13~5.9
	锇铱矿	IrOs-Ir_4Os	Ir 46.8~77.2 Os 18.0~49.3	Ru 0~7.6, Rh 0.4~4.4, Pt 0~23.0, Pd 0~1.73	六方		17.1~21.1	6.9~7.1
	铱锇矿	Os>1Ir-$Os_{6.5}$Ir	Os 41.8~86.5 Ir 12.3~48.9	Rh 0~4.44, Pt 0~23.0 Pd 0~1.73			20~22.5	6.0~6.7
	锡铂矿	Pt_3Sn_2	Pt 63	Pd 1.12, Au 0.1				3~4
	锑铂矿	Pd_3Sb	Pd 70.35~73	Rh、Pt、Au、Ag 痕			9.0~9.5	4~5
碲化物类	碲铂矿 黄铋碲钯矿 铋碲铂钯矿	PtTe Pd (Te, Bi) (Pd,Pt)(Te,Bi)$_2$	Pt 54.8 Pd 29.5~45.9 Pd 14.9~18.7	Pt 0~3.3				2.4~4.0
	铋碲镍钯矿	(Pd,Ni)(Te,Bi)$_2$	Pt 6.3~13.8 Pd 11.5~14.4	Pt 0~3.8				
砷化物类	砷铂矿 峨眉矿	$PtAs_2$ $OsAs_2$	Pt 50.3~57 Os 46.5~51.2	Pd 0~痕, Rh 0~1.66 Ru 3.1~4.6, Ir 0.4~1.1, Co 0.1~0.2	等轴	锡白	10.5~10.7	6.0~6.8
硫化物类	硫钌矿 硫铱锇钌矿	RuS_2 (Ru, Os, Ir) S$_2$	Ru 61~67 Ru 18.0~38.1, Os 18.3~47.0, Ir 4.5~20.0	Os 0~3, Ir 0~1			6.99 7.71~7.76	7.5~8.0 6.65~8.0
	硫铂矿 硫镍钯铂矿	PtS (Pt,Pd,Ni)S	Pt 77.1~85.6 Pt 58.20~59.10 Pd 18.10~20.87	IrRu 0~0.6, Pd 0~5.9 Ir, Rh 等 0~0.42			9.5~9.52 10	5.4~5.6 6.1~6.8
	硫铂钯矿	(Pd,Pt)S	Pd 55.6~57.7 Pt 17.4~19.4					4.87~5.57

表 41-1-3 常见铂族元素矿物的主要物化性质

矿物名称	主要物化性质			
	密度/g·cm⁻³	磁 性	莫氏硬度	耐腐蚀性
自然铂	21.5	非磁性	4.0~4.5	溶于王水
粗铂矿	14~19	磁性或非磁性	4.0~5.0	溶于王水
铁铂矿	12~15	强磁性或弱磁性	4.0~4.5	溶于王水
铱铂矿	17~19.5	磁 性	4.1~5.9	不溶于王水
铂铱矿	22.6~22.9	弱磁性	5.3~5.7	不溶于王水
锇铱矿	17.1~21.1	非电磁型	6.9~7.1	不溶于王水
铱锇矿	20~22.5	非电磁型	6~6.7	不溶于王水
硫铂矿	9.5~9.52	非电磁型	5.4~5.6	不溶于单一酸
硫钌矿	6.99	非电磁型	7.5~8.0	不溶于王水
硫铱锇钌矿	7.71~7.76	非电磁型	6.65~8.0	
硫镍钯铂矿	10	非电磁型	6.1~6.8	不溶于单一酸
砷铂矿	10.5~10.7	非磁性至弱磁性	6.0~6.8	不溶于王水
铋碲铂矿	>10	非磁性	1.6~2.4	溶于王水
铋碲钯矿		非磁性	约4	溶于王水
铋碲镍钯矿		非磁性	4.2	溶于硝酸
单斜铋钯矿				溶于硝酸
铋碲镍铂矿				溶于王水
锑钯矿	9.0~9.5	非磁性	4~5	易溶于王水
锡铂矿		电磁性	3~4	溶于王水

41.1.3 铂族金属元素矿床及特点

41.1.3.1 铂族金属元素矿床的特点

由于铂族金属元素矿床和对其成因的研究不够充分,目前还未有完全一致的矿床分类方法。L.J 赫尔伯特从地质成矿的角度归纳了铂族元素矿床的地质环境、按岩浆演化各阶段主次及后生地质作用将其分为岩浆型、热液型和表生型三类,见表 41-1-4。

岩浆型矿床直接来源于地幔岩浆分异出贱金属硫化物相,后者又从硅酸盐母岩浆熔体中有效地富集了铂族元素。该类矿床铂族元素的储量占已评价资源的98%以上,目前提供的产量占总产量的95%以上。按矿床与主岩的关系该矿床又分为层控、不整合及边缘三个亚型。层控型系指层状浸入体中的矿床,矿体与火成岩层有完全相同的延伸规律,产出在火成岩层序列中严格限定的层位,延伸几十或几百公里,如最著名的南非铂矿。不整合型系指含金属高温热液对早期结晶的超基性岩体发生接触交代作用使贵贱金属再次富集形成的矿床,规模较小但品位较高,最典型的例子是布什维尔德杂岩中的纯橄榄岩筒。边缘型指岩浆中分异熔离的硫化物形成块状或稠密浸染状堆积在侵入体底部或周壁形成的矿床,矿体集中,规模较大且品位较高。大多数伴生铂族元素的硫化铜镍矿床属于这一类型,典型的如俄罗斯诺里尔斯克共生矿。中国金川也很可能归于此类。

热液型仅指含铂族元素的低温热液运移、沉淀、富集作用、变质交代作用和吸附沉降作用形成的多金属共生矿床,但多数这种矿床伴生的铂族元素品位较低。

表 41-1-4 铂族元素矿床分类及实例

分 类	亚 类	主 要 实 例
岩浆型	层控型	南非布什维尔德杂岩、梅伦斯基矿层和 UG-2 矿层、美国蒙大拿斯蒂尔瓦特杂岩 J-M 矿层和 Picket Pin 矿层、津巴布韦大岩墙 MSZ
	不整合型	南非布什维尔德纯橄榄岩筒
	边缘型	南非布什维尔德杂岩 Platreef 矿层 俄罗斯诺里尔斯克（Noril'ck） 加拿大安大略省萨德伯里 中国金川
	其 他	不列颠哥伦比亚图拉民（Tulameen） 俄罗斯带状杂岩体
热液型	含钯铂硫化铜矿型	美国俄怀明州新兰布莱（New Rambler） 南非莫西纳（Messina）
	U-Au-Pt-Pd	澳大利亚北区 Coronation 山 扎伊尔 Shinkolobwe
表生型	冲积型	哥伦比亚乔科（Choco） 俄罗斯乌拉尔山 远东阿尔丹 不列颠哥伦比亚 Tulameen
	残积型	阿拉斯加好消息（Goodnews）湾 西澳大利亚 Gilgarnia Rocks

表生型指各类坡积、残积、冲积成因的砂铂矿。曾在世界各地发现 100 多个规模不等的矿床或矿点。

目前已实现工业开发的主要铂族金属元素矿床类型也可归纳见表 41-1-5。

41.1.3.2 主要铂族金属元素矿床及特点

A 南非布什维尔德杂岩

该杂岩铂族金属元素储量达 6.17 万吨，占世界已评价资源的 70% 以上。在杂岩体东部形成的发育很好的镁铁-超镁铁岩石层状序列，被称为吕斯腾堡层状岩套。岩套从下至上分为下带、关键带、主带和上带。铂族元素主要矿化在关键带中。该带由古铜辉石岩、铬铁岩、苏长岩和斜长岩组成。世界最大的铂族元素资源就在其中的 UG-2、美伦斯基层及北部波特基特斯鲁斯区的 Platreef 等 3 个岩层中。

a 美伦斯基矿层 该矿层铂族金属元素储量高，约 1.7 万吨，品位 6.5g/t。总体上认定为斑状或伟晶状长石辉石岩层。铜镍呈硫化物矿化明显。主要矿物为镍黄铁矿（部分氧化蚀变为紫硫镍铁矿）、黄铜矿、磁黄铁矿、少量铬铁矿，主要脉石矿物为橄榄石、辉石、斜长石、长石和黑云母。铂族金属元素多为硫化物和硫砷化物，少量呈金属互化物。

b UG2 矿层 该矿层是世界最大的单一铂族元素富集体，含铜、镍低（Ni 0.09%），但含铬铁矿高，称为铬铁岩。铂族金属元素储量达 3.24 万吨，铂族元素的主要矿物种类为硫化物及少量铂-铁含金矿物，在含铜、铂的硫化矿物中富含铑（0.7g/t）及铱。

表 41-1-5　目前已实现工业开发的主要铂族金属元素矿床类型

矿床类型	地质特征	矿体形态及产状	矿石类型	主要矿石矿物	铂族金属元素含量/g·t⁻¹	伴生组分/%	矿床规模	类型相对重要性	矿床实例
层状基性超基性岩铂族金属元素矿床	含矿岩体产于前寒武纪克拉通,矿床赋存在基性超基性杂岩体的特定部位,杂岩体具有火成岩旋回、韵律层或隐层理,粗粒含长辉石岩、苏长岩等含矿	层状、似层状,厚20～200cm,产状平缓,分布稳定	硫化物矿石	碲铂矿、砷铂矿、自然铂、等轴铅钯矿、锡钯矿、硫铂矿、硫钯矿、铁铂矿、磁黄铁矿、镍黄铁矿、黄铜矿	8～20	Ni 0.1～0.2 Cu 0.03～0.1	大型(铂族金属元素量可达数百吨至数万吨)	重要(占世界总储量的70%以上)	南非布什维尔德、美国斯蒂尔沃特
含铂基性超基性岩镍铜硫化物矿床	含矿岩体常产于克拉通与褶皱带邻接部位,受深断裂系统控制,多位小岩体;含矿岩相为苏长岩、橄榄辉石岩、橄榄岩等	铂族金属元素伴生于镍铜硫化物矿体中,形态、产状与之一致	硫化物矿石	磁黄铁矿、镍黄铁矿、黄铜矿、硫镍钯铂矿、铁自然铂、砷铂矿、硫钌矿、铋铅钯矿、铅钯矿、粗铂矿	0.4～10	Ni 0.5～4.0 Cu 0.7～4.7	伴生铂族有时为大型	较重要(占世界总储量的27%左右)	甘肃金川、前苏联诺里尔斯克"十月"、塔内纳赫、加拿大萨德伯里
砂铂矿床	产于某些残积、冲积和滨海矿中,往往与阿拉斯加型或阿尔卑斯型超基性岩体有关	层状,产状平缓	砂矿石	自然铂、铱锇矿、铂铱矿	0.04～1(最高可达15)	一般为小型	次要	前苏联乌拉尔、哥伦比亚、美国阿拉斯加等地砂铂矿床

c　Platreef 矿层　该矿层是布什维尔德杂岩中主要的铂族元素、镍、铜、钴共生资源。矿层由中到粗粒的辉岩、暗色苏长岩和苏长岩序列组成,部分矿层蛇纹石化。矿层中硫化物含量很少超过 5% ,多为浸染状产出。矿层上部为稠密浸染状矿石,品位较高。主要硫化物为磁黄铁矿、镍黄铁矿、黄铜矿和少量黄铁矿等。铂族元素以硫化矿物为主,与镍、铜硫化矿物共生,但大量钯呈固溶体存在于镍黄铁矿中。

d　Volspurit 矿层　在 Volspurit 地区的布什维尔德杂岩下带底部,发现有铂族金属元素、镍、铜硫化物矿化层。主要硫化物依次为磁黄铁矿、镍黄铁矿、黄铜矿和方黄铜矿。

布什维尔德杂岩中镍、铜及铂族金属元素品位见表 41-1-6。

表 41-1-6　布什维尔德杂岩中镍、铜及铂族金属元素品位

品　位	美伦斯基矿层	UG2 矿层	Platreef 矿层	Volspurit 矿层 东部	Volspurit 矿层 西部
Ni/%	0.17	0.03	0.36	0.24	0.21
Cu/%	0.1	0.02	0.18	0.11	0.14
铂族金属元素/g·t⁻¹	6.47	7.06	3.05	3.51	6.0

B　美国斯蒂尔瓦特杂岩

该杂岩是一套镁铁质和超镁铁质杂岩，其中部分矿段硫化物矿化很普遍，在 Ni + Cu 品位为 0.9% ~1.2% 的矿化带中铂族元素品位较高，并在与铬铁岩共生的橄榄岩中异常富集。主要可分为 J-M 和 Picket Pin 两个矿层。

a　J-M 矿层　矿石中硫化物总含量为 0.5% ~1%，部分矿段铂族元素平均品位达 22.3g/t，代表性的矿石品位见表 41-1-7。

表 41-1-7　J-M 矿层主要成分

成　　分	Ni	Cu	Pt	Pd	Rh	Ir	Ru	Au
品位/g·t^{-1}	0.24%	0.14%	4.2	14.8	1.7	0.53	0.89	0.12

b　Picket Pin 矿层　矿石中硫化物含量可达 1% ~5%，主要矿物为单斜磁黄铁矿、黄铜矿、镍黄铁矿。矿石类型有两种，粗粒斜长岩矿石和中粒斜长岩矿石，铂族元素品位在前者可达 1.7g/t，后者为 0.2g/t。

C　津巴布韦大岩墙

该岩墙是世界上最大的火成杂岩体之一。80 年代 MS2 矿带中圈定铂族金属元素储量就达 7900t，仅次于南非。矿石中主要硫化矿物为磁黄铁矿、镍黄铁矿、黄铜矿和黄铁矿，含 Cu 0.2%，Ni 0.25%。主要铂族元素加金的品位为 4.7g/t，其中铂族元素品位较低。

D　俄罗斯的铂族金属元素矿床

a　纯橄榄岩-单斜辉岩杂岩体　这类与纯橄榄岩-单斜辉岩（或有辉长岩）组合的超镁铁质杂岩有关的铂族元素矿床，在世界的分布较广。俄罗斯乌拉尔山脉中部和远东阿尔母地盾两处就属于此类典型矿床。这类杂岩体风化蚀变为次生的砂铂矿。乌拉尔矿床铂族元素仅产出在受严重侵蚀的纯橄榄岩体中心的铬铁矿分凝体内。某些最富的矿石铂族元素品位可达 10~100g/t，但不均匀，一般残积砂矿不连续，但冲积矿砂可延伸很远。主要铂族元素矿物为自然金属或金属互化物合金，其中等轴铂铁矿最多，次为铂铱矿，还有锇铱矿、铱锇矿等。矿物粒度常为 0.5~18mm。

b　诺里尔斯克共生矿　诺里尔斯克共生矿是与陆内裂谷作用有关的溢流玄武岩浆侵入并同化地壳结晶岩中的硫，形成大型共生矿床的典型实例。该矿床铂族元素含量占俄罗斯的 90%，钯占世界产量的 80% 以上。矿石分为块状、浸染状、块-脉浸染状和似角砾状等类。铂族元素在不同类型矿石中含量变化很大，以富黄铜矿、方黄铜矿及硫铜铁矿的矿石中最高。富矿中平均品位可达 5~11g/t。

c　贝辰加共生矿　贝辰加共生矿属镁铁质超基性-基性岩体。矿体中有浸染状、角砾状、致密块状三类矿石，所有矿区的贱金属组合均为磁黄铁矿-镍黄铁矿-黄铜矿。矿石中铂族金属元素品位较高，平均品位约为 8g/t。该矿区还曾是前苏联重要的镍铜铂族元素产区，但在后来日渐减少，现不足 7%。

E　加拿大铂族元素矿床

加拿大铂族元素矿床资源丰富，在其多个省份都发现有大小不等的超基性杂岩体，并有不同程度的镍、铜、铂族元素矿化，其中最为著名的为萨德伯里镍铜矿区和汤普森矿区。

a　萨德伯里杂岩体　该杂岩体分布有多个不同类型的镍、铜共生硫化物矿床。所有矿床中贱金属矿物都呈磁黄铁矿-镍黄铁矿-黄铜矿组合。三者比例一般为 75：15：10。矿石以块状、角砾状为主，还有包裹在石英闪长岩中的浸染状和稠密浸染状。全矿区矿石平均含 Ni 2%，镍铜比变化较大，从 1：0.5～1：3，平均为 1：0.8，全部硫化物矿床中都含有铂族元素。萨德伯里矿床应称为"伴生铂族元素的镍、铜共生硫化矿"，贱金属硫化物是铂族元素的重要载体矿物。对铂族元素矿物研究表明，91% 的 Pt 和 40% 的 Pd 呈单矿物存在。萨德伯里矿石含铂族元素品位约为 0.5～0.8g/t，在 20 世纪上半叶的世界铂族金属元素生产中曾占有重要地位，但品位比南非、美国、俄罗斯的相关矿床要低得多。随着高品位矿床的相继开发，萨德伯里的铂族金属元素产量已退居次要地位。

　　b　汤普森矿床　　该矿区是加拿大重要的硫化镍矿，产在蛇纹岩化橄榄岩中，以镍为主铜很少；贱金属矿物主要是磁黄铁矿和镍黄铁矿，比例约为 2.1：1。矿石品均含镍 2%～2.5%，$m(Ni)：m(Cu) = 100：(6～7)$。其铂族元素品位仅为萨德伯里矿床的二分之一，为 0.3～0.4g/t。

　　F　中国的铂族元素矿床

中国国土面积辽阔，超基性岩带分布很广，已在甘肃、云南、河北、四川、黑龙江、内蒙古等省发现多个含铂族金属元素的铜镍矿床。除甘肃金川伴生铂族硫化铜镍矿床和云南多个低品位铂矿外，还有黑龙江鸡东的硫化铜镍型矿床（Pt + Pd > 0.5g/t、Cu 0.3%～0.6%、Ni 2%～0.3%）、北京延庆红石湾的硫化铜镍型矿床（Pt + Pd 0.26g/t、Cu 0.14%）、河北丰宁红石砬热液蚀变透辉岩型矿床（Pt 约 0.9g/t、Pd 约 0.2g/t）、四川丹巴杨柳坪晚期岩浆熔离型矿床（Pt 0.49g/t、Ni 0.39%，Cu 0.14%）等。此外地质专家预测，云南西北部的基性与超基性岩带于四川攀西古裂谷带二叠系峨眉山溢流玄武岩相接，相关的超基性、基性岩体可能具备发育成类似俄罗斯诺里尔斯克矿床的基本条件。

　　a　金川伴生铂族元素硫化铜镍矿　　金川伴生铂族元素硫化铜镍共生矿是中国最大的硫化镍矿床。在世界已探明的近 150 个硫化镍矿床中，是仅次于加拿大萨德伯里的第二大共生矿床。探明金属镍储量 545 万吨，占世界硫化镍保有储量的 25%，其铜资源也相当于大型的铜矿，预测其深部还有可观的远景储量。矿石镍高铜低，$m(Ni)/m(Cu)$ 约为 0.63。资源相当集中，其中二矿区镍铜和铂族金属元素储量占全矿区的 75% 以上。按成矿作用和成矿阶段矿体可分为熔离型、熔离-贯入型、贯入型和接触交代型四类。

　　（1）熔离型：主要分布于岩体中上部，系岩浆熔离、结晶分异而成，呈小透镜状、巢状产出，硫化物呈星点粒度状或斑杂状稀疏地分散在超基性岩石中构成贫矿。

　　（2）熔离-贯入型：主要分布于岩体下部或深部，似层状或透镜状产出，矿石以海绵晶体状为主构成富矿，是矿床中最主要的矿石成因类型和开采资源。

　　（3）贯入型：分布于贫、富矿接触带、岩体与围岩接触带或岩体内断层裂隙中，系硫化物矿液沿构造裂隙贯入后形成特富矿体，呈不规则透镜状、脉状产出，矿石平均含镍 7%，最高达 9%，具有重要经济价值。

　　（4）接触交代型：产于超基性岩体外接触带或边缘大理岩俘房体中，矿体似层状或透镜状。稠密浸染状构成富矿，稀疏浸染状构成贫矿。

　　各类矿石中硫化物比例基本相同。主要是磁黄铁矿、镍黄铁矿、黄铜矿、方黄铜矿，次为黄铁矿、磁铁矿、墨铜矿和马基诺矿。接近地表的矿石中镍黄铁矿蚀变为紫硫镍铁矿，少量镍呈硅酸镍。全矿平均品位铂族元素 0.48g/t、Au 0.14g/t、Ag 3.4g/t。铂族元素之间的比例（％）：Pt 61，Pd 31，Rh 1，Ru 2.1，Ir 2.2，Os 2.5。铂族元素在不同矿区及不同类型矿石中品位变化大，在富矿中形成很多高于或等于 1g/t 的富集体。

矿石中 90％ 以上的铂呈可鉴别的单矿物，其中以砷铂矿为主，粒度 0.074 ~ 0.5mm，多被黄铜矿包裹，次要矿物有自然铂、碲铋铂矿等，呈类质同象的铂很少。

矿石中 74％ ~ 88％ 的钯呈可鉴别单矿物，但粒度多小于 0.074mm，主要呈铋碲钯矿、含银镍的碲铋钯矿。对矿石中各种矿物含钯的分析（见表 41-1-8）表明，95％ 的钯存在于黄铜矿为主的贱金属硫化矿物中，副铂族元素也主要以单矿物形态出现。

表 41-1-8   铂、钯在各类矿物中的含量及相对比例

矿 物	硅酸盐	磁铁矿	铬铁矿	黄铜矿	紫硫镍铁矿	黄铁矿
$Pt/g \cdot t^{-1}$	0.0075	0.012	1.38	0.23	0.77	0.42
相对比例/%	3.4	7.6	12.2	26.6	20.8	29.4
$Pd/g \cdot t^{-1}$	0.012	0.0036	0.0034	0.11	0.026	0.047
相对比例/%	5.8	1.3	1.7	53.5	12.6	25.2

b   云南的原生铂矿   中国西南三江（金沙江、怒江、澜沧江）区域是世界级有色金属和稀贵金属成矿富集区，云南是其重要一隅，号称有色金属王国。云南省内基性、超基性岩体成群出现，分段集中，成带展布，岩体小但数量多，成矿属性明显。已发现多个大小不一的铂钯矿体。正在研究其开发利用的有弥渡县的金宝山和元谋县的朱布、牟定的安益等。

（1）金宝山低品位铂族元素矿床   金宝山是目前国内大型的原生铂族元素矿床。6 种铂族元素的含量比例为 Pt/Pd/Rh/Ir/Os/Ru ≈ 21.90/37.46/3.49/2.54/1/1，因品位较低，被称为低品位铂钯矿。矿石以橄榄岩型为主（占全矿区的 85％），蛇纹岩及滑石碳酸盐化超基性岩型为次（占 8.7％），少量辉橄岩和辉石类。矿石以脉状、均匀浸染状、云雾状斑点及斑块状等构造为多，还有似海绵陨铁网状、角砾状、空心豆状等结构。

矿石中铂钯矿化与贱金属硫化物关系密切。贱金属硫化物含量高且种类多时，铂钯的矿化较好。矿石中铂钯品位与铜镍品位呈正消长关系，且与镍的关系密切。

金宝山矿石的结构和构造复杂，矿物种类繁多。地矿部云南中心实验室等单位对金宝山富矿石的物质组成和工艺矿物学进行了系统深入的研究，查明矿石中共有 11 大类 73 种矿物（表 41-1-9）。常见矿物主要有半自形-自形晶粒结构、半自形-它形粒状结构、包含结构、它形粒状-似海绵陨铁结构、交代结构和固溶体分离结构等。贱金属硫化矿物、铬尖晶石、磁铁矿多为半自形-它形粒状结构。

金属矿物有 30 多种、其中硫化物 20 多种，但仅占矿石量 2％。主要有紫硫镍铁矿、镍黄铁矿、黄铜矿、黄铁矿。镍的硫化物约占总镍 80％，其余以类质同象分散在硅酸盐和氧化矿物中。大多数镍铜均与蛇纹石、磁铁矿毗连镶嵌。矿石中铂族元素矿物多为自形-半自形粒状，粒度多小于 0.01mm，个别达 0.08 ~ 0.1mm。在 0.02 ~ 0.040mm 之间约占 60％，常相互包裹连生为集合体。

表 41-1-9 金宝山低品位铂钯矿的主要矿物种类

矿物类别	种数	矿 物 名 称
自然金属及金属互换物	11	自然铂、铁自然铂、等轴铁铂矿、钯等轴锡铂矿、铂等轴锡钯矿、等轴锡铂矿、等轴锡铂矿、斜方锡铂矿、自然金、自然银、(PdPt)₂(SnAs)
砷化物及硒化物	4	砷铂矿、砷铂矿、斜方砷镍矿、硒铅矿
锑化物	5	六方锑钯矿、锑钯矿、一锑二钯矿、Pd₃Sb、锑银矿
碲化物	3	碲铂矿、碲钯矿、黄碲钯矿
硫化物及硫砷化物	20	硫铂矿、硫铱铱矿、钯硫砷铱矿、辉银矿、黄铁矿、白铁矿、磁黄铁矿、镍黄铁矿、紫硫镍铁矿、黄铜矿、斑铜矿、黝铜矿、铜蓝、方铅矿、闪锌矿、硫镉矿、硫镍钴矿、毒砂、辉铋矿、硫砷锑矿
硅酸盐类	12	蛇纹石、单斜辉石、角闪石、绿泥石、滑石、黑云母、白云母、皂石、石榴石、锆石、榍石、斜长石
氧化物类	10	石英、磁铁矿、铬铁矿、针铁矿、钛铁矿、方钍石、锡石、铌钽铁矿、细晶石、黑钨矿
碳酸盐类	4	孔雀石、方解石、白云石、菱锰矿
硫酸盐类	1	重晶石
磷酸盐类	1	磷灰石
钨酸盐类	1	白钨矿

　　铂族元素矿物多呈包裹体或连生体直接嵌布在紫硫镍铁矿、黄铁矿、磁黄铁矿、黄铜矿等贱金属硫化矿物中，或与贱金属呈连晶嵌布于脉石矿物中。根据挑选的贱金属单矿物中铂钯含量分析计算的铂钯在各种矿物的分配见表41-1-10。各种矿物中所含铂钯包括类质同象及极微细而难鉴别的铂钯单矿物。

表 41-1-10 铂钯在各种矿物相中的分配比例

矿物名称	矿物相对含量/%	Pt		Pd		Pt + Pd	
		品位/g·t⁻¹	分配比例/%	品位/g·t⁻¹	分配比例/%	品位/g·t⁻¹	分配比例/%
黄铜矿	0.376	5.68	1.55	7.36	1.17	13.04	1.31
紫硫镍矿、镍黄铁矿	0.382	65.94	18.25	234.84	38.01	300.78	30.72
黄铁矿	0.706	13.02	6.66	33.07	9.89	46.09	8.7
磁铁矿和铬铁矿	11.008	0.71	5.66	0.22	1.03	0.93	2.74
针铁矿	0.014						
脉 石	87.514	0.18	11.42	0.26	9.64	0.44	10.30
铂钯单矿物			56.46		40.26		46.23
合 计	100.00		100.00		100.00		100.00

　　已供试验并欲优先开发的金宝山部分富矿石含铂钯 4.15g/t，Cu 0.156%，Ni 0.249%，金属硫化物仅占1.8%。铁氧化物占10%左右，其余88%为脉石矿物，主要是蛇纹石（叶蛇纹石、斜纤维蛇纹石）、少量单斜辉石、角闪石、碳酸盐等，蛇纹石 MgO 含

$Pt = 5.68$

$^{-1}$

量可达38%～40%。金宝山矿石中复杂的矿物种类和共生组合关系，与国内外其他铂族元素矿床的特点基本相同，但金宝山矿石中脉石矿物以蛇纹石为主，铂族元素矿物种类及组合方面又与其他矿床有些差别。如与金川共生矿相比其差别是：①金宝山矿石中的铂钯、尤其是钯与硫化铜矿物的关系很小，而与硫化镍矿物的关系最密切；②镍矿物以氧化蚀变的难选紫硫镍矿为主；③在磁铁矿中包含的铂比钯多，较粗粒的铂钯矿物多与磁铁矿呈毗连关系易解离，但磁铁矿包裹的少量极细颗粒很难解离；④脉石中铂钯矿物粒度相对较粗，多存在于纤维状蛇纹石的晶间隙中，嵌布松弛易解离。矿石中紫硫镍矿及磁铁矿多对选矿富集不利。认识这些特点对铂族元素矿床的地质、矿床成因研究、矿石选冶工艺制定及判断综合利用指标有一定指导作用。

（2）元谋低品位铂族矿床　元谋-绿汁江岩带由多个基性、超基性岩体，其中多数有铂、钯、镍、铜矿化。元谋朱布岩体为蛇纹石化橄榄岩，矿体多呈大小不等的透镜状、囊状、扁豆状，矿石构造以稀疏浸染状为主，局部出现斑豆状、豆状、海绵陨铁状和细脉浸染状。矿石中有价元素见表41-1-11。

表 41-1-11　朱布低品位铂族元素矿床的品位

元　素		Cu	Ni	Pt*	Pd*	Os*	Ir*	Ru*	Rh*	Au*	Ag*
品位/% (*/g·t^{-1})	一般	0.1～0.4	0.1～0.3	0.3～2.0	0.3～1.3					0.05～0.15	0.8～4
	最高	1.75	5.58	5.33	4.26	0.031	0.056	0.028	0.028	0.26	8.4
	平均	0.26	0.29	1.29		0.025	0.039	0.018	0.022	0.12	2.04

铂族元素矿物有砷化物、硫砷化物、铋化物、铋碲化物和硫化物等5类共15种，87%的Pt、89%的Pd呈单矿物。主要矿物是砷铂矿和等轴铋碲钯矿，粒度极细（0.005～0.09mm）。贱金属硫化物以磁黄铁矿、黄铜矿、黄铁矿和镍黄铁矿为主，次为方黄铜矿、白铁矿和墨铜矿等。铂族元素矿物与贱金属硫化矿物密切连生。

G　澳大利亚含铂族元素矿床及其他含铂资源类型

世界上现有各种类型的铂矿资源，如层状杂岩型、气水热液交代型、萨德伯里和诺里尔斯克的共生矿类型，在澳大利亚都有发现。除早期的新南威尔士和塔斯马尼亚的著名砂铂矿外，卡尔古利地区的Kambalda属高品位硫化镍矿床，含镍大于0.8%的金属镍储量达360万吨，仅次于加拿大、中国和俄罗斯；还有含Ni小于0.8%的金属镍储量达500万吨。但多数镍矿床中铂族元素品位较低，铂少钯多，钯平均品位0.28～0.3g/t。

在西澳，北领地区也都有品位较高的含铂矿层尚未开采。澳大利亚在世界铂族金属元素资源和生产中尚未形成重要地位，但有发展前景。

近年来，在世界上很多不同成因的多金属共生矿床，如各种铜矿床、铜钼矿床、铀-硫化物、锡石-硫化物矿床和含铜黑色页岩等矿床中，常发现品位不等的铂族元素。虽然多数矿床中铂族元素品位很低，产量很少，对世界铂族金属元素生产影响不大，但其综合回收也一直是重要课题。不仅提示人们注意发现新的铂族元素资源类型，也为铂族元素矿产资源综合利用提供了依据。

各类矿床中伴生的铂族元素主要是钯，其次是铂、铑，其赋存特点是与贱金属硫化矿物共生，其状态既有单矿物也有类质同象，单矿物粒度一般非常细微。

41.2 国内外铂族金属元素矿产资源

41.2.1 铂族金属元素矿床的工业指标

铂族金属元素矿床的工业指标见表 41-2-1，国内典型铂族矿床的综合评价实例见表 41-2-2。在原生铂族金属元素矿床中，铂族金属元素常与铜、镍、钴、铬、金、硒、碲等矿产共生；其超基性围岩有的可制钙镁磷肥和建筑材料；在铂族金属元素砂矿床中，铂族金属元素常与金共生；在基性或超基性岩有关的矿产中，常伴有铂族金属元素。因此，要对上述三种不同类型铂族元素矿床作综合评价。

表 41-2-1 铂族金属元素矿床的工业指标

矿床类型		金属种类	边界品位/g·t⁻¹ (* /g·m⁻³)	工业品位/g·t⁻¹ (* /g·m⁻³)	块段品位 /g·t⁻¹	最小可开采厚度/m	夹石剔除厚度/m
原生矿床	超基性岩含铜镍型矿床	Pt + Pd	0.3 ~ 0.5	≥0.5	1.0	1 ~ 2	≥2
		Pt	0.25 ~ 0.42	≥0.42	0.84		
		Pd	1.25 ~ 2.1	≥2.10	4.20		
	伴生矿床	Pt、Pd	0.03				
		Os、Ir、Ru、Rh	0.02				
砂矿床	松散沉积型矿床	Pt + Pd	0.03 *	≥0.1 *		0.5 ~ 1	≥1
		Pt	0.025 *	0.085 *			
		Pd	0.125 *	0.42 *			
	砂砾岩型矿床	Pt + Pd	0.1 ~ 0.5 *	1 ~ 2 *			
		Pt	0.085 ~ 0.42 *	0.84 ~ 1 *			
		Pd	0.42 ~ 2.1 *	4.2 ~ 8.4 *			

表 41-2-2 国内典型铂族矿床的综合评价实例

矿床类型	边界品位/g·t⁻¹ (* /g·m⁻³)	工业品位/g·t⁻¹ (* /g·m⁻³)	块段品位 /g·t⁻¹	可采厚度 /m	夹石剔除厚度 /m
西南某超基性岩含铜镍铂矿床	Pt + Pd 0.5	Pt + Pd 0.5		1	2
河北某热液蚀变透辉岩型铂矿[①]	Pt + Pd≥0.3	Pt + Pd≥0.5	Pt + Pd≥1	2	3
西北某松散沉积物中砂铂矿床	0.03 *	>1 *			

①Pt : Pd = 4 : 1。

41.2.2 铂族金属元素储量及生产产量

41.2.2.1 铂族金属元素储量

截至 2002 年底世界铂族金属元素储量分别为 71000t 和 80000t。南非铂族金属元素储量居世界首位,其次有俄罗斯、美国和加拿大,四国储量合计占世界总储量的 99% (见表 41-2-3)。经过重新修正,美国铂族金属元素储量和基础储量分别减少 47.1% 和 9.1%,南非铂族金属元素基础储量则增加 10%。世界铂族金属元素资源量估计在 10 万吨以上,主要产于南非的布什维尔德杂岩体中。

到目前为止,我国铂族金属元素探明资源严重缺乏。截至 1998 年底,我国已探明铂族金属元素储量的矿区共 35 处,保有储量 306t,其中工业储量仅 23t,约为世界铂族金属元素储量 71000t 的 3‰,且没有单独开采的铂族金属元素资源,主要作为铜、镍、铁矿等伴生元素综合回收,铂族金属元素矿品位仅是国外矿床的 1/10 ~ 1/5。在我国铂族金属元素储量中,伴生铂族金属元素保有储量占总量的 62.2%,共生钯铂矿占 9.2%,单一铂钯矿占 28.6%,砂铂矿储量极少且难利用。

表 41-2-3   2002 年世界铂族金属元素储量和基础储量

国家和地区	储量/t	基础储量/t	国家和地区	储量/t	基础储量/t
南 非	63000	70000	加拿大	310	390
俄罗斯	6200	6600	其 他	800	850
美 国	900	2000	世界总计	71000	80000

41.2.2.2   近年来铂族金属元素生产产量

人类从发现并命名铂族金属元素至今的 200 多年中,只生产了 8500 多吨(其中约 5500t 为近 30 年所产)。世界铂族金属元素的主要生产国是南非、俄罗斯,主要来自世界的 5 个矿区:南非布什维尔德、俄罗斯诺里尔斯克、美国斯蒂尔瓦特、加拿大萨德伯里和津巴布韦大岩墙。南非、俄罗斯这两个国家铂族金属元素产量占世界总产量的 90%,南非是世界最大的铂族金属元素生产国,其铂产量约占世界产量的 2/3 以上。俄罗斯是世界第二大铂族金属元素生产国,钯产量居世界首位。因此,世界铂族金属元素市场受南非、俄罗斯两国铂族金属元素生产国供应量左右。在铂族金属元素产量中,铂和钯产量约占 90%,其他几种铂族金属元素总计约占 10%。

在世界铂族金属元素总供应量中:铂:南非占 70% ~ 85%,俄罗斯占 10% ~ 20%,而北美仅占 5% ~ 6%;钯:俄罗斯占 50% ~ 60%,南非占 25% ~ 35%,北美仅占 10%;铑:南非占 50% ~ 75%,俄罗斯占 20% ~ 40%,而北美仅占百分之几。

2001 年世界铂族金属元素产量约为 585.2 万盎司,比 2000 年上升 13.1%,世界最大的铂生产国南非铂产量 419 万盎司,同比上升 13.9%。产量居世界第二位的俄罗斯铂产量 128.6 万盎司,同比增长 14.3%,以上两国铂产量分别占世界铂总产量的 71.6% 和 22.0%。

2001 年世界钯金属产量约为 565.6 万盎司,比 2000 年上升 6.0%,世界最大的钯生产国俄罗斯钯产量 585.2 万盎司,同比上升 10.6%。第二大产钯国南非钯产量 201.3 万盎司,同比增长 12.1%,以上两国钯产量分别占世界钯总产量的 48.9% 和 35.6%。

表 41-2-4 为近年来南非几个主要产铂公司产量和俄罗斯诺里尔斯克公司铂钯生产产量。1998 年我国铂族金属元素产量 0.661t,这是我国铂族金属元素产量历史最高年份。金川铜镍矿目前是我国唯一的铂族金属元素生产基地,铂钯产量占全国铂钯产量的 89.3%。

表 41-2-4 世界上几个重要铂钯生产企业铂钯产量

年份	南非 Rustenberg 铂矿公司产量/t		南非 Impala 铂矿公司产量/t		南非西铂公司产量/t		俄罗斯诺里尔斯克镍公司产量/t	
	Pt	Pd	Pt	Pd	Pt	Pd	Pt	Pd
2005			31.60	14.61	1.56	0.53	21.29	
2006	26.71		31.90		1.39		21.32	
2007	22.76	12.01	33.78	15.09	1.37	0.53	20.98	
2008	21.18	10.94	30.60	11.77	1.3	4.23	23.05	95.85

41.2.3 铂族金属元素二次资源

铂族金属元素价值昂贵,应用广泛,但矿产资源分布又极不均匀,生产被极少数几个国家垄断,因此多数国家十分重视铂族金属元素二次资源的回收、再生和复用。中国铂族资源十分缺乏,但需求量也十分巨大,必须强化对铂族金属元素二次资源的综合利用。

铂族金属元素二次资源的来源、数量、形态、品位等直接与其应用有关;使用铂族金属元素越多的工业部门,产生的废料也应越多。这些部门主要是:石油及化学化工使用的铂族金属元素催化剂;环境工程(环境保护、环境监测、环境治理等方面)中使用的铂族金属元素材料;信息传感使用的铂族金属元素材料;精密合金材料;新能源材料:宝石及玻璃纤维等。从冶金原料分类看,主要是金属和合金废料、载体催化剂、低品位废渣和含铂族金属元素废液。据统计二次资源回收的铂族金属元素约为工业总用量的 50%。

41.2.4 铂族精矿质量标准

铂族金属元素多伴生在硫化铜镍矿床中,一般没有单独的选矿产品,工业中多在主金属冶炼过程中综合回收,故暂无选矿产品质量标准。

41.3 铂族金属元素选矿技术及发展趋势

41.3.1 铂族金属元素选矿技术

如前所述,目前开采的铂族金属元素矿床主要有三类:①砂铂矿床,是最早开采的铂族金属元素主要来源,现今的铂族金属元素产量已非常小。②脉铂矿床,以铂族金属元素为主要回收组分,储量巨大,铂族金属元素产量也相当可观,如南非的布什维尔德杂岩中的梅伦斯基矿脉和 UG-2 矿脉等。③硫化铜镍矿床,目前系铂族金属元素的主要来源,如俄罗斯的诺里尔斯克、加拿大的萨德伯里、中国金川、澳大利亚卡姆巴尔达等。针对这三类矿石,已开发出成熟的选矿工艺技术。

41.3.1.1 砂铂矿的处理

砂铂矿与砂金矿类似,铂矿物在矿砂中呈微量组分,其中铂族金属元素大多数呈游离状态或合金形态存在,储量一般不大。早期俄国和哥伦比亚的砂铂矿是世界铂族金属元素主要来源，美国阿拉斯加20世纪70年代也是砂铂矿的重要产地。随着脉铂矿和含铂族金属元素铜镍共生矿的开发，砂铂矿份额已非常小。砂铂矿中铂族金属元素一般采用重选法回收，或直接作为精炼原料。重选工艺流程一般由采掘、筛分、擦洗、调浆、输送和重选等一系列过程组成。选别过程和设备主要是跳汰、圆锥选矿机、螺旋选矿机、螺旋溜槽和摇床等。近年来新型重选设备如 Kelsey 离心跳汰机、Knelson 离心选矿机和 Falcon 离心机以及快速摇床等也在铂矿试验中推广应用。砂铂矿低品位重选精矿可经混汞作业（混汞-汞齐蒸馏-酸处理）进一步处理以分离金银等贵金属并提高铂族金属元素品位，可获铂族金属元素品位达50%的粗铂产品。混汞作业可按内混汞和外混汞两种方式进行。影响混汞指标的主要因素是自然金属矿物表面洁净度，要防止重金属硫化物、机油污染其表面（"生锈"）及污染汞珠表面造成的易粉末化"汞病"。

41.3.1.2 脉铂矿的选别

脉铂矿是世界铂族金属元素的主要生产资源。除铂族金属元素外，通常也都含有低品位的铜、镍、黄铁矿和磁黄铁矿等硫化矿物以及磁铁矿、铬铁矿等金属氧化物。铂族元素往往与有色金属矿物紧密连生或被其包裹。它与伴生铂族金属元素的镍、铜共生硫化矿的主要区别是铂族元素品位高，铂族元素是主要回收对象，其价值占总值的80%以上，而 $Ni + Cu$ 的品位低，一般约为 0.2%，是通常铜镍共生矿品位的 $1/10 \sim 1/5$（即一般铜镍硫化矿的边界品位以下），属次要回收对象。

脉铂矿一般采用重选或浮选，或重选—浮选联合流程处理。氧化矿石一般经破碎磨矿后用重选法得高品位精矿。氧化和硫化混合型矿石常采用重选—浮选流程处理。单一硫化型铂矿石适于用浮选工艺选收。

对粒度较粗的不均匀嵌布的脉铂矿，也通常采用重—浮联合流程。重选回收粗粒铂族矿物和硫化矿，采用浮选回收磨细的铂族矿物和铜镍硫化物。重选通常采用不同类型摇床、螺旋溜槽、绒面溜槽以及新型的离心选矿设备；浮选工艺则与铜镍硫化矿浮选工艺相近。捕收剂方面，高效选择性好的黄药类捕收剂（如异丁基黄药等）、黑药类捕收剂（如丁基胺黑药）、酯类捕收剂（如硫氮氰酯）、改性硫化矿捕收剂以及硫化矿组合捕收剂都得到应用。调整剂方面，研究和广泛采用的活化剂有硫酸铜，此外，碳酸钠、六偏磷酸钠、CMC、古尔胶等脉石抑制剂和矿浆分散剂也得到研究和采用。

世界最重要的脉铂矿有南非布什维尔德杂岩体的美伦斯基（Merensky）矿层、UG-2矿层、Platreef 矿层、美国斯蒂尔瓦特杂岩等。

41.3.1.3 铜镍铂族金属元素共生矿选矿

这类资源以加拿大萨德伯里、俄罗斯诺里尔斯克、中国金川以及澳大利亚卡姆巴尔达硫化铜镍铂族金属元素共生矿为代表。尽管原矿石中铂族金属元素品位较低，但该类矿床规模及经济价值大、综合利用组分多、矿石易于浮选富集和大规模产业化开发利用，因此提供了世界70%镍金属产量和50%以上铂族金属元素产量。但有些铜镍铂族金属元素共生矿伴生铂族元素品位很低（<0.1g/t），回收价值低。

所有共生矿中有色金属矿物组成关系都很近似，都是磁黄铁矿-镍黄铁矿（紫硫镍矿）-黄铜矿-黄铁矿组合。这些硫化矿物都具有较好的表面疏水性质，易与浮选药剂作用而被捕收，且在弱酸性及中性介质中最易浮选。在碱性介质中，黄铜矿易浮选，镍黄铁矿次之，磁黄铁矿因表面易生成亲水的 $Fe(OH)_2$ 和 $Fe(OH)_3$ 薄膜而降低浮选活性，但磁黄铁矿具有不同程度磁性，这些为上述矿物的混合浮选或分选创造了条件。

这些共生矿选矿的主要目的是回收铜镍硫化物，浮选为主要工艺。而矿石中铂族元素属微量组分，且变化较大，因而很少专门研究共生矿中铂族元素回收的条件和措施。还有研究表明，共生矿中铂族元素矿物种类虽较多，但多数矿物粒度细小，有较好的可浮性，且多与有色金属硫化矿紧密连生或呈包裹体，与贱金属硫化矿物有基本相同的浮选行为和走向规律。将以较高的回收率浮选富集到铜镍硫化矿精矿中。

各主要共生矿床铜镍比相差较大，磁黄铁矿含量变化显著。这些特点使得资源开发的侧重点、浮选工艺流程结构和最终产品方案有较大差异。有的产出铜镍混合精矿如中国金川、南非铂矿及俄罗斯某些共生矿用混合浮选出单一产品，贵金属富集在混合精矿中。有的公司如加拿大某些镍公司和俄罗斯诺里尔斯克采用分选工艺产出铜精矿和镍精矿。加拿大有的选厂为降低混合精矿含铁量减轻冶炼除铁负担，还分选出磁黄铁矿。在分选的情况下，铂族金属元素走向会有一定的分散。

含铂族金属元素共生矿通常要求磨矿较细。碳酸钠、羟甲基纤维素（CMC）、六偏磷酸钠、水玻璃、古尔胶、田青胶、T1140、硫酸铵、氟硅酸钠、硫酸、亚硫酸、亚硫酸钠、烤胶、单宁、石灰等时常用来作为调整剂，硫酸铜等常用来作为活化剂。

能够高效选择性地捕收黄铜矿、镍黄铁矿的药剂往往用来作为铜镍矿物的捕收剂。采用较多的有黄药类及其衍生物，如（异）丁基黄药、异戊基黄药、三硫代碳酸酯、二硫代氨基甲酸酯、烃基硫代氨基甲酸酯；黑药类如丁基铵黑药、甲苯基黑药、烃基二硫代磷酸硫醚酯等。此外还有硫氮9号（二乙基二硫代氨基甲酸钠）、咪唑（N-苯基-2-硫醇苯并咪唑）、AERO404、硫脲类衍生物等以及利用协同效应的多种组合捕收剂。

起泡剂采用较多的有2号油（萜烯醇）、4号油（三乙氧基丁烷）、MIBC（甲基异丁基甲醇）以及组合起泡捕收剂等。

由于镍黄铁矿、紫硫镍矿、磁黄铁矿等矿物表面易氧化，浮选时间不宜过长，循环不宜过多，有的采用独立浮选槽，尽快地将高品位的精矿预先选出，避免在回路中多次循环使可浮性降低而造成损失。常常采用多段磨选流程，多点出精矿，如金川原龙首矿选厂，采用三磨三选工艺流程，三处产出精矿。此外中矿再磨再选流程和中矿单独浮选流程都有实际应用。

从铜镍硫化矿中产出的含铂族金属元素的铜镍混合精矿，铂族金属元素含量低，铜镍混合精矿用电炉或闪速炉熔炼得到高锍。高锍经磨矿浮选选出硫化铜和硫化镍。铂族金属元素主要富集于镍铁合金中，镍铁合金用磁选法回收，获得富铂族金属元素的镍铁合金再熔炼、分离和提纯。

41.3.2 铂族金属元素精矿的提取

矿石中的铂族金属元素经过选矿富集，通常产出三种类型的精矿，即重选精矿、脉铂矿的浮选精矿和共生铂族金属元素的硫化铜镍矿浮选精矿。通常重选精矿含铂族金属元素可达百分之几到百分之几十，脉石与贱金属含量较低，经过适当处理可以直接进行铂族金属元素的分离与提取；而在后两种类型的浮选精矿中，尽管浮选富集，但铂族金属元素含量相对脉石和贱金属来说仍是微量。由于目前尚无高选择性的铂族金属元素浸出法，只能通过火法冶金过程进一步富集，最终产出铂族金属元素含量高的精矿后，才能进行分离与提取。

对浮选精矿进行的矿物组成特点研究表明，脉铂矿和共生铂族金属元素镍铜硫化矿的浮选精矿中，往往包括三类物质：

（1）硅、铝酸盐脉石和铁的硫化物。如硅酸镁、硅酸铁、硅酸钙、氧化铝、黄铁矿等，是在富集铂族金属元素的冶金过程中必须分离的有害成分，它们的含量在精矿中占70%以上，有时高达90%。

（2）重有色金属镍、铜和钴的硫化物。在精矿中的含量为5%～25%，是需要回收的有价金属。

（3）微量组分的铂族金属元素和金、银。在浮选精矿中最高不超过0.05%（500g/t），低的只有0.0002%（2g/t），且6种铂族金属元素共生，主、副铂族金属元素的比例一般为（15～30）∶1，需综合回收。品位高时它们的价值常超过伴生的重有色金属，成为主要回收对象。

一些主要资源的浮选精矿中铂族金属元素和铜镍的含量列于表41-3-1。

表41-3-1　各种铂族金属元素浮选精矿的有价金属成分

主要共生有价金属品位/%(*/g·t^{-1})	吕斯腾堡混合精矿	UG-2混合精矿	J-M混合精矿	诺里尔斯克混合精矿	萨德伯里分选镍精矿	金川混合精矿	金宝山混合金矿
Ni	4.0	2.4	0.7	10	>10	6	4.0
Cu	2.3	1.2	0.9	13	5	2.7	3.5
Pt*	90	180	120	5	2	1.06	34
Pd*	45	150	310	15	2	0.65	49.3
Rh*			10.3			0.08	1.4
Ir*			1.9			0.17	
Ru*	10～15	20～30		5	1～1.5	0.15	
Os*						0.22	
Au*						0.50	
贵金属合计品位/g·t^{-1}	150	360	445	20～25	4～6	2～3	84.7

分析以上浮选精矿，可看到贵金属在总价值中的比例可分两类，有的浮选精矿中贵金属价值明显超过镍铜钴等，反之有的浮选精矿中贵金属价值明显低于镍铜钴等。原料的组成特点将对冶金过程的选择和侧重点有重要影响，浮选精矿适宜的提取工艺应能使镍、铜、钴和六种铂族金属元素及金银都得到全面综合回收。冶金全过程包括重有色金属冶炼和贵金属冶炼的全部技术问题。冶金工艺流程的制定要保证所有的金属经济、高效的富集、分离和综合回收。镍铜钴和铂族金属元素共生矿浮选精矿冶金过程的原则框架流程见图41-3-1。

世界主要铜镍和铂族金属元素厂家对相应浮选精矿经熔炼和精炼获得的不同性质的高锍的进一步提取工艺进行了长时间研究，图41-3-2为从镍铜高锍提取贵金属精矿的不同技术路线比较。

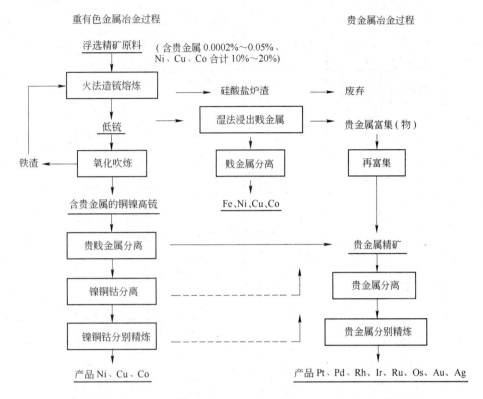

图 41-3-1 镍铜钴和铂族金属共生矿浮选精矿冶金过程的原则框架流程

41.3.3 铂族金属元素二次资源综合利用

41.3.3.1 铂族金属元素资源综合利用的意义

随着世界经济的发展，对铂族金属元素需求量大幅度增长，但铂族金属元素资源有限，供给远不能满足需求。因此，从二次资源中回收铂族金属元素就显得越来越重要。含铂族金属元素的二次资源与一次资源相比，其金属含量高、组成相对单一，处理工艺比较简单，加工成本较低，所得金属品位高，世界各国对铂族金属元素二次资源的回收非常重视。因此，加强二次资源回收工艺的研究，加强铂族金属元素二次资源的回收，提高铂族金属元素的回收利用率，对于环境保护、实现社会经济的可持续发展和实现循环经济有着十分重要的意义。

41.3.3.2 铂族金属元素二次资源的来源及回收的特点

铂族金属元素二次资源主要来自石油化工、化学化工、电子电器、新能源材料及玻璃玻纤工业等所产生的大量含铂族金属元素的废料。其回收再利用具有许多特点，主要有：废料品类繁多，再生难度日增；规模较小，工艺要求精，与其他金属比较，铂族金属元素数量极为有限，其二次资源回收的规模都较小，为了保证其最大限度的回收，相应回收的技术要求需要十分精细；因为铂族金属元素昂贵，废料种类繁多，其取样的代表性、分析数据的准确性，不仅直接与金属的回收率指标有关，也直接关系到回收单位的经济效益。因此，首先必须针对各种废料建立精确的取样方法和准确的分析测试技术。

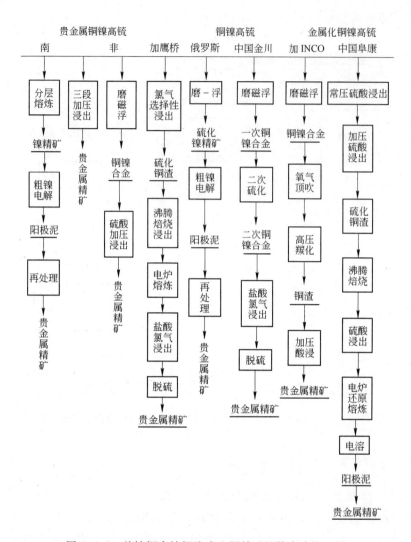

图41-3-2 从镍铜高锍提取贵金属精矿的技术路线比较

41.3.3.3 铂族金属元素资源回收工艺

针对含铂族金属元素的二次资源种类繁多，形态各异的特点，须用不同的方法来处理，从二次资源中回收铂族金属元素一般包括粗提与精炼两大部分。

从二次资源中回收铂族金属元素的粗提方法有火法和湿法两种，火法包括高温熔炼、熔体捕集法、氯化气相挥发法等；湿法溶解包括载体溶解法、全溶法、选择性溶解铂族金属元素法。

各种火法、湿法工艺各有优缺点（见表41-3-2），总的来看，火法过程投资一般较大、周期长、能耗较高、需考虑气体污染问题。湿法过程由于技术简单、成本低，已成为从二次资源中回收铂族金属元素的最普遍方法。

从二次资源中回收铂族金属元素的精炼方法通常是采用湿法，将铂族金属元素溶解后，再从浸出液中分离和提纯金属。在含铂族金属元素的溶解液中，铂、贱金属的分离及各铂族金属元素之间的相互深度分离是精炼工艺的组成部分。从溶解液中分离提纯铂族金属元素的方法主要有：沉淀分离法、溶剂萃取法、离子交换法和电解法等。

表 41-3-2　各类处理技术在废汽车催化剂回收铂族金属元素性能比较

处理方法	回收率/%			优　点	缺　点
	Pt	Pd	Rh		
等离子熔炼	80~90	80~90	65~75	产能高，炉渣易处理	投资大，要控制铅排放，富集物难处理
铜捕集	88~94	88~94	83~88	熔炼温度低，富集物易处理，回收率高	能耗高，成本高，要控制铅排放
氯化干馏	85~90	85~90	85~90	金属回收率高，试剂消耗少	高温氯化，条件不好，有腐蚀
载体溶解	85~92	85~93	78~85	便宜易得，产生副产品硫酸铝	仅适合处理 γ-Al_2O_3 型载体的催化剂
全溶法	85~92	85~93	78~85	便宜易得，产生副产品硫酸铝	仅适合处理 γ-Al_2O_3 型载体的催化剂
活性组分溶解法	87~92	87~93	78~85	酸用量少，浸出液铂族金属元素浓度高	一次浸出率低，需多段浸出

传统的沉淀分离法是利用各铂族金属元素化合物或络合物溶解性质的差别，用选择性沉淀的方法分离。溶剂萃取作为一项先进的湿法冶金技术，在铂族金属元素废料回收领域得到广泛应用。离子交换法适宜于回收废液中的微量铂族金属元素。溶剂萃取技术与沉淀分离工艺相比其优点有：简化了过程，缩短了周期，减少了贵金属的积压和需要返回处理的各种中间产品的周转量，降低了能耗和加工费用，生产过程连续、封闭，提高了直收率和操作的安全性，对物料的适应性和工艺配置的灵活性较大。因此在铂族金属元素二次资源回收利用中，溶剂萃取技术取代沉淀分离技术已是必然趋势。虽然溶剂萃取分离技术取代沉淀分离技术是大势所趋，但沉淀分离原理涉及铂族金属元素最基本的物理化学性质，至今仍是铂族金属元素精炼方法的基础，是铂族金属元素冶金科技的重要内容。事实上，根据原料性质和特点，各精炼厂都将两类方法交叉使用，在溶剂萃取分离后用沉淀方法精炼为更纯金属产品，或选择性沉淀后用萃取方法再分离精炼。

铂族金属元素提取中，离子交换和溶剂萃取都是利用有机化合物的特殊性质提取或分离金属的技术。二者相比，溶剂萃取技术有有机相萃取容量大，平衡速度快，萃取选择性好，有机相容易再生等优点，但需要大量的有机相储备、使用和周转，洗涤、反萃、再生的化学试剂消耗大。因此萃取技术用于处理高浓度贵金属料液有明显的经济合理性。离子交换的优点大体相反，它对微量浓度、呈氯配阴离子状态的铂族金属元素能有效的吸附回收。因此，铂族金属元素提取中产生的低浓度，甚至微量浓度，成分和性质比较特殊的金属溶液或废液，当不能用沉淀、置换或萃取等技术有效处理时，离子交换就成为优选技术。

此外，铂族金属元素精炼过程中，微量贱金属的彻底分离是精炼产出高纯金属的必要条件，常利用贱金属呈阳离子状态的特点，用阳离子交换树脂除去贱金属，这在铑精炼中已成为传统方法。这些都表明离子交换技术在铂族金属元素提取中仍具有特定的地位，但应用不如溶剂萃取技术广泛，且应用规模较小。

41.3.3.4　铂族金属元素资源的回收状况

目前世界各国非常重视铂族金属元素二次资源的回收，制定了系列贵金属回收利用促进法规。几乎所有的铂族金属元素厂都从事铂族金属元素二次资源回收，已形成一种回收利用的产业。随着世界各国对铂族金属元素二次资源回收的重视，铂族金属元素的回收量也在逐年上升。

41.3.4　铂族金属元素选矿技术及发展趋势

经过多年的发展，目前铂族金属元素选矿技术已有很大的进步。在铂族金属元素矿石工艺矿物学研究上，采用澳大利亚昆士兰大学研发的 MLA 和 CSIRO 研发的 QEMSCAN 等先进的矿物定量分析仪器，结合常规的先进显微镜工艺矿物学研究，对铂族金属元素矿石矿物种类、结构构造、嵌布粒度、共生关系和赋存状态以及与选矿的关系等已有更深刻的理解，对制定先进的符合矿石特性的选矿工艺流程有很好的指导作用。在碎矿、磨矿及分级上，新型高效节能的碎矿、磨矿及分级设备不断出现；设备大型化、自动控制技术已获得广泛的推广应用；在选别设备上，先进高效的重选设备如新型螺旋选矿机、快速摇床以及近些年出现的新型细泥重选设备如加拿大 Falcon 离心跳汰机、澳大利亚 Kelsey 离心跳汰机以及加拿大的 Knelson 离心选矿机都显示出良好的分选效果；高效节能的多种大型浮选机、几种各具特色的浮选柱的应用推广取得显著进展；在铂族金属元素矿物浮选工艺和浮选药剂上，新型浮选药剂、新的选矿工艺制度、新的选矿工艺流程不断被开发出来；铂族金属元素选矿精矿的冶金处理新工艺和铂族金属元素二次资源的回收新技术正朝着创新、高效、节能、绿色保护、实现循环经济和社会经济可持续发展的方向发展。

41.4　铂族金属元素选矿厂

41.4.1　砂铂矿选矿厂

41.4.1.1　美国阿拉斯加砂铂矿

阿拉斯加 Goodnews Bay 采铂公司的砂铂矿年生产 450 ~ 500kg 的粗铂。采用 Yuta 采砂船，选别流程见图 41-4-1。

粗选在采砂船上进行，先经孔径为 9.5 ~ 16mm 圆筒洗砂筛筛上 +9.5mm 部分丢弃，筛下给入双层溜槽 1.06m × 6.3m，溜槽尾矿进入跳汰机（双室 1.06m × 1.06m）再选丢尾，跳汰精矿即为粗选精矿送岸上精选。粗精矿中含有粗铂、少量金和相当数量磁铁矿、铬铁矿及钛铁矿等重矿物。先经 4 次 2.4mWilfley 摇床选别，摇床精矿经筛分和磁选，脱出磁性物，非磁性物经风力选矿后除去轻质脉石，获得最终铂精矿。精矿含铂族金属元素达 90%，铂精矿再送冶金公司处理。

41.4.1.2　俄罗斯乌拉尔砂铂矿

俄罗斯乌拉尔砂铂矿属残积和冲积形成的砂铂矿，铂族金属元素含量 8 ~ 10g/t。由采砂船生产含铂泥质精矿。再送中间工厂进一步处

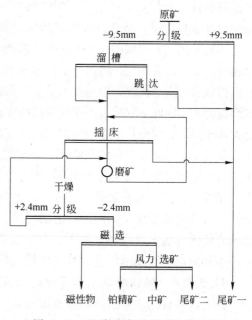

图 41-4-1　阿拉斯加砂铂矿选矿流程

理，其工艺流程见图41-4-2。

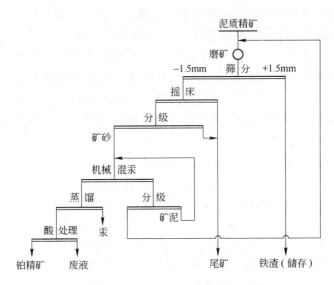

图 41-4-2　从泥质精矿中富集铂的流程

黑色泥质精矿含铂和金达 155～850g/t，灰色泥质精矿含铂和金较低为 1.5～60g/t，最大含量都在 −1mm+0.16mm 粒级中。磨矿时需加入适量活性炭，以除去金和铂表面的有机疏水性薄膜。摇床精矿产率达 8%。采用混汞来从重选精矿中提取铂族金属元素。最佳工艺条件为：粒度 0.2mm，活性溶液 NaCl 2～2.5mol/L；用 $NaHSO_4$ 调节 pH 值至 3～3.5。为促进混汞作业，加入带还原性的锌片帮助和加强汞对金铂矿物的浸润溶解作用，总回收率可达 97%。可得两种产品：铁渣（+1.5mm），含铂 710g/t，储存待回收；铂-铁精矿，含铂 5%，用硫酸或盐酸溶解后，品位可提高 10 倍。

41.4.1.3 南非金铀砂砾矿

其重选精矿混汞回收金后，残渣再用摇床或绒面溜槽重选-硝酸溶解铁矿物-苛性钠溶解碳化钨，获得含 Os 33%～36%、Ir 29%～36%、Ru 12%～15%、Pt 8%～13% 的铂族精矿送精炼厂。由于汞的毒性和日益严格的环保要求，已限制该法使用。

41.4.1.4 中国内蒙古达茂旗含铂多金属共生矿

该矿上部已风化蚀变为褐土型、氧化-角闪岩型矿石。主要脉石为角闪石、石英、斜长石及氧化铁矿物（褐铁矿、磁铁矿）。铂族金属元素矿物主要是砷铂矿（100～1000μm 占 80%），但钯矿物很细（−13μm 占 70%），浮选效果较差，转而采用重选工艺流程。原矿品位 Pt 4.9g/t，Pd 1.9g/t，磨矿至 −74μm 占 60% 之后旋流脱泥——一段摇床重选抛弃尾矿—二段摇床重选抛弃中矿—磁选分离磁铁矿及中矿—获得重选铂精矿。铂精矿铂品位达 7.8%，回收率达 80%，但钯因粒度太细且多与褐铁矿呈结合态，70% 以上损失于旋流器脱出的细泥中，25% 以上损失于一段摇床重选尾矿，基本未得到回收。

41.4.2　原生脉铂矿的选别

世界最重要的原生铂矿有南非布什维尔德杂岩体的美伦斯基（Merensky）矿层、UG-2 矿层、Platreef 矿层，美国斯蒂尔瓦特杂岩。

41.4.2.1　美伦斯基铂矿

美伦斯基矿脉是布什维尔德杂岩的主要铂矿体，由辉岩组成，内含铬铁矿杂层。金属硫化物主要有黄铁矿、镍黄铁矿和黄铜矿。铂族金属元素含量 4～15g/t、铜 0.1%～0.16%、镍 0.16%～0.20%、三氧化二铬 0.1%。美伦斯基铂矿中铂族元素矿物有高密度粗粒的自然金属互化物，也有低密度且与贱金属硫化物紧密连生的硫、砷、碲、铋等矿物。因此重选—浮选联合流程或单一浮选流程都有应用。美伦斯基矿层在德兰士瓦尔东部和西部分别延伸达 90km 和 110km，平均厚度为 0.8m，由南非三大铂矿公司（吕斯腾堡公司、英帕拉公司和西铂公司）共同开采。

41.4.2.2　吕斯腾堡公司选厂

吕斯腾堡公司下有三个矿山。通过选矿产出高品位的重选精矿和较低品位的浮选精矿，精矿熔炼出高锍，并送冶炼厂提铜、镍，含铂族金属元素的富集物送精选厂分离。

吕斯腾堡公司采用浮—重流程，可使不同类型、不同赋存状态及不同比重和不同粒度的铂族元素矿物都能得到有效的回收。公司经历了三个不同阶段的发展并不断完善。

早期针对含铂族元素 7～15g/t 的强蚀变矿石，矿石粗磨至 -0.54mm 后，送詹姆斯摇床重选，摇床尾矿经脱水后再细磨后经摇床重选，混合粗精矿用矿砂摇床和矿泥摇床精选出铂族金属元素达 20% 的精矿，回收了近 66% 的铂族金属。最终尾矿经浮选获铂族金属元素和铜镍混合精矿。20 世纪 60 年代开发了高效的条绒面摇床取代詹姆斯摇床，床面上铺垫条绒，被认为是收集铂族金属元素矿物的最好材料。磨矿与旋流面呈闭路，溢流先经绒面摇床重选，尾矿旋流分级后粗粒再磨，摇床精矿再经詹姆斯摇床精选获铂族金属元素精矿，而绒面摇床尾矿经浓密后，再浮选回收硫化物。浮选采用硫酸铜为活化剂、黄药或黑药为捕收剂，甲酚酸为起泡剂单独使用或与醇类起泡剂混合使用，用糊精、天然古尔胶或淀粉为易浮滑石的抑制剂。浮选精矿铂族金属元素达 150g/t。另含 Ni 4%，Cu 2.3%，MgO 15%，重选、浮选合计铂族金属元素总回收率达 90%。

该矿 20 世纪 80～90 年代主要处理深部原生矿，硫化矿物粒度较粗，需重选回收的铂族金属元素矿物相对减少。工艺结构转化为以浮选为主的浮—重流程，见图 41-4-3。浮选精矿产率 4%～5%，铂族金属元素品位 PMG 66g/t、铂族金属元素回收率 82%～87%。

通过选矿产出高品位的重选精矿和较低品位的浮选精矿经熔炼和精炼获得高锍，高锍在精选厂进一步处理实现铜、镍、钴和铂族金属元素的分离。提取工艺进行了长时间研究，图 41-4-4 为南非吕斯腾堡公司处理美伦斯基浮选精矿的熔炼富集流程。

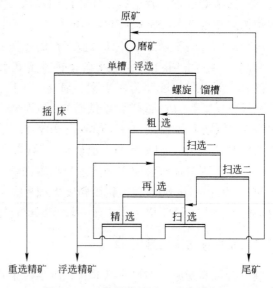

图 41-4-3　吕斯腾堡浮—重选别流程

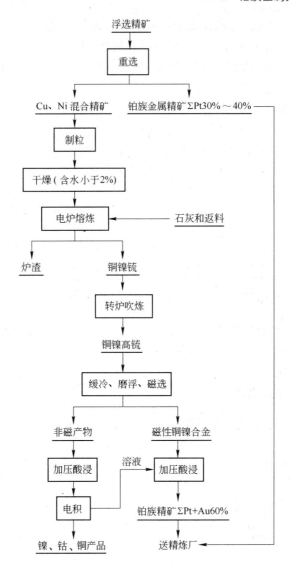

图41-4-4　南非吕斯腾堡公司处理美伦斯基浮选精矿的熔炼富集流程

41.4.2.3　英帕拉公司

该公司包括英帕拉铂金矿山（Impala Platinum Mines）和英帕拉铂金有限公司（Impala Platinum Limited）。

A　英帕拉铂金矿山

员工达2万多人，目前有世界上第二大铂采选厂。根据矿石性质不同，又分为两个选厂。选冶原则流程如图41-4-5所示。

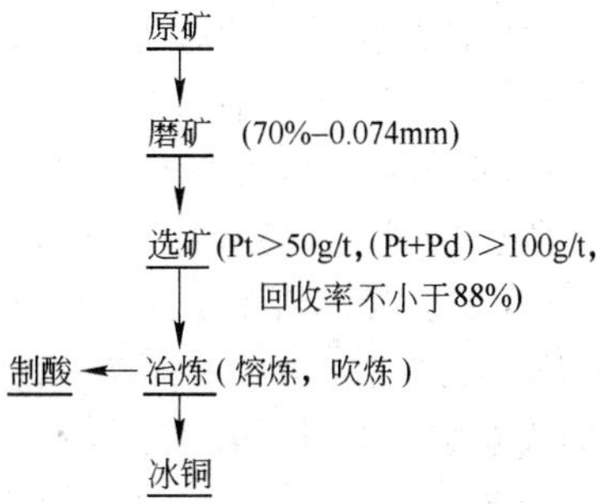

英帕拉铂矿公司矿石中粗粒铂矿物较少而采用单一浮选流程（图41-4-6）。

英帕拉铂矿选厂也采用CuSO₄为活化剂，黄药与黑药混用作捕收剂，起泡剂采用甲酚酸或将甲酚酸与醇类

原矿
↓
磨矿　(70%~0.074mm)
↓
选矿 (Pt>50g/t,(Pt+Pd)>100g/t,
　　　回收率不小于88%)
↓
制酸 ← 冶炼（熔炼，吹炼）
↓
冰铜

图41-4-5　英帕拉公司选冶原则流程

起泡剂混用，也用糊精、天然古尔胶或苛性淀粉来抑制易浮滑石。原矿 PMG 5.3～5.8g/t、Ni 0.2%、Cu 0.14%、Cr_2O_3 0.25% 左右时，浮选精矿 PMG ≥100g/t、Ni 2.7%、Cu 1.6%、Fe 17%、S 7%。铂族金属元素选矿回收率为 85%～89%，镍铜选矿回收率为 85% 以上。

B　英帕拉铂金有限公司

设计规模：250×10^4 盎司铂/年。

现生产规模：160×10^4 盎司铂/年，其他产品有钯、铂、金、钴、铑、钌、镍、铜。

主体工艺：高温高压浸出（酸性介质浸出—离子交换—解析电解），由贱金属精炼及铂族金属元素精炼两个核心部分构成，流程如图 41-4-7 所示。

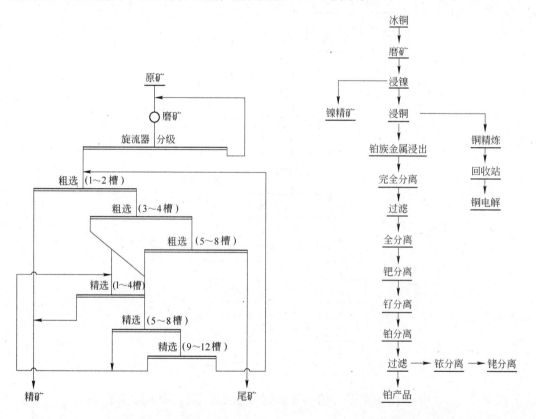

图 41-4-6　英帕拉铂矿公司的单一浮选流程　　　图 41-4-7　英帕拉公司冰铜处理工艺流程

该公司通过 ISO14001 和 ISO9001：2000 认证。每年生产约 7000t 铜，14000～15000t 镍，85t 钴和 40000t 硫胺等。核心技术自主开发，铂金主要销往美国（第一大用户，通用汽车公司）、日本（第二大用户，尼桑公司）和中国。

41.4.2.4　西铂公司选矿厂

西铂公司选厂主要处理布什维尔德杂岩中 UG-2 矿层的原生铂矿。与美伦斯基铂矿相比，UG-2 矿石含铂族元素品位高达 4.6～7g/t，但含镍铜只分别为 Ni 0.1%～0.03%、Cu 0.04%～0.012%，这已低于一般铜镍矿的边界品位，铜镍价值不太大，铂族元素是最主要回收对象。此外，矿石含 Cr_2O_3 很高，达 27%～34%，铬铁矿虽干扰铜镍和铂族金属元素的回收，但也有很好的自身价值，应综合回收。工艺矿物学研究表明，尽管铜镍硫化矿和铂族金属元素矿物含量很少，嵌布粒度很细，但铂族金属元素矿物与铜镍矿物紧密连生且在矿石中它们并非均匀嵌布分散，而主要呈相对较粗的硫化物集合体，且多数沿铬铁矿颗粒边缘分布，仅少量被铬铁矿和脉石包裹。因此可以在磨矿不特别细的条件下优化工艺条件将铜硫化物和铂族金属元素矿物一并浮选回收。

曾研究先重选回收铬铁矿再浮选富集铜镍铂族元素的工艺。-0.3mm 给矿经两段螺旋选矿，重选精矿含 Cr_2O_3 40% 左右，回收率达 80%，但贵金属在铬铁矿精矿中损失高达 20%；重选尾矿经再磨再选，可获得 40g/t 的铂族精矿，但回收率按原矿计仅 62%。

经研究改为浮-重流程，以浮选为主。原矿磨至 -0.074mm 占 80%~85% 入选，球磨机中加入活化剂硫酸铜（70g/t），用丁黄药为捕收剂（200g/t），Sefroth5004 为起泡剂（10g/t）。采用压气式浮选机以减少铬铁矿的机械夹杂。浮选流程为一粗三精。浮选指标为：精矿产率 1.21%、精矿品位 $\Sigma Pt+Pd$ 362g/t，回收率 83% 左右，富集比 70。精矿含 Ni 2.43%、Cu 1.24%、Cr_2O_3 3.21%，浮选尾矿铂族金属元素降至 0.86g/t。可从尾矿中用螺旋重选出含 Cr_2O_3 42%、回收率 42% 的铬铁矿精矿，实现了铬的综合利用。

41.4.2.5　美国斯蒂尔瓦特铂矿

该矿矿石中矿物种类和组成与南非美伦斯基铂矿层类似，但镍铜品位更低，而 Pt、Pd 品位特别是 Pd 品位较高。代表性矿石成分为：Pt 3.18g/t，Pd 10.98g/t，Cu 0.06%，Ni 0.11%。金属矿物有磁黄铁矿、镍黄铁矿、黄铁矿、黄铜矿和磁铁矿等，但总量仅占矿石的 1%。铂族矿物多与镍黄铁矿连生；主要脉石矿物有钙质斜长石、斜辉石、斜方辉石、橄榄石和少量蛇纹石。可采用酸性介质或自然 pH 值介质回收有用矿物。

A　酸性介质浮选

原矿磨至 -0.074mm 占 78%（-0.045mm 占 55%），用 H_2SO_4 调节 pH 值至 4（14kg/t），用巯基苯骈噻唑（AERO404）182g/t 为捕收剂，聚丙烯二乙醇甲醛己醚（Dowfroth250）为起泡剂（4.5g/t），浮选精矿贵金属品位达 146g/t（Pt：Pd=1：3），回收率 88%，金、铜、镍回收率分别为 74%、69% 和 52%。

B　自然 pH 值浮选

原矿磨至 -0.074mm 占 90%，自然 pH 值约为 8.2，捕收剂用 AERO317（136g/t），起泡剂为 Dowfroth250（6.8g/t），抑制剂为 Pennfloat（391g/t）。在原矿 Pt 3.42g/t、Pd 10.26g/t 时，粗精矿含 Pt 52.98g/t 和 Pd 146.28g/t，回收率分别为 96% 和 86%。此外 Au、Cu、Ni 的回收率分别为 95%、69% 和 49%。粗精矿用水溶性聚合物 TDL 和 Minflo I 为脉石矿物的抑制剂（136g/t）、起泡剂和捕收剂同粗选，精选精矿产率为 44%（对作业），含少量贵金属的中矿闭路返回粗选。精矿贵金属品位可达 440g/t。精选中铂钯作业回收率高达 96% 和 92%。根据需要，还可进一步提高铂族金属元素品位，如达到 Pt 192g/t、Pd 656g/t、Au 16g/t，此时，铂钯精选回收率会有所降低。

41.4.2.6　金宝山低品位铂钯矿

A　金宝山低品位铂钯矿小型试验和连选试验研究

金宝山铂钯矿是我国目前最大的单一脉铂矿，矿区铂钯平均品位较低，仅 2g/t，但有许多局部的富矿段，其品位可达 4~8g/t，储量相当丰富。对于这样低品位单一脉铂矿石的选矿富集，国外没有先例。中国地质科学院矿产综合利用研究所在 20 世纪 80 年代初，针对云南金宝山低品位原矿的选矿进行了有益的探索和研究。其原矿主要化学成分分析列于表 41-4-1。

表 41-4-1 铂钯 (2g/t) 矿石的主要化学成分分析

成 分	Cu	Ni	Co	S	TFe	SiO$_2$	Al$_2$O$_3$	MgO	CaO
含量/%	0.103	0.193	0.016	0.61	9.88	35.85	2.75	29.41	4.13
成 分	Pt	Pd	Os	Ir	Ru	Rh	Au	Ag	∑Pt
含量/g·t^{-1}	0.77	1.16	0.032	0.093	0.025	0.065	痕	0.86	2.145

　　研究表明，铂族元素品位低且矿物粒度普遍微细，此外矿石蚀变较严重，磨矿时容易泥化。研究了酸性及碱性介质条件下的选别情况。矿石一段棒磨至 -0.04mm 占 96%，用一般硫化矿磨—浮工艺，即一段粗选、两段精选。碱性介质中混合浮选时用碳酸钠 (4kg/t) 作为介质调整剂，酸性介质中混合浮选时用亚硫酸铵（换算为 SO$_2$ 用量 3kg/t）作为介质调整剂。采用一般的药剂制度，即用液体水玻璃 (4kg/t) 作为脉石抑制剂，羧甲基纤维素 (500g/t) 作为分散剂，硫酸铜 (500g/t) 作为活化剂，丁黄药 (250g/t) 作为捕收剂，2 号油 (60g/t) 作为起泡剂。两种介质的浮选指标均较高，酸性介质实验室闭路试验结果列于表 41-4-2。所生产的精矿整体指标良好，可供冶炼进一步回收。但该工艺需矿石全部磨至 -0.04mm 占 96%，磨矿费用会较高，此外，酸碱介质调整剂消耗都较大。

表 41-4-2 酸性介质的实验室闭路指标

产品	产率/%	主 要 成 分					分配率/%			
		品位/%			品位/g·t^{-1}	品位/%				
		Cu	Ni	Co	Pt + Pd	MgO	Cu	Ni	Co	Pt + Pd
精矿	2.56	3.98	3.75	0.319	52.94	10.87	88.19	49.9	48.17	71.48
尾矿	97.44	0.014	0.099	0.009	0.555	—	11.81	50.1	51.83	28.52
原矿	100.00	0.116	0.193	0.017	1.897		100.00	100.00	100.00	100.00

　　作为"九五"国家重点科技攻关项目，广州有色金属研究院针对金宝山品位 4 ~5g/t 富矿段矿石进行了深入的研究。研究包括工艺矿物学、磨矿特性、选别新工艺流程结构、选别新药剂和尾矿综合利用等。提出了在常规磨矿细度下 (-74μm 占 70%) 浮选、尾矿再磨"阶段磨矿阶段选别流程"，合成了硫化矿集合体及连生体的有效捕收剂 PZO 和对脉石矿泥有效分散的有机高分子分散抑制剂 K515，寻找到自然 pH 值条件下的介质调整剂 KSD，在较低的成本下实现了铜、镍、铂、钯的有效富集。原矿相关主要化学成分分析、铜镍物相分析、铜镍矿物嵌布粒度及硫化矿物集合体嵌布粒度分别见表 41-4-3、表 41-4-4、表 41-4-5、表 41-4-6、表 41-4-7。

表 41-4-3 原矿主要化学成分分析结果

成 分	Cu	Ni	SiO$_2$	Al$_2$O$_3$	CaO	MgO
含量/%	0.14	0.22	35.74	0.10	2.79	27.52
成 分	Co	S	Fe	TiO$_2$	Cr	Mn
含量/%	0.017	0.73	9.63	0.46	0.42	0.11
成 分	Pt	Pd	Rh	Ir	Os	Ru
含量/g·t^{-1}	1.38	2.36	0.22	0.16	0.063	0.063

表 41-4-4　原矿铜物相分析结果

相　别	原生硫化铜	次生硫化铜	自由氧化铜	结合氧化铜	总　铜
含量/%	0.11	0.02	0.0013	0.0076	0.1389
占有率/%	79.19	14.40	0.94	5.47	100.00

表 41-4-5　原矿镍物相分析结果

相　别	硫化镍	硅酸镍	硫酸镍、氧化镍	总　镍
含量/%	0.155	0.045	0.02	0.220
占有率/%	70.45	20.46	9.09	100.00

表 41-4-6　铜镍矿物嵌布粒度

粒级/mm	黄铜矿含量/%	累计/%	镍矿物含量/%	累计/%
+0.32	0.00	0.00	0.00	0.00
−0.32 +0.16	1.39	1.39	0.47	0.47
−0.16 +0.08	6.60	7.99	4.92	5.39
−0.08 +0.04	13.38	21.37	15.70	21.09
−0.04 +0.02	20.06	41.43	18.28	39.37
−0.02 +0.01	15.33	56.76	14.97	54.34
−0.01 +0.005	23.43	80.19	20.68	75.02
−0.005	19.81	100.00	24.98	100.00
合　计	100.00		100.00	

表 41-4-7　硫化矿物集合体嵌布粒度

粒级/mm	硫化矿物集合体粒级含量/%	累计含量/%
+0.64	1.58	1.58
−0.64 +0.32	14.22	15.80
−0.32 +0.16	14.61	30.41
−0.16 +0.08	21.13	51.54
−0.08 +0.04	25.27	76.81
−0.04 +0.02	13.92	90.73
−0.02 +0.01	5.93	96.66
−0.01	3.34	100.00
合　计	100.00	

工艺矿物学研究表明，与国外原生铂矿相比，金宝山品位 4～5g/t 富矿段矿石的特点是：

(1) 硫化物总量很少（仅 1.69%），金属氧化物占 10.33%，脉石矿物占 87.96%，浮选时硫化物的载体作用小；硫化物嵌布粒度普遍较细，−0.02mm＞54%，磨矿时解离困难。

（2）矿石蚀变较严重，脉石矿物以蛇纹石为主，磨矿时容易泥化。

（3）矿石中硅酸镍的比例达 20.46%，紫硫镍铁矿的比例也较高，镍的回收困难。

（4）铂族元素品位低且矿物粒度普遍微细，通常铂族元素 44% 呈游离状态，17.5% 和硫化物连生，36% 被脉石矿物包裹，较难回收。

（5）尽管有用矿物粒度微细，但大多数硫化物呈集合体存在或成群分布。当磨矿细度 $-74\ \mu m$ 占 70% 时，铂族元素 46% 呈游离状态，41% 和硫化物连生，仅 13% 被脉石矿物包裹，因此可在常规磨矿细度下（$-74\ \mu m$ 占 70%），先浮选硫化矿物集合体及连生体，尾矿再磨后（$-74\ \mu m$ 占 95%），进一步回收铜镍钯铂等硫化矿物，这样可使不同粒度的铜镍钯铂得到充分回收。

（6）矿样中铁铂矿具磁性或电磁性，可考虑用磁选初步富集，经再磨后再用浮选进一步回收。

（7）尾矿中有大量蛇纹石，可考虑综合利用。

经系统深入的试验研究，采用浮—磁—浮联合流程，通过阶段磨矿阶段选别可实现铜镍钯铂等硫化矿物混合浮选，提高了铂、钯回收率，并对尾矿进行了综合利用。

制定的以阶段磨矿阶段选别和混合浮选为特点的浮—磁—浮联合流程见图 41-4-8。

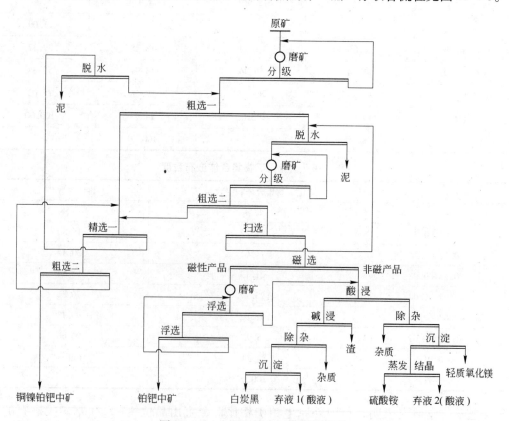

图 41-4-8　金宝山综合回收原则流程

矿石浮选工艺流程中采用的选矿药剂总用量（g/t）为：KSD 2900、丁黄药 449、硫化钠 500、KSP 300、硫酸铜 285、捕收剂 PZO 104、高效分散抑制剂 K401 200 和 K515 173。小型闭路试验指标和连选试验最终结果分别见表 41-4-8 和表 41-4-9。

表 41-4-8　小型闭路试验指标

产品名称	产率/%	品位/%			回收率/%	
		Cu	Ni	Cu + Ni	Cu	Ni
精　矿	3.63	3.630	3.690	7.320	87.80	60.43
尾　矿	96.37	0.019	0.091		12.20	39.57
原　矿	100.00	0.150	0.222		100.00	100.00

产品名称	产率/%	品位/$g \cdot t^{-1}$			回收率/%		
		Pt	Pd	Pt + Pd	Pt	Pd	Pt + Pd
精　矿	3.63	32.73	51.42	84.15	78.13	78.04	78.11
尾　矿	96.37	0.345	0.545		21.87	21.96	
原　矿	100.00	1.52	2.39		100.00	100.00	

表 41-4-9　连选试验最终结果

产品名称	产率/%	精矿品位						回收率/%				
		Cu/%	Ni/%	Cu + Ni/%	Pt/$g \cdot t^{-1}$	Pd/$g \cdot t^{-1}$	Pt + Pd/$g \cdot t^{-1}$	Cu	Ni	Pt	Pd	Pt + Pd
铜镍铂钯精矿	4.12	3.45	3.86	7.31	34.04	52.39	86.43	86.85	60.69	79.16	75.91	77.54
铂钯中矿	0.67	0.314	0.32	0.635	18.41	13.77	32.18	1.23	0.83	6.72	3.15	4.94
最终精矿	4.79	3.01	3.36	6.37	31.85	46.99	78.84	88.08	61.52	85.88	79.06	82.48

该选矿工艺流程主要特点是：

（1）根据矿石的嵌布特性，工艺流程采用一段粗磨、阶段磨矿、阶段选别。有效避免了粗粒硫化矿物的过粉碎和大量蛇纹石的泥化，改善了铜、镍矿物的可浮性，可用简单的药剂制度在一段常规磨矿细度下回收大部分易浮的有用矿物；二段磨矿兼顾了镍、铜矿物及铂、钯矿物的充分回收。

（2）采用了污染小、易于工业化的自然 pH 值矿浆介质，避免了酸性介质操作环境差、腐蚀设备、污染环境、过程复杂等弊端，也避免了碱性介质对镍矿物的抑制作用。

（3）利用 K401、KSP 高效组合抑制剂产生协同效应可有效地抑制、分散脉石矿物。

（4）采用了一种抑制力较弱、但具有较强分散性能的 K515 强力分散剂来分散矿浆，抑制脉石矿泥。

（5）新合成了对硫化矿集合体及连生体的高效捕收起泡剂 PZO，使可浮性较差的镍矿物及铂、钯矿物得到了充分回收。

（6）用磁选将尾矿中铂、钯初步富集，经再磨后再通过浮选可得到含铂、钯较低的铂、钯中矿，采用浮-磁-浮联合流程，使铂、钯回收率进一步提高。

（7）制定了从浮选尾矿中制取轻质氧化镁及白炭黑产品的绿色新工艺流程，实现了综合利用。

上述选矿所获得浮选精矿含硫 13.4%，铁 14.8%，属于含铂钯的硫化铜镍精矿。自 1997 年以来，我国多家单位开展了金宝山浮选精矿冶炼工艺的研究，传统的方法是采用从硫化铜镍浮选精矿用火法焙烧熔炼高锍捕集铂族金属的工艺。该工艺成熟、指标良好，在世界广泛应用。但有的研究者认为，火法流程十分繁冗、周期长、环境污染大。因此，对浮选精矿也进行了全湿法新工艺研究。采用新研究成功的浮选精矿—加压氧化酸浸—加压氰化—置换富集贵金属的高效、低污染、短流程全湿法新工艺，对金宝山浮选精矿进行了批量为 5kg 的扩大试验，其工艺原则流程见图 41-4-9。

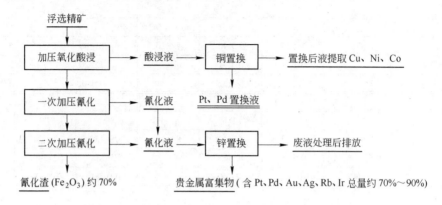

图 41-4-9　处理含铂钯硫化浮选精矿全湿法工艺原则流程

扩大试验结果表明：① 含铂族金属的硫化铜镍浮选精矿经加压氧化酸浸后 Cu、Ni、Co 的浸出率为 99.18% ~ 99.79%；② 酸浸渣经两次氰化后作业浸出率为 Pt 95.85% ~ 96.41%，Pd 99.30% ~ 99.41%，若按从加压酸浸液和加压氰化液置换获得的金属量计算回收率则为：Pt 90.39% ~ 93.66%，Pd 接近 100%；③ 浮选精矿中 Rh、Ir、Au、Ag 在全湿法新工艺中均可以得到很好的回收；④ 最终氰化渣的主要成分是 Fe 48.2%（Fe_2O_3 约 70%）、SiO_2 2.70%、CaO 2.46%。

B　金宝山低品位铂钯矿工业试验研究

为尽快开发金宝山低品位铂钯矿产资源，广州有色金属研究院针对金宝山原矿在 1998 年和 2000 年两次小型试验研究和 1999 年和 2008 年两次规模为 1.5t/d 连续扩大试验的基础上，又于 2013 年 9 月与云南黄金矿业集团股份有限公司合作，在云南大理鹤庆北衙进行了工业试验，旨在进一步验证和优化小型试验、连续扩大试验的工艺流程和技术指标，研发出适合该矿石性质的选矿工艺流程，从而为金宝山铂钯矿的开发和利用提供合理、可靠的科学依据。

工业试验在 50t/d 规模铂钯选矿厂进行。试验采用小型试验、连续扩大试验推荐的工艺流程，即"粗磨浮选—粗尾再磨—铂钯混合浮选—两段粗精集中精选"工艺预先回收游离的和赋存在铜镍矿物中的大量铂钯矿物，并采用"磁选预富集—再磨浮选"工艺回收赋存在浮选尾矿中与磁性脉石嵌布关系密切的少量铂钯矿物。尽管原矿品位比以往试验的低，但历时 2 个多月的工业试验获得圆满成功。结果表明，浮选作业可获得产率为 4.08%、铜品位 2.51%、回收率 84.63%，镍品位 2.96%、回收率 64.83%，铂品位 20.20g/t、回收率 77.19%，钯品位 29.86g/t、回收率为 80.34% 的铜镍铂钯混合精矿；"磁—浮"联合作业可获得产率为 0.43%，铂品位 21.95g/t、回收率 8.87%，钯品位 18.16g/t、回收率为 5.17% 的铂钯混合精矿；最终铂钯总回收率分别可达 86.05% 和 85.52%，均达到或超过小型试验和连续扩大试验的生产指标，较好地验证了上述工艺流程对该难选矿石的适应性。工业试验浮选作业工业试验指标和磁—浮作业试验指标以及全工艺流程指标分别见表 41-4-10 ~ 表 41-4-12。50t/d 工业试验设备联系图（浮选作业）和 50t/d 工业试验流程图分别见图 41-4-10 和图 41-4-11。

表 41-4-10 浮选作业工业试验指标

产品名称	产率/%	品 位				回收率/%			
		Cu/%	Ni/%	Pt/g·t⁻¹	Pd/g·t⁻¹	Cu	Ni	Pt	Pd
铜镍铂钯混合精矿	4.08	2.51	2.96	20.20	29.86	84.63	64.83	77.19	80.34
尾 矿	95.92	0.019	0.068	0.254	0.311	15.37	35.17	22.81	19.66
原 矿	100.00	0.121	0.186	1.068	1.517	100.00	100.00	100.00	100.00

表 41-4-11 磁—浮作业试验指标

产品名称	产率/%		Pt 品位 /g·t⁻¹	Pd 品位 /g·t⁻¹	Pt 回收率/%		Pd 回收率/%	
	对作业	对原矿			对作业	对原矿	对作业	对原矿
铂钯混合精矿	0.45	0.43	21.95	18.16	38.89	8.87	26.28	5.17
尾 矿	99.55	95.49	0.16	0.23	61.11	13.94	61.11	12.01
原 矿	100.00	95.92	0.254	0.311	100.00	22.81	87.39	19.66

表 41-4-12 全工艺流程指标

产品名称	产率/%	品 位				回收率/%			
		Cu/%	Ni/%	Pt/g·t⁻¹	Pd/g·t⁻¹	Cu	Ni	Pt	Pd
铜镍铂钯混合精矿	4.51	2.27	2.67	20.37	28.76	84.63	64.83	86.05	85.52
尾 矿	95.49	0.019	0.069	0.156	0.230	15.37	35.17	13.95	14.48
原 矿	100.00	0.121	0.186	1.068	1.517	100.00	100.00	100.00	100.00

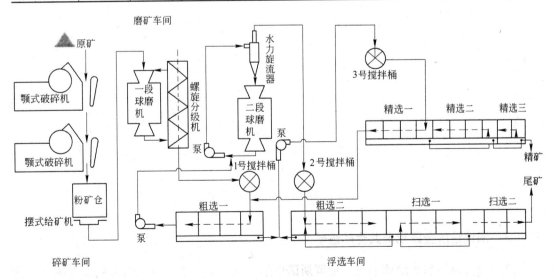

图 41-4-10 50t/d 工业试验设备联系图

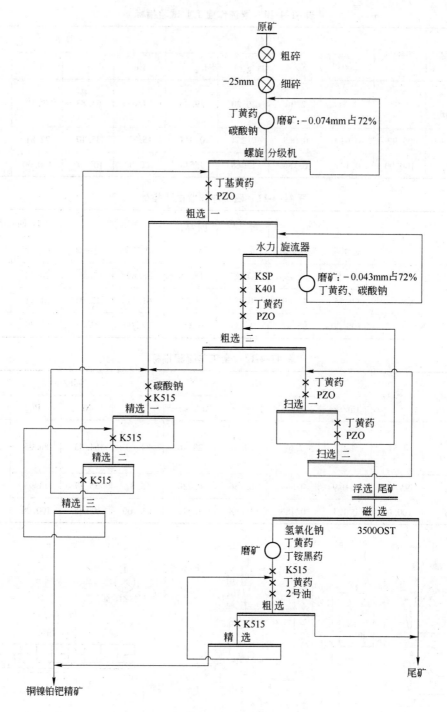

图 41-4-11　50t/d 工业试验流程

41.4.3　铜镍铂族金属元素共生矿选矿

这类资源以加拿大萨德伯里、俄罗斯诺里尔斯克、中国金川以及澳大利亚卡姆巴尔达硫化铜镍铂族金属元素共生矿为代表。

41.4.3.1 萨德伯里铜镍选厂

加拿大萨德伯里铜镍矿石含铂族金属元素仅 0.5 ~ 0.9g/t，但因镍产量巨大，因而所获铂族金属元素数量也可观。矿石中主要金属矿物为含镍磁黄铁矿、镍黄铁矿、黄铁矿、黄铜矿。矿石中主要含铂族矿物为：碲铋钯矿、砷铂矿、碲铂矿等。经分析确定以固溶体形态存在于硫砷化物（辉砷钴矿 CoAsS 及辉砷镍矿 NiAsS）中的钯、铂、铑约为 $(56 ~ 1840) \times 10^{-6}$。

采用的工艺流程见图 41-4-12。浮选给矿细度 − 230μm 占 85%。粗选石灰调浆至 pH 值为 9，添加水玻璃分散矿泥，异戊基黄药和松油粗选出以黄铜矿和镍黄铁矿为主的混合精矿。该混合精矿采用石灰（pH 值为 12）进行铜镍分选，得到含铜约 30% 含镍低于 1% 的铜精矿。槽内产品即为含镍 10% 的镍精矿。粗选尾矿含镍磁黄铁矿、脉石和少量镍黄铁矿，经磁选可获得含 Fe 58% 的铁精矿，含镍 0.75%，送铁选厂回收处理。磁选尾矿再浮选，获低品位镍精矿，并入粗选镍精矿中。综合镍精矿含镍 5%、铜 1%、铂族金属元素 20 ~ 50g/t，铂族金属元素在冶炼时从高锍中回收。

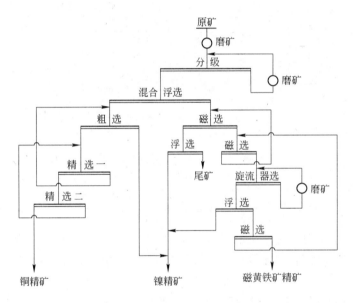

图 41-4-12 萨德伯里铜镍选厂流程

41.4.3.2 澳大利亚卡姆巴尔达镍选厂

该镍矿属原生硫化镍矿床，主要硫化物共生组合为磁黄铁矿-镍黄铁矿，接近地表部分蚀变为次生矿物集合体紫硫镍矿。脉石矿物主要有滑石、绿泥石和碳酸盐。该矿镍高铜低，镍达 3%，镍铜比达 12∶1。矿石中伴生有铂族金属元素，铂很低，钯相对较高，达 0.1g/t。

选厂 1967 年投产，现年处理镍矿石 130 ~ 160t。该选厂选矿工艺曾采用 SO_2 酸性介质浮选，浮—磁联合流程，现已停用，现生产工艺流程见图 41-4-13。

卡姆巴尔达选厂入选矿石中滑石含量高达 25% ~ 40%。滑石天然可浮性良好，会严重干扰镍浮选，排除滑石是确保该厂闪速熔炼要求 MgO 含量小于 6.0% 的关键。经多年研究，设置了滑石的浮选回路（见图 41-4-13）。此外在镍常规浮选中采用印度进口的古尔胶（250g/t）强化对滑石的抑制（全部加在精选作业），以上措施确保了镍精矿中 MgO 含量小于 5%。

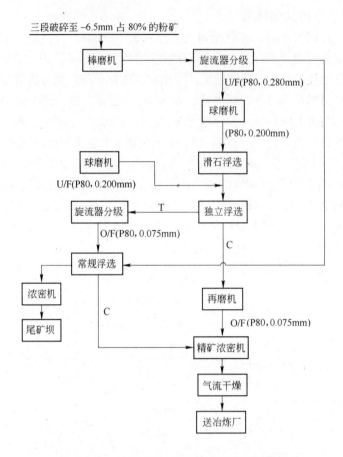

图 41-4-13   卡姆巴尔达镍选厂生产原则流程

　　为防止硫化镍矿物因过磨泥化而损失于最终尾矿中，在工业流程中设置了独立浮选回路，直接产出含镍大于 11%、MgO 含量小于 6% 的镍精矿。因其粒度较粗（ - 212μm 占 80%），不能满足闪速熔炼要求，应再磨后与常规浮选精矿合并。选矿药剂用量见表 41-4-13。对 Ni 2.45% ~3.47% 的原矿，镍精矿含镍 10.7% ~11.5%，镍回收率 89% ~94%。镍精矿含钯 0.3 ~0.4g/t，含铂小于 0.1g/t，铂族元素在冶炼过程中综合回收。

表 41-4-13   卡姆巴尔达选厂浮选药剂消耗

药剂种类	药剂名称	平均用量 /g·t^{-1}	药剂种类	药剂名称	平均用量 /g·t^{-1}
捕收剂	乙基钠黄药	150	抑制剂	古尔胶	250
活化剂	硫酸铜	50	起泡剂	三乙氧基丁烷	变化调整

41.4.3.3   金川有色集团公司镍铜矿选厂

　　金川公司镍矿资源丰富，规模巨大，储量居世界硫化镍矿第二位，同时伴生有丰富的铜钴及铂族金属元素。金川镍矿共分四个矿区，其中二矿区金属储量占全矿区地质储量 76%，一矿区占总储量 16%。目前，一、二矿区是公司镍、铜、钴及铂族金属元素生产的主要原料基地。随着金川公司的快速发展，目前三矿区贫矿资源也开始得到有效开发。金川矿区地质条件复杂，岩石和矿石种类繁多，氧化和蚀变严重，矿石性质变化很大，选矿加工处理有相当难度。早期选矿工艺流程复杂，技术经济指标相对落后，经国家科技部从20世纪70年代起组织多次国家科技攻关，金川镍矿的开发利用获得长足的进展。在选矿工艺、选矿药剂和选矿设备方面取得多项科技成果。已针对不同性质的矿石研发出符合矿石工艺矿物学特性的工艺流程；浮选药剂更加高效和有选择性，选矿设备趋向大型化、自动化，更加节能环保，自动控制技术也有新发展。铜、镍、钴及铂族金属元素选矿技术和经济指标整体良好。

目前，金川公司选矿厂有三个主要的选矿车间，日处理量可达29000t。其中一选矿车间主要处理二矿区富矿石，日处理量可达14000t；二选矿车间主要处理龙首矿贫矿石，日处理量9000t；三选矿车间主要处理三矿区贫矿石，日处理量6000t。

不仅一矿区、二矿区和三矿区矿石性质差别很大，就连同一矿区内不同成因、不同类型矿石选矿工艺特性也多不相同，需要进行深入的研究和长期生产经验的积累。除镍铜主金属矿物种类、品位外，伴生元素含量也不尽相同。表41-4-14和表41-4-15分别为一矿区和二矿区不同类型矿石各类矿石伴生元素含量。

表41-4-14　一矿区各类矿石伴生元素含量表

矿石类型		镍	铜	钴	硫	硒	碲	氧化铬
		含量/%						
超基性岩型	氧化镍矿石	1.87	1.69	0.061	0.77	0.0033	0.0005	0.39
	硫化镍富矿石	1.92	0.90	0.050	8.53	0.0023	0.0003	0.40
	硫化镍贫矿石	0.65	0.32	0.021	2.27	0.0006	0.0002	0.45
	硫化镍表外矿	0.35	0.18	0.017	1.23	0.0003	0.0002	0.44
接触交代型	硫化镍富矿石	1.44	1.19	0.042	5.97	0.0026	0.0005	0.03
	硫化镍贫矿石	0.88	0.56	0.016	2.27	0.0010	0.0003	0.03

矿石类型		金	银	铂	钯	锇	铱	钌	铑
		含量/$g \cdot t^{-1}$							
超基性岩型	氧化镍矿石	0.15	—	0.35	0.28	—	—	—	—
	硫化镍富矿石	0.13	4.4	0.30	0.20	0.0289	0.0346	0.0300	0.0146
	硫化镍贫矿石	0.06	2.0	0.18	0.10	0.0150	0.0152	0.0160	0.0067
	硫化镍表外矿	0.03	1.2	0.12	0.07	0.0151	0.0151	0.0145	0.0059
接触交代型	硫化镍富矿石	0.20	—	0.41	0.20	—	—	—	—
	硫化镍贫矿石	0.20	—	0.37	0.11	—	—	—	—

表41-4-15　二矿区各类矿石伴生元素含量表

矿石类型	金	银	铂	钯	锇	铱	钌	铑
	含量/$g \cdot t^{-1}$							
超基性岩型镍富矿	0.30	5.5	0.53	0.24	0.024	0.022	0.020	0.010
超基性型镍贫矿	0.07	2.1	0.05	0.04	0.006	0.005	0.005	0.002
交代型镍富矿	0.10	5.0	0.16	0.07	0.025	0.020	0.023	0.009
交代型镍贫矿	0.07	3.7	0.06	0.04	0.005	0.004	0.005	0.002
贯入型镍特富矿	0.11	2.7	0.06	0.07	0.031	0.020	0.027	0.010

矿石类型	钴	硒	碲	硫	氧化铬
	含量/g·t^{-1}				
超基性岩型镍富矿	0.048	0.0028	0.0006	8.17	0.42
超基性岩型镍贫矿	0.022	0.0007	0.0002	2.70	0.52
交代型镍富矿	0.047	0.0025	0.0005	9.49	0.04
交代型镍贫矿	0.015	0.0007	0.0003	2.20	0.16
贯入型镍特富矿	0.114	0.0043	0.0007	31.31	—

金川镍矿床产于超基性岩体中，含矿超基性岩体主要由橄榄岩、辉石及少量斜长石组成。大部分橄榄石已蚀变成蛇纹石，并析出磁铁矿；辉石蚀变成绢云母、绿泥石和透闪石等次生矿物。主要金属矿物为镍黄铁矿、黄铜矿、磁黄铁矿、磁铁矿、紫硫镍铁矿和方黄铜矿。铂族金属元素矿物有数十种之多，主要有自然铂、铂金矿、铂金钯矿、砷铂矿、钯金矿、铋钯矿、铋碲钯矿、含钯自然铋等。其中铂矿物以砷铂矿为主，其次是金属互化物，二者约占铂族矿物总量的90%以上。砷铂矿粒度一般为0.042~1mm，多与黄铜矿、紫硫镍铁矿、蛇纹石、磁铁矿连生。以矿物形态存在的铂占83%~98%，其余为硫化物及铬铁矿中的类质同象产物，以硫化物为主。脉石矿物中不含铂。钯也以矿物形态存在为主，其余为硫化物中的类质同象，硅酸盐中含量甚微。铑、铱、锇、钌在磁黄铁矿、镍黄铁矿、紫硫镍铁矿、黄铜矿中的含量约为每吨百分之几至十分之几克，为原矿中含量的10余倍。矿体铜镍及贵金属的平均含量为：铜0.23%，镍0.42%，铂0.06~0.53g/t，钯0.05~0.24g/t，金0.07~0.3g/t，银2.2~6.1g/t，锇铱钌铑的含量约每吨千分之几至百分之几克。铂族矿物虽然主要以单体形态存在，但由于含量少，粒度细，且与铜镍硫化物相互连生，不可能单独回收成为产品，而只能在浮选过程中随铜镍精矿产出。因而，不同矿石性质的铜镍混合浮选的最佳工艺，也就是铂族元素选矿回收的最佳工艺。

A 金川公司一选矿车间

目前处理二矿区硫化镍富矿石。矿石典型化学成分分析见表41-4-16，镍、铜化学物相分析结果分别见表41-4-17和表41-4-18，矿石矿物组成见表41-4-19。

表 41-4-16   矿石化学成分分析

成 分	Ni	Cu	Co	Fe	S	Ti
含量/%	1.43	0.85	0.050	13.20	5.14	0.040
成 分	Cr	Mn	As	Zn	Ba	K
含量/%	0.046	0.11	<0.005	0.012	0.006	0.08
成 分	Na	Ca	Al	SiO$_2$	MgO	
含量/%	0.12	1.10	0.83	32.96	26.89	

表 41-4-17   镍的化学物相分析结果

相 别	氧化镍	硫化镍	硅酸盐中的镍	总 镍
含量/%	0.030	1.371	0.026	1.427
占有率/%	2.10	96.08	1.82	100.00

表 41-4-18　铜的化学物相分析结果

相　别	氧化铜	硫化铜	墨铜矿中的铜	总　铜
含量/%	0.06	0.62	0.17	0.85
占有率/%	7.06	72.94	20.00	100.00

表 41-4-19　矿石的矿物组成及含量

金属矿物				脉石矿物	
矿物名称	含量/%	矿物名称	含量/%	矿物名称	含量/%
镍黄铁矿	3.85	磁铁矿	6.61	橄榄石	18.73
紫硫镍铁矿	少量	钛铁矿	少量	蛇纹石	46.45
磁黄铁矿	8.15	黄铁矿	0.73	透闪石	3.94
四方硫铁矿	0.25	赤铁矿	0.14	辉　石	1.79
黄铜矿	1.82	铬尖晶石	0.35	碳酸盐	1.76
方黄铜矿	少量	羟镁硫铁矿	少量	滑　石	0.88
墨铜矿	0.95			绿泥石	3.45
铜镍铁矿	0.15			云　母	—

二矿区富矿石主要的金属矿物为镍黄铁矿、磁黄铁矿、黄铜矿和墨铜矿。镍黄铁矿嵌布粒度一般为 0.02~0.417mm，磁黄铁矿与蛇纹石等脉石矿物关系密切，需细磨才能回收；磁黄铁矿嵌布粒度一般为 0.02~0.589mm，部分磁黄铁矿含少量的 Ni、Cu；黄铜矿嵌布粒度一般为 0.015~0.295mm，也需要细磨回收；磁黄铁矿嵌布粒度一般为 0.02~0.14mm，不少墨铜矿粒度小于 0.02mm，甚至小于 0.005mm，这部分与蛇纹石关系特别密切粒度微细的墨铜矿，难以用机械方法回收。

曾对二矿区富矿石进行多种工艺流程研究，包括采用酸性介质、中性介质和碱性介质进行铜镍混合浮选。酸性介质浮选时，加硫酸调整 pH 值在 4 左右，2 号油为起泡剂，丁基黄药为捕收剂。中性（自然 pH 值在 8 左右）介质浮选时，以六偏磷酸钠作为铁硫化物抑制剂，优先浮选铜镍后再用硫酸铜活化浮选磁黄铁矿产出铁硫精矿。碱性介质浮选时，加 CaO 或 Na_2CO_3，调整 pH 值为 9~12，硫酸铜活化后浮选，精选阶段再用硫酸调整介质为酸性，从中矿中选出铁硫精矿。三种介质的浮选指标比较列于表 41-4-20。

表 41-4-20　二矿区富矿石不同介质的选矿回收率比较

介质性质	产品	产率/%	选矿回收率/%							
			Ni	Cu	Pt	Pd	Os	Ir	Ru	Rh
酸性	混合精矿	25.31	91.3	86.3	83.6	79.2	83.6	78.2	88.8	79.2
中性	铜镍精矿	22.04	89.3	75.8	74.3	75.2	69.5	57.8	71.9	62.9
	铁硫精矿	4.72	1.62	4.21	3.5	4.3	14.7	9.3	9.8	8.5
碱性	混合精矿	23.92	90.1	79.6	81.9	75.2	78.2	67.9	82.0	78.4

该类富镍矿石，目前采用两磨两选和中矿再磨流程，其工艺流程见图 41-4-14。采用硫酸铵（1000±100g/t）调浆和消除从采矿充填中混入的水泥对浮选的不利影响。采用硫

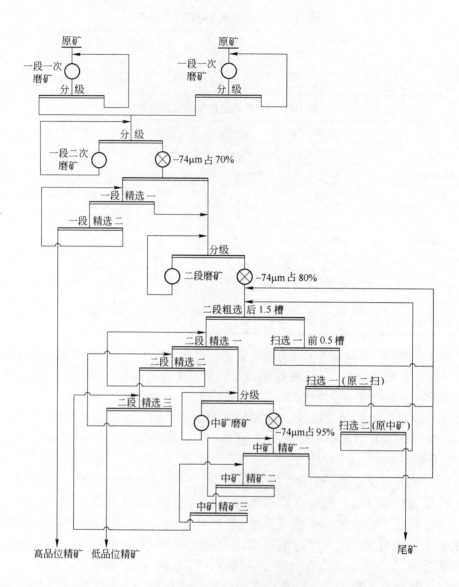

图 41-4-14   一选矿车间工艺流程

酸铜（150±20g/t）为镍铜矿物活化剂，六偏磷酸钠（350±30g/t）为脉石抑制剂，采用混合捕收剂来回收镍铜及铂族金属元素等有用矿物，包括混合黄药（丁黄药：乙黄药＝7：1）240±20g/t、西北矿冶研究院研发的有捕收性能的起泡剂 J-622（75±55g/t）以及少量的丁基胺黑药（3±3g/t）。2010 年前 9 个月累计生产指标为：原矿镍品位 1.277%，精矿镍品位 7.656%，尾矿镍品位 0.237%，精矿氧化镁 7.011%，镍回收率 84.02%，铜、钴及铂族金属元素也相应得到很好的回收。由于贵金属与镍铜关系密切，其回收的难度直接与镍铜呈正相关关系。一个典型的考察结果见表 41-4-21。

　　与镍铜主金属相比，铂族金属元素回收率略差一些。由于现行流程结构和药剂制度主要是基于镍铜主金属的回收，因此，只能在不影响主金属回收的情况下通过对调整剂和捕收剂的适当调整和优化来进一步提高铂族金属元素的回收率。

表 41-4-21　镍铜及贵金属回收考察

元素名称		Ni/%	Cu/%	Au	Pt	Pd	Os	Ir	Ru	Rh
品位 /g·t⁻¹	精矿	7.544	3.581	0.68	1.08	0.62	0.10	0.05	0.069	0.03
	尾矿	0.242	0.237	0.077	0.067	0.08	0.013	0.01	0.013	0.005
	原矿	1.426	0.778	0.19	0.23	0.15	0.028	0.02	0.026	0.01
精矿回收率/%		85.76	74.49	67.44	75.57	54.86	63.11	63.89	61.63	58.98

对影响选矿的工艺矿物学因素进行了研究。影响镍选矿的矿物学因素主要有：镍的赋存状况（含镍物相）、磁黄铁矿数量（磁黄铁矿平均含镍0.20%）、脉石含镍（平均含镍0.07%）的影响、镍黄铁矿解离特性和嵌布粒度等。影响铜选矿的因素主要有：墨铜矿含量、铜矿物嵌布粒度等。此外，脉石矿物蛇纹石数量及泥化特性对镍铜混合精矿质量有很大影响。

B　金川二选矿车间

主要处理龙首矿贫矿石，实际上多半是在处理一矿区富矿和贫矿的混合矿石。二选厂工艺流程为二磨二选（一段为一粗二精，直接出高品位镍精矿，二段为一粗二精二扫，精一尾和扫一尾返回二段磨矿）；一段细度65%，−0.074mm，二段为≥80%，−0.074mm。采用Na₂CO₃为调整剂（1000±200g/t）。乙基黄药（200±45g/t）和丁胺黑药（25±20g/t）为捕收剂。原矿品位含镍0.981%时，镍铜混合精矿含镍6.099%，尾矿含镍0.20%，镍回收率82.28%，铜及铂族金属元素相应得到良好的回收。

C　金川三选矿车间

主要处理三矿区贫矿。三矿区矿石主要金属矿物为紫硫镍铁矿，含镍黄铁矿、黄铜矿和黄铁矿，脉石主要为蛇纹石，次为碳酸盐、透闪石、绿泥石、滑石等。选矿工艺流程为二磨二选，一段磨至≥65%，−0.074mm，二段细度为≥75%，−0.074mm，采用硫酸铵（1000g/t）调浆并消除混入的水泥对镍浮选的不利影响。采用混合用药：乙黄药205±70g/t，J-622 0~80g/t，丁胺黑药0.3~9g/t。当原矿含镍0.916%时，镍精矿品位5.678%Ni，尾矿含Ni 0.18%，镍回收率83.01%，铜及铂族金属元素也相应得到良好的回收。

D　铂族金属元素回收工艺

各选矿车间产出的铜镍混合精矿经闪速炉（或电炉）熔炼，转炉吹炼，得到一次高冰镍（高锍）。贵金属在熔炼阶段被金属相捕集，高冰镍送入高锍磨浮车间处理，使镍、铜及贵金属相互分离，分别产出镍精矿、铜精矿和铂族金属元素精矿。一次高冰镍磨矿后于铜镍浮选分离之前，先用弱磁选将磁性铜镍合金分选出来。该金属中贵金属含量比一次高冰镍中贵金属含量高10倍。这种一次合金再硫化并经细磨和磁选，得到更富的二次铜镍合金，其中铂族金属元素+金的含量可达2500g/t。二次铜镍合金经盐酸浸出镍，控制电位氯化浸出铜、镍，浓硫酸浸煮再除贱金属及四氯乙烯脱硫等四个工艺处理，就可以得到含铂钯12%左右的贵金属，然后再进一步分离提纯。高冰镍的铜镍分选在NaOH（4.51g/t原矿）强碱性介质中（pH值为12.5）进行，采用丁基黄药（0.96g/t原矿）为捕收剂。高冰镍分选工艺流程见图41-4-15。从二次合金中提取贵金属的工艺流程见图41-4-16，一次高冰镍分选主要技术指标见表41-4-22，二次高冰镍分选的主要金属回收率见表41-4-23。

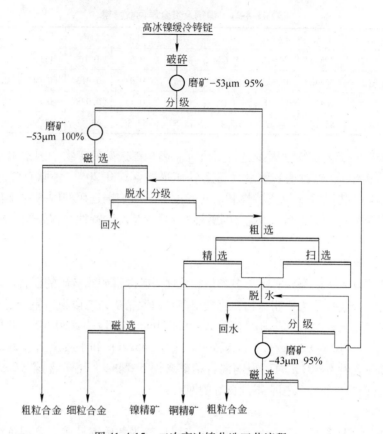

图 41-4-15　二次高冰镍分选工艺流程

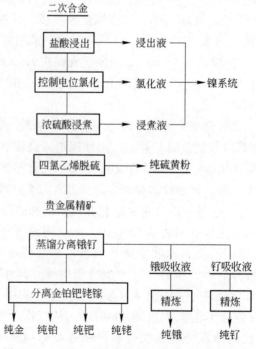

图 41-4-16　从二次合金中提取贵金属的工艺流程

表 41-4-22　一次高冰镍分选主要指标

产品名称	品位/%（*/g·t^{-1}）							
	Ni	Cu	Pt*	Pd*	Ru*	Rh*	Os*	Ir*
一次镍精矿	60.62	3.66	6.03	2.43	0.45	0.34	0.38	0.36
一次铜精矿	2.86	68.32	0.34	0.19	0.03	0.02	0.04	0.04
一次合金	62.23	20.47	68.61	26.68	4.30	3.17	3.73	3.63
一次高冰镍	46.50	24.37	10.42	4.11	0.70	0.52	0.60	0.59

产品名称	回收率/%									
	Ni	Cu	Au	Ag	Pt	Pd	Ru	Rh	Os	Ir
一次镍精矿	83.95	9.81	61.03	17.30	35.30	35.99	39.22	39.81	38.11	37.58
一次铜精矿	2.44	80.60	3.10	75.23	0.92	1.30	1.02	1.13	1.87	1.98
一次合金	12.70	8.05	34.64	6.75	63.17	62.22	58.96	58.00	59.64	59.03
一次高冰镍	99.53	99.11	99.28	99.58	99.65	99.72	99.54	99.38	99.77	99.18

表 41-4-23　二次高冰镍分选主要金属回收率

产品名称	回收率/%									
	Ni	Cu	Au	Ag	Pt	Pd	Ru	Rh	Os	Ir
二次镍精矿	86.28	10.50	60.22	20.64	36.59	34.22	39.03	37.92	38.22	37.01
二次铜精矿	2.07	78.71	3.21	72.46	0.98	1.16	0.96	0.93	1.21	1.02
二次合金	10.45	8.52	36.01	6.28	62.29	64.51	59.13	60.00	59.26	59.14
二次高冰镍	98.80	97.73	99.64	99.64	99.99	99.94	99.49	99.33	99.23	98.35

41.4.3.4　内蒙古某钯铂矿

　　该矿石属浸染状低硫铂钯矿石。金属矿物仅占矿石矿物总量的 1.7%。矿石构造有稀疏浸染状构造、脉状或树枝状构造；矿石结构有包含结构、自形-半自形-他形晶状结构和固溶体分离结构等。原矿化学组成和主要矿物含量分别见表 41-4-24 和表 41-4-25。

表 41-4-24　原矿化学分析结果

成　分	Cu	Na$_2$O	TFe	MnO	Al$_2$O$_3$	SiO$_2$	MgO
含量/%	0.14	2.28	8.18	0.23	7.92	45.10	7.77
成　分	CaO	P$_2$O$_5$	Ni	S	Ti$_2$O	Pt*	Pd*
含量/%（*/g·t^{-1}）	18.59	1.32	0.0065	0.31	0.96	0.47	0.48

表 41-4-25　原矿矿物含量

矿物种类	黄铜矿	黄铁矿	磁铁矿、钛铁矿	褐铁矿、赤铁矿	斑铜矿、辉铜矿、磁黄铁矿、铜蓝	方铅矿、闪锌矿	钯铂类	总脉石
含量/%	0.2	0.4	0.7	0.2	0.2	微	微	98.3

　　矿石中钯铂矿物有碲钯铂矿、碲钯矿、锑铂矿、砷铂矿四种，铂钯矿物大部分赋存于硫化物中，含量低，粒度细，粒度均在 0.1mm 以下。铂钯硫化物与各种硫化物多呈复合矿物颗粒或呈紧密连晶集合体不均匀浸染于脉石中，有的脉石又以粒状、针状、片状分布

于硫化矿集合体颗粒中,彼此不易分离,要获得较高品位的铂钯精矿产品必须细磨。

矿石中脉石矿物含量高达 98.3%,以透辉石为主,次之有紫苏辉石、长石、石英、黑云母、石榴子石、绿帘石、透闪石、阳起石、绿泥石等;而黄铜矿则是呈粗细不均的不规则浸染分布于脉石矿物中。经过详尽的磨矿细度、矿浆酸碱度和介质调整剂 Na_2CO_3、水玻璃、CMC、$Al_2(SO_4)_3$、硫酸、氟硅酸钠、EML1 等试验研究,制定了如图 41-4-17 所示的试验工艺流程。

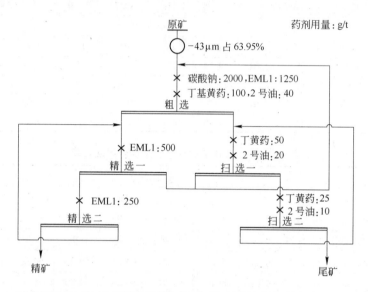

图 41-4-17　内蒙古某钯铂矿选矿闭路试验流程

相应的闭路试验指标和精矿产品多元素分析分别见表 41-4-26 和表 41-4-27。研究结果表明,由于钯矿物大部分赋存于硫化物中,与各种硫化矿物多呈复合矿物颗粒或呈紧密连晶集合体不均匀浸染于脉石中,彼此不易分离。因此,合理的磨矿细度是良好选矿指标的关键。试验采用一粗二精二扫浮选工艺流程,可对矿石中铜、铂、钯等有价元素实现有效的综合回收。

表 41-4-26　内蒙古某钯铂矿选矿闭路试验结果

产品名称	产率/%	品位/$g \cdot t^{-1}$		回收率/%	
		Pt	Pd	Pt	Pd
精　矿	0.55	74.04	78.60	89.79	88.68
尾　矿	99.45	0.047	0.056	10.21	11.32
原　矿	100.00	0.45	0.48	100.00	100.00

表 41-4-27　内蒙古某钯铂矿选矿精矿产品成分分析结果

成　分	Cu	Pb	Zh	MgO	As	S	TFe	Pt	Pd
品位/%	18.04	0.026	0.02	1.40	0.057	31.44	32.5	74.04g/t	78.60g/t

41.5　国内外主要铂族金属元素选矿厂

国内外主要铂族金属元素选矿厂选治工艺流程及工艺指标见表 41-5-1。

表 41-5-1 国内外铂族金属元素选矿厂及选冶指标

序号	选矿厂名称	规模/t·d⁻¹	矿床类型及矿物组成	工艺流程	名称	主要指标 PGM（铂族金属）		
						原矿品位/g·t⁻¹	精矿品位/g·t⁻¹	回收率/%
1	中国金川公司一选矿车间	14000	镍黄铁矿、磁黄铁矿、黄铜矿、少量紫硫镍矿、墨铜矿、磁铁矿、自然铂、铂金矿、铂金钯矿、砷铂矿、钯金矿、铋钯矿、铋碲钯矿、橄榄石、蛇纹石、透闪石、绿泥石等，属二矿区富矿	二段磨浮选70% - 200目中矿再磨再选	铜镍混合精矿	0.44~0.5	1.8~2.2	65~70
2	中国金川公司二选矿车间	9000	紫硫镍矿、黄铜矿、黄铁矿、磁黄铁矿、少量镍黄铁矿、方黄铜矿、自然铂、铂金矿、砷铂矿、钯金矿、铋钯矿、铋碲钯矿、蛇纹石、碳酸盐、橄榄石、绿泥石、滑石，属龙首矿贫矿（混合矿）	二磨二选，一段≥65%（-74μm）二段≥75%（-74μm）	铜镍混合精矿	0.35~0.5	1.5~1.9	60~70
3	中国金川公司三选矿车间	6000	紫硫镍矿、含镍黄铁矿、黄铜矿、黄铁矿、磁黄铁矿、方黄铜矿、磁铁矿、自然铂、铂金矿、砷铂矿、钯金矿、铋钯矿、铋碲钯矿，蛇纹石在脉石中占绝对优势，属三矿区星点状贫矿石	二磨二选，一段≥65%（-74μm）二段≥80%（-74μm）	铜镍混合精矿	0.3~0.5	1.4~1.7	55~70
4	金川同镍矿高冰镍选矿厂	1000	铜镍混合精矿及一次高冰镍	熔炼-吹炼-磁选-浮选分离	铜精矿镍精矿合金	16.94	118.61（一次合金）	70~78
5	四川某铂镍矿		浸染状蛇纹石型低品位铂镍矿。砷铂矿、锑钯矿、镍黄铁矿、磁黄铁矿、黄铜矿、蛇纹石、透闪石等	熔炼-吹炼-分离浮选	含PGM铜镍混合精矿	0.46	6.38	81.28
6	河北某铂矿		热液型钯矿，含铜硫化物型钯矿。硫铜钴铂矿、碲铂矿、汞铂钯矿、黄铜矿、孔雀石、长石、石榴子石等	混合浮选	含PGM铜精矿		84.03	46.30
7	美国古德纽斯贝铂公司	5500	砂铂矿。自然铂、自然金、磁铁矿、铬铁矿及钛铁矿等	重选-磁选	铂精矿	2~2.5	90%	
8	南非吕斯腾堡选矿厂	35000	基性超基性岩矿床，多金属硫化物类型。镍黄铁矿、黄铜矿、磁黄铁矿、铁铂矿、硫镍钯铂矿、硫铂矿、硫钌矿、砷铂矿和碲钯矿、橄榄石、辉石、斜长石、黑云母	以浮选为主的浮选-重选流程，磨矿细度-74μm占50%~60%	含PGM铜镍混合精矿	7~10	150	90
9	南非英帕拉选矿厂	40000	基性超基性岩矿床。黄铁矿、磁黄铁矿、镍黄铁矿、黄铜矿、硫镍钯铂矿、硫铂矿、硫钌矿、砷铂矿、铁铂合金	单一浮选流程磨矿细度-74μm占55%	含PGM铜镍混合精矿	5~7	PGM>100	88

序号	选矿厂名称	规模 /t·d⁻¹	矿床类型及矿物组成	工艺流程	名称	主要指标 PGM（铂族金属）		
						原矿品位 /g·t⁻¹	精矿品位 /g·t⁻¹	回收率 /%
10	南非西铂公司铂选矿厂	7000	基性超基性岩矿床。镍黄铁矿、磁铁矿、黄铜矿、钴-镍黄铁矿、硫铂矿、硫钌矿、硫镍钯铂矿、砷铂矿、硫钯矿等	浮选，磨矿细度 - 74μm 占 80%		4 ~ 7	363 (PGM + Au)	88.75
11	加拿大克拉拉伯尔选矿厂	30000	铜镍硫化矿伴生铂族金属元素矿。镍黄铁矿、磁黄铁矿、黄铜矿、碲铋钯矿、砷铂矿、铋铂矿、铋钯矿	混合浮选	含 PGM 铜镍混合精矿			
12	加拿大费鲁德斯托比选矿厂	20000	铜镍硫化矿伴生铂族金属元素矿。镍黄铁矿、黄铜矿、磁黄铁矿	混合浮选	含 PGM 铜镍混合精矿			
13	澳大利亚卡姆巴尔达镍选厂	4000	磁黄铁矿-镍黄铁矿、紫硫镍矿。脉石矿物主要有滑石、绿泥石和碳酸盐。镍高铜低，镍品位达 3%，镍铜比达 12:1	混合浮选	含 PGM 铜镍混合精矿		Pd 0.3 ~ 0.4 Pt 0.1	
14	金宝山低品位铂钯矿	扩大试验 1500kg/h	紫硫镍铁矿、镍黄铁矿、黄铜矿、黄铁矿、磁铁矿、自然铂、铁自然铂、砷铂矿、砷钯矿、锑钯矿、碲铂矿、碲钯矿、硫铂矿、硫锇铱矿、蛇纹石、单斜辉石、角闪石、绿泥石、滑石	二磨二选，一段 70%(-74μm) 二段 95% (-74μm) 混合浮选	含 PGM 铜镍混合精矿	PGM 3.91 Pt 1.52 Pd 2.39	PGM 78.84 Pt 31.85 Pd 46.99	PGM 82.48 Pt 85.88 Pd 79.06

参 考 文 献

[1] 南京大学地质学系. 地球化学[M]. 北京：科学出版社，1979.

[2] 赫尔伯特 L. J. 铂族元素的地质环境[M]. 沈承，王行，刘道荣译. 北京：地质出版社，1991.

[3] 中国科学院贵阳地球化学研究所. 铂族元素矿物鉴定手册[M]. 北京：科学出版社，1981.

[4] 刘时杰. 铂族金属元素矿冶学[M]. 北京：冶金工业出版社，2001.

[5] 杨天足，等. 贵金属冶金及产品深加工[M]. 长沙：中南大学出版社，2005.

[6] 谭庆麟，阙振寰. 铂族金属元素[M]. 北京：冶金工业出版社，1990.

[7] 《选矿手册》编辑委员会. 选矿手册，第八卷，第三分册(田广荣，蒋鹤麟. 第 33 篇第 6 章，铂族金属元素选矿)[M]. 北京：冶金工业出版社，1990.

[8] 《矿产资源综合利用手册》编辑委员会. 矿产资源综合利用手册[M](张秀华. 第 6 篇 6.4.3 节，铂族金属元素). 北京：科学出版社，2000.

[9] 《贵金属生产技术实用手册》编辑委员会. 贵金属生产技术实用手册[M]. 北京：冶金工业出版社，2011.

[10] 陈景. 铂族金属冶金化学[M]. 北京：科学出版社，2008.

[11] 刘时杰. 论原生铂矿的选矿和冶金[J]. 贵金属，1999，20(4)：51 ~ 56.

[12] 刘时杰. 铂族金属提取冶金技术发展[J]. 有色冶炼，2000(6)：1 ~ 4，7.

[13] 李家庆. 澳大利亚硫化镍选矿现状. 见：选矿学术会议论文集——庆祝张卯均教授从事矿冶事业 55 周年[M]. 北京：冶金工业出版社，1993.

[14] 印万忠. 当代世界的矿物加工技术与装备（第十届选矿年评）. 第二篇第 16 章：贵金属选矿 [M].
北京：科学出版社，2006.

[15] 赵劲. 云南省赴南非科技考察团科考简报 [J]. 云南地质，2003（2）：223～227.

[16] 于晓霞. 金川镍矿矿石特性及可选性分析 [J]. 世界有色金属，2007（10）：14～19.

[17] 宋永胜，阮仁满，温建康. 金川公司一选厂金属走向查定及分析 [J]. 金属矿山，2003（9）：29～31.

[18] 地矿部云南中心实验室. 金宝山铂钯矿矿物物质组成和工艺矿物学研究报告. 1998（内部报告）.

[19] 胡真，徐晓萍，李汉文，等. 西南某低品位铂钯矿选矿工艺研究 [J]. 有色金属，2000，52（4）：
224～228.

[20] 何焕华，蔡乔方. 中国镍钴冶金 [M]. 北京：冶金工业出版社，2000.

[21] 我国铂、钯回收现状与对策分析 [J]. 资源再生，2008（5）：27～28.

[22] 李跃威. 溶液萃取法分离铂、钯、铑及其在二次资源回收中的应用研究 [D]. [博士学位论文]. 华
南理工大学，2005.

[23] 梁友伟. 内蒙古某铂钯矿选矿试验研究 [J]. 矿产综合利用；2010（4）：3～7.

[24] 广州有色金属研究院. "九五"国家重点科技（攻关）项目专题执行情况验收自评估报告（内部报
告），2001. 7.

[25] 广州金属研究院，云南黄金矿业集团股份有限公司. 云南铂钯矿 50t/d 浮选工业试验报告（内部报
告），2013. 12.

第42章 铀矿选矿

42.1 铀矿物及矿床

42.1.1 铀矿物

铀是一种银灰色的金属,是天然放射性元素,衰变时放出 α、β、γ 三种射线。天然铀有三种同位素,即铀-238、铀-235 和铀-234。它们在自然界的分布比例为 99.28%,0.714%,0.006%。

铀在地壳中分布比较广泛,其平均含量为 $(2 \sim 4) \times 10^{-6}$。

铀主要从铀矿石中提取,此外也从含铀磷矿、含铀铜矿、含铀金矿、含铀煤矿等矿石中提取一定数量的铀。

铀矿物和含铀矿物已发现约有 170 种,其中有实用意义的 20 ~ 30 种,见表 42-1-1。从表中可以看出它们是氧化物、氢氧化物、硅酸盐、磷酸盐、钒酸盐、复杂氧化物等。

表 42-1-1 常见的铀矿物

类 型	矿物名称	组 成	密度/g·cm^{-3}
氧化物	晶质铀矿	$(U_{1-x}^{4+}, U_x^{6+})O_{2+x}$	6.5 ~ 10
	沥青铀矿	晶质铀矿变种	6.4 ~ 9.7
氢氧化物	深黄铀矿	$7UO_2 \cdot 11H_2O$	5.09 ~ 5.68
	脂铅铀矿	晶质铀矿的蚀变产物	
铌钽钛复杂氧化物	钛铀矿	$(U, Ca, Fe, Th, Y)(Ti, Fe)_2O_6$	4.3 ~ 5.4
	铀钛磁铁矿	理论上为 $FeTi_3O_7$	4.48
硅酸盐	水硅铀矿	$U(SiO_4)_{1-x}(OH)_{4x}$	2.2 ~ 5.1
	硅钙铀矿	$Ca(UO_2)_2(SiO_3)_2(OH)_2 \cdot 5H_2O$	3.81 ~ 3.90
	铀钍矿	钍石 $ThSiO_4$ 的含铀变种	3.65 ~ 4.44
磷酸盐	钙铀云母	$Ca(UO_2)_2(PO_4)_2 \cdot (10 \sim 12)H_2O$	3.1 ~ 3.2
	铜铀云母	$Cu(UO_2)_2(PO_4)_2 \cdot 12H_2O$	3.4 ~ 3.6
钒酸盐	钾钒铀矿	$K(UO_2)_2(VO_4)_2 \cdot (1 \sim 3)H_2O$	2.0 ~ 2.5
	钒钙铀矿	$Ca(UO_2)_2(VO_4)_2 \cdot 5\text{-}8H_2O$	3.41 ~ 3.67
碳氢化合物	碳铀钍矿	晶质铀矿与碳氢化合物的配合物	1.5 ~ 2.0
	沥青岩	含铀有机配合物的许多变种	1.2 ~ 2.2

42.1.2　铀矿床

铀在地壳中分布很广，从铀的地球化学性质可知，铀可以在各种不同的地质条件下富集成矿床。根据不同的目的，铀矿床有不同的分类方法，各种方法各有特点。

42.1.2.1　按矿床成因分类

按矿床的成因进行分类是铀矿床的一种主要分类方法。

铀在地壳中非常分散，它可以在各种不同的成矿阶段和不同的地质作用下富集成矿床。根据成因可分为以下几类。

A　内生铀矿床

a　岩浆铀矿床　岩浆是一种成分复杂、温度很高、富含挥发性物质的硅酸盐熔融流体。岩浆铀矿床是在岩浆结晶阶段铀富集而成的矿床。在岩浆期，铀很少发生有工业价值的富集，常见的只有是点状矿化。

b　伟晶岩铀矿床　铀在岩浆作用末期的伟晶岩阶段富集而成的矿床叫伟晶岩矿床。伟晶岩矿床中，部分铀形成晶质铀矿，部分铀则以类质同象形式存在于其他副矿物中。铀在伟晶岩内的分布极不均匀，很少发现较大的、有工业价值的富集。

c　热液铀矿床　含铀热水溶液在迁移过程遇适当的地质条件（如进入裂隙）时，由于温度、压力的减小，酸碱度的改变或热液中氧化还原电位的降低，可引起其中易溶铀酰配合物分解，使铀从热液中分离、富集而成铀矿床。

热液铀矿床既可产于变质岩中，也可产于花岗岩及火山岩中，还可产于沉积岩中，但一般多产于花岗岩和火山岩中。

热液铀矿床的矿体形状及其空间位置，不仅取决于围岩的岩性，而且取决于褶皱和断裂构造。在一个矿区内，如有不同方向的断裂构造，铀矿床主要产在其中某个方向的一组断裂中。断裂控制着矿体的走向和倾向。若矿体是以充填方式形成的，则边界一般较清楚，以交代方式形成的则边界不清楚。矿体形态一般为脉状或透镜状。

热液矿床是内生铀矿床中规模和工业价值最大的一类，往往以产富矿石为其特征。根据矿床生成温度的不同，可分为高温、中温和低温三类热液铀矿床。在热液铀矿床中，高温热液铀矿床很少，工业价值不大。通常所说的热液铀矿床中，多指中低温热液铀矿床。中低温热液铀矿床中，在空间及成因上与花岗岩关系密切的称花岗岩型铀矿床；与酸性火山岩或次火山岩小侵入体关系密切的称火山岩型铀矿床。

B　外生铀矿床

外生铀矿床是原生铀矿或含铀矿石在地球外力作用下，遭到破坏和分解后，在适当的地质环境沉积富集而成的矿床。根据外生成矿作用的特点，可分为：

（1）沉积铀矿床。原生铀矿或含铀岩石出露地表经长期风化剥蚀，除其中一部分铀可能残留原处或下渗淋积外，绝大部分铀被水搬运，最后在河、湖、沼、海中沉积下来，经过成岩作用，形成有工业价值的铀矿床，此类铀矿床称为沉积铀矿床。

沉积铀矿床中的铀多以吸附状态存在，在显微镜下一般看不到有矿物。在部分沉积铀矿床可见到铀黑、沥青铀矿、铀石及其他次生铀矿物。这些矿物多呈粉末状、颗粒状，少数呈细脉状分布于矿石中。

海相沉积铀矿床中的铀与沉积物同时沉积，在成岩过程中富集。铀与有机质、磷等关系密切，矿化面积大，分布较均匀。陆相沉积铀矿床中的铀可以和沉积物同时沉积，也可以比成岩作用晚生成。当铀与沉积物生成时间不同时，铀矿化不均匀。

（2）淋积铀矿床。由于地球外力作用，含铀岩石遭受破坏和分解，铀随着地表水沿岩石的构造裂隙向下渗透，在有利的成矿条件下富集成矿。此类铀矿床称淋积铀矿床，其矿体多呈似层状，其产状受层间破碎带和层间氧化带控制。此类矿床多产于沉积岩和变质岩系某些层位的层间氧化带和层间破碎带中。

（3）变质铀矿床。变质作用主要是由于地球内力的影响，使原先生成的岩石在矿物成分和结构、构造、甚至化学成分方面发生变化。在变质成矿作用过程中，原来矿物或岩石中所含的结晶水、粒间水和层间水在较高的温度和压力下，形成气水溶液而使矿物质迁移和富集，称为变质铀矿床。具有工业价值的变质铀矿床多为沉积变质的铀矿床。

42.1.2.2　按主要矿体的形态特征分类

按矿体的形态进行铀矿床分类，对于矿山地质、物探和开采部门，有着很重要的意义。

这种分类方法是按矿体规模、形态，并考虑到矿化的均匀程度和连续性而进行的。由于这种分类对选择勘探方法有直接意义，所以有时也称勘探类型分类。有的国家按这种分类法将全部铀矿床分为五类，有的分为四类，下面按四类划分的介绍。

（1）第一类型：此类包括大型沉积矿床或其他成因的大型矿床。它的特点是矿床地质构造简单，矿化受岩性、层位控制，矿化范围广，矿层或矿带沿走向的长度可达几公里至几十公里。此类矿床的矿体形态简单，呈层状、似层状透镜状。矿体规模较大，矿化比较连续、均匀。通常这类矿床的铀品位不高，品位变化系数在 30% ~ 60%（热液铀矿床的较高一些），厚度变化系数一般小于 50%，含矿系数大于 80%。

（2）第二类型：这类矿床地质构造条件一般较简单，矿化受构造和岩性（或层位）控制明显。矿床由许多大小不等的矿体所组成，矿体呈层状、似层状或脉状。矿床中大部分有数个主矿体，其走向或倾向延伸可达 200m 左右。品位变化系数 60% ~ 130%，厚度变化系数 50% ~ 80%，含矿系数 70% 以上，矿石中铀的品位一般都不高。

（3）第三类型：这类矿床地质构造比较复杂，矿化受构造层位控制较明显。矿床规模不等，大、中、小型都有，一般由数十个以至数百个矿体组成，矿体呈形态不规则的似层状、透镜状、脉状或柱状。矿床中也有几个主要矿体存在。矿体规模沿走向或倾向延伸一般 30 ~ 80m，少数矿体可达 100m 以上，品位变化系数 130% ~ 210%，厚度变化系数 60% ~ 90%，含矿系数 60% 以上。

（4）第四类型：这类矿床地质构造条件复杂，其矿体大多产在裂隙带或相变频繁的陆相沉积岩中。矿体呈复杂的透镜状、脉状、巢状。矿体多属中、小型，矿床内部矿体数目很多，单个矿体规模较小，一般走向或倾向延伸 20 ~ 40m，品位变化系数大于 210%，厚度变化系数大于 100%，含矿系数 50% 以上。

按矿体形态分类法不仅对矿山地质和开采工作有意义，对选矿工作也很有参考价值。此种矿床的分类情况综合列入表 42-1-2。

表 42-1-2　根据矿体形态特征的铀矿床分类

类别	特　征	矿化最大面积	最大品位变化系数/%	含矿系数/%	厚度变化系数/%
第一类型	大型沉积矿床或其他成因大型矿床。矿化均匀	数十平方公里	30 ~ 60	>80	<50
第二类型	大中型层状、似层状、透镜状、脉状矿石。矿化不均匀	数十万平方米	60 ~ 130	>70	50 ~ 80
第三类型	形态不规则的似层状、透镜状、脉状、柱状矿床。矿化很不均匀	数万平方米	130 ~ 210	>60	60 ~ 90
第四类型	变化极复杂的透镜状、脉状、巢状矿床。矿化极不均匀	数万平方米	>210	>50	>100

42.1.2.3　按矿石的物质组成分类

根据矿石的物质组成，尤其是脉石矿物的物质组成，矿床可分为：

（1）硅酸盐（硅铝酸盐）铀矿床。矿石中硅酸盐及硅铝酸盐含量占95%以上。

（2）碳酸盐型铀矿床。根据矿石中碳酸盐含量的不同又可分为弱碳酸盐型、中等碳酸盐型和强碳酸盐型铀矿床。

（3）硫化物型铀矿床。根据矿石中硫化物的含量又可分含少量硫化物、中等量硫化物和大量硫化物的铀矿床。

（4）磷酸盐型铀矿床。根据矿石中磷酸盐含量又可分为含少量磷酸盐、中等量磷酸盐和大量磷酸盐的铀矿床。

42.1.2.4　按矿石中铀品位分类

目前世界各国开采的铀矿石品位变化范围很大，由十万分之几到百分之二十。根据品位可以把矿床分为几类，各国的分类方法不一致，通常可归纳为四类：

（1）极富矿床，铀品位大于1%；

（2）富矿床，铀品位0.3% ~ 1%；

（3）普通矿床，铀品位0.1% ~ 0.3%；

（4）贫矿床，铀品位0.1%至最低工业品位界限。

不同的国家所确定铀矿床的最低工业品位界限不一样。最低工业品位界限的确定取决于矿床的规模、开采矿石的发展程度、运输的远近、矿石处理的难易，总的原则是每吨矿石中所含铀的价格应高于提取这些铀所消耗的各种费用（包括地质勘探费用、采矿、运输、加工费用等）之和。西方国家以生产每磅 U_3O_8 的成本为多少美元作界限来划分储量。随着技术的发展，最低工业品位界限也在变动。品位低于最低工业界限的矿石，称平衡表外矿石或贫矿石。表外矿石又可分为一级表外和二级表外矿石。

我国主要有4大类型的铀矿床，即花岗岩型、火山岩型、砂岩型和碳硅泥岩型。

各种岩型还可细分成几种亚型，如火山岩还可分为火山熔岩亚型，次火山岩亚型等。

42.1.2.5 铀矿床类型与铀矿选矿的关系

铀矿选矿并不是铀提取过程的一个必要环节。矿石可以直接进行酸法或碱法浸出来提取铀，只有在选矿作业可使最终铀产品的加工费用降低时，才被采用。铀的选矿方法中，普通选矿方法应用较少，而放射性选矿（放射性分选），由于成本低，在有些矿山能废弃较大量废石，应用的比较多。一个矿山能否采用放射性选矿，主要取决于铀在矿石中的分布均匀程度，而分布均匀程度又与矿床的类型有关。

从铀矿床按成因分类看，热液类型脉状矿床的矿石，一般铀矿化不均匀，可能需要选矿，尤其是放射性分选。从铀矿床按形态分类看，第一类型为稳定层状沉积铀矿床，矿体厚，矿化均匀，采出矿石一般不能进行选矿。从铀矿床按物质组成分类看，硅酸盐类型矿床，大都易进行放射性选矿，有些也适用普通选矿。矿床中铀品位的高低，对选矿也有影响，高品位矿床开采出的矿石往往直接送水冶厂，而不考虑选矿。对于具体情况，需要根据铀矿床矿石的选矿指标，做具体的经济核算后才能确定。

42.2 国内外铀矿资源

铀通常被认为是一种稀有金属，但实际上铀在地壳的分布非常广泛，其在地壳中的含量是金的 500 倍，银的 40 倍，与钨、锡、钼相当（参见表 42-2-1）。

表 42-2-1 铀在地壳的分布情况

载　体	铀含量/%	载　体	铀含量/%
极高品位矿石［加拿大］	20	花岗岩	$(4 \sim 5) \times 10^{-4}$
高品位矿石	2	水成岩	2×10^{-4}
低品位矿石	0.1	大陆地壳	2.8×10^{-4}
极低品位矿石［纳米比亚］	0.01	海　水	0.003×10^{-4}

国际原子能机构（IAEA-NEA）估计全球常规铀资源量为 1620 万吨铀，如按现在消费能力可供 250 年。

据 WISE（World Information Service on Energy）资料，IAEA 与 OECD/NEA 联合、每两年出一版的世界铀的供、需（红皮书）报告称，截至 2009 年 1 月 1 日，世界已知常规铀可靠资源回收成本小于 130 美元/kg 铀的可回收资源量约为 352.49 万吨。其中回收成本小于 80 美元/kg 铀资源量约 251.61 万吨，回收成本小于 40 美元/kg 铀资源量约 56.99 万吨。

世界铀资源量较多的国家有澳大利亚、加拿大、哈萨克斯坦、尼日尔、美国、南非、纳米比亚和中国（参见表 42-2-2），其铀资源量均在 10 万吨以上，合计占世界铀资源量的 88.8%。其次为乌克兰、乌兹别克斯坦、印度、约旦和蒙古等。

表 42-2-2 世界可靠铀资源量（截至 2009 年 1 月 1 日） （t 铀）

国家或地区	回收成本范围			国家或地区	回收成本范围		
	≤40 美元/kg 铀	≤80 美元/kg 铀	≤130 美元/kg 铀		≤40 美元/kg 铀	≤80 美元/kg 铀	≤130 美元/kg 铀
世界合计	569900	2516100	3524900	中 非	0	0	12000
澳大利亚	NA	1163000	1176000	马拉维	0	8100	13600
哈萨克斯坦	14600	233900	336200	阿根廷	0	7000	10400
美 国	0	39000	207400	土耳其	0	0	7300
加拿大	267100	336800	361100	日 本	0	0	6600
南 非	76800	142000	195200	葡萄牙	0	4500	6000
尼日尔	17000	42500	24200	西班牙	0	2500	4900
纳米比亚	0	2000	157000	加 蓬	0	0	4800
俄罗斯	0	100400	181400	意大利	0	0	4800
巴 西	139900	157700	157700	印度尼西亚	0	0	4800
乌克兰	2500	38700	76000	瑞 典	0	0	4000
乌兹别克斯坦	0	55200	76000	罗马尼亚	0	0	3100
印 度	0	0	55200	津巴布韦	0	0	NA
中 国	52000	100900	115900	民主刚果	0	0	NA
蒙 古	0	37500	37500	秘 鲁	0	0	1300
约 旦	0	44000	44000	芬 兰	0	0	1100
丹 麦	NA	NA	NA	斯洛文尼亚	0	0	1700
阿尔及利亚	0	0	19500	捷 克	0	400	400

注："NA" 指无数据。

2009 年世界铀产量为 50572t（表 42-2-3），较 2008 年增长 15.3%。

亚太地区主要铀生产国有澳大利亚、中国、印度和巴基斯坦。中国、印度和巴基斯坦生产的铀主要用于国内消费。

铀资源是核电产业发展的保障。核电是一种清洁、安全、高效、经济的能源，是当前世界上唯一能够替代石化能源来满足大规模工业发展需要的非石化能源，发展核电已经成为世界各国共同关注的问题。我国也已进入了核电发展的黄金时期。

2008 年澳大利亚矿冶研究院在其召开的第二届铀矿工艺年会上估计，每发电1kW·h，核能需要资金为 1.72 美元，煤为 2.37 美元，天然气为 6.75 美元、石油为 9.63 美元。

根据世界核协会（WNA）网站提供的资料，截至 2010 年 5 月 1 日，全球有 29 个国家共运行着 438 台核电机组，总净装机容量为 374.1GW；有 13 个国家正在建设 54 台核电机组，总装机容量为 56.1GW；有 28 个国家计划建设 148 台核电机组，总装机容量为 162GW；有 36 个国家拟建设 342 台核电机组，总装机容量为 363.2GW；2010 年全球核电反应堆的铀需求量约为 68646t。

表 42-2-3   世界铀矿山产量 （t 铀）

国家或地区	2006 年	2007 年	2008 年	2009 年	2009 年较 2008 年增长/%
哈萨克斯坦	5279	6637	8521	13820	62.2
加拿大	9862	9476	9000	10173	13.0
澳大利亚	7593	8611	8430	7982	-5.3
纳米比亚	3067	2879	4366	4626	6.0
俄罗斯	3262	3413	3521	3564	1.2
尼日尔	3434	3153	3032	3243	7.0
乌兹别克斯坦	2260	2320	2338	2429	3.9
美 国	1672	1654	1430	1453	1.6
乌克兰	800	846	800	840	5.0
中 国	750	712	769	750	-2.5
南 非	534	539	655	563	-14.0
巴 西	190	299	330	345	4.5
印 度	177	270	271	290	7.0
捷 克	359	306	263	258	-1.9
马拉维	0	0	0	104	—
罗马尼亚	90	77	77	75	-2.6
巴基斯坦	45	45	45	50	11.1
法 国	5	4	5	8	60.0
德 国	65	41	0	0	—
世界合计	39444	41282	43853	50572	15.3

根据我国核电中长期规划（2005～2020 年），到 2020 年我国核电运行装机容量将达到 44968MW 时需要天然铀约 10340.2t，到 2030 年我国核电装机容量将达到 84968MW，需要天然铀约 18148.8t，接近美国 2008 年的需求量。

为了满足核电发展的需求，铀由国内生产供应是主要的，所以我国正在加强经济铀资源的勘探工作，现正在华南、华北和西北建设几个新的铀生产大基地。近期我国的铀资源将能够满足反应堆铀的需求量。计划今后将与国外的合作伙伴一起开发国外资源。另外，到国际市场购买铀也在考虑范围。

我国还有大量的潜在铀资源，根据几个研究单位的地质统计数字预测，有潜在铀资源 120 万～170 万吨铀。

我国的铀资源在世界排名中虽然还比较落后，但我国铀矿的资源也还比较丰富，几乎各省或自治区均发现了有工业价值的铀矿床，能满足我国核工业中期发展的需要。

在 20 世纪 90 年代以前，我国铀资源的勘查工作主要集中在华南的江西、湖南、广东和广西境内的花岗岩型和火山岩的热液矿床中。从 90 年代初开始在北方和西北地区的伊犁、吐鲁番、准格尔、二连和松辽盆地的一些地区启动了地质工作。从 2000 年开始，对铀的勘探的投资逐年提高。

我国铀矿勘查程度总体较低，在新地区找到铀矿的可能性较大。我国有较好的铀矿成矿地质背景,是热液型铀矿、砂岩型铀矿和黑色页岩铀矿的重要生产国。我国近年勘查成果明显,地浸砂岩型铀矿已有突破,并有广阔前景。硬岩型铀矿深部与外围都有较大资源增长潜力。

我国还有大量的潜在铀资源,根据国家 2010 年进行的第二轮全国铀资源潜力预测评价,我国具有相当数量的铀矿资源。新资源将超过 200 万吨,到 2020 年我国保有铀资源储量可以保障目前核电规划发展的需要。

42.3 铀矿选矿技术及发展趋势

42.3.1 铀矿选矿方法概述

铀在地壳中分布虽比较广泛,但铀矿床中铀的含量一般不高,矿体分散,单个矿体小,形态复杂的矿床较多。铀矿物主要为氧化物、硅酸盐和磷酸盐等,矿物中比重大的也不多,且铀矿物常以细粒浸染状态存在,有的铀还以类质同象或吸附状态赋存,很多铀矿床不宜采用普通的选矿方法(浮选、重选、磁选)处理,所以一般的选矿方法并不是铀矿加工工艺中的一个必需的工序。在很多矿山,铀矿石经破碎、磨矿后,直接进行化学处理(浸出)。还有些矿山的矿石可以直接进行地浸或堆浸(地表堆浸、井下爆破堆浸),完全不需要选矿。

铀的资源虽丰富,但高品位铀矿床很少,虽然加拿大的 Cigar Lake 铀矿床铀品位 U_3O_8 高达 16.9% ~20.7%,但世界多数铀矿床中,铀的品位却低于 0.2%。即使在加拿大,在 2006 年的杂志上有一篇有关铀矿的报道中曾介绍其几个新的铀资源,其品位 U_3O_8 分别为 0.1% 的杰克奎斯湖(Jacques Lake)矿和 0.34% 的米歇琳(Michelin)矿等,都不是铀品位很高的矿山。铀矿资源丰富的澳大利亚在 2002 年国际原子能机构的会议上,报道了它的两个铀矿山的品位 U_3O_8 为 0.074% 的东卡尔卡罗(East Kalkaroo)矿和 0.12% 的豪涅蒙(Honeymoon)矿。铀品位是影响铀的回收率、加工费及成本的主要因素。80 年代美国曾做过研究,原矿品位 U_3O_8 从 0.1% 提高到 0.2%,得到每磅 U_3O_8 的直接加工费,可以节约近 50%。见表 42-3-1。

表 42-3-1　矿石铀品位对水冶成本的影响

矿石品位 U_3O_8/%	尾渣品位 U_3O_8/%	铀回收率/%	加工成本	
			美元/t 矿石	美元/kg 铀
0.075	0.0050	93.3	3.26	5.13
0.100	0.0056	94.4	3.30	3.83
0.125	0.0062	95.0	3.35	3.10
0.159	0.0069	95.4	3.40	2.62
0.200	0.0082	95.9	3.49	2.00
0.250	0.0095	96.2	3.58	1.65

我国的 272 水冶厂也得到类似的结果,铀品位每降低 0.01%,按金属量计成本要提高 11% ~15%。所以利用选矿手段来提高水冶工艺以前铀矿石的品位,在很多国家都受到重视。在各种选矿方法中,放射性分选在铀矿山应用较多,放射分选将大块废石就地废弃,

使矿石的品位提高，可以降低水冶加工成本，还可以使一些低品位资源得以利用，从而能扩大生产或延长矿山使用期限；并能改善矿石低效率的选择性开采方法，降低采矿费用，提高采矿效率，所以在世界上有不少国家建有放射分选厂。

近年来，用 X 射线分选法来分选有色、稀有金属等矿的方法，也扩展到铀矿领域，利用 X 辐射分选法分选铀矿石的试验得到较好的结果，它在有些矿山，甚至可能部分取代放射性分选。

铀矿石的普通选矿法（重选、浮选、磁选）在少数矿山也起到一定作用；如它可将矿石用浮选分组，分出酸耗高或碱耗高的矿石，使矿石分别进入碱法浸出及酸法浸出；或将低品位矿石的品位提高，或从多金属共生矿床综合回收铀及其他有用元素等，这样可以使得下一步水冶处理更合理。

很多铀矿山的矿石，都是不经普通选矿（但常有放射性选矿）而直接送去浸出。根据矿石性质，可以进行酸法或碱法浸出。铀矿石经过浸出，离子交换或溶剂萃取等化学处理后得到含铀溶液，向此溶液加入沉淀剂，使铀沉淀出来，该沉淀物即为铀的水冶产品——重铀酸铵（俗称黄饼）。铀矿的浸出，可以归为化学选矿，也可属于选矿范围，但实际上它是湿法冶金，已属冶金范围，故本章不准备介绍铀矿的浸出作业。

42.3.2　铀矿的普通选矿

普通选矿方法（重选、浮选、磁选等）虽在铀矿加工过程中，并不是必需的环节，但如果采用选矿作业能得到较好的指标，对下一步水冶有利，还是受到重视。

很多国家的铀矿品位较低，如我国对铀矿的工业要求为：①单铀矿矿床的边界品位为 0.03%，工业铀品位为 0.05%。②伴生铀的矿床，工业品位为 0.02%。在 1979 年我国曾对 9 个铀矿山的铀品位进行统计，其铀矿品位从 0.0672% 到 0.242%，平均为 0.111%。这可看出我国铀矿山的铀品位是偏低的。

铀矿石品位低，得到铀产品的费用就高；为了降低水冶加工费，节约成本，我国及世界一些国家对于能利用选矿方法使一些矿山的水冶加工成本降低的情况还是重视的，对此类矿山进行了矿石的可选性研究。现将铀矿石用普通选矿方法（重、磁、浮选）试验得到较好结果的实例，介绍如下，其中一些结果，已被生产采用。

42.3.2.1　矿石的分组

我国的 721-7 矿属铀-磷灰石-绿泥石型，由于矿石中有较多的磷灰石、方解石、绿泥石，所以采用酸法浸出酸耗很高（硫酸 30%，浸出渣品位 0.012%），而采用加压碱法浸出，铀浸出率仅 73.6%。经用浮选分组，分出磷酸盐精矿、碳酸盐精矿和尾矿三种产品，磷酸盐精矿与硅酸盐尾矿合并进行酸法浸出，可使酸耗由 30% 下降至 12% ~ 14%，技术经济核算是合算的，并已建立了浮选车间。792 矿石中普遍含硫，其中 510 矿区二、三中段含硫大于 2%，使用碱法浸出碱耗高，硫化物转化为硫酸盐后，季胺萃取铀的容量降低，硫酸钠结晶使管道堵塞。使用浮选后，矿石中硫品位降至 0.7% 以下，满足水冶要求，也已建成浮选车间。另外，对 743 矿用重选方法将原矿分成贫富两组，铀品位为 30% 以上的精矿作为提镭的原料，也已在生产上采用。

42.3.2.2　低品位铀矿选矿

756 矿是铀、钍、稀土共生的多金属矿床，矿石品位低，含铀 0.056%，水冶加工比较困难，原矿采用拌酸熟化浸出，酸耗高达 25%，用碱法浸出浸出率低（78%～79%）。由于铀、钍存在于绿层硅铈钛矿中，该矿物有弱磁性，故采用磁选或重选—磁选都获得较好选矿指标。可废弃 22%～25%、品位为 0.008%～0.013% 的尾矿，得到含铀 0.063%～0.077% 的精矿。

华阴矿为一大型的铀、铌、铅等低品位多金属矿床，原矿含量很低：U 0.012%、Nb_2O_5 0.01%、Pb 0.5% 等，对这种低品位铀矿直接水冶处理，在经济上、技术上都是不合理的，采用重选（粗选、精选）后，可废弃 90%～94% 铀品位为 0.0025%～0.005% 的尾矿，得到品位为 0.095%～0.112% 的精矿，铀的回收率约为 78.5%，同时也回收了铌、铅和铁（回收率在 70% 左右）。

735 矿为含铀煤矿，煤中含有较多的黏土和砂岩，灰分高达 46.59%，严重影响电厂炉子的焙烧，同时烧结物中的铀浸出率很低（约 50%），利用煤的密度低于黏土和砂岩的特点，将原煤筛分后进行风力选矿，可废弃出率为 30.29% 的铀品位 0.0045%、灰分 85.66% 的尾矿。精煤中铀品位提高到 0.039%，灰分降低到 28.24%，基本上满足了电厂炉子的要求。

42.3.2.3 伴生有用矿物的综合回收

对铀矿中其他伴生的有用矿物综合回收的工作也取得一定进展，如水口山矿的铀、铜、铅、锌矿石，用浮选法得出混合精矿，将铜铅锌富集，精矿经浸出铀后可送冶炼厂以提取这些金属。从 761 含汞铀矿中直接浮选或从浸出渣中浮选汞也都得到了较好的结果。

世界各国对铀矿的浮选、重选、磁选等都做了大量研究工作，有一些已经用到生产上，如南非的威特瓦特斯兰德（Witwatersrand）矿，对其低品位铀矿进行了广泛研究，矿石中含铀、金和黄铁矿，他们在流程中，粗磨及细磨之间，于氰化法提金以前或以后，采用了浮选、重选、强磁选等工序，使得金和铀的回收率提高，经营费降低。又如布兰德总统矿（President Brand）从废渣中回收硫、铀和金。渣经浮选后得出率为 30% 的精矿，其中回收铀 70%、硫 90%、金 70%～90%。

加拿大比维尔洛奇（Beaverlodge）矿的矿石采用碱法浸出，为了降低碱耗用浮选法将原矿中硫含量为 0.2%～1% 的硫化物选出。南非帕拉伯拉（Palabora）处理含铀铜尾矿，用重选法富集铀方钍矿，精矿含 U_3O_8 5%，用热硝酸浸出。

美国新墨西哥州拉古娜（Laguna）矿石中含有有机质，原矿中铀品位 0.18%～1.08% U_3O_8，常规浸出时浸出率 83%～94%，矿石在 500℃焙烧 4h，浸出率可提高 3%～12%（到 90%～99%），而采用浮选法后，浮选出有机物进行焙烧，焙烧后浸出，得铀的浸出率为 93%，浮选尾矿进行酸浸可浸出 98%。采用浮选方法比焙烧原矿经济。

加拿大伊利奥特（Elliot）湖地区由于铀浸出渣中含黄铁矿，在自然氧化及细菌作用下铀浸出而造成环境污染，用浮选法选出黄铁矿后就使问题解决了。

42.3.3 铀矿石的放射性分选

铀矿石的放射性选矿（亦称放射性分选），是一种对矿石预选的方法。20 世纪 40 年代开始利用含铀矿石本身的 γ 放射性，将其与废矿石分开。第一代放射性分选机是按矿块中铀的金属量来进行分选的，以后逐渐发展到按矿块的铀品位进行分选，参加研制的国家增多，铀矿分选的质量不断提高。

放射性分选一般是指采出的粗粒级铀矿石，经筛分成几个粒级后，分别进入相应的放射性分选机进行分选，以除去废石的分选方法。一些低品位铀矿床的矿体形态复杂，在开采过程中合格矿石常被围岩或夹石层所贫化，致使采出的矿石铀品位有很大的波动。这种情况下，矿石在进入分选厂前就可初步进行分选。首先，在放射性检查站对矿石进行初步分选。采出矿石用某种容器（如矿车、卡车、矿斗等）运往矿石的放射性检查站，在此，根据容器中矿石品位的不同，将矿石分成富矿石、合格矿石和废石（或表外矿石），废石可就地废弃或返回矿井做充填料，合格矿石运往放射性分选厂。

放射性分选是粗粒级矿石选矿的一种方法。一般处理矿石的粒度上限为 250~300mm，下限为 20~30mm。随着技术的发展，仪器灵敏度的提高，处理矿石的粒度下限可以降至 10mm，甚至更小。在矿石可选性确定的前提下，入选的粗粒产率愈大，能拣选出来的废石愈多，经济效益就愈明显。另外，从经济角度来看，分选厂（车间）处理矿石粒度下限并不是愈小愈好。因为矿块粒度小，则需要探测器的灵敏度高，且矿块小，分选机的处理量也低，致使成本提高。

放射性分选的优点可以归纳为以下几点：

（1）经分选作业，丢弃了部分废石，入主选厂的矿石品位提高，这就使下一工序的处理费用降低。如在某铀矿山的水冶厂，进厂铀矿石的品位每提高 0.01%，可使二氧化铀的成本降约 1.6 万元/吨。

（2）采用分选可降低采出矿石的品位，使部分表外矿石可以入选，这等于扩大了矿石资源，延长了矿山寿命。

（3）由于使用分选可使采矿的边界品位下降，这就不必使用成本较高的选择性开采方法，从而提高了采矿效率。

（4）分选所废弃的大块废石，可以用做充填材料，有时还可以用做建筑修路的材料，并可改善对环境的污染。

（5）对新建的铀厂，由于需要破碎、磨矿的矿石数量的减少，可以降低建厂的基建投资。对已建的工厂，采用分选作业后，可扩大现有厂房的生产能力。

（6）分选后，矿石品位的波动减少，有利于下一工序的产品控制。

（7）放射性分选机易于安装，对厂房要求不严格。有些选机甚至不需要厂房，可露天安装（仅电子部件等安装在可移动的集装箱内），故选机可安装在露天采场，矿井旁。它也适用于小矿山及边远矿山。

放射性分选一般用于中、低品位的铀矿山。

铀矿山是否需要进行放射性分选，及分选指标的好坏，主要取决于铀在矿石中分布的均匀程度，而分布的均匀程度又与铀矿床类型有关。热液类型脉状铀矿床的矿石一般铀矿化不均匀，易进行放射性分选，而海相沉积类型矿床的铀矿化很均匀，属难选或不能进行放射性分选。

到 20 世纪的 70~80 年代，铀矿石的放射性分选得到较快发展，很多国家研制出了很多型号的放射性分选机。在美国、加拿大、法国、澳大利亚、南非、苏联等国约有 20 座铀矿山都有放射性分选的应用。

放射性分选机的研制工作在苏联开始的较早，在 1955 年已经有几个铀矿山开始应用放射性分选，以后又研制出十余种型号的放射性分选机。后来，由于世界铀工业的萧条，在一段时间其发展受到影响。

　　放射性分选机的发展，对放射性分选厂的建立和完善也起了促进作用。如跨国的 RTZ Ore Sorters 放射性分选机公司于 1979 年研制出处理量大、灵敏度高的 M17 型放射性分选机后，仅一年多时间就在美国、加拿大、法国、澳大利亚、南非等国家的 9 个铀矿山安装使用了 11 台。到 1990 年，在世界各地已安装了 23 台。

　　由于各国铀矿资源的特点不同，各国对放射性分选工作重视的程度也就不同。对于矿化很均匀的大矿、富矿，不适合采用放射性分选。例如，美国多数铀矿床为砂岩型，矿化较均匀且易碎，不适合进行放射性分选。俄罗斯的铀矿床中，热液型占较大比例，矿化不均匀，粗粒级矿块产率高，因而建有较多的放射性分选厂。在有些矿山，从采矿开始，在坑道内就进行了矿石分选，就能分出富矿石、一般矿石和废石。在俄罗斯，在地质勘探、矿石开采阶段就重视矿石放射性分选的可行性。如对 Приморское 铀矿床的矿石，就做了放射分选的可行性试验，得知矿石的可选性很好，经放射性分选可废弃产率为 67.8% ~ 88.5% 的尾矿，其中铀品位仅 0.004% ~ 0.016%。俄罗斯对很多铀矿山都做过类似的工作。

　　我国是铀矿资源较丰富的国家之一，但目前铀资源总的勘探程度较低，潜在总量较大，勘查前景广阔。"十一五"铀矿地质勘查的总体思路是：立足国内，加快对我国铀资源总体潜力的调查评价，尽快摸清"家底"为国家制定核电发展规划提供依据。北方要主攻可地浸砂岩型铀矿，南方要扩大、落实硬岩型铀矿。近十年来，在北方新疆等地发现大规模砂岩型铀矿，这增加了我国铀资源及矿山类型；砂岩型铀矿可直接进行地浸，就不需要进行矿石的放射性分选了。不过我国广大南方地区（及部分北方地区）却是硬岩型铀矿，不适合地浸。

　　我国铀矿资源基本有三个特点：

　　(1) 矿床规模小，矿体数量多，厚度薄。据统计，我国中小矿床较多，且矿床规模既小，矿体数量又多；有的矿床甚至有上百上千个小矿体；矿床厚度在 1 ~ 3m 的占多数。

　　矿床小，矿脉薄，就使得在开采过程中必然混入大量废石，使得矿石的贫化率大。据 721 矿的数据统计，1978 ~ 1983 年六个主要矿点六年井下开采的平均贫化率为 32.3%，露天为 38.2%。贫化率高，采用放射性分选来丢弃大块废石的必要性就大，然而贫化率并不等于放射性分选可以废弃的尾矿产率，矿床内夹杂的废石，在统计贫化率时并没有都计算在内，而放射性分选却是可以将矿体内的小块废石丢掉的，如 721 矿 1980 年全矿贫化率为 27% ~ 45%，放射性分选废弃了入选矿石的 64% ~ 77%。

　　为了降低贫化率，矿山有时采用低效率的分掘、分采、分运。由于放射性分选可以有效地丢弃相当量的废石，就可以使矿山采用高效率的采矿方法，使最终铀成品的价格降低。

　　(2) 矿石品位低。我国铀矿的平均品位约为 0.1%，比世界主要产铀国家的铀品位都低，致使铀产品的成本就高。采用放射性分选后，可使矿石品位提高，储量中经济的资源比例就可增加；要得到 1t 金属铀，需处理品位为 0.1% 的矿石 1000t（按回收率 100% 计），而对品位为 0.12% 的矿石，则仅需 833t 即可，就可节约 160 多吨的矿石的开采、运输、破碎、磨矿、浸出、提取等费用；即处理品位高的矿石可以使所得铀的成本降低。

根据对数十次试验结果统计，放射性分选的精矿品位比入选矿石的品位可提高 0.5~5 倍，但由于约有一半矿石粒度小，而未入选，总成品矿石的品位提高的幅度不太大，但一般仍能提高 20%~30%。

（3）矿床类型以热液型为主。我国铀矿床热液型占的比例较大，热液型矿床多为脉状矿体，采矿过程贫化率高，且矿石硬度较大，采出矿石块度较大，适合放射性分选。

根据以上所述，我国很多铀矿山适合采用放射性分选。20 世纪 80 年代，我们对国内约七十个矿点的铀矿石进行矿化均匀程度及粒度组成的研究同样证明，绝大多数矿石适合进行放射性分选。

放射性分选是利用铀矿石的 γ 射线，而 γ 射线是由镭组元素发射的，故只有在放射性基本平衡和射气系数不大的铀矿床才能进行。根据对我国九个铀矿山的地质资料分析可知，只有一个含铀煤矿的平衡系数为 10%~20%，射气系数 60% 外，其他八个铀矿的放射平衡系数在 100% 左右，射气系数 10%~15%，是适合进行放射性分选的。

放射性分选的成本较低，根据对国内外部分资料的统计，其成本仅为水冶成本的十几分之一。对适合放射性分选的矿石来说，经放射性分选除去部分废石后再送去水冶与直接送水冶相比，常有明显的经济效益。

721 矿根据 1980~1982 年生产实际情况，就矿石直接水冶和经放射性分选后再水冶两种方案的经济效果做了比较，证明该矿采用放射性分选比直接水冶方案，三年总共节约 234.41 万元，且耗电也节省了约 10%。

我国从 20 世纪 60 年代开始，在不同铀矿山用国产的不同型号的分选机，建立了几个放射性分选厂，各运转了一二十年。在 721 矿运转的时间较长，1967 年建厂，1993 年改建，直到 2005 年因水冶厂停产而停止运转，共运转三十几年。

42.3.4　放射性分选机

利用铀矿石中的天然放射性（γ 射线）进行矿石的分选始于 20 世纪的 40 年代，放射性分选机的研制工作在前苏联开始的较早，在 1955 年已经有几个铀矿山开始应用放射性分选。以后很多国家开始研究和生产铀矿石的放射性分选机，在 20 世纪的 70、80 年代，世界各国很多铀矿山都有放射性分选在应用，如美国的斯瓦茨瓦尔法（Schwattzwalder）铀矿和圣安东尼（St. Anthony）铀矿，法国的洛代夫（Lodeve）铀矿，加拿大的比维尔洛奇（Beaverlodge）铀矿及辛琪湖（Cinch Lake）铀矿，澳大利亚的玛丽卡瑟琳（Mary Kathleen）铀矿，南非等十余个国家的铀矿等，使用的是 MKVIA，M17，M18，KH，RM 等型号的放射性分选机共 30 余台。当时我国也有两个铀矿采用我国自己研制的 201 型及 5421 型放射性分选机在运转。

第一代放射性分选机是按矿块中铀的金属量来进行分选的，以后逐渐发展到按矿块的铀品位进行分选，分选的质量不断提高。

铀矿石放射性分选机的研制成功，对其他金属及非金属矿石分选设备的发展，也起了很大的推动作用，因为很多金属矿物虽然本身不发射 γ 射线，但在其他射线的照射下（如可见光、紫外线、X 射线等），与废石有着不同的反应，可以被用来进行分选。很多国家研制和生产了很多型号的光电分选机、X 射线分选机等。这些分选机与放射性分选机的发展，可以互相借鉴和推动。

42.3.4.1 放射性分选机的组成

各国生产的各种型号的放射性分选机在外形、结构构造等方面都有不少差别，不过，各种类型的分选机其组成部分都基本相同。其主要组成部分为：给料系统、照射及探测系统、信息处理系统和分选执行系统。相关的详细介绍，请参阅第 10 章的有关内容。

各种类型的分选机，由于组成部分基本相同，只是照射及探测系统的差别较大。例如可对放射性分选机更换其照射源，并对探测、电子信息处理做适当调整后就可以变成其他类型的分选机，如光电分选机、X 辐射分选机等。

国际上，自加拿大于 20 世纪 40 年代研制第一台放射性分选机以来，各国研制出的放射分选机约有 30 种型号。

我国从 20 世纪 60 年代开始，已研制、生产了几种型号的放射性分选机，在矿山使用过程中，取得了一定的经济效益。

42.3.4.2 5421-Ⅱ型放射性分选机

5421-Ⅱ型放射性分选机是 1993 年中国核工业总公司下属的科研、设计、生产单位于 1993 年共同研制成功的。5421-Ⅱ型放射性分选机为系列分选机。该系列包括一台两槽道分选机及一台四槽道分选机，分别用于选 150~60mm 及 60~25mm 粒级的矿石。两台分选机配套的处理能力可以满足年生产量为 10 万~15 万吨的矿山需要。

A 分选机的组成及其主要功能

5421-Ⅱ型分选机主要由机械、仪表及微机三大部分组成，图 42-3-1 中机械部分由矿仓 1、电振给料机 2、电振给料槽 3、给料皮带 4、选矿皮带 5、铅室 6、电磁阀及气源 7 等组成。机械部分的作用在于输送矿石，使矿石分成几个槽道，并成为有间隔的单块矿石流。

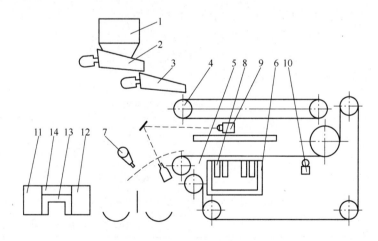

图 42-3-1 5421-Ⅱ型放射性分选机示意图

仪表部分包括 γ 探测器 8、光电探测器 9、速度传感器 10、仪表控制柜 11、强电控制柜 12、总控制台 13 等。仪表部分主要用于探测矿块的放射性强度、矿块的投影面积、矿块在皮带上的位置及故障探测与报警。

微机部分 14 是一套多微处理机系统。仪表与微机共同完成分选机的探测、控制、报警等功能，微机发出控制指令通过仪表控制电磁阀的通、断，以便使精矿石和尾矿石分离，达到分选矿石的目的。

B　分选机的工作原理

四槽道分选机的工作原理如下（二槽道分选机工作原理相同，但每槽道仅用 2 个探测器）：入选矿石经矿仓 1 后，由电振给料机 2 将矿石给到电振给料槽 3 中，由电振给料槽底部四个并列的 "V" 形槽，将矿石以四个单列线性的矿石流给到给料皮带 4 上。由于选矿皮带 5 的带速是给料皮带速的 3.2 倍，因而在给料皮带上首尾相接的矿石在落到选矿皮带上后，便拉开了相互距离。当矿石在选矿皮带上经过探测器时，皮带下面由碘化钠（NaI）晶体和光电倍增管等组成的八个 γ 探测器 8 对矿块的放射性进行测量，并由八个对应的计数器以脉冲计数方式分别记录。微机 14 每 0.5ms 采集一次脉冲数，并有序地存到存储器中。这种数据采集方式，可以使八个探测器以接力方式对同一矿块进行测量，又可以同时分别对不同的八块矿石进行记录。矿石继续行进到离开选矿皮带时，经由 CCD 固体摄像机组成的光电探测器 9 测量出矿块的投影面积、在皮带上的横向位置及其到达与离开光电探测区的时间等信息。当微机把矿块铀品位计算出后与预先设置的分界品位比较，确定矿块是精矿还是尾矿，然后，仪器 11 启动（或不启动）矿块横向位置上的一个或几个阀，高压气流将矿块吹离其自然下落轨迹，达到精、尾矿分离的目的。

C　分选机的特点

分选机的特点如下：

(1) 采用多级给料及给料自动控制技术，处理量较大时，有较好的给矿均匀性。

(2) 多探头接力式 γ 射线探测，提高了选机的灵敏度和处理量。

(3) 采用固体摄像机，提高了测量精度和部件使用寿命。

(4) 采用数理统计回归方程等计算技术，使测量铀品位的精度较高。

(5) 采用的电磁阀组灵敏度高、寿命长、低能耗、噪声低。

(6) 微机有多种自动检测、显示、报警及报表打印功能。

分选机的主要技术参数，见表 42-3-2。

表 42-3-2　分选机技术参数

项　目	指　标	项　目	指　标
给料皮带速度/m·s^{-1}	1.1	阀工作频率/s^{-1}	>150
选矿皮带速度/m·s^{-1}	3.7	阀吹准率/%	99~100
给矿粒度/mm	150~60, 60~25	供气气压/kPa	400~600
处理量/t·h^{-1}	20~31, 14~17	吹出 1t 矿石的耗气量/m^3	15~30

D　分选指标

分选机在安装初期，进行了分选效果的生产考察，所得结果汇总于表 42-3-3 及表 42-3-4。

分选结果，令人满意，又做了约 300 h 的生产考察，共处理矿石 2466t，原矿品位为 0.101%，选出尾矿 1894t，尾矿平均品位 0.011%，产率为 76.8%，金属损失率为 6.08%。精矿品位为 0.409%，精矿品位富集了 4 倍。按年处理量 10 万吨矿石计算，年经济效益约 200 万元。

表 42-3-3　60～25mm 四槽道选机选矿试验结果

原矿品位/%	精矿/%		尾矿/%		平均处理量/t·h⁻¹	选矿效率/%
	产率	品位	产率	品位		
0.106	26.93	0.373	73.07	0.009	14.08	84.09
0.077	24.02	0.298	75.98	0.010	16.99	85.48
0.115	36.72	0.297	63.28	0.009	23.90	78.77

表 42-3-4　150～60mm 两槽道选机选矿试验结果

原矿品位/%	精矿/%		尾矿/%		平均处理量/t·h⁻¹	选矿效率/%
	产率	品位	产率	品位		
0.0486	22.53	0.187	77.47	0.0088	21.53	91.59
0.0557	24.53	0.1956	75.47	0.0096	26.14	90.39
0.0507	24.28	0.1821	75.72	0.0097	31.10	90.33

该分选厂于 1993 年开始将 5421-Ⅱ型分选机投入生产，所得指标与生产考察结果相似，该分选机一直运转正常，直到 2005 年因水冶厂停产，分选厂也随之停产。

42.3.4.3　阿尔特勒-索尔特（Ultra-Sort）系列放射性分选机

澳大利亚阿尔特勒-索尔特（Ultra-Sort）公司，是世界上最大的专门生产各种类型分选机的公司之一，生产放射性分选机已有 20 多年的历史。所生产分选机的质量不断提高，其产品供应欧洲、美洲、澳洲的很多国家，其放射性分选机除了用于铀矿石的分选外，对于个别金矿中含铀的矿山，也得到应用。

A　放射性分选机工作原理

Ultra-Sort 系列放射性分选机的工作原理简述如下：筛分后的原矿石，首先进入振动给料机，在给料机上有一排喷水阀，以便洗去矿泥。给料机的速度为 1m/s，然后加速送至皮带型分选机，这里带速为 5m/s，矿块已被拉开距离。在皮带下，根据皮带宽度安装有几组 γ 探测器，探测矿块的 γ 强度。当矿块从皮带落下时，首先经激光光电探测器测量每个矿块的粒度，这里应用的是第三代激光扫描技术，探测矿块粒度的精度高。电子信息处理机根据探测资料及预先设定值，决定哪一块矿石是精矿还是尾矿，然后给高压空气阀指令，使矿石分成两个产品，精矿送往下一步处理厂，尾矿送往废料堆。

B　分选机的特点

（1）电磁给料机保证给料均衡。

（2）γ 探测和光电系统严格配套。

（3）压缩空气系统包括有空气过滤器，压力调整器及储气罐。

（4）机械部件质量高。

（5）易于操作及调整参数，可以打印报表及报警。

C　分选机的型号和技术参数

Ultra-Sort 公司生产两个系列的放射性分选机，UFS 型及 ULS 型，其技术参数见表 42-3-5。

表 42-3-5　放射性分选机的技术参数

特　性	UFS 系列	ULS 系列
粒度范围/mm	5 ~ 80	40 ~ 300
给矿率/t·h^{-1}	可达 80	可达 300
回收率/%	可达 99	可达 99
外形尺寸(带给料机)/mm	7899 × 1685 × 3215	13487 × 2156 × 4332
重量/kg	8000	30000
功率/kW	约 10	约 12
吹出 1t 矿石的压缩空气/m³	30	30
喷射阀/个	80（8 ~ 10mm）或 120（5mm）	60（14mm，16mm，18mm）

42.3.4.4　PCM 型放射性分选机组

从 20 世纪 50 年代开始，世界各国研制、生产了约三十几种型号的放射性分选机。放射分选机从构造简单的皮带式分选机，只按矿块中铀含量（γ 强度）分选，进展到处理量大、按品位分选。矿块在下落过程分选，由微机控制，根据矿块大小、铀品位高低、矿块所在位置，启动相应的电磁喷气阀，将矿石（或废石）吹离自然下落轨迹，达到精、尾矿分离。应该说选机的技术水平提高了很多。但它们却都有一些缺点：①首先需要辅助设备多（如矿仓、筛分机、矿石溜槽、洗矿机、矿石运输机等），一般一台放射分选机需要8 ~ 12 台辅助设备，设备多，需要的投资就大，而且矿块经过的设备多，对其磨损就大，使得粒度合格的入选矿石（如 150 ~ 25mm）中，产生一些不能入选的产品（<25mm），降低了放射分选的经济效益。②高品位矿石不能提前选出，造成其对低品位矿石的照射影响，使分选的质量下降，有时需要进行再选，增加投资及成本。③矿块在下落过程的轨迹不稳定，造成测得的铀品位不够准确，可能也需要再选。为了克服这些缺点，俄罗斯的科学工作者于 20 世纪 90 年代研制出 PCM 型放射分选机组。

PCM 型放射性分选机组的组成参见图 42-3-2。

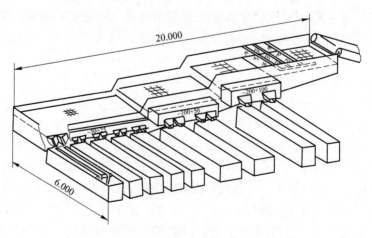

图 42-3-2　PCM 型放射性分选机组的组成

该放射性分选机组的特点是将筛分、洗矿、分选等几个作业合成一体。矿石进入机组后，被筛分成 $-200mm+100mm$，$-100mm+50mm$ 及 $-50mm+25mm$ 三个粒级，其中 $-200mm+100mm$ 粒级的矿石，进入单槽道放射性分选机，$-100mm+50mm$ 和 $-50mm+25mm$ 两个粒级的矿石，分别进入双槽道的放射性分选机。根据各粒级矿石的产率，安装相应台数放射性分选机，整个机组由统一的控制室控制。这样的设计使厂房的设备数量及占地面积减少，最终节约了成本且易于管理。

该机组中所用的放射性分选机为 YAC 型，它是皮带型的选机，皮带下安装三组 γ 探测器，分别用一个 $40mm \times 40mm$，一个 $63mm \times 63mm$ 及 2 个 $63mm \times 63mm$ NaI（T1）晶体组成。矿石一次经分选皮带就可得四种产品。由于进入分选机的矿石已经窄分级，故分选机不需要测矿块大小的设备；另外由于三组探测器的灵敏度逐渐提高，第一组探测器已将高含铀量的矿块选出，故可以免去其对低品位矿块的照射影响，可使一次分选就能丢掉废石及得到不同品位的产品，以满足水冶处理的要求，不需几次分选作业。每组探测器后配有一组电磁喷气阀，可将精矿吹离分选皮带。该机组除了本身价格低，所需基建投资低，经营成本也比较低。分选机的技术特性见表42-3-6。

表 42-3-6　YAC 型分选机技术特性

型　号	YAC-50	YAC-100	YAC-200
分选粒度/mm	$-50+25$	$-100+50$	$-200+100$
槽道数	2	2	1
最多产品数	4	4	3
处理量/t·h^{-1}	可达 10	可达 30	可达 50
一般矿石分选效率/%	80~90	85~90	90~95
难选矿石分选效率/%	70~80	80~85	85~90
选机尺寸(长×宽×高)/m	$6.0 \times 1.2 \times 2.0$	$6.4 \times 1.4 \times 1.8$	$6.0 \times 1.4 \times 2.0$
选机重量/t	2.2	2.4	2.8

对 YAC-200、YAC-100、YAC-50 分选机及俄产的其他 8 种型号（如 Гранат，Азурит 等）的分选机所得铀矿石的分选结果进行比较后可知，在每槽道的分选矿石的粒度相同时，YAC 的处理量高 1.5~2 倍，一般选机的分选效率为 60%~90%（多数 70%~80%），而 YAC 分选机的分选效率为 88%~96%。在 YAC 分选机上，还可以选出品位高达 0.5%~1% 的铀精矿，且 YAC 分选机的耗电量比其他分选机低约 50%。为了验证 YAC-50 型放射分选机的性能，取不同矿山的难选、易选的铀矿石（粒度为 $-150mm+25mm$），在新、旧型号的俄罗斯产的分析机上进行了分选试验，所得结果见表 42-3-7。

从表 42-3-7 可以看出，YAC-50 型放射性分选机的灵敏度和处理量都比旧型号选机高。新选机能选出品位低、产率高的废弃尾矿及品位高、回收率高的精矿。对于旧型号选机不能选的高品位铀矿石（U 0.339%），新选机也选得了很好的结果。这说明新选机的质量有了较大的提高。且选机的成本低，技术经济效果好，很有发展前景。

表 42-3-7　YAC-50 型放射性分选机与旧式选机分选结果比较

矿石类型	选　机		铀品位/%	尾　矿		精　矿		分选效率/%
	型号	每槽处理量/t·h⁻¹		产率/%	品位/%	品位/%	回收率/%	
易　选	АГАТ	2.5	0.05	61.7	0.016	0.105	80.3	65
	YAC-50	3.7	0.055	72.4	0.008	0.160	88.4	90
难　选	П-4	0.5	0.057	37.9	0.014	0.083	90.7	63
	YAC-50	1.2	0.057	46.2	0.009	0.098	92.7	86
	旧型号	1.0	0.339	不可选				
	YAC-50	1.4	0.339	64	0.012	0.920	97.7	90
	YAC-50	2.7	0.339	54	0.010	0.725	98.4	78

该分选机组（PCM-10）及与其配套的 YAC-50 型放射性分选机，从 1999 年起，经过 5 年的生产考察，对分选性很好的斯特列利佐沃（Стрельцовский）矿区的矿石及中等可选性的艾利康（Эльконский）矿区的矿石（其中有易选、中等可选及难选的矿石），进行了生产考察，所得结果见表 42-3-8。

表 42-3-8　铀矿石分选结果

产品名称	产率/%	铀品位/%	铀回收率/%	分选效率/%	每槽道处理量/t·h⁻¹
斯特列利佐沃（Стрельцовский）矿区的矿石（易选）					
精　矿	18.6	0.384	87.1	84	
尾　矿	81.4	0.013	12.9	92	
原　矿	100.0	0.082	100.0		4.0
艾利康（Эльконский）矿区的矿石（中等及难选）					
精　矿	33.6	0.177	89.9	77	
尾　矿	66.4	0.01	10.1	93	
原　矿	100.0	0.066	100.0		3.2
精　矿	48.0	0.287	93	90	
尾　矿	52.0	0.02	7	88	
原　矿	100.0	0.148	100		2.6

从表 42-3-8 所得结果可以看出，YAC 型放射性分选机适用于各种品位的铀矿石的分选，可以丢弃废石，得到品位较高的精矿，且其处理量及分选效率也很高。

42.3.5　铀矿石的 X 辐射分选

42.3.5.1　矿石的 X 射线辐射分选

在各种拣选方法中，应用较多的除了光电分选外，就是 X 射线分选。X 射线是波长为

0.05 ~ 10 nm 的电磁波。X 射线照射矿石后，矿石的不同成分会产生不同的反应，如发射荧光、可见光、红外线，或将 X 射线反射出来，或将 X 射线吸收，或受 X 射线激发后又发射出新特征的 X 射线。

根据 X 射线照射矿石后的不同反应，可以用不同的方法分选矿石，如 X 射线荧光法，X 射线激光法，X 射线反射法，X 射线吸收法，X 射线辐射法等。每一种方法都有一定的应用范围，其中 X 射线辐射法基本可用于含所有元素的矿石的分选，如黑色金属、有色金属及非金属矿物。

1994 年俄罗斯成立了用 X 射线辐射分选法进行试验和分选矿石的公司——拉多斯（РАДОС）射线选矿公司，该公司试验了 150 多个矿床矿石的 X 射线辐射分选工艺，其中包括金、银、铁、镍-铜、铜-锌、铅-锌、锡、锑、铀、钨、钼、锑、铬、锰、重晶石、萤石、铝矾土、霞石、金刚石、菱铁矿、硅线石、石英岩、硅灰石、煤等矿石及冶炼的废料——炉渣、炉衬等。

从大量的试验结果可知，有些矿山的矿石经 X 射线辐射分选后可以丢弃掉占给矿产率为 60% ~ 70% 的废石。所以发展 X 辐射分选很有前途。在俄罗斯和德国 X 射线分选都已在工业上应用。

42.3.5.2　X 射线分选铀矿石

铀矿石的 X 辐射分选是近年才开展起来的，它是基于放射性分选存在几个缺点才开始研究的。首先，放射性分选所利用的 γ 射线虽然是铀矿石发射的，主要却不是铀元素发射的，而是它的衰变产物——镭系元素发射的。在铀矿石中，铀系发射的 γ 射线只占 2%，而 98% 是镭系（镭，氡）发射的。这说明测量铀品位的方法是间接的。在矿石中如铀和镭之间的放射性平衡被破坏，则测量结果不准。虽然在矿体中铀和镭一般是平衡的，但采出的矿石中，放射性平衡系数可能有一些波动，这就影响测量的准确性。另外很多分选机是利用高压喷气来吹精（或尾）矿，使精、尾矿分离，而阀门启动时的高压空气，会把矿石表面的矿粉和氡气吹到车间，使车间内的放射性本底偏高，对分选的质量也有影响。另外，由于 γ 射线的穿透能力很强，当分选机在分选一块废石时，它后面高品位铀矿石的 γ 射线就会对此废石产生"照射影响"，使该废石测得的品位偏高。当然，这可以由增加分选次数来解决，如先把高品位矿块选出去，但这使流程复杂，且成本增加。另外，如把给到探测区的矿块间距离拉大，也可以减少照射影响，但这使分选机的处理量降低，所需台数增加，也不经济。

X 辐射分选铀矿石是基于用 X 射线照射到铀矿石表面后，测量铀受激发后所发射的二次 X 射线，其强度为 13.6 ~ 17.5keV，而不像 γ 射线的能量为 1000keV，所以它没有相邻矿块照射影响的干扰。但由于 X 辐射分选法只测矿石表面 1mm 以内的铀所发射的二次射线，矿块内部铀的含量它测不出来，这是它的缺点。

总的说，X 辐射分选法选铀矿石的效率较高，这是因为矿块表面的铀品位较高，因为在爆破和破碎矿石时，矿块是从矿化程度较高（铀矿物较多）的地方裂开的，而 X 辐射法测定的恰好是矿块表面上的铀。

42.3.5.3　矿石分选试验

为了评价 X 辐射分选法对铀矿石分选的效果，俄罗斯的科研和生产单位在其型号为 CРФ2-150 的 X 辐射分选机上进行了约 40 次铀矿石试验，所用矿石量超过 15t。所得平均结果见表 42-3-9 。

表 42-3-9   铀矿石 X 辐射分选工艺指标

指　标	贫矿石	中等品位矿石	富矿石
−200mm +100mm			
尾矿产率/%	88.8	79.2	62.3
铀品位/%	0.01	0.01	0.01
分选效率/%	98.2	98	98.2
−100mm +60mm			
尾矿产率/%	87.7	75.6	45.8
铀品位/%	0.012	0.013	0.01
分选效率/%	95.6	96.4	95.5
−60mm +25mm			
尾矿产率/%	74.5	73.96	—
铀品位/%	0.015	0.016	—
分选效率/%	87	93.3	—

从表 42-3-9 所得数据可以看出，X 辐射分选可以用于选低品位、中等品位及部分高品位的铀矿石，从中废弃大量尾矿。对粒度为 −200mm +100mm、−100mm +60mm 的铀矿石可以废弃品位为 0.01% ~0.013% 的尾矿，其产率为 45.8% ~88.8%，对粒度为 −60mm +25mm 的中、低品位矿石，可废弃品位为 0.015% ~0.016% 的尾矿，其产率为 73.96% ~74.5%。但对于该粒级的高品位矿石，分选效果不佳。

42.3.5.4   工业生产指标

根据以上试验结果，2004 ~2005 年俄罗斯的斯特列利佐沃（Стрельцовский）的铀铜矿山，建造了铀矿石 X 辐射分选厂，并于 2006 年投入生产。其工艺流程为：原矿进入分选厂后，矿车首先经放射性检查站（测 γ 射线强度），将矿石分成高、低两种品位的产品，高品位矿石经破碎后直接送往水冶厂提取铀，低品位矿石经破碎、筛分后，将 −200mm +90mm 及 −90mm +40mm 两个级别的矿石分别送入相应的 X 辐射分选机，各得出精、尾矿两个产品，精矿送往水冶厂，尾矿废弃。

该矿的原矿铀品位为 0.085% ~0.105%，尾矿选出率 24% ~31%，其中含铀 0.012% ~0.015%。精矿富集比为 1.7 ~1.9，分选效率为 89% ~95%。

在生产运转两年后，企业对该分选厂的评价较好，因为所有建厂投资（从原来的放射性分选厂的改建投资），一年基本上就还本了。

虽然经试验和生产考验 X 辐射分选法能够分选铀矿石；但它却不能取代铀矿石的放射分选。从不同可选性的矿石（易选、中等可选、难选）的两种方法（放射分选及 X 辐射分选）的对比试验（试验结果见表 42-3-10）结果可以看出，X 辐射分选的指标较放射性的差。对铀矿石来说，虽然可以用 X 辐射法分选，但主要的分选方法还应该是放射性分选。

表 42-3-10 放射性分选法及 X 辐射分选法选铀矿石的分选指标

分选方法	产品名称	指标/%		尾矿分选效率/%
		品 位	回收率	
易选矿石				
放射性分选	精 矿	0.291	76.8	
	尾 矿	0.017	23.2	94
	原 矿	0.061	100.0	
X 辐射分选	精 矿	0.175	75.9	
	尾 矿	0.020	24.1	82
	原 矿	0.061	100.0	
中等可选矿石				
放射性分选	精 矿	0.372	93.9	
	尾 矿	0.019	6.1	90
	原 矿	0.175	100.0	
X 辐射分选	精 矿	0.348	87.5	
	尾 矿	0.039	12.6	73
	原 矿	0.175	100.0	
难选矿石				
放射性分选	精 矿	0.365	96.4	
	尾 矿	0.025	3.6	73
	原 矿	0.250	100.0	
X 辐射分选	精 矿	0.260	95.9	
	尾 矿	0.086	4.1	—
	原 矿	0.25	100	

42.3.6 铀矿选矿技术的发展趋势

前已述及，铀矿选矿并不是铀矿生产过程的必需工序，但因世界各国的铀矿石品位都有下降的趋势，而铀品位的高低，对生产成本有较大的影响。对于适合进行选矿的矿山，它还是受重视的，尤其是放射性分选，它是粗粒级矿石的预选方法，它在铀矿开采、运输过程就可以废弃一定数量的废石，所以是有发展前景的。

铀矿地浸的发展，使选矿的应用受到一些影响，因为采用地浸作业就不用将矿石开采运输出来，当然就不需要放射性分选。就地浸出，能使铀的生产成本降低，这是很好的；但根据 2009 年统计，在世界铀矿产量中，露天开采和地下开采的矿产量占 57%，地浸矿产量占 36%，副产品铀产量占 7%，这说明适合地浸的砂岩型铀矿山还不很多，而常规的露天和地下开采过程中，会有大量废石混杂其中，采用选矿作业，尤其是放射性分选作业，能使矿石进入浸出前，就将大块的废石除掉，往往能有明显的经济效果，所以放射性分选还是很有发展前途的，也受到很多人的重视。如纳米比亚的罗辛（Rossing）铀矿，它是全世界第三大铀矿，已经开采了三十年，而在 2009 年就新建了一个放射性分选厂。

在 2009 年，国际上三个大公司（GeoTestserviceLLC、CommoDas、Ultra-Sort）在莫斯科专门建立了一个研究铀矿石放射性分选可选性的试验中心，并由其提供高效的放射性分选机，以进行各地铀矿石的放射分选试验，该分选机的处理量可达 60 t/h，可分选出精矿、尾矿两个产品。这说明，在铀的需求（主要是核电的需求）不断提高，而铀矿石品位又有下降趋势的情况下，对矿石性质适合进行放射分选的矿山，研究和发展放射分选的工作是必要的和有前途的。

42.4　铀矿放射性分选厂

42.4.1　721 矿放射分选厂

42.4.1.1　选矿厂概述

721 选厂从 1968 年投产至 1992 年，已分选矿石 156.11 万吨，选出品位小于 0.013% 的尾矿 30.61 万吨，为降低水冶加工成本，取得了一定的经济效益。建厂时采用的放射分选机为皮带式和矿斗式，相当于国际 20 世纪 50 年代末的水平。这两种选机的选矿效率约为 60%。到 1992 年，选矿厂的设备已运转多年，已很陈旧，于 1993 年改用我国自己研制的 5421-Ⅱ型放射分选机，一直运转到 2005 年因水冶厂停产而停产。建放射分选厂的目的是提高经济效益。经统计 1990 ~ 1992 年水冶厂的矿渣中铀的品位分别为 0.0134%、0.0172% 及 0.0165%。而同期相应的放射分选尾矿品位为 0.012%，即选矿的尾矿品位小于水冶渣的品位。

42.4.1.2　矿石性质

我国的 721 矿属火山岩型的中低温热液矿床，矿床形态复杂，除个别矿体呈柱状外，主要为脉状、透镜状，共有几百个矿体，其产状和形态的变化沿走向和倾向较大，且常有分支复合的现象，矿体厚度小，大部分为薄矿体，厚度小于 0.7m。主要含矿岩性为凝灰岩及花岗斑岩，矿石具有中等硬度（11 ~ 12），矿化不均匀，品位变化系数较大。矿石中主要原生金属矿物为非晶质铀矿、赤铁矿、黄铁矿；脉石矿物为萤石、绢云母、绿泥石、方解石等；次生矿物有钙铀云母、钡铀云母、硅钙铀矿、铀黑、褐铁矿、次生石膏等。

42.4.1.3　选矿厂的技术进步

对老放射分选厂改造，采用两台我国自己新研制成的 5421-Ⅱ型放射性分选机，取代了原来的 7 台分选机，新选机的产能接近当时国际的先进水平。处理 -60mm +25mm 的矿石采用四槽道分选机一台，处理量约为 14t/h，处理 -150mm +60mm 的矿石采用二槽道的选机一台，处理量约 30t/h。其技术经济参数为：

原矿品位	0.08% ~ 0.25%
尾矿品位	<0.013%
矿石入选率	54.34%
矿石入选范围	-150mm +25mm
分选效率	80%
尾矿产率	35.9%

经对改建放射性分选厂的建设投资和选厂投产后节约的水冶加工费比较，每年可获利润在 329 万元以上，建厂投资约一年就可返本。

42.4.1.4 生产的工艺流程

矿山采出的原矿石的矿车，在未进入放射性分选厂前，首先进入矿石放射性检查站，在检查站，根据检测到的各矿车的 γ 射线强度，把矿石分成三种产品，其高品位矿石（富矿）直接送往水冶厂，尾矿直接废弃，只将其中间品位的矿石送往放射性分选厂。进厂后矿石首先进行筛分，分成 +250mm 及 -250mm +50mm 两个级别，将 +250mm 矿石送入破碎机，进行破碎，然后将全部 -250mm +0mm 矿石进行第二次筛分，分成 -250mm +50mm 及 -50mm 两个级别。-50mm 的碎矿石直接送往水冶厂，粒度为 -250mm +50mm 矿石为放射分选的可选矿石粒度，矿石经洗矿后，分成两个粒级，分别进入放射性分选厂，选厂的工艺流程见图 42-4-1。两台 5421-II 型放射性分选机所得工艺指标见表 42-4-1。

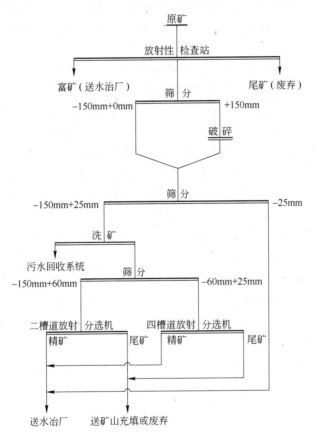

图 42-4-1 721 矿选矿工艺流程

表 42-4-1 721 铀矿分选所得的工艺指标

粒级/mm	原矿品位/%	精矿/%			尾矿/%		
		产率	品位	回收率	产率	品位	回收率
60~25	0.101	23.20	0.409	93.92	76.80	0.008	6.08
150~60	0.0552	24.53	0.1956	86.88	75.47	0.0096	13.12

从所得结果可以看出，该铀矿经放射分选，可废弃尾矿占入选矿石的 75%，其中铀的损失仅约 10%；已知该矿山适合入选粒级（-150mm +25mm）矿石占原矿的 60%，即通

过放射性分选作业，可废弃的尾矿占原矿的 45%，即大量含铀很低（ <0.01% ）的废石，可以就地废弃。

42.4.2　玛丽·卡瑟林放射性分选厂

42.4.2.1　选矿厂概述

玛丽·卡瑟琳（Mary Kathleen）矿位于澳大利亚昆士兰省，是澳大利亚的大铀矿，于 1956 年开始建矿，1958 年 6 月投入生产。矿中铀的分布很不均匀，很适合采用放射性分选，1960 年 5 月放射性分选厂建成投产。选矿厂采用当时较先进的 5 台 K-H 型放射分选机。采用放射性分选后，可以废弃入选矿石的 27.5% ~ 30% 作为尾矿；这不仅提高了入水冶厂的矿石品位，而且降低了最终铀产品的成本；1963 年 10 月因水冶厂停产而停产。1974 年重新进行了扩建和改建，并于 1976 年 3 月再度开工生产；在运转的多年中，对选机进行了一些更新改造。

放射性分选厂的自动化程度很高，选矿指标也较好，能废弃入选矿石中的废石量约为进选矿厂矿量的三分之一。放射性分选厂随矿山一起运转约 30 年。最近（2011 年 1 月）报道，矿区至少还有三个大矿体没有开采。矿山的发展，也会带动放射性分选厂的发展。

42.4.2.2　矿石性质

玛丽·卡瑟琳铀矿属变质型铀矿床，产于由石榴石、角闪石、透辉石、方柱石和长石组成的石榴石岩的破碎带中。褐帘石呈细脉状不规则地分布于石榴石矿带中。此外，矿石中还含有少量的磷灰石、方解石和硫化物。硫化物主要为磁黄铁矿、黄铁矿和黄铜矿。

晶质铀矿与褐帘石、磷灰石密切相关。在褐帘石中 U_3O_8 的品位为 0.6% 。原矿中 U_3O_8 的品位为 0.1% ，ThO_2 的品位为 0.025% ，矿石中约含 3% 的稀土氧化物，并含有 1% ~ 2% 的 P_2O_5 。矿石中由于富含石榴石，故密度较大，约为 $3.6g/cm^3$ 。

42.4.2.3　选矿厂的技术进步

1960 年选矿厂在投产时使用的是按矿块的铀品位分选的 K-H 型分选机，是当时国际上先进的型号，因为不少分选厂使用的还是按矿块中铀的金属量分选的旧式分选机。该选矿厂选机处理矿石的粒度为 − 200mm + 75mm 的矿石。由于当时该分选机的灵敏度还不是很高，所以分选的尾矿 U_3O_8 品位还较高，约为 0.03% 。1979 年安装了两台新研制成功的 M17 型放射分选机，处理矿石的粒度下限降至 40mm （25mm），其尾矿 U_3O_8 品位也降至 0.02% 。

M17 型分选机的自动化程度较高，控制台有三部分：

（1）故障报警显示板。报警的内容有电子系统故障、主机皮带故障、电气故障等。

（2）生产过程指示板。可显示原矿品位、精矿品位、尾矿品位、皮带上矿石的充满率等。

（3）操纵开关板。操作台上的各种按钮可以分别启动和停止机组。

该分选厂在几十年的运转过程中，对选机又做过一些改进，选矿厂至今仍在运转。

42.4.2.4　生产的工艺流程

由于矿区铀矿化很不均匀，在露天开采时不得不使用分采，开采成本约比一般的露天开采费用高一倍。采出的矿石，用铲车装入容量为 35 t 的卡车，经放射性检查站进行矿石品位检查（参见图 42-4-2）。

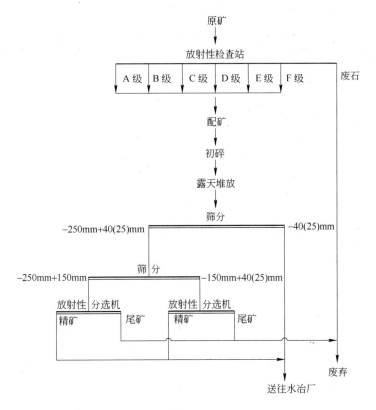

图 42-4-2 玛丽·卡瑟琳放射性分选厂工艺流程

检查站装备有两排探测器，每排各有三支直径为 50mm、长 800mm 的 NaI（T1）闪烁晶体探测器。每车矿石测量时间约 20s。检查站除了将废石分出外，还将矿石分成六种不同品位的产品：A 级：$U_3O_8 > 1.2\%$，B 级：$U_3O_8\ 0.1\% \sim 0.12\%$，C 级：$U_3O_8\ 0.08\% \sim 0.10\%$，D 级：$U_3O_8\ 0.05\% \sim 0.08\%$，E 级：$U_3O_8\ 0.035\% \sim 0.05\%$，F 级：$U_3O_8 < 0.035\%$。测量结果自动显示给司机，以便将矿石按不同品位分别送到不同的料堆，以供配矿用。配矿品位严格控制在 $U_3O_8\ 0.1\%$，$P_2O_5\ 1.2\% \sim 1.5\%$，以保证水冶厂的稳定生产。

配矿以后的原矿经振动给矿机进入颚式破碎机进行初碎，初碎后矿石露天堆放。然后，矿石从露天矿仓给到筛分机，$-40(25)mm$ 的筛下产品直接送往水冶厂。筛上产品经洗矿后，将矿石分为 $+150mm$ 及 $-150mm +40(25)mm$ 两个级别，分别送往各自的放射性分选机。分选得到的精矿送水冶厂，尾矿废弃。

在原矿 U_3O_8 品位为 $0.12\% \sim 0.14\%$ 时，经放射性分选，可以得到 U_3O_8 品位为 $0.27\% \sim 0.35\%$ 的精矿，废弃尾矿的 U_3O_8 品位为 $0.012\% \sim 0.027\%$，产率为 $55\% \sim 65\%$。所得精矿与未入选的细粒级矿石合并为成品矿石，送水冶厂，其 U_3O_8 品位约为 0.15%，回收率约 95%。

由于入选矿石的配矿方案不同，放射性分选厂的工艺指标波动比较大。一般粗粒级矿石（$+40mm$）的产率占初碎后原矿的 50% ~ 70%。现厂控制的尾矿品位为 0.02%，尾矿产率为入选矿石的35%~65%，现按入选矿石占原矿50%~55%、尾矿产率占入选矿石55%计算，得出的选厂平均工艺指标列于表42-4-2。

表42-4-2 玛丽·卡瑟琳放射性分选厂的平均工艺指标

产品名称	产率/%	U_3O_8品位/%	回收率/%
成品矿石	72.50~69.75	0.13	94.5~93.8
尾 矿	27.50~30.25	0.02	5.5~6.2
原 矿	100.0	0.10	100.0

该矿由于采用了放射性分选，废弃了约1/3大块废石，提高了进入水冶厂矿石的品位，水冶厂生产铀的成本降低，故该矿对放射性分选比较重视。

42.4.3 艾利康铀矿选矿厂

42.4.3.1 选矿厂概述

俄罗斯铀的储量很大，其艾利康（Эльконский）铀矿区的铀储量占首位，艾利康位于雅库茨克及东西伯利亚和远东，在前苏联时期就知有15个铀矿带，铀储量约35万吨，平均品位0.147%，现估计有65万吨，占世界总储量的7%，占俄罗斯铀储量的93%，可称世界大铀矿之一。该矿中还含有金140t（品位0.8g/t），含银约1800t（品位10g/t）。矿山有几个大矿区，年产矿石共约450万吨，其中可回收铀5000t、金1570kg，银17900kg，设计铀水冶厂规模为年产5000t铀。

该矿山地质构造复杂，很多矿区铀的品位都较低，且埋藏很深，在勘探开采过程，就对几个矿区的矿石都做了放射分选的试验，如滨海地区（Приморский）矿床（储量7600t）的矿石，就属易选矿石。原矿品位0.265%，表外矿品位0.043%，经放射分选后，可废弃入选矿石的70%，其中铀品位为0.004%~0.016%（而浸出渣的品位为0.012%~0.021%）。

又如其乌斯齐-乌尤可（Усть-Уюк）矿床，储量6300t，原矿品位0.092%。对其一个低品位矿样做放射性分选试验，原矿品位为0.042%，经分选后，得精矿品位0.061%，尾矿产率35.2%，其中铀的损失为16.2%。

为了确定此矿区矿石的放射性分选的可行性，从1999年起，前后共5年时间，在全俄化工科研院（ФГУП"ВНИИХТ"）用放射性分选机组PCM-10（其放射性分选机为YAC-50型），对矿区不同的矿点，不同可选性的矿石做了放射性分选试验，其平均结果已在表42-3-8中列出。

根据所得结果，在2007~2008年，在矿山又做了三次半工业试验及几次试验室验证实验后，于2008年建立了铀矿选矿厂。

42.4.3.2 矿石性质

该矿山的地质构造复杂，属脉状铀矿床，矿体埋藏很深，开采工作的难度较大。矿石属铝硅酸盐型，铀矿物主要是钛铀矿，矿床中还含有金和银，都是需要综合回收的。

42.4.3.3 选矿厂的技术进步

俄罗斯对铀矿石的放射性分选工作，研究开始的较早，在20世纪50年代苏联时期就开始生产放射性分选机,建立放射分选厂。以后又研制出很多型号的放射分选机,在不少铀矿山建立了放射性分选厂。

艾利康矿区的放射性分选厂是2008年建成投产的。它采用俄罗斯在上世纪末研制成功的YAC-50型放射性分选机,该型号分选机的分选效率较高。过去很多型号的放射性分选机的分选效率为60%~70%,而YAC-50可达80%~90%,即它可以废弃较多品位低、产率高的尾矿,得到品位较高,回收率也较高的精矿,而且分选机的造价也较低,所用的辅助配套设备也减少,建厂总投资比较低,也使下一步铀水冶厂的成本降低。

42.4.3.4 生产的工艺流程

采出的原矿(含金和银的铀矿石)首先经放射性检查站,所得废石就地废弃或做充填料。其合格品位的矿石,经破碎筛分后,−250mm+25mm的矿石,铀品位为0.124%,送放射性分选厂。所得精矿与筛下产品(−25mm)合并,得到品位为0.184%的成品矿,经破碎、磨矿后进入浮选作业。其尾矿产率为36.6%,其中铀含量为0.02%。铀的损失率为4.7%。

浮选作业是为富集矿石中的金和银,浮选所得精矿和尾矿分别进行浸出作业,精矿经浸出及固液分离后,其溶液去回收铀,其固态产品进行氰化处理以回收金和银,尾矿进行浸出以回收铀。

原矿处理工艺流程见图42-4-3,所得指标见表42-4-3。

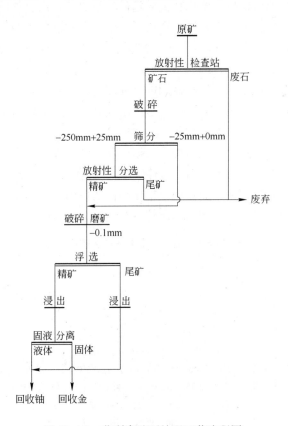

图42-4-3 艾利康矿石处理工艺流程图

表 42-4-3　选矿（放射性分选及浮选）工艺指标

产 品 名 称	产率/%	品 位		
		U/%	Au/g·t^{-1}	Ag/g·t^{-1}
放射性分选				
分选精矿及 −25mm 矿石	63.4	0.184	0.82	12
尾 矿	36.6	0.02	0.77	9.3
原矿（从放射性检查站来）	100.0	0.124	0.8	11
浮 选				
精 矿	8	0.184	4.5	61.3
尾 矿	55.4	0.184	0.3	5
分选精矿及 −25mm 矿石	63.4	0.184	0.82	12

42.5　国内外主要铀矿选矿厂汇总

铀矿选矿作业并不是铀提取过程的必要工序，很多矿山的铀矿石是直接进入酸法或碱法浸出提取铀，没有铀选矿厂，只有在一些矿山用普通的选矿方法（浮选、重选、磁选等）分出酸耗高或碱耗高的产品，以便分别进行浸出，或将低品位的矿石品位提高，以便使水冶提取铀的成本降低，才能用上普通选矿。这种情况下在铀矿山也只建立浮选（或重选、磁选）的车间，并不建铀矿普通选矿厂，所以在铀矿选矿厂汇总中，没有铀的普通选矿厂。对于那些矿化很不均匀的铀矿山，采用放射性分选后，可以丢弃大量大块的废石，能降低铀的水冶成本，所以在我国和很多国家都建立有放射分选厂。评价一个放射分选厂的选矿指标好坏，不是看它能将矿石品位提高多少，因为不会提高很多，而是看它能丢弃多少铀品位很低的大块废石，以降低提取铀的成本，所以在做国内外铀矿选矿厂汇总时，列出了尾矿的品位及产率。关于放射性分选精矿的品位，有些矿山是给出放射性分选精矿品位的，而有些矿山只给出放射性分选精矿与未入分选的细粒级矿石（如 −25mm）合并后的品位，即放射性分选厂所得到的成品矿的品位。在选矿厂汇总中，根据现场提供的数据，我们将精矿品位或成品矿的品位列出（成品矿在品位栏，有"注"的符号），在列出成品矿矿石品位的矿山，其尾矿产率指的是其占全部矿石的产率，而在列出精矿品位的矿山，其尾矿产率指的是其占入选作业的产率，并不是占全部矿石的产率。国内外主要铀矿选矿厂汇总，见表 42-5-1。

表 42-5-1　国内外主要铀矿选矿厂汇总

厂 名	地理位置	设计规模/t·d^{-1}	矿石类型及矿石组成	投产年份	选矿工艺	选矿指标/%				
						原矿品位	尾矿品位	尾矿产率	精矿品位	回收率
玛丽卡瑟琳 Mary-Kathleen	澳大利亚昆士兰州	511 万吨/年	花岗岩型晶质铀矿、脂铅铀矿、硅钙铀矿等	1958 ~ 1963, 1976 至今	原矿采出后先经放射性检查站，去掉废石后筛分、分级 −250mm + 40 (25) mm, 进放射性分选机，得精、尾矿	0.127 ~ 0.140	0.012 ~ 0.027	55.3	0.21 ~ 0.35	88 ~ 94

厂名	地理位置	设计规模 /t·d⁻¹	矿石类型及矿石组成	投产年份	选矿工艺	选矿指标/%				
						原矿品位	尾矿品位	尾矿产率	精矿品位	回收率
比维尔洛奇 Beaverlodge	加拿大萨斯喀彻温省	900	正长岩型沥青铀矿、方解石、黄铁矿等	1962	原矿首先经粗碎、筛分后，+75mm 矿石洗矿后，进行放射性分选，能废弃入选矿石 50% 尾矿。其精矿与 -75mm 混合为成品矿	0.178	0.021	17	0.210 （成品矿）	98
辛奇湖矿 CinchLake + A11	加拿大萨斯喀彻温省	900	正长岩型沥青铀矿、方解石、黄铁矿等	1980	该厂是移动式放射分选厂，处理 50 年代开采时丢弃的低品位矿石，其 -100mm +25mm 矿石进行放射性分选（占原矿产率为 60% ~70%）	0.04 ~ 0.10	<0.03	40 ~ 80	0.114 ~ 0.182	
佛雷 Forez	法国		花岗岩型脉状矿床，主要铀矿为沥青铀矿	1960 ~ 1970	原矿进行破碎、筛分后，其 -120mm + 30mm 矿石，用皮带式放射性分选机进行分选，可以废弃入选矿石的 55%，品位为 0.016%	0.108	0.016	55	0.22 （成品矿）	91.8
洛代夫 Lodeve	法国	40 万吨/年	矿石属泥质页岩型，含有机质、硫化物、碳酸盐等	1985	原矿进行破碎、筛分后，其 -90mm +30mm 矿石，用 M-17 型放射性分选机分选	0.25	0.015 ~ 0.020	50	0.48 ~ 0.485	96 ~ 97
斯瓦茨瓦尔法 Schwartzwalder	美国科罗拉多州	1000	矿石岩性主要为片岩，铀矿物是沥青铀矿	1975	原矿进行破碎、筛分后，其 -150mm +25mm 矿石进行放射性分选；-150mm +50mm 为三槽道，-50mm +25mm 为六槽道，分选机为 MKU1A 型皮带式选机	0.356	0.015	25	0.47 （成品矿）	98.98

厂 名	地理位置	设计规模 /t·d⁻¹	矿石类型及矿石组成	投产年份	选矿工艺	选矿指标/%				
						原矿品位	尾矿品位	尾矿产率	精矿品位	回收率
圣安东尼矿 St. Anthony	美国新墨西哥州	2700		1980	原矿破碎、筛分后，可分选粒级矿石送往一台 M17 及一台 M18 型放射性分选机。精矿与未入选的细粒级矿石送往水冶厂，分选尾矿废弃	0.2				
艾利康矿 Элькон- ский	俄罗斯雅库特	450 万吨/年	热液型铀矿；铝硅酸盐、钛铀矿、矿石中含金和银	2008	原矿先经放射性检查站丢废石，合格矿石再经放射性分选再一次丢弃废石，其精矿破碎、磨矿后进行浮选，浮选精矿中金和银得到富集，铀在精尾矿中都有，分别处理以回收铀	0.066 ~ 0.148	0.01 ~ 0.02	52.0 ~ 66.4	0.177 ~ 0.287	77 ~ 90
某矿	前苏联	约 1000	热液型铀矿	1975	原矿经放射性检查站、破碎、筛分 -200mm + 50mm 及 - 50mm + 25mm 分别入 Ранат 型放射性分选机	0.09	0.012	33.7	0.13	95.4
罗辛 Rossing	纳米比亚斯沃克庞德	4 万吨	花岗岩型铀矿床	1970	原矿经破碎筛分后，-300mm +80mm 粒级矿石进行露天放射性分选，开始采用 M17 型分选机，后改用 Ultrasort 公司生产的分选机	0.036				
瓦尔里夫斯 VaalReefs	南非德兰士瓦省	350 吨/月	含金石英卵石、砾岩型、矿化不均匀，原矿品位很低	1981	由于铀矿化不均匀，且金铀相关密切，粗粒级矿块较多，适合放射性分选。原矿破碎筛分后，-115mm +65mm 矿石，进行放射性分选	0.0125 2.4 g/t 金	0.0017 0.28 g/t 金	46.4	0.022 4.25 g/t 金	93.9 (94.7 金)

续表 42-5-1

厂名	地理位置	设计规模 /t·d⁻¹	矿石类型及矿石组成	投产年份	选矿工艺	选矿指标/% 原矿品位	尾矿品位	尾矿产率	精矿品位	回收率
韦尔科姆 Welkom	南非奥兰自由邦	15万吨/月	含金石英卵石、砾岩型、矿化不均匀，原矿品位很低	1980	原矿中金和铀分布不均匀，细粒级物料中金和铀的品位显著高于原矿。原矿经破碎、筛分后，-75mm+50mm 在 M-17 型放射性分选机，尾矿废弃	0.0074 3.4 g/t金	0.003 1.44 g/t金	85.7	0.0338 15.2 g/t金	65.3 (63.8 金)
布弗尔斯方丹 Buffelsfontein	南非德兰士瓦省	23.6万吨/月	金铀矿脉与围岩的颜色有差别	1980	根据矿石中金铀相关密切，矿石破碎筛分后，-65mm+25mm 粒度矿石进行放射性分选。安装 4 台 RM-161 型放射性分选机	0.005~0.02	0.0045	58		
西部迪普莱维尔斯 Western-DeepLevels	南非德兰士瓦省	25万吨/月	金铀矿脉	1980	根据矿石中金铀相关密切，矿石破碎筛分后，-65mm+25mm 粒度矿石进行放射性分选。安装 4 台 RM-161 型放射性分选机，M17 型放射性分选机 5 台	0.007~0.009	≪0.0015	75~80	0.0075~0.01	
威斯兰德 WestLand	南非德兰士瓦省	15万吨/月	金铀矿脉	1980	根据矿石中金铀相关密切，矿石破碎筛分后，-65mm+25mm 粒度矿石进行放射性分选。安装 4 台 RM-161 型放射性分选机，M17 型放射性分选机 2 台	>0.02	0.004~0.0045	75~79	0.06~0.12	
721矿	中国	14万吨+C16t/a+C24	火山岩型的中低温热液铀矿床。主要铀矿物为非晶质铀矿、赤铁矿、黄铁矿、萤石、绿泥石、方解石等	1966	原矿经放射性检查站选出富矿直接送水冶厂，尾矿废弃，中间品位矿石经破碎、筛分后，其-250mm+50mm 矿石送放射性分选	0.0552~0.101	0.008~0.0096	75.5~76.8	0.195~0.41	87~94
743矿	中国		中温热液充填型矿床。主要铀矿物为沥青铀矿、硅钙铀矿、赤铁矿、黄铁矿、石英、方解石等	1975	原矿经放射性检查站废弃尾矿后，合格矿石经破碎、筛分后 -250mm+50mm 矿石送放射性分选	0.291	0.0104	63.49	0.835	97

注：成品矿品位为分选精矿与未入选的细粒级矿石合并后的品位。

参 考 文 献

[1] 汪淑慧，汤家骞，王子翰. 铀矿石放射性分选[M]. 北京：原子能出版社，1988：15～29.

[2] 张万良，徐小奇，邵飞，等. 桃山矿田铀成矿地质条件及找矿方向[J]. 铀矿地质，2008(3)：101～107.

[3] 铀资源的供应[J]. 国外核新闻，2009(9)：18～21.

[4] 刘增洁. 2009 年世界铀资源、生产及供需现状[OL]. 中华人民共和国国土资源部网站. http://www. mlr. gov. cn/201008/t20100823-744184. htm.

[5] Mark Chalmers. AusIMM International Uranium Conference Report(18～19 Jan. 2008，Adelaide Convention Center)[J]. The Aus IMM Bulletin，2008(5)：73～75.

[6] 世界核电现状[J]. 国外核新闻，2010(5)：16～19.

[7] 李冠兴. 我国核燃料循环产业面临的挑战和机遇[J]. 铀矿地质，2008(9)：257～264.

[8] 李冠兴. 我国核燃料循环前端产业的现状和展望[J]. 中国核电，2010，3(1)：2～9.

[9] 郑文元，张庆春. 我国核电产业发展的铀资源保障[J]. 中国核电，2010，3(2)：174～179.

[10] Marilyn Scales. Uranium mining in Saskatchewan[J]. Canadian Mining Journal，2006(2)：16～19.

[11] Marilyn Scales. Canada's next uranium hot spot[J]. Canadian Mining Journal，2006(2)：10～12.

[12] M. C. Ackland，T C Hunter. Australia's Honeymoon Project-From acquisition to approval 1997 to 2002 [C]. Proceedings of a technical meeting of IAEA，IAEA-TECDOC-1396，June 2004，115～137.

[13] 《选矿手册》编辑委员会. 选矿手册 第八卷 第三分册[M]. 北京：冶金工业出版社，1990：381.

[14] 汪淑慧. 铀矿选矿技术研究进展与展望[C]//中核集团北京化工冶金研究院 50 周年院庆科技论文集. 北京，2008：3～11.

[15] Sivamohan R，Forssberg E. Electronic sorting and other preconcentration methods[J]. Minerals Engineering，1991(7～11)：797～814.

[16] Бавлов В. Н，Машковцев Г. А，Мигута А. К，и др. О возможностях освоения резервных урановых месторождений Россий[J]. Разведка и Охран а Недр，2007(11)：2～14.

[17] 张金带，李友良，简晓飞，等. "十五"期间铀矿地质勘查主要成果及"十一五"的总体思路 [J]. 铀矿地质，2007(1)：1～6.

[18] Ma Debiao，Lu Wei. Model 5421-Ⅱ Radiometric Sorter[C]//International Conference on Uranium Extraction，Oct. 22～25，1996，Beijing，China，146～150.

[19] UltraSort Optical. Radiometric and Electromagnetic Sorters[OL]http://www. Ultrasort. com. au/info2/photoFlyer. pdf.

[20] UltraSort Pty Ltd. Large particle sorter installation arrangement[OL]http://www. Ultrasort. com. au/info2/GA-LARGE-PART pdf.

[21] Шаталов В. В.，Никонов В. И.，Татарников А. П.，и др. Совершенствование технологии радиометрического обогащения урановых руд[J]. Атомная Энергия，Т. 90，Вып. 3，Март 2001，176～179.

[22] Татарников А. П.，Асопова Н. И.，Балакина И. Г.，и др. Основные на-правления развития технологии радиометрической сепарации руд цветных и редких металлов，[J]Горный Журнал，2007(2)：97～100.

[23] Татарников А. П.，Звонарев В. Н.，Николаев В. А.，и др. Развитие ме-тодов автоматической покуско-вой сепарации полезных ископаемых[J]. Цветные Металлы，1995(8)：70～73.

[24] Татарников А. П.，Асопова Н. И.，Балакина И. Г. Технологические возможности сепаратора нового поколения для радиометри-ческого обоащения урановых руд[C]// 5 Конгресе обогатителей

стран СНГ , Москва , марта, 2005, Сборник материалов, Т 2, М, Альтекс, 2005, 29 ~ 30.

[25] Salier J D, Wyatt NPG. Sorting in the minerals industry: Past, Present and Future[J]. Minerals Engineering, 1991, 4(7 ~ 11): 779 ~ 796.

[26] Татарников А. П. , Асопова Н. И. , Балакина И. Г. , и др. Современные технологии и оборудование для радиометрического обогащения урановых руд[J]. Горный Журнал, 2007(2): 85 ~ 87.

[27] Anon. 4th Colloquium on Sorting, Sorting Technologies for Resources and Waste Materials[J]. Aufbereitungs Technik, 2005(8-9): 39 ~ 43.

[28] Hermann Wotruba, Fabian Eiedel. Ore Concentration with Sensor-based Sorting[J]. Aufbereitungs Technik, 2005(5): 4 ~ 13.

[29] Федоров Ю. О. , Кацер И. У. , Коренев О. В. , и др. Опыт и практика рентгенорадиометрической сепарации руд[J]. Горный Журна-л, 2005(5): 21 ~ 37.

[30] Литвиненко В. Г. , Суханов Р. А. , Тирский А. В. , и др. Совёршенст-вование технологии радиометрического обогащения урановых руд[J]. Горныи Журнал, 2008(8): 54 ~ 58.

[31] Наумов М. Е. , Асонова Н. И. , ВаЛакина И. Г. Сравнительный анализ особенностей и возможностей радиометрического и рентгенорадиометрического обогащения урановых руд[J]. Горныи Журнал, 2009(12): 36 ~ 40.

[32] 佚名. 纳米比亚罗辛铀矿将增加产能并延长运行寿命[J]. 伍浩松, 译. 国外核新闻, 2007 (10): 29.

[33] Issues at Rossing uranium mine. Namibia[EB/OL]. [2008-02-06]. http://www. Wise-uranium. Org./umoproe-html.

[34] Test Center for radiometric Separation opened in Moccow [EB/OL]｛24. 09. 2009｝// Press service LLC. http://www. Minatom, ru/en/press-releeses/17230, 24. 09. 2009.

[35]《选矿手册》编辑委员会. 选矿手册 第八卷 第三分册[M]. 北京: 冶金工业出版社, 1990: 393 ~ 400.

[36] Rosanne Barrett. Queensland's Mary Kathleen look to uraninm future. [EB/OL]｛2011. Novenber. 19｝. http://www. The Australian. com. au/National affair queenslands mary Kathleen-look-to-uranium future/story-fu 59mix-122619.

[37] Radiometric sorting is unefficient and low cost process at Mary Kathleen. [EB/OL]｛12. may 2011｝. http://www. scribd. com/doc/···/27/Radiometrrc sorting.

[38] Бавдов В. Н. , Машковцев Г. А. Мигу-та А. К. О возможностях освоёния рёзервных урановых месторождёнии России[J]. Разведка иохрана недр, 2007(11): 2 ~ 14.

[39] Машковцев Г. А. , Мигута А. К. , Цетогкин Б. Н. Минерально сырьевая база и производство урана в восточной Сибири и на Дальнем Востоке[J]. Минеральные ресурсы России, экономика и управление, 2008(1): 45 ~ 52.

[40] Иванов В. Г. Технико-экономические решения по освоению месторождений Эльконского урановорудного района[J]. Горный Журнал, 2008(12): 33 ~ 40.

第43章 非金属矿选矿

43.1 非金属矿物分类及用途

43.1.1 非金属矿物及其种类

非金属矿产指除金属矿产和矿物燃料以外的具有经济价值的岩石、矿物等自然资源。非金属矿产与金属矿产、能源（燃料）矿产和汽、水矿产之间的界限很易确定，但也有特殊情况。如铁矾土、钛铁矿、铬铁矿、铝土矿和锰矿石等，被理所当然地划归在金属矿产之列，然而它们又都是重要的非金属原料。因此，有人将铁矾土、钛铁矿等也包括在非金属矿产之内。此外，有人还将非金属矿制品（如水泥等）及一些天然和人工产品的混合材料（如耐火材料）也列为非金属矿产。国外文献中，非金属矿产亦称为"工业矿物和岩石"。

非金属矿有91种，分别为金刚石、石墨、自然硫、硫铁矿、水晶、刚玉、蓝晶石、硅线石、红柱石、硅灰石、钠硝石、滑石、石棉、蓝石棉、云母、长石、石榴子石、叶蜡石、透辉石、透闪石、蛭石、沸石、明矾石、芒硝、石膏、重晶石、毒重石、天然碱、方解石、冰洲石、菱镁矿、萤石、宝石、玉石、玛瑙、石灰岩、白垩、白云岩、石英岩、砂岩、天然石英砂、脉石英、硅藻土、页岩、高岭土、陶瓷土、耐火黏土、凹凸棒石、海泡石、伊利石、累托石、膨润土、辉长岩、大理岩、花岗岩、盐矿、钾盐、镁盐、碘、溴、砷、硼矿、磷矿等。

43.1.2 非金属矿物分类及用途

非金属矿石的利用方式和金属矿石不同。只有少数非金属矿石是用来提取和使用某些非金属元素或其化合物，如硫、磷、钾、硼等，而大多数非金属矿石则是直接利用其中的有用矿物、矿物集合体或岩石的某些物理、化学性质和工艺特征。因此，非金属矿石的物理性质从采场采出时一直保持到产品的最后应用阶段，这一点与金属矿石完全不同。

世界各国多按用途对非金属矿产进行分类。如美国分为磨料、陶瓷原料、化工原料、建筑材料、电子及光学原料、肥料矿产、填料、过滤物质及矿物吸附剂、助熔剂、铸型原料、玻璃原料、矿物颜料、耐火原料及钻井泥浆原料等14类。前苏联分为化学原料、黏结原料、耐火-陶瓷原料和玻璃原料、集合原料和晶体原料等5类。我国通常分为化工原料、建筑材料、冶金辅助原料、轻工原料、电器和无线电电子工业原料、宝石类和光学材料等6类。由于多数矿产具有多种用途，所以按用途分类并不确切，往往造成一种矿产同时属于不同种类。为此，提出以工业用途与矿石加工技术相结合的分类方案（见表43-1-1）。

表 43-1-1 非金属矿产工业分类

类	亚类	原料类别	矿 产 种 类
矿物	自然元素	化学原料	自然硫
	晶 体	宝石原料	金刚石（宝石级）、祖母绿、红宝石、电气石、黄玉、绿柱石、青蛋白石、紫水晶等
		工业技术	金刚石（工业级）、压电石英、冰洲石、白云母、金云母、石榴子石等
	独立矿物	半宝石、彩石和玉石原料	玛瑙、蛋白石、玉髓、孔雀石、绿松石、绿玉髓、赤铁矿等
	矿物集合体（非金属矿石）	化学原料	磷灰石、磷块岩、天青石、含硼硅酸盐、钾盐、镁盐等
		磨 料	刚玉、金刚砂、铝土矿
		耐火、耐酸原料	菱镁矿、石棉、蓝晶石、红柱石、硅线石、水铝石
		隔音及绝热材料	蛭石、珍珠岩
		综合性原料	萤石、重晶石、石墨、滑石、石盐、硅灰石等
岩石	原矿直接利用或经机械加工后利用	彩石、玉石和装饰砌面石料	碧玉、角页岩、天河石、花岗岩、蛇纹石大理岩、蛇纹石、蔷薇辉石等
		建筑和砌面石料	花岗岩、拉长石岩、闪长岩及其他火成岩、灰岩、白云岩、大理岩、凝灰岩等
		混凝土填料、建筑及道路建筑材料	砾石、碎石、细砾、建筑砂
	经热加工或化学处理后利用	陶瓷及玻璃原料	玻璃砂、长石和伟晶岩、易熔及耐熔黏土、高岭土
		制取黏结剂原料	泥灰岩、石膏、易熔黏土、板状硅藻土、硅藻土
		耐火材料	耐火黏土、石英岩、橄榄岩、纯橄榄岩
		铸石材料	玄武岩、辉绿岩等
		颜料原料	赭石、红土、铅矾等
		综合性原料	灰岩、白云岩、白垩、砂、黏土、石膏等

43.2 我国非金属矿资源

中国已探明储量的非金属矿产有88种，主要为金刚石、石墨、自然硫、硫铁矿、水晶、刚玉、蓝晶石、硅线石、红柱石、硅灰石、钠硝石、滑石、石棉、蓝石棉、云母、长石、石榴子石、叶蜡石、透辉石、透闪石、蛭石、沸石、明矾石、芒硝、石膏、重晶石、毒重石、天然碱、方解石、冰洲石、菱镁矿、萤石、宝石、玉石、玛瑙、石灰岩、白垩、白云岩、石英岩、砂岩、天然石英砂、脉石英、硅藻土、页岩、高岭土、陶瓷土、耐火黏土、凹凸棒石、海泡石、伊利石、累托石、膨润土、辉长岩、大理岩、花岗岩、盐矿、钾盐、镁盐、碘、溴、砷、硼矿、磷矿等。

其中，菱镁矿资源有产地27处，总保有储量矿石30亿吨，居世界第一位；萤石矿有230处，总保有储量1.08亿吨，居世界第三位；耐火黏土资源有327处，总保有储量矿石21亿吨；硫矿资源760余处，总保有储量折合硫14.93亿吨，居世界第二位；芒硝矿资源有 100 余处，总保有储量 105 亿吨，居世界首位；重晶石资源 103 处，总保有储量矿石 3.6 亿吨，居世界首位；盐矿资源有 150 处，总保有储量 4075 亿吨；钾盐资源有 28 处，总保有储量 4.56 亿吨；硼矿资源有 63 处，总保有储量 4670 万吨，居世界第五位；磷矿资源有 412 处，总保有储量矿石 152 亿吨，居世界第二位；金刚石矿资源有 23 处，总保有储量金刚石矿物 4179kg；石墨矿资源有 91 处，总保有储量矿物 1.73 亿吨，居世界首位；硅灰石资源有 31 处，总保有储量矿石 1.32 亿吨，居世界首位；滑石矿资源有 43 处，总保有储量矿石 2.47 亿吨，居世界第三位；石棉矿资源有 45 处，总保有储量矿物 9061 万吨，居世界第三位；云母矿资源有 169 处，总保有储量 6.31 万吨；石膏矿资源有 169 处，总保有储量矿石 576 亿吨；水泥灰岩资源有 1124 处，总保有储量矿石 489 亿吨；玻璃硅质原料资源有 189 处，总保有储量 38 亿吨；硅藻土资源有 354 处，总保有储量矿石 3.85 亿吨，居世界第二位；高岭土矿资源有 208 处，总保有储量矿石 14.3 亿吨，居世界第七位；膨润土矿资源有 86 处，总保有储量矿石 24.6 亿吨，居世界首位；花岗石矿资源有 180 余处，总保有储量矿石 17 亿立方米；大理石矿有 123 处，总保有储量矿石 10 亿立方米。

现就几种主要矿产分布简介如下：

硫矿：探明矿区 760 多处。硫铁矿主要有辽宁省清原；内蒙古自治区东升庙、甲生盘、炭窑口；河南省焦作；山西省阳泉；安徽省庐江、马鞍山、铜陵；江苏省梅山；浙江省衢县；江西省城门山、武山、德兴、水平、宁都；广东省大宝山、凡口、红岩、大降坪、阳春；广西壮族自治区凤山、环江；四川省叙永兴文、古蔺；云南省富源等矿区。自然硫主要分布在山东省大汉口矿床。

磷矿：探明矿床 412 处，主要有云南省晋宁（昆阳）、昆明、会泽；湖北省荆襄、宜昌、保康、大悟；贵州省开阳、瓮安；四川省什邡；湖南省浏阳；河北省矾山；江苏省新浦和锦屏等磷矿区（矿床）。

钾盐：主要分布在青海省察尔汗、大浪滩、东台吉乃尔、西台吉乃尔等盐湖，以及云南省勐野井钾盐矿中。

盐类和芒硝：主要分布在青海省察尔汗等、新疆维吾尔自治区七角井等、湖北省应城等、江西省樟树等、江苏省淮安、山西省运城、内蒙古自治区吉兰泰等地区。

硼矿：探明矿区 63 处。主要有吉林省集安；辽宁省营口五零一、宽甸、二人沟；西藏自治区扎布耶茶卡、榜于茶卡、茶拉卡等矿床。

重晶石：探明矿区 103 处。主要有贵州省天柱、湖南省贡溪、湖北省柳林、广西壮族自治区象州、甘肃省黑风沟、陕西省水坪等矿床。

石墨：探明矿区 91 处。主要有黑龙江省鸡西（柳毛）、勃利（佛岭）、穆棱（光义）、萝北；吉林省磐石；内蒙古自治区兴和；湖南省鲁塘；山东省南墅；陕西省银洞沟、铜峪等矿床。

石膏：探明矿区 169 处。主要有山东省大汉口、内蒙古自治区鄂托克旗、湖北省应城、山西省太原、宁夏回族自治区中卫、甘肃省天祝、湖南省邵东、吉林省浑江、四川省峨边等矿床。

石棉：探明矿区 45 处。主要有四川省石棉；青海省茫崖；新疆维吾尔自治区若羌、且末等矿床。

滑石：探明矿区43处。主要有辽宁省海城、本溪、恒仁；山东省栖霞、平度、掖县；江西省广丰、于都；广西壮族自治区龙胜等矿床。

云母：探明矿区45处。主要分布在新疆维吾尔自治区、内蒙古自治区和四川等省（区）。

硅灰石：探明矿区31处。主要有吉林省磐石、梨树；辽宁省法库、建平；青海省大通；江西省新余；浙江省长兴等矿床。

高岭土：探明矿区208处。主要有广东省茂名、湛江、惠阳；河北省徐水；广西壮族自治区合浦；湖南省衡山、泊罗、醴陵；江西省贵溪、景德镇；江苏省吴县等矿床。

膨润土：探明矿区86处。主要有广西壮族自治区宁明；辽宁省黑山、建平；河北省宣化、隆化；吉林省公主岭；内蒙古自治区乌拉特前旗、兴和；甘肃省金昌；新疆维吾尔自治区和布克赛尔、托克逊；浙江省余杭；山东省潍县等矿床。

硅藻土：探明矿区354处。主要有吉林省长白；云南省寻甸、腾冲；浙江省嵊州等矿床。

宝玉石：主要有辽宁省瓦房店、山东省昌乐、湖南省沅陵、常德等矿床。

玻璃硅质原料：探明189个矿区。主要分布在青海、海南、河北、内蒙古、辽宁、河南、福建、广西等省（区）。

水泥灰岩：主要分布在陕西、安徽、广西、四川、山东等省（区）。

菱镁矿：探明矿产地27处。主要分布在辽宁省海城、山东省莱州市、西藏自治区巴下等地。

萤石：探明矿产地190处。主要有浙江省武义、遂昌、龙泉；福建省建阳、将乐、邵武；安徽省郎溪、旌德；河南省信阳；内蒙古自治区四子王旗、额济纳旗；甘肃省高台、永昌等地。

耐火黏土：探明矿产地327处。主要分布在山西、河北、山东、河南、四川、黑龙江、内蒙古等省（区）。

43.3　非金属矿选矿与深加工技术及发展趋势

非金属矿产是除金属矿产和燃料矿产以外，自然产出的一切可供提取非金属元素或具有某种功能可供人类利用的矿物或岩石，技术经济上有开发利用价值的矿产资源。这类矿产大多数不是仅仅以化学元素，而且可以以矿物或岩石为利用对象。随着社会和经济发展水平的提高，兼具生产资料和生活资料双重功效的非金属矿将比仅仅作为生产资料的一次性资源更有活力。

近年来，随着人们对非金属矿性质的认识更加深入，非金属矿新的功效不断被开发，其应用范围已经远远突破了玻璃、陶瓷、水泥、肥料、化工原料、装饰材料等，在高新技术领域如航天、通信、互联网、生物工程、海洋技术、环境科学等领域，特别是材料科学领域发挥出越来越大的作用。为了提升非金属矿的附加值和产品功效，节能降耗，一批新工艺、新药剂、新装备、新软件不断推出，整体上看体现出以下五个方面的特点：

（1）非金属矿开发利用效率化。矿产资源集约利用，提高了矿产资源开发的投资强度，使得矿山开发规模和设备规格不断大型化，另一方面，新技术的应用发展了短流程工艺、短工期作业。这些发展，使得单位矿石加工能耗不断降低，劳动生产率相应提高，单位资源消耗产生的经济效益和工艺功能不断增长。例如，我国重钙资源有了一批采矿、加工能力达到 30 万吨/年的企业；我国长石矿山企业也从以往常见的 3 万吨/年规模大幅度提高，宜阳长石矿 30 万吨/年长石选矿厂即将投产。地下充填采矿技术，包括矿柱置换采矿技术，在湖北地区的磷矿山广泛应用，从而提高了矿石的开采回采率。

（2）非金属矿开发利用精细化。在大型矿产资源开发效率化的同时，小型非金属矿山在精细化加工利用方面迈出了坚实的步伐。在不增加开发规模的情况下，通过精细化的操作和管理，提高开采回采率、选矿回收率，加强矿产综合利用，节能降耗；部分非金属矿从仅仅开发利用原矿走向选矿加工。例如，矿山优化开采境界实施边坡挖潜和扩帮工程提高资源开采回采率；红柱石矿山使用重介质预选技术抛尾，降低生产成本；辽宁北海集团对低品位滑石开展浮选回收，艾海滑石有限公司开发出弹性筛选机、圆筒洗选机和光学选矿设备对细粒滑石矿回收利用。海城镁矿菱镁矿浮选厂年加工精矿 15 万 ~ 20 万吨，采用反浮选工艺，原矿为采场粉矿，含二氧化硅 0.8% 左右，氧化钙 0.9% 左右，经过浮选，分别降至 0.3% 和 0.6%，选矿回收率 75%，达到特级矿的标准。浮选菱镁精矿压球后生产电熔镁砂，浮选尾矿压球后用于生产重烧镁砂。

（3）非金属矿开发利用绿色化。非金属矿开发利用绿色化，表现在矿产资源开发、利用过程对环境的扰动最小，企业社会责任得以充分体现，充填开采、尾矿利用、三废治理和利用技术得到很好的落实。在金属、非金属矿、能源和放射性矿产中，非金属矿开发利用对环境的扰动通常是最小的。一是非金属矿通常规模较小，二是许多非金属矿矿石本身就是生产资料或生活资料，三是非金属矿容易实现少尾矿或者无尾矿工艺。随着利用技术的进步，我国已经实实在在地出现了一批无尾矿矿山，目前主要是非金属矿矿山。如河南上天梯非金属矿的珍珠岩矿，粗粒级膨胀后用于各种建筑材料，细粒级膨胀后用于助滤剂，或者采用闭孔膨胀技术制备闭孔珍珠岩用于耐火材料等，此类矿石开发出来后没有尾矿。20 年前细粉污染的现象彻底消除了，而且创造了巨大的经济和社会效益。云南天鸿高岭土矿 2012 年建设成高岭土无尾矿加工示范基地，水力旋流器分选出高岭土产品后，每年产出尾矿量为 12 万吨左右，作为建筑材料直接运送销售给建材生产商，采空后的采场表面覆土后进行矿山复垦。此外，废石充填采矿技术、尾矿胶结充填技术在不少矿山减少了尾矿排放。电除尘、旋风除尘技术等在越来越多的非金属矿使用，消除了矿山的粉尘污染。部分铁矿企业、黄金矿山使用硅质非金属矿尾矿制备建材，部分企业利用碳酸钙、硅灰石等矿物尾矿制备石头纸。

（4）非金属矿开发利用产品差别化。产品的差别化就是产品的竞争力。矿产品差别化要求从矿产品被利用的功能出发设计产品结构，并为此开发高效的选矿和加工技术。更强的功能意味着更大幅度地发挥资源价值。美国膨润土矿山可以有 100 多种不同规格的产品，满足从铸造、钻井泥浆、球团黏结剂，到油漆、造纸助剂、悬浮剂、垃圾场和地铁防渗材料、纳米补强填料等的需要。我国石墨行业也开发了核纯级石墨、显像管级石墨乳、膨胀石墨、高碳石墨、大鳞片石墨和电碳石墨差别化产品技术。在填料方面，如重钙，开发出了从 0.045mm（325 目）到 2μm 不同粒度级别的产品，满足不同造纸和橡塑制品的需要。同样的例子还有磷精矿，精矿中 P_2O_5 从 25% 到 32% 满足钙镁磷肥到磷酸二钙的需求。非金属矿的差别化发展，正是超细粉碎与精密分级、高效分选、矿物改型、矿物表面改性、矿物表面修饰技术更加活跃的结果。数以百计的改性剂，数十种改性设备和工艺相继问世。郑州矿产综合利用研究所开发非金属矿专用的浮选机、磁选机等也为非金属矿产品的差别化发展拓宽了空间。

（5）非金属矿开发利用过程数字化。非金属矿开发利用过程数字化使得传统的终端管理走向了过程管控，不仅使得产品的稳定性更高，而且矿山开发过程可控、更高效，配矿更科学，选矿实时测试更及时、调整药剂制度更有力、人员更安全，为此开发和引进、消化、创新了大量的技术和装备。例如，井下智能头盔及高精度导航设备、矿井通风的自动化、智能矿山三维模型和井下作业设备的远程可视化操控、矿井生产综合监控系统；选矿厂从皮带运输机到浮选泡沫一直到过滤滤饼的实时测量和调控技术装备和软件、物联网技术等。

在使用新技术的同时，随着市场经济的发展，矿山企业更加认识到综合利用成为提高效益和回避风险的手段，一种产品价格的上涨可能抵消其他产品价格下跌带来的负面影响。在管理方面，履行资源节约与环境保护的矿山企业的社会责任，促成了产学研用平台的建设，由此推动了企业创新主体的发展。

43.4 非金属矿产品质量标准及选矿加工工艺

非金属矿用途广泛，即使同一种非金属矿物，其应用形式也多种多样，不一而足，分别有相应的产品质量标准和相应的选矿加工工艺。为了便于给读者提供参考和指导，对一些主要非金属矿种的产品质量标准和相应加工工艺分别进行详细阐述。

43.4.1 凹凸棒石黏土

43.4.1.1 矿物、矿石和矿床

A 凹凸棒石矿物及性质

凹凸棒石晶体呈棒状、针状、纤维状。晶体结构内部通道多，阳离子、水分子及一定大小的有机分子可以进入。凹凸棒石的晶体结构和晶体化学特征决定了其具有胶体性、吸附性、催化性等性能。

凹凸棒石又称为坡缕石，是一种具链层状结构的含水富镁硅酸盐黏土矿物，其晶体构造属于2:1型，即两层硅氧四面体夹一层镁（铝）氧八面体。在每个2:1层中，四面体片角顶隔一定距离方向颠倒，形成层链状结构特征。

凹凸棒石的理论化学式为：$Mg_5(H_2O)_4[Si_4O_{10}]_2(OH)_2$，化学成分理论值为：MgO 23.83%、$SiO_2$ 56.96%、H_2O 19.21%，常有 Al^{3+}、Fe^{3+} 等离子以类质同象置换形式进入晶格。凹凸棒石与其他层状硅酸盐矿物的不同之处是含有四种形式的水，即表面吸附水、晶体结构内部通道中的沸石水、位于通道边部且与边缘八面体阳离子结合的结晶水和与八面体层中阳离子结合的结构水，根据热重分析各种形式的水质量分数大约为：7.0%、3%~4%、5%~6%、1%。要除去表面吸附水，温度要超过140℃；若作吸附剂，加热温度要在300℃以上；当超过680℃时，热重曲线变平，四种状态的水全部失去。

以凹凸棒石为主要矿物成分的黏土称为凹凸棒石黏土，简称为"凹土"。我国部分矿区凹凸棒石黏土主要物化性能见表43-4-1。

表 43-4-1 我国部分凹凸棒石黏土的主要性能

项 目	指 标	项 目	指 标
每15g土的胶质价/mL	55~65	每100g土的阳离子交换容量(CEC)/mg	25~50
每克土的比表面积/m²	210~350	导热系数/W·(cm²·℃)⁻¹	0.06
每克土的膨胀容/mL	4~6	电动电位/mV	-25.8
每100g土的吸蓝量/mmol	≤24	吸水率/%	≥150
内部孔道/10⁻¹⁰m	3.7×6.4	吸油率/%	≥80
pH值	7~8	饱和盐水造浆率/m³·t⁻¹	9.0
密度/g·cm⁻³	2.30~2.46	脱色力(原土)	166
莫氏硬度	2~3	脱色力(活性土)	274

B 凹凸棒石矿石类型

凹凸棒石黏土矿床成因类型为热液型和沉积型。一般热液型的工业价值小,具有工业价值的是沉积型凹凸棒石黏土矿床。我国凹凸棒石黏土矿床属于火山沉积型矿床,美国属于海相沉积型矿床。首先根据凹凸棒石形态将矿石分为土状和纤维状两大类,然后再根据矿石的矿物共生组合进一步划分。凹凸棒石黏土矿石的类型划分见表43-4-2。

表 43-4-2 凹凸棒石黏土矿石类型的划分

矿 石 类 型		矿石结构构造	矿物共生组合
土状凹凸棒石黏土	凹凸棒石黏土	青灰色块状,泥质显微鳞片结构	凹凸棒石大于50%,共生矿物:白云石及蒙脱石
	硅质凹凸棒石黏土	浅灰色、灰白色,致密块状构造,隐晶质胶状结构	凹凸棒石20%~50%,共生矿物:硅质矿物50%~80%
	混合黏土	灰白浅绿色,泥质显微鳞片结构,块状构造	凹凸棒石10%~50%,共生矿物:蒙脱石、石英
	白云质凹凸棒石黏土	灰白色、白色,致密块状,泥质细粒结构	凹凸棒石20%~50%,共生矿物:白云石20%~80%、石英
纤维状凹凸棒石黏土	毡状凹凸棒石黏土	白色,毛毡状、棉絮状、纤维状结构	凹凸棒石大于50%~80%,少量白云石、方解石、石英
	块状凹凸棒石黏土	白色、粉红色,隐晶质、胶状结构	凹凸棒石大于50%~80%,方解石
	砂状凹凸棒石黏土	白色、粉红色,砂状结构	凹凸棒石大于20%~80%,方解石、白云石

C 凹凸棒石矿床工业指标

凹凸棒石黏土矿是一种开发历史较短的矿产资源,矿床开采工业要求仍处于探索中,目前对于矿床开采工业要求尚无统一规定。下面列出某些地方的开采要求:最小可采厚度1~2m,夹石剔除厚度0.5~1m;脱色力大于150;经湿磨饱和盐水造浆率(通过0.833mm筛):边界标准为6m³/t,最低平均标准为8m³/t;矿石中凹凸棒石含量测定主要用X射线衍射分析和红外吸收光谱分析方法。

43.4.1.2 凹凸棒石黏土主要用途

由于凹凸棒石黏土具有吸附性、脱色性、吸水性、阳离子交换性、流变性、催化性、耐热性等优异性能，被称之为"千土之王"，广泛应用于化工、石油、铸造、农业、环保、建材、食品等多个领域，见表43-4-3。

表43-4-3 凹凸棒石主要用途

应用领域	主要用途
化 工	作为橡胶的加工助剂，催化剂载体，用于去除石油中的水分、硫、蓝色物质等杂质的吸附剂
深海石油钻井和地热钻井	深海钻井、内陆含盐地层石油钻井及地热钻井的优质泥浆原料
建筑材料	涂料、化工搪瓷、墙体衬料等
农药、化肥	农药载体，制作干燥、稳定的钾肥和氮肥
医 药	除去黄曲霉素B，净化糊精，除去蛋白残渣
环 保	污水净化，粪便、废水的除臭、脱色
黏结剂	墙壁黏结剂，酚醛树脂黏结剂
复印、复写、印刷	压敏复写纸、印刷纸、复写接受纸，活性染料印刷基板，成色影像复合材料

43.4.1.3 凹凸棒石产品质量标准

A 凹凸棒石黏土吸附性能指标

利用凹凸棒石黏土的吸附性能，能有效除去油脂、矿物油和植物油中的有色杂质、有害成分和臭味，尤其是除去食物油中的黄曲霉素 B_1（AFT_{B_1}），效果明显。还能净化糊精，除去蛋白残渣，用作除去石油烃中的水分、金属、硫、沥青等杂质的吸附剂，以及污水净化、除臭、脱色，用作干燥剂、宠物垫料等。我国脱色剂用凹凸棒石黏土质量标准见表43-4-4。

表43-4-4 我国凹土脱色剂指标

项 目	指 标		
	Sorb-1	Sorb-2	Sorb-3
细度（−0.074mm）/%	≥87~93	≥87~93	≥87~93
水分（105℃）/%	≤8	≤8	≤8
脱色率/%	90	85	80
pH 值	4~6	4~6	4~6
松散密度/g·cm⁻³	0.30~0.70	0.30~0.70	0.30~0.70
游离酸（以硫酸计）/%	0.20	0.20	0.20

注：奥特邦矿业公司指标。加土量1%，中和大豆油，分光光度计波长510nm测试脱色率。

B 凹凸棒石黏土悬浮液增稠剂性能指标

凹凸棒石的棒状、针状、纤维状晶体在水中和其他极性溶液中易分散，形成一种杂乱且呈纤维格状体系的流变性极好的悬浮液。其流体特征为非牛顿流体的性质，黏度随凹凸棒石黏土含量增加而增大；在高剪切力作用下，黏度增大，触变性增强；在低剪切力作用下，悬浮液变为絮凝状态。在离子型和非离子型溶液中能有效形成触变凝胶，当用各种阳离子或非离子表面活性剂分散时，也会触变凝胶，具有增稠性和悬浮液特性。

凹凸棒石黏土悬浮液的特性可用于胶体泥浆、悬浮剂、触变剂和黏结剂领域中。

我国的凹凸棒石黏土增稠剂的质量指标见表 43-4-5，钻井泥浆质量指标见表 43-4-6。

表 43-4-5　我国凹凸棒石黏土增稠剂质量指标（企业）

项　目	Gel1	Gel2	Gel3	Gel4	Gel40
细度（−0.074mm）/%	≥95	≥95	≥95	≥95	—
细度（−0.043mm）/%	—	—	—	—	≥99.95
水分（105℃）/%	≤15	≤15	≤15	≤15	≤15
黏度/mPa·s	≥3000	≥2500	≥2200	≥1800	≥2500
pH 值	8~10	8~10	8~10	8~10	8~10
松散容重/g·cm^{-3}	0.40~0.70	0.40~0.70	0.40~0.70	0.40~0.70	0.40~0.70

注：淮源矿业有限公司、澳特邦矿业公司指标。黏度测试为水中的分散黏度，加土量7%，NDJ-1 黏度计测定。

表 43-4-6　我国钻井泥浆（抗盐黏土）质量指标

项　目	指　标
ϕ600 转读数/格	≥30
水分/%	≤15
湿筛筛余（0.076mm 筛余）/%	≤8.0

43.4.1.4　凹凸棒石黏土矿的选矿提纯

矿石中凹凸棒石含量越高，其吸附性、胶体性、流变性等特性越突出。一些技术含量高、附加值大的产品要求用高品位的凹凸棒石黏土，需要对中低品位矿石进行选矿提纯。常规的凹凸棒石黏土选矿方法有干法和湿法两种。

A　干法选矿

目前，凹凸棒石黏土生产企业大都采用干法选矿，干法选矿比较适合品位较高的矿石。干法是利用空气分级，使不同粒度和体积质量的矿物按粒级在空气介质中得到富集，具有成本低、工艺简单的特点。干法选矿原则流程为：

原矿 — 手选 — 干燥 — 破碎 — 磨矿分级 — 包装

干法的关键工艺是磨矿分级，我国生产厂家一般采用雷蒙磨磨粉，用空气分级机（旋风集尘器组）分级。黏土中常含有很多硬颗粒，如石英、方解石等，不易磨碎，通过分级可将其除去。

美国凹凸棒石黏土生产厂家的干法选矿工艺流程与我国基本相似，只是在细碎后加了焙烧活化工序。工艺流程为：

原料—齿辊机粗碎（不大于 4 英寸）—齿辊机细碎（不大于 1 英寸）—烘干、焙烧活化—冷却—破碎—筛分—包装或粉磨包装

B　湿法选矿

干法选矿处理品位较低的矿石效果不明显。当凹凸棒石黏土用于化妆品、洗涤剂、助滤剂等要求纯度较高的领域时，干法选矿产品不能满足要求，要用湿法选矿提纯。湿法选矿主要包括分散、分离、脱水等工艺。湿法原则工艺流程为：

$$凹凸棒石黏土原矿 — \frac{合适的分散剂}{机械搅拌或加超声波} — 分散体系 —$$

$$\frac{沉降}{除去杂质矿物} — 胶体 — \frac{压滤}{真空干燥} — 产品$$

湿法提纯的关键技术是分散。由于凹凸棒石黏土具有的膨胀性、胶体性和高黏度，给凹凸棒石和杂质矿物颗粒充分分散、解离、脱水干燥带来很大困难。为了使凹凸棒石黏土矿样在水介质中有效分散，在选择高效率过滤设备的同时，应当选择既可以保持凹凸棒石黏土性质不变，又能满足应用要求的分散剂，并采用高剪切力搅拌，拆散原始晶束和聚集体，形成细小的晶束和棒体。分散剂一般选择焦亚磷酸四钠、ZISP（一种无机高效表面活性剂）等。另外，在已含磷酸盐（如焦亚磷酸四钠）分散剂黏土浆液中再加入与分散剂等量的氧化镁或氧化铝及镁、铝的氢氧化物，体系的黏度降低，从而可对浓度较高的矿浆实现除砂分离。

经过充分分散的矿浆，通常采用重力选矿法分离，除去杂质。自然沉降法、重选法、离心分离法都能达到提纯的目的。所用设备有水力旋流器、卧式离心机等。有时需向矿浆加 EDTA、Na_2CO_3 等试剂提高沉降分离效果。

43.4.1.5 凹凸棒石黏土的深加工

为了强化凹凸棒石黏土原有的特殊性能，需要对其进行深加工处理。

A 挤压

挤压是将凹凸棒石的纤维囊分离、撕开，内部显微结构变得较松散，形成大量的显微间隙和裂隙，以增加其孔隙体积和比表面积，提高其黏度、脱色和过滤能力。具体方法是将粉碎和提纯的凹凸棒石黏土和水混合，通过挤压器挤压。挤压器必须具有高剪切力，才能使原来被静电引力结合在一起成束的纤维状、棒状晶体分开。添加适量的分散剂会取得更好的效果。

B 研磨

生产粗粒或细粒吸附级产品，使用皱纹滚动磨和滚子磨。产品主要用于脱色、土壤改良、农药化肥载体等。生产胶体级产品使用流动磨，主要产品用作泥浆、表面涂层等的原料。

C 热处理

热处理包括干燥和煅烧两部分。胶体级产品的干燥处理十分重要，一般采用低温烘干，控制温度在 80～100℃。生产吸附级产品需要热处理。通过煅烧活化，凹凸棒石失去吸附水、沸石水及部分结晶水和结构水，变为多孔的干草堆状结构，增大了孔隙度和比表面积，提高了分散性和吸附性。煅烧温度一般不超过 600℃，一般为 200～400℃ 之间。

D 表面改性

凹凸棒石的表面改性同其他非金属矿表面改性的目的是一致的，使其能用于非极性或弱极性溶剂中，并保持原有优异性能。改性操作大体相同。常用的表面改性剂有三乙醇胺、十二烷基磺酸钠、十六烷基三甲基溴化胺、硅烷偶联剂（如 KH550）、钛酸酯偶联剂（如 T671）等。经表面改性的产品可作橡胶、塑料等填料。

用十八烷基胺等有机试剂将凹凸棒石黏土改性为有机凹凸棒石黏土，其性能和用途与有机膨润土相似。

E 酸活化处理

活化可提高凹凸棒石黏土的吸附脱色能力。酸活化方法较多，有硫酸法、盐酸法、硫酸-盐酸混合法。盐酸法易活化、易洗涤；硫酸法成本较低。国内厂家多采用硫酸法。被活化的凹凸棒石黏土的控制粒度为 30 ~ 40μm，活化时间 1h，酸浓度随矿石品位降低而增加，在 1% ~ 4% 之间调整。

酸活化机理有两点：一是解聚纤维束（棒束），溶解非吸附物质，如碳酸盐矿物；二是 H^+ 对八面体阳离子 Mg^{2+}、Al^{3+}、Fe^{3+} 由边缘向中心依次置换，由于 H^+ 半径与被置换的离子半径相差较大以及晶体化学性能的差异增加了表面活性。

F 凹凸棒石/聚合物纳米复合材料

凹凸棒石晶体呈针状、棒状，长约 1μm，直径 0.01μm，长径比 10 ~ 50，是天然的一维纳米材料。目前，主要采用超声波分散法获得均匀分散的纳米棒晶。其机理为：凹凸棒石的阳离子交换容量（CEC）小，表明棒晶之间的聚集力是一种微弱的物理吸附，易解聚。超声波是一种特殊的能量作用方式，在超声波搅拌下，微小的气泡进入棒束和棒束聚集体中，这些微小的气泡在几微秒时间内突然崩溃，由此产生的局部高温高压，导致棒束和棒束聚集体崩裂，棒晶之间距离加大、引力减小、易形成分散的棒晶。利用超声波的空化作用以及在溶液中形成的冲击波和微射流，达到针状、棒状凹凸棒石晶体均匀分散的目的。

凹凸棒石/聚合物纳米复合材料的研究涉及的聚合物有：丁橡胶、聚乙烯、聚氯乙烯、聚苯乙烯、聚丙烯、环氧树脂等；制备方法包括：机械共混法、乳液共混共凝法、溶液共混法、原位聚合法等。

43.4.2 沸石

43.4.2.1 矿物、矿石和矿床

A 沸石矿物及性质

沸石是沸石族矿物的总称，包括 30 多种含水的碱或碱土金属的铝硅酸盐矿物。沸石的化学组成十分复杂，因种类不同差异较大。沸石矿物的一般化学式为：$A_m(Si,Al)_p O_{2p} \cdot nH_2O$，式中 A 主要是钠和钙，其次为钡、锶、钾和极少的镁、锰等。成分中（Mg、Ca、Sr、Ba、Na_2、K_2）：$Al_2 = 1:1$ 和 O：$(Si,Al) = 2:1$ 是恒定的。但不同的沸石，阳离子 A 及其含量不同，水分子多少各异，Al：Si 比值在 1:5 ~ 1:1 变化。

具有工业意义的主要是丝光沸石和斜发沸石，具体如下：

（1）丝光沸石：化学式为 $(Na_2,K_2,Ca)[Al_2Si_{10}O_{24}] \cdot 7H_2O$，斜方晶系，晶体呈针状、纤维状、棉花状集合体。硬度 3 ~ 4，密度 3.15g/cm³，孔隙度 0.28mL/mL，热稳定性 800℃。用 3.6mol/L HCl 在 100℃下加热 4h，晶体结构不变；用 15% NaOH 在 100℃下加热 4h，晶体结构完全破坏。

（2）斜发沸石：化学式为 $Ca(Na,K)_4Al_6Si_{30}O_{72} \cdot 24H_2O$，单斜晶系，晶体呈板状、片状，硬度 3.5 ~ 4，密度 2.2g/cm³，孔隙度 0.34mL/mL，热稳定性 750℃。用 3.6mol/L HCl 在 100℃下加热 4h，晶体结构部分破坏；用 15% NaOH 在 100℃下加热 4h，晶体结构完全破坏。

沸石具有显著的吸附性能、阳离子交换性能和催化性能：

（1）吸附性能：沸石晶体内部存在大量孔道和孔穴，使之具有大的比表面积；特殊的分子结构形成较大的静电引力，使沸石晶体内部有相当大的应力场；当孔道、孔穴"空

缺"时，表现出对气体和液体具有很强的吸附能力，尤其是对 SO_2、NH_3 及某些有机蒸汽等敏感性的气体吸附更强。沸石的吸附性具有选择性和再生性的特点。

（2）阳离子交换性能：由于沸石晶体中的 K^+、Na^+、Ca^{2+} 等阳离子与结晶格架结合不紧密，使之具有阳离子交换性能，易与水溶液中的阳离子进行交换。这种可逆的阳离子交换不破坏晶体结构，但会改变晶体内的电场，从而可使沸石的吸附和催化性能发生很大的变化。沸石的交换性能不仅与沸石的种类有关，而且与沸石的硅铝比、晶格中孔径的大小、孔道疏通情况、阳离子的位置和性质以及交换过程中的温度、压力、离子浓度、流速和 pH 值等诸多因素有关。

（3）催化性能：沸石具有的大孔道、大比表面积、高电场和阳离子交换性质，使沸石作为催化剂载体具有催化性能，并且能使某些反应在沸石晶体内进行，反应后生成的新物质又从沸石内部释放出来，而沸石的晶体格架不被破坏。

B　沸石矿石类型

沸石矿石类型的划分有多种，分别依据成矿原岩分类、矿石结构及构造分类、矿化类型分类、颜色分类。较常用的是以矿化类型及成矿原岩划分类别，分别有斜发沸石岩、丝光沸石岩、片沸石岩、方沸石岩等。

C　沸石矿床类型

目前对沸石矿床的成因类型划分尚未统一。但在我国具有工业价值的沸石矿床基本上是火山物质沉积成岩蚀变形成的。按成因类型划分见表 43-4-7。

表 43-4-7　沸石矿床类型及实例

矿床类型	矿床特点与矿石中所含沸石种属	实　例
盐碱湖沉积型	目前工业意义最大的矿床类型，矿石中含交沸石、斜发沸石、菱沸石、钙交沸石、丝光沸石、毛沸石等	美国加州 Tecope 沸石矿
火山物质蚀变型	分布广泛，工业意义较大，矿石中以斜发沸石、丝光沸石为主，亦含少量片沸石等	浙江下白垩统沸石、辽宁北票、建昌一带侏罗系沸石矿床
海相沉积型	主要为近代沉积，矿石中以含斜发沸石、丝光沸石、钙交沸石等为主	见于保加利亚，我国尚未见报道
火山熔岩热水型	矿石工业意义较小，矿石中以丝光沸石为主，斜发、方、片沸石亦有，但较分散	见于日本、新西兰及我国辽宁彰武、黑山一带
混合型矿床	热水型、淡水沉积型等混合产物，矿石中以斜发沸石为主	辽宁双庙等沸石矿
风化型矿床	多为碱性岩风化而成，规模不大，矿石中以方沸石为主，还含菱沸石、钠沸石等	我国尚未见报道

D　矿床工业指标

对于沸石矿石，主要以 NH_4^+、K^+ 交换能力确定沸石矿物在矿石中的含量。

边界品位：K^+ 交换量不小于每克土 10mg，或 NH_4^+ 交换量不小于每 100g 土 100mmol（相当于沸石总量 40% 的土）。

最低工业品位：K^+ 交换量不小于每克土 14mg，或 NH_4^+ 交换量不小于每 100g 土 130mmol（相当于沸石总量 55% 的土）。

K⁺交换量小于每克土 13mg，但 NH_4^+ 交换量大于每 100g 土 130mmol 的矿石，另外圈出，单独计算储量，并应确定沸石矿物的种属。

K⁺交换量为每克土 10～13mg，NH_4^+ 交换量为每 100g 土 100～130mmol 的矿石列为表外矿。

矿床最低可采厚度为 2m，夹石剔除厚度大于或等于 1m。

按用途评价沸石矿床的工业指标见表 43-4-8。

表 43-4-8 我国沸石矿床评价的工业指标

种 类	品 级	每 100g 土的 NH_4^+ 交换量/mmol	大致相同的沸石矿物含量/%	可采厚度/m	夹石剔除厚度/m
富 矿	特级品（尖端技术级）	>175	>80	1	1
	Ⅰ级品（石油化工级）	140～175	65～80	2	1
中等矿	Ⅱ级品（环保轻工级）	100～140	46～65	2～4	1～2
贫 矿	Ⅲ级品（水泥级）	70～100	32～46	2～4	2～4

注：工业指标是依据斜发沸石而定，丝光沸石也可套用。

43.4.2.2 沸石主要用途

沸石的主要用途见表 43-4-9。

表 43-4-9 沸石的主要用途

应 用 领 域	主 要 用 途
离子交换	除氟改良土壤，废水处理，除去或回收重金属离子，海水提钾，海水淡化，硬水的软化
吸附分离	干燥剂，吸附分离剂，分子筛（对气体、液体进行分离、净化和提纯）
催化裂化	石油的催化、裂化剂
农牧业	土壤改良剂（保持肥效）、家禽（畜）饲料添加剂
建 材	作水泥掺和料，烧制人造轻骨料，制轻质高强板材及轻质砖和轻质陶瓷制品，无机发泡剂，配制多孔混凝土，作固结材料、建筑石料
造纸和塑料	纸张充填剂，塑料、树脂、涂料的充填剂

43.4.2.3 沸石产品质量标准

A 在建材行业中的应用要求

我国近 80% 的沸石产量用于建材行业中，主要是用作水泥和混凝土的掺和料。沸石粉用作水泥掺和料可提高水泥的安定性和水泥标号，降低能耗。

根据《天然沸石粉在混凝土和砂浆中应用技术规程》（JGJ/T 112—1997）规定（斜发沸石和丝光沸石）：Ⅰ级沸石粉宜用于强度等级不低于 C60 的混凝土；Ⅱ级沸石粉宜用于强度等级低于 C60 的混凝土，经专门试验后，也可用于 C60 以上的混凝土；Ⅲ级沸石粉宜用于砌筑砂浆和抹灰砂浆，经专门试验后亦可用于强度等级低于 C60 的混凝土。

B 饲料添加剂应用要求

表 43-4-10 所示列出了沸石粉作饲料添加剂的质量要求。

表 43-4-10 饲料级沸石粉的理化指标（GB/T 21659—2008）

项 目	指 标	
	一 级	二 级
每 100g 的吸氨量/mmol	≥100.0	≥90.0
干燥失重(质量分数)/%	≤6.0	≤10.0
砷(As)(质量分数)/%	≤0.002	
汞(Hg)(质量分数)/%	≤0.0001	
铅(Pb)(质量分数)/%	≤0.002	
镉(Cd)(质量分数)/%	≤0.001	
细度(通过孔径为 0.9mm 试验筛)/%	≥95.0	

C 在环境污染治理中的应用要求

目前，尚无沸石滤料的统一标准。但生产沸石滤料的厂家均是用活化沸石，只是活化工艺和活化效果不同。表 43-4-11 所示列出了多数厂家选用的质量标准。

表 43-4-11 沸石滤料的理化性能

项 目	指 标	项 目	指 标
密度/g·cm⁻³	1.8~2.2	比表面积/m²·g⁻¹	500~1100
容重/g·cm⁻³	1.4	交换容量/mg·g⁻¹	2.2~2.5
孔隙率/%	≥50	滤速/m·h⁻¹	6~12
含泥量/%	≤0.5	盐酸可溶物/%	≤0.1
破碎率/%	≤0.5	破损率/%	≤0.4

注：活化沸石滤料的水浸出液不含有毒物质。

D 其他相关应用要求

其他相关应用要求具体如下：

农药载体：沸石含量 >60%，表面水 <2%，农药吸附率 8% ~ 12%，粒度 0.85 ~ 0.106mm（20 ~ 150 目）。

催化剂：沸石含量 >60%，粒度 3 ~ 7mm，球粒 2 ~ 3mm，微粉 ≤7%。

干燥剂：沸石含量 ≥70%，原矿静态吸水量 >12%，粒度 3 ~ 8mm。

造纸填料：白度 ≥50%，粒度 <0.074mm（200 目）。

造纸涂料：白度 ≥85%，SiO_2 <10%，SO_3 <10%，粒度 15μm。

43.4.2.4 沸石选矿方法及工艺流程

沸石选矿提纯难度较大，主要难点有：

（1）沸石嵌布粒度微细，一般为 1 ~ 5μm，目前磨矿设备难以达到单体解离的目的。

（2）单体解离的粒度要适应各种选矿方法的入选要求，目前选矿要求较细的粒度，一般为 0.074mm（200 目），最细也只有 0.045mm（325 目），更细的粒度磨矿难以达到。而 0.045mm 对于沸石而言，单体解离度是很低的。

（3）沸石与伴生脉石矿物可选性能差异不显著，常见的脉石矿物有蒙脱石、绢云母、石英、玉髓、蛋白石、长石、绿泥石等。这些脉石矿物嵌布粒度也较细，且与沸石可浮性、磁性、比重无明显差异。

沸石矿上述的自身条件是沸石难选的根本原因。尽管如此，我国科技工作者仍不遗余力地开展了多种方法和工艺的研究,取得了一定的成效,但没有明显的突破,可以说国内沸石选矿仍处在试验研究阶段。国内科研研究成果简要介绍如下。

A 预先脱泥分级反浮选工艺

浙江省冶金研究所采用预先脱泥分级反浮选工艺,取得较好的分选效果。原矿试样主要由钙型丝光沸石(50%~55%)、钙型斜发沸石(20%~25%)、石英类(10%~15%)、钙型蒙脱石(3%~7%)和长石(2%~4%)组成,嵌布粒度一般为0.005~0.03mm。采用浮选工艺回收丝光沸石,丝光沸石精矿含量可达80%左右,其试验工艺流程如图43-4-1所示,选别指标见表43-4-12。

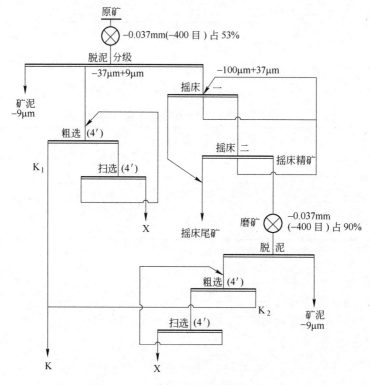

图 43-4-1 富集丝光沸石的工艺流程

表 43-4-12 预先脱泥分级反浮选指标

编 号	产物名称	γ_0	分析测试结果					产品用途
			CEC	f_{SiO_2}	N_2	x_0	X 镜检	
B5347-692	丝光沸石精矿	23.39	175.89	11	18.3	79.87	75	远红外辐射材料
B5348-697	丝光沸石精矿	20.58	177.30	9.5	18.6	90	80	甲苯歧化催化剂、水泥掺料、肥皂粉填料
小 计		43.97	176.55	10.3	18.5	84.6	77.34	
235+236	总脱泥产物	33.30	168.77	6.46	15.6	49.85		
347+348	总浮选泡沫产物	15.48	155.66	11.82	15.2	58.2		
	摇床总尾矿	7.25	119.19	25.09	11.6			
总 计		100.00	166.57	10.42	16.5	57~63	50~55	

注:γ_0—对原矿产率,%;CEC—100℃时铵总交换量,mmol/g;f_{SiO_2}—游离二氧化硅;N_2—25℃时氮吸附量,mL/g;x_0—X射线衍射法测量丝光沸石含量,%;X镜检—偏光显微镜目测丝光沸石含量,%。

B 斜发沸石岩絮凝分选

浙江省地质局实验室、国家建材局地质研究所用水玻璃、聚丙烯酰胺等分散剂、絮凝剂做过沸石絮凝分选试验，取得了一定效果。

C 重选法

国家建材局地质研究所采用摇床和连续水析器，对浙江缙云天井山 1 号沸石岩进行了实验室分选试验，取得了一定效果。

D 磁选

山东省地质局实验室对荣城丝光沸石岩进行了磁选小试验。由于原矿含铁较高，故选用此法。磁选的大致过程如下：

原矿—磨到 0.2mm 以下—脱除 0.02mm—0.02mm 以上颗粒进强磁选机—精矿（丝光沸石）/尾矿（非磁性物）

用 SLON 型高磁场磁选机磁选后所得的精矿，经用 X 射线衍射法分析确定其纯度，含铁离子丝光沸石含量可达 90% 以上。

43.4.2.5 沸石选矿生产实例

A 国内沸石生产

国内销售的沸石矿一般只是经过破碎、筛分后符合粒度要求的产品。缙云、信阳等国内多家沸石开发、经营公司，基本销售原矿，或经破碎—筛分—磨矿—分级，获得不同粒度产品，多数粒度产品为 200～300mm，用于水泥生产。

B 日本板谷沸石加工厂干法流程

原矿脉石矿物有蛋白石、石英、长石、有机物等，干法工艺原则流程为：原矿—破碎—筛分—干燥—筛分—细磨—分级—二次细磨—二次分级，获得了 0.5～50mm 五种粗粒产品及五种不同细度的微粉产品，产品性能见表 43-4-13。

表 43-4-13 干法处理沸石性能

项　目		SGW	SGW-B$_1$	Neo-Z	Coarse
颗粒粒度	+15μm			<30%	0.5～1mm
	+10μm	<20%	<30%		1～3mm
	-10μm			>40%	3～5mm
	-5μm	>55%	>35%		10～30mm
					30～50mm
每100g 的吸氨量/mmol		140～150	130	120～130	130～150
H$_2$O 游离水/%		5～7	5～7	5～7	<10
白度/%		>73	>68	>63	
pH 值		7～9	7～9	7～9	
松散密度/g·cm^{-3}		0.20～0.25	0.25～0.30	0.30～0.40	0.65～0.95
化学组成/%	SiO$_2$	71～74			
	Al$_2$O$_3$	12.5			
	Fe$_2$O$_3$	1.1～1.5			
	CaO	1.0～1.2			
	MgO	0.3～0.5			
	Na$_2$O	2.5～3.0			
	K$_2$O	2.5～3.5			
烧失量/%		6.6～8.5			

C 日本高岛湿法加工流程

日本高岛湿法加工厂主要生产造纸黏土，原则流程为：原矿—磨矿—三段分级—漂白—浓缩—过滤—干燥—磨矿—产品，获得了 0.5~5mm 三种粗粒产品及三种微粉产品，产品质量见表 43-4-14，其中 Hi-Z 为造纸用黏土产品。

表 43-4-14 湿法处理沸石性能

项 目		CZ	Hi-Z	SS	Coarse
颗粒粒度	+15μm		<5%	<5%	0.5~1mm 1~3mm 1~5mm
	+5μm	<3%			
	-5μm		>55%	>75%	
	-2μm	>80%			
每100g 的吸氨量/mmol		145~150	140~150	120~130	130~150
H_2O 游离水/%		7~8 0	13~15 6~7	7~8 1~2	5~7 0
白度/%		>88	>83	>73	
pH 值		3~4	3.5~4.5	4.5~5.5	
松散密度/g·cm⁻³		0.10~0.50	0.25~0.30	0.15~0.20	0.65~0.75
化学组成/%	SiO_2	72~73	72~73	72~74	72~73
	Al_2O_3	11.5~12	11.5~12	11.5~14	11.5~12
	Fe_2O_3	<0.6	<0.7	<2.5	<1.2
	CaO	<1	<1	<0.9	<1.2
	MgO	<0.8	<0.8	<0.7	<0.7
	Na_2O	2~2.5	2.5~3.0	1.5~2	2.5~3.0
	K_2O	3.5~4	3~3.5	2.5~3.0	2.5~3.0
烧失量/%		7.5~8	6.5~7.5	7~7.5	7~8

43.4.2.6 沸石深加工及制品

沸石矿的深加工就是经酸、碱浸渍，煅烧加热等工艺处理，使其活化和改型，提高沸石的吸附能力和交换能力。沸石活化的方法较多，下面介绍几种主要处理工艺。

A 酸处理加工工艺

将沸石原矿粉碎至 4~0.18mm（5~80 目），用浓度为 4%~10% 的盐酸或硫酸浸渍，酸浸是将沸石孔道内杂质和可溶性物质清除出来，浸渍处理时间以 10~20h 为宜。酸处理后的沸石用碳酸钠或苛性碱等中和后再用水洗涤，之后水煮沸 30~40min，将煮沸后的沸石干燥，然后在 350~580℃温度下焙烧。焙烧后的沸石被粉碎到所需要的粒度，即为活性沸石产品，其吸附性能达到或优于活性炭。

B 煅烧处理工艺

将沸石原矿干燥、破碎，清除破碎中产生的粉末。将破碎产品放在焙烧台上，用热风缓缓升温，焙烧温度不超过 500℃。在焙烧温度升到一定高度时用水骤然冷却，然后干燥。经上述处理后，能使离子交换容量值和吸附能力缓慢提高，可作水净化剂。

C 改 P 型沸石

将 3g 1.7～0.83mm(10～20 目) 的沸石矿放入 NaOH 浸液中，在 (95±5)℃下加热 70h，即获得 P 型沸石。NaOH 浓度不宜过高，否则会破坏沸石结构。改型后的 P 型沸石对 $CdCl_2$ 的吸附量明显增加。

D 改 H 型沸石

将天然沸石用稀无机酸 (HCl、H_2SO_4、HNO_3、$HClO_4$ 等) 处理，H^+ 交换率至少在 20% 以上，酸处理后在 90～110℃干燥，然后以 350～600℃温度加热活化，即形成 H 型沸石。H 型沸石具有很高的吸附速度和阳离子交换容量。

E 改 Na 型沸石

将沸石用过量的钠盐溶液 (NaCl、Na_2SO_4、$NaNO_3$ 等) 处理，Na^+ 交换率至少在 75% 以上，成型后在 90～110℃干燥，然后在 350～600℃温度下加热活化制成。Na 型沸石对气体的吸附容量很大，甚至比合成的 0.5nm 分子筛的吸附量还大。

F 斜发沸石改型为八面沸石

沸石原矿破碎到一定粒度后高温 (500℃以下) 预热，然后用 NaOH 和 NaCl 混合溶液在 95℃温度下剧烈搅拌，进行活化反应，成型后过滤、洗涤、干燥、得到产品，改型后的沸石的吸附性能明显提高。

G 改 NH_4 型沸石

用 NH_4Cl 溶液处理沸石制得 NH_4 型沸石。

43.4.3 高岭土

43.4.3.1 矿物、矿石和矿床

A 高岭土矿物及其性质

高岭土以发现于中国景德镇附近的高岭村而得名，是一种以高岭石族黏土矿物为主要成分、质地纯净的细粒黏土或黏土岩。高岭石族黏土矿物包括高岭石、埃洛石、地开石、珍珠陶土、水云母等。高岭土还含有少量非黏土矿物，主要是石英、长石、铝的氢氧化物和氧化物、铁矿物 (褐铁矿、磁铁矿、黄铁矿)、钛的氧化物、有机质等。其矿物性质见表 43-4-15。

表 43-4-15 高岭石族矿物典型性质

矿物名称	化学式	化学组成/%			莫氏硬度	密度/g·cm⁻³	颜色
		Al_2O_3	SiO_2	H_2O			
高岭石	$Al_4[Si_4O_{10}](OH)_8$	39.50	46.54	13.96	2～2.5	2.609	白、灰黄、浅红、浅黄
珍珠石	$Al_4[Si_4O_{10}](OH)_8$	39.50	46.54	13.96	2.5～3	2.581	蓝白、黄白
地开石	$Al_4[Si_4O_{10}](OH)_8$	39.50	46.54	13.80	2.5～3	2.589	白
70nm 埃洛石	$Al_4[Si_4O_{10}](OH)_8·4H_2O$	34.66	40.9	24.44	1～2	2.0	白、灰绿、黄、蓝、红

高岭石具有 1:1 型层状硅酸盐结构，其晶体结构特点是由 Si—O 四面体层和 Al—(O，OH) 八面体层连接而成，称为高岭石层。硅氧四面体中 Si—O 键约有 40% 为离子键，60% 为共价键。Al—(O，OH) 键约有 63% 为离子键，37% 为共价键。在由硅氧四面体和水铝氧八面体组成的高岭石的单元层中，四面体边缘是氧原子，而八面体的边缘是

氢氧基团，硅氧四面体平面层和水铝氧八面体层之间形成了氢键。高岭石具有层状结构，其层内是键力较强的共价键和离子键，而层与层间是键力较弱的氢键。因此，高岭石在强的剪切力作用下易沿层与层间裂解，高岭石剥片正是利用其晶体结构这一特性。

高岭石的（001）面（底面）具有恒定的负电荷，不随溶液 pH 值的变化而变化。（010）和（110）面（端面）电位和介质 pH 值相关：当 pH 值低时，端口荷正电；中性或弱酸性介质中端面不荷电；碱性介质中，端面荷负电。高岭石颗粒在水介质中的分散和凝聚，主要取决于端面电位的状况。

高岭石粉与水结合形成泥料，在外力作用下能变形，当外力除去后仍能保持原有的变形。高岭石的这种可塑性使其具有良好的成型、干燥和烧结性能。高岭土的理化性能见表43-4-16。

表 43-4-16　高岭土的理化性能

项　目		指　标
物理性能	颜　色	白色或近于白色，最高白度大于 95%
	硬　度	1 ~ 2，有时达 3 ~ 4
	可塑性	良好的成型、干燥和烧结性能
	分散性	易分散，悬浮
	电绝缘性能	200℃时电阻率大于 $10^{10}\Omega \cdot cm$，频率 50Hz 时击穿电压大于 25kV/mm
化学性能	化学稳定性	抗酸溶性好
	阳离子交换量/mg	（一般每 100g 土）3 ~ 5
	耐火度/℃	1770 ~ 1790

B　高岭土矿石工业类型

高岭土矿中常伴生的矿物有：水铝英石、蛭石、叶蜡石、绢云母、明矾石、石膏、黄铁矿、石英、金红石、电气石等。

根据高岭土矿石的质地、可塑性和砂质的质量分数，高岭土分为三种类型（见表 43-4-17）：

（1）硬质高岭土：质硬、无可塑性，粉碎细磨后具可塑性。

（2）软质高岭土：质软、可塑性较强，砂质质量分数小于 50%。

（3）砂质高岭土：质松散，可塑性较弱，砂质质量分数大于 50%。

表 43-4-17　高岭土矿石工业类型（DZ/T 0206—2002）

矿石类型		化学成分（质量分数）/%			工业主要用途
		Al_2O_3	$Fe_2O_3 + TiO_2$		
			总质量分数	其中 TiO_2	
硬质高岭土	沉积型原矿	>30	<2	<0.6	陶瓷原料、耐火材料、造纸、涂料、橡胶填料、搪瓷釉料、白水泥原料
	热液蚀变型原矿	>18	<2	<0.6	
软质高岭土		>24	<2	<0.6	
砂质高岭土		>14	<2	<0.6	

C　高岭土矿床类型

我国高岭土按成因分类及其分布见表43-4-18。

表43-4-18　中国高岭土资源类型及分布

矿床类型		基本矿物	伴生矿物	主要分布区	典型矿床实例
风化型	风化残积型	高岭石、70nm多水高岭石、100nm多水高岭石、蒙脱石	水铝英石、伊利石、蛭石、褐铁矿、三水铝石	长江以南，特别是江西、湖南、湖北、福建、广东、浙江等省	江西景德镇高岭村，湖南衡阳界牌，广东潮安飞天燕
	风化淋滤型	70nm多水高岭石、100nm多水高岭石、高岭石、蒙脱石	水铝英石、三水铝石、硬水铝石、明矾石、石膏、褐铁矿、针铁矿、菱铁矿、金属氧化物、磁石等	中国东部和西南部：江苏苏州、湖北均县、四川云南交界处、山西阳泉、陕西白水江等地区	江苏苏州阳水，四川叙永，贵州习水，湖北均县，山西阳泉
沉积型	与煤系地层有关的原生沉积型	高岭石、多水高岭石	耐火黏土石、水铝英石、叶蜡石、三水铝石、一水铝石、黄铁矿、赤铁矿、菱铁矿、明矾石、石膏、磁石等	山东、河南、山西、河北、内蒙古等煤区	山东博山，河南巩义，山西大同，河北唐山、邯郸、峰峰，内蒙古大青山
	现代河、湖、海滨次生沉积型	高岭石、多水高岭石	伊利石、石英	广东、福建等地	广东清远、福建同安
热液型	热液蚀变型	高岭石、地开石、珍珠石	叶蜡石、绢云母、硬水铝石、明矾石、黄铁矿、石英	福建、浙江、河北、吉林	福建寿山，浙江青田、上虞、温州，河北宣化，吉林延吉
	含硫温泉水蚀变型	高岭石、多水高岭石		海南、西藏	

D　高岭土矿工业指标

我国高岭土矿一般工业指标见表43-4-19。

表43-4-19　高岭土矿一般工业指标（DZ/T 0206—2002）

矿石类型	原矿或淘洗精矿	化学成分质量分数/%			淘洗率/%	最低可采厚度/m			夹石剔除厚度/m		
		Al$_2$O$_3$	Fe$_2$O$_3$ + TiO$_2$			露天开采		地下开采	露天开采		地下开采
			总质量分数	其中TiO$_2$		小型矿山	中型以上矿山		小型矿山	中型以上矿山	
硬质高岭土	沉积型原矿	>30	<2	<0.6		0.7	0.7~1	0.7	0.3	0.3~0.5	0.3
	热液蚀变型原矿	>18	<2	<0.6							
软质高岭土	原矿	>24	<2	<0.6		0.7~2	2	1	1	2	1
砂质高岭土	原矿	>14	<2	<0.6							
	淘洗精矿 -0.045mm水洗	>24	<2.5	<0.7	>15						

43.4.3.2 高岭土主要用途

高岭土的可塑性、黏结性、一定的干燥强度、烧结性及烧后白度提高等特殊性能，使其成为陶瓷工业的主要原料；洁白、柔软、高度分散性、吸附性及化学惰性等优良工艺性能，使其在造纸工业得到广泛应用。目前陶瓷工业和造纸业仍是高岭土的主要应用领域。此外，高岭土在橡胶、塑料、耐火材料、石油精炼等工业部门以及农业和国防尖端技术领域亦用途广泛。高岭土的主要用途见表 43-4-20。

表 43-4-20 高岭土的主要用途

应用领域	主 要 用 途
陶瓷工业	陶瓷工业的主要原料，用于制作日用陶瓷、电瓷、化工耐腐蚀陶瓷、工艺美术陶瓷及特种陶瓷等
造纸工业	用于纸张的填料和涂料，提高纸张的密度、白度和平滑度，改善印刷性能，降低造纸成本
耐火材料及水泥工业	耐火度高于或等于 1770℃ 的纯净高岭土可制熔炼光学玻璃和玻璃纤维用的坩埚及实验室用坩埚，低品位高岭土可制耐火砖、匣钵、耐火泥、出铁泥塞及烧制白水泥等
橡胶工业	用作补强剂和填充剂，可提高橡胶的机械强度及耐酸性能，改善制品性能，降低成本
石油化工工业	制高效能吸附剂，代替人工合成化工用分子筛，用作石油裂解催化剂
医药、轻纺工业	作为医药的涂层，吸附剂、添加剂、漂白剂，制作去垢剂、化妆品、铅笔、颜料、油漆的填料
农 业	用作化肥、农药、杀虫剂的载体
国防尖端技术	原子反应堆、喷气式飞机、火箭燃料室及喷嘴等都需要优质高岭土

43.4.3.3 高岭土产品质量标准

伴随高岭土应用领域不断拓展和工业部门对其质量要求愈来愈严，高岭土产品的质量标准也不断修改。表 43-4-21～表 43-4-30 列出新标准 GB/T 14563—2008 中高岭土产品的化学成分和物理性能要求。新标准按高岭土用途分五类：造纸工业用高岭土、搪瓷工业用高岭土、橡塑工业用高岭土、陶瓷工业用高岭土和涂料工业用高岭土。

43.4.3.4 高岭土选矿方法及工艺流程

A 高岭土选矿方法

高岭土矿石选矿的目的是除去染色杂质矿物（如铁的硫化物、氧化物和氢氧化物、钛的氧化物等）及矿石中的碎屑矿物（长石、石英等），以提高产品的纯度和白度。高岭土矿石的选矿方法选择是以组成矿石的矿物粒度差异为依据。因为在高岭土矿石中，其微粒级矿物主要是富含铝的黏土矿物，粗粒级矿物主要是要选出的石英、长石、云母、粒状或结核状的黄铁矿、铁的氢氧化物、菱铁矿等碎屑矿物。高岭土的选矿方法一般有以下三点需要考虑：

（1）对于原矿杂质含量较少、白度较高、含钛、铁杂质少、主要杂质为砂质的高岭土采用简单的粉碎后风选分级的方法除去。

表 43-4-21　高岭土产品类别、代号及主要用途

产 品 代 号	类 别	等 级	主 要 用 途
ZT-0A	造纸工业用	优质高岭土	高级加工纸涂料
ZT-0B			
ZT-1		一级高岭土	加工纸涂料
ZT-2		二级高岭土	
ZT-3		三级高岭土	一般加工纸涂料
ZT(D)1		煅烧一级高岭土	加工纸涂料
ZT(D)2		煅烧二级高岭土	
TT-0	搪瓷工业用	优质高岭土	釉 料
TT-1		一级高岭土	
TT-2		二级高岭土	
XT-0	橡塑工业用	优级高岭土粉	白色或浅色橡塑制品半补强填料
XT-1		一级高岭土粉	
XT-2		二级高岭土粉	一般橡塑制品半补强填料
XT-(D)0		煅烧优级高岭土	白色或浅色橡塑制品半补强填料
XT-(D)1		煅烧一级高岭土	
XT-(D)2		煅烧二级高岭土	
TC-0	陶瓷工业用	优级高岭土	电子元件、电瓷、高档釉料及坯料等
TC-1		一级高岭土	电子元件、光学玻璃坩埚、砂轮、电瓷及高档陶瓷釉料坯料等
TC-2		二级高岭土	电瓷、日用陶瓷、建筑卫生陶瓷坯料及高级钵料等
TC-3		三级高岭土	
TL-(D)1	涂料工业用	煅烧一级高岭土	高级涂料填料
TL-(D)2		煅烧二级高岭土	涂料填料
TL-(D)3		煅烧三级高岭土	一般涂料填料
TL-1		水洗一级高岭土	高级涂料填料
TL-2		水洗二级高岭土	涂料填料
TL-3		水洗三级高岭土	一般涂料填料

表 43-4-22　各级产品外观质量要求

产品代号	外观质量要求	产品代号	外观质量要求
ZT-0A	白色,无可见杂质	XT-(D)0	白色,无可见杂质,色泽均匀
ZT-0B		XT-(D)1	
ZT-1		XT-(D)2	浅白色,无可见杂质,色泽均匀
ZT-2		TC-0	1280℃煅烧为白色,无明显斑点
ZT-3	白色、稍带黄色、淡灰及其他浅色,无可见杂质	TC-1	
ZT-(D)1	白色,无可见杂质,色泽均匀	TC-2	1280℃煅烧为白色,稍带其他浅色
ZT-(D)2		TC-3	1280℃煅烧呈米黄色、浅灰色或带其他浅色
TT-0	白色,无可见杂质	TL-(D)1	白色,无可见杂质,色泽均匀
TT-1		TL-(D)2	
TT-2	白色、稍带浅黄、浅灰及其他浅色,无可见杂质	TL-(D)3	浅白色,无可见杂质,色泽均匀
XT-0	白 色	TL-1	白色,无可见杂质,色泽均匀
XT-1	灰白色、微黄色及其他浅色	TL-2	
XT-2	米黄、浅灰色等	TL-3	

表 43-4-23 造纸用高岭土产品化学成分和物理性能要求

产品代号	白度	小于2μm含量(质量分数)	45μm筛余量(质量分数)	分散沉降物(质量分数)	pH值	黏度浓度(500mPa·s固含量)	Al₂O₃(质量分数)	Fe₂O₃(质量分数)	SiO₂(质量分数)	烧失量(质量分数)
		%						%		
	不小于		不大于		不小于	不小于		不大于		
ZT-0A	88.0	92.0	0.005	0.01	4.0	70.0	37.00	0.60	48.00	15.00
ZT-0B	87.0	85.0	0.04	0.05		66.0				
ZT-1	85.0	80.0		0.10		65.0	36.00	0.70	49.00	
ZT-2	82.0	75.0	0.05				35.00	0.80	50.00	
ZT-3	80.0	70.0		0.50		60.0		1.00		

表 43-4-24 造纸用煅烧高岭土产品化学成分和物理性能要求

产品代号	白度	小于2μm含量(质量分数)	45μm筛余量(质量分数)	分散沉降物(质量分数)	pH值	Al₂O₃(质量分数)	Fe₂O₃(质量分数)	SiO₂(质量分数)
		%					%	
	不小于		不大于		不小于	不小于	不大于	
ZT-(D)1	92.0	86.0	0.01	0.01	5.0	42.0	0.80	54.00
ZT-(D)2	88.0	80.0	0.02	0.02			1.00	

表 43-4-25 橡塑工业用高岭土粉及煅烧高岭土粉化学成分和物理性能

产品代号	二苯胍吸着率/%	pH值	沉降体积	125μm筛余量(质量分数)	Cu(质量分数)	Mn(质量分数)	水分(质量分数)	SiO₂/Al₂O₃(质量分数)	白度
			mL/g	%					%
			不小于	不大于					不小于
XT-0	6.0~10.0	5.0~8.0	4.0	0.02	0.005	0.01	1.50	1.5	78.0
XT-1			3.0						65.0
XT-2	4.0~10.0		—	0.05				1.8	—

产品代号	pH值	45μm筛余量(质量分数)	水分(质量分数)	SiO₂(质量分数)	Al₂O₃(质量分数)	小于2μm含量(质量分数)	白度
				%			
		不大于				不小于	
XT-(D)0	5.0~8.0	0.03	1.00	55.00	42.00	80.00	90.0
XT-(D)1		0.05				70.00	86.0
XT-(D)2		0.10				60.00	80.0

表 43-4-26 搪瓷工业用高岭土产品化学成分和物理性能

产品代号	Al_2O_3（质量分数）	Fe_2O_3（质量分数）	SO_3（质量分数）	白度	45μm 筛余量（质量分数）	悬浮度
	%			%	%	mL
	不小于	不大于		不小于	不大于	
TT-0	37.00	0.60		80.0		40
TT-1	36.00	0.80	1.50	78.0	0.07	60
TT-2	35.00	1.00		75.0	0.10	80

表 43-4-27 陶瓷工业用高岭土产品化学成分和物理性能

产品代号	Al_2O_3（质量分数）	Fe_2O_3（质量分数）	TiO_2（质量分数）	SO_3（质量分数）	筛余量（质量分数）	1280℃ 烧成白度
	%					
	不小于	不大于				不小于
TC-0	35.00	0.40	0.10	0.20	1.0(45μm)	90
TC-1	33.00	0.60	0.10	0.30	1.0(45μm)	88
TC-2	32.00	1.20	0.40	0.80	1.0(63μm)	—
TC-3	28.00	1.80	0.60	1.00	1.0(63μm)	—

表 43-4-28 涂料行业用高岭土产品化学成分和物理性能

产品代号	SiO_2（质量分数）	Al_2O_3（质量分数）	白度	pH 值	45μm 筛余量（质量分数）	小于 10μm 含量（质量分数）
	%				%	
	不大于	不小于			不大于	不小于
TL-1			85.0		0.05	90.00
TL-2	50.00	35.00	82.0	5.0~8.0	0.10	80.00
TL-3			78.0		0.20	70.00

表 43-4-29 涂料行业用煅烧高岭土产品化学成分和物理性能

产品代号	SiO_2（质量分数）	Al_2O_3（质量分数）	白度	水分（质量分数）	pH 值	45μm 筛余量（质量分数）	小于 10μm 含量（质量分数）
	%					%	
	不大于	不小于		不大于		不大于	不小于
TL-(D)1			92.0			0.05	90.0
TL-(D)2	55.00	42.00	88.0	0.80	5.0~8.0	0.10	80.0
TL-(D)3			85.0			0.20	70.0

表 43-4-30 各类产品水分要求

产品形态	水分要求（质量分数）/%	产品形态	水分要求（质量分数）/%
膏 状	≤35.0	粉 状	≤10.0
块（粒）状	≤18.0	干粉状	≤2.0

注：上述要求仅作双方数量补差依据，不作质量验收标准。

（2）杂质含量较多、白度较低、砂质矿物及铁质矿物含量较高的高岭土一般要综合采用重选、强磁选或高梯度磁选、化学漂白、浮选等方法。

（3）对于有机质含量较高的高岭土，除了上述方法之外，还要采用打浆后筛分和煅烧等方法。

目前，高岭土矿石选矿工艺中主要采用的仍是重力除砂分级方法。根据矿石选矿工艺矿物学性质各异及对产品的要求，辅以高梯度磁选、载体浮选、选择性絮凝、剥片、化学漂白、高温化学处理和煅烧等方法，一般可以达到最终目的。

除铁工艺也是高岭土选矿方法中的一个重要环节。其中，生物除铁方法虽然对环境污染小，但其针对性较强，只能除去特殊赋存状态的铁钛等杂质，而且培养周期长，不适合工业化生产；化学除铁方法中氧化-还原联合除铁等方法虽然广泛应用，技术也比较成熟，提纯效果较好，但污染较严重，成本高；物理除铁法中浮选和选择性凝聚药剂量大，成本高，且工艺复杂；磁选技术和设备目前还不够先进，而且只能针对磁性矿物，但随着超导技术的发展，高梯度超导磁选可能会更有效地去除弱磁性矿物，而且无污染，也不会影响高岭土的晶体结构。

高岭土选矿提纯应首先确定高岭土矿自身化学组成及铁的赋存状态等性质，然后根据这些性质的差异，采用不同的选矿工艺进行针对性的选矿提纯试验，在试验基础上确定适合的选矿提纯工艺。高岭土矿石主要选矿方法见表 43-4-31。

表 43-4-31   高岭土主要选矿加工方法

选矿加工方法	原理及特点	适 用 范 围
水力分级	利用黏土矿物和非黏土矿物粒度组成不同，在重力和离心力场中的运动速度不同，实现按粒度分级	重力分级： 螺旋分级机，用于分离 +1mm 粗砂；重力沉降分离槽，用于分离 +53μm 细砂； 离心分级： 水力旋流器，用于分离 +53μm 细砂；离心分级机，用于超细分级，分离粒度 2~10μm
高梯度强磁选	高岭土中非黏土矿物粒度细，多属弱磁性矿物，采用聚磁介质，大大提高磁场强度和梯度，用于除去矿石中细粒的弱磁性杂质矿物	磁场强度可达 1600kA/m，用于除去高岭土中的 Fe_2O_3（赤铁矿、水针铁矿等）、TiO_2（钛铁矿等）等，生产造纸涂料和高级陶瓷原料
载体浮选	在浮选过程中，加入矿物载体，如方解石等，利用捕收剂将极细的杂质矿物如锐钛矿等吸附到矿物载体上，然后上浮到泡沫层实现分离	适用于平均粒度 0.5~1μm 的高岭土矿分离微细的锐钛矿和石英
"双液层"分选法	采用脂肪酸（或能捕捉杂质矿物的其他憎水性捕收剂）加入高岭土矿浆中搅拌，静止后形成含杂质的有机液和高岭土悬浮双层液体，再利用重选设备进行分离	用于分离高岭土中的锐钛矿、铁燧石、电气石等着色矿物
选择性絮凝法	在充分分散的矿浆中加入絮凝剂，通过絮凝剂与矿粒表面的架桥作用使分散在矿浆中的游离石英及其他有害杂质有选择地絮凝，再从矿浆中分离出絮凝物	用于分离高岭土中石英、明矾石、黄铁矿等有害杂质，生产刮刀涂布级高岭土

选矿加工方法		原理及特点	适 用 范 围
化学处理	还原性漂白	漂白药剂是还原剂,最常用的是连二亚硫酸钠,使矿物中的三价铁还原为二价铁并溶于矿浆内	用于降低高岭土中的褐铁矿、赤铁矿等铁矿物的含量,提高产品白度
	氧化法漂白	利用氧化剂使处于还原状态的黄铁矿等被氧化成可溶性的亚铁,同时氧化有机物质,使其成为能被洗去的无色氧化物	适用于除去矿石中的黄铁矿及着色有机物质
	亚硝酸电解法	在含亚硫酸的高岭土矿浆中,通以直流电,使亚硫酸电解还原生成二亚硫酸,其作用同保险粉,将染色的高价铁还原为亚铁而被脱除	用于降低高岭土中赤铁矿、褐铁矿等高价铁矿物的含量,提高产品白度
高岭土剥片		在剥片机中利用强力搅拌细介质(玻璃珠、刚玉珠和尼龙珠)产生磨剥作用,使高岭石类矿物层间断裂分离成单片晶体;或利用化学药剂进行分剥,同时可解离出层间着色物质,提高白度	运用于生产刮刀涂布级高岭土,使小于$2\mu m$含量达到90%以上,径厚比可达15:1～20:1
焙烧加工		将高岭土在800℃下焙烧,除去其中部分杂质,高岭土失水,物相发生变化,提高高岭土的电绝缘性能和白度	用于生产电缆塑料填料以及塑料、橡胶、油漆的填料
表面改性处理		采用化学处理剂(一般为硅烷类化合物)对精选高岭土和焙烧类高岭土表面进行处理,通过偶联作用,改善高岭土用于塑料、橡胶填料的性能,可利用机械混合、流化床处理、高压釜加压涂敷等方法实施高岭土表面改性	用于处理作为塑料、橡胶填料的高岭土产品,以增加高岭土在塑料、橡胶中的添加量,改善产品性能

B 高岭土选矿工艺流程

由于矿石类型、产品用途不同,高岭土选矿工艺流程各不相同,各种类型矿石的原则工艺流程见表43-4-32。

表43-4-32 高岭土选矿工艺流程

矿石类型	选矿原则工艺流程
硬质高岭土	(1) 原矿—粉碎—捣浆—旋流器分级—离心机分级—剥片—漂白—造纸涂料级产品 (2) 原矿—粉碎—焙烧—捣浆—旋流器分级—剥片—离心机分级—造纸涂料级产品/填料级产品 (3) 原矿—粉碎—剥片—干燥—煅烧—解聚—造纸涂料级产品/填料级产品 (4) 高岭土漂白工艺,常用硫酸加连二亚硫酸钠,反应式: $$Na_2S_2O_4 + Fe_2O_3 + 3H_2SO_4 = Na_2SO_4 + Fe_2(SO_4)_3 + SO_2\uparrow + 3H_2O$$
软质高岭土	(1) 原矿—粉碎—捣浆—旋流器分级—选择性絮凝—漂白—优质造纸、陶瓷级 (2) 原矿—粉碎—捣浆—旋流器分级—离心机分级—剥片—磁选—造纸涂料级

43.4.3.5 高岭土选矿生产实例

A 中国高岭土公司观山选矿厂

中国高岭土公司位于苏州徐家桥，有阳西、阳东两个矿区，观山和浒墅关两个选矿厂。

a 矿石性质 矿石属软质和砂质高岭土，主要矿物为高岭石、埃洛石（管状），其次为蒙脱石，少量石英、黄铁矿、明矾石、有机质等。

矿石有三种类型：

（1）蚀变次生沉积型：SiO_2（35% ~50%）、Al_2O_3（20% ~40%）、Fe_2O_3（0.3% ~2%）。

（2）土状型：SiO_2（42% ~60%）、Al_2O_3（18% ~30%）、Fe_2O_3（0.3% ~2%）。

（3）砂状型：SiO_2（66% ~76%）、Al_2O_3（16% ~24%）、Fe_2O_3（0.1% ~0.2%）。

b 工艺流程 观山选矿厂的工艺流程如图 43-4-2 所示。

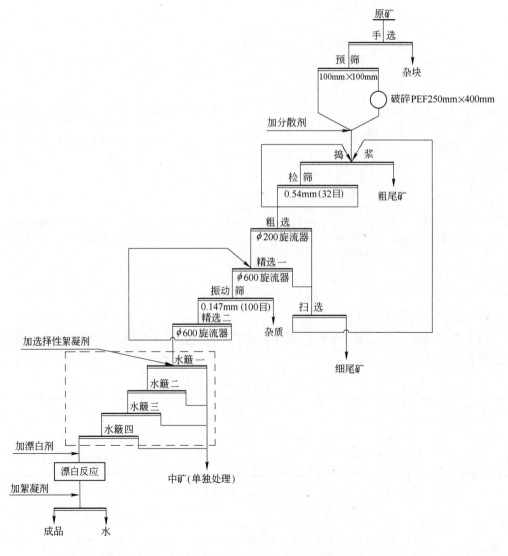

图 43-4-2 观山选矿厂工艺流程

c 主要技术指标 按设计生产能力,年产量 5 万吨。原矿最大粒度 300mm,入捣浆机最大粒度 50mm,入选最大粒度 0.5mm,原矿品位 Al_2O_3 26% ~35%,尾矿品位 Al_2O_3 20% ~24%,选矿回收率 61% ~62%,选矿比 2.5:1。

B 湛江市高岭土开发联合公司

湛江市高岭土开发联合公司于 1989 年 10 月建成投产,设计生产能力年产造纸涂料 1 万吨、填料 0.42 万吨、陶瓷原料 0.45 万吨。

a 原矿性质 原矿来源于湛江市山岱高岭土矿区,属风化残积型高岭土矿床,工业类型属砂型高岭土。原矿高岭石含量 32% ~33%,埃洛石、水云母 10%,石英 43%,长石 5%,白云母 6.5% ~7%,少量的赤褐铁矿、菱铁矿、白钛矿、钛铁矿、金红石等。

原矿含 SiO_2 65% ~70%、Al_2O_3 19% ~20%、Fe_2O_3 0.4% ~1.3%。

b 选矿工艺流程 湛江市高岭土厂选矿工艺流程如图 43-4-3 所示。

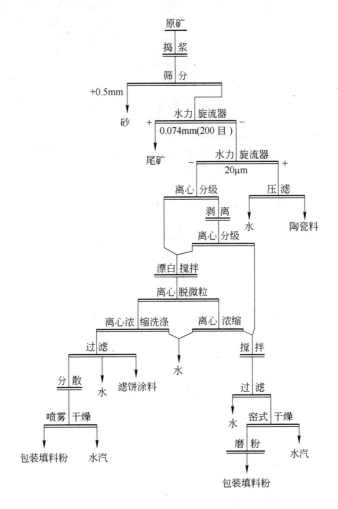

图 43-4-3 湛江市高岭土厂选矿工艺流程

c 主要技术指标 原矿年处理能力 4.35 万吨,入选粒度小于 30mm,产率 43%(造纸涂料 23%,造纸填料 9.66%,陶瓷原料 10.35%),Al_2O_3 回收率 8.15%。

C 英国沃维林·波钡公司

英国沃维林·波钡公司（ECLP）是世界著名的英吉利瓷土公司（ECC）最大的子公司，主要生产造纸涂料和填料。该公司矿区位于康沃尔的圣奥斯特尔和德文的利莫尔两处。圣奥斯特尔矿区东西长约30km，南北宽约3km，有25个露天采场。

a 矿石性质 矿区属热液蚀变型高岭土矿床，矿石工业类型为砂质型，高岭石含量约20%，脉石矿物主要是石英、云母及少量长石，少量或微量铁矿物。

b 选矿工艺流程 ECLP公司选矿工艺流程如图43-4-4所示。

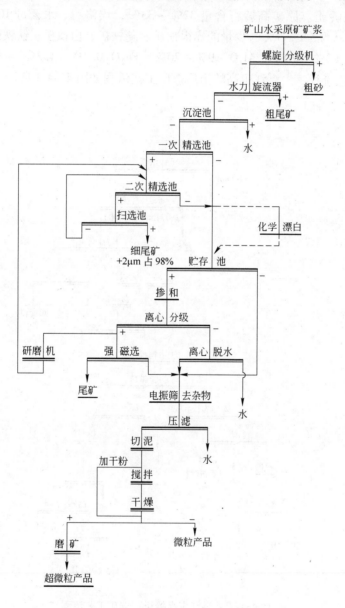

图43-4-4 ECLP（英国）选矿原则工艺流程

粗选采用螺旋分级机和水力旋流器分级，除去大量粗砂；精选采用42m沉淀池、分级池和离心分级机分级，严格控制粒度分布，并可根据各矿坑原矿质量特点和产品质量要求，分别采取化学漂白、高梯度磁选或剥片作业，获得不同牌号的产品。

43.4.3.6 煤系高岭土

A 概述

我国煤系高岭土资源丰富，矿层厚，质量较好，是我国特有的宝贵资源。国外虽然也有煤系高岭土，但矿层薄，无开采价值。

我国煤系高岭土赋存于北方石炭纪、二叠纪、三叠纪、侏罗纪、古近纪和新近纪等时代的地层中，以煤矿的顶、底板或夹层形式产出。其中以晚古生代石炭-二叠系煤层中分布最广，厚度大，质量好。如山西大同煤系高岭土主要是石炭系上统太原组，其次是二叠系的山西组，矿层厚度与煤层厚度成正比，成分较纯的比不纯的产出稳定，高岭石结晶好的比结晶差的稳定，厚层的比薄层的稳定。在内蒙古准格尔、陕西韩城等地也有量大质优的煤系高岭土。

B 煤系高岭土矿石性质

煤系高岭土属沉积型硬质高岭土，矿石颗粒呈细鳞片状，晶型较好，成分较纯。由于含有少量碳质，矿石呈黑色、灰黑色、灰白色、棕色。高岭石含量大多在90%以上，化学成分：$SiO_2 > 40\%$、$Al_2O_3 > 35\%$、Fe_2O_3 0.5% ~ 9%、TiO_2 0.2% ~ 2%、烧失量14% ~ 23%。

煤系高岭土中影响产品质量的是少量铁矿及有机物。铁矿用高梯度磁选机可有效脱除；有机质用煅烧法脱除，同时可提高矿石白度及脱除结晶水。

高岭土经煅烧后，优化了原矿某些物理化学性质并出现特殊性能，如提高白度、减小密度、增大比表面积、吸油性高、遮盖率较高、耐磨性良好、绝缘性和热稳定性高、硬度高等，被广泛应用到工业各个部门。因此，煅烧高岭土已成为生产高档高岭土产品的重要预处理工艺。由于煅烧的温度不同，相变和产品的性质也不同，因此应用的领域也不同。高岭土在不同温度下煅烧时，反应如下：

$$\underset{\text{高岭石}}{Al_2Si_2O_5(OH)_4} \xrightarrow{550 \sim 700℃} \underset{\text{偏高岭石}}{Al_2O_3 \cdot 2SiO_2} + 2H_2O$$

$$2(\underset{\text{偏高岭石}}{Al_2O_3 \cdot 2SiO_2}) \xrightarrow{925℃} \underset{\text{硅尖晶石}}{2Al_2O_3 \cdot 3SiO_2} + SiO_2$$

$$\underset{\text{硅尖晶石}}{2Al_2O_3 \cdot 3SiO_2} \xrightarrow{1100℃} 2(\underset{\text{似莫来石}}{Al_2O_3 \cdot SiO_2}) + SiO_2$$

$$3(\underset{\text{似莫来石}}{Al_2O_3 \cdot SiO_2}) \xrightarrow{1400℃} \underset{\text{莫来石}}{3Al_2O_3 \cdot 2SiO_2} + \underset{\text{方石英}}{SiO_2}$$

C 煤系高岭土加工工艺

我国煤系高岭土开发起步较晚，中国地质科学院郑州矿产综合利用研究所于1984年在国内首次利用煤系高岭土，开发出造纸涂料、填料及塑料填料，并于1989年在河南巩义建立国内首座煤系高岭土加工厂。

随着国内超细粉碎设备和煅烧设备技术的日益完善，我国煤系高岭土开发利用得以广泛推广。目前我国已基本掌握了高浓度湿法超细粉碎和间接加热动态煅烧纯化技术，已能生产出双"90"产品,即产品白度大于90%和粒度小于2μm的含量大于90%。产品已应用于造纸、橡塑工业中。

煤系高岭土加工工艺比较简单,一般原则工艺为:原矿—破碎—粉碎—调浆—剥片—干燥—煅烧—解聚—产品。

煅烧必须在还原性气氛中进行,防止铁的氧化致产品颜色发红。煅烧温度在850~900℃较适合用于造纸,此时产品仍保持了片状形态的偏高岭石,用于刮刀涂布磨耗值较低,另一方面,产品白度随着温度上升而逐步提高。增加白度的另一方法是在煅烧中加入适量增白剂,在900℃下也可获得白度90%以上的产品。

常用设备:破碎机、雷蒙磨、搅拌桶、剥片机(小直径、高转速)、喷雾干燥机、回转窑。

43.4.4 硅灰石

43.4.4.1 *矿物、矿石和矿床*

A 硅灰石矿物及性质

硅灰石是一种天然产出的偏硅酸钙$[Ca_3(Si_3O_9)]$,理论化学成分 CaO 48.3%、SiO_2 51.7%。其中的 Ca^{2+} 易被少量的 Fe^{2+}、Mn^{2+}、Mg^{2+}、Sr^{2+} 等离子呈类质同象形式替代。硅灰石有三种同质多象变体:两种低温相变体,即三斜晶系硅灰石和单斜晶系硅灰石;一种高温相即假硅灰石。硅灰石和假硅灰石的转化温度为 $(1120\pm20)℃$,转化较缓慢,随着温度的升高,转化时间明显缩短。自然界常见的硅灰石主要是低温三斜晶系硅灰石,其他两种变体很少见。

硅灰石晶体沿 b 轴多发育为柱状、针状,其长度与直径比值即长径比为 $(10\sim7):1$,比值高的可达 $(15\sim13):1$。硅灰石热膨胀特点是沿 b 轴膨胀系数低 $(25\sim800℃$为$6.5\times10^{-6}/℃)$,膨胀随着温度的改变呈线性变化。假硅灰石的热膨胀系数为 $11.8\times10^{-6}/℃$,明显高于硅灰石的热膨胀系数。因此,在硅灰石质陶瓷的烧成过程中应避免硅灰石向假硅灰石的转变。

常见硅灰石密度为 $2.75\sim3.10g/cm^3$,莫氏硬度 $4.5\sim5.5$,熔点 1540℃,吸湿率小于 4%,绝缘性能好,导电率低,吸油率低(每100g硅灰石只吸油 $20\sim25mL$)。

在高温加热条件下,硅灰石的化学性质活泼,可与高岭石等矿物发生固相反应,与陶瓷工业有关的反应包括:

$$CaSiO_3 + Al_2Si_2O_5(OH)_4 \xrightarrow{1000℃\quad 4h} CaAl_2Si_2O_8 + SiO_2 + 2H_2O$$

硅灰石　　　　高岭石　　　　　　　　　钙长石　　方石英　水蒸气

$$CaSiO_3 + Al_2Si_4O_{10}(OH)_2 \xrightarrow{1000℃\quad 4h} CaAl_2Si_2O_8 + 3SiO_2 + H_2O$$

硅灰石　　　　叶蜡石　　　　　　　　　钙长石　　方石英　水蒸气

$$CaSiO_3 + KAl_2(AlSi_3O_{10})(OH)_2 \xrightarrow{1000℃\quad 4h} KAlSi_2O_6 + CaAl_2Si_2O_8 + H_2O$$

硅灰石　　　　伊利石　　　　　　　　　白榴石　　钙长石　水蒸气

$$3CaSiO_3 + Mg_3Si_4O_{10}(OH)_2 \xrightarrow{1000℃\quad 4h} 3CaMgSi_2O_6 + SiO_2 + H_2O$$

硅灰石　　　　滑石　　　　　　　　　透辉石　　方石英　水蒸气

B 硅灰石矿石类型

按矿石的主要矿物组合划分硅灰石矿石类型,硅灰石矿石类型分为矽卡岩型和硅灰石-石英-方解石型两类。矽卡岩型矿石主要产于矽卡岩型矿床中,矿物组分复杂,硅灰石常与石英、方解石、石榴子石等矿物伴生;硅灰石-石英-方解石型矿石主要产于接触变质和区域变质矿床中,矿物组分简单,又可分为硅灰石-石英、硅灰石-方解石、硅灰石-石英-方解石三种。

C 硅灰石矿床类型

中国已知具有工业价值的硅灰石矿床,按其成因分为接触热变质型、接触交代变质型和区域变质型三种,以接触热变质型矿床为主,接触交代变质型矿床次之,区域变质型矿床较少。

a 接触热变质型矿床 接触热变质型矿床分布在富含硅质的石灰岩(如含燧石条带或燧石团块石灰岩)与各类侵入岩体接触带附近。一般多分布在正接触带外侧几十米至千余米范围内,个别可达2000m,但都不超过侵入体的热变质晕圈范围。由硅质灰岩中的SiO_2和$CaCO_3$经侵入体的热变质作用,重新组合而形成硅灰石。一般没有外来物质带入,所以矿体的形态、产状和物质成分在很大程度上受硅质灰岩地层控制,同时与侵入体和侵入接触界面产状也有密切关系。

矿体形态主要取决于原岩产状和侵入体的形态,一般多呈层状、似层状、透镜状。矿石物质成分通常比较简单,除硅灰石外,主要有方解石、石英、少量透辉石,有时有石榴子石、白云石等。矿石中硅灰石的含量为20%～70%,一般多在50%以上,富的可达95%以上。矿石化学成分中SiO_2和CaO含量高,而且稳定,Fe_2O_3等有害杂质含量甚少。

矿体长度一般有数百米,部分可达千米以上,宽几米、几十米,部分可在百米以上。矿床规模通常有几十万吨,小的有数万吨,大的有数百万吨,部分矿床可达千万吨以上。这类矿床由于形成环境的原因,加之形成后的风化剥蚀,矿体埋藏一般都比较浅,多适于露天开采。该类矿床国内外均有发现。我国吉林省的四平至延吉一带分布最为典型。

b 接触交代型矿床 接触交代型矿床与前述热液变质型矿床的不同之处是,参与硅灰石形成反应的SiO_2是由侵入体或其深部上升的硅质流体提供,而$CaCO_3$则来自接触带的石灰岩,经交代作用形成硅灰石交代岩-硅灰石矽卡岩,从而构成矽卡岩型硅灰石矿床。它的形成一般晚于热变质岩型硅灰石矿床,有时两者也可相互伴生在一起。

这种类型矿床几乎都分布在接触带,少数产于侵入体内和围岩中。由于矽卡岩体通常呈带状分布,特别是垂直于接触带方向尤为明显,硅灰石通常分布在主要矽卡岩矿体外侧,与大理岩带相过渡。其分带顺序一般从侵入体向外围,即矽卡岩化侵入岩带-石榴子石-矽卡岩带-透辉石-矽卡岩带-硅灰石-矽卡岩带-大理岩带。

矿体的规模、形状和产状,除与接触界面的形状和产状有关外,也与碳酸盐岩地层的产状有关。矿体长度一般为几米至几百米,厚度几米至十几米,少数可达几十米,形状多不规则,常见有透镜状、似层状和其他不规则状等。埋藏一般比较浅,现有矿床多不超过地表以下200m。

矿物组成一般比较复杂,除硅灰石外,还有石榴子石、透辉石、绿帘石、方解石、石英,有时有少量闪石、绿泥石等,往往有金属矿物如磁铁矿、黄铜矿、黄铁矿等与之伴生。有时形成金属矿床，这时硅灰石便以脉石矿物的形式被回收利用。由于共生和伴生矿物比较复杂，特别是含铁矿物数量多，故矿石化学成分中以 Fe_2O_3 等有害杂质含量高为特点。如湖北大冶小箕铺及李家湾铜矿伴生的硅灰石矿床等就属此类。

　　c　区域变质型矿床　　区域变质型矿床主要产于古老的区域变质岩层中，为同生变质作用所形成。矿体呈层状、似层状。矿石矿物组分简单，为硅灰石-石英-方解石型。矿床延长和延深较大，储量可达数百万吨。

　　D　矿床工业指标

　　我国硅灰石矿产地比较集中，主要分布在吉林、江西、青海、辽宁四省，其次是分布在湖北、安徽、浙江、江苏、云南、福建等省。主要矿区有吉林梨树县大顶山-石岭硅灰石矿、磐石市长崴子-石咀矿区；辽宁法库县城子山大型硅灰石矿、建平县富山大型硅灰石矿；江西新余市仁和乡曹坊庙大型硅灰石矿、长兴县李家巷大型硅灰石矿；青海都芸硅灰石矿；湖北小箕铺硅灰石矿等。我国硅灰石矿质量一般较好，如梨树产的硅灰石洁白、杂质含量低、晶体呈针状或纤维状、长径比大，是世界上少有的优质硅灰石矿。硅灰石矿石质量一般工业要求见表43-4-33。

表43-4-33　硅灰石矿石质量一般工业要求（DZ/T 0207—2002）

项　目	矿石可手选矿床		矿石需机选矿床	
	含矿率/%		硅灰石矿物含量/%	
	露天开采	地下开采	露天开采	地下开采
边界品位（不小于）	20～30	25～35	40	40
工业品位（不小于）	25～35	30～40	45	50

43.4.4.2　硅灰石主要用途

　　由于硅灰石具有针状、纤维状晶体形态及较高的白度和独特的物理化学性能，被广泛应用于陶瓷、涂料、橡胶、塑料、冶金保护渣、化工、造纸、电焊条以及作为石棉替代用品、磨料黏结剂、玻璃和水泥的配料等。表43-4-34所示为硅灰石目前的主要用途。

表43-4-34　硅灰石的主要用途

应用领域	主　要　用　途
陶　瓷	釉面砖、卫生瓷、日用瓷、美术瓷、电瓷、高频低损耗无线电瓷、化工瓷、釉料、色料等
化　工	油漆、涂料、颜料、橡胶、塑料制品、树脂的填料等
冶　金	冶金（铸钢）保护渣及隔热材料
建　筑	替代石棉的辅助建筑材料、白水泥和耐酸、耐碱微晶玻璃的原料、玻璃的助熔剂等
电　子	电子绝缘材料，荧光灯、电视机显像管、X 射线荧光屏涂料
机　械	优质电焊材料、磨具黏合材料及铸造模具
造　纸	填料及代替部分纸浆（纤维）
汽　车	离合器、制动器、车门把、保险杠等的填料
农　业	土壤改良剂和植物肥料
其　他	过滤介质、玻璃熔窑的耐火材料

43.4.4.3　硅灰石产品质量标准

A　硅灰石在建材行业中的应用要求

硅灰石产品标准（JC/T 535—2007）中按粒径分类见表43-4-35。

表43-4-35　硅灰石产品按粒径分类

类　别	块　粒	普通粉	细　粉	超细粉	针状粉
粒　径	1~250mm	<1000μm	<38μm	<10μm	长径比≥8∶1

每类产品又分优等品、一等品、二等品、合格品，见表43-4-36。

表43-4-36　硅灰石产品的技术指标

检测项目	优等品	一等品	二等品	合格品
硅灰石含量/%	≥90	≥80	≥60	≥40
二氧化硅/%	48~52	46~54	41~59	≥40
氧化钙/%	45~48	42~50	38~50	≥30
三氧化二铁/%	≤0.5	≤1.0	≤1.5	—
烧失量/%	≤2.5	≤4.0	≤9.0	—
白度/%	≥90	≥85	≥75	—
吸油量/%	18~30（粒径小于5μm，18~35）			
水萃取液酸碱度/%	≤46			
105℃挥发物/%	≤0.5			
块粒、普通粉筛余量/%	≤1.0			
细粉、超细粉大于粒径含量/%	≤8.0			

注：1. 烧失量是将试样置于（1000±10）℃下灼烧至恒温，测定在高温下的失量；

　　2. 块粒筛余量测定按 GB 2007.7 进行；

　　3. 普通粉筛余量测定是利用空气流作为筛分动力和介质，物料被筛下旋转喷嘴喷出的空气流吹成悬浮状态，在负压的作用下通过筛网，称量筛余量。筛子直径φ200mm；

　　4. 水萃取液酸碱度按 GB/T 5211.13 进行。

B　硅灰石在陶瓷行业中的应用要求

迄今为止，硅灰石主要应用于陶瓷工业。其中又以作釉面砖为主，以及生产特种无线电陶瓷和低介电损耗绝缘体陶瓷等。硅灰石之所以成为陶瓷的重要原料，主要原因如下所述。

在传统生产陶瓷工艺中，是以铝硅为主要体系的原料，生成的物相以莫来石为主。需采用高温（1250~1300℃）、长周期（30h以上）的烧成工艺。在坯体中加入一定量的硅灰石，构成了以硅-铝-钙为主要成分的低共熔体系，生成的物相主要是钙长石。硅灰石同时是助熔剂，降低坯体的老化点，整个坯体的快速烧成物均匀一致。因此，硅灰石降低了陶瓷生产的烧成温度，缩短了烧成时间。

硅灰石的针状晶体为生坯提供水分快速排出的通道，干燥速度加快，从而易压制成型，不分层。焙烧时，硅灰石针状体的不熔残渣构成了阻止坯体体积变化的致密骨架；冷却时，烧结料结晶将它们之间的针状体牢固黏结，坯体具有多孔和网状结构。硅灰石低的热膨胀系数和线性膨胀特点,有利于坯体抗热冲击。

陶瓷工业用硅灰石产品质量要求见表43-4-37。

表 43-4-37   陶瓷工业用硅灰石产品质量要求

化学成分	SiO_2	CaO	CO_2	Fe_2O_3
含量/%	38 ~ 58	36 ~ 55	<6	<1.7

C   硅灰石在油漆、涂料行业中的应用要求

硅灰石具有良好的补强性能,既可以提高涂料的韧性和耐用性,又可以保持涂料表面平整及良好的光泽度。而且提高了抗洗刷和抗风化性能,还可减少涂料与油墨的吸油量并保持碱性,具有抗腐蚀能力。还有良好的覆盖率、附着力。油漆、涂料用硅灰石产品质量要求见表43-4-38。

表 43-4-38   油漆、涂料用硅灰石产品质量要求

化学成分含量/%			0.043mm		水溶物/%	水萃物(pH 值)
SiO_2	CaO	Fe_2O_3	每100g 的吸油量/g	白度/%		
≥49	≤45	≤0.2	20 ~ 25	≥90	≤0.5	7 ~ 9

D   硅灰石在冶金行业中的应用要求

在冶金工业中,硅灰石主要用作生产模铸硅钢保护渣和板坯连铸保护渣,其质量要求见表43-4-39。武汉钢铁公司钢铁研究所等单位研制的以硅灰石为主要原料的保护渣,可替代从日本进口的"浮光40"保护渣。

表 43-4-39   冶金保护渣用硅灰石产品质量要求

矿物成分/%			硫含量/%	磷含量/%
硅灰石	方解石	石 英		
≥50	≤50	≤5	≤0.01	≤0.01

E   硅灰石在其他行业中的应用要求

硅灰石作为电焊条药皮配料,特别适合用来制造高钛型低碳钢电焊条,其质量要求见表43-4-40。

表 43-4-40   电焊条工业对硅灰石产品质量要求

化学成分	SiO_2	CaO	MgO	S	P
含量/%	45 ~ 55	35 ~ 45	≤8	≤0.03	≤0.03

43.4.4.4　硅灰石选矿方法及工艺流程

硅灰石矿石选矿工艺因矿石类型不同而不同,一般来说,浮选分离硅灰石与方解石、石英等矿物主要有两种方法:

(1)阴离子捕收剂反浮选方案。方解石为碳酸盐矿物,而硅灰石和石英为硅酸盐矿物,据此可以根据二者的表面电性差异,通过改变矿浆介质的 pH 值,采用调整剂抑制硅灰石,浮选分离出方解石。然后再浮选分离石英和硅灰石。一般用氧化石蜡皂作方解石的捕收剂,硅酸钠作硅灰石和石英的抑制剂。

　　（2）阳离子捕收剂正浮选方案。此法主要是通过调节硅灰石与方解石矿物表面电性，使其带异号电位，从而用阳离子捕收剂通过静电吸附作用，优先浮出硅灰石，而方解石则作为尾矿留于浮选槽中。浮选作业分为两段：先用胺类捕收剂将硅灰石与硅酸盐矿物作为泡沫产品一起浮出，方解石则留于槽中；再用胺离子与阴离子混合捕收剂浮选硅酸盐杂质，而硅灰石作为槽中产品回收。主要选矿方法和原则流程见表43-4-41。

表 43-4-41　硅灰石矿石的主要选矿工艺原则流程

主要选矿原则流程	应 用 范 围
单一手选	适用于品位高、含铁低的优质矿石，用于选别块矿
单一强磁选	适用于矿石中脉石矿物主要为石榴子石、透辉石等弱磁性矿物的分离，且方解石含量较少
单一浮选	适用于矿石中脉石矿物主要为方解石，或矿石中含有石英、长石等其他硅酸盐矿物的分离
磁选—浮选或浮选—磁选	适用于矿石中脉石既含有石榴子石、透辉石，又含有较多方解石或石英、长石等其他硅酸盐矿物的分离
磁选—电选干式选矿	在干旱缺水地区浮选分离硅灰石受到限制时采用
浮选—重选	适用于选铜尾矿中含有硅灰石，并含有粒度较大的石榴子石、透辉石等脉石矿物的分离

43.4.4.5　硅灰石选矿生产实例

　　目前，硅灰石的选矿方法比较成熟，选矿厂也比较多。经过选矿处理后，硅灰石中的铁含量得到了降低，方解石也得到了有效分离。

　　A　梨树硅灰石矿的选矿工艺

　　梨树硅灰石矿石中硅灰石含量为 46.50%，方解石 41.23%，透辉石 3.49%，石英 6.67%。硅灰石晶体内有透辉石和石英包体，方解石则呈不规则状分布于硅灰石颗粒及裂隙之间。根据矿石性质，采用单一浮选流程（见图43-4-5）。

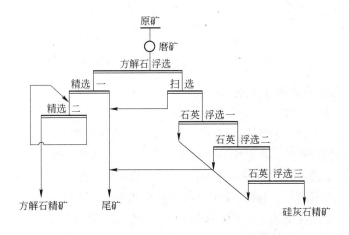

图 43-4-5　梨树硅灰石矿选矿试验流程

　　获得的方解石精矿含方解石 97.51%，产率 38.78%；硅灰石精矿含硅灰石 87.20%，产率 44.48%。

B 威尔斯鲍罗硅灰石矿选矿工艺

选矿厂位于美国组约州威尔斯鲍罗。矿石中主要矿物组分为硅灰石、钙铁石榴石、透辉石、少量方解石。硅灰石含量为 55%~65%，钙铁石榴石和透辉石含量为 10%~20%。根据矿石性质，采用单一磁选工艺流程使硅灰石和钙铁石榴石及透辉石分离，其流程图如图 43-4-6 所示。

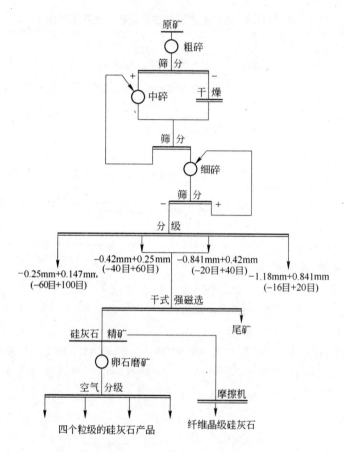

图 43-4-6 威尔斯鲍罗硅灰石矿选矿流程

43.4.4.6 硅灰石深加工及制品

A 硅灰石的超细粉碎

硅灰石作为高档无机工业填料，必须深加工成针状细粉和超细粉料。国外多采用气流磨对硅灰石精矿进行超细粉碎，产品中高长径比、高比表面积的粉量增多。20 世纪 80 年代末，吉林梨树硅灰石矿业公司从 Alpine 公司引进两台 630AFG 流化床式气流粉碎机，用于生产 $-10\mu m$ 的硅灰石超细微粉。目前，我国已有多家企业能生产各种型号的气流粉碎机。因此，气流粉碎机已较广泛地应用到非金属矿深加工中，可根据用户需要生产各种粒径的粉料。

B 硅灰石粉料的表面改性

硅灰石粉料作为填料应用于塑料、橡胶、胶黏剂等有机材料工业及复合材料领域中必须进行表面改性处理。这是因为，未经表面处理的硅灰石粉与有机高聚物的相容性差，难以在高聚物基料中均匀分散。必须对其进行适当的表面改性，以改善其与高聚物基料的相容性，提高填充增强效果。

硅灰石粉体的表面改性有物理方法和化学方法，物理方法主要是利用高温、振荡、高机械力冲击的方法改变硅灰石粉体表面的性质；目前硅灰石表面改性以化学方法为主。常用的表面改性剂有硅烷偶联剂、钛酸酯和铝酸酯偶联剂、表面活性剂及甲基丙烯酸甲酯等。

a　硅烷偶联剂改性　　使用硅烷偶联剂改性是硅灰石粉体常用的表面改性方法之一。一般采用干法改性工艺。偶联剂的用量与要求的覆盖率与粉体的比表面积有关。用氨基硅烷处理硅灰石时，用量一般为硅灰石质量的 0.5%；甲基丙烯含氧硅烷的用量为硅灰石质量的 0.75%，这两种改性产品分别填充尼龙 6 和聚酯代替 30% 的玻璃纤维可显著提高制品的力学性能。

b　表面活性剂改性　　与使用硅烷偶联剂改性硅灰石相比，使用表面活性剂改性硅灰石可降低改性生产成本。这些改性剂包括硬脂酸（盐）、季铵盐、聚乙二醇、高级脂肪酸聚氧乙烯醚。这些表面活性剂通过极性基团与颗粒表面进行作用，覆盖于颗粒表面，可大大增强硅灰石填料的亲油性。

c　有机单体聚合反应改性　　有机单体在硅灰石粉体/水悬浮液中的聚合反应试验结果表明，其聚合体可吸附于颗粒表面，这样既改变了硅灰石粉体的表面性质，又不影响其粒径和白度。将此类硅灰石粉体作涂料的填料，可降低涂料的沉降性并增强分散性。

43.4.5　硅石

43.4.5.1　矿物、矿石和矿床

A　硅石矿物及性质

硅石亦称石英岩，主要是指石英砂岩、石英岩、脉石英等。硅砂又称石英砂，它包括从砂矿床直接开采出来的天然硅砂和由硅石粉碎加工获得的人造硅砂。石英砂矿床是指石英含量为主的各种砂矿床，如海砂、河砂、湖砂等。

石英的化学式为 SiO_2，玻璃光泽，断口呈油脂光泽。贝壳状断口，莫氏硬度为 7，密度 $2.65 \sim 2.66 g/cm^3$。颜色不一，无色透明的称为水晶，乳白色的为乳石英。化学性质稳定，耐高温，耐酸（氢氟酸除外），微溶于氢氧化钾溶液。

石英族矿物是氧化物中架状结构的典型代表，$[SiO_4]$ 四面体以角顶相连，其中的硅呈四次配位。由于形成时的温度和压力不同，导致 $[SiO_4]$ 四面体间的相互分布位置发生改变，Si—O—Si 的角和晶格对称也发生变化，产生各种变体。在自然界已发现有 8 个石英同质多象变体。在自然界中石英主要是呈 α 石英状态产出。随着温度变化，变体转变分两种类型：第一种是 α⇔β 型或高低温转变，其特点是当达到转变温度时，迅速发生转变，在 $2 \sim 3s$ 内完成相转变。这种转变是可逆的，并且在一定温度下，转变是在全部晶体内发生，晶体结构没有被破坏，仅仅是晶体结构的对称性发生了微小变化；第二种是迟钝型转变，其转变特点是伴随着相变原有结构被破坏，质点重新排列形成新的结构，需要较长时间才能完成相转变。

迟钝型转变：

β 石英⇔β 鳞石英（870℃）

$β_2$ 鳞石英⇔β 方石英（1470℃）

β 方石英⇔石英玻璃（1713℃）

α⇔β 型转变：

　　　　α 石英⇔β 石英（573℃）

　　　　α 鳞石英⇔β₁ 鳞石英（117℃）

　　　　β₁ 鳞石英⇔β₂ 鳞石英（163℃）

　　　　α 方石英⇔β 方石英（180～270℃）

与 α 石英相比，β 石英是空旷的结构。随着温度的升高，α 石英晶体中［SiO_4］四面体持续转动使晶体的热膨胀速度加快，接近转变温度时热膨胀率最大，当开阔空隙完全胀满时即形成了 β 石英，热膨胀不仅停止，反而出现负的膨胀性。因此，石英作为耐火材料和陶瓷原料时，在生产工艺过程中必须考虑到伴随石英相转变而出现体积膨胀给产品带来的不利因素，尽可能生成玻璃相。

B　硅石矿床工业类型

在自然界中，硅石和硅砂资源丰富，分布非常广泛，种类繁多。根据矿床成因，主要可以分为沉积矿床、热液矿床和变质矿床，其中沉积矿床占主导地位。工业上，通常是按开采加工方式而分为岩类矿床和砂类矿床。其中，岩类矿床包括石英砂岩矿床、石英岩矿床和脉石英矿床（见表43-4-42）。

表 43-4-42　我国硅石和硅砂的矿床成因及工业类型

成因类型			工业类型		矿石名称	成矿主要时代	典型矿床
类	亚类						
I 沉积变质矿床			岩类矿床	原料用硅质矿床	石英岩	元古代	安徽凤阳老青山
II 脉石英-伟晶岩矿床	接触变质矿床				硅质岩		四川峨边
	岩浆热液脉石英矿床				脉石岩	太古代	湖北蕲春灵虬山
	伟晶岩块体石英矿床						
III 沉积矿床	海相沉积	滨海相矿床	砂类矿床	配料用硅质矿床	石英砂岩	泥盆纪	江苏清明山
		浅海相沉积 弱变质沉积矿床			石英（砂）岩	震旦纪	辽宁本溪平顶山
		石英砂矿床			石英砂	第四纪-现代	广东沿海，广西北海，福建东山
	陆相沉积	湖相沉积 滨湖相沉积矿床			泥质（长石）石英砂（岩）	中新生代	四川永川柏林，广西西宁矛桥
		河湖相沉积矿床			石英砂	第四纪-现代	江西松峰，通辽地区砂矿
		河流冲积矿床			泥质石英砂（岩）	新近纪	兰州河湾，江苏宿迁
		残积矿床			泥质石英砂	第四纪	江西老爷庙

43.4.5.2　硅石主要用途

硅石主要用作生产玻璃及其制品的原料、冶金熔剂、耐火材料、陶瓷釉面、铸造型砂等。

玻璃工业：用于制造各种平板玻璃、夹丝玻璃、压花玻璃、玻璃砖、空心玻璃、泡沫玻璃、光学玻璃、玻璃仪器、玻璃纤维、导电玻璃、玻璃布及防射线特种玻璃等。

陶瓷工业：作为制造陶瓷的坯料和瓷釉的原料。

石英属于非可塑性原料，当瘠料用可降低坯体的干燥收缩，缩短干燥时间，防止坯体变形。石英在高温时出现同质多象变体形变，形变产生的体积膨胀可以部分抵消坯体烧成时产生的收缩，减弱了由于烧成收缩过大产生的应力，改善了烧成性能。

在烧成过程中部分石英熔融于玻璃相中，提高了液相的黏度，残余石英构成坯体骨架，从而使坯体具有在高温下抵抗变形的能力，提高了坯体的机械强度。

在釉料中加入石英，有利于釉面形成半透明的玻璃体，提高白度，增加釉面的耐磨性、强度和化学稳定性。

冶金工业：用作冶金添加剂、熔剂及各种硅铁合金，制窑用高硅砖、普通砖及耐火材料等。

机械工业：机械铸造的造型材料、研磨材料（喷砂、砂纸、砂布等）。

石英砂用于水处理做滤料。

石英微粉作塑料、橡胶填料、水玻璃原料。

43.4.5.3　硅石产品质量标准

A　冶金工业用硅石的质量要求

耐火材料、铁合金和工业硅用硅石标准为 YB/T 5268—2007。其中，耐火材料用硅石的牌号用"硅石耐"汉语拼音大写字母"GSN"，后面的数字为氧化硅质量分数（%）。耐火材料用硅石分为：GSN99、GSN98、GSN97、GSN96，其中 GSN99 又分为 A、B 两个级别。

铁合金用硅石的牌号用"硅石铁"汉语拼音大写字母"GST"，后面的数字为氧化硅质量分数（%）。铁合金、工业硅用硅石分 GST99、GST98、GST97 三个牌号。

"GSN"和"GST"的化学成分要求和粒度要求见表 43-4-43～表 43-4-45。

表 43-4-43　耐火材料用硅石各牌号的化学成分

| 牌　号 | 化学成分(质量分数)/% | | | | 耐火度 |
	SiO_2	Al_2O_3	Fe_2O_3	CaO	CN
GSN99A	≥99.0	<0.25	<0.5	<0.15	174
GSN99B	≥99.0	<0.30	<0.5	<0.15	174
GSN98	≥98.0	<0.50	<0.8	<0.20	174
GSN97	≥97.0	<1.00	<1.0	<0.30	172
GSN96	≥96.0	<1.30	<1.3	<0.40	170

注：耐火度的检验按 GB/T 7322 规定进行，耐火度是用锥号表示。

表 43-4-44　铁合金、工业硅用硅石各牌号的化学成分

| 牌　号 | 化学成分(质量分数)/% | | | | |
	SiO_2	Al_2O_3	Fe_2O_3	CaO	P_2O_5
GST99	≥99.0	<0.3	<0.15	<0.15	<0.02
GST98	≥98.0	<0.5	—	<0.20	<0.02
GST97	≥97.0	<1.0	—	<0.30	<0.03

表 43-4-45　产品的粒度要求

粒度范围/mm	最大粒度/mm	允许波动范围/%	
		下　限	上　限
26 ~ 40	50	10	8
40 ~ 60	70	10	8
60 ~ 120	140	10	5
120 ~ 160	170	10	8
160 ~ 250	260	8	6

B　陶瓷工业用硅石的质量要求

日用陶瓷用石英的化学成分要求见表 43-4-46。

表 43-4-46　日用陶瓷用石英的化学成分

名　称	等　级	化学成分(质量分数)/%		
		SiO_2	$Fe_2O_3 + TiO_2$	TiO_2
块石英	优等品	≥99	≤0.08	≤0.02
	一等品	≥98	≤0.15	≤0.03
	合格品	≥96	≤0.25	≤0.05
石英砂	优等品	≥98	≤0.10	≤0.03
	一等品	≥97	≤0.20	≤0.05
	合格品	≥95	≤0.40	≤0.10

C　玻璃工业用对硅石和硅砂的质量要求

玻璃工业用硅砂的主要指标有两个：一是化学成分；二是粒度组成。玻璃工业用石英砂分级的化学成分指标要求见表 43-4-47。

表 43-4-47　我国玻璃工业用石英砂分级的化学成分

级别	名　称	SiO_2 含量(不低于)/%	杂质含量不高于/10^{-4}%							烧失量(不高于)/%
			Fe_2O_3	Cr	Al	Ti	Li	Na	K	
1	超纯石英砂	99.98	2.0	0.5	30	2.0	3.0	3.0	3.0	0.1
2	高纯石英砂	99.98	4.0	0.5	70	3.0				
3	浮选石英砂	99.95	20	1.0		5.0				
4	光学酸洗石英砂	99.6	50	2.0		300				
5	晶质玻璃石英砂	99.0	200	2.0						
6	仪器玻璃石英砂	99.0	300	2.0						
7	普通石英砂	98.5	400	6.0						
8	一般石英砂	98.5	600	6.0						
9	低档石英砂	97.0	2000							

对于玻璃制造业用硅砂的质量主要控制三大氧化物含量，即 SiO_2、Al_2O_3、Fe_2O_3 的含量。一般优质硅砂的标准见表 43-4-48。

表 43-4-48 优质硅砂标准

含　量	SiO_2	Al_2O_3	Fe_2O_3
	≥98.5%	≤0.5%	≤0.08%
波动（超薄玻璃）	±0.2%	±0.05%	±0.005%
波动（普通浮法玻璃）	±0.25%	±0.10%	±0.01%
粒度组成/%	+0.71mm	0	
	0.71~0.5mm	≤5	
	0.5~0.1mm	≥90	
	-0.1mm	≤5	
难熔重矿物含量	+0.35mm	0	
	0.35~0.25mm	≤40 粒（颗粒数/吨）	

难熔重矿物是指混入硅质原料中的磁铁矿、钛铁矿、铬铁矿、金红石、石榴子石、榍石等矿物，当这些矿物粒度大于 0.34mm（40目）时，易形成难熔结石。

石英玻璃是特种玻璃中重要的一种，由单一 SiO_2 组成。用相对较纯的脉石英为原料生产石英玻璃已受到世界各国高度重视。脉石英的杂质和包裹体的含量较高，这些杂质和包裹体是形成石英玻璃气泡、杂质缺陷的主要因素。表 43-4-49 列出石英玻璃原料的杂质元素及其含量。目前，我国尚无石英玻璃原料的质量标准，主要指标有密度、晶相组成、气体含量、杂质含量及粒度分布等。

表 43-4-49 石英玻璃原料的杂质元素及其含量

工业用途	产地	主要杂质元素及含量/10^{-6}%							
		Al	Fe	Ti	Ca	B	K	Na	Li
光电源	中国	总量 5×10^{-5}~10×10^{-5}							
化工	捷克	42	3.0	3.0	8.0	—	18.0	5.0	—
半导体	中国	20	0.18	0.5	0.1	0.1	0.2	4.0	1.8
半导体	美国	15	0.3	—	0.4	0.1	0.7	0.9	0.7
高档	俄罗斯	14	0.9	0.4	0.1	—	0.3	0.6	—
光纤管	巴西	4	1.8	0.4	0.1	—	0.3	0.4	—
光学镜	美国	8	0.05	—	0.7	0.04	0.05	0.05	0.2

D 铸造用硅砂

硅砂是铸造工业用量最多的型砂，以石英为主要矿物成分，按其开采和加工方法不同，分为水洗砂、擦洗砂、精选砂和人工硅砂。铸造用硅砂最新国家标准是 GB/T 9441—2010。具体规定见表 43-4-50 ~ 表 43-4-52。

表 43-4-50　铸造用硅砂按二氧化硅含量分级和各级化学成分

分级代号	SiO₂ (质量分数)/%	杂质化学成分(质量分数)/%			
		Al₂O₃	Fe₂O₃	CaO + MgO	K₂O + Na₂O
98	≥98	<1.0	<0.3	<0.2	<0.5
96	≥96	<2.5	<0.5	<0.3	<1.5
93	≥93	<4.0	<0.5	<0.5	<2.5
90	≥90	<6.0	<0.5	<0.6	<4.0
85	≥85	<8.5	<0.7	<1.0	<4.5
80	≥80	<10.0	<1.5	<2.0	<6.0

表 43-4-51　铸造用硅砂按含泥量分级

分 级 代 号	最大含泥量(质量分数)/%	分 级 代 号	最大含泥量(质量分数)/%
0.2	0.2	0.5	0.5
0.3	0.3	1.0	1.0

表 43-4-52　铸造用硅砂粒度组成及细粉含量

粒度/目(mm)	细粉含量(质量分数)(不大于)/%		
	擦洗砂	水洗砂	人工砂
30/50　(0.595/0.297)	0.1	0.5	0.5
40/70　(0.42/0.21)	0.1	1.0	1.0
50/100　(0.297/0.147)	0.4	3.0	1.5
70/140　(0.21/0.105)	0.7	3.5	2.0
100/200　(0.147/0.074)	8.0	10.0	10.0

E　水处理用石英砂滤料

石英砂（或以含硅物质为主的天然砂）滤料应为坚硬、耐用、密实的颗粒，在加工和过滤、冲洗过程中应能抗蚀，其含硅物质（以 SiO₂ 计）不应小于 85%，灼减不应大于 0.7% 。

43.4.5.4　硅石选矿提纯

石英砂岩是重要的硅质原料，其选矿加工方法原则上分为干法加工和湿法加工。干法加工是对块状砂岩物料经粗碎和中碎后直接用细碎设备（如对辊机或自磨机等）粉碎并采用气流分级对物料进行分级处理。干法加工存在粉尘污染严重、设备磨损快及产品质量难以控制等缺点，干法已基本上被湿法取代。

湿法加工是对块状砂岩物料经粗碎和中碎后采用湿法磨碎设备（如棒磨、砾磨及石碾等）磨碎，并采用水力分级对物料进行分级处理，根据石英砂岩的矿物组成和产品用途，增加磁选（或重选）、浮选、二次磨矿、分级、过滤和干燥作业。

在天然硅砂矿中，除了主要矿物石英外，还含各种杂质矿物。根据硅砂的用途和所含杂质矿物的种类不同，所采用的选矿提纯方法也不同，主要有以下几种选矿作业组合。

A　水洗脱泥—擦洗（或磨矿）—分级

水洗脱泥—擦洗（或磨矿）—分级流程主要用于处理含泥量较多的硅砂矿。擦洗是硅砂在强烈搅拌的高浓度矿浆中互相摩擦，使硅砂表面氧化铁薄膜及细泥被擦洗掉。擦洗也是对硅砂矿进行选矿前的重要预处理工序。

我国大部分生产玻璃砂、铸造砂的厂矿均采用这种简单的流程。

B 擦洗—脱泥—磁选（或重选）

擦洗—脱泥—磁选（或重选）流程用于处理含铁及其他重矿物较多，且主要是以单体存在的硅砂。

C 擦洗—脱泥—浮选

擦洗—脱泥—浮选主要用于处理含长石比较多，对产品要求较高的砂矿。

石英和长石浮选方法有氢氟酸法、无氟硫酸法、无氟无酸中性或碱性矿浆分选法。

D 浮选—磁选—酸浸

浮选—磁选—酸浸方法主要用来生产高纯度或超高纯度的石英砂，其原理是利用石英不溶于酸（HF 酸除外），其他杂质矿物能被酸溶解的特点，从而实现对石英的进一步提纯。

E 其他选矿工艺方法

在石英晶体中往往存在较多的固、气、液包裹体。固态包裹体主要有白云母、锂云母、金红石、透闪石、赤铁矿、黄铁矿等矿物；在气-液包裹体中主要是二氧化碳和硫化氢。

虽然这些杂质含量很少，但很难去除。通过机械选矿方法，如磁选、浮选、电选、酸洗等，只能除掉石英表面的附着杂质和伴生矿物等非结构性杂质，但不能消除石英晶体结构中的金属离子和微米级包裹体组分等结构性杂质，必须采用特殊处理工艺。目前，除去这些杂质的方法有高温真空处理、超导选矿、超声波处理、酸洗、氯化处理、高温煅烧水淬处理等。

当前我国的石英砂原料质量只能满足制备低档石英玻璃要求，高纯、低羟基石英玻璃原料的技术难关尚未攻克。

有研究在水和少量磷酸盐分散剂的传媒质中，将 –0.15mm 的沉积石英砂岩颗粒粉末经超声波处理，达到光学玻璃用砂的标准；还有用超声波技术处理含"薄膜铁"石英砂的试验，得到较好的除铁效果。试验证明，与机械擦洗相比，处理时间可缩短 2/3，除铁率提高 15% ~ 45%。

有研究者采用射频介电选矿对江西省某脉石石英矿进行除杂研究，结果表明此法对除去含铝杂质矿物效果不明显，对含铁杂质矿物效果显著，除铁率 79.97%。

有文献报道将石英粉料装入电炉内的耐热石英管中，采用高温 HCl(g)法除杂研究。实验结果表明：高温 HCl(g)法作用强度明显大于 HCl 酸浸法；高温 HCl(g)法对杂质的作用有极限；铝、硼是石英矿物中最难去除的杂质。

用微生物浸除石英砂颗粒表面的薄膜铁或浸染铁是新近发展起来的一种除铁技术。据国外研究结果表明：以黑曲霉素菌浸除铁效果最佳，Fe_2O_3 的去除率多在 75% 以上，精矿 Fe_2O_3 的品位低达 0.007%。并且发现用大多数细菌和霉菌预先栽培好的培养液浸出铁的效果更好。

F 美国硅石选矿加工

美国是硅质原料用量最大的国家，其所需原料并非"一矿一厂制"供给，而是实行原料基地化，所采的矿石都要经过严格的选矿、加工、分级后按工业部门的不同要求，以粉料形式分别供给所需厂家。美国硅质原料总产量的 70% 以上基本集中在几个最大的公司。原矿经颚式破碎机粗碎及圆锥破碎机中碎后，再经棒磨磨碎、磁选、二次砾磨、分级、过滤、干燥后，获得 Fe_2O_3 为 0.025% 以下的粉料产品。

43.4.5.5　硅石矿物制备纳米级 SiO_2

在纳米（1 ~ 100nm）材料中，纳米二氧化硅是应用最多最广的纳米材料。纳米级 SiO_2 是无定形的白色粉末，呈架状和网状准颗粒结构，为球状，无毒、无味、无污染的无机非金属材料。纳米级 SiO_2 和其他纳米材料一样，表面都存在不饱和残键以及不同键合状态的羟基，表面因缺氧偏离了稳定的硅氧结构，纳米级 SiO_2 分子式简单表示为：SiO_{2-x}（x 为 0.4 ~ 0.8），纳米级 SiO_2 颗粒具有三维网状结构，使其具有极大的比表面积和表面能、表面吸附能力强、化学纯度高、分散性能好，以及热阻、电阻等方面具有特异性能及量子尺寸效应和宏观量子隧道效应等优异特性，被作为特殊材料应用于涂料、纺织工业、橡塑及树脂基复合材料等中。纳米级 SiO_2 对波长 490nm 紫外线反射率高达 70%，对长波 700nm 以外的红外线反射率达 70%。将其添加到高分子材料中，可以达到抗紫外线老化和热老化的目的。纳米级 SiO_2 具有的量子尺寸效应和宏观隧道效应使其产生淤渗作用，可进入到高分子链的不饱和键附近，并和不饱和键的电子云发生作用，改善高分子材料的热、光稳定性和化学稳定性，提高了产品的抗老化和耐化学性能。纳米级 SiO_2 颗粒分散在高分子材料中，与高分子链结合形成立体网状结构，提高了材料的强度、弹性等基本性能。

制取纳米级 SiO_2 方法有干法和湿法。

燃烧法又称干法或气相法，即无机硅或有机硅的氯化物水解法。将精制的氢气、氧或空气和硅化物蒸气按一定比例投入水解炉进行高温（1000 ~ 1200℃）水解，生产二氧化硅气溶胶，经聚集器收集纳米级粒子。其化学反应式为：

$$SiCl_4 + 2H_2 + O_2 \longrightarrow SiO_2 + 4HCl$$

$$2CH_3SiCl_3 + 5O_2 + 2H_2 \longrightarrow 2SiO_2 + 6HCl + 2CO_2 + 2H_2O$$

气相法工艺生产的纳米级 SiO_2，又称为 SiO_2 气凝胶，其物化性能好，粒子小（15 ~ 20nm），比表面积大（559 ~ 685m^2/g），表面活性中心多，密度低（0.128 ~ 0.141g/cm^3），孔隙率高达 98%，是优质纳米二氧化硅。

在气相法生产工艺中，临界干燥是在高于液体的临界温度和临界气压下去除凝胶中的空隙液体，因而可减小毛细管压力影响，避免凝胶收缩和破碎，所以一般都采用超临界干燥工艺。但存在工艺复杂、原料昂贵、设备投资大、产量低、成本高等问题。为了解决这些问题，要尽快研究出 SiO_2 气凝胶的常压干燥技术。

沉淀法又称湿法。用酸分解可溶性硅酸盐，制得不溶性的纳米级 SiO_2。化学反应式为：

$$CaSiO_3 + 2HCl \longrightarrow CaCl_2 + SiO_2 + H_2O$$

沉淀法工艺简单，产量高，易大规模生产，但产品质量不稳定，质量不如气相法生产的纳米级 SiO_2。

目前制备纳米级 SiO_2 方法较多，多数处于实验室研究阶段。至今工业生产仍然是以四氯化硅为原料的气相法为主。

43.4.6 硅藻土

43.4.6.1 矿物、矿石和矿床

A 硅藻土矿物及性质

硅藻土（Diatomite）是一种生物成因的硅质沉积岩，它主要由古代硅藻的遗骸所组成。硅藻土化学式为 $SiO_2 \cdot nH_2O$，主要成分是 SiO_2，同时还含有少量 Al_2O_3、Fe_2O_3、CaO、MgO、K_2O、Na_2O、P_2O_5 和有机质。SiO_2 含量通常占80%以上，最高可达94%。优质硅藻土的氧化铁含量一般为1%~1.5%，氧化铝含量为3%~6%。

硅藻土的矿物成分主要是蛋白石及其变种。硅藻土中的 SiO_2 在结构、成分上与其他矿物和岩石中的 SiO_2 不同，它是有机成因的无定形蛋白石矿物，通常称为硅藻质氧化硅。硅藻土的物质组分主要为硅藻，是有益组分，其次为水云母、高岭石、蒙脱石等黏土矿物，常混入石英、长石、黑云母等碎屑矿物，也常含有有机质以及盐类等有害组分。有机物含量从微量到30%以上。

纯净的硅藻土一般呈白色土状，当被铁的氧化物或有机质污染时呈灰白、黄、灰、绿甚至黑色。一般来说，有机质含量越高，湿度越大，则颜色越深。硅藻土质轻，易破碎，松散密度为 $0.3~0.5g/cm^3$，莫氏硬度为1~1.5，但硅藻骨骼微粒的硬度较大，为4.5~5。硅藻土孔隙率大，达80%~90%，能吸收自身质量1.5~4.0倍的水，是热、电、声的不良导体，熔点1650~1750℃，化学稳定性高，除氢氟酸外，不溶于任何强酸，但能溶于强碱溶液中。硅藻土具有细腻、松散、质轻、多孔、吸水和渗透性强等特点。

硅藻土的二氧化硅多数是非晶体，碱中可溶性硅酸含量为50%~80%。非晶质二氧化硅加热到800~1000℃时变为晶质二氧化硅，碱中可溶性硅酸可减少到20%~30%。

B 硅藻土矿石类型

根据矿石中各种矿物含量的不同，硅藻土矿石可分为硅藻土、含黏土硅藻土、黏土质硅藻土和硅藻黏土等四种类型。

（1）硅藻土：是主要的矿石类型。不同形状硅藻含量大于90%，黏土矿物含量小于5%，矿物碎屑1%左右，呈白-灰白色及灰绿色，质轻、细腻、多孔隙、疏松，具生物结构，块状构造及微细层构造。矿石密度为 $1.25~1.29g/cm^3$，干体松散密度为 $0.5~0.6g/cm^3$，属优质矿石。

（2）含黏土硅藻土：较为主要的矿石类型。硅藻含量大于75%，黏土矿物5%~25%，矿物碎屑2%左右。干体松散密度 $0.56~0.63g/cm^3$，其他特征与硅藻土相同。

（3）黏土质硅藻土：硅藻含量50%~70%，黏土矿物25%~30%，矿物碎屑5%左右。灰白-灰黄色，较致密，不易成粉状，具块状构造，矿石干体松散密度为 $0.58~0.65g/cm^3$。

（4）硅藻黏土：硅藻含量30%~40%，黏土矿物大于50%，矿物碎屑3%~10%。呈灰黄-灰绿色，较致密，黏结性强，具块层状及微层状构造。这种类型为硅藻土与黏土的过渡类型，需经选矿方可为工业利用。

根据 SiO_2 和黏土矿物的含量，还可将矿石分为硅藻土（SiO_2 大于85%）、黏土质硅藻土（SiO_2 50% ~ 85%）、硅藻黏土（SiO_2 小于50%）三类。

43.4.6.2 硅藻土主要用途

由于硅藻土特殊的结构构造使其具有多种特殊用途，利用硅藻土孔隙率大、吸附性强、质轻、熔点高、吸音、耐磨、隔热、化学性能稳定并有一定的强度等工艺特性，可生产助滤剂、吸附剂、催化剂载体、功能填料、磨料、隔音隔热材料、水处理剂、沥青改性剂等，广泛应用于轻工、食品、化工、建材、石油、医药、卫生等领域。硅藻土主要用途和技术要求见表43-4-53。

表43-4-53 硅藻土的主要用途和技术要求

应用领域	主要用途	技 术 要 求
工业过滤	生产助滤剂用于酒类、炼油、油脂、涂料、肥料、化学试剂、药品、水等液体的过滤	要求非晶质 SiO_2 的含量大于80%，有适当的粒径和形态特征，有害微量元素含量不应超过规定标准
填料和颜料	涂料、橡胶、塑料、改性沥青等	原矿硅藻含量较高或经过选矿提纯的硅藻精土
保温隔热和轻质建材	锅炉、蒸馏器、热处理炉、干燥器的保温材料以及轻质保温板、保温砖、保温管、微孔硅酸钙板等	要求非晶质 SiO_2 的含量大于55%，其他杂质不起决定性作用
环 保	工业废水和生活污水的处理、水体净化	要求非晶质二氧化硅含量高、黏土及石英、长石和其他矿物碎屑少的硅藻精土
石油化工	氢化过程中镍催化剂、生产硫酸中的钒催化剂及石油磷酸催化剂等的载体、制备白炭黑	比表面积和孔隙体积越大越好
化肥、农药	化肥、农药的载体和防结块剂	比表面积和空隙体积越大越好
其 他	精细磨料、抛光剂、清洗剂、气相色谱载体、清洁剂、化妆品、炸药密度调节剂等	要求非晶质二氧化硅含量较高、黏土及石英、长石和其他矿物碎屑少的硅藻精土

43.4.6.3 硅藻土产品质量标准

A 硅藻土矿产品按粒径分类质量标准

硅藻土矿产品按粒径分为两类：

A 类：矿粉，粒径小于 0.25mm。其规格按粒径分为小于 0.25mm、小于 0.15mm、小于 0.106mm、小于 0.075mm、小于 0.045mm 等5种。其他规格可由供需双方协商。

B 类：块矿，粒径大于 0.25mm。

各类硅藻土产品按质量分为一级品、二级品和三级品。

产品代号示例：硅藻土分矿二级品粒径小于 0.150mm，其代号为：DA-2-150。DA 表示硅藻土 A 类产品，2 表示二级品，150 表示粒径小于 0.150mm。

硅藻土的理化指标和外观质量分别见表43-4-54 和表43-4-55。

表 43-4-54 硅藻土的理化指标

技术指标		产品代号					
		DA-1	DA-2	DA-3	DB-1	DB-2	DB-3
化学成分/%	SiO_2（不小于）	86.00	75.00	60.00	85.00	75.00	60.00
	Fe_2O_3（不大于）	1.50	2.50	4.50	2.00	3.00	5.00
	Al_2O_3（不大于）	3.50	8.00	18.00	5.00	10.00	18.00
	CaO（不大于）	1.00	1.50	2.00	1.00	1.50	2.00
	MgO（不大于）	1.00	1.50	1.50	1.00	1.50	1.50
	烧失量（不大于）	5.00	8.00	10.00	5.00	5.00	12.00
物理性能	水分（不大于）/%	10.0			10.0	15.0	20.0
	体积密度（不大于）/g·cm⁻³	0.30	0.40	0.55	0.30	0.40	0.55
	筛余量（不大于）/%	5.00	8.00	12.00	—	—	—
	pH 值	6.00~8.00			—	—	—
	比表面积/m²·g⁻¹	15.0~70.0					

表 43-4-55 硅藻土的外观质量

产品代号	外观要求	产品代号	外观要求
DA-1	白色，松散，不允许有外来夹杂物	DB-1	白色，不允许有外来夹杂物
DA-2	白色或接近白色，松散，不允许有外来夹杂物	DB-2	白色或接近白色，不允许有外来夹杂物
DA-3	颜色无具体要求，松散	DB-3	颜色无具体要求，不允许有明显夹杂物

B 硅藻土隔热制品质量标准

硅藻土隔热制品按体积密度分为 GG-0.7a、GG-0.7b、GG-0.6、GG-0.5a、GG-0.5b、GG-0.4 六种牌号，物理性能指标见表 43-4-56。

表 43-4-56 硅藻土隔热制品的物理性能指标

项目	指标					
	GG-0.7a	GG-0.7b	GG-0.6	GG-0.5a	GG-0.5b	GG-0.4
体积密度（不大于）/g·cm⁻³	0.7	0.7	0.6	0.5	0.5	0.4
常温耐压强度（不小于）/MPa	2.5	1.2	0.8	0.8	0.5	0.8
保温8h的试验温度① （重烧线变化不大于2%）/℃	900					
导热系数②（平均温度(300±10)℃） （不大于）/W·(m·K)⁻¹	0.20	0.21	0.17	0.15	0.16	0.13

① 制品的工作温度不超过重烧线变化的试验温度。

② 表内导热系数指标为平板法试验数值。

C 硅藻土用于卫生行业标准

硅藻土用于卫生行业的理化指标见表 43-4-57。

表 43-4-57 用于卫生行业的硅藻土理化指标

项 目	指标	项 目	指标
含量/%	≥75	灼烧失重/%	≤2.0
pH 值	5 ~ 11	铅(以 Pb 计)/mg·kg⁻¹	≤4.0
水可溶物/%	≤0.5	砷(以 As 计)/mg·kg⁻¹	≤5.0
盐酸可溶物/%	≤3.0		

D 硅藻土助滤剂标准

a 硅藻土助滤剂渗透率型号指标

硅藻土助滤剂按产品的渗透率分为 15 个型号,见表 43-4-58。

表 43-4-58 硅藻土渗透率型号指标

型 号	10	20	35	50	70	100	150	200
渗透率/Darcy	0.05 ~ 0.10	0.11 ~ 0.20	0.21 ~ 0.35	0.36 ~ 0.50	0.51 ~ 0.70	0.71 ~ 1.00	1.00 ~ 1.50	1.51 ~ 2.00

型 号	300	400	500	650	800	1000	1200	
渗透率/Darcy	2.01 ~ 3.00	3.01 ~ 4.00	4.01 ~ 5.00	5.01 ~ 6.50	6.51 ~ 8.00	8.01 ~ 10.00	10.01 ~ 12.00	

b 食品、医药用硅藻土助滤剂质量标准

食品、医药用硅藻土质量标准见表 43-4-59。

表 43-4-59 食品医药用硅藻土助滤剂标准

指标名称	BS 系列	ZBS 系列
外 观	浅黄色、红褐色	粉色、粉白色、白色
	粉末状、具有硅藻壳壁微孔结构	
气 味	无异味	
渗透率/Darcy	0.05 ~ 0.5	>0.5 ~ 12.0
水分/%	≤0.3	≤0.5
水可溶物/%	≤0.2	≤0.5
pH 值 (10% 水浆值)	5.5 ~ 9.0	7.0 ~ 11.0
盐酸可溶物/%	≤3.0	
灼烧失量/%	≤2.0	
氢氟酸残留物/%	≤20.0	
振实密度/kg·m⁻³	≤530	
$w(SiO_2)$/%	≥85.0	
$w(Fe_2O_3)$/%	≤1.5	
$w(Al_2O_3)$/%	<5.0	
$w(CaO)$/%	<0.5	
$w(MgO)$/%	<0.4	
可溶性铁离子[①]/mg·kg⁻¹	≤50	
铅(以 Pb 计)/mg·kg⁻¹	≤4.0	
砷(以 As 计)/mg·kg⁻¹	≤5.0	

① 仅用于啤酒行业。

c　工业用硅藻土助滤剂

工业用硅藻土助滤剂质量标准见表43-4-60。

表 43-4-60　工业用硅藻土助滤剂质量标准

指标名称	Ⅰ级	Ⅱ级	Ⅲ级
外　观	BS系列：淡黄色、红褐色；ZBS系列：粉色、粉白色、白色粉末状，具有硅藻壳壁微孔结构		
渗透率/Darcy	0.1~12.0		
水分/%	≤0.5		
水可溶物/%	≤0.5		
pH值（10%水浆值）	5.5~11.0		
振实密度/kg·m^{-3}	≤530		
$w(SiO_2)$/%	≥85.0	≥82.0	≤80.0
$w(Fe_2O_3)$/%	≥1.5	<2.0	<2.5
$w(Al_2O_3)$/%	<5.0	<6.0	<7.0
$w(CaO)$/%	<0.5	<0.7	<0.9
$w(MgO)$/%	<0.4	<0.6	<0.8

标记示例：

食品、医药用硅藻土助滤剂，焙烧品，渗透率为0.23Darcy，标记为：硅藻土助滤剂 SY-BS-35-GB 24265—2009；

工业用硅藻土助滤剂，助熔焙烧品，渗透率为3.8Darcy，等级为Ⅰ级，标记为：硅藻土助滤剂 G-ZBS-400-I-GB 24265—2009。

43.4.6.4　硅藻土的选矿方法

硅藻土选矿的目的是要除去其中的泥沙、碎屑及铁、铝等杂质，使硅藻富集。选矿工艺可分为粗选和精选。

粗选工艺包括破碎、混合、磨碎和烘干。粗选产品一般不用于过滤。在硅藻土的磨矿和加工过程中要特别注意保护硅藻骨架的颗粒形状及结构。因为就是这种物理性质致使硅藻土不同于其他形式的二氧化硅。在工业矿物的选矿过程中一旦所用的球磨、研磨和其他缩小粒度的方法损坏了其结构，将直接影响终端产品的质量。硅藻土原矿的粉碎一般采用齿轮碾压机压碎，再用锤碎机破碎至13mm以下。

用作助滤剂、填料和催化剂载体的硅藻土要精选。硅藻土精选的方法主要有焙烧、重选、浮选、酸选等。此外，还有磁选法、磁-重分离法、选择性絮凝法和活化焙烧法等，这些方法正处于试验阶段和初步应用阶段。

（1）焙烧法。对硅藻土助滤剂的加工生产主要采用此法。硅藻土助滤剂的生产流程为：烘干—压碎—分离—加助熔剂—混合—焙烧—压碎—分级过筛。作为过滤介质的硅藻土助滤剂应该严格控制粒度分布范围，在配料工艺中要控制粒度分布，在焙烧过程中对粒度的控制也极为重要，不同的焙烧温度对同一配方将产生不同粒度分布，焙烧温度越高，粒度越大，但温度又不能太高，否则将熔成玻璃相，破坏多孔结构，反而降低过滤速度，影响澄清效果。

（2）重选法。重选法主要是利用硅藻土与脉石密度的差异进行分选。重选法又分为干法和湿法。干法主要处理高品位矿石，处理低品位矿石主要采用湿法。重选法生产成本较低，环境污染较轻，但由于硅藻壳体中所含微细粒黏土矿物杂质很难用物理方法去除，因此重选法很难获得高纯度的硅藻精土。

（3）浮选法。浮选法在硅藻土的选矿提纯中应用十分广泛，此法用于选分硅藻土，能得到较高的品位。用作催化剂载体的硅藻土，可利用浮选法进行精选，但是用于食品工业的硅藻土助滤剂的生产，一般不用浮选法。试验研究表明，选分时加入的药剂会进入硅藻精土，这对于提纯很不利，尤其是含氟药剂的使用，对用于食品工业的硅藻土是绝对禁止的。因此，用含氟离子的浮选药剂对硅藻土进行浮选，所得产品只用于其他工业部门。

（4）酸选法。国内用于催化剂载体的硅藻土的精选，普遍采用硫酸法或盐酸法或两法交叉法。工艺过程是先除去砂砾杂质，在不断搅拌的情况下，按酸:硅藻土 = 1:1 的用量，加硫酸或盐酸并一起煮沸一定时间，使硅藻土中的 Al_2O_3、Fe_2O_3、CaO、MgO 等杂质与酸作用，生成可溶性盐类矿物，然后经过滤、洗涤、干燥，即得到较纯的硅藻土。使用硫酸和盐酸精选的效果差不多，具体选用哪种酸，需考虑精土的用途。用作钒触媒载体时需用硫酸精选，以防带入氯离子，用作助滤剂时，多用盐酸，经济效益好。酸浸法能得到较高品位的精土，但酸用量大，会产生大量的废渣、废液，带来环境污染等一系列问题。

（5）磁选法。硅藻土原土中都含有一定量的铁等杂质，通过高梯度磁选法可有效地去除这些杂质，提高硅藻土的品位。

（6）磁—重分离法。硅藻土是一种多孔隙而相对密度较小的矿物，含铁矿物等杂质都不具有孔隙率高的特点，且相对密度较大，可以认为根据相对密度分选是对硅藻土提纯的有效方法。因此，考虑在磁选后再进行重力分选，以提高硅藻土的品位，降低 Fe_2O_3 的含量。

（7）选择性絮凝—磁选—重选分离法。由于硅藻土粒度较细，所含杂质矿物的比磁化系数很小，因此磁—重分离效果不甚理想。选择性絮凝则可将 Fe_2O_3 等杂质絮凝成团聚体，粒度增大，受到更大的磁力，有利于磁分离；此外，絮凝后会增大杂质和硅藻在粒度和相对密度上的差异，有利于重选分离。

（8）活化焙烧法。硅藻土中有机物的去除可以采用选分的方法，也可用焙烧的方法。焙烧不仅可以提纯，同时也是硅藻土活化的方法之一，酸性活化法简单可靠，经济效果好，而且具有不污染环境的优点。

43.4.6.5 硅藻土选矿加工实践

A 云南腾冲观音堂硅藻土选矿提纯

云南腾冲硅藻土选矿提纯工艺流程如图 43-4-7 所示。原土粉碎至 -0.025mm（-500目），絮凝剂用量 50g/t，絮凝搅拌质量浓度 15%，絮凝温度 20℃，絮凝时间 10min，磁场强度 143kA/m（1800 Oe），聚磁介质钢毛（直径为硅藻颗粒直径的 2.69 倍），磁选冲洗水量 300mL/min。观音堂硅藻土原土 SiO_2 84.65%，Fe_2O_3 0.56%，Al_2O_3 3.76%，CaO 0.29%，MgO 0.48%，采用分级除杂，絮凝—磁选—重选分离工艺提纯该硅藻土，可以获得 SiO_2 92.76%、Fe_2O_3 0.22%、Al_2O_3 1.95%、CaO 0.08%、MgO 0.21% 的硅藻精土。

B 浙江嵊县硅藻土选矿提纯

浙江嵊县硅藻土是一个特大型淡水湖泊生物化学沉积矿床。该矿原土按颜色可分为白土和蓝土，白土和蓝土位于同一矿层的不同部位。嵊县硅藻土含黏土矿物及其他杂质较多，SiO_2 含量低，必须经过选矿提纯才能用于生产助滤剂等产品。

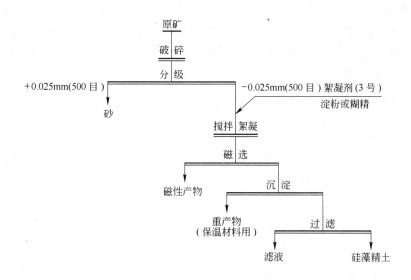

图 43-4-7 云南腾冲硅藻土选矿提纯工艺流程

白土中黏土矿物以蒙脱石为主，石英、长石等碎屑矿物较多，因此采用单一物理方法提纯就可以获得 SiO_2 含量 85% 以上的精土。蓝土中含有更多的菱铁矿和有机物质，经过选矿提纯后需煅烧-酸处理才能获得适合于生产助滤剂的原料。

浙江嵊县硅藻土原土先经分散除去砂质矿物，然后经多次分散和分选除去黏土矿物，蓝土选矿精矿再经酸处理，白土和蓝土的选矿提纯工艺流程分别如图 43-4-8 和图 43-4-9 所示。白土原土含 SiO_2 67.79%、Fe_2O_3 3.28%、Al_2O_3 17.22%，经选矿提纯后获得的精土为 SiO_2 85.76%、Fe_2O_3 0.86%、Al_2O_3 6.44%；中土为 SiO_2 71.72%、Fe_2O_3 2.71%、Al_2O_3 13.92%。

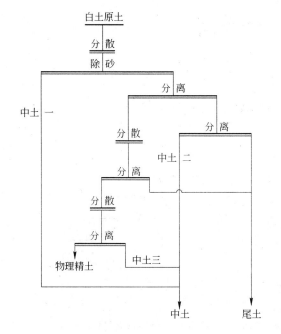

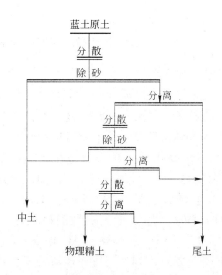

图 43-4-8 嵊县硅藻土白土选矿提纯工艺流程　　　图 43-4-9 嵊县硅藻土蓝土选矿提纯工艺流程

蓝土原土为 SiO_2 66.88%、Fe_2O_3 5.99%、Al_2O_3 13.00%，经选矿提纯后获得的精土为 SiO_2 78.20%、Fe_2O_3 2.65%、Al_2O_3 7.87%；中土为 SiO_2 62.17%、Fe_2O_3 8.17%、Al_2O_3 13.33%；物理精土经化学处理后可得到 SiO_2 92.63%、Fe_2O_3 0.59%、Al_2O_3 2.55% 的化学精土。

　　C　吉林敦化硅藻土选矿提纯

　　原土经擦洗分散除去 +0.025mm（+500 目）石英等粗粒杂质后，利用重力或离心沉降使硅藻土与黏土矿物分离。对于黏土含量较高的硅藻土，需 2～3 次擦洗分离和沉降分离。吉林敦化原土含 SiO_2 68.14%、Fe_2O_3 3.85%、Al_2O_3 16.02%，经如图 43-4-10 所示的选矿工艺提纯，获得了 SiO_2 82.06%、Fe_2O_3 1.38%、Al_2O_3 6.93% 的硅藻精土和 SiO_2 72.20%、Fe_2O_3 3.14%、Al_2O_3 14.72% 的硅藻中土。

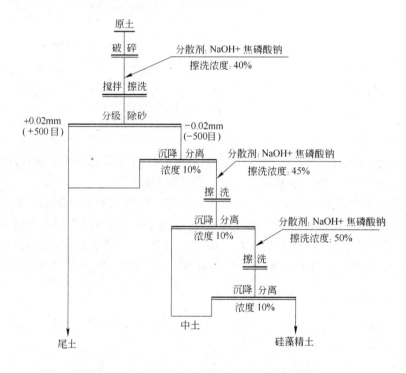

图 43-4-10　吉林敦化硅藻土选矿提纯工艺流程

　　D　云南昆明耐火材料厂硅藻土提纯

　　原矿硅藻土品质较好，主要是舟形藻，其次是梳杆藻、月形藻、圆筛藻等。昆明耐火材料厂为提纯该硅藻土，于 20 世纪 90 年代初建成了年产 3000t 精土的硅藻土生产线，工艺流程如图 43-4-11 所示。原矿含 SiO_2 74.62%、Fe_2O_3 1.69%、Al_2O_3 13.76%、CaO 1.46%、MgO 1.59%。经该工艺提纯的硅藻土含 SiO_2 87.21%、Fe_2O_3 0.57%、Al_2O_3 5.6%、CaO 0.36%、MgO 0.14%。尾矿废渣用于生产保温材料。

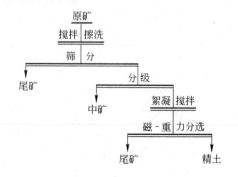

图 43-4-11　昆明耐火材料厂硅藻土
选矿提纯工艺流程

43.4.7 海泡石

43.4.7.1 矿物、矿石和矿床

A 海泡石矿物及性质

海泡石是一种具层链状结构的含水富镁硅酸盐黏土矿物，主要化学成分为硅（Si）和镁（Mg），其标准晶体化学式为 $Mg_8(H_2O)_4[Si_6O_{16}]_2(OH)_4 \cdot 8H_2O$，其中 SiO_2 含量一般在 54%~60%，MgO 含量多在 21%~25% 范围内。斜方晶系或单斜晶系，一般呈块状、土状或纤维状集合体。颜色呈白色、浅灰色、暗灰、黄褐色、玫瑰红色、浅蓝绿色；新鲜面为珍珠光泽，风化后为土状光泽；硬度 2~3，密度 2~2.5g/cm³；具有滑感和涩感，黏舌；干燥状态下性脆；收缩率低，可塑性好，比表面积大，吸附性强；溶于盐酸、质轻；海泡石还具有脱色、隔热、绝缘、抗腐蚀、抗辐射等性能，可耐 1500~1700℃ 高温，造型性、绝缘性、抗盐度都非常好。

B 海泡石矿石类型

按组分，可将海泡石分为纤维状海泡石矿石和蛋白石-海泡石纤维状矿石两种类型：

（1）纤维状海泡石矿石。此类矿石几乎由单一的海泡石组成，即海泡石含量高达 90% 以上。

（2）蛋白石-海泡石纤维状矿石。主要由海泡石、蛋白石组成，其中海泡石含量为 30%~80%。

按钙镁质岩风化程度的不同，又可将海泡石划分为黏土型海泡石黏土和原岩型海泡石黏土两种矿石类型。

（1）原岩型海泡石黏土。该类型由钙镁质页岩、泥灰岩和海泡石黏土岩组成，与风化型海泡石黏土的主要矿物大致相近，其区别在于原岩型中方解石含量较高，并且有少量石英、滑石及白云石、天青石。

（2）黏土型海泡石黏土。此类型为原岩型风化而成，呈灰白、浅灰、黑褐、紫灰等色，为土状，具弱丝绢光泽，质细腻，黏性强，可塑性好，密度较小（1.68g/cm³ 左右），极易碎裂，结构疏松，胶结程度差，易水解。主要矿物为海泡石、石英、滑石、方解石，有少量蒙脱石、高岭石、绿泥石、有机质等。此类矿石具有较好的造浆性能和脱色性能，以及其他物化特性，是目前唯一能被直接应用的一种海泡石矿石类型。

C 海泡石矿床类型

目前国内外已知的海泡石黏土矿床大致可划分为淋积-热液型和沉积型两大类。沉积型海泡石黏土矿床是海泡石黏土矿的主要工业类型。它又分陆相沉积矿床和海相沉积矿床两个亚型。

a 淋积-热液型海泡石黏土矿床的矿石类型　　淋积-热液型海泡石黏土矿床类型中的海泡石多为白色或灰色纤维集合体，其纤维长度一般都大于 10μm，具丝绢光泽，莫氏硬度为 2 左右，并且具有较强的挠性，质较纯，吸水性甚强。

该类型矿床中矿石一般呈致密块状，颜色较浅，含有用组分甚高，故质量均较沉积型的好。但此类型的矿床规模往往不大，海泡石也常是局部富集，一般不能形成工业矿床，有的可供地方小型开采。

b 沉积型海泡石矿床的矿石类型　　一般为致密块状，土状矿石，黏土矿物颗粒较

细，肉眼难以识别。海泡石矿化分散，含量变化较大，富集部位可达50%～80%。往往与碳酸盐矿物、镁蒙脱石、凹凸棒石、滑石、硫酸盐矿物和卤化物等共生或伴生。矿床规模一般达大、中型。

陆相沉积型海泡石矿床的形成时代一般较新，矿石共生组合也较复杂。海泡石含量有高有低，化学成分变化较大。海相沉积型矿床的含矿层多赋存于燧石灰岩、泥灰岩、硅质岩等海相地层中，矿石中海泡石含量也较高，其矿床规模较大，是目前我国工业经济意义最大的海泡石矿床类型。

D　矿床工业指标

海泡石矿床一般工业要求如下：边界品位：海泡石含量不小于10%；最低工业品位：海泡石含量不小于15%；造浆率不小于$4m^3/t$；脱色率不小于100%（5% HCl 处理）；开采厚度不小于1m；夹石剔除厚度不小于1m。

43.4.7.2　海泡石主要用途

由于海泡石独特的矿物结构和物理化学性能，广泛用作钻井泥浆、吸附剂、脱色剂、净化剂、除臭剂、催化剂载体、涂料及化妆品等的增稠剂和触变剂、饲料添加剂、香烟滤嘴原料、玻璃珐琅原料、杀虫剂载体、过滤剂等。据有关资料统计，海泡石的用途已达130多种，已成为当今世界上用途最广泛的非金属矿物原料之一。表43-4-61 所示为海泡石的主要用途。

表43-4-61　海泡石的主要用途

应用领域	主要用途
石油、化工	抗盐、抗高温的特殊钻井泥浆、吸附剂、脱色剂、漂白剂、过滤剂，催化剂和催化剂载体，分子筛、离子交换剂、悬浮剂、抗胶凝剂、增稠剂和触变剂等
轻工、医药、食品	制糖、酿酒等的脱色剂，蔬菜汁和果汁的澄清剂，过滤剂，干燥剂，净化剂，除臭、除毒剂，吸附剂、香烟滤嘴、化妆品的增稠剂和触变剂，医药载体等
环保	硫化物、氮化物等废气和各种工业和生活污水的处理，吸附除去各种有机和无机污染物，室内空气净化，水净化等
机械	型砂黏结剂，电焊条药皮等
非金属材料	隔音、隔热材料；特殊耐高温涂层材料、玻璃珐琅、特种陶瓷等，代替石棉用于摩擦材料等
塑料、橡胶	功能填料
农业	农药、化肥、杀虫剂的载体，饲料添加剂、黏结剂和载体，动物药剂，牲畜垫材和圈舍净化

43.4.7.3　海泡石产品质量标准

A　海泡石在石油钻探行业中的应用要求

钻井泥浆用海泡石的技术要求见表43-4-62。

表43-4-62　钻井泥浆用海泡石的技术要求

项目	技术要求
悬浮体性能（黏度计600r/min的读数）	≥30.0
孔径0.071mm 筛余量/%	≤8.0
水分/%	≤16.0

B 海泡石在食品行业中的应用要求

油脂脱色用海泡石的技术要求见表43-4-63。

表43-4-63 油脂脱色用海泡石的技术要求

项 目	优 等 品	一 等 品	合 格 品
脱色力	≥300	≥220	≥115
活性度		≥80.0	
游离酸/%		≤0.20	
孔径0.071mm筛余量/%		≤0.5	
水分/%		≤11.0	

C 海泡石用于摩擦材料的应用要求

用于摩擦材料的海泡石有海泡石绒和海泡石粉两种,其主要技术指标见表43-4-64和表43-4-65。

表43-4-64 用于摩擦材料的海泡石绒主要技术指标

项 目	技 术 要 求	项 目	技 术 要 求
纤维长度/mm	4~8	水分/%	<3
密度/g·cm⁻³	1	沉降值	930~950
海泡石成分/%	>85		

表43-4-65 用于摩擦材料的海泡石粉主要技术指标

项 目	技 术 要 求	项 目	技 术 要 求
粒度/mm	0.074(可按需生产任何粒度)	水分/%	<1.5
海泡石成分/%	>80	沉降值	800~850

D 土状海泡石的技术性能指标

表43-4-66所示是国内海泡石生产企业的土状海泡石技术性能指标。

表43-4-66 土状海泡石技术性能指标

产品编号 / 项目	LH-Ⅰ	LH-Ⅱ	LH-Ⅲ	HS-B	HS-C	HN
海泡石含量/%	85~90	70~80	5~65	≥50	≥40	30~35
造浆率/m³·t⁻¹	≥20	≥17.5	≥12.5	≥12.0	≥9.5	≥7.2
脱色力	≥250	≥250	≥170	240	180	11~79
水分含量/%	≤16	≤16	≤16	≤15	≤15	8~10
粒度/mm	-0.074	-0.074	-0.074	<100	<100	
0.074mm筛余量/%	<8	<8	<8			

43.4.7.4 海泡石矿的选矿方法及工艺流程

海泡石的选矿提纯方法有湿法和干法两种,但大多数采用湿法。湿法选矿提纯工艺以控制分散、重力和离心力及选择性絮凝分离等物理方法为主,辅以利于分离的化学药剂的综合选矿提纯工艺。

海泡石的原则工艺流程如图43-4-12所示。

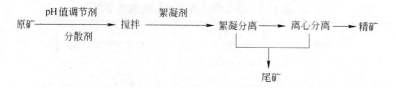

图43-4-12   海泡石选矿提纯原则工艺流程

对于方解石型低品位海泡石矿，由于该类型海泡石矿中的海泡石、方解石、石英等主要组分为非磁性矿物和非导体矿物，所以不能采用磁选或电选方法提纯。工业提纯宜采用物理与化学相结合的方法。即"电荷解离、重力静置沉降分离、提纯液闭路循环"的提纯方法，其工艺流程如图43-4-13所示。

43.4.7.5 海泡石选矿生产实例

河北省某海泡石矿石伴生有白云石、方解石、石英等矿物，原矿中海泡石含量为25%，白云石含量为62%，方解石含量5%，石英含量7%，还有微量伊利石、滑石和褐铁矿存在。按照粒度分离的原则，采用"选择性絮凝-离心分离"的方法，得到的海泡石精矿纯度为92.15%，回收率为76.94%。其工艺流程如图43-4-14所示。

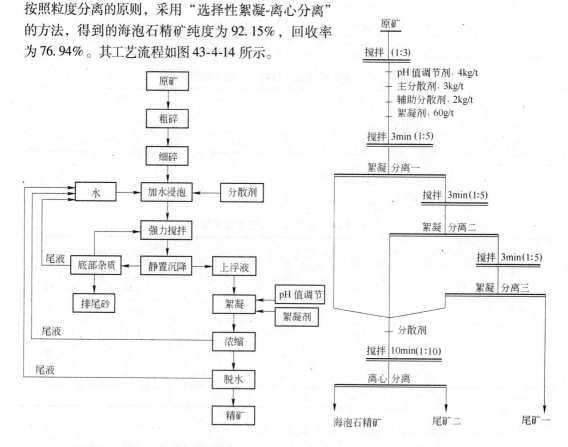

图43-4-13   方解石型低品位海泡石
选矿提纯原则工艺流程

图43-4-14   富白云石海泡石选矿
提纯工艺流程

43.4.7.6 海泡石深加工及制品

A 海泡石深加工技术

海泡石的深加工技术主要有挤压加工、研磨、活化和表面处理四类。海泡石综合利用
技术原则工艺流程如图 43-4-15 所示。

图 43-4-15 海泡石深加工原则工艺流程

（1）挤压加工。将海泡石的纤维束分离、撕开，以增加其孔隙体积和比表面积，达到
提高黏度、脱色和过滤能力的目的。具体加工过程是将已粉碎和提纯的海泡石和水混合，
通过挤压机挤压，然后送入干燥机进行干燥。

（2）研磨。将干燥后的海泡石黏土根据用途和对产品细度要求的不同，选用不同类型
的粉碎和分级机进行加工。细粒吸附产品的研磨常用辊式磨，如悬辊磨和涡旋磨等磨机；
胶体级超细粉体的加工一般采用气流磨和高速机械式冲击磨机。

（3）活化。活化方式有加热和酸活化两种，两种活化方式得到的效果大体相当，均可
提高产品的脱色力和漂白性能。

热处理一般是采用热空气在滚动干燥机内快速焙烧。热处理后的海泡石的性质取决于
焙烧温度、失水与相变等。在 100～300℃加热，可以提高海泡石的吸附能力，而加热到
300℃以后，海泡石的吸附能力减弱。

酸活化处理，一方面可以除去杂质，另一方面是以 H^+ 取代吸附于内外表面的可交换
性阳离子，并溶出八面体中的铝离子、镁离子和铁离子，以增大层间距，疏通孔道，提高
吸附色素的能力，并能降低膨胀性，从而提高过滤速度。

（4）表面处理。对进行提纯和活化处理后的海泡石进行表面处理，可以改变海泡石表
面的性能，使其满足特定的用途。用于表面处理的药剂有两类：一是无机表面处理剂，如
钙和其他金属的木质素磺酸盐、氢氧化钠、焦磷酸钠、六偏磷酸钠等，一般用量为 1% 左
右；二是表面活性剂，如四元胺盐、脂肪胺磺酸盐、红油、脂肪族硫酸酯、烷基芳基磺酸
盐、烷醇胺及其他脂肪胺和胺类衍生物、甘醇等。

B 海泡石深加工制品

a 海泡石复合肥料 海泡石复合肥料为灰色、灰白色颗粒状，由氮、磷、钾三种
养分加海泡石粉混合而成。海泡石中含有中量及微量的肥料要素，对土壤、植物有保肥、
造粒等物理性能。

基本流程：海泡石粉＋普钙＋尿素＋氯化钾—破碎—加海泡石细粉混合—加海泡石细
粉造粒—干燥—筛分—成品包装。

b 海泡石干燥剂 XS 型干燥剂是用 4 份海泡石，1 份添加剂，水适量，充分搅拌，
然后将配制好的可挤压物制成挤压坯，通过模具挤压出球栓状颗粒，再经 200℃左右的烘
箱烘干即成。与国内通常使用的硅胶干燥剂相比较，有如下特点：在同一吸湿环境下，吸
湿率高，海泡石干燥剂为 48.94%，硅胶为 25.90%；吸湿周期长，连续吸湿时间可长达
20d 以上，且反复再生后吸湿率仍可达 25%；原料价格低廉，加工工艺简单。缺点是吸湿

后机械强度降低。

　　c　海泡石环保酸气吸收剂　　目前，对于各种污染源产生的含酸废气，环保部门多采用苛性钠、苛性钾、消石灰、碳酸钙、碳酸钾等的水溶液、浆剂或直接使用这些碱性固体物吸收除去。对地处城市的居民稠密区，现行的净化方法，还达不到治理污染净化环境的要求。湖南矿产测试利用研究所利用海泡石的吸附性能及多孔疏松、黏性大的物性，以海泡石加消石灰等为原料，经混捏加工挤条制成酸气吸收剂。经扩大试验证实，该吸收剂对三氧化硫及氟化氢气体的净化效果特别好，对废气的净化效果优于现行各项净化方法，且吸附剂原料易得，加工使用方便、价格低廉。

　　d　海泡石吸附剂　　海泡石的吸附能力在黏土矿物中是最突出的，海泡石不但为水和油的良好吸附剂，而且对湿气和有机蒸气也有很高的吸附能力。尤其是对乙烷、苯、甲醇一类的有机溶液及有害金属离子亦有更大的吸附性。海泡石吸附剂的系列产品有：

　　（1）海泡石用作含铅废水处理吸附剂，即以海泡石精矿和硅溶胶为基本原料，经混匀，加水混炼成型，焙烧活化后制成，其对金属离子除去率高，特别是对铅的吸附效果特别好，铅的除去率都在 95% 以上。优于活性炭、活性白土、硅胶、硅化铝等吸附剂，且吸附速度快，具有价格便宜能回收再生等性能。

　　（2）海泡石含铬废水处理吸附剂，即以海泡精矿与一定量的腐殖酸充分混匀，加水混炼成泥状，然后挤压成 2mm 短栓状或 3mm 球状，经低温焙烧、空气冷却等流程即成。对含铬废水处理效果极佳。

　　（3）海泡石制作卷烟焦油吸附剂。陕西地矿局十三地质队研制，利用海泡黏土矿物经纯化后注入添加剂制成 BY-881 吸附剂，这种吸附剂可使卷烟焦油含量由"中焦油"降为国颁"低焦油"，甚至低于 12mg/g 的国际标准，成本低，可取代进口产品。

43.4.8　滑石

43.4.8.1　矿物、矿石和矿床

A　滑石矿物及性质

滑石属于层状硅酸盐，是一种含水硅酸镁矿物，理论化学式为 $Mg_3[Si_4O_{10}](OH)_2$，或者为 $3MgO \cdot 4SiO_2 \cdot H_2O$。其理论化学组成为：MgO 31.68%、$SiO_2$ 63.47%、H_2O 4.75%。矿石常呈片状、纤维状以及致密块状。硬度为 1，密度为 2.7g/cm³ 左右。

　　皂石是一种滑石与其他硅酸镁矿物的混合物，叶蜡石是一种水化硅酸矿物（$Al_2O_3 \cdot 4SiO_2 \cdot H_2O$），与滑石物理性能和应用范围有许多相似之处。一些国家常将滑石、叶蜡石和皂石统称为滑石类矿物。

B　滑石矿石类型

滑石矿石类型分为块滑石类型和共生矿物-滑石类型。天然质纯的块滑石矿很少。常见与滑石共生的矿物有菱镁矿、白云石、蛇纹石、透闪石、绿泥石、黄铁矿、镁质碳酸盐及黏土等。由于共生矿物的差异，可分为多种矿石类型，例如：菱镁矿-滑石型，透闪石、蛇纹石-镁质碳酸盐-滑石型等。我国开采的滑石矿主要是碳酸盐类的块滑石。

　　地球上滑石资源比较丰富，目前已在四十几个国家发现滑石矿，但主要集中在中国、美国、俄罗斯、巴西、印度、澳大利亚、法国、日本、意大利、芬兰等国家。中国的滑石资源量和产量居世界首位，其次是美国。

我国滑石矿主要分布在辽宁、广西、山东、吉林、江西、青海、湖北、四川等省。主要滑石矿山有：辽宁海城市范家堡滑石矿、山东栖霞李博士夼滑石矿、江西广丰县溪滩滑石矿、青海茫崖滑石矿、广西龙胜县鸡爪滑石矿、广西上林县顾圩滑石矿、山东莱州市瞳山滑石矿、山东掖县优游山滑石矿、吉林江源县遥林滑石矿、江西于都岩前滑石矿等。我国滑石矿多属于低铝铁质、白度较高、滑石含量较高。

我国黑滑石矿（含有机碳）也较丰富，如江西广丰有约10亿吨黑滑石矿，煅烧后白度可达90%以上。

C 滑石矿床类型

矿床成因类型主要有热液交代型、接触交代型、沉积-动力变质型、风化残余型、超基性岩自变质热液蚀变型五类。

（1）热液交代型：包括变镁碳酸盐岩（菱镁矿大理岩、菱镁矿矿石）中热液交代型，如辽宁海城范家堡滑石矿、山东莱州优游山滑石矿；白云石大理岩变钙镁碳酸盐岩（白云质大理岩）中热液交代型，如山东栖霞李博士夼滑石矿、广西龙胜下鸡爪滑石矿；变钙镁碳酸盐岩（白云石大理岩、菱镁质大理岩）与结晶片岩中热液交代型，如辽宁营口枣儿岭滑石矿；变钙镁碳酸盐岩与斜长角闪岩中热液交代型，如山东平度芝坊滑石矿。

（2）接触交代型：如江西于都岩前滑石矿。

（3）沉积-动力变质型：如江西广丰溪滩滑石矿。

（4）风化残余型：如湖南保靖卡棚滑石矿、湖南浏阳永和滑石矿。

（5）超基性岩自变质热液蚀变型：如福建莆田长基滑石矿。

D 矿床工业指标

滑石矿石质量指标有两种表示：化学组分含量和滑石矿物含量（DZ/T 0207—2002）。以化学组分含量为工业指标见表43-4-67和表43-4-68。

表43-4-67　以化学组分含量为工业指标矿石质量一般要求

品位	$w(SiO_2)/\%$	$w(MgO)/\%$	$w(CaO)/\%$	$w(Fe_2O_3)/\%$	白度/%
边界品位	≥27	≥26	不限	≤3.0	≥50
工业品位	≥36	≥27	不限	≤2.0	≥60

表43-4-68　以化学组分含量为工业指标矿石工业品级划分

品位	$w(SiO_2)/\%$	$w(MgO)/\%$	$w(CaO)/\%$	$w(Fe_2O_3)/\%$	白度/%
特级品	≥61	≥31	≤1.5	≤0.5	≥90
一级品	≥55	≥30	≤2.5	≤1.0	≥80
二级品	≥48	≥29	≤3.5	≤1.5	≥70
三级品	≥36	≥27	不限	≤2.0	≥60

注：1. 表43-4-67、表43-4-68只适用于滑石伴生矿物中；

2. 不存在含镁硅酸盐类矿物，石英含量小于3%；

3. 含镁硅酸盐类矿物加石英总量小于8%，其中石英含量小于2%；

4. 含镁硅酸盐类矿物总量小于10%，不含石英的白云石-滑石型、菱镁矿-滑石型矿石。

对于含镁硅酸盐类矿物超过10%的蛇纹石-滑石型、绿泥石-滑石型、透闪石-滑石型以及成分更复杂的混合类型矿石的工业指标，需根据矿石的具体矿物组成、含量及产品应用方向与勘查投资者具体商定。

当品级变化大，不能细分时，可将特、一、二级品合并称为富矿，三级品称为贫矿。三级品滑石矿尚需确定应用方向，对口勘探。

以滑石含量表示矿石工业指标见表 43-4-69 和表 43-4-70。

表 43-4-69   以滑石含量为工业指标矿石质量一般要求

品　位	滑石含量(w_B)/%	$w(CaO)$/%	$w(Fe_2O_3)$/%	白度/%
边界品位	≥35	不限	≤3	≥50
工业品位	≥50	不限	≤2	≥60

表 43-4-70   以滑石含量为工业指标矿石工业品级划分

品　级	滑石含量(w_B)/%	$w(CaO)$/%	$w(Fe_2O_3)$/%	白度/%
特级品	≥90	≤1.5	≤0.5	≥90
一级品	≥80	≤2.5	≤1.0	≥80
二级品	≥70	≤3.5	≤1.5	≥70
三级品	≥50	不限	≤2.0	≥60

在 DZ/T 0207—2002 规范中采用物相分析方法确定矿石中滑石含量。以下是几种常见的滑石矿矿石类型中滑石含量计算方法：

镁质碳酸盐-滑石型矿石（脉石矿物为菱镁矿、白云石、方解石）滑石含量计算多采用差减法和测酸不溶物中氧化镁的含量乘以滑石换算因数的方法。

差减法计算滑石含量见式（43-4-1）：

$$滑石含量(w_B/\%) = (C - C_1) \times 3.1367 \qquad (43\text{-}4\text{-}1)$$

式中　C——样品的钙镁氧化物总量，%；

　　　C_1——样品的酸溶性钙镁氧化物含量，%；

　3.1367——滑石换算系数。

酸不溶物中氧化镁计算滑石含量见式（43-4-2）：

$$滑石含量(w_B/\%) = (T_{MgO} - S_{MgO}) \times 3.1367 \qquad (43\text{-}4\text{-}2)$$

式中　T_{MgO}——样品中氧化镁总量，%；

　　　S_{MgO}——样品中酸溶性氧化镁含量，%。

透闪石、蛇纹石-镁质碳酸盐-滑石型矿石（脉石矿物为白云石、蛇纹石、透闪石）滑石含量计算见式（43-4-3）：

$$滑石含量(w_B/\%) = [T_{MgO} - S_{MgO} - (T_{CaO} - S_{CaO}) \times 1.8] \div 31.88\% \quad (43\text{-}4\text{-}3)$$

式中　T_{MgO}——样品中氧化镁总量，%；

　　　S_{MgO}——样品中酸溶性氧化镁含量，%；

　　　T_{CaO}——样品中氧化钙总量，%；

S_{CaO}——样品中酸溶性氧化钙含量,%;

　　1.8——透闪石中氧化镁换算因数;

31.88%——滑石氧化镁理论值。

绿泥石-镁质碳酸盐-滑石型矿石（脉石矿物为白云石、菱镁矿、绿泥石）滑石含量计算见式（43-4-4）：

$$滑石含量(w_B/\%) = [T_{MgO} - S_{MgO} - 1.38 \times w(Al_2O_3)] \div 31.88\% \quad (43-4-4)$$

式中　1.38——绿泥石中氧化镁换算因数。

对于脉石矿物种类更多的矿石，要求得滑石含量，还需要解方程。如果能采集到有代表性的样品，可以通过显微镜下定量统计并与 X 射线定量相分析方法相结合获得滑石含量，也可采用特征元素化学计算法。当采用化学物相分析方法和特征元素化学计算法时，在普查阶段可利用矿物学中的理论值计算，详查和勘探阶段则需要单矿物分析，获得参加计算矿物的实验化学式。

43.4.8.2　滑石的主要用途

滑石具有良好的耐热、滑润、抗酸碱、绝缘及对油类强烈的吸附性等特性，被广泛用于造纸、化工、医药、军工、陶瓷、油漆、橡胶等工业部门。滑石粉的主要应用领域见表43-4-71（GB 15342—1994）。

表 43-4-71　滑石粉的主要应用领域

代　号	产品名称	工　业　用　途
HZ	化妆品级滑石粉	用于各种润肤粉、芙蓉粉、爽身粉
YS	医药、食品滑石粉	医药片剂、糖衣、痱子粉和中药方剂、食品添加剂、隔离剂等
TL	涂料级滑石粉	用于白色体质颜料和各类水基、油基、树脂工业涂料，底漆、保护漆等
ZZ	造纸级滑石粉	用于各种纸张和纸板的填料、木沥青控制剂
SL	塑料级滑石粉	用于聚丙烯、尼龙、聚氯乙烯、聚乙烯、聚苯乙烯和聚酯类等塑料的填料
AJ	橡胶级滑石粉	用于橡胶填料和橡胶制品防黏剂
DL	电缆级滑石粉	用于电缆橡胶增强剂、电缆隔离剂
TC	陶瓷级滑石粉	用于制造电瓷、无线电瓷、各种工业陶瓷、建筑陶瓷、日用陶瓷和瓷釉等
FS	防水材料级滑石粉	用于防水卷材、防水涂料、防水油膏等
WF	微细级滑石粉	用于高级油漆涂料、塑料、电缆橡胶、化妆品、铜版纸涂料、纺织润滑剂等

43.4.8.3　滑石产品质量标准

A　块滑石

块滑石按其块度分大块滑石（DK）、中块滑石（ZK）、小粒滑石（AL）。大块最大边尺寸应大于200mm、中块为 20～200mm、小粒最大粒径小于20mm。用于加工生产化妆品级的块滑石代号为 HK。用产品名称代号、规格尺寸、白度、标准号表示块滑石。例如，块度尺寸200mm、白度为 90% 的化妆品块滑石，表示为 HK90—200GB。表 43-4-72 为化妆品块滑石的理化性能指标。

表 **43-4-72** 化妆品块滑石的理化性能指标（GB 15341—1994）　　（％）

理 化 性 能		优等品	一等品	合格品
白度（不小于）		90.0	85.0	80.0
SiO_2（不小于）		61.0	59.0	58.0
MgO（不小于）		31.0	30.0	29.0
Fe_2O_3（不大于）		0.50	1.00	1.30
Al_2O_3（不大于）		1.00	1.50	2.00
CaO（不大于）		0.50	1.00	1.50
烧失量（1000℃）（不大于）		5.50	6.00	6.50
酸溶物	化妆品用块（不大于）	1.5	2.0	4.0
酸溶物	医药-食品用块（不大于）	1.5		
水溶物（不大于）		0.1		
铁 盐		不即时显蓝色		
As（不大于）		3×10^{-4}		
Pb（不大于）		10×10^{-4}		
闪石类石棉矿物		X 射线衍射分析，不得发现		

工业块滑石理化性能指标见表43-4-73。

表 **43-4-73** 工业块滑石理化性能指标（GB 15341—1994）　　（％）

理化性能	大块滑石、中块滑石			小粒滑石		
	优等品	一等品	合格品	1 号	2 号	3 号
白度（不小于）	90.0	85.0	80.0	80.0	75.0	60.0
SiO_2（不小于）	61.0	58.0	53.0	54.0	48.0	35.0
MgO（不小于）	31.0	29.0	27.0	29.0	27.0	25.0
Fe_2O_3（不大于）	0.50	1.00	1.50	1.50	2.50	—
Al_2O_3（不大于）	1.00	1.50	2.00	2.00	3.00	—
CaO （不大于）	0.50	1.20	2.50	2.50	5.00	—
烧失量（1000℃）（不大于）	6.00	8.00	12.00	—	—	—

B　滑石粉

滑石粉各种用途理化性能指标见表43-4-74～表43-4-80（GB 15342—1994）。

磨细滑石粉按其细度及筛网通过率划分为以下两种规格：

细度45μm和细度75μm，均以通过筛网产品的质量百分比表示。

微细滑石粉按其粒度分布和粒度组成，以小于20μm、10μm、5μm、2μm产品累积百分比表示。

滑石粉产品标记：产品名称及代号-白度-规格-标准号。例如，白度为75％、细度45μm通过率为98％的涂料级滑石粉，标记为：滑石粉 TL75-45-98GB。

表43-4-74　化妆品级滑石粉的理化性能指标 （%）

理 化 性 能	优等品	一等品	合格品
白度（不小于）	90.0	85.0	80.0
水分（不大于）	0.5		1.0
铁　盐	不即时显蓝色		
水溶物（不大于）	0.1		
酸溶物（不大于）	1.5	2.0	4.0
细度（通过率）（不小于）	（75μm）98.0		
	（45μm）98.0		
烧失量（1000℃）（不大于）	5.50	6.50	7.00
砷（不大于）	3×10^{-4}		
铅（不大于）	20×10^{-4}		
细菌（不大于）/个·克$^{-1}$	总数500，霉菌100；不得检出致病菌		
闪石类石棉矿物	X射线衍射分析，不得发现		

注：致病菌主要是指大肠杆菌、葡萄球菌、绿脓杆菌。

表43-4-75　医药、食品级滑石粉的理化性能指标 （%）

理 化 性 能	优等品	一等品	合格品
性　状	无臭、无味、无砂性颗粒、有润滑感		
白度（不小于）	90.0	85.0	80.0
水分（不大于）	0.5		1.0
细菌（不大于）/个·克$^{-1}$	总数500，霉菌100；不得检出致病菌		
烧失量（1000℃）（不大于）	6.00	6.50	
酸溶物（不大于）	1.5		
水溶物（不大于）	0.1		
酸碱性	石蕊试纸呈中性反应		
铁　盐	不即时显蓝色		
细度（通过率）（不小于）	（75μm）98.0		
	（45μm）98.0		
砷（不大于）	3×10^{-4}		
铅（不大于）	10×10^{-4}		
重金属（不大于）	40×10^{-4}		

注：致病菌主要是指大肠杆菌、葡萄球菌、绿脓杆菌。

43.4.8.4　滑石选矿方法及工艺流程

我国滑石资源丰富，品质优良，无需选矿即可得到质量较高的矿石，因此我国滑石选矿普遍采用手选和干磨风力分级工艺。而国外的滑石选矿已由简单的磨粉作业转向专门的、系列化的精选工艺，目的在于提高产品质量，为用户提供品种繁多的产品。

表 43-4-76　涂料级滑石粉的理化性能指标　　　　　　　　（%）

理 化 性 能		优等品	一等品	合格品
白度（不小于）		80.0	75.0	70.0
细度（45μm 通过率）（不小于）		99.0	98.0	97.0
粒度分布 累积含量	<20μm	95	80	70
	<10μm	70	50	40
	<5μm	40	30	20
水分（不大于）		0.5 ~ 1.0		
吸油量		20.0 ~ 50.0		
烧失量（1000℃）（不大于）		7.00	8.00	28.00
水溶物（不大于）		0.5		
pH 值		8.0 ~ 10.0		

表 43-4-77　造纸级滑石粉的理化性能指标　　　　　　　　（%）

理 化 性 能	优等品	一等品	合 格 品	
			低碳酸盐滑石	高碳酸盐滑石
白度（不小于）	90.0	85.0	80.0	80.0
尘埃（不大于）/mm^3 · g^{-1}	0.4	0.6	0.8	1.0
碳酸钙（不大于）	2.5	3.0	3.5	4.0
酸溶铁（Fe$_2$O$_3$）（不大于）	0.80	1.00	1.50	1.00
pH 值	8.0 ~ 9.0			8.0 ~ 10.0
水分（不大于）	0.5		1.0	
烧失量（800℃）（不大于）	6.00	8.00	12.00	22.0
磨耗度（铜网）（不大于）/mg	80.0	100.0		
细度（45μm 通过率）（不小于）	98.0	96.0	95.0	
吸油量	20.0 ~ 50.0			

表 43-4-78　塑料级滑石粉的理化性能指标　　　　　　　　（%）

理 化 性 能		优等品	一等品	合格品
白度（不小于）		90.0	85.0	80.0
细度（45μm 通过率）（不小于）		99.0	98.0	95.0
粒度分布 累积含量 （不小于）	<20μm	80	72	60
	<10μm	50	36	26
	<5μm	30	16	12
二氧化硅（不小于）		61.0	58.0	55.0
氧化镁（不小于）		31.0	29.0	27.0
三氧化二铁（不大于）		0.50	1.00	1.50
三氧化二铝（不大于）		1.00	2.00	3.00
氧化钙（不大于）		0.50	1.50	4.50
烧失量（1000℃）（不大于）		6.00	8.00	9.00
体积密度 /g · cm^{-3}	松密度（不大于）	0.45	0.55	0.65
	紧密度（不大于）	0.90	0.95	1.00
水分（不大于）		0.5		1.0

表 43-4-79   橡胶级滑石粉理化性能指标   (%)

理 化 性 能	优等品	一等品	合格品
细度(75μm 通过率)(不小于)	99.9	99.5	99.0
水分(不大于)	0.5	0.7	1.0
烧失量(1000℃)(不大于)	7.00	9.00	24.00
pH 值	8.0 ~ 10.0		
酸溶物(不大于)	6.0	15.0	20.0
酸溶铁(以 Fe_2O_3 计)(不大于)	1.00	2.00	3.00
可溶铜(不大于)	0.005		
可溶锰(不大于)	0.05		

表 43-4-80   电缆级滑石粉理化性能指标   (%)

理 化 性 能	优等品	一等品	合格品
酸不溶物(不小于)	90.0	87.0	85.0
酸溶铁(以 Fe_2O_3 计)(不大于)	0.20	0.50	1.00
烧失量(1000℃)(不大于)	6.00	8.00	10.00
磁铁吸出物(不大于)	0.04	0.07	0.10
水分(不大于)	0.5	1.0	
细度(通过率)(不小于)	(45μm)98.0	(75μm)98.0	

国外较先进的滑石矿石选矿工艺过程包括：光电选、泡沫浮选、漂白、磁选（干、湿）、水力旋流器分选、擦洗沉淀浓缩、离心分离、喷雾干燥、微粉工艺及特定工艺（如滑石分层、灭菌工艺等）。

天然滑石矿是多种矿物的集合体。原矿石可采用人工选矿进行提纯，但对于微粉颗粒人工选矿是无能为力的。利用滑石与伴生矿物杂质物理性质的差异以及其在超细粉碎过程中不同运动特性达到提纯的目的，得到的滑石纯度明显提高，粒径分布窄，适宜作高档功能性的粉体。

各国根据矿石类型、用户要求、综合回收等因素，选择不同的选矿工艺，见表43-4-81。

表 43-4-81   滑石矿的主要选矿方法

选矿方法	应 用 举 例
手 选	中国各主要矿山，如海城、平度、桂林滑石矿；美国的黄石（Yellowstone）等滑石矿用手选挑选出碳酸盐及其他脉石矿物；澳大利亚的西境滑石公司（Westside）用手选除去石英等脉石矿物
光电选	意大利用 Sostex711 光电拣选机除去深颜色的滑石；美国塞浦路斯滑石公司，用光电选矿方法将原品位从 30% 提高到 69%，作为浮选前的预富集
静电选	静电场中滑石矿带负电荷，菱镁矿带正电荷，而磁铁矿和黄铁矿均为良导体，因此可以在电场中分离这种类型的矿
浮 选	芬兰奥托昆普公司对诺斯滑石矿采用 OK_3、OK_{16} 型浮选机，年处理矿石的能力为 40 万吨，同时综合回收镍精矿
磁 选	加拿大贝克尔（Baker）公司的凡立特滑石矿用琼斯磁选机进行选别
干法风选	中国，如海城、营口、平度、桂林滑石矿（或加工厂），主要采用雷蒙磨进行磨矿，个别矿山引进了气流粉碎机和高速冲击粉碎机；国外，如意大利、美国、日本等国家，主要采用气流粉碎机

43.4.8.5　滑石选矿生产实例

A　意大利瓦尔麦伦科矿

意大利北部的瓦尔麦伦科矿含滑石 49.20%、绿泥石 23.20%、菱镁矿 13.70%、白云石 14.10%、磁铁矿 1.60% 和硫化物 0.1%。该选厂采用了综合工艺流程进行选矿，取得了较好的分选效果。选矿工艺流程如图 43-4-16 所示。各产物的物相分析、Fe_2O_3 品位和分布率见表 43-4-82。

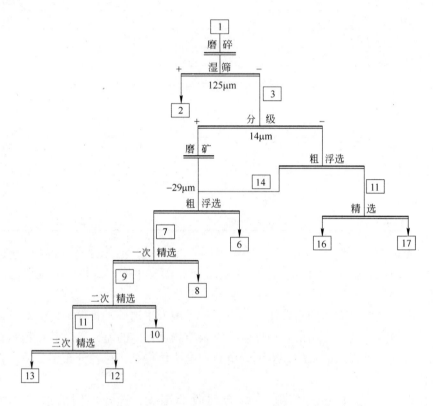

图 43-4-16　瓦尔麦伦科矿滑石选矿工艺流程

B　辽宁海城艾海滑石矿

艾海滑石矿的滑石块矿只有 20% ~ 50%，50% ~ 80% 是滑石小粒和滑石渣的混合物；滑石块可以采用人工挑选，而滑石小粒和滑石渣由于粒径小，人工无法挑选，只能作为尾矿处理，资源浪费非常严重；针对这种情况，艾海公司经过多年探索研究，在 2010 ~ 2011 年相继研发出了适用于滑石分选的 "干式弹性筛选机(专利号为 2011201987972)" 和滑石洗选的专利技术(专利申请号:201110440603.X)，以低品位滑石小粒及滑石渣为原料，采用水选与筛选相结合的工艺技术对 25mm 以下的低品位滑石进行提纯加工；经干式弹性筛选机分选后，分选效率达到 95% 以上，选后滑石白度、烧失量、纯度得到了很大提高，提高了原料的利用率和产品的附加值，使矿产资源得到了充分回收利用。其选矿工艺流程如图 43-4-17 所示。

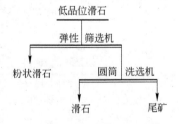

图 43-4-17　艾海滑石矿
选矿工艺流程

表 43-4-82 产品物相分析、Fe$_2$O$_3$ 品位和分布率 （%）

样品	产率	含量				分布率				Fe$_2$O$_3$品位	Fe$_2$O$_3$分布率
		绿泥石	滑石	白云石	菱镁矿	绿泥石	滑石	白云石	菱镁矿		
1	100	18.44	45.22	15.21	20.18	100	100	100	100	7.29	100
2	33.83	16.65	25.91	27.76	29.68	30.61	18.96	61.74	49.75	10.60	49.14
3	66.17	19.29	56.57	8.83	15.32	69.39	81.04	38.26	50.25	5.61	50.86
4	38.24	19.07	51.27	13.04	16.62	39.60	42.46	32.72	31.48	6.36	33.30
5	27.93	19.60	63.88	3.01	13.52	29.79	38.58	5.54	18.77	4.58	17.56
6	14.08	24.05	20.53	28.41	27.00	18.40	6.25	26.30	18.84	9.40	18.13
7	24.16	16.14	69.32	4.01	10.53	21.20	36.21	6.42	12.64	4.58	15.17
8	3.71	22.94	37.20	16.98	22.88	4.63	2.99	4.14	4.21	7.30	3.71
9	20.45	14.94	74.99	1.72	8.35	16.57	33.22	2.28	8.43	4.10	1.46
10	4.41	20.13	62.22	3.69	13.96	4.83	5.94	1.07	3.05	5.05	3.04
11	16.04	13.48	78.59	1.16	6.77	11.74	27.28	1.21	5.38	3.84	8.42
12	4.27	15.91	73.63	1.63	8.83	3.69	6.81	0.46	1.87	4.50	2.63
13	11.77	12.58	80.43	0.98	6.01	8.05	20.47	0.75	3.61	3.60	5.79
14	11.48	24.05	52.65	4.28	19.02	15.01	13.08	3.34	10.83	5.60	8.81
15	16.45	16.50	71/68	2.13	9.70	14.78	25.54	2.31	7.94	3.87	8.76
16	9.45	18.50	66.40	2.74	12.35	9.51	13.58	1.71	5.79	4.90	6.35
17	7.00	13.84	78.67	1.31	6.19	5.27	11.92	0.60	2.16	2.50	2.40

C 辽宁北海滑石集团

北海集团滑石矿边界品位 15%～20%，工业品位 22.5%～30%，出矿品位 35%～56%。北海集团滑石浮选厂规模为 30 万吨/年，处理的矿石为采出矿石中的小块和粉状低品位滑石，经一段磨矿，一次粗选两次精选一次扫选，浮选精矿经浓缩过滤干燥，再加工成滑石粉。其选矿工艺流程如图 43-4-18 所示。

43.4.8.6 滑石深加工及制品

A 超细粉碎

超细滑石粉是当今世界用量最大的超细粉体产品之一，广泛应用于造纸、塑料、橡胶、油漆涂料、化妆品、陶瓷等工业。

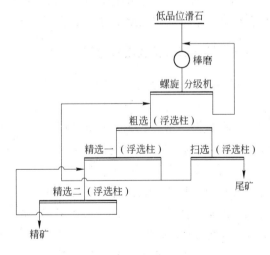

图 43-4-18 北海集团低品位滑石浮选工艺流程

目前超细滑石粉的加工主要采用干法工艺。湿法粉碎虽有研究，但工业上很少使用。干法生产设备主要有高速机械冲击式磨机、气流粉碎机、离心自磨机、旋磨机以及振动磨、搅拌磨和塔式磨等。滑石的气流粉碎原则工艺如下：

滑石块 — 粗碎 — 干燥 — 中碎 — 细磨 — 超细粉碎 — 包装

滑石的高速机械冲击超细粉碎工艺流程如下:

滑石块 — 锤式破碎机 — 高速机械冲击式粉碎机 — 涡轮式精细分级机 — 集料 — 包装

B　表面改性

滑石粉广泛用作聚丙烯、尼龙等高聚物基复合材料的增强填料。对其进行表面改性可有效地改善滑石粉与聚合物的亲和性和滑石粉填料在高聚物基料中的分散状态,从而提高复合材料的物理力学性能。

滑石粉的表面改性使用的表面改性剂主要有各种表面活性剂、石蜡、钛酸酯和锆铝酸盐偶联剂、硅烷偶联剂、磷酸酯等。

改性主要采用干法改性工艺。改性机主要有连续式流态化改性机、连续涡轮式粉体表面改性机、高速加热混合捏合机等。

C　煅烧

我国江西省广丰地区蕴藏有丰富的黑滑石资源。原因是这些滑石矿中含有较多的有机碳。为了开发利用这些黑滑石资源,煅烧是必需的加工工艺。煅烧温度一般为 600 ~ 1200℃,在此温度范围内,温度越高,煅烧后的滑石白度越高,煅烧白度最高可达 90% 以上。目前,煅烧设备大多采用梭式窑、隧道窑和回转窑。

D　水滑石、类水滑石插层材料

水滑石及类水滑石化合物是层状双金属氢氧化物,类似水镁石结构。水滑石及类水滑石材料具有很好的热稳定性和较大的比表面积,可以用作催化剂或催化剂的载体,还可以作为治疗胃溃疡的抗酸剂,及用作吸附剂、阴离子交换剂、阻燃剂等。

水滑石的合成方法有沉淀法、离子交换法、磁性基质组装法和前驱物合成法等。

水滑石插层材料还可用作多功能红外吸收材料,用于农业棚膜,大幅度提高保温效果,同时还具备了抗老化性能,力学性能、阻隔性能、抗静电性能和防尘性能都得到了提高。

43.4.9　钾长石、钠长石和霞石

43.4.9.1　*矿物、矿石和矿床*

A　长石矿物及性质

长石是钾、钠、钙等碱金属或碱土金属的铝硅酸盐矿物,称为长石族矿物。长石是分布最广的造岩矿物之一,约占地壳矿物组成的 60%。在陶瓷、玻璃等工业领域中主要用的是钾长石、钠长石和霞石正长岩。

钾长石($KAlSi_3O_8$)通常又称为正长石,单斜晶系,颜色为白色、红色、乳白色,纯钾长石的化学成分:K_2O 16.9%、Al_2O_3 18.4%、SiO_2 64.7%,密度 2.56g/cm^3,莫氏硬度为 6,熔点(1150±20)℃。

钠长石($NaAlSi_3O_8$),三斜晶系,颜色为白色、蓝白色、灰白色,纯钠长石的化学成分:Na_2O 11.8%、Al_2O_3 19.4%、SiO_2 68.8%,密度 2.605g/cm^3,莫氏硬度为 6,熔点 1215℃。

钠长石是斜长石亚族中的端员矿物,在斜长石亚族中按 Na_2O 和 CaO 的含量不同分为:钠长石、奥长石、更长石、中长石、拉长石、钙长石。

在酸性和中性侵入岩中,尤其是在花岗伟晶岩中,当温度高时,钾长石($KAlSi_3O_8$)

和钠长石（$NaAlSi_3O_8$）呈固溶体形式存在；温度下降时，呈固溶体形式存在的钾长石和钠长石分解，钠长石呈细聚片双晶或格子状嵌布在主晶钾长石晶体中，称为条纹长石；反之，为反条纹长石。

霞石是六方晶系碱性架状结构硅酸盐矿物，其化学式为 $KNa_3(AlSiO_4)_4$，有时含少量的钙、镁、钛、铍；易溶于酸，形成凝胶；呈柱状或致密块状集合体，为黄、灰、白、浅红等颜色，密度 $2.5 \sim 2.7 g/cm^3$，莫氏硬度 $5.5 \sim 6$，熔点低，流动性好。

含霞石5%以上的正长岩称为霞石正长岩（nepheline-syenite），属中酸性岩类，是一种硅饱和结晶岩。霞石正长岩也是一种重要的陶瓷和玻璃原料。

钾长石、钠长石、霞石正长岩三种陶瓷、玻璃原料中，目前用量最多的是钾长石和钠长石，而且又是以产于伟晶岩中的钾长石和钠长石为主。

B 长石矿床成因类型

长石矿床按成因可分为两大类：

（1）伟晶岩型长石矿：此类矿床主要赋存于伟晶岩区，其围岩多为古老的沉积变质的片麻岩或混合岩化片麻岩。也有一些矿脉产于花岗岩体或基性岩体中，或在其接触带上。矿石主要集中于伟晶岩的长石块体带或分异单一的长石伟晶岩中。中国长石矿床多为伟晶岩型矿床，如陕西临潼、四川旺苍、山西闻喜、山东新泰、辽宁海城及湖南衡山等，均属此类。

（2）岩浆岩型长石矿床：此类矿床产于酸性、中酸性及碱性岩浆岩中，其中以产于碱性岩中的最为重要，如霞石正长岩、霞石正长斑岩矿床，其次为花岗岩、白岗岩矿床以及正长岩、石英正长岩矿床等。

C 长石矿床工业类型

一般情况下，纯长石在自然界中很少存在，即使是被称为钾长石的矿物中，也可能共生或混入一些钠长石。一般把钾长石和钠长石构成的长石矿物称为碱性长石；由钠长石和钙长石构成的长石矿物称为斜长石；钙长石和钡长石构成的长石矿物称为碱长石。钾微斜长石是晶系为三斜晶系的钾长石的一种，钠长石以规则排列的形式夹杂在钾长石中，称为条纹长石。

国内已开采利用的长石矿主要产于伟晶岩，有一部分长石产于风化花岗岩、细晶岩、热液蚀变矿床及长石质砂矿。

世界上霞石正长岩主要分布在加拿大、挪威、土耳其、中国和独联体国家。我国主要产地有四川南江、河南安阳、广东佛岗、云南个旧等地。

D 长石矿床工业指标

工业上对长石矿的一般要求如下：

（1）长石经手选后尽量纯净而不含杂质、表面无铁化现象或只有少量铁化现象。铁质矿物、含铁质的黑色矿物和云母片等的总含量应低于8%。

（2）矿体中长石含量要求在40%以上。

（3）矿石块度大于5cm。

（4）长石粉细度，要求通过 0.074mm（200目），筛余物应小于7%。

（5）在1130℃下煅烧后，应熔融成白色透明的玻璃体。

43.4.9.2 钾长石、钠长石及霞石正长岩的主要用途

A 钾长石、钠长石在陶瓷和玻璃制造业中的应用

钾长石和钠长石主要作为生产玻璃和陶瓷的原料，约占其总用量的80%以上。

a   在陶瓷制造业中的应用   在陶瓷制造业中，钾长石既是瘠性原料，又是熔剂性原料。作为瘠性原料，提高坯体的疏水性，缩短坯体干燥时间，减少坯体因干燥收缩产生变形。

作为熔剂原料加入到坯体、釉料中，由于能与黏土及石英形成低共熔烧结，促进成陶反应，降低制品的烧成时间。钾长石在高温下熔化的液相充填于坯体颗粒间的空隙，减少气孔率，增大坯体的密度，提高了坯体的机械强度和透光性。熔融的长石玻璃熔体能溶解部分黏土分解物和石英颗粒，有利于莫来石晶体的生成和发育，因此提高了坯体的强度和化学稳定性。

钾长石熔融后黏度比钠长石大，并且黏度随温度变化而变化的速度较慢，可在高温坯体中起到热塑作用及胶结作用，使制品在高温下不易变形，但是就助熔剂作用，钠长石比钾长石强。一般情况下，在坯体中长石约占配料的 25%，占釉料配料的 50%。

b   在玻璃制造业中的应用   长石熔融后形成玻璃的过程较缓慢，结晶力小，可防止在玻璃形成过程中析出晶体而破坏制品。还可以调节玻璃的黏性，提高玻璃配料中氧化铝含量，降低生产中熔融温度和减少碱用量。

此外，长石在搪瓷制造业中作珐琅，掺入量一般为 20% ~ 30%。在磨具制造业中，用长石作陶质磨轮胶结物。钾长石是制取钾肥的原料。

B   霞石正长岩在陶瓷和玻璃制造业中的应用

霞石正长岩含有较多的碱金属，$Na_2O + K_2O$ 含量大多超过 14%，因此具有较强的助熔性，能在 1050℃ 烧结。霞石正长岩可代替部分钾长石或钠长石作助熔剂，将会降低坯体的烧成温度，扩大烧结范围，降低烧成收缩。霞石正长岩 Al_2O_3 含量高于钾长石，因此扩大了烧成范围，有利于提高制品的机械强度。

霞石是 SiO_2 不饱和矿物，不与石英共生。当霞石和石英混合在一起加热时，高温下二者迅速反应，并放出热量。这一反应过程使难熔的石英能在较低温度下活化熔融，这是霞石正长岩具有强助熔性和被应用在陶瓷和玻璃制造业中的原因。

43.4.9.3   长石的质量要求

《中华人民共和国建材行业标准》（JC/T 859—2000）中规定了钾长石和钠长石的质量要求。该标准非等效采用美国泰和曼公司和俄罗斯鲍尔斯基玻璃厂的企业标准，其优等品的主要化学成分 K_2O、Na_2O 和 Fe_2O_3 的指标均不低于美、俄企业标准的要求，该标准具有国际先进水平，并且还特别规定了外观质量和产品粒度要求。

该标准适用于钾长石、钠长石原矿块料及经机械加工制成的粉料。产品分钾长石（K）、钠长石（Na）。

规格：产品按粒度分为 45μm（325 目）、75μm（200 目）、125μm（120 目）、150μm（100目）、180μm（80 目）、250μm（60 目）的粉料及块度 20 ~ 400mm 原矿块料（C）等七种。

等级：产品按化学成分分为优等品（A）、一等品（B）、合格品（C）三个等级。

标记方法：产品按下列顺序标记：产品分类、规格、等级和该标准号。例如：优等品45μm（325 目）钾长石粉标记为：K-45-A JC/T 859—2000；一等品钠长石块料标记为：Na-C-B JC/T 859—2000。

块矿产品颜色为白色或粉红色、无泥沙、无其他杂物，粉状产品颜色为白色或粉红色。

不同规格粉料的粒度其筛余量均不大于 5%。粉料采用 GB/T 6003 规定的试验筛，粒

度大于 $75\mu m$ 用干筛法、粒度小于 $75\mu m$ 用湿筛法，筛检时间为 5min。

块料用精度为 1mm 的钢尺量其最大尺寸并记录。

产品的化学成分见表 43-4-83 和表 43-4-84。

表 43-4-83　钾长石化学成分

化学成分　　指标/%　　等级	优等品	一等品	合格品
$K_2O + Na_2O$	≥13.50	≥12.00	≥10.50
K_2O	≥11.00	≥9.50	≥8.00
$Fe_2O_3 + TiO_2$	≤0.18	≤0.22	≤0.25
TiO_2	≤0.03	≤0.05	≤0.10

注：如果需方另有要求，由双方协商确定。

表 43-4-84　钠长石化学成分

化学成分　　指标/%　　等级	优等品	一等品	合格品
Na_2O	≥10.50	≥10.00	≥8.00
Fe_2O_3	≤0.20	≤0.25	≤0.30

注：如果需方另有要求，由双方协商确定。

《中华人民共和国轻工行业标准》（QB/T 1636—1992）规定了日用陶瓷用长石质量要求。日用陶瓷用长石按矿物成分分为钾长石和钠长石；按产品状态分为块状和粉状。

块状产品应无明显云母和其他杂质，无严重铁质污染，外观通常为红色、白色、淡黄色。

产品经 1350℃ 煅烧后，优等品、一等品为透明或乳白色玻璃体；合格品为透明或浅黄色玻璃体。

产品的粒度由供需双方议定。

长石粉含水率不超过 2%，如超过应在计量中扣除。

产品化学成分应符合表 43-4-85 所示的规定。

表 43-4-85　钾长石和钠长石产品的化学成分

类　别	等　级	化学成分/%				
		$Fe_2O_3 + TiO_2$	TiO_2	$K_2O + Na_2O$	K_2O	Na_2O
钾长石	优等品	≤0.15	≤0.03	≥14.00	≥12.00	—
	一等品	≤0.25	≤0.05	≥13.00	≥10.00	—
	合格品	≤0.50	≤0.10	≥10.00	$K_2O > Na_2O$	
钠长石	优等品	≤0.15	≤0.03	≥10.00	—	≥9.00
	一等品	≤0.25	≤0.05	≥9.00	—	≥8.00
	合格品	≤0.05	≤0.10	≥8.00	$Na_2O > K_2O$	

目前开发利用霞石正长岩的有加拿大、俄罗斯、挪威、美国和巴西。我国近年来才开

发利用，尚未制定工业标准，只有满足用户不同需要的产品质量要求。

43.4.9.4　钾、钠长石矿选矿

我国目前利用的钾、钠长石主要产于伟晶岩。陶瓷、玻璃原料生产厂家都选择铁含量低、云母少、钾长石或钠长石含量高的伟晶岩脉开采。采下的矿石一般不进行选矿处理，只是在破碎过程中加磁选设备，多数厂家用磁棒除掉矿石破碎过程中混入的磁性铁。然而随着陶瓷、玻璃等行业对长石原料的质量要求愈来愈高和需求量不断增加，高质量的伟晶岩矿床越来越少，长石矿石选矿已受到矿业界重视，长石原料必然主要是长石精矿。

从伟晶岩矿石中选钾长石或钠长石，主要解决三个问题：除含铁矿物，如铁的氧化物、含铁角闪石等；选掉云母类矿物，如白云母、绢云母等；长石和石英的分离，以提高产品的钾或钠含量。在伟晶岩中石英主要呈两种状态产出，一是经结晶分异作用，以其单体或集合体形式产出，另一种是以蠕虫状嵌布在长石晶体中。

一般用强磁选机除掉铁矿物，如高梯度强磁选机。也可采用浮选法除掉铁矿物，如矿浆 pH 值为 4 ~ 5 时，用磺酸盐类捕收剂浮选含铁矿物。

长石一般与云母、石英以及含铁矿物共生，长石可用油酸类捕收剂浮选。铝盐在酸性介质中抑制长石，而在弱碱性介质中活化长石。胺类也是长石的捕收剂，选别效果良好，但要注意矿浆 pH 值的调整和矿泥的脱出。

长石和云母的分离是用硫酸作调整剂，加混合胺和柴油作为云母的捕收剂。云母和长石浮选时，常采用高浓度调浆，低浓度浮选的方法。这样既可减少药剂用量，又能减少对机械设备的腐蚀。

长石和石英的分选是比较难的，其难选原因是长石和石英在水溶液中荷电机理基本相同。二者晶体结构都是架状结构，只不过是在石英晶体结构中 1/4 的 Si^{4+} 被 Al^{3+} 取代，即为长石。由于 Al^{3+} 取代 Si^{4+}，在相应的四面体构造单元中，充入 K^+ 或 Na^+ 作为金属配衡离子，以保持矿物电中性。根据 K^+、Na^+ 含量分为钾长石和钠长石。长石和石英选矿分选是采用浮选工艺。目前主要有三种浮选方法，即氢氟酸法、硫酸法和无酸法。分选效果比较好的是氢氟酸法，其次是硫酸法。无酸浮选法，即矿浆的酸碱度是中性或碱性，但因其工艺条件苛刻，至今未能进入工业化应用。

氢氟酸法是用氢氟酸作矿浆 pH 调整剂，pH 值在 2 ~ 2.5，一般用胺类作捕收剂。能使长石和石英分选的原因：一是长石晶格中的配衡金属离子 K^+、Na^+ 与氧的键合力弱，易被溶解于矿浆中，使长石表面形成正电荷空洞或是带有负电荷的晶格，对矿浆中的阳离子捕收剂产生静电吸附和分子吸附；二是在长石晶格中，Al^{3+}—O 的键力比 Si^{4+}—O 键力弱，在矿石破磨过程中 Al^{3+}—O 键易断开，在长石表面形成了 Al^{3+} 化学活性区，对阴离子捕收剂有特性吸附。在石英表面仅有微弱的静电和分子吸附。在长石表面的各种吸附互相促进，共同作用，对阴、阳离子捕收剂的吸附量远大于石英表面对捕收剂的吸附量，从而导致长石优先浮出，使长石和石英分选。氢氟酸法分选长石和石英效果好，但这种方法不仅对设备有较强的腐蚀，而且也对生产人员的身体健康有危害，因此氢氟酸法的应用受到了限制。

硫酸法是用强酸（硫酸）作矿浆 pH 调整剂，捕收剂为十二胺、十二烷基磺酸钠，在 pH 值为 2 ~ 3 的条件下，pH 值正处于石英零电点附近，比长石零电点（pH 值为 1.5）高。在此条件下长石表面负电荷，石英表面不带电荷，因而胺类捕收剂吸附在长石表面，不吸附在石英表面，阴离子捕收剂与阳离子捕收剂配合共同吸附，增大了长石表面的疏水性，

易浮游；石英表面呈中性，对阴、阳离子捕收剂均不吸附，其表面亲水难浮。硫酸法长石优先浮出的原因中也有长石表面正电荷空洞对阳离子捕收剂吸附，以及长石表面 Al^{3+} 化学活性区对阴离子捕收剂的吸附。

硫酸法减轻了对生产人员的危害，但同样存在对设备腐蚀和废酸水处理的问题。因此，必须加强中性和碱性条件下能有效分选长石和石英的选矿工艺研究。

在中性介质中，长石和石英均荷负电。但在石英表面仍有局部荷正电区存在，借助于静电力和氢键作用对油酸根离子有微量吸附，这一吸附并不稳定，在抑制剂如六偏磷酸钠作用下，即可脱去表面吸附的捕收剂油酸根。长石对油酸根的吸附主要是 Al^{3+} 的化学吸附，这种吸附是比较牢固的，六偏磷酸钠不能脱除这种吸附的油酸根。长石表面的 Al^{3+} 量少，其疏水性很有限，还达不到使长石优先浮出。但是长石表面吸附的油酸根离子可作为阴离子活性质点再吸附胺类阳离子捕收剂，胺类阳离子捕收剂被牢固吸附在长石表面，使长石优先浮出，达到长石和石英分选的目的。

在中性介质中，长石和石英分选的关键是要选择合适有效的抑制剂能解吸石英表面吸附的油酸根离子，又能阻止胺类阳离子捕收剂在石英表面吸附。

在 pH 值为 11～12 的碱性矿浆中分选石英和长石，是以碱土金属离子为活性剂，以烷基磺酸盐为捕收剂，可优先浮出石英。同时加入合适的非离子表面活性剂，可明显提高石英回收率。在碱性条件下金属离子与烷基磺酸盐形成的中性配合物（如 $Ca(OH)^+RSO_3^-$）起关键作用，这些中性配合物与游离的磺酸盐离子配合在一起吸附在石英表面上。而在高碱性条件下长石表面形成水合层。

目前，碱性条件下分选长石和石英的研究还停留在试验室研究阶段。

长石选矿方法汇总见表 43-4-86。

表 43-4-86　长石选矿方法

序　号	选矿方法	适　用　范　围	分　离　原　理
1	拣选	适用于产自伟晶岩、质量较好的矿石，除去云母、石英、石榴子石、电气石、绿柱石等杂质矿物，优质矿石直接出售或进行粉碎后销售	根据矿石外观颜色、结晶形态等差异进行人工选别
2	水洗	适用于产自风化花岗岩或长石质砂矿的长石中除去黏土、细泥、云母等	黏土、细泥等粒度细小，沉降速度小，在水流的作用下与粗粒长石分离
3	磁选	除去含铁矿物如磁铁矿、赤铁矿、电气石、石榴子石等	含铁矿物具磁性，在外加磁场的作用下与长石分离
4	重选	除去含铁矿物、金红石、石榴子石等	含铁矿物、金红石、石榴子石等密度大，与密度小的长石在横向和纵向水流的联合作用下分离
5	浮选	除去云母、铁矿物及石英等杂质	根据长石与其他矿物表面物化性质的差异，在浮选药剂的作用下与杂质矿物分离
6	化学处理	用硫酸、盐酸溶解氧化铁、氧化铝提纯硅砂	长石表面的薄膜铁或部分含铁颗粒在酸的作用下生成易溶解的化合物

43.4.9.5　长石选矿厂实例

山东临朐某长石矿，钠长石占 85%～90%，石英 10%～15%，含有少量的绿泥石、铁矿物和金红石等杂质，其原矿经过两段开路破碎后，进入棒磨机与筛子组成闭路系统磨矿，筛下产物先进入螺旋溜槽、摇床除去金红石等重矿物，再通过中场强磁选机进一步除去机械铁，产物脱除细泥后采用浮选进一步除去绿泥石，得到的长石精矿中 SiO_2 可达 68.51%，Fe_2O_3 含量为 0.08%。

河南卢氏某长石矿为典型的伟晶岩，主要矿物为斜长石，约占60%，其次为石英，约占30%，白云母8%，另含少量的金红石、赤铁矿、磁铁矿等。其原矿经过两段开路破碎后，进入棒磨机与筛子组成闭路系统磨矿，筛下产物通过中场强磁选机进一步除去机械铁，高梯度磁选机除去铁矿物，产物脱除细泥后先采用浮选回收云母，云母回收采用一粗二精的流程，获得云母精矿；随后进行长石和石英的分离，采用无氟浮选方法，长石经一段精选后获得长石精矿，获得的精矿中 SiO_2 可达 65.42%，Fe_2O_3 含量为 0.13%。

43.4.9.6　钾长石为原料制取钾肥

由于我国比较缺少可溶性钾盐，所以农业施肥中氮、磷、钾比例长期失调，$N：P_2O_5：K_2O$ 大致为 1：0.24：0.001，远低于世界平均水平 1：(0.33 ~ 1.12)：(0.33 ~ 0.83)。近年来，在我国青海、西藏等地相继找到了大型盐湖，缓解了我国钾盐短缺。但是从钾长石及含钾岩石中提钾制取钾肥仍然是解决我国钾肥原料短缺的主要途径。

钾长石制取钾肥参考工业要求：$K_2O > 9\%$，$(MgO + CaO) < 2\%$，$Na_2O < 3\%$。

在含钾岩石中，钾通常以离子形式存在于铝硅酸盐矿物的晶格中，在自然环境下很难游离出来。利用不溶性钾矿制取钾肥的基本原理就是利用各种方法，破坏矿物晶体结构，使钾离子释放出来，变成可被植物吸收的可溶性钾盐。提取钾的工艺较多，从原理上大致可分为直接破碎法、高温煅烧法和湿化学法三类。

A　直接破碎法

直接破碎法即将富钾岩石直接进行粉碎加工，施撒于农田中，或简单拌和有机肥、添加剂、钾菌肥堆沤后施撒于农田中。这种方法成本低，生产工艺简单，能有效提高土壤供钾能力。不足之处：资源仅限于富钾云母类矿物或岩石，如黑云母、白云母、伊利石、海绿石等，并且易造成土壤局部沙化，肥效也较缓慢。

B　高温煅烧法

高温煅烧法是最常用的提钾方法。其原理是将钾矿石与其他配料在高温（1100 ~ 1500℃）条件下煅烧，配料分解产物与铝硅酸盐矿物发生反应，使其结构破坏，钾元素与其他元素形成可溶性钾盐，达到提钾的目的。由于矿物种类、配料、煅烧设备不同，其工艺流程也不同，通常有立窑法、高炉法、电炉法和水泥窑法几种常用工艺。

a　立窑法提钾　　立窑法提取钾肥多采用"二磨一烧"类似于水泥生产工艺流程，即原料混合球磨—煅烧—熟料球磨—钾肥产品。把石灰石、白云石、石膏、矿石、煤按一定的比例混合，破碎至 0.18 ~ 0.15mm(80 ~ 100 目)，加水成球，在 1100 ~ 1500℃ 入窑煅烧。其煅烧温度和时间随配料不同而异。熟料球磨后即为钙钾肥。若生料中加入磷矿石，可得钾钙磷肥。此法提钾成本低，但肥效也低，并且多为缓效钾肥。

b　高炉法提钾　　高炉法提钾所采用的设备是矮型炼铁高炉。钾长石、石灰石、白云石、焦炭按一定比例混合，碱度控制在 1：1 左右，加一定量的萤石作为挥发剂，破碎至 30 ~ 50mm，入炉冶炼。在高温条件下，部分钾以 K_2O 的形式随烟气挥发出来，采用收尘设备捕集，经水浸过滤提纯后可得到高纯 K_2CO_3 和 K_2SO_4。原料中的铁硅还原，形成硅铁合金流于炉底，定期排放，铸成钢锭。中部炉渣排放时水淬，其中钾以铝酸钾和硅酸钾的形式存在，经过细磨、水浸、高炉气（CO_2）碳酸化，可得 K_2CO_3 和 Al_2O_3，滤渣为硅酸钙矿渣，可作为水泥原料。此法综合利用了钾长石中钾、硅、铝三种元素，经济效益较高。

国内在这方面研究较多，积累了较丰富经验。如山西闻喜县钾肥试验厂利用当地的钾长石（K_2O 含量为 12%）为原料进行高炉提钾，结果表明：K_2O 的挥发率为 71.65%，回收率为 93.53%，布袋收尘含 K_2O 为 45% 左右，每产 1t K_2O，可得白水泥 28.9t。技术成熟，效益显著。

c　电炉法提钾　　电炉法提钾主要用于霞石正长岩的综合利用，主产品是氧化铝，副产品是碳酸钾。

d　水泥窑法提钾　　水泥窑法提钾原理同高炉法提钾相似，其方法是在水泥生料中加入 4%～15% 的钾长石，部分或全部代替黏土，使生料中 K_2O 的含量在 2% 左右，并加入 0.8%～1% 的萤石作为促进剂，按正常程序进行回转窑煅烧，在窑口安装收尘装置，捕集窑灰钾。熟料中 K_2O 控制在 1.1% 以下，即可得到高硅水泥。此法优点在于对水泥生产线无须做大的调整，只要增加二级收尘系统就可达到 95% 以上的收尘率，窑灰钾中 K_2O 含量大于 25%，生产的钾肥（KCl、K_2SO_4）纯度高，水泥质量也明显提高。

在水泥生产过程中提钾的工艺早已为各国重视，如澳大利亚、芬兰、印度、日本等国都利用钾长石或其他钾矿石做水泥配料，在生产水泥的同时，获得钾肥产品。我国北京琉璃河水泥厂用河北蓟县长城系含钾页岩代替黏土做水泥原料，每生产 10t 水泥可回收 1t 窑灰钾。

C　湿化学法

湿化学法提钾的原理是用酸、碱等化学试剂在溶液中分解钾长石，使钾离子溶离出来。其特点是反应温度低，能耗少。主要有酸法、碱法和生物化学法三类。湿化学提钾目前还处于探索阶段，大多为实验室产品。主要原因是工艺流程复杂，所加化学试剂较多，产品成本高，并且对环境有一定的污染。

D　热化学转化法

除上述三类提钾工艺外，河南省地质科学研究所成功研究开发出热化学转化法生产钾镁肥技术。该方法是通过特制的钾镁肥转化助剂和辅助材料，使含钾岩石中的铝硅酸盐矿物结构发生转化，将含钾矿物中的结构钾（无效钾）转化为能被植物吸收的有效钾。含钾岩石、含镁的辅料，以及转化助剂一起反应形成一种含有效钾、镁、硅、铁、锰等多种营养元素的无机无氯配合态肥料——矿质钾镁肥。生产工艺流程简化为：

$$\left.\begin{array}{l}\text{含钾岩石}\\\text{配　　料}\\\text{矿　化　剂}\end{array}\right\}— 热还原反应釜 — 半成品 — 催化反应添加剂 — 矿质钾镁肥$$

产品中有益元素含量：有效钾 8%～11%、有效镁 8%～10%、有效铁 1.5%～3%、有效锰 0.3%～0.6%、有效锌 0.2%～0.5%，另外还含有 20% 左右的有效硅。

43.4.10　金刚石

43.4.10.1　矿物、矿石和矿床

A　金刚石矿物及性质

金刚石的化学成分为 C，与石墨同是碳的同质多象变体，它是自然界已发现的最硬的

矿物之一。

金刚石是一种极稀有的贵重非金属矿物，具有高硬度、高耐磨、高透明等特性，且颗粒越大，晶形越完整，价值也越大。其性质见表43-4-87。

表43-4-87 金刚石的性质

类 别	性 质	性 质 描 述
矿物成分	化学组成	C，是碳在高温高压下的结晶
		Si、Mg、Ca、Ti、Fe 等，总含量 0.001% ~4.8%
矿物晶体	晶体构造	等轴晶系。单位晶胞中，C 原子具有高度的对称性。C 原子位于四面体的角顶及中心。C—C 原子间为共价键，配位数为 4，键间夹角为 109°28'，C 原子间距为 1.54×10^{-10} m，晶胞参数为 3.56×10^{-10} m
	常见晶形	以八面体和菱形十二面体以及其聚形为主
力学性质	硬 度	莫氏硬度为 10，显微硬度为 98654.9MPa（10060kg/mm²）
	脆 性	较脆，在不大的冲击力下会沿晶形解理面裂开
	密 度	质纯、结晶完好的为 3520kg/m³，一般为 3470~3560kg/m³
	解 理	具有平行八面体的中等或完全解理，平行十二面体的不完全解理
	断 口	贝壳状或参差状
光学性质	颜 色	纯净者为无色透明，但较少见。多数呈不同颜色，如黄、绿、棕、黑色等
	光 泽	金刚光泽，少数呈油脂光泽、金属光泽
	折光率	2.04~2.48。其中对黄光 2.417，对红光 2.402，对绿光 2.427，对紫光 2.465
	透明度	纯净者透明，一般透明、半透明、不透明
	异常干涉色	等轴晶系矿物在正交偏光镜下的干涉色应为黑色，但很多金刚石呈异常干涉色，如灰色、黄色、粉红色、褐色等
	发光性	在阴极射线下发鲜明的绿、天蓝、蓝色荧光，在 X 射线下发中等或微弱的天蓝色荧光，在紫外线下发鲜明或中等的天蓝、紫、黄绿色荧光，在日光曝晒后至暗室内发淡青蓝色磷光
	比热容	随温度的升高而增大。如：-106℃时为 399.84J/(kg·K)，107℃时为 472.27J/(kg·K)，247℃时为 1266.93J/(kg·K)
热学性质	热膨胀性	低温时热膨胀系数极小，随温度的升高，热膨胀系数迅速增大。如：-38.8℃时线膨胀系数近于 0，0℃时为 5.6×10^{-7}，30℃时为 9.97×10^{-7}，50℃时为 12.86×10^{-7}
	耐热性	在纯氧中燃点为 720~800℃，在空气中为 850~1000℃，在纯氧下 2000~3000℃转化为石墨
磁电性质	磁 性	纯净者非磁性。某些情况下由于含有磁性包裹体而显示一定磁性
	相对介电常数	15℃时为 16~16.5
	电导率	一般情况下是电的不良导体。电导率为 0.211×10^{-12}~0.309×10^{-11} S/m。随温度的升高，电导率有所增大。Ⅱb 金刚石具有良好的半导体性能，属 P 型半导体
	摩擦电性	与玻璃、硬橡胶、有机玻璃表面摩擦时产生摩擦电荷
表面性质	亲油疏水性	新鲜表面具有较强的亲油疏水性，其润湿接触角为 80°~120°
化学性质	化学稳定性	耐酸耐碱，化学性质稳定。高温下不与浓 HF、HCl、HNO₃ 发生反应，只有在 Na₂CO₃、NaNO₃、KNO₃ 的熔融体中，或与 K₂Cr₂O₇ 和 H₂SO₄ 的混合物一起煮沸时，表面才稍有氧化

B 金刚石矿床类型

金刚石矿床按成因可分为原生矿床与次生矿床（砂矿床）两大类。

a 金刚石原生矿 金刚石原生矿主要产于金伯利岩和钾镁煌斑岩中。金伯利岩的矿物组成有：橄榄石、镁铝硫石、金云母、铬铁矿、铬透辉石、钛铁矿、钙铁矿、磷灰石、碳硅石等。次生交代矿物有：磁铁矿、蛇纹石、绿泥石、方解石等。金伯利岩的构造主要为块状或碎屑状。岩石的密度为 $2.40 \sim 2.75 g/cm^3$。岩石的硬度为 $2 \sim 7$（莫氏硬度）。岩石中重矿物（密度大于 $3.5 g/cm^3$）含量约 1%，即金伯利中约 99% 矿物的密度小于金刚石。

金伯利岩的含矿性差别很大。有的较富，有的较贫，有的不含金刚石。一般有工业价值的金伯利岩体只占 10%~20%。镁煌矿是 1975 年在澳大利亚西部首次发现的一种含金刚石的新型岩石。主要矿物有橄榄石、透辉石、金云母、斜方辉石、铬尖晶石、白榴石、富钾镁闪石、钙铁矿、磷灰石、硅锆钙钾石、重晶石、红柱石和少量钛铁矿，偶见有镁铝榴石。岩石具斑状结构。

b 金刚石次生矿（砂矿） 金刚石矿的类型很多。按成因可分为河流冲积砂矿、海滨砂矿、残积砂矿等。其中，河流冲积砂矿又可细分为阶地砂矿、河床砂矿、河漫滩砂矿、细谷砂矿等。我国湖南常德金刚石矿属细谷砂矿，山东郯城金刚石矿属残积砂矿。

金刚石砂矿矿石中矿物组成因矿床不同而不尽相同。湖南常德金刚石砂矿矿石中矿物组成每立方米：主要重矿物为金刚石、金、钛铁矿、赤铁矿、磁铁矿、锆英石、金红石、石榴石（镁铝榴石）、水铝石等，主要轻矿物为石英、长石、云母、蛋白石等。

金刚石砂矿中，金刚石的含量变化很大。国外富砂矿每立方米矿石中含金刚石可达几十甚至几百克拉。但目前开采的最低工业品位通常为每立方米 0.2 克拉，开采条件特别好的可降低至 0.1 克拉/立方米。我国目前开采的金刚石砂矿矿石中，金刚石含量很低，仅为 $4 mg/m^3$ 左右。

43.4.10.2 金刚石主要用途

金刚石的主要用途可分为装饰品用和工业用两大方面，分述如下。

A 装饰品用金刚石

对装饰品用金刚石的质量要求很高。要求晶形完整，无色或色彩鲜艳，透明度高，无裂痕和杂质。一般，晶体愈大，价值愈高。颜色愈淡，价值愈高。对彩色金刚石来说，色调愈浓，价值愈高。

B 工业用金刚石

对于 I 型金刚石，主要是利用它的高硬度、高耐磨性。对于 II 型金刚石，主要是利用其良好的导热性和半导性能。工业用金刚石的主要用途见表43-4-88。

43.4.10.3 金刚石产品质量标准

我国天然金刚石产品质量标准见表43-4-89。

43.4.10.4 金刚石选矿加工方法及工艺流程

A 选矿加工方法

金刚石矿石的原矿含量极低，且在金刚石的选矿过程中最重要的就是保护金刚石晶体不被磨损。要从含量如此低的原矿中选得金刚石颗粒，必须采用粗选、精选两阶段选别和多种选矿方法。

表43-4-88 工业金刚石的主要用途

颗粒大小	制品名称	用途
大颗粒金刚石	金刚石刀具（车刀、刻线刀）	用于超硬材料和高精度机械零件的加工。其特点是寿命长，加工精度高，甚至可以车代磨
	金刚石拉丝模	用于抽制坚硬、极细的金属丝（如钨丝等）。其特点是模具耐用度高，效率高，拉丝产品质量好
	金刚石钻头（地质钻头、石油钻头）	用于地质和石油钻探。其特点是钻进速度快，所取岩心质量好，钻进成本低
	金刚石修正工具（砂轮刀、金刚石笔、金刚石修正滚轮）	用于修正砂轮的工作表面，使其具有要求的工作精度和特定形状
	金刚石测头（硬度计压头、表面光洁度压头）	用于测试材料的硬度、表面光洁度等。其特点是寿命长、测量精度高
	金刚石玻璃刀	用于刻划玻璃，是切割各种玻璃的最好工具
	金刚石电子器件（金刚石散热片、整流器、三极管）	II_a型金刚石用于制造微波和激光器件的散热片。其特点是比铜散热片优越。如微波输出功率比铜高数倍； II_b型金刚石用于制造金刚石整流器、金刚石三极管、金刚石温度计等。其特点是耐高温、灵敏度高
小颗粒金刚石	金刚石砂轮	用于磨削硬质合金及其他脆、硬的难加工材料。其磨削能力比碳化硅高10000倍
	金刚石锯片	用于切割贵重、硬、脆的半导体材料、陶瓷材料、石材、混凝土等
	金刚石磨头	用于难加工材料的内圆磨削、牙医工具的磨削等
	金刚石珩磨油石	用于加工汽车、飞机的发动机汽缸等
	金刚石微粉研磨膏	用于抛光或研磨硬质合金模具、光学玻璃、宝石、轴承等

表43-4-89 天然金刚石产品质量标准

用品	品级	晶体特征	规格/克拉·粒$^{-1}$
工艺品用金刚石	一级品	晶体完整，形状为八面体、十二面体； 颜色为无色、天蓝色、浅粉红色、无色略带淡黄色； 透明； 不允许有裂纹和包裹体	>6.00 6.00~3.01 3.00~1.00
	二级品	晶体完整度不限，形状不限，最小的两个垂直直径长之比不小于1:2； 颜色为无色、天蓝色、蓝色、浅粉红色、粉红色、淡黄色； 透明或半透明； 晶体表面允许有裂纹和包裹体，但这些缺陷伸入晶体不得大于晶体最小直径的1/4； 晶体内部允许有2~3点直径不大于0.5mm的包裹体，允许有裂纹，但沿裂纹延伸方向分离晶体后所得最大部分不小于原晶体的3/4，且此部分无裂纹和包裹体	>3.00 3.00~1.01 1.00~0.51 0.50~0.1

用品	品级	晶 体 特 征	规格/克拉·粒⁻¹
拉丝模用金刚石	一级品	晶体完整，形状为八面体、十二面体、过渡型晶体和外形为圆形、椭圆形的晶体； 颜色为无色、淡黄色、浅绿色； 晶体的最小直径不小于1.4mm； 透明； 不允许有裂纹和包裹体； 0.2克拉/粒以上的晶体表面允许有色斑和深度不大于0.5mm的蚀坑	0.1～0.15 0.16～0.20 0.21～0.30 0.31～0.40 0.41～0.55 0.56～0.70 0.71～0.85 0.86～1.00 1.01～1.25
	二级品	晶体形状为八面体、十二面体，过渡型晶体和外形为圆形、椭圆形的晶体； 颜色为无色、浅黄色、黄色、浅绿色、浅棕色、棕色； 晶体的直径长不小于1.4mm，但浅棕色、棕色的晶体最小直径长不小于2.0mm（即不小于0.2克拉/粒）； 晶体表面允许有包裹体，但伸入晶体不得大于最小径长的1/4； 允许有裂纹，但沿裂纹延伸方向分离晶体后所得最大部分不得小于原晶体的3/4，且此部分无裂纹和包裹体	0.1～0.15 0.16～0.20 0.21～0.30 0.31～0.40 0.41～0.55 0.56～0.70 0.71～0.85 0.86～1.00 1.01～1.25
车刀用金刚石		晶体完整，晶体形状为十二面体、弧形八面体、过渡型晶体和外形为圆形、椭圆形的晶体； 晶体最小径长不得小于4mm； 颜色为无色、浅绿色、淡黄色、黄色、浅棕色； 透明； 不允许有裂纹，晶体表面允许不大于0.5mm的包裹体和蚀坑	0.70～0.85 0.86～1.00 1.01～1.25 1.26～1.50 1.51～2.00 2.01～3.00
刻线刀用金刚石		晶体完整，形状为长形； 颜色为无色、浅绿色、淡黄色、黄色、浅棕色； 透明或半透明； 晶体一端不允许有裂纹和包裹体，另一端允许有不影响使用的微小裂纹和不大于0.3mm的包裹体	0.1～0.20 0.21～0.30 0.31～0.40 0.41～0.55
硬度计压头用金刚石		晶体完整，形状为十二面体、弧形八面体和过渡型晶体； 颜色为无色、浅绿色、浅黄色、黄色、浅棕色、棕色； 透明和半透明； 不允许有裂纹，允许有不大于0.5mm的包裹体	0.1～0.20 0.21～0.30
地质钻头和石油钻头用金刚石	一级品	晶体完整，形状为十二面体、弧形八面体或过渡型晶体； 颜色为无色、浅黄色、浅绿色、浅棕色； 透明或半透明； 不允许有裂纹，允许晶体内部有微小包裹体	1～3 4～10 11～20 21～30 31～40 41～60 61～80 81～100
	二级品	晶体较完整，形状为八面体、十二面体或过渡型晶体； 颜色不限（绿豆色除外）； 透明度不限； 无裂纹，晶体内部允许有微小包裹体	1～3 4～10 11～20 21～30 31～40 41～60 61～80 81～100

用品	品级	晶　体　特　征	规格/克拉·粒$^{-1}$
砂轮刀用金刚石	一级品	晶体完整的八面体、十二面体或过渡型晶体； 颜色不限； 透明或半透明； 顶角处不得有裂纹和包裹体，晶体内部可有不大于 0.5mm 的包裹体，但不得有裂纹	0.30 ~ 0.45 0.46 ~ 0.60 0.61 ~ 0.80 0.81 ~ 1.00 1.01 ~ 1.25 1.26 ~ 1.50 1.51 ~ 2.00 2.01 ~ 3.00
	二级品	具有 5 个以上天然有顶角的八面体、十二面体或过渡型晶体； 颜色不限； 透明或半透明； 有用顶角处不允许有裂纹，其他部位允许有少量的包裹体和微小的裂纹	0.30 ~ 0.45 0.46 ~ 0.60 0.61 ~ 0.80 0.81 ~ 1.00 1.01 ~ 1.25 1.26 ~ 1.50 1.51 ~ 2.00 2.01 ~ 3.00
	三级品	晶体形状不限，具有 3 个以上天然有用顶角； 颜色不限； 透明或半透明（黑色和浅棕色例外）； 有用顶角处不允许有裂纹，其他部位允许有包裹体和微小裂纹	0.30 ~ 0.45 0.46 ~ 0.60 0.61 ~ 0.80 0.81 ~ 1.00 1.01 ~ 1.25 1.26 ~ 1.50 1.51 ~ 2.00 2.01 ~ 3.00
玻璃刀用金刚石		晶体完整，形状为十二面体、八面体和过渡型晶体； 颜色不限； 透明或半透明； 不允许有裂纹，晶体内部允许有微小包裹体	10 ~ 20 21 ~ 30 31 ~ 40 41 ~ 60 61 ~ 80 81 ~ 100
金刚石笔用金刚石		非片状晶体，具有 1 个以上顶尖； 颜色不限（绿豆色除外）； 透明或半透明； 有用顶尖处不得有裂纹，允许有微小包裹体	1 ~ 5 5 ~ 10 11 ~ 15
修整性金刚石	一	非片状晶体； 透明或半透明	20 ~ 40 41 ~ 70
磨料用金刚石		凡不能满足以上各种用途的金刚石，均作为磨料用金刚石	

　　金刚石的主要选矿方法见表 43-4-90。

　　应当指出，表 43-4-90 中粗选和精选方法的划分不是绝对的。有些方法既可以用于精选，也可以用于粗选，例如：泡沫浮选、磁选、选择性磨碎筛分、X 光电选矿、手选等。

　　B　选矿原则流程

　　金刚石选矿流程的选择主要取决于原矿的性质、选矿厂的规模等因素。合理的选矿流程应满足以下基本要求：保护金刚石晶体，使其破损最小；确定合适的选别粒度上限和下限；得到最高的（接近100%）的回收率；尽可能地综合回收有用伴生矿物。

表43-4-90 金刚石的主要选矿加工方法

选别阶段	选矿方法	分选原理	主要特点	适用粒度范围/mm
粗选	淘洗盘选矿	金刚石与脉石的密度差异	设备构造简单，可就地制造；回收率高，可到98%～99%；耗水量少	30～0.5
	跳汰选矿	金刚石与脉石的密度差异	工艺过程简单，操作管理方便；分选效果好，回收率高（97%～100%），精矿产率低（2%～5%）；但耗水量大（50～100t/h）；生产能力较低（10～15t/h）	30～0.5
	重介质选矿	金刚石与脉石的密度差异	分选效率最高，重矿物与金刚石的回收率均可达100%；生产能力大，可达80～90t/h；但整个工艺过程较复杂；设备磨损快（采用重介质旋流器时）	40～0.3
精选	X光电选矿	金刚石与脉石的荧光性差异	分选效率高，回收率可达100%；设备自动化程度高，但设备构造复杂，维修要求高；设备价格较贵	30～0.2
	油膏选矿	金刚石与脉石的亲油疏水性差异	分选效果较好，回收率可达90%～98%；精矿产率低（0.5%左右）；但影响分选效果的因素较多；操作较为麻烦；存在亲油性差的金刚石时分选效果显著变坏	20～0.5
	表层浮选	金刚石与脉石的亲油疏水性差异	设备构造简单；分选效果与油膏选矿相近，但精矿产率比油膏选矿高；生产能力小	2～0.2
	磁力选矿	金刚石与脉石的磁性差异	当原矿中含有较多的磁性矿物时采用	3～0.2
	电力选矿	金刚石与脉石的导电性差异	回收率90%左右，精矿产率较大；要求严格的操作条件；分选效果难以稳定	3～0.2
	重液选矿	金刚石与脉石的密度差异	按密度分选的精确度高；选别粒度下限低，可达0.02～0.03mm；但重液价格昂贵，且多数重液有毒，只适用于处理量很小的精矿作业	>0.02
	化学选矿（碱熔法）	金刚石与脉石的化学稳定性差异	精矿产率小，回收率高；但NaOH用量大，物料：NaOH=1:（3～10），成本较高	1～0.2
	泡沫选矿	金刚石与脉石的表面疏水性差异	精矿产率低（0.2%～0.3%），回收率较高（90%～95%），捕收剂为煤油、柴油、黑药，pH值为7～9	0.5～0.2
	磁流体静力分选	金刚石与脉石的密度和磁性的综合差异	精矿产率低，回收率95%左右，精矿品位95%左右，分选介质为$MnCl_2$、$Mn(NO_3)_2$等	0.5～0.2
	选择性磨碎筛分	金刚石与脉石的耐磨性差异	减少进入精选的粗精矿量的有效方法，但晶体不完整和有缺陷的金刚石容易被磨碎，一般应在回收了大颗粒金刚石后再采用	<10
	手选	金刚石与脉石的光泽、硬度、晶形等差异	是得到金刚石产品的最终工序	>1

a 粗选原则流程

（1）原生矿石粗选原则流程。

1）原生矿石多段破碎、磨矿粗选原则流程。金刚石原生矿石的粗选一般采用多段破碎磨矿多段选别的工艺流程，其原则流程如图43-4-19所示。

2）原生矿石采用自磨时粗选原则流程。在破碎磨矿作业中，如采用自磨，则可减少破碎磨矿段数，简化工艺流程，节省基建投资，降低生产成本。此时其原则流程如图 43-4-20 所示。

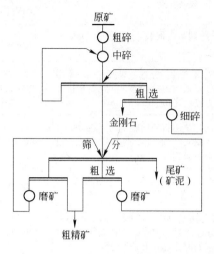

图 43-4-19 金刚石原生矿石多段破碎
磨矿粗选原则流程

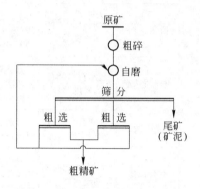

图 43-4-20 金刚石原生矿石采用自磨时
粗选原则流程

（2）砂矿石粗选原则流程。金刚石砂矿石的粗选流程比原生矿石简单。它不需要破碎和磨矿，只需进行洗矿、筛分、脱泥，即可进入粗选。其原则流程如图 43-4-21 所示。

b 精选原则流程 金刚石矿石的精选流程，原生矿与砂矿基本相同。一般是粗粒级采用 X 光电选、油膏选、选择性磨矿筛分、手选等方法处理；中粒级采用表层浮选、磁选、电选、选择性磨矿筛分等方法处理；小于 1mm 的细粒级采用化学处理、泡沫浮选、磁流体静力分选、重液选等方法处理。其原则流程如图 43-4-22 所示。

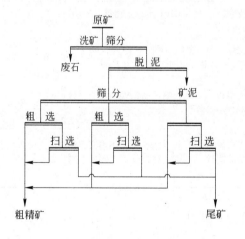

图 43-4-21 金刚石砂矿石粗选原则流程

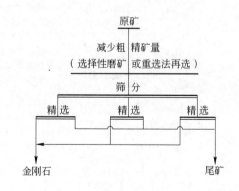

图 43-4-22 金刚石矿石精选原则流程

43.4.10.5 典型案例

A 原生矿选矿实例

a 蒙阴金刚石矿 山东蒙阴金刚石矿是我国第一个金刚石原生矿。它既有岩脉，又有岩管。原矿石为斑状镁铝榴石金云母金伯利岩和细粒金云母金伯利岩两种。主要矿物有：金刚石、橄榄石（已蚀变为蛇纹石）、金云母、镁铝榴石、铬镁铝榴石、铬尖晶石、钙钛矿、磷灰石等。矿石中金刚石粒度较小，主要集中在细粒级，-2mm 粒级约占 57%，且晶体破碎比较严重。主要晶形为菱形十二面体和八面体。原矿平均品位为 139mg/m³。斑状镁铝榴石金云母金伯利岩的品位比细粒金云母金伯利岩高。该厂采用的是多段破碎多段选别流程，金刚石回收率 80% 左右。选矿工艺流程如图 43-4-23 所示。

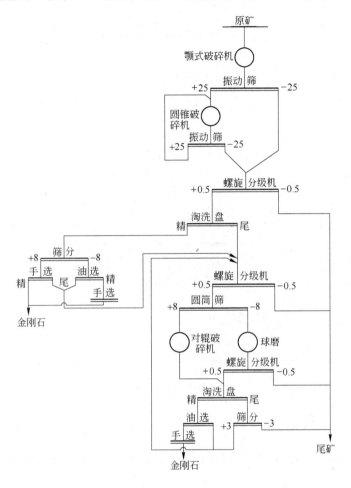

图 43-4-23　山东蒙阴金刚石有限公司选矿工艺流程

　　b　辽宁瓦房店金刚石矿　　辽宁瓦房店金刚石矿选矿工艺流程如图 43-4-24 所示。

　　B　砂矿选矿实践

　　湖南常德金刚石矿选矿厂于 1958 年投产，该矿属细谷砂矿床。原矿中主要重矿物为金刚石、金、锆英石、钛铁矿、金红石、赤铁矿、水铝石、石榴石等，主要轻矿物为石英、长石、云母、蛋白石等。原矿中金刚石含量为 1~6mg/m³。金刚石平均质量为 10.9~15.4mg，主要集中在 -4mm+1mm 级别中。晶体质量较好，晶体以八面体和菱形十二面体为主。

　　选矿厂由洗矿、跳汰、精选三个车间组成。原矿经两次洗矿后进入跳汰。粗选跳汰采用不分级入选（生产初级采用分级入选），既降低了水耗，又简化了流程，节省了分级设备。精选跳汰仍采用分级入选。精选作业由油选、表层浮选、手选、X 光电选等组成。

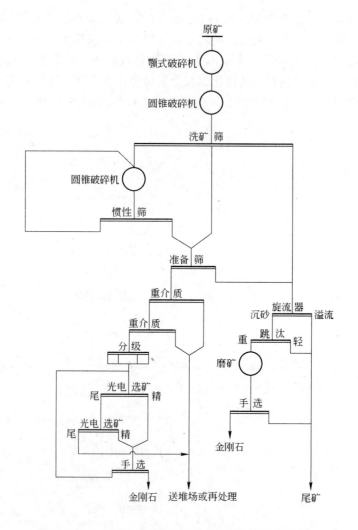

图 43-4-24　辽宁瓦房店金刚石矿选矿原则工艺流程图

该厂除回收主产品金刚石外，还回收了副产品黄金。金刚石回收率为 98%。该厂工艺流程如图 43-4-25 所示。

C　国外金刚石选矿厂

a　加纳联合金刚石公司　加纳联合金刚石公司是加纳最大的金刚石生产公司。该公司现生产的粗选厂有 8 号 ~ 12 号等 5 座，精选厂 1 座。以下简单介绍 12 号粗选厂和精选厂。

(1) 12 号粗选厂。12 号粗选厂于 1965 年投产。现生产能力达 725030m³/a。该厂处理的是河谷砂矿矿石。原矿由石英碎片和砂质黏土组成。矿石中主要矿物有金刚石、十字石、钛铁矿、褐铁矿、金红石、电气石、锆英石等。原矿中金刚石含量为 1.8 克拉/立方米。金刚石平均质量为 0.05 克拉，最大金刚石为 4.5 克拉。

该厂粗选以淘洗盘分选为基础。由于原矿中粒级含量较高（-1mm 占 20%），为了有效地回收细粒金刚石，淘洗盘采用清水作业。该厂金刚石回收率不低于 99%。其工艺流程如图 43-4-26 所示。

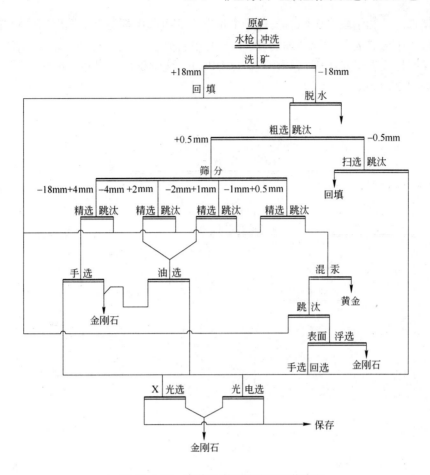

图 43-4-25 常德金刚石矿选厂工艺流程

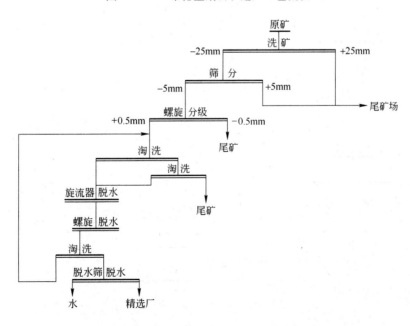

图 43-4-26 加纳联合金刚石公司 12 号粗选厂工艺流程

（2）精选厂。加纳联合金刚石公司 5 个粗选厂的粗选矿都运至精选厂集中精选。精选方法有油选（振动油选带、振动油选台）、X 光电拣选、手选、选择性磨矿筛分、磁选、表层浮选（网带式表层浮选机）、重液选（CHBr₃）、化学处理（碱熔、酸洗）等。其工艺流程如图 43-4-27 所示。

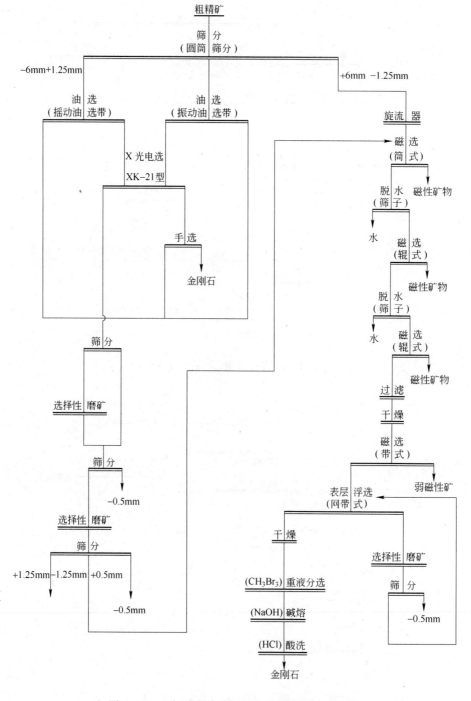

图 43-4-27 加纳联合金刚石公司精选厂工艺流程

b 坦桑尼亚威廉姆逊金刚石公司选矿厂   坦桑尼亚威廉姆逊金刚石公司选矿厂于
1956 年投产。设计原矿处理能力 7200t/d，实际能力可达 10000t/d。该厂处理来自世界最
大岩管矿姆瓦堆岩管矿石。原矿品位 0.67 ~ 0.125 克拉/立方米。岩管中金刚石质量较好，
宝石级占 40% ~ 50%，已发现的最大金刚石达 256 克拉。

选矿厂包括洗矿破碎、重介质分选、精选和尾矿堆存等 4 个车间。

（1）洗矿破碎车间：洗矿后矿石经两段开路破碎，使矿石粒度达到 - 38.1mm。

（2）重介质分选车间： - 38.1mm + 1.7mm 矿石进入圆锥分选机选别， - 1.7mm
+ 0.99mm 矿石在重介质旋流器中分选。

（3）精选车间：包括选择性磨矿筛分、油选、电选和手选等。

（4）尾矿堆存车间：每小时入厂 400t 原矿，经选矿后约得到 325t 粗粒尾矿和 75t 细粒尾矿。

选矿厂总回收率为 99%，每吨矿总耗水量 1.82m³，每吨矿总耗电量 6.5kW·h。

该厂选矿工艺流程如图 43-4-28 所示。

43.4.11 蓝晶石、红柱石和硅线石

43.4.11.1 矿物、矿石和矿床

A 蓝晶石类矿物及性质

a 蓝晶石、红柱石、硅线石矿物学特征   蓝晶石类矿物是一组无水铝硅酸盐矿物，
包括蓝晶石、红柱石、硅线石。三者为同质异象变体，化学式均为 Al_2SiO_5，Al_2O_3
62.92%、SiO_2 37.08%。对这个矿物族的称呼，各国尚未统一。前苏联称蓝晶石族矿物，
澳大利亚称硅线石族矿物，法国称红柱石族矿物，我国将这三种矿物简称为三石（以下简
称三石矿物）。

蓝晶石、红柱石、硅线石的晶体结构和主要物理性质见表 43-4-91。

表 43-4-91 蓝晶石族矿物的晶体结构和主要物理性质

矿物性质	蓝晶石	红柱石	硅线石
成　分	$Al_2O_3 \cdot SiO_2$	$Al_2O_3 \cdot SiO_2$	$Al_2O_3 \cdot SiO_2$
晶　系	三　斜	斜　方	斜　方
晶格参数	$a = 0.710nm$，$\alpha = 90°05'$ $b = 0.774nm$，$\beta = 101°02'$ $c = 0.557nm$，$\gamma = 105°44'$	$a = 0.778nm$ $b = 0.792nm$ $c = 0.557nm$	$a = 0.744nm$ $b = 0.759nm$ $c = 0.575nm$
结　构	岛　状	岛　状	链　状
晶　形	柱状、板状或长条状集合体	柱状或放射状集合体	长柱状、针状或纤维状集合体
密度/g·cm⁻³	3.53 ~ 3.69	3.10 ~ 3.29	3.10 ~ 3.24
莫氏硬度	//c 轴，5.5；⊥c 轴，6.5 ~ 7	7.5	6 ~ 7.5
解　理	沿[100]完全，[010]良好	沿[110]解理完全	沿[010]解理完全
比磁化系数 K	1.13	0.23	0.29 ~ 0.03
电泳法零电点 pH 值	7.9	7.2	6.8
加热性质	1100℃左右开始转变为莫来石	约1400℃开始转变为莫来石	约1500℃开始转变为莫来石
开始分解温度/℃	1100	1410	1550
完全分解温度/℃	1410	1500	1625
热曲线峰温度/℃	1420	1510	1586
体积膨胀/%	16 ~ 18	≤5	6 ~ 8

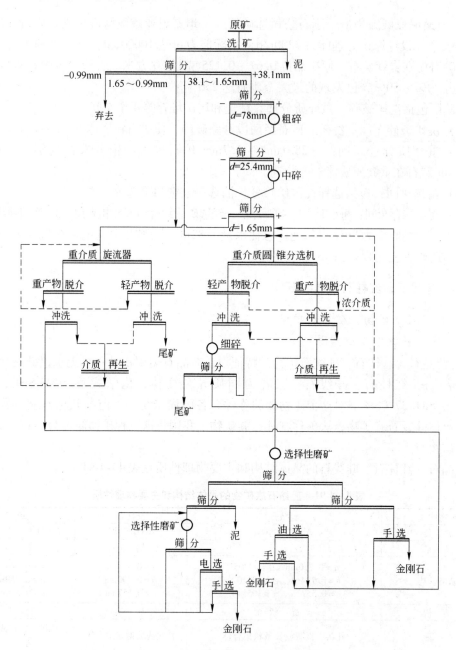

图 43-4-28　坦桑尼亚威廉姆逊金刚石公司选矿厂工艺流程

　　蓝晶石、红柱石、硅线石三种矿物在持续加热到一定温度时，均不可逆地转化为莫来石，并伴随体积增大效应。由于莫来石具有良好的力学、化学性质，用部分或全部莫来石制成的耐火材料，产品的高温强度高、高温蠕变率低、线膨胀率小、热震稳定性好、抗化学浸蚀性强，莫来石是非常重要的耐火材料。蓝晶石族矿物转化为莫来石（一次莫来石化）的表达式为：

$$3(Al_2O_3 \cdot SiO_2) \longrightarrow 3Al_2O_3 \cdot 2SiO_2 + SiO_2$$
$$(莫来石)$$

当生产原料中有刚玉、矾土等富铝矿物时，一次莫来石化分解出来的 SiO_2 与 Al_2O_3 合成莫来石，为二次莫来石化，即：

$$3Al_2O_3 + 2SiO_2 \longrightarrow 3Al_2O_3 \cdot 2SiO_2$$

人们利用三石矿物，主要是利用三石矿物受热时不可逆地转变为莫来石和 SiO_2，并伴随有体积膨胀这一特性，作为特种耐火原料使用。

b 三石矿物的热学性质   三石矿物在加热过程中，不可逆地转化为莫来石和二氧化硅的混合物。假如被加热的三石矿物的纯度是理论值，则根据转化前后物质相对分子质量计算，理论转化率应为 87.64%，即（见式（43-4-5））：

$$\frac{3Al_2O_3 \cdot 2SiO_2}{3(Al_2O_3 \cdot SiO_2)} \times 100\% = \frac{426.05}{486.14} \times 100\% = 87.64\% \tag{43-4-5}$$

由于三石矿物精矿的 Al_2O_3 含量一般比理论值偏低，莫来石的转化率也随之减小。各等级精矿与莫来石转化率对应关系见表 43-4-92。市场上出售的三石精矿所含 Al_2O_3 量实际上是 TAl_2O_3 含量，即精矿中所有含铝矿物中的 Al_2O_3 的总和。而与莫来石转化率相关的是精矿中三石矿物的 Al_2O_3 含量，即 SAl_2O_3。

表 43-4-92   三石矿物精矿与莫来石转化率的关系

（三石精矿含 Al_2O_3）w_1/%	莫来石转化率/%	（三石精矿含 Al_2O_3）w_1/%	莫来石转化率/%
54	75.2	58	80.8
55	76.6	59	82.2
56	78.0	60	83.6
57	79.4		

在加热过程中三石精矿转化为莫来石的起始温度、完全莫来石化温度、转化率、线膨胀率，不仅与三石精矿中三石矿物的含量即纯度密切相关，而且与杂质成分和含量，以及精矿的粒度相关。当化学组分确定后，主要取决于精矿粒度。大量试验表明，膨胀率与粒度呈正相关关系。表 43-4-93 列出了粒度与转化温度的关系。

表 43-4-93   三石精矿粒度与转化温度的关系

项　目	硅线石		红柱石			蓝晶石
产　地	黑龙江		河南西峡			河南、江苏
Al_2O_3/%	56 ~ 58		58 ~ 60			56 ~ 60
粒　度	-0.08mm（-180目）	+0.08mm（+180目）	-0.147mm+0.106mm（-100目+150目）	-0.106mm+0.074mm（-150目+200目）	-0.074mm（-200目）	-0.147mm+0.074mm（-100目+200目）
开始莫来石化温度/℃	1400	1500	1350	1300	1300	1100
快速分解温度/℃			1350 ~ 1400			1300 ~ 1450
完全莫来石化温度/℃	1650 ~ 1700	>1700	1600	1500	1450	1450

B   三石矿床类型

三石矿物均属于变质矿物。红柱石常产于浅变质地层中，由富铝的泥质或泥质沉积变质而成。蓝晶石是泥质沉积岩经较深的区域变质而成，形成时的温度、压力均较高。硅线石一般产于中等变质程度的地层中。

我国蓝晶石族矿产的分布位置，主要在几个纬向和经向的大构造带内的变质岩分布带中，根据矿体成矿的岩性条件大致可分为如下几种类型：

（1）绢云母（或白云母等）石英片岩及石英岩中的蓝晶石、硅线石矿床。属于这一类型的矿区或矿点有沭阳蓝晶石矿及岳西回龙山硅线石矿。

（2）云母绿泥石片岩、滑石片岩及硬绿泥石片岩中的蓝晶石、硅线石矿床。如繁峙岗里、安头、开平四九等矿。

（3）石榴长英黑云母片岩、十字石榴黑云片岩、二云片岩中的蓝晶石硅线石矿床。如阿勒泰蓝晶石矿、鸡西三道沟硅线石矿。

（4）石榴（或石墨）黑云斜长片麻岩或变粒岩中的蓝晶石、硅线石矿床。此种类型的矿化分布最广泛，河北、甘肃、内蒙古、山西、陕西等省发现的矿点多属这一类型。

（5）变质岩系中的石英脉或伟晶岩脉蓝晶石矿床。如点布斯庙、达尔哈特蓝晶石矿点等属于这一类型。

（6）石英钾长（二长）变粒岩中的硅线石矿床。此种类型目前发现的仅有平山罗圈硅线石矿点。

（7）富铝的泥质或砂质岩石与中酸性侵入体接触而变质的角岩、板岩、片岩中的红柱石矿床。目前发现的红柱石矿点多属这一类型。如北京西部山区的红柱石矿、丹东老虎砬子红柱石矿等。

（8）中酸性富铝火山喷发岩蚀变带内的次生石英岩红柱石矿、刚玉-红柱石矿床。如瑞安西岙山红柱石矿、泉州大磨山刚玉-红柱石矿等。

43.4.11.2　三石矿物主要用途

20 世纪中叶，由于发现三石矿物具有特殊的热学性质，已由主要应用在玻璃和陶瓷行业转向冶金行业，而且用量逐渐增加。

我国应用三石矿物起步较晚。从 1968 年我国开始应用三石矿物，当时将莆田忠门盛产的白云母硅线石片岩直接切割加工成各种形状和尺寸的耐火材料售往各地。到了 1978 年，上海宝钢成功使用三石矿物，带动了我国三石矿物的开发利用，加强了对三石矿产的地质勘查、三石矿物性质研究和应用研究。到了 1995 年，我国已有 20 多个三石选矿厂，年产精矿十多万吨。

三石矿物作为特殊的耐火材料，是因为三石矿物受热转化为莫来石和二氧化硅，并伴随体积膨胀，二氧化硅又与矾土等富铝矿物发生二次莫来石化。生成的莫来石晶体呈细柱状、针状、纤维状，它们彼此相互交织，形成显微网络结构；体积膨胀抵消了材料在高温下的收缩。提高了荷重软化温度和增强了高温蠕变性能，从而改善了材料的高温性能，如高温强度和重烧收缩，具有更高的耐火性能，耐火度可达 1800℃，且耐骤冷骤热、机械强度大、抗热冲击力强、抗渣性强，并具有极高的化学稳定性、极强的抗化学腐蚀性，提高了材料档次。尤其是我国矾土熟料中 TiO_2、K_2O、Fe_2O_3 含量较高，物相中玻璃质和刚玉含量多，而莫来石含量少，影响了制品的高温性能和使用温度。添加三石矿物后，增加了制品中莫来石含量，同时明显改善显微网络结构，能开发出多种矾土基高效耐火材料，如低蠕变砖（硅线石质低蠕变砖、红柱石质低蠕变砖、蓝晶石质低蠕变砖等）、高荷重砖、高热震砖、微膨胀高铝砖，以及电炉顶和水泥回转窑用的磷酸盐结合高铝砖等。

不定形耐火材料也称散状耐火材料，是一种不经煅烧的新型耐火材料。粗粒红柱石作不定形耐火材料的骨料，它决定不定形耐火材料的力学和高温使用性能。由于蓝晶石莫来石化过程中伴随的体积膨胀最大，因此蓝晶石是不定形耐火材料良好的膨胀剂，以抵消材料在高温下的收缩，防止产生结构剥落。

我国三石矿物开发利用基本情况见表43-4-94。

表43-4-94 我国三石矿物开发应用概况

一、工业窑炉名称、部位			材质名称与所用主要三石矿物
（一）冶金	1. 焦炉	炉门	高热震砖：红柱石
	2. 热风炉	拱门 蓄热室、燃烧室 陶瓷燃烧器	低蠕变砖：硅线石、红柱石 低蠕变高铝砖：硅线石、红柱石、蓝晶石 低蠕变高热震砖：红柱石、硅线石
	3. 高炉	铁口、风口区； 装料系统	硅线石砖（H_{31}）：硅线石、红柱石 浇注料：红柱石
	4. 铁水罐	鱼雷式铁水罐 冲击与冲击部位	不烧红柱石砖、红柱石 – SiC-C 砖：红柱石为主
	5. 钢包及中间包	钢包包底、包壁；中间包	微膨胀高铝砖、浇注料、红柱石砖： 硅线石、红柱石、蓝晶石
	6. 加热炉与热处理炉	绝大部分工作部位	浇注料：蓝晶石、红柱石
	7. 电炉与感应炉	电炉顶部、感应炉工作衬	化学结合高铝砖、红柱石砖：蓝晶石、红柱石、硅线石
（二）有色冶金	8. 炼铝回转窑	烧成带、冷却带	磷酸盐耐磨砖：蓝晶石
（三）建材	9. 水泥回转窑	过渡带、冷却带	磷酸盐结合高铝砖、磷酸盐耐磨高铝砖、浇注料： 蓝晶石、硅线石、红柱石
	10. 玻璃	玻璃熔窑：锡槽、 料道、玻璃仪器等	硅线石砖：硅线石 硅线石质搅拌浆：硅线石 硅线石旋转管：硅线石
	11. 陶瓷 （1）窑具、棚板料碗 四大件； （2）技术陶瓷（高强 陶瓷、高温陶瓷、化学陶 瓷、高压电瓷等）； （3）泡沫陶瓷过滤器； （4）特种涂料		硅线石 – SiC 质、堇青石-硅线石/红柱石砖： 硅线石、红柱石 火花塞、高温计套管、绝缘瓷、太空用陶瓷型铸件： 硅线石、红柱石、蓝晶石 硅线石 硅线石、红柱石、蓝晶石
（四）工业窑炉		隔热部位	轻质隔热砖：蓝晶石 莫来石耐火纤维：红柱石
		多种部位	优质高铝砖：蓝晶石、红柱石、硅线石
		多种部位	不定形耐火材料（浇注料、可塑料、泥浆、喷补料： 蓝晶石、红柱石、硅线石）
（五）铸造电焊业			精密铸造型砂：蓝晶石、红柱石 电焊条助熔剂：蓝晶石
（六）石灰窑（中小竖窑）			硅线石砖：硅线石
二、合成原料			合成莫来石：蓝晶石、硅线石、红柱石
三、铝硅合金			蓝晶石
四、宝石			红柱石
五、其他			激光：红柱石；不烧塞头：硅线石

43.4.11.3 三石精矿理化指标

我国从 1978 年开始对蓝晶石、红柱石、硅线石进行应用研究，完成了主要矿山和矿点的应用试验研究，并满足了当时宝钢的需要。为了规范三石精矿的质量，于 1991 年制定了三石理化标准，即 YB/T 4032—1991，为了适应经济发展新形势，更符合我国三石开发利用的实际情况，根据国家发展和改革委员会发展办工业[2008]1242 号文件要求，对《蓝晶石、红柱石、硅线石》（YB/T 4032—1991）行业标准进行修订。修订后新标准为《蓝晶石、红柱石、硅线石》（YB/T 4032—2010）行业标准，见表 43-4-95 ~ 表 43-4-97。

表 43-4-95　蓝晶石理化指标（YB/T 4032—2010）

项　目	普　型				精　选			
	LP-54	LP-52	LP-50	LP-48	LJ-56	LJ-54	LJ-52	LJ-50
$w(Al_2O_3)$（不小于）/%	54	52	50	48	56	54	52	50
$w(Fe_2O_3)$（不大于）/%	0.9	1.0	1.1	1.3	0.7	0.8	0.9	1.0
$w(TiO_2)$（不大于）/%	1.9	2.0	2.1	2.2	1.6	1.7	1.8	1.9
$w(K_2O+Na_2O)$（不大于）/%	0.8	0.9	1.0	1.2	0.4	0.5	0.6	0.8
灼减（不大于）/%	1.5				1.5			
耐火度（不小于）/℃	180	176			180		176	
水分（不大于）/%	1							
线膨胀率（1450℃）/%	必须进行此项检测,测定时的牌号、粒径由供需双方协商。并将实测数据在质量保证书中注明							

表 43-4-96　红柱石理化指标（YB/T 4032—2010）

项　目	指　标				
	HZ-58	HZ-56	HZ-55	HZ-54	HZ-52
$w(Al_2O_3)$（不小于）/%	58	56	55	54	52
$w(Fe_2O_3)$（不大于）/%	0.8	1.1	1.3	1.5	1.8
$w(TiO_2)$（不大于）/%	0.4	0.5	0.6	0.7	0.8
$w(K_2O+Na_2O)$（不大于）/%	0.5	0.6	0.8	1.0	1.2
灼减（不大于）/%	1.5				
耐火度（不小于）/℃	180	178			176
水分（不大于）/%	1				
线膨胀率（1450℃）/%	必须进行此项检测,测定时的牌号、粒径由供需双方协商。并将实测数据在质量保证书中注明				

注:对氧化钛含量高于表 43-4-96 的红柱石,由供需双方商定。

表 43-4-97　硅线石理化指标（YB/T 4032—2010）

项　目	普　型					精　选				
	GP-57	GP-56	GP-55	GP-54	GP-52	GJ-57	GJ-56	GJ-55	GJ-54	GJ-53
$w(Al_2O_3)$（不小于）/%	57	56	55	54	52	57	56	55	54	53
$w(Fe_2O_3)$（不大于）/%	1.2	1.3	1.5	1.5	1.5	0.8	0.9	1.0	1.1	1.2
$w(TiO_2)$（不大于）/%	0.6	0.6	0.7	0.7	0.7	0.5	0.5	0.6	0.6	0.6
$w(K_2O+Na_2O)$（不大于）/%	0.6	0.6	0.8	0.8	1.0	0.5	0.5	0.6	0.7	0.7
灼减（不大于）/%	1.5					1.5				
耐火度（不小于）/℃	180	178		176		180	178			
水分（不大于）/%	1					1				
线膨胀率（1500℃）/%	必须进行此项检测，测定时的牌号、粒径由供需双方协商。并将实测数据在质量保证书中注明									

《蓝晶石、红柱石、硅线石》（YB/T 4032—2010）适应范围仍然是耐火材料、工业陶瓷等产品。

《蓝晶石、红柱石、硅线石》（YB/T 4032—2010）蓝晶石分普型和精选两种，再按氧化铝含量将普型和精选各自划分 5 个牌号。

红柱石只经过重选和磁选工艺，没有进行其他工艺处理，即无精选产品。只按氧化铝含量划分 5 个牌号。

硅线石分普型和精选两种，再按氧化铝含量将普型和精选各自划分 5 个牌号。

牌号是由汉语拼音字母和数字组成。第一个字是矿物名称汉语拼音的第一个大写字母，若分普型和精选，则第二个字母为普型和精选的第一个汉语拼音字母（如蓝晶石普型为 LP）；如果没有分普型和精选，第二个字母是矿物名称第二个汉字的第一个字母（如红柱石 HZ），后面的数字是氧化铝百分含量，字母和数字之间用短横线分开。

膨胀率是根据莫来石化过程中产生膨胀量最大时的温度确定的，蓝晶石为 1450℃，红柱石为 1450℃，硅线石为 1500℃。

43.4.11.4　三石矿石的选矿方法及工艺流程

三石矿石属于难选的硅酸盐矿石，几乎采用了所有的选矿方法，如手选、选择性磨矿、浮选、重选、磁选等。

三石矿石的浮选，主要有酸法和碱法两种浮选流程。浮选工艺主要解决三石矿物与石英、长石、云母等脉石矿物的分离。在酸性介质中浮选时，矿浆的最佳 pH 值为 3.5～4.5（用硫酸或氢氟酸调节），捕收剂采用石油磺酸钠，也可采用烷基苯磺酸钠。采用浮选工艺选择性好，精选作业次数少，浮选终点明确，浮选温度适应范围宽，但酸耗量大，易造成设备腐蚀和环境污染。在中性和碱性介质中浮选时，矿浆最佳 pH 值在 8～10 之间（用碳酸钠和氢氧化钠调节），捕收剂为脂肪酸及其皂类，如油酸、氧化石蜡皂等；抑制剂为水玻璃、乳酸或蚁酸、羧甲基纤维素（CMC）、焦磷酸钠等。以脂肪酸作捕收剂时，要求矿浆温度在 30℃ 左右。

对于非常普遍的细粒嵌布或粗细不均匀嵌布的矿石来说，通用的选矿工艺流程是：破碎—磨矿—反浮选—正浮选—磁选—精矿。反浮选的对象有两类：一类是石墨、云母等易浮选物；另一类是黄铁矿、金红石或钛铁矿等金属矿物。磁选有干式磁选和湿式磁选之分。磨矿之前有洗矿，反浮选或浮选之前脱泥也是很常见的。

对嵌布粒度粗、细粒结核状及粗细混合嵌布的三石矿石多采用重选法处理。可采用的设备有摇床、旋流器、重介质旋流器或在重力悬浮液或重液中分选。

磁选常用于三石矿石选矿,一是用于入选原料的准备作业,回收或脱除磁性矿物(钛铁矿、石榴石混合精矿);二是用于精矿再处理,除去精矿中的有害杂质。

进一步提纯精矿可采用反浮选生产工艺,即以阳离子捕收剂伯胺或混合胺浮选长石、云母和石英。

43.4.11.5　三石矿石选矿厂实例

A　蓝晶石矿石选矿

以南阳隐山蓝晶石矿石的选矿为例。矿石类型有蓝晶石石英岩型、片状绢云母蓝晶石石英岩型、片状褐铁绢云母蓝晶石石英岩型、块状蓝晶石岩以及块状蓝晶黄玉岩等。矿石中蓝晶石矿物含量约15%～20%,石英60%～70%,绢云母3%～10%。TiO_2主要来自金红石,金红石含量约1%,其结晶嵌布粒度细小,0.05mm以下占80%,10～20μm的约占50%。一部分细小金红石在蓝晶石晶体中呈包裹体,增加了降低精矿中TiO_2的难度。对耐火材料高温性能影响较大的K_2O和Na_2O赋存在云母类矿物中,这些矿物可选性较好。蓝晶石被高岭石化、绢云母化、叶蜡石化较普遍,因此需要提高磨矿细度。矿石中黄玉和蓝晶石难分选,增加了选矿难度。南北隐山蓝晶石矿石生产工艺流程如图43-4-29所示。

美国C-E公司的格雷斯蓝晶石矿选矿厂、蓝晶石矿业公司的东岭(East Ridge)蓝晶石选矿厂、我国河北魏鲁蓝晶石矿选矿厂均采用浮选—磁选(或磁选—浮选)联合流程。美国东岭蓝晶石选矿厂的工艺流程如图43-4-30所示。

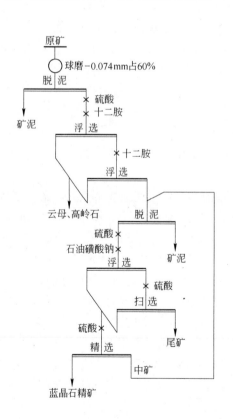

图43-4-29　南阳隐山蓝晶石生产工艺流程

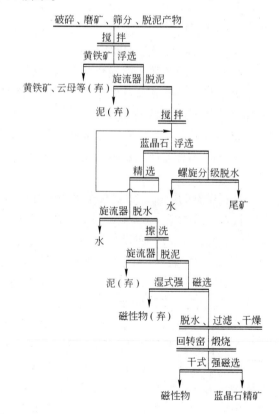

图43-4-30　美国东岭蓝晶石选矿厂工艺流程

B　硅线石矿石选矿

内乡县七里坪是河南省主要硅线石产地。选矿工艺为磁选—浮选联合流程（见图 43-4-31）。磁选作业抛除大量脉石矿物，如黑云母、石榴石、赤褐铁矿等，以提高浮选入选品位，同时减少杂质矿物对浮选过程的干扰。浮选作业首先在自然 pH 值条件下浮出对硅线石精矿质量影响较大的易浮矿物，然后在碱性介质条件下采用癸脂肪酸捕收剂浮选硅线石。精矿指标见表 43-4-98。

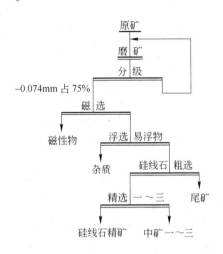

图 43-4-31　内乡硅线石矿石选矿工艺流程

表 43-4-98　河南内乡通途硅线石矿选厂精矿指标

项　目	指　标		
Al_2O_3/%	53 ~ 54	55 ~ 56	57 ~ 58
Fe_2O_3/%	≤2.0	≤1.5	≤1.0
($K_2O + Na_2O$)/%	≤0.4	≤0.3	≤0.25
TiO_2/%	≤0.3	≤0.25	≤0.2
线膨胀系数(1500℃)/%	0.56		
粒度/μm	0.15 ~ 0.074		

鸡西硅线石矿位于鸡西市三道沟，矿床类型为沉积变质型。原矿中工业矿物为硅线石和石墨，脉石矿物有斜长石、钾长石、石英、石榴石、黑云母、白云母、方解石及少量钛铁矿、黄铁矿等。选矿工艺流程如图 43-4-32 所示，精矿产品见表 43-4-99。

表 43-4-99　鸡西硅线石精矿指标

项　目	普通硅线石精矿	高纯硅线石精矿
Al_2O_3/%	51　52　53　54　55　56　57　58	54　55　56　57　58
Fe_2O_3(不大于)/%	2.2　2.0　1.9　1.8　1.7　1.6　1.5　1.4	0.8
线膨胀系数(1500℃)/%	Al_2O_3,54% ~ 56%,0.2 ~ 0.5 Al_2O_3≥57%,0.6 ~ 1	
粒度/mm	大于 0.088 约占 55%， 小于 0.088 约占 45%	>0.1(35% ~ 45%) <0.1(60% ~ 65%) 其中 <0.074 占 20% ~ 40%

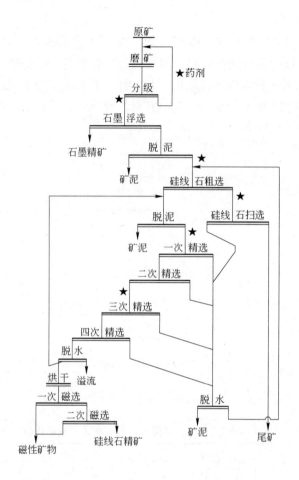

图 43-4-32   鸡西硅线石矿石选矿原则流程

C   红柱石矿石选矿

以河南西峡红柱石矿石选矿厂为例。矿石产于西峡杨乃沟，矿石类型为红柱石变斑状黑云母石英片岩，矿石中红柱石、石榴石、十字石呈变斑晶产出，石英、黑云母构成基质。矿石以斑状变晶结构为主，红柱石斑晶与基质镶嵌坚实，呈外裹内包，难以单体解离；在红柱石内均有十字炭质包裹体，而此黑十字部分比磁化系数与红柱石相近；红柱石与脉石矿物相对密度也相近。以上诸因素增加了选矿难度。但矿物质成分简单，红柱石晶体粗大，呈自形柱状。采用洗矿—手选—重选—强磁选工艺流程，原则流程如图43-4-33所示。

43.4.12   菱镁矿

43.4.12.1   矿物、矿石和矿床

A   菱镁矿矿物及性质

菱镁矿是镁的碳酸盐，化学式为 $MgCO_3$，理论组成：MgO 47.81%，CO_2 52.19%。$MgCO_3$-$FeCO_3$ 之间可形成完全类质同象，天然菱镁矿含 FeO 量一般小于 8%。含 FeO 约

9%者称为铁菱镁矿；更富含铁者称为菱铁镁矿。有时含 Mn、Ca、Ni、Si 等混入物。致密块状者常含有蛋白石、蛇纹石等杂质。

菱镁矿常呈白色或浅黄白、灰白色，有时带淡红色调，含铁者呈黄至褐色、棕色；陶瓷状者大都呈雪白色。玻璃光泽，具完全解理，瓷状者呈贝壳状断口，硬度 4～4.5，性脆，相对密度 2.9～3.1。含铁者密度和折射率均增大；隐晶质菱镁矿呈致密块状，外观似未上釉的瓷，故亦称瓷状菱镁矿。

B　菱镁矿矿石类型

菱镁矿矿石的自然类型可分为晶质和非晶质两大类。按结构构造则可分为细粒（小于 0.5mm）矿石、中粒（0.5～1mm）矿石、粗粒（1～5mm）矿石、巨粒（大于 5mm）矿石和块状、条带状、斑纹状、菊花状、砂粒状、皮壳状、疏松多孔状矿石，后三者发育于矿床的氧化带。

按矿石的共生矿物组合划分矿石类型，常见的有白云石-菱镁矿、滑石-菱镁矿、蛋白石-石英-菱镁矿、绿泥石-菱镁矿。

C　菱镁矿矿床类型

菱镁矿矿床成因类型有四种：

（1）区域变质型菱镁矿矿床，产于太古宇或元古宇白云岩中，矿体呈层状，延伸数百至上千米，厚几米至几十米，常有滑石伴生或共

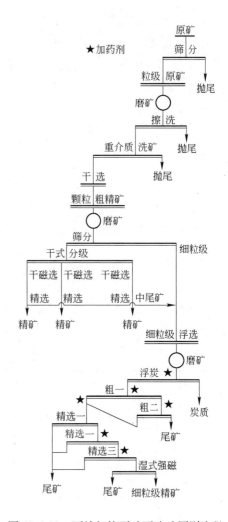

图 43-4-33　西峡红柱石矿石选矿原则流程

生。矿石块状构造，粒状结构，含 MgO 35%～47%。如辽宁海城大石桥菱镁矿矿床。

（2）热液蚀变型菱镁矿矿床，产于古生界蛇绿岩套中，纯橄岩或辉石橄榄岩蚀变或含矿流体充填裂隙成矿。矿体透镜状、囊状、脉状，长宽各几十至几百米，与水镁石或滑石伴生或共生。矿石呈块状，由非晶质菱镁矿组成，质量不高，含蛋白石、透闪石、文石、绿泥石和滑石。如陕西宁强大安菱镁矿矿床。

（3）风化型菱镁矿矿床，产于蛇绿岩套附近，系蛇纹石化纯橄榄岩风化淋积成矿。风化壳厚 30～60m。矿体呈脉状、面状，产于风化壳中下部，长几百米，宽几十米，厚三四十米，埋深二三十米。矿石呈块状、网状构造，由非晶质菱镁矿组成，含 MgO 40% 左右，含玉髓、蛋白石、蛇纹石。如内蒙古扎赉特旗索伦山察汉奴鲁菱镁矿矿床。

（4）水菱镁矿矿床（hydro-magnesite deposit），自然界中出现较少，是温泉、冷水泉溢出地表后在附近封闭洼地、沟谷、河漫滩、湖阶地、小型自流盆地内汇聚，经蒸发浓缩沉积形成。矿体多呈似层状、透镜状，少数呈脉状。

D 矿床工业指标

菱镁矿矿床工业指标见表43-4-100。

表 43-4-100 菱镁矿矿床一般参考工业指标

品 级	化学成分/%			品 级	化学成分/%		
	MgO(不小于)	CaO(不大于)	SiO$_2$(不大于)		MgO(不小于)	CaO(不大于)	SiO$_2$(不大于)
特级品	47	0.6	0.6	三级品	43	1.5	2
一级品	46	0.8	1.2	四级品	41	6	3.5
二级品	45	1.5	1.5	五级品	33	6	4

注:可采厚度2m,夹石剔除厚度1~2m。

43.4.12.2 菱镁矿的主要用途

菱镁矿的工业价值主要是其中含有的氧化镁具有高的耐火性和黏结性,以及可提炼金属镁。因此,广泛用于冶金、建材、化工、轻工、农牧业等领域。其主要用途见表43-4-101。

表 43-4-101 菱镁矿的主要用途

应用领域	主 要 用 途
冶金工业	耐火材料,焊接冶金炉炉底、炉膛、炉衬,镁砖、铬镁砖、镁碳砖、转炉、平炉、电炉的炉衬和炉壁
建材工业	轻烧菱镁矿与氧化镁或硫酸镁配合成含镁水泥,隔音、隔(绝)热、耐磨等新型建材
化工工业	制硫酸镁及其他含镁化合物,媒染剂、干燥剂、溶解剂、去色剂和吸附剂等
轻工工业	制糖工业的净化剂,造纸工业纸张的硫化处理,橡胶工业硫化过程的促进剂,人造纤维、塑料、化妆品和特殊玻璃原料
农牧业	饲料、农肥原料
其 他	提炼金属镁的主要原料

43.4.12.3 菱镁矿产品质量标准

菱镁矿产品粒度要求如下:

(1) 25~100mm:小于25mm的不超过15%,大于100mm的不超过10%,最大粒度不大于120mm。

(2) 0~40mm:大于40mm的不超过10%,最大粒度不大于60mm。

(3) 0~25mm:大于25mm的不超过10%,最大粒度不大于40mm。

(4) 50~180mm(供反射窑焙烧轻烧镁粉用):小于50mm的不超过15%,大于180mm的不超过10%,最大粒度不大于200mm。

菱镁矿产品质量标准见表43-4-102。

表 43-4-102　菱镁矿产品质量标准　　　　　　　　　　　　　　　　（%）

品　级	化学成分含量			品　级	化学成分含量		
	MgO（不小于）	CaO（不大于）	SiO₂（不大于）		MgO（不小于）	CaO（不大于）	SiO₂（不大于）
特级品	47	0.6	0.6	三级品	43	1.5	3.5
一级品	46	0.8	1.2	四级品	41	6	2
二级品	45	1.5	1.5	菱镁粉	33	6	4

43.4.12.4　菱镁矿的选矿方法及工艺流程

第一种是浮选法：浮选是处理菱镁矿的主要提纯方法之一，对于脉石矿物为滑石、石英等以硅酸盐矿物为主的矿石，浮选时通常在矿浆自然 pH 值下，添加胺类阳离子捕收剂和起泡剂就能达到良好的效果，将菱镁矿纯度提高到 95% ~ 97%。浮选原则工艺流程如图 43-4-34 所示。

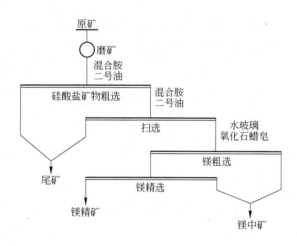

图 43-4-34　菱镁矿浮选工艺流程

第二种是轻烧：菱镁矿在 750 ~ 1100℃ 温度下煅烧称为轻烧，其产品称为轻烧镁粉。由于菱镁矿烧减量一般为 50% 左右，因此通过轻烧，矿石中 MgO 含量几乎可以提高 1 倍。从这一意义上讲，轻烧是最有效的 MgO 富集手段。此外，轻烧也是菱镁矿热选和某些重选的预备作业。轻烧镁具有很高的活性，是生产高体密镁砂的理想原料。

第三种是热选法：利用菱镁矿与滑石在热学性质上的差异，经煅烧后造成二者之间的密度差与硬度差，再经选择性破碎及简单的筛分或分级使矿物得到分离。热选原则工艺流程如图 43-4-35 所示。

除了上述浮选法、轻烧法、热选法外，还

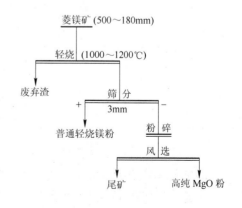

图 43-4-35　菱镁矿热选工艺流程

有重选法、电选法、辐射选矿法、磁种分选法等等。后面这几种方法我国用得不多。

43.4.12.5 菱镁矿选矿生产实例

A 山东掖县菱镁矿选矿厂实例

山东掖县是我国20世纪80年代建立的第一个菱镁矿浮选厂。其主要工艺流程为：菱镁矿经破碎筛分后，给入球磨机研磨，磨后矿浆经反浮选（一粗选一扫选）和正浮选（一粗选一精选）后，获得菱镁矿精矿、中矿和尾矿。脱水过滤后获得最终菱镁矿精矿。其选矿工艺流程如图43-4-36所示。

山东掖县菱镁矿浮选工业试验指标见表43-4-103。

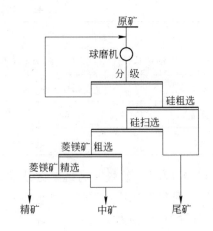

图43-4-36 山东掖县菱镁矿选矿工艺流程

表43-4-103 山东掖县菱镁矿工业试验选矿指标

试验流程（及矿样）	试验种类	试验规模	产品名称	产率/%	品位/%						MgO/% 计算值
					灼减	SiO$_2$	Al$_2$O$_3$	Fe$_2$O$_3$	CaO	MgO	
掖县菱镁矿浮选	工业试验	班样	精矿（一级品）	32.7	51.87	0.06	0.024	0.43	0.34	47.28	98.22
			原矿	100	51.24	0.83	0.18	0.55	0.42	46.43	95.22
		班样	精矿（混级品）	28.2	51.42	0.19	0.05	0.57	0.55	46.94	96.62
			原矿	100	48.21	3.87	0.59	0.58	0.75	45.64	88.12
		考察样	精矿（混级品）	30.6	51.55	0.21	0.06	0.52	0.63	47.13	97.28
			原矿	100	48.21	3.87	0.59	0.58	0.75	45.64	88.12

B 辽宁海城某菱镁矿选矿厂实例

辽宁海城某菱镁矿企业，为了有效合理地利用大量堆存的低品位菱镁矿资源，提高矿山的经济效益，采用浮选工艺，对废弃的二、三级菱镁矿进行提纯，使低品位菱镁矿提高到了生产高品质MgO的要求。其选矿指标见表43-4-104。

表43-4-104 辽宁海城某菱镁矿选矿指标

试验流程（及矿样）	试验规模	产品名称	产率/%	品位/%						MgO/% 计算值
				灼减	SiO$_2$	Al$_2$O$_3$	Fe$_2$O$_3$	CaO	MgO	
海城某菱镁矿浮选	试验室小型试验	精矿	73.58	51.39	0.25	0.05	0.15	0.59	47.57	97.86
		尾矿	26.42	45.45	8.01	0.69	0.45	1.08	44.31	81.23
		原矿	100.00	49.82	2.3	0.22	0.23	0.72	46.71	93.08

C 伊朗某菱镁矿选矿厂实例

伊朗某菱镁矿选矿厂采用一次粗选，四次精选，中矿返回再选的方式获得了菱镁矿精矿，其工艺流程如图43-4-37所示。

伊朗某菱镁矿选矿工业指标见表43-4-105。

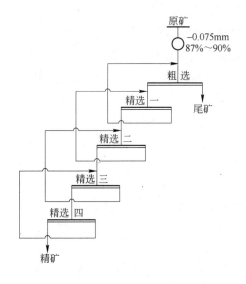

图 43-4-37　伊朗某菱镁矿选矿流程

表 43-4-105　伊朗某菱镁矿选矿指标

流　程	产品名称	产率/%	品位/%			回收率 MgO
			MgO	SiO$_2$	烧失量（L. O. I）	/%
一次磨细- 正浮选	精　矿	41. 17	45. 49	2. 15	50. 51	46. 55
	尾　矿	58. 83	36. 55	19. 18	41. 03	53. 45
	原　矿	100. 00	40. 23	12. 17	44. 93	100. 00

43.4.12.6　菱镁矿深加工及制品

菱镁矿的深加工技术主要是煅烧，通过控制煅烧温度，获得不同的菱镁矿深加工制品。

A　轻烧氧化镁

将菱镁矿在 950℃下煅烧，经筛分、粉碎制成轻烧氧化镁。其反应化学方程式如下：

$$MgCO_3 === MgO + CO_2 \uparrow$$

本产品用途广泛，其生产量约占镁化合物总量的 13%，用于制造镁水泥等建筑材料；用于各种镁化合物的生产和有机化学品生产中的催化剂配制；用于橡胶工业作硫化促进剂、中和剂，氯丁橡胶特种配合组分；用于铀矿中和处理；在碳酸盐沥滤系统中起吸附剂和催化剂作用；在干洗工业中使溶剂脱色；作牙粉和化妆品的组分；还可用于制造肥料，为肥料提供微量的元素镁。

B　重烧氧化镁

将菱镁矿焙烧至 1500 ~ 1800℃，形成方镁石，即得重烧氧化镁。重烧氧化镁呈茶褐色，致密坚硬，结晶质，化学活动性极低，不易被酸腐蚀，是典型的碱性耐火材料，耐火度高达 1920 ~ 2120℃，对各种熔融金属和炉渣的抗腐蚀性强，是冶金工业不可少的耐火材料，用于制造镁砖、镁砂、镁粉等。

C 电熔镁

将菱镁矿在电炉中熔烧至2500～3000℃，形成熔铁氧化镁，即电熔镁，它的性能比重烧镁更稳定，硬度更大，抗化学腐蚀性强、电阻率高，几乎不与水发生化学反应，可作绝缘和高级耐火材料，制成镁坩埚和耐火炉管供熔融冶炼金属用。

D 轻质氧化镁

轻质氧化镁的制取方法有菱镁矿碳化法和碳铵法两种。碳化法的化学反应如下：

$$MgCO_3 === MgO + CO_2 \uparrow$$

$$MgO + H_2O === Mg(OH)_2$$

$$Mg(OH)_2 + 2CO_2 === Mg(HCO_3)_2$$

$$5Mg(HCO_3)_2 + H_2O === 4MgCO_3 \cdot Mg(OH)_2 \cdot 5H_2O + 6CO_2 \uparrow$$

$$4MgCO_3 \cdot Mg(OH)_2 \cdot 5H_2O === 5MgO + 4CO_2 \uparrow + 6H_2O$$

碳铵法的化学反应如下：

$$MgCO_3 === MgO + CO_2 \uparrow$$

$$MgO + H_2SO_4 === MgSO_4 + H_2O$$

$$H_2SO_4 + 2NH_4HCO_3 === Mg(HCO_3)_2 + (NH_4)_2SO_4$$

$$Mg(HCO_3)_2 + 2H_2O === MgCO_3 \cdot 3H_2O + CO_2 \uparrow$$

$$4[MgCO_3 \cdot 3H_2O] === 3MgCO_3 \cdot Mg(OH)_2 \cdot 4H_2O + CO_2 \uparrow + 7H_2O$$

$$3MgCO_3 \cdot Mg(OH)_2 \cdot 4H_2O === 4MgO + 3CO_2 \uparrow + 5H_2O$$

轻质氧化镁可用于制造搪瓷、耐火坩埚、耐火砖等，还可用作磨光剂、黏合剂、油漆及纸张的填料，氯丁及氟橡胶的促进剂与活化剂，与氯化镁等溶液混合制成镁氧水泥。医药上用作抗酸剂和轻泻剂，用于治疗胃酸过多、胃及十二指肠溃疡等疾病，也用于玻璃、染料、酚醛塑料等工业。

E 重质氧化镁

将菱镁矿煅烧成菱苦粉，经过水选，除去杂质后沉淀成镁泥浆，然后通过消化、烘干、煅烧，使氢氧化镁脱水生成重质氧化镁。其化学反应方程式如下：

$$MgCO_3 === MgO + CO_2 \uparrow$$

$$MgO + H_2O === Mg(OH)_2$$

$$Mg(OH)_2 === MgO + H_2O$$

重质氧化镁可作为塑胶工业制品的填充剂，化工生产中的中和剂。优质重质氧化镁可用于制药工业，可作为生产镁盐的基本原料，可制造人造化学地板、人造大理石、防火防热板、防火管、隔音板，还可作耐火材料、镁氧水泥和氧化镁陶瓷等。

F 磁性氧化镁

将重质氧化镁送入反应器加入盐酸进行反应，生成碱式碳酸镁，将碱式碳酸镁在高温煅烧，冷却后粉碎，制得磁性氧化镁。其化学反应方程式如下：

$$2MgO + 4HCl + 4H_2O \Longrightarrow 2MgCl_2 \cdot 6H_2O$$

$$5MgCl_2 + 5Na_2CO_3 + 6H_2O \Longrightarrow 4MgCO_3 \cdot Mg(OH)_2 \cdot 5H_2O + CO_2 \uparrow + 10NaCl$$

$$4MgCO_3 \cdot Mg(OH)_2 \cdot 5H_2O \Longrightarrow 5MgO + 4CO_2 \uparrow + 6H_2O$$

本品用于无线电高频磁棒天线，代替铁氧体，亦可用于制造耐火纤维和其他耐火材料等。

菱镁矿的深加工制品还有高温电工级氧化镁、氢氧化镁、碱式碳酸镁、硫酸镁、氟化镁、硫酸镁、过氧化镁等各种镁化工产品。

43.4.13 膨润土

43.4.13.1 矿物、矿石和矿床

A 膨润土矿物及性质

膨润土又称斑脱岩或膨土岩，系1888年美国地质学家 W. C. Knight 在怀俄明州洛基山河附近发现的一种绿黄色吸水膨胀的黏土物质，产地为 Fort Beton，按产地取名"Betonite"，称为膨润土。1972年，在西班牙马德里举行的国际黏土会议（AIPEA）上，R. E. Grim 将膨润土定义为"以蒙脱石类矿物为主要组分的岩石，是蒙脱石矿物达到可利用含量的黏土或黏土岩"。

膨润土硬度1~2，密度2~3g/cm³。具有吸水性、膨胀性、阳离子交换性、触变性、增稠性、润滑性、吸附性、脱色性、黏结性等一系列优良特性，这些特性取决于矿石中的蒙脱石具有独特的晶体结构和晶体化学性质。

蒙脱石亦称微晶高岭石或胶岭石，是一种层状含水的铝硅酸盐矿物，其理论结构式为：$(1/2Ca, Na)_x (H_2O)_4 | (Al_{2-x}Mg_x)[Si_4O_{10}](OH)_2|$。蒙脱石是化学成分复杂的一大族矿物，国际黏土研究协会确定以 Smectite 作为族名，即蒙皂石族，亦称蒙脱石族。该族矿物包括二八面体和三八面体两个亚族。膨润土中所含的通常是二八面体亚族中的矿物（蒙脱石、贝得石、绿脱石、铬绿脱石、钒蒙皂）。

蒙脱石晶体结构特点是由两层硅氧四面体片和一层夹于其间的铝（镁）氧（羟基）八面体构成的2∶1型层状硅酸盐矿物（见图43-4-38）。

蒙脱石晶体中硅氧四面体的 Si^{4+} 常被 Al^{3+} 置换，铝氧八面体中的 Al^{3+} 可被 Mg^{2+}、Fe^{2+} 等低价阳离子置换，由于低价阳离子置换了高价阳离子，使晶体层（结构层）间产生多余的负电荷

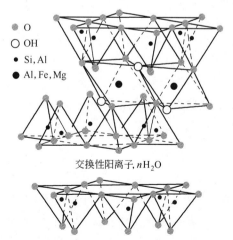

○ O
○ OH
• Si, Al
● Al, Fe, Mg

交换性阳离子，nH_2O

图 43-4-38 蒙脱石晶体构造示意图

（永久性负电荷）。为了保持电中性，晶层间吸附了大半径的阳离子，如 K^+、Na^+、Ca^{2+}、Mg^{2+}、Li^+、H^+ 等。这些阳离子是以水化状态出现，并且是可相互交换的，使蒙脱石族矿物具有离子交换力等一系列很有价值的特性。

晶体内的异价类质同象置换是蒙脱石最基本、最重要的晶体化学特性，并使蒙脱石具有离子交换性、膨胀性、吸附性、分散性、吸水性等一系列优良特性。

B　膨润土矿床类型

a　膨润土矿成因及世界范围分布概况　膨润土矿床有三种成因类型：火山沉积型（陆相火山沉积亚型、海相火山沉积亚型、准平原胶体凝聚亚型）、风化残积型、热液型。世界膨润土矿资源主要集中分布在火山活动地区。

已探明世界膨润土储量约 100 亿吨，主要分布在美国、中国和前苏联，约占 3/4。其次是意大利、希腊、澳大利亚和德国。目前，美国拥有的膨润土资源量位居世界第一，中国仅次于美国位居第二。

b　中国膨润土资源概况　中国膨润土主要分布在东北三省和东部沿海各省，以及新疆、四川、河南、广西等省（区）。截止 2008 年年底，我国已查明膨润土资源量 27.93 亿吨，其中基础储量 8.08 亿吨、储量 3.87 亿吨（全国 159 矿区统计数）。据对 63 个大、中型膨润土矿床统计，矿石中平均含蒙脱石为 63%，高出矿床开采的最低工业品位。大型矿床有 20 多个，主要是钙基土，钠基土约占 24%。但多数钠基土伏于钙基土之下，埋藏较深，开采难度大。从分布上看，浙江、新疆、辽宁、黑龙江、广西等省（区）钠基土资源相对较丰富。

三种成因类型的膨润土矿我国均具有。陆相火山沉积型矿床有浙江平山、辽宁黑山、安徽新潭、甘肃红泉源等；海相火山沉积矿床规模大，品位高，如新疆柯尔碱大型膨润土矿；准平原胶体凝聚型膨润土矿一般为小型矿床，集中在四川和江汉盆地，如三台、仁寿。风化残积型膨润土矿床矿层厚度大、层位稳定、质量较好。由于可溶性阳离子的水是从上往下渗透，因此上部蚀变作用相对较强，矿化程度相对也较高。一般是地表属型为钙基，较深部有钠基膨润土，如浙江仇山、吉林银山、湖南胡朝保等矿床。热液矿床包括火山物质的岩浆期后热液蚀变矿床和成岩后的热液蚀变矿床。我国这种类型矿床少，所占储量比例小。

在三种成因类型中，以火山沉积型为主，其次是风化残积型。

c　膨润土的属性、属型　不同产地膨润土各种优异性能的差距主要取决于矿石中蒙脱石的含量及其属性、属型。

蒙脱石含量通常是用吸蓝量换算的，吸蓝量是指 100g 膨润土矿样在水中饱和吸附无水次甲基蓝毫克数，即：

$$M = \frac{B}{K} \times 100 \qquad (43\text{-}4\text{-}6)$$

式中　M——膨润土矿石中蒙脱石相对含量，%；

　　　B——吸蓝量，以 100g 样吸附的次甲基蓝的量表示，g；

　　　K——换算系数，K 取 0.442 ~ 0.56 之间的数值，一般取 0.48。

由于影响吸蓝量的因素较多，所以仅以吸蓝量确定样品中蒙脱石的含量有时会出现较大的偏差。应配合 X 射线衍射定量相分析,获得的蒙脱石含量较准确。

根据膨润土应用领域,按蒙脱石可交换的阳离子种类和层电荷大小划分属性和属型。

属型划分标准(以阳离子交换容量($Q_{C \cdot E \cdot C}$)划分,即 100g 膨润土可交换的阳离子物质的量)。

欧美国家是以碱性系数划分:

矿石类型	$E_{Na^+}/Q_{C \cdot E \cdot C}\%$	$(E_{Na^+} + E_{K^+})/(E_{Ca^{2+}} + E_{Mg^{2+}})$	$E_{Na^+}/E_{Ca^{2+}}$
钠基膨润土	$\geqslant 50$	$\geqslant 1$	$\geqslant 1$
钙基膨润土	< 50	< 1	< 1

我国划分属型标准:

钠基膨润土:$\dfrac{E(Na^+)}{Q_{C \cdot E \cdot C}} \times 100\% \geqslant 50\%$;

钙基膨润土:$\dfrac{E(Ca^{2+})}{Q_{C \cdot E \cdot C}} \times 100\% \geqslant 50\%$;

镁基膨润土:$\dfrac{E(Mg^{2+})}{Q_{C \cdot E \cdot C}} \times 100\% \geqslant 50\%$;

铝(氢)基膨润土:$\dfrac{E(Al^{3+}) + E(H^+)}{Q_{C \cdot E \cdot C}} \times 100\% \geqslant 50\%$。

如果交换性阳离子没有超过交换容量 50% 时,则以最多交换量的两种阳离子进行复合命名,如:

$$\frac{E(Na^+)}{Q_{C \cdot E \cdot C}} \times 100\% \geqslant 40\%, \quad \frac{E(Ca^{2+})}{Q_{C \cdot E \cdot C}} \times 100\% \geqslant 30\%$$

则为钠钙基膨润土,以此类推。式中 $Q_{C \cdot E \cdot C}$ 为阳离子交换容量。

也可以用碱性系数划分:

$$\frac{E_{Na^+} + E_{K^+}}{E_{Ca^{2+}} + E_{Mg^{2+}}}$$

钠基膨润土(NaB)> 1,钙基膨润土(CaB)< 1。

在实际工作中,利用不同属型膨润土中蒙脱石(001)面网间距的差异,即 d_{001} 值不同,用 X 射线衍射分析能较快确定样品的属型。

属性划分标准如下:

(1) 高层电荷型(切托型):(0.35 ~ 0.60)/单位半晶胞。

(2) 低层电荷型(怀俄明型):(0.20 ~ 0.35)/单位半晶胞。

(3) 过渡型:层电荷介于上列两者之间。

C 矿床工业指标

膨润土矿一般工业指标如下:

(1) 边界品位:蒙脱石质量分数不小于 40%(单样)。

(2) 工业品位:蒙脱石质量分数不小于 50%(单工程)。

对选矿性能良好,适用于作精细加工产品的低电荷型(怀俄明型)的膨润土,其蒙脱石的质量分数指标可适当降低。

43.4.13.2　膨润土主要用途

人们利用膨润土的吸水性、膨胀性、增稠性、触变性、吸附性、黏结性、脱色性等一系列优异特性，作为黏结剂、吸附剂、增强剂、增塑剂、絮凝剂、稳定剂、脱色剂等被广泛应用于 24 个领域 100 多个部门，其品种达千种以上。

在不同的国家，膨润土应用的主要工业部门亦不同。但从膨润土几个主要生产国和消费国看，主要应用在铸造业、钻井泥浆、铁矿球团、活性白土这几个领域中。

我国近几年膨润土消耗量约 300 万吨，其中铸造业约占 38%、钻井泥浆约占 24%、铁矿球团约占 16%、活性白土约占 12%，其余的 10% 消耗在石化、轻工、农业、建筑等领域。膨润土及其制品的主要用途见表 43-4-106。

表 43-4-106　膨润土及其制品的主要用途

应用领域	主 要 用 途	所用膨润土种类
铸 造	型砂黏结剂	钠基膨润土或钙、镁基膨润土
	水化型砂的黏结剂、表面稳定剂	有机膨润土
冶 金	铁精矿球团黏结剂	钠基膨润土为主
钻井泥浆	配置具有高流变和触变性能的钻井泥浆悬浮液	钠基膨润土或钙、镁基膨润土
	钻机解卡剂	有机膨润土
食 品	动植物油的脱色和净化、葡萄酒和果汁的澄清、啤酒的稳定化处理、糖化处理、糖汁净化	活性白土、钠基膨润土、其他膨润土
石 油	石油、油脂、石蜡油的精炼，石蜡、脱色和净化石油裂化的催化剂载体	活性白土，钙、镁基膨润土
	制备焦油-水的乳化液	钠基膨润土
	沥青表面的稳定剂、润滑油的稠化剂	有机膨润土
农 业	土壤改良剂、混合肥料的添加剂、饲料添加剂、胶黏剂、动物圈垫土	各种膨润土
化 工	催化剂、农药和杀虫剂的载体	活性白土
	橡胶和塑料制品的填料	钠基膨润土
	干燥剂、过滤剂、洗涤剂、香皂、牙膏等日用化工产品品添加剂、涂料、油墨的触变增稠剂	锂基、镁基膨润土
	油漆、油墨的防沉降助剂	有机膨润土
环保、生态建设	工业废水处理、游泳池水的净化、食品工业废料处理、放射性废物的吸附处理剂，水土保持、固沙	活性白土、钠基膨润土
建 筑	防水盒防渗材料、水泥混合材料、混凝土增塑剂和添加剂等	各种膨润土
造 纸	复写纸的染色剂、颜料填料	活性白土，钙、镁基膨润土
纺织印染	填充、漂白、抗静电涂层、代替淀粉上浆及做印花糊料	活性白土、钠基膨润土
陶 瓷	陶瓷原料的增塑剂	各种膨润土
医药、化妆品	药物的吸着剂和药膏药丸的黏结剂、化妆品底料	钙、镁、锂、钠基膨润土
机 械	高温润滑剂	有机膨润土

43.4.13.3 膨润土产品质量标准

A 无机凝胶用膨润土

膨润土无机凝胶是以膨润土为原料经加工而获得的深加工产品。由于膨润土无机凝胶具有优异的膨胀性、黏结性和触变性，可作为触变剂、增稠剂、分散剂、悬浮剂、稳定剂等广泛应用于建材、日用化工、铸造、洗涤、制药等行业中。

以膨润土为原料制备无机凝胶首先必须对原料进行提纯和钠化改型预处理，获得蒙脱石含量至少大于90%的钠基膨润土，粒度小于 $2\mu m$ 占98%，为低层电荷型。提纯改型后的膨润土要进行磷化改性处理，磷化改性后，悬浮液中大量磷酸根离子的存在使其黏度降低，触变性变差。通过胶化作用，采用高价的阳离子与磷酸根反应生成不电离的化合物可除去磷酸根。分散的蒙脱石颗粒重新缔合形成凝胶。无机凝胶用膨润土的理化和卫生指标见表43-4-107。

表 43-4-107 无机凝胶用膨润土的理化和卫生指标

项 目		指 标
理化指标	3%水溶液表观黏度/mPa·s	≥2500
	挥发分（105℃）/%	≤10.0
	75μm 筛余量/%	≤5.00
	每2g 土的膨胀指数/mL	≥20
	屈服值（塑性黏度）/mPa·s	≤6
卫生指标①	细菌总数/个·克$^{-1}$	<500
	致病菌/个·克$^{-1}$	不得检出
	Pb/mg·kg^{-1}	<20
	As/mg·kg^{-1}	<5
	Hg/mg·kg^{-1}	<0.1

① 卫生指标只对作牙膏及食品、药品添加剂时有要求。

B 铸造业用膨润土

在铸造业膨润土中，主要用于黏土黏结砂中。因为膨润土具有黏结力强、可塑性大、脱膜好、透气性优、高温湿态下物理化学性能稳定，可遏止铸件夹砂、掉块、砂型塌陷；成型性强、型腔强度高等特点。

由中国建筑材料工业协会提出的膨润土标准（GB/T 20973—2007）中，规定铸造用膨润土，以 F 表示；冶金球团用膨润土，以 P 表示；钻井泥浆用膨润土，以 M 表示。

铸造用膨润土分一级品、二级品、三级品、四级品，分别以 Ⅰ、Ⅱ、Ⅲ、Ⅳ表示。

铸造和冶金球团用膨润土的产品标记按属性、用途、规格和标准号顺序编写。例如，人工钠化膨润土一级品，标记为：ANaB-F-Ⅰ-GB/Txxxx。铸造用膨润土质量标准见表43-4-108。

表 43-4-108　铸造用膨润土质量标准

产品等级	一级品	二级品	三级品	四级品
湿压强度/kPa	≥100	≥70	≥50	≥30
热湿拉强度/kPa	≥2.5	≥2.0	≥1.5	≥0.5
每 100g 土的吸蓝量/g	32	28	25	22
过筛率(75μm)(质量分数)/%	≥85			
水分(105℃)(质量分数)/%	9 ~ 13			

注：铸造用膨润土热湿拉强度不作要求。

C　冶金球团用膨润土

膨润土是铁矿球团主要常用的黏结剂，用量一般不超过 2%。由于膨润土是高分散物质，改善了造球物质的粒度组成，使生球内毛细管径变小，毛吸力增大；膨润土吸水后变成胶体颗粒，充填在生球颗粒之间，增强了颗粒间的黏结力，提高了生球的强度；生球在干燥过程中水释放较缓慢，有利于提高爆裂温度；当生球受到外力冲击时，颗粒间产生滑动，明显提高了生球的落下强度。膨润土使成球率高、料层透气性好。用于冶金球团的膨润土要有较高的蒙脱石含量、较大的膨胀容和吸水率。

在 GB/T 20973—2007 中规定：冶金球团用膨润土分钠基膨润土和钙基膨润土，各分三个等级，分别是一级品、二级品、三级品，以Ⅰ、Ⅱ、Ⅲ表示。如冶金球团用钙基膨润土二级品标记为：CaB-P-Ⅱ-GB/T×××。冶金球团用膨润土质量标准见表 43-4-109。

表 43-4-109　冶金球团用膨润土质量标准

产品属性	钠基土			钙基土		
产品等级	一级品	二级品	三级品	一级品	二级品	三级品
吸水率 (2h)/%	≥400	≥300	≥200	≥200	≥160	≥120
每 100g 土的吸蓝量/g	≥30	≥26	≥22	≥30	≥26	≥22
每 2g 土的膨胀指数/mL	≥15			≥5		
过筛率(75μm 干筛)/%	≥98	≥95	≥95	≥98	≥95	≥95
水分(质量分数)/%	9 ~ 13			9 ~ 13		

D　钻井泥浆用膨润土

膨润土是钻井泥浆的主要原料。膨润土钻井泥浆是钻探工艺过程中的清洗液，携带和悬浮岩屑，保证井底和井眼的清洁；泥浆形成的泥皮，薄而致密，防止堵塞和护壁效果明显，防渗透能力强；保护油气层，保证取全取准各项资料；提高机械钻速。

钻井泥浆是膨润土（或其他黏土）在水中的分散体系。钻井工程的工艺要求用质量较高的钠基膨润土。对选用的膨润土的蒙脱石含量、胶质价和膨胀容、阳离子交换量的盐基总量和盐基分量、可溶性盐含量、造浆率、流变特性和失水特性等都有一定的要求。

表 43-4-110 列出了 GB/T 20973—2007 规定的钻井泥浆用膨润土质量指标。

表 43-4-110 钻井泥浆用膨润土质量指标

项　目	钻井泥浆用膨润土	未处理膨润土	OCMA 膨润土
黏度计读数（600r/min）	>30		>30
屈服值(塑性黏度)/mPa·s	≤3	≤1.5	≤6
滤失量/cm³	≤15.0		≤16.0
75μm 筛余(质量分数)/%	≤4.0		≤2.5
分散后的塑性黏度/mPa·s		≤10	
分散后的滤失量/cm³		≤12.5	
水分(质量分数)/%			≤13.0

E 活性白土

活性白土又称漂白土，其化学成分以 SiO_2 为主，占 50% ~ 70%，Al_2O_3 占 10% ~ 16%，还含有少量的 Fe、Mg、K、Na 等。

广义地讲，具有化学活性、吸附性和催化性的天然黏土及黏土制品均可称为活性白土，如坡缕石黏土、海泡石黏土等，也可作为生产活性白土的原料。但目前我国主要用膨润土生产活性白土。

由于活性白土具有比表面积大、吸附力强、脱色效果好、用于液体脱色过滤快、残液率低、不与油脂及其他化学物质发生化学反应等物点，所以被广泛应用在食用油脱色，脱去（吸附）油脂中多种色素；制糖脱色及动物油和矿物油脱色；冰箱、厕所、宠物卧室的除味剂等。

活性白土的质量指标主要有活性度、脱色率或脱色力、游离酸、粒度、水分、机械夹杂物等。活性度反映了可交换氢离子和游离酸的量；脱色力反映了吸附作用的大小。目前，对活性白土的脱色能力有两种表示方法，即脱色率和脱色力。

表 43-4-111 所示是化工部规定的活性白土标准（HG/T 2569—2007）。

表 43-4-111 活性白土行业指标

项　目	指　标							
	I				II		III	
	H 型		T 型					
	一等品	合格品	一等品	合格品	一等品	合格品	一等品	合格品
脱色率/%	≥70	≥60	≥85	≥75	≥90	≥80	≥90	≥80
活性度	≥220	≥200	≥140		≥100		—	—
游离酸(以 H_2SO_4 计)/%	≤0.20				≤0.50		≤0.20	
水分/%	≤8.0		≤10.0		≤12.0			
粒度(通过 75μm 筛网)/%	≥90				≥95			
过滤速度/g·mL⁻¹	5.0	—	5.0	—	4.0	—	4.0	—
堆积密度/g·mL⁻¹	0.7 ~ 1.1							
重金属(以 Pb 计)/%	≤0.005							
砷(As)/%	≤0.0005							

颗粒活性白土行业指标见表 43-4-112。

表 43-4-112 颗粒活性白土指标 (HG/T 2825—2009)

项　目		指　　标					
		Ⅰ 型			Ⅱ 型		
		A	B	C	A	B	C
比表面积/m² · g⁻¹		≥300	≥250	≥180	≥160	≥140	≥120
游离酸 (以 H₂SO₄ 计)/%		≤0.20					
粒度	大于上限颗粒量/%	≤5.0					
	小于下限颗粒量/%	≤5.0					
水分/%		≤8.0			≤6.0		
堆积密度/g · mL⁻¹		0.6~0.9					
脱烯烃初活性(以100g油的溴指数计)/mg		≤5.0					
颗粒抗压力/N		≥1.0			≤0.5		
脱色率/%		≥90					

注：根据用户要求确定颗粒上、下限的粒径。

F　有机膨润土

膨润土具有的膨胀性、吸附性、触变性等优异特性只能在极性较强的介质如水中才能显示出来，在非极性或弱极性介质如甲苯、二甲苯、油类等溶剂中，则失去了这些特性。为了使膨润土的膨胀、吸附、黏结、触变等优良性能在非极性或弱极性溶剂中显示出来，需要对膨润土进行有机化处理。经有机化处理后的膨润土称为有机（改性）膨润土。

有机膨润土按功能分为两种类型：高黏度型有机膨润土和易分散型有机膨润土。

高黏度型有机膨润土和易分散型有机膨润土根据在低极性、中极性和高极性溶剂中的适用性，分为三种规格，用Ⅰ、Ⅱ、Ⅲ表示。高黏度型有机膨润土和易分散型有机膨润土质量指标分别见表 43-4-113 和表 43-4-114。

表 43-4-113 高黏度型有机膨润土的质量指标

试 验 项 目	Ⅰ		Ⅱ		Ⅲ	
	优级品	合格品	优级品	合格品	优级品	合格品
表观黏度/Pa · s	≥3.0	≥1.5	≥3.0	≥1.5	≥2.0	≥1.0
过筛率(75μm,干筛)(质量分数)/%	≥95					
水分(105℃)(质量分数)/%	≤3.5					

表 43-4-114 易分散型有机膨润土的质量指标

试 验 项 目	Ⅰ		Ⅱ		Ⅲ	
	优级品	合格品	优级品	合格品	优级品	合格品
胶体率/%	≥95	≥90	≥95	≥90	≥95	≥90
粒度 D50/μm	≤6	≤10	≤6	≤10	≤6	≤10
过筛率(75μm,干筛)(质量分数)/%	≥95					
水分(105℃)(质量分数)/%	≤3.5					

注：Ⅰ类规格产品试验用低极性溶剂为3号普通型溶剂油；Ⅱ类规格产品试验用中极性溶剂为二甲苯；Ⅲ类规格产品试验用高极性溶剂为二甲苯和丁醇以 4∶1 质量比例配制的混合溶剂。

G 锂基膨润土

锂基膨润土是用锂盐对钠基膨润土或钙基膨润土进行离子交换，Li^+ 置换蒙脱石层间可交换的阳离子 Na^+、Ca^{2+}、Mg^{2+} 等，形成锂基膨润土。

锂基膨润土在水或乙醇、丙醇等极性溶剂中，具有极高的膨胀性、增稠性和悬浮稳定性。主要用于各种精密铸造业中醇基涂料悬浮剂、抗夹砂黏结剂、各种陶瓷彩釉涂料以及乳胶漆等日用化工产品中。

目前，国内生产的锂基膨润土质量指标为：pH 值为 8 ~ 10，粒度 0.071mm（220 目）99% 通过，白度不小于 75%，膨胀值（每 100mL 溶剂为 3g 土）不小于 96，胶质价（每 100mL 溶剂为 1g 土）不小于 99。

H 土工合成膨润土防渗衬垫

土工合成膨润土防渗衬垫（Geosynthetic CAY Liner，简称 GCL）是一种优良的新型地下工程防水材料。美国于 1986 年首次将这种防水材料应用在一座垃圾填埋场的衬垫系统中。在 GCL 层中的钠基膨润土在水压条件下形成高密度隔水层，并具有永久性防渗漏性能，不发生老化或腐蚀，施工简便工期短，具有良好的环保性能。因此，土工合成膨润土防渗衬垫广泛应用于地铁、隧道、人工湖、垃圾填埋场、机场、水利、路桥、建筑等领域防水、防渗工程中。

根据制作土工膨润土防渗衬垫的工艺不同，将其产品分为三类：针刺法土工合成膨润土防渗衬垫（GCL-ZP）、针刺覆膜法土工合成膨润土防渗衬垫（GCL-FP）、胶黏法膨润土防渗衬垫（GCL-JP）。

所用的膨润土原料如果是人工钠化膨润土用 A 表示，天然钠基膨润土用 N 表示。

土工合成膨润土防渗衬垫单位面积膨润土质量有：3500g/m²、3000g/m² 等，用 3500、3000 等表示。

土工合成膨润土防渗衬垫的长、宽以米为单位，产品长度用 20、30、40 等表示；宽用 4.5、5.0、6.0 等表示。

例如，长度 20m、宽 6m 的针刺法人工钠化膨润土土工合成防渗衬垫，单位面积质量5000g/m² 可表示为：GCL-ZP/A/5000/20-6。

膨润土颗粒粒径在 0.2 ~ 2mm 范围内的膨润土颗粒质量应至少占膨润土总质量的80%。膨润土原料的理化性能要求见表 43-4-115。

表 43-4-115 膨润土原料的理化性能要求

原 料	天然钠基膨润土			人工钠化膨润土		
项 目	技术指标			技术指标		
	GCL-ZP/N	GCL-FP/N	GCL-JP/N	GCL-ZP/A	GCL-FP/A	GCL-JP/A
每 2g 土的膨胀指数/mL	≥18			≥24		
滤失量/mL	≤18			≤18		

土工合成膨润土防渗衬垫产品的物理力学性能见表 43-4-116。

表 43-4-116　土工合成膨润土防渗衬垫产品的物理力学性能指标

项　目		技术指标		
		GCL-ZP	GCL-FP	GCL-JP
土工合成膨润土防渗衬垫单位面积膨润土质量/g·m^{-2}		不小于 3000 且不小于规定值		
穿刺强度/N		≥635		
每 100mm 的拉伸强度/N		≥600	≥700	≥600
最大负荷下伸长率/%		≥10	≥10	≥8
每 100mm 的剥离强度/N	非织造布与编织布	≥40	≥40	—
	PE 膜与非织造布	—	≥30	—
渗透系数/m·s^{-1}		≤5.0×10^{-11}	≤5.0×10^{-12}	≤1.0×10^{-12}
耐静水压/MPa		0.4 1h 无渗漏	0.6 1h 无渗漏	0.6 1h 无渗漏

虽然我国 GCL 的生产起步较晚，但生产厂家较多，并大量使用了多种产品。多数生产企业参照 ASTM 标准制定本企业标准作为组织生产的依据。

43.4.13.4　膨润土选矿方法及工艺流程

膨润土选矿提纯工艺分干法和湿法两种。

A　干法

干法主要采用风选，世界上 90% 以上的膨润土精矿均由风选获得。风选一般要求入料蒙脱石含量达 80% 以上。首先将矿石存放在料场上自然干燥，使原矿水分从 40% 降到 25% 以下，然后进行粗碎，破碎产品粒度为 30~40mm 并烘干，使水分降到 12%~6%。烘干温度在 250℃以下，一般用气流干燥或流态化干燥。烘干温度过高或时间过长都会影响产品质量。烘干后进行粉磨、风选、收尘、分级、包装。

风选的原则流程如下：

$$原矿 — 干燥 — 磨粉 — 风选粉机 — 包装$$

B　湿法

采用湿法选矿工艺可获得高纯膨润土精矿。湿法选矿要求入选粒度小于 5mm，制成浓度为 25% 的矿浆，用水力旋流器分离，溢流进一步用离心机分离，分离出来的产品在 105℃条件下烘干。当矿石中（共）伴生的杂质矿物较多，如（共）伴生的石英、白云母、伊利石、长石、氧化铁及类似的杂质，可将膨润土矿浆送入含有工业用六甲基磷酸盐钠的稀溶液中，沉淀片刻即可将所有的杂质矿物沉淀，悬浮液中的膨润土用过滤或离心分离。矿浆不能和偏磷酸盐长时间混合，一般混合时间不超过 5min，否则会引起矿浆浓度增高。湿法选矿可获得高质量膨润土精矿，但湿法耗水量大，成本高，产品脱水困难。

应根据矿石的物质组成、矿物嵌布关系和粒度等工艺矿物学特征，确定湿法分选工艺流程。膨润土湿法提纯工艺流程如图 43-4-39 所示。

43.4.13.5　膨润土选矿加工生产实例

以上天梯膨润土矿的提纯为例说明湿法分选工艺的特点。

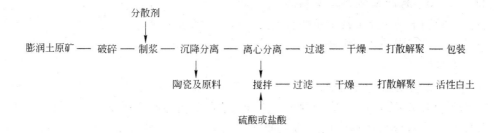

图 43-4-39　膨润土湿法提纯工艺流程

上天梯膨润土矿的矿物成分为（w_t）：钙质蒙脱石 55% ~ 60%，方石英 25% ~ 30%，珍珠岩 2% ~ 5%，水云母和高岭石等矿物 2% ~ 5%，其他矿物 2% ~ 5%。

电镜显示，片状集合体的粒径为 15 ~ 20μm；蒙脱石晶粒细小，多为 1 ~ 3μm。主要杂质矿物方石英的粒度为 0.1 ~ 0.5μm，分布均匀，裹在蒙脱石集合体中。蒙脱石的透射电镜分析 SiO_2 含量为 76.0% ~ 88.6%，比一般蒙脱石高 20% ~ 40%，说明微束的测点是蒙脱石与方石英的连体部位。方石英与蒙脱石的这种嵌布特征是难分选的主要原因。原矿筛分分析（破碎至 -2mm 作为试验样品），除 + 0.5mm 级别蒙脱石含量小于 40% 外，其余各级别蒙脱石含量相近，均在 50% ~ 60% 之间，说明该矿自然分级提纯难度大，主要是很难将蒙脱石和方石英分选开。

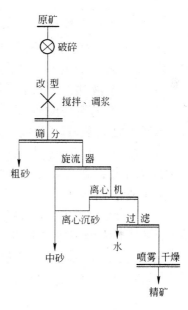

图 43-4-40　膨润土提纯扩大试验选矿工艺流程

根据矿石的工艺矿物学特性，经过多种方案对比试验，最终确定的提纯工艺流程为：原矿—破碎—干法改型—搅拌—分级—过滤—烘干。其工艺流程如图 43-4-40 所示。钙质蒙脱石在水中分散性差，即使在浓度很低的分散液中，钙质蒙脱石胶粒也是由几十个晶胞聚集在一起，牢牢地将方石英微粒包裹在其中。当改型为钠质蒙脱石时，分散性明显变好，使微粒方石英失去依托，在水中靠重力分选除去。

获得的精矿产品蒙脱石含量分别为 90.93% 和 90.06%，产率为 31.4% 和 34.97%；产品粒度 -2μm 占 90.70% 和 83.70%，-5μm 占 98.50% 和 95.40%；平均粒径为 1.10μm 和 1.19μm。经改型和提纯后，已由原来的低档钙基土变成优质的钠基膨润土（见表 43-4-117）。

表 43-4-117　精矿产品物化性能测试结果

产品名称	每 15g 精矿的胶质价/mL	膨胀度/mL·g⁻¹	pH 值	每 100g 精矿的吸蓝量/mmol	每 100g 精矿的阳离子交换量/mmol				
					CEC	E_{K^+}	E_{Na^+}	$E_{Ca^{2+}}$	$E_{Mg^{2+}}$
精矿 6	>100	78	9.5	135.09	129.00	1.70	97.00	28.00	0.80
精矿 8	>100	83	9.5	136.40	121.00	3.00	77.00	40.00	0.14

43.4.13.6　膨润土深加工及制品

目前，膨润土的深加工技术主要有改型、活化、改性三种，通过改型、活化和改性制成不同的产品，应用到多个领域。

A　改型

我国膨润土资源虽然很丰富，但钠基土资源量很少。钠基土无论是物理化学性质还是工艺技术性能都优于钙基土。表现为吸水率和膨胀倍数大；阳离子交换容量大；在水介质中分散性好，胶质价高；胶体悬浮液触变性、黏度、润滑性好；pH 值高，热稳定性好；有较高的可塑性和较强的黏结性；热湿拉强度和干压强度高等。所以，钠基膨润土的利用价值和经济价值高于钙基膨润土。膨润土的钠化改型已成为膨润土的主要加工技术之一。

膨润土的人工改型是用 Na^+ 将蒙脱石晶层中可置换的高价阳离子 Ca^{2+}、Mg^{2+} 置换出来，其反应式为：

$$Ca(Mg)—膨润土 + Na_2CO_3 \xrightarrow{置换条件} Na—膨润土 + Ca(或\ Mg)CO_3 \downarrow$$

钠化处理的主要方法有悬浮液法、堆场钠化法（陈化法）、挤压法。天然钠基土用 NNaB 表示、人工改型钠基土用 ANaB 表示。

（1）悬浮液法：经破碎后的膨润土原矿和钠化剂配成矿浆，液固比一般为 $(1 \sim 1.8):1$，打浆，长时间预水化使更多的 Ca^{2+}、Mg^{2+} 被置换出来，脱水、干燥、粉磨。悬浮法配合湿法选矿提纯可提高生产效率。

（2）堆场钠化法：意大利首先采用这种方法，如 SAMIP—PONTINE 公司，将 2% ~ 4% 的碳酸钠粉撒到含水大于 30% 的原矿堆上，翻动拌和、混匀碾压、再堆积老化 10d、然后干燥破磨成粉。

（3）挤压法：其中，轮碾挤压法（如德国 SUD—CHIMIE 公司），将湿的原土、碳酸钠粉和少量丹宁置于轮碾机内混合、碾压、在空气中老化 10d、干燥破磨成粉；双螺旋挤压法（如日本丹宁公司），将原土干燥粉碎至 5 ~ 10mm 后加入碳酸钠粉，进入双螺旋混合机中混匀，再进入双螺旋混炼机中进行钠化。另外还有阻流挤压法（中国）、对辊挤压法（中国）等。

B　活化

天然膨润土吸附能力较差，为提高其吸附性能必须进行活化，以满足食品、化工、环保、石油等应用领域的要求。经活化后的膨润土称为活性白土。颜色为灰白、粉红或白色，产品种类有粉状和粒状。

目前国内外生产活性白土的工艺有：干法、湿法、半湿法、气相法、煅烧法等。

（1）干法的工艺是将少量硫酸和水与膨润土混合后充分搅拌，进反应釜或放置一段时间，然后烘干，粉碎包装。其工艺流程如下：

风干膨润土 — 粉碎 — 反应釜 — 干燥 — 粗粉碎 — 焙烧炉 — 磨粉 — 包装 — 成品

干法脱酸是用焙烧烘干，没有洗涤作业。干法生产节水并避免了含酸洗涤水的处理和排放，减少了对环境的污染。但产品中的水溶性杂质，如 Al、K、Na、Ca、Mg、Fe 等盐类没有除去，直接影响产品质量。干法生产的活性白土质量差。

（2）半湿法是将浓度为 5% 的硫酸水溶液与膨润土混合后充分搅拌，陈化后置入高压釜中，于 200 ~ 250℃ 和 15 ~ 20 个大气压下活化反应 4h，然后经漂洗、压滤、干燥、粉磨后，成品包装。该工艺的高温、高压操作困难，限制了这种方法的推广应用。

二步活化半湿法是将少量硫酸、水和土混合后充分搅拌，用挤出法常温固相活化，然后再加入酸和水进行第二次活化，漂洗、压滤、干燥、粉碎、包装。

半湿法生产活性白土所用硫酸浓度低、量少，洗涤水用量少，比传统湿法工艺耗酸量降低 1/2～2/3，用水量也降低 1/2～2/3。含酸洗涤水也较容易处理。

（3）湿法生产活性白土是传统的活性白土生产方法。硫酸浓度较高，一般为 15%～20%。活化反应釜内的温度为 100℃。湿法生产的活性白土的脱色力和活性度等指标均较高，质量较稳定，目前国内生产活性白土厂家多数采用湿法工艺（见图 43-4-41）。

酸、水
↓
膨润土原矿—干燥—粉碎—活化反应釜（100℃，搅拌）—分酸—漂洗—固液分离—干燥—粉磨—包装—成品

图 43-4-41　活性白土湿法生产工艺

按加料顺序有水、土、酸与水、酸、土之分，前者是制浆法，后者是不制浆法。加料顺序的选择主要是依据原矿的水化特性（即在水、酸中的崩解速度）、含砂量和活化后浆料多少等因素决定。如果原矿含砂量大，可采用水选法提纯，将原矿经浸泡后进行捣浆，使与蒙脱石微粒胶结在一起的砂石分离，形成矿浆，然后用旋流器或螺旋分级机将粗砂分选出去。对含砂量大的原矿这样预处理后，不仅提高了原料的蒙脱石含量，而且避免产生大量微粉（见图 43-4-42）。

湿法工艺最大的问题是洗涤水用量大，含酸的洗涤水处理难度较大，易造成环境污染。

（4）气相法工艺是在高压高热气相下对水、酸、土半干态搅匀，在静态下经气相、液相、固相之间进行强烈的酸活化反应，形成半干态颗粒活性白土，经洗涤等作业制成活性白土成品。气相法是一种生产活性白土的新技术，将湿法、干法和煅烧法工艺中的优点结合在一起，具有较好的发展前景。

C　改性

改性就是利用膨润土中蒙脱石的层片结构及其中的可交换阳离子，及其能在水或有机溶剂中溶胀分散成胶体级黏粒的特性，通过离子交换技术插入有机阳离子制成的。由于蒙脱石晶层内部双电层结构，表面层所带的负电荷更易吸附比表面积大的有机阳离子到晶层附近，并取代层间域原有的阳离子，形成新的更加稳定的层状结构。有机阳离子覆盖于蒙脱石表面，堵塞了水的吸附中心，失去吸水作用。蒙脱石由亲水变成疏水亲油的有机膨润土。

膨润土的有机处理反应式为：

$$Na—Benton + [NH_{4-n}R_{4-n}]Cl \longrightarrow BentonNH_{4-n}R_{4-n} + NaCl$$

有机膨润土生产工艺分三类：湿法、干法及预凝胶法。

（1）湿法：湿法分散蒙脱石进行改型、提纯，然后用有机阳离子取代蒙脱石晶层间可交换金属阳离子，使层间距离扩大至 1.7～3.0nm，脱水、干燥、粉碎成粉状产品。

（2）干法：将含水量 20%～30% 的精选钠基蒙脱石与有机覆盖剂直接混合，用加热器混合均匀，再加以挤压，制成含一定水分的有机膨润土。也可进一步干燥、粉碎成粉状产品；或将含一定水分的有机膨润土直接分散于有机溶剂中，制成凝胶或乳胶体产品。

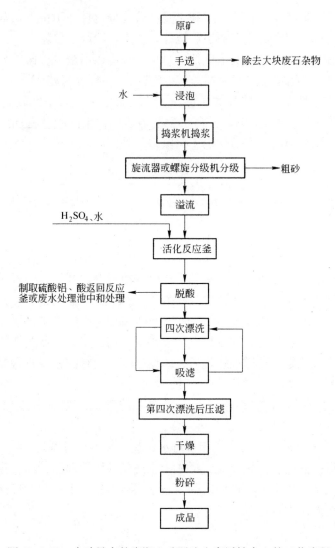

图 43-4-42 含砂量大的膨润土矿湿法生产活性白土的工艺流程

（3）预凝胶法：经提纯、改型的蒙脱石进行有机覆盖的过程中加入疏水有机剂（如矿物油），将疏水的蒙脱石复合物萃取进入有机相分离去水相，再蒸发除去残留水分，直接制成有机膨润土预凝。

以上三种方法的工艺流程如图 43-4-43 所示。

用于生产有机膨润土的原料有严格要求：蒙脱石含量大于 95%、制备纳米级有机膨润土蒙脱石含量大于 98%；小于 2μm 粒级含量大于 95%；层间可交换阳离子以 Na$^+$ 为主、阳离子交换容量大于 0.8mmol/g、层间电荷低。如美国怀俄明膨润土、浙江临安膨润土等适合作有机膨润土原料。层电荷高、同晶置换有序高的蒙脱石，如切托型蒙脱石就不适于制取有机膨润土。介于低层电荷和高层电荷之间的蒙脱石，选用适当的覆盖剂和制备工艺，也可生产出质量较好的有机膨润土。

覆盖剂用量一般略多于膨润土的阳离子交换容量。

制取有机土的工艺条件直接影响其产品质量。在确定了原料、覆盖剂类型后，制取

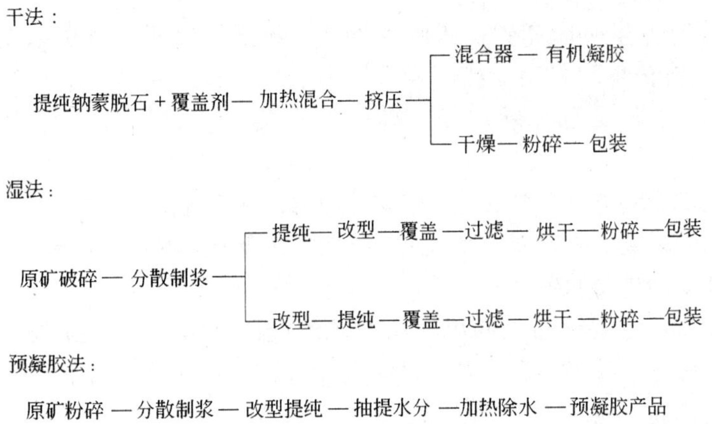

干法：

提纯钠蒙脱石＋覆盖剂 — 加热混合 — 挤压 ┬ 混合器 — 有机凝胶

　　　　　　　　　　　　　　　　　　　　└ 干燥 — 粉碎 — 包装

湿法：

原矿破碎 — 分散制浆 ┬ 提纯 — 改型 — 覆盖 — 过滤 — 烘干 — 粉碎 — 包装

　　　　　　　　　　└ 改型 — 提纯 — 覆盖 — 过滤 — 烘干 — 粉碎 — 包装

预凝胶法：

原矿粉碎 — 分散制浆 — 改型提纯 — 抽提水分 — 加热除水 — 预凝胶产品

图 43-4-43　制备有机膨润土工艺流程

工艺的主要环节是浆体浓度、反应温度、反应时间、覆盖剂用量、覆盖环境和干燥温度等。

43.4.14　石榴石

43.4.14.1　矿物、矿石和矿床

A　石榴石矿物及性质

石榴石是一组物理性质和结晶习性相同的石榴石族矿物的统称。石榴石是一种岛状结构的铝（钙）硅酸盐矿物，在矿物学上分为氧化铝系和氧化钙系两大类。其一般化学通式为：$A_3B_2[SiO_4]_3$，其中 A 代表二价阳离子钙、镁、铁、锰；B 代表三价阳离子铝、铁、铬、锰等。石榴石种属较多，常见的见表43-4-118。石榴石一般呈大小不等的结晶颗粒，具有硬度适中（6.5～7.5）、熔点高（1170～1280℃）、化学稳定性好等特点。

表 43-4-118　石榴石族矿物的典型性质

系　列	矿物名称	化学式	晶　形	莫氏硬度	密度 /$g \cdot cm^{-3}$	折射率	熔点/℃	颜　色
氧化铝系	铁铝榴石	$Fe_3Al_2[SiO_4]_3$	四角三八面体	7～7.5	4.32	1.830	1180	褐红、棕红 粉红、橙红
	镁铝榴石	$Mg_2Al_2[SiO_4]_3$	四角三八面体	7.5	3.58	1.714	1260～1280	紫红、血红、橙红、玫瑰红
	锰铝榴石	$Mn_3Al_2[SiO_4]_3$	四角三八面体	7～7.5	4.19	1.800	1200	深红、橘红、褐红
氧化钙系	钙铝榴石	$Ca_3Al_2[SiO_4]_3$	菱形十二面体	6.5～7	3.59	1.734	1180	黄褐、黄绿、红褐
	钙铁榴石	$Ca_3Fe_2[SiO_4]_3$	菱形十二面体与四角三八面体聚形	7	3.86	1.887	1170～1200	褐黑、黄绿
	钙铬榴石	$Ca_3Cr_2[SiO_4]_3$	晶体少见	7.5	3.90	1.860		鲜绿

B　石榴石矿床类型

石榴石矿床有原生矿床和砂矿床两种类型。我国原生石榴石矿床类型有：榴辉岩型、蛇纹岩型、斜长角闪岩型、榴闪岩型、绢云母片石英片岩型、片岩型、黑云母石英片岩型、黑云母硅线石片麻岩型、硅线石石英片岩型、红柱石片岩型、矽卡岩型等。

根据石榴石矿床的成因类型及伴生矿物的种类，可将石榴石矿石分为三种类型：伴生其他非金属矿物的区域变质岩型石榴石矿石、伴生在金属矿物内接触带的变质岩型石榴石矿石、伴有其他重砂矿物的砂矿。

我国石榴石矿产主要分布在四川阿坝，湖北枣阳、大冶，湖南岳阳、华容，吉林延边，江苏东海，黑龙江呼玛，山西和顺，河北邢台，陕西安康，山东日照、栖霞上马岭，内蒙古狼山沙门代庙等地。

目前我国对石榴石矿床还没有统一规定的工业要求。

43.4.14.2　石榴石主要用途

A　研磨材料

石榴石主要应用领域是磨料行业。石榴石作磨料其磨削力略低于电炉熔炼出的白刚玉，但石榴石硬度适中、有锋利边棱、贝壳状尖棱断口、韧性强、耐高温、化学性质稳定、操作过程中产生粉尘少、性价比高，是一种高效经济环保型表面处理喷磨材料。石榴石可作固结磨具用磨料、涂附磨具用磨料、喷砂用磨料、水切割磨料、自由研磨磨料等，用于研磨大理石及其他软质材料、光学器械（如镜片、棱镜等）、电视机显像管、研磨玻璃毛边、金属工件除锈去污、印刷业研磨胶版等。

B　石榴石做砂滤材料

粒状石榴石作为砂滤材料，用以净化饮用水或处理污水。

C　石榴石的其他用途

石榴石也可用作石油钻井泥浆的加重剂及铺飞机场跑道和高速公路的材料；石榴石微粉可作橡胶和油漆涂料的填料；优质的石榴石可作钟表、精密仪表的轴承；透明色艳大粒石榴石可做宝石；人工合成钇榴石用作激光材料，合成镓钆榴石作计算机的存储元件。

43.4.14.3　石榴石应用指标要求

A　石榴石磨料质量标准

作磨料用的石榴石通常是铁铝榴石，一般要求作磨料的石榴石莫氏硬度不小于7.5，石榴石含量大于95%。

石榴石作为普通磨料其各粒号的化学成分要求、磁性物允许含量以及矿物杂质含量及其允许最大颗粒分别见表43-4-119～表43-4-121（JB/T 8337—1996）。

表 43-4-119　磨料用石榴石粒号的化学成分

化 学 成 分	质量分数/%
SiO_2	34.0～43.0
Al_2O_3	18.0～28.0
FeO	25.0～36.5

表 43-4-120 磁性物允许含量

粒度范围	质量分数/%	粒度范围	质量分数/%
12 ~ 30 号 P16 ~ P30	≤0.0900	70 ~ 120 号 P70 ~ P120	≤0.1400
36 ~ 60 号 P36 ~ P60	≤0.1200	150 ~ 240 号 P150 ~ P240	≤0.1550

表 43-4-121 矿物杂质含量及其允许最大颗粒

粒 度	杂质含量/%		杂质最大尺寸/μm
4 ~ 90 号 P8 ~ P80	按颗粒数计算	≤6.0	—
100 ~ 240 号 P100 ~ P240		≤7.0	
W40 P280	按质量计算	≤6.0	≤70
W28 P320			≤55
W20 P400			≤45
W14 P500		≤7.0	≤30
W10 P600			≤25
W7 P800			≤20
W5 P1000			≤18
P12000			≤17

B 石榴石滤料质量要求

石榴石作净水滤料一般要求是铁铝榴石，纯度大于98%，耐酸度和耐碱度大于98%，粒径范围一般为0.25 ~ 5mm，颗粒遇水不崩解，磨损率小于0.08%，颗粒形状可以从圆形到棱角，扁平的或细长的则不适用。

43.4.14.4 石榴石矿石选矿方法及工艺流程

石榴石矿石选矿加工方法见表43-4-122。在确定选矿工艺流程时，这些方法如何组合使用，视矿石可选性质而定。

表 43-4-122 石榴石矿石的选矿方法

选矿方法	应 用 范 围
重 选	摇床：使石榴石与长石、云母、石英、硅线石等分离 螺旋溜槽：使石榴石得到初步富集
磁 选	弱磁场磁选：使强磁性矿物（如磁铁矿）与石榴石分离 强磁场磁选：使石榴石（弱磁性矿物）与长石、石英等分离，使石榴石与金红石、锆石分离
电 选	使非导体矿物石榴石与导体矿物磁铁矿、钛铁矿、褐铁矿、金红石等分离
浮 选	使石榴石与金红石、绢云母、石英分离；脱除石榴石精矿中残留的硫化物
化学浸出	用酸浸降低石榴石精矿中的铁和磷的含量

石榴石矿石磁选—重选—磁选联合选矿原则工艺流程如图43-4-44所示，重选—磁选—重选联合选矿原则工艺流程如图43-4-45所示，石榴石精矿深加工原则工艺流程如图

43-4-46所示（丹凤石榴石矿选矿的精矿）。石榴石精矿深加工是通过振动磨等超细磨矿设
备进行超细磨，再经化学浸出、水洗，使石榴石含量达到93.7%以上。利用不同粒径的石榴石在介质中沉降速度的差异，采用水力淘析法分级，最终可获得45～5μm以及更窄粒级的磨料。

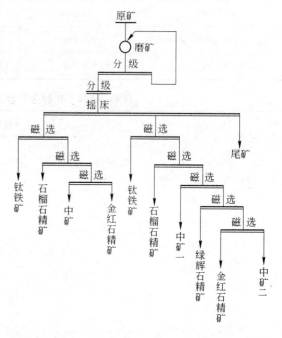

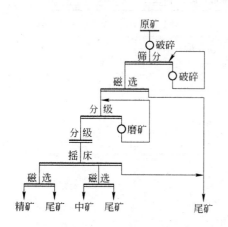

图 43-4-44　石榴石磁选—重选—磁选联合
选矿原则工艺流程

图 43-4-45　石榴石重选—磁选—重选联合
选矿原则工艺流程

43.4.14.5　石榴石矿石选矿厂实例

内蒙古乌拉特后旗明星矿矿石类型为绢云母石榴石石英片岩。矿石呈鳞片状变晶结构、片状结构。矿石的矿物组成为：绢云母45%～50%，铁铝榴石15%，石英35%，蚀变铁矿物、电气石、十字石5%。采用浮选—磁选联合工艺流程（见图43-4-47）。获得的

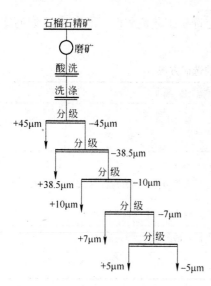

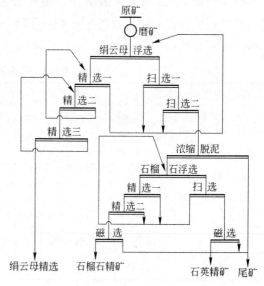

图 43-4-46　石榴石精矿细磨和
超细分级工艺流程

图 43-4-47　明星矿石榴石浮选—磁选
联合试验流程

绢云母精矿含绢云母 90.13%，石榴石精矿的石榴石含量为 92.22%，石英精矿的石英含量为 97.47%。

43.4.15 石墨

43.4.15.1 矿物、矿石和矿床

A 石墨矿物及性质

石墨是一种自然元素矿物，与金刚石同是碳的同素异构体。

石墨的化学成分为碳（C）。纯净石墨结晶的性质见表 43-4-123。

表 43-4-123 石墨的主要性质

化学成分	密度/g·cm⁻³	莫氏硬度	形状	晶系	颜色	光泽	条痕
C	2.1~2.3	1~2	六角板状 鳞片状	六方	铁黑 钢灰	金属光泽	光亮颜色

石墨晶体具有典型的层状结构，碳原子排列成六方网层状，面网结点上的碳原子相对于上下邻层网格的中心（见图 43-4-48），重复层数为 2，为常见的 2H 多型。若重复层数为 3，属于 3R 多型，称为石墨—3R。在石墨晶体结构中层内碳原子的配位数为 3，为共价键，碳原子间距为 0.142nm。网层间以分子键联结，层与层之间间距为 0.3354nm，键力弱。

石墨质软，有滑腻感，具有天然的疏水性，良好的导电、导热和耐高温性能。石墨矿物晶体结构越完整、规则，这些特性就越明显。

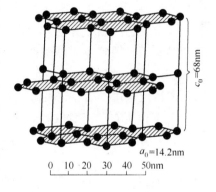

图 43-4-48 石墨晶体结构

（1）耐高温性：石墨是目前已知的最耐高温的材料之一。石墨的熔点为(3850±50)℃、沸点为 4250℃。热膨胀系数很小，强度将随着温度的升高而增强。在高温条件下，石墨损失最小，在 7000℃ 高温下烧 10h，损失仅 0.8%。

（2）导电、导热性：石墨具有良好的导电性，比不锈钢高 4 倍，比碳素钢高 2 倍。导热性超过钢铁等金属材料。石墨的导热率和一般的金属不同，随着温度的升高其导热系数降低，因此在极高的温度下，石墨处于绝热状态。

（3）抗热震性能：石墨的热膨胀系数很小，当温度突变时，体积变化小，不产生裂纹，具有良好的热稳定性。

（4）润滑性：石墨的润滑性类似于二硫化钼，摩擦系数小于 0.1。其润滑性随鳞片的大小而变，鳞片愈大，摩擦系数愈小，润滑性愈好。

（5）可塑性：石墨的韧性很好，能劈分开或碾成透气透光的很薄的薄片。

（6）化学稳定性：石墨在常温下具有良好的化学稳定性，能耐酸、碱和有机溶剂的腐蚀，抗腐蚀性能极强。但石墨的抗氧化能力差，450℃ 开始氧化，因此石墨及其制品应避免在氧化环境中使用。

B 石墨矿石工业类型

石墨的工艺性能及用途主要取决于其结晶程度，据此，工业上将石墨矿石分为晶质

（鳞片状）石墨矿石和微晶质（土状）石墨矿石两种类型。

晶质（鳞片状）石墨矿石的石墨晶体直径大于 $1\mu m$，呈鳞片状。矿石的特点是固定碳含量较低，但可选性好。与石墨伴生的矿物主要有云母、长石、石英、透闪石、透辉石、石榴子石和少量硫铁矿、方解石等。矿石为鳞片状、花岗鳞片变晶结构，片状、片麻状或块状构造。这类矿石由于固定碳含量低，工业上不能直接利用，需经选矿处理才能获得合乎要求的石墨产品。

微晶（土状、隐晶质）石墨矿石中的石墨晶体直径小于 $1\mu m$，呈微晶集合体。矿石固定碳含量较高，但可选性差，选矿效果不好。目前工业上只经手选后磨成粉末即可利用。

C 石墨矿床类型

世界石墨资源主要集中在中国、巴西、印度，其次是捷克、朝鲜、墨西哥、马达加斯加、加拿大、斯里兰卡等国。中国石墨资源量约占世界石墨总资源量的 70%。

我国石墨矿主要分布在黑龙江、山东、内蒙古、湖南等 19 个省（区）。著名的晶质鳞片石墨矿床有：黑龙江柳毛石墨矿、山东南墅石墨矿、内蒙古兴和石墨矿、湖北三岔垭石墨矿等，均属于区域变质型，产于中、深变质岩系中；隐晶质石墨矿床有：湖南鲁塘石墨矿、吉林磐石石墨矿等，为接触变质型，产于变质煤系地层中。

43.4.15.2 石墨的主要用途

石墨广泛应用于冶金、机械、电气、化工、石油、核工业、国防工业等部门。

冶金工业用石墨与镁砂制成的镁碳砖是炼钢用的新型耐火材料，如用于氧气顶吹转炉的炉衬；用石墨为原料制成的铝碳砖用在冶炼连铸作业中。用石墨制作的坩埚和高温电炉中的石墨砖，用于熔炼有色金属、合金等贵重金属材料。用低碳石墨作炼钢用的保护渣，已有连铸、发热、保温、沸腾和镇静剂等 5 个渣系计 100 多个规格。作炼钢的增碳剂。

铸造业用石墨作铸模涂料，能使铸模表面光滑，铸件易于脱模。增加铸件的光滑度，减少铸件的裂纹和孔隙。

机械工业用石墨作润滑剂；拉丝用的石墨乳、模锻用石墨乳；作密封材料。

电气工业利用石墨制作电极、电刷、碳棒、碳管、阳极板、石墨垫圈等。

电池制造业利用石墨在电池中作高端负极材料。

铅笔制造业利用石墨作铅笔笔芯。

原子能工业利用石墨作铀-石墨反应堆中的减速材料。

化学工业利用石墨制作石墨管道，可以保证化学反应正常进行，可以满足制造高纯化学物品的需要；用石墨纤维和塑料制成的器皿和设备，可以耐各种腐蚀性气体和液体。

43.4.15.3 石墨产品的技术要求

A 鳞片（晶质）石墨的技术要求

天然晶质石墨，其形似鱼鳞片。具有良好的耐高温、导电、导热、润滑、可塑及耐酸碱等优异性能。根据固定碳含量晶质石墨分为四类：高纯石墨、高碳石墨、中碳石墨、低碳石墨。分类代号见表 43-4-124。

表 43-4-124　鳞片石墨分类及代号

名　称	高纯石墨	高碳石墨	中碳石墨	低碳石墨
固定碳 $w(C)$/%	$w(C) \geqslant 99.9$	$94.0 \leqslant w(C) < 99.9$	$80.0 \leqslant w(C) < 94.0$	$50.0 \leqslant w(C) < 80.0$
代　号	LC	LG	LZ	LD

　　按照 GB/T 3518—2008 规定，鳞片石墨产品标记由分类代号、细度（μm）、固定碳含量和本标准号组成。例如，固定碳含量为 99.9% 的高纯石墨，在筛孔直径为 300μm 的试验筛上筛分后筛上物不小于 80.0%，则标记为 LC300-99.9-GB/T 3518。又如，固定碳含量为 93% 的中碳石墨，在筛孔直径为 150μm 的试验筛上筛分后，筛下物小于或等于 20.0%，则标记为 LZ(-)150-93-GB/T 3518。

　　高纯石墨的技术要求见表 43-4-125。

表 43-4-125　高纯石墨技术要求（GB/T 3518—2008）

产品牌号	固定碳/%	水分/%	筛余量/%	主要用途
LC300-99.99	≥99.99	≤0.20	≥80.0	柔性石墨、密封材料
LC(-)150-99.99 LC(-)75-99.99 LC(-)45-99.99	≥99.99		≤20.0	代替白金坩埚，用于化学试剂熔融
LC500-99.90 LC300-99.90 LC180-99.90	≥99.90		≥80.0	柔性石墨、密封材料
LC(-)150-99.90 LC(-)75-99.90 LC(-)45-99.90	≥99.90		≤20.0	润滑剂基料

　　高碳石墨的技术要求见表 43-4-126。

表 43-4-126　高碳石墨技术要求（GB/T 3518—2008）

产品牌号	固定碳/%	挥发分/%	水分/%	筛余量/%	主要用途
LG500-99.00 LG300-99.00 LG180-99.00 LG150-99.00 LG125-99.00 LG100-99.00	≥99.00	≤1.00	≤0.50	≥75.0	填充料
LG(-)150-99.00 LG(-)125-99.00 LG(-)100-99.00 LG(-)75-99.00 LG(-)45-99.00	≥99.00			≤20.0	
LG500-98.00 LG300-98.00 LG180-98.00 LG150-98.00 LG125-98.00 LG100-98.00	≥98.00	≤1.00	≤0.50	≥75.0	润滑剂原料 涂料

产品牌号	固定碳/%	挥发分/%	水分/%	筛余量/%	主要用途
LG(-)150-98.00 LG(-)125-98.00 LG(-)100-98.00 LG(-)75-98.00 LG(-)45-98.00	≥98.00	≤1.00		≤20.0	润滑剂原料 涂料
LG500-97.00 LG300-97.00 LG180-97.00 LG150-97.00 LG125-97.00 LG100-97.00	≥97.00			≥75.0	润滑剂原料 电刷原料
LG(-)150-97.00 LG(-)125-97.00 LG(-)100-97.00 LG(-)75-97.00 LG(-)45-97.00				≤20.0	
LG500-96.00 LG300-96.00 LG180-96.00 LG150-96.00 LG125-96.00 LG100-96.00	≥96.00			≥75.0	耐火材料 电碳制品 电池原料 铅笔原料
LG(-)150-96.00 LG(-)125-96.00 LG(-)100-96.00 LG(-)75-96.00 LG(-)45-96.00		≤1.20	≤0.50	≤20.0	
LG500-95.00 LG300-95.00 LG180-95.00 LG150-95.0 LG125-95.00 LG100-95.00	≥95.00			≥75.0	电碳制品
LG(-)150-95.00 LG(-)125-95.00 LG(-)100-95.00 LG(-)75-95.00 LG(-)45-95.00				≤20.0	耐火材料 电碳制品 电池原料 铅笔原料
LG500-94.00 LG300-94.00 LG180-94.00 LG150-94.00 LG125-94.00 LG100-94.00	≥94.00			≥75.0	电碳制品
LG(-)150-94.00 LG(-)125-94.00 LG(-)100-94.00 LG(-)75-94.00 LG(-)45-94.00				≤20.0	

注:无挥发分要求的石墨,固定碳含量的测定可以不测挥发分。

中碳石墨的技术要求见表43-4-127。

表43-4-127 中碳石墨技术要求（GB/T 3518—2008）

产品牌号	固定碳/%	挥发分/%	水分/%	筛余量/%	主要用途
LZ500-93.00 LZ300-93.00 LZ180-93.00 LZ150-93.00 LZ125-93.00 LZ100-93.00	≥93.00			≥75.0	
LZ(−)150-93.00 LZ(−)125-93.00 LZ(−)100-93.00 LZ(−)75-93.00 LZ(−)45-93.00			≤0.50	≤20.0	
LZ500-92.00 LZ300-92.00 LZ180-92.00 LZ150-92.00 LZ125-92.00 LZ100-92.00	≥92.00	≤1.50		≥75.0	坩埚 耐火材料 染料
LZ(−)150-92.00 LZ(−)125-92.00 LZ(−)100-92.00 LZ(−)75-92.00 LZ(−)45-92.00				≤20.0	
LZ500-91.00 LZ300-91.00 LZ180-91.00 LZ150-91.00 LZ125-91.00 LZ100-91.00	≥91.00			≥75.0	
LZ(−)150-91.00 LZ(−)125-91.00 LZ(−)100-91.00 LZ(−)75-91.00 LZ(−)45-91.00			≤0.50	≤20.0	
LZ500-90.00 LZ300-90.00 LZ180-90.00 LZ150-90.00 LZ125-90.00 LZ100-90.00	≥90.00	≤2.00		≥75.0	坩埚 耐火材料
LZ(−)150-90.00 Z(−)125-90.00 LZ(−)100-90.00 LZ(−)75-90.00 LZ(−)45-90.00				≤20.0	铅笔原料 电池原料

产品牌号	固定碳/%	挥发分/%	水分/%	筛余量/%	主要用途
LZ500-89.00 LZ300-89.00 LZ180-89.00 LZ150-89.00 LZ125-89.00 LZ100-89.00	≥89.00	≤2.00	≤0.50	≥75.0	坩埚 耐火材料
LZ(-)150-89.00 LZ(-)125-89.00 LZ(-)100-89.00 LZ(-)75-89.00 LZ(-)45-89.00				≤20.0	铅笔原料 电池原料
LZ500-88.00 LZ300-88.00 LZ180-88.00 LZ150-88.00 LZ125-88.00 LZ100-88.00	≥88.00			≥75.0	坩埚 耐火材料
LZ(-)150-88.00 LZ(-)125-88.00 LZ(-)100-88.00 LZ(-)75-88.00 LZ(-)45-88.00				≤20.0	铅笔原料 电池原料
LZ500-87.00 LZ300-87.00 LZ180-87.00 LZ150-87.00 LZ125-87.00 LZ100-87.00	≥87.00			≥75.0	坩埚 耐火材料
LZ(-)150-87.00 LZ(-)125-87.00 LZ(-)100-87.00 LZ(-)75-87.00 LZ(-)45-87.00				≤20.0	铸造涂料
LZ500-86.00 LZ300-86.00 LZ180-86.00 LZ150-86.00 LZ125-86.00 LZ100-86.00	≥86.00	≤2.50	≤0.50	≥75.0	耐火材料
LZ(-)150-86.00 LZ(-)125-86.00 LZ(-)100-86.00 LZ(-)75-86.00 LZ(-)45-86.00				≤20.0	铸造涂料
LZ500-85.00 LZ300-85.00 LZ180-85.00 LZ150-85.00 LZ125-85.00 LZ100-85.00	≥85.00			≥75.0	坩埚 耐火材料

续表43-4-127

产品牌号	固定碳/%	挥发分/%	水分/%	筛余量/%	主要用途
LZ(-)150-85.00 LZ(-)125-85.00 LZ(-)100-85.00 LZ(-)75-85.00 LZ(-)45-85.00	≥85.00	≤2.50	≤0.50	≤20.0	铸造涂料
LZ500-83.00 LZ300-83.00 LZ180-83.00 LZ150-83.00 LZ125-83.00 LZ100-83.00	≥83.00	≤3.00	≤1.00	≥75.0	耐火材料
LZ(-)150-83.00 LZ(-)125-83.00 LZ(-)100-83.00 LZ(-)75-83.00 LZ(-)45-83.00				≤20.0	铸造涂料
LZ500-80.00 LZ300-80.00 LZ180-80.00 LZ150-80.00 Z125-80.00 LZ100-80.00	≥80.00	≤3.00	≤1.00	≥75.0	耐火材料
LZ(-)150-80.00 LZ(-)125-80.00 LZ(-)100-80.00 LZ(-)75-80.00 Z(-)45-80.00				≤20.0	铸造涂料

注:无挥发分要求的石墨,固定碳含量的测定可以不测挥发分。

低碳石墨的技术要求见表43-4-128。

表43-4-128 低碳石墨技术要求(GB/T 3518—2008)

产品牌号	固定碳/%	水分/%	筛余量/%	主要用途
LD(-)150-75.00 LD(-)75-75.00	≥75.00			
LD(-)150-70.00 LD(-)75-70.00	≥70.00			
LD(-)150-65.00 LD(-)75-65.00	≥65.00	≤1.00	≤20.0	铸造涂料
LD(-)150-60.00 LD(-)75-60.00	≥60.00			
LD(-)150-55.00 LD(-)75-55.00	≥55.00			
LD(-)150-50.00 LD(-)75-50.00	≥50.00			

B 微晶(隐晶、土状)石墨的技术要求

微晶石墨是由微小的天然石墨晶体组成的致密状集合体,也称土状石墨、隐晶质石墨或无定型石墨。微晶石墨为灰黑色或钢灰色、具金属光泽,有滑润感、易染手、化学性能稳定,有良好的传热导电性能、耐高温、耐酸碱、耐腐蚀、抗氧化,可塑性强、黏附力大。

微晶石墨按有无铁分为两类，有铁的用 WT 表示，无铁的用 W 表示。

产品标记：分类代号、固定碳含量、细度（μm）、本标准号（GB/T 3519—2008）组成。例如，有铁要求的含碳量为 96%，且在筛孔直径为 45μm 的试验筛上筛分后筛上物不大于 15% 的微晶石墨，标记为 WT96-45-GB/T 3519。

有铁要求的微晶石墨理化指标及性能见表 43-4-129。

表 43-4-129　有铁要求的微晶石墨理化指标及性能

产品牌号	固定碳/%	挥发分/%	水分/%	酸溶铁/%	筛余量/%	主要用途
WT99.99-45 WT99.99-75	≥99.99	—	≤0.2	≤0.005	≤15	
WT99.9-45 WT99.9-75	≥99.9					
WT99-45 WT99-75	≥99.0	≤0.8	≤1.0	≤0.15		
WT98-45 WT98-75	≥98	≤1.0				
WT97-45 WT97-75	≥97	≤1.5				
WT96-45 WT96-75	≥96		≤1.5	≤0.4		
WT95-45 WT95-75	≥95					
WT94-45 WT94-75	≥94	≤2.0				
WT92-45 WT92-75	≥92			≤0.7		
WT90-45 WT90-75	≥90					
WT88-45 WT88-75	≥88	≤3.3	≤2.0	≤0.8	≤10	
WT85-45 WT85-75	≥85					
WT83-45 WT83-75	≥83	≤3.6				
WT80-45 WT80-75	≥80					
WT78-45 WT78-75	≥78	≤3.8		≤1.0		
WT75-45 WT75-75	≥75					

无铁要求的微晶石墨的技术要求见表43-4-130。

表43-4-130 无铁要求的微晶石墨技术指标

产品牌号	固定碳/%	挥发分/%	水分/%	筛余量/%	主要用途
W90-45 W90-75	≥90	≤3.0			
W88-45 W88-75	≥88	≤3.2			
W85-45 W85-75	≥85	≤3.4			
W83-45 W83-75	≥83	≤3.6			
W80-45 W80-75 W80-150	≥80				
W78-45 W78-75 W78-150	≥78	≤4.0			
W75-45 W75-75 W75-150	≥75		≤3.0	≤10	铸造材料 耐火材料 染料 电极糊等原料
W70-45 W70-75 W70-150	≥70	≤4.2			
W65-45 W65-75 W65-150	≥65				
W60-45 W60-75 W60-150	≥60				
W55-45 W55-75 W55-150	≥55	≤4.5			
W50-45 W50-75 W50-150	≥50				

C 可膨胀石墨的技术要求

可膨胀石墨是将鳞片状石墨经特殊处理后（酸浸氧化法、电解氧化法等），遇高温可瞬间膨胀成蠕虫状的天然晶质石墨。

可膨胀石墨根据纯度和粒度划分不同的牌号。纯度按灰分值大小分为Ⅰ、Ⅱ、Ⅲ、Ⅳ、Ⅴ5个候选等级。每个牌号又根据灰分、水分、筛余量分为优等品、一级品、合格品。如 KP500-Ⅱ，KP 为可膨胀的汉语拼音缩写，500 表示粒度为 500μm，Ⅱ表示纯度为Ⅱ等。表 43-4-131 列出了可膨胀石墨的技术要求。生产可膨胀石墨的厂家根据市场需求和生产条件，制定出企业标准。

表 43-4-131　可膨胀石墨的技术要求（GB/T 10698—1989）

牌　号	膨胀容积 /mL·g^{-1}	灰分/%			水分/%			筛余量/%			挥发分 /%	pH 值
		优等品	一级品	合格品	优等品	一级品	合格品	优等品	一级品	合格品		
KP500-Ⅰ	≥200	<0.40	0.40/ 0.70	0.71/ 1.00								
KP300-Ⅰ	≥200											
KP180-Ⅰ	≥150											
KP500-Ⅱ	≥200	1.01/ 2.00	2.01/ 3.00	3.01/ 5.00								
KP300-Ⅱ	≥200											
KP180-Ⅱ	≥150				<3.00	3.00/ 5.00	5.01/ 8.00	>90.0	80.1/ 90.0	75.0/ 80.0	≤10.00	3.0/ 5.0
KP500-Ⅲ	≥150	5.01/ 6.00	6.01/ 7.00	7.01/ 9.00								
KP300-Ⅲ	≥150											
KP180-Ⅲ	≥150											
KP500-Ⅳ	≥150	9.01/ 10.00	10.01/ 11.00	11.01/ 13.00								
KP300-Ⅳ	≥150											
KP180-Ⅳ	≥100											
KP500-Ⅴ	≥100	13.01/ 14.00	14.01/ 15.00	15.01/ 18.00								
KP300-Ⅴ	≥100											
KP180-Ⅴ	≥80											

43.4.15.4　石墨矿石选矿提纯方法及工艺流程

晶质石墨矿石固定碳含量低，工业上不能直接利用，需经选矿才能获得合乎要求的石墨产品。石墨属于可浮性好的矿物，因此石墨矿石的选矿方法主要是浮选。

鳞片石墨的鳞片大小差异大，它们的用途和价值相差很大。大鳞片用途广，其价格比中细鳞片高数倍。因此，对于石墨矿石选矿不仅要求较高的品位和回收率外，还必须保护石墨的鳞片，尽可能不破坏鳞片。

鉴于对石墨矿石选矿产品的特殊要求，选矿流程大多采用多段磨矿、多段选别流程。当矿石中含有一定量的大鳞片石墨时，以保护大鳞片不被破坏成为制定选矿工艺流程的主要因素，鳞片与品位相比，以前者为主。对于细鳞片石墨矿石的选矿，应以获得高品位精矿为主。

在多段磨矿、多段选别工艺流程中，中矿返回次数多，性质各异，中矿返回位置的选择直接关系到流程结构的合理性。

虽然无定形石墨矿石品位较高(含碳量一般在60%～90%)，但难于分选，所以国内外一般都是将开采出来的石墨矿石，经过简单的手选后，直接粉碎成产品出售。其工艺流程为：

原矿 — 粗碎 — 中碎 — 烘干 — 磨矿 — 分级 — 包装

石墨矿石的主要选矿方法见表43-4-132。

表43-4-132　石墨主要选矿方法

石墨种类	矿物成分	原矿品位/%	主要选择矿方法及浮选药剂	工艺流程特征和指标	选矿厂实例	
					中国	国外
鳞片石墨	石墨、斜长石、透闪石、透辉石、石英、云母、绿泥石、黄铁矿、方解石等	2.13~15	浮选：常用捕收剂为煤油、柴油、重油、磺酸酯、硫酸酯、酚类、羧酸类等；常用起泡剂为松醇油、四号油、醚醇、丁醚油等；调整剂为石灰、碳酸钠；抑制剂为石灰、水玻璃　重选：主要用摇床除去黄铁矿和预先提取大鳞片石墨　湿筛：用于提取大鳞片	粗精矿多次再磨多次精选（南墅为四次再磨六次精选，兴和为三次再磨，五（六）次精选，柳毛为四次再磨五次精选……），中矿集中或顺序返回闭路浮选流程，精矿品位可达90%以上，回收率80%左右	南墅柳毛兴和	前苏联查瓦里耶
微晶石墨	石墨、黏土	60~90	粉碎：常用雷蒙磨机、高速磨或气流磨　浮选：捕收剂为煤焦油；起泡剂为樟油、松油；调整剂为碳酸钠；抑制剂为水玻璃和氟硅酸钠	矿石粉碎后即为产品，浮选精、尾矿同为产品，精矿品位90%	鲁塘磐石	奥地利凯塞斯堡

图43-4-49 所示为鳞片石墨选矿工艺流程，图43-4-50 所示为隐晶质石墨矿矿石加工流程。

43.4.15.5　石墨矿石选矿厂实例

A　柳毛石墨矿

柳毛石墨矿位于黑龙江省鸡西市柳毛村，矿石中主要矿物为石墨、石英、斜长石，其次为石榴子石、透辉石、正长石、白云母、绿泥石、褐铁矿、斑铜矿、黄铁矿等。其中，石墨占 10%~20%，石英占 30%~40%，斜长石占 15%~20%。石墨为中、细鳞片状。鳞片直径 1~1.5mm，最大达

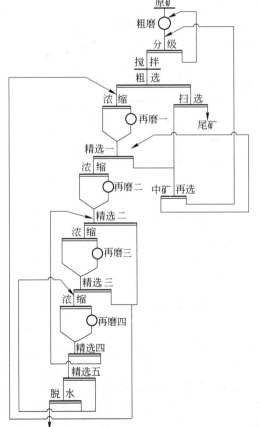

图43-4-49　鳞片石墨矿选矿工艺流程

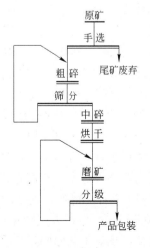

图43-4-50　隐晶质石墨矿矿石加工流程

7mm。石墨鳞片在矿床中略具方向性排列，与石英、长石构成明显的片状结构。沿片间层理面上局部地区有浸染状黄铁矿出现。石墨含量靠地表较富，深部略有变贫趋势。

该矿生产鳞片石墨，建有三座石墨浮选厂，总生产能力为精矿3.6万吨/年。原矿经600mm×900mm颚式破碎机破碎后，采用ϕ1650mm单缸液压中型和ϕ1650mm单缸液压短头型圆锥式破碎机进行中、细碎。粗磨采用ϕ2100mm×3000mm格子型球磨机并与FLG1200分级机形成闭路。经浮选后的石墨粗精矿再经5次再磨、6次精选，中矿集中返回粗磨回路，精矿经折带式真空过滤机过滤、ϕ2.2m×23m间热式圆筒烘干机烘干、高方筛分级后得到最终产品。再磨分别采用ϕ1000mm×3500mm、ϕ900mm×2200mm、ϕ900mm×3000mm球磨机，浮选采用JJF型和XJK型浮选机。原矿最大粒度550mm，入磨粒度20mm，入选粒度−0.15mm（−100目）占70%，原矿品位14%～16%，精矿品位93%～95%，尾矿品位3%～4%，选矿回收率约75%。浮选药剂制度：捕收剂为煤油，起泡剂为二号油。柳毛石墨矿实际生产中在不同磨浮段的浮选矿浆浓度是不一样的，粗选矿浆浓度15%左右，精选矿浆浓度为6%～10%，精选段数越后的矿浆浓度越低。柳毛石墨矿的选矿工艺流程如图43-4-51所示。

B　宜昌中科恒达石墨股份公司

湖北宜昌石墨矿以储量丰富、品位高著称，属优质的大鳞片石墨，是中南地区唯一的鳞片石墨矿。该矿以层状产出为特征，已探明储量近2000万吨，矿脉绵延达1000多米。矿石平均品位高达11.37%，居全国同类矿产前列。宜昌石墨矿正在开采的中科恒达石墨股份公司1号矿体，原矿品位高达11.53%。而且覆盖薄，采矿成本低。宜昌中科恒达石墨股份公司建有两座天然鳞片石墨选矿厂，原矿品位12%左右，精矿品位达到95%，回收率90%以上，年产天然鳞片石墨粉3万吨。

该选矿厂选矿工艺原则是：将粗磨工艺放粗，并利用石墨再磨机（磨矿介质密度小）从轻磨矿、多磨多选的原则，保证石墨鳞片不被过磨，在保证石墨鳞片单体解离的同时，

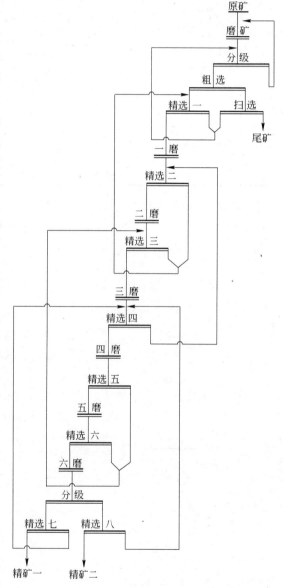

图43-4-51　柳毛石墨矿选矿工艺流程

既不人为损坏鳞片也不破坏鳞片的厚径比。其工艺流程如图 43-4-52 所示。

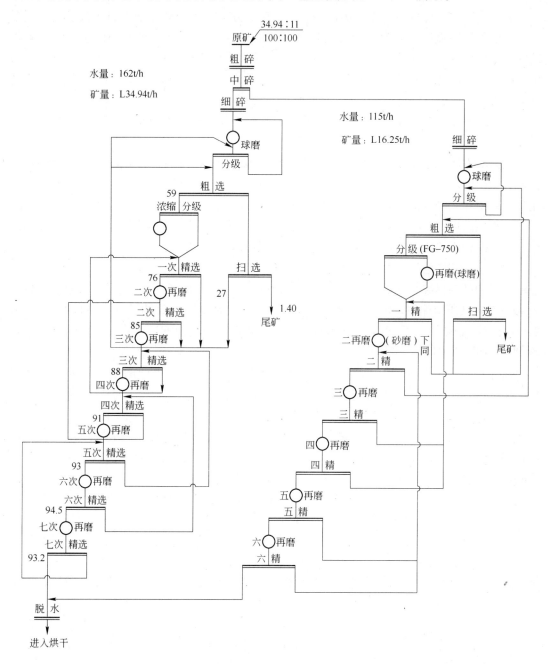

图 43-4-52 宜昌中科恒达石墨股份公司石墨选矿工艺流程

43.4.15.6 石墨提纯深加工

机械选矿方法所获得的石墨精矿品位可达到 90%。但用机械选矿方法很难使浸染在石墨鳞片之间的微小硅酸盐矿物与石墨鳞片解离，精矿品位达不到一些工业部门的要求，需要进一步提纯。选矿精矿进一步提纯的主要方法如下。

A　氢氧化钠法

氢氧化钠方法是目前国内应用最多、较成熟的方法。将氢氧化钠与石墨按一定比例混匀（一般石墨与碱质量比为3∶1），加热至（500±50）℃时，石墨精矿中的杂质与氢氧化钠反应生成可溶性硅酸盐，用水冲洗到中性，再加盐酸（料重的30%~40%）使生成物全部溶解，再水洗干燥得合格产品。应用这种方法可将精矿品位从87%~89%提高到98%~99%。这种方法适用于处理云母含量少的精矿粉。

所需主要设备有碱浸槽、转炉水浸槽、浸洗槽、储料槽、离心机、过渣筛等。

B　氢氟酸提纯法

氢氟酸方法是基于氢氟酸能溶解石墨中的硅酸盐矿物。将石墨和水按一定比例混合，根据石墨中的灰分含量加入氢氟酸，并通入蒸汽加热，在特制的反应罐中浸24h，用氢氧化钠溶液中和，经洗涤、脱水、烘干即得到超纯或高纯石墨产品。

氢氟酸法提纯工艺可获得固定碳在99%以上的石墨产品。但氢氟酸具强腐蚀性和强毒性，应用这种方法必须有严格的生产安全和环保措施。

C　高温提纯法

石墨的高温提纯是在特制的纯化炉中进行的，炉子用耐火砖砌成，内插石墨电极，通入45~70V低压交流电，电流在4000A以上，当炉内温度达到2500℃时，保温72h。严格保温、绝缘和隔绝空气是石墨纯化过程中的关键条件。用这种方法可将石墨的纯度提高到99.99%~99.999%。

此外，还有在高温状态下使石墨与某些催化剂接触，将石墨中的杂质变为挥发性气体，随气流排出而达到提纯的目的。

43.4.15.7　石墨插层改性深加工

具有六角网状平面层叠结构的天然鳞片石墨，在氧化剂的作用下，化学反应物侵入层间，并在层间与碳原子键合，形成一种并不破坏石墨层状结构的化合物，这种化合物称为石墨层间化合物（简称GIC）。

按石墨的碳原子与进入层间的夹层剂之间的作用力，将石墨层间化合物分为三类：

（1）离子型：又称为传导型或电荷移动型层间化合物，夹层剂与碳原子之间有电子得失。石墨的碳原子与插入的夹层剂之间靠静电引力，可使石墨层间距增大。夹层剂为卤素、金属卤化物、浓 H_2SO_4 和浓 HNO_3 等形成的层间化合物属于此类。

（2）共价型：又称为非传导型层间化合物。夹层剂与石墨中碳原子形成共价键，石墨失去了导电性，成为绝缘体。如石墨与氟或氧形成的层间化合物氟化石墨和石墨酸就属此类。

（3）分子型：石墨中的碳原子与夹层剂间以范德华氏力结合，如芳香族分子与石墨形成的层间化合物即属此类。

层间化合物的制备方法分两大类：一类是用于制备离子层间化合物的离子插入法，主要是碱金属、卤素及金属卤化物等离子与石墨中碳原子作用形成的层间化合物；另一类是用于制备共价键层间化合物的电化学氧化法。

离子插入法中包括蒸汽吸附法、粉末冶金法、浸溶法等。电化学氧化法包括强酸氧化法、强氧化剂法、过硫铵法和电解氧化法。

石墨层间化合物的一些性质明显优于石墨，可作导电材料、电极材料、浓缩储氢材料等。膨胀石墨是目前用途最广、用量最大的一种石墨层间化合物，约90%的膨胀石墨用作密封材料，被称为密封材料之王，具有耐高温、低温、耐酸碱、自润滑等优异性能。

A 强酸浸渍法生产可膨胀石墨

可膨胀石墨（酸化石墨）是目前研究和应用最成熟的一种石墨层间化合物。可膨胀石墨是石墨的一种氧化物，采用强酸氧化法生产时，称为酸化石墨或石墨酸。可膨胀石墨是鳞片石墨在强氧化剂作用下，氧原子进入石墨层间，获取了可移动的 π 电子，使层间金属键断裂，氧原子与碳原子结合生成了石墨酸。可膨胀石墨置于 800~1000℃下数秒钟内，石墨晶层沿 c 轴迅速膨胀，成为一种纤絮型蠕虫状物质，称为膨胀石墨，其膨胀倍数达100 倍以上。因为膨胀并没有破坏石墨晶体的六角形骨架结构，所以膨胀石墨仍具有石墨原有的优良性能。膨胀石墨再经加工制成纸、箔等制品，具有不同于普通石墨的柔韧性，称为柔性石墨。

我国生产可膨胀石墨多采用强酸浸渍法，工艺流程如图 43-4-53 所示。

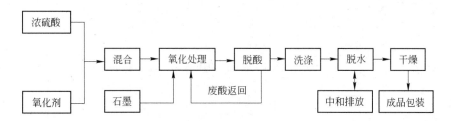

图 43-4-53 可膨胀石墨强酸浸渍氧化法工艺流程

所用的主要设备有：贮酸罐、酸化反应罐、沉淀离心机、洗涤槽、离心脱水机、螺旋干燥机等。

将石墨、浓 H_2SO_4 和浓 HNO_3 按一定比例混合，一般浸泡 30min。氧化介质（浓 H_2SO_4 和浓 HNO_3）用量以浸没石墨为准，H_2SO_4 : $HNO_3 = 9 : 1$。常用的氧化剂有重铬酸钾、高锰酸钾、过氯酸及其混合物、过氧化氢等。采用高锰酸钾、重铬酸钾作氧化剂时，废水不易处理。采用过氧化氢的优点是产品挥发分低，缺点是容重小，石墨呈悬浮状态，洗涤较困难。

石墨经强酸浸渍后，需多次洗涤，直到 pH 值为 3~5。

用于生产可膨胀石墨的天然鳞片石墨的粒度要适中，粒度太大，酸浸不透，膨胀时易产生生料；粒度太小，结晶易变形，难以得到优质膨胀石墨。

B 电解氧化法生产可膨胀石墨

电解氧化法生产可膨胀石墨的工艺流程如图 43-4-54 所示。

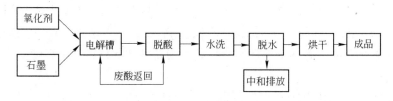

图 43-4-54 可膨胀石墨电解氧化法工艺流程

电解氧化法的原理是电解液（氧化剂水溶液，如硫酸、硝酸等溶液）在外加电场的作用下，如 HSO_4^- 在浓差压力和电场力两者作用下，浸入到石墨层间，从而形成层间化合物。电解氧化工艺中最关键的设备是电解氧化装置。影响电解氧化的最主要因素有：电解液浓度、电流密度、氧化时间等。

使可膨胀石墨变为膨胀石墨的热源有电加热、气体燃烧加热、微波红外加热、激光加热等。加热膨胀炉型有立式膨胀炉、卧式膨胀炉、微波膨胀炉等。

C　美国联合碳化物公司膨胀石墨生产工艺

美国联合碳化物公司膨胀石墨生产工艺流程如图 43-4-55 所示。

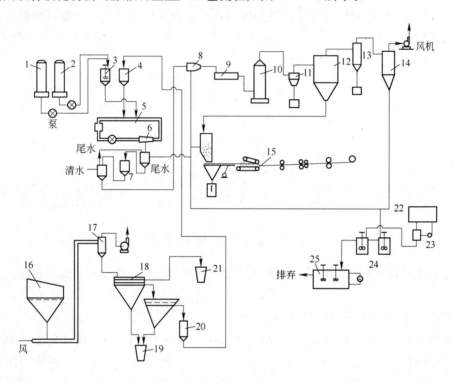

图 43-4-55　美国联合碳化物公司膨胀石墨生产工艺流程

1—硫酸罐；2—硝酸罐；3—混合罐；4—石墨贮斗；5—连续循环酸化系统；6—离心脱酸机；7—三段连续洗涤槽；
8—离心脱水机；9—转筒干燥机；10—立式气加热膨胀炉；11—粗渣死虫收集器；12—石墨蠕虫沉降室；
13—细虫及粉粒收集器；14—尾气洗涤桶；15—成型设备系统；16—拆仓料架；17—降料桶；18—振动筛；
19—细粒石墨收集桶；20—石墨仓；21—粗渣收集桶；22—碱池；23—加热器；24—中和搅拌桶；25—尾水池

D　氟化石墨

氟化石墨是石墨层间化合物中的一种，是以氟或其化合物插入到石墨层间制成的石墨氟系层间化合物。氟化石墨有两种稳定的化合物，即聚单氟碳（CF）$_n$ 和聚单氟二碳（C_2F）$_n$。由于氟化石墨具有的特殊性质，使其作为新型功能材料受到高度重视。氟化石墨主要特点如下：

（1）热稳定性。氟化石墨具有较好的热稳定性，350℃以下无失重。（C_2F）$_n$ 在高于 500℃时才开始有少量失重。

（2）润滑性。由于氟化石墨结合能极小（约 8.36kJ/mol），远比石墨结合能（37.7kJ/mol）小，不受氧化、还原及真空等气氛影响，是润滑脂类和固体润滑剂（二硫化钼、石墨等）中摩擦系数最低的，在 27～344℃内，摩擦系数仅为 0.10～0.13。润滑性是氟化石墨目前在工业上应用的主要性能。

（3）电绝缘性。氟在层间与碳形成共价键，因而失去导电性，变成绝缘体。$(CF)_n$ 电阻率高达 $3 \times 10^3 \Omega/cm$ 以上。

（4）耐腐蚀性。在常温下，即使是浓硫酸、浓硝酸、浓碱也不能腐蚀氟化石墨。只有在热酸、热碱中才有少量腐蚀。

氟化石墨的合成工艺方法主要有以下几种：

（1）直接合成工艺。将石墨与气体氟在 350～600℃温度范围内在反应器中加热合成，是最早的合成方法。

（2）催化剂合成工艺。在石墨与氟的反应系统中加入微量金属氟化物（如 LiF、MgF_2、AlF_3 等）作催化剂，合成温度低于 300℃。

（3）固体氟化物合成工艺。上述两种方法所用气体氟有极强的毒性和腐蚀性，又需在高温下反应，生产很不安全。固体氟化物合成工艺是用氟固体聚合物（如四氟乙烯、六氟丙烯等）与石墨混合，在氦、氖、氩、氮等惰性气体下，加热至 320～600℃，在管式电炉中的石英管内制得氟化石墨。

（4）电解法合成工艺。用电解氟化的方法，将石墨在无水氢氟酸中电解，生成新的氟化石墨。该方法可以连续高效进行生产。

43.4.15.8　胶体石墨

将含碳量 99%以上的高碳石墨超细粉碎，粒度为 $-5\mu m$ 或更细，然后加水和分散剂制成石墨乳，即胶体石墨。常见的胶体石墨制品有模锻石墨乳、显像管石墨乳、拉丝石墨乳和石墨节能油。常用的主要超细粉碎设备有：高速冲击式磨机、搅拌磨、胶体磨、振动磨、气流粉碎机等。

石墨粒子具有疏水性，为了使其在水中形成稳定的分散液，必须添加亲水胶体将石墨吸附，并包覆石墨颗粒，使石墨颗粒由疏水性变成亲水性。亲水胶体即保护胶，又称为分散剂。常用的分散剂有动物胶、阿拉伯胶、丹宁、聚乙烯醇等。胶体石墨生产工艺流程如图 43-4-56 所示。

43.4.16　萤石

43.4.16.1　矿物、矿石和矿床

A　萤石矿物及性质

萤石又称氟石，为卤族矿物。其化学式为 CaF_2，其中钙占 51.1%、氟占 48.9%。

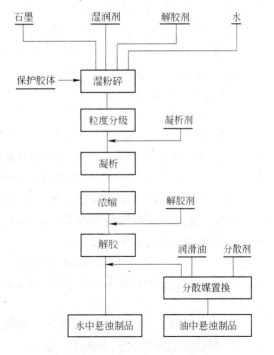

图 43-4-56　胶体石墨生产工艺流程

有时含有稀有金属，富含钇者称为钇萤石，常与石英、方解石、重晶石及金属硫化物共生；等轴晶系，晶体常呈立方体、八面体，较少呈菱形十二面体，也常呈粒状或块状集合体。

萤石的密度为 $3 \sim 3.2 g/cm^3$，莫氏硬度为 4。萤石的颜色因含不同杂质而呈白、黄、绿、蓝、紫、红及灰黑色。无色透明、无包裹体、无裂隙、无双晶的萤石晶体可用于光学仪器。萤石具有热发光性，加热后有淡紫色磷光。萤石不溶于水，溶于硫酸、磷酸和加热的盐酸及硼酸、次氯酸，并能与氢氧化钠、氢氧化钾等强碱稍起反应。萤石的熔点低，为 1360℃。

B　萤石矿石工业类型

萤石矿石类型是根据组成矿的主要矿物组合划分，分以下几种类型：

（1）萤石型矿石：主要由萤石组成，含少量其他杂质。

（2）石英-萤石型矿石：萤石含量大于石英。

（3）萤石-石英型矿石：萤石含量小于石英或二者含量相近。

（4）重晶石-萤石型矿石：除萤石外，含少量重晶石。

（5）方解石-萤石型矿石：除萤石外，含少量方解石。

（6）重晶石-方解石-萤石型矿石：除萤石外，含有一定量的重晶石和方解石。

（7）硫化物-萤石型矿石：除萤石外，含有一定量的硫化物，有的铅、锌含量达到综合利用要求。

C　萤石矿床类型

我国已在 20 多个省区发现萤石矿，但主要分布在东部。全国已发现大型、特大型萤石矿床 30 多个。

萤石矿床有以下 4 种类型：

（1）硅酸盐岩石中的充填型脉状萤石矿床，是萤石矿床的重要类型。矿石矿物组成简单，以萤石、石英为主，常组成萤石型、石英-萤石型等主要矿石类型，属易选矿石。这类矿床不仅是冶金用萤石精矿的主要来源，也是生产化工用萤石粉精矿的重要类型，如浙江武义杨家、湖南衡南、湖北红安、河南陈楼、甘肃高台等萤石矿床。

（2）碳酸盐岩石中的充填交代型脉状、透镜状萤石矿床。这类矿床矿石矿物组成复杂，有萤石、方解石、重晶石、石英等。常组成石英-萤石型、重晶石-萤石型、方解石-重晶石-萤石型等矿石类型，一般属于较难选矿石，部分矿石经手选也能获得高品位块矿。如江西德安、云南老厂、四川二河水等萤石矿床。

（3）碳酸盐岩石中的层控型层状、似层状萤石矿床。矿床产于特定层位的碳酸盐岩层中，严格受层位或层间构造所控制。矿石矿物组成简单，以萤石、石英-萤石型为主，如内蒙古苏莫查干敖包萤石矿床。

（4）共、伴生萤石矿床，是指萤石矿物以伴生组分产于铁、钨、锡、铍等多金属及铅、锌等硫化物矿床中的共、伴生萤石。这类矿床综合利用价值很高。这类矿床又分为：

1）铅锌硫化物共、伴生萤石矿床，如湖南桃林铅锌伴生萤石矿床。

2）钨锡多金属伴生萤石矿床，萤石与主矿种钨、锡、钼、铋伴生，以湖南柿竹园多金属矿床为例，萤石呈分散状常与白钨矿、辉钼矿、辉铋矿共生。

3）稀土元素、铁伴生萤石矿床，如内蒙古白云鄂博稀土铁矿床，选矿回收萤石难度较大。

D　萤石矿床工业指标

萤石矿床一般工业指标：边界品位：$w(CaF_2) \geqslant 20\%$；最低工业品位：$w(CaF_2) \geqslant 30\%$。

矿石品级：富矿：$w(CaF_2) \geqslant 65\%$，$w(S) < 1\%$，最低可采厚度 0.7m，夹石剔除厚度 0.7m；贫矿：$w(CaF_2) 20\% \sim 65\%$，最低可采厚度 1.0m，夹石剔除厚度 $1 \sim 2m$。

43.4.16.2　萤石的主要用途

萤石中富含卤族元素氟，且熔点低，主要用于冶金、水泥、玻璃、陶瓷等行业。

萤石作为炼铁、炼钢的助熔剂、排渣剂，高质量的酸级萤石也用于电炉生产高质量的特殊钢和特种合金钢。

萤石可生产人造冰晶石，并可直接加入熔融电解液。

萤石是生产无水氢氟酸的主要原料，氢氟酸是氟化工业的主要原料。

萤石可生产乳化玻璃、不透明玻璃和着色玻璃，可降低玻璃熔炼时的温度，改进熔融体，可降低燃料的消耗比率。

生产水泥熟料的矿化剂，可降低烧结温度，易煅烧，烧成时间短，节省能源。

萤石是制造陶瓷、搪瓷过程的熔剂和乳浊剂，又是配制涂釉不可缺少的成分。

无色透明大块的萤石晶体还可作为光学萤石和工艺萤石。

43.4.16.3　萤石产品的技术要求

表 43-4-133 ～ 表 43-4-137 列出了 YB/T 5217—2005 中萤石产品的化学成分和粒度标准。

表 43-4-133　萤石产品类型及牌号

类　型	牌　　　号
萤石精矿 FC	FC—98、FC—97A、FC—97B、FC—97C、FC—95、FC—93
萤石块矿 FL	FL—98、FL—97、FL—95、FL—90、FL—85、FL—80、FL—75、FL—70、FL—65
萤石粉矿 FF	FF—98、FF—97、FF—95、FF—90、FF—85、FF—80、FF—75、FF—70、FF—65

表 43-4-134　萤石精矿的化学成分

牌　号	化学成分/%						
	CaF_2(不小于)	SiO_2(不大于)	$CaCO_3$(不大于)	S(不大于)	P(不大于)	As(不大于)	有机物(不大于)
FC-98	98.0	0.5	0.7	0.05	0.05	0.0005	0.1
FC-97A	97.0	0.8	1.0	0.05	0.05	0.0005	0.1
FC-97B	97.0	1.0	1.2	0.05	0.05	0.0005	0.1
FC-97C	97.0	1.2	1.2	0.05	0.05	0.0005	0.1
FC-95	95.0	1.4	1.5	—	—	—	—
FC-93	93.0	2.0	—	—	—	—	—

注：按水分含量分干态精矿和湿态精矿，干态精矿水分含量应不大于 0.5%，湿态精矿水分含量不大于 10.0%。

表 43-4-135　萤石块矿的化学成分

牌　号	化学成分/%					
	CaF$_2$(不小于)	SiO$_2$(不大于)	S(不大于)	P(不大于)	As(不大于)	有机物(不大于)
FL-98	98.0	1.5	0.05	0.03	0.0005	0.01
FL-97	97.0	2.5	0.08	0.05	0.0005	0.01
FL-95	95.0	4.5	0.10	0.06	—	—
FL-90	90.0	9.3	0.10	0.06	—	—
FL-85	85.0	14.3	0.15	0.06	—	—
FL-80	80.0	18.5	0.20	0.08	—	—
FL-75	75.0	23.0	0.20	0.08	—	—
FL-70	70.0	28.0	0.25	0.08	—	—
FL-65	65.0	32.0	0.30	0.08	—	—

表 43-4-136　萤石粉矿的化学成分

牌　号	化学成分/%		牌　号	化学成分/%	
	CaF$_2$（不小于）	Fe$_2$O$_3$（不大于）		CaF$_2$（不小于）	Fe$_2$O$_3$（不大于）
FF-98	98.0	0.2	FF-80	80.0	0.3
FF-97	97.0	0.2	FF-75	75.0	0.3
FF-95	95.0	0.2	FF-70	70.0	—
FF-90	90.0	0.2	FF-65	65.0	—
FF-85	85.0	0.3			

表 43-4-137　萤石产品的粒度要求

分　类	萤石精矿（FC）	萤石块矿（FL）		萤石粉矿（FF）
粒度要求	通过 0.154mm 筛孔的萤石量不小于80%	6～200mm <6mm，≤5% >200mm，≤10%	最大粒度 250mm	0～6mm

注：需方对粒度有特殊要求时，可由双方协商确定，并在合同中注明。

43.4.16.4　萤石矿的选矿方法及工艺流程

萤石矿的选矿技术主要为手选、重力（跳汰机）选矿和浮选三种。

A　手选

手选主要用于萤石与脉石界限十分清楚、废石容易剔除、各种不同品级的矿石易于肉眼鉴别的萤石矿，其主要步骤为冲洗、筛分、手选分离，但能够实现手选分离的萤石矿非常少。

B　浮选

萤石常与石英、方解石、重晶石和硫化物矿物共生，国内外普遍采用浮选法。浮选常用阴离子类捕收剂，以脂肪酸类为多，此类药剂易吸附于萤石表面，且不易解吸。因矿石类型不同，所采用的浮选工艺流程也不同。

石英-萤石型：多采用一次磨矿粗选，粗精矿再磨多次精选的工艺流程。其药剂制度常以碳酸钠为调整剂，调至碱性，以防止水中多价阳离子对石英的活化作用。用脂肪酸类作捕收剂时加入适量的水玻璃抑制硅酸盐类脉石矿物，水玻璃用量要控制好，少量时对萤石有活化作用，过量时萤石也会被抑制。

碳酸盐萤石型：萤石和方解石都含钙，用脂肪酸类作捕收剂时均具有强烈的捕收作用。为了提高萤石精矿品位，选用有效抑制剂非常重要。含钙矿物的抑制剂有水玻璃、偏磷酸钠、木质素磺酸盐、糊精、草酸等。多以组合药剂形式加入浮选矿浆，如硫酸+硅酸钠对抑制方解石和硅酸盐矿物具有明显效果；另外，用栲胶抑制方解石的研究表明，对含有较多方解石、石灰石、白云石等比较复杂的萤石矿，抑制脉石矿物用栲胶、木质素磺酸盐效果很好。

硫化物-萤石型：矿石主要以铅、锌硫化物矿物为主，萤石为伴生矿物。选矿方法以浮选法为主，先浮选硫化矿物，萤石为浮选的尾矿，可作为萤石矿单独处理，按选萤石流程进行多次精选，仍可获得较理想的结果。

萤石与重晶石的分选，一般先将萤石和重晶石混合浮选，然后进行分离。混合浮选时用油酸作捕收剂，水玻璃作抑制剂。混合精矿的分离可以采用下列两种方法：

（1）用糊精或单宁及铁盐抑制重晶石，用油酸浮选萤石。

（2）用烃基硫酸酯浮选重晶石，将萤石留在槽内。

油酸作捕收剂时，萤石的可浮性很好。矿浆的 pH 值对萤石的浮选有很大的影响。用油酸作捕收剂，矿浆的 pH 值为 8～11 时，其可浮性较好。另外，增加矿浆的温度，可以提高浮选的指标。萤石用油酸作捕收剂时对水的质量也有较高的要求，用水需要预先软化。

除油酸外，烃基硫酸酯、烷基磺化琥珀胺、油酸胺基磺酸钠及其他的磺酸盐及胺类都可作为萤石的捕收剂。调整剂可用水玻璃、偏磷酸钠、木质素磺酸盐、糊精等。

C　重选

为了充分利用低品位的萤石资源和保证合适品位的原矿进入浮选作业，萤石需要进行重介质预选。重力选矿主要用于选别矿石品位较高、粒径在 6～20mm 的离子矿。德国、南非、意大利、法国等国家将 D. W. P. 类型重介质涡流分选机用来预选萤石矿。如德国的沃尔法奇选厂，给矿品位 CaF_2 35%，通过三产品涡流分选器选别，抛废率 36.2%，废弃物含 CaF_2 6.75%，富集比 1.48；意大利托格拉萤石铅锌选厂，原矿萤石品位 CaF_2 为 45.0%，重产品萤石品位含 CaF_2 达 75%，抛废率约 50%，废弃物含 CaF_2 10% 左右。

浙江省冶金研究院开展了低品位萤石重介质预选抛废的研究，研制的直径 156mm 三产品重介质涡流分选器，用于东风萤石公司低品位萤石矿的试验中，使萤石品位从处理前的 40% 左右，提高到 55% 左右，抛废率 30%，CaF_2 损失率为 6%～7%。通过重介质预选，可改善进入浮选的矿石质量，为获得高品级萤石精矿创造条件，同时也可以降低磨浮成本和提高经济效益。

43.4.16.5　萤石矿的选矿厂加工实例

A　浙江某萤石矿

浙江某萤石矿属中低温热液硅酸盐矿床，萤石以致密块状为主，部分为粒状，与石英紧密共生，嵌布粒度极不均匀，细的仅 0.01～0.02mm，一般为 0.05～0.6mm，大的可达数毫米。脉石矿物以石英为主，有的呈隐晶质，粒度小于0.05mm，含量为50%左右。原矿品位为：富矿平均含$CaF_2$50%以上，贫矿达30%~50%。

该矿选矿工艺依用户对产品质量的要求不同分别采用手选和浮选。手选入选粒度15~200mm，通过破碎和筛分分段进行。手选精矿品位$CaF_2$80%，主要用于冶金。浮选工艺流程如图43-4-57所示。采用油酸做捕收剂，水玻璃作调整剂。精矿品位（CaF_2含量）97%~99%，回收率80%左右。

B 内蒙古某萤石矿

内蒙古某萤石矿矿石类型为石英-萤石类型。矿石为浸染状结构，块状、条带状或气孔状构造，主要矿物为萤石，脉石矿物主要为石英、云母（黑云母和白云母）、方解石，少量的黄铁矿、褐铁矿等，矿石平均品位为64%。

该矿采用浮选方法分离萤石和脉石矿物，用YSB-2作捕收剂，纯碱、硫酸作调整剂，水玻璃做抑制剂。选矿工艺流程如图43-4-58所示。最终精矿品位（CaF_2含量）98%左右；回收率88%~90%。

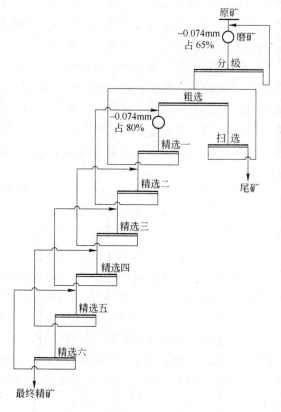

图43-4-57 浙江某萤石矿选矿工艺流程

43.4.17 云母

43.4.17.1 矿物、矿石和矿床

A 云母矿物及性质

云母具有连续的层状硅氧四面体构造，分为白云母、黑云母和锂云母。工业上尤其是电气工业中常见的是白云母和金云母。

白云母：化学式为$KAl_2[AlSi_3O_{10}](OH)_2$。单晶体呈假六方柱状、板状或片状；集合体呈鳞片状或叶片状。不含杂质的薄片无色透明。[001]解理极完全。莫氏硬度为2.5~3。比密度为2.77~2.88，薄片具弹性。对碱几乎不起作用，不溶于热酸。熔点为1260~1290℃，在550℃高温下不改变性质。

金云母：化学式为$KMg_3[AlSi_3O_{10}](OH,F)_2$。单晶体呈假六方板状、短柱状；集合体呈片状、板状或鳞片状。无色透明或带黄褐色、红棕色、绿色乃至深褐色。密度2.30~2.76g/cm^3。与碱、盐酸有反应。不导电，耐高温。熔点为1270~1330℃，在800~1000℃的高温下不改变性质。

B 云母矿石类型

云母分为三个亚类：白云母、黑云母和锂云母。白云母包括白云母及其亚种（绢云

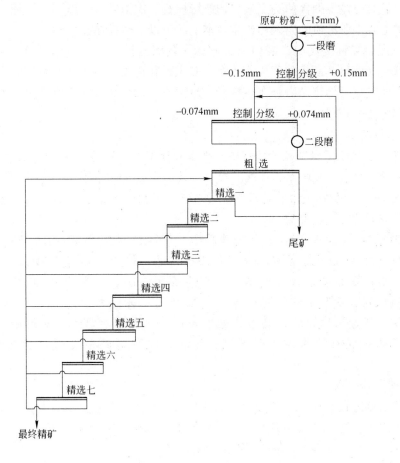

图 43-4-58 内蒙古某萤石矿选矿工艺流程

母）和较少见的钠云母；黑云母包括金云母、黑云母、铁黑云母和锰黑云母；锂云母是富含氧化锂的各种云母的细小鳞片。云母的伴生矿，是石英以及少量的长石。也就是说有石英的地方就有云母，反之相同。

白云母是广泛产出的造岩矿物，但有工业价值的只有花岗伟晶岩中的白云母矿床。片状金云母主要产于碳酸岩杂岩，次为矽卡岩中的变质矿床。

C 云母矿床类型

工业云母矿床分为白云母矿床和金云母矿床两大类，每一大类可各分为两个亚类，另外还有碎细云母矿床。矿床类型及地质特征各有不同。

a 白云母矿床

（1）花岗伟晶岩型白云母矿床。矿床多产在角闪岩相变质岩地区，含云母伟晶岩脉普遍发育混合岩化和花岗岩化，围岩是各种富铝、硅的片麻岩、变粒岩或片岩。矿脉带常成群出现，构成伟晶岩带或伟晶岩田。按伟晶岩的组构和含矿性可分为：

1）结晶型白云母伟晶岩：岩脉内白云母呈巨晶，片较大，面积可达 $60 \sim 100 \mathrm{cm}^2$，从中可获取大片的白云母，且云母片的剥分性能良好。

2）交代分异型稀有金属元素白云母伟晶岩：云母晶体一般较小，但透明度较好，杂质含量低，且其中伴生的含稀有元素矿物如绿柱石、铌钽铁矿、电气石、锂云母等可综合利用。世界上有工业价值的白云母矿床基本上产于以上两种伟晶岩中。

（2）伟晶岩接触交代型镁硅白云母矿床。我国的镁硅白云母 $K_2 \{ (Fe_2 + Mg) (Fe_3 + Al)_3 [Si_7AlO_{20}] (OH)_4 \}$ 矿床位于江苏东海。矿床赋存在深大断裂带并有榴辉岩产出的变质岩地区。含镁硅白云母伟晶岩脉在榴辉岩、角闪片岩和片麻岩中均有产出。但主要的工业矿体产于榴辉岩中。

b　金云母矿床

（1）镁碳酸盐矽卡岩型金云母矿床。矿床多分布在太古代、元古代或古生代的结晶片岩、片麻岩及大理岩中。矿区内花岗岩发育，常伴生有交代作用产生的一系列杂岩体，如方柱石-透辉石岩、透辉石-金云母岩等。我国这一类型矿床很多，如大同、通化、镇平和内蒙古的许多矿区均属此类型。

（2）超基性-碱性杂岩体型金云母矿床。矿床产于超基性-碱性杂岩体中。杂岩体面积由几十到千余平方千米，且具有环带构造。该类矿床规模较大，金云母可达几百万吨，含矿率较高，每立方米由几百千克至一吨，云母晶片面积可达 $5 \sim 6m^2$。矿床上部因水化作用形成的蛭石，也可开采利用。这一类型是近年来新发现的一种金云母矿床，从金云母储量、规模和远景来看，都有很重要的工业价值。在前苏联，它已成为金云母的重要来源，但到目前为止，在我国尚未发现该种类型的金云母矿床。

c　碎细云母矿床

（1）白云母钾长石片麻岩型碎片白云母矿床。该矿床产于河北阜平群弯子组下段，白云钾长片麻岩夹中粗粒浅粒岩及黑云二长片麻岩，共见有四层矿，平均厚 1.6m，含矿率 56% ~68%，片径一般小于 10mm，多为 5mm 左右。

（2）云母片岩型碎云母矿床。该矿床赋存于云母片岩中。

（3）云母伟晶岩型碎云母矿床。伟晶岩已风化，矿石中白云母含量为 14% ~16%，其他矿物有石英、长石、黑云母等。

D　云母矿床工业指标

在地质勘探工作中，按工业原料云母含矿率圈定矿体并计算储量。工业原料云母是指具有任意外形、晶体两面平整、有效面积不小于 $4cm^2$ 的云母块。工业原料含矿率用单位矿石体积中含有工业原料云母质量即 kg/m^3 来表示。

片状云母矿床的矿石品位按工业原料云母含矿率计，要求：边界品位 $1kg/m^3$，工业品位 $4kg/m^3$。

目前对碎细云母矿床的矿石品位尚无统一规定。

43.4.17.2　云母主要用途

在工业上用得最多的是白云母，其次为金云母。其广泛地应用于建材行业、消防行业、灭火剂、电焊条、塑料、电绝缘、造纸、沥青纸、橡胶、珠光颜料等化工工业。超细云母粉作塑料、涂料、油漆、橡胶等功能性填料，可提高其机械强度，增强韧性、附着力、抗老化及耐腐蚀性等。除具有极高的电绝缘性、抗酸碱腐蚀、弹性、韧性和滑动性、耐热隔音、热膨胀系数小等性能外，还具有表面光滑、径厚比大、形态规则、附着力强等特点。

43.4.17.3 云母产品质量标准

A 工业原料云母

工业上利用的初级原料称为工业原料云母，是指采出的原矿（或称生料云母）经初步选矿产出的两面平整，有效面积大于或等于 $4cm^2$ 云母块。

工业原料用云母是按云母晶体任一面最大内接矩形面积和最大有效矩形面积及另一面必须达到的有效矩形面积分为 5 类，见表 43-4-138。

表 43-4-138　工业用云母分类

尺寸	任一面之最大		另一面	厚　度	
	内接矩形面积	有效矩形面积(不小于)	有效矩形面积(不小于)	板状	楔形
类别	cm^2			mm	
特类	≥200	65	20	≥0.1	最厚端的厚度小于10
一类	100～200	40	10		
二类	50～100	20	6		
三类	20～50	10	4		
四类	4～20	4	2		

B 剥片云母

剥片云母是白云母厚片经过剥分、剪裁制成的具有任意外形且符合规定厚度要求的云母产品，简称剥片。剥片云母是制备各种型号云母电容器芯片和其他无线电元件介质及贴制各种云母绝缘材料制品的白云母原料。金云母剥片可参照使用。剥片云母分介质剥片和绝缘剥片。剥片云母的等级见表 43-4-139。

表 43-4-139　剥片云母的等级

种类		优　等　品			合　格　品		
		JZ	JY		JZ	JY	
项目		A～7	3～6	7，8	A～7	3～6	7，8
小一号		≤5	≤10	≤20	≤10	≤15	≤25
小二号		≤2	≤5		≤5	≤5	
厚度/μm	8～15	—	≤15		—	≤20	—
	25～35	—	≤10	≤5	—	≤20	≤10
	35～45	—	0	≤2	—	0	≤5

注：小一号系指与规定型号相邻的下一个型号；小二号系指规定型号下第二个型号。

C 碎云母

碎云母是采矿、选矿、加工过程中产生的云母碎块和云母碎片，碎云母是抄造云母纸和磨制云母粉的原料料。目前，对碎云母的要求按建材行业标准 JC/T 815—1987(96)（原标准号 ZBQ 63003—1987）执行，见表 43-4-140。产品按使用要求，碎云母分为 Ⅰ、Ⅱ、Ⅲ 类。Ⅰ 类用于抄造非煅烧粉云母纸，Ⅱ 类用于抄造煅烧型粉云母纸，Ⅲ 类用于磨制云母粉。

表 43-4-140　碎云母片的质量标准

指标名称 ＼ 类别	Ⅰ	Ⅱ	Ⅲ
7.10mm 筛网筛下物/%	≤7.0	≤7.0	—
2.00mm 筛网筛下物/%	—	—	≤4.0
厚度/mm	0.3 ~ 15.0	≤4.0	不限
外来夹杂物/%	≤0.50	≤0.50	≤0.50
粒度大于 0.5mm 的非云母矿物及风化碎云母片/%	≤3.50	≤3.50	≤3.50
黑斑点碎云母片/%	≤5.0	不限	不限
黄白色水锈片/%	≤10.0	≤15.0	≤15.0

注：碎云母含水量按质量计不应超过3%，若超过时，由供需双方商定。

D　干磨、湿磨云母粉

云母粉具有较高的绝缘性能、耐热性能、耐酸碱侵蚀性能，以及热膨胀系数微小等特性，且滑动性较好，覆盖性较强，附着力较高，有较广泛的应用领域。

我国目前执行的干磨云母粉质量标准是建材行业标准 JC/T 595—1995（见表 43-4-141）。这个标准适用于碎白云母在不加水介质的情况下，经机械破碎磨制而成的云母粉的质量标准。按照粒度将云母粉分为：

（1）粗粉：900μm（20 目）、450μm（40 目）、300μm（60 目）。

（2）细粉：150μm（100 目）、75μm（200 目）、45μm（325 目）。

用肉眼观察外观质量是银白色、松散、不允许有外来夹杂物。

表 43-4-141　干磨云母粉技术性能指标

技术参数		粒度分布				含铁量/10⁻⁶	含砂量/%	松散密度/g·cm⁻³	含水量/%	白度/%
900μm	μm	+900	+450	+300	-300	≤400	≤1.0		≤1.0	≥45
	%	<2	65±5	15±5	<10					
450μm	μm	+450	+300	+150	-150					
	%	<2	45±5	15±5	<10			≤0.36		
300μm	μm	+300	+150	+75	-75	≤800	≤1.5			
	%	<2	50±5	40±5	<10					
150μm	μm	+150	+75	+45	-45					≥50
	%	<2	40±5	30±5	<30					
75μm	μm	+75								
	%	<2				≤400	≤1.0	≤0.34		
45μm	μm	+45								
	%	<2								

我国湿磨云母粉的质量标准执行的是建材行业 JC/T 596—1995 规定的质量标准（见表 43-4-142）。这个标准适用于精选白云母片在水介质的条件下，经研磨制成的云母粉产品

的质量要求。

外观质量：有珍珠光泽、呈鳞片状、手感滑腻、置于干净的玻璃器皿中能在其壁上均匀附着。

表 43-4-142 湿磨云母粉技术性能指标

项 目	筛余量/%	含砂量/%	烧失量/%	松散密度/g·cm⁻³	含水量/%	白度/%
38μm(400 目)	75μm≤0.1 38μm≤10.0	≤0.5	≤5.0	≤0.25	≤1.0	≥70
45μm(325 目)	112μm≤0.1 45μm≤10.0					
75μm(200 目)	150μm≤0.1 75μm≤10.0	≤0.6		≤0.28		
90μm(160 目)	180μm≤0.1 90μm≤10.0	≤1.0				≥65
125μm(120 目)	250μm≤0.1 125μm≤10.0			≤0.30		

E 云母珠光颜料的质量标准

国家发改委发布的云母珠光颜料标准（HG/T 3744—2004）规定了云母珠光颜料的外观、亮度、颜色、粒度分布等技术要求。该标准适用于以云母为基，在其表面包覆二氧化钛、氧化铁等金属氧化物而成的珠光颜料。云母珠光颜料技术要求见表43-4-143。

表 43-4-143 云母珠光颜料技术要求

项 目		指 标			
		银白系列	彩虹系列	氧化铁金属系列	铁-钛复相金属系列
外 观		珍珠白色粉末	灰相白色粉末	古铜-紫红色粉末	金黄-棕黄色粉末
亮度（与参比样①比）		近似~优于			
颜色② (与参比样①比)	A法——目视法	近似~微			
	B法——仪器法	$\Delta E^* \leq 1.0$	$\Delta E^* \leq 1.5$		
粒度分布③（与参比样①比）		基本一致			
杂质含量(质量分数)/%		≤0.10			
105℃挥发物(质量分数)/%		≤0.5			
吸油量		商 定			
水悬浮液电导率		商 定			
水悬浮液 pH 值		商 定			

① 参比样为有关双方商定样品；

② 参比样可选用 A 法——目视法或 B 法——仪器法；

③ 参比样可选用 A 法——显微镜法或 B 法——粒度分布仪器，促裁时选用 B 法。

43.4.17.4 云母选矿方法

在云母矿石中，常伴有杂质和各种共伴生矿物，只有通过分选加工才能达到工业部门对云母的质量要求。工业上主要是利用云母片状晶型的特殊性能，如电气性能等，因此要求选矿过程中应尽可能保护云母的自然晶体不受破坏，包括晶体表面不被刻划损坏。

对于有效面积大于 $4cm^2$ 片云母一般采用手选、摩擦选矿法、形状选矿法。

摩擦选矿法是根据片状云母晶体的滑动摩擦系数与浑圆状脉石的滚动摩擦系数的差别,使云母与脉石分选开。所用设备是斜板分选机。斜板分选机是由一组金属斜板组成,上面斜板的倾角小于下面斜板的倾角,每块斜板的下端都有收集云母晶体的缝隙,缝隙的宽度按斜板排列顺序依次递减。缝隙前缘装有三角堰板,在选矿过程中,大块脉石滚落到脉石堆,云母和小块脉石经堰板阻挡,经过缝隙落入到下一个斜板。依次在斜板上重复上述过程,使云母和脉石分选。由于该工艺和设备不完善,未能推广应用。

形状选矿是利用筛分中物料通过筛子的筛缝、筛孔的能力不同达到筛分的目的。采用两层以上不同筛面结构的筛子,一般第一层筛筛网为条形,第二层筛筛网为方形。当物料进入筛面后,在振动和滚动作用下,片状云母和小块脉石可从条形筛筛缝落到第二层筛筛面上,因第二层筛是格筛,故能筛去脉石而留下片状云母。由于形状选矿法流程简单、设备少、生产效率高,被广泛应用到云母矿选矿中。

对于碎云母的选矿处理多采用风选和浮选工艺。风选设备主要有振动空气分选机、室式风选机、之形空气分选机等。

浮选作业可在碱性和酸性矿浆中进行,如长碳链醋酸胺类的阳离子和脂肪酸类的阴离子为云母的捕收剂。浮选工艺较适合处理 1.18mm(14 目)以下的云母和细粒云母。

43.4.17.5 云母选矿生产实例

A 丹巴云母选矿实例

丹巴云母矿成矿较好,片状粗大,脉石矿物容易分离,采用振动分选结合人工手选便可得到合格的云母精矿。图 43-4-59 所示为四川丹巴云母矿选矿流程。

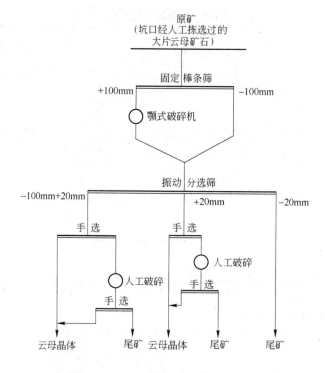

图 43-4-59 四川丹巴云母矿选矿流程

B 灵寿云母矿选矿厂

灵寿云母选矿厂入选原矿碎片白云母占56%~68%，钾长石及石英占10%左右，磁铁矿和褐铁矿微量。首先对原矿进行破碎，达到单体分离。然后进行分级，分成数个较窄粒级进入风选作业。风选作业的主要设备是φ800mm振动式空气分选机和旋振筛。风选前矿石破碎，采用锤式破碎机解离。入选最佳粒度3~0.25mm。采用预先分级、控制分级可提高风选设备的有效处理能力，减少风选作业段数，保证精矿质量。该厂生产能力为0.8~1.0t/h，精矿平均品位99.06%，回收率82.27%。

C 美国风化云母伟晶岩选矿厂

美国亚拉巴马、哲吉尔和北卡罗来纳州的风化云母伟晶岩，含白云母14%~16%。伴生的主要脉石矿物有石英、高岭土、长石，此外还有少量黑云母、褐铁矿、电气石、十字石、石榴石、绿帘石和蓝晶石。选矿流程包括重选和浮选两部分。重选采用汉弗莱螺旋选矿机。目的是除去粗粒尾矿。重选所得粗精矿进入浮选。浮选前采用3个调和槽。第一个调和槽加入木质素磺酸盐（或硅酸钠）分散矿泥，再加入碳酸钠调整矿浆 pH 值为10左右；第二个调和槽加入脂肪胺醋酸盐阳离子捕收剂，使之与白云母的侧面发生作用并吸附其上；第三个调和槽内加入脂肪胺醋酸盐阳离子捕收剂，使之与白云母的层面发生吸附作用，再加入起泡剂。经过一次粗选三次精选后得到云母精矿。云母精矿品位98%，回收率85%。

43.4.17.6 云母深加工及制品

A 云母粉

云母粉的生产工艺有干法和湿法。

干法云母粉的生产工艺包括分选除杂、粗碎、细碎、超细粉碎、分级、包装等作业。因为碎云母中杂质比较多，通过机械方法和人工选矿方法进行净化处理，以清除其中的砂石、斑点云母、黑云母等杂质。

湿法粉碎通常采用轮碾机。湿法生产云母粉的工艺流程包括：原料分选—洗料—水力粗碎—脱水—轮碾细碎—分级—压滤—干燥—成品。

湿法生产的云母粉径厚比大、表面光滑、反射力强。湿法云母粉的质量优于干法云母粉，因而在油漆、颜料、珠光颜料、化妆品、云母增强塑料中广泛应用，其售价高于干法云母粉。图43-4-60所示是美国湿法生产云母粉的工艺流程。

B 云母纸

云母纸是以碎云母（白云母、金云母、人工合成云母）为原料，用化学制浆或水力机械制浆，在纸机上以较慢车速下抄造成的。云母纸保持了天然云母的各种优良性能，且厚度均匀，介电强度波动范围小，电晕起始电压高而稳定，在很多领域可取代片云母。

C 云母陶瓷

云母陶瓷是一种以云母粉和玻璃粉为主要原料，经混料、加水过筛、毛坯压制、干燥、焙烧、热压成型、退火等工序制成的一种复合材料。它兼有云母、陶瓷、塑料三者的优点：既可像塑料那样热塑，又具有云母优良的电气绝缘性和陶瓷的耐高温等特性，是一种多种性能的材料。尤其是云母陶瓷可用普通机床、普通切削刀具进行车、铣、刨、磨、钻等加工。

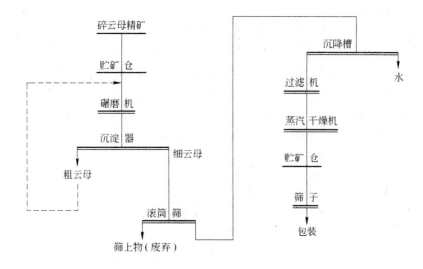

图 43-4-60 美国湿磨云母生产工艺流程

D 云母钛制备工艺

云母钛制备工艺主要有四氯化钛加碱法、有机酸钛法、热水解法和缓冲法等。

a 四氯化钛加碱法

将湿磨云母粉悬浮于水中加热，然后以一定速度加入一定浓度的钛盐溶液，同时以恒速加入一定浓度的碱液中和钛盐水解产生的酸，保持溶液 pH 值恒定，直到镀膜厚度达到要求，最终完成包膜反应。其反应如下：

$$TiCl_4 + 4H_2O \xrightarrow{\triangle} Ti(OH)_4 \downarrow + 4HCl$$

$$NaOH + HCl \longrightarrow NaCl + H_2O$$

b 有机酸法

将一定浓度的有机酸（如酒石酸、柠檬酸）和钛盐混合液，以一定速度加入反应液中，通过加热反应液，使钛盐缓慢水解最终完成包覆，其工艺流程如图 43-4-61 所示。

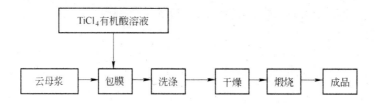

图 43-4-61 有机酸钛法工艺流程

c 酸性溶液缓冲剂法

将云母粉和钛盐制成水悬浮液，同时加入易与酸反应而不溶于水或对水溶解度很小的金属或金属氧化物的成型物，如铁丝、锌粒、氧化锌等。缓慢加热溶液至反应温度并保温，最终完成包覆。经洗涤、干燥、焙烧，制得呈现强烈珠光光泽的颜料。工艺流程如图 43-4-62 所示。

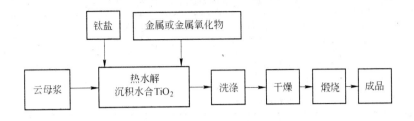

图 43-4-62 缓冲法工艺流程

43.4.18 珍珠岩

43.4.18.1 矿物、矿石和矿床

A 珍珠岩矿物及性质

珍珠岩矿包括珍珠岩、黑曜岩和松脂岩。

珍珠岩是一种由火山喷发的酸性熔浆，经急剧冷却形成的玻璃质岩石。其成分相当于流纹岩，因其具有珍珠裂隙结构而得名。珍珠岩含水 2% ~6% 。

松脂岩（pitchstone）亦为酸性玻璃质火山岩，具有独特的松脂光泽，含水量高于珍珠岩，为 6% ~10% 。

黑曜岩（obsidian）是成分相当于花岗岩的玻璃质火山岩，含水量少，小于 2% 。

珍珠岩矿石呈黄白、肉红、暗绿、灰、褐棕、黑灰等色，以灰白-浅灰为主；断口呈参差、贝壳、裂片状，条痕白色，碎片及薄的边缘部分透明或半透明；莫氏硬度 5.5 ~7；密度 2.2 ~2.4g/cm³；耐火度 1300 ~1380℃；折射率 1.483 ~1.506；膨胀倍数 4 ~25 倍。

珍珠岩矿石的一般化学成分为 SiO_2 68% ~74% ，Al_2O_3 11% ~14% ，Fe_2O_3 0.5% ~3.6% ，CaO 0.7% ~1.0% ，K_2O 2% ~3% ，Na_2O 4% ~5% ，MgO 0.3%左右，H_2O 2.3% ~6.4% 。

B 珍珠岩矿石类型

依矿石的矿物组成、矿石特征和含水量的不同，可将珍珠岩分为三种矿石类型，见表43-4-144。

表 43-4-144 珍珠岩的矿石类型（一）

矿石类型	矿 物 组 成	矿 石 特 征	构造特征	含水量/%
珍珠岩	主要成分为块状、多孔状、浮石状珍珠岩，含少量透长石、石英斑晶、微晶及各种形态的雏晶，隐晶质矿物	圆弧形裂纹，断口呈参差状，珍珠光泽，风化后为油脂光泽，条痕白色	流动构造发育	2 ~6
松脂岩	主要成分是松脂岩、水解松脂岩和水化松脂岩，含少量透长石和白色凝灰物质，呈不规则分布	断口呈贝壳状，松脂光泽，条痕白色	流动构造发育	6 ~10
黑曜岩	主要成分为黑曜岩、黑曜斑岩和水化黑曜岩，含少量石英、长石斑晶，极少量磁铁矿、刚玉等	断口贝壳状或平坦状、部分参差状，玻璃光泽，风化后为油脂光泽，条痕白色	流动构造发育	<2

依矿石有无脱玻化及脱玻化程度的不同，可将珍珠岩分为三种矿石类型，见表 43-4-145。

表 43-4-145 珍珠岩的矿石类型（二）

类 型	膨润土含量/%	膨胀倍数 k_0	矿石品级
未脱玻化珍珠岩	<10	≥15	一级品
脱玻化珍珠岩	10~40	$7 \leqslant k_0 < 15$	二、三级品
强脱玻化珍珠岩	>40~65	<7	夹 石

C 珍珠岩矿床类型

我国珍珠岩矿床主要产于大陆地壳活动频繁的中生代。这个年代的火山形成了北起黑龙江、南达南海海滨和海南岛、长 3000km、宽 300~800km 的火山岩带。此岩带可进一步划分为三个亚带。第一亚带也称为大兴安岭、燕山亚带。这个亚带中的主要珍珠岩产地有河北的宽城、平泉以及张家口、围场、沽源；辽宁的凌源、法库、建平以及锦州、锦西义县、黑山；山西的灵丘；河南的信阳；内蒙古的多伦、太仆寺旗、正蓝旗、中后旗等；第二亚带称为东北北部、山东亚带。这个亚带中的珍珠岩矿床有吉林九台、黑龙江穆棱等；第三亚带称为东南沿海亚带。这个亚带中的矿床有浙江宁海松脂岩矿床等。依膨胀倍数的不同可将珍珠岩矿床划分为三种级别，见表 43-4-146。

表 43-4-146 珍珠岩的矿床工业级别

级别	膨胀倍数 k_0	物理性质（镜下特征为主）	Na_2O/K_2O
I	>20	玻璃质透明，无色或浅色，无脱玻或轻微脱玻；不含或少含结晶物质	≥1
II	20~10	玻璃质透明度差至半透明；脱玻不严重、含结晶物质；偶见流纹构造	1~0.5
III	<10	玻璃质透明度极差，色深；脱玻严重，含结晶物质，大于5%可见角砾或流纹构造	<0.5

D 矿床工业指标

决定膨胀珍珠岩原料工业价值的，主要是它们在高温焙烧后的膨胀倍数和产品体积密度。

（1）膨胀倍数 k_0 大于 5~15 倍。

（2）体积密度不大于 80~200kg/m³。

质量要求如下：

（1）玻璃质纯洁，透明度好，颜色浅的多属优质。

（2）没有或有轻微脱玻璃化作用，严重的属劣质。

（3）不含或少含晶质物，含量多的属劣质。

（4）化学成分：$SiO_2 \pm 70\%$，H_2O 4%~6%，Fe_2O_3 小于1%为优质，大于1%为中劣质。

43.4.18.2 珍珠岩主要用途

由于膨胀珍珠岩具有容重轻、导热系数低、耐火性强、隔音性能好、孔隙微细、化学性质稳定、无毒无味等优异的物理、化学性质，使其广泛应用于各工业部门，尤其是重要的轻质建材和保温隔热原料，见表 43-4-147。

表 43-4-147　膨胀珍珠岩的主要用途

应用领域	主　要　用　途
建筑工业	混凝土骨料；轻质、保温、隔热吸音板；防火屋面和轻质防冻、防震、防辐射等高层建筑工程墙体的填料；各种工业设备、管道绝热层；各种深冷、冷库工程的内壁；低沸点液体、气体的贮罐内壁和运输工具的内壁等
助滤剂和填料	制作分子筛、过滤剂、去污剂用于酿酒、制作果汁、饮料、糖浆、醋等食品加工制造业过滤细颗粒、藻类、细菌等；净化各种液体；净化水可达到对人畜无害的程度；作为颜料是塑料、树脂和橡胶的填料；化工行业的催化剂载体等
农林园艺	土壤改造，调节土壤板结，防止农作物倒伏，控制肥效和肥度，以及作为杀虫剂和除草剂的稀释剂和载体
机械、冶金	作各种隔热、保温玻璃、矿棉、陶瓷等制品的配料
其　他	精制物品和污染物品的包装材料，宝石、彩石、玻璃制品的磨料，炸药密度调节剂

43.4.18.3　珍珠岩产品质量标准

A　膨胀珍珠岩用矿砂的质量要求

珍珠岩原矿需经破碎筛分工艺处理，获得适合入炉膨胀的珍珠岩矿砂。生产膨胀珍珠岩用矿砂质量要求见表 43-4-148。

表 43-4-148　膨胀珍珠岩用矿砂的质量要求（ZBQ 25002—1988）

指　标　名　称			性　能　要　求		
			Ⅰ级	Ⅱ级	Ⅲ级
化学组成	SiO_2/%		≥68.0		
	TFe/%		<1.5	1.5~2.0	>2.0
烧失量/%			3.0~9.0		
吸附水含量/%			≤2.0		
杂质（包括斑晶、夹石）含量/%			<3.0	3.0~5.0	5.0~8.0
实验室膨胀倍数	珍珠岩		>5.0	3.5~5.0	3.5~5.0
	松脂岩		>7.0	5.0~7.0	5.0~7.0
膨胀珍珠岩体积密度/kg·m⁻³			<80.0	80.0~150.0	150.0~250.0
粒度	0.25~0.5mm	0.25mm 筛通过量/%	≤5.0		
		0.5mm 筛通过量/%	≤2.0		
	0.25~0.84mm	0.25mm 筛通过量/%	≤5.0		
		0.84mm 筛通过量/%	≤2.0		
	0.177~0.84mm	0.177mm 筛通过量/%	≤7.0		
		0.84mm 筛通过量/%	≤2.0		

实验室获得的膨胀倍数与工业生产的膨胀倍数按式（43-4-7）所示换算：

$$k_0 = 5.2(k - 0.8) \tag{43-4-7}$$

式中　k_0——工业生产的膨胀倍数；

　　　k——实验室简易焙烧膨胀倍数。

B 膨胀珍珠岩绝热制品（珍珠岩保温板）的质量要求

纵观世界各国膨胀珍珠岩的应用，最主要的应用领域是建筑行业，作为绝热、隔热保温、吸音、轻质建筑材料。根据 GB/T 10303—2001 规定，按绝热产品密度分为200 号、250 号、350 号；按产品有无憎水分为普通型和憎水型（Z）；按制品的类型分为：建筑物膨胀珍珠岩绝热制品（J）、设备及管道和工业窑炉（S）、平板（P）、弧形板（H）、管壳（G）；按产品质量分为优等（A）和合格（B）。产品标记方法：产品名称、密度、形状、产品用途、憎水性、长度×宽度（内径）×厚度、等级、本标准号。

膨胀珍珠岩绝热制品的物理性能见表 43-4-149。

表 43-4-149　膨胀珍珠岩绝热制品的物理性能

性　　能		指　　标				
		200 号		250 号		350 号
		优　等	合　格	优　等	合　格	合　格
密度/kg·m⁻³		≤200		≤250		≤350
导热系数/W·(m·K)⁻¹	298K±2K	≤0.060	≤0.068	≤0.068	≤0.072	≤0.087
	623K±2K	≤0.10	≤0.11	≤0.11	≤0.12	≤0.12
抗压强度/MPa		≥4.0	≥3.0	≥5.0	≥4.0	≥4.0
抗折强度/MPa		≥0.20	—	≥0.25	—	—
质量含水率/%		≤2	≤5	≤2	≤5	≤10

注：1. S 类制品对 623K±2K 有此项要求；

　　2. 憎水型产品的憎水率不小于 98%；

　　3. 当膨胀珍珠岩绝热制品用于奥氏体不锈钢材料表面绝热时，其浸出液的氯、氟、硅酸根和钠等离子含量应符合 GB/T 17393 要求。

C 膨胀珍珠岩助滤剂的质量要求

膨胀珍珠岩助滤剂分食用类（S）和非食用类（F）两类。根据相对流率分为三种型号：快速型（K）、中速型（Z）、慢速型（M）。表 43-4-150 和表 43-4-151 分别列出膨胀珍珠岩助滤剂的性能指标和食用类卫生指标要求。

表 43-4-150　珍珠岩助滤剂的性能指标（TC 849—1999）

项　　目	型　号		
	K	Z	M
体积密度/g·cm⁻³	<0.15	<0.2	<0.25
每100mL 的相对流率/S	<30	30~60	60~180
渗透率/Darcy	10~2	2~0.5	0.5~0.1
悬浮物/%	≤15	≤4	≤1
102μm（150 目）筛余物/%	≤50	≤7	≤3

注：体积密度按 JC/T 209—1992（1996）中的规定执行。

表 43-4-151　食用类卫生指标要求

项　目	指　标	项　目	指　标
水可溶物/%	≤0.2	烧失量/%	≤2.0
盐酸可溶物/%	≤2.0	pH 值	6~9
砷(As)/mg·kg^{-1}	≤4.0	Fe_2O_3/%	<2
铅(Pb)/mg·kg^{-1}	≤4.0		

D　低温装置用膨胀珍珠岩的质量要求

由于膨胀珍珠岩质量轻、化学性质稳定、阻燃、防霉、无毒无味、价格低廉，所以是低温装置中常用的绝热物料。JC/T 1020—2007 规定的低温装置用膨胀珍珠岩的物理性质见表 43-4-152。

表 43-4-152　膨胀珍珠岩的物理性质

序　号	项　目		技术要求	
			CEP 50	CEP 60
1	体积密度/kg·m^{-3}		≤50	50~60(不含50)
2	振实密度/kg·m^{-3}		≤65	≤75
3	粒度	1mm 筛孔筛余量/%	≤8	≤10
		0.5mm 筛孔通过量/%		
4	质量含水率/%		≤0.5	
5	安息角/(°)		37	
6	导热系数（热面温度293K，冷面温度77K时的平均值）/W·(m·K)$^{-1}$		≤0.023	≤0.025

注：1. 安息角表征膨胀珍珠岩流动性能指标。流动性越好，越容易充满填充空间。流动性用自然倾角，即用水平面与撒在该水平面上的粉末所形成的圆锥体表面之间的夹角表示；

　　2. 振实密度是检验颗粒强度的指标。颗粒强度高，振实密度就小；颗粒强度低，振实密度就大；

　　3. 体积密度的均匀性：5 袋试样中最大体积密度或最小体积密度与 5 袋试样体积密度平均值之差的绝对值不超过 5 袋试样平均值的 10%。

E　炸药密度调节剂的质量要求

膨胀珍珠岩呈多孔蜂窝状结构，孔隙非常丰富，在起爆冲击波作用下易生成热点，从而引发炸药的爆炸反应。因此，膨胀珍珠岩是乳化炸药有效的敏化剂和密度调节剂。表 43-4-153 列出爆竹用膨胀珍珠岩粉的理化指标（GB/T 20213—2006）。

表 43-4-153　爆竹用膨胀珍珠岩理化指标

级　别	堆密度/g·cm^{-3}	pH 值	水分/%	粒度（0.280mm 孔径）筛上物/%
一　级	≤0.06	5~9	≤5	≤20
二　级	≤0.08	5~9	≤5	≤40

F 闭孔膨胀珍珠岩的质量要求

闭孔膨胀珍珠岩是由一定粒度的珍珠岩小料在焙烧炉内梯级加热方式下达到一定温度后由内到外均匀膨胀，膨胀颗粒表面又经瞬间高温玻化，降温后形成表面玻质化的颗粒，而内部保持多孔、中空空心结构。闭孔膨胀珍珠岩克服了开孔膨胀珍珠岩的缺陷，具有强度高、轻质保温隔热吸音、电绝缘性好、吸水率低、颗粒较均匀、流散好等显著特点，延伸了膨胀珍珠岩的应用领域。表 43-4-154 列出闭孔和多孔（开孔）膨胀珍珠岩的性能对比。

表 43-4-154   闭孔和开孔膨胀珍珠岩的性能对比

性　　能	球形闭孔膨胀珍珠岩	多孔膨胀珍珠岩
堆密度/kg·m^{-3}	80 ~ 160	60 ~ 200
导热系数/W·(m·K)$^{-1}$	0.0474 ~ 0.052	0.047 ~ 0.068
矿砂粒度/mm	0.42 ~ 0.053（40 ~ 270 目）	1 ~ 0.25（18 ~ 60 目）
合格品漂浮率/%	96	—
成球率/%	90	不规则外形
闭孔率/%	98	全部为开口（孔）
抗压强度（1MPa 压力下的体积损失率)/%	38.4 ~ 46	76 ~ 80
吸水率/%	38 ~ 84	360 ~ 460

43.4.18.4　珍珠岩选矿方法及加工工艺流程

由于珍珠岩矿石的选矿目的是将入选原矿加工成粒度、水分等指标均达到工业要求的产品，即珍珠岩矿砂，因而决定了珍珠岩的选矿工艺非常简单，通常为破碎—分级—干燥。我国目前尚无正规的选矿工艺流程，一般破碎筛分的工艺流程为：原矿—粗碎—筛分—中碎—筛分—粗矿砂—筛分—细矿砂。

膨胀珍珠岩的生产工艺包括破碎、预热、焙烧三道工序，主要生产工序见表 43-4-155。

表 43-4-155   膨胀珍珠岩的主要生产工序

工序	目　的	主　要　设　备		备　注
挑选	保证矿石纯度	人工手选		矿石含杂量不大于 2%
破碎	使矿砂粒度满足焙烧工艺要求，达到最大限度的膨胀	粗碎	颚式破碎机	
		中碎	锤式、圆锥式、辊式或反击式破碎机	
		细碎	笼式、辊式和锥式破碎机	
筛分	保持焙烧时矿砂粒度均匀，防止矿石在破碎过程中过粉碎	手动筛、自定中心振动筛、偏心振动筛等		粒度在 0.15 ~ 1mm 为宜
预热	排出裂隙水，结合水含量控制在 2% ~ 4% 范围内	烘干机、逆流式回转预热炉		预热时间 8min，温度控制在 400 ~ 500℃
焙烧	提高膨胀珍珠岩的物理力学性能，使物料充分膨胀	卧式回转窑、卧式窑、立窑		焙烧温度 1250 ~ 1300℃ 之间，时间 2 ~ 3s，瞬时高温焙烧

43.4.18.5　珍珠岩企业生产实例

信阳上天梯非金属矿位于我国河南省信阳市工业城东部的上天梯矿区。该矿为珍珠岩与膨润土共生矿床。矿山生产能力 60 万吨/年，原矿性质见表 43-4-156。1978 年矿山筹建珍珠岩加工车间，1979 年建成投产。现两个加工车间为一系列，一车间为二段闭路破碎筛分流程；二车间为三段闭路破碎筛分流程。主要加工设备见表 43-4-157，主要产品规格、性能、用途见表 43-4-158。

表 43-4-156　信阳上天梯珍珠岩原矿性质

矿石类型	矿 物 组 成	原矿品位
块状珍珠岩	酸性火山玻璃，偶遇雏晶（长石、石英）	玻璃质含量 98%～100%

表 43-4-157　信阳上天梯珍珠岩主要加工设备

设备名称	型号、规格	用途	原 矿	尾 矿	产 品
颚式破碎机	PE250×400	粗碎	$D_{max}=210mm$		$e=40mm$
锤式破碎机	PC600×400	中碎	$D_{max}=40mm$		$e=5mm$
双辊破碎机	PCG250×600	细碎		$-0.084mm+0.297mm$（-20目+50目）	$e=1mm$
皮带输送机	B500	喂料			
斗式提升机	HL-300	中间提升			
惯性振动筛	SZ21200×2500	分级		$-0.297mm+0.084mm$（-50目+20目）	

表 43-4-158　信阳上天梯矿产品规格、性能及用途

产 品	规 格	产品性能	主 要 用 途
珍珠岩矿砂	0.84～0.25mm	实验室膨胀倍数不小于 3.51 倍，膨胀散料密度为 80kg/m³	工业及建筑保温隔热、吸声用

43.4.19　蛭石

43.4.19.1　矿物、矿石和矿床

A　蛭石矿物及性质

蛭石是指加热后能剥落膨胀的一种云母质矿物的总称，是黑云母、金云母等矿物风化或受热液蚀变的矿物。蛭石矿物的名称来自拉丁文，带有"蠕虫状"、"虫迹形"的意思。中文称蛭石为像水蛭一样弯曲的矿物，因其加热后沿 C 轴迅速膨胀，像水蛭吸血一样，故称之为蛭石。

蛭石化学式为：$(Mg,Fe,Al)[(Si,Al)_4O_{10}(OH)_2]\cdot 4H_2O$，但常变化不定，富含氧化硅、氧化铝、氧化镁。蛭石的重要物化性质见表 43-4-159。

表 43-4-159   蛭石的主要物理、化学性质

项　目	性　质
外　观	鳞片状、片状，在 2.54cm 厚度内鳞片重叠可达 100 万片
光　泽	珍珠光泽、油脂光泽、无光泽、表面暗淡
颜　色	金黄色、褐色、褐绿色、黑色及杂色，条痕白色
密度/g·cm^{-3}	2.2 ~ 2.8
松散密度/kg·m^{-3}	1100 ~ 1200
莫氏硬度	1 ~ 1.5
熔点/℃	1370 ~ 1400
吸湿率/%	<2(相对湿度 100%，24h)
抗冻性	好（-20℃时，经 15 次冻融，其粒度组成不变）
抗菌性	好
耐腐蚀性	耐碱
膨胀倍数	2 ~ 25
烧失量/%	<10（干蛭石）

B　蛭石矿床类型

我国的蛭石矿床有六种类型：碱性-超基性岩型（包括碱性岩型、超基性岩型和基性-超基性岩型三个亚类），碱性岩型蛭石矿床如四川南江坪河盘家坡等，超基性岩型蛭石矿床如甘肃红石山和山西黎城南委泉等，基性-超基性岩型蛭石矿床如内蒙古文圪气和新疆且干布拉克等；矽卡岩型蛭石矿床如内蒙古达茂联合旗哈达特等；伟晶岩型蛭石矿床如内蒙古乌拉特前旗小奴气等；热液型蛭石矿床如青海亚马图、陕西朱家沟等；片麻岩型蛭石矿床如河南唐河等；蛭石脉型如内蒙古乌拉特前旗梢林沟等。

C　矿床工业指标

一般边界品位（含蛭石）10%，工业品位 15%，多为露天开采。

43.4.19.2　蛭石主要用途

蛭石经高温焙烧后，其体积迅速膨胀数倍至数十倍，膨胀后的蛭石平均容重为 100 ~ 130kg/m³，具有细小的空气间隔层以及众多毛细孔，因而是一种优良的保温、隔热、吸音、耐冻蚀建筑材料、工业填料、涂料及耐火材料。膨胀蛭石广泛用于建筑、冶金、化工、轻工、环保、农业及园艺等领域。

建筑材料：轻质混凝土骨料（轻质墙粉料、轻质砂浆）；壁面材料、防火板、防火砂浆、耐火砖；地下管道、温室管道、保温材料等。

冶金：钢架包覆材料、炼铁和铸造除渣。

农林：高尔夫球场草坪、种子保存剂、土壤湿润剂和调节剂、植物生长剂、饲料添加剂、海洋捕鱼业钓饵等。

其他：吸附剂、助滤剂，化学制品和化肥活性载体、污水处理、海水抽污吸附、香烟过滤嘴、炸药密度调节剂等。

在上述各领域的应用中，以作建筑材料为主。

43.4.19.3　蛭石产品质量标准

A　对蛭石原料的工业要求

对于蛭石原料的品位，目前尚无统一标准，有的按百分率含量，有的则用含矿率

（kg/m³）表示。

技术质量指标主要根据蛭石片度大小、焙热后膨胀倍数及传热性能等确定。

按蛭石原料的外形和热处理反应分为三级：

一级：体积膨胀 10～25 倍。大叶片状蛭石，颜色为黄铜色或浅绿色，不易剥成片状，有珍珠光泽或油脂光泽，经焙烧后变成金色。

二级：体积膨胀 5～10 倍。暗绿或铜黄色，薄片有弹性，并有玻璃光泽。凹凸不平，也有时变为银色和暗绿棕色。

三级：体积膨胀 2～5 倍。主要是经微弱蛭石化的黑云母，颜色为暗色或近似黑色，易剥开成片状，焙烧后变为银白色。

按蛭石晶体鳞片大小分为四级：一级大于 15mm；二级 4～5mm；三级 2～4mm；四级小于 2mm。

经焙烧后的蛭石粉末，其体积密度允许达到 0.2t/m³。

对蛭石原料的物理性质要求：密度：水化作用完全者平均为 2.5t/m³；焙烧后为 0.06～0.2t/m³；导热系数 0.04652～0.06978W/(m·K)；膨胀倍数 2～25；耐热温度 1000～1100℃；熔点 1370～1400℃；吸声系数：当声音频率为 100～4000Hz 时，为 0.06～0.60；烧失量：干燥过的蛭石烧失量小于 10%。

B　蛭石在建材行业中的应用要求

国家建筑材料工业局于 1989 年 9 月 23 日颁布的中华人民共和国标准中对蛭石粒度尺寸作了具体规定，见表 43-4-160 和表 43-4-161。

表 43-4-160　蛭石粒度尺寸要求（ZBQ 25001—1988）

类别编号	特号	1 号	2 号	3 号	4 号	5 号
粒度/mm	8～16	4～8	2～4	1～2	0.5～1	<0.5

表 43-4-161　蛭石精矿的技术指标要求（ZBQ 25001—1988）

项　目	优级	1 级	2 级	3 级	4 级	5 级
膨胀后体积密度/kg·m⁻³	56～80	72～100	88～130	110～160	130～200	160～280
含杂率/%	<1	<4	<5	<5	<7	<7
混级率/%	<10	<10	<10	<15	<20	<20

根据（ZBQ 25001—1988）标准要求，蛭石中不能含有明显的水分。具体指标由供需双方议定。

我国外贸部对出口蛭石的质量要求见表 43-4-162。

表 43-4-162　出口蛭石的质量要求　　　　　　　　（%）

形状	级别	Al_2O_3	SiO_2	FeO	Fe_2O_3	MgO	膨胀率
块状	1	18.8	35.8	2.2	8.1	18.7	平均在
	2	17.4	41.2	0.2	19.8	8.1	10 倍以上

C　膨胀蛭石质量标准

按 JC/T 441—2009 规定，膨胀蛭石根据颗粒级配分为 1 号、2 号、3 号、4 号、5 号 5

个类别（见表43-4-163）和不分粒级的混合料（见表43-4-164）。按密度分为100kg/m³（优等品）、200kg/m³（一等品）、300kg/m³（合格品）三个等级。

表43-4-163 不同类别的膨胀蛭石累计筛余（JC/T 441—2009）

类 别	各方孔累计筛余/%						
	9.5mm	4.75mm	2.36mm	1.18mm	600μm	300μm	150μm
1 号	30~80	—	80~100	—	—	—	—
2 号	0~10	—	—	90~100	—	—	—
3 号	—	0~10	45~90	—	95~100	—	—
4 号	—	—	0~10	—	90~100	—	—
5 号	—	—	—	0~5	—	60~98	90~100

注：用户如需不分级的混合料，可由供需双方协议确定，其物理性能指标必须符合表43-4-164的规定。

表43-4-164 膨胀蛭石物理性能指标（JC/T 441—2009）

项 目	优等品	一等品	合格品
密度/kg·m⁻³	≤100	≤200	≤300
导热系数(平均温度25℃±5℃)/W·(m·K)⁻¹	≤0.062	≤0.078	≤0.095
含水率/%	≤3	≤3	≤3

43.4.19.4 蛭石选矿方法

蛭石原矿通常夹有大量脉石矿物，如辉石、方解石、金云母、黑云母、磷灰石、长石、石英等。脉石矿物含量一般在50%以上，因此必须进行选矿。根据蛭石矿石选别难易程度，选矿方法分为干法和湿法。通常采用干法，方法比较简单，无须专用设备。我国多采用手选、风选结合法，常用的选矿设备有扬场机、旋风分离器；筛分机械设备为振动筛、回旋筛等。国外一般采用静电选矿机、圆筒干燥机、空气分级机、双层筛等设备。

A 手选

手选根据蛭石的外观特征进行选别，一般用于较大颗粒脉石和矿物的分选。

B 风选

由于蛭石的容重较脉石矿物低，因此风选是常用的选矿提纯方法。风选法又可分为扬场法和旋风分离法两种。扬场法是利用自然风力进行选别的方法，是我国目前蛭石选矿常用的方法之一；旋风分离法是利用机械产生的旋转风力场进行选别的方法。常用的设备为扬场机、旋风分离器或空气分级机等。矿石在风选前需要破碎到一定粒度，一般采用冲击式的破碎设备，如锤击式破碎机、反击式破碎机等配以振动筛、回转筛等筛分设备，入选粒度一般为2~15mm，厚度1mm左右。蛭石风选工艺流程如图43-4-63所示。

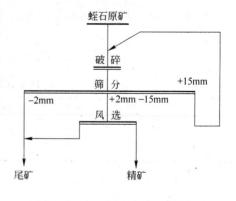

图43-4-63 蛭石风选工艺流程

C 水选

利用自然和人工河床分离蛭石和脉石矿物。一般工艺过程是先将粉碎至一定粒度后的矿石焙烧，然后将焙烧后的矿石倾入河场内，脉石沉入河底，蛭石顺流而下，再在下游拦住蛭石，打捞晾干。这种方法所得的蛭石品位较高，生产成本也较低。

D 浮选

对于细粒嵌布的脉石矿物，特别是夹杂有蛇纹石时，用上述手选、风选等方法很难得到高纯度的蛭石产品，可采用浮选的方法。

43.4.19.5 蛭石选矿生产实例

新疆尉犁县蛭石有限公司采用风法选矿工艺，生产出了满足工业要求的蛭石产品，其原则选矿工艺流程如下：

原矿 — 初选 — 风选 — 去石 — 筛分 — 剥片 — 筛分 — 包装

获得了 4 种规格的产品，分别为 0~1mm、1~2mm、2~4mm 和 4~8mm。

43.4.19.6 蛭石深加工及制品

蛭石原料虽然可作为产品向加工厂出售，但真正在工业上应用的却是膨胀后的蛭石。膨胀蛭石是以蛭石为原料，经焙烧（850~1000℃）或化学方法处理使之在短时间内体积急速膨胀，形成由许多薄片组成的层状结构的松散颗粒。膨胀蛭石具有无数细小的空气间隔层和毛细孔道，因此具有隔热、保温、吸音、吸附等优异性质，被广泛应用到工业、农林、环保等领域。

我国膨胀蛭石的加工工艺大致分为预热、煅烧、冷却三个步骤（见表 43-4-165）。两种工作流程如下：

流程 A（一般不采用）：原矿—破碎—风选—蛭石精矿—烘干—破碎—除杂—分级—预热—煅烧—冷却—膨胀蛭石。

流程 B（建议采用）：原矿—破碎—筛分—风选—蛭石精矿—预热—煅烧—冷却—膨胀蛭石。

表 43-4-165　我国膨胀蛭石的加工

加工工艺		加工目的	加工设备	备 注
预热或干燥	自然干燥	按晶体片度分级后，再经过干燥使其含水量小于5%，利用日晒或自然风干		在破碎筛分后进行，可减少热能损失
	热力干燥	将按晶体片度分级后的蛭石原料（含水量小于5%）置于干燥炕热力烘干		
煅 烧		在850~1000℃的温度条件下，蛭石骤然受热（0.5~1min）失去层间水，使体积急速膨胀	立式窑、固定窑（管窑）、回转窑	多采用立式窑，煅烧温度一般为850~1000℃
冷 却		为保证膨胀蛭石的强度，使其不变脆，煅热后应立即进行冷却		自然冷却为主，冷却速度视原料性质灵活掌握

通过加热生产膨胀蛭石的工艺称为物理剥分法；通过施加化学药剂使蛭石膨胀则称化学剥分法。化学剥分法能使蛭石膨胀 40 倍，但这种方法成本高。

蛭石膨胀后一方面可以与各类黏结剂结合制成各种产品，如各种型号保温隔热板材；另一方面还可以继续深加工成高价值的产品，如过滤剂、炸药密度调节剂等。若将膨胀蛭石加工成炸药密度调节剂，还必须再进行处理，即憎水亲油处理和颗粒细度处理。

43.4.20　重晶石

43.4.20.1　矿物、矿石和矿床

A　重晶石矿物及性质

重晶石和毒重石都是含钡的矿物。重晶石的化学式为 $BaSO_4$，BaO 65.7%，SO_3 34.3%，常含锶和钙，密度为 $4.5g/cm^3$，莫氏硬度 2.5~3.5，晶型为板状和柱状，灰白色。重晶石化学性质稳定，不溶于水和盐酸，无磁性和毒性。

B　重晶石矿石类型

重晶石按其矿物成分分为如下 6 种类型：

（1）单矿物重晶石矿。矿石含 $BaSO_4$ 80%~98%，极少伴生矿物。

（2）石英-重晶石矿。这一类型的矿石主要由重晶石和石英组成。矿石中石英含量达 30%~45%。石英的嵌布粒度在很大程度上影响矿石的质量，嵌布粒度越细，选别越困难。

（3）萤石-重晶石矿。重晶石和萤石是这类矿石的主要矿物，其他伴生矿物有石英和方解石。

（4）硫化矿-重晶石矿。这类矿石主要由重晶石与硫化铁、硫化铜、硫化锌和硫化铅等组成。其他伴生矿物有石英、方解石和萤石。

（5）铁矿-重晶石矿。主要由重晶石矿和铁矿物（磁铁矿、赤铁矿、针铁矿等）组成，其他伴生矿物有石英和方解石。

（6）黏土质或砂质重晶石矿。这类矿石含有不同数量的黏土、岩石碎屑、单矿物重晶石碎屑等。

C　重晶石矿床类型

重晶石矿床分为三种类型：沉积型层状重晶石矿床、热液型脉状重晶石矿床、残坡积型重晶石矿床。

（1）沉积型层状重晶石矿床一般是大、中型矿床，是最有工业价值的重晶石矿床，如陕西安康石梯重晶石矿床、湖南新晃贡溪重晶石矿床、贵州天柱大河边和镇宁乐纪重晶石矿床。这类矿床矿石的矿物组成简单，可分四种组合形式：重晶石单矿物组成、石英-重晶石组合、方解石-石英-重晶石组合、毒重石-斜钡钙石-重晶石组合。

（2）热液型脉状重晶石矿床一般是中、小型，是有较大工业价值的重晶石矿床，如广西象州潘村重晶石矿床、山东郯城房庄重晶石矿床。矿石的矿物组成较简单，有五种组合形式：重晶石单矿物组成、石英-重晶石组合、萤石-重晶石组合、多金属硫化物-重晶石组合、毒重石-斜钡钙石-重晶石组合。

（3）残坡积型重晶石矿床产于我国南方原生重晶石矿床附近的第四系残坡积层中，一

般是小型，偶见中型，有一定工业价值。矿石组成以重晶石、围岩碎屑、黏土为主，含少量石英、方解石。

D 矿床工业指标

重晶石矿床规模以矿石量计（10^4t）：不小于 1000 为大型，200～1000 为中型，小于 200 为小型。重晶石矿一般工业指标：原生矿：边界品位 $w(BaSO_4) \geq 30\%$，最低工业品位 $w(BaSO_4) \geq 50\%$；残坡积矿：含矿率 $\geq 0.5t/m^3$，$w(BaSO_4) \geq 45\%$。

43.4.20.2 重晶石主要用途

重晶石主要用于石油、化工、油漆、橡塑填料等工业部门。其中最大的用途是作为石油和天然气钻井泥浆加重剂，其次是制造各种钡化工产品，如碳酸钡、硫酸钡、氧化钡、锌钡白（立德粉）的原料，主要用途见表 43-4-166。

表 43-4-166 重晶石的主要用途

应用领域	主 要 用 途	备 注
石油钻探	油气井旋转钻探中的环流泥浆加重剂	冷却钻头，带走切削下来的碎屑物，润滑钻杆，封闭孔壁，控制油气压力，防止油井自喷
化 工	生产碳酸钡、硫酸钡、锌钡白、氢氧化钡、氧化钡等各种钡化合物	这些钡化合物广泛应用于试剂、催化剂、糖的精制、纺织防火、各种焰火、合成橡胶的凝结剂、杀虫剂、钢的表面淬火、焊接药等
玻 璃	去氧剂、澄清剂、助熔剂	增加玻璃的光学稳定性、光泽和强度
橡胶、塑料、油漆	填料、增光剂、加重剂	
建 筑	混凝土骨料、铺路材料	重压沼泽地区埋藏的管道，代替铅板用于核设施、原子能工厂、X 光实验室等的屏蔽，延长路面寿命

43.4.20.3 重晶石产品质量标准

A 重晶石在石油钻探行业中的应用要求

钻井液用重晶石粉质量标准见表 43-4-167 和表 43-4-168。

表 43-4-167 钻井液用重晶石粉质量标准（GB/T 5005—2010）

项 目		指 标	
		I 级	II 级
密度/g·cm^{-3}		≥ 4.20	< 4.20 且 ≥ 4.05
水溶性碱土金属的含量（以钙计）/mg·kg^{-1}		≤ 250	
75μm 筛余（质量分数）/%		≤ 3.0	
黏度效应/mPa·s	加入硫酸钙前	≤ 140	
	加入硫酸钙后	≤ 140	

表 43-4-168 所示是中国石油化工集团公司企业标准（Q/SH 0041—2007）。

表 43-4-168 钻井液用重晶石粉质量标准（Q/SH 0041—2007）

项 目		指 标	
		Ⅰ级	Ⅱ级
密度/g·cm⁻³		≥4.20	≥4.00
水溶性碱土金属(以钙计)/mg·kg⁻¹		≤250	
75μm 筛余物(质量分数)/%		≤3.0	
小于6μm 颗粒/%		≤30	
黏度效应/mPa·s	加硫酸钙前	≤130	≤150
	加硫酸钙后		

B 重晶石在化工行业中的应用要求

化工行业用重晶石质量标准见表 43-4-169。

表 43-4-169 化工行业用重晶石质量标准（HG/T 3588—1999）

项 目	指 标			
	优等品		一等品	合格品
	优-1	优-2		
硫酸钡（BaSO₄）含量/%	≥95.0	≥92.0	≥88.0	≥83.0
二氧化硅（SiO₂）含量/%	≤3.0		≤5.0	—
爆裂度/%	≥60			

注：1. 各组分含量以干基计；

    2. 合格品的二氧化硅和爆裂度指标按供需合同执行。

C 重晶石在橡胶、造纸行业中的应用要求

橡胶、造纸填充料用重晶石粉质量标准：$BaSO_4$ 质量分数大于98%，CaO 质量分数小于 0.36%，R_2O_3（主要是 Fe_2O_3、Al_2O_3）微量，不允许有锰、铜、铅等杂质。

D 重晶石在建材行业中的应用要求

重晶石防辐射混凝土应用技术规范（GB/T 50557—2010）对重晶石的要求见表 43-4-170 ~ 表 43-4-173。

表 43-4-170 重晶石细骨料的硫酸钡含量

项 目	指 标		
	Ⅰ级	Ⅱ级	Ⅲ级
硫酸钡(质量分数)/%	≥95	≥90	≥85

表 43-4-171 重晶石细骨料的其他质量与技术性能要求

项 目	指 标		
	Ⅰ级	Ⅱ级	Ⅲ级
有机物	合 格	合 格	合 格
泥块含量(质量分数)/%	≤0.3	≤0.7	≤1.0
重晶石粉(质量分数)/%	≤8.0	≤8.0	≤8.0
其他硫化物(质量分数)/%	≤1.0	≤1.0	≤1.0

表 43-4-172　重晶石粗骨料的硫酸钡含量和表观密度

项　目	指　标		
	Ⅰ级	Ⅱ级	Ⅲ级
硫酸钡(质量分数)/%	≥95	≥90	≥85
表观密度/kg·m⁻³	≥4400	≥4200	≥3900

表 43-4-173　重晶石粗骨料的其他质量与技术性能指标

项　目	指　标		
	Ⅰ级	Ⅱ级	Ⅲ级
针片状颗粒(粒)/%	≤20.0	≤15.0	≤10.0
有机物	合　格	合　格	合　格
泥块含量(质量分数)/%	≤0	≤0.3	≤0.3
重晶石粉(质量分数)/%	≤5.0	≤3.0	≤2.0
压碎指数/%	≤30.0	≤25.0	≤20.0
其他硫化物(质量分数)/%	≤1.0	≤1.0	≤1.0

重晶石骨料是由重晶石矿石经破碎、筛分而得，重晶石粗骨料是粒径大于 5mm 的重晶石颗粒，重晶石粉的粒径是小于 0.080mm 的颗粒。

43.4.20.4　重晶石矿的选矿方法及工艺流程

重晶石选矿方法的选择取决于矿石类型、原矿性质、矿山规模以及用途等因素。目前常用的重晶石矿石选矿方法见表 43-4-174。

表 43-4-174　重晶石矿石的主要选矿加工方法

选矿方法	选矿原理	应用范围
手选	重晶石与伴生矿物的颜色、密度等差异	选出重晶石块矿
重选	重晶石与伴生矿物的密度差异	包括洗矿、脱泥、筛分、跳汰、摇床等工艺方法，多用于残积型矿石
浮选	重晶石与伴生矿物的表面物化性质的差异	常用于沉积型重晶石矿以及与硫化矿、萤石等伴生的热液型重晶石矿石
磁选	重晶石与氧化铁类矿物的磁性差异	主要用于除掉氧化铁类矿物杂质
酸浸	矿物酸溶性的差异	除去铁杂质

当重晶石与方铅矿、闪锌矿、黄铁矿等硫化物以及萤石、方解石等共伴生时，采用浮选方法才能有效地达到分选目的。其原则工艺流程是：矿石破碎筛分—磨矿分级—硫化矿物浮选—重晶石浮选—萤石浮选，分别获得铅精矿、锌精矿、重晶石精矿和萤石精矿。浮选重晶石的捕收剂一般为阳离子脂肪酸盐、石油磺酸盐、烷基磺酸盐等。调整剂通常为碳酸钠（抑制石英、方解石和萤石并调节矿浆 pH 值）、水玻璃（抑制石英）、柠檬酸和氧化钡（抑制萤石和脉石矿物）等。浮选矿浆 pH 值一般为中性或弱碱性。采用重-浮流程一般为：矿石破碎筛分—跳汰选别—跳汰精矿磨矿分级—溢流浮选。

有时采用反浮选，通常是浮选重金属硫化物，槽内富集重晶石。

与方铅矿或闪锌矿、萤石伴生的重晶石矿石的浮选工艺流程如图 43-4-64 所示。

43.4.20.5　重晶石的深加工

A　增白和超细粉碎

作为填料用的重晶石粉，对其白度有一定的要求，最低应大于 85%；如果用来替代钛白粉和沉淀硫酸钡，其白度应在 92% 以上。影响重晶石白度的杂质元素有碳、铁、锰、钒、镍等。可以用煅烧方法除去碳，铁、锰、钒、镍等杂质元素可用酸洗及还原方法除去。增白的技术关键是煅烧温度和时间的掌握、酸洗还原中酸的浓度及加热条件和还原剂加入量的掌握。

超细粉碎一般采用湿式搅拌磨、振动磨、气流磨等设备，将重晶石粉碎到所需要的粒度。

B　重晶石导电填料

重晶石粉（-0.045mm）经硬脂酸（盐）表面改性剂处理后，可作为橡胶、塑料的填料。大多数高分子材料如塑料，具有优异的加工性能和绝缘性，被广泛用作电子仪器仪表的壳体及航天飞机和导弹的表面涂装材料。这些绝缘性高分子材料的表面受到摩擦或撞击时，很容易产生和积累静电，当静电积累到一定程度时，就会产生静电放电而造成恶性事件。导电填料作为一种特殊的功能性填料，可导除聚合物表面的静电，屏蔽电磁波。

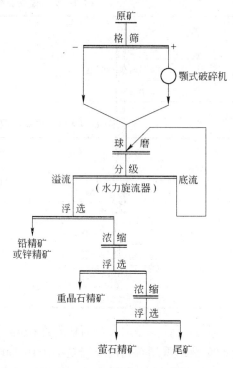

图 43-4-64　与方铅矿或闪锌矿、萤石伴生的重晶石矿的浮选流程

重晶石是一种天然的白色体质颜料，如能以它为核心材料，在其表面包覆一层掺杂 SnO_2 的浅色导电颜料，可作为导电填料。经过掺杂处理的 SnO_2，使其晶体的 "价带能级" 与 "导带能级" 间的能量差，有较大程度的降低。此时，室温条件就可使电子占据 "导电能级"，使原本是绝缘体的 SnO_2，因掺杂而显示出半导体的性质，避免产生静电放电。

目前，我国对浅色导电粉末的研究处于探索试验阶段。

C　钡的化合物

a　硫化钡　硫化钡（BaS）主要用于制钡盐和立德粉，以及作橡胶硫化剂及皮革脱毛剂。

原料要求：重晶石（$BaSO_4$）大于 85%，煤粉（固定碳）不小于 70%。

将重晶石粉和煤粉混合粉碎经还原焙烧，得到粗硫化钡。硫化钡一般为制造钡盐的中间产品，主要是自产自用。

b　碳酸钡（沉淀碳酸钡）　碳酸钡（$BaCO_3$）工业品为白色粉末。用于钢铁和金属表面处理，以及电子工业。也是制造其他钡盐、陶瓷、搪瓷、光学玻璃、颜料、橡胶、焊条的原料。

原料要求：重晶石（$BaSO_4$）不小于 85%，石灰石（CaO）大于 50%，原料煤（固定碳）不小于 70%。

制法为碳化法，重晶石与煤粉进行还原焙烧后经碳化制得碳酸钡。

c　沉淀硫酸钡　　沉淀硫酸钡（$BaSO_4$）为无色斜方晶系结晶或无定形白色粉末。作油漆、油墨、造纸、塑料、橡胶的填料或涂料，也用于陶瓷、搪瓷、香料和颜料等行业，以及医用消化系统造影剂等。

原料要求：重晶石（$BaSO_4$）大于 85%、芒硝（$NaSO_4$）不小于 85%、原料煤（固定碳）不小于 70%、钡黄卤（$BaCl_2$）3.5～4.5g/L。

制造方法有芒硝-黑灰法和盐卤综合利用法。

d　立德粉（锌钡白）　　立德粉（$BaSO_4 \cdot ZnS$）主要用途有：作白色颜料用于塑料工业中，在橡胶工业中作填充料，涂料工业用于制造油墨等涂料，轻工业中用于制造纸、皮革、油布、搪瓷等。

生产立德粉的方法为焙烧浸取法，其反应式为：

$$2C + O_2 === 2CO$$

$$BaSO_4 + 4C === BaS + 4CO$$

$$BaSO_4 + 4CO === BaS + 4CO_2$$

$$BaS + ZnSO_4 === BaSO_4 \cdot ZnS$$

参 考 文 献

[1] 郑水林，袁继祖. 非金属矿加工技术与应用手册[M]. 北京：冶金工业出版社，2005.

[2] 丁明. 非金属矿加工工程[M]. 北京：化学工业出版社，2003.

[3] 孙宝歧. 非金属矿深加工[M]. 北京：冶金工业出版社，1995.

[4] 黄彦林. 非金属矿开发利用现状与发展趋势[J]. 河南地质，1999(3):194～198.

[5] 马正先，盖国胜，胡小芳. 非金属矿超细粉碎技术的发展现状与趋势[J]. 金属矿山，2001(1):41～45.

[6] 冯安生，张克仁，彭万志，等. 非金属矿产利用技术发展趋势分析[J]. 矿产综合利用，2000(3):31～33.

[7] 郑水林，康玉身. 中国非金属矿深加工技术现状与发展趋势[J]. 矿产保护与利用，1997(3):33～38.

[8] 宗培新. 我国非金属矿深加工技术浅析[J]. 中国建材，2005(6):37～39.

[9] 马玉恒. 凹凸棒土研究与应用进展[J]. 材料导报，2006(9):43～46.

[10] 詹庚申. 美国凹凸棒石黏土开发应用浅议[J]. 非金属矿，2005(2):36～37.

[11] 周济元. 国外凹凸棒石黏土若干情况[J]. 资源调查与环境，2004(4):248～258.

[12] 冉松林. 坡缕石/聚合物纳米复合材料的研究进展[J]. 地球科学与环境学报，2004(4):28～31.

[13] 河南省矿业协会. 河南省非金属矿产开发利用指南[M]. 北京：地质出版社，2001.

[14] 曹耀华，卫敏. 难选凹凸棒石提纯工艺研究[J]. 化工矿物与加工，2005(7):18～20.

[15] 《非金属矿工业手册》编辑委员会. 非金属矿工业手册（上、下册）[M]. 北京：冶金工业出版社，1992.

[16] 李增新. 天然沸石的开发与应用[J]. 现代化工，1997(6):42～43.

[17] 朱俊，王宁. 天然沸石在环保中的应用[J]. 矿物学报，2003(3):250～254.

[18] 王万军. 天然沸石在环境污染治理中的研究现状和发展趋势[J]. 资源环境与工程，2007(2):187～192.

[19]《矿产综合利用手册》编辑委员会. 矿产综合利用手册[M]. 北京：科学出版社，2000.

[20] 于波，熊余华，等. 大埔洋子湖矿山高岭土选矿工艺[J]. 非金属矿，2012(4):35～38.

[21] 胡继春，潘业才，赵宇龙，等. 晋城软质高岭土湿法选矿提纯试验研究[J]. 能源技术与管理，2012(3):131～133.

[22] 王振宇，刘莹. 高岭土选矿除铁工艺研究现状[J]. 南方金属，2012(2):52～55.

[23] 张继纯，高小卫，屈映法. 鄂西高铁高钛煤系高岭土矿选矿工艺实验研究[J]. 华南地质与矿产，2009(3):64～71.

[24] 蓝凌霄. 桂东南某高岭土矿选矿试验研究[J]. 科技园地，2008(8):34～35.

[25] 郑水林. 非金属矿加工与应用[M]. 北京：化学工业出版社，2003.

[26] 钟文兴，王泽红，王力德，等. 硅灰石开发应用现状及前景[J]. 中国非金属矿工业导刊，2011(4):14～16.

[27] 陈仕安，汤泉，等. 贺州硅灰石精细化及应用研究[J]. 中国非金属矿工业导刊，2009(5):14～16.

[28] 林浩，管俊芳. 硅灰石资源及加工应用现状分析[J]. 非金属矿工业导刊，2009(2):24～26.

[29] 边水妮. 硅灰石矿的开发利用[J]. 矿业工程，2008(3):29～31.

[30] 禹坤. 纳米二氧化硅的生产及应用现状[J]. 现代技术陶瓷，2005(4):28～32.

[31] 于福顺. 石英长石无氟浮选分离工艺研究现状[J]. 矿产保护与利用，2005(5):52～54.

[32] 周永垣. 高品质石英玻璃原料技术[C]. 第四届高技术用硅质材料及石英制品技术与市场研讨会论文集，2006.

[33] 周永垣. 石英玻璃矿物原料的特征与制备[J]. 矿产保护与利用，2004(4):28～32.

[34] 李英堂. 应用矿物学[M]. 北京：科学出版社，1995.

[35] 牛福生，徐晓军，高建国，等. 石英砂选矿提纯工艺研究[J]. 云南冶金，2001(1):18～21.

[36] 赵洪力. 用超声波进行的石英砂除铁试验研究[J]. 玻璃与搪瓷，2004(2):44～49.

[37] 廖青，朱建军，石玉光. 超声波提纯石英砂的试验研究[J]. 江苏冶金，2002(4):15～18.

[38] 包申旭. 超细高纯石英制备试验研究[D]. 武汉：武汉理工大学，2004.

[39] 张士轩. 石英矿物纯化的研究[J]. 锦州师范学院学报（自然科学版），2001(4):28～30.

[40] 郭守国，何斌. 非金属矿产开发利用[M]. 武汉：中国地质大学出版社，1991.

[41] 张凤君. 硅藻土加工与应用[M]. 北京：化学工业出版社，2005.

[42] 崔越昭，等. 中国非金属矿业[M]. 北京：地质出版社，2008.

[43] 朱训，等. 中国矿情. 第三卷非金属矿产[M]. 北京：科学出版社，1999.

[44] 陈彦如，杨小平. 基于 PLC 和触摸屏的硅藻土离心选矿机控制系统的研究[J]. 非金属矿，2012(6):37～39.

[45] 张志强，郭秀萍，庞玉荣. 河北省某海泡石的选矿工艺研究[J]. 矿产保护与利用，1994(3):30～32.

[46] 高理福. 方解石型低品位海泡石矿工业提纯工艺的试验研究[J]. 非金属矿，2010(5):27～29.

[47] 周时光，李书舒. 用提纯与活化一体化工艺生产海泡石活性白土[J]. 西南科技大学学报，2003(2):19～21.

[48] 韩小伟，王英. 水滑石及类水滑石材料的合成及应用新进展[J]. 江苏化工，2003(4):26～31.

[49] 胡志刚，邵坤，周南. 辽宁海城滑石矿选矿试验研究[J]. 矿产综合利用，2013(2):40～42.

[50] 刘春雨. 滑石微粉提纯技术的研究[J]. 无机盐工业，2005(9):33～34.

[51] 宋翔宇. 某地钾长石选矿试验及机理研究[J]. 非金属矿，2002(5):39～40.

[52] 胡波. 我国钾长石矿产资源分布、开发利用问题与对策[J]. 化工矿产地质，2005(1):25～32.

[53] M. 阿格斯. 用于陶瓷工业的低品位长石矿石选矿[J]. 国外金属选矿，2001(12):34～37.

[54] 刘渝燕，刘晶. 特级钾长石产品的半工业性选矿试验研究[J]. 成果与方法，2004(4):54～56.

[55] 张兄明，张英亮．长石选矿工艺研究[J]．中国非金属矿工业导刊，2012(3)：32～35．

[56] 张成强，郝小非，贺腾飞．钾长石选矿技术研究进展[J]．中国非金属矿工业导刊，2012(5)：48～51．

[57] 刘烨河，李翔，刘福峰．世界金刚石选矿技术分析[J]．中国建材科技，2013(1)：62～68．

[58] 周世德，张龙，赵净民．金刚石选矿方法与评价[J]．地质与资源，2012(5)：483～486．

[59] 崔国治．金刚石选矿方法演化及其现代工艺流程[J]．中国非金属矿工业导刊，2000(3)：15～17．

[60] 林彬荫，等．蓝晶石、红柱石、硅线石[M]．北京：冶金工业出版社，1998．

[61] 高建平．《蓝晶石、红柱石、硅线石》行业标准概述[J]．冶金标准化与质量，2009(6)：13～15．

[62] 李志章．蓝晶石类矿物选矿工艺和生产实践[J]．昆明冶金高等专科学校学报，2000(2)：44～47．

[63] 张维庆，Kum Francis．世界蓝晶石矿资源及其选矿[J]．中国非金属矿工业导刊，2000(4)：14～16．

[64] 聂轶苗，戴奇卉．河北某地石榴石蓝晶石片（麻）岩的选矿试验研究[J]．化工矿物与加工，2012(12)：17～19．

[65] 赖群生．河南省内乡县硅线石选矿及除铁研究[J]．非金属矿，2004(3)：26～27．

[66] 纪振明，印万忠．我国红柱石矿选矿现状及展望[J]．中国非金属矿工业导刊，2010(3)：27～30．

[67] 石建军，李银文．中国菱镁矿选矿现状分析[J]．轻金属，2011(增刊)：51～53．

[68] 关明久．国内外菱镁矿选矿概述[J]．轻金属，1992(1)：8～10．

[69] 袁淑芬．菱镁矿的精细化深加工[J]．新疆化工，2000(2)：34～37．

[70] 易小祥，杨大兵，李亚伟．巴盟隐晶质菱镁矿选矿试验研究[J]．矿业快报，2007(12)：26～28．

[71] 李英堂，田淑艳，汪美风．应用矿物学[M]．北京：科学出版社，1995．

[72] 王新江，雷建斌．我国膨润土资源概况及开发利用现状[J]．中国非金属矿工业导刊，2010(3)：13～15．

[73] 彭人勇，张英杰．聚乙烯醇/蒙脱石纳米复合材料的制备工艺研究[J]．塑料科技，2005(5)：15～19．

[74] 柯林萍．有机化蒙脱石填充尼龙66复合物的结晶与热力学行为研究[J]．材料科学与工艺，2001(3)：319～321．

[75] 杨芳芳，吕宪俊．膨润土制备无机凝胶工艺研究概况[J]．中国非金属矿工业导刊，2007(2)：22～24．

[76] 甘学锋．柱撑蒙脱石的制备研究[J]．广东化工，2009(7)：56～59．

[77] 张爱琴．TiO_2/硅柱撑蒙脱石复合材料的制备及其光催化性能[J]．化工新型材料，2010(8)：66～68．

[78] 鲁力，刘爽．甘肃某石榴石选矿工艺研究[J]．资源环境与工程，2012(3)：299～301．

[79] 杨久流．内蒙某地石榴石矿选矿工艺研究[J]．有色金属，2002(4)：95～98．

[80] 陈国安．陕西丹凤石榴石选矿工艺流程深加工试验研究[J]．中国非金属矿工业导刊，2001(5)：22～23．

[81] 陈金中．硅线石与石榴石共生矿石选矿工艺研究[J]．非金属矿，2000(6)：31～33．

[82] 任京成．柔性石墨材料和膨胀石墨材料的现状及发展趋势[J]．非金属矿，1999(5)：5～9．

[83] 传秀云．石墨层间化合物的合成技术及应用前景[J]．非金属矿，1997(4)：18～21．

[84] 张凌燕，李向益．四川某难选石墨矿选矿试验研究[J]．金属矿山，2012(7)：95～98．

[85] 张政元，曾钦．低品位石墨矿晶体保护选矿工艺研究[J]．矿产保护与利用，2012(5)：39～41．

[86] 佟红格尔，孙敬锋．预先选别法保护鳞片石墨选矿工艺研究[J]．矿产保护与利用，2010(6)：37～39．

[87] 刘渝燕，刘建国，魏健．某晶质石墨矿提高精矿大片产率及品位的选矿工艺研究[J]．非金属矿，2003(1)：50～51．

[88] 裴忠富，王洪涛．萤石选矿技术的进展[J]．浙江冶金，1997(1)：18～21．

[89] 沈张锋，丁幸. 萤石矿物选矿的技术创新[J]. 中国非金属矿工业导刊，2012(2):67~70.

[90] 宋英，金火荣. 遂昌碳酸盐型萤石矿选矿试验[J]. 金属矿山，2011(8):89~93.

[91] 涂文懋，高惠民. 细粒难选萤石矿选矿试验研究[J]. 非金属矿，2008(3):25~28.

[92] 印万忠，吕振福. 平泉方解石型萤石矿选矿试验研究[J]. 矿冶，2008(1):1~4.

[93] 张晋霞，冯雅丽. 某地低品位难选萤石矿选矿试验研究[J]. 矿山机械，2011(1):95~98.

[94] 黄鸿. 云母纸的生产工艺及应用[J]. 中华纸业，2004(11):29~31.

[95] 丁浩，邓雁希. 绢云母选矿的研究现状与发展趋势[J]. 中国非金属矿工业导刊，2006(6):33~36.

[96] 马旭明，何廷树. 某云母选矿厂流程改造试验[J]. 非金属矿，2012(4):32~34.

[97] 王程，雷绍民. 风化低品位白云母选矿试验研究[J]. 非金属矿，2008(2):44~45.

[98] 罗琳. 疏水聚团浮选技术在绢云母提纯上的应用[J]. 中国矿业，2000(6):50~53.

[99] 王尹军. 敏化方式对乳化炸药压力减敏作用的影响[J]. 火炸药学报，2005(3):41~44.

[100] 周新利. 含水炸药敏化剂膨胀珍珠岩敏化机理探讨[J]. 非金属矿，2005(3):15~17.

[101] 管俊芳，陆琦，于吉顺. 珍珠岩的加工和综合利用[J]. 化工矿物与加工，2003(4):6~9.

[102] 李滚源，张佩英，何秀昌. 新疆蛭石选矿工艺研究[J]. 非金属矿，2000(1):32~34.

[103] 夏华. 浅色重晶石导电颜料制备[J]. 非金属矿，1998(1):21~23.

[104] 张光业. 重晶石导电粉末制备工艺研究[J]. 非金属矿，2000(2):26~27.

[105] 陈松茂，等. 化工产品实用手册（一）[M]. 上海：上海交通大学出版社，1988.

[106] 雷绍民，龚文琪. 重晶石提纯及表面改性研究[J]. 矿产保护与利用，2004(4):21~27.

[107] 李雪琴，杨光. 含泥、铁致色物重晶石粉提纯增白技术研究[J]. 非金属矿，2010(6):4~6.

第44章 磷矿选矿

44.1 磷矿物、磷矿石及矿床

44.1.1 概述

磷矿是在经济上能被利用的磷酸盐类矿物的总称，是一种重要的化工矿物原料。磷在地壳和岩石圈中的丰度均为第十一位，是丰度值较高的元素。磷在地壳中的平均含量为0.105%，在岩石圈的平均含量为0.12%，磷在一般岩石中的含量见表44-1-1。

表44-1-1　一般岩石中P_2O_5含量统计表　　　　　　　（%）

火 成 岩		变 质 岩		沉 积 岩	
花岗岩	0.16	片麻岩	0.2	砂 岩	0.08
中性岩	0.42	片 岩	0.2	页 岩	0.17
基性岩	0.27	千枚岩	0.2	灰 岩	0.04
超基性岩	0.30	闪石岩	0.3	深海黏土	0.30

磷矿主要用于制取磷肥，也可以用来制造黄磷、磷酸、磷化物及其他磷酸盐类化合物，以用于医药、食品、染料、水处理、制糖、陶瓷、国防等工业部门。磷矿在工业上的应用已有一百多年的历史。

为便于理解，以下首先引出一些磷矿专业术语的涵义。

磷酸盐岩（Phosphate rock）：常见于国外文献，近年国内也广泛采用，以代表各种成因的含磷岩石和矿石，亦即为火成的、沉积的和变质的含磷岩石或矿石的总称。其对P_2O_5含量没有明确的限定，但一般来说，它可以作为进一步加工制造磷肥和磷化学品的原料。

磷灰石（Apatite）：该名词有两个涵义，从矿物学上说，它是组成磷矿床中矿石的主要矿物，如氟磷灰石、氯磷灰石、碳氟磷灰石等；从矿床学上说，它又指的是火成磷灰石矿床。本文用"磷灰石"代表火成成因的磷灰石矿床。

磷块岩（Phosphorite）：系指由外生作用形成的、由隐晶质或显微隐晶质磷灰石及其他脉石矿物组成的堆积体。

磷灰岩：在《磷矿地质勘探规范》中该名词代表原含磷岩石经变质作用而形成的磷矿床。本文采用"磷灰岩"一词表示变质的磷灰岩矿床。

标矿：系我国常用的名词，以P_2O_5含量折算成为30%的矿石量。利用标矿这一概念可以进行矿床间储量的对比，即各种实物量的核算。有时用折纯P_2O_5储量，意即将矿石量折算成100%P_2O_5储量，并简单表示为"P_2O_5储量"或"P_2O_5量"。

　　资源量、基础储量和储量：固体矿产资源按照地质可靠程度，可分为查明矿产资源和潜在矿产资源。资源量是查明矿产资源的一部分或者是潜在的矿产资源，即地质控制程度最低、可行性评价最低、经济性最低的矿产资源。基础储量是查明矿产资源的一部分，是地质控制程度较高、可行性评价较高、经济性较高的矿产资源。储量是基础储量中经济可采部分，是地质控制程度最高、可行性评价最高、地质控制程度最高的矿产资源。

44.1.2　磷矿物

　　自然界中含磷矿物很多，据统计含 P_2O_5 在 1% 以上的矿物，有 240 种以上，但目前能够作为磷矿资源利用的磷矿物，主要是钙的磷酸盐类矿物。按其化学成分可分为两大类，第一大类为磷灰石型磷酸盐，第二大类为含铝磷酸盐。

44.1.2.1　磷灰石型磷酸盐

　　指主要由磷酸钙组成的磷灰石矿物。自然界中的磷元素大约有 95% 集中在磷灰石中。在磷灰石的分子结构中，可以加进许多取代成分，其中最常见的是 Mg、Sr、Na 取代 Ca；OH 和 Cl 取代 F；As 和 V 取代 P；CO_3^{2+}、F 取代 PO_4。此外，尚有 Mn、Ba、K、U、RE（主要是 Ce）等可取代 Ca。由于化学成分可以相互取代，以致形成许多成分相当复杂的类质同象的矿物变种。其中氟磷灰石中的磷酸根（PO_4^{3-}）被碳酸根（CO_3^{2-}）类质同象替代是连续的。因此，将这类矿物统称为碳氟磷灰石。依据 CO_2 含量多少，又可将碳氟磷灰石分为五种类型：氟磷灰石、微碳氟磷灰石、低碳氟磷灰石、碳氟磷灰石和高碳氟磷灰石。据统计，目前已发现的磷灰石变种不少于百余个，但在自然界中最常见的、能够组成矿床的主要有以下五类：

　　（1）氟磷灰石（$Ca_5(PO_4)_3F$）：含 P_2O_5 42.23%，CaO 50.03%，F 3.8%，密度 3.19g/cm³，晶体呈六方柱或六方锥，也有呈板状、长柱状或针状的，颗粒的大小自零点几至几十毫米不等，粗大的氟磷灰石晶体只产在酸性伟晶岩脉之中。氟磷灰石颜色多样，如无色透明或乳白色、略呈绿色、黄绿色等。有贝壳状断口，并且有玻璃状光泽。硬度不大，用小刀可以刻划。将氟磷灰石碎成粉末置于火上燃烧，产生特别的蓝光或绿光。氟磷灰石主要分布在由岩浆作用和变质作用形成的磷矿石中，沉积磷块岩中亦有分布。

　　（2）氯磷灰石（$Ca_5(PO_4)_3Cl$）：含 P_2O_5 40.91%，CaO 48.47%，Cl 6.8%，密度 3.20 g/cm³，在结晶形态、特点等方面，与氟磷灰石相似，它亦分布于由岩浆作用和变质作用形成的磷矿石中，但量少。

　　（3）羟基磷灰石（$Ca_5(PO_4)_3(OH)$）：含 P_2O_5 42.4%，CaO 50.23%，密度 2.96 ~ 3.10g/cm³。它是一种分布广泛的钙磷酸盐矿物。

　　（4）碳磷灰石（$Ca_{10}(PO_4)_6(CO_3)$）：含 P_2O_5 35.97%，CaO 48.31%，CO_2 4.46%。

　　（5）碳氟磷灰石（$Ca_{10}(PO_4,CO_3OH)_6(F,OH)_2$）：密度 3.15 ~ 3.19g/cm³，碳氟磷灰石的晶形一般用肉眼看不到，但在光学显微镜下可以看到长柱状或针状的晶粒，大小在百分之一毫米以下；在电子显微镜下可以看到结晶更细的晶形，好的呈六角板状自形晶；在扫描电子显微镜下可以看到所谓"非晶质"的碳氟磷灰石也是成六角板状、柱状或粒状等半自形晶，它们的大小只有万分之几毫米。

碳氟磷灰石是沉积磷块岩的主要组成矿物，出现的外貌多种多样，主要有两种：第一种，具有微细晶粒的集合体，颜色有白色、灰白色、深灰色等，随其中混入的有机质多少而异；第二种，碳氟磷灰石成为"胶状"的"非晶质"集合体，俗称"胶磷矿"，不过应该注意，"胶磷矿"是有结晶形态的，只不过是晶粒细小罢了，"胶磷矿"是磷块岩中最主要的一种产物。国内外海相磷块岩的磷灰石矿物，可以说都是以碳氟磷灰石形式产出的。内生磷灰石矿床的磷灰石矿物主要为氟磷灰石。

44.1.2.2 含铝型磷酸盐

含铝型的磷酸盐矿床在世界上的分布相当广泛，如塞内加尔的捷斯（Thies）磷矿、圣诞岛（Christmas Island）中的 C 级磷矿、美国佛罗里达的陆地岩砾矿床中的含铝磷酸盐岩等，有的已经被开采利用。我国在 20 世纪 50 年代发现的四川什邡磷矿中的硫磷铝锶矿矿层，也是一种含铝型的磷酸盐。该矿层的主要矿物为硫磷铝锶矿。

（1）磷锶铝石：标准磷锶铝石的理论化学式为 $SrAl_3(PO_4)_2(OH)_5 \cdot H_2O$，化学成分 P_2O_5 30.77%，SrO 22.45%，Al_2O_3 33.12%。磷锶铝石相当坚硬，小刀不能刻划，密度 3.11g/cm^3，除可作为磷矿利用外，其中的锶和稀土元素也可综合利用。四川什邡磷矿中的硫磷铝锶矿层是一种含硫和钙的变种。

（2）蓝铁矿：含结晶水的磷酸盐，化学式为 $Fe_3(PO_4)_2 \cdot 8H_2O$，主要成分为 P_2O_5 28.30%，FeO 43.0%，H_2O 28.7%。通常呈柱状，也呈扁平状、圆球状、片状、放射状、纤维状和土状等，密度为 2.68g/cm^3。新鲜晶体比较透明，具有玻璃光泽，颜色为浅蓝色或浅绿色，强氧化后呈深蓝色、暗绿色或蓝黑色，容易识别。蓝铁矿主要产于含有机质较多的褐煤、泥炭、森林土壤中，也可与针铁矿共生。在含海绿石的砂质磷块岩中也有蓝铁矿。有些蓝铁矿为原生铁铝磷酸盐矿物风化的产物。

除上述外，常见的磷酸盐矿物还有银星石、磷铝石、红磷铁石等，主要含铝磷酸盐矿物的典型分子式为：

纤磷钙铝石	$CaAl_3(PO_4)_2(OH)_5 \cdot H_2O$
水磷铝碱石	$(Na,K)CaAl_6(PO_4)(OH)_4 \cdot 3H_2O$
银星石	$Al_3(OH)_3(PO_4) \cdot 5H_2O$
独居石	$REPO_4$

同磷灰石型磷酸盐一样，含铝型磷酸盐矿物的化学成分也可以被其他成分所代替，通常铁就可以代替铝。目前对含铝磷酸盐使用量较小，但有些国家已用它来生产硝酸磷肥或经焙烧后直接使用。这种资源也可用于生产磷肥。

44.1.3 磷矿石

磷矿石按地质成因主要可分为三种：磷灰石矿、磷块岩矿和磷灰岩矿。此外还有铝磷酸盐矿和鸟粪磷矿。

44.1.3.1 磷灰石矿

指内生形成的含磷灰石的矿石，大多形成于岩浆结晶作用后期或更晚时期。根据其赋存在不同岩体的差别，可分为若干类型，如表 44-1-2 所示。

表 44-1-2　磷灰石矿类型

类　型	特　征	实　例
碱性岩类磷灰石矿	多产于碱性岩体中,是岩浆演化分异产物,P_2O_5 含量低	前苏联希宾,中国辽宁
超基性、碱性岩类磷灰石矿	含矿岩石为硅酸盐和铝硅酸盐岩类,或为碳酸盐杂岩。矿石储量巨大,含 P_2O_5 为 3%～4% 至 6%～8%	东非,前苏联科拉半岛,北美和南美,巴西
基性、超基性岩类磷灰石矿	成矿母岩属辉长岩,辉石岩和纯橄榄岩。矿石中不含石英,P_2O_5 含量 3%～8%,并含有 Fe、Ti、Pt 等元素	前苏联,中国马营、阳原
中性岩磷灰石矿	与中性岩(闪长岩类岩石)的侵入体有关,岩浆交代型和接触交代型,P_2O_5 含量前者 1%～2% 至 7%～10%,后者 5% 左右	前苏联,中国江苏锦屏
酸性岩类磷灰石矿	产于含有很多石英的花岗岩类岩石中,P_2O_5 含量 10% 以上,并含有 U、Th 和稀土元素	中国广西
伟晶岩类磷灰石矿	产于伟晶岩中,多具分带现象,磷灰石呈星散状或密集块状,与金云母共生,富含稀土元素	中国内蒙古、晋北、冀北
火山岩型磁铁矿磷灰石矿	具有磷灰石、磁铁矿组合的沉积—火山岩型磷灰石矿,通常 P_2O_5 含量小于 4%,偶尔有达 25%～27% 的,常含磁铁矿	前苏联西伯利亚,瑞典,中国长江中下游

该类矿石的特点是 P_2O_5 含量低,但晶体较粗大和完整。因此易于选别,且可综合利用伴生有价组分。这类矿石约占世界磷矿总储量的 20%。经选矿后,精矿中 P_2O_5 含量均在 35% 以上,回收率大于 80%,中国马营磷矿属此类型。

44.1.3.2　磷块岩矿

磷块岩矿系指由外生作用形成的隐晶质或显微隐晶质磷灰石及其他脉石矿物组成的堆积体,是世界磷矿资源中最主要的磷矿石,这类矿石储量占世界磷矿总储量的 74%。其特点是矿层厚、品位较高、规模大。但因含磷矿物为碳氟磷灰石,其理论品位 P_2O_5 含量较低,且晶体极细,同时由细小晶体组成的集合体中还含有数量不等、粒级不同的白云石等杂质,因而要求入选的粒度细,工艺流程复杂,所以选别指标较磷灰石矿石低。如前苏联卡拉套磷矿和中国王集磷矿,是这种类型磷矿石的典型代表。按照组成矿物及结构等的差异,表 44-1-3 列出了世界主要磷块岩沉积盆地的矿石类型。

44.1.3.3　磷灰岩矿

磷灰岩矿是经变质作用形成的磷矿石,故也有人称该类矿石为变质岩型磷灰石矿。它在世界磷矿储量中,占 4% 左右。沉积变质岩型磷灰岩矿,常产于早元古代的变质地层中。在朝鲜北部,前苏联外贝加尔,中国江苏、黑龙江、安徽、湖北等地均有此矿。这类矿石中,P_2O_5 含量一般为 3%～8%,富的可达 10%～20%,经风化后 P_2O_5 含量增高。矿石呈层状、似层状,延伸稳定,可选性介于磷灰石与磷块岩之间。中国江苏锦屏磷矿石就属此类型。

44.1.4　磷矿床

磷矿床主要有三种类型:岩浆岩型磷灰石矿床、沉积型磷块岩矿床和变质岩型磷灰岩矿床,它们遍布于世界绝大多数国家,已发现储量超过亿吨的国家就有 21 个。在世界各国磷矿床中,多以沉积型磷块岩矿床为主,但其成矿年代、储量和品位则各有不同。比较典型的矿区有:美国佛罗里达和西部各州磷矿、前苏联希宾和卡拉套磷矿、中国中南和西南地区的磷矿等。

表 44-1-3 世界主要磷块岩沉积盆地矿石类型比较

矿石类型	磷块岩沉积盆地地区										
	蒙古库苏泊	中国中南部	中国西南部	前苏联小卡拉套	前苏联扎格得山	澳大利亚昆士兰	美国西部地区	前苏联欧洲部分	北非东地中海	美国佛罗里达	美国加利福尼亚
	地质年代										
	震旦纪	震旦纪	早寒武纪	早寒武纪	中寒武纪	二叠纪	晚侏罗纪早白垩纪	晚白垩纪早第三纪	晚第三纪	晚第三纪	中新世纪
硅质-白云质碳酸盐	主要	次要	次要	少量		少量			次要	少量	
硅质-粉砂-页岩	次要	主要	主要	主要		主要				次要	
硅质岩-灰岩-砂页岩	次要	次要		次要	主要	次要	主要			少量	
火山灰岩-黏土岩									少量	主要	
硅质岩-灰岩										主要	
海绿石-砂页岩-磷结核		少量							主要	少量	
硅质岩-火山岩											
砂砾-磷结核			少量							主要	次要
泥砂质-磷结核										次要	主要

44.1.4.1 沉积磷矿床

A 震旦纪磷矿床

除湖北南漳邓家崖及湖南大庸天门山上震旦统灯影组的磷块岩外,中国已知的震旦系海相沉积矿床都属于陡山沱组。该组含磷地层主要由白云岩、磷块岩、黏土岩及他们之间的过渡岩组成。磷块岩矿层常位于黏土岩之上和白云岩之下的过渡部位,少数产于白云岩中,呈层状、似层状产出。工业矿层多为倾斜至缓倾斜的中厚矿体,层数多,一般为1~3层,主要赋存于陡山沱组的下部(下矿层)和中上部(上矿层)。

主要有用矿物是胶磷矿,其次是少量的细晶或微晶质磷灰石。脉石矿物一般为白云石、石英、玉髓、黏土矿物及少量的黄铁矿、碳质物等。胶磷矿主要呈隐晶胶状块体及假鲕状、碎屑状产出,颗粒大小一般为0.5~0.6mm。最常见的矿石结构类型为粒状结构及脉状结构。常见的构造类型有带状、条纹状、互层状、致密状及叠层状等。

B 寒武纪磷矿床

中国寒武纪海相磷块岩矿床主要分布在地台型沉积地层中。有5个含磷层位,由老至新为下寒武统梅树村阶下部(渔户村组中谊村段)、下寒武统梅树村阶上部(筇竹寺组八道湾段)、下寒武统沧浪铺阶中部(辛集组)、下寒武统沧浪铺阶上部(昌平组)、中寒武统(大茅群)。其中以上扬子区下寒武统梅树村阶下部磷矿工业价值最大,储量占寒武纪磷矿总量的90%左右。中国寒武纪磷块岩矿床及含磷层受层位的控制,只要含矿层位相同,矿床类型和岩石组合就基本相似。

寒武纪最具工业价值的含磷层位是下寒武统梅树村阶渔户村组中谊村段,属硅质岩-碳酸盐岩-磷块岩建造。含磷地层厚40~250m,一般2~5个磷矿层,矿层累计厚度2~70m,一般厚度15~20m。在滇东地区,矿层露头总长达1283km,产状平缓,倾角5°~

40°，覆盖层薄。根据矿层结构及其在含磷地层中的产出形态，大体分为仅有单层的结构简单矿层和具有上、下两层结构较为复杂的矿层。

上矿层在区内（滇东）分布面积最广，是厚度稳定、质量较好的工业矿层。厚度 1.5 ~ 31m，一般 7 ~ 10m。下层矿主要由各类贫磷块岩组成，仅个别矿区（澄江）具有富矿。矿层厚 1.5 ~ 36m，一般为 5 ~ 8m，其稳定程度不如上矿层，在区内的分布面积只有上矿层的一半。上、下两个矿层之间的夹层多为白云岩，个别为黏土岩，一般厚 2 ~ 15m。

区内矿石类型繁多，但主要为致密状磷块岩、条带状磷块岩、白云质磷块岩及生物碎屑磷块岩等。

含磷矿物主要为胶磷矿，含量 40% ~ 98%。此外还有少量碳氟磷灰石，微量磷铁矿、磷铝石和银星石等。胶磷矿在磷块岩中以颗粒和胶结两种形式存在。脉石矿物主要为方解石、白云石、玉髓、石英和黏土矿物，次为海绿石、黄铁矿及碳质物等。

区内磷块岩几乎均为颗粒磷块岩，胶磷矿平均含量 62.6%，其中以颗粒状存在的占 53.31%，以胶结物存在的仅占 9.37%。最常见的矿石构造类型为块状、条带状及条纹状，其他类型较少。P_2O_5 以中低含量为主，高品位富矿较少。有害杂质一般是镁高，铁铝较低。

按矿石所含脉石矿物中硅酸盐、碳酸盐和磷酸盐矿物的数量，划分为磷酸盐富矿、硅型、钙型和硅钙型磷块岩，各型矿石所占比例为磷酸盐富矿 6%，硅型矿 2%、硅钙型 83%。

44.1.4.2　变质磷矿床

中国变质磷矿床主要指早、中前寒武纪（包括太古宙和元古宙）变质岩中的矿床，有两大成因类型，即绿岩带型（太古宙磷矿）和沉积变质型（古元古代磷矿床）。4 个磷矿层位分别位于太古宙阜平群、古元古界下部五台群、古元古界上部滹沱群、古元古界顶部榆树砬子组。它们无论是在成矿的大地构造背景，沉积与变质建造，还是在矿床成因和矿床地质特征方面等都有其独特的特征。

A　太古宙磷矿

太古宙磷矿床系指 2500 百万年前形成的磷矿，产于绿岩建造内，因而称为绿岩带型矿床。这类磷矿主要分布在河北、辽宁、山东、山西等省区。代表性矿床主要有河北丰宁招兵沟磷矿床，辽宁建平县兰乌苏磷矿床和山东掖县磷矿床等。该类矿床属于低品位易选磷灰石矿。含磷岩石有碳灰黑云角闪岩、闪辉钛磁铁磷灰岩、角闪黑云片麻岩、斜长角闪岩等。矿石矿物成分主要有磷灰石、黑云母、角闪石、辉石、磁铁矿等。这些矿物占矿石矿物的 90% 以上。该类矿床的一个重要特点是 SiO_2 含量低，一般小于 40%，TiO_2 与 $FeO + Fe_2O_3$ 含量高，前者可达 6.57%，后者在 15% 以上，最高达 26%，属于超镁铁质、镁铁质岩石。

B　古元古代早期磷矿床

古元古代早期磷矿床系指 2500 ~ 2000 百万年即五台期形成的磷矿床。矿床主要分布在黑龙江省的鸡西、林口、余庆等地，一般构成中小型矿床。矿石类型主要有含磷灰透辉石墨斜长片麻岩、磷辉金云大理岩、磷灰透辉岩、含透辉磷灰石英岩、磷灰橄榄大理岩等。

C　古元古代晚期磷矿床

古元古代晚期磷矿床系指 2000 ~ 1700 百万年，即吕梁期形成的磷矿床，该期磷矿床是前震旦纪最重要的矿床。此类磷矿床广泛分布于中朝地块,含磷地层以滹沱群为代表。含磷岩系沉积特征在中朝地块东缘、北缘的内部有较大差异,其中东缘为被动大陆边缘冒地槽沉积,成矿条件较好,形成若干个重要的工业矿床。目前发现的主要分布在中朝地块东部吉南、辽东、苏北、皖东、鄂东北,此外在内蒙古中部与山西也有少量分布。

含磷岩系主要由黑云斜长片麻岩、变粒岩、云英片岩、白云质大理岩和碳质板岩等组成。

44.1.4.3 内生磷矿床

内生磷(灰石)矿床在储量、规模和矿床数量上均不如磷块岩矿床,但由于该类矿石具有易选、综合利用价值高等优点,因而仍是磷的重要来源之一,在缺磷地区尤显重要。

中国的内生磷矿床主要分布于北方的中朝准地台,产出时代多为元古宙至古生代。矿床类型主要有幔源偏碱性超基性杂岩体磷灰石矿床、幔源含钒钛铁基性超基性杂岩体磷灰石矿床和中酸性火成杂岩体磷灰石矿床。

A 幔源偏碱性超基性杂岩体磷灰石矿床

此类矿床产于地台区两组大型构造交汇处,原始岩浆通过深部分异作用形成多期侵入杂岩体。磷灰石、磁铁矿在岩浆分异过程中形成品位较高、规模较大的磁铁矿矿床。矾山磁铁矿磷灰石矿床是其典型实例,也是中国目前唯一的大型易选、中低品位的碱性岩型磷灰石矿床。

B 幔源含钒、钛、铁基性、超基性杂岩体磷灰石矿床

此类矿床主要分布于地台或地盾地区的大断裂带上,岩体形态不规则。岩体中磷灰石富集程度不高,大多是岩体即为矿体,P_2O_5 含量一般在 5% 以下,大多为 2% ~4%。局部地区由于岩浆分异作用,磷灰石稍有富集,但规模较小,一般为小型,少数可达中型。矿母岩的显著特点是钒、钛、铁的含量比一般钙碱性岩石高,往往可以达到综合利用的要求。有用矿物有磷灰石、磁铁矿、钛铁矿、钒钛磁铁矿和含钴黄铁矿。已发现的矿床有河北罗锅子沟矿床、马营黑山磷灰石矿床。

C 消减洋壳源、中酸性火成岩体磷铁矿矿床

其成矿母岩属中酸性岩浆侵入体,磷灰石伴生于磁铁矿矿床中,P_2O_5 含量较低,一般为 1% ~3%,局部有磷灰石矿物的富集,可形成磷灰石岩。此类矿床大多数为磁铁矿磷灰石矿床,磷灰石可作为综合利用的矿产资源,南京梅山铁矿床就是典型实例。

44.1.4.4 次生磷矿床

次生磷矿床是指原有的含磷层经物理和化学风化淋滤作用后,所含磷质就地残积、异地迁移或再沉积等富集形成的磷矿床。

中国次生磷矿蕴藏量不大,现已发现矿床(点)近30个,主要在四川、广西、湖南、云南、贵州、广东、吉林、陕西、江苏和福建,除1处为大型,6处为中型规模外,其余皆为小型矿床或矿点。该类磷矿床大致可分为两种类型。

A 风化淋滤-残积型磷矿床

原含磷层经风化后,其可溶性物质淋滤流失,所含磷质残留富集。含磷品位比原来可提高 2~6 倍,风化淋滤残积深度受地下水面控制,可达 40~50m。

吉林古元古代珍珠门含磷铁质角砾状白云石大理岩、含磷铁质白云石角砾岩及含磷白云石大理岩，原岩含 P_2O_5 一般为 1% ~ 13%，经风化淋滤后 P_2O_5 可达 10% ~ 20%，形成小型磷矿（通化干沟磷矿）。湖南湘潭、长沙上震旦统白云岩和硅质岩，原岩含 P_2O_5 0.2% ~ 4.79%，高者可达 10%，经风化淋滤后，P_2O_5 可达 19.92% ~ 30%，形成中型（黄荆坪）、小型（麻田）磷矿。广西中、上泥盆统灰岩、白云岩及硅质岩，均含磷质（条纹和条带），原岩含 P_2O_5 0.5% ~ 4%，风化淋滤后，Ⅰ矿层含 P_2O_5 7.12% ~ 15.7%，Ⅱ矿层 3% ~ 9%，部分高达 7% ~ 10%。局部大于 10% ~ 12% 的形成中型矿床 4 处，其余为小型矿床或矿点。

以上各风化前的含磷层以震旦寒武统、中泥盆统为主。风化淋滤后，形成规模较大、品位较高的中型矿床多处。广西下侏罗统的石英安山岩和安山质凝灰岩风化形成的黏土状磷块岩，因沿走向、倾向变化较大，品位低，工业价值不大。矿体形态一般多呈似层状、透镜状和不规则状。

磷矿石矿物主要为胶磷矿、碳磷灰石，次为银星石、磷铝石及氟磷灰石。脉石矿物主要有石英，绢云母，高岭石，方解石，白云石，碳质、铁质、锰质、硅质物，岩屑，极少长石、褐铁矿和海绿石等。磷矿石类型有泥质型、硅质型和碳酸盐型 3 大类型。磷矿石结构有胶状、砂状、砂砾状、交代镶边、残余、压碎和生物碎屑等。构造有块状、角砾状、板状、片状、环带状、皮壳状及条纹、条带状等。

B   风化-再沉积型磷矿床

暴露于地表的磷矿或含磷层，经风化作用，遭受海侵，经海解作用而形成再沉积的磷矿床，该类矿床具有风化与沉积矿床的双重特点，但沉积特征更明显。该类型矿床有重要工业价值，主要分布在四川、云南等省。四川什邡磷矿床为其典型代表。

44.1.4.5   鸟粪磷矿床

鸟粪磷矿床是鸟粪堆积以及淋滤磷质胶结珊瑚砂所形成的磷矿床。根据其形成时的气候条件不同，可分为可溶性与淋滤两类。可溶性鸟粪磷矿床形成于干燥气候条件下，鸟粪磷矿床中有大量的磷酸盐，还含有较高的硝酸钾。有的鸟粪磷矿床中含 P_2O_5 27.1%、NO_2 9% ~ 10%、K_2O 2% ~ 3%，矿石可作为良好的氮、磷、钾综合性肥料。淋滤鸟粪磷矿床形成于热湿气候条件下，鸟粪矿中的可溶性盐类被溶滤到矿层之下，伏珊瑚石灰岩形成磷酸钙沉淀。矿层中缺乏易溶的硝酸盐时，鸟粪磷矿呈棕色土状或粒状，含腐殖质时呈黑色，矿层厚度各地不一，由几十厘米到 5m 以上。一般含 P_2O_5 20% ~ 25%，NO_2 23.54% ~ 27.34%。

44.2   国内外磷矿资源

44.2.1   国外磷矿资源

44.2.1.1   国外磷矿资源基本情况

世界磷矿资源十分丰富，已知全世界有 35 个国家和地区有磷矿资源的分布，但具有工业开采和商业开发价值、经济意义较高的优质磷矿床 80% 以上集中在中国、摩洛哥（西撒哈拉）、南非、美国等 4 个国家，分布极其不均。根据 Mineral Commodity Summaries 资料统计，目前全球磷酸盐岩总储量为 180 亿吨，基础储量为 500 亿吨，按当前的开发利用水平，全球磷矿资源可保障供应全世界 100 年以上，详见表 44-2-1。

表 44-2-1 世界磷矿资源储量和基础储量

国家或地区	2003 年		2004 年	
	储量/亿吨	基础储量/亿吨	储量/亿吨	基础储量/亿吨
中　国	66	130	66(124)	130(163)
摩洛哥和西撒哈拉	57	210	57	210
南　非	15	25	15	25
美　国	10	40	14	40
约　旦	9	17	9	17
巴　西	2.6	3.7	2.6	3.7
俄罗斯	2	10	2	10
以色列	1.8	8	1.8	8
突尼斯	1	6	1	6
叙利亚	1	8	1	8
其　他	14.6	42.3	10.6	42.3
世界总计	180	500	180	500

资料来源：Mineral Commodity Summaries，2004、2005。

注：括号内数据为中国矿产储量通报。

　　摩洛哥磷矿品位高，杂质含量低，按照目前的采矿规模（2300 万吨），摩洛哥磷矿可供其开采约 250 年。美国磷矿主要分布在美国佛罗里达和北卡罗来纳两州，其浅部的磷矿仅需简单的洗选就可以得到合格的磷精矿，但深部矿体 MgO 含量明显升高，矿石必须经过复杂的分选才能获得磷精矿。

　　前苏联在世界磷矿资源中具有重要地位，储量约有 13 亿吨，P_2O_5 平均品位接近 11%。摩尔曼斯克南部科拉半岛的希宾拥有世界上最大的火成磷灰石矿床，也是俄罗斯主要磷灰石产地。

　　哈萨克斯坦东南的卡拉套是已探明的重要磷块岩矿床。磷块岩产于泥铁质岩石和碳酸盐类岩石中，矿层厚 110～115m，平均含 P_2O_5 达到 29%。

　　越南磷灰石矿床，已探明储量 1.78 亿吨，远景储量 20 亿吨，主要分布在西北部的老街省境内。

　　蒙古至 2003 年底探明磷块岩储量 4.20 亿吨，为该国的优势矿产。

44.2.1.2　国外磷矿资源开发利用情况

　　近年磷矿石的产量变化情况是：从 1990～1993 年，全球磷矿石产量是处于下降过程，从 1.62 亿吨减少到 1.19 亿吨，减少幅度达到 26.54%；从 1993～1998 年，磷矿石产量是上升过程，从 1.19 亿吨增长到 1.44 亿吨，增长幅度为 21.01%；从 1998～2001 年全球磷矿石产量又处于下降过程，从 1.44 亿吨减少到 1.26 亿吨，三年减少幅度为 12.5%。最近几年，由于一批新增的磷矿生产能力交付使用，使得世界磷矿石产量又开始处于增长趋势。其中值得注意的两个新增的矿山分别位于加拿大和澳大利亚，这两个国家一直依靠进口磷矿石生产磷酸盐产品，新增的两个磷矿则是近十年来在非磷矿生产国建设的第一批主要矿山，目前加拿大因这个新增磷矿山已经停止进口磷矿石。

2003年，全球磷矿石生产能力约为1.7亿吨，比2002年增长1.2%，见表44-2-2。

表44-2-2　世界磷矿石生产能力

国家或地区	2007年	2008年
	生产能力/万吨	生产能力/万吨
美　国	29700	30900
澳大利亚	2200	2300
巴　西	6000	6000
加拿大	700	800
中　国	45400	50000
埃　及	2200	3000
以色列	3100	3100
约　旦	5540	5500
摩洛哥和西撒哈拉	27000	28000
俄罗斯	11000	11000
塞内加尔	600	600
南　非	2560	2400
叙利亚	3700	3700
多　哥	800	800
突尼斯	7800	7800
其他国家	8110	10800
世界总计	156000	167000

资料来源：Mineral Commodity Summaries，2007、2008。

2004年，世界31个国家或地区磷矿石产量约1.44亿吨，折合P_2O_5约0.45亿吨，分别比2003年增长约5.2%和4.9%。磷矿石产量超过1000万吨的国家有4个，分别是：美国3532.8万吨，占全球总产量的24.6%；摩洛哥2667.5万吨，占18.6%；中国2617.4万吨，占18.2%；俄罗斯1134.6万吨，占7.9%。四国合计矿石产量9952.3万吨，占全球磷矿石总产量的69.3%，全球磷矿石生产相对集中，详见表44-2-3。

美国磷矿石与P_2O_5产量，近年来一直居世界第一位。2004年美国4个州9家公司13座矿山生产磷矿石3532.8万吨，折合P_2O_5约为1037.5万吨，分别比2003年上升3.7%和9.3%。美国磷矿山开工率基本达到80%左右。

美国磷矿主要分布在美国佛罗里达和北卡罗来纳两州，其浅部的磷矿只需要简单的擦洗就可以得到合格的磷精矿，美国深部磷矿的质量变差，MgO含量明显升高，这限制了美国开发自己的资源。佛罗里达州是美国最大的磷矿生产区，占国内生产量的75%，占世界总产量20%。事实上，美国最有经济意义的磷矿床和生产矿山大都集中在该州中部地区，主要位于哈迪、希尔斯伯勒、马纳蒂、波尔卡等4个县。在这里，嘉吉化肥公司、CF实业公司、IMC磷矿公司等三大磷矿生产企业，共有7座生产矿山。在该州东北地区还有一座重要的磷矿山，位于汉密尔顿县，由PCS磷矿公司经营。

摩洛哥是世界磷矿资源最为丰富的国家之一，磷块岩资源开发也是它最重要的经济支柱之一。全国现有4座矿山，分别是本古里（Benguerir）、布克拉（Boucra）、库利布加（Khouribga）、尤素菲亚（Youssoufia），全部由摩洛哥国家磷业总公司（OCP）垄断经营。

表 44-2-3 世界磷矿石产量

国家或地区	磷酸盐岩/万吨			折 P_2O_5/万吨		
	2002 年	2003 年	2004 年	2002 年	2003 年	2004 年
阿尔及利亚	74.1	89.8	80.5	22.0	26.7	23.7
澳大利亚	207.5	221.8	210.0	49.9	53.3	50.9
巴 西	502.7	525.2	568.9	178.7	187.0	204.4
加拿大	100.4	98.1	106.4	36.4	35.3	39.0
中 国	2300.6	2447.0	2617.4	690.2	734.1	785.2
埃 及	155.0	218.3	221.9	46.5	64.5	64.7
芬 兰	80.0	80.0	83.8	29.0	28.5	30.6
印 度	124.0	106.2	125.0	38.4	32.7	38.7
以色列	346.8	320.2	294.7	108.5	99.5	91.4
约 旦	717.9	676.3	622.3	232.2	218.1	199.0
哈萨克斯坦	119.8	126.0	169.9	27.7	28.2	39.0
摩洛哥	2302.8	2333.8	2667.5	734.1	742.4	850.7
俄罗斯	1076.3	1105.0	1134.6	413.7	423.7	432.4
塞内加尔	155.2	176.3	175.4	52.8	59.9	61.5
南 非	291.3	291.9	285.6	110.5	111.0	108.1
叙利亚	248.3	241.4	288.3	75.6	73.2	87.1
多 哥	128.1	147.1	111.5	46.1	53.0	41.8
突尼斯	756.6	789.0	805.0	227.0	236.7	233.5
美 国	3620.0	3406.5	3532.8	1066.4	1003.0	1037.5
其 他	295.1	247.1	256.7	89.3	74.0	77.6
世界合计	13602.5	13647.6	14358.2	4274.8	4284.8	4496.8

资料来源：IFA。

前苏联是世界上第四大磷矿石生产区。目前该地区磷矿生产主要集中于俄罗斯、乌兹别克斯坦和哈萨克斯坦等 3 个国家，2004 年 3 国合计磷矿石产量约 1344.5 万吨，占世界的约 9.4%，折合 P_2O_5 约为 481.6 万吨，占世界的约 10.7%。

约旦是阿拉伯国家重要的磷矿石生产国之一。2004 年，磷矿石和 P_2O_5 产量分别占世界的 4.3% 和 4.4% 的磷矿生产企业是"约旦磷酸盐矿业公司（JPMC）"，除自己在国内的 3 座磷矿山外，它还在印度—约旦化学品公司、日本—约旦化肥公司、巴基斯坦—约旦化肥公司中拥有股份。但是近几年来，富磷矿资源也面临一定的危机，富磷矿在总产量中所占比重不到 1/3。由于富磷矿资源的减少，2004 年产量比 2003 年下降 8.0%。

2004 年以色列磷矿石和折合成 P_2O_5 的产量分别占世界 2.1% 和 2.0%，比 2003 年均下降了 8.1%。内盖夫阿姆菲特罗特姆（Rotem Amfert Negev）有限公司是该国最大的磷矿石生产企业，开采的是内盖夫、贝尔谢瓦南部及东部的磷矿岩资源。2001 年及以后的产量已连续出现下降。

西非的多哥磷业总公司（OTP）是国际市场上重要的磷矿石生产商之一。OTP 目前面临的困难主要是开采条件越来越复杂，生产设备严重老化，导致生产能力下降。2002 年，在国际化肥集团（IFG）成功实现对 OTP 控股经营之后，IFG 从美国 Agrifos 公司购买了两套新的洗矿装置，再加上已购买的其他装置，预计可使多哥磷矿石生产能力最终恢复到 350 万吨/年的水平。

塞内加尔最大的磷矿石生产企业是"塞内加尔化工公司"，2004 年该公司磷矿石合成 P_2O_5 的产量分别占世界的 1.2% 和 1.4%，与 2003 年相比，矿石产量下降了 0.5%，按 P_2O_5 折算则上升了 2.7%。开采的磷矿石平均品位有所提高。

澳大利亚在 1999 年以前还不生产磷矿。在 1999 年 12 月西部矿业集团成立化肥公司，设在昆士兰州的磷酸二铵厂（规模 120 万吨/年）开始试生产，经过两年的试运营，终于实现满负荷的生产目标。这使得澳大利亚的磷矿产量连年增长，磷矿石的年产量超过 200 万吨。

加拿大艾格瑞姆（Agrium）公司设在安大略省卡普斯卡辛的选矿厂 1999 年底投产，2001 年达到设计生产能力，年产矿石 80 万吨。多伦多 MCK 矿业公司在安大略省发现了马尔蒂森（Martison）矿床，P_2O_5 的平均含量为 22%。该矿床的发现将使加拿大成为世界上又一个商品磷矿石生产国。

44.2.1.3　国外磷矿资源开发利用策略

磷矿石主要用来制造磷肥、黄磷、磷酸以及磷酸盐等产品，目前全球约 80% 以上的磷矿用来制造含磷肥料，全球磷肥消费量决定磷矿石的消费量。

过去国际磷矿工业主要以磷矿石进出口为主。磷矿石生产者将磷矿石运输到主要化肥市场和其他原材料所在地进行加工，大部分产品就地销售，节省了大量的运输费用，只有少部分产品返销到原料提供地。从 1992 年开始，发展中国家的化肥消费数量已经开始超过发达国家，国际化肥市场重心发生了转移，据 IFA 统计，目前发达国家的化肥消耗量在世界所占的比重明显下降，约为 30%，发展中国家的经济迅速发展，化肥消耗比重也迅速提升，占世界总消耗量的 70%。

根据 IFA 预测，到 2030 年亚洲和北非的总消耗量将达到 1 亿吨 P_2O_5，远远大于世界其他地区，亚洲和北非将成为未来化肥的主市场。

虽然世界化肥消费重点已经从发达国家转向发展中国家，但是根据前面分析的过去十几年来国际磷矿贸易情况看，世界磷矿贸易量并没有扩大，而且呈现缓慢下降趋势，世界上最大的磷矿出口国家美国和摩洛哥不断减少磷矿出口，取而代之的是增加了磷酸和磷肥的出口，美国和摩洛哥对磷矿的开发利用政策发生了改变。

（1）美国用磷铵出口取代磷矿石的出口，并且逐渐加大磷矿石进口数量。20 世纪 70~80 年代美国磷矿石出口占产量的 1/4，但是到 90 年代美国逐渐停止了磷矿石的大量出口，而磷铵的出口数量却从 100 万吨（P_2O_5）左右增长到 400 万吨（P_2O_5）以上，出口结构的变化带来了直接的经济效益。目前美国逐渐加大磷矿石进口量，2004 年已经达到 251 万吨。美国采取逐渐增加进口磷矿石的策略，一方面是为了保护国内磷矿资源，延续国内磷复肥产业的发展；另一方面是为了节省成本，利用摩洛哥廉价的磷矿生产高附加值的磷铵进行出口。

（2）摩洛哥在保持磷矿出口世界第一的同时，积极发展磷复肥产业。磷矿开采是摩洛哥政府矿产的支柱产业，磷矿石生产占摩洛哥政府矿产收入的 96%，因此得到政府的大力支持，并且投入大量资金用于磷矿产业的开发与扩大再生产。在不断扩大其磷矿石生产规模的同时，摩洛哥也在积极发展磷复肥产业，增加磷复肥出口创汇收入。

44.2.2 我国磷矿资源

44.2.2.1 我国磷矿资源储量与资源分布

我国磷矿资源比较丰富，已探明的资源总量仅次于摩洛哥，位居世界第二位。截至2004 年底，全国共有矿产地 440 处，其中大型 72 处，中型 137 处，分布在全国 27 个省市自治区，查明资源储量为 163.40 亿吨，其中储量 18.92 亿吨，基础储量 38.94 亿吨，资源量 124.46 亿吨，详细数据见表 44-2-4。

表 44-2-4 我国主要磷矿省份磷矿资源查明情况

年份	地区	矿区数/个	储量/万吨	基础储量/万吨	资源量/万吨	查明资源/万吨	占全国比例/%	排序
2002	全国	447	21.11×10^4	40.54×10^4	127.32×10^4	167.86×10^4		
2003	全国	435	18.91×10^4	39.02×10^4	124.62×10^4	163.64×10^4		
2004	全国	440	189242.90	389393.0	1244559.28	1633952.58	100.00	
	河北	8	3555.40	23186.80	49908.00	73094.80	4.47	6
	山西	6	6157.80	9473.60	41039.07	50512.67	3.09	10
	内蒙古	9	—	672.60	26926.60	27599.20	1.69	11
	辽宁	6	4584.40	7793.70	4149.10	11942.80	0.73	12
	江苏	14	1238.00	2829.85	9110.63	11940.48	0.72	13
	江西	6	5631.50	7559.80	3995.80	11555.60	0.71	14
	山东	4	—	6671.00	55877.80	62548.80	3.83	8
	湖北	79	49820.40	100781.00	110648.90	211429.90	12.94	3
	湖南	28	8989.00	27625.60	175527.00	203151.60	12.43	4
	四川	51	11686.51	28368.78	112554.50	140923.28	8.62	5
	贵州	56	49450.80	70648.40	197423.30	268071.70	16.41	2
	云南	47	38074.84	89714.24	303414.37	393128.61	24.06	1
	陕西	15	1535.00	2053.10	67700.16	67753.26	4.15	7
	青海	2	5742.90	6045.10	45082.90	51128.00	3.13	9

资料来源：全国矿产储量通报。

从以上数据可知，我国磷矿资源虽然较多，但是近中期在技术经济上可利用的基础储量仅占查明资源储量的约 24%，而难以利用的资源量占 76%，表明我国磷矿开发利用比较困难。

我国除西藏外均发现磷矿，相对集中在云南、贵州、湖北、四川和湖南五省，五省保有磷矿资源储量占全国的 75%，且 P_2O_5 大于 30% 的富矿几乎全部集中于这五个省。主要分布在以下八个区域：云南滇池地区、贵州开阳地区、瓮福地区、湖北宜昌地区、胡集地区、保康地区和四川金河清平地区、马边地区。

从总体上看，我国磷矿资源分布极不平衡，储量南多北少、西多东少，大型磷矿及富矿高度集中在西南部地区。

中国磷富矿（$P_2O_5 > 30\%$）主要分布在贵州、云南、湖北等 5 省，截止 2003 年底，我国磷富矿储量 4.08 亿吨，占全国的 21.6%；磷富矿基础储量 10.40 亿吨，占全国的 26.6%；磷富矿资源量 3.43 亿吨，占全国的 2.8%，磷富矿资源储量 13.83 亿吨，占全国的 8.5%。详见表 44-2-5。

表 44-2-5　截止 2003 年底我国磷富矿（$P_2O_5 > 30\%$）资源状况

序　号	地　区	储量/亿吨	基础储量/亿吨	资源量/亿吨
1	贵　州	2.08	2.94	4.52
2	云　南	1.43	3.39	4.10
3	湖　北	0.22	3.38	4.14
4	四　川	0.19	0.48	0.82
5	湖　南	0.16	0.21	0.26
全国合计		4.08	10.40	13.84

资料来源：全国矿产资源储量通报，2004。

44.2.2.2　我国磷矿赋存状况与资源特点

世界磷矿主要成因类型可分为沉积磷块岩矿床、沉积变质磷灰岩矿床、内生磷灰石矿床及鸟粪矿床等。从储量上看，以沉积磷块岩矿床为主，其次为内生磷灰石矿床，鸟粪等类型矿床储量最少。世界上磷矿的成矿时代较多，总体上看，以晚白垩世至早第三纪、寒武纪和晚元古代为主。

我国磷矿成因类型与世界上基本一致，沉积磷块岩矿床储量占总量的 79.4%；内生成因的磷灰石矿床储量占 15.9%；沉积变质磷灰岩矿床储量占 4.3%；鸟粪等类型的磷矿储量占 0.4%。

我国磷矿床的成磷时代主要为震旦纪和早寒武世。

A　沉积磷块岩矿床

世界上最大的磷矿床都是由沉积磷块岩组成的，这类矿床具有矿层厚、品位高、储量大、层位稳定的特点，成磷时代多，分布广泛。

我国这种类型的矿床主要集中在黔中、鄂西、滇东三个聚磷区。

a　黔中盆地　　位于贵州的开阳—瓮安一带，成磷时代为震旦纪陡山沱期，属于扬子海盆中的黔中台地北东缘的台盆凹地，分布面积达 2 万多平方公里。含磷岩系主要为碳酸盐岩、磷块岩及黏土岩；多含磷质迭层石。主要可分为上下两个工业矿层，上矿层延伸稳定，多呈倾斜至缓倾斜产出，厚 13 ~ 33m，P_2O_5 平均品位约 25%，矿石以胶磷矿为主。开阳、瓮安两个特大型磷矿产地以富矿多、品位高而闻名。黔中地区另有形成于早寒武世梅树村期的磷块岩，自织金至金沙呈北东—南西向带状分布，并以条带状白云质磷块岩为主，P_2O_5 品位较低，平均约 17.5%，但伴生有稀土，且总量较大，可考虑综合利用。

b　鄂西聚磷区　　在大地构造上位于扬子地台区内，成磷时代与黔中盆地的开阳、瓮安磷矿相一致，为晚震旦世陡山沱期。含磷岩系主要由白云岩、磷块岩、黏土岩等岩性组成，矿层常呈层状、似层状产出，主要可分为上、下两矿层。主要矿石矿物为胶磷矿，常呈隐晶胶状，矿石类型以硅钙质磷块岩为主，P_2O_5平均品位大于20%，有害组分具有高镁低铁铝的特点。该聚磷区内的荆襄、宜昌、保康等均为大型磷矿产地。

c 滇东成磷盆地 成磷时代为早寒武世梅树村期，属扬子海盆地的次一级坳陷区，为水下隆起及古陆所环抱，封闭条件较好的海湾泻湖成磷盆地。含磷地层是一套海相碎屑岩及碳酸盐建造，主要由硅质岩、磷块岩、白云岩、灰岩及粉砂岩组成，可分为四个含磷层位，其中构成有工业意义的磷矿有两层：一为梅树村阶下部的中谊村段上部，这是滇东盆地的最主要工业矿层；二为梅树村阶上部八道湾段底部，该磷矿层常伴生有钒、镍、钼等矿产。磷矿石按工业类型划分，主要为硅钙型磷块岩，P_2O_5品位以中低为主，有害杂质一般具有镁高铁铝较低的特点。矿体埋深一般较浅，有较多的露采矿量，磷矿上部普遍存在着由风化作用形成的次生富集磷矿。目前已探明的磷矿产地多数具大型规模，例如著名磷矿山有昆阳、海口、晋宁等。

此外，我国另有形成于泥盆纪的较为重要的磷块岩矿床，这个时代的磷块岩矿床在世界上发现不多。主要分布在四川什邡、陕西略阳等地，其中以什邡磷矿为代表。什邡磷矿产于上泥盆统沙窝子组底部，沉积环境为古陆边缘的浅海封闭、半封闭海盆，矿层直接位于古侵蚀面上；矿床由下部的磷块岩矿层和上部的硫磷铝锶矿层组成；矿体呈层状、似层状，层厚受底板岩溶古侵蚀面控制，变化较大；主要矿物组分为胶磷矿、细晶磷灰石、硫磷铝锶矿、水云母、黄铁矿、白云石、方解石等；P_2O_5品位30%左右，伴生有碘、稀土等有价组分，可以进行综合利用。

B 内生磷灰石矿床

内生磷灰石矿床在储量规模和矿床数量上均远不如磷块岩矿床，但由于该类矿床具有易选、综合利用价值高等优点，因而仍是磷的重要来源之一。在缺磷地区，尤为显得重要。

我国磷灰石矿床主要分布在河北、辽宁、山东、山西、陕西等省，属华北地台范围。产出地层的时代多为元古代至古生代，大多赋存在基性片麻岩、基性—超基性岩及碱性岩中，目前已探明储量的产地最主要的有河北矾山磷灰石矿床。

河北涿鹿矾山铁磷矿，是我国内生磷灰石矿床中品位较高、选矿效果好的唯一大型磷矿。矿体产于偏碱性超基性—碱性杂岩体内，属晚期岩浆矿床，杂岩体侵入震旦系雾迷山组，呈椭圆形，面积超过$20km^2$；矿体形态呈似层状，连续完整，厚度较大；矿石类型主要可分为黑云母辉石岩型、磁铁辉石岩型、磷灰石型和正长黑云母辉石岩型；矿石中的矿物主要为磷灰石及磁铁矿，脉石矿物主要有次透辉石、黑云母及正长石；矿区内矿石P_2O_5平均品位大于11%，全铁含量13%左右。

C 沉积变质磷块岩矿床

该类矿床主要由海相沉积的磷块岩经区域变质作用而形成，时代一般较老，多为元古代；主要分布在江苏、安徽、湖北等省。含磷岩系从苏北经安徽肥东、宿松至湖北黄梅、大悟，构成大致呈北东—南西向断续分布的矿带。湖北大悟黄麦岭磷矿是我国该类型磷矿的最大矿床。

湖北大悟黄麦岭磷矿产于元古界，矿体呈层状，可分上下两层，矿层厚度可达40余米；其原生带磷矿含P_2O_5在10%左右，而在风化带中含量增至16%；矿石易选，并有伴生硫可综合回收利用。

D　鸟粪等类型磷矿

此类矿床的储量和数量均极其有限，但常常小而富，含可溶性磷较高，便于直接作为磷肥施用。鸟粪磷矿在我国南部沿海岛屿上有一定的分布，数量不大，许多已被土法开采殆尽。

我国磷矿资源总体上具有以下几个主要特点：

（1）资源储量较大，分布比较集中。我国探明的资源储量比较丰富，主要分布在云南、贵州、湖北、湖南、四川五省，而北方和东部地区可供利用的资源储量较少，大部分地区所需磷矿均依赖云南、贵州、湖北、四川四省供应，从而造成了中国"南磷北运，西磷东调"的局面，给交通运输、企业原料供应、生产成本带来了较大的影响。

（2）中低品位矿多，富矿少。我国磷矿质量较差，全国磷矿平均品位 P_2O_5 在 17% 左右，矿石品位大于 30% 的富矿只有 13.83 亿吨，富矿占磷矿总量约 8.5%，并且主要分布在云、贵、鄂三省。因此，我国大部分的磷矿必须经过选矿富集后才能满足磷酸和高浓度磷复肥生产的需求。

（3）难选矿多，易选矿少。在我国磷矿探明储量中，沉积型磷块岩型的胶磷矿多，占全国总储量的 85%，其大部分矿石为中低品位。

我国磷矿 90% 是高镁磷矿，其矿石中有用矿物的嵌布粒度细，它和脉石结合紧密，不易解离，一般需要磨细到 $74\mu m$ 占 90% 以上才能单体解离。因此，我国磷矿是世界上难选的磷矿石之一。

（4）较难开采的倾斜至缓倾斜、薄至中厚矿体多，适宜于大规模高强度开采的少。我国磷矿床大部分成矿时代久远，埋藏深，岩化作用强，矿石胶结致密，且约有 75% 以上的矿层呈倾斜至缓倾斜产出，为薄至中厚层。这种产出特征给磷矿开采带来一系列技术难题，往往造成损失率高、贫化率高和资源回收率低等问题。

44.2.2.3　我国磷矿资源储量利用情况和资源潜力

A　查明磷矿资源利用情况

根据《中国矿产资源年鉴》和《全国矿产储量数据库》资料显示，截至 2002 年底，全国已利用磷矿区 278 处，分布于 27 省区，合计查明资源储量 100.91 亿吨，其中基础储量 37.45 亿吨；可规划利用的矿区 53 处，分布于 15 省区，合计查明资源储量 25.98 亿吨，其中基础储量 2.87 亿吨。两者合计查明资源储量 126.90 亿吨，占全国总查明资源储量的 75.6%，详见表 44-2-6。2002 年磷矿利用程度为 60.1%，2003 年磷矿利用程度为 64.9%。

B　新近查明磷矿资源

近年来，在一些老矿山外围又新发现和查明了一些磷矿资源。如在贵州省瓮昭地区新发现磷矿产地 3 处：马口矿段，预测资源量 112.9 万吨；双山坪矿段预测资源量 260 万吨；妖妹岩矿段，预测资源量 200 万吨。有 4 个矿区经勘查查明资源储量有所增加，分别是江苏连云港市锦屏镇徐庄地区磷矿，资源量增加 1129.1 万吨；四川绵竹市板棚子磷矿区石笋梁子磷矿，资源量增加 1868.6 万吨；四川绵竹市龙王庙磷矿区天井沟矿段，资源量增加 14748.4 万吨；云南昆明市海口磷矿二采区，储量增加 161.2 万吨。总计 18480.2 万吨。在宜昌磷矿北缘勘查发现了一批大、中型隐伏磷矿，并在 12 个勘查区块内探明新增磷矿资源 10.99 亿吨，特别是远安县发现特大型磷矿。目前有五个磷矿区（段）正在进行勘查，预计整个矿区新增磷矿资源将达 18 亿吨，其潜在经济价值超过 1800 亿元。

表 44-2-6 我国磷矿查明资源储量利用情况

地 区	已利用矿区			可规划利用矿区			合 计		
	矿区数/个	基础储量/万吨	查明资源/万吨	矿区数/个	基础储量/万吨	查明资源/万吨	矿区数/个	基础储量/万吨	查明资源/万吨
全 国	278	374455.9	1009133.9	53	28747.8	259846.9	331	403203.7	1268980.8
河 北	4	23333.4	45863.9				4	23333.4	45863.9
山 西	5	9473.6	50291.5				5	9473.6	50291.5
内蒙古	3	124.2	152.3	2		319.9	5	124.2	472.2
辽 宁	2	7488.8	9458.1	1	338.2	647.0	3	7827	10105.1
吉 林	1	0	46.3				1	0	46.3
黑龙江	1	0	843.8	1		3461.2	2	0	4305.0
江 苏	5	1410.6	2506.9	4	372.6	5082.6	9	1783.2	7589.5
浙 江	17	0	1631.2				17	0	1631.2
安 徽	14	4202.4	5933.3	1	1700	6970	15	4372.4	6630.3
福 建	3	367.6	1769.9				3	367.6	1769.9
江 西	5	7566.9	10950.5	1		612.2	6	7566.9	11562.7
山 东	2	6671	34231.1				2	6671	34231.1
河 南	2	655.8	695.9	3	21.6	1012.9	5	677.4	1708.8
湖 北	73	90665.1	225355.4	12	100.9	4480.0	85	90766	229835.4
湖 南	17	26465.1	101574.1	2		2022.2	19	26465.1	103596.3
广 东	4	13.3	1806.8				4	13.3	1806.8
广 西	8	0	2080.8				8	0	2080.8
海 南	4	361.2	1069.6				4	361.2	1069.6
重 庆	2	0	482.0				2	0	482.0
四 川	19	10365	32747.2	8	18569.8	54663.2	27	28934.8	87410.4
贵 州	34	69404.9	101572.4	12	2630.8	166398.4	46	72035.7	267970.8
云 南	36	113624.1	298442.4	3	498.8	3619.9	39	114122.9	302062.3
陕 西	6	2068.9	66400.5	1		281.9	7	2068.9	66682.4
甘 肃	3	0	4294.5				3	0	4294.5
青 海				1	6045.1	16518.2	1	6045.1	16518.2
宁 夏	1	148.3	159.2	0			1	148.3	159.2
新 疆	7	45.7	8774.3	1		30.3	8	45.7	8804.5

资料来源：全国矿产储量数据库。

44.2.2.4　国内主要磷资源省份的磷矿资源情况

A　云南省磷矿资源情况

云南省是我国磷矿资源大省，根据《云南省矿产资源储量简表》资料显示，截至2005 年底，云南省磷矿保有资源总量38.26 亿吨，平均 P_2O_5 含量为22.96%。云南省是我国目前磷矿保有资源量最多的省份，占我国磷矿保有资源总量的23.4%。云南省磷矿资源按行政区划分基本分布情况如表 44-2-7 所示。

表 44-2-7　云南省磷矿资源基本情况

行政区划	P_2O_5 平均品位/%	储量(可采)/万吨	基础储量/万吨	资源量/万吨	总资源/万吨
全　省	22.96	35962.7	84915.2	297702.6	382617.8
一、昆明市	24.30	25723.6	61213.0	165697.1	226910.1
其中：安宁市	22.70	9359.6	22941.2	78690.0	101624.0
晋宁县	26.75	7985.1	22614.9	47838.1	70453.1
西山区	24.55	5926.6	12735.1	23997.2	36732.3
其 他	23.19	2152.3	2930.8	15169.9	18100.7
二、曲靖市	20.19	255.4	3626.2	83897.8	87524.0
三、玉溪市	22.55	9934.7	19902.5	40138.1	60040.6
四、昭通市	18.37			7969.6	7969.6
五、文山州	17.35	48.9	173.5		173.5

按地理位置划分，云南省磷矿资源主要集中分布在滇池、玉溪和滇东北三个地区。

（1）滇池地区　滇池地区磷矿资源主要分布在安宁市、西山区、晋宁县境内，这三个地区磷矿保有资源储量合计为 20.88 亿吨，占全省资源总量的 54.6%，其中：安宁市保有资源储量 10.16 亿吨，分布在 13 个矿区；西山区保有资源储量 3.67 亿吨，分布在 7 个矿区；晋宁县保有资源储量 7.05 亿吨，分布在 5 个矿区。在全省目前 14 个勘探矿区（段）中有 12 个分布于该地区，是地质研究及勘探程度最高的区域，也是云南磷矿开采的主要地区。

（2）玉溪地区　玉溪地区磷矿保有资源储量 6.00 亿吨，占全省资源储量的 15.7%，主要分布在江川、澄江和华宁境内。其中，江川县 3 个矿区，保有资源储量 3.38 亿吨；澄江县 3 个矿区，保有资源储量 2.07 亿吨；华宁县 1 个矿区，保有资源储量 0.55 亿吨。在全省目前 14 个勘探矿区（段）中有 2 个分布于该地区，是云南磷矿开采的次级区域。

（3）滇东北及其他地区　云南省其他地区磷矿保有资源储量 11.38 亿吨，占全省资源储量的 29.7%，主要分布在滇东北地区会泽县（属曲靖市）、沾益县（属曲靖市）、永善县（属昭通市）、寻甸县（属昆明市）等地。其中会泽县保有资源储量 7.72 亿吨，分布在 4 个矿区；沾益县保有资源储量 1.00 亿吨，分布在 2 个矿区；永善县保有资源储量 0.80 亿吨，分布在 2 个矿区；寻甸县保有资源储量 0.49 亿吨，分布在 3 个矿区。除以上地区以外其他地区磷矿保有资源储量为 1.37 亿吨，分布在宜良、石林、禄劝、东山、马龙以及文山州等地的 9 个矿区。云南省内除滇池地区和玉溪地区外，磷矿资源普遍地质研究及勘探程度较低，没有一处矿区为勘探矿区。

云南省磷矿资源分布较为集中，昆明市磷矿资源储量、基础储量和总资源量分别占全省总量的 71.5%、72.1% 和 59.3%，而环滇池地区的安宁市、晋宁县和西山区磷矿资源量又占昆明市的绝大多数，其储量、基础储量和总资源量合计分别占昆明市的 90.5%、95.2% 和 92.0%，占全省的 64.7%、68.6% 和 54.6%。如果将昆明市内环滇池地区和同处于云南中部地区的玉溪市磷矿资源合计起来计算，则此二地区磷矿资源储量、基础储量和总资源量分别为 3.32 亿吨、7.82 亿吨和 26.89 亿吨，占全省总量的比例分别为 92.3%、

92.1%和70.3%，是近期内云南磷矿资源开发的主要区域。滇东北地区受地质研究程度及开发建设等条件限制，近期难以大规模开发利用，只宜作小规模的开发，是云南磷矿开采接替矿区和磷化工发展的后备资源区。

B 贵州省磷矿资源情况

截至2003年末，贵州省磷矿保有资源储量26.83亿吨，其中储量5亿吨，基础储量7.13亿吨，资源量19.7亿吨，分别占保有总量约18.6%、26.6%和73.4%。全省磷矿石平均品位P_2O_5达到22%以上，比全国平均品位高出6个百分点。

贵州省磷矿资源主要分布在开阳—息烽、福泉—瓮安以及织金等三片地区，其保有资源储量约占全省总量的98%，磷矿分布集中。开阳—息烽地区磷矿保有资源储量3.68亿吨，其中储量1.57亿吨，基础储量2.21亿吨，资源量1.47亿吨，分别占该地区总量约42.7%、60.1%和39.9%，全区矿石平均品位$P_2O_5 > 30\%$，以Ⅰ级品富矿为主；福泉—瓮安地区磷矿保有资源储量7.74亿吨，其中储量3.43亿吨，基础储量3.06亿吨，分别占该地区总量约44.3%和39.6%，全区矿石平均品位P_2O_5为23%~29%，并显示地表较富、向深部稍贫的趋势；织金地区以织金新华含稀土特大型磷矿而著称，保有资源储量14.92亿吨，矿石平均品位P_2O_5为17%~20%。

C 湖北省磷矿资源情况

湖北省磷资源十分丰富，2000年底全省累计探明磷矿石储量20.22亿吨，保有磷矿储量18.33亿吨，其中矿石品位大于30%的P_2O_5占6.63%。在保有总储量中，经济基础储量占45.63%，边际经济基础储量占0.025%，次边际经济资源储量占2.28%，内蕴经济资源储量占52.06%。

湖北省磷资源主要分布于宜昌、荆襄、保康、兴—神、鹤峰、大悟、黄梅—武穴七大矿区。

（1）宜昌磷矿 主要分布于夷陵区、兴山县、远安县境内，共由12个矿区18个矿段组成，保有磷矿石储量9.53亿吨，占全省保有储量的51.98%，其中品位大于30%的富矿占宜昌磷矿的11.74%。

宜昌磷矿平均P_2O_5含量19.97%。宜昌磷矿有三个含磷层位，具有工业价值的矿层为下磷矿层（Ph_1），下磷矿层又分为三层，其中上部（Ph_1^3）是宜昌磷矿的主要工业矿层。宜昌磷矿Ph_1^3全层矿石化学组分平均含P_2O_5为22.56%。Ph_1^3主要磷矿层占全区总储量的85%。

（2）荆襄磷矿 荆襄磷矿产区主要分布于钟祥市和宜城市境内，由北向南分别为胡集矿区（分牛心寨、王集、龙会山、大峪口、莲花山、放马山、熊家湾七个矿段）、朱堡埠矿区、冷水滩矿区等共9个主要矿区（段）。保有磷矿储量4.45亿吨，占全省保有储量的24.29%。

（3）保康磷矿 由10个矿区组成，保有储量2.3亿吨，占全省总保有储量的12.57%，其中品位大于30%的富矿占保康保有储量的1.06%。其中的主要矿区白竹磷矿远景储量可达5亿吨。

（4）兴—神磷矿 主要分布于兴山县北部及神农架新华、阳日、宗洛乡境内，由7个矿区组成。磷矿石保有储量0.99亿吨（神农架境内0.31亿吨），矿石品位大于30%的富矿占兴—神磷矿保有储量的5.20%。神农架林区磷矿找矿前景较好，预测其远景储量可达

1 亿吨左右。

（5）鹤峰磷矿　分布于恩施州鹤峰县走马坪乡境内，探明保有磷矿石储量 504 万吨，占全省保有磷矿储量的 0.27%。风化磷矿品位（27.05% ~ 29.70%）占鹤峰磷矿的 37.18%，原生磷矿占鹤峰磷矿的 62.82%。

（6）大悟磷矿　大悟磷矿主要分布于大悟县和孝昌县境内。主要矿区有黄麦岭矿区、四方山矿区，黄麦岭矿区已建成矿肥结合工业项目。该矿区探明保有磷矿石储量 15.4 亿吨，占全省保有储量的 8.39%。

（7）黄梅—武穴磷矿　主要由黄梅塔畈矿区和武穴松阳矿区组成，其储量较小，平均品位较低。该矿区探明总储量为 3023 万吨，占全省保有储量 0.51%，其中黄梅塔畈磷矿的基础储量为 501 万吨，矿石平均品位 18.34%；武穴松阳磷矿的资源量为 2168 万吨，矿石平均品位 9.06%。

D　湖南省磷矿资源情况

湖南磷矿资源丰富，至 1995 年底，保有储量（矿石）为 17.25 亿吨，居全国第 4 位，已发现矿产地 165 处，分布于石门、慈利、古丈、沅陵、泸溪、辰溪、怀化、浏阳、湘潭、江华等地。主要矿床类型有 3 大类，其中具有工业价值的磷矿床多为沉积磷块岩矿床，主要赋存于震旦系上统陡山沱组上段。湖南省磷矿主要分布于石门、浏阳和泸溪等市，大型矿床有石门县东山峰磷矿、浏阳市永和磷矿、辰溪县田湾磷矿和沅陵县张家滩磷矿。

石门东山峰磷矿分布在东山峰背斜两翼，地跨湘鄂两省，磷矿保有储量（矿石量）13.6 亿吨，占全省磷矿保有储量的 78.84%，其中工业储量占东山峰磷矿保有储量的 80.4%。石门县磷矿资源丰富，属全国十大磷矿基地之一，主要分布在石门县东山峰管理区、壶瓶山镇和南北镇。磷矿走向长 63km，共分 8 个矿区，其中已对 6 个矿区（大成、清官渡、板桥、田家湾、杨家坪、枫箱坡）进行了详勘。石门县磷矿有如下特点：储量大，B + C + D + E 级 11 亿吨矿石质量属胶磷矿，P_2O_5 平均品位 16.32 ~ 21.92%（部分风化粉矿品位可达 28.9%），属三级品矿石。清官渡矿区有 B + C + D 级储量 21007.2 万吨，P_2O_5 平均品位 16.68%。板桥矿区有 B + C 级储量 13539.28 万吨，P_2O_5 平均品位 16.29%。枫箱坡矿区 B + C 级储量 13121.25 万吨，D 级 1232.30 万吨，P_2O_5 平均品位 16.05%。杨家坪矿区有 B + C 级储量 21434.82 万吨，P_2O_5 平均品位 15.80%。大成湾矿区有 B + C 级储量 44532.4 万吨，P_2O_5 平均品位 16.45%。

湘西州磷矿资源丰富，主要分布在古丈、泸溪，其次为永顺、保靖，再次为吉首、花垣。磷矿赋存层位以上震旦统陡山沱组下部的含磷层位为主，其次是上震旦统灯影组顶部的燧石层及下寒武统牛蹄塘组底部的黑色炭质页岩含磷结核层位，矿床类型为沉积型矿床。累计探明储量 A + B + C + D 级为 11673 万吨。

E　四川省磷矿资源情况

磷矿为四川的优势矿产资源，四川已列入《矿产储量表》的磷矿矿区 33 处，探明储量 11 亿吨，保有储量 10 亿吨，其中工业储量 22147 万吨，富磷矿保有资源储量 1714 万吨。据预测四川磷资源总量多达 115 亿吨，集中分布在川西南地区，以马边—金阳地区资源最多，为 47 亿吨。其中，老河坝磷矿是规划开发的四川第二个磷矿生产基地。其他磷矿区为峨边—汉源地区 34 亿吨，普格—会东地区 24 亿吨，绵竹—安县地区 8 亿吨。目前四川磷矿生产主要集中在绵竹、什邡地区，金河、清平和什邡三大磷矿山的产量占全省总产量的95%以上。

四川磷矿都是沉积型磷块岩矿床，有3个主要的产出层位，即下寒武统麦地坪组、筇竹寺组和中下泥盆统什邡含磷段。

四川主要磷矿区什邡磷矿，矿层位于泥盆统沙窝子组之下的下、中泥盆统什邡含磷段，不整合于上震旦统灯影组白云岩之上，为一套磷块岩-硫磷铝锶矿黏土岩组合，是四川重要含磷层位。什邡式磷矿矿石质量较好，资源总量4亿吨，主要矿区有王家坪、马槽滩、岳家山、英雄岩、麦棚子等。

雷波—马边磷矿含磷地层为下寒武麦地坪组，是一套含磷碳酸盐岩系，主要分布在川西南地区，即我国著名的川滇成磷带北段。另一部分在川西龙门山中段，在这一组中，又可分为雷波式和马边式磷矿。雷波式磷矿以中低品位矿为主，矿层厚度较大，一般17～32m，矿石组分含P_2O_5 12%～30%，一般为20%左右，杂质中SiO_2含量较高，达到25%～46%。马边式磷矿矿层厚度比雷波式小，厚度1～25m不等，一般分为1～2层矿。这个层位是四川磷矿资源量最大的层位，资源总量81亿吨。

峨边—汉源磷矿含磷层位为下寒武统筇竹寺组（牛蹄塘组）的下段，是一套碎屑岩—黑色页岩含磷组合，层位稳定，遍及全川，但厚度变化较大，一般厚10～274m。主要分布在荥经—会东一带，其中以汉源—越西一带矿体较富集。

44.3 磷矿质量标准

44.3.1 磷矿质量的评价

44.3.1.1 磷矿的品位

磷矿的品位是指磷矿中磷的含量，中国和前苏联习惯上以P_2O_5的质量分数（%）计，但美、英及非洲等国家，则通常采用磷酸三钙（Triphosphate of Line，简称TPL）和骨质磷酸盐（Bonephosphate of Line，简称BPL）的含量来表示，它们的关系是：

$$80\% \text{ BPL} = 80\% \text{ TPL} = 36.6\% \text{ } P_2O_5 = 16\% \text{ P}$$

按上述关系，采用以下公式进行换算：

$$P_2O_5 \times 2.1852 = BPL = TPL$$

$$BPL \times 0.458 = P_2O_5\%$$

用于湿法磷酸和其他酸法磷肥生产的磷矿总是希望力求提高P_2O_5的品位，但是，高品位的富矿随着大规模的开采已明显减少。鉴于世界性磷矿的贫化，目前一般的要求是：在杂质含量符合规定的前提下，品位大于68%～78% BPL（31.11%～32.03% P_2O_5）即可。中国现有磷矿按品位的高低一般分为高品位矿（富矿），中品位矿和低品位矿（贫矿）三类。富矿一般含P_2O_5在31%以上，中品位矿含P_2O_5在26%～30%之间，贫矿含P_2O_5低于26%。上述划分方法不是绝对的，品位之间也没有一个严格的界限。

对于湿法磷酸生产，磷矿P_2O_5品位的高低主要影响经济效益。品位越低，生产单位质量的P_2O_5经济效益也越低，例如反应槽的容积利用系数和过滤机的生产强度将降低，这样工厂的产量将降低。

在磷酸生产中，磷矿P_2O_5品位又是决定系统水平的重要因素。当生产的磷酸浓度恒定时，磷矿品位愈低，按物料平衡计算允许加入过滤系统的洗涤水量也愈少，废渣的洗涤程度就会受到影响，当洗涤水量减少到一定限度，不足以洗净滤渣中游离磷酸时，就只能降低生产磷酸的浓度，结果显然将使以后的料浆浓缩或磷酸浓缩装置的生产能力降低。由此可知，磷矿品位愈高，设备的生产强度就愈大，产品质量与经济效益也愈好，这就是对原矿磷矿提倡精料政策的主要原因。因此，对于低品位磷矿，应尽可能进行选矿富集，提高它的品位。富集的方法很多，包括浮选、水洗脱泥、擦洗分级、重介质选矿、光电选矿及煅烧消化等。中国的磷矿资源中，大部分是含有害杂质较高而又难于富集的中、低品位磷矿，因此研究与开发直接利用中品位磷矿生产高效复合肥料的技术将具有重要的现实意义。

44.3.1.2　磷矿中有害杂质

磷矿含有多种杂质，如铁、铝、镁、锰、钒、锶等金属离子，有的还含少量放射性元素如铀、钍及少量稀土金属铈、镧、镱的化合物，在酸根离子中则含有碳酸盐，氟根（有时氟全部或部分为氯或碳酸根所代替）和硫酸盐及有机物等。这些杂质在湿法磷酸及酸法磷复肥的加工中，一般均会增加酸的消耗，降低产品质量和增加产品成本，还使生产装置的生产能力下降，设备材料的腐蚀或磨蚀加剧，降低设备运转率。在湿法磷酸生产中如果有害杂质含量太多，还会使磷矿的反应过程及硫酸钙的结晶过程不能正常进行，甚至有可能根本生产不出磷酸，即使生产出磷酸，也由于含杂质过多而无法浓缩（包括料浆浓缩和磷酸浓缩）或加工利用。

磷矿中杂质种类虽然很多，但影响较大的通常是铁、铝、镁三种，其次是碳酸盐、有机物、分散泥质和氯等。

A　磷矿中的 CaO 含量（以 CaO/P_2O_5 比值反映）

磷矿中 CaO 含量是决定湿法磷酸生产中硫酸消耗量的关键。CaO/P_2O_5 比值决定了生产单位质量 P_2O_5 所消耗的硫酸量。在磷矿 P_2O_5 含量一定的情况下，CaO 愈高，硫酸消耗量愈大（1 份 CaO 要消耗 1.75 份硫酸）。同时，CaO 含量升高，产生石膏量增大，过滤负荷相应增大，单位面积过滤设备的 P_2O_5 生产能力下降。因此，要求 CaO/P_2O_5 比值接近纯氟磷灰石 $Ca_5F(PO_4)_3$ 中 CaO/P_2O_5 的理论比值，其质量比为 1.31，摩尔比为 3.33，不宜超过太多，因为超过该值，需要消耗额外的硫酸。在湿法磷酸生产中，硫酸所占费用约为直接成本的一半，所以这是一个十分重要的技术经济问题。中国磷矿的 CaO/P_2O_5 比值较高，这是由于磷矿中常伴生有白云石、石灰石等碳酸盐矿物，难以用一般的选矿方法除去，除去磷矿中多余的 CaO 是湿法磷酸生产中一项亟待解决的重要问题。

B　磷矿中的倍半氧化物 R_2O_3 含量

倍半氧化物是指磷矿中铁、铝氧化物的含量，常以 R_2O_3（R 代表 Fe 与 Al，即 $Fe_2O_3 + Al_2O_3$）表示。铁和铝主要来自黏土，通过筛选、磁选可以除去大部分。湿法磷酸生产中，铁和铝不仅干扰硫酸钙结晶的成长，还会使磷酸形成淤渣，尤其是在浓缩磷酸中更为严重，其沉淀或随石膏排出都将使 P_2O_5 遭到较大损失。生成铁和铝的复杂磷酸盐结晶细小，不但增加溶液和料浆的黏度而且容易堵塞滤布和滤饼孔隙；在运输中析出淤泥，给贮存和运输带来困难。铁和铝的磷酸盐还会给后续加工如磷酸或磷铵料浆的浓缩、干燥带来困难，并导致产品物性不佳和质量下降。

C　磷矿中 MgO 含量

磷矿的镁盐（以 MgO 表示）经反应后一般全部溶解并存在于磷酸中，浓缩后也不易析出，这是由于磷酸镁盐在磷酸溶液中溶解度很大的缘故，也是镁盐产生严重不利影响的主要原因。$Mg(H_2PO_4)_2$ 使磷酸黏度剧烈增大，造成了酸解过程中离子扩散困难和局部浓度不一致，影响硫酸钙结晶的均匀成长，增加过滤困难。在磷矿酸解过程中，镁的存在使磷酸中第一氢离子被部分中和，降低了溶液中氢离子的浓度，严重影响磷矿的反应能力。如果为了保持一定的 H^+ 浓度而增加硫酸用量，又将使溶液中出现过大的 SO_4^{2-} 浓度，这不但增加了硫酸消耗而且还造成硫酸钙结晶的困难。此外，由于镁盐在反应过程中也会生成一部分枸溶性磷酸盐，并且镁盐对产品的吸湿性影响比铁、铝盐类大，因而会影响产品物理性能，使水溶率降低，质量下降。

镁盐过大的溶解度使磷酸的黏度显著增大，也给后加工工序如磷酸浓缩或料浆浓缩带来十分不利的影响。例如，某高镁磷矿在料浆法磷铵的工艺评价试验中，其技术经济指标都欠佳。由于 MgO 含量高（产品中 MgO 含量高达 10.99%）使得浓缩料浆黏度太高，当中和度为 1.15、料浆终点浓度含水 35.2% 时，料浆黏度已高达 1.44Pa·s（料浆温度 106℃），不能进行正常浓缩操作，产品含氮量约 8%，小于国家标准的要求（N>10%）。

磷矿中 MgO 含量已成为酸法加工评价磷矿质量的主要指标之一。国外生产厂对 MgO 含量的要求是很严的。中国磷矿中 MgO 含量明显偏高，对磷酸、磷铵的生产和其他酸法磷肥生产都带来不良影响。但含镁高的磷矿对生产钙镁磷肥十分有利，它能降低熔点，减少熔剂加入量。

D 硅及酸不溶物

磷矿中总是含有不等量的 SiO_2，多以酸不溶物形态存在。SiO_2 在反应过程中不消耗硫酸，部分 SiO_2 还可以使剧毒性的 HF 变成毒性较小的 SiF_4 气体。在反应过程中，活性较大的 SiO_2 很容易使氢氟酸生成氟硅酸（H_2SiF_6），后者对金属材料的腐蚀性要比前者轻得多。为此磷矿中应含有必需的 SiO_2，当 SiO_2/F 小于化学计量时，还应加入可溶性硅。但过量的 SiO_2 是有害的，一方面湿法磷酸中呈胶状的硅酸会影响磷石膏的过滤；另一方面增加磷矿硬度，降低磨机生产能力，增加磨机的磨损。

E 有机物与碳酸盐

大多数磷矿，尤其是沉积型磷矿常含有机物，有机物含量高会给操作带来很大麻烦。碳酸盐与有机物使反应过程产生气泡，有机物还使反应生成的 CO_2 气体形成稳定的泡沫，泡沫使酸解槽有效容积降低，还给磷矿的反应、料浆输送及过滤造成困难。有机物因碳化而生成极细小的炭粒，极易堵塞滤布，减少滤饼孔隙率，使过程强度降低。此外，有机物还会影响产品酸的色泽。

F 其他组分

氟是磷矿组成中的主要成分，通常与 P_2O_5 含量按一定的比例而存在，故磷矿中氟含量一般不作为评价的指标，但要注意磷矿中的氯含量，因为氯化氢所造成的腐蚀情况极为严重。当其含量稍高时，对设备材料的要求更高。因此氯根含量在 0.05% 以上的磷矿，采用酸法加工时，就需要选用特殊的材料。据国外资料报道，酸中氯化物的允许含量为 150~200mg/kg，氯化物含量较高时，用 316 或 20 号合金钢制成的搅拌器或泵只能用几个星期，有时甚至几天便会损坏。一般要求，磷酸中的 H_2SiF_6 + HF <2%（以 F 计）时，其氯化物含量不得大于 800mg/kg。

磷矿中锰、钒、锌等元素的含量一般均很少，对产品质量没有多大影响，而且还是作物需要的微量元素，有一定的肥效。至于铀等放射性元素，长期接触会损害人们的健康，应采取必要的防护措施。由于它们在国防工业上有特殊的用途，因此，当其含量达到 120mg/kg 时，可在加工过程中加以回收。

44.3.1.3　磷矿的可浮性

有些磷矿虽然品位较低，有害杂质含量较高，直接加工困难，但只要可选性好，通过常规的浮选法或其他较简单的选矿工艺，就可得到质量较好、成本较低的精矿，仍然是可取的。料浆法磷铵对磷矿质量的要求比传统法稍低，因而对选矿的要求也可降低。有些选矿工艺如擦洗脱泥、光电、重介质浮选只需一次粗选的浮选等，方法简单，成本可大大降低，磷回收率又比较高，因此，用这些选矿方法得到的粗精矿，很适合作料浆法磷铵生产的原料。

中国磷矿资源和磷矿供应绝大部分是磷块岩，它含有较多的白云石和硅质磷矿物，又多是构造致密的结晶或隐晶磷灰石（又称胶磷矿），因而富集比较困难。对这种磷矿一般先浮选碳酸盐矿物，再浮选磷酸盐矿物，即采用反浮选法。中国还将正浮选法与反浮选法结合选矿，取得了很大进展。此外，将光电、重介质、擦洗脱泥等方法用于这类选矿也很有现实意义。对高碳酸盐磷矿采用煅烧-消化法，对高镁磷矿采用稀硫酸（或稀磷酸）脱镁等化学选矿法，也可因地制宜地选取。

44.3.1.4　磷矿的反应活性、抗阻缓性及发泡性

磷矿的反应活性、抗阻缓性及发泡性将影响设备的生产强度、经济效益和工艺操作指标。测定反应活性可了解磷矿被酸分解的难易程度及分解速度的快慢，从而为选择适宜的反应时间提供参考。测定抗阻缓性可了解磷矿在硫-磷混酸中的分解能力及分解速度，可为磷矿细度的选择及液相 SO_3 浓度的选择提供依据。研究发泡特性，可知磷矿在酸解过程中生成泡沫的多少及其稳定性，以便在生产上采取相应措施。发泡严重的，可加入消泡剂抑制泡沫，以减少物料损失和环境污染，避免降低设备利用率。

44.3.1.5　磷矿质量的综合评价

以上分析表明，评价一种磷矿的质量不能只考虑品位高低，还要对其有害杂质的含量、可选性、反应活性、抗阻缓性及发泡性等进行综合分析评价。

磷矿品位的高低在后加工中体现出来的主要是经济因素，因为有些品位太低的磷矿，即使技术上可行，但经济指标太差，也不合适。磷矿中有害杂质的含量常常是决定后加工工艺在技术上是否可行的主要因素。例如某磷矿品位不低（含 P_2O_5 29%），但含铁很高（Fe_2O_3 达 5% ~8%），且铁的分解率也很高，在酸解反应过程中大部分铁进入磷酸溶液，使得中和料浆的黏度高达 1Pa·s 以上，料浆流动性很差，浓缩操作无法进行。在后加工工艺中，由于有害杂质含量是两个不同的概念，它们之间没有固定的关系。但是一般情况下，品位高的磷矿含有害杂质量相对也少些。

磷矿的可选性、反应活性、抗阻缓性及发泡性等，虽然也是评价磷矿质量的因素，但与磷矿品位及有害杂质含量两个最重要的影响因素相比，是次要的，故一般不作评价，只在特殊情况下才予以综合考虑。

44.3.2　磷酸、磷铵生产对磷矿质量的基本要求

在磷酸、磷铵生产中，为了稳定操作、提高技术经济指标、增加工厂的经济效益，通

常都希望采用品位高、杂质少、质量稳定的磷矿作原料。工厂生产规模愈大、使用精料的必要性也愈大，因为规模愈大，单位时间内磷矿需要量愈多，对磷矿质量稳定性的要求也愈严格，否则正常而稳定的运行就难以维持。

磷酸、磷铵生产中，要对原料磷矿的品位及有害杂质的限量提出一个具体要求很不容易。因为既要考虑生产上的需要，又应考虑矿山开采的实际可能。生产客观需要与磷酸、磷铵的生产流程、规模以及磷酸再加工的品种等有关。一般地说，采用二水物流程的工厂，对磷矿质量的要求可以低一些；采用半水物流程制取浓磷酸或生产规模较大的二水物磷酸厂，对磷矿质量的要求就要高一些。当采用半水—二水流程、二水—半水流程等再结晶流程时，还要考虑难溶性杂质的累积，故对有害杂质的限量要求就更高一些。磷酸加工制成磷肥的品种对磷矿品位及质量的要求也有很大差异。生产重过磷酸钙对磷矿质量要求严格，尤其是有害杂质的含量要少。但用于生产磷铵（磷酸一铵或磷酸二铵）对磷矿质量要求可以低一些。如果选用"料浆浓缩法"磷铵生产工艺，则对磷矿质量的要求还可以更低一些。

磷矿中有害杂质的允许含量常与品位有关。P_2O_5 品位高的磷矿允许有较多的杂质存在。为此，规定杂质含量的绝对值意义不大。正确的方法是规定某一杂质对 P_2O_5 含量的比值（质量比），例如 CaO/P_2O_5，MgO/P_2O_5 等。

44.3.2.1 国外对商品磷矿的要求

国外对商品磷矿（主要用于酸法加工）的一般要求列于表 44-3-1 中。

表 44-3-1 国外对商品磷矿的要求

项　目	BPL/% （P_2O_5/%）	CaO/P_2O_5	（$Fe_2O_3 + Al_2O_3$）/P_2O_5	MgO/P_2O_5
基本要求	≥68 ~ 70 （31 ~ 33）	≤1.4 ~ 1.45	≤3	≤0.5
最低要求	≥68(31)	≤1.45	≤10	≤2

44.3.2.2 中国酸法磷肥用矿要求

主要指过磷酸钙、湿法磷酸、磷酸铵、重过磷酸钙、硝酸磷肥和沉淀磷肥等的用矿要求。酸法磷肥用矿化工行业标准列于表 44-3-2。

表 44-3-2 中国酸法磷肥用矿化工行业标准（HG/T 2673—95）

项　目		优等品		一级品		合格品
		I	II	I	II	
五氧化二磷（P_2O_5）含量/%	（≥）	34.0	32.0	30.0	28.0	24.0
氧化镁（MgO）/五氧化二磷（P_2O_5）/%	（≤）	2.5	3.5	5.0	10.0	
三氧化二物（R_2O_3）/五氧化二磷（P_2O_5）/%	（≤）	8.5	10.0	12.0	15.0	
二氧化碳（CO_2）含量/%	（≤）	3.0	4.0	5.0	7.0	

注：1. 水分以交货地点计，含量应不大于 8.0%。

　　2. 除水分外各组分含量均以干基计。

　　3. 当指标中仅 MgO/P_2O_5 或 R_2O_3/P_2O_5 一项超标，而另一项较低时，允许 MgO/P_2O_5 的指标增加（或减少）0.4%，但此时 R_2O_3/P_2O_5 指标应减少（或增加）0.6%。

　　4. 什邡磷矿石合格品的 P_2O_5 含量应不小于 26.0%。

　　5. 合格品中杂质要求按合同执行。

"料浆浓缩法"磷铵对磷矿质量的要求比传统法的低，但不是什么矿都可用。在建设"料浆法"磷铵厂前，如所选用的磷矿尚未在生产中使用过，仍必须对所选定的磷矿进行全面（系统）或部分主要工艺参数的评价试验，确定该矿是否可用。特别要指出的是"料浆法"工艺也绝不是只用质量较差的矿，许多评价实验表明，料浆法制磷铵使用高质量磷矿为原料时，各项工艺技术指标和产品质量与传统法很接近。

44.4　磷矿选矿技术及发展趋势

中国磷矿选矿研究起始于 20 世纪 50 年代末，并于 1958 年建成并投产第一座年处理原矿 120 万吨的大型沉积变质磷灰岩浮选厂——江苏锦屏磷矿选矿厂。此后于 1976 年在河北马营磷矿建成并投产一座年处理原矿 30 万吨的中型岩浆岩型磷灰石浮选厂。这两座选厂的建成标志着中国已经掌握了易选磷矿的选矿技术。

从总的情况看，磷矿选矿技术与有色、黑色、稀有金属矿以及其他矿石的选矿比较，起步要晚一些，发展慢一些。这主要是由于资源选矿的必要性和矿石的可选性以及对资源需求量等原因所造成的。

磷矿早期有足够量的不经选矿可作直接制肥原料的富矿，同时有相当量的易选的磷矿，它只需采用成本很低的简单的擦洗—脱泥（或加磨矿）的选矿工艺就可以获得高的经济技术指标。然而随着农业发展和磷矿制肥工业的需要，磷矿石产量急剧上升，世界磷矿产量几乎同磷肥产量同步上升，随着大量的富磷矿石和易选磷矿石的不断开采，富矿几乎所剩无几。磷矿石开采品位下降，杂质含量增高，可采储量矿石中的平均品位（P_2O_5 含量）从 14.3% 下降到 13.1%。而新增加储量矿石中的平均品位仅为 10.8%，同时由于制肥工业对磷矿需求量急剧上升，因而为了满足制肥需要，大量的矿物性质相近，嵌布粒度很细，物质成分复杂的所谓"难选矿石"进入选矿加工。这时，采用传统的简单擦洗—脱泥的选矿方法已经无法实现有效分选，因而浮选方法的试验研究及工业实践越来越多，这又进一步促进了浮选技术的发展。目前，直接浮选、反浮选、正—反浮选、擦洗脱泥和重介质分选已应用于工业生产。随着浮选新工艺、新药剂、新设备的不断出现，浮选方法仍将是磷矿选矿的主要方法。

44.4.1　磷矿选矿方法

44.4.1.1　浮选法

中国胶磷矿普遍含 MgO 较高，磷矿物和脉石矿物共生紧密，嵌布粒度细，只有采用浮选法才能获得较好的分离效果，因此浮选法是中国磷矿选矿用得最多的一种方法。

浮选法包括直接浮选、反浮选、反—正（正—反）浮选和双反浮选等工艺。生产实践中用得较多的是直接浮选工艺和反浮选工艺，由于可开采磷矿的品位越来越低，杂质越来越复杂，嵌布粒度越来越细，矿石用简单的浮选工艺难以得到高品质的精矿，目前正—反浮选工艺也开始得到应用。

A　直接浮选工艺

直接浮选岩浆型磷灰岩矿及细粒嵌布的沉积型硅-钙质磷块岩矿石中的磷矿物，采用有效的碳酸盐矿物的抑制剂，从而加大磷矿物与脉石矿物表面可浮性差异，用脂肪酸类捕收剂将磷矿物富集于浮选泡沫中。该工艺已成功地应用于黄麦岭磷矿选矿厂和江苏锦屏磷矿选矿厂。

沉积型硅钙（钙硅）质磷块岩是世界公认的难选矿石。自"S"系列抑制剂的直接浮选工艺开发后，这类磷块岩矿石的选矿技术取得了突破性进展。

B 反浮选工艺

反浮选工艺主要用于高品位的沉积型钙质磷块岩矿中磷矿物与含钙碳酸盐脉石矿物的分离，主要是磷矿物与白云石的分离，以硫酸或磷酸作为磷矿物的抑制剂，在弱酸性介质中用脂肪酸捕收剂浮出白云石，将磷矿物富集于槽产品内。其最大优点是实现了常温浮选，槽产品粒度较粗有利于产品后处理。该工艺已成功地用于瓮福磷矿沉积磷块岩的选矿工业生产。

C 正—反浮选工艺

正—反浮选工艺主要用于沉积型硅钙（钙硅）质磷块岩。首先是抑制硅酸盐矿物浮选磷酸盐矿物，硅酸盐矿物作为尾矿排除，磷酸盐矿物及可浮性相近的钙（镁）碳酸盐矿物作为泡沫产品浮出得到正浮选精矿。再用硫酸或磷酸等作磷酸盐矿物的抑制剂，将正浮选精矿中的钙（镁）碳酸盐矿物浮出，磷酸盐矿物则富集于槽产品内。云南海口、安宁两座200 万吨/年磷矿浮选厂，采用正—反浮选工艺，工业生产运行表明，将 P_2O_5 由原矿中的15% ~ 25%提高到30%以上，MgO 由 1.5% ~ 4.0%降低到0.8%以下，磷回收率达86%以上，工艺流程简单，操作稳定，经济社会效益显著。实现了工艺过程和尾矿全部废水的循环利用，年节水达 1500 万米^3；采用新型药剂后，选矿成本明显降低，减轻了环境污染；常温浮选每年可节省标煤 14 万吨以上，节能减排效果明显。

D 双反浮选

双反浮选工艺主要用于磷矿物与白云石和石英的分离，以无机酸作为矿浆 pH 值调整剂，在弱酸性介质中用脂肪酸和脂肪胺浮出白云石和石英，将磷矿物富集于槽内产品中。其最大优点是可以常温浮选，槽内产品粒度较粗，有利于产品的后处理。但是胺对矿泥较敏感，胺反浮前都需脱泥，导致浮选流程复杂。

总之，采用浮选工艺选别磷矿，需根据矿石的性质选取不同的工艺，直接浮选适用于石英和硅酸盐为主要脉石的矿石，一般在碱性介质中进行。用 NaOH、Na_2CO_3 调整 pH 值都可以，但由于 CO_3^{2-} 可以将溶液中的钙镁离子沉淀，因此 Na_2CO_3 更多地用来消除矿浆中钙镁离子的影响。水玻璃有分散及抑制石英和硅酸盐脉石的作用，也能造成碱性介质。

反浮选适用于碳酸盐为主要脉石的矿石，多数在 pH 值为 4 ~ 6 的酸性介质中进行，用脂肪酸作捕收剂，但不必对矿浆加温。磷灰石在酸性条件下失去可浮性，而碳酸盐仍保持良好的可浮性。为了提高选别效果，可添加磷矿物的抑制剂，如磷酸及其衍生物。

对大量既含石英、硅酸盐又含碳酸盐，嵌布又细的矿石，用单一浮选法很难得到理想的效果，必须采用两步或更多步选别，如正—反浮选、反—正浮选、反—反浮选等，由于方解石、白云石等脉石含有与磷灰石同样的阳离子，用脂肪酸类捕收剂优先浮选时不易将它们分离，常需加抑制剂。我国开发的菲、萘磺化物 S808、S711、硝基腐殖酸钠、木质素磺酸盐缩合物 L339、萘磺酸钠 N0-等对白云石都有较强的抑制作用，但当精矿要求镁很低时，仍不能达到目的。同时由于环保要求，多数将不能使用。

44.4.1.2 擦洗脱泥工艺

目前对于风化程度较高的矿石，采用擦洗脱泥的洗选工艺较为适宜。在 20 世纪 60 年代中期，我国就开始对湖南浏阳磷矿进行擦洗脱泥研究，并取得一定成果。

在滇池地区建成的磷矿擦洗脱泥生产线，其流程结构一般为两段洗矿，主要设备为圆筒洗矿机或槽式洗矿机，而在第一段常配置洗矿筛。

摩洛哥的胡里卜加选厂，处理能力为100万吨/年，其流程是用叶轮式洗矿机洗矿、分级，用水力旋流器浓缩，用离心机脱水，获得精矿 P_2O_5 品位为36%，回收率75%的选矿指标。

1981年美国提出利用超音速的空气对佛罗里达矿石进行干洗，获得了较好的结果。美国佛罗里达磷酸盐矿广泛采用洗矿脱泥工艺，先脱除 $-104\mu m$ 矿泥，平均入选品位12.83%，矿泥产率为28.22%，品位8.3%，损失率18.25%。

擦洗脱泥工艺在国外应用较多，但我国风化矿仅占1.5%，因而推广应用的范围有限。

44.4.1.3　重介质分选技术

矿物之间的密度差异是重介质分选的关键。中国于80年代中期开始研究，发现其技术关键在于能否将分离密度严格控制在2.8～2.9。重介质分选技术因其分选效率高、环境污染小等优点，具有广阔的发展前景。从长远看，这种技术可望作为一种预选作业，从低品位磷矿中预先排除大部分脉石，从而提高后续分选作业的效果。

湖北宜昌磷块岩密度大于 $2.93g/cm^3$ 的占88.28%，大于 $2.96g/cm^3$ 的约占80%，脉石密度小于 $2.86g/cm^3$ 的占99.31%，两者间既存在重介质选矿所必要的密度差，又存在密度交叉，矿石中有害杂质主要赋存于脉石条带中，其中 R_2O_3 主要分布在页岩中，易除去；MgO主要赋存于白云岩中，由于白云岩密度较大，不易除去，因此对重介质选矿而言宜昌磷矿属于可选难选矿石。花果树重介质厂的选矿结果表明：当原矿品位 P_2O_5 含量为22.05%，MgO含量为2.85%时；经重介质选别，可获得最终磷精矿 P_2O_5 品位为28.06%、MgO含量为1.67%，P_2O_5 回收率为87.64%，产率为68.82%的选矿指标。重介质分选工艺具有粗粒抛尾、工艺简单、选矿成本低的优点。但是精矿品位达不到酸法磷矿的要求，只能作为预选作业，可以为反浮选提供较好的原矿。但是宜昌混合型磷矿重介质选矿面临尾矿品位偏高，精矿回收率较低，资源利用较低的状况，如果对尾矿不加以回收利用，会产生磷资源的浪费。因此，对重介质的尾矿应采用适当的选矿工艺，提高资源的回收率。

44.4.1.4　焙烧消化工艺

这是一种化学选矿法，主要用于含硅酸盐矿物很少的碳酸盐型磷矿石。利用碳酸盐矿物在高温下热分解放出 CO_2，然后加水使CaO、MgO水化成细粒 $Ca(OH)_2$ 和 $Mg(OH)_2$，采用分级技术脱除钙镁氢氧化物后，使磷矿物富集。

该工艺在选别陕西何家岩、贵州瓮福、大塘等磷矿中均获得较好的效果，并已完成扩大试验。但由于能耗高、脱出的石灰乳处理困难，加上生产控制难度较大等原因，尚未推广应用。

44.4.1.5　化学选矿

此法主要用于排除碳酸盐矿物，特别是MgO，使精矿中MgO含量降低到0.5%以下。由于加工费用较高，只有在其他选矿工艺所得精矿质量满足不了后续加工要求时，才可以考虑用此技术处理精矿。在磷矿化学选矿中，用作碳酸盐矿物处理剂的主要有氯化铵、硫酸和二氧化硫等，其中硫酸应用最广。

44.4.1.6 光电拣选技术

光电选矿是利用矿石和脉石之间的色差进行选别，以代替人工手选；在磷矿生产中极少使用。中国曾对开阳磷矿进行过光电拣选研究，主要用于拣除开采中混入的顶板白云岩，并获得一定效果。

44.4.1.7 静电选矿技术

静电选矿法主要用于磷矿物与石英的分离，矿石被加热后，磷矿物和石英因具不同的介电和半导体性质而具有不同的选择性带电能力（两者带相反电荷），从而达到分选目的。该方法还处于实验室试验阶段。

对于海口磷矿的风化富矿现采用擦洗脱泥工艺处理，尾矿擦洗需采用浮选工艺处理并进行综合回收利用。而对于中低品位原生矿（属于硅、钙质磷块岩），矿石有用矿物是微晶的碳氟磷灰石（胶磷矿），此类矿石的选矿，工业上主要有浮选、重介质分选等工艺。有人曾进行过重介质分选工艺的研究，但效果不理想。

44.4.2 磷矿选矿工艺流程

随着开采量的不断增加，资源贫化，单一的方法、简单的流程已难以达到化工所需磷精矿对质量的要求，无法满足工业生产。为得到高品质的精矿，各种选矿方法联合工艺得到广泛的应用。

44.4.2.1 磨矿—分级—浮选流程

用于处理风化较轻或无风化即含黏土较少的磷块岩石。浮选作业视矿石性质不同，可分别采用正浮选法、反浮选法或正-反浮选法。我国大多数选矿厂采用此种流程。

44.4.2.2 阶段磨矿—阶段选矿流程

该流程用于处理胶磷矿和磷灰石同时存在的磷块岩矿，如宁夏贺兰山选矿厂就采用了此种流程。

44.4.2.3 擦洗—脱泥—浮选流程

该流程用于风化严重，含黏土较多的磷块岩矿。我国由于此类矿床较少，因此目前仅在少数选矿厂中应用，如云南滇池周围的地表风化矿。

44.4.2.4 焙烧—消化—分级流程

该流程用于矿石较硬、含碳酸盐矿物（白云石和方解石）较多的沉积型钙质磷块岩矿，如瓮福磷矿采用此流程。

44.4.2.5 浮选—磁选联合流程

该流程主要用于含铁、钛等磁性矿物的磷矿石。由于我国此类型矿石较少，因此目前仅有北方少数选矿厂采用。

44.4.3 我国磷矿选矿的特点

44.4.3.1 选矿方案体现出两大发展趋势

第一，虽然选矿方法很多，但是总体看来仍然是以浮选方法为主，对磷块岩矿石来说更是如此。由单一的磷酸盐正浮发展到正—反浮选，反—正浮选，以及单一反浮碳酸盐脉石矿物和双反浮选硅质、钙质脉石矿物的流程。这些流程的选择是根据矿石本身性质和磷精矿的质量要求决定的。

第二，磷矿选矿流程由单一浮选过渡到多种选矿方法（包括化学选矿、焙烧、其他物理选矿方法等）联合流程方向发展。相继推出重选—浮选，浮选—磁选，浮选—化学等联合流程。

锦屏磷矿采用我国研制的高效浮选抑制剂 L_{339} 在选矿厂应用使磷矿精矿质量升级，满足了制取高级磷肥需要。

海口磷矿采用擦洗—脱泥—浮选联合工艺进行研究获得成功，为滇池地区磷矿资源找到了一条实用、经济、高效的工艺路线。

大峪口磷矿由单一正浮流程改为正—反浮选流程试验成功，获得高质精矿，为胡集地区钙（镁）、硅质磷块岩矿石选矿开发了新的选矿流程。

针对细粒嵌布的磷块岩矿石浮选的特殊要求，成功地研制出 PF-8 工业浮选机。它较好地解决了工业理论放大问题。而且应用效果良好，不仅解决了细磨磷矿浮选中充气量与搅拌强度、泡沫输送问题，而且有显著的节能效果。

宜昌磷矿采用重介质分选试验成功，开创了我国磷矿选矿使用重介质选矿工艺先例，为具有条带构造特征的大量磷块岩提供了一条实用、经济、有效预先分选的工艺路线。

44.4.3.2 我国磷矿选矿技术进展

为合理开发我国的磷矿资源，选矿工作者从选矿工艺、浮选药剂以及选矿设备等三方面做了大量的研究工作，取得了一系列成果，特别是高效浮磷药剂的研制在开发中低品位难选磷矿石中起了重要的作用。

A 磷矿选矿新工艺

磷矿选矿方法在发展中不断丰富，传统的选矿方法有擦洗脱泥工艺、重介质选矿工艺、浮选、重磁浮联合工艺及焙烧—消化工艺等。近几年来涌现出一些新的磷矿选矿方法，如微生物处理法、干式电选法、磁盖罩法以及选择性絮凝工艺等。

a 微生物处理 磷是参与生物代谢的重要元素之一，探索利用微生物处理中低品位磷矿，生产低成本的菌磷肥，将具有很大的经济价值。

池汝安等研究了枯草芽孢菌、假单胞菌和曲霉菌对低品位磷矿粉的分解作用，结果表明，三种菌株显著促进了磷矿粉中磷的浸出，磷的浸出率最高可达 7%，其中曲霉菌的解磷能力远强于枯草芽孢菌和假单胞菌，进一步证实了真菌的解磷能力强于细菌。

晏露等研究了硫酸和氧化亚铁硫杆菌浸出低品位磷矿过程中初始 pH 值和底物成分对磷的浸出的影响，结果表明：在初始 pH 值为 1.50~3.50 时，硫酸和氧化亚铁硫杆菌都能有效提高细菌培养液中磷的浸出率，且当 pH 值为 2.0，培养底物为混合矿时，氧化亚铁硫杆菌浸出磷矿中磷的浸出率最大，达到 9.5%。

b 干式电选法 吴彩斌研究了中低品位磷矿富集的新方法——干式电选法。结果表明，按推荐的电选流程，入选 P_2O_5 品位大于 20% 的中品位磷矿获得的磷精矿可满足湿法磷酸的用矿要求，而分选 14.75% 低品位磷矿获得的磷精矿可满足磷肥或钙镁磷肥的用矿要求。

清水沟低品位磷矿性质复杂，嵌布粒度细，磨矿 $-74\mu m$ 含量 92.8%，通过振动—气流联合作用摩擦荷电，采用悬浮电选机经一粗一精一扫流程，可将 P_2O_5 品位由 24.47% 提高到 30.23%，获得回收率 83.26% 的合格磷精矿。

c 磁盖罩法 早在 1984 年，英国 Warren spring 实验室的 P. Parsonage 就成功地用选择性磁罩盖法分离了方解石/白云石/磷灰石人工混合矿，进而又成功地分选了实际矿石。同时对工艺过程的效率、产品质量和试剂成本进行了研究，变为此法在技术上可行，经济上合理。但国外仍停留在实验室阶段，而我国对磷矿选择性磁罩盖法的研究，目前仍是个空白。

d 选择性絮凝工艺 利用选择性絮凝来处理微细粒磷酸盐，早在 1953 年就有了报道，而采用絮凝—浮选联合工艺处理磷酸盐 1992 年才有报道，且效果不佳。

Buttner 采用羧甲基纤维素或羧甲基玉米淀粉作絮凝剂、分散剂，使微细粒磷灰石絮凝，方解石分散，然后用肌氨酸钠及壬基酚基聚乙醇醚混合作捕收剂选别 Jaoupiranga 磷矿石。原矿含 P_2O_5 品位 5.8%，$-6\mu m P_2O_5$ 品位 4.2%，经一粗二精后可得到 P_2O_5 品位 35%，回收率 65% 的合格精矿。

S. 马瑟等用 PEO 絮凝剂做磷灰石-白云石-坡缕石体系的混合矿物试验，没有产生单矿物预测的选择性。后经研究发现在絮凝剂添加前需有 SBA 预处理。目前，在工业上还没有利用选择性絮凝方法处理磷矿石的例子。

B 磷矿浮选药剂

近几年，浮选药剂研制或选用的主要趋向是多官能化、官能团中心多样化、聚氧乙烯基化、异极性即两性化、弱解离或非离子化以及混合协同化。磷矿浮选药剂按其用途可分为：捕收剂、起泡剂、调整剂（包括抑制剂、活化剂、介质调整剂）、絮凝剂。其中受到广泛关注的是捕收剂和抑制剂。

a 捕收剂 磷矿石浮选有正浮选和反浮选，最初阶段，磷矿浮选一般采用氧化石蜡皂或塔尔油等脂肪酸类捕收剂回收磷酸盐和碳酸盐，但是这类捕收剂的选择性比较差，对硬水和低温适应性差。为使此类药剂分散良好，磷矿选矿广泛采用加温浮选。而在反浮选中，对硅酸盐类矿物，常采用胺类阳离子捕收剂。此外，一些两性捕收剂也用于磷矿石的选别。

近 30 年来，国内外在这些捕收剂的基础上研制了种类繁多且效果更明显的磷矿浮选捕收剂，概括起来可分为改性的脂肪酸类捕收剂、醚胺、酰胺羧酸类捕收剂、两性捕收剂、磷酸酯及有机磷酸、阳离子胺类捕收剂以及氧乙烯基化合物类捕收剂，还有部分结构不明，以代号命名的捕收剂。但是这些捕收剂的主体还是脂肪酸类物质，其中包括脂肪酸衍生物和脂肪酸改性产物，如脂肪酸衍生物磺化软脂酸钠、α-烷基硝基脂肪酸和 α-烷基硝基脂肪酸等；还有脂肪酸与木糖醇、季戊四醇及甘露醇等缩合得到的脂肪酸酯，如脂肪酸多元醇单酯以及脂肪酸聚氧乙烯酯等，它们与塔尔油混用也获得了较理想的浮选指标；此外还有脂肪酸二聚物和聚物、磺化琥珀酸单油酰胺乙酯等。

磷矿浮选捕收剂的研制发展是与我国磷矿资源的特点及现状分不开的，我国磷矿石原矿品位低、地质形成成因复杂。磷矿浮选存在药耗高、需加温、能耗高、浮选效果差等问题。目前磷矿捕收剂的研究主要是以下三个方向：研制正浮选高效捕收剂；研制反浮选捕收剂，主要是硅酸盐脉石矿物捕收剂；开发常温或低温捕收剂，主要是脂肪酸增效剂及脂肪酸混合用药方面的研究，以降低加温浮选过程中的能耗。

（1）正浮选高效捕收剂 我国的研究表明，十二烷基亚氨基二次甲基膦酸是磷灰石和方解石的良好捕收剂。

使用 N-酰化氨基酸（AAK）浮选磷矿的工业试验表明，在使用回水的条件下，可获得较高的浮选指标，而且浮选的泡沫性能和精矿的脱水指标也都得到了改善。这类捕收剂主要有：三烷基乙酰胺、烷基乙醇酰胺、烷基酰胺羧酸、N-甲基烷基酰胺羧酸、烷基琥珀酸-N-烷基单酰胺、磺化琥珀酸-N-烷基酰胺以及 N-烷基、N-琥珀酸酯基磺化酰胺羧酸等，用于浮选效果都比较好。

此外，环烷基磷酸酯 PE515 用于王集磷矿三层矿的浮选，用量省，指标也较好。

以工业菜子油下脚料为原料经皂化、酸解、氯化、氨基化等单元反应合成了一种新型氨基酸型浮选捕收剂 WHM-P1，在长链脂肪酸上引入氨基，改善了脂肪酸的浮选选择性，低温浮选效果明显高于普通的脂肪酸类捕收剂。

中蓝连海设计研究院研制开发的胶磷矿浮选捕收剂 PA 系列药剂，开发的 PA-42 在碱性矿浆中对磷矿物有较强的捕收性和选择性，泡沫矿化及流动性良好，并能改善磷精矿的脱水性能。该药剂在湖北大峪口磷矿 150 万吨/年浮选厂使用，入选原矿 P_2O_5 品位 17.28%，MgO 4.65%，磨矿细度 $-74\mu m$ 含量 94.0% 的条件下，获得磷精矿 P_2O_5 品位 34.64%，MgO 1.62%，P_2O_5 回收率 77.13%。

硬水地区的磷矿浮选药耗较高，以 Na_2CO_3 为例，每选别 1t 原矿消耗 Na_2CO_3 5~8kg，占浮选药剂费用的 70% 以上，而 Na_2CO_3 的主要作用是调整矿浆中的 Ca^{2+} 浓度，以减少其对常用脂肪酸盐的干扰和消耗。罗廉明等研究合成出抗硬性好的醚烷基磷酸酯，分别对磷灰石和方解石人工混合矿及磷矿石进行浮选试验，结果表明，醚烷基磷酸酯具有较强的抗硬水及耐低温能力。在弱碱性介质和低温矿浆中作磷矿捕收剂，有较好的选择性捕收能力，比用脂肪酸类捕收剂浮选时的碱耗明显降低，同时节省能耗，对降低磷矿选矿成本有明显作用。

TXP 磷矿低温捕收剂是湖北孝感市天翔药剂有限公司开发的，主要用于连云港新浦磷矿，实现了在连云港地区冬季不加温浮选，耐用指标与加温浮选相当。

WHL-P1 捕收剂是由某种油脂工业下脚料加工合成的。这种下脚料经碱炼提纯后得到一种淡黄色膏状物，将该膏状物酸化、加成后得到一种深棕色油状液体，将上述所得的淡黄色膏状物与深棕色油状液体按一定比例混合得到棕色油状液体，即是 WHL-P1。该捕收剂在 15℃ 条件下浮选磷灰石矿，可得到含 P_2O_5 品位 34.31%，P_2O_5 回收率 92.91% 的磷精矿。而用 WO-1 氧化石蜡皂在相同温度下对比试验，得到 P_2O_5 品位 36.5%，P_2O_5 回收率 38.46% 的磷精矿，可见 WHL-P1 捕收剂低温下对磷灰石的浮选效果更好。

武汉工程大学研制的 GD 系列磷矿不加温浮选捕收剂，可在矿浆温度 20℃ 左右自然温度下浮选与加温浮选相当，该类药剂可用于磷灰石矿、沉积变质磷块岩、硅质胶磷矿、钙质胶磷矿及硅钙质胶磷矿等各种类型的磷矿的正浮选或反浮选及正-反浮选作业。在江西朝阳磷矿 300t/d 规模的工业试验中，采用 GD730 浮选剂，对 15℃ 左右入选矿浆进行浮选，所取得的工艺指标与加温至 40℃ 以上相当；在湖北省荆襄磷化公司王集矿不加温浮选 1t/d 的扩大连续试验中，采用 GD403 浮选剂，矿浆温度（20 ± 2）℃（与王集矿冬季磨矿后矿浆自然温度相当），在不改变原工艺流程条件下，原矿 P_2O_5 品位 23.74%，MgO 2.25%，获得磷精矿 P_2O_5 品位 32.29%，MgO 0.94%，P_2O_5 回收率 86.49% 的工艺指标。

戴新宇等为提高北方磷矿的资源利用率，利用 DY-P 磷捕收剂对该磷矿进行选矿试验研究。结果表明，DY-P 磷捕收剂受温度影响较小，闭路试验可获得磷精矿 P_2O_5 品位

38.12%，回收率89.45%，杂质铁含量为1.07%的指标，不但降低了铁的含量，而且使选矿药剂成本也大大降低。

胡岳华等研究了新型两性捕收剂α-胺基芳基膦酸对磷灰石与方解石的捕收性能，结果表明，在碱性条件下，α-胺基芳基膦酸在方解石表面的吸附量最大，对方解石有较强的捕收能力，在磷灰石表面吸附量较小，对磷灰石的捕收能力弱。α-胺基芳基膦酸在碱性介质中选别湖北王集磷矿，与用氧化石蜡皂作捕收剂相比，在回收率基本不变的情况下，可使精矿品位提高3%。

(2) 反浮选捕收剂　在磷矿石中，伴生的脉石矿物主要是碳酸盐矿物和硅酸盐矿物。碳酸盐矿物的捕收剂主要是脂肪酸类阴离子捕收剂，而硅酸盐矿物主要采用脂肪胺类阳离子捕收剂。在磷矿选矿生产中，反浮选脱镁捕收剂大多在弱酸性条件下进行，且碳酸盐矿物天然可浮性比磷酸盐矿物好，在硫酸和磷酸的调节作用下，实验室试验及工业上应用效果显著，而除硅的效果往往不理想。

为提高沙特Al-Jalamid磷矿的磷资源利用，张仁忠、令狐昌锦用瓮福生产的WF-1进行试验，在不改变设计流程及工艺的条件下，一次反浮选，得到P_2O_5品位33%，回收率80%的浮选指标。

杨丽珍等采用中化地质矿山总局地质研究院研制生产的K-01新型捕收剂，以硫酸替代磷酸作抑制剂，常温反浮选回收湖北省宜昌地区南漳县红星磷矿中低品位沉积磷块岩，可以低成本工业化生产磷矿。

王仁宗等研制了一种碳酸盐磷矿反浮选捕收剂，以毛糠油酸化油和豆油酸化油的混合物为原料，将混合物加热至80~100℃，加碱液并搅拌皂化，控制pH值为7~8，再加入起泡剂，得成品。所得捕收剂具有捕收剂能力强、选择性高、用量少等优点，适用于碳酸盐磷矿和各种磷矿石的选矿，而且在碳酸盐磷矿品位低于17%时，仍能得到合格精矿，并且制备工艺简单，易于操作，精矿回收率高，氧化镁含量低，选矿成本低。

高惠民等提供了一种胶磷矿脱镁捕收剂及其制备方法，该捕收剂在胶磷矿的浮选中，可使原矿P_2O_5品位19%、MgO 10%以上的胶磷矿经浮选后，精矿P_2O_5品位达37%以上、MgO 1.2%以下，并保证P_2O_5回收率达85%。同时药剂用量下降20%，且能在低温10℃以下浮选，不影响浮选指标。该药剂制备方法简单易行，它主要由油酸、浓硫酸和质量分数为15%~45%的烧碱原料制备而成。

黄泽华研制的磷矿反浮选捕收剂，可以从P_2O_5品位24%~30%的原矿中，获得P_2O_5品位37%以上的磷精矿，且回收率高，氧化镁含量低，选矿成本低。这种捕收剂由基本物质和水（1:5~20）混合而成。基本物质为：棉籽油的皂化物38~45份，磺化琥珀酸二辛酸钠盐10~20份。该捕收剂不但适用于胶磷矿的选矿，而且可用于各种磷矿石的生产实践中。

唐云、张覃为磷矿石浮选所研制的TS药剂，在弱酸介质中能够反浮选胶磷矿，且该药剂价廉、无毒。在磨矿细度-74μm 73.5%的条件下，以硫酸作抑制剂，采用一次粗选、二次精选的流程反浮选贵州磷矿，最终获得了磷精矿37%，MgO 0.5%，P_2O_5回收率91.39%的技术指标。

从磷矿石中反浮选硅质脉石，除采用常用的脂肪伯胺外，又有了许多新的发展，如环烷胺、妥尔油胺（包括脂肪酸胺和树脂酸胺）、聚氧乙烯基胺、烷氧基二胺、烷酰胺基二羟乙基乙胺、烷酰基聚胺、烷基苯醚胺等。

用醚胺反浮选石英以提高磷精矿的品位，其效果比脂肪酸类捕收剂好。美国西部磷矿使用反浮选工艺，先用脂肪酸浮选碳酸盐，然后用不同的胺类捕收剂浮选硅质物，得到的磷精矿，无论在磷的品位和回收率方面，均是醚胺优于脂肪族胺。美国道化学公司使用烷基苯基醚胺反浮选硅质磷块岩，效果也较一般常规浮选为佳。

（3）脂肪酸增效剂及混合用药　脂肪酸类捕收剂，长期以来一直是非硫化矿物浮选的重要捕收剂。然而该类捕收剂溶解度小，分散性差，常需加温浮选，为强化非硫化矿的浮选过程，国内外都进行过大量的工作，例如将羧酸卤代、磺酸化、醚化、肟化、硝基化、环氧乙烷加成，或改用多元酸及其相关的两性捕收剂等等。可是要用上述化合物全面取代廉价的脂肪酸作捕收剂，用来浮选同样也是廉价的许多非硫化矿（如萤石、磷矿等），在经济上不合算。但作为一种增效剂或混合使用上述某种化合物，情况就完全不同，因为并不要求全部取代廉价脂肪酸，有时只取代 $2\% \sim 10\%$，就能产生明显的效果。

目前用于非硫化矿的脂肪酸增效剂种类很多，归纳起来有阴离子型（磺酸盐类、硫酸盐类、聚氧乙烯醚、二元酸单酯）和非离子型表面活性剂两大类。Samuel S. Wang 通过实验认为二元酸酯磺酸盐和磺化琥珀酸胺基烷基酯对佛罗里达磷矿石浮选，捕收剂用量较少时，显示强烈的增效作用。通式分别为：

$$CH_2—CO—(OCH_2CH_2)_n—OR$$
$$Na_2O_3S—CH—COOX$$

其中 R 为 $C_{4\sim 8}$ 烷基或 $C_{7\sim 18}$ 烷芳基，X 为 H、K、Na、NH_4，$n = 2$。

$$R—CO—NH—R'—(Y—R'')_n—OOC—CH_2$$
$$XOOC—CH—SO_3X$$

其中 R 为 $C_{4\sim 18}$ 烷基，R'，R'' 为 $—(CH_2)_m—$，$m = 2\sim 6$，Y 为 $—NH—$ 或 $—O—$，X 为 H、K、Na、NH_4，$n = 0\sim 2$。

通式为硫酸盐类增效剂

$$R(OCH_2CHR')_nSO_4M$$

其中 R 为 $C_{8\sim 26}$ 烷基，R' 为 H、HCH_2，M 为 H、K、Na、NH_4，$n = 0\sim 10$。

在脂肪酸与增效剂总量中，这类化合物占 $1\% \sim 60\%$，对磷矿的浮选起促进作用。

由高级醇或烷基酚与环氧乙烷的加成物，进一步与醋酸缩合而成。通式为聚氧乙烯醚增效剂：

$$RO(CH_2CH_2O)_nCH_2COOM$$

其中 R 为 $C_{8\sim 18}$ 烷基或含有 $C_{6\sim 12}$ 烷芳基，M 为 K、Na、H、NH_4，$n = 0\sim 2$。其中 $C_{14}H_{29}O(CH_2CH_2O)_2CH_2COONa$，$C_{14}H_{29}O(C_3H_6O)_2(CH_2CH_2O)_2CH_2COONa$，$C_8H_{17}OCH_2COONa$ 对不同类型的磷矿石及其他非硫化矿石（如白钨矿、氧化铜矿、重晶石、萤石）的浮选，能使捕收剂的添加量成倍下降，得到相当好的浮选指标。

高级醇与环氧乙烷加成，与二元羧酸形成羧酸单酯的化合物。通式为二元酸单酯增

效剂:

$$R'O(CH_2CH_2O)_n—CO—R—CO—OH$$

其中 R′ 为 $C_{8~18}$ 烷基, $n = 1 ~ 14$, R 为任一种 2 价烃基。其中 $C_{12~13}H_{25~27}O$ $(CH_2CH_2O)_3CO—CH=CH—CO—OH$ 对佛罗里达磷块岩浮选,使其回收率由 70% 提高到 80% 左右,精矿质量基本不变。

NP4(聚氧乙烯醚类化合物) 被用在从方解石-白云石中选择性浮选磷灰石,吸附研究表明,NP4 的添加,减少了油酸在磷灰石和脉石矿物上的多层吸附,并且认为 NP4 是脉石的抑制剂或脂肪酸的乳化剂。但对纯矿物研究表明,NP4 能改善磷灰石浮选,但聚氧乙烯怎样促进磷灰石浮选还不清楚。一系列的 NPX 和 TFX (聚氧乙烯醚类化合物) 以及其他的聚氧乙烯醚化合物 (TritonX-100 辛基酚聚氧乙烯 (10) 醚、TritonX-405 辛基酚聚氧乙烯 (40) 醚、Brij-35 聚氧乙烯月桂醇醚、Tween80 聚氧乙烯失水梨醇单油酸脂等) 对萤石的浮选有利,能提高回收率,降低脂肪酸用量。

刘长聚等研制出的 H907 磷矿捕收剂 (属于一种聚复型捕收剂,是由聚乙烯醋酸酯 PVAC 与磺化甲酯盐混合所得的复合物) 成功地用于莱州磷矿选矿厂生产,在较低温度 (6~20℃) 和中性介质 (pH 值约为 7) 条件下分选磷灰石型磷矿,获得理想的选别指标。

使用 $C_{8~22}$ 脂肪醇加聚氧乙烯醚和聚氧丙烯醚的产物与阴离子表面活性剂、阳离子表面活性剂或两性表面活性剂的混合物作为浮选非硫化矿石的捕收剂。加成产物是由 m 摩尔聚乙烯醚和 n 摩尔聚丙烯醚组成,m 和 n 数是 1~15,m 和 n 总数可能是 2~25,而 m:n 在 1:5~2:1 范围内,脂肪醇应大部分含 12~18 个碳原子。南非和巴西磷灰石矿石,澳大利亚钨矿和德国 Oberpfalz 矿高岭石的浮选试验证明,这种混合捕收剂是有效的。

MAT 增效剂与氧化石蜡皂混用浮选王集一、三层矿得到较好效果,MAT 是醇和酸在催化剂作用下酯化然后磺化而成。

磷矿常温捕收剂 Gd703 是由黑色脂肪酸加分散剂和表面活性剂制成,它可实现朝阳磷矿南矿段硅质磷块岩的常温正-反浮选,其经济技术指标等于或超过氧化石蜡皂的分选效果。

MOS 捕收剂是一种新产品,利用两种捕收剂混合使用时产生协同效应的最佳点的重量比配成,用它浮选萤石,浮选指标比常用药剂 731 高,用来浮选王集磷矿,工业试验表明经济效益比该矿选厂常用 OPS 的捕收剂好。

有人用纸浆废液为基本原料加工成 GD042 捕收剂,经王集磷矿在不加温的情况下使用,可获得常用药剂加温到 55~60℃ 相近的浮选指标。

据报道,Acintol FA-1 与中性油组合,脂肪酸与胺组合都有利于磷矿石的浮选;对铁矿石浮选,用米糠油脂肪酸与氧化石蜡皂、妥尔油组合使用浮选东鞍山铁矿,精矿品位得到提高,磺化环烷酸、EM2 和氧化石蜡皂组合浮选白云鄂博矿石,有助于降低铁精矿中氟含量。

经研究表明,在对黄麦岭磷矿浮选中,当 Tween80 用量为捕收剂 Ps-5 用量 10% 时,具有最显著的作用,使用增效剂 Tween80 可减少捕收剂 Ps-5 的用量,闭路试验最终精矿的品位和回收率分别提高 2.07% 和 4.27%。

以塔尔油脂肪酸为原料,在高温及黏土类催化剂作用下制成的捕收剂与燃料油混用,对磷灰石和硅质脉石有较好的分选效果。此外,油酸与浮选助剂配合使用,可以提高捕收剂的选择性。

总之，增效剂及混合用药的效果是多方面的。如：①增加有价物的回收率；②改善精矿质量；③降低捕收剂用量；④减小矿浆 pH 值、水的硬度以及捕收剂质量、数量对浮选可能产生的影响；⑤降温浮选；⑥降低浮选对矿浆中 Ca^{2+} 敏感程度。因此，为强化磷矿石等非硫化矿的浮选，添加增效剂或混合用药无疑是一条有效途径。

b　抑制剂　　抑制剂主要是：

（1）碳酸盐类矿物抑制剂　　磷酸盐矿石中含碳酸盐矿物主要是白云石、方解石。碳酸盐类矿物的抑制剂可以说是国内药剂研究的重点。羧甲基纤维素、柠檬酸和萘基蒽基硫酸盐都是白云石好的抑制剂，此外，也有采用硝基腐殖酸钠、木素磺酸钙、磺化酚焦油甲醛缩合物等作为碳酸盐矿物的抑制剂。我国已合成 S-808、S-711、S-214、S-217、S-804、S-721 等主要成分为萘、粗菲、苯酚的磺化物分别与甲醛综合反应物即 S 系列抑制剂；以木素磺酸钙为原料，通过有机合成方法研究的新型抑制剂 L-339，对白云石都有强烈的选择性抑制作用。但此类药剂对环境有一定的影响。

梁永忠、罗廉明等以植物提取物为原料，加工制成一种环境友好型碳酸盐抑制剂 YY1，该药剂不仅对碳酸盐矿物有明显的抑制作用，而且对捕收剂有一定的增效作用，可提高捕收剂的捕收能力，云南磷矿正浮选中添加此药剂，获得了较好的选别指标。

（2）含磷矿物抑制剂　　与国内不同的是，国外重点不在于碳酸盐矿物抑制剂的研究，而对含磷矿物的抑制剂研究较多。如用茜素红-S 作磷灰石的抑制剂浮选方解石，以及在浮选 SiO_2 过程中用聚丙烯酰胺作磷酸盐矿物抑制剂。

武汉工程大学研制的高效反浮选抑制剂 W-98 是磷酸类的衍生物，与硫酸配合使用，可以有效抑制磷矿物，反浮选大大降低氧化镁含量，提高磷矿浮选精矿质量，降低成本。

汤亚飞考察了正磷酸盐、三聚磷酸钠、六偏磷酸钠对胶磷矿和白云石的抑制情况，发现正磷酸盐对胶磷矿和白云石的浮选无太大影响，磷酸仅起调节矿浆 pH 值的作用，三聚磷酸钠和六偏磷酸钠在酸性介质中强烈抑制胶磷矿，而在碱性介质中对白云石抑制作用较强。

钟康年等发现在白云石在浮选过程中，聚磷酸盐对磷灰石有较好的选择性作用，特别是焦磷酸和双膦酸，可以在低用量情况下获得较好的指标。

W-10 是一种低毒的双膦酸，对胶磷矿有强烈抑制作用，对白云石抑制很弱，表现出良好的选择性。在弱酸性介质中胶磷矿与白云石的混合矿亦获得相同的分选效果，其双膦酸的浓度只有磷酸的 1/200，在中性及碱性介质中分选效果也不错。pH 值为 5～7 时，W-10 与钙离子螯合成六元环而使胶磷矿抑制；pH 值为 9 时，作用机制与 pH 值为 9 时磷酸的作用相似。

c　磷矿选矿新设备　　随着选矿设备的不断发展，一些新型高效选矿设备被用于磷矿选矿。磷矿专用三产品重介质旋流器的成功研制以及新工艺系统的有效应用，填补了我国在高密度非磁性矿物分选技术领域的一项空白，采用磷矿专用无压给料三产品重介质旋流器要可以实现要求高分选密度的磷矿石的有效分选。TDC1030P 型磁选机是一种磷矿专用的新型磁选机，已经在国内多家选矿石投入生产，并取得了良好的效果，已在云南磷矿集团应用。

44.4.4　世界磷矿选矿进展

从世界范围来看，商品磷矿石的年生产量已达 1.5 亿吨，并将逐年增长。而富矿和易于选别的磷矿资源将日趋减少，中、低品位难选磷矿石的富集已受到普遍重视。例如，近十年来，巴西在开发本国 P_2O_5 含量为 10% ~ 15%、且含大量碳酸盐脉石、矿物嵌布粒度极细的磷灰石矿床方面已取得成功。芬兰在开发利用本国 P_2O_5 含量在 5% 以下极低品位的磷灰石矿床方面也引起世界的注目。中国在开发利用 P_2O_5 含量 10% 左右、且含有大量白云石矿物的变质型磷灰岩矿床和 P_2O_5 含量 15% ~ 25% 的硅钙质磷块岩矿床方面也取得重大进展。其他如印度、埃及、叙利亚、塞内加尔、多哥、约旦、伊拉克等国，都在积极开发本国的中低品位磷矿床。即使俄罗斯、美国等磷矿资源比较丰富的国家，也十分重视本国难选矿石的富集问题。如俄罗斯对其卡拉套磷矿石的选矿研究，美国对其南佛罗里达磷酸盐-白云石矿石和西部硅钙质磷矿石的选矿试验研究等。这些试验研究的成果和工业利用的经验，不仅促进了世界磷肥工业的发展，而且从世界范围内推进了磷矿选矿工艺技术的改进、革新和进展。

在世界磷矿石选矿实践中，目前占主导地位的选别方法，仍是擦洗、脱泥、浮选和焙烧。近年来磷矿石的光电分选和重介质分选亦开始受到重视。

传统的洗矿流程及设备日趋完善。目前普遍采用了专门的洗矿机来清除黏土类杂质及净化磷酸盐颗粒表面。如阿尔及利亚遮别瓮克磷矿焙烧前用塔形脉冲洗矿机脱除矿泥。突尼斯一试验工厂在磨矿循环中，将 Bathoms 分级机装于水力旋流器前进行预先分级。在工艺过程中采用二段或三段脱泥，是美国和俄罗斯的一些选矿厂的通例，如俄罗斯卡拉套、金吉谢普磷矿选矿厂和美国佛罗里达磷矿选矿厂。

磷矿石的焙烧方法也得到发展。焙烧可在竖炉、转炉和沸腾炉中进行，后者似应列为最先进的焙烧炉，为美国、摩洛哥和阿尔及利亚的一些磷矿选矿厂所采用，但入炉原料粒度要求细。为节省燃料和获取粗矿砂产品，有时仅对部分磷矿进行焙烧，如以色列内格夫磷酸盐公司研制出一种部分焙烧以制取磷酸盐新产品的方法，可节省约 70% 的能量。在焙烧新工艺方面，如法国 F.C.B 公司研制出的"闪烁焙烧"，仅需 3 秒钟即可完成焙烧过程。采用低温焙烧磷矿石，最早应用于美国西部磷矿的选矿，中国天台山磷矿也曾试验过该种方法。焙烧时磷矿石中碳酸盐矿物的分解需消耗大量热能，这也与碳酸盐矿物的种类及含其他杂质的多少有关。例如，含黄铁矿的碳酸盐型磷矿石，焙烧温度仅为 650℃，同时还可利用磷矿石中黄铁矿在焙烧过程中所产生的热量，以补偿焙烧时所需消耗热量的 50% 以上。另外，焙烧过程中产生的钙、镁氧化物，一般可根据消化的方式采用洗矿法或风力分级法将其除去，但为了达到全部去除它们的目的，近年来又试图应用酸洗法。伴随磷矿石焙烧过程的进行，磷矿石中各组成矿物必然发生相应的变化，已证实可浮性等变化不一致，如磷矿物可浮性变好、石英可浮性不变、碳酸盐矿物可浮性变坏，这样自然有利于浮选分离。

对磷矿石的预先选别，除了一般采用的筛分或分级法外，出现了具有发展前景的光电分选和重介质分选技术。重介质（采用磁铁矿或硅铁或二者的混合物作为加重剂）选矿用于处理碳酸盐化磷酸盐矿石，前苏联曾就矿石中矿泥含量对重介质分选的影响进行了研究。光电选矿，美国用于其康达磷矿选矿厂，俄罗斯用于选别卡拉套磷矿，中国对开阳、宜昌磷矿，也进行试验研究，均能获得令人满意的结果。

据塞科（Ceco）公司资料，1980 年有 2 亿吨以上的磷矿石是采用浮选法处理的。美国也指出，在今后 20 年内，应主要采用浮选法处理佛罗里达磷矿石，因它不像焙烧法受矿石品位、嵌布粒度和杂质矿物类别及数量的限制。就浮选技术和工艺发展而言，基本上是沿着发展新设备、改进现有工艺流程以及采用新型药剂等途径进行的。如对于入选粒度较粗的原料，美国采用烧结膜浮选法，富集粒度为 – 1.17mm + 0.4mm，分选设备是射流充气浮选机；俄罗斯则用沸腾层浮选机和跳汰浮选机，选别粒度可达 3mm。对于 0.5 ~ 1mm 的入选物料，俄罗斯曾试验过两种新的浮选工艺流程，即分流浮选和逆流浮选，均获良好效果。对于细粒或超细粒的磷矿石或磷矿矿泥（如美国佛罗里达磷矿矿泥），曾以背负浮选、选择性絮凝浮选等方法进行选别研究，结果尚不甚理想。根据磷矿石中磷矿物、碳酸盐矿物、硅酸盐矿物的可浮性随粒度不同而异的特点，有分级浮选的趋势。近年来在出现众多的浮选剂中，获得普遍应用的，如瑞典生产的 KKAC 阳离子捕收剂；芬兰与瑞典 Berol Kemi 公司合作研制出的 N-烷基甲基氨基乙酸捕收剂；法国研制的磷酸酯（烷基磷酸酯 C8-C20）；塞科公司生产的 CP-1 全浮捕收剂（两性捕收剂）；中国研制的以芳烃化合物、木素化合物和腐殖酸为原料加工制成的 S 系列、L 系列和 F 系列抑制剂等。其中最有意义的应推后者，因在碱性矿浆中使用这类抑制剂时，可一次完成从碳酸盐和硅酸盐型磷矿石中选出磷矿物于泡沫产品中。在研制新型浮选剂的同时，对原有浮选剂的改性与混合使用等方面，也进行大量的研究。如俄罗斯用电化学法、磁场、电场处理磷酸和某些捕收剂；混合使用捕收剂，更为各国常用的方法。

磷矿石的浮选工艺，特别是含碳酸盐（主要是白云石）和硅酸盐脉石矿物的磷块难岩矿石的浮选工艺，是目前研究和开发的主题，因而提出了相应的浮选流程。比较具有代表性的工艺流程有：美国矿务局用氟硅酸或其盐类、中国用硫酸、磷酸、硫酸铝和酒石酸钾、钠盐分别作磷矿物抑制剂的"反浮选"流程；俄罗斯卡拉套选矿厂用磷酸作磷矿物抑制剂的"反—正浮选"流程；法国用磷酸酯为捕收剂的"正—反"或"反—正"浮选流程；以及新近由美国 TVA 提出的用二磷酸（羟基亚乙基二磷酸）、国际矿物和化学公司（IMC）提出的用磺化脂肪酸和磷酸的相应浮选流程等等，结果均较令人满意。

磷矿选矿药剂研制方面，主要包括正浮选高效捕收剂和反浮选捕收剂。

据专利报道，俄罗斯研制成了油酸的二烷基二硫代磷酸酯，浮选磷灰石效果良好。芬兰使用 N-烷基-N-甲基氨基乙酸浮选磷灰石，获得了较好的选择性；烷基氨基丙酸用于浮选磷灰石也获得了很好的效果。此外，俄罗斯以 N-烷酰氨乙基-N-羧甲基-N-三羧甲基乙二胺盐作为高碳酸盐低品位磷矿的捕收剂，也有一定效果。

俄罗斯使用酰胺羧酸类捕收剂浮选磷矿，前民主德国用来浮选钨矿。前苏联以二异辛基磷酸酯从碳酸盐中浮选磷灰石，法国用烷基磷酸酯和脂肪胺醋酸盐对硅钙质磷灰石进行双反浮选、正反浮选，或以聚氧乙烯基磷酸酯正反浮选，都得到较好的指标。烷基亚氨基二次甲基膦酸和烷基-α-羧基-1，1-二膦酸用于选别格陵兰碳酸盐磷矿含氟磷灰石，亦获得了较为理想的效果。

俄罗斯希宾斯克磷灰石矿用价廉的 ABSK（烷基磺酸钠）代替 OP-4 和脂肪酸混合物作捕收剂，P_2O_5 回收率达 95.8%，由于烷基磺酸钙的溶度积比具有相同碳原子的脂肪酸钙溶度积大，因此，分子量较大的 ABSK 更适于作磷矿的捕收剂，已投入工业生产。

A. M. 埃尔马赫帝采用两性捕收剂十二烷基-N-羧乙基-N-羟基咪唑啉浮选含白云石的磷酸盐矿石时，对白云石的选择性捕收效果较好，而对磷灰石捕收能力较弱，取得了较好的实验结果。

在磷矿石选矿方面，还有一个重要的发展方向是化学选矿。化学选矿可单独使用：如美国曾以硫酸气体鼓泡（吹泡）矿浆的方法处理佛罗里达碳酸盐型磷矿石，前苏联更早已用该法对卡拉套磷矿石进行过试验；有时是与浮选法联合使用：如前苏联曾用浮选—化学—浮选联合法选别金吉谢普磷矿；美国则用浮选—热化学（焙烧）或热化学—浮选联合法处理其西部磷矿石；中国也曾用浮选—化学联合法处理石门磷矿石，以热化学—浮选联合法处理王集一层矿、瓮福穿岩洞矿段 a 层矿，前者浮选前先用 CO_2 气体碳化，然后正浮选，后者则在碳化后用胺盐反浮选。有时则与制肥结合，如前苏联曾以浮选—化学联合法处理某低品位磷矿石时，除获得磷精矿外，还获得镁铵磷酸盐肥料。

综合利用磷矿石中伴生矿物或元素，是磷矿选别中又一重要发展方向。如芬兰西林佳维选矿厂，在生产磷灰石精矿的同时，回收方解石产品。巴西亚库庇兰加选矿厂，从浮选磷灰石尾矿中分选出磁铁矿。南非帕拉博拉磷矿除生产磷精矿外，还生产斜锆石、磁铁矿和铜精矿。前苏联希宾选矿厂同时获得磷精矿和霞石精矿。瑞典和挪威从含磷铁矿石中获得铁精矿和副产磷灰石精矿。

44.5 磷矿选矿厂

44.5.1 典型正反浮选磷矿选厂

44.5.1.1 海口磷矿选厂

A 选矿厂概述

云南磷化集团有限公司海口磷矿浮选厂位于昆明市西山区海口镇，矿区地处滇池之滨，矿区内有铁路、公路与外界相通，并与全国联网，公路可与昆明、安宁、海口、玉溪等主干线公路相接，四通八达，交通十分便利。海口磷矿浮选厂设计规模：一期处理能力为原矿 200 万吨/年，磷精矿 138.2 万吨/年，二期处理能力为（原矿）300 万吨/年。

B 矿石性质

（1）矿石类型 矿床赋存于寒武系渔户村组地层中，为滨浅海相大型层状磷块岩矿床。具有工业价值的矿体有两层，即上层矿和下层矿，中间夹层为含磷砂质白云岩。

（2）矿物组成 矿石主要矿物成分为胶磷矿、少量微晶磷灰石，次要矿物成分以白云石为主，含有石英、方解石、长石、玉髓及少量的电气石、海绿石、白云母和炭泥质物等。矿石主要化学成分有 P_2O_5、CaO、SiO_2，其次为 MgO、Fe_2O_3、Al_2O_3、F 等。矿石工业类型为硅钙质磷块岩。

矿石物理性质见表44-5-1。原矿主要化学成分分析结果见表44-5-2。原矿物相分析结果见表44-5-3。

表 44-5-1 矿石的物理性质

矿石体积质量/t·m⁻³	硬度f	密度/t·m⁻³	松散系数	安息角/(°)	湿度/%
2.54	4~12	2.84	1.60	38~40	约6

表 44-5-2   原矿主要化学成分分析结果

成 分	P_2O_5	CaO	MgO	SiO_2	Fe_2O_3
含量/%	22.44	39.60	4.52	16.60	1.39
成 分	CO_2	F	A.I	烧失	Al_2O_3
含量/%	8.22	2.36	18.72	9.68	0.70

表 44-5-3   原矿物相分析结果

矿 物	胶磷矿 P_2O_5	白云石 P_2O_5	硅质矿物 P_2O_5	褐铁矿 P_2O_5	合 计
含量/%	21.768	0.133	0.088	0.110	22.099
分布率/%	98.50	0.60	0.40	0.50	100.00

C 选厂技术进步

a 单一反浮选工艺流程改造   根据原矿性质波动情况将原浮选厂 B1 系列采用的正粗—反粗—反扫工艺流程改为一粗一精的单一反浮选工艺流程,改善了产品质量,改造后的流程对原矿性质的适应性更好,可选一些更低品位的原矿。

b 回水改造,加强浮选厂回水的利用   将精矿管道冲洗由原来的用清水冲洗改为用尾矿回水冲洗,更换尾矿溢流环水泵重要构件的材质保证尾矿库回水系统正常工作,提高了回水的利用率。

c 降低棒磨机钢耗   根据生产实际情况,采用降低棒磨机给矿粒度和选用硬度更高的锰钢替代铬钢棒材等措施,减少棒磨机钢耗,提高了钢棒的利用效率。

d 均化场配矿研究   为了浮选厂生产稳定,采取均化场配矿的方式,将高品位矿石和低品位矿石、难选矿石和易选矿石按一定比例给入磨矿系统,提高配矿后矿石的可选性。

e NP1313 反击式破碎机板锤选材研究   选用较先进的耐磨钒钼合金材料代替 Mn18Cr2Mo 合金,延长板锤使用寿命,降低了生产成本。

D 选矿厂现生产工艺及流程

生产工艺采用破碎、磨浮、脱水三个作业。

a 破碎筛分及预选   破碎系统处理的原矿 150 万吨/年来自海口磷矿各采区,50 万吨/年原矿来自矿区周边(收购)。原矿最大块度 900mm,破碎最终产品粒度小于 15mm。原矿含水含泥大,雨季达 15% ~ 20%。由于多点进料,原矿性质有较大差异,故对矿石进行均化处理。由于原矿块度较大,不宜在原矿堆场设均化场,最终均化场设在破碎后的粉矿堆场。

破碎采用双系列两段一闭路破碎流程,细碎的预先筛分和检查筛分合一,筛出部分细粒级矿石,以减少破碎机堵塞几率。

b 磨矿分级   磨矿分级与破碎对应,采用双系列两段一闭路流程。一段磨矿采用棒磨机,二段磨矿采用球磨机,分级采用水力旋流器组。

c 选别作业   单一反浮选、正—反浮选和双反浮选流程选别海口地区中、低品位磷矿都能得到满足生产湿法磷酸的磷精矿。由于海口磷矿矿石赋存的复杂性和部分外购矿成分较难控制,选别作业采用两个系列,可以较灵活的改造浮选设备配置,以适应原矿的变化。设计时一系列为正—反浮选流程，二系列为单一反浮选流程，因生产实际需要，经过实践和改造，现在一系列既可开正—反浮选，也可以开单一反浮选。

d 选矿产品脱水 浮选精矿采用一段高效浓密机浓密，浓度为50%～60%底流进入精矿浆储槽，经长距离管道输送至下游企业三环中化120万吨/年磷铵工程。浓密机溢流水返回选矿厂使用。尾矿浆首先进入厂区内设的尾矿浓密机，溢流水经处理后返回回水高位水池，供选矿厂使用。

e 选矿过程控制及检测 处理量控制是在胶带机上安装电子皮带秤；原矿品位和水分测定均由人工定时取样送质检中心化验室化验；在水力旋流器给矿、溢流和精矿浓密机前安装流量计和密度计，以测量矿浆浓度和矿量；浮选精、尾矿按系列分别定时取样送质检中心化验室化验化学成分。

f 主要设备 破碎设备采用法国原装进口美卓 NP1313 型反击式破碎机和合资山特维克 H4800M 型高效液压圆锥破碎机；磨矿工艺采用 MBS3245、MQY4067 型磨机和目前国内磷矿选矿设备中最大的 50m³ 浮选机；脱水工艺选用淮北中芬 φ53m 及 φ30m 浓密机。

g 生产指标 原矿 P_2O_5 品位 22.0%～24.0%，$MgO \geqslant 4.5\%$，选别后得到 $P_2O_5 \geqslant 29\%$，$MgO \leqslant 0.8\%$，达到酸法加工磷矿一类质量标准。

h 浮选厂自动控制 包括粗碎、细碎、筛分、粉矿堆场、磨矿、浮选、精矿浆输送及尾矿输送等工序。给矿及破碎工序由皮带给矿机称重控制；磨矿工序有磨机进料称重控制、磨机加水流量控制、磨后矿浆浓度控制；浮选工序有药剂稀释水流量控制、药剂流量控制；浓密工序有浓密机耙子扭矩指示、报警和联锁，浓密机耙位指示和联锁，浓密机溢流水浊度指示和报警，浓密机底流浓度指示和调节，絮凝剂流量指示、积累和调节，精矿浆贮槽液位指示和报警；长距离管道输送工序采用计算机控制和数据采集（SCADA）系统，包括远程通信系统、检测仪表控制系统。

i 综合利用与环保 选矿产品都经过浓密工序，得到的溢流水均返回循环使用，尾矿库沉淀后的清水，除部分蒸发外，其余返回选矿厂，整个工艺系统达到零排放目标。海口磷矿从 2007 年 9 月起开始实施复土植被工作，已在浮选厂范围内种植天竺桂、垂丝海棠、山玉兰、广玉兰、华山松等乔木 1600 多株；金叶女贞、红花檵木、杜鹃等灌木近 10 万株；紫薇、茶花等藤本植物 130 多株；还在边坡护栏等处栽种了大量的金竹、常春藤、爬山虎和白蜡条，浮选厂绿化面积达到 5.5 万平方米。

44.5.1.2 大峪口选厂

A 选矿厂概述

湖北大峪口化工有限责任公司位于湖北省钟祥市胡集镇境内，东临汉水，西依荆山，南傍荆门，北邻襄樊。公司矿区面积约 $10km^2$，储量 13 亿吨。大峪口磷矿的特点是品位低、杂质多但储量丰富。大峪口矿肥结合工程配套的选矿装置生产能力 150 万吨/年。

B 矿石性质

大峪口矿段属胡集矿区的七个矿段之一，南北长 3.4km，面积约 $10km^2$。其含磷矿物赋存于震旦系下统陡山沱组中，自上而下共分五个磷矿层（PH_1、PH_2、PH_3、PH_4、PH_5），大峪口矿段具有工业开采价值的是一层矿和三层矿。第三矿层（PH_3）在矿区内普遍发育，矿层呈层状产出，由下而上又分为五个小层（PH_3^1、PH_3^2、PH_3^3、PH_3^4、PH_3^5）。开采工业矿层为 PH_3^2、PH_3^3、PH_3^4 三个小层。PH_3 矿层由砂岩状磷块岩和互层状磷块岩两种矿石自然相间组成，PH_3^2、PH_3^4 为砂岩状磷块岩，PH_3^1、PH_3^3、PH_3^5 为互层状磷块岩。两种自然类型简介如下：

（1）砂岩状磷块岩：由黑色细点与浅色的脉石矿物混生构成。有用矿物为胶磷矿、磷灰石，该类型矿石含 P_2O_5 15% ~23.58%，一般为 19%。

（2）互层状磷块岩：由砂岩状与含磷泥质白云岩互层组成。砂岩状磷块岩成条带状，少许为薄层状夹于含磷泥质白云岩中。P_2O_5 含量 8.10% ~14.92%，一般为 11%。

三层矿矿石矿物组成见表 44-5-4，三层矿原矿化学组分见表 44-5-5。

表 44-5-4   三层矿石矿物组成

矿石类型	胶磷矿	主要矿物质量分数/%				
		细晶磷灰石	白云石	方解石	玉髓	赤铁矿
互层状（PH_3^5）	20	8	37	—	33	2
砂岩状（$PH_3^{2\sim4}$）	39	4	22	4	29	2
互层状（PH_3^1）	20	7	42	—	30	1

表 44-5-5   三层矿原矿化学组分

成　分	P_2O_5	MgO	CaO	SiO_2	CO_2	Fe_2O_3	Al_2O_3
含量/%	17.27	4.40	34.59	29.15	12.45	0.79	0.44

C   选矿厂技术进步

大峪口矿肥结合工程是国家"八五"重点工程，其配套的选矿装置生产能力 150 万吨/年原设计采用直接浮选工艺流程，其精矿用于生产重钙。选矿工艺采用自主开发的"低品位硅钙质磷块岩（胶磷矿）正—反浮选新工艺"。该技术的开发及工业化应用，使低品位胶磷矿生产高浓度磷复肥和开发精细磷化工产品成为可能，也从根本上解决了磷矿开采的"采富弃贫"问题。

D   现生产工艺及流程

湖北大峪口化工有限责任公司选矿车间年处理磷矿 150 万吨，生产磷精矿 65 万吨。工艺流程介绍如下：

（1）破碎筛分流程　选矿车间破碎工段采用二段一闭路流程，即粗碎、中碎、细碎和筛分，筛上粒度较粗产品返回到细碎机进行再破碎，破碎后的矿粒和中碎机排矿粒一起输送到筛分机进行筛分。

（2）磨矿分级流程　破碎工段破碎好的矿石粒度一般在 10mm 以下并通过皮带输送到粉矿仓作为磨浮工段的磨矿原矿。原矿通过给矿皮带输送到球磨机进行细磨。选矿车间磨矿工艺为两个系统，磨矿工艺流程为二段一闭路磨矿分级流程。

（3）选别作业　选矿车间浮选工艺流程为正—反浮选工艺流程，即正浮选部分为一粗二精一再选闭路流程，反浮选部分为一粗一扫闭路流程。

（4）生产指标　原矿品位 P_2O_5 18.77%，MgO 4.33%。精矿中 P_2O_5 品位 31.62%，回收率 82.59%；MgO 品位 0.60%，回收率 6.79%。

（5）选矿产品脱水　选矿车间浮选精矿进入浓密池沉降浓缩到浓度 65% 后直接泵送到矿浆储槽，然后通过渣浆泵输送到磷酸车间制酸用。

（6）尾矿系统 浮选生产系统共有两个系列，两个系列全部为正—反浮选工艺，每个系列产生三个作业点的尾矿，尾矿浆通过管道排放到浮选平台下面的尾矿池。尾矿站有两个尾矿输送系统。每个系统由液力偶合器和两级加压渣浆泵组成尾矿输送系统。尾矿通过渣浆泵全部输送到3km外的龙会冲尾矿库堆放。尾矿库澄清水经处理后可以再回收利用。

（7）选矿过程检测与自动控制 选矿过程检测由人工定时取样测定磨矿浓度和细度、浮选工艺指标、浓密池底流浓度。自动控制包括磨矿分级系统全部采用国产计算机集散控制系统对磨矿、旋流砂泵、水力分级器进行实时控制，根据给矿量、补加水、矿浆密度、矿浆压力、流量自动对磨矿分级进行调整控制。

（8）选矿厂主要设备 破碎生产系统的粗碎机为 PEJ1200×1500 颚式破碎机，其配套板式给矿机为 ZBG1800×10000；中碎机为 PYB2200 型圆锥破碎机，细碎机有两台，分别为国外产的 RC66 型液压圆锥细碎机和 PYD2200 型圆锥细碎机；筛分机为 YA2460 圆振动筛。

磨矿分级系统有 $\phi3.5m×5.48m$ 溢流型球磨机；D26B-1323 水力旋流器；$8×10GIW$ 旋流砂泵。

浮选系统有充气式浮选机 KYF-16L，吸浆式浮选机 XCF-16L。

尾矿输送系统有 YOTGC750 调速型液力偶合器；200LZ-SA 渣浆泵。

浓缩输送系统有浓密机 NTJ-50A；浓密机底流矿浆泵 6/4E-AHR；精矿浆输送渣浆泵 65ZBG-530。

（9）综合利用与环保 采用"双碱"处理法对尾矿库回水进行再处理，降低回水硬度，除去回水中的有害杂质，使其与浮选生产用水水质接近，试验表明，利用再处理后的尾矿库回水进行大峪口中低品位磷矿浮选是可行的，根据试验结果在公司尾矿库兴建尾矿库回水再处理工业装置。

44.5.2 典型单一反浮选磷矿选厂

44.5.2.1 贵州瓮福新龙坝选矿厂

A 选矿厂概述

瓮福磷矿位于贵州省中部的瓮安与福泉两县境内，是目前我国最大的磷矿石采选联合企业。新龙坝选矿厂是瓮福磷矿主体生产单位之一，1995年5月3日建成，同年9月8日通过72h负荷试车考核并投入生产，随着总公司的不断壮大，2004～2008年相继增加了80万吨破碎、磨浮扩能装置及110万吨尾矿再选装置。主体由破碎系统、磨浮系统、浓缩系统、精矿及尾矿输送系统、供水系统、尾矿库组成。年处理原矿350万吨，产精矿245万吨以上。长达46.74km的精矿浆输送管道是我国第一条固体颗粒长距离输送管道。

B 矿石性质

瓮福磷矿是一个巨型海相化学沉积磷块岩矿床，赋存于震旦系上统陡山沱组上部，含矿岩组由磷块岩、硅质岩、白云岩组成。矿石的自然类型由上而下分为致密状、团块状、砂砾状磷块岩。致密磷块岩呈灰白、蓝灰色，分块状、层状构造，P_2O_5 平均33.31%，占矿石储量的35.5%；团块状磷块岩为致密状、砂砾状过渡类型，P_2O_5 平均26%，占矿石储量的36.7%；砂砾状磷块岩 P_2O_5 一般21%，占矿石储量的27.8%。

瓮福磷矿矿石属碳氟磷灰石系列，分子式为 $Ca_{20}P_{28}C_{0.2}O_{24}F_{1.8}OH_{0.4}$，矿物呈圆形至椭圆形及棱形颗粒，较粗大，呈隐晶胶状或粒状集合体，微粒碳酸盐以杂质形式存在于磷矿颗粒中，常交代磷矿或胶磷矿鲕粒，使少量鲕粒中不同程度的存在碳酸盐矿微粒。细粒碳酸盐集合体是胶磷矿颗粒的主要胶结物，形成基质胶结，或呈脉状充填胶磷矿裂隙。原矿中还含有石英、玉髓。石英呈细粒集合体或粉砂状的个体及自形晶产出，并零星嵌布于磷矿物及磷酸盐矿物之间。石英集合体常与玉髓相互伴生，但分布不普遍。原矿中含有黏土矿物、黄铁矿、冰晶石、铁质及炭泥质矿物等。矿石的化学分析结果见表 44-5-6。

表 44-5-6　矿石的化学分析结果

成分	P_2O_5	MgO	Al_2O_3	Fe_2O_3	SiO_2	CaO
含量/%	25.21	6.19	0.40	0.57	3.55	45.70

矿石矿物组成：磷矿物占 70% 左右，碳酸盐矿物（白云石）占 20% 左右，石英占 3% 左右，水云母和炭泥质合计 4% 左右，铁质矿物 1% 左右。

C　选矿厂技术进步

在磷资源利用方面，以公司自主研发"WF-1"选矿技术为代表，大量原工艺不能利用的低品位磷矿石得以利用，该技术已获得国家专利。在水资源循环利用方面，以自主研发的"WFS"废水选矿等技术为代表，将磷化工生产废水回收用于选矿，节约矿配和制配产生的大量能耗，大大减少使用新水，实现废水"零排放"，该技术被中国石化协会授予科技进步一等奖，列为国家循环经济示范项目，成功申报两项国家专利。

D　生产工艺及流程

采用三段开路破碎、一段闭路磨矿、一次粗选（反浮选）、一段浓缩、精矿及尾矿管道输送。瓮福磷矿矿区周围地形复杂，地貌破碎，沟谷发育，无开阔地形可利用。矿区内采用分散建厂方案，将粗碎和中碎放在英坪矿段采场附近，细碎、筛分、磨矿浮选，浓密放在场地比较开阔的新龙坝，中间用一条长度 2.2km，宽 1000mm 的钢芯胶带输送机，将中碎产品运到新龙坝，进入细碎筛分作业。浮选精矿经浓缩机浓缩后，用 φ200mm 管道输送到马场坪，部分高浓精矿浆再浓缩后进入重钙厂，一部分进入压滤车间，压滤后含水分 10% 的滤饼进入精矿仓，装车外运。

a　破碎车间　破碎车间是选矿厂主体车间之一，具有大型设备多、生产战线长、点多面广等特点，主要由英坪和磨坊两个破碎站及新龙坝细碎筛分系统组成，其任务是为磨矿系统提供合格粒度的矿石产品。英坪破碎站输送能力为 250 万吨/年，最大给矿粒度 1100mm。主要设备有：ZBG2400×12000 板式给矿机一台，PEJ1500×2100 颚式破碎机一台，PYB2200 标准圆锥破碎机一台，钢绳芯高强度皮带一条：长 2151m、宽 1m。磨坊破碎站处理能力为 100 万吨/年，最大给矿粒度 630mm，主要设备有：HZZ1200×6000 板式给矿机一台，H200 重型振动筛一台，PEWD75106 大破碎比颚式破碎机一台，钢绳芯高强度皮带一条：长 2800m、宽 800mm。细碎筛分系统处理能力 350 万吨/年，最终产品粒度为 15mm。主要设备有：两台 2YAC2460 重型振动筛，两台 PYD2200 短头圆锥破碎机，6 个容积为 860m³ 的粉矿仓。

b　磨浮系统　磨浮车间是选厂的主体车间之一，是全厂生产产量、质量、成本控制的关键环节，年处理能力可达 350 万吨原矿，生产磷精矿 240 万～250 万吨以上，生产工艺原则流程为一次粗选、三次精选和中矿再选。

车间主体进口设备较多，自动化程度高，主体流程分为三个系列，Ⅰ、Ⅱ系列球磨机处理能力可达185吨/（台·时），Ⅲ系列处理能力可达105吨/（台·时），磷精矿生产质量$P_2O_5 \geqslant 34.22\%$，$MgO < 1.5\%$。

磨矿工艺：一段闭路流程，磨矿主要设备：15英尺×21英尺球磨机2台，3.6m×6m球磨机1台。

浮选工艺：反浮选。浮选主要设备：XCF-16，KYF-16型浮选机共42台。

c 选矿厂精尾车间　精尾车间是选矿厂主体车间之一，主体工艺包括精矿浆浓缩和输送、尾矿浓缩和输送两大部分。精矿浆浓缩为使用高效絮凝剂进行浓缩，其产品浓度为62%～67%，溢流浓度≤150mg/L，主要设备有φ15.2m浓密机、φ16m浓密机各1台。精矿输送浓度为61%～67%，pH值为7～9。主要设备有9英尺×12英尺三缸单作用活塞泵3台，管线长度为46.74km。尾矿输送浓度20%～25%，主要设备有泥浆泵4台，管线长度9km。

d 选矿厂尾矿库　瓮福磷矿白岩尾矿库距新龙坝选矿厂大约9km，由尾矿输送系统、尾矿回水系统、尾矿排洪系统及废水处理系统组成，基建总投资4000多万元，采用上游法筑坝方式，筑坝类型为透水堆石坝，尾矿库正常生产运行情况下（除筑坝期外），尾矿沉积滩坡度控制在1.50%以上，干滩长度大于150m，尾矿回水100%的循环利用。当尾矿砂堆至1255m标高时，尾矿库总库容为1918.75万米^3，最大坝高100m，设计服务年限为22年。

e 尾矿再选工业示范装置　该装置于2008年8月8日投资新建，12月30日顺利建成，年处理能力为110万吨。磨矿工艺为预分离，一段闭路磨矿。磨矿主要设备有MQY2136湿式溢流型球磨机1台。浮选流程为反浮选工艺，一次粗选，分两次加药。浮选主要设备有XCF-16，KYF-16型浮选机共9台。主要技术参数有，入选尾矿P_2O_5 6%～8%；MgO 10%以上；精矿$P_2O_5 \geqslant 5\%$，MgO 2.5%左右；尾矿$P_2O_5 \leqslant 5\%$左右，总回收率提高3个百分点以上。

f 选矿过程检测与自动控制　新龙坝选矿厂进行生产监控与信息动态管理计算机网络系统，是一个管控一体化系统。该系统通过一个基础平台，即布线系统，两个应用环境支持平台，即网络＆服务器系统和监控＆数据采集系统，将选矿厂的生产控制、数据采集、生产信息动态管理综合集成为一个统一的网络系统，实现流程企业的计算机集成制造系统，构成企业信息化的基础。该系统采用Tntranet/Tnternet模式，企业信息管理（包括实时信息）的桌面全部采用通用浏览器。企业数据库集中管理，对客户采用Web应用服务方式。

g 浆体长距离输送管道的管理和维护　瓮福磷矿磷精矿浆输送管线为国内第一条长距离矿浆输送管线，1995年3月建成并投入使用，管线全长46.7km，管径228.6mm，管材为API5L-X60，输送矿浆质量分数为55%～60%，年输送能力为190～210万吨，设计服务年限为25年。

磷精矿矿浆长距离输送管道严格按照设计的工艺条件组织生产，严格工艺纪律和操作规程，认真按照管道系统操作和维护手册进行操作、维护和记录，搞好预防性维修，确保设备完好率和开动率。瓮福磷精矿浆输送管道是我国第一条长距离浆体输送管道，其成功运行的经验将为我国浆体长距离管道输送提供有益的参考。

44.5.2.2 南漳红星磷矿选矿厂

A 选矿厂概述

红星磷矿位于湖北南漳城南车家店。矿区地处扬子准地台北缘,龙门山—南巴山古台缘坳陷中的八洪凹陷褶断束内,付家坪复试背斜北翼,为一陡倾斜单斜构造。红星磷矿选矿厂设计处理原矿能力为500t/d,生产工艺为常温反浮选回收磷矿物。

B 矿石性质

湖北省南漳红星磷矿为沉积型磷块岩矿床。磷酸盐矿物以胶状磷灰石为主(俗称胶磷矿),含少量纤维状微晶磷灰石。胶磷灰石集合体粒度主要分布在0.02~2mm之间,胶磷矿颗粒中常混杂有颗粒极细的黏土矿物、碳酸盐矿物、铁质、碳质物、有机质等。碳酸盐脉石矿物白云石以碎屑的胶结物出现,少量呈细分散状分布于胶状磷灰石集合体中。

磷矿物的可选性较好,属易选矿石。但由于磷矿物和黏土矿物、碳酸盐、铁质矿物、炭泥质矿物、有机质等共生密切,磷精矿中的脉石矿物不易脱除,MgO含量较高。精矿筛析结果表明,精矿中MgO约80%集中在+0.074mm产品中,说明磨矿细度偏粗,单体解离度不完全。

矿石矿物成分见表44-5-7,原矿主要化学成分分析结果见表44-5-8。

表 44-5-7   原矿物质组成

矿 物	胶磷灰石、微晶磷灰石	白云石	方解石	高岭石、伊利石	石 英	铁质矿物
含量/%	58.31	27.54	2	8.65	1	1.53

资料来源:湖北省南漳县红星磷矿岩矿物质组分鉴定报告。

表 44-5-8   原矿主要化学成分分析结果

成 分	P_2O_5	Fe_2O_3	SiO_2	CaO	MgO	Al_2O_3	K_2O
含量/%	24.50	1.02	4.76	42.47	6.31	2.15	0.61
成 分	Na_2O	CO_2	F		TC	As	酸不溶物
含量/%	0.12	13.88	2.54		3.81	20.67×10^{-4}	6.14

注:中化地质矿山总局中心实验室分析数据。

C 选矿厂技术进步

工业生产采用常温反浮选工艺回收磷矿物,浮选矿浆不需要加温。该工艺的成功,不仅节约了能源、降低了能耗,而且还由于减少了烧锅炉产生的烟气,降低了空气污染程度,符合国家环境保护的政策和方针。

生产中采用的K-01捕收剂,为中化地质矿山总局地质研究院研制生产的新型高效的磷块岩捕收剂,该药剂不仅无毒、无污染,而且还有很好的生物降解性能,有利于环境保护。采用该捕收剂,以硫酸替代磷酸作为抑制剂,矿浆不需加温,实现了常温浮选,可降低工业化生产成本。选矿试验和生产调试所确定的浮选工艺既节能又环保。

生产中排出的废水全部回收利用,为无废水排出工艺,既减少了选矿厂用水的需求量,又不会造成环境污染。

D 生产工艺及流程

湖北省南漳县红星磷矿选矿厂设计处理原矿能力为500t/d。设计工艺流程是:破碎流程为二段一闭路；磨矿流程为一段闭路；浮选流程为一次粗选二次精选、中矿（三个泡沫产品）集中进行一次扫选，扫选精矿返回到粗选的常温反浮选。

工艺流程图见图44-5-1。

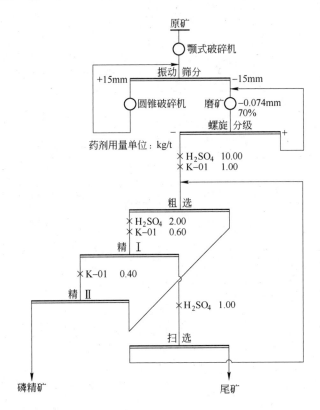

图 44-5-1　湖北省南漳县红星磷矿选矿厂工艺流程图

选矿厂主要设备型号及规格见表44-5-9。

E　生产指标

该选厂设计处理能力为500t/d原矿。

用硫酸作为反浮选抑制剂，工业调试稳定运转期间流程考察指标为：原矿品位 P_2O_5 23.97%，磨矿细度 −0.074mm 占69%，精矿品位 P_2O_5 31.27%、MgO 2.43%，精矿回收率89.58%。生产指标为：原矿品位 P_2O_5 24.34%，磨矿细度 −0.074mm 占67.46%，精矿品位 P_2O_5 32.02%、MgO 2.17%，精矿回收率91.43%。

采用磷酸作抑制剂，原矿品位 P_2O_5 25.90%，磨矿细度 −0.074mm 占58.8%，精矿产率72.08%，精矿品位 P_2O_5 33.82%、MgO <1.80%，精矿回收率94.13%。

工业调试稳定运转期间的生产指标为：采用硫酸抑制剂，原矿品位 P_2O_5 24.34%，磨矿细度0.074mm 占67.46%，精矿产率69.50%，精矿品位 P_2O_5 32.02%、MgO 2.17%，回收率91.43%。

为了检验浮选药剂对水质的影响，分别采取了选矿工业生产中所产生的浮选精矿和尾矿水进行了水质分析，分析结果见表44-5-10。

表44-5-9 主要设备明细表

序 号	设备名称	规格型号	台数	电机容量/kW	制造单位	备 注
1	颚式破碎机	PE400×600	1	30	沈阳重型机械公司	
2	皮带运输机	$B=750\text{mm}$，$L=36.95\text{m}$	1			
3	振动筛	YA-1530	1	11	鹤壁市通用机械公司	
4	皮带运输机	$B=650\text{mm}$，$L=31.75\text{m}$	1			
5	圆锥破碎机	PYZφ1200	1	110	沈阳重型机械公司	
6	皮带运输机	$B=650\text{mm}$，$L=11\text{m}$	1			
7	皮带运输机	$B=650\text{mm}$，$L=23\text{m}$	1			
8	球磨机	MQ-2736	1	400	广西南宁重型机械厂	
9	分级机	2FG-24	1	30		
10	原矿浆池	φ6000×2500	1	11		
11	矿浆泵		2	11		
12	搅拌桶	BCFφ2000×2000	2	15	江苏溧阳保龙机电公司	
13	浮选机	XCF-4	4	15	江苏溧阳保龙机电公司	
		KYF-4	12	11		
14	搅拌桶	φ2000×1500	2	2.2		配药
15	泵	ZPN	2	5.5		药剂输送
16	鼓风机	HTD35-12	2	15	湖北省双剑鼓风机公司	备用1台
17	搅拌槽		1	11		
18	精矿泵	Y180M-4	2	18.5	襄樊世阳电机有限公司	
19	浓密机	NT-24	1	5.5×2		
20	砂泵	ZPN	1	18.5		
21	尾矿泵	Y200L-4	2	30	衡水电机股份有限公司	备1台
22	压滤机	XMG100/1000-U	4			

表44-5-10 精、尾矿水水质分析结果

项 目	溶解性固形物	总硬度	PO_4^{3-}	COD	F	SO_4^{2-}	C	石油类
含量/mg·L^{-1}	52	4292	648	34.97	11.13	4020	16.77	0.045

项 目	Hg	Zn	Pb	Cd	Cu	Cr	CO_3^{2-}
含量/mg·L^{-1}	0.00	2.67	0.0062	0.047	0.014	0.018	0.00

注：由中化地质矿山总局中心实验室分析；pH值为5.33。

表44-5-10水质分析结果表明，浮选精矿和尾矿水中的COD含量较低，说明了捕收剂的生物降解性能良好，不会对环境造成污染。

44.5.3 磷矿重选厂

下面仅以湖北宜昌杉树垭磷矿重介质选矿厂为例作简要介绍。

44.5.3.1 选矿厂概述

杉树垭磷矿重介质选矿厂（原花果树磷矿选矿厂）位于湖北省宜昌市夷陵区樟村坪镇，是中国第一家磷矿重介质选矿厂。该厂现已形成120万吨/年的选矿处理能力。入选原矿品位18%~24%，产出磷精矿品位29%，综合回收率在88%以上。生产环节包括原矿破碎、重介质分选、脱水、脱泥净化、回收循环。生产过程采用在线检测，并实现了自动控制。

44.5.3.2 矿石性质

杉树垭磷矿开采樟村坪Ⅰ、Ⅱ块段的矿石，矿石的主要有用矿物为氟磷灰石和碳氟磷灰石。脉石矿物有白云岩、水云母、石英及含铁矿物等。矿石的构造以条带状为主，其次是角砾状构造和致密块状构造。矿石中磷质条带所含磷的分布率在95%以上，而且95%以上的磷块岩条带宽度在2mm以上，有30%的磷块岩条带宽度在20mm以上。磷块岩条带和脉石条带易解离，又有一定的密度差，这些嵌布特性说明，在选矿中只要分选出几至十几毫米的磷质条带就可以获得合格的磷精矿，适合于重介质选矿。矿石的矿物组成及其含量见表44-5-11，物理性质见表44-5-12。

表 44-5-11　矿石的矿物组成

矿物种类	泥晶磷灰石	微晶磷灰石	白云石	方解石	黏土矿物	绢云母	炭质物	石英	玉髓	黄铁矿	褐铁矿	长石
含量/%	50~55	15	1	15	<1	1		10~15		3	<1	<1

表 44-5-12　矿石的物理性质

硬度 (f)	密度/kg·m^{-3}	松散系数	安息角/(°)	湿度/%
8~11	2.92	1.4	38~40	1.8

44.5.3.3 选矿厂技术进步

采用重介质选矿工艺技术富集杉树垭磷矿，始于20世纪90年代，原设计处理能力为20万吨/年。由于宜昌磷矿的磷块岩条带密度多为2.95，而白云岩条带密度在2.85左右，两者的有效分选密度差为0.1，仅能满足重介质选矿的最低要求，而当时的磷矿重介质选矿工业应用技术还不成熟，缺乏有较高分选精度的重介质分选装备和对分选密度的稳定控制手段，因此设计的装置一直无法利用，工厂长期停产闲置。

为了充分利用磷矿资源，湖北杉树垭矿业科技开发有限公司2005年投入资金3500万元，对原磷矿重介质分选装置进行技术改造，引进了无压给料三产品重介质旋流器，形成了30万吨/年的选矿处理能力。2008年再次投入资金5000万元，对磷矿选矿厂进行扩建改造，形成120万吨/年的选矿处理能力。通过杉树垭磷矿磷块岩条带与脉石条带的破碎特性研究，根据破碎后含磷矿物在细粒级中富集的特点，研发出了破碎筛分分级微比重差重介质选矿新工艺技术，解决了低品位磷矿重介质选矿效果差、成本高的难题，提高了资源的综合利用率。采用破碎筛分分级微差密度重介质分选工艺处理 P_2O_5 品位为20.46%的原矿，重介质分选的精矿 P_2O_5 品位可达28.44%，包括中间产品在内的总回收率达81.85%。经过多年的工业化生产表明，采用破碎筛分分级微差密度重介质选矿，生产过程稳定，选矿工艺指标好，技术先进，精矿质量满足下游产品的要求。

44.5.3.4 生产工艺及流程

(1) 全粒级微密度差重介质分选　杉树垭磷矿原矿经三段一闭路破碎后，得到 -17mm入选原矿，然后全粒级进入三产品重介质旋流器选别，底流经脱介筛脱介后获得粗粒磷精矿，筛下物经磁选—浓缩后，获得细粒精矿；一段溢流和二段溢流合并，经脱介筛脱介后获得粗粒尾矿，筛下物经磁选—浓缩—过滤后得到细粒尾矿，相关生产工艺流程见图44-5-2，流程设备联系图见图44-5-3。

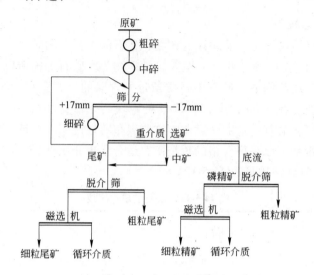

图 44-5-2　全粒级微密度差重介质分选流程图

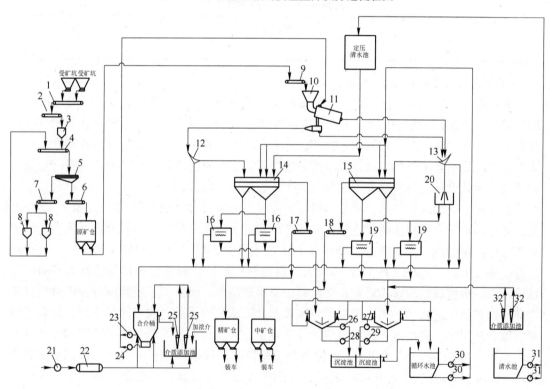

图 44-5-3　全粒级微密度差重介质分选设备联系图

1，2，4，9—胶带机 $B=800mm$；3—颚式破碎机 PE400×600；5—圆振动筛 YK1236；6，7，17，18—胶带机；8—圆锥破碎机 PYD-1200，电动机 $N=110kW$；10—给料斗；11—三产品重介质旋流器，3PNWX850/600（磷矿专用）$\alpha=30°v=650m^3/h$；12，13—弧形筛 PFH1420，$\alpha=53°$，$r=2030mm$；14，15—PZK1548，$b=2.2mm$，$Q=70t/h$；16，19—HMDA-6，$\phi914$，筒长 2973mm，$Q=280m^3/h$；20—中尾弧形筛分流箱，FLX-2002 衬高分子耐磨材料；21，23，24—合介泵（带变频），250ZJ-I-A65，$Q=650m^3/h$，$H=40m$，矿介密度 $2000kg/m^3$，$n=750r/min$；22—分流箱；25，32—介质添加泵 80ZJL-I-A36（33），矿介密度 $3100kg/m^3$，直联传动，$Q=60m^3/h$，$H=15m$（水柱）；26～29—浓缩机底流泵，80ZJ-I-A36，$Q=73.0m^3/h$，$H=15m$，（水柱）矿介密度 $2400kg/m^3$，流速 $v=3m/s$，$n=820r/min$；30，31—循环水泵，100ZJ-I-A50，$Q=200m^3/h$，$H=46m$（水柱），矿介密度 $1010kg/m^3$

（2）破碎筛分分级微密度差重介质分选 杉树娅磷矿磷块岩条带与脉石条带的破碎特性研究表明，白云岩条带状磷块岩、致密条带状磷块岩和页岩条带状磷块岩这三种不同条带状磷块岩的破碎性质不同。白云岩条带状磷块岩易于破碎，而其他两种难于破碎，破碎后胶磷矿与碳酸盐矿物以及硅酸盐矿物分布在不同的产品中。

采用粗中细三段一闭路破碎系统联合两级原矿溜筛筛分系统，可实现不同条带磷块岩的选择性破碎筛分并获得不同粒级的筛分产品。其中，－8mm 粒级物料的 P_2O_5 品位较高，可直接作为产品销售；＋8mm 筛上物则进入重介质分选；得到精矿和尾矿，经弧形筛一次脱介和脱介筛二次脱介后，成为精矿和尾矿。尾矿进行再次筛分，得到 P_2O_5 20% 左右矿砂与原矿筛下物合并进行回收。利用弧形筛和振动脱介筛脱出的介质，一部分直接进入介质桶循环使用，另一部分经过磁选机脱水、脱泥后进入介质桶循环使用。通过抓斗回收沉淀池和循环水池中的矿泥，再经浓缩机和陶瓷过滤机处理，得到净化水循环使用。相关生产工艺流程见图 44-5-4。

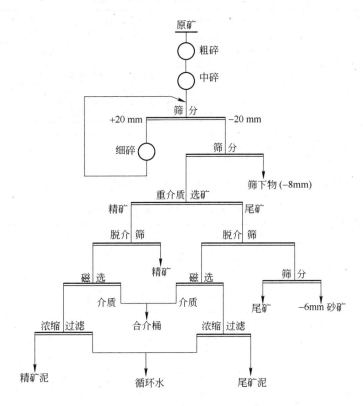

图 44-5-4 破碎筛分分级微密度差重介质分选流程图

生产中，对杉树娅磷矿采用全粒级微密度差重介质分选与筛分分级微密度差重介质分选这两种工艺的主要技术经济指标进行了统计，分别见表 44-5-13 和表 44-5-14。

从表中可以看出，对品位为 20% 左右的胶磷矿，采用全粒级重介质分选工艺，选矿综合回收率在 67%，尾矿品位可控制在 13%，每吨精矿的电耗为 21kW·h、磁铁粉消耗为 5.6kg、维修费用为 9.3 元；采用筛分分级重介质分选工艺，选矿综合回收率在 81% 左右，尾矿品位可控制在 9.3%，每吨精矿的电耗为 12kW·h、磁铁粉消耗为 2.5kg、维修费用为

7.2 元。两种工艺相比，采用筛分分级重介质分选工艺，可以提高选矿回收率 14%，降低尾矿品位达 3.7%；磁铁粉消耗下降 3kg，电耗可下降 9kW·h，维修费可下降 2.1 元。而且由于细粒级矿石未进入重介质旋流器选矿，降低了分选矿浆的黏度，易于控制分选介质的比重，进一步提高了分选的精度，同时也可提高处理能力 19.5% 左右，进而降低了生产成本。

表 44-5-13　全粒级微密度差重介质选矿工业生产工艺指标

原矿品位/%	精矿产率/%	精矿品位/%	矿砂(0~1mm)产率/%	矿砂(0~1mm)品位/%	尾矿产率/%	尾矿品位/%	精矿产率/%	综合回收率/%	1t精矿电耗/kW·h	1t精矿的磁铁粉消耗/kg	1t精矿的维修费用/元
19.4	36	28.04	12	25.4	52	12.9	48	68.1	21.2	5.8	9.5
20.2	39.5	28.2	12	25.9	48.5	13.1	51.5	66.6	20.8	5.6	9.2
21.3	42.6	28.1	12	26.5	55.4	13.2	54.6	66.2	20.1	5.4	8.8

表 44-5-14　筛分分级微密度差重介质分选工艺指标

原矿品位/%	精矿产率/%	精矿品位/%	矿砂(−1mm)产率/%	矿砂(0~1mm)品位/%	矿砂(1~6mm)产率/%	矿砂(1~6mm)品位/%	尾矿产率/%	尾矿品位/%	精矿产率/%	综合回收率/%	1t精矿电耗/kW·h	1t精矿的磁铁粉消耗/kg	1t精矿的维修费用/元
19.5	27.5	28.3	9.3	24.85	19.5	23.1	43.7	9.2	56.3	79.38	12.5	2.7	7.5
20.3	29.7	28.2	9.4	25.04	19.4	23.8	41.5	9.3	58.5	80.98	12.1	2.5	7.2
21.05	32.1	28.2	9.4	25.9	19.4	24.3	39.1	9.4	60.9	82.53	11.6	2.4	6.9

44.6　国内外主要磷矿选矿厂汇总

国内外主要磷矿选矿厂概况分别汇总于表 44-6-1 和表 44-6-2。

表 44-6-1　国内主要磷矿选矿厂汇总表

厂名	地理位置	设计规模/万吨·年⁻¹	矿石类型及矿石组成	投产年份	选矿工艺	综合回收	选矿指标 原矿品位/%	选矿指标 精矿品位/%	选矿指标 回收率/%
海口磷矿浮选厂	云南昆明	200	磷钙质磷块岩	2007	正反浮选、单一反浮选		≥22.0	≥29.5	≥85
大峪口选矿厂	湖北钟祥	150	砂岩状磷块岩和互层状磷块岩	2005	正反浮选工艺		16~19	30	>80
瓮福新龙坝选矿厂	贵州瓮安	350	致密状、砂砾状磷块岩	1995	单一反浮选		25~30	≥34.22	≥90
红星磷矿选矿厂	湖北南漳	500t/d	沉积型磷块岩	2006	单一反浮选		24.34	32.02	91.43
马营磷矿选矿厂	河北承德	30	基性岩型磷灰石矿	1976	正浮选—磁选—浮选	钒铁精矿、硫钴精矿和钛精矿	7~9	35	94
黄麦岭磷矿选矿厂	湖北大悟	160	硅钙质沉积变质磷灰岩	1980	正浮选	硫精矿	10~16	33	88
杉树垭选矿厂	湖北宜昌	120	磷块岩	1992	重介质选矿		19~23	28	81
晋宁磷矿选矿厂	云南晋宁	450	硅钙质磷块岩	2012	正反浮选工艺		20~25	30~31	85~88

厂 名	地理位置	设计规模/万吨·年$^{-1}$	矿石类型及矿石组成	投产年份	选矿工艺	综合回收	选矿指标		
							原矿品位/%	精矿品位/%	回收率/%
矾山磷矿选矿厂	河北涿鹿	150	磁铁磷灰石	1996	正浮选—磁选	铁精矿	9 ~ 12	32 ~ 34	87 ~ 93
黄梅选矿厂	湖北黄梅	20	硅钙质沉积变质磷灰岩	2009	正浮选		10 ~ 16	33	88
放马山磷矿选矿厂	湖北钟祥	120	磷块岩	2009	正反浮选反浮选		16 ~ 19	30	>80
安宁磷矿选矿厂	云南安宁	200	硅钙质磷块岩	2007	正反浮选工艺		20 ~ 25	30 ~ 31	85 ~ 88
宜化磷矿选矿厂	湖北宜昌	120	磷块岩	2009	双反浮选反浮选		22 ~ 24	30	>80
宿松磷矿选矿厂	安徽宿松	80	硅钙质沉积变质磷灰岩	2008	正浮选		10 ~ 16	30	88
湖北六国化工选矿厂	湖北宜昌	120	磷块岩	2011	反浮选		22 ~ 24	30	>85
湖北松滋选矿厂	湖北松滋	200	磷块岩	2012	反浮选		22 ~ 24	30	>85
东圣选矿厂	湖北宜昌	120	磷块岩	2010	反浮选		22 ~ 24	30	>85
三宁选矿厂	湖北宜昌	120	磷块岩	2010	反浮选		22 ~ 24	30	>85
三明鑫疆选矿厂	云南安宁	60	磷块岩	2012	正浮选		18 ~ 22	30	>80
兴发磷矿选矿厂	湖北宜昌	200	磷块岩	2012	反浮选		22 ~ 24	30	>85
瓮安磷矿选矿厂	贵州瓮安	60	磷块岩	2008	反浮选		22 ~ 24	30	>85
达州选矿厂	四川达州	150	磷块岩	2008	反浮选		22 ~ 24	30	>85
马边无穷选矿厂	四川马边	50	磷块岩	2011	反浮选		22 ~ 26	30	>85
马边瑞丰选矿厂	四川马边	60	磷块岩	2011	反浮选		22 ~ 26	30	>85
马边南方选矿厂	四川马边	100	磷块岩	2011	反浮选		22 ~ 26	30	>85
洋丰雷波选矿厂	四川雷波	60	磷块岩	2011	反浮选		22 ~ 26	30	>85
云南祥丰选矿厂	云南安宁	150	磷块岩	2013	反浮选		22 ~ 24	30	>85
贵州川恒选矿厂	贵州	150	磷块岩	2010	反浮选		22 ~ 24	30	>85
江苏大浦选矿厂	江苏连云港	20	硅钙质沉积变质磷灰岩	2008	正浮选		10 ~ 16	30	88

表 44-6-2　国外主要磷矿选矿厂汇总表

厂　名	地理位置	设计规模 (年产精矿) /万吨	矿石类型及 矿石组成	投产 年份	选矿工艺	选矿指标		
						原矿品位 P_2O_5/%	精矿品位 P_2O_5/%	回收率 /%
The Tapira Facility	巴西	200	火成型	1978	磁选加正浮选	7.8	33~35	60~70
Bunge Araxa Phosphate Complex	巴西	80	火成型	1977	磁选加正浮选	7~9	33~35	60~70
Hardee	美国佛罗里达	400	沉积型	1995	正—反浮选	6~10	30~31	85~90
Four Corners	美国佛罗里达	500	沉积型	1985	正—反浮选	4~8	30~31	85~95
Swift Creek	美国佛罗里达	350	沉积型	1975	正—反浮选	8~12	30~32	85~92
South Fort Mead	美国佛罗里达	600	沉积型	1995	正—反浮选	6~10	30~32	90~95
Vernal	美国犹他州	130	沉积型	1961	正浮选, 扫选,反浮选	15.9~21.5	33~35	60~70
Eshidiya	约旦	320	沉积型	1988	以擦洗,筛分 为主,加少量 正浮选	27~30	31~35	85~95
Al Hassa	约旦	150	沉积型	1962	破碎,筛分	28~30	32~33	>90
Al-Abiad	约旦	170	沉积型	1962	破碎,筛分	28~30	32~33	>90
Kapuskasing	加拿大	150	火成型	1995	磁选加正浮选	24.4	>36	90~93
Phalaboawa	南非	340	火成型	1961	磁选,正浮选, 扫选,精选	3.5~7.5	36.5	67~70
Bayovar	秘鲁	390~590	沉积型	2010	擦洗,筛分, 重选	17.2~25	>29	>50

参 考 文 献

[1] Taylor S R. Abundance of chemical elements in the continental crust: A new table [J]. Geochimica et Cosmochimica Acta, 1964, 28: 1273~1285.

[2] W. Lindsay. Chemical Equilibria in Soils[M]. New York: Wiley, 1979, 163~209.

[3] 黎荫厚, 孔志宽, 等. 矿产资源战略分析: 单矿种分析系列课题成果 12 磷矿(内部资料),1986.

[4] 彭儒, 罗廉明. 磷矿选矿[M]. 武汉: 武汉测绘科技大学出版社, 1992.

[5] 《矿产资源综合利用手册》编委会. 矿产资源综合利用手册[M]. 北京: 科学出版社, 2000.

[6] 云南磷化集团研发中心. 中低品位磷矿选矿[R]. 昆明: 云南磷化集团有限公司, 2008.

[7] 熊家林, 刘钊杰, 贡长生. 磷化工概论[M]. 北京: 化学工业出版社, 1994.

[8] 酸法加工用磷矿石标准 (HG-72673—1995).

[9] 刘炯天, 樊民强. 试验研究方法[M]. 徐州: 中国矿业大学出版社, 2006.

[10] 《选矿手册》编辑委员会. 选矿手册[M]. 北京: 冶金工业出版社, 2004.

[11] 谭明, 魏明安. 磷矿选矿技术进展[J]. 矿冶, 2010(12):1~6.

[12] 李成秀, 文书明. 我国磷矿选矿现状及进展[J]. 矿产综合利用, 2010(2):22~25.

[13] 胡海山, 王兴涌, 周蕊, 等. 国内磷矿浮选捕收剂研究的新进展[J]. 矿山机械, 2009, 37(14): 1~3.

[14] 张央. 脂肪酸浮选丁东磷矿增效机理研究[D]. 湖北: 武汉工程大学, 2006.

[15] 庄礼杰，李英武. 瓮福磷矿选矿工艺设计[J]. 化工矿山技术，1996，25(5):19~22.

[16] 吴良图，林功敷. 瓮福磷矿选矿试验及选矿厂生产调试[J]. 化工矿山技术，1996，25(3):20~22.

[17] 唐云，张覃. 磨矿方式对瓮福磷矿矿石浮选指标的影响[J]. 矿业研究与开发，2001，21(1): 22~24.

[18] 瓮福磷矿新龙坝选矿厂介绍. http://www.znkyw.com/html/feijinshukuang/.

[19] 刘沧. 新龙坝选矿厂计算机网络管理系统设计[J]. 化工矿物与加工，2009(2):22~24.

[20] 刘训才. 浆体长距离输送管道的管理和维护[J]. 化工矿物与加工，2003(3):27~29.

[21] 黄青山，朱薇. 湖北省南漳县红星磷矿磷块岩特征与物质组分研究[J]. 化工矿产地质，2003，25 (3):179~184.

[22] 杨丽珍，魏祥松. K-01捕收剂成功用于湖北省南漳红星磷矿[J]. 化工矿产地质，2007，29(2): 98~100.

第45章 煤炭分选

45.1 煤炭分类、用途及工业用煤对煤质的要求

45.1.1 煤炭分类

2009 年 6 月 1 日，我国发布了新的煤炭分类国家标准《中国煤炭分类》（GB 5751—2009），2010 年 1 月 1 日起正式实施。该标准按煤的煤化程度根据干燥无灰基挥发分 V_{daf} 等指标将煤分成无烟煤、烟煤和褐煤三大类；另一类是按煤化程度的深浅及工业利用的要求，将无烟煤分成三个小类，将烟煤分成 12 类，将褐煤分成两个小类。用干燥无灰基挥发分 $V_{daf}=10\%$ 作为无烟煤与烟煤的分界值，小于该值的煤为无烟煤，大于该值的煤为烟煤；采用恒湿无灰基高位发热量 $Q_{gr,maf}=24MJ/kg$ 作为烟煤与褐煤的分界值，大于该值的煤为烟煤，小于该值的煤为褐煤。

45.1.1.1 无烟煤、烟煤及褐煤的划分

无烟煤、烟煤及褐煤的主要区分指标是表征煤化程度的干燥无灰基挥发分 V_{daf}。当 $V_{daf}>37\%$ 和 $G_{R.L}\leqslant5$ 时，利用透光率 P_M 来区分烟煤与褐煤。我国煤炭分类汇总见表 45-1-1。

表 45-1-1 我国煤炭分类汇总

类 别	代 号	编 码	分类指标	
			$V_{daf}/\%$	$P_M/\%$
无烟煤	WY	01, 02, 03	$\leqslant10.0$	—
烟 煤	YM	11, 12, 13, 14, 15, 16	$>10.0\sim20.0$	
		21, 22, 23, 24, 25, 26	$>20.0\sim28.0$	
		31, 32, 33, 34, 35, 36	$>28.0\sim37.0$	
		41, 42, 43, 44, 45, 46	>37.0	
褐 煤	HM	51, 52	>37.0[①]	$\leqslant50$[②]

① 凡 $V_{daf}>37.0\%$，$G_{R.L}\leqslant5$，再用透光率 P_M 来区分烟煤和褐煤（在地质勘探中，$V_{daf}>37.0\%$，在不压饼的条件下测定的焦渣特征为 1~2 号的煤，再用 P_M 来区分烟煤和褐煤）；

② 凡 $V_{daf}>37.0\%$，$P_M>50\%$ 者，为烟煤；$30\%<P_M\leqslant50\%$ 的煤，如恒湿无灰基高位发热量 $Q_{gr,maf}>24MJ/kg$，划为长焰煤，否则为褐煤。

45.1.1.2 无烟煤亚类的划分

无烟煤采用干燥无灰基挥发分 V_{daf} 和干燥无灰基氢含量 H_{daf} 作为指标，将无烟煤分为一号~三号三个小类，见表 45-1-2。

表 45-1-2 无烟煤亚类的划分

类 别	代 号	编 码	分类指标	
			V_{daf}/%	$H_{daf}^{①}$/%
无烟煤一号	WY1	01	≤3.5	≤2.0
无烟煤二号	WY2	02	>3.5~6.5	>2.0~3.0
无烟煤三号	WY3	03	>6.5~10.0	>3.0

① 在已确定无烟煤亚类的生产矿、厂的日常工作中，可以只按 V_{daf} 分类；在地质勘查工作中，为新区确定亚类或生产矿、厂和其他单位需要重新核定亚类时，应同时测定 V_{daf} 和 H_{daf}，按表 45-1-2 分亚类。如两种结果有矛盾，以按 H_{daf} 划亚类的结果为准。

45.1.1.3 烟煤的分类

采用干燥无灰基挥发分 V_{daf}、黏结指数 $G_{R.L}$、胶质层最大厚度 Y 和奥阿膨胀度 b 作为指标把烟煤分为 12 大类，见表 45-1-3。

表 45-1-3 烟煤的分类

类 别	代号	数码	分 类 指 标			
			V_{daf}/%	$G_{R.L}$	Y/mm	$b^{②}$/%
贫煤	PM	11	>10.0~20.0	≤5		
贫瘦煤	PS	12	>10.0~20.0	>5~20		
瘦煤	SM	13	>10.0~20.0	>20~50		
		14	>10.0~20.0	>50~65		
焦煤	JM	15	>10.0~20.0	>65①	≤25.0	≤150
		24	>20.0~28.0	>50~65		
		25	>20.0~28.0	>65①	≤25.0	≤150
肥煤	FM	16	>10.0~20.0	>85①	>25.0	>150
		26	>20.0~28.0	>85①	>25.0	>150
		36	>28.0~37.0	>85①	>25.0	>220
1/3 焦煤	1/3JM	35	>28.0~37.0	>65①	≤25.0	≤220
气肥煤	QF	46	>37.0	>85①	>25.0	>220
气煤	QM	34	>28.0~37.0	>50~65	≤25.0	≤220
		43	>37.0	>35~50		
		44	>37.0	>50~65		
		45	>37.0	>65①		
1/2 中黏煤	1/2ZN	23	>20.0~28.0	>30~50		
		33	>28.0~37.0	>30~50		
弱黏煤	RN	22	>20.0~28.0	>5~30		
		32	>28.0~37.0	>5~30		
不黏煤	BN	21	>20.0~28.0	≤5		
		31	>28.0~37.0	≤5		
长焰煤	CY	41	>37.0	≤5		
		42	>37.0	>5~35		

① 当烟煤的黏结指数测值 $G_{R.L}$≤85 时，用干燥无灰基挥发分 V_{daf} 和黏结指数 $G_{R.L}$ 来划分煤类。当黏结指数测值 $G_{R.L}$>85 时，则用干燥无灰基挥发分 V_{daf} 和胶质层最大厚度 Y，或用干燥无灰基挥发分 V_{daf} 和奥阿膨胀度 b 来划分煤类；

② 当 $G_{R.L}$>85 时，用 Y 和 b 并列作为分类指标。当 V_{daf}≤28.0% 时，b>150% 的为肥煤；当 V_{daf}>28.0% 时，b>220% 的为肥煤或气肥煤。如按 b 值和 Y 值划分的类别有矛盾时，以 Y 值划分的类别为准。

45.1.1.4　褐煤亚类的划分

褐煤采用透光率 P_M 作为指标，表示煤化程度参数，用以区分褐煤和烟煤，并采用恒湿无灰基高位发热量 $Q_{gr,maf}$ 作为辅助指标区分烟煤和褐煤。将褐煤分为两小类，见表45-1-4。

表 45-1-4　褐煤亚类的划分

类　别	代　号	编　码	分类指标	
			$P_M/\%$	$Q_{gr,maf}$[①]$/MJ \cdot kg^{-1}$
褐煤一号	HM1	51	≤30	—
褐煤二号	HM2	52	>30~50	≤24

① 凡 $V_{daf} > 37.0\%$，$P_M > 30\% \sim 50\%$ 的煤，如恒湿无灰基高位发热量 $Q_{gr,maf} > 24MJ/kg$，则划为长焰煤。

45.1.1.5　中国煤炭分类总表

根据表45-1-2~表45-1-4的分类，可归纳成表45-1-5的形式，即中国煤炭分类总表。

表 45-1-5　中国煤炭分类总表

类　别	代号	编码	分类指标						
			$V_{daf}/\%$	$G_{R.L}$	Y/mm	$b/\%$	H_{daf}[②]$/\%$	P_M[③]$/\%$	$Q_{gr,maf}$[④]$/MJ \cdot kg^{-1}$
无烟煤一号	WY1	01	≤3.5				≤2.0		
无烟煤二号	WY2	02	>3.5~6.5				>2.0~3.0		
无烟煤三号	WY3	03	>6.5~10.0				>3.0		
贫　煤	PM	11	>10.0~20.0	≤5					
贫瘦煤	PS	12	>10.0~20.0	>5~20					
瘦　煤	SM	13, 14	>10.0~20.0	>20~65					
焦　煤	JM	24 15, 25	>20.0~28.0 >10.0~28.0	>50~65 >65①	≤25.0	≤150			
肥　煤	FM	16, 26, 36	>10.0~37.0	>85①	>25.0				
1/3 焦煤	1/3JM	35	>28.0~37.0	>65①	≤25.0	≤220			
气肥煤	QF	46	>37.0	>85①	>25.0	>220			
气　煤	QM	34 43,44,45	>28.0~37.0 >37.0	>50~65 >35	≤25.0	≤220			
1/2 中黏煤	1/2ZN	23, 33	>20.0~37.0	>30~50					
弱黏煤	RN	22, 32	>20.0~37.0	>5~30					
不黏煤	BN	21, 31	>20.0~37.0	≤5					
长焰煤	CY	41, 42	>37.0	≤35				>50	
褐煤一号	HM1	51	>37.0					≤30	≤24
褐煤二号	HM2	52	>37.0					>30~50	

① 在 $G_{R.L} > 85$ 的情况下，用 Y 值或 b 值来区分肥煤、气肥煤与其他煤类，当 $Y > 25.0mm$ 时，根据 V_{daf} 的大小可划分为肥煤或气肥煤；当 $Y \leq 25.0mm$ 时，则根据 V_{daf} 的大小可划分为焦煤、1/3 焦煤或气煤。按 b 值划分类别时，当 $V_{daf} \leq 28.0\%$ 时，$b > 150\%$ 的为肥煤；当 $V_{daf} > 28.0\%$ 时，$b > 220\%$ 的为肥煤或气肥煤。如按 b 值和 Y 值划分的类别有矛盾时，以 Y 值划分的类别为准。

② 在已确定无烟煤亚类的生产矿、厂的日常工作中，可以只按 V_{daf} 分类；在地质勘查工作中，为新区确定亚类或生产矿、厂和其他单位需要重新核定亚类时，应同时测定 V_{daf} 和 H_{daf}，按表45-1-5分亚类。如两种结果有矛盾时，以按 H_{daf} 划亚类的结果为准。

③ 对 $V_{daf} > 37.0\%$，$G_{R.L} \leq 5$ 的煤，再用透光率 P_M 来区分其为长焰煤或褐煤。

④ 对 $V_{daf} > 37.0\%$，$P_M > 30\% \sim 50\%$ 的煤，再测 $Q_{gr,maf}$，如其值大于 24MJ/kg，应划为长焰煤，否则为褐煤。

45.1.2 煤的基本特征与主要用途

45.1.2.1 无烟煤（WY）

无烟煤是煤化程度最高的煤，固定碳含量高，挥发分低，硬度大，无黏结性，黑色坚硬，有金属光泽，着火点高（约360~420℃），燃烧时火焰短而少烟，不结焦。一般含碳量在90%以上，挥发物在10%以下，无胶质层厚度，热值33.49~33.59MJ/kg。无烟煤的块煤主要应用于化肥、陶瓷、制造、锻造等行业；无烟煤的粉煤主要应用在冶金行业用于高炉喷吹；低灰、低硫且质软易磨的无烟煤还可作为制造各种炭素材料的原料；某些无烟煤制成的航空用型煤还可作飞机发动机和车辆马达的保温用煤。

45.1.2.2 贫煤（PM）

贫煤是烟煤中变质程度最高的一小类煤，不黏结或呈微弱的黏结，在层状炼焦炉中不结焦。发热量比无烟煤高，燃烧时火焰短，耐烧，但燃点也较高，仅次于无烟煤。贫煤主要作为电厂燃料，尤其是与高挥发分煤配合燃烧更能充分发挥其热值高而又耐烧的优点。一般可作民用及工业锅炉的燃料，低灰、低硫的贫煤也可作为高炉喷吹燃料。

45.1.2.3 贫瘦煤（PS）

贫瘦煤是炼焦煤中变质程度最高的一种，其特点是挥发分低，黏结性较弱，结焦性较差。单独炼焦时，生成的焦粉很多，当与其他适合炼焦的煤种混合时，贫瘦煤的掺入将使焦炭产品的块度增大。贫瘦煤能起到瘦化剂的作用，故可作炼焦配煤使用，同时，贫瘦煤也是民用和动力的好燃料，可用于发电、电站锅炉和民用燃料。

45.1.2.4 瘦煤（SM）

瘦煤是指中度挥发分和黏结性的煤，主要用于炼焦。单独炼焦时，能形成块度大、裂纹少、抗碎强度较好，但耐磨性较差的焦炭。因此，用它加入配煤炼焦，可以增加焦炭的块度和强度。在炼焦过程中可能会产生一些胶质物，胶质层的厚度为6~10mm。目前，瘦煤主要用作炼焦配料，高硫、高灰的瘦煤一般只作为电厂及锅炉的燃料。

45.1.2.5 焦煤（JM）

焦煤有很强的炼焦性，中等挥发分（16%~28%）和中高等黏结性，加热时可形成稳定性很好的胶质体，单独用来炼焦，能形成结构致密、块度大、强度高、耐磨性好、裂纹少、不易破碎的焦炭。焦煤是国内主要用于炼焦的煤种。

45.1.2.6 1/3焦煤（1/3JM）

1/3焦煤是介于焦煤、肥煤和气煤之间的过渡煤，具有较强的黏结性（类似于肥煤）、中高等挥发分（类似于气煤）和很好的炼焦性（类似于焦煤），单独用来炼焦时，可以形成熔融性良好、强度较大的焦炭。因此，它成为配煤炼焦的基础煤。1/3焦煤由于其产量高而主要用于炼焦和发电。

45.1.2.7 肥煤（FM）

肥煤具有很好的黏结性和中等及中高等挥发分（25%~35%），加热时能产生大量的胶质体，形成大于25mm的胶质层，结焦性最强。用肥煤来炼焦可以炼出熔融性和耐磨性都很好的焦炭，但这种焦炭横裂纹多，且焦根部常有蜂焦，易碎成小块。由于黏结性强，因此，它成为配煤炼焦中的主要成分，主要用于炼焦（一些高灰高硫的肥煤用来发电）。与其他煤阶的煤相比，肥煤含硫量一般较高。

45.1.2.8   气肥煤（QF）

气肥煤的挥发分（接近于气煤）和黏结性（接近于肥煤）都很高，结焦性介于气煤和肥煤之间，单独炼焦时能产生大量的气体和液体化学物质。最适合高温干馏制造煤气，也可用于炼焦配煤。它适用于焦化作用产生的城市燃气和与其他煤种混合炼焦以增加煤炭气、焦油等副产品的产量。

45.1.2.9   气煤（QM）

气煤具有很高的挥发分和中度黏结性，胶质层较厚，热稳定性差，能单独结焦，但炼出的焦炭细长易碎，收缩率大，且纵裂纹多，抗碎和耐磨性较差。故只能用作炼焦配煤，还可用来炼油、制造煤气、生产氮肥或作动力燃料，主要用于炼焦和发电。

45.1.2.10   1/2 中黏煤（1/2ZN）

1/2 中黏煤属于过渡煤级的煤，它具有中等黏结性和中高挥发分，可以作为配煤炼焦的原料，也可以作为气化用煤和动力燃料。在中国它只有很小一部分的储量和产量，其特征与一些气煤和弱黏煤类似。

45.1.2.11   弱黏煤（RN）

弱黏煤属于煤化程度较低或中等煤化程度的煤，水分大，黏结性较弱，挥发分较高，加热时能产生较少的胶质体，不能单独用于炼焦，但结成的焦块小而易碎，粉焦率高。由于其特殊的成因，弱黏煤具有较高的惰性组含量。弱黏煤主要用作气化原料和动力燃料。

45.1.2.12   不黏煤（BN）

不黏煤在早期煤化阶段曾被氧化过，因此它具有低发热量的特点，水分大，没有黏结性，加热时基本上不产生胶质体，含有一定的次生腐殖酸。不黏煤主要用于发电、气化和民用燃料等。

45.1.2.13   长焰煤（CY）

长焰煤的煤化程度是所有烟煤中最低的，挥发分含量很高，没有或只有很小的黏结性，胶质层厚度不超过 5mm，易燃烧，燃烧时有很长的火焰，故得名长焰煤。可作为气化和低温干馏的原料，主要用于发电、电站锅炉燃料等。

45.1.2.14   褐煤（HM）

褐煤是煤化程度最低的煤，是一种介于泥炭与沥青煤之间的棕黑色、无光泽的低级煤，富含挥发分，易于燃烧并冒烟，含有可溶于碱液内的腐殖酸，含碳 60% ~77%，密度为 1.1~1.2g/cm^3，挥发分大于 40%，无胶质层厚度，热值为 23.03~27.21MJ/kg，多呈褐色或褐黑色。主要用于发电厂的燃料，也可作化工原料、催化剂载体、吸附剂、净化污水和回收金属等。

45.1.3   工业用煤对煤质的要求

45.1.3.1   炼焦用煤的质量要求

结焦性和黏结性是炼焦用煤最重要的质量指标。在我国新的煤炭分类《中国煤炭分类》（GB 5751—2009）中，1/2 中黏煤、气煤、气肥煤、1/3 焦煤、肥煤、焦煤、瘦煤、贫瘦煤均属于炼焦煤范畴，可作为炼焦（配）煤使用。

A 炼焦用煤的质量要求

炼焦用煤的灰分 A_d 应尽可能低，一般应控制在 10.00% 以下，最高不应超过 12.50%；全硫 $S_{t,d}$ 一般应在 1.50% 以下，个别稀缺煤种（如肥煤）最高也不应超过 2.50%；全水分 M_t 应低于 12.0%；炼焦配煤的挥发分 V_{daf} 控制在 28% ~ 32%；黏结指数 $G_{R.IL}$ 控制在 58 ~ 72 或胶质层最大厚度 $Y = 17 ~ 22mm$。

B 铸造焦用煤的质量要求

铸造焦用煤的灰分 A_d 应尽可能低，一般应控制在 10.00% 以下；全硫含量 $S_{t,d}$ 一般应在 1.00% 以下，最高也不应超过 1.50%；全水分 M_t 应低于 12.00%。

在实际生产中，大多采取配煤炼焦。在保证焦炭质量的前提下，对配煤中的单种煤，特别是结焦性和黏结性均较好的焦煤和肥煤的要求可适当放宽些，以解决炼焦煤源不足的问题。

45.1.3.2 气化用煤的质量要求

煤的气化是把固体燃料煤转化为煤气的过程。通常用氧气、空气或水蒸气等作为气化剂，使煤中的有机物转化成含 H_2 和 CO 等成分的可燃气体。根据气化剂和煤气成分的不同，大致可分为空气煤气、混合煤气、水煤气和半水煤气等。目前气化炉主要有固定床、沸腾床和悬浮床三种类型。

A 常压固定床煤气发生炉用煤的质量要求

常压固定床煤气发生炉对煤的适应性较强，可采用的煤种有长焰煤、不黏煤、弱黏煤、1/2 中黏煤、气煤、1/3 焦煤、贫瘦煤、贫煤和无烟煤。煤的品种以各煤级的块煤为主，灰熔点 ST 大于 1250℃，灰分 A_d 不大于 24.00%，全硫 $S_{t,d}$ 小于 2.00%，抗碎强度应大于 60%，热稳定性 TS_{+6} 大于 60.0%。对于无搅拌装置的发生炉，要求原料煤的胶质层最大厚度 Y 小于 12.0mm；有搅拌装置的发生炉则要求 Y 小于 16.0mm。

B 沸腾床气化炉用煤的质量要求

沸腾床气化炉在常压下操作，以空气或氧气作气化剂，原料煤的活性越大越好（一般在 950℃ 时 CO_2 分解率大于 60% 的煤即可），可以用褐煤（一般 M_t 应小于 12.0%，A_d 小于 25.00%），也可用长焰煤或不黏煤，要求粒度小于 8mm，但小于 1mm 的煤粉越少越好，否则飞灰会带出大量碳而降低煤的气化率，煤的灰熔点 ST 应大于 1200℃，全硫小于 2.00%。

C 柯柏斯-托切克（K-T）炉用煤的质量要求

K-T 炉是一种粉煤悬浮床气化炉，利用在常压下连续运转的高速气化工艺，生产合成氨的原料气。这种炉子的气化温度高达 1400 ~ 1500℃，对煤质的要求不严。由于气化反应在不到 1s 内就完成，因此，煤粉的粒度越细越好，一般是小于 0.074mm（200 目）的粉煤占 90% 左右（褐煤可降至 80% 左右），全水分 M_t 在 1% ~ 5%。如用褐煤，先要进行干燥使水分降到 5% ~ 10%，烟煤和无烟煤的水分应降到 1% 左右。

45.1.3.3 液化用煤的质量要求

影响煤直接液化指标的主要有煤的灰分、可磨性、氢含量、碳含量、硫和氮等杂原子含量及煤岩组成。

目前，世界各国对液化用煤的质量要求标准还不一致。在多数情况下，原煤的液化效果比精煤要好，但使用催化剂时，煤中矿物质起抑制作用。因此，现代直接液化主张用低灰煤。液化用煤的质量要求见表 45-1-6。

表 45-1-6　液化用煤质量要求

煤　种	V_{daf}/%	A_d/%	C/H	C/%	S/%	反射率	惰性组分含量/%
褐煤、长焰煤、气煤、气肥煤	>37	<10	<16	60~85	>1.0	0.3~0.7	<10

45.1.3.4　燃料用煤的质量要求

任何一种煤都可以作为工业和民用燃料。不同工业部门对燃料用煤的质量要求不一样。蒸汽机车用煤要求较高，国家规定：挥发分 $V_{daf} \geqslant 20\%$，灰分 $A_d \leqslant 24\%$，灰熔点 $ST \geqslant$ 1200℃，硫分 $S_{t,d}$ 长隧道及隧道群区段不大于 1%，低位发热量为 $2.09312 \times 10^7 \sim 2.51174 \times 10^7$ J/kg 以上。为了将优质煤用于发展冶金和化学工业，近年来，我国在开展低热值煤的应用方面取得了较快的发展，不少发热量仅有 8372.5J/kg 左右的劣质煤和煤矸石也用于发电厂，有的发电厂已掺烧煤矸石达 30%。

45.1.3.5　其他工业用煤的质量要求

A　烧结矿用无烟煤的质量要求

我国的铁矿石有许多是贫矿，但选后铁精矿粉不能直接送入高炉冶炼，必须将其在高温下烧结（熔融）成块。烧结时，过去多用焦粉作燃料，因此，对烧结燃料的要求是低灰、低硫和高发热量。为了节约焦炭，目前已开始用无烟煤粉来代替焦炭。烧结用无烟煤的灰分应小于 15%，硫分小于 0.7%（最高也不应超过 1%），小于 0.5mm 的粉煤量要少。

B　电石炉用无烟煤的质量要求

电石炉可以用焦炭作原料，也可以用无烟煤作原料。开启式电石炉可全部使用无烟煤，但在密闭式电石炉中需要焦炭和无烟煤掺混使用，这两种电石炉对无烟煤的质量要求见表 45-1-7。

表 45-1-7　电石炉用无烟煤质量要求

煤质指标	A_d/%	V_{daf}/%	M_t/%	P_d/%	$S_{t,d}$/%	TRD/%	粒度/mm
开启式炉	<7	<8	<5	<0.04	<1.5	<1.45	3~40
密闭式炉	<6	<10	<2	<0.04	<1.5	>1.6	3~40

C　生产电极糊用无烟煤的质量要求

生产电极糊用无烟煤的质量要求见表 45-1-8。

表 45-1-8　生产电极糊用无烟煤质量要求

煤质指标	A_d/%	$S_{t,d}$/%	M_t/%	抗磨试验/% （大于 40mm 残留量）
一级	<10	<2	<3	<35
二级	<12	<2	<3	<25

D　生产避雷器用碳化硅时对无烟煤的质量要求

生产避雷器用碳化硅时对无烟煤的质量要求见表 45-1-9。

表 45-1-9　生产避雷器用碳化硅时对无烟煤质量要求

煤质指标	固定碳 $FC_d/\%$	$A_d/\%$	粒度/mm
质量要求	>80	<13	>13 或 >25

E　生产人造刚玉时对无烟煤的质量要求

生产人造刚玉时对无烟煤的质量要求见表 45-1-10。

表 45-1-10　生产人造刚玉时对无烟煤质量要求

煤质指标	固定碳 $FC_d/\%$	$A_d/\%$	粒度/mm
质量要求	>77	<15	>13 或 >25

F　竖窑烧石灰时对无烟煤的质量要求

竖窑烧石灰时对无烟煤的质量要求见表 45-1-11。

表 45-1-11　竖窑烧石灰时对无烟煤质量要求

煤质指标	固定碳 $FC_d/\%$	$A_d/\%$	粒度/mm
质量要求	>60	<25	>13～100

G　碳粒砂用无烟煤的质量要求

碳粒砂是送话器的主要原料。制造碳粒砂的无烟煤主要是物理性质要好（如硬度高、质地均一、块状、光亮、致密、贝壳状断口），煤灰中的 Fe_2O_3 含量要低，煤的灰分应小于 2%，挥发分也应较低，纯煤真相对密度不宜过高。但仅凭上述物理和化学性质还不能肯定这种无烟煤就一定适于制造碳粒砂用，而只能作为选择时的参考。只有通过生产性的试验，才能真正确定该种煤是否可用于制造碳粒砂。

H　制造活性炭用煤的质量要求

对于制造活性炭用的煤，灰分 A_d 低于 5% 为宜，固定碳含量要高，煤的反应性要好，硫分要低。但制造粉末状的活性炭时，像内蒙古扎赉诺尔煤业公司那样的低灰、低硫褐煤也能使用，因为这种煤经过高温处理后固定碳含量增大，活性也较高。

45.2　国内外煤炭资源

45.2.1　世界煤炭资源

45.2.1.1　世界煤炭资源分布

世界煤炭资源分布广泛且具有不平衡性。从资源的地区分布看，主要集中在北半球，北纬 30°～70° 是世界上最主要的聚煤带，占世界煤炭资源量的 70% 以上，尤其集中在北半球的中温带和亚寒带地区。南半球的煤炭资源也主要分布在温带地区，比较丰富的有澳大利亚、南非和博茨瓦纳。世界各大洲相比，北半球的三大洲都比较丰富，现探明的煤炭资源量中，亚太地区 2968.89 亿吨，约占世界的 32.7%；北美洲 2544.32 亿吨，约占世界的 28.0%；欧洲及欧亚大陆有 2870.95 亿吨，约占世界的 31.6%。南半球各大洲的煤炭资源都比较少，其中，中南美洲 198.93 亿吨，约占世界的 2.2%；非洲和中东 507.55 亿吨，约占世界的 5.6%。

45.2.1.2 世界煤炭资源储量

世界煤炭总储量共有 107539 亿吨，其中硬煤 81300 亿吨，褐煤 26229 亿吨。拥有煤炭资源的国家约 70 个，其中储量较多的国家有中国、俄罗斯、美国、德国、英国、澳大利亚、加拿大、印度、波兰和南非等。

根据 BP 能源数据整理，2006 年全球煤炭探明储量排名见表 45-2-1。美国以 2446 亿吨储量稳排第 1 位，俄罗斯以 1570 亿吨储量排第 2 位，中国和印度分别为 1145 亿吨和 924 亿吨排第 3、4 位。

表 45-2-1 2006 年全球煤炭探明储量排行榜

排 名	国 家	探明储量/亿吨	所占份额/%	储采比（R/P）
1	美 国	2466.43	27.1	234
2	俄罗斯	1570.10	17.3	>500
3	中 国	1145.00	12.6	48
4	印 度	924.45	10.2	207
5	澳大利亚	785.00	8.6	210
6	南 非	487.50	5.4	190
7	乌克兰	341.53	3.8	424
8	哈萨克斯坦	312.79	3.4	325
9	波 兰	140.00	1.5	90
10	巴 西	101.13	1.1	>500

45.2.2 中国煤炭资源

45.2.2.1 中国煤炭资源特点

中国煤炭资源的特点如下：

（1）煤炭资源丰富，但人均占有量低。中国煤炭资源虽丰富，但勘探程度较低，经济可采储量较少。所谓经济可采储量是指经过勘探可供建井，并且扣除了回采损失及经济上无利和难以开采出来的储量后，实际上能开采并加以利用的储量。在目前经勘探证实的储量中，可采储量仅占 30%，而且大部分已经开发利用，煤炭后备储量相当紧张。中国人口众多，煤炭资源的人均占有量约为 234.4t，而世界人均煤炭资源占有量为 312.7t，美国人均占有量更是高达 1045t，远高于中国的人均水平。

（2）煤炭资源地理分布极不平衡。中国煤炭资源北多南少，西多东少，煤炭资源分布与消费区分布极不协调。从各大行政区内部看，煤炭资源分布也不平衡，如华东地区煤炭资源储量的 87% 集中在安徽、山东，而工业主要在以上海为中心的长江三角洲地区；中南地区煤炭资源的 72% 集中在河南，而工业主要在武汉和珠江三角洲地区；西南煤炭资源的 67% 集中在贵州，而工业主要在四川；东北地区相对稍好，但也有 52% 的煤炭资源集中在北部黑龙江，而工业集中在辽宁。

（3）各地区煤炭品种和质量变化较大，分布不理想。中国炼焦煤在地区上分布不平衡，四种主要炼焦煤种中，瘦煤、焦煤、肥煤有一半左右集中在山西，而拥有大型钢铁企业的华东、中南、东北地区，炼焦煤则很少。在东北地区，钢铁工业在辽宁，炼焦煤大多在黑龙江；西南地区，钢铁工业在四川，而炼焦煤主要集中在贵州。

（4）适于露天开采的储量少。露天开采效率高，投资省，建设周期短，但中国适于露天开采的煤炭储量少，仅占总储量的7%左右，其中70%是褐煤，主要分布在内蒙古、新疆和云南。

45.2.2.2 中国煤炭资源煤类煤质特征

A 煤类分布

a 炼焦用煤　全国煤炭资源储量中，炼焦用煤有2645.11亿吨，占资源储量的26.3%。其中，气煤1223.22亿吨，占炼焦用煤总数的46.3%；肥煤330.34亿吨，占12.5%；焦煤616.84亿吨，占23.3%；瘦煤421.23亿吨，占15.9%；属于炼焦用煤而未分小类的53.48亿吨，占2%。在地理分布上更为不均衡，炼焦用煤主要分布在晋陕蒙和华东区，两区占全部炼焦用煤的75.6%。其中山西、安徽、山东、贵州、黑龙江、河北、河南等7省有2222.09亿吨，占炼焦用煤总量的84%。各大区中炼焦用（配）煤的煤类赋存也很不匹配，如东北就缺肥煤和瘦煤，华东缺焦煤和瘦煤，中南缺气煤和肥煤，西南缺气煤和肥煤，甘肃、宁夏、青海、新疆缺肥煤和瘦煤。

b 非炼焦用煤　全国煤炭资源储量中，非炼焦用煤有7289.80亿吨，占资源储量的73.7%，其中贫煤589.70亿吨，占8.1%；无烟煤1130.52亿吨，占15.5%；弱黏煤161.23亿吨，占2.2%；不黏煤1619.10亿吨，占22.2%；长焰煤1488.46亿吨，占20.4%；褐煤1312.26亿吨，占18%；未分煤类的非炼焦用煤及天然焦988.53亿吨，占13.6%。非炼焦用煤的各煤类在地理分布上也极不平衡。无烟煤主要分布在晋陕蒙和西南区，占81.3%，而东北、西北区无烟煤则很缺乏。主要作为非炼焦用煤的低变质烟煤（弱黏煤、不黏煤和长焰煤）则主要分布在山西、陕西、内蒙古、甘肃、宁夏、青海和新疆等省（区），它们占97.0%。褐煤主要分布于蒙东和滇西南地区，两地占88.0%。

B 煤质特点

a 炼焦用煤　我国炼焦用煤的灰分多在20%以上，以中灰煤居多，低灰煤很少，基本无特低灰煤。煤中硫分以中硫居多，硫分高于2%的约占20%，低硫和特低硫很少。同时为低灰、低硫者则更少。因此，作炼焦用煤，均须经过分选和脱硫。我国炼焦用煤往往硫分越高黏结性越强，大部分肥煤硫分在2%以上，而硫分低时灰分则高，其可选性又较差。如我国著名的开滦矿区就是最主要的肥煤产地，其可选性较差。炼焦用煤中，气煤约占一半，且易选煤居多。所以焦化厂在实际配比中，气煤占的比重最大，降低焦炭中的有害成分多用优质气煤来加以调控。如河北的邢台、江苏的大屯、山东的兖州都能分选出质量上乘的气煤。

b 低变质烟煤　我国低变质烟煤的最大特点是低灰、低硫者居多，一般原煤灰分均在15%以下，硫分小于1%,最突出的是陕北榆林神木和内蒙古东胜的侏罗系煤层，灰分一般在10%以下，被誉为天然精煤。闻名于世的大同弱黏煤，原煤灰分也多在10%以下，而晋北朔州的长烟煤原煤灰分高达30%以上，内蒙古准格尔的长焰煤原煤灰分25%~30%,且煤质较差。

c 无烟煤　我国无烟煤多数为中灰、中硫、中等发热量和高灰熔点无烟煤。如阳泉、晋城的山西组煤层，均是较好的无烟煤，原煤灰分15%~20%，硫分1%左右。宁夏汝箕沟的无烟煤原煤灰分则在5%左右，是世界闻名的"太西煤"，另外贵州的纳雍也有部分优质无烟煤。

d 褐煤　我国褐煤以内蒙古东部最集中。煤中全水分20%~50%，灰分20%~30%，硫分多在1%以下，应用基低位发热量一般只有11.7~16.7MJ/kg，约相当硬煤发热量的一半。云南以年轻褐煤为主，煤质更差，小龙潭和先锋矿区煤质则稍好。

45.2.3　14 个大型煤炭基地

为进一步稳步建设大型煤炭基地，使大型煤炭基地成为能源稳定供应的重要保障和调整煤炭产业结构的主要载体，"十二五"期间，我国将有序推进 14 个大型煤炭基地的建设，并兼并重组形成 10 个亿吨级和 10 个 5000 万吨级特大型煤炭企业。其中，新疆从原来的储备煤炭基地，正式成为我国的第 14 个大型煤炭基地。

"十一五"期间，我国重点建设了蒙东、神东、陕北、鲁西、河南、云贵、两淮等 13 个大型煤炭基地，包含 98 个矿区。2010 年这 13 个大型煤炭基地的煤炭总产量达到 28 亿吨，约占全国煤炭产量的 87.5%。这 13 个大型煤炭基地的发展方向和重点是：神东、晋北、晋中、晋东、陕北大型煤炭基地主要负责向华东、华北、东北供给煤炭，并作为"西电东送"北通道电煤基地；冀中、河南、鲁西、两淮基地负责向京津冀、中南、华东供给煤炭；蒙东（东北）基地负责向东三省和内蒙古东部供给煤炭；云贵基地负责向西南、中南供给煤炭，并作为"西电东送"南通道电煤基地；黄陇（华亭）、宁东基地负担向西北、华东、中南供给煤炭。该规划涉及 14 个省（区），总面积 10.34 万平方千米，拥有 40 多个主要矿区（煤田），保有储量高达 608 亿吨，占全国煤炭储量的 70%。

45.3　煤岩学与煤炭分选的可选性

45.3.1　煤岩学

45.3.1.1　煤岩学的定义

煤岩学是用岩石学方法，即把煤作为一种有机岩石，主要以物理方法研究煤的物质成分、结构、性质、成因及合理利用的学科，是研究煤质的主要方法。煤岩学研究的意义如下：

（1）通过对有机显微组分、无机显微组分、煤岩类型、煤层及围岩沉积相的研究，确定含煤岩系的沉积环境和煤相。

（2）根据显微组分及其组合特征以及煤层的其他特征，进行煤层对比。

（3）通过显微定量和煤级的测定，预测煤的结焦性，选择炼焦配煤，并为综合利用提供依据。

（4）通过研究煤中矿物成分的种类与赋存特征，预测煤的可选性与预防环境污染。

（5）通过测定镜质体反射率，结合煤的分子结构、化学组成，探讨煤化作用及其物理化学变化实质。

（6）应用显微光度计与荧光显微镜测试煤化程度，确定有机质的成熟度，进行油气评价预测。

45.3.1.2　煤岩学研究的内容及方法

煤的显微组分、显微类型和煤化作用是煤岩学研究的主要内容。应用煤岩学方法确定煤岩组成和煤化程度，是评定煤的性质和用途的重要依据，也是研究煤的生成和变质的重要基础。根据所采用手段及分析结果的差异，可概括为化学分析、矿物分析和煤岩分析三方面。

A　化学分析

煤的化学分析是从分子或元素组成角度了解煤的组成情况，包括工业分析、元素分析、成分分析三部分。

a 工业分析 煤的工业分析是煤炭在工业生产和使用过程中经常进行的分析项目，包括水分、灰分、挥发分和固定碳四项指标。

b 元素分析 煤的元素分析是对煤炭的有机质进行元素分析，包括碳、氢、氧、氮、硫。在实际测量中，通常用800℃燃烧法测定煤中的碳（C_{daf}）和氢（H_{daf}）；用开氏法或氮的蒸气燃烧法测定煤中的氮（N_{daf}）；用艾士卡法、库仑滴定法或高温燃烧中和法测定煤中的全硫含量（$S_{t,d}$）；最后，用差减法计算出氧的含量。

c 成分分析 煤的成分分析主要是无机组成的矿物与元素分析，如煤灰成分分析、煤中微量和有害元素分析等。煤灰成分分析是指煤样完全燃烧所形成的煤灰的组成分析，一般包括 SiO_2、Al_2O_3、Fe_2O_3、TiO_2、CaO、MgO、SO_2、P_2O_5、K_2O、Na_2O 等。不同矿区煤层的煤灰成分变化较大。煤灰成分分析通常先将煤样在一定条件下进行完全燃烧灰化，再对所得残渣进行逐个化学分析。煤中微量元素包括与煤共生的锗、镓、铀、钒和一些有害元素等。煤中有害元素是指煤在使用过程中可能对人和生态带来损害的元素，如砷、氟、氯、磷、硫、镉、汞、铬、铍、铊、铅等。煤中微量元素分析通常采用光谱分析或化学分析等方法，其目的是为了查明煤或煤矸石以及煤灰渣中所含微量元素的种类与含量，必要时可进行综合回收或脱除。

B 矿物分析

物质的宏观性质主要取决于组成该物质的分子结构及其微观结构（结晶）形式。矿物分析就是要从某些物理特性的差异中揭示其微观分子结构。煤的矿物分析主要包括物相分析、火焰分析、热分析、X射线衍射分析、电子探针等。

a 物相分析 煤的物相分析是针对煤或矸石中存在的化合物（有机物和各种矿物），采用不同浓度的各种溶剂使它们有选择性地溶解，然后再分别用化学定量方法测出试样中某元素呈何种矿物形态及其所占比例。

煤的物相分析中最常用的是硫成分分析。煤中的硫通常以有机硫、硫酸盐硫、黄铁矿硫和少量单质硫的形式存在。不同化学形式的硫和煤的其他组分（主要是有机质）的结合形式也不同，因而其分选脱除的方法和难易程度差异很大。如在选煤过程中，密度较高的大块硫铁矿很容易从轻产物（精煤）中脱除出去，而有机硫则会随着煤分选过程富集在轻产物中。为分析煤炭分选脱硫的可能性和难易程度，经常需要对煤中硫分进行分析，主要包括全硫、有机硫、黄铁矿硫和硫酸盐硫的测定，含量很少的单质硫和其他形式的硫一般不单独进行分析。

煤的全硫（$S_{t,d}$）可采用艾士卡法、库仑滴定法或高温燃烧中和法测定。煤中有机硫和黄铁矿硫含量采用化学分析方法测定，而硫酸盐硫则采用差减法计算获得。

b 热分析 热分析是根据常温下比较稳定的矿物质，在连续受热条件下，会在不同的温度时发生脱水、分解等结构变化，并伴随相应的热效应（吸热或放热）或质量损失，从而定性或定量确定矿物组分的分析方法。煤的热分析通常用来鉴定煤中的黏土矿物和碳酸盐矿物。

c X射线衍射分析 X射线衍射分析是利用矿物晶体对X射线的衍射作用来鉴定和分析矿物的。每种结晶矿物都有自己独特的标准X射线衍射谱线。煤的X射线衍射分析通常用于鉴定煤中结晶颗粒极小的高度分散性矿物，如黏土和黏土岩类矿物。

伴随着电子显微镜等先进分析测试仪器的不断涌现，电子探针、X 射线显微分析、激光显微光谱分析和图像分析等现代化测试方法也逐渐用于煤的矿物分析。当然，由于煤是由非晶体的有机组分为主构成的不均匀混合物，建立在晶格结构基础上的分析测试方法仅用于少量的基础理论研究，对实际工业化生产的指导意义不大。

C　煤岩分析

煤岩分析是根据煤的表面视觉差异来进行分类和鉴别的分析方法。依据分析过程中所采取的观察手段的不同，煤岩分析分为宏观煤岩分析和微观煤岩分析两种。

a　宏观煤岩分析　　宏观煤岩分析是通过肉眼或借助放大镜，依据煤岩表面的颜色、条痕、光泽、断口、硬度以及结构和构造，来初步分析判断煤的组成和性质，区分宏观煤岩类型的分析方法。煤的宏观煤岩分析通常包括宏观煤岩组成、煤的结构特征、宏观煤岩类型、宏观煤岩类型的构造、煤中矸石的组成。

煤的宏观煤岩组成单位为煤岩成分，包括镜煤、亮煤、暗煤和丝炭四类。煤的宏观煤岩成分分析就是要获得不同煤岩成分的含量比例。在同种煤的煤岩成分中，镜煤一般灰分低、易碎、密度低、表面疏水性强，在选煤过程中易富集在精煤中。

煤的结构特征是指构成煤块的各个组分（煤岩成分或岩石成分）的大小、形状和空间分布关系。煤的结构主要分为：条带状结构（包括大于 5mm 宽条带状、5~3mm 中条带状、3~1mm 细条带状和小于 1mm 线埋状）、透镜状结构、均一状结构、粒状结构等形式。

在同一煤层煤柱中，煤岩成分的组合按光泽分为四种宏观煤岩类型：光亮型、半光亮型、半暗型、暗淡型。这些煤岩类型按上述煤的结构特征又分为不同的亚类型，如宽条带状光亮型、粒状暗淡型等。

宏观煤岩类型的构造是煤岩成分组合体的结构组合方式，一般分为块状构造和层状构造两大类。后者又包括水平层理、波状层理和斜层理构造。宏观煤岩分析中矸石组成是指煤中可见矸石的无机矿物岩相组成情况。煤矸石岩相组成见表 45-3-1。

表 45-3-1　煤矸石的岩相组成

岩类	碎屑岩类			黏土岩类	化学岩类		
	碎屑结构			泥质结构 （<0.01mm）	鲕状、豆状、颗粒状等		
结构	砾质结构 （>2mm）	砾质结构 （2~0.1mm）	砾质结构 （0.1~0.01mm）				
主要 岩石	砾质岩	砾质岩	粉砾质岩	黏土岩	钙质岩	硅质岩	铝质岩
	角砾岩 砾岩	粗砾岩 中砾岩 细砾岩	黄土 粉砾岩	黏土 泥岩 页岩	石灰岩 白云岩 泥灰岩	燧石岩	

b　微观煤岩分析　　在显微镜下研究煤是煤岩学的主要手段。透射光下观察煤薄片是煤岩成因研究的主要手段；煤的工艺性能研究，是以反射光下观察煤光片和煤砖光片为主，在反射光下使用油浸镜头观察之前，浸蚀煤光片表面的方法。近期荧光法的引入，更加强了对低煤级的测定与工艺性质的研究。

在显微镜下，将煤岩成分分为有机显微组分和无机显微组分两大类。国际煤岩学术委员会将硬煤显微煤岩组分分为三组 14 个分组，中国将烟煤显微煤岩组分分为四类 10 组，见表 45-3-2。无机显微组分主要是各种矿物质，煤系主要矿物见表 45-3-3。

表 45-3-2 国际硬煤及中国烟煤显微煤岩组分对照

国际硬煤显微煤岩组分		中国烟煤显微煤岩组分	
组	显微煤岩组分	类	显微煤岩组分、亚组分
镜质组	结构镜质体	镜质类	结构镜质体、结构半镜质体
	无结构镜质体		无结构镜质体、无结构半镜质体
	碎屑镜质体		碎屑镜质体、碎屑半镜质体
壳质组	孢子体 角质体 树脂体 碎屑壳质体	稳定组	孢粉体、不定型体 角质体 树脂体、树皮体
	藻类体	腐泥类	藻类体、腐泥基质体
惰性体	微粒体		微粒体
	粗粒体	丝质体	半丝质体、丝质基质体 镜半丝质体、半丝浑圆体 丝质体、木镜丝质体、镜丝质体 丝质浑圆体
	半丝质体 丝质体		
	菌类体		半丝菌类体、丝质菌丝体
	碎屑惰性体		碎屑惰性体、碎屑丝质体

表 45-3-3 煤系主要矿物

矿物类别	矿物名称	化 学 式	说 明
石英类	石英	SiO_2	砾岩和砂岩 主要矿物
	胶态石英	$SiO_2 \cdot nH_2O$	
岩浆岩矿物	钾长石 钠长石 白云母	$K_2O \cdot Al_2O_3 \cdot 6SiO_2$ $Na_2O \cdot Al_2O_3 \cdot 6SiO_2$ $KAl_2[Si_3AlO_{10}](OH,F)_2$	
黏土矿物	高岭土类:高岭石 膨润土类:蒙脱石 水云母类:伊利石	$H_2Al_2O_8Si_2 \cdot H_2O$ $(Al,Mg)_2(Si_4O_{10})(OH)_2 \cdot nH_2O$ $KAl_2[(Al,Si)_3O_{10}](OH)_2 \cdot nH_2O$	黏土岩主要矿物
碳酸盐矿物	方解石 白云石 菱铁矿	$CaCO_3$ $CaMg(CO_3)_2$ $FeCO_3$	石灰岩主要矿物
硫化物	黄铁矿 白铁矿	FeS_2 FeS_2	
铝土矿	一水硬铝矿 一水软铝矿 三水铝矿	$AlOOH$ 或 $\alpha\text{-}AlO(OH)$ $AlOOH$ 或 $\beta\text{-}AlO(OH)$ $Al(OH)_3$	铝质岩主要矿物
其他矿物	石膏 磷灰石 金红石	$CaSO_4 \cdot 2H_2O$ $Ca_5(PO_4)_3(F,Cl,OH)$ TiO_2	
	共生矿		煤-岩连生体

45.3.2 煤炭分选的可选性

45.3.2.1 可选性的定义

煤的可选性是指从原煤中分选出符合质量要求的精煤的难易程度。原煤是指煤矿开采后并经初选除去规定粒度矸石的煤。煤的可选性是确定选煤工艺和设计选煤工艺的主要依据。通过煤的可选性研究，可估计各种产品的灰分和产率。由易选原煤可以得到灰分低、产率高的精煤，选煤厂可采用较简单的工艺流程；由难选原煤所得的精煤灰分高、产率低，选煤厂要采用较复杂的工艺流程。炼焦用煤对灰分、硫分均有一定要求，一般都要经过分选后才可使用。煤的可选性，往往决定它们在配煤中的可用性及配入量。

45.3.2.2 煤炭分选的可选性研究

煤炭分选的可选性研究是煤炭分选工艺研究的重要组成部分，主要内容与指标包括粒度组成分析、密度分析及可选性评定、可碎性及碎选性、泥化特性、煤泥可浮性、煤泥水沉降特性、煤泥可过滤性、摩擦角、安息角、硬度等。

A 粒度组成分析

粒度组成分析主要是测定煤炭颗粒粒度的大小并绘制粒度分布曲线。颗粒粒度测定方法有筛分分析法、沉降分析法、计数法、比表面分析法。

(1) 筛分分析法是利用筛孔大小不同的一套筛子进行粒度分级，得到煤炭的几何粒度尺寸。该法设备简单、易于操作，缺点是受颗粒形状影响较大。在通常情况下，大于 0.075mm 的物料采用干式筛分，小于 0.075mm 的物料采用湿式筛分。筛分方法参考《煤炭筛分试验方法》(GB/T 477—2008) 和《煤粉筛分试验方法》(GB/T 19093—2003)。

(2) 沉降分析法是利用不同尺寸颗粒在水或空气介质中沉降速度的不同而分成若干级别，该方法得到的是具有相同沉降速度的当量球径。该法受矿粒密度的制约，精确测量时也要考虑形状的影响。它适合于 40~0.05μm 粒度范围的测定。

(3) 计数法是直接统计不同粒度颗粒个数的方法，它分为间接法和直接法两类。间接法又称图像法，是指所测量和统计的是颗粒图像，它包括宏观照相术、显微镜分析透射、扫描电子显微镜、分析电子探针等；直接法是对粒子进行直接测量和统计，分为机械记数法和场干扰法。

(4) 比表面分析法是通过测定单位质量的矿粒群所具有的总表面积，间接换算出矿粒的平均直径。这种方法分为渗透法和吸附法两种。

B 密度分析及可选性评定

密度组成是指物料中各密度级的质量百分率或累积质量百分率。它可由浮沉试验获得。大于 0.5mm 物料的浮沉试验又称大浮沉试验，可按照《煤炭浮沉试验方法》(GB/T 478—2008) 进行。小于 0.5mm 物料的浮沉试验又称小浮沉试验，可依据《煤粉浮沉试验方法》(GB/T 19092—2003) 进行。密度组成反映了物料的重要性质，是进行可选性分析的重要依据。通常情况下，煤的可选性是指煤采用重选分离的难易程度。因此，煤的可选性主要取决于煤的密度组成。

煤的可选性常用可选性曲线来表征。它包括基元灰分曲线 (λ)、浮物曲线 (β)、沉物曲线 (θ)、密度曲线 (δ)、±0.1 密度含量曲线 5 条。可选性曲线可用来推测煤分选的难易程度和某一分选条件下的分选理论指标。可选性曲线绘制方法可根据《煤用重选设备工艺性能评定方法》(GB/T 15715—2005) 进行。可选性评定可参考《煤炭可选性评定方法》(GB/T 16417—2011)。

C 可碎性及碎选性

可碎性是指在标准条件下使煤样粉碎的相对难易程度。通常采用撒落法进行试验,并规定用试验后煤样中小于6mm 级含量与原试样中该级含量的差数表示可碎性。

碎选性是指利用煤和矸石可碎性差异进行分选的可能性。它可以用大块煤和矸石的摔落试验(或碎选试验)来确定。试验数据可作为设计碎选机的依据。

D 泥化特性

泥化是指煤或矸石浸水后碎散成细泥的现象。它的研究主要是预测煤和矸石在选煤过程中浸泡产生细粒和粉化成泥的情况。煤和矸石的泥化程度分别采用转筒法或安氏法,按照《煤和矸石泥化试验方法》(MT/T 109—1996) 进行测定。

E 煤泥可浮性

煤泥可浮性是指通过浮选提高煤泥质量的难易程度。可浮性由实验室可比性浮选试验和分步释放浮选试验测定。这两种测定方法的实质和共同点是采用相同的试验条件。前者以一次分选产品的产率和质量作为比较的依据;后者采用一次粗选多次精选,并以相应的指标绘制分步释放试验曲线去比较。可比性浮选试验参照《煤粉(泥)实验室单元浮选试验方法》(GB/T 4757—2013) 进行,分步释放浮选试验参照《选煤实验室分步释放浮选试验方法》(MT/T 144—1997) 进行。目前,我国推荐采用选煤实验室分步释放试验结果作为统一评定煤粉(泥)的可浮性及浮选效果的依据。

煤泥可浮性主要取决于煤岩组分、变质程度、矿物杂质及其嵌布特征、表面氧化程度以及粒度组成等。可浮性与润湿性相关,可浮性越好,润湿性越差。润湿性是指煤与水相互作用的强弱程度,可以用接触角的大小来表征润湿性。不同变质程度的煤,可浮性不同,通常中等变质程度的煤(如焦煤、肥煤)可浮性最好。根据需求情况,可浮性不好的煤可通过添加浮选药剂调整浮选状况。

F 煤泥水沉降特性

煤泥水沉降特性是指煤泥水中固体颗粒沉降速度的大小以及澄清水层中固体含量的高低。煤泥水沉降特性试验参照《选煤厂煤泥水沉降试验方法》(MT 190—1988) 进行。

G 煤泥可过滤性

煤泥的可过滤性是指煤泥过滤(或压滤)的难易程度,通常用滤饼体积比阻 r 作为过滤性系数评定选煤厂煤泥的可过滤性。

$$r = \frac{2pM}{\mu x} \tag{45-3-1}$$

式中 r——滤饼体积比阻,L/m^2;

p——压力差,Pa;

x——滤饼体积和滤液体积的比值;

μ——滤液的动力黏度,Pa·s;

M——斜率,即平均过滤速度的倒数随滤液体积的变化率。

煤泥可过滤性测定可参照《选煤厂煤泥过滤性测定方法》（MT/T 260—1991）进行。

H　其他加工特性

摩擦角与安息角是松散物料的重要性质，是选煤厂设计煤仓和储煤场的重要技术依据。摩擦角是物料在倾斜的特定表面上能保持相对静止的最大倾角。在实际应用中，摩擦角通常也是溜槽等设备的最小倾角极限。安息角是散粒物料在自然堆积的情况下，所形成的自然斜坡的倾角，安息角通常与室内外煤堆的堆积高度和容积有着直接的关系。

硬度系数是固体颗粒表面抗变形的能力，是固体物料颗粒的重要性质，是设计和选择粉体设备的主要依据。

45.3.2.3　煤炭浮沉试验与可选性曲线

A　煤炭浮沉试验

煤炭的浮沉试验，按煤样粒度分为两种：一种是粒度大于0.5mm煤样的浮沉试验；另一种是粒度小于0.5mm的煤泥（粉）浮沉试验，这种浮沉试验又叫小浮沉试验。两者的区别在于配制重液所用药剂不同，以及操作过程有别。

a　粒度大于0.5mm煤样的浮沉试验　　为了浮沉试验尽量准确，一般情况下都是用筛分分析所得到的窄粒级的煤进行浮沉。只有在特定的情况下，才进行不分级煤的浮沉试验。如对跳汰机分选效果的考核，或因时间、人力的限制，浮沉试验时煤样可不分级。

浮沉试验煤样的质量，可以根据试验目的的不同而有所变化。但它与每一粒度级别的大小有关，根据国家标准规定，不同粒度级别所用煤样的最小质量，应符合表45-3-4的规定。至今，煤炭浮沉试验都是用氯化锌和水配制的重溶液作为分离介质。根据阿基米德原理，密度小于重液密度的煤必定浮在液面上，捞出称之为浮物；密度大于重液密度的煤必定沉到重液底部；而密度刚好等于重液密度的煤，则在重液中悬浮。将沉到底部和悬浮其中的取出称之为沉物。根据国家标准规定，煤样可按下列密度分成不同密度组：$1.30 \mathrm{g/cm^3}$、$1.40 \mathrm{g/cm^3}$、$1.50 \mathrm{g/cm^3}$、$1.60 \mathrm{g/cm^3}$、$1.70 \mathrm{g/cm^3}$、$1.80 \mathrm{g/cm^3}$、$2.00 \mathrm{g/cm^3}$。必要时可增加$1.25 \mathrm{g/cm^3}$、$1.35 \mathrm{g/cm^3}$、$1.45 \mathrm{g/cm^3}$、$1.55 \mathrm{g/cm^3}$、$1.90 \mathrm{g/cm^3}$或$2.10 \mathrm{g/cm^3}$等密度。当小于$1.30 \mathrm{g/cm^3}$密度级的产率若大于20%时，必须增加$1.25 \mathrm{g/cm^3}$密度。无烟煤可依具体情况适当减少或增加某些密度级。

表45-3-4　浮沉试验煤样质量与粒度级别的关系

煤样粒级/mm	>100	100~50	50~25	25~13	13~6	6~3	3~0.5	<0.5
煤样最小质量/kg	150	100	30	15	7.5	4	2	1

浮沉试验的简要步骤如下：

（1）按规定或试验的需要，配制不同密度的重液（密度值准确到0.003），分别装入各个容器中，并按密度大小顺序排列。

（2）将符合规定质量的干煤样称重计量，然后用清水洗去附着在煤粒表面上小于0.5mm的煤粉，并将该煤泥水澄清、过滤、烘干、称重，记录小于0.5mm煤粉的质量。

（3）经脱泥的煤样烘干后放入用筛网制的漏桶中，然后先从最低密度的重液开始，从小到大依次进行浮沉。如果煤样中含有易泥化的矸石或高密度物含量多时，也可先在最高密度的重液内浮沉，捞出浮物后，再将该浮物仍由低密度到高密度顺序浮沉。

（4）每次在重液中进行浮沉时，一定要等分层完善后，再用漏勺捞取浮煤。为了分层充分，装煤样的漏桶放入重液中之后，可用细棒轻轻搅动或将漏桶缓缓上下移动。使其静止分层。分层时间不少于下列规定：

1）浮沉物粒度大于 25mm 时，静止分层时间为 1~2min；

2）最小粒度为 3mm 时，静止分层时间为 2~3min；

3）最小粒度为 1~0.5mm 时，静止分层时间为 3~5min。

（5）捞净浮物后，提出漏桶再放到高一密度级的重液中，进行另一密度级的浮沉。以此类推，待最后一个最高密度重液的浮沉做完为止。

（6）经过 n 个密度级重液的浮沉，得到 $n+1$ 个密度级的产物。将这些产物用温清水把黏附在颗粒表面的氯化锌洗掉后，烘干、称重，计算产率并化验灰分。

（7）检验试验误差。浮沉前煤样质量与浮沉后各密度级产物质量之和的差值，不得超过浮沉前煤样质量的 2%，否则应重新试验。浮沉试验前煤样的灰分与试验后各密度级产物灰分的加权平均值的误差，应符合如下要求：

1）煤样最大粒度大于或等于 25mm 时：煤样灰分小于 20%，相对误差要低于 10%；煤样灰分大于或等于 20%，绝对误差应小于 2%；

2）煤样中最大粒度小于 25mm 时：煤样灰分小于 15%，相对误差不能超过 10%；煤样灰分大于或等于 15%，绝对误差不应超过 1.5%。

b　粒度小于 0.5mm 煤泥（粉）的浮沉试验　　小浮沉试验由于物料粒度细、沉降速度慢，故其浮沉过程应在离心力场中进行，所用设备为离心机。试验所用的煤样必须是空气干燥状态，质量不得少于 60g。若某密度级产物的质量不够化验时，该密度级应做双份煤样。

小浮沉试验一般也用氯化锌的重液。若要求重液密度较高或煤样的粒度过细，由于氯化锌水溶液具有黏度大、产物清洗困难等缺点，可采用四氯化碳、苯及三溴甲烷等有机溶液配制。有机溶液不同密度的配比见表 45-3-5。

表 45-3-5　有机溶液不同密度的配比（15℃）

重液密度/g·cm^{-3}	1.3	1.4	1.5	1.6	1.8	2.0
四氯化碳（CCl$_4$）/%	60	74	81	98	79	59
苯（C$_6$H$_6$）/%	40	26	19			
三溴甲烷（CHBr$_3$）/%				2	21	41

小浮沉试验与前述浮沉试验的试验步骤有区别，它是将 60g 煤样分成 4 份，每份 15g，分别倒入 4 个离心管内，然后都倒入同一密度（从最低密度开始）的重液，如 1.300g/cm^3 的重液，并搅拌。使管内液面的高度为离心管高度的 85% 为止，分别装入离心机对应位置上，使其在离心力场中浮沉。到达分离时间后，取出离心管，将浮物倒出。存留沉物

的离心管再加入密度为 $1.400\mathrm{g/cm^3}$ 的重液，再使其进行离心浮沉。以此类推，直至加入 $1.800\mathrm{g/cm^3}$ 密度的重液试验完毕为止。最后将各密度级产物分别过滤、烘干、称重、化验和计算。

c　煤炭浮沉试验资料的整理与计算　　每一粒级煤样浮沉试验完毕，要将试验记录数据（各密度级煤及煤泥质量）、计算数据（各密度级煤及煤泥产率）和化验数据（煤样、各密度级和煤泥灰分）填到浮沉试验报告表内。表的格式可参见表 45-3-6，表 45-3-6 中数据为某矿 25~13mm（自然级）原煤浮沉试验所得。

表 45-3-6　某矿 25~13mm（自然级）原煤浮沉试验综合表

浮沉试验编号：　　　　　　试验日期：　　　年　月　日

煤样粒级：25~13mm（自然级）　　　本级占全样产率：18.322%，灰分22.42%

全硫 (S_{t})：　　% 试验前煤样质量（空气干燥状态）：24.965kg

密度级 /g·cm^{-3}	质量/kg	占本级产率/%	占全样产率/%	灰分/%	累计浮物/%		累计沉物/%	
					产率	灰分	产率	灰分
<1.3	1.645	6.72	1.219	3.99	6.72	3.99	100.00	22.14
1.3~1.4	11.312	46.18	8.380	7.99	52.90	7.48	93.28	23.45
1.4~1.5	5.280	21.56	3.912	15.93	74.46	9.93	47.10	38.60
1.5~1.6	1.370	5.59	1.014	26.61	80.05	11.09	25.54	57.74
1.6~1.7	0.660	2.70	0.490	34.65	82.75	11.86	19.95	66.47
1.7~1.8	0.456	1.86	0.338	43.41	84.61	12.56	17.25	71.45
1.8~2.0	0.606	2.47	0.448	54.47	87.07	13.74	15.39	74.84
>2.0	3.165	12.92	2.345	78.73	100.00	22.14	12.92	78.73
合计	24.494	100.00	18.146	22.14				
煤泥	0.238	0.96	0.176	19.16				
总计	24.732	100.00	18.322	22.11				

表 45-3-6 中各项指标的含义如下：

（1）密度级。在实际应用中，有时用各密度级的平均密度代替该密度级，如绘制基元灰分曲线时需要如此处理。

（2）浮沉后所得各产品的质量，用以计算产率分布。其中，合计质量是指煤样冲洗除去小于 0.5mm 煤粉后各浮沉密度级质量之和，并以此为 100% 算出各密度级产率。总计的质量是指各密度级质量加上煤泥质量，并以此为 100% 算出煤泥占本级产率。煤泥是指各粒度级煤样浮沉之前冲洗时所得的小于 0.5mm 煤粉，经沉淀、过滤、烘干之后称重的总量，即是煤泥质量。

（3）以本级和全样为基准计算的产率。表头本级占全样产率乘以煤泥占本级产率，便得煤泥占全样产率；本级占全样产率减去煤泥占全样产率，则为合计占全样产率。合计占全样产率与第 3 列中各密度级占本级产率相乘,可得第 4 列中占全样产率的全部数据。

(4) 煤泥灰分是化验值;合计灰分是各密度级灰分的加权平均值;总计灰分是合计灰分与煤泥灰分的加权平均值。显然,表 45-3-6 中第 5 栏中的总计灰分与表头所标本级灰分,很难一致,但必须在前述允许误差范围之内。

(5) 小于某一密度浮物的累计产率,即表 45-3-6 中第 3 列占本级产率数据自上而下累计所得。

(6) 累计浮物灰分是小于某一密度的浮物中各密度级浮物的加权平均灰分。

(7) 大于某一密度的沉物累计产率,是表 45-3-6 中第 3 列自下而上各数据累计所得。

(8) 累计沉物灰分,是大于某一密度的沉物中各密度级沉物的加权平均灰分。

煤样各粒级的浮沉试验全部完成后,经检查误差符合规定要求,就须进一步将各粒级中的自然级与破碎级的浮沉试验结果综合在一起,提供一个该粒级整体的浮沉试验资料,其表格形式同表 45-3-6。然后将各粒级(包括自然级、破碎级和综合级)浮沉试验报告表再综合在一起,编制"筛分浮沉试验综合报告表",见表 45-3-7。

表 45-3-7 中各粒级煤样的筛分浮沉资料,是参考各筛分粒级煤样(包括自然级与破碎级)的综合级浮沉试验报告表。表 45-3-7 中的第 17、18、19 栏,即 50~0.5mm 粒级筛分浮沉数据,是把各窄粒级筛分浮沉资料综合所得。例如表 45-3-7 中第 18 列的数据,是该表中第 3、6、9、12、15 各列数据相加而得。而第 17 列数据是以第 18 列中的合计(94.132)为百分之百换算出来的(例如第 18 列中小于 1.3 密度级 50~0.5mm 占全样产率是 10.062 被合计 94.132 除之得第 17 列小于 1.3 密度级占本级产率数据 10.69)。表中第 19 列是各粒级占全样产率与灰分相乘之和被第 18 列占全样产率相应数据除后而得,所以它是一个加权平均值。

利用表 45-3-7 中的数据,还可以确定某一密度分割时该点左右邻近范围内物料含量的多少。该密度点邻近的物料在实际分选过程中,由于分离误差而产生错配,造成损失或污染,从而影响实际分选密度和产品的数量质量,因此从某种程度上反映了按密度分选的难易程度。有时也根据中间密度级别物料含量的多少来定性地评价煤炭按密度分选的难易程度。

B 可选性曲线及其应用

掌握了物料的密度组成资料(即浮沉试验结果),对于该物料的密度特性已基本了解。这对于考察物料经重力分选时的难易程度,提供了分析问题的初步依据,但是这仅仅是一些特定条件下的情况,若要了解任意条件下的情况,只能有两种办法。一种是把浮沉试验的密度间隔划得无限小,从而获得无穷多个极窄密度级产物的产率与灰分,实际上这显然是不可能的。另一种是利用浮沉试验有限的几个密度级产物量与质的数据,用图示的方法,将其关系曲线化,从而解决在任意条件下都能提供各种密度范围物料的量与质的关系。

因此,为了研究 50~0.5mm 级入选原煤的浮沉组成,进一步分析它的密度组成特性,就必须把表 45-3-7 中 50~0.5mm 粒级浮沉资料的第 17、19 两栏数据转抄到表 45-3-8 中的第 2、3 两栏内,50~0.5mm 粒级原煤浮沉试验综合表见表 45-3-8。

表 45-3-7　筛分浮沉试验综合报告表

煤样粒级:50~0.5mm
煤样名称:
取样日期:　年　月　日　　试验日期:　年　月　日

密度级/g·cm⁻³	50~25mm 产率33.029		灰分21.71	25~13mm 产率24.605		灰分21.63	13~6mm 产率15.874		灰分22.83	6~3mm 产率13.238		灰分19.24	3~0.5mm 产率8.303		灰分15.94	50~0.5mm 产率95.049		灰分21.03 (%)
	占本级	占全样	灰分	占本级	占全样	灰分	占本级	占全样	灰分	占本级	占全样	灰分	占本级	占全样	灰分	占本级	占全样	灰分
1	2	3	4	5	6	7	8	9	10	11	12	13	14	15	16	17	18	19
<1.3	7.67	2.519	4.49	8.65	2.112	4.35	9.35	1.478	2.97	15.51	2.047	2.69	24.17	1.906	2.32	10.69	10.062	3.46
1.3~1.4	52.94	17.380	9.29	46.86	11.437	8.31	43.30	6.847	7.12	38.78	5.117	6.83	33.68	2.656	6.47	46.15	43.437	8.23
1.4~1.5	19.50	6.401	17.03	20.25	4.943	15.92	20.48	3.238	14.77	20.94	2.764	13.65	20.41	1.610	12.72	20.14	18.965	15.50
1.5~1.6	3.63	1.191	26.68	5.33	1.301	26.64	6.37	1.007	24.87	6.40	0.844	24.39	6.64	0.524	23.01	5.17	4.867	25.50
1.6~1.7	2.08	0.683	34.92	2.41	0.587	35.11	2.99	0.473	33.67	3.11	0.410	34.05	3.13	0.247	32.07	2.55	2.400	34.28
1.7~1.8	1.36	0.447	44.33	1.67	0.408	43.39	1.85	0.292	42.08	1.92	0.254	42.34	1.62	0.128	39.81	1.62	1.529	42.94
1.8~2.0	1.96	0.642	53.46	2.32	0.567	54.57	2.17	0.344	52.32	2.17	0.286	50.88	2.16	0.170	49.94	2.13	2.009	52.91
>2.0	10.86	3.566	81.12	12.51	3.053	79.43	13.49	2.133	79.29	11.17	1.474	78.19	8.19	0.646	76.99	11.55	12.872	79.64
合计	100.00	32.289	20.74	100.00	24.408	21.69	100.00	15.812	21.59	100.00	13.196	19.19	100.00	7.887	15.90	100.00	94.132	20.50
煤泥	0.61	0.200	17.24	0.80	0.197	18.80	0.39	0.062	21.16	0.65	0.087	21.59	5.01	0.416	17.13	1.01	0.962	18.16
总计	100.00	33.029	20.72	100.00	24.605	21.67	100.00	15.874	21.59	100.00	13.283	19.21	100.00	8.303	15.96	100.00	95.094	20.48

表 45-3-8 50~0.5mm 粒级原煤浮沉试验综合表

密度级/g·cm⁻³	产率/%	灰分/%	累 计				分选密度 ±0.1g/cm³	
			浮 物		沉 物		密度级 /g·cm⁻³	产率/%
			产率/%	灰分/%	产率/%	灰分/%		
1	2	3	4	5	6	7	8	9
<1.3	10.69	3.46	10.69	3.46	100.00	20.50	1.30	56.81
1.3~1.4	46.15	8.23	56.84	7.33	89.31	22.54	1.40	66.29
1.4~1.5	20.14	15.50	76.89	9.47	43.16	37.85	1.50	25.31
1.5~1.6	5.17	25.50	82.15	10.48	23.02	57.40	1.60	7.72
1.6~1.7	2.55	34.28	84.70	11.19	17.85	66.64	1.70	4.17
1.7~1.8	1.62	42.94	86.32	11.79	15.30	72.04	1.80	2.69
1.8~2.0	2.13	52.91	88.45	12.78	13.68	75.48	1.90	2.13
>2.0	11.55	79.64	100.00	20.50	11.55	79.64		
合 计	100.00	20.50						
煤 泥	1.01	18.16						
总 计	100.00	20.48						

表 45-3-8 中第 8 列的所谓分选密度，是指浮沉试验分离过程（即重力分选过程）中，两种产物的分界密度。

表 45-3-8 中第 9 列，即分选密度 ±0.1g/cm³ 含量，有两种计算方法：一种是以该表第 2 列合计 100.00% 计算（见表 45-3-8 第 9 列数据）；另一种是当采用的理论分选密度小于 1.70g/cm³ 时，以扣除沉矸（+2.00g/cm³）为 100% 计算，当采用的理论分选密度等于或大于 1.70g/cm³ 时，以扣除低密度物（−1.50g/cm³）为 100% 计算。这是根据《煤炭可选性评定方法》（GB/T 16417—2011）中规定可选性等级采用"分选密度 ±0.1 含量法"进行评定的。

　　a　可选性曲线的绘制　　可选性曲线有两种：一种是（1905 年）亨利（Henry）、列茵尔特（Reihard）H-R 曲线；另一种是（1950 年）迈耶尔（Mayer）提出的迈耶尔曲线，即 M 曲线。由于 H-R 曲线比 M 曲线要早近半个世纪，故 H-R 曲线使用得更多、更普遍。尤其是原煤可选性曲线更多采用 H-R 曲线。相比之下 M 曲线目前为止使用较少，尽管它比 H-R 曲线有更多优点，但这是出于人们的习惯所造成的。故此处仅介绍 H-R 曲线，M 曲线详见有关的物理选矿或重力选矿文献。

　　H-R 曲线是根据浮沉试验结果绘制的表示煤炭可选性的一组曲线，也可以说是密度组成的图示，共 5 条，它们是：（1）灰分特性曲线（λ 曲线）；（2）浮物曲线（β 曲线）；（3）沉物曲线（θ 曲线）；（4）密度曲线（δ 曲线）；（5）密度 ±0.1 曲线（ε 曲线）。图 45-3-1 所示是以表 45-3-8 中的数据为例，所绘制的 H-R 可选性曲线。下面对 H-R 可选性曲线的绘制方法作简要介绍。

　　（1）坐标轴的确定。由图 45-3-1 所示，正方形坐标面积代表除去 0.5mm 以下煤粉以后入选粒级的计算原煤。下方横坐标为灰分，从左至右为 0~100%；上方横坐标为密度，从右至左为 1.2 ~ 2.0g/cm³ 以上；左边横坐标是浮物产率，从上而下为 0 ~ 100%；右边纵坐标是沉物产率，从下而上为 0 ~ 100%。

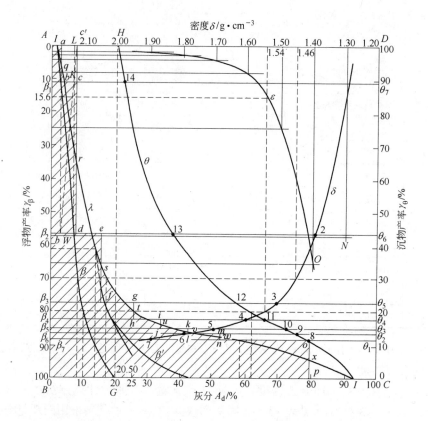

图 45-3-1 入选原煤 50 ~ 0.5mm 粒级可选性曲线绘制过程

两个纵坐标轴反映浮物和沉物的数量指标，而上、下两坐标轴，反映煤炭的质量。

（2）灰分特性曲线（λ 曲线）的绘制。各密度级的浮沉物用横向长方形从上而下表示，长方形的面积大小反映出该密度级的分量。该密度级的灰分点由上到下作一垂线，长方形左侧部分为不可燃烧部分，右侧为可燃烧物。

λ 曲线由表 45-3-8 中的第 2 列数据和第 3 列数据绘制而成。

图 45-3-1 中折线 abcdefghijklmnop 表示了浮沉原煤中，各密度产物的产率与其平均灰分的关系。

浮沉时，如密度间隔无限小，每密度级的长方形变成了一横线，该横线即为基元灰分。折线即变成为曲线。

有限多密度级时，任意一密度级产物，即长方形 $\beta_2\beta_3\theta_5\theta_6$，其产率与灰分关系如图 45-3-2 所示。纵坐标上的 $\beta_2\beta_3$ 线段，代表了该密度级物料的产率；横坐标上的 β_3f 线段，是该密度级物料的平均灰分；而长方形 $\beta_2\beta_3fe$ 这块面积，是该密度级物料的灰分量。

当浮沉物密度级较窄时，可近似地将产率与灰分的变化情况，看作一条斜线。

各垂线中点连成光滑曲线后，得灰分特性曲线，上下端点是曲线自然延伸而得。上端点，浮沉原煤中密度最小的那部分物料的灰分；下端点，浮沉原煤中密度最高的那部分物料的灰分。

在灰分特性曲线上一点任作一横线，上为浮物量，下为沉物量。

分界灰分：浮物中的取高灰分，沉物中的取低灰分。

边界灰分曲线表示浮物（或沉物）产率与其分界灰分关系的曲线。

图 45-3-2　任一密度产物其产率与灰分关系图

（3）密度曲线（δ 曲线）：表示煤中浮物（或沉物）累计产率与相应密度关系的曲线。该曲线由表 45-3-8 中的第 4 列数据和第 8 列数据绘制而成。

理论分选密度：密度曲线上任一点在上横坐标上的读数。如图 45-3-2 所示，左边纵坐标上读数是小于这个既定密度的浮煤产率，右边纵坐标上的读数是大于这个既定密度的沉煤产率。

利用该曲线可确定任一分选密度时，浮煤或沉煤的理论产率。

如：$1.46g/cm^3$ 密度，对应的浮煤和沉煤产率，从图 45-3-2 中可查得为 70% 、30% 。

（4）浮物曲线（β 曲线）：表示煤中浮物累计产率与其平均灰分的关系。该曲线由表 45-3-8 中的第 4 列数据和第 5 列数据绘制而成。

（5）沉物曲线（θ 曲线）：表示煤中沉物累计产率与其平均灰分的关系。该曲线由表 45-3-8 中的第 6 列数据和第 7 列数据绘制而成。

（6）密度 ±0.1 曲线（ε 曲线）：表示邻近密度物含量与密度的关系。该曲线由表 45-3-8 中第 8 列和第 9 列数据绘制而成。

邻近密度物含量对煤炭可选性影响很大，该曲线可用来判断某一密度分选时的可选性。

b　可选性曲线的应用　　可选性曲线的主要用途有三个方面：一是评定原煤的可选性；二是利用曲线确定重力选煤过程的理论工艺指标；三是为计算数量效率和质量效率提供精煤理论产率及精煤理论灰分的数据。

（1）评定原煤可选性。评定原煤可选性是指定性判断重力分选煤炭时的难易程度，判断时的依据是灰分特性曲线（λ 曲线）或密度曲线（δ 曲线）的形状。

1）观察与分析 λ 曲线的形状。λ 曲线的形状，反映了入选原煤中可燃物与不可燃物的结合特性，而这一结合特性，正是在对产品质量有一定要求的前提下，判断可否分选及分选时的难易。下面举几种特殊情况的例子加以说明（见图 45-3-3）。

图 45-3-3（a）所示是根本无法分选的物料可选性曲线。图中 λ 曲线与纵坐标平行，说明这种煤炭中，可燃的有机质与非可燃的矿物质，呈微细致密而又均匀地相互结合或浸染。故绝不可能用物理的方法分离出质量（灰分）不同的两种产物。此时的 β 曲线和 θ 曲线都与 λ 曲线合为一体。

图 45-3-3（b）与前一种恰好相反，其 λ 曲线与横坐标轴平行，说明该煤炭是由可以

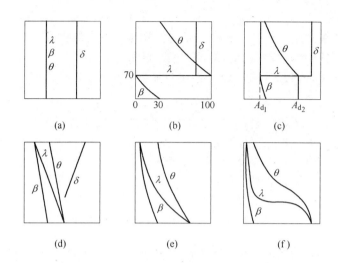

图 45-3-3　几种特殊煤炭的可选性曲线

（a）无法分选的物料；（b），（c）极易分选的物料；（d）极难分选的物料；
（e）难以分选的物料；（f）接近实际优质煤

全部燃尽的"纯煤"与根本不能燃烧的"纯矸石"混合而成。从图 45-3-3 中可以看出，当浮物产率为 70% 时，浮物灰分为 0。而此时沉物产率为 30%，其灰分为 100%，可见是极易分选的煤。

图 45-3-3（c）所示的可选性曲线中，λ 曲线是由相互垂直的折线构成的，情况与图 45-3-3（b）相似，区别仅在于选出的浮物灰分为 A_{d_1}，选出的沉物灰分为 A_{d_2}。若想选出灰分低于 A_{d_1} 的浮物和灰分高于 A_{d_2} 的沉物，是不可能的，其理由同图 45-3-3（a）。因此，它也是极易选的煤。

图 45-3-3（d）所示 λ 曲线是一条陡峭的斜直线，说明此种煤炭中有机质可燃物与矸石矿物微细而致密地结合在一起，并且随着密度的增大，矸石在煤中的含量成正比地增加，因此极为难选。并且 λ 曲线越接近垂直，则分选越趋向不可能。

图 45-3-3（e）所反映的原煤，从低密度到高密度灰分变化情况近于图 45-3-3（d）所示，既不能从中选出低灰分精煤，也不能从中选出高灰分矸石。如进行分选，精煤产率很低，经济上不合理。

图 45-3-3（f）所示可选性曲线中的 λ 曲线说明，其上部呈陡峭状，灰分低并且质地均匀，下部灰分高也均匀，中间线段近于水平，表明中间密度级的物料极少，基本情况大致近于图 45-3-3（c）。只要合理确定分选密度，煤与矸石易于分离，仍属易选煤。

总之，在图 45-3-3 中所列的几种煤的可选性曲线，不少属于极端情况，实际上是根本遇不到或极难遇到的。但实际的 λ 曲线却往往是上述几种极端情况的综合或几种极端情况的过渡形式。因此，在实际生产中，要根据原煤总体性质，合理确定工艺指标，这直接影响分选过程的难易。

2）观察和分析 δ 曲线的形状。密度曲线的形状反映了性质不同的煤，以及其密度和数量在原煤中的变化关系。

δ 曲线上段（见图 45-3-1）形状近于垂直，表示原煤中低密度煤很多，若密度稍有增减,则浮煤量增减很大,而 δ 曲线另一端与 BC 坐标轴接近并且形状变化缓慢近于水平,这表示原煤中高密度的矸石较少,且在此处密度稍有变化,而沉煤量变化不大。

δ 曲线的中段,若在 $1.4 \sim 1.8 \mathrm{g/cm^3}$,其斜率变化越明显,说明中间密度的煤量越多,若分选密度稍有变化,浮煤和沉煤的变化均较大。

如中间密度的物料多或要求在接近 δ 曲线陡峭线段处的分选密度进行分选时,该原煤是属于难选的,或者说这种分选制度是难以收效的。故有时可用 $1.4 \sim 1.80 \mathrm{g/cm^3}$ 或 $1.50 \sim 1.80 \mathrm{g/cm^3}$ 这个范围的中间密度物占原煤的百分比,作为评定煤分选难易程度的指标,这一评定可选性的方法,曾称全量中煤法。

(2)确定重力选煤的理论分选指标。可选性曲线作为原煤性质的图示,是表示了被选原煤的质与量的关系。因此,除用来判断原煤的可选性,还可解决选煤工艺中的理论工艺指标和分选条件的问题。

1)要求重力选煤产出精煤和矸石两种产物,确定其理论指标。

根据表 45-3-5 的入选原煤资料,要求精煤灰分为 10% 时,从图 45-3-1 原煤可选性曲线上查找其他各项理论指标。

具体步骤是,在 BC 坐标轴上找出灰分为 10% 的点,由此点向上作一条垂直线与 β 曲线相交。过交点再作一平行 BC 的横线,这横线与 AB 轴的交点就是精煤产率,为 80%;与 λ 曲线的交点在 BC 坐标轴的读数为 25%,此乃分界灰分;与 θ 曲线的交点,从 BC 坐标轴可知矸石灰分为 61.5%,从 CD 纵坐标上知矸石产率为 20%;横线还与 δ 曲线的交点,由此交点向该坐标 DA 引一垂线,该垂线与 DA 横坐标交于 $1.54 \mathrm{g/cm^3}$ 密度处,即为理论分选密度;横线与 δ 曲线交点处向上引垂线,并与 ε 曲线相交,其交点在 AB 纵坐标轴上的读数为 15.6%,这就是当分选密度为 $1.54 \mathrm{g/cm^3}$ 时,分选密度 ± 0.1 邻近物的产率。此原煤可选性等级属于易选。注意,若横线与 δ 曲线交点处向上所引的那条垂直线不与 ε 曲线相交,则通过曲线也可计算出 $\delta \pm 0.1$ 的产率,即 $\gamma_{\delta \pm 0.1} = \gamma_{\delta+0.1} - \gamma_{\delta-0.1}$,而 $\gamma_{\delta+0.1}$ 及 $\gamma_{\delta-0.1}$ 通过 δ 曲线均可在纵坐标轴 AB 上查知。

2)重力选煤分选出精煤、中煤和矸石三种产物时,要求确定其分选的各项理论指标,当分选过程选出精煤、中煤及矸石三种产品时,三种产品的质与量的工艺理论指标,不可能全部由可选性曲线上查出。其中有些指标需经计算方可求得,有的指标甚至还需再绘一条补充中煤曲线才能够获取。

(3)计算重力选煤其分选作业的数量效率(η_1)和质量效率(η_z)。分选作业的数量效率是指精煤的实际产率与相当于精煤实际灰分时的理论产率的百分比,可用代号 η_1 表示。当已知精煤的实际灰分后,在图 45-3-1 中的 β 曲线上,找出在该实际灰分时的精煤理论产率。可用数学形式表述,见式(45-3-2):

$$\eta_1 = \frac{\gamma_j}{\gamma_{j_0}} \times 100\% \qquad (45\text{-}3\text{-}2)$$

式中 η_1——数量效率;

     γ_j——精煤实际产率;

     γ_{j_0}——精煤理论产率。

分选作业的质量效率是指相当于精煤实际产率时的精煤理论灰分与精煤实际灰分的百

分比，可用代号 η_z 表示。当已知精煤的实际产率后，利用图 45-3-1 中的曲线，找出在该实际产率时的精煤理论灰分。用数学形式表述见式（45-3-3）：

$$\eta_z = \frac{A_{j_0}}{A_j} \times 100\% \tag{45-3-3}$$

式中　η_z——质量效率；

　　　A_{j_0}——精煤理论灰分；

　　　A_j——精煤实际灰分。

45.3.2.4　中国煤炭可选性的评定标准

MT 56—1981 是我国第一个煤炭可选性评定方法的行业标准，1982 年 1 月 1 日开始执行。经修订，并将其升格为国家标准（GB/T 16417—2011），国家技术监督局 2011 年 9 月 29 日批准，2012 年 3 月 1 日实施。

中国煤炭可选性评定标准见表 45-3-9。

表 45-3-9　中国煤炭可选性评定标准（GB/T 16417—2011）

$\delta \pm 0.1$ 含量/%	≤10.0	10.1~20.0	20.1~30.0	30.1~40.0	>40.0
可选性等级	易选	中等可选	较难选	难选	极难选

注：1. 本标准适用于大于 0.5mm 粒级的煤炭；

　　2. $\delta \pm 0.1$ 含量按理论分选密度计算；

　　3. 理论分选密度按指定的精煤灰分确定（取小数点后两位）；

　　4. 当采用的理论分选密度小于 1.70g/cm³ 时，则以扣除沉矸（大于 2.00g/cm³）为 100% 计算 $\delta \pm 0.1$ 含量，当理论分选密度等于或大于 1.70g/cm³ 时，以扣除低密度物（小于 1.50g/cm³）为 100% 计算 $\delta \pm 0.1$ 含量；

　　5. $\delta \pm 0.1$ 含量以百分数表示，计算结果取小数点后一位。

45.3.3　煤岩组分与煤炭可选性

煤的岩相组成以及煤中矿物质的数量、种类、性质和分布状态，都是影响煤的可选性的因素，其中矿物质赋存状态的影响尤为突出。煤层形成时生成的内在矿物质，多数以浸染状、细条带状和团粒状等状态分散于煤粒中，用一般的分选方法难以将它们分离；外来矿物质与煤的密度差别较大，分选时容易分离；矸石与精煤的密度相差大，所以，因混入矸石多而造成灰分高的煤也容易分选；夹矸煤的密度介于精煤与矸石之间，称为中间煤，这种煤难以分离。煤的可选性还与煤的粉碎方法和粒度有关。因此，煤岩学的研究对于确定煤的可选性具有重要意义。

45.3.3.1　影响煤炭可选性的工艺矿物学因素

A　矿物类型对煤可选性的影响

a　黏土类矿物　　黏土类矿物在煤中分布很广，陆相沉积的烟煤和无烟煤中含量最高。常见的黏土矿物有高岭石、水云母、伊利石、蒙脱石和绿泥石等。它们常分散地存在于煤中，多数呈微粒状散布于煤的有机质中或充填在镜质组、惰质组的胞腔中，孢子体周围也有不少黏土矿物，有时还集中成小的透镜体或薄层状。

b　氧化物类矿物　　氧化物类矿物主要为石英，也有玉髓、蛋白石、褐铁矿、赤铁矿和磁铁矿等。煤中最常见的是机械搬运沉积的石英碎屑，多为粉砂粒状、棱角状、半棱角状；也有化学成因的石英颗粒，从几微米到几十微米，多呈微粒或不规则的细粒分布在煤的有机质中。玉髓和蛋白石等多呈无定形状，其内部常见碳质包裹体。

c 碳酸盐类矿物 碳酸盐类矿物在煤中分布也较广，主要是方解石和菱铁矿。方解石常呈细胞或膜状充填于煤的裂隙中，有的则充填于惰质组细胞腔中，菱铁矿则多呈结核状、球状或粒状分布于煤的有机质中。

d 硫化物类矿物 硫化物类矿物指海陆交互相沉积煤层中最常见的一种矿物，包括黄铁矿、白铁矿、磁黄铁矿、黄铜矿、闪锌矿和方铅矿等。其中，黄铁矿所占比例最大，常呈透镜状或球状微晶集合体，有的呈微晶散布于基质镜质体中，也有的充填在惰质组植物组织胞腔或孢子、角质膜中。黄铁矿含量较多的煤层中则可见到成层状、结核状和团块状，还有少量的沿煤中裂隙呈薄膜状充填。在某些高硫煤中，黄铁矿呈莓粒状。

B 煤中矿物对可选性的影响

a 矿物颗粒大小及分布状态 混入煤中矿物颗粒越大，或聚集呈层状、透镜体状、结核状、单体状、脉状，经破碎后易于分离，可选性越好。如果煤中矿物呈浸染状、细条状或细小粒状分散而均匀地分布于有机组分基体中或充填在有机组分的细胞腔中，即使把煤破碎到一定的粒度，亦难以分选，可选性就差。不同粒级的煤泥有不同的浮选速度，它们的综合作用也反映在煤泥的可浮性上，所以粒度组成也是影响煤泥可浮性的主要因素之一。研究证明，大颗粒的浮选速度比小颗粒的浮选速度慢得多。

b 矿物密度对可选性的影响 各种煤岩组分的密度不同，但差别较小，亮煤 $1.25 \sim 1.30 \mathrm{g/cm^3}$，镜煤约 $1.3 \mathrm{g/cm^3}$，暗煤约 $1.35 \mathrm{g/cm^3}$，丝炭约 $1.5 \mathrm{g/cm^3}$，且随煤的煤化程度增高而差别减少。常见的四类矿物密度差异较大，黏土矿物 $2.4 \mathrm{g/cm^3}$，石英 $2.65 \mathrm{g/cm^3}$，方解石 $2.7 \mathrm{g/cm^3}$，黄铁矿 $5.0 \mathrm{g/cm^3}$，菱铁矿 $3.9 \mathrm{g/cm^3}$。当这些矿物混入煤中，其含量越多，煤的密度越大。随着煤的灰分增多，密度呈直线增大，煤岩组分密度差别也就愈明显。不同的煤岩组分所含的矿物质不同，一般壳质组与镜质组所含的矿物质较少，而惰质组所含矿物质较多，这是由于惰质组多保留细胞结构，在泥炭化阶段或成煤阶段，矿物充填或沉淀在细胞腔内，因而使惰质组的密度亦增大。密度大小的差别将直接影响分选效果，如黄铁矿密度比煤大得多，因此可通过重选法与矿物一起脱除。原煤可选性曲线是根据煤的密度组成及其灰分绘制的。由于煤泥中密度越低的部分灰分越低，可浮性越好，所以人们习惯于根据煤泥浮沉试验来判断煤泥的可浮性及浮选效果。煤阶越低的煤可浮性受密度影响越明显。密度增高对可浮性的影响不仅仅是质量增加，更主要的是表面疏水性降低。

c 矿物嵌布类型对可选性的影响 煤中矿物类型与聚煤环境、成煤后所经历的各种地质作用以及开采过程有关。煤岩组分可因矿物的充填而提高其强度，强度变化大小取决于矿物的性质、数量和分布特征。一般原地生成的煤中矿物含量较低，而异地生成的煤中矿物含量较高；煤中亮煤越多，其矿物质含量越低，而含大量暗淡煤时，一般矿物质含量较高。因此，矿化程度不同的煤岩类型（或矿化类型）及其在煤层中分布是用煤岩学方法评定煤可选性的主要依据之一。

一般来说，使煤岩组分强度增大的矿物主要是同生矿物，后生矿物通常不能使纯的煤岩组分加固，因为它们只是疏松地充填在煤层或煤岩组分的裂隙中。这种充填只要遇到不大的机械应力，就能遭到破坏、分离。细分散状的矿物增多，也往往使煤岩组分强度增大。

对于煤泥浮选而言，矿物质的存在不仅影响煤的发热量，而且影响煤的表面化学性质，从而对浮选产生影响。当煤中矿物呈粗粒嵌布，易于与煤分离时，对煤的可浮性影响不大；当煤中矿物质呈微细粒嵌布时，将降低煤的可浮性。

d 煤岩组成对可选性的影响 从煤岩组成看，煤通常可分为镜煤、亮煤、暗煤和丝炭。这四种煤岩成分的非可燃体来源不同，镜煤、亮煤的含灰物质来自于成煤原始植物的本身，其灰分较低；而暗煤、丝炭的含灰物质来自于成煤过程中矿物杂质的混入，其灰分高，亲水性强。镜煤煤岩组分单一，表面平整，含有大量性质不活泼的无结构基质，空隙数目少，可浮性好；亮煤的可浮性也较好；暗煤的可浮性居中；丝炭表面孔隙多，亲水性强，可浮性最差。丝炭严重影响焦炭质量，而浮选能高效地按煤岩组分分选，将丝炭排除在外。

煤泥的密度组成在一定程度上也反映出其可浮性的难易程度。因为低密度的煤泥中所富集的煤岩组分是疏水性好、灰分低的镜煤和亮煤。

e 矿物表面性质对可选性的影响 煤的浮选是利用煤和矿物表面性质的不同而将它们分离。当煤与水接触时，煤表面对水分子的引力很小，其表面不易被润湿，而煤中矿物则相反，能强烈地吸引水分子，其表面容易被水润湿。此外，煤中黏土矿物遇水易泥化，泥化形成悬浊液与精煤相混，影响精煤灰分，降低精煤质量；同时由于泥化的矿物容易附着在煤粒表面，致使其难以再附着气泡，抑制了煤的浮选。另外，泥化矿物具有很大的比表面，气泡表面容易被它们覆盖，从而影响煤粒在气泡上附着。

f 煤化程度对可选性的影响 按煤的变质程度把煤分为褐煤、烟煤和无烟煤。随着煤变质程度的增加，碳含量增加，含氧官能团减少，使煤的表面疏水性递增；但随着煤变质程度的进一步提高，煤中氢含量会相对减少，煤表面疏水性下降。因而出现了中等变质程度的焦肥煤表面疏水性最高，变质程度很高和很低的煤的疏水性都变差的现象。

g 煤表面氧化程度对可选性的影响 煤表面发生氧化后，增加了煤表面的亲水性，使煤泥可浮性降低。煤易氧化，而且在水中氧化比在空气中氧化更为激烈，所以应尽量缩短煤粒在水中的浸泡时间。

煤的抗氧化能力随变质程度的增高而增强。按各煤岩成分来说，抗氧化能力由弱到强的顺序为：丝炭、暗煤、亮煤、镜煤。应避免在储煤场长久堆放的煤炭和靠近地表煤层的风化煤入浮。

45.3.3.2 评价煤炭可选性的煤岩学方法

利用煤岩学来研究煤的可选性是以煤的可选性地质成因为背景，提出改进工艺流程与破碎粒度，提高精煤回收率和降低硫分的可能性等方案或建议，进行可选性评价和预测。用煤岩学观点来评价和预测煤的可选性是一种非常有效的途径，其关键是从煤层的成因角度研究煤的可选性。用煤岩学评价煤的可选性方法不同，但基本原理相同，都是用反光显微镜测定煤砖光片中煤岩组分及含量，并进行定量统计，可快速评定煤的可选性，并提出合理的破碎粒度。

A 前苏联煤岩学可选性评价方法

前苏联 A. B. 特拉文在 250 倍的反光显微镜下用目镜通过肉眼观察煤砖光片，将纯的各种显微组分和矿物量小于10%的煤粒作为精煤，含矿物量10%～40%的煤粒作为中煤，含矿物量大于40%的煤粒或纯矿物质的煤粒作为尾煤，进行定量统计，最后根据中煤含量的多少来评价煤的可选性。20世纪60年代阿莫索夫等提出以惰质组含量作为划分有机显微组分煤岩类型的依据，并对不同煤化程度的煤粒中的黄铁矿、碳酸盐类矿物、石英、高岭石和泥质岩含量的临界值也作了规定。根据煤岩定量结果，计算全煤（原煤）灰分、精煤产率及灰分，以及精煤可燃物质产率。以全煤灰分不超过10%的精煤产率和精煤可燃物质产率作为可选性的分类参数，用以预测地质勘探中代表性样品的可选性，圈出不同可选性级别分布的预测图。这种方法是对1.5mm的煤粒统计，其结果不能用在粒度差别很大的煤样中。在这个方法基础上，形成了前苏联煤可选性的煤岩学方法。这种方法的要点如下：

（1）在放大200～300倍的条件下，用数点法（200个以上的点）统计煤岩组成。

（2）显微煤岩类型按其密度分为三类：将含惰质组30%以下的、30%～70%的、大于70%的分别统计。这三类显微煤岩类型的密度不同，并随煤化程度的变化而变化，但在一般选煤工艺中落于精煤之中。

（3）煤与矿物混合体按密度可分为三类：微矿化的（含矿物质5%～10%，密度小于$1.4g/cm^3$）、矿化的（含矿物质10%～40%，密度为$1.4～1.8g/cm^3$）、强矿化的（含矿物质大于40%，密度大于$1.8g/cm^3$）。在一般洗选中，这三类将分别落入精煤、中煤和尾煤中，而且这三类的密度还与矿物的种类和煤的煤化程度有关。

（4）矿物成分按七类（黄铁矿、菱铁矿、方解石、石英、高岭石、泥质岩及其他）分别统计。

（5）测定结果都用体积百分比表示。

（6）由于煤化阶段不同煤的密度不同，所以应测定煤化程度。

精煤产率C_k决定于矿化煤、微矿化煤和矿物的含量及相应煤化程度的密度，其表达式见式（45-3-4）：

$$C_k = \frac{\Sigma \rho_k V_k}{\Sigma \rho_p V_p} \times 100\% \tag{45-3-4}$$

式中　ρ_k——分选中落于精煤中的纯煤颗粒、煤与矿物混合体的密度；

V_k——分选中落于精煤中的纯煤颗粒、煤与矿物混合体的含量（体积百分比）；

ρ_p——原煤中煤颗粒与矿物混合体的密度；

V_p——原煤中煤颗粒与矿物混合体的含量（体积百分比）。

煤的可选性评价是根据精煤中可燃物质的比例（见表45-3-10）而定，这种比例是按精煤产率、灰分及原煤灰分来计算。计算公式见式（45-3-5）。

$$E = \frac{C_k(100 - A_k^c)}{100 - A^c} \tag{45-3-5}$$

式中　E——精煤中可燃物质的比例,%；

A_k^c——精煤的计算灰分,%；

A^c——原煤的计算灰分,%。

表 45-3-10　煤的可选性评价

煤的可选性	精煤中可燃物的比例/%	得到的灰分低于 10% 的精煤的产率/%							
		10 ~ 15	15 ~ 20	20 ~ 25	25 ~ 30	30 ~ 35	35 ~ 40	40 ~ 45	45 ~ 50
易选	>95	>90	>84	>79	>74	>68	>63	>58	>53
中等易选	85 ~ 95	80 ~ 95	76 ~ 90	71 ~ 84	66 ~ 79	61 ~ 74	57 ~ 68	62 ~ 63	47 ~ 58
难选	70 ~ 85	66 ~ 85	62 ~ 80	58 ~ 76	54 ~ 71	51 ~ 66	47 ~ 61	43 ~ 52	39 ~ 52
极难选	<70	<70	<66	<62	<58	<54	<51	<47	<43

B　中国煤岩学可选性评价方法

中国科学院化学研究所周玉琴等在 20 世纪 60 年代曾应用煤岩学进行了煤层各分层可选性研究，其方法是根据煤层中各种煤岩类型的百分含量，以及各种煤岩类型的平均灰分来计算煤可选性，初步确定洗选产品产率和灰分；还进行了细破碎煤粒的洗选效果试验（即按矿物质的分割情况，用显微镜测定产品的产率）。这种方法不仅可初步评价煤层煤的可选性，而且从各煤层每种煤岩类型的灰分入手，深入地研究煤中矿物种类、分布特征等与可选性的关系，以及不同可选性分层在煤层中的交替情况，从而预测煤层沿走向可选性的变化，特别是对编制可选性预测图有重要意义。

20 世纪 80 年代，中国煤岩工作者从影响煤的可选性成因因素入手，结合矿物的含量和分布状态，特别注意到难选出的矿物杂质和不同煤化阶段煤的密度和常见矿物的密度。在静态浮沉实验中煤粒是按密度进行分级的，而有机物与矿物组合特征的不同可造成可选性的差异。因此，提出一些新的煤岩方法来预测煤的可选性，如利用可选性系数判别煤的可选性、直线微区测定法、网格测定法等，从而相应提出应用煤样密度组成的煤岩学方法进行可选性预测，并开始制定行业标准《煤芯煤样可选性试验方法》的附件《煤样密度组成的煤岩学测定方法》。

a　煤样密度组成的煤岩学测定方法　　煤样密度组成的煤岩学测定方法是用少量的煤样制成煤砖光片，在反光显微镜下观察煤粒中煤岩组分和矿物来确定其密度，然后把所测煤粒按规定的密度级分类，同时计算出各级灰分、硫化物硫的含量和各级煤产品产率。

由于煤的密度和灰分取决于煤中煤岩组成和含量，所以用网格点来控制煤粒的面积，从而控制了煤中各种矿物分布的不均匀性。这种方法是用目镜方网格微尺或目镜测微尺的交点在每个煤粒下做各种煤岩显微组分的定量统计。为了使煤粒中的各种煤岩显微组分清晰可见，使用的显微镜放大倍数不小于 350 倍，最好采用 450 ~ 500 倍。测定的点行距应根据测试煤样的粒度而定；当小于 1.5mm 时，所用目镜测微尺点步行距为 0.2mm × 1.5mm；用方格网时，行距不应小于煤样粒度，点步距不应小于方格网板的大小，这样可避免所测煤粒的重复测试。煤样密度组成煤岩学测定法的鉴定计算步骤如下：

（1）先进行煤片的煤岩组分定量统计和镜质组最大反射率的测定，根据定量统计和反射率测定的结果，按表 45-3-11 所示确定该煤粒有机质的密度。

（2）按图 45-3-4 或图 45-3-5 所示规定，依次对应测的煤粒进行煤岩可选性测定（即对应该测的有效煤粒进行煤岩组分定量统计）。当目镜十字丝中心所压到的点是煤粒或者是纯矿物时，为应测的有效煤粒（有效点）。在统计和记录时，必须以有效煤粒为单位，分别统计和记录每一个煤粒中各种煤岩组分的点数，以便求得每一个煤粒的密度。

表 45-3-11　煤中有机质密度　　　　　　　　　　　　　（g/cm³）

$I/\%$	$\overline{R}_{0,max}/\%$						
	0.50 ~ 0.65	0.65 ~ 0.85	0.85 ~ 1.15	1.15 ~ 1.50	1.50 ~ 1.75	1.75 ~ 2.50	>2.50 ~ 4.00
	Ⅰ	Ⅱ	Ⅲ	Ⅳ	Ⅴ	Ⅵ	Ⅶ
<30	1.30	1.24	1.26	1.27	1.28	1.30	1.37
30 ~ 70	1.34	1.28	1.30	1.31	1.32	1.32	1.41
>70	1.38	1.32	1.34	1.35	1.36	1.38	1.45

注：I—惰质组含量；ρ—密度；$\overline{R}_{0,max}$—平均最大反射率。

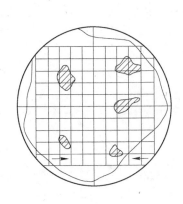

图 45-3-4　网格微尺测点法图示
（箭头方向为数点方向，网格板总点数为 121）

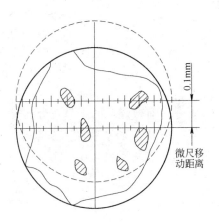

图 45-3-5　特制微尺统计法图示
（每尺总点数为 19）

（3）按式（45-3-6）分别计算每一个煤粒的密度，并确定其密度级的归属。

$$\rho_1 = \frac{C_r \cdot \rho_2 + \sum_{i=1}^{5} M_i \cdot \rho_{mi}}{C_r + \sum_{i=1}^{5} M_i} \qquad (45\text{-}3\text{-}6)$$

式中　ρ_1——煤粒的密度，g/cm³；

　　　ρ_2——有效煤粒中有机质的密度，g/cm³；

　　　C_r——有效煤粒中有机质的点数或含量，%；

　　　M_i——黏土矿物、石英、方解石、黄铁矿、菱铁矿各类矿物在有效煤粒中的点数或含量，%；

　　　ρ_{mi}——M_i 五种矿物的密度，g/cm³。

（4）各煤粒的密度级确定后，将同一密度级煤粒的有机质和各种矿物质的点数分别相加，根据表 45-3-12 按式（45-3-7）、式（45-3-8）分别计算各密度级煤产品的灰分和硫化物硫的含量；再将各密度级煤产品中的有机质与各种矿物质的点数分别相加，便得全煤样的有机质和各种矿物质的总点数，代入式（45-3-9），计算各密度级煤产品的产率 γ 的质量百分比。

表 45-3-12　各种矿物的密度及入灰系数

矿　物	密度/g · cm^{-3}	入灰系数
黏土矿物	2.40	0.86
石　英	2.65	1.00
方解石	2.70	0.58
黄铁矿	5.00	0.67
菱铁矿	3.80	0.69

$$A_{\mathrm{d}} = \frac{C_{\mathrm{r}} \cdot \rho_2 \times 0.025 + \sum\limits_{i=1}^{5} M_i \cdot \rho_{mi} \cdot F_i}{C_{\mathrm{r}} \cdot \rho_2 + \sum\limits_{i=1}^{5} M_i \cdot \rho_{mi}} \times 100 \qquad (45\text{-}3\text{-}7)$$

式中　A_{d}——有效煤粒的干基灰分,% ;

　　　F_i——M_i 五种矿物的入灰系数。

有机质的入灰系数为 0.025。

$$S_{\mathrm{p}} = \frac{M_4 \cdot \rho_{m4} \times 0.53}{C_{\mathrm{r}} \cdot \rho_2 + \sum\limits_{i=1}^{5} M_i \cdot \rho_{mi}} \times 100 \qquad (45\text{-}3\text{-}8)$$

式中　S_{p}——有效煤粒中硫化物硫的含量,% ;

　　　M_4——硫化物硫在煤粒中的点数或含量,% ;

　　　ρ_{m4}——黄铁矿的密度,g/cm^3。

黄铁矿中硫的含量为 0.53。

$$\gamma = \frac{C_{\mathrm{r}}' \cdot \rho_2 + \sum\limits_{i=1}^{5} M_i' \cdot \rho_{mi}}{C_{\mathrm{r}} \cdot \rho_2 + \sum\limits_{i=1}^{5} M_i \cdot \rho_{mi}} \times 100 \qquad (45\text{-}3\text{-}9)$$

式中　γ——各密度级煤产品的产率,% ;

　　　C_{r}'——同密度级煤粒有机质点数;

　　　M_i'——同密度级煤粒中五种矿物点数。

　　(5) 将全煤样各密度级的浮煤、沉煤的产率 γ 和灰分 A_{d} 用加权平均分别给予累计,并将各分选密度 ±0.1 的含量分别计算,绘制出煤岩可选性测定结果表和可选性曲线图。

　　b　利用可选性系数判别煤的可选性　　利用可选性系数判别煤的可选性方法(张瑞琪,1980)是将煤中矿物的含量和分布状态结合起来考虑,特别注意到分散于煤粒中难以选出的矿物杂质。这部分矿物(称为有效矿物)是影响煤可选性的关键,而且煤的可选性与煤中有效矿物之间距离的平均值成反比,与有效矿物的百分含量成正比。即煤的可选性不与煤中矿物总量成正比，只与对可选性有影响的那一部分矿物含量成正比。两者的比值称为煤的可选性系数 K。其比值越大，可选性愈差；比值越小，则可选性愈好。其计算公式见式（45-3-10）：

$$K = \frac{A}{N\,\overline{D}} \tag{45-3-10}$$

式中　K——煤的可选性系数；

　　　$\overline{D}$——煤粒中有效矿物间距离的平均值；

　　　A——能参加测定的矿物有效点数；

　　　N——煤砖光片定量总点数；

　　　A/N——能参加测定的有效矿物的百分含量。

测定的具体方法是：在视域中有三个煤粒 A、B、C，其中 A 煤粒中有五个矿物颗粒，即 1、2、3、4、5。在五个矿物颗粒中，1 位于十字丝中心，2、3 位于十字丝横丝上，测定时抛开 4 与 5，只考虑 1、2、3，如图 45-3-6 所示。

首先测定位于十字丝交点上的矿物颗粒 1 的长度（2 格），再测定 1 与 2 间的距离 l_1（3 格）及 1 与 3 之间距离 l_2（5 格）。由于 $l_1 < l_2$，并且 l_1 又不小于矿物颗粒 1 的长度，所以 l_1 的长度可作为一个有效点测得的数据。如果十字丝交点上是矿物颗粒，而横丝上另外只有一个矿物颗粒时，直接量出二者之间的距离，只要这个距离不小于十字丝交点上矿物颗粒的长度就记作一个有效点。然后对各有效点所测得的距离 l（格数）进行算术平均计算，再乘上格值，求出矿物与矿物之间距离的平均值 $\overline{D}$。

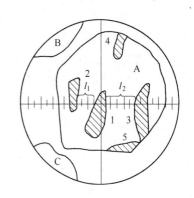

图 45-3-6　可选性系数测定法示意图
（据张瑞琪，1980）

按规定的点、行距用电动求积仪或手动机械台移动煤砖光片，定量测出有效点数 A 与总点数 N，代入式（45-3-10），求出可选性系数 K，并对测定结果进行回归分析。结果证明，计算的可选性系数 K 与大样浮沉试验中煤含量 M 数据相关性良好，相关系数为 0.99，回归方程为 $M = 1.01K - 0.37$。根据 M'_i 值可以确定分选的难易程度，见表 45-3-13。

表 45-3-13　根据 K 值确定煤分选难易程度

级　别	K 值	级　别	K 值
易　选	≤10	难　选	>20 ~ 30
中等易选	>10 ~ 20	极难选	>30

45.4　选煤技术及其发展

45.4.1　煤炭筛分技术

筛分作为选煤作业的重要环节，在煤炭分选中起到筛分、脱水、脱泥、脱介等重要作用。近年来，国内外较重视筛分技术的研究，众多新思想、新技术和新材料被引入到筛分技术中，并取得了较大发展。

45.4.1.1　主要筛分理论

A　筛面上物料运动基本规律

物料在筛面上的运动，直接影响筛分设备的筛分效率和生产能力，这方面具有代表性的理论以单颗粒物料运动模型理论和粒群碰撞模型理论为主。

a　单颗粒物料运动模型理论　　单颗粒物料运动理论以单个物料颗粒为研究对象，建立单颗粒在筛面上弹塑性跳动动力学模型，推导出单质点运动微分方程并求解，在此基础上得到单颗粒物料在筛面上实现滑行或抛掷运动的条件，得到做滑行或抛掷运动时的速度、加速度、正反向滑行指数、抛掷指数等。具有代表性的单颗粒运动理论包括定常运动理论和混沌运动理论。两者都肯定了物料颗粒在筛面上的运动状态取决于筛分机的抛射强度，混沌运动理论是对定常运动理论的进一步修正，即将颗粒同筛面之间的碰撞由完全塑性碰撞视为弹塑性碰撞，在修正过程中加入了颗粒同筛面之间的碰撞冲击效应这一影响因素。单颗粒跳动理论的数学分析过程较为精确，力学概念也较明确，是物料在筛面上运动分析的基本理论。但由于受物料物性、冲击和颗粒之间相互作用等因素的影响，在公式实际应用时需要根据试验得到的各种影响系数加以修正。

b　粒群碰撞模型理论　　单颗粒运动理论虽然是分析筛分物料运动的基础，但它把复杂的筛分过程过于简单化，在实际筛分过程中，物料层具有一定的厚度，颗粒之间总存在相互干扰。粒群碰撞模型理论则是以物料整体为研究对象，建立粒群在筛面上运动的碰撞力学模型进行求解分析，将筛分过程分为粒群的分层和透筛两个阶段，认为物料的碰撞是弹塑性过程，进而导出各层物料在料层碰撞中的速度、抛掷指数和透筛效率等运动学参数。该理论考虑了物料颗粒间的相互影响，力学模型概念清晰，数学方法也较为简单，因而较为实用。

B　筛面上物料透筛概率理论

粒状物料的筛分过程是一个复杂的随机过程，其基本原理是物料颗粒的透筛概率理论。这方面的理论主要包括单颗粒透筛概率理论和粒群透筛概率理论。

a　单颗粒透筛概率理论　　Taggar 和 Gaudin 从颗粒大小与筛孔尺寸的关系出发，提出了单个颗粒垂直投射水平筛面时的透筛概率，奠定了粒状物料筛分的理论基础。随后瑞典人 Mogensen 提出了单颗粒透筛的较完整的透筛概率理论，他研究了筛面倾角对颗粒透筛的影响，着重于排除难筛颗粒对透筛的阻碍作用，创造了概率筛分法，并研究了物料透过多层筛面的过程，推导了透过 n 层筛面的颗粒量的公式。上述颗粒透筛概率的计算公式均是理想情况下球形物料的理论透筛概率公式，事实上，物料颗粒形状并非为球形，同时筛分过程中物料厚度对透筛概率也有一定影响，物料中的水分及含泥量也会影响颗粒的透筛概率。因此，理论透筛概率应进行修正后才能符合实际情况。

b　粒群透筛概率理论　　闻邦椿 1982 年对颗粒粒度相同的粒群进行透筛概率分析，给出了物料透过不同倾角筛面的透筛总概率和物料透过多层筛面的透筛总概率公式。为考察粒群效应对物料颗粒透筛概率的影响，赵跃民教授采用概率统计学的方法对物料的分层透筛过程进行了进一步的研究。他把同一粒度的颗粒在筛面上的筛分时间（即颗粒在筛面上的滞留时间）视为一个随机变量，这样就把颗粒的透筛行为转化为一个"寿命"问题来研究（当某一颗粒透筛时，就认为其寿命终止），从而建立了粒群沿筛面长度的透筛概率分布模型——Weibull模型。进一步的实验结果证明：粒群在普通振动筛、概率分级筛和琴弦概率筛筛面上的透筛概率均服从这一规律。由于粒群沿筛面长度透筛概率Weibull模型研究的出发点是粒群运动，因而更贴近筛分作业的实际情况。

C　潮湿细粒煤炭深度筛分原理

在潮湿物料干法深度筛分原理方面，目前较为典型的主要有概率筛分原理、等厚筛分原理、概率等厚筛分原理、博后筛分原理、弛张筛分原理、弹性筛分原理、强化筛分原理等。概率筛分原理是以颗粒透筛原理和颗粒运动相结合研究的办法得出的，该原理认为被筛物中每个颗粒在筛板上的平均逗留时间与颗粒大小成函数关系；等厚筛分原理是将物料沿筛长厚度和物料分层相结合得出的一种筛分方法，其实质是筛面物料具有不同的抛射强度，不同筛面倾角的等厚筛分法实际上就是不同抛射强度的等厚筛分法；概率等厚筛分原理是将概率筛分方法和等厚筛分法相结合得出的一种筛分原理，其筛分过程包括概率分层和等厚筛分两个阶段；弛张筛分原理、弹性筛分原理以及强化筛分原理都是针对难筛分物料堵孔提出的，如弛张筛分原理是利用筛面弛张运动提高筛面的振动加速度来克服堵孔。

45.4.1.2　大型筛分设备

A　大型筛分设备研制现状

大型振动筛结构强度问题，一直是制约我国筛分机大型化发展的主要因素。大型振动筛出现的主要问题是筛框易损坏，横梁和侧板断裂。影响振动筛寿命的因素有很多，如振动筛振动强度、结构尺寸和形状、零部件材料和制造工艺、物料特性及作业环境等。我国最早从日本神户制钢公司引进了6台27m^{2}的大型振动筛，用于淮北临涣选煤厂。近几年随着我国大型选煤厂的建设，已从国外引进筛宽在3m以上的大型振动筛近百台，大型振动筛市场几乎被国外制造公司所垄断，主要有澳大利亚约翰芬雷公司，美国康威德公司、朗艾道公司、塞吉满公司，德国申克、KHD等公司的大型振动筛。这些大型振动筛结构合理、参振质量小、材质优良、制造工艺成熟、使用效果好。这些筛型由于筛面宽度大，对单个承重梁的强度和刚度要求都很高，所以筛体结构复杂，所需的激振力大，对轴承承载能力和回转精度的要求都很高，对板材和型材的综合力学性能要求高。国内从"九五"科技攻关开始就进行了大型筛分机的研制，并在振动筛选材的材料控制、制造精度的控制、焊接变形、内应力控制、防病处理等方面取得了一定进展。如北京科技大学研制的博后筛和中国矿业大学研制的等厚筛等大型筛分设备在选煤厂得到了广泛应用。

B　典型的大型煤炭筛分设备

a　博后筛　　博后筛采用大振幅、大振动强度和弹性筛面的运动参数，最大振幅28mm，是普通筛分设备振幅的3倍，最大振动强度达到8倍的重力加速度（8×9.8 m/s^2），超过普通筛分设备振动强度的2倍以上，有利于切断物料之间的黏结力，迫使物料分层，符合潮湿难筛物料的筛分特点。博后筛强调采用快速薄料层筛分方法，即物料进入筛子后，在筛面大振动强度作用下，物料迅速沿筛面展开，加快了物料与筛面间的相对运动速度。快速的薄料层筛分，使细粒黏性物料的分层变得非常容易，小于筛孔尺寸的细颗粒可以获得更多的透筛机会。物料的快速筛分过程，实际上也是不断清理筛孔的过程，因此潮湿细粒级黏性物料难以在筛丝上架桥联网，筛分过程中筛面始终保持最大的开孔率，整个筛面得以充分利用。

博后筛主要由筛箱、筛面、激振系统、组合弹簧、机架、二次减振弹簧、连接桥、电机、弹性联轴器、电机支架和电控柜等组成，如图 45-4-1 所示。前、中、后挡煤板及各段溜槽，根据用户的不同要求、设备型号、各段分级形式及设备使用现场的具体情况，另行设计。传统的筛分设备都是筛面与筛箱一起振动，而博后筛改变了传统筛子的机械结构。它采用多段独立筛面振动而筛箱和机架不振动的运动方式，从入料口到排料端多段筛面各自独立振动，每段筛面的振幅、振动强度可调，振动强度逐级递减。筛面振动而筛箱不振动的结构方式，使筛子的参振质量减少，容易实现设备的大型化。

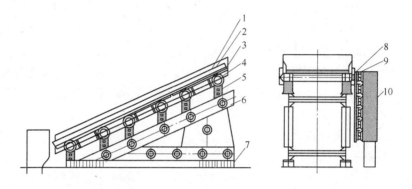

图 45-4-1   博后筛结构示意图

1—筛箱；2—挡料板；3—筛面；4—连接桥；5—弹簧；6—二次减振架；
7—二次减振弹簧；8—激振器；9—软连接；10—电机

b   等厚直线振动筛   等厚直线振动筛又称为香蕉筛，它的工作原理是将物料沿筛长厚度和物料分层相结合得出的一种筛分方法，其实质是筛面物料具有不同的抛射强度，不同筛面倾角的等厚筛分法实际上就是不同抛射强度的等厚筛分法。

图 45-4-2 所示为 SLO3661 型香蕉筛的基本构造。图 45-4-3 所示为 SLD3673 型香蕉筛

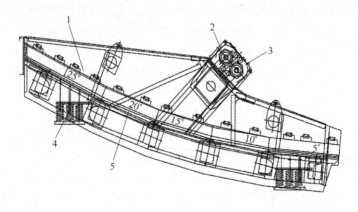

图 45-4-2   SLO3661 型香蕉筛

1—筛板；2—激振器；3—驱动装置；4—弹簧支承；5—筛框

的基本构造。主要由筛框、筛板、激振器、弹簧支承、驱动装置等组成。SLO3661型振动筛从入料端到排料端的筛面为倾角由25°到5°依次递减排列的5段筛板。入料段筛面角度较陡，物料移动的加速度主要来自自重，速度很快，在入料端筛板上形成了较薄的料层。在中间段，筛面倾角减少，物料的移动速度减慢，但是料层厚度并没有增加，因为在入料段部分，已经有相当数量的物料透筛。在出料段筛面倾角平缓，物料移动主要靠筛机振动，移动速度较慢，大小与筛缝接近的物料颗粒可在这个区域精细筛分。实践证明，用香蕉筛筛分小颗粒占大部分的难筛物料具有得天独厚的优点。

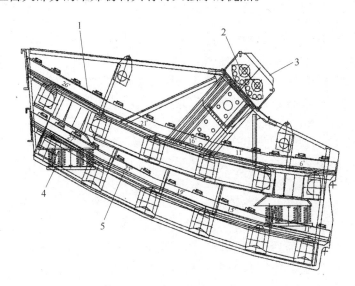

图45-4-3 SLD3673型香蕉筛

1—筛板；2—激振器；3—驱动装置；4—弹簧支承；5—筛框

C 煤炭筛分技术发展趋势

煤炭筛分技术发展趋势包括以下几个方面：

（1）深化筛分技术理论研究，致力于当前筛分机的运动分析和结构调整，提高原煤干式深度筛分技术，降低分级下限和增加煤炭品种，着重解决粒度细、水分高和黏度大的难筛物料的筛分问题。

（2）提高设备使用寿命，着重发展非金属筛网。国外企业针对潮湿细粒物料开发的聚氨酯橡胶筛网，比金属丝编织的筛网寿命高3~10倍。如美国Derrick公司研制的多种复合材料的筛网寿命甚至可以达到7000h以上。

（3）提高筛分设备振动强度，逐渐强化筛分机的振动过程，以取得较大的速度和加速度，从而提高生产能力和筛分效率。

（4）向重型超重型发展。为满足大型露天矿选用，应着重研制重型分级筛，特别是适用于500mm以下的物料筛分。

（5）向标准化、系列化、通用化方向发展，以便于设计、组织专业化生产、保证质量和降低成本。

45.4.2 跳汰选煤技术

跳汰选煤对不同煤质具有广泛的适应性，且具有系统简单可靠、生产成本低、分选效果好等优点，长期以来一直被作为主要的选煤方法之一。此外，动筛跳汰近几年也逐步被用来代替人工排矸。我国使用较多的国产跳汰机主要为 SKT 系列、X 系列筛下空气室跳汰机。总体来看，如今的跳汰机已从过去的机械化发展到了自动化、智能化，满足了工艺要求，跳汰选煤的数量效率也更贴近了理论值。

45.4.2.1　跳汰分选理论

A　传统跳汰分层机理

传统跳汰分层机理主要以跳汰假说为主，包括古典理论、位能理论、跳汰悬浮理论、概率统计理论等。

(1) 古典理论。1867 年奥地利学者雷廷智首先提出床层按自由沉降末速分层假说。按雷廷智假说对有一定粒度范围的粒群只有当最小的高密度颗粒的自由沉降末速大于或等于最大的低密度颗粒的沉降末速时，轻、重颗粒才能实现完全分离。为此，要求原矿入选前必须按自由沉降等沉比进行预先分级。但实践证明跳汰机完全可以对宽粒级乃至不分级物料进行有效的分选。

针对雷廷智假说的缺陷，美国学者门罗在 1888 年提出了干扰沉降末速分层假说。干扰沉降由于考虑到了矿粒间的相互作用，其等沉比要比自由沉降等沉比大 6 ~ 8 倍。因此，比自由沉降假说更向实际靠近了一步。

1908 ~ 1909 年里查兹提出了吸嗷作用分层的假说。该假说继承了干扰沉降的观点，指出了跳汰周期中下降水流的作用。该假说认为在跳汰过程中，矿粒除在上升水流中按干扰沉降分层外，床层回到筛面后，下降水流的吸嗷作用使原先混入上部低密度层中的细而重的颗粒穿透床层的空隙回到床层的底部，从而改善分选效果。

1939 年高登等人提出初加速度分层假说，指出了跳汰初期对按密度分层的作用。该假说认为在每一次跳汰分层初期，由于矿粒相对介质的运动速度很小，矿粒的运动主要受矿粒在介质中所受重力的支配，高密度矿粒的初期加速度大于低密度矿粒，在沉降达到末速之前的加速运动阶段，密度大的矿粒可以进行较大的沉降距离，最后导致按密度分层。

以上各假说均未能全面考虑到跳汰过程中脉动水流的作用和颗粒间的相互作用。直至 20 世纪中期，维诺格拉道夫等人通过对矿粒在运动介质中的受力分析，建立了颗粒在跳汰过程中的动力学方程，使其在理论上前进了一大步。但由于方程中存在诸多不可预测参数，这一方程实际上是不可求解的。

(2) 位能理论。跳汰位能理论是 1947 年德国迈耶尔首先提出的。该理论认为，对跳汰床层系统，在未按密度分层时，床层系统重力势能较高。在脉动水流作用下，床层的重力势能将减小，直至最低；最终床层按密度分层；重产物在下层、轻产物在上层。

利用位能理论研究分层时，床层位能降低的速度就是床层分层的速度。位能的大小取决于床层重心的位置，分层后的位能越接近最小位能，分选效果越好。但位能理论不能解释整个跳汰周期中的全部现象，只能反映经过一定时间之后跳汰床层的状态。

(3) 跳汰悬浮理论。该理论把床层看作是由物料和介质组成的准均匀重悬浮体。轻、重物料按该准均匀重悬浮体的物理密度进行分层，轻物料集中于上层、重物料集中于下层。认为水的脉动运动起到稳定重悬浮体和减小物料间运动阻力的作用。

该观点把跳汰床层比作准均匀悬浮液是极粗略的近似，虽然悬浮理论模型没有找到物料按密度分层的基本原则所需要的科学依据，但这方面的工作一直在继续着。

（4）概率统计理论。该理论认为，床层中物料在脉动水流作用下按密度分层是一种必然趋势。但由于物料在互换位置时，颗粒间的碰撞和摩擦等一些随机因素以及颗粒形状、粒度的影响，加上脉动水流作用既有使物料分层的主要一面，又有使分层后的物料重新掺混的不利一面，使物料按密度的分层遵循一定的概率统计规律。1959年维诺格道夫等人根据数理统计规律导出了跳汰过程的分层公式。该公式认为分层效果的好坏除与入料性质和水流的脉动特性有关，还与分选时间有关，时间越长分选效果越好。

B 现代跳汰分层机理

传统跳汰分层机理的观点都只能反映跳汰过程的某个侧面，并不能全面地描述在跳汰过程中矿粒按密度分层的物理实质。如今，借助现代先进的测试仪器、仪表，应用计算机技术，通过过程仿真、图像识别、信息分析处理等手段模拟、跟踪跳汰分选过程，对跳汰分选机理的研究取得了新进展。

张荣曾等从分析跳汰机中脉动水流作用下颗粒受力与床层松散过程出发，建立了较完整的颗粒运动基本方程，并提出了水流和床层对颗粒运动的作用力与加速度对颗粒作用的惯性力新算法；采用自主开发的跳汰机进行了风压、脉动水流运动、各分层床层松散状况的同步示波测试技术，观察到跳汰分层的一些新现象；提出了脉动水流加速度对物料按密度分层的重要意义；深化了人们对跳汰机中床层松散过程的认识；为提高跳汰机按密度分层的效果，给出了制定跳汰机合理工作制度与确定风压的新方法；他们还较详细地讨论了跳汰机中脉动水流的动力学原理，提出了等效长度与跳汰机中筛板与床层水头损失的新算法；建立了跳汰机中水流脉动的非线性微分方程，并给出了方程中各项参数的具体计算公式。通过对实例进行计算与实测的对比，表明两者有较好的一致性。利用这种方法可设计跳汰机的结构参数和工作制度，并确定跳汰机所需的风压，为跳汰机相似模型试验提供理论依据。

曾鸣等认为跳汰机内部水流的运动与机体结构密切相关，用理论流体力学或实验流体力学的方法来研究相当困难，他们采用计算流体力学的方法对LTX-35型跳汰机的两种不同机体结构的流场进行了数值模拟研究，结果表明弧形导流板更有利于流场的均匀分布，这与水电模拟结果相吻合。朱金波用计算流体力学方法对跳汰室内流场进行研究，计算出了跳汰机各断面的流速及压力分布情况，并画出了流场状态，为跳汰机结构设计、跳汰机内物料运动特性分析及跳汰效果的评定提供了必要依据。

樊民强等在大量试验的基础上，归纳了不同密度颗粒在床层中分布的基本形态。分析了颗粒分布形态与正态分布的联系和区别。用四分位模型构成了有效描述颗粒在床层中分布的模型体系，并验证了大多数分布为非正态分布。此外，还用 β 分布函数模拟颗粒在跳汰床层中的分布，结果表明，部分相邻密度颗粒分布模型参数间具有相关关系。拟合结果误差小，说明了用 β 分布描述各密度颗粒在跳汰床层中分布形态的有效性。

王振翀等在深入分析跳汰过程中颗粒运动的特征后，将床层按颗粒在一个跳汰周期中的垂直行程划分成 n 层，应用马尔科夫链理论建立了跳汰分层过程的数学模型，并给出了模型参数的实验测定方法。在此基础上，对跳汰分层过程进行了计算机模拟。模拟结果揭示了跳汰床层中物料分层的形成过程，解释了当中间密度物料多时分选效果变坏的原因，所得结果与跳汰分选实际情况一致。

匡亚莉等应用跳汰模型实验系统和高速动态分析系统，研究了跳汰床层在不同操作条件下的分层过程。研究表明，利用高速动态分析系统可以清晰地观察跳汰床层的运动情况。通过观察和分析，绘制了跳汰床层运动的位移、速度、加速度、能量和受力曲线，揭示了跳汰床层分层过程的一些现象和机理。并认为在跳汰分层的 5 个阶段中，上升初期的影响最大。上升初期颗粒所受合力的大小与颗粒本身所处的位置，决定了颗粒在该周期能否分层。这一结论与目前公认的研究结果不同。在上升期，水为颗粒提供了主要动力；在下降期，重力是主要的影响因素。在此实验条件下，颗粒分层主要发生在上升期。

王振生把跳汰选煤的理论概括为脉动松散的跳汰运动分层，准重液浮力分选。脉动松散是必需的，跳汰运动强度是主导和决定性的。只要运动强度合适，其效果便会迎刃而解。并反复论证了跳汰分选效果不如重介分选的原因是由于跳汰运动强度调控不准、不适和掌握得不稳定，中煤和矸石段的分选密度难以实现精确控制以及重产物排放未能实现智能化所致。

45.4.2.2　跳汰分选设备

跳汰分选设备主要有筛侧空气室跳汰机和筛下空气室跳汰机两种。筛侧空气室跳汰机主要有日本的永田 V 型跳汰机、德国的 GHH 型末煤跳汰机，采用了复合脉动技术。美国的奥尔基格型跳汰机最大面积达 $35m^2$，采用了新型复合脉动风阀。英国研制的鲍姆跳汰机最大面积则达到了 $46.5m^2$。筛下空气室跳汰机各国都有生产，具有代表性的跳汰机为德国生产的 Batac 跳汰机、日本的 NU 型跳汰机、前苏联的 MO 系列跳汰机以及中国的 X 和 SKT 系列跳汰机。德国 Batac 跳汰机是国际市场上销量最大、技术最先进的跳汰机，基本上代表了国际上跳汰机技术的最高水平。

A　Batac 跳汰机

德国 Batac 跳汰机空气室的位置由原先在跳汰室两侧各设一个空气室，改为在跳汰室中间设一个空气室，并适当加宽了空气室的宽度，且降低了进气口，增强了空气室内液位的稳定性。Batac 跳汰机筛下物采用钢管导出方式，既防止了能量扩散，又可以避免扩散的能量破坏排料的平衡。该设备针对末煤和块煤采用了两种不同的排料结构。末煤跳汰机采用液压闸门调节排料口的大小，而块煤跳汰机则是用液压缸闸门调节筛板倾角来调节排料口的大小。Batac 跳汰机的主要技术规格见表 45-4-1。

表 45-4-1　德国 Batac 跳汰机主要技术规格

类　型	物料粒度/mm	跳汰室宽度/m	处理能力/t · h^{-1}
筛侧空气室跳汰机	150 ~ 10	2.2	250
	≤10	3.0	250
筛下空气室跳汰机	150 ~ 10	6.0	720
	≤10	7.0	600

B　SKT 跳汰机

我国自行研发、制造、生产的 SKT 跳汰机已经开发形成系列产品，具备单段、双段、三段等多种结构形式，共计二十余种规格，可供不同跳汰选煤工艺、各种规模选煤厂选用，主要技术特征见表 45-4-2。

表 45-4-2 SKT 跳汰机主要技术特征

1	入选物料		原煤或中间产品		
2	入选粒度/mm		0~100, 0~13, 13~100		
3	处理能力/t·(h·m²)⁻¹		10~20		
4	跳汰频率/n·min⁻¹		30~90		
5	筛板结构		倒锥形钢板冲孔或不锈钢焊接		
	筛板角度/(°)		3(矸石段),1(中煤段)		
6	跳汰面积/m²		3、4、5、6、8、10、12、14、16、18、20、22、24、26、27、30、34、35		
7	数控无背压盖板阀		工作方式		数控气动
			汽缸工作风压/MPa		0.4~0.6
8	自动排料装置	排料轮转速/r·min⁻¹	0~5		
		行星摆线针轮减速器	交流电机		直流电机
		型 号 BW3322	型 号 Y132S-4		型 号 Z2-42
		减速比 473(43×11) 391(23×17) 289(17×17)	功率/kW 3.0 5.5 7.5		功率/kW 4
9	配用鼓风机		风量/m³·(min·m²)⁻¹		≥7
			风压/MPa		≥0.035
10	配用压风机		单阀风量/m³·min⁻¹		≥0.3
			风压/MPa		0.5

SKT 跳汰机分为上排料和下排料机型,上排料机型主要适用于 $10m^2$ 以下,下排料机型主要适用于 $10m^2$ 以上。图 45-4-4 所示为 SKT 型上排料跳汰机结构示意图。SKT 系列跳

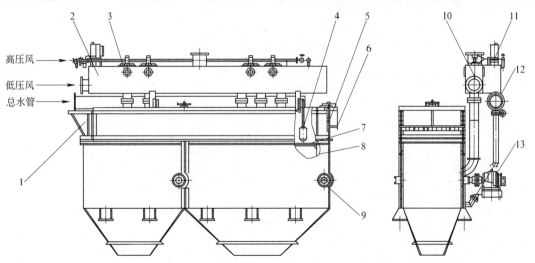

图 45-4-4 SKT 型上排料跳汰机结构示意图

1—入料端;2—风箱;3—多室共用风阀;4—浮标装置;5—随动溢流堰;6—出料端;
7—筛板;8—排料道;9—排料轮;10—总风管;11—高压风集中净化加油装置;
12—总水管;13—电机减速机

汰机是通过控制水流周期性上下脉动，使物料在脉动水流作用下按密度差别进行分层，然后通过排料机构把分好层的物料分离开来，以达到分选目的的一种分选设备。跳汰机通过数控系统控制风阀的打开与关闭，达到控制进、排风使洗水产生脉动的目的。原煤进入跳汰机后，在脉动水流的作用下主要按密度差别分层，密度大的矸石逐渐下沉至最底层，密度适中的中煤分布在中间层，而密度较小的精煤分布在上层。分层后位于底层的矸石进入第一段排料仓内经排料叶轮排出。中煤和精煤随脉动水流进入跳汰机第二段继续进行分选，分层后位于底层的中煤进入第二段排料仓内经排料叶轮排出。还有一部分小颗粒的矸石和中煤通过透筛排出。位于上层的精煤通过精煤溢流口溢出。

C 动筛跳汰机

动筛跳汰机主要用于 300～50mm 大块煤排矸和动力煤分选。其优点是工艺简单、不用风、不用顶水和冲水、循环水用量少。它利用液压或机械驱动使物料随筛板脉动并实现分层。液压驱动式动筛跳汰机与机械驱动式动筛跳汰机相比，实现了方便及时地在线调节，具有单位面积处理能力大、分选效果好的优点，但机械驱动式动筛跳汰机结构较简单，易于维修。与其他分选设备一样，动筛跳汰机也有其自身限制条件，例如由于动筛机构笨重，设备的大型化受限；由于筛板长度的限制，加之调节参数少，不适于处理 20mm以下的物料等。

液压驱动动筛跳汰机由主机、驱动装置和控制装置三部分组成。动筛机构及排矸轮的动力由液压站提供；动筛机构及排矸轮的运动特性由电控柜控制。主机结构如图45-4-5 所示。动筛跳汰机工作时，槽体内充满水，位于水中的筛框绕销轴做上下往复运动；物料给入动筛跳汰机后，在筛板上形成一定厚度的床层；分选筛框在下降时，水介质形成相对于物料的上升流，物料在水介质中做沉降运动，实现按密度分层；分层后的轻产物越过溢流堰落入提升轮，由提升轮提起倒入上层溜槽排出机体外；重产物由排矸轮排出落入提升轮，由提升轮提起后倒入下层溜槽排出机体外；透筛细粒物料由槽体底部排料口的脱水斗

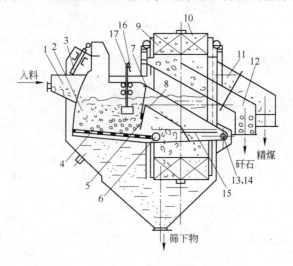

图 45-4-5 液压驱动动筛跳汰机结构简图

1—槽体；2—动筛机构；3—液压油缸；4—筛板；5—闸门；6—排料轮；7—手轮；
8—溢流堰；9—提升轮前段；10—提升轮后段；11—精煤溜槽；12—矸石溜槽；
13—销轴；14—油马达；15—链；16—传感器；17—浮标

式提升机排出。

45.4.2.3 跳汰选煤技术发展趋势

跳汰选煤技术发展趋势如下：

（1）基础理论研究。运用计算流体力学及流场测试的方法深入研究跳汰机内部流场特性对分选效果的影响。

（2）设备大型化研制。目前实际使用的跳汰机最大面积为 $40m^2$，最大处理量为 $500 \sim 700t/h$，而重介质浅槽的单台处理量已经接近 $1000t/h$。今后应该开发出更大规格的定筛跳汰机，特别是适用于动力煤排矸用的大面积定筛跳汰机。

（3）降低运行成本。现在的跳汰机用水量比较大，今后研发跳汰机应该注意节风、节水，以降低选煤厂煤泥水处理系统的投资，进一步减少定筛跳汰机的实际运行费用。

（4）完善自动控制。今后应该向智能化、自动化方向发展，将定筛跳汰机的风、水、频率等参数与入料原煤之间实现智能调节，提高单机及系统的自动化程度，提高跳汰机的分选效果。

45.4.3 重介质选煤技术

重介质选煤是一种高效率的重力选煤方法，具有分选密度调节范围宽、适应性强、分选粒度范围宽、处理能力大、易于实现自动控制等特点。经过几十年的科学研究和生产实践，重介质选煤技术日趋成熟，特别是重介质旋流器选煤技术取得了重大进展。

45.4.3.1 重介质选煤技术现状

A 重介质分选机

工业上使用的重介质分选机，主要是针对大于 6mm 或 13mm 粒级块煤的分选，按分选槽形式主要分为深槽和浅槽两大类。现在广泛应用的是浅槽型重介质分选机：如斜轮重介质分选机、立轮重介质分选机、刮板式重介质浅槽分选机等，它们除可以分选大块原煤外，还可以代替人工拣矸。

a 斜轮重介质分选机　　斜轮重介质分选机兼用水平和上升介质流，其结构如图 45-4-6所示。分选过程为：在给料端下部位于分选带的高度引入水平介质流，在分选槽底部引入上升介质流。水平介质流不断给分选带补充合格悬浮液，防止分选带密度降低。上升介质流造成微弱的上升介质速度，防止悬浮液沉淀。水平介质流和上升介质流使分选槽中悬浮液的密度保持稳定均匀，并造成水平流运输浮煤。原煤进入分选机后按密度分为浮煤和沉物两部分，浮煤由水平流运至溢流堰被排煤轮刮出经固定筛一次脱介后进入下一脱水脱介作业。沉物下沉至分选槽底部由斜提升轮的叶板提升至排料口排出。在提升过程中也进行一次脱介。

b 立轮重介质分选机　　立轮重介质分选机作为块煤分选设备，在国外应用较多。工作原理与斜轮重介质分选机基本相同，其差别仅在于分选槽槽体形式和排矸轮安放位置等机械结构上有所不同。在处理量相同时，立轮重介质分选机具有体积小、质量轻、功耗少、分选效率高及传动装置简单等优点。

c 重介质浅槽分选机　　重介质浅槽分选机依据浮沉原理在重力场中对煤炭进行分选，小于介质密度的轻产物会漂浮在上方并随流动的介质流过溢流堰，成为精煤产品；大于介质密度的物料会沉到重介质分选槽的下部，由低速度的链刮板运出浅槽，成为矸石

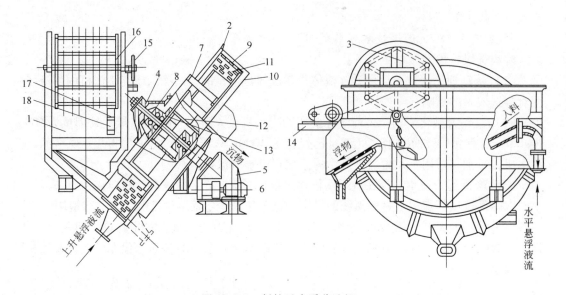

图 45-4-6 斜轮重介质分选机

1—分选槽；2—斜提升轮；3—排煤轮；4—提升轮轴；5—减速装置；6，14—电动机；

7—提升轮骨架；8—齿轮盖；9—立筛板；10—筛底；11—叶板；12—支座；

13—轴承座；15—链轮；16—骨架；17—橡胶带；18—重锤

（重产物）。重介质浅槽分选机的槽体是一个槽式的钢制件，入料箱和溢流堰分别位于槽体两侧。入料箱设有水平流介质管，为浅槽分选机提供水平流。上升流通过槽体底部的排料斗（上升流斗）进入槽体。槽体底部铺设一层带孔的耐磨衬板，槽体两侧下部各有一条刮板链导向轨道，刮板沿轨道移动，将矸石排出槽体。彼德斯重介质浅槽分选机主要由槽体、排矸刮板及其驱动装置等部分组成，如图 45-4-7 所示。

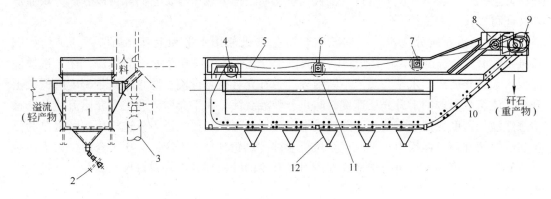

图 45-4-7 彼德斯重介质浅槽分选机结构示意图

1—槽体；2—上升流介质管；3—水平介质管；4—改向轴；5—排矸刮板；6—从动轴；7—从动轴（带速度开关）；

8—驱动装置；9—驱动轴；10—衬板；11—溢流堰；12—排料料斗（或上升流斗）

B 重介质旋流器

国外开发、使用重介质旋流器的国家主要有美国、澳大利亚、南非、俄罗斯、印度等。除英国、南非、俄罗斯开发、使用少量三产品重介质旋流器外，绝大多数国家使用的重介质旋流器均为两产品。我国主要以三产品重介质旋流器为主，两产品重介质旋流器的使用则相对较少。

　　a　两产品重介质旋流器　重介质旋流器的分选过程：物料和悬浮液以一定压力沿切线方向给入旋流器，形成强有力的旋涡流；液流从入料口开始沿旋流器内壁形成一个下降的外螺旋流；在旋流器轴心附近形成一股上升的内螺旋流；由于内螺旋流具有负压而吸入空气，在旋流器轴心形成空气柱（见图45-4-8）；入料中的精煤随内螺旋流向上，从溢流口排出，矸石随外螺旋流向下，从底流口排出。

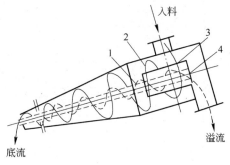

图45-4-8　重介质旋流器分选过程
1—内螺旋；2—外螺旋；3—溢流管；4—空心柱

　　我国自行研制的两产品重介质旋流器最大直径比国外略小，分为有压给料的圆筒圆锥形、无压给料的圆筒形两种，两个系列的规格型号基本差不多，实际使用中以中小型为主，部分大直径重介旋流器的市场基本被进口产品垄断。国产圆筒圆锥形两产品重介旋流器的主要规格见表45-4-3。

表45-4-3　国产两产品重介质旋流器规格

型　号	内径/mm	锥角/(°)	处理能力/t·h⁻¹	最大给料粒度/mm	给料压力/MPa	介质循环量/m³·h⁻¹
ZJX-1450	1450	20	445~625	130	0.35~0.1	1150~1650
ZJX-1350	1350	20	385~540	120	0.35~0.1	900~1250
ZJX-1200	1200	20	305~425	115	0.35~0.1	675~945
ZJX-1150	1150	20	280~395	100	0.35~0.1	650~900
ZJX-1000	1000	20	210~295	80	0.35~0.1	630~880
ZJX-850	850	20	153~215	60	0.35~0.1	540~750
ZJX-710	710	20	106~150	50	0.035~0.1	270~380
ZJX-600	600	20	76~108	40	0.035~0.1	180~250
ZJX-500	500	20	53~74	25	0.035~0.1	135~190
ZJX-350	350	20	26~36	10	0.035~0.1	100~150

　　b　三产品重介质旋流器　三产品重介质旋流器，是由两台两产品重介质旋流器串联组装而成的，如图45-4-9所示。分选过程与两产品没有差别，第一段为主选，采用低密度悬浮液进行分选，选出精煤和再选入料，同时由于悬浮液浓缩的结果为第二段准备了高密度悬浮液；第二段为再选，分选出中煤和矸石两种产品。三产品重介质旋流器的主要优点是用一套悬浮液循环系统，简化再选物料的运输。缺点是在第二段分选时，重介质密度的测定和控制较难。但由于三产品重介质旋流器工艺简化，基建投资少，生产成本较低，深受用户欢迎。

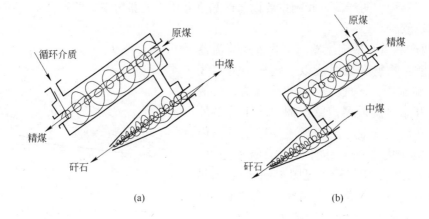

图 45-4-9　三产品重介质旋流器示意图

(a) 无压给料；(b) 有压给料

　　意大利在 20 世纪 80 年代初研制了 Tri-flo 型三产品重介质旋流器；90 年代中期，英国煤炭局先后研制了 LARCODEMS 圆筒重介质旋流器和 LARCODEMS500/350 无压给料三产品重介质旋流器；前苏联在 70 年代末研制了 ГТ-3/80 和 ГТ-3/50 型三产品旋流器。我国则于 80 年代初研制了 3NZX50/350 型有压给料三产品重介质旋流器；90 年代初研制了无压给料的 3NWZX700/510 型三产品重介质旋流器；90 年代中期研制了"单一密度悬浮液、双段间接串联选三产品"的重介质旋流器；90 年代末期研制了当时国际上规格最大的 3NWZX1200/850 型无压给料三产品重介质旋流器；"十五"期间开发了双供介无压给料三产品重介质旋流器；目前又研制了四供介无压给料的 3NWZX1500/1100mm 旋流器，其直径已达 1.5m，是目前国际上首次应用于工业生产的规格最大、技术指标最先进的无压给料三产品重介质旋流器。国产无压三产品、有压三产品重介旋流器的主要规格见表 45-4-4 和表 45-4-5。

表 45-4-4　　国产无压给料三产品重介质旋流器规格

型　号	直径/mm		处理能力 /t·h^{-1}	入料粒度/mm	入料压力/MPa	介质循环量 /m^3·h^{-1}
	一段	二段				
WTMC-500/350	500	350	50 ~ 70	0 ~ 30	0.04 ~ 0.05	150 ~ 180
WTMC-600/400	600	400	70 ~ 100	0 ~ 40	0.05 ~ 0.06	200 ~ 250
WTMC-710/500	710	500	100 ~ 140	0 ~ 50	0.06 ~ 0.08	300 ~ 350
WTMC-850/600	850	600	145 ~ 200	0 ~ 60	0.08 ~ 0.10	600 ~ 650
WTMC-900/650	900	650	160 ~ 230	0 ~ 70	0.10 ~ 0.12	650 ~ 700
WTMC-1000/710	1000	710	200 ~ 280	0 ~ 80	0.12 ~ 0.15	700 ~ 750
WTMC-1200/850	1200	850	290 ~ 400	0 ~ 90	0.20 ~ 0.25	750 ~ 1050
WTMC-1400/1000	1400	1000	390 ~ 550	0 ~ 120	0.25 ~ 0.35	1050 ~ 1500

表 45-4-5　国产有压给料三产品重介质旋流器规格

型　号	直径/mm		处理能力/t·h⁻¹	入料粒度/mm	入料压力/MPa	介质循环量/m³·h⁻¹
	一段	二段				
YTMC-500/350	500	350	50 ~ 70	< 25	0.08 ~ 0.1	140 ~ 200
YTMC-600/400	600	400	75 ~ 100	< 30	0.1 ~ 0.12	190 ~ 265
YTMC-710/500	710	500	100 ~ 145	< 50	0.12 ~ 0.15	285 ~ 400
YTMC-850/600	850	600	150 ~ 210	< 60	0.13 ~ 0.17	570 · 800
YTMC-900/650	900	650	165 ~ 235	< 65	0.15 ~ 0.20	620 ~ 865
YTMC-1000/710	1000	710	205 ~ 290	< 70	0.15 ~ 0.22	660 ~ 930
YTMC-1200/850	1200	850	300 ~ 415	< 80	0.22 ~ 0.3	710 ~ 1000
YTMC-1400/1000	1400	1000	400 ~ 560	< 100	0.25 ~ 0.35	995 ~ 1400

　　c　煤泥重介质旋流器　　我国研制成功的以大型无压给料三产品重介质旋流器为主选设备，配以小直径重介质旋流器，采用一种密度的悬浮液，使用一套介质系统，可实现85 ~ 0.1mm 不分级原煤三产品有效分选的简化重介质选煤新工艺，解决了既能保持重介质选煤的优点又能降低投资和加工成本的难题，首创了用一套介质系统同时完成粗煤泥重介质分选的工艺。该工艺与国际上的典型重介质选煤工艺相比，节省了脱泥、分级、高密度悬浮液配置系统和高密度分选系统，减少了浮选量，节省主厂房设备、体积各 50% 以上，投资减少 50% 以上，加工成本降低 20%，使重介质选煤的经济性大大提高。这种与大直径重介旋流器配套的煤泥重介旋流器分选粗煤泥技术是我国独创的、具有世界领先水平的专有技术，属国际上首次在工业生产中实现煤泥重介质分选，其有效分选下限达0.045mm，解决了多年来煤泥采用传统浮选法而未能实现的有效脱硫问题，为高硫煤深度脱除无机硫、充分利用煤炭资源找到了有效的技术途径。煤泥重介质旋流器的主要规格见表 45-4-6。

表 45-4-6　煤泥重介质旋流器

型　号	直径/mm	入料粒度/mm	处理能力/m³·h⁻¹	给料压力/MPa	分选下限/mm	介质粒度/mm
SMC150	150	0 ~ 0.5	20	0.35 ~ 0.1	0.044	0.044(≥90%)
SMC200	200	0 ~ 1.0	30	0.35 ~ 0.1		
SMC250	250	0 ~ 1.5	80	0.35 ~ 0.1		
SMC300	300	0 ~ 1.5	100	0.35 ~ 0.1		

45.4.3.2　重介质选煤技术发展趋势

重介质选煤技术发展趋势如下：

（1）重介质旋流器基础理论的研究。在重介质旋流器基础理论研究方面虽然做了大量的工作，但还没能从理论上解决重介质旋流器参数优化的定量计算问题，随着理论研究的继续深入和相关学科的不断发展，将逐步实现重介质旋流器参数优化的定量计算。

（2）新结构重介质旋流器的研究。针对目前原煤灰分不断增加、含矸率不断提高的情况，需要研制排矸能力较大的重介质旋流器，或能够实现先排矸的三产品重介质旋流器，以适应原煤质量不断变差的需求。

（3）继续开展多口供介、多产品的大直径重介质旋流器的研发。随着选煤厂的建设规模不断扩大，高可靠性、高效率的大直径重介质旋流器的应用必将更加广泛，因此，对旋流器处理能力、分选精度的要求进一步提高。

（4）重介质旋流器选煤技术及其工艺的优化与创新。一是提高入料上限、加大直径，如：英国的 Larcodems 重介质旋流器，入料上限可达 100mm，处理量为 250t/h；二是利用小直径重介质旋流器明显降低分选下限，在高离心力场下分选 0.5mm 以下的煤泥，使重介质旋流器的有效分选下限达到 0.045mm。

45.4.4　干法选煤技术

干法选煤技术以其不用水、污染小、投资少、建厂快等诸多特点，为动力煤降灰提质、易泥化煤种以及干旱缺水地区的煤炭分选提供了有效技术途径，正成为国际选煤业研究的热点。

45.4.4.1　干法选煤技术现状

A　复合式风力干法分选技术

风力干法选煤技术已有 80 多年的历史。由于风力选煤工艺流程简单、使用设备少、投资少、加工成本低、能获得不同质量的干产品等诸多优点，尤其在分选易选和中等可选性的原煤时，其产品能满足用户的要求，所以发展较快。俄罗斯经过几十年的科研生产实践，已有十多座风力选煤厂在运转，生产能力达 19105×10^6 t/a。煤科总院唐山分院选煤研究所在消化、吸收国外技术的基础上，经过多年努力开发的风力干法选煤技术已日趋成熟。复合式干法选煤是中国独创的一种新型选煤方法，已形成不同生产能力的多种规格的型号，可适应各大、中、小型煤矿和集运站应用。同时，针对不同用户的要求，又扩展了适应混煤、末煤、块煤分选的各种型号干选机。复合式干法分选机的入料粒度范围是 80 ~ 0mm，在宽粒级别的情况下，细粒物料与空气形成气固两相混合介质，这种自生介质的分选作用可以提高分选效果。实际应用表明，在宽粒度级别（80 ~ 0mm）情况下分选效果较好，I 值为 0.08 ~ 0.15，数量效率均在 90% 以上；而对于 6 ~ 0mm 粉煤的分选效果不理想。目前，复合式干法分选机主要用于易选或中等易选煤炭的降灰、动力煤排矸、劣质煤、脏杂煤的排矸和提质，尤其适用于高寒、缺水地区煤炭以及遇水易泥化的煤种的分选。

B　空气重介质流化床选煤技术

空气重介干法选煤技术是应用气固流化床的似流体性质，在流化床中形成具有一定密度的均匀稳定气固悬浮体，使入料中小于床层密度的轻产物上浮，大于床层密度的重产物下沉。

a　50 ~ 6mm 粒级振动空气重介质流化床选煤技术　　世界上用于处理 50 ~ 6mm 粒级煤炭、处理能力为 50t/h 的空气重介质流化床干法选煤技术首先由中国矿业大学完成，并通过国家技术鉴定和工程验收，在全世界率先实现了商业化，分选机结构如图 45-4-10 所示。

多年的试验研究和商业运行结果表明，空气重介质流化床干法选煤技术具有如下显著特点：

（1）分选精度高。空气重介质流化床干法选煤技术是一项高效的干法分选方法，可以

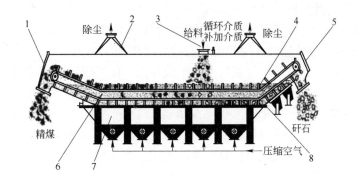

图45-4-10 空气重介质流化床分选机结构示意图
1—排煤端；2—集尘口；3—原料入料口；4—刮板机；
5—排矸端；6—流化床；7—空气室；8—压链板

有效地分选50～6mm粒级煤炭，可能偏差E_p值可达0.05，这与目前湿法分选中最好的重介质选煤相当。

（2）投资省。由于系统简单，省去了复杂而耗资很大的煤泥水处理系统，因而工程投资和生产费用都低于湿法分选，约为同类型湿法选煤厂的50%。

（3）环境污染小。由于空气重介质流化床所需压缩空气流量和压力很小，再加上合理的除尘系统，故粉尘污染极小，排放空气含尘量低于环保要求。分选机运行平稳，噪声小。

（4）分选密度调节范围宽。在高密度和较高密度分选时，采用磁铁矿粉及煤粉混合加重质，可获得稳定的流化床，它的最高密度可达2.2g/cm³；在低密度和较低密度分选时，采用磁珠和煤粉混合加重质，也可获得稳定的流化床，最低密度可降至1.3g/cm³。

因此，该选煤方法能满足不同煤质、不同产品的质量要求，既可用于高密度分选排除矸石，也可用于低密度分选并获得优质精煤。

b 小于6mm细粒级振动空气重介质流化床选煤技术 目前，空气重介质流化床用于小于6mm细粒级煤分选过程中面临的问题主要有：一是大大降低固相加重质颗粒粒度，并且使微细加重质颗粒很好地实现流态化；二是改善流态化质量，达到微泡甚至散式流态化状态。这主要是因为对于小于6mm细粒级煤分选，因其粒度不是足够地大于加重质颗粒粒度，难以受到床层的浮力作用，或者所受床层的浮力作用难以占主导地位，且空气重介质流化床为准散式流化床，床层中有气泡存在，加重质有一定返混，导致细粒入料易随加重质一起返混或沉降，削弱了细粒物料按床层密度分层的趋势。显然，依靠普通空气重介质流化床难以解决这两个问题，而依靠外来能量则是实现不易流化的微细加重质很好地流态化的一条有效途径，振动空气重介质流化床就是将振动能量引入空气重介质流化床。它强化了气固之间的接触，因而可以使微细加重质很好地流态化，形成更接近散式流态化的状态。这种流化床非常适合于细粒煤分选。通过研究适合于细粒煤分选的振动空气重介质流化床的形成及分选机理，可揭示振动参数、气流参数对流化性能的影响。这种流化床的床层密度均匀稳定、返混小，能够有效地实现细粒煤的分选。实验室试验表明：分选6～0.5mm粒级、灰分为16.57%的细粒级煤，精煤灰分为8.35%，精煤产率为80.20%，

E_p 值为 0.065，分选效果良好。

c 大于 50mm 大块煤深床型空气重介质流化床选煤技术   普通空气重介质流化床是用于分选 50～6mm 粗粒煤的，因此流化床的床深控制在 400mm 左右即可保证足够的分选空间，满足分选需要，且易于控制气泡的生成长大，保证床层密度的均匀稳定性。为满足露天煤矿大块煤（300～50mm）的排矸分选，就需要研究深床型空气重介质流化床。要满足大块煤分选需要，流化床床深一般应控制在 1200mm 左右。在这方面，中国矿业大学着重研究了深床型空气重介质流化床的气体分布规律、加重质物性及大块煤分选动力学，找到了实现床层密度均匀、气泡小且兼并少的方法，在实验室 1m 模型机上实现了大块煤的有效分选，E_p 值达 0.02。

45.4.4.2 干法选煤技术发展趋势

干法选煤技术发展趋势如下：

（1）深入开展干法选煤技术理论研究，研制开发复合型力场的干法分选设备，大力发展全粒级（小于 300mm）干法选煤技术，推进空气重介质流化床分选技术的工业化进程。

（2）大力发展煤炭燃前两段高效干法选煤净化技术，建设具有中国特色的煤炭燃前两段高效干法分选的大型煤矿坑口电站，实现煤炭的高效率、低污染、低成本转化利用，使煤炭变成洁净电力能源，促进我国能源产业的可持续发展。

（3）开发研究大处理能力、高可靠性及高自动化的干法选煤设备，以及与其配套的干法深度筛分系统、干法除尘系统等辅助设备，以满足西部煤田的选煤需要。

（4）加快发展粉煤的摩擦电选和干法高梯度磁选等技术，完善其配套工艺设备，使之尽快实现工业化应用，缓解我国当前煤烟型大气污染的状况。

45.4.5 煤泥浮选技术

浮选是目前分选粒度小于 0.5mm 煤泥最有效、技术最成熟的方法，是选煤厂、特别是炼焦煤选煤厂工艺流程中必不可少的作业之一，不但能大量回收煤泥中的优质精煤，而且是煤泥水系统正常工作的必要保证。

45.4.5.1 煤泥浮选技术现状

随着浮选技术的发展及新型浮选装备的研制和应用，在微细煤泥浮选及提高煤泥浮选选择性方面，诸多研究人员开展了大量的研究工作，在浮选矿浆预处理、浮选药剂研制和新型煤泥浮选设备研制及浮选设备大型化等领域均取得了良好效果。

A 高效矿浆预处理技术

在矿浆预处理方面，为了提高浮选效率，国内外研究人员在矿浆分散、药剂乳化、矿浆与药剂接触以及矿物表面改性等方面做了许多研究工作。在浮选药剂乳化专用调浆设备与技术方面也取得了一些新进展，其目的是提高浮选药剂与矿浆的混合程度，减少药剂的消耗量，提高药剂作用效果。高效矿浆处理技术主要是利用浮选药剂乳化站将药剂先在少量水中分散成微细药滴，制成乳浊液（称为乳化），再将其投加到矿浆中混合（称为乳化调浆）、浮选。为解决弥散型煤泥浮选问题，国外学者进行了有关添加剂的研究工作，研究提高细煤泥浮选速度及其高选择性的添加剂。此外，外加力场也被应用到矿浆预处理作业中，包括利用磁化处理技术促进柴油在煤表面的固着程度，削弱轻柴油与煤矸石和黄铁矿的捕收作用，提高轻柴油的选择性，以及利用煤泥浮选促进剂提高细粒煤泥的浮选效果；利用超声波技术对矿浆进行预处理，以促进矿浆分散。近年来，又开发出一种煤炭表面改质机的矿浆预处理新设备，它依靠强力搅拌作用，达到提高煤泥可浮性的目的。但由于该设备能量消耗大，处理吨干煤泥电耗约 $5\sim10kW\cdot h$，同时搅拌过于强烈，使煤粒有一定程度的泥化，对后续脱水作业产生一定的影响，使设备的推广应用受到较大挑战。

B 高效浮选药剂开发

在浮选药剂研制方面，研制开发新型高效浮选药剂对于改善矿物浮选行为，尤其对于改善难浮煤浮选效果意义重大，许多选煤工作者在这方面进行了深入研究，并取得了一定的进展。郭德研制的 DF 煤泥浮选促进剂可改善捕收剂、起泡剂的性能，大幅度提高精煤产率，降低浮选药剂耗量，改善浮选指标。曲剑午利用一种新型复合乳化剂将煤油乳化后作为捕收剂的浮选试验结果表明，该种乳化剂是一种良好的浮选助剂，用其乳化煤油不仅稳定性好，大大降低浮选药耗，而且显著改善煤泥的浮选效果。丁志杰等对微细粒煤浮选进行了乳化剂及乳化条件的试验研究，并探索了乳化药剂在微细粒煤表面的作用机理，研究认为，乳化药剂只有达到足够的细度，选择性才能提高，同时才能在微细煤粒表面形成较薄吸附层，在灰分相同的条件下，可提高精煤产率。

C 新型煤泥浮选设备研制

在新型煤泥浮选设备研制方面，依然以浮选机和浮选柱的研制为主。目前国内选煤厂设计中所选机型主要有：国内制造的 MPF 喷射式浮选机、XJM-SA 机械搅拌式浮选机、FJC 喷射式浮选机、旋流-静态微泡浮选柱（床）和国外引进的 Jameson cell 浮选柱、KHD 充气式浮选机等。此外，复合力场也被引入到传统浮选机中。黑龙江科技学院在研制了浮选旋流器后，又成功研制了基于离心力场和重力场共同作用的 $\phi1500mm$、$\phi2500mm$ 和 $\phi3000mm$ 等型号的系列离心浮选机。程宏志等运用相似原理，采用模拟放大方法，科学地确定了浮选机主要结构参数和动力学参数，成功研制了振荡分离高选择性浮选机。它采用机械振动方法，激励分离区域的矿浆和矿化气泡群体发生振荡，利用振动惯性力，强制排除气泡群体夹带的亲水性高灰矿粒；强烈高频振荡的水平交变速度，远大于槽内上冲流速度，对上冲流产生屏蔽作用，稳定了矿浆液面和泡沫层，进而减轻夹带污染，提高选择性。采用该方法对典型高灰难选煤泥的工业性试验表明，在相同尾煤灰分下，浮精灰分比原来使用的 XJM-S 型浮选机降低 1.42%，浮选完善指标提高了 4.14%。

D 煤泥浮选设备大型化

a 浮选机　　国外用于选煤的浮选设备主要有澳大利亚研制达夫可勒（喷射-压气）式浮选机、澳大利亚发明德国制造的詹姆森充气式分选槽、德国的洪堡特型浮选机、美国的丹佛浮选机和维姆科浮选机，以及前苏联的 MФУ-12 型机械搅拌式浮选机。国外在煤用浮选机大型化研制方面，较先进的浮选机的单槽容积为 $45m^3$、$60m^3$、$100m^3$，甚至更高。国内已大面积推广应用的大型煤用浮选机主要以 XJM-(K)S 系列机械搅拌式浮选机和 FJC 系列煤用喷射式浮选机为主，这两种机型单槽容积均已放大到 $20m^3$。随着国内 $50m^3$ 煤用浮选机的成功研制和工业应用，我国选煤浮选机在大型化方面也迈上了一个新台阶。

b 浮选柱　　20 世纪 90 年代，我国曾引进美国国际控制公司生产的微泡浮选柱，该柱直径 3m，柱高 7.62m，但由于气泡发生器易堵塞等问题，没有得到进一步的推广应用。同时期，中国矿业大学自行研制开发了 FCSMC 系列旋流-静态微泡浮选柱（床）。该设备主体结构包括柱浮选段、旋流分选段、气泡发生与管流矿化（或总称管流矿化段）三部分，如图 45-4-11 所示。整个设备为一柱体，柱浮选段位于整个柱体上部，用于入料的预浮选，并借助其选择性优势得到高质量精矿。旋流分选段采用柱-锥相连的旋流器结构位于柱体的下部，它的主要作用是利用其中存在的高效离心力场强化对柱浮选中矿的回收，并得到最终的合格尾矿。管流矿化段单独布置在柱体外部，由气泡发生器与浮选管段两部分组成，它除了完成引射气体并使气泡粉碎成微泡外，还使气泡与矿物颗粒在高度紊流的矿浆环境与狭小通道中发生碰撞与矿化，然后仍以较高能量状态沿切线再次进入旋流分选段，形成强化分选机制。

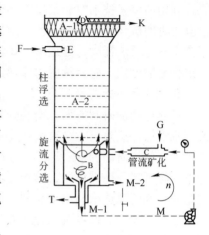

图 45-4-11　旋流-静态微泡柱分选原理

旋流-静态微泡浮选柱（床）独特的循环中矿加压喷射自吸气成泡、针对物料分选过程难易程度而实施的多样化的矿化方式的集成以及梯级强化分选方法的实施，使得该浮选柱（床）具有高富集比、高回收率的显著优势，并配套开发了高效简洁的煤泥分选工艺，作为粉煤深度脱硫降灰的首选设备加以利用，可实现与 120 万吨/年选煤厂单台配套，也可根据选煤厂规模设计"无限大"的柱分选设备。经过近 20 年的发展，旋流-静态微泡浮选柱（床）已实现了系列化与产业化，在煤炭、萤石、钨矿、铜矿、铁矿、金矿、钼矿、镍矿等矿物浮选方面已成功实现工业化应用，应用企业逾 400 家，目前该设备最大直径已达 6m。

45.4.5.2　煤泥浮选技术发展趋势

煤泥浮选技术发展趋势如下：

（1）强化浮选前矿浆预处理研究。如表面改质技术，采用高剪切流体化学力作用及其药剂乳化与强力混合相结合的多段式调浆方式，满足难选煤泥高分散、强活化、高效碰撞接触的要求。

（2）研究新型浮选药剂，提高药剂对难选煤泥的选择性。如研制新型高效复合药剂，以及新型药剂乳化技术和手段，提高精煤产率，降低浮选药耗，改善浮选指标。

（3）开发新型浮选设备，完善煤泥浮选工艺，构建与煤泥分选过程特征相耦合的浮选过程。包括复合力场的引入，如电磁场、离心力场等，突破传统浮选机分选模式，如目前的振荡浮选、离心浮选等新的矿物分选模式。对浮选柱而言，则可将电浮选柱、磁浮选柱、溶气等技术在浮选柱中加以综合采用。

（4）开发大型煤用浮选设备。设备大型化具有诸多优点，如基建费用低、磨损小、维护费用减少、节能降耗等，并且易于实现自动控制和管理。因此从现有技术和国内外市场需求看，应加大对大型浮选机的研究开发力度，以适应国内大型选煤厂对浮选设备大型化的需求和提高国产浮选机在国际市场上的竞争力，如矿浆通过量达 1000m³/h 的大型煤泥浮选设备的研制。

45.4.6　细粒煤脱水技术

脱水是选煤厂生产过程中不可缺少的一个环节，包括粗颗粒和细颗粒的脱水。粗颗粒脱水相对简单，所用设备主要为脱水筛和离心脱水机；细颗粒脱水较为困难，所用设备主要有沉降过滤式离心脱水机、真空过滤机、压滤机等。目前，国内外主要侧重于对细颗粒脱水方面的研究。

45.4.6.1　细粒煤脱水技术现状

对细粒煤的脱水，美国多采用超高速离心脱水技术，而欧洲则趋向于采用加压过滤技术或隔膜挤压技术。为了进一步降低细粒煤产品的水分，国内外已开始尝试将压滤脱水与热力干燥构成一体的蒸汽压滤脱水技术的研究。国内用于选煤厂细颗粒脱水的设备主要有沉降过滤式离心机、加压过滤机、快开式隔膜压滤机和快开式干燥压滤机等。

A　沉降过滤式离心机

沉降过滤式离心脱水机是 20 世纪 60 年代中期，在沉降式离心脱水机的基础上发展起来的一种新型连续生产的固液分离设备。从结构上，它是沉降式离心机和过滤式离心机的组合，兼有两者的优点，其结构及工作原理如图 45-4-12 所示。

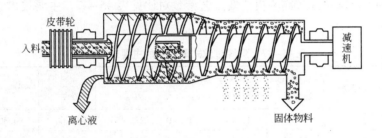

图 45-4-12　沉降过滤式离心脱水机的工作原理

沉降过滤式离心脱水机转筒由圆柱-圆锥-圆柱三段焊接组成。筒体大端为溢流端，断面上开有溢流口，并设有调节溢流口高度的挡板。转筒的小端为脱水后产品排出端，脱水区筒体上开设筛孔。脱水区进一步脱除的水分可通过筛孔排出。工作时，矿浆经给料管给入离心机转鼓锥段中部，依靠转鼓高速旋转产生的离心力，使固体在沉降段进行沉降，并脱除大部分水。沉降至转鼓内壁的物料，依靠与转鼓同方向旋转、但速度低于转鼓 2% 的螺旋转子推到离心过滤脱水段。在离心力作用下，物料进一步脱水，脱水后的物料经排料口排出，由溢流口排出的离心液中含有少量微细颗粒。由过滤段排出的离心液，通常含固体量较高，需进一步处理。

20 世纪 80 年代初，煤炭科学研究总院唐山研究院研究开发了沉降过滤式离心机。1983 年，第一台 WLG900 型沉降过滤式离心机通过技术鉴定，并在灵山选煤厂投入使用。但受当时技术水平、材料和制造工艺的限制，机械加工精度较低，螺旋和筛网磨损严重，致使其未能得到广泛地推广应用。针对该机型存在的问题，1986 年，唐山研究院又开发了 WLG-1100×2600 型离心机，首台设备在株洲选煤厂用于浮选精煤脱水。在入料度 21%、灰分 7.6%、−0.045mm 粒级含量为 42.8% 的条件下，离心机处理能力达到 21.16t/h，产品水分 22.12%，比 58m² 盘式真空过滤机低 2 个百分点，生产能力高 2.7 倍。虽然该机脱水效果良好，但受到 WLG900 机型的影响，加之加压过滤机、压滤机等脱水设备的迅速发展，也未能推广使用。后来，我国选煤设备研究生产单位在引进国外先进设备的同时，也引进了一些设备的制造技术，开发出了 TCL 型沉降过滤式离心机，但使用的数量不多。20 世纪末，唐山森普公司在 WLG 型离心机的基础上，生产出了 LWZ 型离心机，该设备在选煤厂应用效果良好。

国外在该方面的技术明显优于国内，其生产厂家主要有美国的 DMI 公司和 BIRD 公司、德国的 KHD 公司、荷兰的 TEMA 公司等。每家公司都有完整的系列产品，同时又着力发展专用机型，产品规格系列化、高稳定性使得这些公司的产品在市场上具有很强的竞争力。如美国 Sharples 公司研制的 Super-D-Conter 高速沉降离心机，分离因数 $K = 1500 \sim 2000$，处理物料中小于 0.044mm 含量达 60% ~ 70%，同时还含有 0.01 ~ 0.02mm 黏土煤浆的脱水，回收煤泥水中残存的极细颗粒。高速离心机产品可与精煤混配，高速离心机与普通离心机相比较，营运费为普通离心机的 45%。在英国离心机的使用主要是为了回收煤泥，如布罗本公司研制的 1200 × 3650 大型沉降过滤离心机。在澳大利亚离心机主要是用于脱水，如在澳大利亚纽斯卡尔钢铁厂所属选煤厂，入料在进入离心机前先脱泥，离心机产品比盘式真空过滤机产品水分低 10%，离心机降灰范围为 0.1% ~ 7%。

进口与国产沉降过滤式离心机主要工艺参数对比见表 45-4-7，主要技术参数对比见表 45-4-8。

表 45-4-7　沉降过滤式离心机的主要工艺参数

应用机型	处理物料	-0.044mm 粒级含量/%	入料灰分/%	离心液浓度/g·L⁻¹	滤液浓度/g·L⁻¹	产品水分/%	产率/%	处理能力/t·h⁻¹
美国 SB6400	原生煤泥	32.66	17.13	40 ~ 70	275 ~ 310	19.60	94.30	35 ~ 45
美国 SB6400	浮选精煤	22.74	20.13	40 ~ 70	275 ~ 310	18.50	79.50	35 ~ 45
LWZ1200	原生煤泥	20.38	40.12	187(含滤液)	278.5	15.70	84.76	30 ~ 40
WLG-1100	浮选精煤	42.80	7.76	75.69	375.12	22.12	74 ~ 84	25 ~ 35
TCL-1418	原生煤泥	36.47	17.00		250 ~ 450	23.85		25 ~ 35

表 45-4-8　沉降过滤式离心机的主要技术参数

设备型号	产　地	转筒长度/mm	转筒直径/mm	处理量/t·h⁻¹	工作转速/r·min⁻¹	产品水分/%	筛缝/mm
B6400	美国	3353	1118	35 ~ 45	1100	12 ~ 20	0.38
LWZ1200	唐山	1800	1200	30 ~ 40	600 ~ 700	14 ~ 24	0.30
WLG-1100	唐山	2624	1100	25 ~ 35	700 ~ 900	16 ~ 24	0.20 ~ 0.35
TCL-1418	洛阳	1868	1358	50 ~ 60	480 ~ 650	1320	0.25 ~ 0.35

B　加压过滤机

加压过滤机是目前国际上一种先进的大型高效、机电一体化固液分离设备，它广泛适用于小于 0.5mm 浮选精煤和原生细煤泥的脱水以及黑色金属、有色金属、化工、环保、医药、食品、饲料等行业的固液分离。目前，加压过滤机主要有三种形式：圆筒式、水平带式和盘式。其中，盘式加压过滤机广泛用于选煤厂浮选精煤的脱水，而故障率高、运行成本高、单位能耗高的普通型压滤机、带式压滤机、圆盘真空过滤机已经不是选煤行业的主要选型设备。

盘式加压过滤机采用正压工作原理，将一台经过特殊设计制造的盘式过滤机安装于加压仓内，过滤机下有输送机，在其机头下装有排料装置，需处理的煤泥水由渣浆泵给入到过滤机中。加压仓内充入一定压力的压缩空气，以压缩空气作为过滤动力源。在加压仓内空气压力作用下，随着过滤机滤盘的旋转，过滤机内的液体透过浸入煤泥水中的滤扇排出加压仓，而煤泥颗粒被收集到滤扇上形成滤饼。煤饼在压缩空气的作用下，进一步干燥降水后，在过滤机的卸料区用刮刀和反吹风把滤饼卸入输送机，由输送机收集到排料装置中，这样连续运行，当排料装置中的煤泥滤饼达到一定量后，在滤盘表面形成滤饼。滤饼在反吹和卸料刮刀的作用下脱落，通过位于过滤机卸料口下方的刮板输送机输送到密封排料装置，由密封排料装置将其排出仓外，滤液经滤扇内腔通过分配头排出仓外，整个运转过程均由计算机监测、控制，全自动进行。盘式加压过滤机结构总图如图45-4-13所示。

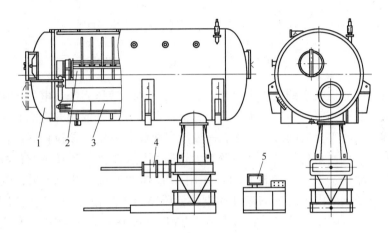

图 45-4-13　盘式加压过滤机总图
1—加压仓；2—圆盘过滤机；3—仓内刮板机；4—密封排料装置；5—电控系统

　　盘式加压过滤机最早是由德国 Karsuhe 大学于 20 世纪 80 年代初开始研究的。我国盘式加压过滤机的开发始于 80 年代末。在 90 年代初，煤炭科学研究总院唐山研究院与山东煤机集团莱芜煤矿机械有限公司合作，共同研制开发出 GPJ60.3 型盘式加压过滤机，并制造出工业样机，成功应用于八一矿选煤厂。90 年代中期，我国开始自主研究开发加压过滤机，相继开发出第一代、第二代、第三代、第四代、第五代加压过滤机，已经形成 $8m^2$、$12m^2$、$20m^2$、$30m^2$、$40m^2$、$60m^2$、$72m^2$、$96m^2$、$120m^2$、$144m^2$、$180m^2$ 等系列产品。

　　我国生产的盘式加压过滤机的主要性能指标为工作压力 $0.2 \sim 0.6MPa$，入料粒度小于 $0.5mm$，入料浓度 $200 \sim 350g/L$，滤盘转速 $0.4 \sim 1.5r/min$，滤饼水分不大于 20%，滤液固含量不大于 $10g/L$，处理浮选精煤生产能力为 $0.5 \sim 0.8t/(m^2 \cdot h)$，处理原生煤泥为 $0.3 \sim 0.6t/(m^2 \cdot h)$，吨煤电耗 $7.6 \sim 11.2kW \cdot h$。

　　C　快开式隔膜压滤机

　　国内最早研制快开式隔膜压滤机的单位是北京中水长固液分离技术有限公司，20 世纪 90 年代末开始投放市场，取名为 KM 型快速隔膜压滤机，它是一种利用过滤介质将离散的难溶固体颗粒从液体中分离出来的加压过滤设备。该设备集机、电、液于一体，主要由机架部分、过滤部分、液压部分、卸料机构和电器控制部分组成，其结构如图45-4-14所示。

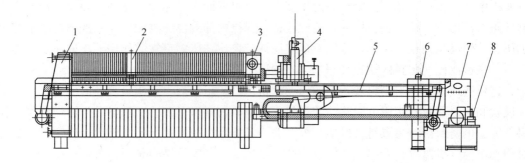

图 45-4-14　快开式隔膜压滤机主要结构示意图
1—止推板；2—中间隔板；3—压紧板；4—移动油缸座；
5—主梁；6—支撑座；7—电控柜；8—液压站

　　快开式隔膜压滤机技术的进步主要在于压滤机机架、液压系统、电气控制系统、自动拉板系统、滤板及滤布等方面的技术革新。目前，国内较先进的快开式隔膜压滤机，其拉板系统采用意大利迪美公司的最新技术——变频电机拉板系统。该拉板系统优于原有的液压系统，减少了原液压系统的复杂换向及动力转换，从而降低了液压系统的故障率，提高了设备可靠性。滤板（第三代滤板）材质采用 TPE 弹性无碱玻纤聚丙烯，既有橡胶滤板的弹性，又具有增强聚丙烯滤板的韧性和刚性，压紧时密封性能好，进料时无漏液现象。尤其是聚丙烯高压隔膜滤板最高进料压力为 3.0MPa，鼓膜压力 3.5MPa。利用该压滤机处理原生煤泥，其处理能力（干基）达 100.7kg/(m^2·h)，滤饼水分为 19%~25%，滤液固体含量低，可实现洗水闭路循环。

　　D　快开式干燥压滤机

　　快开式干燥压滤机将机械过滤和热力干燥两种技术融为一体，基本过滤机构由间隔放置的热压隔膜过滤板和干燥板组成，在滤室内完成悬浮液和成饼的机械过滤；随即进入热压过滤干燥脱水阶段，即向干燥板内通入流体热介质（蒸汽或导热油），同时对排液通道抽真空，并用隔膜机械挤压滤饼，在短时间内使靠近干燥板的滤饼毛细管水因传导受热而蒸发，所产生的蒸汽急剧膨胀，驱使距干燥板较远的滤饼毛细管水以液态形态涌出滤饼表面，予以脱除。

　　根据煤中水分与发热量的关系，水分每降低 1%，发热量可提高 41.8kJ/kg，而且煤泥水分降低后入仓储存不会堵仓，从而杜绝了露天储存污染环境的问题。快开式干燥压滤机可一次性将煤泥产品水分降至 15% 以下，达到热力干燥的脱水效果，不仅实现了浮选精煤的深度脱水，而且使煤泥产品由选煤副产品增值为商品动力煤。近年来，选煤厂煤泥产量越来越大，快开式干燥压滤机正好迎合了这块市场，并已在部分选煤厂投入运行，取得了较好的效果，是煤用快开式压滤机的一个重要发展方向。

　　45.4.6.2　细粒煤脱水技术发展趋势

　　细粒煤脱水技术发展趋势如下：

　　(1) 借鉴国内外关于沉降离心机节能方式方法的研究和全新的设计理念，加强沉降过滤式离心机脱水技术的研究，发挥其生产能力高、耗电少、占地面积小等优势，实现与模块化选煤厂建设的配套。

（2）注重研究多种方式联合脱水技术，将多种固液分离及脱水的方法集于一身，在可能的条件下增加过滤、挤压、吹气的压力，以满足细粒、超细粒物料脱水的需要。如目前出现的压滤脱水与热力干燥构成一体的蒸汽压滤脱水技术的研究。同时注重研制新型脱水助滤剂及脱水工艺，最大限度降低产品水分。

（3）重点研制结构简单、容积不大和质量较轻的压滤机，循环时间虽短，却有较高的处理能力，以最小移动空间的思想来设计工作部件，减少能耗，节约时间，减少维护，降低成本，并大大提高零部件的寿命。

（4）采用先进的三维实体建模软件，开发数字化样机，通过实体建模、模拟装配、运动仿真、有限元分析等方式对产品进行检测、优化结构，消除产品设计缺陷，提高设备的稳定性。

45.5 煤泥水处理及回用

45.5.1 煤泥水特点及处理

45.5.1.1 煤泥水及其特点

原煤在水中经过分级、脱泥、分选、脱水等作业后分选出产品，大量粒度小于0.5mm的颗粒残留在水中形成煤泥水。煤泥水是一种复杂的多相多分散体系。从颗粒组成看，它是由不同粒度、不同形状、不同密度、不同岩相、不同矿物组成、不同表面性质的颗粒以不同的比例和水混合而成；而补加水又具有不同离子组成、不同酸碱度、不同矿化度，不同的补加水和煤颗粒混合更加剧了煤泥水的复杂性和煤泥水处理的艰巨性。

煤泥水具有如下特点：

（1）联结众多分选环节，形成完整的煤泥水体系。煤泥水不仅是煤水混合物本身，而是联结各作业环节，形成了一个完整的煤泥水体系。包括生产在内众多环节相互影响、相互制约。某个作业的煤泥水调控不仅影响本作业，而且会立即对其他作业产生影响，从这个角度来说，煤泥水性质变化极为敏感。众多环节的诸多影响因素使选煤厂煤泥水处理系统成为全厂涉及面最广、最复杂、投资最多、生产成本最大、管理最困难的部分。

（2）大体量的动态循环，循环周期短，空间有限（厂内实现循环）。选1t原煤约需要2.5~3.5m³水，一般的大中型选煤厂每小时循环煤泥水可达数千立方米。煤炭分选工艺短，煤泥水澄清在厂内浓缩机内进行，决定了煤泥水循环周期短，沉降面积有限。同其他选矿废水处理或开路式的生活污水处理过程相比，对处理效率要求更高。

（3）煤泥水性质复杂，波动大。各个环节煤泥水中所含煤泥粒度、浓度、质量各不相同，且随着入洗原煤性质波动而不断变化，同时也导致水质组成变化，进而引起煤泥水沉降性能的变化，这就使煤泥水处理的工艺、设备和管理具有相当的复杂性。

（4）煤泥水沉降澄清难。煤泥水集中了原煤中最细、最难处理的微细颗粒。这些颗粒由于粒度细，使煤泥水黏度大，所以在水中稳定性极强，一些典型难处理煤泥水甚至可以稳定存在数天。这种煤泥水就很难用常用的沉淀、回收和脱水设备处理。传统的高分子絮凝剂在理论上可实现煤泥水澄清，但絮凝剂价格昂贵，鉴于总体选煤成本的制约，煤泥水的难沉降特性，再加上洗水闭路的生产系统、选煤低廉的运行成本，使得选煤厂煤泥水浓度通常达到50~80g/L（规范规定，一级闭路循环的煤泥水浓度应小于50g/L）。这种情况不仅影响选煤生产，而且极易发生细泥积聚并导致煤泥水外排。

除上述特点外，煤泥水的性质还受选煤工艺和脱水方法的影响，表 45-5-1 所示是不同选煤工艺和脱水方法所产生的煤泥水及煤泥性质。

表 45-5-1　不同选煤工艺和脱水方法产生煤泥水与煤泥性质

选煤工艺和脱水方法	煤泥水主要来源	煤泥水浓度/%	煤泥水中煤泥性质
不分级跳汰或分级跳汰，筛子脱水	精煤脱水筛筛下水	5 ~ 15	煤泥受到一定程度的分选，粒度组成较粗
不分级跳汰或分级跳汰，斗子捞坑脱水	捞坑溢流水	4 ~ 10	煤泥受到一定程度的分选，粒度组成较细
块煤重介分选，筛子脱介，磁选机回收磁性矿物	磁选机尾矿	1 ~ 10	煤泥粒度较粗，煤泥中含有极细的磁铁矿和非磁性矿物，如黄铁矿等
末煤重介分选，筛子脱介，磁选机回收磁性矿物	磁选机尾矿	3 ~ 8	煤泥粒度组成较粗，粗煤泥受到一定程度的精选，煤泥中含有极细的磁铁矿和非磁性矿物
重选前原料煤预先脱泥	脱泥筛筛下水	10 ~ 20	煤泥粒度组成较粗，是没受到任何分选的原生煤泥
浮选	浮选尾矿	3 ~ 4	主要是粒度细的高灰分杂质，有时也含有少量浮选作业未能捕收的粗颗粒
全重介分选	磁选机尾矿	2 ~ 10	粗粒煤泥受到一定程度的精选，煤泥中含有极细的磁铁矿和非磁铁矿物

45.5.1.2　煤泥水处理

在选煤厂，经主选作业后就会产生大量的煤泥水，其粒度组成极为复杂，但是粗颗粒含量大，我们把这部分煤泥水称为粗颗粒煤泥水。它是煤泥水处理的第一步。粗颗粒煤泥水处理一般进行水力分级，分成粗煤泥和含大量细颗粒的煤泥水。细颗粒煤泥水可经浮选环节排出浮选尾煤水，也可不经浮选环节直接进入澄清环节，形成极细颗粒煤泥水。因此，所谓极细颗粒煤泥水主要是指浮选的尾煤水和捞坑的溢流。它们的共同特点是粒度组成很细，难沉降。因此必须采取一定的强化措施才能实现煤泥水澄清。这就是比较完整的煤泥水处理过程。

A　粗煤泥回收

粗煤泥的处理一般是进行机械回收或分选后再回收，其目的是从煤泥水中回收合格的粗粒精煤，使之不进入后续煤泥水处理作业。常见的机械回收流程包括：脱水筛—斗子捞坑粗煤泥回收、双层脱水筛—角锥池粗煤泥回收、斗子捞坑—双层脱水筛粗煤泥回收、脱水筛—高频振动筛粗煤泥回收、水力分级旋流器—脱水筛—离心脱水机粗煤泥回收等。粗煤泥分选后再回收，所采用的分选设备主要以 TBS 干扰分选床、螺旋分选机和煤泥重介质旋流器为主，回收设备主要以脱水筛、高频筛和离心脱水机为主。

B　浮选预处理

这部分煤泥水主要来自水力分级设备产生的溢流，处理的原则流程有三种形式：浓缩浮选流程、直接浮选流程和半直接浮选流程。现选煤厂煤泥水浓缩设备多采用自然沉降设备，即入料煤泥水在一定面积的设备里自然或强化沉降，大量固体颗粒沉降到底部为浓缩产品，溢流的浓度则相对减小许多。为强化煤泥沉降，选煤厂还常常采用添加絮凝剂或加倾斜板等手段提高浓缩效果，也有的采用离心力加速颗粒的沉降。

C　煤泥水沉降澄清

极细颗粒煤泥水处理的目的是尽可能使水中所有颗粒沉降，完全实现固液分离，得到合格的循环水。但其浓度低、粒度细、灰分高，还可能含有残余的化学药剂，因此很难沉降澄清。在理论上，采用添加凝聚剂和高分子絮凝剂使微细颗粒絮结成团，加速沉降，可实现清水循环。但在许多选煤厂生产实践中发现由于经济、技术或管理等原因，清水循环无法实现。当循环水中含有过多的煤泥颗粒，尤其是高灰、微细的颗粒时，会严重影响分选、回收、脱水等作业效果。使用这样的循环水，跳汰机中细颗粒沉降受到影响，分选下限将增大，细粒级分选效果严重恶化，浮选作业的选择性也变差，过滤脱水时将会影响过滤的透气性，当它们黏附在分选产品上时将会大大增加产品的灰分和水分。可见，极细颗粒煤泥水的处理效果影响着整个选煤系统，它决定了煤泥水是否能够回用及循环利用的效果。

45.5.2　煤泥水澄清

煤泥水深度澄清采取的手段主要以凝聚和絮凝为主。凝聚是加入无机电解质，如三氯化铁、明矾、石灰等，通过电性中和作用来解除布朗运动，使微粒能够靠近接触而凝集在一起；絮凝是加入带有许多能吸附微粒的有效官能团的高分子化合物，如聚丙烯酰胺等，将许多微粒吸附在一起形成一个絮团，从而加速煤泥水沉降。在选煤实际应用中，絮凝和凝聚在很多情况下是混用的，以前主要是絮凝剂使用为主，现在越来越多地采用絮凝与凝聚的联合作用。

45.5.2.1　凝聚和凝聚剂

A　凝聚原理

a　颗粒受力　　细粒分散体系中颗粒受范德瓦尔斯分子作用力和静电作用力两种力支配：

（1）范德瓦尔斯分子作用力。由构成颗粒的分子综合作用形成，属于引力，其存在有利于颗粒凝聚。该力的大小随颗粒间距的减小而增大，一般认为与间距 2~3 倍的三次方成反比，属于短程力。

（2）静电作用力。由颗粒表面电荷引起的颗粒电性作用力。静电吸引与排斥取决于相互作用的颗粒所表现的电性，与范德瓦尔斯分子作用力相比，静电作用力属于长程力。

b　同相凝聚和异相凝聚　　具有相同表面电位且符号相同的颗粒之间的凝聚称为同相凝聚。由于表面电位相同，颗粒之间受静电斥力相同（见图 45-5-1 中的 1 曲线）。同相凝聚过程由 DLVO 理论加以叙述，表面电位不同的异类颗粒之间的凝聚为异相凝聚。异相凝聚的颗粒静电能分为两种情况：

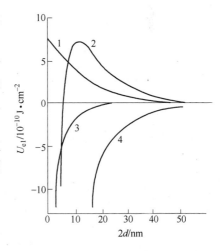

图 45-5-1　双电层间的相互作用能（U_{el}）与颗粒间距（$2d$）的关系

（$c = 1\text{mmol}$；1∶1 型电解质）

1—$\varphi_1 = \varphi_2 = 10\text{mV}$；2—$\varphi_1 = 10\text{mV}$，$\varphi_2 = 30\text{mV}$；3—$\varphi_1 = 0\text{mV}$，$\varphi_2 = 10\text{mV}$；4—$\varphi_1 = 10\text{mV}$，$\varphi_2 = -30\text{mV}$

（1）相反电性（或一方不带电）的颗粒，总受到其静电引力作用（见图 45-5-1 中的 3、4 曲线）。

（2）具有相同电性但电位大小不一的颗粒，相距较远时表现为静电斥力，而距离变小后又呈现为静电引力（见图 45-5-1 中的 2 曲线）。

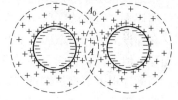

如图 45-5-2 所示，由于双电层扩散层的重叠形成的公共电荷云，使得距离较近的两同性带电颗粒相互吸引。在上述两种异相凝聚类型中，前者为自发过程，而后者则取决于荷电较小的颗粒电量。

图 45-5-2   双电层扩散层的重叠

c DLVO 理论   DLVO 理论认为，颗粒体系的总势能由两部分组成，即：

$$V_T = V_a + V_e$$

式中 V_T——体系总势能；

V_a——分子作用能；

V_e——静电作用能。

颗粒间的总势能变化如图 45-5-3 所示，随着颗粒之间距离减小，颗粒间总势能出现极

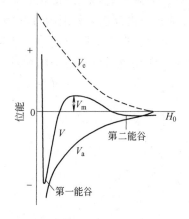

图 45-5-3   颗粒间总作用能、静电作用能、分子作用能与颗粒之间距离的关系

小值，又称第二能谷，这是在颗粒间距离较大时形成的准稳态凝聚状态，该过程属于自发过程；随着颗粒间距的进一步减小，颗粒的静电排斥能逐步占主导地位，体系总势能不断增加并形成极大值 V_m（又称势垒）。势垒的出现构成了体系形成凝聚状态的能量障碍。当颗粒充分靠近时，颗粒的分子作用能占主导地位，并出现第一能谷。该能谷的形成是一个自发过程，并使得颗粒体系形成稳定的凝聚状态。

对于煤泥水细颗粒体系，无法施加外部能量克服势垒，只有通过降低势垒使其凝聚。通常的途径是向溶液体系中添加高价金属离子的盐类物质，提高其矿化度，降低颗粒电动电位。这就是凝聚原理，也是不同水质煤泥水处于不同分散状态的原因所在。

B 凝聚剂

常用凝聚剂分为无机高价盐类、聚合物类以及 pH 值调整剂类。常用凝聚剂见表 45-5-2。在选煤厂，很少用 pH 值调整剂作为凝聚剂。

表 45-5-2   常用的凝聚剂类型

无机高价盐类	三价金属盐	铝盐	硫酸铝、氧化铝、铝酸钠
		铁盐	硫酸铁、氯化铁
	二价金属盐		碳酸镁、碳酸氢镁、硫酸铜、氯化镁、硫酸亚铁、硫酸锌
聚合物类			聚合氯化铝、聚合硫酸铝、碱式氯化铝
pH 值调整剂类			石灰、碳酸钠、苛性钠、盐酸、硫酸

45.5.2.2 絮凝和絮凝剂

A 絮凝原理

絮凝原理与絮凝剂的结构相关联。絮凝剂通常为有机高分子化合物，由高分子骨架和活性基团构成，絮凝作用由它们共同完成。如图 45-5-4 所示，活性基团与颗粒表面通过不同的键合作用形成解稳颗粒。高分子骨架的架桥作用把解稳颗粒联结在一起形成絮团，于是完成了絮凝过程。此外，过量高分子又将包裹颗粒而形成稳定颗粒，不利于与其他颗粒作用，削弱絮凝作用。

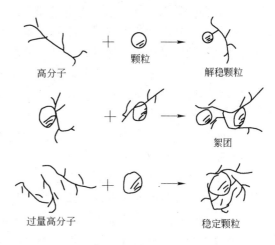

图 45-5-4 键合作用示意图

键合作用包括：

（1）静电键合。静电键合主要由双电层的静电作用引起。离子型絮凝剂一般密度较高，带有大量荷电基团，即使用量很低，也能中和颗粒表面电荷，降低其电动电位，甚至变号。

（2）氢键键合。当絮凝剂分子中有—NH_2和—OH 基团时，可与颗粒表面电负性较强的氧进行作用，形成氢键。虽然氢键键能较弱，但由于絮凝剂聚合度很大，氢键键合的总数也大，所以该项能量不可忽视。

（3）共价键合。高分子絮凝剂的活性基团在矿物表面的活性区吸附，并与表面粒子产生共价键合作用。此种键合，常可在颗粒表面生成难溶的表面化合物或稳定的配合物、螯合物，并能导致絮凝剂的选择性吸附。

三种键合可以同时起作用，也可仅一种或两种起作用，具体视颗粒-聚合物体系的特性和水溶液的性质而定。

B 絮凝剂

絮凝剂分为天然高分子絮凝剂和人工合成有机高分子絮凝剂。

天然高分子絮凝剂有淀粉类、纤维素的衍生物、腐殖酸钠、藻类及盐、蛋白质等。它们为水溶性聚合物，其化学结构、相对分子质量、活性基团各不相同。目前我国应用和生产这类絮凝剂很少。

人工合成有机高分子絮凝剂分为以下三种类型：

（1）阴离子型。如聚丙烯酸盐，水解聚丙烯酰胺、酯、腈，聚苯乙烯磺酸，纤维素/淀粉黄药，聚丙烯酰胺二硫代氨基甲酸，聚磷酸乙烯酯。

（2）阳离子型。如聚乙烯亚胺、烷基二烯丙基氯化铵均聚物和共聚物、环氧氯丙烷与胺反应物。

（3）非离子型。如聚乙烯醇、聚氧化烯、聚丙烯酰胺。

选煤厂多采用水解聚丙烯酰胺类絮凝剂。考虑到键合作用与架桥作用的总体平衡，水解聚丙烯酰胺的水解度以 30% 为宜。由于矿物和煤粒表面荷负电，阳离子型絮凝剂尤为合适，但该类型絮凝剂合成工艺复杂、价格高，目前在我国较少生产和使用。

45.5.2.3 凝聚剂和絮凝剂配合使用

由于凝聚剂是靠改变颗粒表面的电性来实现凝聚作用，当用它处理粒度大、荷电量大的颗粒时，耗量较大，导致生产成本增加。但凝聚剂对荷电量小的微细颗粒作用较好，而且得到的澄清水和沉淀物的质量都很高。絮凝剂用于处理煤泥水时，由于它不改变颗粒表面的电性，颗粒间的斥力仍然存在，产生的絮团蓬松，其间含有大量的水，澄清水中还含有细小的粒子，但絮凝剂的用量却较低。由此可见，凝聚剂和絮凝剂在处理煤泥水时都各有优缺点。实践表明，把两者配合起来使用将获得较理想的效果。作用原理是：凝聚剂先把细小颗粒凝聚成较大一点的颗粒，这些颗粒的电性较小，容易参与絮凝剂的架桥作用，且颗粒与颗粒间的斥力变小，产生的絮团比较压实。由于细小的颗粒都被凝聚成团，产生的澄清水质量也较高。

我国一些选煤厂的生产实践也表明，对于单独使用高分子絮凝剂效果不佳的煤泥水，如果首先加入一定量的无机电解质凝聚剂进行凝聚，以压缩颗粒表面双电层，然后加入高分子絮凝剂进行絮凝，这些颗粒才能很好地絮凝沉降。所以目前越来越多的选煤厂采用先加无机电解质凝聚剂、后加高分子絮凝剂的联合加药方式。由于细泥颗粒表面通常呈负电荷，所以通常选择的无机电解质凝聚剂有明矾、三氯化铁、石灰、电石粉等。

某选煤厂尾矿水中含有较多泥质物，单独使用凝聚剂（明矾）或絮凝剂（聚丙烯酰胺）时，药剂用量大，澄清效果不理想，而且残余浓度大。为获得澄清水层的最低用量为：聚丙烯酰胺 $20g/m^3$ 或明矾 $600g/m^3$。在配合使用时，明矾用量为 $50 \sim 75g/m^3$，聚丙烯酰胺为 $2g/m^3$，尾矿澄清水浓度小于 $0.5g/L$，溢流澄清水的残余浓度很低。

45.5.3　粗煤泥回收设备与工艺

选煤过程中重介旋流器、离心机、弧形筛、脱介筛、捞坑溢流等跑粗现象在所难免，从而导致进入煤泥水系统中大于 0.15mm 粒级的物料较多，这部分物料进入煤泥水系统（包括浮选系统）如不能得到及时有效的回收，不仅会造成精煤损失，而且还会造成后续压滤系统喷浆、滤布破损、加压过滤机压轴等故障，影响选煤厂正常生产。因此，选煤厂设置粗煤泥回收系统，不仅可有效回收 1.5~0.25mm 粒级粗煤泥，实现重介质旋流器分选下限降低的目的，而且还可解决煤泥水系统跑粗问题，提高精煤产率，减少后续作业的负荷，降低生产成本。

45.5.3.1　粗煤泥回收设备

A　沉降过滤离心机

沉降过滤离心机在国内选煤厂的应用始于 20 世纪 80 年代，设备有引进和国产两种。引进的主要有美国 BIRD 公司生产的 SB 型、德国 KHD 公司生产的 SVS 型及美国 DMI 公司生产的系列产品。国产设备有 WLG 型和引进技术生产的 TCL 型两种。目前，选煤厂应用较多的是 TCL 型。由于沉降过滤离心机入料性质、来料中小于 0.04mm 粒级的含量不同，产品水分差异较大。目前，沉降过滤离心机在国内因引进费用高、国产设备质量不过关及生产维护成本高等问题而很少被采用，但其在国外应用较多，认为是一种既经济又高效的煤泥回收设备。

B　高频筛

利用高频振动筛回收粗煤泥时，煤泥水一般先经过水力分级旋流器进行预先分级处理，分级粒度通常为 0.25mm。分级旋流器的溢流要浮选，底流则进入弧形筛脱除大部分的水分，弧形筛的筛上物进入高频振动筛脱水，最终获得粗煤泥产品。但在某些情况下，需要得到水分比较低的产品，而此时用高频振动筛往往达不到要求，需要利用煤泥离心机代替高频振动筛以获得较低水分的粗煤泥产品。

C 弧形筛+离心机

利用弧形筛+离心机的方法回收粗煤泥的选煤厂较多，前几年建设的大型选煤厂多采用该工艺回收粗精煤。该流程采用浓缩分级旋流器与弧形筛配套使用，目的是保证煤泥离心机入料浓度（400g/L 以上）和流速，否则，进入离心机的物料浓度过稀或流速过快均会造成产品水分过高或系统跑水现象。目前，选煤厂使用煤泥离心机回收粗煤泥较多的是采用引进的 Ludowici 公司的 FC 系列和 TEMA 公司的 H 系列煤泥离心机，国产为 LLL 系列。实践证明，使用这些离心机的产品水分无大的波动，一般在 16% 以下。

D 煤泥重介旋流器

煤泥重介旋流器是利用离心沉降原理对粗煤泥进行分选，其具体分选过程是将煤泥水悬浮液在一定的压力下沿旋流器圆筒段的切线方向给入，悬浮液在旋流器中形成强烈的旋流并做螺旋运动，产生外旋流和内旋流两股旋流，悬浮液中的重产物随着外旋流从底流口排出，而轻产物则随着内旋流从溢流口排出，最终达到煤泥分选的效果。

煤泥重介旋流器具有分选精度高、分选下限低等优点，特别是当采用小直径旋流器（直径为 150mm）时由于具有更高的离心因数，分选效果比较好。但是由于入选的煤泥粒度较细，对应的加重质粒度要求也较高，一般规定是：加重质粒度小于 $40\mu m$ 含量大于 90%，粒度小于 $10\mu m$ 含量应在 50% 以上。这就造成了介质系统比较复杂，并且由于特细粒级的加重质回收容易产生较大的介质损失，因此介耗也比较高。为了简化工艺，国内有人利用大直径旋流器加强对加重质的分级、浓缩作用，将精煤弧形筛筛下合介分流一部分进入煤泥重介旋流器，从而简化了介质系统的复杂性。但是与此同时又产生了新的问题，煤泥重介旋流器的分选效果直接受到大直径旋流器运行状况的影响，波动性较大，密度调节困难，高灰细泥污染比较严重。

E 螺旋分选机

螺旋分选机主要由矿浆分配器、中心柱、螺旋溜槽和产品截取器等组成。矿粒在螺旋溜槽中的分选大致经过三个阶段：第一阶段是颗粒群的分层，矿浆由分配器进入螺旋溜槽后，颗粒群在槽面上运动的过程中，重矿物沉降速度快，沉入液流下层，轻矿物则浮于液流上层，液流沿竖直方向的扰动作用强化了矿粒按密度分层；第二阶段是轻、重矿物沿横向展开，沉于下层的重矿物沿收敛的螺旋线逐渐移向内缘，浮于上层的轻矿物沿扩展螺旋线逐渐移向中间偏外区域；第三阶段是不同密度的矿粒沿各自的回转半径运动，轻、重矿物沿横向从外缘至内缘均匀排列，设在排料端部的截取器将矿物沿横向分割成精煤、中煤和尾煤三个部分，并使其通过各自的排料管排出，从而完成分选过程。

螺旋分选机的优点是当分选密度较高时分选精度高，分选下限较低，并且结构简单、占地面积小、无运动部件、无需药剂和介质。但是螺旋分选机也有其局限性，该设备的有效分选密度在 $1.6g/cm^3$ 以上，当分选密度低于该值时，分选效果较差，并且只适宜处理易选和中等可选煤，当处理难选煤或者要求精煤灰分比较低时往往不能满足要求。

F TBS 干扰床分选机

TBS 干扰床分选机是利用颗粒在流态化床层中干扰沉降的原理对粗煤泥进行分选的设备。具体分选过程是：煤泥水悬浮液从设备上部中心给入，在上升水流作用下，颗粒在分选机中下部形成适合于按分选密度并具有一定视在密度的自生介质流态化床层，低密度轻产物从上部的溢流槽排出，高密度重产物则经由底部的排料口排出，最终实现对煤泥的有效分选。在此过程中，干扰床层的视在密度可以通过底流排放量和上升水流进行调节。

干扰床分选机处理能力大，对入料煤质变化适应性强，在重介质流程中使用干扰床分选机可以明显降低介耗。该设备能够处理 4 ~ 0.1mm 粒度范围内的来料，其有效分选密度在 1.4 ~ 1.9g/cm³，因此在低密度分选时依然可以稳定工作。干扰床分选机设有自动检测和控制系统，无需人工操作，并且设备占地面积小，使用寿命较长。其不足之处在于，由于该设备依托上升水流来形成干扰床层，分选的效果好坏直接受上升水流的影响。而对底流的控制又直接影响到上升水流流速，因此干扰床分选机的分选效果间接取决于对底流的控制。干扰床分选机依靠测定流速来对底流进行自动调节和控制，但是现行的自动检测和控制系统还不够完善，从而导致分选过程不稳定，精煤质量波动较大。

G　RC 上升水流分选机

RC(Reflux Classifier) 是由澳大利亚卢德维琪 Ludowici MPE 有限公司和澳洲 Newcastle 大学联合开发的一种粗煤泥分选设备，目前已在塔山选煤厂、柳湾选煤厂等应用。其分选原理及入料粒级与 TBS 相同，不同之处在于：

(1) RC 在进料入口部分的上下方各设计有一组斜板，这些斜板增加了 RC 的沉降面积，可以提高固体颗粒的沉降速度，进而在每组斜板的下方形成了两个高密度的矿浆区域，为 RC 造了一个最佳的分选条件。

(2) 两者外形不同，TBS 截面呈圆形，RC 截面呈方形，因此在相同处理能力下，两者的体积有所不同。RC 的外形结构较 TBS 复杂，体积庞大，冲洗、检修不方便，这是造成 RC 推广缓慢的一个主要原因。

H　水介质旋流器

水介质旋流器的分选原理是在一定压力下，物料以切线或渐开线给料方式进入旋流器筒体，形成螺旋运动。渐开线入料方式可以将湍流限度降至最低，而最大限度地将动能转化为离心力。在离心力场中，高密度颗粒离心沉降速度大，集中在旋流器外层，随外螺旋流向底流口运动；低密度颗粒离心沉降速度小，集中在旋流器内层，随内旋流向溢流管运动，形成按密度分层的规律。

水介质旋流器的锥体有一个大的锥角，锥体角度的增大会产生一个向上的推力，使得高密度颗粒产生悬浮的旋转床层，可起到类似重介的作用，密度低的颗粒不能穿透该床层进入底流而通过溢流管排出，成为精煤产品，重产物则通过底流口排出。

水介质旋流器结构简单、布置方便，分选细粒煤生产成本低。但其分选精度远不如小直径重介质旋流器，而且入料粒度范围比较窄，分选下限高，产品质量不能保证，溢流不经过脱泥达不到精煤灰分要求。因此，目前很少利用该设备进行粗煤泥分选。

I　Falcon 分选机

Falcon 分选机的工作原理是分选物料调浆后经导流管给入旋转的内转筒底部，在离心力作用下被甩向转筒内壁，同时带有压力的反冲水从内外转筒之间的水套由外垂直射入有来复圈底的进水孔，使位于来复圈里的物料松散或者流态化，在离心力和反冲水的共同作用下密度大的脉石或黄铁矿能够克服反冲水的径向阻力离心沉降或者钻隙渗透料层的缝隙抵达锥壁，即使是非常微细的高密度物料也能进入床层底部；而密度较小的物料由于所受的离心力较小，加上难以克服反冲水的阻力不能到达床层底部，结果被轴向水流的冲力和离心力的径向分力带出筒外溢出成为精矿产品。

　　Falcon 分选机的特点是能够产生较大的离心加速度（可达重力加速度的 300 倍），高强度的离心力可以弥补细颗粒由于粒度小而难以沉降以及沉降时间长的缺点，从而实现快速沉降。此外可以通过调节反冲水的压力来实现来复圈内物料处于流态化的状态，高密度物料将会很容易穿过物料床层到达底部，原来处于床层底部的轻颗粒将被重颗粒取代进入来复圈外部，被轴向水冲出旋转筒外，最终实现轻重产物分离。

45.5.3.2　典型粗煤泥回收工艺

A　国外典型粗煤泥回收工艺

　　国外使用最多的粗煤泥分选模式是先用高效水力旋流器对煤泥进行分级，分级粒度基本控制在 0.1mm 或 0.2mm，再用螺旋分选机或液固流化床分选机对 2.0~0.1mm 的粗煤泥按密度进行分选，对小于 0.1mm 的煤泥进行脱水或与未处理的废弃块煤混合，或通过浮选柱进行分选，该工艺减少了浮选的煤泥量，并能充分发挥浮选的优势。常见的粗煤泥分选工艺如图 45-5-5 所示。

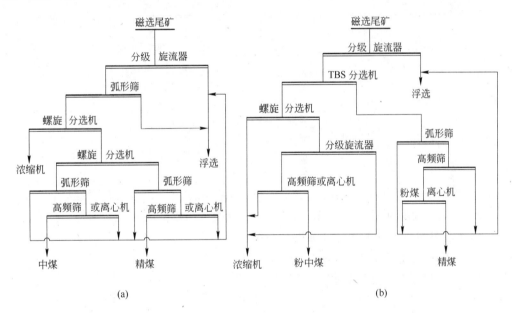

(a)　　　　　　　　　　　　(b)

图 45-5-5　国外常见粗煤泥分选回收工艺
(a) 螺旋分选机—高频筛或离心机粗煤泥分选回收工艺；
(b) TBS 分选机—螺旋分选机—分级旋流器—高频筛或离心机粗煤泥分选回收工艺

B　国内典型的粗煤泥回收工艺

　　a　分级旋流器 + 高频筛（离心机）回收流程　　我国选煤厂常见的粗煤泥回收工艺如图 45-5-6 所示。这几种工艺的共同特点是只对粗煤泥回收而没有进行分选，这部分粗煤泥有的掺入中煤导致经济效益下降，有的掺入精煤导致精煤灰分升高，这与国外粗煤泥经过多次分选、充分回收形成了鲜明对比。利用高频筛或分级旋流器回收的这部分粗煤泥灰分一般高于重选精煤灰分 2~4 个百分点，其掺入精煤将使灰分超标，所以大多掺入中煤，

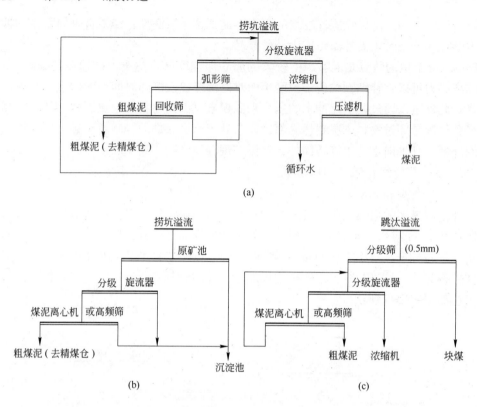

图 45-5-6   国内常见的几种粗煤泥回收流程

（a）分级旋流器—脱水筛粗煤泥回收流程；（b）分级旋流器—离心机或高频筛粗煤泥回收流程；
（c）分级筛—分级旋流器—离心机或高频筛粗煤泥回收流程

则使精煤损失严重，尤其是当捞坑和筛子分级效果差和细粒煤含量大时更加显著，影响了企业的经济效益。由于我国粗煤泥的灰分较低，要生产出合格的精煤必须将分选密度降得很低，大多数煤泥成为难选和极难选煤，而螺旋分选机的最低分选密度为 $1.6g/cm^3$，只能用于分选易选煤，难以适应我国粗煤泥的特点。因此，一些安装了螺旋分选机的选煤厂，大多处于停用状态。这部分煤和矸石解离的比较充分，产率较高，若将其稍加分选，将能获得较高的精煤产率和经济效益。

　　b　水力旋流器 + 螺旋分选机回收工艺

典型的粗煤泥螺旋回收工艺流程如图45-5-7所示。虽然水力旋流器和螺旋分选机都属于重选设备，但两者的分选特点不同。水力旋流器适用于低密度分选，生产低灰分精煤，而螺旋分选机在正常处理量的情况下适用于高密度分选，精煤产品灰分较高，要降低分选密度就必须降低处理能

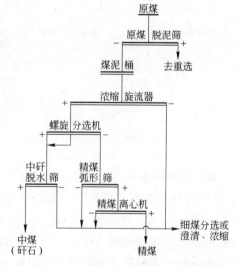

图 45-5-7   粗煤泥螺旋回收工艺流程

力。对于易选或者入料灰分较低的煤，分选密度比较高，直接使用螺旋分选机即可得到较好的分选效果。对于难选、入料灰分比较高的煤来说，要得到低灰的精煤同时又要保证分选效果，应该采用两段分选工艺，一般采用水力旋流器精选、螺旋分选机扫选。利用水力旋流器低密度分选，生产低灰产品，螺旋分选机高密度分选，防止精煤损失，以此实现难选煤泥的高效分选。水力旋流器具有脱泥作用，底流作为螺旋分选机的入料细泥含量少，有助于改善螺旋分选机的分选效果。

　　c　煤泥重介回收工艺　　国内常用的两种煤泥重介工艺，都有其独特的优点，也存在难以克服的不足，为使工艺相对简化，可利用三产品重介旋流器的部分合格介质作为煤泥重介的介质来源，不单独设置介质制备系统，但煤泥重介工艺宜采用预先脱泥物料作为入料，煤泥分选系统相对独立于主选重介工艺，这样既发挥了煤泥重介旋流器具有较高的分选效率和分选精度的优势，又解决了细泥对系统的影响，便于操作调节，可有效降低介耗。我国煤泥重介的典型工艺流程如图45-5-8所示。该工艺如果配合得当，应是今后炼焦煤选煤工艺或分选难选煤工艺中粗煤泥处理环节比较有前景的分选技术。

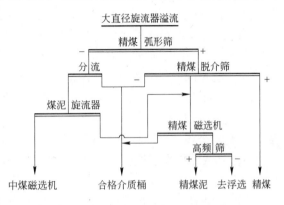

图45-5-8　煤泥重介回收工艺流程

45.5.4　煤泥水处理设备与流程

45.5.4.1　煤泥水处理设备

　　煤泥水澄清过程主要发生在浓缩、澄清设备中。常见的有各种传统的及改良后的浓缩机、沉降塔等。沉降、浓缩后煤泥的脱水回收通过压滤机实现。其基本原理相似，以下主要以浓缩机为例介绍。

　　A　传统浓缩机

　　传统浓缩机（即道尔浓缩机）作为现代浓缩技术发展的起点，始于1905年。它使得低浓度矿浆连续脱水成为可能，由一套机构驱动刮板或耙子在槽底上方缓慢旋转，使物料在没有很大搅动和干扰的条件下沉降。其主要代表为耙式浓缩机，分为中心传动式和周边传动式两种，它们的构造大致相同，都是由池体、耙架、传动装置、给料装置、排料装置、安全信号及耙架提升装置组成。国产大型中心传动浓缩机的规格主要为16m、20m、30m、40m和53m，已有直径达100m，国外已达183m。

　　B　倾斜板浓缩机

　　传统浓缩机所需的沉淀面积一般比较大，而浓缩机的深度对物料在池中的沉降分级效果影响却不大。为此，研究者们在连续作业的自然沉降浓缩机中装设了倾斜板。这样不但提高了浓缩设备的处理能力，增加了浓缩效率，而且缩小了设备的体积，减少了设备的基建投资。国外许多中心传动式浓缩机均通过加设倾斜板来提高其浓缩效率。

　　C　深锥浓缩机

深锥浓缩机在工作时一般需要添加絮凝剂，而用于浮选尾煤时也可以不加絮凝剂。在利用浓缩机处理煤泥水时煤泥水和絮凝剂的混合是深锥浓缩机工作的关键。工作时颗粒在重力作用下开始沉降，并在搅拌器搅拌下开始絮凝，大的、海绵状凝聚颗粒挤压在一起，紧密结合水被挤出。为保持稳定工作状态，深锥浓缩机设有自动装置和调节装置，对絮凝剂的添加量、给料量以及排料量进行控制。

　　D　新型高效浓缩机

新型高效浓缩机的结构与耙式浓缩机相似，主要区别在于以下几点：

（1）在待浓缩物中添加絮凝剂，以便使矿浆中的固体颗粒形成絮团，加快固体颗粒的沉降速度，提高浓缩效率。

（2）给料筒向下延伸，将絮凝剂送至沉积及澄清区界面以下。

（3）设有自动控制系统，控制加药量及底流浓度。如艾姆公司研制的一种传动功率为 $100kW$、驱动转矩为 $1.1 \times 10^7 N \cdot m$ 的高浓度重型浓缩机。此种浓缩机汇总了几种浓缩机的优点，发展速度很快。国外研制此种类型浓缩机有代表性的除了艾姆公司以外，还有恩维络-克利尔公司和韦斯特公司等。

国内外浓缩机发展进程大体相似，只是在设备规格上有所区别。我国大型中心传动浓缩机国产规格为 $16 \sim 53m$，周边传动浓缩机规格为 $15 \sim 53m$，并且已经生产出 $100m$ 规格的浓缩机。针对不同的具体情况，我国还研制了重力盘式浓缩机和圆网式新型高效浓缩机，用于对料浆的浓缩，并已用于工业生产。

45.5.4.2　煤泥水澄清处理流程

煤泥水澄清处理的主要任务是回收大量澄清水，实现清水洗煤，同时这也是洗水能够回用，实现闭路循环的重要标志，另外还可以回收一部分细煤泥。

　　A　煤泥厂内回收流程

煤泥厂内回收流程如图 45-5-9 所示。该流程可实现洗水闭路循环、煤泥厂内回收。使用该流程须满足两个条件：一是浓缩机出清水；二是回收的煤泥要有合适的去处。目前大多数选煤厂都采用此流程。

　　B　煤泥厂内、厂外联合回收流程

煤泥厂内、厂外联合回收流程如图 45-5-10 所示。该流程常见于北方的一些老选煤厂，这些厂过去都是用厂外沉淀池来处理浮选尾矿，后来通过技改上了压滤车间，滤饼在夏天还比较好处理，可到了冬天容易冻仓或冻车，于是就有了冬夏不同的处理工艺。该流程充分利用了老厂的现有条件，也能实现洗水闭路循环。

　　C　细煤泥分段处理流程

细煤泥分段处理流程如图 45-5-11 所示。该流程适用于原生煤泥中细泥含量较大的选煤厂。首先用浓缩机脱除大量细泥，把这些细泥同浮选尾矿一起排到尾矿浓缩机，进行再处理。

45.5.5　洗水闭路循环及厂内回用

45.5.5.1　洗水闭路循环的三级标准

洗水闭路循环、煤泥厂内回收是对选煤厂提出的一项要求，是为了消除煤泥水排放厂

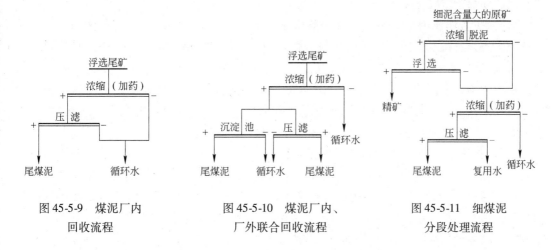

图 45-5-9　煤泥厂内　　　　　图 45-5-10　煤泥厂内、　　　　　图 45-5-11　细煤泥
回收流程　　　　　　　　　　厂外联合回收流程　　　　　　　　分段处理流程

外，造成环境污染，杜绝煤和水资源浪费的一项有力措施。选煤厂洗水闭路循环的三级标准是为了防止环境污染、节约用水、提高分选效果、增加经济效益和社会效益而制订的。其中，一级标准的要求最高。

　　A　一级标准

　　一级标准要求煤泥全部在室内机械回收。洗水动态平衡，不向厂区外排放水，水重复利用率在 90% 以上，每吨入洗原料煤的单位补充水量小于 $0.1m^3$。设有缓冲水池或浓缩机（也可用煤泥沉淀池代替，储存缓冲水或事故排放水），并有完备的回水系统，设备的冷却水自成闭路，少量可进入补水系统，洗水浓度小于 50g/L，入洗原料煤量达到核定能力的 70% 以上。

　　B　二级标准

　　二级标准要求煤泥全部在厂内机械回收，室内回收的煤泥量不少于总量的 50%，沉淀池应有完备的回水系统。洗水实现动态平衡，不向厂区外排放，水重复利用率在 90% 以上，每吨入洗原料煤的单位补充水量小于 $0.2m^3$。洗水浓度小于 80g/L，年入洗原料煤量达到核定能力的 50% 以上。

　　C　三级标准

　　三级标准要求煤泥全部在厂区内回收。沉淀池、尾矿坝等沉淀澄清设施有完备的回水系统。水重复利用率在 90% 以上，每吨入洗原料煤的单位补充水量小于 $0.25m^3$。排放水有固定排放口，并设有明显的排放口标志、污水水量计量装置和污水采样装置。洗水浓度小于 100g/L。

45.5.5.2　实现煤泥水回用的措施

　　选煤厂的煤泥水系统是问题最多、最难管理的环节。不少选煤厂生产不正常，其问题都出在煤泥水处理环节上。其原因有两点：一是管理不善；二是设备不配套。因此，煤泥水回用过程，即实现洗水闭路循环也应该从这两点入手，具体措施如下：

　　（1）提高管理水平，建立洗水管理规章制度，加强洗水管理，减少清水用量，使水量平衡。

　　1）专人管理，清水计量。为了加强洗水管理，选煤厂应派专人管理洗水，并应对清水进行计量，做到用水心中有数，及时掌握洗水变化规律，作出适当调整，适应原煤可选性变化、原煤中含泥量变化等的要求。

2）减少各作业用水量。尽量减少各作业用水量，包括循环水和清水的用量，以便降低系统中各设备按矿浆体积计算的单位负荷，减少各作业的流动水量，方便洗水管理。

3）补充清水的地点应慎重考虑，清水应补加在最需要的地方，如脱泥筛和脱水筛上。尤其是脱泥筛，在回收的粗煤泥中，通常均带有相当数量的高灰细泥。为了保证精煤灰分，降低高灰细泥对精煤的污染，应加部分清水对其进行喷洗。只有在产品带走水量多、清水有余量时，才可用到其他作业。严格禁止用清水冲刷地板。

4）加强洗水管理。各处滴水、冲刷地板的废水、检修或事故放水均应管理好，集中设立杂水池作缓冲。经充分澄清处理后，其底流和溢流分别送至相关作业进行处理。

5）根据循环水的水质决定用途。通常，再选环节含泥量较少，因此可以使用浓度较高的循环水，而将浓度低的循环水留给主选用，可提高主选的分选效果。分级入选时，块煤可应用高浓度的循环水，末煤则应用低浓度的循环水。

6）各作业之间的配合应互相衔接，要有全局观点。

（2）设备能力满足选煤厂浓缩、澄清和煤泥回收的需要，包括脱泥筛、过滤、压滤等设备的处理能力，满足现有生产的需要。很多选煤厂洗水不能闭路，煤泥未能实现厂内回收，其原因在于某些设备处理能力不足。例如，如果过滤设备处理能力不足，大量煤泥在浮选、过滤作业中进行循环，使浮选机的实际处理能力降低。对于使用浓缩浮选的选煤厂，其结果导致浓缩机溢流水浓度急剧增高。浓缩机的溢流水是水洗作业最主要的水源，由于浓度过高，严重恶化了分选效果。为了保证生产过程正常进行，补救的办法是大量补加清水，造成向厂外排放煤泥、污染环境，并使洗水不能达到平衡。

因此，首先在设计上对这些环节应予以高度重视，充分考虑原煤性质，如原生煤泥量、次生煤泥量和煤泥的粒度等，保证这些环节的设备有足够的处理能力，又不造成浪费，使各环节能够正常工作，为后续作业提供有利的生产条件。

其次，在上述设备能力不足的情况下，应努力提高操作管理水平，并在条件允许的情况下，对设备能力进行配套。

最后，为实现洗水闭路、煤泥厂内回收，应解决煤泥的销路问题。除外销外，可以考虑在厂内或矿内进行综合利用。消除煤泥堆积，促使煤泥采用机械回收，保证浮选尾煤中的洗水全部返回复用。

45.6　选煤工艺及选煤厂

近十年来，随着国民经济的快速增长，以煤炭为主的能源生产和消费迅速增加，我国选煤厂建设也进入了快速发展阶段。1978 年我国只有 99 座选煤厂，原煤入选能力 10322 万吨/年；2007 年已增至 1300 座，原煤入选能力达到 125000 万吨/年以上，居世界第一。1978 年我国入选原煤量 11317 万吨，2007 年已达到 11 亿吨，是 1978 年的 10 倍，成为世界第一选煤大国。30 年来，原煤入选比例由 1978 年 18.3%，上升到 2007 年的 43.6%。我国新设计建设的 3.00Mt/a 以上的大型选煤厂和 10.00Mt/a 以上的特大型选煤厂越来越多，其中最大的动力选煤厂原煤入选能力达到 40.00Mt/a，最大的炼焦煤选煤厂原煤入选能力达到 12.50Mt/a。

45.6.1　典型动力煤选煤厂工艺举例

平朔煤炭工业公司安家岭露天煤矿选煤厂是国家"九五"期间煤炭工业重点建设项目，为年处理原煤15.00Mt的特大型现代化选煤厂，是我国自行设计、施工、管理的国内规模最大的选煤厂。该选煤厂为露天矿动力煤选煤厂，工作制度为300d/a、14h/d，服务年限97年。

选煤厂主要由五部分组成，即原煤系统、洗选系统、煤泥处理系统、矸石外排系统和装车系统。原煤有2个生产系统，单系统处理能力为2500t/h，主厂房内有5个洗选系统，其中3个洗精煤系统，2个块煤排矸系统，5个系统的原煤处理能力均为750t/h；煤泥处理系统采用浓缩机、板框压滤机工艺，干煤泥处理能力为300t/h；矸石外排系统运输能力为1000t/h；采用能力为5000t/h单元式快速定量装车系统。

选煤厂入洗煤种以气煤为主，长焰煤次之。4号煤为低硫、富灰、中等发热量原煤。9号煤为中硫中灰、中等发热量原煤。11号煤为富硫、富灰、中等发热量原煤。各层煤的挥发分均大于37%，黏结指数小于85，对CO_2的反应性均很差，机械强度均较高，灰熔点均大于1450℃，含水量小，结渣、结污指数低，是良好的动力用煤，露天矿生产原煤全部入洗。

45.6.1.1　选煤工艺及其特点

A　选煤工艺及产品

针对安家岭选煤厂原料煤的煤质特征，结合露天开采的煤质特点以及市场的需求，安家岭选煤厂分出口煤选煤系统和内销煤排矸系统。选煤厂采用全重介分选工艺，主洗车间共设计5个洗选系统，其中3个洗精煤系统。出口煤选煤系统采用分级重介主再选工艺，150~13mm块煤采用重介浅槽分选机主再选，13~0.5mm末煤采用重介旋流器主再选；内销煤排矸系统采用分级重介排矸工艺，150~13mm块煤采用重介浅槽分选机排矸，13~0.5mm采用末煤重介旋流器排矸。工艺流程如图45-6-1所示。

选后产品如下：

（1）优质动力煤1：灰分不大于14.0%，硫分不大于1.0%，水分不大于8.0%，发热量不小于28.47MJ/kg，主要供出口。

（2）优质动力煤2：灰分不大于20.0%，硫分不大于1.0%，水分不大于8.0%，发热量不小于23.0MJ/kg，供出口、内销两用。

（3）一般混煤：灰分不大于26.0%，硫分不大于1.9%，水分不大于10.0%，发热量不小于21.0MJ/kg，主要供南通、福州、利港等电厂。

选煤厂均衡生产灰分为14%的精煤601.19万吨/年；灰分为34.88%的洗混煤168.0万吨/年；灰分为23.19%的混煤624.24万吨/年。市场所需其他煤种可将上述煤种通过给料机混配满足要求，灵活方便，适应市场能力强。

B　选煤厂工艺特点

选煤厂的工艺特点如下：

（1）成功实现了各工艺环节对特大型选煤厂处理能力的适应性。

洗选系统采用单元式布置，各单元之间相互独立，增加了系统的可靠性，方便管理。原煤储存、内销混煤储存均采用落煤塔式储煤场，精煤仓采用半地下式槽仓，储量大，满

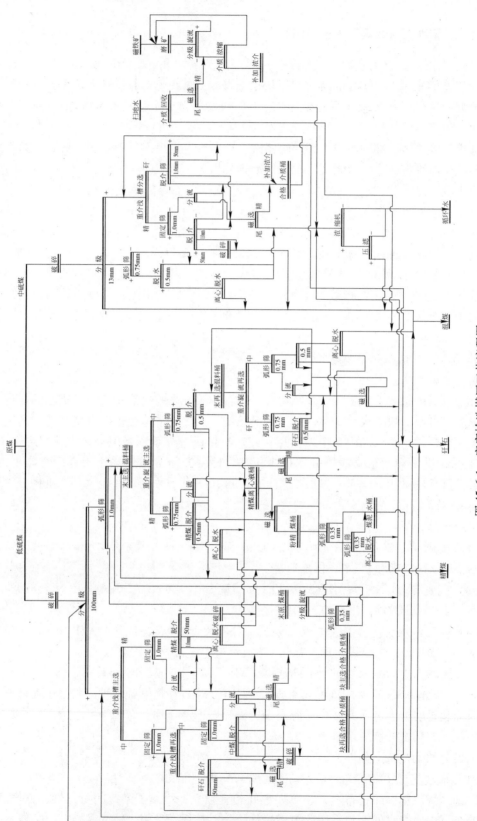

图 45-6-1 安家岭选煤厂工艺流程图

足了原煤及产品在生产上对储存时间的要求，且投资低，生产管理、维护方便。装车采用双环线快速定量装车系统，保证了装车的速度与精度。

（2）采用全重介选煤工艺，处理量大，分选效率高，分选粒级宽，适应性强。

根据煤质及市场的情况，选煤厂设置了出口煤洗选系统和内销煤洗选系统。结合露天开采块煤量大的煤质特点，采用了分级重介洗选工艺，一方面充分利用块煤系统处理能力大、介耗低、生产成本低等特点，另一方面减少了过粉碎对煤泥回收系统的影响。块煤采用重介浅槽分选机分选、末煤采用重介旋流器分选的分级重介洗选工艺在我国自行设计中为首次采用。

出口煤选煤系统采用分级重介主再选洗选工艺，这样既可以利用主选保证精煤的质量，又可以利用再选保证排纯矸，分选精度高。内销煤排矸系统采用块末煤分级重介排矸，分选精度高，系统简单，与选煤系统的选煤方法一致，便于管理。选煤方法和工艺流程先进合理，系统完善灵活，对煤质及产品质量变化的适应性强，产品质量稳定，最大限度地回收了精煤、混煤产品，提高了企业经济效益。

（3）为保障生产系统可靠性，主要机电设备均采用国外先进设备。

如毛煤破碎机、原煤分级筛、刮板式重介分选机、重介旋流器、脱介筛、离心机、磁选机、压滤机、装车带式输送机、配电柜、控制主机及仪表等。有些核心部分、关键部分、技术含量高的设备均由国外引进，其余国内生产。这样既可保证设备先进性、可靠性，又可节省投资。如装车站的控制系统、液压系统、装车闸门、装车溜槽及采样系统等均为进口，塔架、缓冲仓等钢结构为国内生产；浓缩机的传动系统、自动提耙系统等进口，耙架、支架等结构件国内生产；带式输送机的托辊、减速器、软启动（CST）等进口，胶带、机架、电动机等国内生产。对有些非关键设备，国产确实可靠，部分甚至可以与国外设备媲美的，则采用国产的先进设备，如渣浆泵、弧形筛、产品破碎机等。

（4）各洗选系统按块煤与末煤、主选与再选设置相互独立的重介悬浮液系统。

该系统有利于悬浮液密度的稳定与控制，便于生产管理。设计中设置了灵活的串介装置。根据实际情况，可以将再选系统的介质分流（串介）一部分返回主选系统，使各系统的介质密度保持动态平衡。

选煤厂采用直接磁选工艺，缩短了介质在稀介质系统中的滞留时间，减少了泵与管道的磨损和介质回收设备，节省了投资，节约了介耗，使工艺流程简化。

选煤厂磁铁粉介质采用闭路磨矿工艺，保证了悬浮液所需的介质粒度，使悬浮液系统比重稳定，同时也节约了介耗。

（5）煤泥水系统设计完善，煤泥厂内回收，洗水闭路循环。

生产系统的煤泥水全部进浓缩机；浓缩机底流采用压滤机与加压过滤机回收煤泥，浓缩机的溢流返回生产系统循环使用。选煤厂还设有事故煤泥水池，以存放浓缩机故障时的煤泥水，待故障排除后再返回生产系统，以确保煤泥水不外排。

（6）设有混配系统，适应多品种煤种用户的不同需求。

（7）集中控制系统采用 Honeywell 控制软件。

（8）自动化程度高，原煤、产品煤灰分、水分在线检测，系统自动加介、加水，系统反应速度快，比重控制精确，产品质量稳定。

45.6.1.2 选煤厂主要先进设备

选煤厂主要的国内外先进设备见表45-6-1。

表 45-6-1　选煤厂主要先进设备

序　号	设 备 名 称	序　号	设 备 名 称
1	主再选重介浅槽分选机	9	压滤机
2	主再选重介旋流器	10	弧形筛
3	毛煤破碎机	11	渣浆泵
4	原煤分级筛	12	产品破碎机
5	刮板式重介分选机	13	装车带式输送机
6	脱介筛	14	减速器
7	离心机	15	CST 系统
8	磁选机	16	装车站

45.6.1.3　选煤厂现状及远景目标

安家岭矿选煤厂 1994 年进行可行性研究；1997 年初步设计；1998 年开始施工建设；到 2000 年底基本建成，并试车调试；2001 年 5 月调试结束；2001 年 6 月正式试生产。

选煤厂在试生产阶段，选煤系统和排矸系统的小时生产能力都迅速达到并超过了设计生产能力，2002 年安家岭选煤厂根据铁路运力指标（6.00Mt）生产商品煤 6.64Mt。2003 年安家岭选煤厂铁路运力指标为 9.50Mt/a，选煤厂生产目标为生产商品煤超过 10.00Mt，达到 11.00Mt，获得利润 20034 万元。2004 年安家岭选煤厂已生产商品煤 16.00Mt，获得利润 24148 万元，全面超过设计生产能力。到 2005 年实现年处理原煤 25.00Mt，生产商品煤超过 20.00Mt。

到目前为止，选煤厂的各种产品质量全部合格，生产能力及各项技术经济指标均达到甚至超过了设计要求。安家岭选煤厂的顺利建成与投入运行树立了我国选煤设计与建设史上的光辉里程碑。

45.6.2　典型炼焦煤选煤厂工艺举例

淮北矿业集团临涣选煤厂是目前亚洲最大的矿区型炼焦煤选煤厂。原设计规模 3.00Mt/a，为适应公司的发展战略进行了后期技术改造，效果显著，选煤厂实际生产能力可达到 4.50Mt/a，净增规模 1.50Mt/a，但仍远远不能满足矿区增产规模及新工业区对煤炭产品需求规模的要求。综合考虑各方面因素，于 2005 年在选煤厂西侧（新工业区内）扩建选煤厂，与焦化厂、电厂相邻，产品运输便利，选煤厂年入选原煤 8.00Mt，分两套重介系统，其中单套重介系统生产能力为 4.00Mt/a。生产的精煤供焦化厂或部分外销，煤泥、中煤、矸石等副产品供电厂使用，使矿区增产的原煤得到合理分选，又可满足工业区内焦化厂及电厂对各种品质煤炭产品的需求。

选煤厂工作制度为 330d/a、16h/d。两班生产、一班检修。

选煤厂入选煤种主要有肥煤、焦煤、1/3 焦煤、气煤等。肥焦煤矿井主要有：许疃（3.00Mt/a）、青东（2.40Mt/a）、袁店（3.60Mt/a）；1/3 焦煤或气煤矿井主要有：桃园（1.50Mt/a）、祁南（2.40Mt/a）、孙疃（1.80Mt/a）、杨柳（1.80Mt/a）等矿井；矿井总产量为 16.50Mt/a，煤源充足。

原煤特性：内水为 0.25% ~ 3.07%；灰分为 8.16% ~ 39.16%；挥发分为 15.00% ~ 41.60%；硫分为 0.031% ~ 2.17%；胶质层厚度为 13 ~ 40.5mm；黏结指数为 53.1 ~

100.3；煤易碎，粉煤含量非常大；煤中矸石易泥化。

45.6.2.1 选煤工艺及其特点

A 选煤工艺及产品

选煤厂 50～0.5mm 采用无压三产品重介旋流器分选工艺，粗精煤泥采用煤泥重介分选、煤泥浓缩脱泥浮选，浮选精煤加压过滤后干燥脱水，尾煤浓缩后压滤回收，实现洗水闭路循环。工艺流程如图 45-6-2 所示。

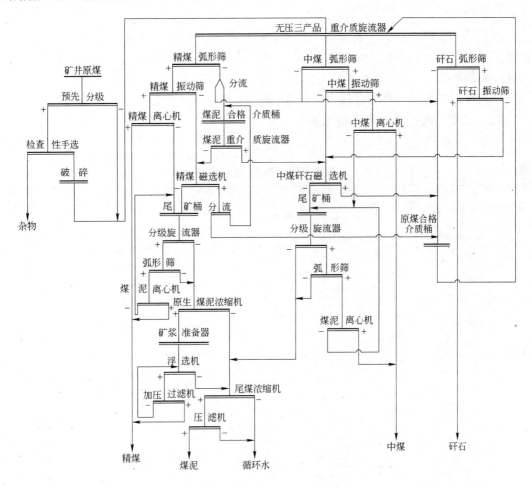

图 45-6-2 临涣选煤厂工艺流程

临涣选煤厂为矿区型炼焦煤选煤厂，精煤产品主要供给本工业区内的焦化厂，中煤、煤泥及矸石等选后副产品供给本工业区内电厂，其产品结构如下：

（1）精煤。焦煤（或肥煤）煤种：精煤灰分 $A_d \leqslant 10.50\%$，$M_t \leqslant 8.50\%$；1/3 焦煤（或气煤）煤种：精煤灰分 $A_d \leqslant 9.00\%$，$M_t \leqslant 8.50\%$。

（2）副产品。选煤厂生产的中煤、煤泥、矸石等副产品，配成 12.54MJ/kg 的低热值燃料供新工业区内电厂。

B 选煤厂工艺特点

选煤厂工艺特点如下：

（1）小于 50mm 粒级原料煤不分级、不脱泥全部进入重介质旋流器分选，具有流程简单、灵活、高效、生产环节少、故障率低、适应能力强等特点。

（2）厂房每条生产线以 2 台大型 3GDMC1300/920A 无压中心给料三产品重介质旋流器和 4 台 FJC16-4 型煤用喷射式浮选机为重要分选设备，辅以煤泥重介质旋流器分选工艺，并优选了辅助设备，布局合理。

（3）操作稳定、灵活方便，以单一低密度悬浮液一次分选出精煤、中煤和矸石，简化了介质回收流程。

（4）采用煤泥重介质工艺分选出质量合格的粗煤泥，重介质分选下限降至 0.25mm，无需单独设置超细悬浮液制备和循环系统，既可降低浮选入料灰分，又减少了浮选入料量与浮选药剂消耗。

（5）装备先进、可靠，自动化程度高，提高了劳动生产率。

45.6.2.2 选煤厂主要先进设备

选煤厂主要设备见表 45-6-2。

表 45-6-2 选煤厂主要设备

序号	设备名称	规格型号	入料量/t·h⁻¹ 或 m³·h⁻¹	单台处理量 /t·h⁻¹或 m³·h⁻¹	计算台数 /台	选用台数 /台	备注
1	叶轮给煤机	$Q = 300 \sim 1000t/h$			4	8	备用 4 台
2	原煤分级筛	香蕉筛 3.0×6.1	3000	750	4	4	
3	原煤破碎机	双齿辊破碎机 $\phi500 \times 2000$	750	225	3.4	4	
4	末煤重介旋流器	三产品 $\phi1200/850$	1743	300	5.81	6	
5	煤泥重介旋流器	$\phi300 \times 9$	1875	700	2.68	3	
6	精煤脱介筛	直线筛 3.6×7.3	900	108	8.3	12	引进
7	精煤离心机	卧式振动离心机 $\phi1400$	900			12	引进
8	精煤破碎机	环锤破碎机 PCH0808	500	50	10	12	
9	中煤脱介筛	直线筛 3.6×7.3	567	108	5.3	6	引进
10	中煤离心机	卧式振动离心机 $\phi1400$	567			6	引进
11	矸石脱介筛	直线筛 3.6×7.3	537	108	5.0	6	引进
12	精煤磁选机	$\phi1200mm \times 3000mm$	4677	350	13.4	15	
13	中矸磁选机	$\phi1200mm \times 3000mm$	3657	350	10.5	15	
14	粗精煤分级旋流器	$\phi380 \times 12$	4672	1560	2.99	3	
15	粗中矸分级旋流器	$\phi380 \times 12$	3186	1560	2.1	3	
16	粗精煤煤泥离心机	$\phi1200mm$	152.11	60	2.54	3	引进
17	粗中矸煤泥离心机	$\phi1200mm$	49	35	1.4	3	引进
18	浮选机	FJC16-4	3377	350	9.65	12	
19	加压过滤机	GPJ-120	197.24	60	3.3	6	备用 1 台
20	压风机	螺杆式 60m³	720	60	12	14	备用 2 台
21	煤泥浓缩机	$\phi45m$ 中心传动中心提耙	6230	2384	2.6	3	引进
22	尾煤浓缩机	$\phi50m$ 中心传动中心提耙	6054	2159	2.8	4	引进
23	压滤机	板框压滤机	163.31	12	13.6	14	
24	干燥机	滚筒干燥机 $\phi3.0 \times 17m$	310.49	60	5.17	6	

45.6.2.3 选煤厂现状及远景目标

临涣选煤厂作为煤炭洗选加工企业，时刻关注国内外最先进的选煤工艺，持续进行技术管理创新，把科技兴企作为实现规模战略的关键环节。制定科技兴企规划，确立了两期扩建方案。2004 年实施 I 期扩建，使入洗量从 300 万吨提高到 450 万吨，销售收入实现 20 亿元；到 2008 年完成 II 期前两条生产线建设，使入洗量提高到 850 万吨，销售收入实现 40 亿元；到 2010 年完成 II 期后一条生产线建设，最终使入洗量提高到 1250 万吨，销售收入突破 60 亿元。

临涣选煤厂果断地把握住发展机遇进行战略调整，依靠选煤技术创新，不断优化选煤工艺设备，提高生产过程质量控制能力，进一步稳定了外运精煤产品灰分，降低了精煤产品水分；同时也提高了精煤产率，保持临涣选煤厂精煤品牌优势，扩大了市场占有率，也为集团公司跨越式发展作出了突出贡献。

45.6.3 模块化选煤厂

在近十年的中国选煤行业中，新建选煤厂的样板是模块选煤厂，模块选煤厂所具有的工艺、布置、装备、结构和自动化水平是它的成功所在。例如，申克公司在模块化选煤厂设计方面取得了非常大的成就。

45.6.3.1 模块化选煤厂的主要特征

模块化选煤厂的主要特征如下：

（1）工艺及控制模块化。围绕不同分选工艺，进行工艺和控制系统的模块化设计，主要包括浅槽模块、两产品旋流器模块、三产品旋流器模块等。

（2）系统模块化。围绕单独的选煤厂系统，进行结构、非标设备、管路的模块化设计，比如脱泥模块、分选模块、压滤模块、加压过滤模块等。

（3）结构模块化。在系统设计中，按照选煤厂设备安装、维修、操作、通行的要求，进行各类模块的设计，比如筛子模块、离心机模块、重介质旋流器模块、楼梯、过道等。

（4）非标和管路模块化。在系统设计中，非标和管路都是直接为设备服务，以实现工艺流程要求的模块设计，比如煤泥水桶、介质桶、混料桶、筛下漏斗、筛前溜槽和各类管路连接。

45.6.3.2 模块化选煤厂设计的工程实践

自从代表世界先进选煤技术的模块选煤厂进入中国以来，中国的选煤技术发生了革命性的飞跃变化，模块化的设计理念成为国内选煤厂设计的主导方向。其中，申克公司以其独特的风格和先进的设计理念得到了很多中国用户的认可，他们从工艺入手，以生产市场所需产品为目的的，在厂房结构、设备模块结构、非标设备和管路等方面应用模块化设计理念，重点实现以下设计目标：

（1）厂房与设备模块分离。

（2）标准设备、非标准设备与结构模块有机结合。

（3）特定设备与设备之间、设备与结构之间、设备与非标设备之间、设备与管路之间采用标准的模块化或模块扩展化设计。

（4）优化设计管理程序，合理分工，实现工艺、结构、机械、电气等各专业设计的高效配合，各专业无缝连接、统筹设计。

　　自2001年以来，申克公司完成的模块化选煤厂的入选原煤量就占中国全部选煤厂能力的10%～15%，由此可见模块选煤厂在中国新建选煤厂已具有一定地位和市场占有率。模块化选煤厂的内部实景照片如图45-6-3所示。模块化选煤厂的外部实景照片如图45-6-4所示。申克公司在中国的模块选煤厂见表45-6-3。

图45-6-3　模块化选煤厂内部实景照片

图45-6-4　模块化选煤厂外部实景照片

表45-6-3　申克公司模块式选煤厂（部分）

项目名称	单位名称	厂　型	工　艺　流　程
成庄选煤厂	山西晋城无烟煤集团	年600万吨末煤车间改造	两产品重介旋流器＋粗煤泥螺旋分选
晋华宫选煤厂	大同煤矿集团	年315万吨选煤厂	两产品重介旋流器＋粗煤泥螺旋分选
刘家口选煤厂	中煤能源集团	年500万吨选煤厂	两产品重介旋流器＋粗煤泥螺旋分选
新高山选煤厂	中煤集团	年300万吨选煤厂	两产品重介旋流器＋粗煤泥螺旋分选
赵庄选煤厂	山西晋城无烟煤集团	年1000万吨无烟煤选煤厂	浅槽＋旋流器＋螺旋（细煤泥：压滤）
沙曲选煤厂	华晋焦煤集团	年600万吨炼焦煤选煤厂	两产品主再选＋煤泥浮选（细煤泥：压滤）
屯留选煤厂	山西潞安矿业集团	年300万吨选煤厂	两产品重介旋流器＋粗煤泥螺旋分选
石圪台选煤厂	神华能源神东分公司	年1200万吨选煤厂	浅槽＋旋流器＋螺旋（细煤泥：加压＋压滤）
寺河选煤厂	山西晋城无烟煤集团	年1500万吨选煤厂	块煤浅槽（细煤泥：加压＋压滤）
长平选煤厂	山西晋城无烟煤集团	年300万吨选煤厂	浅槽＋旋流器＋螺旋（细煤泥：压滤）
布尔台选煤厂	神华能源万利公司	年3100万吨选煤厂	浅槽＋旋流器＋TBS（细煤泥：加压＋压滤）
柳林选煤厂	山西金山能源有限公司	年500万吨炼焦煤选煤厂	两产品主再选＋煤泥TBS＋浮选（细煤泥压滤）
高河选煤厂	山西高河能源有限公司	年600万吨选煤厂	浅槽＋旋流器＋TBS＋浮选（细煤泥：加压＋压滤）

45.6.4　选煤厂设计

45.6.4.1　选煤厂设计的基本原则

　　煤炭分选是洁净煤技术的基础和前提，是洁净煤技术的关键和重点，而选煤厂设计工作则是基本建设的关键。因此，在设计时应遵循下列基本原则：

　　（1）应从我国的国情出发，顺应国际发展趋势，及时采取国内外先进技术、实践经验和成熟可靠的新工艺、新设备、新材料，不断提高选煤厂建设的现代化水平和经济效益。

（2）应合理利用资源，推广洁净煤技术。动力煤应加工后销售。稀缺煤种必须实行保护性加工利用。

（3）应综合治理保护环境，以人为本，对矿井和选煤厂产生的固废资源要进行处理和合理利用，变废为宝，实现可持续发展。

（4）认真贯彻党和国家有关工程设计方面的方针、政策，遵守基本建设程序，执行煤炭分选工程设计规范和有关的规程、规范、法令、规定，严格按照设计任务书的要求进行设计。

45.6.4.2　选煤厂设计的主要步骤及内容

大中型选煤厂，一般按初步设计（或扩大初步设计）和施工图两个阶段进行设计；小型选煤厂，一般按方案设计（或初步设计）和施工图两个阶段进行设计。

A　初步设计

编制选煤厂初步设计，一般分为准备工作、编制方案和编制初步设计文件三个小阶段。

a　准备工作　准备工作通常包括搜集原始资料和进行厂址选择等内容。

b　编制方案　编制方案通常包括厂址选择方案、工艺流程方案、主要设备选型方案、车间工艺布置方案、建筑结构方案、供电方案、供水方案、采暖方案、线路及站场方案、行政福利设施和居住区方案、总图布置方案、"三废"综合利用方案以及各方案的主要技术经济比较等内容。在方案确定以后，即着手进行有关协议的签订工作（例如：铁路接轨点协议、供电协议、供水协议、产品用户协议、与邻近企业共用福利设施协议、有关设计分工协议等）。

c　编制初步设计文件　初步设计的深度应满足以下要求，如设计方案的比较和确定、土地征用、主要材料设备订货、投资成本、施工图设计的编制、施工图组织设计的编制、施工准备和生产准备等。总概算是初步设计的重要组成部分，它必须准确地反映设计内容和设计标准，其深度应满足控制投资计划安排和筹集资金的要求。初步设计文件的内容，通常包括初步设计说明书及其附图、工程概算书、设备及器材清册、建设顺序和期限等。此外，还须编制土地征用计划图（图中包括工业广场占用场地、居住区占用场地、铁路专用线及公路占用场地、变电所及输电线路占用场地、给排水建筑物占用场地、矸石堆放占用场地及所需占用土地的总面积等）、提出工程地质勘探工作所需的委托资料、进行设备订货等。

B　施工图设计

施工图是表示工程项目总体布局，建筑物的外部形状、内部布置、结构构造、内外装修、材料作法以及设备、施工等要求的图样。通常包括建筑施工图、结构施工图、给排水、采暖通风施工图及电气施工图等专业的全套施工图纸和工程预算书等内容。设备和器材有局部修改时，还须提出设备及器材的补充修改清单。

45.6.4.3　选煤厂与选矿厂设计的主要区别

选煤与选矿的目的都是采用物理、化学的方法来实现对原料的降杂提纯。煤的岩相组成以及煤中矿物质的数量、种类、性质和分布状态，都是影响煤的可选性的因素。对于矿石而言，尤其是含有色金属和稀有金属的矿石，经常呈多金属细粒嵌布，首先需要使目的矿物和脉石矿物解离，然后才能实现对不同的有用矿物的分选。所以选煤厂设计与选矿厂设计既有共性，也有不同之处。

A　设计资料

选煤厂设计依据的资料主要有一般性资料、煤质资料等。一般性资料主要包括煤田地质勘探报告、矿井资料、地质资料、气象资料、水文资料、给排水资料及电源资料等；煤质资料主要包括煤层煤样资料和生产资料。在这些资料中，最核心的、作为工艺设计主要依据的资料是生产煤样。生产煤样是在地质和生产情况正常的条件下，从生产矿井各煤层分别采取的煤样，经筛分浮沉浮选等可得到的一系列资料。

选矿厂设计中，决定工艺设计的核心资料比选煤厂设计资料的获取复杂，不仅要化验原矿的成分、有用矿物的品位，更重要的是要进行实验室分选试验，通过试验确定采用的磨矿流程、分选流程、药剂制度等，才能开始设计。

B　计算方法

选煤厂设计的计算方法比选矿厂复杂。选矿厂设计一般不计算介质流程和水量流程，仅计算数质量流程和矿浆流程。

C　主要分选方法

选煤最常用的主要方法是重选和浮选，使用的辅助方法有手选和磁选。

选矿最常用的主要方法是浮选、磁选、化学选和电选，使用的辅助方法有手选、摩擦选、光电选、重选等。

D　重点工艺环节

从选矿厂和选煤厂都有的浮选、破碎和磨矿环节来看，选矿厂要相对复杂。

一般选煤厂的浮选作业只有主选，最多加一道扫选或精选。选矿厂一般的浮选作业都会有粗选、扫选，甚至三选。为了选出不同的有用成分，选矿厂还会采用不同药剂对同一种矿物进行富集或抑制。

一般选煤厂只有破碎作业，且最多为两段破碎，无磨碎作业。选矿厂一般都有破碎、磨碎作业，而且大都是两段或三段破碎。

选煤厂以重选为主，一般有主选和再选，选矿厂用到的重选比较简单，一般不添加重介质。

E　重点设备

根据处理物料性质不同、工艺环节特点不同以及分选方法不同，选煤厂与选矿厂使用的破碎机、浮选机、跳汰机、过滤机等设备有所不同。例如，选煤厂使用的破碎机作用机理一般以劈碎、折断为主，常用齿辊型破碎机；选矿厂使用的破碎机作用机理一般以击碎、剪切为主，常用圆锥型破碎机等。

F　供电电源

选煤厂电源宜引自矿区变电所或矿井地面主变（配）电所。

选矿厂电源宜引自总降压变电所或总配电所。

45.7　煤浆制备及其他煤加工技术

45.7.1　煤浆制备技术

45.7.1.1　水煤浆种类和用途

水煤浆的种类和用途见表 45-7-1。

表 45-7-1　水煤浆的种类和用途

水煤浆种类		质量指标	用途
燃烧用水煤浆	精细水煤浆	高于国标Ⅰ级	燃油锅炉、内燃机
	高浓度水煤浆	相当于国标Ⅰ~Ⅱ级	蒸汽压力较高的工业锅炉、电站锅炉
	低浓度水煤浆	相当于国标Ⅲ级	蒸汽压力一般的工业锅炉、热载体炉、窑炉
	经济型水煤浆	热值 15.91~17.58MJ/kg	适用的工业锅炉、窑炉
	水（油）焦浆	热值大于 19.67MJ/kg	燃油锅炉、炉温较高的工业窑炉（如玻璃窑等）
气化用水煤浆		灰分小于 25%，浓度 58%~65%	煤炭气化用原料

45.7.1.2　水煤浆质量指标

水煤浆质量指标见表 45-7-2。

表 45-7-2　水煤浆质量指标

项　目		技　术　要　求		
		国标Ⅰ级	国标Ⅱ级	国标Ⅲ级
浓　度	$C/\%$	>66.0	64.1~66.0	60.1~64.0
黏　度	$\eta/MPa \cdot s$	<1200	<1200	<1200
发热量	$Q_{net,cwm}/MJ \cdot kg^{-1}$	>19.50	18.51~19.50	17.00~18.50
灰　分	$A_{cwn}/\%$	<6.00	6.00~8.00	8.01~10.00
硫　分	$S_{t,cwm}/\%$	<0.35	0.35~0.65	0.66~0.80
灰熔点	$ST/℃$	>1250	>1250	>1250
粒　度	$P_{cwm,+0.3mm}/\%$	<0.03	0.03~0.10	0.11~0.50
	$P_{cwm,-mm}/\%$	≥75.0	≥75.0	≥75.0
挥发分	$V_{daf}/\%$	>30.00	20.01~30.00	≤20.00

45.7.1.3　水煤浆添加剂

水煤浆添加剂按功能不同，可分为分散剂、稳定剂及其他一些辅助化学药剂，如消泡剂、pH 值调整剂、防霉剂、表面改性剂及促进剂等。其中不可缺少的是分散剂与稳定剂。添加剂与原煤和水的性质密切相关。合理的添加剂配方必须根据制浆用煤的性质和用户对水煤浆产品质量的要求，经过试验后方可确定。

A　水煤浆分散剂

水煤浆分散剂的作用是使煤颗粒均匀分散在水中，并在颗粒表面形成水化膜，使煤浆具有流动性。分散剂按解离与否可分为离子型与非离子型两大类。离子型又可按电荷的属性分为阴离子型、阳离子型和两性型三类。两性型是指当溶液呈碱性时显示阴离子特性，呈酸性时显示阳离子特性。制浆分散剂多选择阴离子型，主要有萘磺酸盐、木质素磺酸盐、磺化腐殖酸盐等。

B　水煤浆稳定剂

水煤浆稳定性是指煤浆在储存与运输期间保持性态均匀的特性。稳定性的破坏来源于固体颗粒的沉淀。由于水煤浆为粗粒悬浮体，属动力不稳定体系，使其稳定的主要方法是使它成为触变体。即煤浆静置时产生结构化，具有高的剪切应力，应用时，一经外力作用，黏度能迅速降低，有良好的流动性，再静止时又能恢复原来的结构状态，流变学上称这种流体为触变体或与时间有关的流体。稳定剂应具有使煤浆中已分散的煤粒能与周围其他煤粒及水结合成一种较弱但又有一定强度的三维空间结构的作用。稳定剂的加入，能使已分散的固体颗粒相互交联，形成空间结构，从而有效地阻止颗粒沉淀，防止固液分离。能起这种作用的稳定剂有无机盐、高分子有机化合物，如常见的聚丙烯酰胺絮凝剂、羧甲基纤维素以及一些微细胶体粒子（如有机膨润土）等。

C　其他辅助添加剂

其他辅助添加剂主要包括以下几类：

（1）消泡剂。消泡剂常见于两种情况下使用，一是分散剂为非离子型时，因它常常同时有很好的起泡性能，水煤浆中含过多气泡，特别是微泡时，流动性大受影响。二是制浆用煤为浮选精煤，当其表面残留起泡剂较多时，经搅拌充气也会产生大量气泡。许多阴离子型分散剂，如萘磺酸盐类，同时有很好的消泡作用。和非离子型分散剂联合使用，不仅能消泡，而且可降低价格昂贵的非离子型分散剂的用量。消泡剂用量大约是分散剂的十分之一。两者可同时加入。制浆时常用的消泡剂有醇类及磷酸酯类。

（2）调整剂。添加剂的作用还与溶液的酸碱度有关。制浆时以弱碱性的溶液环境较好，所以在制浆时往往要加入 pH 调整剂以调整煤浆的 pH 值。

（3）防霉剂。添加剂都是一些有机物质，有的在长期储存中易受细菌的分解而失效，要使用防霉剂进行杀菌。不过这种情况很少见。

（4）表面处理剂。表面处理剂是改变煤粒表面特性以增强其成浆性，特别是对于难成浆煤种。表面处理剂对提高难制浆煤种的成浆性作用明显，而对易制浆煤种作用不大或没有作用。

（5）促进剂。促进剂在改善水煤浆性能方面具有降低黏度、提高稳定性、改善流变特性、增强抗剪切能力等作用。促进剂对水煤浆，特别是对难制浆煤种的成浆性具有显著效果。

45.7.1.4　典型水煤浆制备工艺

水煤浆制备工艺通常包括选煤（脱灰、脱硫）、破碎、磨矿、加入添加剂、捏混、搅拌剪切，以及为剔除最终产品中的超粒与杂物的滤浆、熟化等环节。制备工艺取决于原料煤的性质与用户对水煤浆质量的要求。

A　干法制浆工艺

原煤破碎后经过干燥，因为干磨要求入料水分不大于 5%，干磨的能耗比湿磨高。干燥后进行捏混，捏混的作用是使煤粉与水和分散剂混合均匀，并初步形成具有一定流动性的浆体，以便在下一步搅拌工序中进一步混匀，然后加入稳定剂搅拌混匀、剪切，使浆体进一步熟化，最后滤浆去除杂质，得到产品。

B　湿法制浆工艺

湿法制浆工艺包括高浓度、中浓度和混合型三种。

a　高浓度湿法磨矿制浆工艺　　高浓度湿法磨矿制浆工艺的特点是煤炭、分散剂和水一起加入磨机，磨矿产品就是高浓度水煤浆。如果需要进一步提高水煤浆的稳定性，还需要加入适量的稳定剂。加入稳定剂后还需要经搅拌混匀、剪切，使浆体进一步熟化。进入储罐前还必须经过滤浆，去除杂物。

　　b　中浓度湿法磨矿制浆工艺　　中浓度湿法制浆工艺是指采用50%左右浓度磨矿的制浆工艺。由于中浓度产品粒度分布的堆积率不高，所以很少采用单一磨机中浓度磨矿工艺。

　　c　混合型湿法磨矿制浆工艺　　混合型湿法磨矿制浆工艺是指在同一制浆厂内同时有高浓度磨矿和中浓度磨矿，其优缺点介于高浓度与中浓度两种湿法磨矿制浆工艺之间。它的特点是将原来的二段中浓度磨矿级配工艺中的细粒产品改为高浓度磨矿。高浓度磨矿磨机的给料直接来自破碎产品，使粗磨与细磨两个系统独立工作，避免了相互干扰。中浓度粗磨产品经过滤脱水后与高浓度产品一起捏混调浆。这种制浆工艺所产水煤浆产品的粒度分布具有较高的堆积效率，有利于制造出质量较好的水煤浆。另一种混合型湿法磨矿制浆工艺，它与前一种工艺相反，粗磨是高浓度磨矿，细磨则是中浓度磨矿。此外，细磨的原料是由粗磨产品中分流而来，初磨产品是最终的水煤浆产品，这样就可以除去后续的过滤、脱水及捏混环节，简化了生产工艺。细磨原料不直接来自破碎后的产品而改用粗磨产品，可大大减小细磨中的破碎比，改善煤浆的粒度分布，有利于降低煤浆黏度和提高细磨效率。

　　C　干湿法联合制浆工艺

　　干湿法联合制浆工艺是将原煤干法磨碎，制成较粗的粒级，从其中筛分出一部分粗粉，用湿法在中浓度下进一步研磨。将干湿两部分的两种粒级按一定配比混合搅拌，调制成高浓度水煤浆。该工艺的优点是比较容易掌握粒度分布，可以实现双峰级配，提高制浆效果，运行可靠。由于它的主体仍是干法磨矿，因此还存在干法制浆的共同的缺点，制浆效果、环境和安全条件不如湿法工艺，对原料煤的水分要求一般小于2%。

45.7.2　其他煤加工技术

45.7.2.1　煤炭成型

　　A　型煤产品及分类

　　a　按用途分类

　　（1）燃料型煤：锅炉型煤、窑炉型煤、机车型煤。

　　（2）化工型煤：工业燃气用造气、合成氨造气。

　　（3）冶炼球团：球团炼铁、球团炼锰等其他金属矿粉球团。

　　b　按成型方法分类

　　（1）工业型煤：冲压成型、挤压成型、滚压成型、圆盘造粒。

　　（2）民用型煤：冲压成型、滚压成型。

　　c　按形状分类

　　（1）工业型煤：球形、卵形、柱形、枕形、管形。

　　（2）民用型煤：蜂窝形、球形、卵形。

　　B　型煤成型过程

　　型煤成型过程一般经历装料、压密、成型、压溃和反弹五个阶段的变化。

　　a　装料　　合格物料进入压模后，处于自然松散状态。作用在物料上的力，仅有粒子之间的重力和摩擦力。由于这些力较小，粒子间接触面积也小，因此此系统不稳定，在外力作用下易产生变形。

　　b　压密　　在外力作用下开始压缩不稳定系统，粒子开始移动，物料所占的体积减小。外力所消耗的功用于各粒子的移动、克服粒子间摩擦以及粒子与压模内壁的摩擦力。

　　c　成型　　此阶段压力增加得很快，但物料体积减小得较慢。压力增大到足以使粒子开始变形。

　　d　压溃　　外力继续增加，导致不坚固的粒子遭到破坏。外力增加愈大，粒子被破坏程度也愈大。物料体积略有减小，系统的稳定性降低，型煤的机械强度也将降低。

　　e　反弹　　去掉外力后，压缩到最大限度的物料，由于反弹作用，使型煤体积稍有增大，同时粒子间接触面积减小，系统稳定性也随之降低。因此，成型压力不宜过大，成型过程不应发展到第四阶段（压溃），此时反弹力就可小于型煤的机械强度，使型煤稳定性不致完全被破坏，型块达到完好合格。如果成型压力过大，粒子被压碎过多，型块内聚力大为减少，反弹力增大到超过型煤的机械强度时，型煤脱模后会出现裂缝，甚至有膨胀裂碎。

　　C　型煤成型机理

　　a　无黏结剂成型机理　　煤炭的无黏结剂成型是指原料煤经破碎后，在不加黏结剂的情况下，依靠煤炭自身的性质和所具有的黏结性成分，在高压下结成型煤。煤中的黏结性物质一般指沥青质、腐殖酸、胶体物质或黏土等。

　　目前，关于无黏结剂成型过程尚未建立一个公认的成型理论，主要基于一些假说。如沥青假说、腐殖酸假说、毛细管假说、胶体假说等。

　　（1）沥青假说。沥青假说认为褐煤中的沥青质是煤黏结成型的主要物质。沥青的软化点为 70~80℃，在加压成型过程中，由于煤粒间相对位移，彼此相互推挤、摩擦产生的热量，使沥青质软化成为具有黏结性的塑性物质，将煤粒黏结在一起成为型煤。

　　（2）腐殖酸假说。腐殖酸假说认为褐煤中含有游离腐殖酸，游离腐殖酸是一种胶体，具有强极性。在成型过程中，外力作用使煤粒间紧密接触，具有强极性的腐殖酸分子，使煤粒间相结合的分子间力得以加强而成型。

　　（3）毛细管假说。毛细管假说认为褐煤中有大量含水的毛细孔，成型时毛细孔被压溃，其中的水被挤出，覆盖于煤粒表面形成水膜，进而充填煤粒间的空隙，呈现出相互作用的分子间力，加强了煤粒的接触而成型。

　　（4）胶体假说。胶体假说认为：褐煤由固相和液相两部分物质组成，固相物质是由许多极小的胶质腐殖酸颗粒构成，其粒度为 $1~0.01\mu m$。在成型过程中使胶粒密集而产生聚集力，形成具有一定强度的型煤。

　　（5）分子黏合假说。分子黏合假说由那乌莫维奇提出，认为粒子间的结合是在压力作用下，由于粒子间接触紧密而出现分子黏合的结果。

　　b　黏结剂成型机理　　粉煤有黏结剂成型，是指粉煤与外加黏结剂充分混合均匀后，在一定的压力下压制成型煤的过程。有黏结剂成型的煤种为年老褐煤、烟煤、无烟煤等；黏结剂为煤焦油、焦油沥青、石油沥青或水溶性黏结剂。成型煤料为小于 3mm（占 95% 以上）的粉煤，具有类似砂土的碎散性。从热力学观点出发，粉煤成型过程是体系的熵减小的非自发过程，欲使粉煤成为具有一定强度的型煤，外力做功和黏结剂是重要的基础条件。黏结剂的选择关系到型煤的质量和成本，也是型煤产业化的制约因素。因此，研究粉煤成型机理,关键是探讨煤与黏结剂间的相互作用,即作用力的类型、大小及其影响因素。

c 黏结剂与煤粒间的作用方式 黏结剂与煤粒间的作用方式十分复杂,主要包括机械、物理化学和化学作用。

(1) 机械作用。煤的表面是凹凸不平的,而且有许多毛细管。黏结剂填充到这些凹凸缝隙中,与煤粒表面呈相互交错而固结在一起,这种作用属于机械作用。

(2) 物理化学作用。物理化学作用包括吸附作用和扩散作用。按现代物理学观点,原子和分子间都存在着相互作用。由于范德华力,使煤粒表面与黏结剂吸附在一起,这种方式称为吸附作用。液态的黏结剂有利于黏结剂与煤粒表面保持紧密接触,煤粒间的平均距离缩小,使范德华力成倍地增大,尤其是与煤表面性质相似的有机黏结剂。如果按范德华力计算型煤的理论强度,其值远大于型煤强度实测值。这是因为型煤的机械强度是一种力学性质,而不是分子性质。型煤强度是一种综合性指标,它取决于材料的每一个局部性质,而不取决于分子作用力的总和。黏结剂与煤粒之间很少发生扩散作用,只有在特定条件下才发生。黏结剂与煤粒之间如果产生扩散作用,其界面必须发生互溶,煤粒与无机物间一般不发生互溶,所以就不产生扩散作用,即使是高分子有机物用作黏结剂,多数情况下也不发生互溶。

(3) 化学作用。黏结剂与煤粒表面发生化学键联结方式称为化学作用。化学键联结在抵抗压力集中、防止裂缝扩展、抗御破坏性环境的侵蚀等方面作用较突出。发生化学作用往往需要一定的条件,如加热、改性等。

D 型煤生产工艺

a 无黏结剂冷压成型 无黏结剂成型主要适用于褐煤成型和炼焦煤成型,其基本工艺包括:备煤、干燥、干燥处理、成型等几道工序。

(1) 备煤。该工序的主要目的是生产所需粒度范围是小于6.3mm或小于3mm的粉煤。主要使用的设备有:筛分设备和锤磨机,二者构成闭路循环获得适当的粉煤粒度。也有用光辊破碎机或反击类破碎机(如可逆反击式锤破)单台设备来进行制备。随着高压辊磨机的引进,它在煤粉制备工序的应用也得到重视,该设备可生产粒度更细的煤粉。

(2) 干燥。干燥工序的目的是生产合适水分的煤粉,一般水分控制在6%~8%。其主要设备有转筒干燥机、管式干燥器等,转筒干燥机因其适应性广而被广泛应用。

(3) 干燥处理。在现在成型工厂中,煤是在潮湿状态下被粉碎的,所以干燥处理的要点是冷却干燥后的煤,冷却设备主要有转筒冷却机、冷却器、冷却链板输送机等完成。其中转筒冷却机用得最多。随着输送设备的发展,如高温皮带的出现等,该工序在很多工厂被省略。

(4) 成型。在不用黏结剂的较年轻褐煤制造型煤时,使用挤压机和高压压块机。软褐煤适宜采用挤压机,较硬的褐煤,没有伸缩性、富含沥青、难以成型的煤采用高压压块机,对于硬度很大、过去被认为是不适宜成型的褐煤、只要把煤磨的足够细也可成型。用挤压机和高压压块机成型的型煤形状是不同的,用挤压机一般获得的型煤是柱状,用高压压块机成型的型煤一般是枕型或卵形。

无黏结剂成型工艺还适用于炼焦煤粉的成型,一般冶金行业或焦化行业,炼焦系统的除尘灰主要成分是煤，可对其成型后再进入焦炉炼焦，从而减少环境污染。对该类物料的成型必须用高压压块机完成，其基本工艺环节实际就是一道成型工艺。

b 有黏结剂冷压成型   有黏结剂成型的工艺是目前普遍采用的工艺。黏结剂成型的型煤生产主要有下列工序：煤的粉碎和干燥、煤的黏结剂的计量、煤和黏结剂的混合、煤的成型、干燥以及系统中的除尘等。

（1）煤的粉碎。成型用的煤的粒度并非越细越好，当煤粉太多时，会增加黏结剂的配入量和成型的难度。煤的粒度一般要求小于 3mm 占 80% 以上，允许少量大于 3mm 的物料，但不应大于 10mm。目前采用的粉碎设备有立轴锤式破碎机、环锤破碎机、锤破碎机、可逆反击式破碎机、光辊破碎机等，此外根据原煤粒度可酌情选择是否需要粗碎设备，当需要粗碎设备时一般选用双齿辊破碎机。破碎机的选择也与煤的水分有关，当水分较大时（8% 以上）时一般不选用锤破碎机和环锤破碎机等。

（2）煤的干燥。煤成型过程中的水分来自外在水，水分对成型过程的影响很大，特别是对黏结剂之间的浸润和黏合影响很大，成型用的水分越低越好，一般可在 4% ~ 6%。但在使用焦油、腐殖酸或类似沥青黏结剂的表面活性物质时，其水分可在 10% 左右也可成型，最大可达 14% 左右。一般而言，当水分较高时，可以采用低压成型，但成型后的烘干负荷较大，当原煤水分较高时可采用该工艺，当原煤水分较低时可采用中压成型，成型后的烘干环节负荷相对较小。也可对原煤进行预先烘干，特别是黏结剂需要在一定温度下发挥作用时（如 120℃ 以上）最好对原煤进行预先烘干，然后进行下一工序。

（3）煤和黏结剂的计量。对煤和黏结剂进行计量的目的主要是保证型煤的力学性能稳定。煤的计量一般用承重料斗或电子皮带秤来计量。黏结剂的计量因黏结剂的物理形态不同而不同，对于液态黏结剂也随黏结剂的黏性大小而不同，一般采用阀门控制其流量，对于固态黏结剂则采用专用装置计量。

（4）煤和黏结剂的混合（混合和加热）。煤和黏结剂的混合（对于有的黏结剂还需要加热）对成型煤的质量起着决定性的作用，以前常用的设备有单、双螺旋混合机或立、卧式混捏机等，实践中发现煤成型过程中，黏结剂只能部分地将煤浸润，进入成型机的煤粒并没完全被黏结剂黏在一起。也有用盘式混捏机的工艺，当采用盘式混捏机时工艺将变得复杂，且对于大规模型煤生产，矛盾将更加突出。随着国外技术的进入、消化和吸收，一种新型的混合设备——卧式强力混捏机能更好地完成该工序的工艺要求。

（5）煤的成型。目前使用的成型设备主要有低压成型机和中压成型机。混合物料水分含量较大时可采用低压成型机，当水分含量小时需采用中压成型机。成型机的压辊直径在 600 ~ 1500mm，压缩比一般不超过 2.5∶1，其加压时间一般小于 0.05s，压辊表面线速度为 0.5 ~ 0.8m/s。

（6）烘干。烘干机主要是去除型煤水分，增加机械强度并消除成型应力。型煤烘干包括烘干机机械本体及热风系统。烘干机目前多采用网带式烘干机、栅板式烘干机、立式烘干炉等几种。热风系统的进风方式有上进风和下进风两种，一般以上进风烘干效果为好，其热风发生方式用热风炉，燃料用煤、煤气、天然气等，根据现场条件也可采用废热气配风实现，进炉热风温度一般不大于 200℃。

（7）系统除尘。型煤厂的除尘点主要有：破碎机、混合机、成型机以及烘干机的尾气除尘。粉尘收集使用旋风除尘器，如果需要还可使用湿法除尘器。

c 热压成型工艺

（1）快速加热。在几秒钟内将煤加热至塑性温度400~480℃，形成胶质状态。

（2）维温分解。将快速加热至塑性温度的煤维温数分钟，使煤粒充分软化形成胶质状态，有利于黏结成型；同时使热解挥发物进一步析出，防止热压型煤膨胀开裂。

（3）加压成型。将处于胶质状态的煤粒经成型机热压成型。

（4）型煤冷却。刚压制的热型煤温度高达450℃左右，需隔绝空气冷却，用冷循环气冷却至200℃后再用水淬冷，即得到较高强度的型煤。因冷却型煤的方法对它们的性质影响很大，通过适当控制冷却过程，可增加型煤的强度。例如将热型煤先隔绝空气进行"热焖"处理再冷却，"热焖"处理将使型煤中胶质体进一步热分解和缩聚，形成类似半焦结构，以提高强度；同时防止因急冷使型煤内外温差大，收缩应力不同，强度降低。

45.7.2.2 动力配煤

动力配煤并非将几种不同性质的煤简单掺合在一起，就能满足动力用煤设备对煤质的要求。实际应用中，动力配煤的工艺也是较为复杂的。由于不同类型的燃煤设备，其燃烧方式、设备结构和操作参数等也各有差异，因而对煤质会有特定的要求。动力配煤技术就是综合考虑各项指标，研究多种单煤的优化配合，充分发挥各种单煤的优势，扬长补短，使配合煤既能满足燃煤设备对煤质的要求并提高其效率，又能在满足环境保护要求的同时，最大限度地降低燃煤成本。因此，在配煤中必须要做到混配均匀，保证配煤的均质化和优质化。

在供煤矿点和燃煤用户之间，有许多种不同的配煤方法，通常可以概括为现场配煤和非现场配煤两类。现场配煤是指在用户入料口处对原料单种煤进行混配的方法；非现场配煤通常在矿点或中间场所进行单煤的混配，再将配合好的煤供给相应用户。两种方法各有其优势：现场配煤的优点在于装卸工作量减少，组织机构精简，而质量控制和适应性更为严格等；非现场配煤的优点是燃煤用户无需额外的配煤场地，需要维护的设备量减少，人员较少，以及作业环境更清洁等。另外结合实际情况，还有现场配煤和非现场配煤相结合的复合式配煤方法。

建设动力配煤生产线时，首先要注意生产工艺流程设计的科学性和合理性，各工序之间的设备能力应相匹配，设备选型要注意适用和经济，并根据实际情况来确定工艺流程的机械电子化程度，以便其操作按预定的品质、成本和时间生产出最终的产品。

简单的动力配煤方法采用煤场推土机堆配或仓配，其工艺较简单，产品单一且质量不够稳定，只能满足一般工业锅炉的用煤要求。而近年来新建的现代化大型动力配煤生产线，投资相对较高，检测手段先进，产品质量控制较好，工艺流程更加完善。

动力配煤生产线的工艺流程一般包括：原料煤收卸、按矿点堆放、分品种化验、计算和优化配比、原料煤取料输送、筛分破碎、加添加剂、混合掺配、抽样检测、产品仓储或外运。其原则工艺流程，如图45-7-1所示。

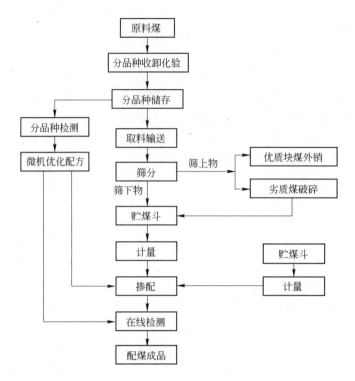

图 45-7-1   动力配煤原则工艺流程

45.7.2.3   煤基材料制备

A   富勒烯材料

据有关资料表明,几乎所有的含碳物质都可用于制备富勒烯材料。但由于煤相对廉价、易得,且煤基富勒烯材料收率高,所以以煤及其衍生物为原料制备富勒烯的方法值得重视。作为新型碳材料,除了在物理、化学领域有巨大的研究价值之外,在工程领域,这种材料也正显示出广阔的应用前景。由于其具有独特的球形结构,可望作为优良的超导、晶体管、计算机芯片和高能电池材料;用于合成非线性光学材料、金刚石膜和超级润滑剂;亦可用其作为增强相制成复合材料,以提高材料的强度、硬度及热稳定性等性能。另外,在生物化学和生命科学等方面,富勒烯材料也有望发挥重要的作用。

B   碳-碳复合材料

碳-碳复合材料是由碳纤维增强剂与碳基体组成的复合材料,简称碳-碳(C/C)材料。此种材料耐高温、抗腐蚀、热膨胀系数小、抗热冲击性和化学稳定性好,是一种质轻、难熔的复合材料。它首先应用于军事领域,其中最重要的用途是用于制造洲际导弹弹头部件。C/C 材料质量轻、耐高温、吸收能量大、耐摩擦性能好,已广泛用作高速军用飞机和大型超音速民用客机的刹车片。此外,C/C 材料还可制造热元件和机械紧固件,吹塑模和压铸模,涡轮发动机叶片和内燃机活塞,核反应堆热交换管道和化工管道的衬里,高温密封件和轴承等。

C   碳分子筛

碳分子筛是 20 世纪 70 年代发展起来的一种新型吸附剂。它是孔径分布比较均匀、含有接近分子大小的超细孔结构的特种活性炭。它除耐燃烧性较差外，其他诸如强度、硬度、耐热性、耐酸性及化学稳定性等性能均比泡沸石分子筛优越。碳分子筛目前主要用于空气中某些气体成分的分离，也可用于某些有机化合物的分离。分子筛碳膜兼具碳分子筛和高分子中空纤维膜的特性，可用于含有机物的高温气体、染料和高分子等化学产品以及蛋白质和病毒菌等的分离，酒精、酱油和醋等的澄清，发电站高温循环水的过滤等。

D　炭黑

炭黑是由许多有机物质包括固态、液态或气态有机物的不完全燃烧生成的。炭黑主要用于橡胶工业，各种规格的炭黑都可以作为橡胶配料中的增强材料。在橡胶中加入炭黑，不仅可起到着色作用，而且可以显著提高橡胶的耐磨性、抗张强度、撕裂强度和硬度等。除橡胶工业外，炭黑还可用于生产印刷油墨、涂料和油漆、电池、炸药、复印材料、化妆品及无线电元件等。此外，塑料工业和造纸工业也需要炭黑。

E　煤基炭素材料

炭素材料是制造碳制品和石墨制品的材料。它们是由以各种含碳元素为主的原料（如无烟煤、焦炭等），经过一系列的加工形成的。炭素材料的优点是耐热性强，在无氧条件下，可以在1000℃以上，甚至在高达2000℃的温度下使用，而且高温下的机械强度比常温时要高，这是其他材料难以比拟的；热膨胀系数低，导电、导热性好；耐腐蚀性好，在有机或无机溶剂中，均不会溶解，在非强氧化性的酸、碱、盐溶液中不发生反应，有良好的稳定性；密度小，无毒性、无腐蚀性，质量轻、质地坚硬、有自润滑性能。炭素材料广泛应用于冶金工业、化学工业、机械工业、建筑材料和国防尖端工业等部门。按照用途的不同，可将炭素材料分为导电材料、结构材料、耐火材料、耐磨及润滑材料以及中子减速等特种材料。随着科学技术发展，新型炭素材料不断涌现，如柔性石墨、石墨层间化合物等，由于其性能优越，尤其是在高能源技术中（如磁流体发电、热核反应发电、太阳能发电和煤炭地下气化等）的应用，也越来越广泛。

F　煤制聚合材料

新型聚合物材料的类型正在经历着由脂肪类聚合物到含苯环结构、进而到含稠芳环结构类聚合物的变化，而煤的结构中正好富含芳环。近年来，以含稠芳环结构的聚合物为主体的高性能材料得到了越来越广泛的应用。萘是最简单的稠环芳烃，经电化学缩聚可制成光导耐热高聚物胶片。2，6-二甲基萘经氧化可得到制造聚酯工程塑料和热变性液晶高聚物的重要单体2，6-萘二甲酸（NDCA），由该单体可以合成高级树脂、高级绝缘漆和耐高温材料等。聚对苯二甲酸乙二醇酯（PET）是使用量增长最快的工程塑料，年产量已达22.5万吨。聚萘二甲酸乙二醇酯是含NDCA单体结构的新型聚酯材料，其性能远远优于PET，用这种材料可制成超薄、高强度的胶卷和录像带。

45.8　国内外主要选煤厂

45.8.1　国内主要选煤厂

国内主要选煤厂汇总见表45-8-1。

表 45-8-1 国内主要选煤厂汇总

序号	厂 名	厂型	工 艺 类 型	煤 种	规模/Mt·a⁻¹	地 址
1	开滦集团赵各庄选煤厂	炼焦	跳汰粗选、旋流器精选、煤泥浮选	肥 煤	1.8	河北省唐山市
2	开滦集团马家沟矿选煤厂	炼焦	重介、煤泥浮选	肥 煤	0.6	河北省唐山市
3	开滦集团林西选煤厂	炼焦	跳汰粗选、旋流器精选、煤泥浮选	焦 煤	4.0	河北省唐山市
4	开滦集团唐山矿选煤厂	炼焦	三产品重介旋流器、煤泥浮选	1/3 焦煤	6.5	河北省唐山市
5	开滦集团钱家营矿选煤厂	炼焦	块煤重介旋流器、末煤重介旋流器、煤泥浮选	肥 煤	5.5	河北省唐山市
6	开滦集团范各庄选煤厂	炼焦	块煤重介立轮、末煤三产品旋流器、煤泥浮选	肥 煤	4.0	河北省唐山市
7	开滦集团吕家坨选煤厂	炼焦	块煤重介立轮、末煤三产品旋流器、煤泥浮选	焦 煤	2.4	河北省唐山市
8	峰峰集团万年矿选煤厂	动力	跳汰	无烟煤	0.9	河北省武安市磁山镇
9	峰峰集团九龙矿选煤厂	炼焦	跳汰、重介、浮选	肥 煤	1.2	河北省邯郸市峰峰矿区
10	峰峰集团峰五矿选煤厂	炼焦	跳汰、重介、浮选	焦 煤	0.6	河北省邯郸市峰峰矿区
11	峰峰集团孙庄矿选煤厂	炼焦	跳汰、重介、浮选	肥 煤	0.9	河北省邯郸市峰峰矿区
12	峰峰集团邯郸矿选煤厂	炼焦	跳汰、重介、浮选	焦 煤	1.5	河北省邯郸市赵王城
13	峰峰集团马头矿选煤厂	炼焦	跳汰	焦 煤	2.2	河北省邯郸市马头镇
14	井陉矿务局临城选煤厂	动力	跳汰	气肥煤	0.3	河北省临城县
15	井陉矿务局三矿选煤厂	炼焦	跳汰、浮选	肥煤、焦煤	0.8	河北省石家庄市井陉矿区
16	井陉矿务局元氏选煤厂	动力	跳汰	贫瘦煤	0.6	河北省石家庄市元氏县
17	井陉矿务局焦化厂选煤厂	炼焦	跳汰、浮选	肥煤、焦煤	0.7	河北省石家庄市井陉矿区
18	金牛能源集团邢台矿选煤厂	炼焦	重介、浮选	1/3 焦煤	0.9	河北省邢台市桥西区
19	金牛能源集团东庞矿选煤厂	炼焦	跳汰、重介、浮选	1/3 焦煤	3.35	河北省邢台市内丘县
20	金牛能源集团葛泉矿选煤厂	炼焦	跳汰、浮选	焦、瘦、贫瘦煤	0.3	河北省沙河市十里亭
21	金牛能源集团显德汪选煤厂	动力	跳汰、浮选	无烟煤、贫煤	0.9	河北省邢台市显德汪矿

续表 45-8-1

序号	厂　名	厂型	工　艺　类　型	煤　种	规模/Mt·a⁻¹	地　址
22	金牛能源集团章村矿选煤厂	动力	跳汰	无烟煤	0.4	河北省沙河市
23	邯郸矿务局康城矿选煤厂	动力	跳汰	无烟煤	0.6	河北省武安市康城镇
24	大同煤矿集团晋华宫矿选煤厂	动力	重介	弱黏煤、不黏煤	3.15	山西省大同市
25	大同煤矿集团马脊梁矿选煤厂	动力	重介	弱黏煤、不黏煤	3.6	山西省大同市
26	大同煤矿集团大斗沟矿选煤厂	动力	重介	弱黏煤、不黏煤	0.9	山西省大同市
27	大同煤矿集团云冈矿选煤厂	动力	跳汰	弱黏煤、不黏煤	4.0	山西省大同市
28	大同煤矿集团燕子山矿选煤厂	动力	跳汰、重介	不黏煤	4.5	山西省大同市
29	大同煤矿集团晋四台沟矿选煤厂	动力	动筛、重介旋流	不黏煤	4.5	山西省大同市
30	大同煤矿集团上深涧矿选煤厂	动力	重介	弱黏煤、不黏煤	3.6	山西省大同市
31	大同煤矿集团鹊儿山矿选煤厂	动力	重介	弱黏煤	1.5	山西省大同市
32	阳泉煤业集团一矿选煤厂	动力	跳汰、重介	无烟煤	5.0	山西省阳泉市红岭湾
33	阳泉煤业集团二矿选煤厂	动力	跳汰、重介	无烟煤	4.35	山西省阳泉市小南坑
34	阳泉煤业集团三矿选煤厂	动力	跳汰	无烟煤	1.0	山西省阳泉市
35	阳泉煤业集团四矿选煤厂	动力	重介	无烟煤	1.5	山西省阳泉市煤山路 39 号
36	阳泉煤业集团五矿选煤厂	动力	跳汰	无烟煤	4.0	山西省阳泉市平定县
37	国能阳泉新景煤矿选煤厂	动力	重介	无烟煤	3.6	山西省阳泉市赛鱼路
38	阳泉开元元矿选煤厂	动力	风选	贫瘦煤	1.2	山西省寿阳县黄丹沟
39	西山煤电集团大原选煤厂	炼焦	跳汰浮选或者重介浮选	贫瘦煤	6.0	山西省太原市
40	西山煤电集团官地选煤厂	动力	块末重介、煤泥浮选	贫瘦煤	5.0	山西省太原市
41	西山煤电集团西铭选煤厂	动力	块末重介、煤泥浮选	贫瘦煤	3.6	山西省太原市
42	西山煤电集团西曲选煤厂	炼焦	块末重介、煤泥浮选	肥煤、焦煤	3.0	山西省古交市
43	西山煤电集团东曲选煤厂	炼焦	块末重介、煤泥浮选	肥煤、焦煤	4.0	山西省古交市
44	西山煤电集团镇城底选煤厂	炼焦	块末重介、煤泥浮选	焦　煤	1.9	山西省古交市
45	西山煤电集团马兰选煤厂	炼焦	块末重介、煤泥浮选	肥　煤	4.0	山西省古交市

续表 45-8-1

序号	厂 名	厂型	工 艺 类 型	煤 种	规模/Mt·a⁻¹	地 址
46	西山煤电集团屯兰选煤厂	炼焦	块末重介、煤泥浮选	焦 煤	5.0	山西省古交市
47	汾西矿业集团介休选煤厂	炼焦	跳汰、浮选	焦 煤	4.0	山西省介休市
48	华晋焦煤集团沙曲矿选煤厂	炼焦	跳汰、浮选	焦 煤	1.5	山西省柳林县沙曲村
49	潞安矿业集团石圪节矿选煤厂	炼焦	跳汰、浮选	瘦 煤	0.9	山西省长治市郊
50	潞安矿业集团王庄矿选煤厂	动力	重介	贫瘦煤	3.6	山西省长治县
51	潞安矿业集团五阳矿选煤厂	炼焦	跳汰、浮选	瘦 煤	1.0	山西省长治县
52	潞安矿业集团漳村矿选煤厂	动力	跳汰、浮选	瘦 煤	1.2	山西省长治县
53	潞安矿业集团常村矿选煤厂	动力	跳汰	贫瘦煤	4.0	山西省屯留县北渔泽
54	晋城无烟煤矿业集团公司书院古矿选煤厂	动力	跳汰	无烟煤	3.2	山西省晋城市古书院
55	晋煤集团古矿选煤厂	动力	块煤重介旋流器分选、末煤重介旋流器分选	无烟煤	3.0	晋城市城区古书院
56	晋煤集团凤凰山矿选煤厂	动力	块煤跳汰、末煤跳汰分选	无烟煤	3.0	晋城北石店镇东上村
57	晋煤集团王台矿选煤厂	动力	块煤跳汰、末煤重介旋流器分选	无烟煤	3.0	晋城市王台铺镇
58	晋煤集团成庄矿选煤厂	动力	块煤斜轮重介、未煤重介旋流器分选	无烟煤	8.0	晋城市泽州县下村
59	晋煤集团赵庄矿选煤厂	动力	块煤重介浅槽、未煤重介旋流器分选	无烟煤	10.0	长治市长子县慈林镇
60	晋煤集团寺河矿选煤厂	动力	块煤重介浅槽、未煤重介旋流器分选	无烟煤	15.0	晋城市沁水县嘉峰镇殷庄村
61	晋煤集团长平矿选煤厂	动力	块煤重介浅槽、未煤重介旋流器分选	无烟煤	10.0	晋城市高平寺庄镇
62	霍州煤电集团公司圣佛选煤厂	炼焦	跳汰、浮选	1/3焦煤	0.6	山西省霍州市
63	霍州煤电集团公司李雅庄矿选煤厂	炼焦	重介、浮选	焦 煤	1.5	山西省霍州市李雅庄
64	王坪矿选煤厂	动力	跳汰	气 煤	2.5	山西省朔州市
65	固庄煤矿选煤厂	动力	跳汰	无烟煤	1.5	山西省阳泉市
66	南庄煤矿选煤厂	动力	跳汰	无烟煤	1.2	山西省阳泉市
67	平庄煤业集团公司古山矿选煤厂	动力	重介	长焰煤	1.2	内蒙古赤峰市元宝山区
68	平庄煤业集团公司红庙矿选煤厂	动力	风选	褐 煤	0.7	内蒙古赤峰市元宝山区

续表 45-8-1

序号	厂名	厂型	工艺类型	煤种	规模/Mt·a⁻¹	地址
69	平庄煤业集团公司风水沟选煤厂	动力	筛选	褐煤	0.9	内蒙古赤峰市元宝山区
70	平庄煤业集团公司西露天矿选煤厂	动力	跳汰、重介、筛选	褐煤	1.8	内蒙古赤峰市元宝山区
71	平庄煤业集团公司五家矿选煤厂	动力	手选	褐煤	0.3	内蒙古赤峰市五家镇
72	平庄煤业集团公司六家矿选煤厂	动力	风选	褐煤	0.9	内蒙古赤峰市六家镇
73	平庄煤业集团公司元宝山露天矿选煤厂	动力	重介、选矸	褐煤	5.0	内蒙古赤峰市元宝山区
74	抚顺矿业集团公司西露天矿选煤厂	动力	跳汰、重介	长焰煤	3.0	辽宁省抚顺市望花区城子街
75	抚顺矿业集团公司老虎台合矿选煤厂	炼焦	跳汰、浮选	气煤	3.0	辽宁省抚顺市露天区虎万路
76	阜新矿业集团公司海州露天矿选煤厂	动力	跳汰、重介	长焰煤	3.6	辽宁省阜新市太平区
77	阜新矿业集团公司清河门矿选煤厂	动力	跳汰、重介	长焰煤	1.0	辽宁省阜新市清河区
78	阜新矿业集团公司艾友矿选煤厂	动力	跳汰	长焰煤	1.2	辽宁省阜新市阜新县
79	阜新矿业集团公司五龙矿选煤厂	动力	跳汰、重介	长焰煤	1.5	辽宁省阜新市海州金家沟
80	阜新矿业集团公司王营矿选煤厂	动力	跳汰、碎选	长焰煤	1.2	辽宁省阜新市韩家店镇
81	阜新矿业集团公司八道壕矿选煤厂	动力	动筛	长焰煤	0.6	辽宁省黑山县八道壕镇
82	阜新矿业集团公司孙家湾矿选煤厂	动力	筛选	长焰煤	0.6	辽宁省阜新市太平区
83	铁法能源公司大明矿选煤厂	动力	跳汰分选	长焰动力煤	1.5	辽宁省铁岭市大明镇
84	铁法能源公司晓南矿选煤厂	动力	斜轮分选	长焰动力煤	2.10	辽宁省铁岭市张庄镇
85	铁法能源公司小青矿选煤厂	动力	跳汰分选	长焰动力煤	2.5	辽宁省铁岭市晓明镇
86	铁法能源公司大隆矿选煤厂	动力	斜轮分选	长焰动力煤	2.6	辽宁省铁岭市施荒地镇
87	铁法能源公司晓明矿选煤厂	动力	跳汰分选	长焰动力煤	1.7	辽宁省铁岭市红房镇
88	铁法能源公司大兴矿选煤厂	动力	跳汰分选	长焰动力煤	3.8	辽宁省铁岭市调兵山南郊
89	铁法能源公司小康矿选煤厂	动力	跳汰分选	长焰动力煤	2.6	辽宁省铁岭市康平县
90	铁法能源公司大平矿选煤厂	动力	跳汰分选	长焰动力煤	4.05	辽宁省铁岭市康平县
91	南票矿务局赵家屯选煤厂	动力	跳汰	长焰煤	1.2	辽宁省葫芦岛市南票区
92	南票矿务局苇子沟选煤厂	动力	跳汰	长焰煤	0.75	辽宁省葫芦岛市南票区

续表45-8-1

序号	厂 名	厂型	工 艺 类 型	煤 种	规模/Mt·a⁻¹	地 址
93	沈阳煤业集团公司林盛矿	炼焦	重介、浮选	肥 煤	1.2	辽宁省沈阳市苏家屯
94	沈阳煤业集团公司红阳三	炼焦	重介、浮选	贫瘦煤	1.5	辽宁省灯塔市柳条湖
95	沈阳煤业集团公司灵山矿	炼焦	跳汰、浮选	焦 煤	0.9	辽宁省鞍山市立山区
96	梅河矿二井选煤厂	动力	风选	长焰煤	0.45	吉林省梅河口市红梅镇
97	梅河矿三井选煤厂	动力	风选	长焰煤	0.45	吉林省梅河口市红梅镇
98	梅河矿四井选煤厂	动力	滚筒洗煤	长焰煤	0.3	吉林省梅河口市红梅镇
99	通化矿务局咋子沟子选煤厂	炼焦	跳汰、浮选	焦 煤	0.6	吉林省白山市江源县咋子镇
100	通化矿务局八道江矿选煤厂	炼焦	跳汰、浮选	瘦 煤	0.45	吉林省白山市八道江煤矿
101	通化矿务局铁厂选煤厂	炼焦	跳汰、浮选	焦 煤	1.1	吉林省通化市铁厂镇
102	通化矿务局湾沟选煤厂	炼焦	跳汰、浮选	1/3焦煤	1.2	吉林省白山市湾沟镇
103	鸡西矿业公司滴道矿选煤厂	炼焦	重介	焦煤、肥煤	2.1	黑龙江省鸡西市
104	鸡西矿业公司杏花矿选煤厂	炼焦	跳汰、浮选	1/3焦煤	1.2	黑龙江省鸡西市杏花矿
105	鸡西矿业公司城子河矿选煤厂	炼焦	重介	1/3焦煤	2.1	黑龙江省鸡西市城子河矿
106	鸡西矿业公司三合矿选煤厂	动力	重介	1/3焦煤	1.5	黑龙江省鸡西市恒山区
107	鹤岗矿业公司岭北矿选煤厂	动力	风选	1/3焦煤	0.6	黑龙江省鹤岗市南山区
108	鹤煤集团选煤厂	炼焦	跳汰、重介、浮选	1/3焦煤	2.1	黑龙江省鹤岗市南山区
109	鹤岗矿业公司兴安矿选煤厂	炼焦	跳汰、浮选	气 煤	1.5	黑龙江省鹤岗市兴安区
110	鹤岗矿务局大陆矿选煤厂	动力	跳汰	1/3焦煤	0.6	黑龙江省鹤岗市南山区
111	鹤岗矿业公司峻德矿选煤厂	炼焦	跳汰、浮选	气煤、1/3焦煤	1.5	黑龙江省鹤岗市
112	双鸭山矿业集团公司七星矿选煤厂	炼焦	跳汰、浮选	气 煤	1.8	黑龙江省双鸭山市宝山区
113	双鸭山矿业集团公司东保卫矿选煤厂	动力	跳汰、浮选	1/3焦煤	0.3	黑龙江省双鸭山市宝山区
114	双鸭山矿业集团公司双鸭山选煤厂	炼焦	跳汰、浮选	气 煤	1.8	黑龙江省双鸭山市尖山区
115	七台河矿业精煤集团公司新兴选煤厂	炼焦	跳汰、浮选	1/3焦煤	1.2	黑龙江省七台河市红岩村
116	七台河矿业精煤集团公司桃山选煤厂	炼焦	跳汰、浮选	焦 煤	1.8	黑龙江省七台河市桃山区

序号	厂 名	厂型	工 艺 类 型	煤 种	规模/Mt·a⁻¹	地 址
117	七台河矿业精煤集团公司铁东选煤厂	炼焦	跳汰、浮选、重介	焦 煤	1.2	黑龙江省七台河市茄子河区
118	七台河矿业精煤集团公司龙湖分公司选煤厂	炼焦	跳汰、浮选	1/3焦煤	1.2	黑龙江省七台河市
119	七台河新建分公司选煤厂	炼焦	跳汰、浮选	1/3焦煤	1.5	黑龙江省七台河市
120	徐州矿务集团公司权台矿选煤厂	动力	跳汰	气 煤	0.9	江苏省徐州矿务集团
121	徐州矿务集团公司庞庄矿选煤厂	炼焦	跳汰、浮选	气 煤	0.8	江苏省徐州市九里山
122	徐州矿务集团公司夹河矿选煤厂	炼焦	跳汰、浮选	气 煤	0.8	江苏省徐州市
123	徐州矿务集团公司张小楼矿选煤厂	炼焦	跳汰、浮选	气煤、1/3焦煤	0.9	江苏省徐州市
124	徐州矿务集团公司东城矿选煤厂	炼焦	跳汰、浮选	气 煤	0.8	江苏省徐州市
125	淮南矿业集团望峰岗选煤厂	炼焦	无压三产品重介旋流器、煤泥浮选	焦 煤	4.0	安徽省淮南市
126	淮南矿业集团新庄孜选煤厂	炼焦	无压三产品重介旋流器、煤泥浮选	焦 煤	3.2	安徽省淮南市
127	淮南矿业集团潘集第一煤矿选煤厂	动力	块煤重介浅槽分选	气煤和1/3焦煤	5.0	安徽省淮南市
128	淮南矿业集团潘集第二煤矿选煤厂	动力	块煤动筛跳汰分选	气煤和1/3焦煤	2.4	安徽省淮南市
129	淮南矿业集团潘集第三煤矿选煤厂	动力	块煤重介浅槽分选	气煤和1/3焦煤	4.0	安徽省淮南市
130	淮南矿业集团谢桥矿选煤厂	动力	块煤跳汰分选	气煤和1/3焦煤	8.0	安徽省淮南市
131	淮南矿业集团固桥矿选煤厂	动力	块煤重介浅槽分选	气煤和1/3焦煤	12.0	安徽省淮南市
132	淮南矿业集团张集矿选煤厂	动力	块煤跳汰分选	气煤和1/3焦煤	10.0	安徽省淮南市
133	淮南矿业集团潘北矿选煤厂	动力	块煤动筛跳汰分选	气煤和1/3焦煤	5.5	安徽省淮南市
134	国投新集煤矿一矿选煤厂	动力	跳汰	气 煤	4	安徽省淮南市凤台县新集镇
135	国投新集矿二矿选煤厂	动力	重介	气 煤	4	安徽省淮南市凤台县新集镇
136	皖北煤电百善矿选煤厂	动力	跳汰、浮选	无烟煤	0.6	安徽省淮北市百善镇
137	刘二矿选煤厂	炼焦	浮选	贫 煤	0.9	安徽省濉溪县
138	任楼矿选煤厂	炼焦	跳汰、浮选	气 煤	1.5	安徽省濉溪县
139	祁东矿选煤厂	动力	重介	气 煤	1.5	安徽省宿州市踊桥区

续表 45-8-1

序号	厂　名	厂型	工　艺　类　型		煤　种	规模/Mt·a⁻¹	地　址
140	萍乡矿业高坑矿选煤厂	炼焦	跳汰	浮选	1/3焦煤	0.9	江西省萍乡市高坑镇
141	萍乡矿业安源矿选煤厂	炼焦	跳汰	浮选	1/3焦煤	0.7	江西省萍乡市安源镇
142	萍乡矿业巨源坡矿选煤厂	炼焦	跳汰	浮选	贫瘦煤	0.45	江西省萍乡市巨源镇
143	萍乡矿业白源矿选煤厂	炼焦	跳汰	浮选	焦　煤	0.45	江西省萍乡市白源镇
144	丰城矿业局曲江公司选煤厂	炼焦	浮选	重介	焦　煤	0.45	江西省丰城市上塘镇
145	丰城矿务局呼湖矿选煤厂	炼焦	跳汰	浮选	焦　煤	0.6	江西省丰城矿务局
146	丰城矿务局建新矿选煤厂	动力	跳汰	浮选	焦　煤	0.8	江西省丰城市上塘镇
147	新洛煤电有限公司新洛矿选煤厂	动力	跳汰		焦　煤	0.9	江西省洛市
148	乐平矿务局桥头丘矿选煤厂	动力	跳汰		气煤、气肥煤	0.21	江西省景德镇市
149	先锋矿选煤厂	动力	跳汰		贫瘦煤、贫煤	0.9	江西省鄱阳县寿安镇
150	淄博矿业领子矿选煤厂	动力	跳汰	浮选	贫　煤	0.4	山东省淄博市淄川区岭子镇
151	淄博矿业埠村矿选煤厂	炼焦	跳汰	重介	瘦　煤	0.6	山东省章丘市埠村镇
152	淄博矿业许厂矿选煤厂	动力	跳汰	重介	气　煤	2.6	山东省济宁市高新区
153	淄博矿业岱庄矿选煤厂	动力	跳汰	浮选、重介	气　煤	1.8	山东省济宁市任城区李营镇
154	新汶矿业孙村矿选煤厂	炼焦	跳汰	浮选、重介	气煤、气肥煤	1	山东省新泰市新汶
155	新汶矿业张庄矿选煤厂	炼焦	浮选	重介	气肥煤	1.1	山东省新泰市张庄
156	新汶矿业良庄矿选煤厂	炼焦	跳汰	浮选	气煤、气肥煤	1.2	山东省新泰市新汶良庄
157	新汶矿业华丰矿选煤厂	炼焦	浮选	跳汰	气煤、气肥煤	0.6	山东省宁阳县
158	新汶矿业协庄矿选煤厂	炼焦	跳汰	浮选	气　煤	1.2	山东省新泰市小协庄
159	新汶矿业翟镇矿选煤厂	炼焦	跳汰	浮选	气　煤	1.2	山东省新泰市翟镇
160	枣庄矿业柴里矿选煤厂	炼焦	跳汰	浮选	1/3焦煤	2.4	山东省滕州市西岗镇
161	枣庄矿业蒋庄矿选煤厂	炼焦	跳汰	浮选	1/3焦煤	1.5	山东省滕州市西岗镇
162	枣庄矿业田陈矿选煤厂	炼焦	跳汰	浮选	1/3焦煤	1.2	山东省滕州市张旺镇
163	枣庄矿业付村矿选煤厂	炼焦	跳汰	浮选	1/3焦煤	1.6	山东省微山县付村镇

续表 45-8-1

序号	厂 名	厂型	工 艺 类 型	煤 种	规模/Mt·a⁻¹	地 址
164	枣庄矿业高庄矿选煤厂	炼焦	跳汰、浮选	1/3焦煤	0.9	山东省微山县高村村镇
165	枣庄矿业山家林矿选煤厂	炼焦	跳汰、浮选	肥煤	0.45	山东省枣庄市薛城区
166	枣庄矿业陶庄矿选煤厂	炼焦	跳汰、浮选	肥煤	0.5	山东省枣庄市薛城区陶庄镇
167	枣庄矿业八一矿选煤厂	炼焦	跳汰、浮选	肥煤、1/3焦煤	0.5	山东省滕州市官桥镇
168	枣庄矿业井亭矿选煤厂	炼焦	跳汰、浮选	气焦煤	0.3	山东省滕州市柴胡店镇
169	肥城矿业杨庄矿选煤厂	炼焦	跳汰、浮选	气肥煤	0.45	山东省肥城市湖屯镇
170	肥城矿业曹庄矿选煤厂	炼焦	跳汰、浮选	气肥煤	0.6	山东省肥城市老城镇
171	肥城矿业白庄矿选煤厂	炼焦	跳汰、浮选	气煤	0.3	山东省肥城市湖屯镇
172	肥城矿业查庄矿选煤厂	炼焦	跳汰、浮选	气煤	0.9	山东省肥城市石横镇查庄
173	兖州矿业南屯矿选煤厂	炼焦	跳汰、浮选	气煤	2	山东省邹城市南屯矿
174	兖州矿业新隆庄矿选煤厂	炼焦	跳汰、浮选	气煤	6	山东省兖州市新隆庄矿
175	兖州矿业鲍店矿选煤厂	炼焦	跳汰、浮选、重介	气煤	5.1	山东省邹城市鲍店矿
176	兖州矿业东滩矿选煤厂	炼焦	跳汰、浮选	气煤	6	山东省邹城市中心矿
177	兖州矿业济二矿选煤厂	炼焦	跳汰、浮选	气煤	3.6	山东省济宁市任城区接庄镇
178	兖州矿业济三矿选煤厂	炼焦	跳汰、浮选	气煤	8.2	山东省济宁市任城区石桥镇
179	山东省微山市生建矿选煤厂	炼焦	跳汰、浮选	气煤	0.3	山东省微山县岱庄庄村
180	神火煤电集团葛店选煤厂	动力	块煤重介浅槽分选、未煤采用无压入料三产品重介旋流器分选、煤泥浮选	无烟煤	0.9	河南省永城市高庄村
181	神火煤电集团梁北选煤厂	动力	原煤预先脱泥，50~0.35mm有压三产品重介旋流器分选，小于0.35mm直接浮选	贫瘦煤	1.2	河南省禹州市梁北村
182	神火煤电集团刘河选煤厂	动力	块煤重介浅槽分选、未煤无压入料三产品旋流器分选、煤泥浮选	贫煤、无烟煤	0.45	河南省永城市刘河乡

续表 45-8-1

序号	厂　名	厂型	工　艺　类　型	煤　种	规模/Mt·a⁻¹	地　址
183	神火煤电集团泉店选煤厂	动力	原煤预先脱泥,50～0.35mm 无压三产品重介旋流器,小于0.35mm直接浮选	贫瘦煤	2.4	河南省禹州市泉店村
184	神火煤电集团新庄选煤厂	动力	块煤跳汰、末煤重介、煤泥浮选	无烟煤	1.8	河南省永城市苗乔乡
185	神火煤电集团薛湖选煤厂	动力	原煤预先脱泥、50～0.35mm 有压三产品重介旋流器分选、小于 0.35mm 直接浮选	贫煤、无烟煤	1.8	河南省永城市薛湖镇
186	河南煤化陈四楼选煤厂	动力	跳汰、浮选	无烟煤	4.5	河南省永城市
187	河南煤化城郊选煤厂	动力	重介、浮选	无烟煤	5.0	河南省永城市
188	河南煤化车集选煤厂	动力	跳汰、浮选	无烟煤	3.0	河南省永城市
189	河南煤化新桥选煤厂	动力	跳汰、浮选	无烟煤	2.4	河南省许昌市
190	河南煤化永锦选煤厂	炼焦	重介、浮选	焦　煤	1.2	河南省许昌市
191	河南煤化永城精煤有限公司选煤厂	炼焦	重介、浮选	焦　煤	1.2	河南省三门峡市
192	河南煤化安阳鑫龙红岭选煤厂	炼焦	重介、浮选	瘦焦煤	1.2	河南省安阳县铜冶镇
193	中平能化集团一矿选煤厂	动力	动筛跳汰分选、两产品重介旋流器分选		5.0	河南省平顶山市
194	中平能化集团六矿选煤厂	动力	三产品重介旋流器分选		4.0	河南省平顶山市
195	中平能化集团七星选煤厂	炼焦	脱泥无压三产品重介旋流器分选	1/3 焦煤	2.7	河南省平顶山市
196	中平能化集团八矿选煤厂	炼焦	不脱泥无压三产品重介旋流器分选	主焦煤	4.5	河南省平顶山市
197	中平能化集团八矿动力煤选煤厂	动力	跳汰分选		0.9	河南省平顶山市
198	中平能化集团十矿选煤厂	动力	跳汰分选		1.8	河南省平顶山市
199	中平能化集团十一矿选煤厂	动力	大于 30mm 动筛跳汰分选、30～5mm重介分选		2.4	河南省平顶山市
200	中平能化集团田庄选煤厂	炼焦	块煤斜轮、末煤两产品重介旋流器分选	主焦煤、1/3 焦煤	8.0	河南省平顶山市

续表 45-8-1

序号	厂　名	厂型	工　艺　类　型	煤　种	规模/Mt·a⁻¹	地　址
201	涟邵矿业牛马司矿选煤厂	炼焦	跳汰	焦　煤	0.04	湖南省邵东县牛马司镇
202	资兴矿业资兴煤电焦化选煤厂	炼焦	跳汰、浮选	焦　煤	0.45	湖南省资兴市三都镇
203	株洲选煤厂	炼焦	跳汰、浮选	焦　煤	2.7	湖南省株洲市山塘路11号
204	南桐矿务局南桐矿选煤厂	炼焦	浮选、重介	焦　煤	0.9	重庆市万盛区桃子函
205	南桐矿务局干坝子选煤厂	动力	跳汰、浮选	焦煤、肥煤	0.9	重庆市万盛区
206	天府矿业三汇一矿选煤厂	动力	重介	瘦煤、贫瘦煤	1.2	重庆市合川市三汇坝
207	天府矿业磨心坡矿选煤矿	炼焦	跳汰、浮选、重介	焦　煤	0.9	重庆市北碚区磨心坡煤矿
208	松藻矿务局金鸡岩选煤厂	动力	跳汰	无烟煤	1.05	四川省綦江县打通镇
209	中梁山煤电气有限公司中梁山选煤厂	炼焦	跳汰、浮选	焦煤	0.6	重庆市九龙坡区中梁山田坝
210	永荣矿业公司永川矿选煤厂	炼焦	跳汰、浮选	1/3焦煤	0.45	重庆市永川市红炉场
211	永荣矿业公司荣昌选煤厂	炼焦	跳汰、浮选	1/3焦煤	0.9	重庆市荣昌县广顺场
212	广旺能源发展公司唐家河矿选煤厂	炼焦	跳汰、浮选	焦煤	0.3	四川省旺苍县
213	广旺能源发展公司赵家坝矿选煤厂	动力	跳汰、浮选	贫瘦煤	0.15	四川省旺苍县
214	广旺能源发展公司代祠坝矿选煤厂	动力	跳汰	贫瘦煤	0.15	四川省旺苍县
215	芙蓉集团实业公司白皎矿选煤厂	动力	跳汰	无烟煤	0.6	四川省珙县巡场镇
216	攀枝花精煤公司八关河选煤厂	炼焦	跳汰、浮选	瘦煤、贫煤	2	四川省攀枝花市西区八关河
217	攀枝花精煤公司格里坪选煤厂	炼焦	跳汰、浮选	焦　煤	1.6	四川省攀枝花市格里坪
218	华蓥山广能公司绿水洞选煤厂	动力	跳汰、浮选	焦煤、肥煤	0.6	四川省华蓥山市天池镇
219	华蓥山广能公司李子垭矿选煤厂	动力	风选	焦煤、瘦煤	0.45	四川省华蓥山市观音溪镇
220	达竹煤电公司渡市选煤厂	炼焦	跳汰、浮选	1/3焦煤	0.45	四川省达州市达县渡市
221	达竹煤电公司石板选煤厂	炼焦	跳汰、浮选	1/3焦煤	0.6	四川省达县石板镇官渡村
222	威远煤矿选煤厂	炼焦	跳汰、浮选	1/3焦煤	0.3	四川省威远县黄荆沟
223	六枝工矿公司地宗矿选煤厂	炼焦	跳汰、浮选	焦　煤	0.75	贵州省六盘水市六枝县
224	六枝工矿公司凉水井矿选煤厂	炼焦	跳汰、浮选	焦　煤	0.21	贵州省六盘水市六枝县

续表 45-8-1

序号	厂 名	厂型	工 艺 类 型	煤 种	规模/Mt·a^{-1}	地 址
225	盘江煤电公司火烧铺矿选煤厂	炼焦	浮选、重介	肥 煤	1.2	贵州省盘县火烧铺
226	贵州盘江老屋基选煤厂	炼焦	重介浮选	肥 煤	2.4	贵州省盘江市
227	盘江煤电公司山脚树矿选煤厂	炼焦	跳汰、水介旋流、浮选	肥 煤	0.45	贵州省盘县
228	盘江煤电公司月亮田矿选煤厂	炼焦	浮选、重介、旋流	肥煤、1/3焦煤	0.45	贵州省盘县
229	盘江煤电公司新井开发公司选煤厂	动力	浮选	贫 煤	0.45	贵州省盘县
230	盘江煤电公司盘北选煤厂	炼焦	跳汰、浮选、重介	肥 煤	2.4	贵州省盘县
231	水城矿业汪家寨矿选煤厂	炼焦	浮选、重介	焦煤、肥煤	2.4	贵州省六盘水市
232	水城矿业大河边矿选煤厂	动力	风选	气 煤	0.8	贵州省六盘水市
233	水城矿业二塘选煤厂	炼焦	浮选、重介	焦 煤	1.8	贵州省六盘水市
234	水城矿业鑫源公司老鹰山选煤厂	炼焦	浮选、重介	1/3焦煤	0.8	贵州省六盘水市
235	一平浪矿选煤厂	炼焦	跳汰、浮选	肥 煤	0.3	云南省禄丰县
236	羊场煤矿矿选煤厂	炼焦	浮选、重介	焦煤、1/3焦煤	0.6	云南省宣威市
237	田坝煤矿矿选煤厂	炼焦	跳汰、浮选	焦 煤	0.9	云南省宣威市
238	恩洪煤矿矿选煤厂	炼焦	浮选、重介	焦 煤	0.45	云南省曲靖市
239	后所煤矿矿选煤厂	炼焦	浮选、重介	1/3焦煤	1.2	云南省曲靖市
240	圭山矿矿选煤厂	炼焦	浮选、重介	焦 煤	0.3	云南省石林县
241	蒲白矿务局三里洞矿选煤厂	动力	跳汰	贫 煤	0.3	陕西省蒲城县
242	韩城矿务局下峪口矿选煤厂	炼焦	跳汰、浮选	瘦 煤	1.2	陕西省韩城市
243	韩城矿务局象原矿选煤厂	炼焦	跳汰、浮选	焦煤、瘦煤	0.45	陕西省韩城市
244	百元集团公司一矿选煤厂	动力	跳汰	1/3焦煤	1	宁夏石嘴山市
245	百元集团公司二矿选煤厂	动力	跳汰	1/3焦煤	1.2	宁夏石嘴山市
246	太西精煤公司大西洗煤厂	动力	跳汰、重介	无烟煤	2.1	宁夏石嘴山市
247	太西精煤公司西大滩选煤厂	动力	跳汰、重介	无烟煤	1.7	宁夏石嘴山市
248	太西精煤公司大武口选煤厂	炼焦	跳汰、重介、浮选	焦 煤	3.5	宁夏石嘴山市

续表 45-8-1

序号	厂 名	厂型	工 艺 类 型	煤 种	规模/Mt·a^{-1}	地 址
249	乌鲁木齐矿业公司六道湾矿选煤厂	动力	跳汰	弱黏煤、长焰煤	0.9	新疆乌鲁木齐市
250	乌鲁木齐矿业公司小红沟矿选煤厂	动力	跳汰	弱黏煤、长焰煤	0.3	新疆乌鲁木齐市
251	乌鲁木齐矿业公司碱沟矿选煤厂	动力	风选	弱黏煤、长焰煤	0.6	新疆乌鲁木齐市
252	乌鲁木齐矿业公司铁厂沟矿选煤厂	动力	跳汰	长焰煤	1.5	新疆乌鲁木齐市
253	新疆焦煤公司艾维尔沟矿选煤厂	炼焦	跳汰、浮选	焦煤、肥煤	0.6	新疆乌鲁木齐市
254	准格尔能源公司准格尔选煤厂	动力	跳汰、重介	长焰煤	12.0	内蒙古准格尔旗
255	神东煤炭集团石圪台选煤厂	动力	大于13mm浅槽分选、13～1mm重介旋流器分选、1～0.2mm螺旋分选	不黏煤、长焰煤	12.0	陕西省神木县大柳塔镇附近
256	神东煤炭集团乌兰木伦选煤厂	动力	大于50mm浅槽分选、小于50mm不洗选	不黏煤、长焰煤	5.0	陕西省神木县大柳塔镇附近
257	神东煤炭集团锦界选煤厂	动力	大于25mm部分浅槽分选、小于25mm不洗选	不黏煤	10.0	陕西省榆林县
258	神东煤炭集团上湾选煤厂	动力	大于50（25）mm浅槽分选、小于50（25）mm不洗选	不黏煤、长焰煤	10.0	陕西省神木县大柳塔镇附近
259	神东煤炭集团哈拉沟选煤厂	动力	大于25mm浅槽主再选、小于25mm不洗选	不黏煤、长焰煤	7.2	陕西省神木县大柳塔镇附近
260	神东煤炭集团韩家村选煤厂	动力	大于50mm浅槽分选、50～13mm风选、小于13mm不洗选	不黏煤	5.0	内蒙古鄂尔多斯市
261	神东煤炭集团布尔台选煤厂	动力	大于13mm浅槽分选、小于13mm重介旋流器分选	不黏煤	31.0	内蒙古鄂尔多斯市
262	神东煤炭集团大柳塔选煤厂	动力	大于13mm跳汰分选、小于13mm重介旋流器	不黏煤、长焰煤	20.0	陕西省神木县大柳塔镇

续表 45-8-1

序号	厂 名	厂型	工 艺 类 型	煤 种	规模/Mt·a^{-1}	地 址
263	神东煤炭集团榆家梁选煤厂	动力	大于25mm浅槽分选、小于25mm不洗选	不黏煤	10.0	陕西省榆林
264	神东煤炭集团煤制油选煤厂	动力	小于30mm重介旋流器分选	不黏煤、长焰煤	0.2	陕西省神木县大柳塔镇附近
265	神东煤炭集团补连塔选煤厂	动力	大于25mm浅槽分选、小于25mm不洗选	不黏煤、长焰煤	20.0	陕西省神木县大柳塔镇附近
266	神东煤炭集团保德选煤厂北部区	炼焦	大于13mm浅槽分选、小于13mm不洗选	气 煤	8.0	山西省保德县
267	神东煤炭集团保德选煤厂南部区	炼焦	大于13mm浅槽分选、小于13mm重介旋流器分选	气 煤	8.0	山西省保德县
268	包头矿业公司阿刀亥选煤厂	炼焦	重介、浮选	焦煤、瘦煤	1.3	内蒙古包头市
269	乌达矿业公司黄白茨选煤厂	炼焦	跳汰、浮选	肥 煤	0.6	内蒙古乌海市
270	乌达矿业公司苏海图选煤厂	炼焦	重介、浮选	1/3焦煤、肥煤	0.9	内蒙古乌海市
271	乌达矿业公司五虎山选煤厂	炼焦	旋流、浮选	1/3焦煤	0.9	内蒙古乌海市
272	海勃湾矿业公司老石旦矿选煤厂	炼焦	跳汰、重介、浮选	焦煤、肥煤	1.2	内蒙古乌海市
273	海勃湾矿业公司平沟矿选煤厂	炼焦	跳汰、重介、浮选	肥煤、1/3焦煤	1.2	内蒙古乌海市
274	海勃湾矿业公司乌素矿选煤厂	炼焦	重介、浮选	焦煤、肥煤	0.6	内蒙古乌海市
275	海勃湾矿业公司露天矿选煤厂	炼焦	重介、浮选	焦煤、肥煤	0.9	内蒙古乌海市
276	大屯煤电集团公司孔庄矿选煤厂	炼焦	重介、浮选	1/3焦煤	1.05	江苏省沛县
277	大屯煤电集团公司龙东矿选煤厂	动力	跳汰	气 煤	0.9	江苏省沛县
278	大屯煤电集团公司选煤厂	炼焦	跳汰、浮选	1/3焦煤	2.1	江苏省沛县
279	太原煤炭气化集团公司晋阳选煤厂	炼焦	重介、浮选	焦 煤	1.8	山西省太原市
280	平朔煤炭公司安太堡矿选煤厂	动力	重介	气 煤	15	山西省朔州市
281	平朔煤炭公司安家岭矿选煤厂	动力	重介	气 煤	15	山西省朔州市

45.8.2　国外主要选煤厂

国外主要选煤厂汇总见表 45-8-2。

表 45-8-2　国外主要选煤厂汇总

序号	厂　名	处理能力 /Mt·a⁻¹	工艺类型	煤　种	地　址
1	塔巴斯选煤厂	1.5	两段两产品重介、柱浮选	焦煤	伊朗东部
2	库兹巴斯安东卡瓦选煤厂	3.0	螺旋分选机	焦煤	俄罗斯安东卡瓦
3	库兹巴斯巴克卡瓦-考克娃亚选煤厂	3.0	重介质、浮选	焦煤	俄罗斯
4	铁米尔套一号、二号选煤厂		块、末煤跳汰，煤泥浮选	焦煤	卡拉干达西南
5	沃斯科纳亚选煤厂	700t/h	块煤重介、末煤跳汰、煤泥浮选	焦煤	沃斯科纳亚
6	斯法特公司	4.0	重介分选机、重介旋流器、螺旋分选机	动力煤、低质煤	土耳其索马
7	里斯佳史纳亚选煤厂	6.0	跳汰	动力煤	俄罗斯西伯利亚
8	拉帕兹卡亚选煤厂	15.0	重介分选机、重介旋流器、螺旋分选机、两段沉降	焦煤	俄罗斯库兹巴斯
9	山·劳雷尔公司选煤厂		重介选煤厂	高挥发分冶金用煤和锅炉用煤	东部矿区
10	隆·山公司选煤厂		重介选煤厂	高挥发分冶金用煤和锅炉用煤	东部矿区
11	坎伯兰·河公司帕迪厂选煤厂		重介选煤厂	高挥发分冶金用煤和锅炉用煤	东部矿区
12	迈克-霍顿公司22号选煤厂		重介选煤厂	高挥发分冶金用煤和锅炉用煤	东部矿区
13	利德尔输煤、选煤厂	1000t/h	单段 DMC 和螺旋分选流程		亨特流域矿区
14	贝利选煤厂	940t/h	重介旋流器分选		美国
15	罗宾逊选煤厂	1750t/h	重介旋流器分选		美国
16	富勒选煤厂	2360t/h	重介旋流器分选		南非威特班克
17	TKI-索马区域选煤厂	800t/h	重介分选机和重介旋流器		TKI-索马区域
18	新西兰派克河选煤厂	20.0		冶金焦煤	新西兰格雷和里夫顿之间区域

参 考 文 献

[1] 陈鹏. 中国煤炭性质、分类和利用[M]. 北京：化学工业出版社，2001.
[2] 陶著. 煤化学[M]. 北京：冶金工业出版社，1987.
[3] 陈清如，刘炯天. 中国洁净煤[M]. 徐州：中国矿业大学出版社，2009.
[4] 张双全，吴国光，周敏，等. 煤化学[M]. 徐州：中国矿业大学出版社，2004.
[5] 袁三畏. 中国煤质评论[M]. 北京：煤炭工业出版社，1999.
[6] 朱银惠. 煤化学[M]. 北京：化学工业出版社，2005.
[7] 杨焕祥，廖玉枝. 煤化学及煤质评价[M]. 武汉：中国地质大学出版社，1990.
[8] 白浚仁. 煤质学[M]. 北京：地质出版社，1989.

[9] 李英华. 煤质分析应用技术指南[M]. 北京：中国标准出版社，1999.

[10] 李芳芹. 煤的燃烧与气化手册[M]. 北京：化学工业出版社，1997.

[11] 陈文敏，李文华，徐振刚. 洁净煤技术基础[M]. 北京：煤炭工业出版社，1997.

[12] 柳正. 世界煤炭资源大国的资源概况及其管理[J]. 国土资源，2004(9)：51～53.

[13] 北京中道泰和信息咨询有限公司. 2011～2015 年煤炭行业市场供需分析及投资方向研究咨询报告[R]. 2011.

[14] 毛艳丽，陈妍，郭艳玲. 世界煤炭资源现状及钢铁公司的煤炭安全策略[J]. 冶金管理，2009(3)：40～44.

[15] 王胜春，张德祥，陆鑫，等. 中国炼焦煤资源与焦炭质量的现状与展望[J]. 煤炭转化，2011(3)：92～96.

[16] 叶大武. 我国选煤的发展及对策[C].//第十届全国煤炭分选及加工学术研讨会论文集，2004：3～7.

[17] 赵跃民. 煤炭资源综合利用手册[M]. 北京：科学出版社，2004.

[18] 俞珠峰. 洁净煤技术发展及应用[M]. 北京：化学工业出版社，2004.

[19] 郭景威. 煤炭资源开发利用与中国经济发展的关系[J]. 能源与环境，2011(6)：8～10.

[20] 缪协兴，钱鸣高. 中国煤炭资源绿色开采研究现状与展望[J]. 采矿与安全工程学报，2009，26(1)：1～14.

[21] 丁易，周少雷. 大型煤炭基地建设问题与建议[J]. 中国煤炭工业，2007(9)：51～52.

[22] 郭能渊. "十二五"期间国家将有序推进 14 个大型煤炭基地建设[J]. 资源导刊（河南），2011(2)：30.

[23] 胡隽秋. 新疆维吾尔自治区大型煤炭基地建设方略[J]. 煤炭经济研究，2011，31(3)：8～12.

[24] 吴式瑜，岳胜云. 选煤基本知识[M]. 北京：煤炭工业出版社，2003.

[25] 谢广元，张明旭，边炳鑫，等. 选矿学[M]. 徐州：中国矿业大学出版社，2001.

[26] 刘炯天，樊民强. 实验研究方法[M]. 徐州：中国矿业大学出版社，2006.

[27] 安文华. 煤炭可选性评定方法标准版本及应用说明[J]. 选煤技术，1999(1)：37～42.

[28] 樊民强，张保国. $\delta \pm 0.1$ 含量法评定煤炭可选性的理论依据[J]. 煤质技术，1996(3)：28～29.

[29] 付守平. $\delta \pm 0.1$ 含量法在生产实际中的应用[J]. 选煤技术，2002(4)：32～33.

[30] 韩德馨. 中国煤岩学[M]. 徐州：中国矿业大学出版社，1996.

[31] 赵师庆. 实用煤岩学[M]. 北京：地质出版社，1991.

[32] 周师庸. 应用煤岩学[M]. 北京：冶金工业出版社，1985.

[33] 刘琛. 选煤技术发展和中国选煤工业的发展对策研究[J]. 洁净煤技术，2002，8(3)：8～11.

[34] 邓晓阳，吴影. 最近五年国内外选煤设备点评[J]. 选煤技术，2003(6)：40～47.

[35] 刘峰. 近年选煤技术综合评述[J]. 选煤技术，2003(6)：1～13.

[36] 刘峰. 中国选煤业技术水平的国际比较[J]. 中国煤炭，2002，28(9)：40～41，43.

[37] 王宏，李明辉，曾琳，等. 选煤生产实用技术手册[M]. 徐州：中国矿业大学出版社，2010.

[38] 梁金钢，赵环帅，何建新. 国内外选煤技术与装备现状及发展趋势[J]. 选煤技术，2008(1)：60～64.

[39] 赵尽忠. 我国选煤机械装备应用现状与前景[J]. 矿业快报，2007(1)：46～47，54.

[40] 周少雷，单忠健. 中国的选煤与选煤技术[C]. 第 15 届国际选煤大会论文集. 徐州：中国矿业大学出版社，2006：1～11.

[41] 焦红光，赵跃民，金吉元. 筛分作业中分离粒度的研究[J]. 选煤技术，2003(6)：63～65.

[42] 王新文. 减少物料筛分中堵孔颗粒的研究[J]. 选煤技术，2003(3)：18～19.

[43] 贾建新. 跳汰分层准重液机理探讨[J]. 煤炭加工与综合利用，2002(5)：1～3.

[44] 王飞, 郑士芹, 张弈奎, 等. 跳汰分层过程数学建模型[J]. 黑龙江科技学院学报, 2001, 11(4): 42～44.

[45] 钱立全, 杜长龙. 跳汰床层松散度的灰色预测及神经网络控制方法[J]. 矿业工程, 2004, 2(5): 30～34.

[46] 张荣曾, 付晓恒, 韦鲁滨, 等. 跳汰机床层松散与分层的流体动力学研究[J]. 煤炭学报, 2003, 28(2):193～198.

[47] 张荣曾, 韦鲁滨. 跳汰机中脉动水流流体动力学研究[J]. 煤炭学报, 2002, 27(6):644～648.

[48] 曾鸣, 黄波. 跳汰机机体结构对脉动水流运动参数影响的模拟研究[J]. 煤炭科学技术, 2000, 28 (2):38～40.

[49] 朱金波, 李贤国, 陈清如. 跳汰机结构对其流场分布影响[J]. 煤炭科学技术, 1999, 27(7):33.

[50] 樊民强. 跳汰分层动力学研究[J]. 选煤技术, 2004(3):5～8.

[51] 樊民强, 徐志强. 用 β 分布函数模拟颗粒在跳汰床层中的分布[J]. 中国矿业大学学报, 2001, 30 (2):148～151.

[52] 樊民强, 徐志强. 跳汰风管压力与脉动水流特性的对应关系研究[J]. 煤炭学报, 2001, 26(3): 327～330.

[53] 王振翀, 任守政. 跳汰分层过程计算机模拟研究[J]. 中国矿业大学学报, 2000, 29(4):388～391.

[54] 匡亚莉, 欧泽深. 跳汰过程中水流运动的数学模拟[J]. 中国矿业大学学报, 2004, 33(3): 254～258.

[55] 王振生. 关于跳汰选煤理论与实践的一些问题[J]. 煤质技术, 2000(5):30～35, 17.

[56] 于海波, 于尔铁, 於春慧, 等. 跳汰选煤技术的新突破——TKX-Ⅱ型跳汰机自动控制系统[J]. 煤炭加工与综合利用, 2003(3):1～5.

[57] 陈玉, 张明旭. 离心跳汰理论与实践的分析研究[J]. 选煤技术, 2004(4):23～26.

[58] 段昆, 肖敏, 王良福. 动筛跳汰系统设计中若干环节的探讨[J]. 煤炭加工与综合利用, 2004(3): 8～9.

[59] 陶有俊. 动筛跳汰选矸工艺的应用前景[J]. 选煤技术, 2003(1):9～11, 33.

[60] 单连涛. 动筛跳汰排矸技术用于矸石电厂的可行性分析[J]. 选煤技术, 2003(2):40～41.

[61] 武乐鹏, 杨立忠. 我国重介质选煤技术的发展综述[J]. 山西煤炭, 2010(4):74～75.

[62] 王利剑, 李福. rT710/500 三产品重介旋流器在七星选煤厂的应用[J]. 选煤技术, 2003(1):31～33.

[63] 王会云. φ1000/700 有压三产品重介旋流器结构参数优选与分选效果[J]. 煤炭加工与综合利用, 2004(1):13～15.

[64] 刘峰, 钱爱军. 重介质旋流器流场的计算流体力学模拟[J]. 选煤技术, 2004(5):10～15.

[65] 牛艳莉. 高铬铸铁旋流器铸件的研制[J]. 选煤技术, 2004(2):21～22.

[66] 王红敏, 李振山. 抗磨材料在选煤厂的应用[J]. 选煤技术, 2001(1):30～31.

[67] 闫宏亮, 田歆. 重介系统使用耐磨陶瓷复合管的经济评价[J]. 选煤技术, 2001(2):53～54.

[68] 闫宏亮. 超耐磨复合管在重介系统中的开发与应用[J]. 山西焦煤科技, 2004(10):7～8, 41.

[69] 陈清如, 骆振福. 干法选煤评述[J]. 选煤技术, 2003(6):34～40.

[70] 陈清如, 杨玉芬. 21 世纪高效干法选煤技术的发展[J]. 中国矿业大学学报, 2001, 30(6): 527～530.

[71] 徐守坤, 汪英姿, 管玉平, 等. 空气重介流化床介质流动和床层密度分布研究[J]. 中国矿业大学学报, 2003, 32(3):304～306.

[72] 杨国华, 赵跃民, 陈清如. 空气分级与空气重介流化床分选联合工艺研究[J]. 中国矿业大学学报, 2002, 31(6):596～599, 604.

[73] 骆振福. 振动流化床的分选特性[J]. 中国矿业大学学报, 2000, 29(6):566～570.

[74] 樊茂明，陈清如，赵跃民，等. 磁稳定流化床干法选煤试验研究[J]. 选煤技术，2002(3):6～7.

[75] 陈增强，赵跃民. 空气重介流化床干法选煤加重质的研究[J]. 中国矿业大学学报，2001，30(6): 585～589.

[76] 郭迎福，张永忠. 空气重介干法分选机刮板运动轨迹及分析[J]. 湘潭矿业学院学报，2003，18 (1): 53～56.

[77] 熊建军，赵跃民，梁春成，等. 空气重介流化床干法选煤机排料装置与布风装置探讨[J]. 煤矿机械，2004(5):47～49.

[78] 熊建军，邢洪波. 关于空气重介流化床干法选煤机结构的探讨[J]. 选煤技术，2002(5):38～39.

[79] 刘晓东. 干选机排料自动控制的研究[J]. 选煤技术，2003(2):56～56.

[80] 任尚锦，徐永生. FX 型和 FGX 型干法分选机在我国的应用[J]. 选煤技术，2001(5):4～6.

[81] 杨云松. 复合式干法选煤在煤矸石综合利用中的应用[J]. 中国矿业，2003，12(2):66～67.

[82] 王仲棉. 复合式干法选煤机在平沟煤矿的应用[J]. 煤炭加工与综合利用，2003(4):34～35.

[83] 程宏志. 振荡浮选原理及分选效果[C].//第十届全国煤炭分选及加工学术研讨会论文集，2004: 144～147.

[84] 熊彦权，张希梅，胡炳双. 煤泥磁化浮选机理的研究[J]. 应用能源技术，2004(4):12～14.

[85] 羊衍贵，袁惠新. 浮选过程的拓展及超重力油浮过程的分析[J]. 江南大学学报（自然科学版），2004，3(5):494～497.

[86] 郭德. 用浮选促进剂提高精煤产率[C].//第十届全国煤炭分选及加工学术研讨会论文集，2004: 161～165.

[87] 曲剑午. 乳化煤油捕收剂的浮选效果[J]. 选煤技术，2002(4):1～2.

[88] 丁志杰，吉登高，李萍，等. 浮选超细煤药剂乳化的试验研究[J]. 选煤技术，2004(4):20～23.

[89] 高振森，边炳鑫，周桂英. 圆形离心浮选机与常规浮选机工艺系统技术经济比较[J]. 选煤技术，2002(6):10～12.

[90] 戚家伟，朱书全，王仁哲，等. 选择性双向絮凝技术分选极细粒煤的试验研究[J]. 选煤技术，2004(3):15～17.

[91] 刘炯天. 旋流-静态微泡柱分离方法及应用（之一）[J]. 选煤技术，2000(1):42～44.

[92] 凌锋，张立明，甘正如. 浮选柱强化细粒分选的研究[J]. 有色金属（选矿部分），2004(4): 33～35.

[93] 周桂英，张强，曲景奎. 利用微生物絮凝剂处理煤泥水的试验研究[J]. 能源环境保护，2004，18 (5):36～38，41.

[94] 聂丽君，李红梅，李慧茹，等. 聚硅硫酸铁混凝剂的研制及其在煤泥水中的应用[J]. 煤炭工程，2004(8):69～71.

[95] 朱龙，段海霞，杨然景，等. ZL-1 与 PAM 联用治理煤泥水的研究[J]. 能源环境保护，2003，17 (4):25～27.

[96] 尹忠彦，卢武科，赵志强. 利用磁处理技术改善煤浆过滤性能的研究[J]. 选煤技术，2001(4): 12～13，17.

[97] 夏畅斌，黄念东，何绪文. 表面活性剂对细粒煤脱水的试验研究[J]. 煤炭科学技术，2001，29 (3):41～42.

[98] 杨毛生，郭德，魏树海. 煤泥脱水回收设备及其发展方向[J]. 选煤技术，2011(4):74～77.

[99] 张英杰，巩冠群，谢广元，等. 细粒煤脱水研究综述[J]. 中国煤炭，2010(6):95～97.

[100] 陈昱，邹雪晴. 离心沉降式脱水机在煤泥脱水中的应用[J]. 武汉工程大学学报，2011，33(8):73～76.

[101] 赵选选. 快开式隔膜压滤机在浮精脱水中的应用[J]. 中国煤炭，2009(9):82～83，100.

[102] 梁为民. 凝聚与絮凝[M]. 北京：冶金工业出版社，1982.

[103] 张明旭．选煤厂煤泥水处理[M]．徐州：中国矿业大学出版社，2005．

[104] 周传辉．洗煤厂粗煤泥回收的技术改进[J]．煤炭技术，2005，24(1):52~53．

[105] 冯翠花．粗煤泥回收工艺及设备对比[J]．选煤技术，2005(3):22~25．

[106] 张志文．TBS干扰床及其在粗煤泥分选中的应用[J]．中国煤炭，2006，2(12):50~52．

[107] 高丰．粗煤泥分选方法探讨[J]．选煤技术，2006(3):40~43．

[108] 陈忠杰，高勤学．粗煤泥回收技术的研究与探讨[J]．选煤技术，2005(4):43~44．

[109] 成翠仙，庞亮．粗煤泥离心机在东曲矿选煤厂的应用[J]．煤炭加工与综合利用，2006(4):45~47．

[110] 张亚荣．关于重介粗煤泥分选设备的分析及探讨[J]．煤，2007，16(11):54~55．

[111] 韩春龙，侯亚飞．新建选煤厂粗煤泥回收系统的改造[J]．应用能源技术，2005(2):15~17．

[112] 郝俊．论选煤厂粗煤泥回收[J]．选煤技术，1993(2):11~12．

[113] 孙丽梅，单忠健．国外选煤工业现状与未来发展趋势[J]．选煤技术，2005(2):49~52．

[114] 王宏，李明辉，等．选煤生产实用技术手册[M]．徐州：中国矿业大学出版社，2010．

[115] 邓晓阳，周少雷．中国选煤厂的设计现状[J]．煤炭加工与综合利用，2006(5):12~14，24．

[116] 郝风印．选煤手册（工艺部分）[M]．北京：煤炭工业出版社，1993．

[117]《选煤厂设计手册》编委会．选煤厂设计手册（工艺部分）[M]．北京：煤炭工业出版社，1993．

[118] 戴少康．选煤工艺设计的思路与方法[M]．北京：煤炭工业出版社，2003．

[119] 匡亚莉．选煤厂设计[M]．徐州：中国矿业大学出版社，2004．

[120] 匡亚莉．选煤工艺设计与管理[M]．徐州：中国矿业大学出版社，2006．

[121] 郑楚光．洁净煤技术[M]．武汉：华中理工大学出版社，1996．

[122] 曹征彦．中国洁净煤技术[M]．北京：中国物资出版社，1998．

[123] 詹隆．水煤浆产业化发展与展望[J]．煤炭加工与综合利用，2003(5):31~35．

[124] 郝临山，彭建喜．水煤浆制备与应用技术[M]．北京：煤炭工业出版社，2003．

[125] 张荣曾．水煤浆制浆技术[M]．北京：科学出版社，1996．

[126] 谌伦建，赵跃民．工业型煤燃烧与固硫[M]．徐州：中国矿业大学出版社，2001．

[127] 徐振刚，刘随芹．型煤技术[M]．北京：煤炭工业出版社，2001．

[128] 张国房．型煤导论[M]．徐州：中国矿业大学出版社，1994．

[129] 于勇年，顾小愚．型煤生产现状与发展[J]．煤炭科学技术，1992(9):28~33．

[130] 程军，曹欣玉．多元优化动力配煤方案的研究[J]．煤炭学报，2000，25(1):81~85．

[131] 戴财胜．动力配煤理论与研究[D]．北京：中国矿业大学，2000．

[132] 濮洪九．动力煤优质化工程及其技术经济综合评价[M]．北京：煤炭工业出版社，2002．

[133] 阎维平．洁净煤发电技术[M]．北京：中国电力出版社，2002．

[134] 张振勇，李文华，徐振刚，等．煤的配合加工与利用[M]．徐州：中国矿业大学出版社，2000．

[135] 炭素材料学会．活性炭基础应用[M]．高尚愚，陈维，译．北京：中国林业出版社，1984．

[136] 吴新华．活性炭生产工艺原理与设计[M]．北京：中国林业出版社，1994．

[137] 叶振华．化工吸附分离过程[M]．北京：中国石化出版社，1992．

[138] 杨晓东，顾安忠．活性炭吸附的理论研究进展[J]．炭素，2000(4):11~15．

[139] 张双全．在添加剂作用下制备优质煤基活性炭的研究[D]．北京：中国矿业大学，1998．

[140] 2009~2010年度优质高效选煤厂、厂长和行业级质量标准化选煤厂名单[J]．煤炭加工与综合利用，2011(5):37．

[141] 2001~2002年度行业级质量标准化选煤厂名单(共79个)[J]．选煤技术，2004(2):42．

[142] 2001~2002年度优质高效选煤厂名单（共28个）[J]．选煤技术，2004(2):28．

[143] 孙丽梅，单忠健．国外选煤工业现状与未来发展趋势[J]．选煤技术，2005(2):49~52．

第46章 选矿厂生产技术管理

46.1 生产技术计划管理

选矿厂生产技术计划，是对选矿厂在计划期内应达到生产规模、产品产量质量等生产任务和进度，以及工艺流程更新改造、科研技改、设备设施大修等的总体安排；是核定计划期内产品品种和质量、生产成本、产值、效益等各项经济技术指标的纲领性方案；是上级单位考核选矿厂绩效以及选矿厂内部考核的主要依据。

选矿厂生产技术计划按计划期划分为：年度生产技术计划、季度生产技术计划、月度生产技术计划、周生产技术计划、日生产技术计划。

生产技术计划要求企业系统而有目的地进行工作，以促进目标的实现，同时也是其他各项管理工作的基础。选矿厂生产技术计划管理的任务就是根据市场的需要，从经济效益出发，考虑各种资源情况和选矿厂本身生产条件，通过编制计划、执行计划和对计划执行情况进行管控，把选矿厂内各工序、各生产环节的活动科学地组织起来，使人力、物力、财力得到有效利用，取得良好的经济效益。

46.1.1 生产技术计划的编制

为保证编制计划的科学性、合理性、严肃性，编制计划原则应综合考虑各相关影响因素，必须是在选矿厂有能力实现的基础上进行编制，而且要充分体现公司生产经营近期目标及远景规划。计划的内容必须符合生产活动的实际；计划的下达必须在规定的时间内。

选矿厂生产技术计划的编制应以年度计划为主线，年度生产技术计划应遵循为企业年度经营计划和长远发展规划提供技术支撑的原则。年度生产技术计划的编制遵循自下而上的程序，而企业则要自上而下宣传贯彻企业近期生产经营目标和远景规划。生产部门根据各车间生产能力、产品库存及销售计划，负责编制生产技术计划，逐级上报。技术管理者应在上报之前在横向（部门之间）、纵向（上下级之间）充分沟通，达成共识。

生产技术计划的编制必须全面、科学、准确、合理。既要从企业长远规划、生产经营目标出发，又要遵循生产规律，综合平衡。因此选矿厂年度生产技术计划的编制内容应包括：

（1）企业生产基本情况。企业自有矿山、周边矿山及其他外购计划供给选矿厂原矿石的矿石量与质量；选矿厂生产原设计规模，近几年生产能力及近 3~5 年选矿厂各项经济技术指标完成情况。选矿厂工艺流程现状，产品及回收的共生、伴生矿物状况等。

（2）上年度选矿厂技术计划执行情况。企业上年度自产矿、外购矿矿石量与质量、选矿技术计划执行情况。选矿厂供矿量、主要产品产量、技术经济指标完成情况。

（3）上年度选矿厂技术计划执行时存在的主要问题。选矿厂供矿量、质量及其均衡性对选矿厂的产量、生产经济技术指标的影响，选矿厂工艺、设备、设施存在的问题，水、电、尾矿及地方关系的影响，安全、环保问题等。

（4）下一年度供矿量、主要产品产量、技术经济指标安排。首先申明编制下一年度生产技术计划的原则。如根据企业生产经营需要及目标，实事求是，合理安排选矿厂生产技术作业计划，坚持企业可持续发展的原则；严格执行"多碎少磨、节能降耗，安全环保、提质创优"的技术方针；体现技术指标和技术装备先进性，突出选矿厂工作重点的原则。

其次要体现下一年度生产技术计划的编制依据。如选矿厂设计（或核定）的生产能力，选矿厂实际处理能力；年末矿山生产建设形象进度、供矿量及矿石性质情况，选矿厂重点工程实施的进度计划；近3年选矿厂实际生产能力和技术经济指标；历次矿山矿石可选性试验研究成果；本计划中提出的有关技术保障措施。

生产技术计划的内容应包括生产产品的品种、规格、产量、完成日期、质量、工艺技术指标及水、电、燃料、材料、备件消耗配套情况。

（5）建设形象进度安排。选矿厂改扩建工程，设备、设施改造更新，尾矿库扩容及安全配套工程，选矿科研计划及科技成果应用，工艺改造、设备大修安排等。

包括上年度延续的，所有更新改造项目实施总体布局，要在不影响全年生产计划完成的原则上合理安排。计划编制包括更新改造工程项目实施的启动时间、工期、预算、形象进度、安全环保事项及保障措施。

（6）影响选矿厂稳定生产和持续发展的主要问题分析。供矿量及其均衡性对选矿厂稳定生产的影响；原矿管理与矿石性质变化、精矿产品质量及其市场价格对选矿厂各项经济技术指标的影响；选矿厂现有工艺、设备、设施存在问题分析；选矿厂人力资源配置、用水、用电、周边关系协调、安全环保等存在问题的分析。

（7）选矿厂持续发展的主要技术保障措施。为了保证生产技术计划顺利达到预期目标，选矿厂要创新管理理念、拓宽管理思路，走精细化管理的道路，不断提升基础管理水平，逐步达到各项管理科学化、规范化、制度化、标准化，实现优质、高产、低耗、安全、环保。

围绕提高产品产量、质量和各项技术经济指标，在不断提高选矿厂工艺技术水平的前提下，进一步优化选矿流程、产品结构、药剂制度；根据选矿厂实际，加强选矿新装备的推广应用；加强矿山各专业协调，开展矿山矿石性质预测预报和矿石预选性试验。

46.1.2 生产技术计划的下达

年度生产技术计划应根据市场情况及企业战略部署，经综合平衡后，由生产技术部门根据科室、车间年度生产技术计划，编制选矿厂年度生产技术计划。年度生产技术计划编制工作由企业主管技术或生产的副经理组织，应于下年企业总体生产经营计划下达前编制完成，公司经理审批，报公司董事会批准后下达。

选矿厂根据企业下达的年度生产技术计划，组织生产技术部门进一步细化、分解，形成季度计划、月计划。季度计划、月度计划经生产部门主任审核后，报生产技术副厂长审批，最后报厂长批准下发至各车间、科室执行。生产技术计划必须与检修计划相衔接，避免盲目性，要防止拼设备拼装置，危及安全生产。

生产技术部门根据选矿厂月计划，以及各科室、车间上报计划，汇总平衡形成周计划，周计划通过每周选矿厂及车间调度会进行布置落实。生产车间应根据原材料和水、电、燃料，设备检修情况及材料、备件库存情况，经综合平衡后进行编制本车间周计划、日计划，于选矿厂调度会前一天完成下周生产计划编制并上报选矿厂主管技术、生产副厂长，下发到班组。选矿厂生产班组长根据车间周生产计划、日计划，通过班前会布置落实到班组每个成员。

46.1.3　生产技术计划的执行

生产技术计划一经下达，各生产车间及有关部门必须认真组织学习，积极贯彻落实，特别要结合生产技术计划大力宣传贯彻企业精神、年度目标、远景规划；生产技术部门负责对生产技术计划执行情况进行检查考核，对生产中出现的各种影响计划完成的因素，应协调有关部门尽快解决。各职能管理部门与生产单位密切配合，统一协调，保证生产技术计划的按时、按质、按量完成。

为了顺利并超额完成年度技术计划——选矿生产技术和经济指标，作为选矿厂生产技术管理工作必须明确目标，理清思路，结合客观实际，通过正确的技术管理方法和有效的措施，保证生产工艺平稳运行，保证选矿厂生产取得良好的技术经济指标。

选矿厂、管理部门、生产单位根据当年生产技术计划，及时修订本单位绩效考核细则。各项指标、任务，能量化的量化，不能量化的细化，用多种方式综合评价部门业绩和员工业绩，落实到人。通过静态的职责分解和动态的目标分解，形成每一岗位的"岗位责任书"和"目标责任书"，建立目标与职责一致的岗位考核体系。

创建规范的考核平台，进一步规范、统一、完善工厂考评体系，严格遵循"公平、公正、公开、科学"的原则，评价员工工作绩效，真实地反映被考核人员的实际情况，完善激励与约束机制，突出对优秀员工的激励，充分调动员工的工作积极性与主动性，有效地促进工作绩效改进，合理配置人力资源。不断提升员工技术水平及业务能力。

绩效考核在企业内部应作为系统工程加以研究，综合治理。从长远目标着眼，从细微之处着手；科学、认真解决实际问题，踏实、有效改善现场条件，转变观念，提高认识，共同努力，使企业选矿经济技术指标迈上新的台阶。

完善、严格的工艺技术标准是选矿厂全面完成生产技术计划的重要保障措施。因此选矿厂要结合实际，及时修订工艺技术标准。落实工艺技术标准，首先要求技术管理者要有扎实的专业基础知识和科学的管理素养，对照现场存在的问题，认真学习、深刻理解工艺技术标准；结合现场生产实际及变化，及时细化已建立的工艺指标体系；强化工艺技术标准执行制度；加强岗位人员的技术培训，不断提高员工专业知识与操作技能。

有效地执行工艺技术标准，才能实现精细化管理与作业。另一方面，选矿厂及生产车间只有严格落实工艺技术标准，实现精细化管理与作业，才能有效降低生产及工艺事故，从而实现稳定、均衡生产，提高生产效率。

依靠选矿技术进步全面提高选矿生产的经济效益是现代选矿厂管理的当务之急，选矿厂技术计划管理的目的就在于保证企业能够均衡地、有节奏地、高效率地进行生产，达到效益最大化。因此选矿厂要持续稳定的发展、要提质降耗，就要重视科技创新，重视科技人才的培养与使用，重视选矿科技事业的发展。企业要有选择地与科研院所合作，针对选矿生产中存在的难选矿石、共伴生矿物综合利用、提质降耗等方面开展科研工作，提前做好技术储备。选矿厂要加强现场生产的技术指导，通过供矿原矿性质预报，及时开展原矿预选小型试验研究；通过流程考察，及时发现生产工艺存在问题；通过工艺更新、流程改造、设备设施大修计划的实施，引进新技术、新工艺、新设备、新药剂。为全面完成生产技术计划提供技术保障。

在选矿厂技术计划的执行过程中，选矿厂要加强生产、科研、技改、大修等方面的原始记录管理。对各工序的技术经济指标要及时准确地统计上报。定期组织讨论生产技术计划执行情况，做好周、月、季、年度经济技术指标分析。

做好选矿厂技术管理工作是保证选矿生产正常进行的必备基础，依靠选矿技术进步是全面提高选矿生产经济效益的必要条件。严格执行选矿厂技术计划是选矿厂全面提高经济效益的重要保证。

46.1.4 生产技术计划的调整

生产技术计划一经下达，在一般情况下不予调整。如遇到选矿厂无法克服的严重困难，且经最大努力不能解决，影响到月、季度生产技术计划的完成时，由生产部门写明具体原因，报企业主管人员批准后，可按调整计划执行，并及时通知有关生产单位。当影响到年度生产技术计划的完成时，应及时上报企业经理、董事会，要求予以调整；如销售市场发生意外变化，或外围存在无法克服的困难，影响年度生产技术计划的完成时，企业组织调研，详细报告董事会，要求予以调整。

生产技术计划完成后或实施中，如产品市场销售情况良好，需超计划生产时，生产部门应会同各科室、车间编制附加计划，报企业经理审核，经董事会批准执行；如企业生产经营需要，需超计划生产，董事会与企业领导及生产部门充分沟通，直接下达超计划生产目标任务书，有关生产车间及相关部门应顾全大局，保证生产经营计划的全面完成。为调动企业全体员工的生产热情，在下达需超计划生产任务书同时，企业应出台相应的超计划生产绩效考核办法。

生产技术计划管理是企业管理的一个重要组成部分，做好选矿厂生产技术计划管理工作是保证选矿生产正常进行的必要条件，是选矿厂全面提高经济效益的重要保证。加强技术计划管理对选矿生产过程的正常进行，选矿产品质量的提高，劳动生产率的提高，各项消耗和选矿成本的降低以及提升选矿厂技术管理水平、岗位操作技能等方面具有决定性的影响。

在选矿厂技术计划的落实过程中，围绕提高产品产量、质量和各项技术经济指标，不断提高选矿厂工艺、技术、设备装备水平，使选矿生产实现优质、高产、低耗、安全、环保。

46.2 原矿管理

矿山成矿条件比较复杂，入选矿石即原矿是选矿厂的原料，它是确定选矿厂所采用的工艺流程及其内容结构的主要依据，也是决定各种选矿工艺参数及其材料消耗的决定性因素。大部分选矿厂所处理的原矿石为天然原料，其矿石性质在一定范围内是不可控的。如矿石的块度、硬度、含泥、含水、含杂等物理性能，有用元素及共伴生元素品位和赋存状态、有害元素含量和赋存状态等工艺矿物学性质。但选矿厂工艺是相对稳定的连续作业，其产品的销售要求有严格的标准及质量等级。因此，通过原矿性质管理，实现合理配矿、均衡供矿，是选矿生产正常进行、提高经济效益的重要保证。

原矿管理是一项系统工程。不同批次的入选原料、不同矿体采出的矿石，就是同一矿体不同时期采出的矿石，其矿石性质都有差别。选矿专业应配合采矿、地质专业，根据采掘技术计划，科学选择原矿在采矿、出矿、运矿、储矿、破碎等各个环节的配矿节点，合理配矿。同时，选矿厂也要强化原矿预报、预选，提前开展不同性质矿石试验研究、科研攻关，制订不同矿石性质原矿的相应选别预案。因此加强原矿管理是选矿厂十分重要的技术管理工作。

46.2.1　原矿性质管理

矿石性质是选矿的重要依据。矿石性质包括矿石的化学成分、矿物组成、结构构造、矿石中有益与有害元素的赋存状态，矿石的密度、硬度，矿物表面性质、固溶体、可磨性、矿泥、溶盐，以及矿物解离度、连生特性及其与矿石可选性之间的关系。根据矿石性质分析，可以确定选矿回收的目的矿物及元素；判定磨矿的单体解离度、可选性及综合利用的可能性；初步选择合理的选矿工艺、了解可能影响选别过程的因素等。

选矿技术管理者应对所处理的矿石，在矿体空间分布规律方面要有初步认识，对不同矿石的工艺矿物学要有清晰的认识。要掌握矿石的矿物组成，包括矿石中组成矿物的种类和数量比、所含主要组分和伴生组分；矿石中主要有用元素的赋存状态；有用矿物的嵌布特征，预测可能出现的单体解离度变化；了解矿石的表生变化，对于硫化矿，采、运过程由于矿物的氧化速度及氧化产物的性质，都会不同程度地影响矿石加工过程。只有明确认识不同批次入选矿石性质和可选性的变化，才能针对性地设计原矿管理机制、办法，对原矿进行有效管理。

根据选矿工艺特点，对于不同类型的矿石，选矿厂要提前安排进行工艺矿物学研究和选矿试验研究，根据试验结果，设计选矿处理方案；对于同一工艺类型的矿石，原矿性质的考察和试验研究，应随着矿山采掘阶段（台阶）及矿床矿带变化逐步深化。试验项目应在选矿生产之前完成，某些考察项目应伴随生产过程同步进行。

矿石的赋存状态及矿体规模、产状等变化都比较大，所以随着开采工作的进行，入选原矿的性质会发生比较大的变化。因此，选矿专业应配合采矿、地质专业，根据采掘计划和下一年度的原矿分采场或中段进行的采样结果，及时进行原矿工艺矿物学研究及必要的选矿试验，预报选矿试验结果，预测选矿生产指标；编制必要的原矿性质变化与选矿工艺参数变化对应图，以便对下步的生产做出预测，有目的地及时调整流程结构及工艺参数，保障选矿技术经济指标稳定、均衡完成生产技术计划。

通过原矿预选试验，也可以为采矿、运矿、破碎过程中原矿的配矿以及残矿回收、低品位贫矿处理提供科学、合理的生产方案，保证入选原矿性质相对稳定。因此，原矿预选试验可分单一矿石试验与几种性质差异矿石的组合试验，如性质复杂难选与易选矿石混合比例试验，含泥、含水、氧化矿石的混合比例试验，充分利用矿物选别的载体效应，使矿产资源得到充分利用。如果混合预先试验达不到计划生产指标，试验要为选矿厂分类处理提供选别方案。

根据预选试验结果，选矿厂生产技术部门要及时给相关生产工序下达操作作业指导书。操作工艺技术作业指导书是选矿厂生产技术管理的综合体现，是操作管理的核心，是技术检测、技术监督的依据。操作工艺技术作业指导书由生产技术部门制订、经选矿厂分管技术领导审定后下达。

选矿厂要定期组织工程技术人员和相关操作人员分析总结矿石性质及其变化对生产经济技术指标的影响，讨论选别方案及工艺参数的适用性，制订难选矿石选别措施。

通过原矿性质管理，提前预报矿石性质、及时改变工艺技术操作方案，可有效保障选矿厂生产稳定、产品质量达标；有效降低生产、工艺事故，节能降耗；有效提高选矿厂的经济效益。

46.2.2 原矿配矿管理

原矿配矿管理是通过对地质、采矿及购矿合同的规划与管理，提高供矿质量，保证选矿厂生产运行稳定，入选矿石性质均匀。

原矿配矿管理是矿山生产重要环节之一，其涉及到矿床地质和开采技术条件以及生产管理的各个方面，需要地质、采矿、选矿、购矿营销各专业部门及专业人员的密切合作，企业调度的总体协调。

地质部门要在已有详勘资料的基础上，描绘矿体空间分布规律。地质工程师要熟悉每个采场的地质情况，根据岩性、品位情况，为采矿场的出矿配矿提供详细准确的信息，指导调度部门合理安排供矿。

采矿部门根据矿山采掘技术计划、供矿计划，结合地质部门提供的矿体空间分布，科学安排采矿计划（年计划和 5 年计划）；并且及时对出矿采场矿石性质进行分析研究，合理调整每季、月，甚至周的不同采场的出矿量。同时根据矿体不同部位矿石的性质，遵循贫富兼采、资源充分利用的原则。

矿山调度部门要掌握采场各个供矿点矿石性质及品位情况，合理安排供矿、配矿等。当班现场调度须掌握参与配矿的矿石质量，对关键部位重点跟踪并做好记录，发现问题及时调整。

购矿营销部门根据选矿工艺特点，加强合同管理。外购矿石须按矿石类型、品位分别购进、分别堆放，分类管理，为入选配矿创造条件。

选矿厂应充分发挥原矿仓、粉矿仓、中间产品矿仓及储浆池在调节矿量和生产配矿方面的作用。选矿厂的储备矿量一般不少于24h 的处理量。

企业应建立相应的原矿配矿工艺技术标准。对选矿厂入选原料要有严格的规定，如原矿品位、共伴生元素含量、有害元素含量、氧化率、矿石块度、含泥量、含水量等。尽量减少其他杂物，采矿、出矿等各个环节要严格控制坑木、杆子头、导爆索等杂物混入，以防由于杂物的混入引起停车或损坏设备等事故。建立原矿配矿工艺技术标准，可有效规范原矿配矿行为，为企业技术检测、管理考核提供依据。

企业应建立相应的原矿配矿管理体系、考核制度，同时要实现地、测、采、选、检测等各专业生产技术资料资源共享。对于入选原矿质量因超出工艺技术标准，对选矿生产、产品造成较大波动，影响企业效益的，企业生产技术部门要作为生产工艺事故及时组织分析。在管理体系、制度建立后，要保障持续稳定的有效运行。由于存在原矿性质的不稳定性，矿山应对已有原矿管理的制度和规定等定期进行有效性检验，及时调整。

46.2.3　生产调度及采场供矿协调管理

企业应建立以生产调度中心为核心的生产运行管理机制。通过调度中心，对生产实行全日制的指挥和调度，严格执行生产技术计划，协调各生产单位平衡生产以及各道工序的规范衔接。选矿厂可建立调度室，对外及时了解旬、月、季各采矿场出矿情况，掌握当班供矿情况与矿石性质，及时反馈选矿生产状况；对内及时预报各采矿场供矿量与矿石性质，指挥和调度选矿生产。同时要建立调度报告制度，生产岗位、生产车间应及时向调度中心（室）报告生产情况，调度室向主管领导和上一级调度报告，并做好记录。

调度在生产协调的同时要检查生产作业计划、技术措施、技术改造和科学试验的完成情况，并及时处理有关问题；掌握出矿品位和配矿计划的执行情况；平衡生产用电、用水和运输，露天矿山应加强对矿岩运输设备的调度；掌握主要设备运转状况及检修进度；贯彻和检查生产指令的执行；配合有关部门搞好安全、环保工作；汇总当日生产报表，填写调度台账、调度日报及调度记录。

出矿管理是生产运营管理工作中很重要的环节，选矿厂的生产取决于原矿的量与质的合理配比，来源于采矿场的矿石性质尤为关键。首先，由采矿场（生产科）做出的采掘（剥）计划（年计划及 5 年计划），根据上级部门下达全年生产计划中产量计划与指标，进行分解，分解成季度、月计划，由计划部门结合作业天数，以及会影响生产的各项因素，形成每季、每月生产计划。生产调度详细了解每季、月需要完成的生产任务，根据设备运行状况、科学合理地统筹安排系统的生产作业进度，保证生产与检修有序衔接。然后再将每月生产计划进行分解到每周、甚至每天。特别是要通过先进的信息化手段收集各种信息，如视频监控系统、卡车调度系统、现代通信工具、信息平台等全面掌握生产现场的作业状况，如爆堆情况，露天作业的电铲、电动轮的设备运行状况，以及天气（雨雾天气影响较大）、路面现状，结合实时生产任务完成情况，做出准确决策。最后，快速准确地发出生产指令，协调相关部门或单位做出相应的调整。根据每周（天）作业计划实现率，循环滚动推进下一周（第二天）出矿。

在生产运营管理的职能中，调度是大型化生产管理的中心。其工作覆盖面广，各类信息及时汇集，能够实时掌控生产数据。通过对各类生产数据全面统计、分析，包括异常数据的分析，从中找出规律性及关键因素，并且不断总结、提升，纠正出现的偏差与错误，以实现各类生产指标最优化，并严格按照生产作业计划认真、合理地组织生产；对生产过程发生的故障或事故及时组织处理；对下达指令的正确性和及时性负责；在任何情况下坚守岗位，对中断生产指挥负责。

根据选矿年度生产技术计划及当月生产技术计划安排，选矿厂每周召开的调度会总结上周生产情况，通报下周选矿厂供矿情况、供矿质量。选矿厂调度室每班与企业调度中心及供矿单位进行信息沟通，主要了解供矿点、供矿量、矿石性质（如矿石品位、氧化率、含泥量、水分、可磨可选性等）、检修时间安排等，并做好记录。选矿厂经常性地与供矿单位走访联系，坚持每月至少进行一次走访，选矿厂将原矿管理意见反馈给供矿单位，以利于改进原矿管理。

企业要建立采场供矿协调管理标准作业流程，明确职责，加强考核。对于重大生产事故，要组织各相关单位认真分析，查明原因、性质、经济损失数额，明确责任者、处理意见及今后改进措施，并写出事故报告报上级单位或领导审批。

46.2.4　选别对策

随着目前选矿生产技术的发展，以及社会对金属需求的增加，不少矿山为了延长矿山服务年限，增加金属储量，降低了矿石的边界品位，过去未采的、性质复杂、难采难选的矿石也进入选矿厂。因而入选原矿品位下降、矿石性质复杂导致选矿作业的难度增加。

为了充分利用现有的生产设备，通过提高处理量增加产品产量提高企业效益，选矿厂要针对低品位、复杂难选矿石采取相应措施：

（1）对于低品位矿石，为了提高入选原矿品位，采用预选抛废、预先富集，可以在增加生产能力的同时降低选矿成本。

预选抛废通常采用的方法有：干式磁选、人工手选、光电选别、重介质选矿法等。

（2）进入选矿厂或重选车间的原矿中往往含有一定数量的矿泥，浮选厂通常添加分散剂消除矿泥对选别过程的影响，如果矿泥含量高或其性质影响选别过程，而选别工艺又难以消除矿泥的影响，则选别前需预先脱泥。

可以用洗矿的方法将原矿脱泥。洗矿由分散和分离两个作业组成。分散是利用浸泡使黏土膨胀松散，或利用高压水冲洗、机械搅拌、切割作用使之分散。分离作业是在有关设备中将已分散的矿泥除掉。洗矿作业可根据矿石性质的不同分别采用不同洗矿设备，主要有槽式洗矿机、圆筒洗矿机、水力洗矿床等。槽式洗矿机主要用于块状物料较少的难洗的泥质矿石；圆筒洗矿机主要用于块状物料较多的中等可洗性矿石；水力洗矿床又叫水枪—条筛，砂矿经水力开采后，在水力洗矿床上用高压水枪将泥团打碎，经筛下排出后再用脱泥斗脱泥。此外，也可在螺旋分级机等设备中进行洗矿，原矿中的矿泥或泥团在上述机械中浸泡松散，并在机械搅拌或切割作用下分散，最后按沉降速度不同使矿泥与矿物分离。

（3）一般来说，碎矿车间的能力都比较大，选矿厂应根据出矿情况，利用原矿仓与粉矿仓供矿的时间差，对容易发生氧化的矿石及时处理，以免矿石在矿仓中储存过久，发生氧化现象。

对于氧化铜矿石的处理方法，除直接浮选、浸出回收外，一般要进行原矿预处理再进行选别。如硫化后浮选；浸出—沉淀—浮选；离析—浮选等。

（4）原矿有害杂质含量高，影响选别过程，因此，含杂高的原矿应根据情况分别进行预处理。

对于影响选别过程的含杂原矿，如果其矿量占有率低，可以通过原矿配矿消除其影响；如果其矿量占有率高，配矿无法解决，可以通过原矿预处理消除有害杂质的影响，根据原矿性质及有害杂质的物理化学性质，可以采用脱泥、水洗、调整原矿 pH 值、焙烧等方法。

对于影响产品质量的含杂原矿，除通过原矿配矿降低有害杂质含量外，也可采用精矿配矿法降低产品含杂。

随着选矿厂自动化水平的提高，新设备、新工艺的推广应用，对矿山及选矿厂技术管理、原矿管理、配矿质量要求越来越高。因此矿山及选矿厂在原矿管理方面也要引进自动控制、信息化管理的新模式，研究、改进、创新管理机制。

46.3 选矿工艺技术管理

46.3.1 选矿试验研究

通常选矿试验是为了进行选矿厂设计而进行矿石的选别试验，而选矿厂试验室的试验主要是配合本厂生产，为保证达产达标、提质降耗等方面来开展工作。

选矿厂试验室主要针对本厂技术问题开展工作。选矿厂技术问题包括：产品质量不达标、不稳定或含杂超标等影响销售及售价的问题；精矿产量、质量、生产成本完不成计划指标；工艺技术参数、设备性能长期不达标；为进一步提高产量、产品质量，降低生产成本，要求新技术、新工艺、新设备科研、应用、引进的问题；新产品开发、综合利用、综合回收的问题；以及环保问题等。因此选矿试验成果不仅对选矿生产的工艺流程、设备性能、产品方案、技术经济指标等有直接影响，而且也是选矿厂正常生产中能否顺利达到计划指标和获得经济效益的基础。

选矿厂试验室承担的选矿厂常规试验研究内容一般包括：针对自有矿山不同矿体以及从不同地方采购的矿石进行的原矿预选试验研究；选矿厂应用新药剂、新工艺、新设备的试验研究；生产过程中矿石性质变化时，选矿厂各工序最佳工艺参数确定的试验研究。日常试验包括矿石可磨性及可选性试验；选矿产物单体解离度及其连生体特性研究；粒度组成的测定分析；单体设备效果试验，包括破碎与磨矿设备、预选与选别设备、生产辅助设备及新产品试用等。选矿产品的考察，包括碎矿产品考察、磨矿产品考察、精矿产品考察、中间产品考察、尾矿产品考察；流程考察，包括破碎工艺流程考察、磨矿与选别工艺流程考察、尾矿工艺流程考察、过滤脱水流程考察、浮选工艺流程考察、重选工艺流程考察及全厂工艺流程考察等。

试验室工作任务同时包括现场工艺技术参数的检测、组织流程考察；现场生产出现技术问题、经济技术指标出现波动要及时配合进行试验研究。因此，现场工艺流程的修改或调整、工艺技术标准的制订或修改，必须有试验研究结果支持。

试验前要了解原矿试样的性质以及选矿厂入选矿石性质变化。矿石性质研究内容极其广泛，所用方法多种多样，并在不断发展中。考虑到这方面的工作大多是由各种专业人员承担，并不要求选矿人员自己去做，因而，在这里只重点关注三个问题，即初步了解矿石可选性研究所涉及的矿石性质研究的内容、方法和程序；如何根据试验任务提出对于矿石性质研究工作的要求；通过一些常见的矿石试验方案实例，说明如何分析矿石性质的研究结果，并据此选择选矿方案。矿石性质研究的内容取决于各具体矿石的性质和选矿研究工作的深度，一般大致包括以下几个方面：化学组成的研究，包括矿石中所含化学元素的种类、含量及相互结合情况；矿物组成的研究，包括矿石中所含各种矿物的种类和含量，有用元素和有害元素的赋存形态；矿石结构构造，有用矿物的嵌布粒度及其共生关系的研究；选矿产物单体解离度及其连生体特性的研究；粒度组成和比表面的测定；矿石及其组成矿物的物理、化学、物理化学性质以及其他性质的研究，其内容较广泛，主要有密度、磁性、电性、形状、颜色、光泽、发光性、放射性、硬度、脆性、湿度、氧化程度、吸附能力、溶解度、酸碱度、泥化程度、摩擦角，堆积角、可磨度、润湿性、晶体构造等，视情况不一定都研究测试。

不仅原矿试样通常需要按上述内容进行研究，而且也要对选矿产品的性质进行考察，只不过前者一般在试验研究工作开始前就要进行，而后者是在试验过程中根据需要逐步去做。二者的研究方法也大致相同，但原矿试样的研究内容要求比较全面、详尽，而选矿产品的考察通常仅根据需要选做某些项目。矿石性质研究须按一定程序进行，但不是一成不变的，对于简单的矿石，根据已有的经验和一般的显微镜鉴定工作即可指导选矿试验。

选矿小型试验要特别重视矿样的代表性，试样的性质应与所研究矿体基本一致。

采样方案应符合矿山生产时的实际情况：所选采样地段应与矿山的开采顺序相符；设计用选矿试验样品的采样方案，应与矿山生产时的产品方案一致；试样中配入的围岩与夹石的组成和性质，以及配入的比率，也都应与矿山开采时的实际情况一致。

要注意到不同性质的试验对试样的不同要求。采样工作完成后，应由采样单位编写详细的采样说明书。采样说明书的主要内容包括编制单位，试验的目的和对矿样的要求，矿床地质特征及矿石性质简述，矿床开采技术条件简述，采样施工方法的确定和采样点布置的原则，矿样加工流程和加工质量，配样计算结果，矿样代表性的评价，矿样包装说明等。除以上文字说明外，还应附比例为1：1000的采样点分布平、剖面图。

对于现场存在的生产技术问题，试验矿样一般在球磨机给矿皮带或分级溢流等工艺流程节点进行采样，以尽快通过试验分析、解决问题。

有时在选矿厂截取中间作业矿浆或尾矿矿浆，经缩分后在试验室进行条件试验，以便查找上一作业存在的问题，优化下一作业的工艺条件，指导生产。这一方法快捷、简单，很实用。

选矿厂试验室试验一般首先模拟现场生产流程进行基础试验，对比现场生产指标，分析现场生产存在问题。再针对现场问题进行系列条件试验，以期通过工艺技术参数调整解决存在的问题，指导生产实际；或应用新药剂、新设备、新工艺开展试验攻关，其成果通过工业试验、更新改造解决存在问题。

选矿试验报告是选矿试验成果的总结和记录。试验报告应该数据齐全可靠、问题分析周密、结论符合实际、文字和图表清晰明确、内容要紧密结合生产实际，围绕解决生产问题的要求进行详细论述。半工业试验及工业试验一般都是在试验室试验或前一种试验的基础上进行的，其试验报告的内容应结合前面所做的基础试验编写，但着重反映本次试验的情况。

选矿工艺流程试验报告的主要内容通常有：试验任务的来源、目的和要求；原矿物质组成和矿石工艺矿物学研究的主要结果；选矿试验（包括碎磨、选别、脱水等）的基本情况和结果。包括试验方案的选择、试验设备、试验条件、产品（包括某些中间产品）的分析检查结果、条件探索试验、闭路和连续稳定试验结果（包括工艺参数、质量流程图、工艺矿浆流程图、试验设备形象图或联系图）；尾矿性能试验结果（必要时另编写）；环境保护试验结果（必要时另编写）；技术经济分析；结论，即试验结果的评述、推荐意见、存在问题和建议；有关附件。

一般大型或复杂多金属选矿厂试验室设备、仪器配置比较完善，可申报省、国家重点试验室，因此可承担新工艺、新技术和新产品开发、综合利用等方面的专题项目。同时可以与国内外科研院所、相关院校合作攻关。

选矿厂试验室隶属于技术部门，根据选矿厂发展规划制定中长期科研计划及与科研院所合作攻关项目，其计划与年度采掘计划一并编制、申报、下达、执行。

46.3.2   选矿工艺流程的修改或调整

选矿工艺流程一般是由设计院根据研究院所的选矿试验报告来推荐的。对于生产企业来说，则要根据企业的实际情况来选择并向设计单位提出建议。在选择工艺流程的过程中，要考虑到：能够保证有较高的技术经济指标，良好的经济效益；流程内部结构与产品方案的关系，并留有调整的余地；在设备的选择上，要考虑操作方便和当地供电、供水情况以及备品备件的来源；应尽量采用较先进成熟、环保节能的技术及设备，减轻工人的劳动强度等。

选矿工艺流程的合理与否直接决定着选矿生产技术指标的高低。随着生产的进行，矿石性质有时会发生较大的变化；有的企业为了提高经济效益，改革产品方案，或由于新设备、新药剂的使用，现有的工艺流程已不适应，以上种种情况都必须进行选矿工艺流程的修改或局部调整。因此，选矿工艺流程是根据矿石的试验研究结果和多年的生产实践及其他条件设计、调整形成的。

根据实际情况，选矿厂要经常进行全面或局部的流程考察非常必要。通过流程考察可以及时发现工艺流程中存在的问题，为局部或整体改造提供依据；查找技术经济指标突发性变化的原因，论证工艺流程的合理性；还可以及时了解某种新技术方案、新设备、新药剂应用的效果，为进一步进行改进以及淘汰旧设备、药剂等提供参考和决策依据。因此，工艺流程考察是选矿厂技术管理中一种重要的技术手段。

选矿厂工艺流程的调整或修改必须要有生产实践总结和试验或流程考察结论支持。要从实际出发，经过现场调查研究，经过小型试验和半工业试验，获得充分数据后，提出修改方案，并要广泛听取工人及技术人员的意见，经企业生产技术部门研究，报请总工程师审定后，再行实施。工艺流程的重大变革，还须报上级主管部门批准。

工艺流程的修改或调整应遵循以下原则：要方便生产，有利于提高选矿经济技术指标；要方便操作，减轻工人的劳动强度，提高劳动生产率；要先进可靠、有利于自动控制；变更后的工艺流程，要组织人员测定其稳定可靠性、考察技术指标和节能环保效果、核实经济效益。

46.3.3   工艺技术标准的制订与调整

工艺技术标准是由选矿厂技术部门根据设计资料、工艺运行及设备运行参数制订的工艺控制指导性文件。工艺技术标准是选矿厂生产技术管理中的重要组成部分，是保证选矿厂各项工艺参数安全、稳定运行的关键。严格执行工艺技术标准，可使选矿厂逐步达到各项管理科学化、规范化、制度化、标准化。

工艺技术标准内容包括目的、适用范围、职责权限和工艺技术内容与要求等。其目的是指制订该工艺技术标准预期会达到怎样的效果；适用范围是指选矿生产过程中哪几个工序作业；职责权限则规定哪个部门单位负责制订、执行、检查等；工艺技术内容与要求是指选矿厂围绕提高产品产量、质量和各项技术经济指标，在生产过程中必需的工序作业名称、处理能力、粒度控制范围、主要设备型号规格、主要设备正常工作参数、生产工艺流程、产品质量要求及满足后续作业的要求等。

工艺技术标准主要是依据选矿工艺与设备的技术要求、各岗位的技术操作规程、作业标准、岗位责任制，结合选矿厂的生产实际制订的，作为选矿操作人员的技术守则。制订时要遵循以下原则：

（1）碎矿作业要加强破碎各工序的监控，根据矿石性质调整破碎给矿量，使各工序均衡作业，在保证破碎产品粒度的前提下，提高破碎作业处理量。

（2）磨矿作业要加强磨矿、分级工序的监控，根据矿石性质及工艺要求，调整相应的控制参数，提高磨矿分级效率，确保磨矿分级溢流的浓度、细度满足后续作业要求。

（3）选别作业要根据原矿性质变化及时调整相关工艺参数，稳定选别过程，保证选别指标，提高作业回收率。

（4）脱水作业要保证浓缩机排矿浓度满足过滤要求，防止浓缩机压耙和跑浑，造成精矿流失，确保过滤机工作参数达到要求，保证滤饼水分达到要求。

技术人员在日常上岗检查和工艺专业评价时，对各单位工艺达标情况、岗位操作执行工艺标准情况以及工艺问题整改情况进行重点评价检查，发现问题及时反馈相关车间（作业区）整改。

若工艺技术标准与各单位生产实际不相符时，须按流程及时对工艺技术标准进行修订，各生产单位不得自行进行调整。因工艺条件发生改变、设备老化或更改及其他外部条件发生变化，工艺技术标准无法适应该车间（作业区）生产时，该车间（作业区）应以书面的形式向技术部门提出工艺技术标准调整申请，经技术部门审核，报上级批准后，对相应标准进行修订、下发执行；如属试生产或工艺条件临时变更时，技术部门在征求相关车间（作业区）、部门意见的基础上，以补充规定的形式对原工艺技术标准进行完善，报上级批准后下发执行。

技术部门在日常检查或专业评价过程中，发现标准需修订时，按相应流程进行标准修订、下发。各生产车间（作业区）在生产过程中应严格按照工艺技术标准进行操作和指标调整。生产部门在日常生产调度和指标控制中，严格执行工艺技术标准，保证生产的稳定和产品质量的合格。

选矿厂技术副厂长或总工程师负责全厂工艺稳定高效运行，负责对全厂工艺技术标准执行情况监督以及工艺技术标准调整的审核与审批，保证各项调整后的标准满足生产工艺要求。技术部门全面负责全厂工艺技术标准的制定和调整，负责对全厂工艺技术标准执行情况、标准与现阶段生产适应情况进行定期评价，有权根据生产经营、设备更新及技术进步等情况，或因原矿性质的变化，适时调整各项工艺技术标准。其他任何单位无权对工艺技术标准进行调整，各车间（作业区）发现标准不适合生产实际时，须及时向技术部门申报，技术部门调查审核后予以修订下发，车间（作业区）不得擅自调整或放宽标准要求。

46.3.4　选矿厂工艺技术标准的执行

在生产技术管理过程中，需要扎扎实实地针对存在问题通过工艺技术标准的执行进行系统性地整改。

既要保持工艺技术标准的相对稳定性，以便于掌握和执行；又要在实践中对工艺技术标准逐步完善与提高；同时现行的工艺技术标准在执行中要进一步细化。随着选矿技术的发展以及新设备、新工艺、新药剂的应用，部分工艺技术标准也要逐步完善。

建立原矿管理制度，了解和掌握矿山（或坑口）当月各采场供矿量及矿石性质，选矿车间试验室对将要生产的矿石提前 1~2 月做完原矿预选试验，以便及时给现场提供合理的操作制度和药剂制度。

有效地降低碎矿粒度，提高溢流细度。多爆破、多破碎，减少矿石含泥量、含水量。经常保持合适的钢球充填率，提高和稳定钢球质量。钢球质量稳定，制订合理的钢球充填率及补加钢球的技术标准，并严格执行工艺技术标准。

细化工艺技术标准，制定中间产品质量检查标准和检查制度。比如，破碎粒度及其粒度组成、破碎比；磨矿浓度、分级溢流浓度、细度及粒度组成；各选别作业的浓度和选别产品的品位，最终产品的品位和水分；尾矿品位及粒度组成；浓缩机排矿浓度和溢流中允许的固体含量等。督促检查、及时检测，发现问题及时与现场进行沟通，使各项工艺参数满足生产的需要。根据矿石性质变化，及时调整工艺技术参数，浮选厂要及时更新药剂制度。

对工艺流程进行经常的或不定期的流程考察，及时发现流程中存在的问题和薄弱环节，以便采取措施加以改进或组织攻关。一般磨浮系统每半年到一年应进行一次流程考察，碎矿系统每 2~3 年安排一次流程考察，还可根据生产中出现的问题，临时安排局部或全流程考察。

加强设备技术管理，健全设备维护维修制度。积极贯彻"计划检修为主"的方针，加强设备维护保养，提高设备完好率与运转率，保持生产，工艺的连续性和稳定性，为提高选矿各项技术指标创造条件。在实际生产中选矿技术指标的波动很大程度上与设备有直接或间接的关系。

认真抓好金属平衡工作。金属平衡的好坏是衡量选矿厂生产管理和技术管理工作好坏的重要标准。因此，选矿厂要加强对技术检测人员的培训、教育和管理，强化计量、取样、加工、化验等标准化作业管理工作；每月要进行一次实际金属平衡，查清金属损失在选矿工艺中的流向及原因，采取相应措施加以改进，使理论回收率与实际回收率之差保持在规定范围之内。

在执行工艺技术标准中，首先要加强对职工的思想教育和技术培训工作，使全体职工牢固树立规程是选矿车间生产的法规观念，以提高按工艺技术标准办事的自觉性；同时要建立考核制度，树立标准的严肃性；建立标准执行的责任制，确保标准的贯彻执行；加强工艺技术标准执行的检查，为确保工艺技术标准贯彻执行，必须自下而上对标准的执行情况进行自检、互检、监检，使其形成制度化。

随着科学技术的发展，选矿厂工艺技术控制与管理也必须与之相适应。传统工业化的技术特征是机械化、电气化和自动化，而现代工业化的技术特征，还要实现信息化。随着管控一体化在现代化选矿厂的应用与发展，操作者及管理者可以远程对选矿设备的工况进行监测，管理层可以随时采集到生产技术信息，在此基础上，利用一些先进的控制理论（如人工智能、专家系统等）建立选矿厂生产工艺技术所需的决策支持系统，实现选矿厂安全、生产、效益的多目标优化和生产过程自动化。同时，劳动生产率大幅度提高，企业综合管理水平得到进一步提升。

46.4　质量管理及流程考察

46.4.1　质量管理

大部分选矿厂所处理的原料为天然原矿石，其矿石性质波动较大。但选矿厂工艺是相对稳定的连续作业，其产品的销售要求却有着严格的标准及质量等级。实践表明，为冶炼提供"精料"，可以大大提高冶炼的技术经济指标。如某冶炼厂将铜精矿品位提高一个百分点，每年可多生产粗铜3135t，节约116万元。某钢铁公司将铁精矿品位提高一个百分点，高炉产量提高3%，焦比降低18kg/t，节约石灰石4%~5%，减少炉渣量1.8%~2%，每年运输量减少48万吨。如果铁精矿品位达到68%以上，可直接还原金属铁作为电炉炼钢的高级原料，大大简化冶炼流程。

"质量是企业的生命"，选矿厂要以质量为中心，以全员参与为基础，通过强化过程控制，不断提高产品质量。选矿厂产品质量管理通常包括制定质量方针和目标，以及质量策划、质量控制、质量保证和质量改进。

46.4.1.1　质量方针与目标

选矿厂应建立完善的质量管理体系，积极宣传贯彻 ISO 9000 标准。各级管理者要高度重视质量管理工作，在生产经营中牢固树立"质量第一"的思想。结合市场与生产实际，选矿厂厂长每年初都要亲自发布本年度质量方针；同时根据上级要求，制定先进可行的质量目标。通过制定质量方针与目标，指明选矿厂的质量宗旨和质量方向，使生产组织、科技工作、质量工作有章可循。

在贯彻 ISO 9000 标准工作中。通过分析讨论质量要素，确定质量环，编制质量手册、程序文件和有关的质量管理制度，并在质量管理体系运行中不断完善。

46.4.1.2　质量策划

质量策划致力于制定目标并规定必要的运行过程和相关资源，以实现质量目标。关键是制定质量目标并设法使其实现，并且对组织的相关职能和层次分别规定质量目标。

选矿厂每年年初要召开以厂长、总工程师为首的质量委员会会议，讨论通过当年的"质量工作计划"及"选矿厂工序质量标准"、"选矿厂质量指标考核办法"，进一步明确质量目标，并为各生产车间及相关科室制定各自的分质量目标，如碎矿工序的破碎机间隙达标率、产品粒度合格率；磨矿工序的浓度、细度合格率；选别工序的精矿品位、尾矿品位累计指标；脱水工序的精矿水分指标及溢流固体含量达标率等。"质量工作计划"要明确当年度质量工作指导思想及质量工作的活动主题；以监督、检查、抽查、考核为手段，严格执行"选矿厂工序质量标准"，保障在"选矿厂质量指标考核办法"中规定的各车间质量目标有效完成，从而保证实现选矿厂总体质量目标。

46.4.1.3　质量控制

质量控制致力于满足质量要求，是确保选矿厂生产的精矿满足冶炼或销售需要的过程。

质量控制首先要及时制定质量标准及考核办法。年初选矿厂要及时召开质量委员会议，落实选矿厂年度生产、经营技术计划，明确质量任务，讨论通过选矿厂为完成该任务的各级工序质量标准及考核办法，从而为完成选矿厂质量目标打下坚实的基础。

以强化工序控制保障质量控制。为保证和提高精矿质量，选矿厂应高度重视工序质量管理，在各关键工序和薄弱环节建立工序质量点，强化工序质量点控制。将工序的技术、管理要求和考核办法以"作业指导书"的形式下发到岗位，明确岗位人员的操作要点，提高工序质量的控制能力。同时技术检验部门对各车间的工序管理点进行专项检查，针对查出的问题督促生产车间及时整改；对各车间的工序质量进行不定期抽查，对达不到标准的车间进行严格考核；同时要求车间、岗位经常进行自查，技术检验部门随时抽检自查情况，并纳入日常质量考核。为切实提高工序质量，应要求工序之间"严格验收上工序，认真控制本工序，优质服务下工序"，工序之间互访，技术资料资源共享，根据下工序提出的意见进行有效整改。除此之外，技术部门每月要对全厂的工序质量完成情况进行详细的汇总、分析，并进行必要的考核。

严把入厂原料质量关。选矿厂对入厂的矿石、药剂、材料严格按规程取样、化验、检测分析，提供准确的质量数据，为生产提供强有力的指导。对质量不合格者，除拒付外还要给予相关责任人处罚。

加强质量信息反馈。质量信息是质量管理的依据和基础，不但能帮助发现质量问题，更重要的是解决质量问题。选矿厂应建立以生产调度为中心的内外部质量信息网络。在内部资料信息传递和反馈中，坚持及时、准确、快速的原则，将质量信息传递到岗位，便于岗位人员适时调整操作，保证工序质量达标。为进一步提高精矿品位的信息反馈速度，选矿厂可引进在线分析、快速检测的仪器仪表，从而更有效地稳定精矿产品质量及控制杂质含量。

及时分析总结质量状况。选矿厂每天的生产经营日报，要确切反映生产过程的质量状况。要及时进行每日质量分析及月质量总结，总结先进，查找不足，及时整改，从而形成以日保月、以月保年的良性质量循环。

46.4.1.4　质量保证

保证质量、满足质量要求是质量保证的基础和前提，质量管理体系的建立和运行是提供信任的重要手段。建立完善的质量管理体系，健全职责明确的质量管理机构，保证选矿厂生产过程处于受控状态，保证最终精矿质量满足要求。

46.4.1.5　质量改进

质量改进程序按照以下环节运行：收集信息—选择改进对象—确定改进目标—找出根本原因—确定改进措施—跟踪监督改进过程—结果评审验收—成果总结固化—表彰奖励。

质量改进管理层次化，将质量问题分为三类，第一类问题技术难度较大，需要借助外部力量协同解决；第二类有一定技术难度，主要由厂级组织力量解决；第三类管理和操作问题主要由各工序解决。按管理层次将改进项目分为指令性项目（或命题承包）和各单位自主改进项目。

对质量改进方法进行有效整合，根据改进工作包含的技术和管理因素的比重分为三个层次：第一层次为技术因素占主导地位的质量改进活动，实施主体主要是专业技术人员，采用命题承包和科技攻关方式；第二个层次为管理因素占主导，有一定技术含量，涉及多个流程的质量改进内容，以各相关工序管理人员和专业技术人员为主，组建项目团队，主要采取六西格玛改进方法实施改进；第三个层次为管理和操作因素占主导，涉及单工序问题，以基层班组人员为主，通过 QC 小组活动的形式，实现局部改进。另外还要在群众中广泛开展小改小革，小发明小创造，合理化建议、提案、先进操作法等活动，充分调动全员进行质量改进的积极性。

选矿厂每年都要围绕提高产品质量、降本增效的目标，通过实施科技命题承包项目、指令性质量改进课题、各单位自主开展的技术创新项目等方法，实现明显质量改进、产品质量提高、节能降耗及增效的目标。

不断提高选矿厂精矿质量，是选矿厂在市场经济中可持续发展的动力。选矿厂应赋予各部门、各岗位人员应有的职责和权限，为全体员工营造一个良好的工作环境，激励员工的创造性与积极性。充分发挥人力资源的作用，不断培训提高其业务和工作能力，通过提高员工工作质量为选矿厂创造最大的效益。

46.4.2 流程考察

选矿厂要定期和不定期地对生产状况、技术条件、技术指标、设备性能与工作状况、原料的性质、金属流向以及有关的参数，通过取样、检测、化验分析、数据采集与计算，做局部及全部的调查。该调查过程称为选矿流程考察。选矿厂通过流程考察不仅可了解工艺流程内部存在的问题，也可对新投入的设备及工艺流程进行检查考评，以及检查新药剂、新技术使用后的效果如何。

流程考察的目的是了解选矿工艺流程中各作业、各工序、各设备的生产现状和存在的问题，并对工艺生产流程在质和量方面进行全面分析和评价；为制订、修改和完善技术操作规程和岗位作业指导书提供可靠的依据；为总结各工序的设计和生产技术工作的经验提供资料；寻找改善机会，有针对性地进行技术改造和改进，提高工艺技术水平和设备效率；可以为其他类似选矿厂提供设计参考依据。

流程考察分为：单元考察，即对选矿工艺的某个机组作业进行考察，如筛分流程考察、磨矿流程考察等；工序考察，即对两个以上相互联系的作业或选矿工艺的某段作业进行考察，如破碎系统考察、浮选系统考察、脱水系统考察等；选矿厂全流程考察，包括工艺数质量流程和矿浆流程考察。选矿厂这种考察规模比较大，取样点多，参与人员较多。

流程考察的内容根据考察的目的要求而不同。但进行全厂性的流程考察，考察报告一般要提交如下资料：原矿性质，包括矿物组成、化学组成、粒度特性分布状况、含泥率、水分、矿石的密度、有用矿物的嵌布特性等；各工序、作业的设备规格型号及操作参数或条件；数质量流程图，根据查定的数据，计算出工艺流程的数质量指标。将数质量指标（包括产量、产率、回收率、品位）列入流程图中，获得工艺数质量流程图；矿浆流程图，根据查定数据，计算矿浆浓度及耗水量，将数据列入流程图中即获得矿浆流程图；主体设备的效率和操作状况；主要辅助设备的效率和操作状况；全厂金属回收率、分段回收率、最终产品各粒级金属回收率以及最终产品质量情况；金属流失情况及原因分析；其他选矿工艺技术经济指标；流程中存在的主要问题及改进建议。

流程考察的程序分为：

（1）前期准备 绘制需要查定的详细工艺流程图；制订流程考察取样计划图，根据详细流程图、流程考察的要求、流程计算的需要、结合现场取样方便、安全可靠等每个取样点的情况，制订流程考察取样计划图；确定取样时间和取样次数，取样时间一般 4~8h，每隔 20~30min 取一次，矿浆浓度小的取样次数可以适当增加或取样量增加；确定测定方法和分析方法，对每个取出的样品进行处置处理，获得所需要的数据，如矿浆浓度采用干法还是湿法，筛析要分哪些级别，哪些级别需要进行化验，化验分析哪些元素和指标；确定流程考察参加人员、参加人员工作分工表。根据流程考察取样计划图，明确流程考察所需工具，还要结合取样频次和现场的取样难度、称样、过滤、制样以及工作量大小，确定查定每个参加人员分工及总人数，编制流程考察参加人员的工作分工表。

（2）考察实施 按照流程考察计划进行取样、测定、计算、分析和研究。流程考察过程中要注意设备的操作条件是否正常，查定应在设备正常运转时进行，考察过程中应详细记录设备运转及其他条件的变化情况。应提前成立一个取样组织机构，取样人员事前进行专门培训，统一指挥、分工明确；取样期间不能随便更改取样人员，各项原始记录必须记录清楚。取样时应注意：取样要统一管理和行动，取样时间要一致；取样前认真核对取样点号码和标签是否一致；取样前要对取样工具进行取样涮洗；取样工具专用，不能混用；切勿使矿浆溢出取样勺；取样量应均匀；各所取样品不能随便倒出澄清的水；所取试样应妥善保存，不能被别人踢翻或碰倒，不得混入杂物；流程未知的取样点都要进行取样，以防某个取样点有问题时作为补充取样点或在计算时用于验证数据的准确性。流程考察要有一定的时间长度，否则不能准确分析和评价流程。取样中一旦出现异常情况要及时汇报，便于及时做出处理。

（3）样品加工工作 流程考察取样结束后，样品要及时计量、过滤，以保证矿浆浓度的准确性；筛析和水析样烘干到含水5%左右就要缩分，不得过分干燥，以免碎裂改变粒级组成；样品加工的工具必须清洁，不可混用，原、精、尾矿样品分别加工，同时要遵循样品由低品位到高品位的加工顺序依次进行；所有样品要留有副样，以备复查。

（4）流程计算 将所有流程考察的资料进行整理、计算、分析、会审，提交工艺流程考察报告。

取得必需的原始数据指标后，要进行流程计算，其计算程序为：对于全流程，应该由外向里算，即先计算出整个流程的最终产物的全部未知数，然后再计算流程内部的各个工序；对于工序（或循环）而言，应一个工序一个工序地计算；对产物而言，应计算出精矿的指标，然后再根据原矿计算出尾矿作业指标；对指标而言，应先计算产率，然后依次计算回收率和未知品位。计算方法就是根据各个作业进出产品的品位或产率平衡和金属量平衡关系计算未知的产率、回收率和品位值。计算结果都要校核平衡，先校核产率，再校核回收率和金属含量；计算结果用作图或列表的方法表示；对于固定的流程，为了提高工作效率，流程考察组织人员可以用计算机程序进行计算，得出计算结果。

关于流程考察的实际算法有几种类型，可参考第17章"选矿厂设计"。

（5）结果分析 流程计算之后，应画出数质量流程图和矿浆流程图以及粒级计算结果。此后，应进行如下的分析判断工作：根据历史资料和现场生产情况判断流程的合理性；根据设备性能和矿石特性，研究矿量在各个设备上的负荷分配；根据矿石性质、筛分和化验结果，研究各主要选别设备的效率；研究主要辅助设备的效率及其对选别过程的影响；研究最终精矿质量情况和各粒级的特点，以提高产品质量；研究各作业的回收率和金属流失的主要原因；研究伴生有用矿物在选别过程中的综合回收问题；对流程、作业或设备等存在的问题提出可行的改进建议或措施。

46.5 金属平衡管理

选矿生产中，进入选矿作业的原矿金属含量和选矿产品中的金属含量的平衡，称之为选矿金属平衡。选矿金属平衡包括理论金属平衡和实际金属平衡，理论金属平衡是根据原矿实际重量与品位、产品（精矿和尾矿）的化验品位进行计算，实际金属平衡是根据原矿实际处理量、产品实际重量和化验品位进行计算。

为了评定选矿厂某一期间（班、日、旬、月、季、年）的工作情况，必须按一定形式编制关于入厂矿石和已处理矿石以及选矿产品的报表，其中包括矿石重量，所得到的选矿产品重量，矿石和选矿产品化学分析结果，精矿中的金属回收率等。选矿厂生产技术管理人员通过金属平衡表的编制和流程考察可及时发现选矿生产中存在的技术管理，设备等方面存在的问题。要及时对问题进行分析，了解各环节金属流失或指标低的原因，研究进一步开展节能降耗，改进工艺和设备，采用新技术，新设备的措施和途径，从而为提高选矿厂经济效益创造必要的条件。

选矿厂的理论金属平衡，又叫工艺平衡；另一种实际金属平衡，又叫商品平衡。

理论金属平衡没有考虑选矿过程的金属流失。是根据原矿、精矿、尾矿的化验品位，计算出精矿回收率，这个回收率成为理论回收率。根据原矿处理量以及原矿、精矿和尾矿品位而编制的金属平衡，叫作理论金属平衡或工艺平衡。

实际金属平衡，是扣除了各个选矿阶段的机械损失和局部流失后的实际金属平衡，如浮选泡沫跑槽、砂泵喷浆、浓缩机溢流跑浑、管路漏浆、运输途耗等因素造成的金属流失。实际金属平衡是根据现场实际处理的原矿量及原矿品位和得到的实际精矿量和精矿品位，计算出精矿回收率，这个回收率称作实际回收率。

选矿厂处理矿石中的金属量，在理论上应当等于选矿产品中所含的金属量，但是实际在金属平衡表中却不一致。差值决定于取样加工、化验分析和机械损失。差值小说明选矿厂生产技术管理水平高，差值大则说明管理水平差。金属平衡规范要求浮选厂理论与实际回收率允许误差：单一金属正差不得大于1%；多金属以主成分为主，正差不得大于2%，一般不应出现负差。重选厂理论与实际回收率允许误差：单一金属正负差不得大于1.5%；多金属正差不得大于3%，负差不得大于2%。

46.5.1 理论（工艺）金属平衡

理论金属平衡（也称工艺金属平衡），是根据在平衡期间内的原矿石和最终选矿产品（精矿与尾矿）化验得到的品位算出的精矿产率和金属回收率，因未考虑过程中的损失，所以此回收率称为理论回收率，该金属平衡表称为理论金属平衡表。它可以反映出选矿过程技术指标的高低。一般按班、日、旬、月、季和年来编制。可作为选矿工艺过程的业务评价与分析资料，并能够根据在平衡表期间内的工作指标，对个别车间、工段和班的工作情况进行比较。

工艺金属平衡不仅用于对工艺过程进行作业检查，而且也反映整个企业生产活动各生产班的工作情况。如果具有生产过程各环节的取样资料，则可为任何环节编制工艺平衡。根据工艺平衡确定金属回收率、金属的富集比、产品的产率及选矿比等。

工艺平衡的编制方法，可能有以下几种情况：

　　由原矿生产两种最终产品，例如，由铁矿石得到铁精矿和尾矿。在此情况下，矿石中的一种金属按两种产品分配。

　　由原矿得到三种最终产品——两种精矿和尾矿，如铁精矿、硫精矿和尾矿，或铜精矿、锌精矿和尾矿。矿石中的两种有用成分按三种产品分配。

　　由原矿得到四种最终产品——三种精矿和尾矿，如铜精矿、铅精矿、锌精矿和尾矿。在此情况下，矿石中的三种金属（铜、铅、锌）按四种产品分配。

　　为了能够及时掌握生产信息，便于选矿产品的统计，选矿厂一般要编制工艺金属平衡表。工艺金属平衡表是根据原矿和选矿最终产品（精矿和尾矿）的化验分析资料，以及被处理的矿石的数量进行编制的。工艺金属平衡表一般包含以下内容：磨机开车时数、磨矿台效、原矿处理量、原矿品位、精矿品位、尾矿品位、原矿金属含量、精矿金属含量、回收率、精矿量、入选细度、精矿水分等。

46.5.2　实际（商品）金属平衡

　　实际金属平衡（也称商品金属平衡），是根据在平衡期间内所处理矿石的实际数量、精矿的实际数量（如出厂数量及留在矿仓、浓密机和各种设备中的数量）以及原矿和精矿化验品位算出的精矿产率和金属回收率，所以此回收率称之为实际金属回收率，此金属平衡表称之为实际金属平衡表。它反映了选矿厂实际工作的效果。一般实际金属平衡表按月、季、年编制。实际金属平衡表一般包含以下内容：原矿数量、品位、金属量，精矿数量、品位、金属量、回收率、尾矿品位、各部位金属流失以及精矿仓存留量等。

　　根据实际金属平衡表中的数据，可以知道出厂商品精矿的数量、金属量和商品精矿的回收率、在产品的余额和产成品精矿的库存量以及工艺过程中金属的机械损失等。

46.5.3　理论和实际金属平衡差值产生的原因及其分析

　　选矿厂工艺过程是一个连续的生产过程，除了原矿和最终产品（精矿和尾矿）外，中间产品很多，影响选矿过程的因素也很多。原矿和中间产品的质量发生变化或选矿过程的因素发生波动，都要影响选矿的结果和最终指标。

　　选矿过程金属流失集中反映在实际回收率与理论回收率的差值上。理论回收率一般都高于实际回收率，但有时也会出现反常现象，实际回收率高于理论回收率，这主要是因为取样的误差、原矿与选矿产品的化验分析及水分含量测定的误差，以及原矿与选矿产品计量的误差等所造成的。比较理论金属平衡表和实际金属平衡表，能够揭示出生产过程中金属流失的情况。差值愈大说明选矿厂在技术管理与生产管理方面存在的问题愈多。这就要查明生产过程的不正常情况，以及取样、计量与各种分析和测量上的误差，并及时予以解决。

　　做好金属平衡管理，理论和实际金属平衡差别越小越好，差别越小，说明工艺过程中机械损失小。两者差别的大小是衡量该企业组织管理工作是否先进、技术操作是否完善的重要标准。因此，编制金属平衡表是极重要的，必须定期进行，以便有效地指导生产。

　　金属平衡差值产生的原因，大体由以下因素引起：

　　（1）选矿过程中金属的机械损失。机械损失，主要是指未计入产成品精矿和尾矿中的金属量，如泵池漫浆，浓密机溢流跑浑、设备和管道漏浆、干燥机烟尘损失等。一般情况下，这部分金属损失量仅占金属回收率的 0.1% ~ 0.2% ，最多不超过 0.5% 。

（2）测试误差的影响。测试误差有以下几种：

1）过失误差。过失误差是一种显然与事实不符的误差。是由工作中的过失引起的，如计量不准确、取样代表性不足、样品加工超差、试样泼洒等。

2）系统误差。系统误差是以恒定不变的，或者是遵循着一定规律变化的数值。系统误差通常是由测试器具或测试溶液不标准、测试设备固有的缺陷或处理能力不适应、测试人员的个性和习惯不同，以及测试器具调试不好等因素所造成的。系统误差对金属平衡影响较大，一般要影响平均差值 1% ~ 2% ，或者更多。

3）偶然误差。又叫随机误差，它是在测试过程中难以消除的一种误差。在同一条件下，对同一对象进行反复测量时，在极力消除和改正引起系统误差的一切因素之后，仍然留下很多不能确切掌握、甚至完全无知的因素，以各种情况影响测量结果，这就构成了偶然误差。

（3）中间产品的积存。中间产品包括在产品和留存在流程中的金属。而留存在流程中的金属，不便进行计量，生产流程越长对平衡差值的影响越大，所以到月末尽可能把中间产品处理完，对上期结存数和本期结存数进行认真盘点，以便能够准确编制月份的金属平衡表。

46.5.4 缩小金属平衡差值的措施

由于影响金属平衡差值的因素很多，所以出现异常现象的差值是很难避免的。关键在于要及时发现问题并加以解决，使金属平衡差值始终在允许的范围内波动。

为了使金属平衡差值不超出允许的范围，需要对影响金属平衡差值的因素进行全部或局部、定期或不定期的调查分析。调查分析大致包括下列几个部分：

（1）原矿计量误差。包括矿浆计量器的缩分比误差、皮带秤计量误差、称样台秤误差、原矿水分误差、矿石密度误差等。

（2）原、精、尾矿品位误差。包括取样误差、试样加工误差、化验误差等。

（3）精矿计量误差。包括磅秤称量误差、水分样误差等。

（4）在线产品的测量误差。

（5）机械损失的测量误差。

要做好金属平衡的编制工作，减小平衡差值，必须抓好以下几项工作：计准入厂的原矿量；测准原矿品位；测准精矿、尾矿品位。新建、改建选矿厂时，应为编制金属平衡创造条件，所采用的计量采样方法以及设备的选择要在总体上同时考虑、同时订货、同时付诸施工。这样可做到一投产就能考核生产指标的高低，并能为进一步提高生产技术指标提供依据。

46.5.5 金属平衡的管理

企业应成立金属平衡管理委员会，由负有执行职责的管理者任主任委员，负责金属平衡管理工作的职能部门负责人任副主任委员，相关的职能部门负责人任委员。统一领导企业金属平衡管理工作，并负责金属平衡的日常管理工作。

（1）金属平衡管理委员会的职责和权限。

认真贯彻上级有关方针、政策、规定，统筹安排金属平衡管理工作；按月、季、年审查和批准金属平衡报表及有关金属平衡的上报、下达文件；检查和协调各相关部门所承担的金属平衡管理职责和任务执行情况；组织研究减少金属流失的方法和措施，并督办实施；对金属平衡管理工作进行考核评价。

（2）各相关职能部门的职责和权限。

检查和验收原料、产品、中间产品（包括中间物料）的数量和质量，并会同相关部门定期进行盘点；统计、分析金属平衡的有关数据。按月、季、年汇编企业金属平衡表和有关分析资料，提交金属平衡管理委员会审批；及时了解生产情况，不断改进金属平衡管理工作；对各相关部门的贯彻、执行金属平衡管理委员会所作决定的情况进行监督检查；调查、确定金属流失情况，会同有关部门研究改进措施，并及时向金属平衡管理委员会提出报告。

金属平衡是综合衡量选矿厂生产管理、技术管理和经营管理水平的重要标志。金属平衡的资料是选矿厂各项工作的重要基础资料，它及时、准确、完整地反映实际生产情况。为加强选矿厂生产、技术和经营管理，搞好金属平衡工作，必须做好金属平衡。

选矿厂要加强对技术检测人员的培训、教育和管理，加强计量、取样、加工、化验等工作；每月要进行一次实际金属平衡，查清金属损失的流向及原因，采取有力措施加以改进，使理论回收率与实际回收率之差达到要求。

对生产现场的矿石可选性进行试验，以便发现问题及时指导生产；现场出现问题时可先通过小型试验进行验证对比，找出问题的原因而予以解决。对新药剂、新工艺首先在试验室进行探讨性试验，根据试验结果考虑进行半工业试验或工业试验。

建立各项技术管理制度，坚持"精矿质量和金属回收率并重"的原则，坚持"均匀给矿、细磨、精选"的技术操作。建立原矿管理制度，了解和掌握矿山当月各采场供矿量及矿石性质，有条件的选矿厂试验室必须提前 1~2 月将采场试验做完，以便给现场提供合理的操作制度和药剂制度。如品位变化很大，可采取配矿处理。制订合理的浮选药剂制度和钢球充填率及补加钢球或钢棒的技术标准，制订中间产品质量检查标准和检查制度，及时检测，发现问题及时与现场进行沟通，使各项工艺参数满足生产的需要。对工艺流程进行经常的或不定期的流程考察，及时发现流程中存在的问题和薄弱环节，以便采取措施加以改进或组织攻关。

综上所述，金属平衡管理工作是整个选矿厂管理工作中的一个重要组成部分。加强金属平衡管理工作对选矿生产过程的正常进行、选矿产品质量的提高、促进企业节能及提高员工技术素质、业务能力、工人岗位操作水平等方面具有决定性的影响。因此做好选矿金属平衡工作是选矿厂全面提升管理水平、提高经济效益的重要保证。

46.6　机电设备的操作管理

选矿厂使用的机电设备、仪器仪表种类繁多，规格复杂。实际工作中，常将机械设备和电气设备简称为机电设备。机电设备使用的好坏直接影响企业的生存和发展，而机电设备的操作管理是企业管理最重要的管理之一。

选矿厂机电设备的操作是直接将技术方案与机电设备生产实际紧密联系起来的重要环节，选矿厂应根据矿石性质，工艺流程的结构，编制详细合理的安全技术操作规程。编制的安全技术操作规程，要符合有关规定和本厂的生产实践。为了使工人尽快掌握操作技术，应根据生产需要和可能，举办多种形式的业余或脱产技术学习班，对工人进行技术培训，同时要大力开展操作技能劳动竞赛，组织员工进行现场技术表演和岗位练兵，不断总结先进经验和操作方法，提高工人的技术素质和操作技能。

46.6.1 建立、健全机电设备使用、维护技术规程

选矿厂机电设备使用、维护安全技术规程，是根据本厂机电设备使用、维护说明书，结合生产工艺要求制订的，是用来指导员工正确操作使用和维护机电设备的企业技术标准。

规程制订与修改的要求是：

（1）首先要按照设备使用管理制度规定的原则，正确划分设备类型，并按照设备在生产中的地位、结构复杂程度以及使用、维护难度，将设备划分为重要设备、主要设备、一般设备三个级别，以便于规程的编制和设备的分级管理。

（2）凡是安装在用的设备，必须做到台台都有完整的使用、维护规程。

（3）对新投产的设备，工厂要负责在设备投产前30天制订出使用、维护规程并下发执行。

（4）当生产准备采用新工艺、新技术时，在改变工艺前10天，生产厂要根据设备新的使用、维护要求对原有规程进行修订，以保证规程的有效性。

（5）岗位在执行规程中，发现规程内容不完善时要逐级及时反映，规程管理专业人员应及时到现场核实情况，对规程内容进行增补或修改。

（6）新编写或修改后的规程，都要按专业管理的有关规定分别进行审批。

（7）对使用多年，内容修改较多的规程，要通过操作者、现场工程技术人员与专业管理人员相结合的方式，由工厂组织重新修订、印发并同时通知原有规程作废。

（8）当设备发生严重缺陷，又不能立即停产修复时，必须制定可靠的措施和临时性使用、维护规程，工厂批准执行，缺陷消除后临时规程作废。

设备使用规程必须包括的内容有：

（1）设备技术性能和允许的极限数，如最大负荷、压力、温度、电压、电流等。

（2）设备交接使用的规定。两班或三班连续运转的设备，岗位人员交接时必须对设备运行状况进行交接，内容包括设备运转的异常情况、原有缺陷变化、运行参数的变化、故障及处理情况等。

（3）操作设备的步骤，包括操作前的准备工作和操作顺序。

（4）紧急情况处理的规定。

（5）设备使用中的安全注意事项。非本岗位操作人员，未经批准不得操作本机，任何人不得随意拆掉或放宽安全保护装置等。

（6）设备运行中故障的排除。

设备维护规程应包括的内容有：

（1）设备传动示意图和电气原理图。

（2）设备润滑"五定"图表和要求。

（3）定时清扫规定。

（4）设备使用过程中的各项检查要求，包括路线、部位、内容、标准状况参数、周期（时间）、检查人等。

（5）运行中常见故障的排除方法。

（6）设备主要易损件的报废标准。

（7）安全注意事项。

46.6.2　设备使用过程管理要求

（1）操作者必须专业培训，持有操作证。凡新上岗的和尚未取得操作证的人员，必须在持有操作证的操作者的指导下方可操作。非操作者未经批准，不得使用。

（2）操作者上岗时，要穿戴合适的劳动防护用品，要保持清醒的头脑，精神状态不佳，不得上岗。

（3）操作者熟悉设备设施的构造和使用方法，能够识别出机器的危险部位，并能有效地自我保护。有责任心，未经允许不得擅自离开工作岗位。

（4）设备设施启动前，必须按使用规程的规定进行检查。并进行必要的试操作，同时观察上下工序和设备设施区域内是否有人工作或置放物件。

（5）操作者对设备出现故障或紧急事故，有足够的应变能力，处变不惊，紧急停车，即时排除故障，排除不了的要即时上报情况，防止事故扩大。

（6）生产线上或集体操作的设备设施，要熟悉和掌握开车前的联系方法和内容。

（7）必须先发出启动设备设施的警告信号，然后按设备设施使用规程规定的动作程序进行操作，设备设施在启动和运转过程中，应注意检查是否有不正常的现象。

（8）紧急状态的处理：当设备在启动过程或运行中，发现异常情况时，为保证人身和设备设施安全，必须要当机立断地立即停车。

（9）任何人未经批准不得随意取消或改变安全装置。

（10）任何人未经批准不得乱割乱焊和改变设备设施结构。

（11）关键要害岗位，实行两人操作确认制，即一人操作一人在旁监护，避免出现操作失误，导致重大人身和设备设施事故的发生。

（12）必须严格执行交接班制度，交班的操作人员应详细向接班的操作人员交代本班设备设施运行情况和尚未处理的设备设施故障，并填好交接班记录，双方在交接班记录上签字。

（13）设备设施在运行中发现故障，凡在本班可以处理的，不得交下一班处理，本班无法完全处理，未完成部分可交给下一班，接班人员应接着处理完成，并详细检查，一切正常后，方可开车。

（14）设备设施的运行部位或运转区域内维修，必须在停机后设备设施处于静止状态下进行。

（15）设备设施在启动运行中，应对周围环境进行监视，注意前后工序的衔接与配合，注意仪表指示变化。

（16）对违反设备设施使用规程的现象应及时给予纠正，并提出批评，情节严重者应通知其主管领导严肃处理。

（17）必须保持设备设施区域的文明卫生，每班工作人员应每日对设备设施进行擦拭及区域内的打扫工作，以保持设备设施和区域的整洁。

46.6.3 设备维护要求

（1）维护管理人员要经常到生产现场检查，发现设备故障，应立即通知单位负责人，情况严重时，有权责令停车维修。

（2）生产单位必须为维修人员创造安全维修条件，维修人员应遵守各项规章制度，保质保量完成维修任务。

（3）维修人员必须穿戴好工作服、安全帽等劳动保护用品，在维修过程中，必须严格遵守维修规程和本工种的安全技术操作规程。

（4）凡有两人以上同时参加维修项目的，必须指定一人负责安全工作。

（5）在易燃、易爆区域内维修时，不得使用能产生火花的工具敲打、拆卸设备设施；临时用电设施或照明，必须符合电气防爆安全技术要求。

（6）凡进入有毒、有害部位作业，在采取了有效防护措施后，方可进行作业。

（7）电气设备设施维修必须严格执行电气安全技术规程和有关的其他规定。

（8）在维修之前，有关部门应根据设备的检修、试验周期和工作量，并结合生产安排（需要停产检修的项目），编制设备维修计划。

（9）矿山在进行重大的停产检修工程时，要很好地组织实施。指定检修项目的负责人，明确任务；及时掌握检修质量和进度，处理临时出现的问题；检查安全情况，保证作业安全；做好停电、停风、停运、排水等方面的具体安排等，以保证整个检修工程按时按质和安全地完成。

（10）设备检修完成后，要按检修质量标准进行验收；大型设备在部分检修完成后，应及时进行中间验收，以确保整个工程的质量。

（11）在检修过程中要做好记录，检修结束要进行整理，并存入设备档案。

46.6.4 新设备操作、维护、检验、测试要求

46.6.4.1 新设备操作要求

操作人员需经过供应商的技术人员的指导培训，或是经专门的培训，熟识设备的各项操作，严格按照设备操作规程对设备进行操作，能够处理设备一些简单的故障。

在操作使用新设备时，要随时观察设备的运行情况，做好记录。

新设备在开始工作时负荷要适当，不能承受太过繁重的负荷，设备应得以有效地磨合。

做好新设备在磨合期的各项工作，可以有效地降低设备发生故障的可能性，提高设备的使用寿命。

新设备磨合规定：空负荷运行24h，30%负荷运行24h，50%负荷运行24h，70%负荷运行24h。

46.6.4.2 新设备维护要求

维护人员需要经过专门的培训，掌握设备维护检查需要的各项技术技能。

新设备在进行维护时，需要按照操作规程进行，不熟悉的地方，需要在专业人员的指导下进行维护工作。

做好新设备维护检查记录，以便将发现的各种问题及时反馈给供应商。

46.6.4.3　新设备检验、测试要求

新设备的检验、测试要由专业技术人员进行，必要时需与供应商的技术人员协同进行。

检验、验收的结果尤其是设备的运行性能，要做好记录。

46.6.4.4　风险识别

针对新设备，由点检站识别出其在采购、安装、调试、验收及使用中的风险。

46.6.4.5　技术资料、图纸和记录的管理

单位的技术资料、图纸和记录由技术部（或相关职能部门）统一保管。

各部门的技术资料、图纸和记录必须将副本及时报送技术部（或相关职能部门）进行归档。

档案要登记建卡，记录归档时间、存档期限、机密程度、产生部门、借阅记录等。

员工借阅单位的技术资料、图纸和记录，必须填写借阅申请单，申请单上必须经该员工的所在部门负责人和技术部（或相关职能部门）负责人签字，否则，管理员可拒绝借阅请求。

技术资料、图纸和记录的销毁处理经技术副厂长（或主管领导）审批后，在具体负责人监督下，集中进行。

管理员必须做好技术资料、图纸和记录的安全防护工作，进行严格的防火、防盗、防潮、防鼠工作，保持管理场所整洁、卫生。

46.6.5　设备管理部门职责

（1）协调生产单位和分管科室之间的设备管理工作，形成正常、有序的设备管理制度。

（2）负责组织编制设备管理制度，经审批后实施。

（3）负责组织制定设备、备品备件及动力供应计划，并组织实施；参与设备、备品备件采购过程中的合同评审。

（4）严格设备、备品备件供应质量管理。

（5）负责生产设备在生产过程中的有效运行。

（6）负责安全、环保设备的有效运行。

（7）根据产品质量要求，负责组织人员改善设备性能，提高工艺装备水平。

（8）负责组织设备大修、特大和重大设备事故的抢修。

（9）负责审核批准新设备、新材料的应用，推广应用先进设备。

46.6.6　设备技术档案管理

设备技术档案管理是指设备自购入（自制）开始直到报废为止整个过程中的历史技术资料，能系统反映设备物质形态运行的变化情况，是设备管理不可缺少的基础工作和科学依据。完整、系统的设备技术档案，可以充分掌握设备使用性能的变化情况，有利于实现对设备的全过程管理；实现对设备实时维修，为设备更改、备品备件供应计划的编制提供依据，为落实岗位责任制、分析设备事故原因提供原始资料；科学的档案管理，有利于企业设备管理的连续性，不因机构、人员的调整与变动而中断；档案材料的妥善管理，有利

于与相关单位的业务往来和协作,可以维护自己的合法权益。因此,选矿厂要加强设备技术档案管理:

(1) 设备档案应全面记录设备从计划、采购、验收、安装、使用、维修、报废的管理过程,档案内容应齐全、准确。

(2) 各级档案管理人员要按照档案内容要求,认真及时地填写设备档案,并定期和设备管理部门核对档案内容,确保设备档案准确性。

(3) 使用单位和设备管理部门必须有专人负责设备档案的管理。

(4) 文字档案外借要有详细记录,借阅人姓名、借出日期、归还日期、借阅用途,到期不还档案,管理人员要及时催要。

(5) 微机档案应按月备份,备份由档案管理人员负责保管,备份文件不得丢失、不得改动,备份保存一年后经与文字档案和当前微机档案核对无误方可销毁。

(6) 设备固定资产的增加、调拨、租借、封存、报废、处理等,应及时办理相关财务手续并记入设备档案。

(7) 新增设备到货验收合格后,领用单位应同时填写固定资产增加变动单。

(8) 设备调拨单应存入设备档案。设备报废后应及时填报固定资产减少变动单,核销固定资产,并将报废原因及处置办法记入设备档案。

46.6.7 设备事故管理

凡正式投产的设备,不论何种原因造成设备损坏以致不能运行的,皆称为设备事故。

(1) 发生设备事故应立即向设备管理部门汇报,同时积极组织力量进行抢修。

(2) 设备事故调查执行四不放过的原则,即事故原因没有查清不放过,事故责任者没有严肃处理不放过,广大员工没有受到教育不放过,防范措施没有落实不放过。

1) 一般和微小事故由事故发生部门负责组织调查,设备管理部门派人参加。

2) 重大设备事故由设备管理部门组织相关人员组成事故调查组,进行事故调查。

3) 发生特大设备事故,事故单位应及时采取紧急措施,防止事故扩大。并由主管领导和安全、生产、设备管理等有关部门组成调查组,进行事故调查。

(3) 设备事故原因可分为:①设计不合理;②安装调试有缺陷;③制造质量差;④违章指挥,违章操作;⑤维护保养不到位;⑥检修技术方案失误;⑦野蛮检修作业;⑧检修质量(包括材质不合理)差;⑨超期检修、检验;⑩安全附件、仪器仪表失灵等。

(4) 本着四不放过的原则,找出事故原因,提出防范措施,研究修复方案。事故单位应及时提出书面报告,经调查组同意报主管领导审批,向员工公布。

(5) 对事故责任者要做出处理意见,根据情节轻重和责任大小,分别给予批评教育、行政处分或经济处罚,触犯法律者要依法追究法律责任。

(6) 发生设备事故隐瞒不报或弄虚作假的部门和个人,根据事故严重性给予经济处罚,并追究领导责任。

(7) 设备管理部门应经常督促检查预防设备事故措施的贯彻执行,并督促生产车间经常对工人进行事故预防和安全教育工作。

(8) 对于重大未遂事故也应像对待已发生事故一样,找出原因,吸取教训。

46.6.8　设备大中修制度

为消除设备缺陷、隐患，合理使用大中修资金，改进设备技术状况，提高设备大中修的经济效益；为选矿厂设备安全高效运行创造条件，选矿厂要加强设备大中修管理工作。

（1）贯彻大中修与改造相结合的原则，积极推动设备技术进步。

（2）设备大修范围包括：已达到大修周期或停产时接近大中修周期的设备；主机大中修时，日常不能单独停机检修的附属设备；必须通过大中修才能恢复其性能的设备。

（3）设备大中修计划应在上半年度由使用单位申报，设备部门统一汇编，主管厂长审核后，报上级主管部门审批。

（4）批准后的大中修项目不得随意变更，如有特殊情况需要调整时，须经上级有关部门同意。

（5）设备部门统一组织设备大中修项目的实施，并负责审查施工方案及实施图纸，落实备品配件到位，监督施工质量与进度。

（6）外委大中修项目，使用单位应积极配合；其余大中修项目，由使用单位负责具体实施。

（7）设备部门会同有关单位对完工的大中修项目进行验收，并负责收集技术资料。

（8）经大中修的设备交付使用后，使用单位负责检查运行情况，保修期内发现有质量问题应及时向设备部门报告。

（9）保修期内的质量问题由设备部门责成施工单位解决，并监督其施工质量和进度。

（10）设备大中修的相关技术资料要及时归档。

随着经济体制改革的进一步深化，选矿企业已由生产型向生产经营型转变。因此，对一个选矿企业来说，仅仅更新陈旧的设备是不够的，尤为重要的是如何实现设备资源的有效整合，提高设备管理综合效率和效益，提升岗位员工机电设备操作技能，降低运行成本，发挥其最大效用，进而增强企业在市场中的核心竞争力。

随着设备技术的快速发展，以及人力成本的不断上涨，选矿厂逐步朝着集成化、大型化、精密化、自动化、计算机化的方向发展。先进的设备与落后的设备管理之间的矛盾日益严重地困扰着企业，成为企业前进的障碍。因此设备管理也应有先进的管理方法与之相适应，才能保证设备高效、安全、可靠运行。为促进企业发展，提升企业竞争优势，企业必须创新设备管理。

46.7　尾矿库管理

尾矿库是指筑坝拦截谷口或围地构成的，用以堆存金属或非金属矿山矿石选别后排出尾矿或其他工业废渣的场所。

尾矿库一般由尾矿堆存系统、尾矿库排洪系统、尾矿库回水系统等几部分组成。尾矿堆存系统一般包括坝上放矿管道、尾矿初期坝、尾矿后期坝、浸润线观测、位移观测以及排渗设施等；尾矿库排洪系统一般包括截洪沟、溢洪道、排水井、排水管、排水隧洞等构筑物；尾矿回水系统大多利用库内排洪井、管将澄清水引入下游回水泵站，再扬至高位水池。也有的在库内水面边缘设置活动泵站直接抽取澄清水，扬至高位水池。

尾矿库具有保护环境的作用。选矿厂产生的尾矿不仅数量大，颗粒细，且尾矿水中往往往含有多种药剂及重金属，如不加处理，则必造成选矿厂周围环境严重污染。将尾矿妥善贮存在尾矿库内，尾矿水在库内澄清后回收循环利用，可有效地保护环境。尾矿库可以充分利用水资源。选矿厂生产是用水大户，通常每处理1t原矿需用水4~6t；有些重选厂甚至高达10~20t。这些水随尾矿排入尾矿库内，经过澄清和自然净化后，大部分的水可供选矿生产重复利用，起到平衡枯水季节水源不足的供水补给作用。一般回水利用率达70%~90%。尾矿库可以保护矿产资源。有些尾矿还含有大量有用矿物成分，甚至是稀有和贵重金属成分，由于种种原因，一时无法全部回收利用，将其暂贮存于尾矿库中，可待将来再进行回收利用。

尾矿库具有以下特点：尾矿库是矿山企业最大的环境保护工程项目。可以防止尾矿向江、河、湖、海、沙漠及草原等处任意排放。一个矿山的选矿厂只要有尾矿产生，就必须建有尾矿库。所以说尾矿库是矿山选矿厂生产必不可少的组成部分；尾矿库基建投资及运行费用巨大。尾矿库的基建投资一般约占矿山建设总投资的10%以上，占选矿厂投资的20%左右，有的几乎接近甚至超过选矿厂投资。尾矿设施的运行成本也较高，有些矿山尾矿设施运行成本占选矿厂生产成本的30%以上；尾矿库是一个具有高势能的人造泥石流的危险源，在长达十多年甚至数十年的期间里，各种自然的（雨水、地震、鼠洞等）和人为的（管理不善、社区关系不协调等）不利因素时刻或周期性地威胁着它的安全。尾矿库一旦失事，将给工农业生产及下游人民生命财产造成巨大的灾害和损失。

46.7.1 尾矿库的分级及应对措施

尾矿库安全度主要根据尾矿库防洪能力和尾矿坝坝体稳定性确定，分为危库、险库、病库、正常库四级。

（1）危库：危库指安全没有保障，随时可能发生垮坝事故的尾矿库。危库必须停止生产并采取应急措施。当尾矿库防洪能力严重不足，出现洪水漫顶可能；或坝体稳定性严重不足，出现垮坝迹象；或出现其他严重危及尾矿库安全运行时都属于危库。危库完全不具备安全生产的基本条件，必须停产，排除险情，并迅速向安全生产监督管理部门和当地政府报告，启动相应的应急预案，根据险情的实际采取以下应急措施：

1）立即降低库水位，扩大调洪库容，加高坝体，严防洪水漫顶。

2）为满足汛期最小安全超高和最小干滩长度的要求，必要时，可按最小干滩长度为坝顶宽度，用渠槽法抢筑宽顶子坝，以形成所需的安全超高和干滩长度。

3）疏通、加固或修复排水构筑物，必要时可另开挖临时排洪通道。

4）紧急加固坝体。

（2）险库：险库指安全设施存在严重隐患，若不及时处理将会导致垮坝事故的尾矿库。险库必须立即停产，排除险情。当尾矿库排洪系统存在严重隐患，防洪能力不足；或坝体存在严重隐患，威胁坝体安全稳定性时都属于险库。险库不具备安全生产的基本条件，应根据险情实际，采取措施，排除险情。

1）降低库水位，扩大调洪库容，满足汛期最小安全超高和最小干滩长度的要求。

2）疏通、加固或修复排水构筑物。

3）增建或扩建排水系统。

4）处理滑坡，加固坝体。

5）降低浸润线、消除管涌和流土。

（3）病库：病库指安全设施不完全符合设计规定，但符合基本安全生产条件的尾矿库。病库应限期整改。病库是指坝体稳定性和尾矿库防洪能力总体上能满足要求，但局部上不完全符合规定，不影响尾矿库总体安全。对于病库，应采取以下措施在限定的时间内按照正常库标准进行整治，消除事故隐患：

1）抓紧进行防渗处理，确保汛前彻底完成治理工作量。

2）加固、修复排水构筑物。

3）加固坝体或适当增加外坡比，处理局部裂缝。

4）实施降水措施降低浸润线，消除管涌和流土。

5）修整坝坡，开挖坝肩截水沟。

（4）正常库：尾矿库同时满足下列工况的为正常库：

1）尾矿库在设计洪水位时能同时满足设计规定的安全超高和最小干滩长度的要求。

2）排水系统各构筑物符合设计要求，工况正常。

3）尾矿坝的轮廓尺寸符合设计要求，稳定安全系数满足设计要求。

4）坝体渗流控制满足要求，运行工况正常。

正常库应运行工况正常、管理规范、资料齐全，完全具备安全生产条件，按规定每 3 年进行一次安全现状评价。

46.7.2　尾矿库基本安全要求

大、中型尾矿坝通常都是用当地土石料建一个较矮的坝用以短时期贮存尾矿。堆满后，再利用粗粒尾矿本身逐级向上加高坝体。前者称初期坝，后者称后期坝（又称尾矿堆积坝或子坝）。

尾矿堆积坝的筑坝方式有上游式、中线式、下游式和浓缩锥式等类型。

选矿厂投产后，在初期坝坝顶敷设放矿主管和放矿支管向库内排放尾矿，排满后再用尾砂筑成小子坝，用以形成新的库容。将放矿主管和放矿支管移升到子坝顶，继续向库内排放尾矿，如此循环，逐渐加高坝体。

尾矿库使用的特点是堆存的尾矿量由少到多，尾矿坝由低到高，尾矿库失事造成灾害的大小与库内尾矿量的多少以及尾矿坝的高低成正比。

尾矿库的等别从高到低分为五等（见表 16-3-6 及 16.3.2.3 节）。设计规范对等别不同的尾矿库采用的防洪标准和坝体安全系数也是不同的，一等最高，五等最低。

大、中型尾矿堆积坝最终的高度往往比初期坝高得多，是尾矿坝的主体部分。堆积坝一旦失稳，灾害惨重，所以如何确保堆积坝的安全是设计和生产部门十分重视的一项工作，也是安全生产管理和安全监督管理工作的重点之一。

46.7.3　尾矿库基本安全设施

影响尾矿库安全的设施，主要包括初期坝、堆积坝、副坝、排渗设施、尾矿库排水设施、尾矿库观测设施及其他影响尾矿库安全的设施。

排洪设施是尾矿库必须设置的安全设施，其功能在于将汇水面积内洪水安全地排至库外，它的安全性和可靠性直接关系到尾矿库防洪安全。尾矿库库内排洪构筑物通常由进水构筑物和输水构筑物两部分组成，尾矿坝下游坡面的雨水用排水沟排除。

进水构筑物的基本形式有排水井、排水斜槽、溢洪道以及山坡截洪沟等。

尾矿库输水构筑物的基本形式有排水管、隧洞、斜槽、山坡截洪沟等。

坝坡排水沟有两类：一类是沿山坡与坝坡结合部设置浆砌块石截水沟，以防止山坡暴雨汇流冲刷坝肩。另一类是在坝体下游坡面设置纵横排水沟，将坝面的雨水导流排出坝外，以免雨水滞留在坝面造成坝面拉沟，影响坝体的安全。

尾矿库观测设施主要有库水位观测、坝体位移观测、浸润线观测、构筑物变形观测、渗流水观测等。

库水位观测的目的是根据现状库水位推测设计洪水位时的干滩长度和安全超高是否满足设计的要求。尾矿库设计必须明确供该库在各运行期的最小调洪深度、设计洪水位时的最小干滩长度和最小安全超高，以作为控制库水位和防洪安全检查的依据。

尾矿坝位移观测以坝体表面位移观测为主，即在坝体表面有组织地埋设一系列混凝土桩作为观测标点，使用水准仪和经纬仪观测坝体的垂直（沉降）和水平位移。

尾矿库内的水沿尾矿颗粒间的孔隙向坝体下游方向不断渗透形成渗流。稳定渗流的自由水面线称为浸润线。尾矿坝内浸润线位置越高，坝体稳定性越差，地震液化的可能性也越大。坝内设置排渗设施可有效地降低浸润线，并有利于尾矿泥的排水固结，是增强坝体稳定性的重要措施。浸润线的位置是分析尾矿坝稳定性的最重要的参数之一，因而也是判别尾矿坝安全与否的重要特征。因此，必须认真对待浸润线观测。

较高的溢水塔（排水井）在使用初期可能受地基沉降而倾斜，用肉眼或经纬仪观测；钢筋混凝土排水管和隧洞衬砌常见的病害为露筋或裂缝，前者用肉眼检查，后者可用测缝仪测量裂缝宽度，以判断是否超标。

46.7.4 尾矿库安全运行管理

尾矿库一般建设在沟或壑的低洼地带，随着尾矿的不断排放，库内尾矿量由少到多，尾矿坝由低到高，积累了非常巨大的势能。一旦发生溃坝事故，大量的尾矿泥沙飞流而下，会将其下游的田地、房屋建筑、人员瞬间吞噬，它的灾害性比航空失事、火灾更要严重。美国克拉克大学公害评定小组的研究表明，尾矿库事故造成的危害，在世界93种事故、公害隐患中，名列第18位。

鉴于尾矿库潜在的巨大危险性和惊人破坏力，国家颁布了一系列法律、法规，对尾矿库的安全生产做出了重要的规定。

46.7.4.1 尾矿库安全生产管理职责

企业要保证尾矿库具备安全生产条件所必需的资金投入，设立尾矿库安全生产管理机构，或配备相应的安全管理人员、专业技术人员。

要按照矿、厂、车间、班组、机台分层次建立、健全尾矿库安全生产责任制和尾矿库安全生产会议、培训、检查、应急管理等制度，制订完备的安全生产规章制度和操作规程。

尾矿库主要负责人及安全管理人员应当接受尾矿库安全生产知识培训，由安全生产监督管理部门考核合格并取得安全资格证书。直接从事放矿、筑坝、巡坝、排洪和排渗设施操作的作业人员，必须取得特种作业操作证书，方可上岗作业。

企业应当建立并长期保管尾矿库工程档案和日常管理档案，特别是隐蔽工程档案、安全检查档案和隐患治理档案。

上游式尾矿坝堆积至最终设计坝高的 1/2 ~ 2/3 时，应对坝体进行一次全面勘察，并做安全专项评价。评价报告报相应安全生产监督管理部门备案。

46.7.4.2　尾矿库作业计划

企业应当编制年、季作业计划和详细运行图表，统筹安排和实施尾矿输送、分级、筑坝和排洪的管理工作，确保尾矿库在安全条件下完成输送、堆存尾矿和向厂区回水的任务，实现安全生产和保护环境的目标。

在汛期，当出现环保和回水要求与安全要求相矛盾时，应坚持"安全第一"的原则，保证尾矿库安全为第一位。

46.7.4.3　尾矿库日常巡检和定期观测

为及时发现安全隐患、防患于未然，做好尾矿库日常巡检和定期观测，是安全生产管理工作的重要内容。负责尾矿库巡检人员应具备高度责任心和丰富的工作经验。对巡检中发现的安全隐患和监测中出现的异常变化，应按岗位责任制规定，及时向有关领导和部门报告，以免贻误时机，酿成事故。

46.7.4.4　尾矿坝安全检查

尾矿坝应重点检查外坡坡比、位移、塌陷、裂缝、冲沟、浸润线、渗透水及沼泽化。当尾矿坝外坡坡比陡于设计时，应进行稳定复核；当出现异常时，应及时查明原因，妥善处理。

（1）检测坝的外坡坡比。若尾矿坝实际坡陡于设计坡比时，应进行稳定性复核，若稳定性不足，则应采取措施。

（2）检查坝体位移，包括坝的位移量变化是否均衡，有无突变。尾矿坝的位移监测每年不少于 4 次，位移异常变化时应增加监测次数。

（3）检查坝体有无纵、横向裂缝。

（4）检查坝体滑坡。

（5）检查坝体浸润线的位置。

（6）检查坝体排渗设施，包括排渗设施是否完好、排渗效果及排水水质。

（7）检查坝体渗漏，包括有无渗漏出逸点、出逸点的位置、形态、流量及含沙量等。

（8）检查坝面保护设施，包括坝肩截水沟和坝坡排水沟断面尺寸，沿线山坡稳定性，护砌变形、破损、断裂和磨蚀，沟内淤堵等。

46.7.4.5　库区安全检查

尾矿库周边山体滑坡或泥石流对尾矿坝或尾矿库排洪设施造成严重破坏的案例时有发生，因此，企业应高度重视尾矿库周边山体地质稳定性，加强监测，出现异常，及时采取有效措施。

（1）检查周边山体滑坡、塌方和泥石流等情况时，应详细观察周边山体有无异常和急变，并根据工程地质勘察报告，分析周边山体发生滑坡可能性。

（2）检查库区范围内危及尾矿库安全的主要内容：违章爆破、采石和建筑，违章进行尾矿回采、取水，外来尾矿、废石、废水和废弃物排入，放牧和开垦等。这些非法作业都是直接威胁尾矿库安全的重要因素，是绝对不允许进行的。

46.7.4.6　防洪安全检查

尾矿库防洪安全检查主要是检查其防洪标准是否满足要求，当设计的防洪标准高于或等于本规程规定时，可按原设计的洪水参数进行检查；当设计的防洪标准低于本规程规定时，应重新进行洪水计算及调洪演算。

（1）尾矿库水位检测，其测量误差应小于 20mm。

（2）尾矿库滩顶高程的检测，其测量误差应小于 20mm。

（3）尾矿库干滩长度的测定。

（4）尾矿库沉积滩干滩平均坡度测定。

（5）根据尾矿库实际的地形、水位和尾矿沉积滩面，对尾矿库防洪能力进行复核，确定尾矿坝安全超高和最小干滩长度是否满足设计要求。

（6）排洪构筑物安全检查，包括构筑物有无变形、位移、损毁、淤堵，排水能力是否满足要求等。

46.7.4.7　尾矿库在线监测

国家安全生产监督管理总局发布、2011 年 5 月 1 日起实施的《尾矿库安全监测技术规范》（AQ 2030—2010），对尾矿库及与其安全运行有直接关系的建（构）筑物等安全监测做出了规定。

国家安全生产监督管理总局发布、2011 年 7 月 1 日起施行的《尾矿库安全监督管理规定》规定，一等、二等、三等尾矿库应当安装在线监测系统。

尾矿库在线监测可以实现数据自动采集、远程通信、数据分析处理、综合预警等功能。

企业可以通过在尾矿库内设置的监测仪器，利用计算机、管理软件分析取得的监测数据，对尾矿库的坝体和岸坡表面位移、内部位移、尾矿坝渗流、干滩高程、干滩长度、干滩坡度、库水位、降水量和排水构筑物进行在线监测，并根据监测的结果指导生产。能根据采集的数据计算库区调洪高差、安全高差、干滩长度等技术指标，给出预警；能根据降雨量、库区水位、泄洪能力等数据，对库区水位状态给出预警；能对坝体沉降和水平位移状态进行分析，根据分析结果对形变的发展给出预测。

46.7.4.8　尾矿库应急救援预案

企业应针对垮坝、漫顶、水位超警戒线、排洪设施损毁、排洪系统堵塞等生产安全事故和泥石流、山体滑坡、地震等重大险情制订应急救援预案并报相应安全监督管理部门备案，配备必要的应急救援器材、设备，每年至少进行一次演练，并将尾矿库事故应急处置措施告知周边居民。

46.7.4.9　尾矿库安全评价

尾矿库应当每三年至少进行一次安全现状评价。安全现状评价工作应当有能够进行尾矿坝稳定性验算、尾矿库水文计算、构筑物计算的专业技术人员参加。

46.7.5　尾矿库闭库

尾矿库因尾矿堆存达到最终设计标高或矿源枯竭、选矿厂关闭等原因不再排入尾矿，尾矿库也就停止了使用。作为矿山一个大的危险源，尾矿库即使停止了使用，库内无积水，但是如果遇到了洪水或者地震，危险仍是存在的。

　　国家安全生产监督管理局 2003 年 10 月 1 日颁布实施的《尾矿库闭库安全监督管理规定》，对尾矿库的闭库安全监督管理做出了明确的要求。

　　尾矿库闭库工作包括闭库前的安全现状评价、闭库设计、闭库施工、闭库安全验收评价和闭库验收。

　　尾矿库运行到设计最终标高或者不再进行排尾作业的，应当在一年内完成闭库。尾矿库运行到设计最终标高的前 12 个月内，企业应进行闭库前的安全现状评价和闭库设计，闭库设计包括安全设施设计，并编制安全专篇。闭库设计需经安全生产监督管理部门审查。

　　闭库施工完成后，企业应当向审批闭库设计的安全生产监督管理部门申请闭库验收。

　　尾矿库闭库后的安全管理是确保尾矿库长期安全的重要一环，闭库后的尾矿库仍由原生产经营单位负责。对解散或者关闭破产的生产经营单位，其已关闭或者废弃的尾矿库的管理工作，由尾矿库企业出资人或者其上级主管部门负责；无上级主管部门或者出资人不明确的，则由县级以上人民政府指定负责单位。

　　法规和标准是做好尾矿库安全生产监督管理的依据。尾矿库作为人工建造的生产设施，必须保证其安全生产。因此在尾矿库建设、生产运行、闭库及闭库后的全过程中必须遵循规定的安全准则或安全标准。目前，尾矿库安全生产监督管理依据的主要法规除《安全生产法》、《矿山安全法》、《矿山安全法实施条例》、《非煤矿矿山建设项目设计审查及竣工验收规定》外，尚有国家安全生产监督管理总局颁布实施的《尾矿库安全监督管理规定》、《尾矿库安全技术规程》等。

46.7.6　尾矿输送管理

　　矿石经选矿厂选别后，通常有两种形态的尾矿，一种是磁选干抛、手选或粗粒重选后呈块状的干式尾矿，另一种是湿法选矿后呈矿浆状态的湿式尾矿。前者一般输送到干堆场堆放，后者输送到尾矿库或井下充填。在尾矿直排进尾矿库或尾矿输送距离较短、与尾矿库基本一体的情况下，尾矿输送一般纳入尾矿库范畴进行管理；在尾矿输送距离较长、系统相对独立的情况下，要对尾矿输送系统实行专门管理。

46.7.6.1　干式尾矿输送

　　干式尾矿一般可采用箕斗或矿车、皮带运输机、架空索道或铁道列车等运输到堆场。

　　利用箕斗或矿车沿斜坡轨道提升运输干式尾矿，然后倒卸在尾矿堆上，自然形成锥形，这是一种常用方法。根据尾矿输送量的大小，可以采用单轨或双轨运输。

　　利用铁路自动翻车运输干式尾矿到尾矿场倾卸，运输能力大，适用于尾矿场距离选矿厂较远，且尾矿场是低于路面的斜坡场地。

　　利用架空索道运输干式尾矿，适用于起伏交错的山区，特别是业已采用架空索道输送原矿的条件，可以沿索道回线输送尾矿，尾矿堆场在索道下方。

　　利用胶带运输机运输干式尾矿，可以运至露天扇形底的尾矿堆场。适用于气候暖和，堆场距离选矿厂较近的情况。

46.7.6.2　湿式尾矿输送

　　尾矿多以矿浆形式排出，所以必须采用湿式尾矿输送方式。常见的尾矿输送方式有自流输送、压力输送和联合输送三种。输送的设施一般包括尾矿浓缩设施、尾矿输送泵站、尾矿输送事故池、尾矿输送管（槽）和配电站等。

自流输送是利用地形高差，使选矿厂的尾矿浆沿管道或流槽自流到尾矿库或井下。自流输送时，管道或流槽的坡度应保证矿浆中的固体颗粒不会沉积下来，即要保证矿浆流速大于临界流速。这种方式简单可靠，不需要动力，但需要选矿厂和尾矿库有适当的高差。

压力输送是借助砂泵用压力扬送矿浆的方式。由于砂泵扬程的限制，往往需要建设中间砂泵站和压力管道进行分段扬送，比较复杂。在不能自流输送时，只能采用这种方式。

联合输送即自流输送和压力输送相结合的方式。某段若有高差可利用，就采取自流输送；不能自流时，则采用砂泵扬送。

尾矿进行压力输送时，系统一般应有备用动力系统，同时应对输送系统的设备、电力线路进行定期检修。为应付意外事故，应该在某些地段设事故沉淀池。

A　自流输送

当充填井下或尾矿库低于选矿厂且有足够的自然高差能满足矿浆自流坡度要求，可选择自流输送。尾矿自流输送多采用流槽的形式。必要时也可以采用管道自流输送。由于它不需要动力，易于管理和维护，被很多矿山采用。

自流槽多用砖石砌接或混凝土浇筑。高架流槽可以采用钢筋混凝土或钢板焊制的自承重流槽或用管材的形式。为了减轻磨损，也可在槽内壁贴砌铸石板材。

B　压力输送

在没有自然高差的情况下，浆体尾矿可以选择压力输送，如图46-7-1所示。

图 46-7-1　压力输送示意图

C　联合输送

尾矿入库标高总体高于选矿厂尾矿排口，但部分地段有自然高差可以利用，则可以选择自流输送和压力相结合的方法输送，如图46-7-2所示。

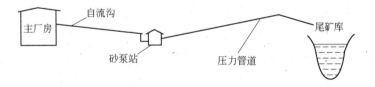

图 46-7-2　联合输送示意图

选矿排出的尾矿浆，浓度一般较低，为了节省新水消耗，降低选厂供水和尾矿输送设施的投资及经营费用，常在厂前设置浓缩机或修建浓缩池，回收尾矿水供选矿生产循环使用。但是否要进行浓缩，要比较尾矿浓缩后的尾矿输送量，并结合地形条件通过技术经济比较确定。

46.7.6.3　尾矿输送管理

尾矿输送管理和操作、巡查、监视要按照矿、车间、班组、机台分层次建立、健全工序安全生产责任制，制定尾矿输送培训、作业、检查、应急等管理制度，制定完备的安全生产规章制度和操作规程，以规范尾矿输送中的操作、巡查、监视工作，确保尾矿输送意外情况能被及时发现，防止跑冒滴漏造成环境污染。

企业必须明确尾矿输送各管理部门的职责。主要负责人及安全管理人员应当接受尾矿安全生产知识培训方可上岗作业。同时还应规定尾矿输送过程的生产组织、指挥、协调和控制，生产作业计划编制，工艺规程、工序作业指导书制定，工艺技术管理，新工艺、新材料、新技术推广应用，工艺改造组织实施，生产设备设施运行、维护、维修和管理，安全、工业卫生的检查、监督管理，人员调配和培训，现场生产组织和控制等管理和操作作业的责任部门和个人。

尾矿输送检查内容包括尾矿输送泵的运行，尾矿输送管槽所经过地点变形、裂缝、滑坡、塌方和泥石流等情况，尾矿管槽接口泄漏，事故池空池等。

必须指派专人或尾矿输送相关操作人员进行尾矿输送管（槽）的日常巡查和监视，做到操作人员或管道维护人员早班巡查至少两遍，中晚班至少一遍；尾矿输送管理人员每周沿管线至少巡查一遍；管道技术人员每半月沿管线至少巡查一遍。

在压力输送尾矿管的拐弯、爬坡和尾矿泄漏集中流经处，可以建立工业监视探头，安排生产值班人员不间断进行监视，以及时发现泄漏，及时组织有关人员进行处置。

发现爆管式尾矿泄漏时，应及时停泵，换开其他备用管路，必要时必须通知选矿厂停车。

要加强尾矿系统设备点检，发现问题及时处理，保证系统备用设备正常。

应及时组织检修尾矿输送管槽。管槽检修开车后，由检修人员负责观察效果，并确保其运行正常，如 48h 以内再次发生泄漏，视为返修事故。

发生管槽失修事故，应及时组织有关人员进行分析，理清事故责任，按章进行处理。

可以建立尾矿输送泄漏汇报奖励机制，对第一个发现泄漏并向管理机构管理人员报告的人员进行适当奖励。

企业应建立尾矿输送事故应急预案，并组织演练，确保尾矿输送意外事故得到及时、有效处理，防止尾矿浆流入江河湖泊，产生环境污染。

尾矿输送事故应急预案可以作为尾矿库应急救援预案的子项编制。

应急预案内容应包括应急机构的组成和职责，应急通讯保障，抢险救援的人员、资金、物资准备，应急行动，其他要求等内容。

关于尾矿的膏体输送、尾矿干堆和尾矿坝堆坝的内容可参考相关章节。

46.8　安全环保管理

企业的安全生产，事关国家和职工群众的生命财产安全，党和国家始终给予高度重视。2010 年 4 月，国家安全生产监督管理总局发布了《企业安全生产标准化基本规范》等安全生产行业标准。2012 年 11 月，国家安全监管总局《关于加强金属非金属矿山选矿厂安全生产工作的通知》（安监总管〔2012〕134 号），要求各级安全监管部门和矿山企业认真贯彻落实国家安全生产法律法规和《金属非金属矿山安全规程》（GB 16423—2006）、《选矿安全规程》（GB 18152—2000）的有关规定。督促选矿厂落实安全生产主体责任，健全各项规章制度，完善岗位操作规程，落实各项安全措施，强化作业现场和设备设施安全管理，加强作业人员安全教育和培训；开展好隐患排查治理工作，有效预防各类事故发生。因此选矿厂要认真贯彻落实国家安全生产法律法规和标准规程，通过建立安全生产责任制，制定安全管理制度和操作规程，排查治理隐患和监控重大危险源，建立预防机制，规范生产行为，使各生产环节符合有关安全生产法律法规和标准规范的要求，人、机、物、环处于良好的生产状态，并持续改进，不断加强企业安全生产规范化建设。

46.8.1 选矿厂安全管理

选矿厂由于工艺生产线长，机电设备繁杂，人员构成复杂，故在生产中容易隐藏不安全因素。选矿厂要杜绝人的不安全行为，消除物的不安全状态，必须遵循"安全第一、预防为主、综合治理"的方针，以隐患排查治理为基础，提高安全生产水平，减少事故发生，保障人身安全健康，保证生产经营活动的顺利进行。

46.8.1.1 安全目标管理

选矿厂根据自身安全生产实际，制定总体和年度安全生产目标。按照所属基层单位和部门在生产经营中的职能，制定安全生产指标和考核办法。

选矿厂主要负责人应按照安全生产法律法规赋予的职责，全面负责安全生产工作，并履行安全生产义务。选矿厂应建立安全生产责任制，明确各级单位、部门和人员的安全生产职责。同时保证具备安全生产条件所必需的资金投入，设立专门的安全生产管理机构，配备相应的安全管理人员、专业技术人员。

46.8.1.2 安全法律法规与管理制度管理

选矿厂应建立识别和获取适用的安全生产法律法规、标准规范的制度，明确主管部门，确定获取的渠道、方式，及时识别和获取适用的安全生产法律法规、标准规范。并及时将适用的安全生产法律法规、标准规范及其他要求及时传达给从业人员。

选矿厂各职能部门应及时识别和获取本部门适用的安全生产法律法规、标准规范，并跟踪、掌握有关法律法规、标准规范的修订情况，及时提供给企业内负责识别和获取适用安全生产法律法规的主管部门汇总。选矿厂应遵守安全生产法律法规、标准规范，并将相关要求及时转化为本单位的规章制度，贯彻到各项工作中。

选矿厂应建立健全安全生产规章制度，并发放到相关工作岗位，规范从业人员的生产作业行为。安全生产规章制度至少应包含下列内容：安全生产职责、安全生产投入、文件和档案管理、隐患排查与治理、安全教育培训、特种作业人员管理、设备设施安全管理、建设项目安全设施"三同时"管理、生产设备设施验收管理、生产设备设施报废管理、施工和检修维修安全管理、危险物品及重大危险源管理、作业安全管理、相关方及外用工管理、职业健康管理、防护用品管理，应急管理，事故管理等。

46.8.1.3 安全操作规程管理

选矿厂应根据生产特点，编制各岗位安全操作规程，并发放到相关岗位学习、宣传、张贴、执行。

选矿厂应每年一次对安全生产法律法规、标准规范、规章制度、操作规程的执行情况进行检查评估。

选矿厂应根据评估情况、安全检查反馈的问题、生产安全事故案例、绩效评定结果等，对安全生产管理规章制度和操作规程进行修订，确保其有效和适用，保证每个岗位所使用的为最新有效版本。

选矿厂应严格执行文件和档案管理制度，确保安全规章制度和操作规程编制、使用、评审、修订的效力。并建立主要安全生产过程、事件、活动、检查的安全记录档案，并加强对安全记录的有效管理。

46.8.1.4 安全教育培训管理

选矿厂应确定安全教育培训主管部门，按规定及岗位需要，定期识别安全教育培训需求，制定、实施安全教育培训计划，提供相应的资源保证。应做好安全教育培训记录，建立安全教育培训档案，实施分级管理，并对培训效果进行评估和改进。

选矿厂的主要负责人和安全生产管理人员，必须具备与本单位所从事的生产经营活动相适应的安全生产知识和管理能力。法律法规要求必须对其安全生产知识和管理能力进行考核的，须经考核合格后方可任职。

选矿厂应对岗位操作人员进行安全教育和生产技能培训，使其熟悉有关的安全生产规章制度和安全操作规程，并确认其能力符合岗位要求。未经安全教育培训，或培训考核不合格的从业人员，不得上岗作业。新入厂（矿）人员在上岗前必须经过厂（矿）、车间（工段、区、队）、班组三级安全教育培训；岗位操作人员转岗、离岗一年以上重新上岗者，应进行车间（工段）、班组安全教育培训，经考核合格后，方可上岗工作；从事特种作业的人员应取得特种作业操作资格证书，方可上岗作业；在新工艺、新技术、新材料、新设备设施投入使用前，应对有关岗位操作人员进行专门的安全教育和培训；还应对相关方的作业人员进行安全教育培训。作业人员进入作业现场前，应由作业现场所在单位对其进行进入现场前的安全教育培训；选矿厂应对外来参观、学习等人员进行有关安全规定、可能接触到的危害及应急知识的教育。

46.8.1.5 安全文化建设

选矿厂应采取多种形式的安全文化活动，引导全体从业人员的安全态度和安全行为，逐步形成为全体员工所认同、共同遵守、带有本单位特点的安全价值观，实现法律和政府监管要求之下的安全自我约束，保障企业安全生产水平持续提高。

46.8.1.6 生产设备设施安全管理

选矿厂在建设期，建设项目的所有设备设施应符合有关法律法规、标准规范要求；安全设备设施应与建设项目主体工程同时设计、同时施工、同时投入生产和使用。选矿厂应按规定对项目建议书、可行性研究、初步设计、总体开工方案、开工前安全条件确认和竣工验收等阶段进行规范管理。生产设备设施变更应执行变更管理制度，履行变更程序，并对变更的全过程进行隐患控制。

选矿厂应对设备设施运行进行规范化管理，保证其安全运行。选矿厂应有专人负责管理各种安全设备设施，建立台账，定期检维修。对安全设备设施应制定检维修计划；设备设施检维修前应制订方案。检维修方案应包含作业行为分析和控制措施。检维修过程中应执行隐患控制措施并进行监督检查；安全设备设施不得随意拆除、挪用或弃置不用；确因检维修拆除的，应采取临时安全措施，检维修完毕后立即复原。

选矿厂设备的选择采购、安装、使用、检测、维修、改造、拆除和报废，应符合有关法律法规、标准规范的要求；选矿厂应执行生产设备设施到货验收和报废管理制度，应使用质量合格、设计符合要求的生产设备设施；拆除的生产设备设施应按规定进行处置。拆除的生产设备设施涉及到危险物品的，须制定危险物品处置方案和应急措施，并严格按规定组织实施。

46.8.1.7 作业安全管理

选矿厂应加强生产现场安全管理和生产过程的控制。对生产过程及物料、设备设施、器材、通道、作业环境等存在的隐患，应进行分析和控制。对动火作业、受限空间内作业、临时用电作业、高处作业等危险性较高的作业活动实施作业许可管理，严格履行审批手续。作业许可证应包含危害因素分析和安全措施等内容。在选矿厂内进行爆破、吊装等危险作业时，应当安排专人进行现场安全管理，确保安全规程的遵守和安全措施的落实。

选矿厂应加强生产作业行为的安全管理。对作业行为隐患、设备设施使用隐患、工艺技术隐患等进行分析，采取控制措施。根据作业场所的实际情况，按照《安全标志》（GB 2894）及企业内部规定，在有较大危险因素的作业场所和设备设施上，设置明显的安全警示标志，进行危险提示、警示，告知危险的种类、后果及应急措施等。在设备设施检维修、施工、吊装等作业现场设置警戒区域和警示标志，在检维修现场设置警示标志。

46.8.1.8 安全隐患排查和治理管理

选矿厂应组织事故隐患排查工作，对隐患进行分析评估，确定隐患等级，登记建档，及时采取有效的治理措施。隐患排查的范围应包括所有与生产经营相关的场所、环境、人员、设备设施和活动。根据安全生产的需要和特点，采用综合检查、专业检查、季节性检查、节假日检查、日常检查等方式进行隐患排查。

选矿厂应根据隐患排查的结果，制定隐患治理方案，对隐患及时进行治理。隐患治理方案应包括目标和任务、方法和措施、经费和物资、机构和人员、时限和要求。重大事故隐患在治理前应采取临时控制措施并制订应急预案。隐患治理措施包括：工程技术措施、管理措施、教育措施、防护措施和应急措施。治理完成后，应对治理情况进行验证和效果评估。

46.8.1.9 安全应急救援

选矿厂应针对重点作业区域制订应急预案。应急预案应报上级主管部门备案。建立与本单位安全生产特点相适应的兼职应急救援队伍，或指定兼职应急救援人员，并组织生产安全事故应急演练，对演练效果进行评估。根据评估结果，修订、完善应急预案，改进应急管理工作。按规定建立应急设施，配备应急装备，储备应急物资，并进行经常性的检查、维护、保养，确保其完好、可靠。

46.8.1.10 安全事故报告、调查和处理

选矿厂发生事故后，应按规定及时向上级单位、政府有关部门报告，并妥善保护事故现场及有关证据。必要时向相关单位和人员通报。

选矿厂发生事故后，应按规定成立事故调查组，明确其职责与权限，进行事故调查或配合上级部门的事故调查。事故调查应查明事故发生的时间、经过、原因、人员伤亡情况及直接经济损失等。事故调查组应根据有关证据、资料，分析事故的直接、间接原因和事故责任，提出整改措施和处理建议，编制事故调查报告，最后按"四不放过"的原则进行

处理。

选矿厂应每年至少一次对本单位安全生产标准化的实施情况进行评定，验证各项安全生产制度措施的适宜性、充分性和有效性，检查安全生产工作目标、指标的完成情况。企业主要负责人应对绩效评定工作全面负责。评定工作应形成正式文件，并将结果向所有部门、所属单位和从业人员通报，作为年度考评的重要依据。企业应根据安全生产标准化的评定结果和安全生产预警指数系统所反映的趋势，对安全生产目标、指标、规章制度、操作规程等进行修改完善，持续改进，不断提高安全绩效。

46.8.2　选矿厂环保管理

选矿厂的污染源有废水、废气、废渣，其中以废水污染物尤为突出。选矿药剂、蓄积性毒性物质如汞、铬、镉等重金属，使总的环境质量形势趋于恶化。如含重金属的废水外排将成为水体的主要污染源；废气的排放对人群、生物群构成直接危害；废渣的堆弃造成生态环境的恶化等。

选矿厂要全面推行 ISO 14001 标准环境管理体系，运用体系方法与思路进行管理，按照清洁生产和循环经济要求，不断完善环保管理工作，在生产中严格把好"水、汽、渣"关，创建新的环保管理新局面。

46.8.2.1　废气治理

选矿厂排入大气中的污染源主要来自选矿厂对矿石的破碎加工、干筛、干选及矿石的输送过程中产生的粉尘；浮选车间的浮选药剂的臭味；焙烧车间的二氧化硫、三氧化二砷、烟尘；混汞作业、氰化法处理金矿石及炼金产生的汞蒸气、H_2、HCN、H_2S、CO_2 及 NO_2 等有害气体；以及坑口废矿石和尾矿尘土飞扬等。

对于不同的选矿废气污染源，应结合现场状况采用相应方法治理。例如汞蒸气的处理和回收方法有碘络合法净化含汞烟气、硫酸洗涤法净化含汞烟气、充氯活性炭净化法、二氧化锰吸收法、高锰酸钾吸收法回收汞气、吹风置换法处理和回收汞气。对浓度在 3.5% 以上的二氧化硫烟气采用接触法生产硫酸，免于外排大气中造成污染；低浓度 SO_2 烟气用石灰净化废气以除去 SO_2 是最有效的传统方法。在某些情况下，当要去除的 SO_2 浓度很低时，使用氢氧化钠或碳酸钠是很有效的。

46.8.2.2　废水治理

选矿厂应根据生产实际，有效实施尾矿库回水利用工程、生活污水净化站和井巷施工水回收利用工程，减少新水消耗。同时尽可能建立厂前回水利用，如破碎防尘水、车间废石、精矿、尾矿浓缩溢流水等，尾矿干堆排放，实现生产水循环利用，不外排。

46.8.2.3　固废处置

选矿厂应从产生废渣的源头入手，在节约能源的同时提高废物的利用率。对不可回收利用的废石、尾矿按要求排放在废石场和尾矿库。其他可回收利用废弃物进行分类管理回收、重复利用和集中填埋的措施进行处置。如在锅炉炉渣处置利用中，把普通锅炉产生的炉渣进行回收，重新进入流化床锅炉中进行燃烧利用；废旧灯管、废电池、废钢材、废橡胶等，定期上交供应部门进行集中处理，有效预防各类垃圾的扩散，避免废物和垃圾对环境造成的影响。

选矿厂产生的主要固体废弃物是尾矿。尾矿中含有一定量的有用成分，在目前的技术水平下，有些贵重金属、稀有金属不能回收，但随着科学技术的进步，尾矿中的有用成分可以重新开发利用。目前根据选矿方法的不同，更主要的是尾矿性质的差异，对尾矿处理有着不同的方法。国内外对尾矿资源的综合利用可以概括为下列几种途径：

（1）首先要尽量做好尾矿资源有用组分的综合回收利用，在经济效益合理的情况下，采用先进技术和合理工艺对尾矿进行再选，最大限度地回收尾矿中的有用组分，这样可以进一步减少尾矿数量。有的选矿厂向无尾矿方向发展。

（2）尾矿用作矿山地下开采的充填料，即水砂充填料或胶结充填的集料。尾矿作为采空区的充填料使用，最理想的充填工艺是全尾砂充填工艺。目前，生产上采用的大多是利用尾矿中的粗粒部分作为采空区的充填料。选矿厂的尾矿排出后送尾矿制备工段进行分级，把粗砂部分送井下采空区，而细粒部分进入尾矿库堆存。这种尾矿处理方法在国内外均已得到应用。

（3）用尾矿作为建筑材料的原料。制作水泥、硅酸盐尾砂砖、瓦、加气混凝土、铸石、耐火材料、玻璃、陶粒、混凝土集料、微晶玻璃、溶渣花砖、泡沫玻璃和泡沫材料等。应当注意，用尾矿作建材时，超过一定的运输半径经济上可能不合算。

（4）用尾砂修筑公路，用作路面材料、防滑材料，海岸造田等。

（5）在尾矿堆积场上覆土造田，种植农作物或植树造林。

（6）把尾矿堆存在专门修筑的尾矿库内，这是多数选矿厂目前最广泛采用的尾矿处理方法。

46.8.2.4 放射性（源）保护和管理

在选矿生产中，放射性（源）的使用场所应有相应的辐射屏蔽，并设置放射安全禁区黄线，安装带报警的剂量测量仪器。存放和使用放射源场所应当设置放射性警示标志。附近不得放置易燃、易爆、腐蚀性物品。辐照设备或辐照装置应有必要的安全连锁、报警装置或者工作信号。放射源的包装容器上应当设置明显的放射性标志并配有中文警告文字。

选矿厂要建立放射源使用登记制度，贮存、领取、使用、归还放射源时应当进行登记、检查，做到账物相符。制定放射源使用操作程序，责任到人，并在工作场所悬挂。建立健全安全保卫制度，落实防火、防盗、防丢失、防泄漏安全责任制。制定详细的事故应急预案，对各类事故的应急响应程序要落实到责任人。发生放射源丢失、被盗、火灾和放射性污染事故时，应立即启动事故应急预案。

46.8.2.5 环境因素控制

通过对重要环境因素和可控环境因素的有效管理，把其纳入日常的管理工作当中，使部分环境因素得到有效控制，并且减少资源消耗。从生产工序控制上减少对环境造成的污染，如废气、废水、废石、放射源等重要环境因素，对各生产工序中如选矿药剂、柴油、水、电的消耗、废物的产生量、尾矿浆的潜在泄漏等的严格管理，对环境因素进行有效的可控操作。

根据每年尾矿库排尾作业计划，进行尾矿库复垦绿化工作。同时要进行选矿厂生活区、生产区域绿化种植，如对草坪绿化、种植乔灌木等，使选矿厂环境质量不断提高。

46.8.3   选矿厂职业健康管理

在选矿生产中，职业危害主要是粉尘、噪声等，由生产工艺决定。矿石在破碎、筛分与运转过程中，不可避免地要产生粉尘，特别是破碎机、振动筛、皮带转运站等处，矿石受到粉碎、振动和由高处下落产生的冲击作用，产尘更为严重。

为了保证劳动者的身体健康，2002 年 5 月 1 日开始实施的《中华人民共和国职业病防治法》充分体现了预防为主和防治结合的方针，明确分清用人单位、劳动者和政府行政管理部门在职业病防治中的责任，对从宏观到微观控制粉尘危害、防治尘肺提供了明确的法律依据。

2009 年 9 月 1 日起施行的《作业场所职业健康监督管理暂行规定》（国家安全生产监督管理总局 23 号令）对除煤矿企业以外的工矿商贸生产经营单位作业场所的职业危害防治工作，以及安全生产监督管理部门对生产经营单位实施监督管理作出具体规定，明确生产经营单位是职业危害防治的责任主体。

国家职业卫生方面的标准主要有：《工业企业设计卫生标准》（GBZ1—2002）、《工业场所有害因素职业接触限值》（GBZ2—2002）、《体力劳动强度分级》（GB/T 3869—83）、《高温作业分级》（GB/T 4200—84）、《放射卫生防护基本标准》（GB 4792—84）、《生活饮用水卫生标准》（GB 5749—85）、《职业性接触毒物危害程度分级》（GB 5044—85）、《生产性粉尘作业危害程度分级》（GB 5817—86）、《有毒作业分级》（GB/T 12331—90）、《生产过程安全卫生要求总则》（GB 12801—91）、《建筑照明设计标准》（GB 50034—2004）、《工业企业噪声控制设计规范》（GBJ 87—85）、《噪声作业分级》（LD 80—1995）等。

选矿厂要坚持"预防为主、防治结合、综合治理"的方针，加大职业危害防治工作的人力、物力及财力的投入，严格做到职业危害防护设施与主体工程"同时设计、同时施工、同时验收"，建立、健全职业危害防治责任制和管理制度，抓好个人防护和体检管理，控制和消除职业病的发生。

新建、改建、扩建的工程建设项目和技术改造项目可能产生职业危害的必须按照有关规定，在可行性论证阶段委托疾控中心进行预评价。在初步设计阶段编制职业危害防治专篇。建设项目在竣工验收前，必须进行职业危害控制效果评价，其职业危害防护设施依法经验收合格后方可投入生产和使用。

采用新技术、新设备等工程技术措施，是减少和消除粉尘、噪声产生的最根本措施。如采用遥控操纵、计算机控制、隔室监控等措施减少和避免从业人员接触粉尘和噪声的时间；采用经济实用的湿式作业来防尘、降尘；对不能采取湿式作业的场所，采用密闭抽风除尘方法，防止粉尘外逸。

定期检测工作场所粉尘浓度和噪声声级，随时了解工作环境的粉尘和噪声危害程度；使作业环境的粉尘浓度和噪声声级达到国家标准规定的允许范围之内。经常检查防尘设施设备，定期维护检修，加强管理，使除尘系统处于完好、有效状态，以保证其达到较好的防尘效果。对个体防护进行检查，包括防尘面罩、防尘口罩、防噪声耳罩、防噪声耳塞等的配置和使用情况。

选矿厂要对从业人员进行尘肺病和职业性耳聋防治知识培训，使工人掌握尘肺病和职业性耳聋的防治知识，提高自我保护意识，严格执行防尘操作规程，以达到预防职业病发生的目的。

加强从业人员防护用品配置和使用管理。要为在粉尘浓度不达标环境中作业的人员配置合格的防尘护具，如防尘安全帽、送风头盔、送风口罩、防尘口罩等，作为辅助防护措施。要为在噪声不达标环境中作业的人员配置合格的防噪声护具，如防耳罩，耳塞等。

某些选矿厂个别车间、工段或班组作业区有放射性防护问题，对此要参照专业的规范和防护办法执行。新建选矿厂对放射性防护要同时设计、同时施工、同时竣工验收，同时投产。

接触职业危害从业人员必须进行上岗前、在岗期间、离岗后的职业健康体检，使接触职业危害人员的健康状况处于受控状态，发现职业禁忌患者及时要求调离原岗位，不得安排其从事禁忌范围的工作。对疑似职业病人及时安排复查工作。

档案是职业病防治过程的真实记录和反映，是职业健康管理工作的重要参考依据，根据《中华人民共和国职业病防治法》的相关规定和《作业场所职业健康监督管理暂行规定》的要求，选矿厂要建立完善职业健康档案，妥善保管。

46.9　劳动组织及员工培训管理

46.9.1　劳动组织管理

劳动组织是指在企业劳动过程中，按照生产的过程或工艺流程科学地组织劳动者的分工与协作，使之成为协调统一的整体，合理地进行劳动，正确处理劳动者之间以及劳动者与劳动工具，劳动对象之间的关系，不断调整和改善劳动组织的形式；创造良好的劳务条件与环境，以发挥劳动者的技能与积极性，充分利用新的科学技术成就和先进经验，不断提高劳动效率。

46.9.1.1　确定先进合理的定员和人员构成

定员是指为保证企业生产经营活动正常进行，按一定素质要求，对配备各类人员规定的限额，也称人员定额或用人标准。定员的范围包括：基本生产工人、辅助生产工人、工程技术人员、管理人员、服务人员。定员管理的要求如下：

（1）定员水平要先进合理，如同行业先进水平、本企业历史最好水平。

（2）定员依据要科学，如总工作量、个人工作效率。

（3）合理安排各类人员的比例关系，如直接生产人员、非直接生产人员。

（4）定员标准既要相对稳定，又要不断提高。

定员的方法有：

（1）按劳动效率定员　指根据生产任务、工人的平均劳动效率和出勤等因素来计算定员人数的方法。凡是能够计算劳动效率和考核工作量的岗位人员都可用这种方法，特别是产品单一、手工操作为主的工种，例如搬运工、矿石拣选、药剂制备工等。

（2）按岗位定员　根据岗位多少来确定定员人数。这种方法适合于看管联动设备、流水线作业人员。选矿厂一般都是按岗位来定员。按岗位类型划分有三种：操作性岗位，如破碎工、筛分工、磨矿工、浮选工等；看管性岗位，如皮带工、给矿工、变电工等；值班性岗位，如值班钳工、调度员、值班电工等。

（3）设备岗位定员 根据设备开动台数、人员的看管定额、设备开动班次等因素确定定员。主要适用于看管和操纵设备的运转人员定员，如浓缩机工、砂泵工、风机、空压机工等。

（4）按比例定员 按选矿厂职工总数或某一类人员的总数同其他人数的一定比例关系来确定定员。选矿厂后勤服务人员常用该方法确定。

（5）按组织机构定员 指按职责范围和业务分工定员。主要用于确定选矿厂的工程技术人员和管理人员的定员。

46.9.1.2 作业组的组织

作业组是在劳动分工的基础上，把为完成某项工作而相互协作的有关工人组织在一起的劳动集体。如选矿厂各车间的生产班组、钳工班组、电工班组等，作业组是选矿厂最基本的劳动组织形式。需要组织作业组的情况是：

（1）生产工作不能直接分配给每个工人去单独进行，如生产组。

（2）看管联动和其他大型、复杂的机器设备，如磨矿小组、浮选小组、过滤小组等。

（3）加强劳动的协作和配合，如钳工组、起重组、皮带胶接组等。

（4）有固定的工作地点或没有固定的工作任务，如装卸小组、保洁小组等。

46.9.1.3 工作轮班的组织工作

选矿厂的工作班制度主要有三班两运转、四班三运转、四班两运转等，这主要是由于选矿厂生产连续的特点决定的。三班两运转，是指每天有两个班上班，一个班休息，每班12h；四班三运转，是指每天三个班按早、中、夜上班，一个班休息，每班8h；四班两运转，是指每天两个班上班，两个班轮休，每班12h。在实际运行中要注意合理安排各班工人的倒班及休息。

46.9.1.4 工作地的组织工作

这是指在一个工作面上，合理安排工人与劳动工具、劳动对象之间关系的组织工作。基本内容有：

（1）合理装备和布置工作地，便于工人操作。

（2）保持工作地正常秩序和良好的工作环境，运用5S（整理、整顿、清扫、清洁、素养）等工具，确保生产现场清洁，同时要做好通风、除尘等工作，创造良好的现场环境，提高工作效率。

46.9.2 员工培训管理

46.9.2.1 员工培训分类

按培训形式可以分两种：内部培训和外部培训。内部培训是利用自己内部人员或邀请外部专家到选矿厂，针对性地对选矿厂员工需求进行培训。外部培训是让员工到选矿厂以外的其他单位或学校参与一些相关的培训。

46.9.2.2 员工培训形式

（1）讲授法：讲师利用黑板进行授课，属于传统的培训方式。常被用于一些理念性知识的培训。

（2）视听技术法：通过现代视听技术（如投影仪、DVD、大屏幕液晶显示器等工具），对员工进行培训。优点是运用视觉与听觉的感知方式，直观鲜明。它多用于选矿厂概况、传授技能等培训内容，也可用于概念性知识的培训。

（3）讨论法：可分成一般小组讨论与研讨会两种方式。研讨会的优点是信息可以多向传递，但费用较高。小组讨论法的特点是信息交流时方式为多向传递，学员的参与性高，费用较低，多用于巩固知识，训练学员分析、解决问题的能力与人际交往的能力，但运用时对培训教师的要求较高。

（4）案例研讨法：通过向培训对象提供相关的背景资料，让其寻找合适的解决方法。这一方式费用低，反馈效果好，可以有效训练学员分析解决问题的能力。

（5）自学法：较适合于一般理念性知识的学习，由于成人学习具有偏重经验与理解的特性，让具有一定学习能力与自觉的学员自学是既经济又实用的方法，但此方法也存在监督性差的缺陷。

（6）网络培训法：是用计算机网络系统进行培训的方式，投入较大。这种方式信息量大，新知识、新观念传递优势明显，更适合成人学习，是培训发展的一个必然趋势。

46.9.2.3　培训目标

根据生产经营需要，满足管理、专业技术、操作技能、新建项目等各类培训需求，强调技能提升，鼓励并促进操作与维修合一、一专多能，为选矿厂生产经营目标的实现提供有效的人力资源保障。健全培训体系与培训管理制度，优化培训需求、培训策划与实施、培训效果评估，提升培训整体管理水平。

46.9.2.4　培训内容

（1）合规性培训：全面贯彻落实和安全生产相关的法律法规、岗位安全操作与维护规程及企业规章制度的培训，增强员工安全意识、法律意识。把合规性培训列入年度培训计划，本着"认识到位，预防为主"的方针，分层次对员工进行选矿厂安全基本知识及现场安全作业培训，提高全员安全意识及安全技能，确保企业安全生产。对特种作业人员、特种设备作业人员、交通消防等应持证上岗人员进行专业控制，按照证件有效期、人员结构、培训周期、证件办理周期认真合理地安排并组织培训考试，保证培训质量，强化效果评估，严格考试与考核，确保持证上岗。基础培训实施负激励，未参加培训和培训考核未通过的，依据相关规章制度进行考核。

（2）技能提升培训：按不同工作性质、不同区域分类制定不同的培训方案，通过岗位实践操作的过程跟踪培训，业余的专业理论水平培训，持续提高职工技能。特别要针对各车间（作业区）点检员、维检修人员进行针对性的设备系统专项培训，提升点检员、维检修人员的综合素质。对操作岗位员工技能提升在加强操作、点检、维护标准和规程培训的同时，注重操维合一的培训。

（3）企业文化理念培训：以提升职工文化素养，树立责任意识、大局意识、忧患意识，实现共同发展为基本出发点，以《选矿厂员工守则》的认识、理解、执行、延伸为基础。由企业文化主管部门牵头，做好企业文化培训的课件制作、培训策划，结合各单位实际情况，通过培训、自学、交流、讨论、考试、抽考等有效方式，促进每个人对员工守则的理解和认识，进而统一员工思想认识，主动践行守则，促进企业的和谐稳定发展。

某铁矿选矿厂年度职工培训计划示于表46-9-1。

表 46-9-1　某铁矿选矿厂年度职工培训计划表

序号	培训内容	培训课时	参加人数	期数	培训对象	培训地点	培训方式	建议实施单位	建议实施时间	备注
一、合规性培训										
1	非煤矿山第一负责人安全再培训	24	1	1	非煤矿山第一负责人		全脱产		4月份	
2	非煤矿山安全管理人员再培训	24	42	2	非煤矿山安全管理人员		全脱产		2、4季度	
3	非煤矿山安全管理人员取证培训	72	4	1	非煤矿山安全管理人员		全脱产		4季度	
4	厂部级领导安全再培训	24	3	1	非煤矿山厂级领导		全脱产		9月份	
5	科级领导安全再培训	24	45	2	科段长		全脱产		8~9月份	
6	班组长安全再培训	24	280	4	作业长及班组长		全脱产		8~9月份	
7	一般从业人员安全再培训	24	1900	80	全员		业余		3~8月份	
8	进网作业初试取续期注册培训	60	185	4	续期及初取网电工		全脱产		4季度	
9	特种设备操作人员培训	80	634	18	特种设备作业人员		全脱产		2季度	
10	特种作业人员培训	80	503	8	特种作业人员		全脱产		2季度	
11	矿山救护专业培训	80	26	2	矿山救护队人员		全脱产		6~9月份	
12	消防培训	40	618	6	电工、焊工、自动消防设施控制人员		外聘		4月份	
二、技能培训										
1	职业卫生培训	4	1800	8	涉及职业危害人员		全脱产		2季度	
2	危险化学品知识	16	200	2	接触危险化学品管理、操作人员		业余		2季度	
3	放射源防护知识	16	50	1	相关人员		业余		一季度	
4	环境保护管理知识	8	200	2	相关人员		业余		2季度	
5	一般安全知识培训	16	244	4	管理、专业技术人员、操作人员		全脱产		2季度	
6	尾矿库安全运行培训	16	51	2	涉及尾矿库的管理、专业技术人员、操作人员		全脱产		2季度	
7	保密知识	4	80	2	副科级以上干部及涉密人员		全脱产		4季度	
8	质量管理相关培训（QC管理知识、六西格玛）	60	100	4	质量管理相关人员		全脱产		3季度	
9	班组长管理能力提升培训	24	40	1	班组长		半脱产		2季度	
10	职业技能鉴定初级工培训	30	150	5	新上岗及转岗人员		业余		全年	
11	职业技能鉴定中高级工培训	80	150	4	电焊工、汽车驾驶员、汽修工等		全脱产		2季度	
12	TPM相关知识培训	40	1900	12	相关人员		全脱产		全年	
13	选矿厂技术比武培训	16	400	14	焊工、维修电工等13个工种		全脱产		2季度	

续表 46-9-1

序号	培训内容	培训课时	参加人数	期数	培训对象	培训地点	培训方式	建议实施单位	建议实施时间	备注
14	智能淘洗机操作培训	4	30	4	磁选工、班组长		业余		1季度	
15	磁选精矿质量整制技能培训	4	30	4	磁选工、班组长		业余		2季度	
16	旋流器知识培训	4	30	4	磁选泵工、班组长		业余		2季度	
17	磁选水系统工艺培训	4	92	4	磁选全体岗位工		业余		2季度	
18	脱磁器原理及使用培训	4	30	4	涉及脱磁器管理使用单位		业余		2季度	
19	励磁柜原理及故障处理培训	16	30	1	电工		半脱产		5月份	
20	点检员相关知识培训	8	50	12	设备点检员		半脱产		全年	
21	410推土机故障判断	8	16	2	推土机司机、维修工		外聘		3季度	
22	车辆故障排除与修理	28	20	3	汽车修理工		外聘		2季度	
23	车辆电气故障判断与排除	56	10	3	汽车电工		外聘		2季度	
24	破碎机调试与维修	28	10	3	维修工		外聘		7、9月	
25	服务业行业标准培训	20	27	5	相关业务人员		外聘		2、12月	
26	园林绿化培训	60	2	2	相关业务人员		外聘		7月份	
27	新时期物业管理培训	40	2	2	相关业务人员		外聘		7月份	
28	CST知识培训	8	21	1	电工、电气技术员		业余		4月份	
29	PLC培训、WINCC组态软件培训	30	5	1	技术员、仪表工		脱产		7月份	
30	计算机等级培训	32	30	1	与计算机接触操作人员		脱产		1季度	
31	公文写作知识培训	20	50	1	新上岗管理人员及专技人员		全脱产		1月份	
32	计划生育知识培训	8	30	1	各单位兼职计生员		全脱产		9月份	
33	新入厂员工、转复岗职工培训	80	60	2	新入厂员工及大学生、转复岗职工		全脱产		4季度	
34	三标合一体系相关知识培训	40	30	1	三标合一体系相关人员		全脱产		全年	
35	社会冶安综合治理	16	300	2	班组长以上管理人员与要害岗位人员		全脱产		2季度	
36	交通培训	40	300	2	司机		外聘		10月	
37	党员教育轮训	24	200	3	全矿党员		半脱产		6月份	
38	新闻写作知识	8	40	1	全矿各单位通讯员		全脱产		3季度	
39	点滴教育	2	2500	120	各相关人员		业余		全年	
40	有业务处置权人员培训	8	80	1	全矿所有业务处置权人员		全脱产		3季度	
三、	企业文化培训									
1	传统文化培训	4	960	24	相关人员		半脱产		全年	
2	企业文化培训	4	960	24	全员		业余		全年	

46.10　选矿成本管理

成本管理是指企业对在生产经营过程中全部费用的发生和产品成本的形成所进行的预算、控制、核算、分析和考核等一系列科学管理工作的总称。一般而言，选矿厂成本包括选矿生产成本和期间费用两部分。

46.10.1　主要材料定额管理

定额材料是指生产单位生产合格产品所需要消耗一定品种规格的材料，包括材料的使用量和必要的工艺性损耗量。制定定额材料消耗，主要就是为了利用定额这个经济杠杆，对物资消耗过程进行控制和监督，达到降低物耗和生产成本的目的。选矿厂以工序作业单位和主管归口职能科室相结合对主要材料进行定额管理。

定额材料管理的具体内容如下：

（1）按规定做好各种定额材料统计报表，建立物资消耗台账。

（2）生产部门负责，在满足生产需求的前提下，优化生产组织及设备运行，尽量满足生产与检修时间的平衡，使得定额材料达到最佳运行周期，减少损耗，如衬板、皮带、筛网、筛片、油脂等。

（3）技术部门负责，在满足工艺参数的前提下，平衡球磨钢球、药剂等的消耗量。

（4）车间（作业区）加强对生产岗位人员的操作管理，减少生产事故的发生。

（5）成本部门根据历史数据（一般为上年实际消耗数）和本年预算指标对定额材料消耗进行单位消耗对比分析和单位成本对比分析（见表46-10-1）。

46.10.2　辅助材料管理

辅助材料是直接用于生产，在生产中起辅助作用的材料，如劳动工具，维修机器设备消耗的物料。选矿厂紧抓过程控制，突出预算管理，以工序、车间（作业区）为主实施管控。

辅助材料管理的具体办法如下：

（1）辅助材料要层层分解，选矿厂分解到各车间（作业区），车间（作业区）要分解到机台或班组，明确责任，严格控制。

（2）车间（作业区）每月根据实际，编制需求预算（见表46-10-2），同时要做好消耗记录台账，明确领用单位，使用设备，成本部门负责检查消耗情况，发现问题及时纠正。

（3）设备部门负责组织各车间（作业区）月度辅助材料消耗分析（见表46-10-3）。

（4）成本部门根据历史数据（一般为上年实际消耗数）和本年预算指标按月对辅助材料消耗情况进行单位成本对比分析（见表46-10-1）。

表 46-10-1 选矿工序成本完成表

原矿处理量:　　　t　　累计:　　t　　20　　年度

精矿产量:　　　t　　累计:　　t

成本项目	单位	单　耗						总耗		单位成本						总成本	
		上年	预算	实际	累计	比上年	比预算	本期	累计	上年	预算	实际	累计	比上年	比预算	本期	累计
一、定额材料	元																
1. 钢球	kg																
2. 衬板	kg																
3. 油脂	kg																
4. 皮带	m²																
5. 选矿药剂	kg																
6. 滤布	块																
7. 护网	块																
8. 浓硫酸	kg																
9. 托辊	个																
10. 筛网	个																
11. 筛片	个																
12. 阀锥	个																
13. 阀座	个																
14. 阀胶皮	个																
15. 过流件	套																
16. 滤板	块																
二、动力及燃料	元																
1. 电	kW·h																
2. 水	t																
3. 汽	元																
4. 燃料	元																
三、辅助材料	元																
四、备件	元																

表 46-10-2 设备修理费项目预算

单位：_____ 时间：_____年_____月_____日

序号	预算项目	实施时间	项目负责人	项目实施需要的备件、材料					项目总费用	备注
				名称	物料编码	数量	单价	总价		
本期预算总金额				元						

46.10.3 备件管理

备件管理主要包括设备的备件领用消耗和设备的维修备件消耗。维修备件是管理费用的主要组成部分，是成本管理控制的重点。选矿厂采取由厂部集中控制，侧重设备点检，突出计划修理更换，要让生产技术人员参与成本费用的管理。

备件管理的具体内容如下：

（1）各车间（作业区）是本单位备件费用管理的责任主体，做好设备、机台的点检卡、点检维护台账。

（2）设备部门确定维修费管理的方向、重点及日常工作，并模板化；根据实际情况平衡生产与检修、更换设备时间，延长或优化备件使用寿命。

（3）属于设备及工艺改造项目，各车间（作业区）要严格履行审批手续经厂设备部门批准后方可实施，以防库存备件变成"死库存"，影响整体产品成本。

（4）成本部门根据历史数据（一般为上年实际消耗数）和本年预算指标按月对备件费用消耗情况进行单位成本对比分析（见表 46-10-1）。

46.10.4 能耗管理

能耗管理对提高选矿厂能源利用效率、经济效益、保护环境、降低成本具有非常重要的意义，加强能耗管理可以充分发挥设备的有功效率，减少无功损耗。选矿厂要实行源头控制、加强计量检测和突出过程监督。

能源消耗具体的管理要求如下：

（1）设备部门负责全厂的能源生产及供应管理，组织制定能源生产单位年度、月度生产计划；组织能源生产单位安全经济运行；每月编制厂能源平衡表，建立能源消耗统计台账。

（2）各工序、车间（作业区）负责本单位内的能源介质的使用及节能管理；设立兼职能源管理人员，建立能源消耗统计台账；杜绝长明灯、常流水。

（3）生产部门负责能源生产及使用动态平衡，在满足生产需求的前提下，优化生产组织及设备运行，减少能源损耗。

（4）成本部门根据历史数据（一般为上年实际消耗数）和本年预算指标对能源消耗进行单位消耗对比分析和单位成本对比分析（见表46-10-1）。

表46-10-3和表46-10-4分别为费用分析报表格式（Excel格式）和统计报表格式举例。

表46-10-3 修理费、机物料费用分析

单位：_____ 时间：_____年_____月_____日

费用计划指标	
本月实际完成	
完成情况	超（低于）预算指标_____元
原因分析	
周期性维护检修费用/万元	
处理故障或事故费用/万元	
设备及工艺改造费用/万元	
安全生产费用/万元	
预算外费用/万元	
下月费用控制措施	
上月控制措施落实情况	

表 46-10-4　修理费、机物料费用分类统计报表

单位：＿＿＿＿＿＿＿＿　　　　　　　时间：＿＿＿＿＿年＿＿＿月＿＿＿日

费用类别	实际领用备件、材料名称	单位	数量	单价	总价	备注
周期性维护检修费用						
小　计						
处理故障或事故费用						
小　计						
设备及工艺改造费用						
小　计						
安全生产费用						
小　计						
矿部安排费用						

46.11　选矿用水管理

46.11.1　水源地管理

选矿厂取水的水源地选择应考虑如下因素：水量、水质满足生产需要，位置不要太远、方便管理、最好靠近主要用水点，生产生活水是否合用、周围是否有污染源（距污染

源距离要满足规范)、水质是否需要处理等因素。

水源地设施主要包括水源井 (地表水)、潜水泵、储水池、泵站 (加压泵站)、输送管线、供电等。

为了保证水源供应和选矿厂生活用水安全,要始终坚持"安全第一、预防为主、综合治理"的指导方针,保障水源地的"三大安全"即水源安全、水质安全、供水系统安全,保障选矿厂安全优质供水,需要对选矿厂水源地实施有效的管理和保护。

46.11.1.1　水源地保护的总体思路与原则

坚持以污染综合防治为重点,统筹污染源、地表水和地下水管理,统筹污染治理与经济发展,依靠科技进步,完善环境法制,强化监管制度,综合运用法律、经济、技术、宣传和必要的手段解决水源地保护问题。大力发展循环水务,建设资源节约型、环境友好型企业,确保水源地水质安全。水源地保护原则是:

(1) 污染治理与经济发展协调,统筹规划、突出重点。在全面普查水源地状况的基础上,制定水源地保护规划。坚持节约、清洁、安全发展,在发展中落实保护,在保护中促进发展,实现可持续的科学发展。

(2) 水源地优先原则。优先治理地表水源保护区和地下水水源保护区内的污染。保护水源地水质,确保供水安全。

(3) 防治并重,建管并举。预防为主,综合治理,运用法律、行政、技术和宣传等手段,注重源头控制,强化管理,全过程防治污染,解决水源地保护问题。

(4) 改革创新,加强监管。充分利用选矿厂技术优势,强化水源地监管。坚持制度创新、科技创新,探索水源地监管新思路。

采用监视控制与数据采集系统 (SCADA 系统) 对整个选矿厂供水系统进行二级调度管理。水源地管理站通过设置于站内计算机局域网对各深井泵站的各个参数进行处理、分析、打印、显示和管理,实现一级调度管理。同时将各深井泵站的参数转发到中继站,再由中继站将这些数据传送至选矿厂中心调度室,实现二级调度管理,这样就可以实时、准确地了解水源地的运行状况,为水源地的安全、可靠、高效运行提供良好的技术保障。

运用现代科技手段实施监控,提供决策的科学依据,突出环境规划,抓好总量控制,加强环境评价,强化运行监督,严格环境标准,确保水源地安全。

(5) 统筹污染源与水源地管理、地表水与地下水管理,统筹污水治理与再生水回用,统筹法律、制度与机制建设,因地制宜,分步分类实施。充分运用市场机制,运行有效的水源地保护补偿机制,调动选矿厂、社会组织和公众参与生态建设与水源保护的积极性。坚持分级负责,规范管理,全民参与,选矿厂与社会共同参与相结合的原则。

46.11.1.2　水源地的管理和保护

健全落实水资源管理制度体系。选矿厂要全面贯彻落实水资源保护的各项法律法规,建立健全与水资源保护密切相关的各项制度,逐步完善水资源统一管理机制与体制,逐步实现水资源的有效管控制度体系。

健全管理机构效能和管理体制。水资源管理及水资源保护、防洪、供水、排水、污水处理、中水回用等水管理职能由选矿厂的某一部门统一管理,有利于水资源综合管理和保护。这样可以全面理顺各方面关系,负责水源地保护日常管理工作和对周围污染源的监控管理工作,积极有效地落实各项保护措施,确保水源地水质安全。另外,把水资源利用管理与保护作为选矿厂的长期目标，把水资源管理与保护的责任纳入主管领导的职责之中，纳入水源地管理车间日常管理和工作考核之中。

加强水源地污染防治，确保水源水质安全。严禁破坏水环境及对水源地保护产生危害的活动。根据水源地的防护要求和污染物总量控制要求，限期治理生活污染源，对垃圾及废物进行收集、运输、储存和处理；将水源地及其污染防治纳入选矿厂水污染防治规划。

加强水源地工程建设措施。对划定的水源保护区范围的地理界线，用界碑、界桩和告示牌标定保护区范围，通过勘测定位使群众进一步明确了解保护区实际管辖范围，利于保护区建设和管理。

以水源保护区两侧为重点，营造水土保持林和水源涵养林，建设林草缓冲带，发挥植物的水质净化功能和植被护坡（岸）功能，维系水源地生态系统平衡。

选矿厂要通过明确固定的资金渠道对位于重要水源保护区工程建设给予资金支持。建立生态恢复治理责任机制，实行企业环境恢复治理保证金制度，加快生态恢复。

要树立"保护优先、预防为主、防治结合"的管理原则，确保水源保护区的水质符合规定的标准，保障水源安全。

宣传发动，依法保护水源。采取设置水源地保护警示牌、墙体警示标语、宣传条幅、张贴"通告"（短信、微信）等多形式进行广泛宣传，组织开展"保护水源地"系列活动，逐步增强广大员工和群众供水安全意识，自觉保护选矿厂供水设施和饮用水源。鼓励员工对发现污染水源地、破坏供水设施等情况及时汇报，并加强信息报送工作，对水源污染、供水设施损坏及其他重大情况在采取措施果断处理的同时及时上报有关领导和部门。

加强水源地监测系统建设，从水源源头把关，保证原水水质安全。建立监测预警体系，对重点污染源和重要水质部位进行实时监测，以便及时发现、跟踪突发性水污染事故；制定水源保护区环境污染事故应急预案和保障对策，一旦发生水源环境污染事故，及时启动预案进行处置，确保原水水质达标和安全。

加强巡视，保护水源地供水设施。制定下发《选矿厂水源保护区划》，划出选矿厂水源保护区的范围，将水源井水源列入饮用水源保护区。在保护区的边界要设立明显的地理界标和警示标志，并逐步建设隔离防护设施。选矿厂供水巡检人员要定期对井群及联络管线进行巡视，及时对破坏水源地的行为进行制止，防止污染水源、破坏供水设施等事件的发生，从源头上保证水源设施安全。

加强地下水保护，严禁私开滥采。切实加强地下水保护，一方面要加大执法力度，按照法律法规，打击各种私开滥采行为；在地下水严重超采地区划定地下水禁止开采区或者限制开采区；禁止向废井、废坑、排放、倾倒有害的污水和其他废弃物，另一方面也要提高人民群众的认识，从国家战略安全和选矿厂安全的高度来看待地下水开采的不利影响。

积极采用节水新产品、新工艺、新技术。应当采取措施，加强对节约用水的管理，建立节约用水技术开发推广体系，培育和发展节约用水，大力推行节约用水措施，推广节约用水新产品、新工艺、新技术，发展节水型工业和服务业，建立节水型选矿厂。

以科学技术为依托，实现水源地的合理规划和技术研究。采取科技手段，保护水源地做好污水处理与再生水回用规划，优化污水处理与收集方式、处理规模、处理技术工艺和管理模式。将生活污水与工业废水收集系统分开建设，降低处理成本。开展地下水普查及地下水污染防治关键技术研究，有条件的选矿厂建设蓄水池和生态湿地，力争在防洪、排水、污水治理、景观水利、生态水利与植被灌溉利用等的结合上取得突破。开展地下水普查及地下水污染防治关键技术研究，科学划定水源保护区。

46.11.2 选矿回水利用管理

选矿厂应根据生产实际，有效实施尾矿回水利用工程、生活污水净化站和井巷施工水回收利用工程，减少新水消耗。通过选矿厂尾矿处理系统、生活污水处理系统对产生的废水分别处理净化，再把沉淀净化后的生产废水和生活污水通过循环水泵重新返回选矿生产系统进行循环使用，使得废水实现循环再利用，减少新水用量。

同时尽可能建立厂前回水利用，如破碎防尘水、车间废水，精矿、尾矿浓缩溢流水等，尽可能采用尾矿干堆排放，实现生产水循环利用，不外排。

46.12 选矿厂管控一体化的自动化管理

选矿自动化是对矿石的破碎、磨矿、分级、选别、过滤脱水、精矿出厂和尾矿处理等过程进行的自动控制。在选矿生产中，实现选矿生产过程自动化，采用检测仪表、仪器、工业控制器等技术和装备，对选矿生产过程实时监测控制，以实现减员增效，改善劳动条件，减轻工人劳动强度，提高设备的作业率和效率，稳定和提高选矿回收率与产品质量，降低药剂和电能的消耗。在自动化发展过程中，为了解决生产过程的"信息孤岛"现象、提高生产效率，使选矿生产更加经济合理，有效提高选矿厂综合效益、提升企业的竞争力，矿山企业生产管理信息化系统即管控一体化系统得到了快速发展。

管控一体化（也称 EMS）是处理 ERP 与现场控制层的中间层。管控一体化是以生产过程控制系统为基础，通过对企业生产管理、过程控制等信息的处理、分析、优化、整合、存储、发布，运用现代化企业生产管理模式建立覆盖企业生产管理与基础自动化的综合系统。

管控一体化的特点是具有开放的、友好的客户端接口，使用户可以最大限度地访问重要的过程数据，方便地访问全部的实时数据及历史数据；具备灵活、简便的组态功能，包括实时模拟图、报表和分析曲线组态；快速地实施周期，明显的实施效果，用户可以很快地从应用中获得投资的回报，同时系统的安装与维护更加容易；具备丰富的设备数据接口，可以和多种 DCS、PLC 及仪表进行通信。

46.12.1 选矿过程管控一体化发展

管控一体化是现代化选矿厂的重要基础和目标。自动化是指机械设备或生产过程（包括环境安全）、管理过程（DA、BA）在没有人的直接参与，经过自动检测、信息传输、信息处理、分析判断、操纵控制，实现所要达到的目标。信息化（数字化）的信息绝大部分来自于各种生产、工况、安全的自动检测装置（传感器），这些是信息化（数字化）的基础。反之，由于实现了信息化（数字化），可以远程对选矿设备的工况进行监测，可以实时、连续监测各种地理、安全信息，大大减少现场作业的人数，这不仅可以提高效率，而且可以大大提高选矿厂生产的安全水平。实现管控一体化之后，把生产、安全和管理有机地融合在一起，在管理层可以实时采集到生产、安全的信息，也可以得到信息的变化趋势，为信息化或数字化选矿厂奠定基础。在此基础上，利用一些先进的控制理论（如人工智能、专家系统等）建立选矿厂安全生产所需的决策支持系统，实现选矿厂安全、生产、效益的多目标优化和全矿生产过程自动化，最终建成数字矿山。

我国的选矿自动化起步于20世纪50年代，进入80年代，相继引进了分布式控制系统（DCS）、可编程序控制器（PLC）和工业PC机（IPC）。20世纪90年代以来，我国的选矿过程控制系统呈现了DCS、PLC和IPC三者并存的局面。随着计算机技术、网络技术、通信技术和控制理论的发展，我国部分矿山的选矿过程控制从单设备、单机组、单流程控制发展到选矿厂全流程控制，实现了选矿厂控制优化、管控一体化、效益最大化之目的。

46.12.2 选矿管控一体化系统的组成

选矿自动化管控系统，是以选矿工艺流程为基础，综合应用网络技术、通信技术、自动控制理论、传感技术、计算机技术等多方面的成就，经过近半个世纪的发展变化而来的，通常由两级构成，即生产制造执行系统（MES）和生产过程控制系统（PCS），其结构如图46-12-1所示。

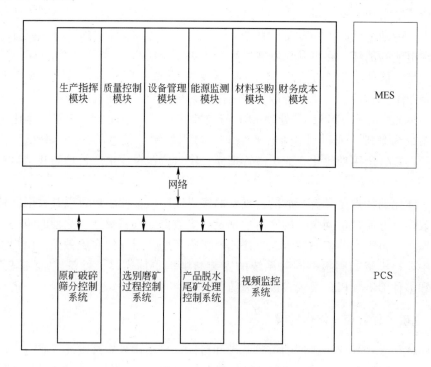

图46-12-1　选矿自动化管控系统结构示意图

生产制造执行系统（MES）是各种生产管理功能的软件集合，包括生产调度质量控制、设备管理、能源介质管理、材料供应、财务成本管理等模块，通过过程控制系统（PLC）数据信息的加工处理，实现管控一体化，使各专业部门实现了信息共享，实时掌握生产动态，实现了管理精细化、降低生产成本的目的。

选矿生产过程控制系统（PCS）由顺序控制、过程控制、视频监控三部分构成。

（1）顺序控制　顺序控制是按选矿工艺流程，分别对各工序设备按工艺要求实现设备自动启停控制，开车鸣铃，运行过程检测，联锁保护报警功能，实现生产过程的集中监视和集中管理。如对破碎工序，粗、中、细破碎机，筛分机，皮带机按工艺要求进行设备启停控制，对卸料车进行自动布料控制，对破碎机油温、油压、电流（功率）进行控制和异常报警，对皮带机跑偏、打滑、防撕裂进行检测，发生报警或停车。

（2）过程控制　过程控制对各主要作业过程进行自动控制，保证设备处于最佳工作状态，主要有破碎机作业控制，磨矿分级控制，选别作业控制，脱水作业控制，尾矿浓缩控制及输送作业控制等，以一段球磨机，旋流器分级为例进行说明。主要控制回路有：给矿量控制回路、磨矿浓度控制回路、溢流浓度控制回路、矿浆池液位控制回路，通过检测磨矿机给矿量，球磨机声音、功率，泵池液位，砂泵运转功率（频率）。这些参数作为控制器的输入，经过溢流浓度进行调节，PID 控制器运算，保证旋流器溢流浓度与设定值保持一致，从而实现磨矿机和旋流器处于最佳工作状态。

（3）视频监控　视频监控在生产现场的主要作业岗位安装摄像头，配合控制系统，完成对主要生产工艺过程及设备运行状况进行实时影像监测，达到生产过程稳定运行。生产过程控制及视频监视数据通过工业以太网传输至现场控制室及执行系统 MES，实现对生产过程的决策管理。

选矿厂通过 MES 与 PCS 系统的集成，能够实现生产过程与过程控制系统的一体化，提高系统的设备效率，稳定精矿产品质量。

46.12.3　选矿生产管控一体化案例

该选矿生产管控一体化系统包括：生产计划系统、生产调度系统、质量管理系统、能源管理系统、设备管理系统、生产统计系统、综合查询系统，见图 46-12-2。

（1）生产计划系统：根据公司确定的产量、质量、成本指标，编制年、月、日生产计划，在原材料、设备生产能力、效益目标等约束条件下，制订合理的产量计划、物料计划、设备运行计划、质量计划、能源计划、成本计划、技术指标计划。

（2）生产调度系统：为生产调度管理提供一个信息交互平台，实现生产全过程的监控、协调以及突发事件的及时处理，利用良好的人机界面，在为调度员及时准确地提供现场数据的基础上，为调度员提供调度决策平台。

（3）质量管理系统：实现实验室样品采样、化验、判定、分析，同时根据检验和化验结果，形成各种质量统计分析报表。

（4）能源管理系统：向管理人员提供能源数据信息，使管理人员能够通过能源流动管理以有效的方式降低成本。

（5）设备管理系统：对设备运行状态、点检、检测、检验、保养维修、事故故障、技术改造等进行全过程控制与管理，能够有计划、有针对性地提示用户开展设备点检、状态检测、检验、检定、保养、维修等工作。

（6）综合查询系统：为各级生产管理者、操作岗位等人员及时提供各工序生产状况、生产统计结果、生产完成情况、技术指标情况、消耗情况等生产信息，提供生产的统计数据、报表数据、流程图的查询功能，管理部门和操作岗位可按权限的设置确定不同的查询范围。

选矿厂通过实现管控一体化，可有效提高管理效率，通过信息化、网络化减少工作

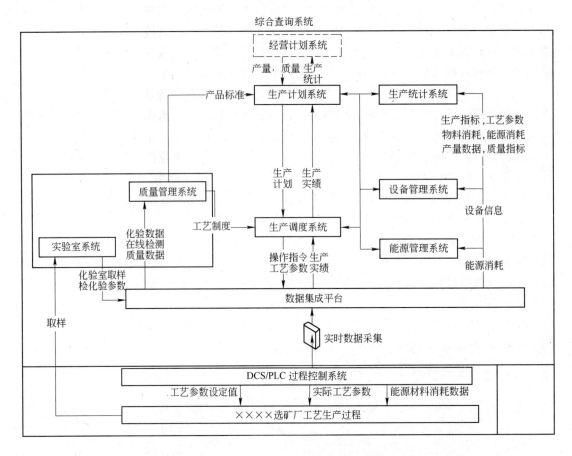

图 46-12-2　选矿厂管控一体化系统

量，加快信息传递及处理速度，减少管理人员；提高信息处理的及时性和准确性，提高设备的运行效率，从而提高产品产量和保证产品质量；提高企业综合自动化管理水平，实现选矿厂管控一体化，强化核算、降低成本、优化管理。

46.13　工艺技术标准实例

德兴铜矿矿石管理标准和条例

一、采矿场矿石管理标准

1　目的

为了最大限度地降低矿石的贫化和损失，充分利用矿产资源提高经济效益，保证生产经营目标的顺利实现，特制定本标准。

2　适用范围

本标准适用于采矿场对矿石的管理。

3　职责

3.1　生产场长主管矿石管理工作。

3.2　地测中心是矿石管理工作的主管职能室，负责提供修绘的矿体分布图和地形地质现状图给有关部门。

3.3　铲装工段、铲钻工段负责矿岩分采分装。

3.4　相关工段、职能室对矿岩标志负责保护。

4　工作程序

4.1　地测中心必须每月提供修改绘制的矿体分布图和地形地质现状图给有关部门。

4.2　爆破设计人员设计炮孔时应了解地质情况，在具备矿、岩分爆地段应分别进行爆破，不具备时应尽量使爆破方向平行矿岩界线。爆破矿（或岩）应先将附近的岩（或矿）铲净再爆。

4.3　生产技术室设计斜坡道时，应尽量避开矿岩界线，无法避开时要现场指挥矿岩分堆。

4.4　地测中心应及时准确圈定矿体，并在现场标定。

4.5　采区作业人员不得无故移动和毁坏现场矿岩标志。

4.6　电铲作业人员装车必须明确矿岩，做到矿岩分采分装。

4.7　调度等现场管理人员对矿岩区域清楚，指挥准确。

4.8　大车运矿遇旋回不要矿时，应运至就近矿堆卸载；运载途中因车故障需卸载时，应在修好后装运至指定地点。

4.9　推土机作业应注意保护矿岩标志，确需触及矿岩标志时应先移开，作业完后插回原处，并通知地质人员检查。

4.10　垫路和作挡墙用料，在矿石路段用低品位矿石，废石路段用废石。路料站破碎用料规定用南山北部夹层矿和岩。

4.11　测量验收矿量应及时准确。

4.12　地测中心是矿石管理的责任职能室，各单位、职能科室在矿石管理中遇有技术等问题，可向地测中心反映解决。

5　相关/支持性文件

5.1　德兴铜矿矿石管理条例（暂行）

6　质量记录

6.1　采矿场出矿品位月报表。

6.2　采矿场出矿品位汇总表。

二、矿石管理条例

矿石管理是矿山生产过程中一项技术性较强的管理工作。矿产资源是国家的宝贵财富。为了保证矿产资源的合理开采和利用，提高矿山生产的经济效益和社会效益，特制定如下条例：

1. 生产矿长全面负责矿石管理工作。矿地测量中心是矿石管理工作的主管部门。

2. 矿地测中心和生产运营部应认真贯彻执行国家矿产资源和采剥技术政策，确定合理的开采顺序，选用经济合理的、贫化损失小的开采工艺，制订降低贫化损失的技术措施和管理办法。

3. 采矿场是矿石管理的执行部门，应成立以场长为首的矿石管理领导小组，配置矿石管理专职人员，并进一步制订具体的考核办法。

4. 采矿场生产技术室会同矿地测中心测量技术室，每月提供修改绘制的露天采场现状图给有关部门。

5. 采矿场生产技术室应根据地测资料和矿石质量好坏和贫富兼采的原则，进行配矿和安排生产。在设计斜坡道时，应尽量避开矿岩分界线。

6. 采矿场爆破技术人员应根据地测资料和生产计划安排，合理地进行穿孔爆破设计。具备矿、岩分爆分采的地段，应分别进行爆破；不具备矿、岩分爆分采的地段，应尽量使爆破方向平行矿岩界线，并且其设计须经采矿主任工程师审查。在矿岩交界部位爆破矿（岩）时，爆破前应须将附近的岩（矿）铲除干净，以免爆破后的矿、岩相互混入。

7. 检化中心应按地测中心地质技术室的具体要求，及时准确地加工样品和化验分析铜、金、银、硫、钼、氧化铜、砷、锑、铋等元素。

8. 采矿场生产现场工段应严格按矿岩标定。同时，根据矿体产状特征，明确铲装作业方向，现场矿岩标志物，任何人（地质技术人员除外）不得移动和损坏。矿石管理人员应每天检查矿岩标志物，若发现标志物损坏或丢失，应追查原因和追究违者责任，并及时补好。

9. 采矿场生产现场管理人员应明确矿岩分界标志和铲装作业方向，指挥和控制电铲作业及工程施工。

10. 采矿场铲装工段应严格按矿岩标志和规定的铲装作业方向。标志不清不得铲装，应及时与地质科或调度室联系。在同一作业点进行矿、岩铲装时电铲司机必须向汽车司机明确矿、岩信号，严禁混装、混卸。电铲挑选的大块，应分清矿、岩分别堆放在矿石地段和废石地段。

11. 采矿场汽运工段应严格做到在汽车装运矿（岩）前检查车箱内是否有余留岩（矿）或混入物。明确装卸对象和目的地。运载过程中出现故障需卸载修理时，应在修好后再装卸至指定地点。破碎站不要矿时，应将运载的矿石卸至另一破碎站。

12. 采矿场养防工段修路时，应根据设计要求，尽量避开矿岩界线，并在地质人员的指导下选择垫路石料。做到矿石路段矿石垫、废石路段废石垫，严禁混用路料，严禁用高品位矿石铺设路面。推土机及其他工程机械进入有矿岩标志物地段作业时，应严禁矿岩混入，并注意保护好矿岩标志物，若确实需要移动标志物时，应通知矿石管理人员到达现场指导，在作业完毕后，及时将标志物插回原处，并通知地质人员检查。

13. 矿地测中心和生产运营部根据表层矿石的氧化率高低、含铜和金品位高低及选矿试验结果，做出经济评价，若确定某处表层矿石应作废石处理，并经生产矿长批准，下发书面通知后，采矿场应认真执行。

14. 地测中心地质技术室对于矿体上部含有风化泥土的爆堆，应提出降低矿石贫化损失的具体措施，在实施过程中，调度和养防工段应派推土机密切配合。

15. 矿地测中心在生产矿长的带领下，会同生产运营部等有关部室，每年不定期地对采矿场矿石管理情况进行检查和分析，年终进行总结，并对一年来有功的部位和人员进行表彰和奖励。

16. 本条例自公布之日起执行，解释权归矿地测中心。

丰山铜矿配矿标准作业流程

大冶有色公司丰山铜矿配矿标准作业流程参见图46-13-1和图46-13-2。

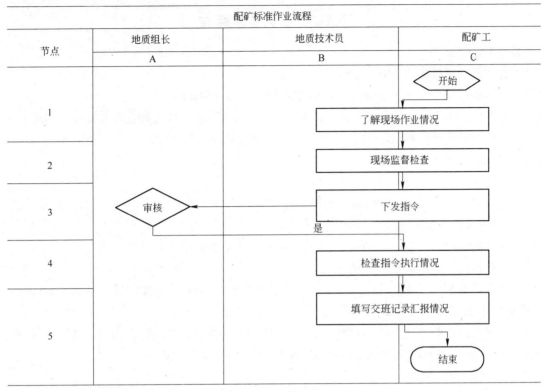

图 46-13-1 配矿标准作业流程

	配矿标准作业流程节点说明			共1页 第1页	
节点	主导部门	程序及事项	活动具体要求	时限要求	产生文件、记录
B1 C1	技术部	了解现场情况	1. 掌握作业现场生产情况及地质状况 2. 掌握供矿点、掘进副产点及品位情况	1个 工作日内	现场信息
B2 C2	技术部	现场监督检查	1. 技术员、配矿工负责每天供矿点、掘进副产点的日常检查 2. 掌握供矿点、掘进副产点的品位变化情况	1个 工作日内	现场变化情况
A3 B3 C3	技术部	下发指令	1. 技术员、配矿工根据现场变化情况下发各项配矿指令 2. 组长负责审查，合格后签字下发到相关单位	1个 工作日内	技术指令
B4 C4	技术部	检查指令执行情况	按指令检查供矿点、副产点矿石废石分出分运情况	1个 工作日内	指令执行情况
B5 C5	技术部	填写交班记录汇报情况	填写配矿交班记录，并向地质组长汇报情况	1个 工作日内	交班记录

附加说明：				
1	流程目的	确保供矿品位稳定		
2	相关术语	无		
3	补充要求	无		
4	流程提出	技术部	流程版次	1.0 版
5	主管部门	丰山铜矿	参与部门	技术部
审定：			批准：	

图 46-13-2 配矿标准作业流程节点说明

某选矿厂工艺技术标准

1 破碎工艺

1.1 旋回破碎机排矿口 140~155mm。

1.2 中碎圆锥排矿口 20~55mm，细碎圆锥排矿口 10~50mm。

1.3 重型振动筛上层筛网尺寸 40mm，下层筛网尺寸 12mm，单筛筛孔尺寸宽度为 10mm。

1.4 中碎破碎机给矿粒度一般不大于 250mm，细碎破碎机给矿粒度一般不大于 70mm，最终产品粒度 P_{80} 不大于 9mm。

2 半自磨工艺

2.1 半自磨机给矿块度 -300mm，磨矿浓度 75%~80%，排矿 $P_{80}=1.937mm$，添加钢球尺寸 $\phi125mm$，添加钢球量 1t 原矿最大 0.8kg。

2.2 分级振动筛给矿粒度 -80mm，筛孔尺寸 10mm×25mm。

2.3 顽石输送系统给矿粒度 -80mm。

2.4 球磨机给矿粒度 F_{80} 不大于 3mm，磨矿浓度 70%~80%，添加钢球尺寸 $\phi80mm$，添加钢球量 1t 原矿最大 0.8kg。

2.5 旋流器组给矿浓度 50%~60%，沉砂浓度 70%~78%，溢流浓度 30%~35%，溢流细度 -0.074mm 占 60%~65%，+0.18mm 占 8%~10%。

3 磨矿分级工艺

3.1 一段磨矿分级磨矿浓度 70%~75%，溢流浓度 32%±2%，溢流细度 +0.18mm 含量小于 7%，-0.074mm 含量 60%~65%，钢球充填率 30%~35%，添加钢球量 1t 原矿最大 1.0kg。

3.2 二段磨矿分级磨矿浓度 60%~65%，溢流浓度 20%~25% 溢流细度 -0.074mm 含量大于 90%，钢球充填率 28%~32%。

4 浮选工艺

4.1 浮选机充气量 $1.0~1.2m^3/(m^2 \cdot min)$，叶轮与定子的四周间隙要求均匀，间隙差小于 5mm。

4.2 选硫旋流器入选浓度 10%~20% 沉砂浓度 40%~60%，浮选机入选浓度 35%~45%，入选品位 10%~20% 矿浆 pH 值为 6~8。

4.3 药剂配制浓度：黄药配制浓度为 10%±1%；AP 为原液添加；起泡剂为原液添加；石灰乳配制浓度为 7%±1%，CTP 配制浓度为 6%~8%；浮选药剂添加量：石灰球铁板给矿机电流严格控制在 8A，原则上通过调节补加水量控制石灰乳浓度，粗选段石灰按每台球 1000~7000mL/min；粗选矿浆 pH 值控制在 6.5~7.5；精选矿浆 pH 值控制在 9~13；AP 添加量 10~15g/t；黄药总用量 50~55g/t，起泡剂总用量 15±5g/t；选硫作业 pH 值为 6~8；浮选浓度 30%~40%；黄药 9g/t，起泡剂 1.5g/t。

4.4 $\phi4.27m$ 浮选柱喷枪开启数不小于 16 根；喷淋水量 $0~35m^3/h$，风压 0.4~0.65MPa，界面高度 75%~90%，风量 $65~90m^3/h$。

4.5 浮选技术指标：一段浮选粗精矿铜品位 5%~8%；二段浮选选铜作业回收率不小于 98%；最终指标按照当年下达的计划值为准。

铜录山矿选矿厂工艺技术标准

1　内容与适用范围

本标准规定了选矿厂采用原矿石（铜矿石）生产铜精矿所需原料、主要选矿药剂的要求，主要工艺及操作要点。

本标准适用于公司下属矿山选矿生产及技术管理。

2　原料、（主要）选矿药剂要求

2.1　原矿石要求

（1）入选原矿石化学成分。

（2）原矿石含水量坑采不高于4%，露采7%（铜录山矿、铜山口矿）。

（3）原矿石中不得混入油类物质及其他外来杂物。

2.2　选矿药剂要求

（1）选矿厂使用的选矿药剂必须具备质量合格证、产品质量标准检测报告，且达到质量标准要求。

（2）积极推广应用绿色高效新型选矿药剂。使用新型药剂必须经过试验室试验—（半）工业试验，经论证后方可用于工业生产。

（3）选矿药剂示例：

1）丁基黄药（捕收剂）品质要求：浮选用丁基黄药符合有色金属行业标准 YS/T 278—1994，主成分不小于84.5%，游离碱含量不大于0.5%，水及挥发物不大于4.0%，粉末含量不大于10%，无杂质，易溶于水，净重符实（如桶装，净重150kg/桶）。

2）松醇油（起泡剂）品质要求：浮选用松醇油符合有色金属行业标准 YS/T 32—1992，含醇量不小于49%，水分不大于0.7%，密度不小于0.89，无固体杂质，净重符实（如桶装，净重170kg/桶）。

3）硫化钠（调整剂）品质要求：主成分 $Na_2S \cdot 9H_2O \geqslant 96.0\%$，铁（Fe）：$\leqslant$ 0.001%，水不溶物不大于0.05%，无杂质，净重符实。

2.3　水

（1）生活水：符合生活饮用水水质卫生规范（卫法鉴发20017161号）。

（2）生产水：符合 GB 50050—95 水质控制标准。

3　产品质量标准

铜精矿符合行业标准 YS/T 318.1997。

4　工艺流程

原生矿石采用地下开采方式，井下粗碎矿石用竖井提升、电动车运至地面原矿仓；氧化矿石系露天开采，用汽车运至选厂原矿仓。氧化矿和原生矿破碎流程均为三段一闭路，对含泥高的氧化矿石采用自磨 ABC 流程处理。选别流程均为一段磨矿。氧化矿浮选采用两次粗选（一次粗选为独立作业）、两次扫选、两次精选流程，经预先加丁基铵黑药优先选金（独立作业）后加硫化钠硫化浮选铜得到铜精矿，其尾矿经磁选选铁得铁精矿。原生矿3号(4号)系列浮选采用两次粗选（一次粗选为独立作业）、两次扫选、两次精选流程，2号系列浮选采用两次粗选（一次粗选为独立作业）、一次扫选、粗扫泡沫分别精选流程，经浮选选铜、浮选尾矿磁选铁，分别得到铜精矿、铁精矿。原生矿铜精矿和铁精矿与氧化矿的同名产品合并，再经浓缩、过滤，脱水贮入铜和铁精矿矿仓中。原生矿（或全尾矿）的尾矿采用全尾矿充填，坑采车间正常进行充填作业时，全尾矿外排至6号浓密机，底流泵送至充填站立式砂仓，砂仓溢流自流至尾矿库，沉砂作为坑内采场充填物料；当坑采车间充填作业停止时，全尾矿用泵压力输送至尾矿库贮存，溢流扬至尾矿坝，底流扬至充填站立式砂仓作坑内充填料。

关键流程的确认

（1）关键过程：破碎作业、磨矿作业、选别作业、脱水作业。

（2）关键岗位：球磨岗位、选别岗位。

5 工艺参数

5.1 破碎工序

露采矿（坑采矿）粗碎：最大给料粒度小于850mm（480）。

中碎：最大给料粒度小于216mm（240）。

细碎：最大给料粒度不大于72mm（72）。

控制筛孔尺寸 $a = 17$mm。

破碎产品粒度 $d_{95} \leqslant 15$mm。

5.2 磨矿工序

台时处理量：自磨系统56~84t/（h·台）；球磨（2号~6号）28~35t/（h·台）。

磨矿浓度：72%~75%。

补加球制度：球径与配比 ϕ100~120：30%；ϕ80：40%；ϕ60：30%。

分级机溢流浓度：28%~38%；细度-74μm的占65%~70%。

用水点水压：≥0.25MPa。

5.3 浮选工序

浮选浓度：粗选（扫选）28%~35%；精选20%~25%。

矿浆pH值：（1）硫化矿：自然pH值；（2）氧化矿：10~11；（3）混合矿：9~11.5。

药剂制度：采用分段加药，加药点、加药量根据技术指令进行操作。

用水点水压不小于0.25MPa。

5.4 脱水工序

铜精矿浓缩机：底流浓度：40%~60%，低于40%不允许直排。

溢流损失：Cu≤0.5%，Fe≤1%；溢流粒度不得大于5μm。

铜精矿水分不大于14%。

铁精矿水分不大于10%。

用水点水压不小于0.25MPa。

6 选矿技术经济指标

各矿山单位不断加强技术管理，提高选矿技术指标，保证日常选矿技术指标不低于当年公司生产经营指标要求。

7 操作要点及人员要求

7.1 岗位操作要点

（1）破碎工序：

1）均衡生产，破碎机禁止负荷突变。

2）设备维护保养，巡检制度，确保设备正常运行，设备振动、声响、温升正常。

3）铜录山露采、坑采矿分别进各自破碎系列。

4）及时掌握检查筛分筛孔尺寸，控制好破碎设备排矿口尺寸，确保破碎产品粒度达到工艺要求。

5）勤与上下岗联系。

（2）磨矿工序：

1）均衡给矿，勤看矿石性质变化，调整给矿量。

2）勤观察返砂量变化，合理调整球磨机—分级机回路给矿水、排矿水、返砂水，禁止突然水量变化，确保磨矿浓度、分级机溢流浓度、细度达到工艺要求。

3）注意设备维护保养，巡检制度，确保设备正常运行，球磨机振动、声响、轴承（瓦）温升正常。

4）坚持补加球制度，每天补球一次（中班）。

5）勤检查浓细度变化情况，及时调整操作。

6）勤与上下岗联系。

（3）浮选工序：

1）操作要点：严、勤、快、准、稳，五动五不动操作法。

严：严格执行技术操作卡（由选厂技术组及时提供）。

勤：勤看原矿性质，勤观察泡沫变化，勤与上下岗联系。

快：变化发现块，调整快。

准：矿石性质掌握准，选矿过程变化原因找得准，药剂制度贯彻准，浮选刮量控制准。

稳：稳定风量（风压），稳定液面。

五动：

①泡沫发黏、发脆，动药剂条件；

②原矿品位（矿石种类）变化，动药剂条件；

③扫选泡沫发白、尾矿跑高时，动药剂条件；

④矿石处理量变化，动调节阀门；

⑤循环量不合理，动调节阀门。

五不动：

①矿石性质、风量没变，矿浆液面波动，动液面调节阀门，不动风量和药剂条件；

②药剂加量不正常，尾矿跑高，不动风量；

③原矿性质短时间变化，不动操作条件；

④原因未找准，不动操作条件；

⑤矿浆 pH 值应相对稳定。

2）设备维护保养和润滑规程，坚持巡检制度，保证设备声响、振动、轴承温升正常，确保设备安全正常运行。

（4）脱水工序：

1）浓缩机提耙要及时，观察排料浓度。

2）确保过滤机负压、正压正常情况吸气。

3）设备维护保养、润滑规程和巡检制度，定期清洗陶瓷板或滤布确保设备正常运转。

参 考 文 献

[1] ［美］彼得·德鲁克. 管理［M］. 北京：华夏出版社，2009：149.

[2] 詹银水. 冶金工业企业管理［M］. 北京：冶金工业出版社，1983：15.

[3] 中国有色金属工业总公司. 有色金属矿山生产技术规程. 湖南：长沙矿山研究院，1990：265，291.

[4] 中条山有色金属公司. 技术工作条例. 山西：中兴实业公司，1996：90～91，97.

[5] 左玉龙. 做优秀管理者. 北京：中华工商联合会出版社有限责任公司，2010：39，79.

[6] 李自如. 冶金工业企业管理［M］. 长沙：中南工业大学出版社，1990：58.

[7] 黄瑞强，崔麦英. 落实工艺技术标准，提高选矿技术经济指标［J］. 铜业工程2012（5）：38.

[8] 王资. 浮游选矿技术［M］. 北京：冶金工业出版社，2006：115.

[9] 马金平. 矿产资源综合回收与利用［J］. 中国矿业，2010，19（9）：57～59.

[10] 《选矿设计手册》编委会. 选矿设计手册［M］. 北京：冶金工业出版社，1990：4～25.

[11] 李宏，马保平，等. 实行多碎少磨提高经济效益［J］. 中国矿山工程，1999（4）：26～27.

[12] 刘伟云. 选矿生产金属平衡的管理［J］. 有色金属，2008，60（3）：105～107.

[13] 张力. 生产管控一体化系统在矿山生产过程中的应用［J］. 中国仪器仪表，2009（增刊）：179～182.

[14] 王玮，于宏业，等. 管控一体化技术在乌山铜钼选矿厂的应用［J］. 黄金，2012（11）：41～45.

[15] 张强. 选矿概论［M］. 北京：冶金工业出版社，2010：4.

[16] 宋素芬，柳金庭. 全面质量管理在包钢选矿厂的应用［J］. 包钢科技，2005（4）：80～82.

[17] 牛福生. 选矿知识600问［M］. 北京：冶金工业出版社，2008.

[18] 有色金属金属平衡管理规范［S］. YS/T. 1-44.5—2001.

[19] 国家安全生产监督管理总局令第六号，尾矿库安全监督管理规定［Z］. 2006-04-21.

[20] 尾矿库安全技术规程［S］. AQ 2006—2005.

第47章 选矿厂环境保护

47.1 选矿厂水污染及其防治

47.1.1 选矿厂废水分类及污染物来源

选矿厂碎矿和选别过程中外排的废水统称为选矿废水，因此，选矿废水并非单指选矿工艺中所排放的废水，还包括一些地面冲洗水、冷却水等。选矿废水根据排放源不同可分为两类：生产过程产生的废水和非生产过程产生的废水。前者包括所有选别方法及辅助作业（如脱泥、洗矿等）产生的废水；后者包括如环境卫生、冷却等工程措施产生的废水。选矿厂废水分类见表47-1-1。

表 47-1-1　选矿厂废水分类

分 类	来 源	性 质
生产过程产生的废水	碎矿、磨矿冲洗水	含悬浮物、少量重金属离子
	重选、磁选、浮选所产生废水	含悬浮物、重金属离子、有机药剂
	浓缩精矿及中矿的浓密溢流水、精矿脱水车间过滤机的滤液	含悬浮物、有机药剂、重金属离子
	尾矿废水，有时还有中矿浓密溢流水和选矿过程中脱药排水，石灰乳及药剂制备车间冲洗地面和设备的废水等	含悬浮物、有机药剂、重金属离子、呈酸性或碱性
非生产过程产生的废水	碎矿过程中湿法除尘的排水，碎矿及筛分车间、皮带走廊和矿石转运站的地面冲洗水、主厂房冲洗地面和设备的废水	主要含悬浮物，少量重金属离子及油污
	碎、磨矿设备冷却器的冷却水和真空泵排水	仅水温较高，往往被直接外排或直接回用于选矿

选矿废水中可能超过国家工业"三废"排放标准的污染物项目有：pH值，悬浮物，铅、锌、砷、铬、镉、钨、钼等重金属离子，氰化物，氟化物，硫化物及化学耗氧量等。污染物的主要来源及一般处理方法列于表47-1-2。

表 47-1-2　选矿厂废水污染物项目、来源及常用处理方法

超标项目	污染物来源	处理方法
pH 值	选矿药剂	酸、碱调节
悬浮物	矿石、尾矿、地面冲洗、湿式除尘	自由沉淀或混凝沉淀
氰化物	选矿药剂	回收或碱性氯化法处理
氟化物	矿石	混凝沉淀或投加石灰
硫化物	选矿药剂、矿石	混凝沉淀、氧化
化学需氧量	选矿药剂、矿石	混凝沉淀、氧化、吸附
重金属离子	矿石	混凝沉淀、投加石灰

47.1.2　选矿厂废水污染物危害及排放标准

选矿废水中污染物如不经处理直接排放会对环境及人体造成较大的危害。

47.1.2.1　选矿厂废水污染物危害

A　悬浮物危害

选矿废水中的悬浮物含量普遍较高，有时每升废水可高达几万毫克，如果不经处理直接排放或流失会严重污染水源和土壤，危害水产和植物，淤塞河流、湖泊等，也会影响水生生物生活条件，例如阻塞鱼鳃，影响日照和藻类的光合作用；过高的悬浮物可能使河道淤积，引水渠道堵塞，用之灌溉农田还会危害农作物的生长和发育并使土壤板结；其次作为生活用水，悬浮物从感观上使人生厌，同时细菌、病毒必然附着在悬浮物上，对人体有害；当悬浮物中含重金属化合物时，在一定条件下会转化成溶于水中的金属离子而造成二次污染。

B　酸碱性危害

选矿废水酸碱性的主要特点是：酸碱度（pH 值）不稳定、离子含量大、悬浮物含量高，并伴有多种重金属离子及少量有机污染物。由于酸碱废水有较强的腐蚀性，腐蚀管渠及构筑物，干扰水体自净，使土壤酸化或盐碱化，如果这些废水直接外排，将严重影响周边地区的生态环境。

C　有机污染物危害

选矿废水中有机污染物主要以选矿有机药剂为主，主要有捕收剂、调整剂、起泡剂及抑制剂等，用量虽小，却是造成选矿废水有机污染的主要原因。它所产生的危害来自于以下几方面：①药剂本身有毒有害，如黄药、黑药（二烃基二硫代磷酸盐）、松醇油等这些药剂对人体有直接危害，如废水中含黄药 0.05mg/L 即可感觉臭味，而黑药、松醇油则影响鱼类的生长，使鱼虾有令人厌恶的气味，水中超过 0.001mg/L 即有异味；②药剂有腐蚀性，危害农作物及改变土壤性质，酸类可溶解矿石中的重金属；③药剂本身无毒，但使用和排放会增加水中的有机物污染浓度，而使自然水体中的生物耗氧量、化学需氧量大大增加。

选矿废水中有机物种类繁多，可根据不同有机物都可被氧化的共同特性，用氧化过程所消耗的氧量作为有机物总量的综合指标进行定量。通常可用生化需氧量、化学需氧量和总有机碳表示。

（1）生化需氧量（BOD）　在适宜的温度下（一般以 20℃ 作为测定的标准温度），微生物（主要是细菌），将有机物氧化成无机物所消耗的溶解氧量，称为生物化学需氧量或生化需氧量。一般以 5 日作为测定 BOD 的标准时间，因而称之为五日生化需氧量（BOD_5）。生物化学需氧量代表了第一类有机物，即可生物降解有机物的数量。

（2）化学需氧量（COD）　在酸性条件下，采用一定的强氧化剂，将有机物氧化成 CO_2 与 H_2O 所消耗的氧量，称为化学需氧量（COD）。化学需氧量能较精确地表示污水中有机物的含量，测定所需时间比 BOD 短，且不受水质的限制。但不能像 BOD 那样反映出微生物氧化有机物、直接地从卫生学角度阐明被污染的程度。

BOD_5/COD 的比值称为可生化指标，比值越大，越容易被生物处理。一般认为此比值大于 0.3 的污水，才适于采用生物处理。

（3）总有机碳（TOC）　总有机碳（TOC）是目前国内、外开始使用的另一个表示有机物浓度的综合指标。TOC 的测定原理是先将一定数量的水样经过酸化，用压缩空气吹脱其中的无机碳酸盐，排除干扰，然后注入含氧量已知的氧气流中，再通过以铂钢为触媒的燃烧管，在 900℃高温下燃烧，把有机物所含的碳氧化成 CO_2，用红外气体分析仪记录 CO_2 的数量并折算成含碳量即等于 TOC 值。测定时间仅几分钟。

水质比较稳定的污水，BOD_5、COD 和 TOC 之间，有一定的相关关系，数值大小的排序为 COD＞BOD_5＞TOC。生活污水的 BOD_5/COD 的比值一般为 0.4～0.65，BOD_5/TOC 的比值为 1.0～1.6。工业废水的 BOD_5/COD 比值，决定于工业性质，变化极大，如果该比值大于 0.3，被认为可采用生化处理法；小于 0.25 不宜采用生化处理法；小于 0.3 难生化处理。难生物降解有机物不能用 BOD 作指标，只能用 COD 或 TOC 等作指标。

D　重金属离子

重金属并非一个严格定义的化学名词，根据不同的标准，比如密度、原子数或原子量等，重金属有不同的定义。一般重金属大都指密度大于或等于 $5g/cm^3$ 的天然金属元素。但是，在具体分类时，有些属于稀土元素，有些又划归难熔金属元素，最终具体到环境污染领域来说，通常指汞、镉、铅、铬以及类金属砷等生物毒性显著的元素，也包括具有一定毒性的一般重金属元素，如锌、铜、钴、镍、锡等。重金属是潜在的长期性有毒有害物质，重金属元素对环境的危害主要体现在：

（1）在水中只要有微量浓度即能够产生毒性效应。一般产生毒性效应的浓度在 1～10mg/L，毒性较强的重金属如汞、镉等在 0.01～0.001mg/L 及以下的浓度范围内即可产生毒性效应，而毒性更强的氰化物，其产生毒性效应的浓度范围则更低。

（2）微生物对重金属无降解功能，相反某些重金属在微生物的作用下，转化为金属有机化合物，产生更强烈的毒性作用，如汞的甲基化作用。

（3）生物体从环境中摄取重金属，通过食物链的生物放大作用，逐级地在高层次的生物体内富集，从而危害人体健康。

重金属如铜、铅、锌、铬、镉、汞及砷等离子及其化合物的危害，已是众所周知。这些重金属及其化合物在水体迁移转化过程中只发生形态变化，不会消失，是累积性毒物，无论对植物还是对人体都具有毒害作用。对植物主要是通过植物根部吸收进入植物体内，过量则直接影响植物的生长发育，严重时导致植物的枯萎、死亡。且重金属会破坏土壤性质与结构，对植物生长及土壤中微生物生存产生不利影响，严重破坏矿区生态环境。

对人体而言，有害重金属元素主要通过消化道、呼吸道，有的还可以通过皮肤等途径进入人体，并主要存留在肝脏、肾脏、脑等器官组织，过量时则对这些人体器官造成毒害，严重时造成功能损害直至完全丧失。人体内过量铅可伤害人的脑细胞，致癌致突变等；汞食入后直接沉入肝脏，对大脑视力神经破坏极大，天然水如果每升中含 0.01mg，就会强烈中毒；体内含过量铬会造成四肢麻木，精神异常；砷过量会使皮肤色素沉着，导致异常角质化；人体镉过量会导致高血压，引起心脑血管疾病，破坏骨钙，引起肾功能失调。因此，选矿废水不经妥善处理直接排放，会对矿区周边水体及土壤造成严重的重金属污染，并通过食物链进入人体，危害人体健康和生命。

E　无机盐危害

当矿物中易溶解的无机盐含量较高或与某些溶解度较大的矿物伴生时，最终选矿废水中含盐量会较高，形成含盐废水。此外，在化学选矿工艺中，如果在焙烧或浸出过程加入大量无机盐类添加剂，也会导致最终尾水的含盐量较高。根据矿物种类和生产工艺的不同，含盐废水中无机离子有所差别，但多为 Cl^-、SO_4^{2-}、Na^+、Ca^{2+} 等常见离子，这些离子一般不具备生物毒性，在环境中也普遍存在，因此当前国家并未对含盐废水制定相应的排放标准，但如果废水中盐含量过高，也会对环境造成较大的危害。

目前对于含盐废水并无一个明确的定义。通常将水体中总含盐量（TDS）超过 1000mg/L 的水称为苦咸水。苦咸水中按照总含盐量的高低又可分为低度苦咸水（2000mg/L 以下），中度苦咸水（2000~6000mg/L）和高度苦咸水（6000mg/L 以上）。若总含盐量超过 10000mg/L 时通常被称为高盐废水（水体）。含盐废水由于电解质含量较高，直接外排会严重危害生态环境及居民的健康和生活，同时还会对工农业生产带来严重的负面影响。具体表现在以下几方面：

（1）影响水体生态平衡。含盐废水中的 Cl^-、SO_4^{2-}、Na^+、Ca^{2+} 等离子都是动植物生长所必需的营养元素，在微生物的生长过程中起着促进酶反应，维持膜平衡和调节渗透压的重要作用。但是若这些离子浓度过高，会对微生物产生抑制和毒害作用，主要表现为盐浓度高、渗透压高、微生物细胞脱水引起细胞原生质分离，盐析作用使脱氢酶活性降低，氯离子高对细菌有毒害作用。此外，高盐废水也会对水体中的动植物产生毒害作用，严重影响水体的生态平衡。

（2）影响工农业活动。高含盐水体由于矿化度和电导率高，故能加速电化学反应，在工业生产中会严重腐蚀、损害生产设备。另外，由于盐浓度高，废水的密度增加，活性污泥易上浮流失，从而严重影响生物污水处理系统的处理效果。高盐度废水如排入农田，由于其含盐量大大高于农田灌溉用水标准（GB 5084—2005），因此可造成土地盐渍化，导致土质硬化、土壤板结，破坏农田土壤结构，使农田土壤生理活性难以恢复，进而致使农作物烂根、死苗。

（3）威胁人类生活。高盐废水如直接排入江河，会造成流域盐浓度异常，影响周边人畜饮水，如直接排入地下，会污染地下水源，威胁人类生活。

F　其他污染物危害

有些选矿废水直接排放会对环境造成其他严重的危害，如氰化物、硫化物等会严重污染矿区及周边的生态环境，并通过食物链危害人体健康。

在氰化物的慢性作用下，由于组织供氧不足，可引起一系列反射性改变，如红细胞血红蛋白代谢性增高，甲状腺组织增生肿大，并危害人体的神经系统和心脑血管系统。氰化物在水体中有自净作用，因此，常利用这一特性延长选矿废水在尾矿库中的停留时间，使其达到排放标准。

水中的硫化物对人与动、植物的健康也有影响。有资料表明，在饮用水中硫化氢浓度即使低到 $0.07mg/m^3$ 也能影响水的味道。由于硫化氢是与氰氢酸具有同样水平的毒性物质，当水中硫化氢浓度达到 $0.15mg/m^3$，即影响新放养的鱼苗的生长和鱼卵的成活。硫化氢对高等植物根的毒害也很大，$3~4.5mg/m^3$ 即对柑橘类根产生影响。鱼类接触 24 h 后也有毒性。硫化物进入人体，可危害细胞色素、氧化酶，造成细胞组织缺氧，甚至危及生命。

选矿废水含有的污染物种类繁多，需经妥善处理使其达到国家排放标准后才可排入水体。各污染物排放在《中华人民共和国污水综合排放标准》中均有规定。

47.1.2.2 选矿厂废水污染物排放标准

选矿厂废水达标排放标准随着环境问题的日益严峻而不断提高，目前新的《中华人民共和国污水综合排放标准》里将排放的污染物按其性质及控制方式分为两类，其中的第一类污染物(总汞、总镉、总铬、六价铬、总砷、总铅、总镍、总铍、总银)，一律在车间或车间处理设施排放口采样，且规定了第一类污染物的最高允许排放浓度；还指出采矿行业的尾矿坝出水口不得视为车间排放口。标准按年限规定了第一类污染物和第二类污染物最高允许排放浓度及部分行业最高允许排放量，分别为：1997 年 12 月 31 日之前建设(包括改、扩建)的单位，水污染物的排放必须同时执行表 47-1-3、表 47-1-4、表 47-1-5 的规定。1998 年 1 月 1 日起建设(包括改、扩建)的单位，水污染物的排放必须同时执行表 47-1-3、表 47-1-6、表 47-1-7 的规定。标准尤其对矿山工业用水重复利用率提出了明确的要求，这就要求矿业企业对选矿废水甚至对整个矿山的生产废水要进行统一规划、科学处理。

表 47-1-3　第一类污染物最高允许排放标准

序号	污染物	最高允许排放浓度/mg·L^{-1}	序号	污染物	最高允许排放浓度/mg·L^{-1}
1	总汞	0.05	8	总镍	1.0
2	烷基汞	不得检出	9	苯并（a）芘	0.00003
3	总镉	0.1	10	总铍	0.005
4	总铬	1.5	11	总银	0.5
5	六价铬	0.5	12	总 α 放射性	1Bq/L
6	总砷	0.5	13	总 β 放射性	10Bq/L
7	总铅	1.0			

47.1.3　选矿废水处理工艺

针对选矿废水中的污染物，常用的处理方法见表 47-1-8。

47.1.3.1　沉淀工艺

沉淀法包括自然沉降法和混凝沉淀法。

A　自然沉降法

自然沉降法是当水中悬浮物固体浓度不高时常采用的一种沉淀方法。在自由沉降过程中悬浮颗粒之间互不干扰，颗粒各自独立完成沉淀过程，颗粒的沉淀轨迹呈直线。而选矿厂含悬浮物废水有尾矿、湿法收尘及冲洗地面水等。尾矿水一般用尾矿库沉淀，湿法收尘及冲洗地面水用沉淀池或浓缩池沉淀。固液分离后的上清液回用于生产或水质符合排放标准时，直接排放。

B　混凝沉淀工艺

某些选矿厂磨矿粒度过细或投加某些选矿药剂后使细粒尾矿悬浮于尾矿水中，长期不能澄清，需投加混凝剂处理。其基本原理就是在混凝剂的作用下，通过压缩微颗粒表面双电层、降低界面电位、电中和等电化学过程，以及桥联、网捕、吸附等物理化学过程，将废水中的悬浮物、胶体和可絮凝的其他物质凝聚成"絮团"；再经沉降设备将絮凝后的废水进行固液分离，"絮团"沉入沉降设备的底部而成为泥浆，顶部流出的则为色度和浊度较低的清水。

表 47-1-4   第二类污染物最高允许排放标准（1997 年 12 月 31 日之前建设的单位）

(mg/L)

序号	污染物	适 用 范 围	一级	二级	三级
1	pH 值	一切排污单位	6~9	6~9	6~9
2	色度（稀释倍数）	染料工业	50	180	—
		其他排污单位	50	80	—
3	悬浮物（SS）	采矿、选矿、选煤工业	100	300	—
		脉金选矿	100	500	—
		边远地区砂金选矿	100	800	—
		城镇二级污水处理厂	20	30	—
		其他排污单位	70	200	400
4	五日生化需氧量（BOD₅）	甘蔗制糖、苎麻脱胶、湿法纤维板工业	30	100	600
		甜菜制糖、酒精、味精、皮革、化纤浆粕工业	30	150	600
		城镇二级污水处理厂	20	30	—
		其他排污单位	30	60	300
5	化学需氧量（COD$_{Cr}$）	甜菜制糖、焦化、合成脂肪酸、湿法纤维板、染料、洗毛、有机磷农药工业	100	200	1000
		味精、酒精、医药原料药、生物制药、苎麻脱胶、皮革、化纤浆粕工业	100	300	1000
		石油化工工业（包括石油炼制）	100	150	500
		城镇二级污水处理厂	60	120	—
		其他排污单位	100	150	500
6	石油类	一切排污单位	10	10	30
7	动植物油	一切排污单位	20	20	100
8	挥发酚	一切排污单位	0.5	0.5	2.0
9	总氰化合物	电影洗片（铁氰化合物）	0.5	5.0	5.0
		其他排污单位	0.5	0.5	1.0
10	硫化物	一切排污单位	1.0	1.0	2.0
11	总铜	一切排污单位	0.5	1.0	2.0
12	总锌	一切排污单位	2.0	5.0	5.0
13	总锰	合成脂肪酸工业	2.0	5.0	5.0
		其他排污单位	2.0	2.0	5.0

表 47-1-5   部分行业最高允许排水量（1997 年 12 月 31 日之前建设的单位）

行 业 类 别			最高允许排水量或最低允许水重复利用率
矿山工业	有色金属系统选矿		水重复利用率 75%
	其他矿山工业采矿、选矿、选煤等		水重复利用率 90%（选煤）
	脉金选矿	重选	16.0m³/t（矿石）
		浮选	9.0m³/t（矿石）
		氰化	8.0m³/t（矿石）
		碳浆	8.0m³/t（矿石）

表 47-1-6 第二类污染物最高允许排放标准（1998 年 1 月 1 日后建设的单位）（mg/L）

序号	污染物	适 用 范 围	一级	二级	三级
1	pH 值	一切排污单位	6~9	6~9	6~9
2	色度（稀释倍数）	一切排污单位	50	80	—
3	悬浮物（SS）	采矿、选矿、选煤工业	70	300	—
		脉金选矿	70	400	—
		边远地区砂金选矿	70	800	—
		城镇二级污水处理厂	20	30	—
		其他排污单位	70	150	400
4	五日生化需氧量（BOD$_5$）	甘蔗制糖、苎麻脱胶、湿法纤维板、染料、洗毛工业	20	60	600
		甜菜制糖、酒精、味精、皮革、化纤浆粕工业	20	100	600
		城镇二级污水处理厂	20	30	—
		其他排污单位	20	30	300
5	化学需氧量（COD$_{Cr}$）	甜菜制糖、合成脂肪酸、湿法纤维板、染料、洗毛、有机磷农药工业	100	200	1000
		味精、酒精、医药原料药、生物制药、苎麻脱胶、皮革、化纤浆粕工业	100	300	1000
		石油化工工业（包括石油炼制）	60	120	500
		城镇二级污水处理厂	60	120	—
		其他排污单位	100	150	500
6	石油类	一切排污单位	5	10	20
7	动植物油	一切排污单位	10	15	100
8	挥发酚	一切排污单位	0.5	0.5	2.0
9	总氰化合物	其他排污单位	0.5	0.5	1.0
10	硫化物	一切排污单位	1.0	1.0	1.0
11	总铜	一切排污单位	0.5	1.0	2.0
12	总锌	一切排污单位	2.0	5.0	5.0
13	总锰	合成脂肪酸工业	2.0	5.0	5.0
		其他排污单位	2.0	2.0	5.0

表 47-1-7　部分行业最高允许排水量（1998 年 1 月 1 日后建设的单位）

行 业 类 别			最高允许排水量或最低允许水重复利用率
矿山工业	有色金属系统选矿		水重复利用率 75%
	其他矿山工业采矿、选矿、选煤等		水重复利用率 90%（选煤）
	脉金选矿	重 选	16.0m³/t（矿石）
		浮 选	9.0m³/t（矿石）
		氰 化	8.0m³/t（矿石）
		碳 浆	8.0m³/t（矿石）

表 47-1-8　各污染物主要处理方法

项 目	主要处理方法
悬浮物	自然沉降法、混凝沉淀法
酸 碱	中和法
有机药剂	铁盐混凝/沉淀法、漂白粉氧化、生物降解、高级氧化（如 Fenton 氧化法）、吸附法
重金属离子	调节废水 pH 值共沉淀或浮选技术、硫化物沉淀、石灰-絮凝沉淀、吸附法（包括生物吸附）
硫化物	与含重金属废水互相沉淀、化学氧化法、化学沉淀法、生化法
氰化物	自然净化法、次氯酸盐/液氯氧化、过氧化氢氧化法、铁络合物结合法、难溶盐沉淀法、酸化-挥发再中和法、硫酸锌-硫酸法、二氧化硫-空气氧化法
无机盐	蒸馏法、反渗透、电渗析

a　混凝剂及投加　　按照所加药剂在混凝过程中所起的作用，混凝剂可分为凝聚剂和絮凝剂两类，分别起胶粒脱稳和结成絮体的作用。硫酸铝、三氯化铁等传统混凝剂，实际上属于凝聚剂，采用这类凝聚剂（尤其是其合成聚合物如聚铝、聚铁等）时，它们不但起絮凝剂的作用，而是起凝聚剂和絮凝剂的双重作用。

根据混凝剂的化学成分与性质，混凝剂还可分为无机混凝剂、有机混凝剂和微生物混凝剂三大类。微生物混凝剂是现代生物学与水处理技术相结合的产物，是当前混凝剂研究发展的一个重要方向。混凝剂的分类见表 47-1-9。

表 47-1-9　混凝剂品种分类

无机混凝剂	无机低分子混凝剂	无机阳离子混凝剂
		无机阴离子混凝剂
	无机高分子混凝剂	铝盐无机高分子混凝剂
		铁盐无机高分子混凝剂
		硅酸金属盐及各种复合混凝剂
有机混凝剂	人工合成有机高分子混凝剂	有机阳离子型混凝剂
		有机阴离子型混凝剂
		非离子型有机混凝剂
	天然有机高分子混凝剂	
微生物混凝剂	微生物混凝剂	

废水处理中常用凝聚剂见表47-1-10。

表 47-1-10 废水处理中常用凝聚剂

名　称	分子式	一　般　介　绍
固体硫酸铝	$Al_2(SO_4)_3 \cdot 18H_2O$	1. 制造工艺复杂，水解作用缓慢； 2. 含无水硫酸铝 50% ~52%，含 Al_2O_3 约 15 %； 3. 适用于水温为 20 ~40℃ 时； 4. 当 pH 值为 4 ~7 时，要去除水中有机物；pH 值为 5.7 ~7.8 时，主要去除水中悬浮物；pH 值为 6.4 ~7.8 时，处理浊度高，色度低（小于 30 度）的水
液体硫酸铝		1. 含 Al_2O_3 约 6%，制造工艺简单； 2. 配制使用比固体方便；坛装或罐装车、船运输； 3. 使用范围同固体硫酸铝； 4. 易受温度及晶核存在影响形成结晶析出；近年来在南方地区较广泛采用
明　矾	$KAl(SO_4)_2 \cdot 12H_2O$	基本性能同固体硫酸铝；现已大部被硫酸铝所代替
硫酸亚铁	$FeSO_4 \cdot 7H_2O$	1. 腐蚀性较高； 2. 絮体形成较快，较稳定，沉淀时间短； 3. 适用于碱度高，浊度高，pH 值为 8.1 ~9.6 的水不论在冬季或夏季使用都很稳定，混凝作用良好，但废水的色度较高时不宜采用，当 pH 值较低时，常使用氯来氧化，使二价铁氧化成三价铁
三氯化铁	$FeCl_3 \cdot 6H_2O$	1. 对金属（尤其对铁器）腐蚀性大，对混凝土亦腐蚀，对塑料管也会因发热面引起变形； 2. 不受温度影响，絮体结得大，沉淀速度快，效果较好； 3. 易溶解，易混合，渣滓少； 4. 在处理高浊度水时，三氯化铁用量一般要比硫酸铝少； 5. 处理低浊度水时，效果不显著
碱式氯化铝	$[Al_n(OH)_m Cl_{3n-m}]$	1. 是无机高分子化合物； 2. 净化效率高，耗药量少，出水浊度低，色度小，过滤性能好； 3. 温度适应性高；pH 值适用范围宽（可在 pH 值为 5 ~9 的范围内），因而可不投加碱剂； 4. 使用时操作方便，腐蚀性小，劳动条件好； 5. 设备简单，操作方便，成本较三氯化铁低

　　废水处理中絮凝剂分无机絮凝剂与有机絮凝剂。某些无机絮凝剂常被归入凝聚剂，如聚合氯化铝、聚合硫酸铁等。有时也将有机絮凝剂归入助凝剂，如活化硅酸等，详见表 47-1-11。

　　选矿废水处理中，常使用助凝剂，常用助凝剂见表 47-1-12。

　　选矿废水处理过程常用的混凝剂有石灰、硫酸铝、聚合氯化铝、三氯化铁、硫酸铁等。常用的药剂投加方法有干投法及湿投法两种，投加方式一般有重力投加和压力投加两种。当采用水泵混合时，药剂加在泵前吸水管或吸水井喇叭口处，一般采用重力投加；在大多数情况下，多采用压力投加，压力投加可采用水射器压力投加和计量泵压力投加。

　　b. 混合　　混合是将药剂充分、均匀地扩散于水体的工艺过程，对于取得良好的混凝效果具有重要作用。影响混合效果的因素很多，如采用药剂的品种、浓度、水温以及颗粒性质等，而采用的混合方式是最主要因素之一。

表 47-1-11   常用絮凝剂

名　称	分 子 式	一 般 介 绍
聚丙烯酰胺（又名三号絮凝剂）		1. 在处理高浊度水（含砂量 10 ~ 150mg/L）时效果显著，既可保证水质，又可减少混凝剂用量和一级沉淀池容积；目前被认为是处理高浊度水最有效的高分子絮凝剂之一，并可用于污泥脱水； 2. 聚丙烯酰胺水解体的效果比未水解的好，生产中应尽量采用水解体，水解比和水解时间应通过试验求得； 3. 与常用混凝剂配合使用时，应视废水浊度的高低按一定的顺序先后投加，以发挥两种药剂的最佳效果； 4. 聚丙烯酰胺固体产品不易溶解，宜在有机械搅拌的溶解槽内配制溶液，配制浓度一般为 2%，投加浓度 0.5% ~ 1%； 5. 聚丙烯酰胺中丙烯酰胺单体有毒性； 6. 是合成有机高分子絮凝剂，为非离子型；通过水解构成阴离子型，也可通过引入基团制成阳离子型
活化硅酸（活化水玻璃）	$Na_2O \cdot 47SiO_2 \cdot 6H_2O$	1. 适用于硫酸亚铁与铝盐混凝剂，可缩短混凝沉淀时间，节省混凝剂用量； 2. 选矿废水浑浊度低，悬浮物含量少及水温较低（约在 14℃ 以下）时使用，效果更为显著； 3. 要有适宜的酸化度和活化时间
骨　胶		1. 有粒状和片状两种，来源丰富，骨胶一般和三氯化铁混合后使用； 2. 骨胶投加量与澄清效果成正比，且不会由于投加量过大，使混凝效果下降； 3. 投加骨胶及三氯化铁后的净水效果比投纯三氯化铁效果好，降低净水成本； 4. 投加量少，投加方便
海藻酸钠		1. 原料取自海草、海带根或海带等； 2. 生产性试验证实 SA 浆液在处理浊度稍大的废水（200NTU 左右）对助凝效果较好，用量仅为水玻璃的 1/15 左右，当浊度较低（50NTU 左右）时助凝效果有所下降，SA 投加量约为水玻璃的 1/5； 3. SA 价格较贵，产地只限于沿海

表 47-1-12   常用助凝剂

种　类	分 子 式	一 般 介 绍
氯	Cl_2	1. 当处理高色度水及用作破坏水中有机物或去除臭味时，可在投凝聚剂前先投氯，以减少凝聚剂用量； 2. 用硫酸亚铁作凝聚剂时，为使二价铁氧化成三价铁可在水中投氯
生石灰	CaO	1. 用于废水碱度不足时； 2. 用于去除水中的 CO_2，调整 pH 值
氢氧化钠	NaOH	1. 用于调整水的 pH 值； 2. 一般采用浓度不大于 30% 商品液体，在投加点稀释后投加； 3. 气温低时会结晶，浓度越高越易结晶； 4. 使用上要注意安全

混合的基本要求是：①混合设施应使药剂投加后水流产生剧烈紊动，在很短时间内使药剂均匀地扩散到整个水体，也即采用快速混合方式。②混合时间一般为 10 ~ 60s。③搅拌速度梯度一般为 600 ~ 1000s^{-1}。④当采用高分子絮凝剂时，混合不宜过分急剧。⑤混合设施与后续处理构筑物的距离越近越好，尽可能采用直接连接方式。最长距离不宜超过120m。⑥混合设施与后续处理构筑物连接管道的流速可采用 0.8 ~ 1.0m/s。

废水混合方式基本上分为两大类：水力混合和机械混合。前者简单，但不能适应流量的变化；后者可进行调节，能适应各种流量的变化，但需要一定的机械维修量。

水力混合还可采用多种形式,目前较常采用的水力混合有:水泵混合、管式静态混合器混合、扩散混合器混合、跌水混合、水跃混合等。

几种不同混合方式的主要优缺点和适用条件参见表47-1-13。

表 47-1-13　几种不同混合方式的主要优缺点和适用条件

方　式	优　缺　点		适 用 条 件
水泵混合	优点:	1. 设备简单; 2. 混合充分,效果较好; 3. 不另外消耗动能	适用于一级泵房离处理构筑物 120m 以内的废水处理
	缺点:	1. 吸水管较多时,要增加投药设备,安装、管理较麻烦; 2. 配合加药自动控制较困难; 3. G 值相对较低	
管式静态混合器混合	优点:	1. 设备简单,维护管理方便; 2. 不需土建构筑物; 3. 在设计流量范围内,混合效果较好; 4. 不需外加动力设备	适用于水量变化不大的各种规模的废水处理
	缺点:	1. 运行水量变化影响效果; 2. 水头损失较大; 3. 混合器构造较复杂	
扩散混合器混合	优点:	1. 不需外加动力设备; 2. 不需土建构筑物; 3. 不占地	适用于中等规模废水处理
	缺点:混合效果受水量变化有一定影响		
跌水(水跃)混合	优点:	1. 利用水头的跌落扩散药剂; 2. 受水量变化影响较小; 3. 不需外加动力设备	适用各种规模废水处理,特别当重力流进水水头有富余时
	缺点:	1. 药剂的扩散不易完全均匀; 2. 需建混合池; 3. 容易夹带气泡	
机械混合	优点:	1. 混合效果较好; 2. 水头损失较小; 3. 混合效果基本不受水量变化影响	适用于各种规模的废水处理
	缺点:	1. 需消耗动能; 2. 管理维护较复杂; 3. 需建混合池	

c　絮凝　　投加混凝剂并经充分混合后的废水,在水流作用下使微絮粒相互接触碰撞,以形成更大絮粒的过程称作絮凝。完成絮凝过程的构筑物为絮凝池,习惯上也称作反应池。

絮凝池选型与设计时,要注意以下几点:

(1)絮凝池型式的选择和设计参数的采用,应根据废旧物资水水质情况和相似条件下的运行经验或通过试验确定。

(2)絮凝池设计应使颗粒有充分接触碰撞的几率,又不致使已形成的较大絮粒破碎,因此在絮凝过程中速度梯度 G 或絮凝流速应逐渐由大到小。

(3)絮凝池要有足够的絮凝时间。根据絮凝形式的不同,絮凝时间也有区别,一般宜在 $10 \sim 30 \mathrm{min}$ 之间,低浊、低温水宜采用较大值。

(4)絮凝池的平均梯度 G 一般在 $30 \sim 60 \mathrm{s}^{-1}$ 之间,GT 值达 $10^4 \sim 10^5$,以保证絮凝过程

的充分与完善。

(5) 絮凝池应尽量与沉淀池合并建造，避免用管渠连接。如确需用管渠连接时，管渠中的流速应小于 0.15m/s，并避免流速突然升高或水头跌落。

(6) 为避免已形成的絮粒破碎，絮凝池出水穿孔墙的过孔流速宜小于 0.10m/s。

(7) 应避免絮粒在絮凝池中沉淀。如难以避免时，应采取相应排泥措施。

絮凝设备与混合设备一样，可分为两大类：水力和机械。前者简单，但不能适应流量的变化；后者能进行调节，适应流量变化，但机械维修工作量大。水力絮凝池和机械絮凝池的特点如下：

(1) 水力絮凝池 絮凝池形式的选择，应根据水质、水量、沉淀池形式、水厂高程布置以及维修要求等因素确定。几种不同形式絮凝池的主要优缺点和适用条件参见表 47-1-14。

表 47-1-14 几种不同形式絮凝池的主要优缺点和适用条件

形 式		优 缺 点	适 用 条 件
隔板絮凝池	往复式	优点：1. 絮凝效果较好； 2. 构造简单，施工方便 缺点：1. 絮凝时间较长； 2. 水头损失较大； 3. 转折处絮粒易破碎； 4. 出水流量不易分配均匀	1. 水量大于 30000m³/d； 2. 水量变动小
	回转式	优点：1. 絮凝效果较好； 2. 水头损失较小； 3. 构造简单，管理方便 缺点：出水流量不易分配均匀	1. 水量大于 30000m³/d； 2. 水量变动小； 3. 适用于旧池改建和扩建
折板絮凝池		优点：1. 絮凝时间较短； 2. 絮凝效果好 缺点：1. 结构较复杂； 2. 水量变化影响絮凝效果	水量变化不大
网格（栅条）絮凝池		优点：1. 絮凝时间短； 2. 絮凝效果较好； 3. 构造简单 缺点：水量变化影响絮凝效果	1. 水量变化不大； 2. 单池能力以 1.0 ~ 2.5 万立方米/天为宜

(2) 机械絮凝池 机械絮凝池的主要优点是可以适应水量变化以及水头损失小，如配上无级变速传动装置，则更易使絮凝达到最佳状态，国外应用较普遍，但由于机械絮凝池需要机械装置，加工较困难，维修量较大，故国内目前采用尚少。

机械絮凝池，根据搅拌轴的安放位置，可分为水平轴式和垂直轴式。水平轴的方向有与水流方向垂直的，也有平行的。

d 沉淀 沉淀池按水流方向可分为竖流式、平流式和辐流式。按截除颗粒沉降距离不同，沉淀池可分为一般沉淀和浅层沉淀。斜管沉淀池和斜板沉淀池为典型的浅层沉淀，其沉淀距离仅 30 ~ 200mm。选矿废水处理中常用的平流式沉淀池、斜板沉淀池和斜管沉淀池，其优缺点和适用条件见表 47-1-15。

e 澄清 澄清池是利用池中积聚的泥渣与废水中的杂质颗粒相互接触、吸附，以达到与清水较快分离的构筑物，可充分发挥混凝的作用和提高澄清效率。澄清池有机械搅拌澄清池、水力循环澄清池、脉冲澄清池和悬浮澄清池。各澄清池优缺点及适用范围见表 47-1-16。

表 47-1-15　沉淀池形式比较

形式	优 点	缺 点	适 用 条 件
平流式沉淀池	1. 造价较低； 2. 操作管理方便； 3. 对废水浊度适应性强，潜力大，处理效果稳定； 4. 带有机械排泥设备	1. 占地面积较大； 2. 不采用机械排泥装置时，排泥较困难； 3. 需维护机械排泥设备	一般用于大、中型废水净化处理
斜管（板）沉淀池	1. 沉淀效率高； 2. 池体小、占地少	1. 斜管（板）耗用较多材料，老化后尚需更换，费用较高； 2. 对废水浊度适应性较平流差； 3. 不设机械排泥装置时，排泥较困难；设机械排泥时，维护管理较平流池麻烦	1. 可用于各种规模废水处理； 2. 宜用于老沉淀池的改建、扩建和挖潜； 3. 适用于需保温的低温地区； 4. 单池处理水量不宜过大

表 47-1-16　各澄清池优缺点及适用条件

形 式	优 点	缺 点	适 用 条 件
机械搅拌澄清池	1. 处理效率高，单位面积产水量较高； 2. 适应性较强，处理效果较稳定； 3. 采用机械刮泥设备后，对高浊水（进水悬浮物含量 3000mg/L 以上）处理也具有一定适应性	1. 需要机械搅拌设备； 2. 维修较麻烦	1. 进水悬浮物含量一般小于 1000mg/L，短时间内允许达到 3000~5000mg/L； 2. 一般为圆形池子； 3. 适用于大、中型废水处理
水力循环澄清池	1. 无机械搅拌设备； 2. 构造较简单	1. 投药量较大； 2. 要消耗较大的水头； 3. 对水质、水温变化适应性较差	1. 进水悬浮物含量一般小于 1000mg/L，短时间内允许达到 2000mg/L； 2. 一般为圆形池子； 3. 适用于中、小型废水处理
脉冲澄清池	1. 虹吸式机械设备较为简单； 2. 混合充分，布水较均匀； 3. 池深较浅便于布置。也适用于平流式沉淀池改建	1. 真空式需要一套真空设备，较为复杂； 2. 虹吸式水头损失较大，脉冲周期较难控制； 3. 操作管理要求较高，排泥不好影响处理效果； 4. 对水质和水量变化适应性较差	1. 进水悬浮物含量一般小于 1000mg/L，短时间内允许达到 3000mg/L； 2. 可建成圆形、矩形或方形池子； 3. 适用于大、中、小型废水处理
悬浮澄清池（无穿孔底板）	1. 构造较简单； 2. 形式较多	1. 需设气水分离器； 2. 对进水量、水温等因素较敏感，处理效果不如机械搅拌澄清池稳定	1. 进水悬浮物含量一般小于 1000mg/L，短时间内允许达到 3000mg/L； 2. 可建成圆形或方形池子； 3. 一般流量变化每天不大于 10%，水温变化每小时不大于 1℃

47.1.3.2　氧化还原工艺

在废水处理过程中，利用溶解于水中的有毒有害物质，在氧化还原反应中，被氧化或被还原的性质，把它转化为无毒无害的新物质，这种方法称为氧化还原法。选矿废水的氧化还原处理可分为化学氧化法、化学还原法和电解法三大类。

A　化学氧化法

化学氧化法包括空气氧化法、氯化法、臭氧氧化法等。常用的氧化剂有空气中的氧、纯氧、臭氧、氯气、漂白粉、次氯酸钠、三氯化铁等。

a 空气氧化法 空气氧化法是以空气中的氧作为氧化剂来氧化分解废水中有毒有害物质的一种方法。空气氧化法常用于氧化脱硫、除铁、除锰、催化氧化和湿式氧化等。

b 氯化法 氯作为氧化剂可以有以下形态：氯气、液氯、漂白粉、漂粉精、次氯酸钠和二氧化氯等。氯氧化处理工艺的主要设备有反应池和投药设备。目前应用较多的是液氯和漂白粉。采用液氯作氧化剂时，主要设备为氯瓶、加氯机和加氯间等。采用漂白粉作氧化剂时，需配成溶液加注。

碱性氯化法是处理含氰废水的最常用方法，广泛应用于处理氰化电镀厂、炼焦工厂、金矿氰化厂等单位的含氰废水。碱性氯化法所用的药剂有氯气或液氯、漂白粉、漂白精、次氯酸钠等，最常用的药剂为液氯，其次为漂白粉。近年来次氯酸钠处理含氰废水得到应用并逐渐受到重视。

在碱性条件下（pH 值为 8.5~11），向含氰废水中投入氯系氧化剂，使氰化物氧化分解。氯氧化氰化物的反应分两个阶段，第一个阶段，氰化物被氧化为氰酸盐，反应式如下：

$$CN^- + HClO = CNCl + OH^-$$

$$CNCl + 2OH^- = CNO^- + Cl^- + H_2O$$

这一阶段常称为不完全氧化，氧化产物氰酸盐的毒性仅为氰化物的千分之一。

第二阶段继续添加氧化剂，氰酸盐可被完全氧化成水和二氧化碳（碱性溶液条件下生产碳酸根或碳酸氢根）。反应式为：

$$2CNO^- + 2ClO^- + H_2O = 2HCO_3^- + N_2\uparrow + 2Cl^-$$

第一阶段不完全氧化还原反应在任何 pH 值下都能迅速完成，但生成的 CNCl 有剧毒。在酸性条件下很不稳定，极易挥发致毒；而在碱性条件下，如有足量的氧化剂存在，可转变成毒性极微的氰酸根 CNO^-。该反应速度与 pH 值有关，pH 值大于 10 时，完成反应只需 5min；pH 值小于 10 时，反应很慢；pH 值小于 8.5 时有释出 CNCl 的危险。使氧化还原反应顺利完成的关键是调节好 pH 值。理论加药比为 CN^-：$Cl_2 = 1:2.73$。

第二阶段的反应有两种形式。在碱性条件下，反应可顺利完成。在 pH 值小于 7 时，反应瞬时完成；pH 值为 8.5 时需要 30min 才能完成。理论加药比为 CN^-：$Cl_2 = 1:6.83$。

该方法处理效果显著，设备简单，投资少，应用普遍，一般适用于中等以下的氰化物废水。

使用次氯酸钠处理氰化物废水时，一般可分为两种方法：一是直接向废水中投加次氯酸钠，二是先加碱后通氯气以生成次氯酸钠。就成本而言，采用第二种方法所需费用较低，但操作具有一定危险性，反应池为密闭装置以防止氯气外泄引发中毒。第二种方法可生成次氯酸盐将氰化物氧化成氰酸盐，在 pH 大于 10 的条件下可快速、完全的进行。反应式如下：

$$NaCN + 2NaOH + Cl_2 = NaCNO + 2NaCl + H_2O$$

$$2NaCNO + 4NaOH + 3Cl_2 = 6NaCl + 2CO_2\uparrow + N_2\uparrow + H_2O$$

该处理过程氧化时间一般控制在 15min 至 1h。同时在加药过程中不断搅拌避免反应过程产生氰化物沉淀，国内一般常见的碱性氯化法处理流程如图 47-1-1 所示。

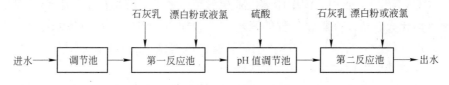

图 47-1-1　碱性氯化法处理氰化废水流程

如图 47-1-1 所示，将低浓度的氰化废水排入第一反应池中，加入石灰乳并调浆至 pH 值大于 10，加液氯氧化，并在池中循环 5～10min，进入 pH 值调节池后加酸，使得 pH 值降到 7.6，充分调浆后，再进入第二反应池中，再加氯氧化，使得废水中的氰化物反应成为二氧化碳和氮气。整个循环过程维持 20～30min，即可出水排放，反应过程中液氯的投放量控制为 $CN^-:Cl_2=1:4.8$，反应剩余的液氯可在吸收塔中用石灰乳吸收，吸收后的石灰乳再循环至反应池中，用来提高药剂的循环利用率，处理后的碱性废液可用来中和工厂中排出的酸性排放水。

c　臭氧氧化法　臭氧是一种强氧化剂，其氧化能力仅次于氟，比氧、氯、高锰酸钾等常用的氧化剂都强。臭氧可将银、锰、铁等氧化为高价化合物，将氰化物和硫化物氧化，也可与有机化合物发生氧化反应，从而降低选矿废水的毒性。

臭氧容易分解，不能贮存与运输，必须在使用现场制备。臭氧的制备方法有：无声放电法、放射法、紫外线法、等离子射流法和电解法等。水处理中常用的是无声放电法。臭氧氧化设备主要包括臭氧发生器、臭氧接触反应设备和尾气处理三部分。

臭氧发生器类型有板式（立板式、卧板式）和管式（立管式、卧管式）。在水处理中常用的水和臭氧接触方式有微孔扩散、水射器混合、填料塔、机械涡轮注入器和固定螺旋混合器等。

臭氧与水接触后含有一定量的剩余臭氧，为防止大气污染，应进行必要的处理。处理方法有燃烧分解、活性炭吸附、催化分解和化学处理等。

d　二氧化硫-空气氧化法（Inco 法）　该法也属于化学氧化法的一种，也是一种用来处理氰化废水的方法。二氧化硫-空气氧化法除氰的原理是：将空气-二氧化硫按一定比例定量充入含氰废水中作氧化剂，用二价铜离子作催化剂，在一定的 pH 范围内使得 CN^- 氧化为 CNO^-，反应产物为氰酸盐和硫酸，氰酸盐在一定条件下水解转化为碳酸盐和氨。二价铜离子可以用 $CuSO_4 \cdot 5H_2O$ 的形式加入，再加入石灰或 NaOH 调节 pH 值。其化学反应式为：

$$CN^- + SO_2 + O_2 + H_2O = CNO^- + H_2SO_4(Cu^{2+} 为催化剂)$$

$$CNO^- + 2H_2O = HCO_3^- + NH_3\uparrow$$

此反应是在 pH 值为 7～10 的条件下进行，二氧化硫可以任何状态加入，但其质量浓度和用量在不同条件下有所不同。气体二氧化硫包括冶炼烟气、焙烧烟气和硫酸厂烟气等。黄金氰化厂中采用精矿焙烧除硫、砷工艺的氰化厂可直接产生相应的二氧化硫的焙烧烟气作为气体原料。由上式可得出，二氧化硫—空气法除氰的加药比 $SO_2/CN^-=2～4.7$，但实际上在 4～15 之间，而且随废水氰化物浓度增高而降低。这是因为在反应过程中

SO_3^{2-} 与氧反应生成活性氧 [O]，这种活性氧具有较强的氧化能力，但部分活性氧在有效时间内未与 CN^- 反应，便和水体中游离的亚硫酸根或亚硫酸反应生成了硫酸，因此加药比就比理论加药比大。所以在除氰过程的废水中，若加入过多的 SO_2 或废水中的 SO_3^{2-} 浓度偏高时，必然使产生的活性氧与 SO_2^{2-} 生成硫酸的趋势增大，使加药比增大。即在实际工业处理时，通常采用两次或多次小批量加药。

废水中如果有 $Fe(CN)_6^{3-}$，那么 $Fe(CN)_6^{3-}$ 先被 SO_3^{2-} 还原为 $Fe(CN)_6^{4-}$，然后被去除，可达到消除铁氰配合物的目的，这是二氧化硫-空气法的最大优点。

当水体中含有多种重金属氰化配合物时，使用二氧化硫-空气法处理时，溶液中 $Zn(CN)_4^{2-}$、$Ni(CN)_4^{2-}$ 先解离，氰离子被氧化，Zn^{2+}、Ni^{2+} 或与 $Fe(CN)_6^{4-}$ 生成沉淀物或在 $Fe(CN)_6^{4-}$ 不足时生成氢氧化物沉淀，达到了从废水中除去的目的。$Cu(CN)_4^{3-}$ 解离后，氰化物和 Cu^+ 均被氧化，生成的 Cu^{2+} 形成氢氧化铜沉淀而除去，反应结束后，废水中仍然残留一部分氨，并与 Cu^{2+} 形成铜氨配合物 $Cu(NH_3)_4^{2-}$ 而存在于废水中，使废水中铜含量有时会超过废水排放标准（1mg/L），但其他重金属能达标。

现阶段在实际应用中的二氧化硫-空气法基本不直接通入已制备的 SO_2，而是以焦亚硫酸钠的形式加入，总反应如下：

$$S_2O_5^- + 2CN^- + 2O_2 + H_2O = 2CNO^- + 2H^+ + 2SO_4^{2-}（Cu^{2+} \text{ 为催化剂}）$$

$$CNO^- + 2H_2O = HCO_3^- + NH_3 \uparrow$$

上述反应一般控制在 pH 值为 8.0 ~ 9.5，反应后的废水呈中性或弱碱性，无需再中和调节即可排放。使用焦亚硫酸钠时，其与催化剂硫酸铜质量比为 2∶1。二氧化硫-空气法在处理过程中，废水中的重金属氰化配合物基本都被分解（除钴氰络合物外），其中的氰根按上述反应式分解，阳离子按以下反应式沉淀：

$$Me^{2+} + 2OH^- = Me(OH)_2 \downarrow$$

$$Me^{2+} + CO_3^{2-} = MeCO_3 \downarrow$$

重金属氰化配合物分解后的金属阳离子以 $Me_2Fe(CN)_6$、$Me(OH)_2$ 和 $MeCO_3$（Me 指二价金属离子）等形式沉淀后从废水中分离出来。使用该处理法处理氰化废水，氰根的去除率基本可达到 95% 以上。

国内外一般用焦亚硫酸钠为 SO_2 源的二氧化硫-空气氧化法处理含氰废水的工艺流程图如图 47-1-2 所示。

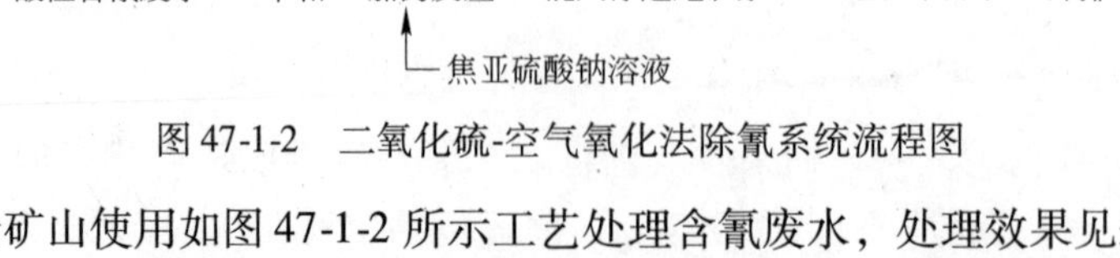

石灰乳 ——┐　　┌—— 硫酸铜溶液
　　　　　↓　　↓
酸性含氰废水——→中和——→加药反应——→混入浮选尾矿浆——→尾矿库自净——→外排
　　　　　　　　↑
　　　　　　焦亚硫酸钠溶液

图 47-1-2　二氧化硫-空气氧化法除氰系统流程图

国内某黄金矿山使用如图 47-1-2 所示工艺处理含氰废水，处理效果见表 47-1-17。

该处理工艺过程比较简单，可人工控制，也可自动控制，药剂来源广，药剂质量要求不高，可连续作业，亦可间歇作业，处理后的废水排出后水系影响小，为后期废水循环使用创造了条件。

表 47-1-17　二氧化硫-空气氧化法处理含氰废水效果

项　目	CN⁻	Cu	Fe	Zn
处理前浓度/mg·L⁻¹	366	36.5	46.8	62
处理后浓度/mg·L⁻¹	0.69	0.06	0.27	0.3

e　高级氧化法（Fenton 氧化法）　　高级氧化过程（Advanced Oxidation Progresses，AOPs）定义为在水处理过程中以羟基自由基 HO· 为主要氧化剂的氧化过程，具有氧化能力强、选择性小、反应速度快、氧化彻底、处理效率高等特点。

Fenton 氧化法基本原理：

Fenton 试剂：H_2O_2（氧化剂）+ Fe^{2+}（催化剂）。

H_2O_2 在 Fe^{2+} 的作用下，可分解产生氧化能力很强的游离基 HO·，反应过程如下：

$$Fe^{2+} + H_2O_2 \longrightarrow Fe^{3+} + OH^- + HO·$$

$$HO· + H_2O_2 \longrightarrow HO_2· + H_2O$$

$$HO_2· + H_2O_2 \longrightarrow O_2\uparrow + H_2O + HO·$$

$$Fe^{2+} + HO· \longrightarrow Fe^{3+} + OH^-$$

$$Fe^{3+} + H_2O_2 \longrightarrow Fe^{2+} + HO_2^- + H^+$$

HO· 可从有机物分子上抽出 H 原子或加成到双键上，形成有机游离基，最终形成含羟基过氧化物。

B　化学还原法

向废水中投加还原剂，使废水中的有毒物质转变为无毒或毒性更小的新物质的方法称为还原法。还原法中常用的还原剂有：二氧化硫、硫酸亚铁、亚硫酸钠、亚硫酸氢钠、硫代硫酸钠、水合肼、铁屑等。例如，当废水中有 Cr^{6+}，在酸性条件下可加入 SO_2、$FeSO_4$ 等，将 Cr^{6+} 还原为 Cr^{3+} 然后再沉淀，其反应式如下：

$$SO_2 + H_2O =\!\!=\!\!= H_2SO_3$$

$$H_2Cr_2O_7 + 3H_2SO_3 =\!\!=\!\!= Cr_2(SO_4)_3 + 4H_2O$$

$$2H_2CrO_4 + 3H_2SO_3 =\!\!=\!\!= Cr_2(SO_4)_3 + 5H_2O$$

$$Cr_2(SO_4)_3 + 3Ca(OH)_2 =\!\!=\!\!= 2Cr(OH)_3\downarrow + 4CaSO_4$$

其处理流程如图 47-1-3 所示。

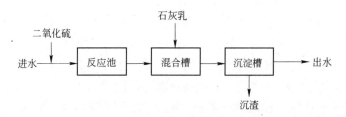

图 47-1-3　SO_2 还原处理流程

废水的 pH 值大于 6 时，SO_2 用量非常大，废水 pH 值在 3~5 比较适宜。SO_2 还原法主要优点是产生污泥量少,用含铬废水洗涤烟道气中的 SO_2 能以废治废,但 SO_2 易泄漏产生 SO_2 污染,过程控制较难。

  C 电解法

  电解法是利用直流电对废水进行电解氧化还原反应过程,使污染物在阳极被氧化,在阴极被还原,与电极反应产物作用发生氧化还原反应。电解法运行成本较高,在选矿废水处理中较少采用。

47.1.3.3 吸附工艺

  吸附法是利用具有吸附能力的多孔性固体物质,去除水中微量溶解性杂质的一种处理工艺。在废水处理中,常用的固体吸附剂有活性炭、磺化煤、焦炭、木炭、木屑、泥煤、高岭土、硅藻土、炉渣等。活性炭是目前应用较为广泛的吸附剂。活性炭几乎可利用含碳的任何物质作原料来制造,包括木材、煤、果壳、骨头等。近年来,有些国家倾向于用天然煤和焦炭制造粒状活性炭。

  活性炭有粒状与粉末状之分,粒状活性炭制造成本较高,但使用方便,再生容易。粉末状活性炭吸附能力强,容易制造,成本低,但不易再生。

  吸附操作可以是间歇方式进行,也可以是连续方式进行,但不论何种方式,吸附操作均包括以下三个步骤:

  (1) 流体与固体吸附剂进行充分接触,使流体中的吸附质被吸附在吸附剂上;

  (2) 将已吸附吸附质的吸附剂与流体分离;

  (3) 进行吸附剂的再生或更换新的吸附剂。

  吸附装置的结构形式有以下几种:

  (1) 混合接触式吸附装置。混合接触式吸附装置是一种带有搅拌的吸附池(槽),污水和吸附剂投入池内进行搅拌,使其充分接触,然后静置沉淀,排除澄清液,或用压滤机等固液分离设备间歇地把吸附剂从液相中分离出来。此法多用于小型的处理和试验研究,因操作是间歇进行,所以生产上一般要用两个吸附池交替工作,吸附剂添加量为 $0.1\% \sim 0.2\%$。

  使用粉末活性炭常用悬浮吸附法,将 PAC 投加到废水中,经过混合搅拌,使活性炭表面与介质充分接触,实现吸附去除污染物的目的,其反应池有搅拌混合型和泥浆接触型。

  (2) 固定床吸附装置。固定床吸附装置把颗粒状的吸附剂装填在吸附装置(柱、塔、罐)中,含有吸附质的流体流过吸附装置时,进行吸附,这是污水处理中最常用的使用装置。固定床使用装置有立式、卧式、环式等多种形式。

  (3) 移动床吸附装置。在移动床内,被处理流体由塔下部进入,和吸附剂呈逆流接触,再从塔的上部排出。由塔的上部每隔一定时间加入一些新鲜的吸附剂,同时由塔的下部取出几乎吸附饱和的吸附剂进行再生,通常占床层总量 $5\% \sim 10\%$ 的吸附剂一日数次被取出再生。移动床吸附剂利用率较高、设备占地面积较小。

  (4) 流化床吸附装置。被处理液体向上流过颗粒吸附剂床层时,如流速低,则流体从颗粒空隙流过而粒子不动,这就是固定床。如流速逐渐增加,则粒子间的间距开始增大,少数粒子出现翻动,床层体积有所增大,称为膨胀床。而一旦流速达到某一极限后,液体与粒子间的摩擦力与粒子的重力相平衡,而使粒子都浮动起来称为流化床。由于流化床稳定操作要求较高，对吸附剂粒径要求均匀等缺点，在水处理等工程中应用较少。

47.1.3.4 生物法

废水的生物处理是指利用自然界广泛存在的大量微生物氧化、分解、吸附废水中可被生物体利用的有机物或其他元素从而净化废水的方法。微生物用于降解、转化物质有如下优势：个体小，比表面积大，代谢速率快；种类繁多，分布广泛，代谢类型多样；降解酶专一性强，且很多酶是在污染物的诱导下产生的；微生物繁殖快，易变异，适应性强等。这些特点使得微生物在降解、转化物质方面有着巨大的潜力。目前常见的生物处理方法有：

(1) 传统活性污泥工艺。活性污泥（activated sludge）是微生物群体及它们所依附的有机物质和无机物质的总称。微生物群体主要包括细菌、原生动物和藻类等。其中，细菌和原生动物是主要的两大类。传统活性污泥法是普遍采用的生物废水处理方法之一。

(2) SBR 及其改良工艺。SBR 是序批式活性污泥法（Sequencing Batch Reactor Activated Sludge Process）的字母缩写，它在流程上只有一个池子，将调节池、曝气池和二沉池的功能集中在该池子上，通过在时间上的交替实现传统活性污泥法的整个过程，兼行水质水量调节、微生物降解有机物和固液分离等功能，具有结构形式简单，运行方式灵活多变，有较强的抗冲击负荷能力等优点。

(3) 生物接触氧化工艺。生物接触氧化法是生物膜法的主要设施之一，生物膜法是一大类生物处理法的统称，其主要利用附着生长于某些固体物表面的微生物（即生物膜）进行有机污水处理的方法。生物膜是由高度密集的好氧菌、厌氧菌、兼性菌、真菌、原生动物以及藻类等组成的生态系统，其附着的固体介质称为滤料或载体。生物膜自滤料向外可分为庆气层、好气层、附着水层、运动水层。其原理是，生物膜首先吸附附着水层有机物，由好气层的好气菌将其分解，再进入厌气层进行厌气分解，流动水层则将老化的生物膜冲掉以生长新的生物膜，如此往复以达到净化污水的目的。老化的生物膜不断脱落下来，随水流入二次沉淀池被沉淀去除。生物接触氧化法的处理构筑物是浸没曝气式生物滤池，也称生物接触氧化池，其基本流程如图 47-1-4 所示。

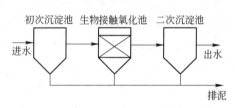

图 47-1-4 生物接触氧化法基本流程示意图

生物膜法具有较强的抗毒性和耐冲击负荷能力，可以维持较高的污泥龄，生物相相对稳定，容积负荷较高，水力停留时间较常规活性污泥法大为缩短。

(4) A^2/O 及其改良工艺。A^2/O 法又称 A/A/O 法（厌氧-缺氧-好氧法），是一种常用的污水处理工艺。该法是 20 世纪 70 年代，由美国的一些专家在 AO 法脱氮工艺基础上开发的。该法具有同时去除废水中有机物及氮、磷等功能，是最近水处理领域应用和研究的热点之一。

47.1.3.5 膜法

膜法处理技术是指通过特殊的膜（包括反渗透膜、纳滤膜、离子交换膜等）在外力场（如压力场、电场）的作用下截留废水中的物质，使得截留物质与水溶液分离，达到废水净化目的。当前，膜法主要用于脱盐处理和某些难处理离子的分离，应用最广泛的有反渗透、纳滤和电渗析。

（1）反渗透（Reverse Osmosis，RO）是 1953 年后才发展起来的一种膜分离淡化法。该法是利用只允许溶剂透过而不允许溶质透过的半透膜，将盐水与淡水分隔开。在通常情况下，淡水通过半透膜扩散到盐水一侧，从而使盐水一侧的液面逐渐升高。如果对盐水一侧施加一大于该盐水渗透压的外压，那么盐水中的纯水将反向渗透流动，这一现象习惯上称"反（逆）渗透"（图 47-1-5），通过这一过程就可以达到淡化含盐废水的目的。

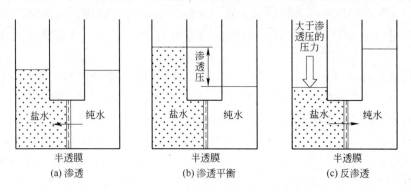

图 47-1-5 反渗透原理示意图

反渗透是一种高效节能的脱盐技术。该过程无相变，一般不需加热，工艺过程简单，能耗低（它的能耗仅为普通蒸馏法的 1/40），操作和控制容易，应用范围广泛。它的操作压差一般为 1.5 ~ 10.5MPa，截留的组分为 0.1 ~ 1nm 的小分子溶质。除此之外，还可从液体混合物中去除其他全部的悬浮物、溶解物和胶体。

反渗透膜是反渗透脱盐组件的核心部件，其决定着反渗透脱盐性能。反渗透膜主要分为两大类：一类是醋酸纤维素膜；另一类是芳香族聚酰胺膜。膜的外形有膜片、管状和中空纤维状。用膜片可制备板式和卷式反渗透器，用管式膜制备管式反渗透器，用中空纤维膜制备中空纤维反渗透器。目前在脱盐中广泛应用的是卷式和中空纤维反渗透器，板式和管式仅用于特种浓缩处理场合。

在反渗透脱盐过程中，膜本身对于废水的 pH 值、温度、某些化学物质含量以及悬浮物、胶体物和乳化油的含量有一定的要求，使得废水在利用反渗透处理之前必须进行妥善的前处理（预处理），这是反渗透设备成功运行的关键。表 47-1-18 是工业上常用的卷式复合反渗透膜对进水的水质要求。

表 47-1-18 卷式复合反渗透膜对进水的水质要求

项 目 名 称	标准值	最大值	项 目 名 称	标准值	最大值
污染指数值（SDI）	<4	5	水温/℃	25	45
浊度（NTU）	<0.2	1	水压/MPa	1.2 ~ 1.6	4.1
含铁量/mg·L^{-1}	<0.1	0.1	pH 值	2 ~ 11	11
含锰量/mg·L^{-1}	0	0.1			

对废水进行预处理的主要目的是：

1）去除超量的悬浮固体、胶体物质以降低浊度；

2）调节并控制进水的电导率、总悬浮固体量、pH 值和温度；

3）抑制或控制微溶盐的沉淀；

4）去除乳化油和未乳化油以及类似的有机物质；

5）防止铁、锰等金属氧化物和二氧化物的沉淀等。

经预处理后，可以有效减缓膜的污染，减少膜的清洗并达到提高膜寿命的目的。

（2）纳滤（Nano Filtration，NF）是介于反渗透与超滤之间的一种压力驱动型膜分离技术。纳滤的操作压力为 $0.5 \sim 1.47MPa$，截留分子量界限为 $200 \sim 1000$，用于分子大小约为 1nm 的溶解组分的分离。由于纳滤膜达到同样的渗透通量所必须施加的压差比用反渗透膜低 $0.5 \sim 3MPa$，故纳滤膜过滤又称"疏松型反渗透"或"低压反渗透"。尽管纳滤膜也能截留含盐废水中的小分子溶质，但它对 NaCl 的截留率一般只有 $40\% \sim 90\%$，但对二价离子特别是阴离子的截留率可以大于 99%。纳滤和反渗透截留特征的比较见表47-1-19。

表 47-1-19 纳滤和反渗透的截留特征比较

溶 质	RO	NF
单价离子（Na^+，K^+，Cl^-，NO_3^-）	>98%	<50%
二价离子（Ca^{2+}，Mg^{2+}，SO_4^{2-}，CO_3^{2-}）	>99%	>90%
细菌、病毒	>99%	>99%
微溶质（$M_W > 100$）	>90%	>50%
微溶质（$M_W < 100$）	0 ~ 99%	0 ~ 50%

纳滤膜材料主要有纤维素和聚酰胺两大类，纳滤装置主要有板框式、管式、螺旋卷式和中空纤维式四种，都与反渗透膜类同，这里不再赘述。

由于纳滤膜具有纳米级的膜孔径、膜上大多带电荷等特点，以及在低价离子和高价离子的分离方面的独特特性，除可用于对含盐废水进行脱盐淡化之外，还广泛应用于料液的脱色、浓缩、分离、回收等方面。

（3）电渗析法（Electrodialysis，ED）的脱盐效果和能耗主要取决于离子交换膜的性能。离子交换膜是 $0.5 \sim 1.0mm$ 厚度的功能性膜片，按其选择透过性区分为阳离子交换膜（阳膜）与阴离子交换膜（阴膜）。电渗析法是将具有选择透过性的阳膜与阴膜交替排列，组成多个相互独立的隔室，在直流电场的作用下，盐水中的阳离子选择性透过阳膜，阴离子选择性透过阴膜，从而使淡水隔室中的盐水被淡化，而相邻的浓水隔室的盐水被浓缩，从而实现淡水和浓水的分离（图47-1-6）。电渗析法不仅可以淡化盐水，也可以作为水质处理的手段，为

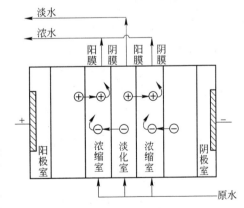

图 47-1-6 电渗析原理图

污水再利用作出贡献。此外，这种方法也越来越多地应用于化工、医药、食品等行业的浓缩、分离与提纯。

47.1.3.6 离子交换工艺

离子交换工艺通常是利用固相的离子交换树脂上可交换离子与液相中离子发生互换而

达到脱除有害离子的方法。离子交换过程主要包括吸附和解吸两步。以离子交换工艺处理含重金属的氰化尾液为例，吸附和解吸过程特征如下：

（1）吸附过程　重金属氰化尾液中主要有铜、锌和部分游离的氰根，有时还有少量镍、铁。这些金属氰化络合物对阴离子交换树脂有较强的亲和力，吸附过程涉及的主要反应为：

$$R - Cl + CN^- \longrightarrow RCN + Cl^-$$

$$2R - Cl + Zn(CN)_4^{2-} \longrightarrow R_2Zn(CN)_4 + 2Cl^-$$

$$3R - Cl + Cu(CN)_4^{3-} \longrightarrow R_3Cu(CN)_4 + 3Cl^-$$

$$R - Cl + Au(CN)_2^- \longrightarrow RAu(CN)_2 + Cl^-$$

$$4R - Cl + Fe(CN)_6^{4-} \longrightarrow R_4Fe(CN)_6 + 4Cl^-$$

$Pb(CN)_4^{2-}$、$Ni(CN)^{2-}$ 等的吸附与上述类似。

（2）解吸过程　解吸就是吸附的逆过程，主要原理是树脂对离子的亲和力的不同即离子交换势，通过亲和力更强的离子将树脂上的负载离子交换下来。离子交换势的影响因素很复杂，主要有静电效应、溶胀压作用、共价键和极化效应等。另外根据渗透压交换理论，溶液的浓度是交换反应的主要动力，因此选择的解吸液浓度一般较高。

另外一种解吸原理是将树脂上负载的离子通过化学反应转变成反离子从而使离子从树脂上洗脱下来。根据这个原理，一般选用稀硫酸和氨水作为解吸剂，在选用硫酸作为解吸剂时，需要考虑金属氰化物在酸中的溶解性，根据它们在酸中的稳定性分为三类：

游离：HCN，CN^-

弱稳定性氰化物：$\log K \leqslant 30$

强稳定性氰化物：$\log K > 30$

稳定性差的络合物在酸中能够分解，从而解吸下来。当用硫酸解吸时，由于 CuCN 生成固体沉淀到树脂空隙，因此硫酸不能将铜解吸下来，但硫酸解吸后树脂上负载的 CuCN 可以通过氨水溶解从而解吸。当溶液中出现铁的时候，铁氰合物不但不能分解，还是一种广泛的沉淀剂，容易和 Zn^{2+}、Cu^{2+}、Fe^{3+} 生成沉淀，因此会对离子交换工艺产生负面影响。解吸过程所涉及的主要反应如下：

$$R_2Cu(CN)_4 + Cl^- \longrightarrow 2R - Cl + Cu(CN)_4^{2-}$$

$$R_4Fe(CN)_6 + Cl^- \longrightarrow 4R - Cl + Fe(CN)_6^{4-}$$

$$R_2Zn(CN)_4 + H_2SO_4 \longrightarrow R_2SO_4 + Zn^{2+} + HCN\uparrow$$

$$R_2Ni(CN)_4 + H_2SO_4 \longrightarrow R_2SO_4 + Ni^{2+} + HCN\uparrow$$

$$R_2Cu(CN)_4 + H_2SO_4 \longrightarrow R_2SO_4 - CuCN + HCN\uparrow$$

$$R_2SO_4 - CuCN + NH_3 \cdot H_2O \longrightarrow Cu(NH_3)^{2+} + R_2SO_4 + RCN + H_2O$$

$$Zn^{2+} + Fe(CN)_6^{4-} \longrightarrow Zn_2[Fe(CN)_6]\downarrow(白)$$

$$Cu^{2+} + Fe(CN)_6^{4-} \longrightarrow Cu[Fe(CN)_6]\downarrow(红棕色)$$

$$Fe^{3+} + Fe(CN)_6^{4-} \longrightarrow Fe_2[Fe(CN)_6]\downarrow(蓝色)$$

离子交换树脂法处理氰化尾液存在的问题：离子交换为化学吸附，吸附力较强，因此解吸困难，解吸成本较高。目前离子交换法处理氰化尾液的主要问题在于：弱碱性树脂处理贫液时要求 pH 值低于 8，这需要在贫液中加入一定量的酸去调节溶液 pH 值。此外，还有许多技术难题需要解决。强碱性树脂比较适合于贫液中贱金属氰配离子的回收，但在解吸和再生处理上比较复杂。

根据强碱、弱碱性离子交换树脂上述特点，目前主要有两种工艺：第一种工艺是用弱碱性阴离子处理高、中浓度含氰废水，旨在去除废水中的铜、锌，虽废水不达标，但由于铜、锌浓度的减少而有利于循环使用；第二种工艺是用强碱性树脂处理中、低浓度含氰废水。即以回收氰化物为主，处理后废水循环使用或达标外放。

离子交换树脂价格昂贵，再生也需要较高的费用，因此，一般废水处理上很少使用，但它对于处理量小，毒性大，有回收价值的重金属是一种较好的方法。

47.1.4　选矿废水工程实例

47.1.4.1　黑色冶金矿山尾矿废水处理

A　方法概要

某黑色冶金矿山浮选后的尾矿砂（18% ~ 20%），扬送到尾矿库以后，虽经沉淀，但排出水仍显红色，并含有大量的悬浮物和溶解物，其水质见表 47-1-20。

表 47-1-20　矿山废水水质

项　目	含　量	项　目	含　量	项　目	含　量
pH 值	9	Al	0.02	S^{2-}	—
SS	1600	K	25.5	Cl^-	41.0
TSS	4250	P	0.5	CN^-	1.0
COD_{Mn}	3.0	油	10.3	氧化物	—
总碱度	7.1	NH_3-N	1.4	TN	—
Fe	20.9	挥发酚	0.07	As	—

注：表中数据单位除 pH 值外，均为 mg/L。

尾矿中大部分为极细颗粒，有大量是从原矿带来的泥土。尾矿颗粒以 SiO_2 为主，少量氧化铁依附在上面，因此，只要能去除水中的 SiO_2，其他杂质及红色也可去除。

SiO_2 在水中形成硅酸，系弱电解质，SiO_3^{2-} 附在细粒上面，H^+ 留在细粒四周水中，正负离子构成双电层，在水中作布朗运动，不能沉淀下来，但在电解质和高分子的作用下，能使其失去稳定性而产生沉淀。

本方案采用高分子凝聚剂和无机盐类配合使用，能大大降低药剂用量。利用聚合氯化铝（$Al_n(OH)_mCl_{3n-m}$）电性中和（压缩双电层）、聚丙烯酰胺（PAM）吸附架桥的作用，可收到经济实用的效果。在投药次序上，以先投聚合氯化铝混凝，停留短时间后，再加 PAM 助凝为最佳。

B　工艺说明

矿山废水处理流程图见图 47-1-7。尾矿库溢流水引入混合池；同时加入聚合氯化铝并强烈搅拌，混合液流入反应池；在池内反应一定时间后，流入下一段混合池；同时加入

PAM，作一定时间的慢速搅拌，以形成较大的矾花，再引入沉淀池；池内上清液排放，沉渣返回尾矿库。

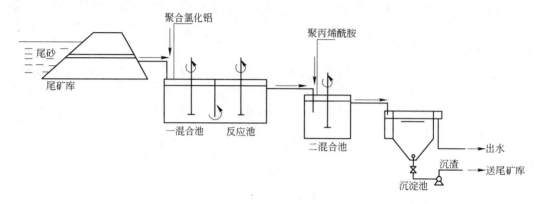

图 47-1-7 矿山废水处理流程图

C 设计参数

各构筑物设计参数见表 47-1-21。

表 47-1-21 各构筑物设计参数

构 筑 物	设 计 参 数
一混合池	搅拌时间 2min；聚合氯化铝投量 6.5～1.3mg/L；控制水温 50～60℃
反应池	反应时间 2～4min
二混合池	搅拌时间 2min；PAM 投加量 6.5～11.3mg/L
沉淀池	停留时间 45min；颗粒沉速 0.2mm/s

D 处理效果

处理效果见表 47-1-22。

表 47-1-22 废水处理效果

污 染 物	浓度/mg·L^{-1}		去除率/%
	进 水	出 水	
SS	1390～5100	55～69	96.0～98.6

E 应注意问题

（1）聚合氯化铝和 PAM 的重量比为 1∶1，并随水质浓度变化而增减；

（2）常温与 60℃的净化水 SS 差值在 20mg/L 以下，可根据纳污水体的功能灵活掌握。

47.1.4.2 会理锌矿选矿废水处理

A 概要

四川会理锌矿有限责任公司所拥有的矿山是一含铅、锌、银等多金属的大型铅锌矿山。公司的选矿厂处理能力为 1000t/d，在选矿厂的生产过程中，需要大量的水来维持生产，根据会理锌矿的统计，每年会理锌矿生产用水约需 200 万吨。而在选矿生产过程中，因选别、浓缩、过滤、冲洗等外排的水中固体悬浮物含量高，且水的观感较差，尤其是不同程度地含有重金属离子及选矿药剂，如黄药、黑药、松醇油、硫化物、氧化物、酸、碱、Cu、Pb、Zn 及其他金属离子，对会理锌矿不同出处的水样进行水质分析，分析结果见表47-1-23。

表 47-1-23　水样水质分析结果

项　目	生产用水	车间尾矿水	尾矿库外排水	项　目	生产用水	车间尾矿水	尾矿库外排水
pH 值	8.02	13.95	8.36	Cd	0.26	0.52	0.55
浊度(NTU)	1.06	1.34	1.64	Cr	1.17	0.72	0.54
COD_{Cr}	15.600	250.698	94.211	SO_4^{2-}	13.0	224	275
Pb	0.13	19.58	31.13	Cl^-	6.90	8.30	13.80
Zn	1.09	0.97	0.79	TFe	0.14	0.11	0.21
Cu	1.03	27.90	1.48				

注：表中数据单位除 pH 值，均为 mg/L。

由表中结果分析，车间尾矿水的 pH 值、COD_{Cr}、Cu、Pb、Cr 等均超过《污水综合排放标准》（GB 8978—1996）一级标准，而尾矿库外排水 pH 值、COD_{Cr}、Pb、Cr 等部分污染物浓度超过一级排放标准。

B　工艺说明

针对会理锌矿的实际情况，重点对自然降解、混凝沉降、吸附分离等处理方法分别进行了试验，确定处理方案为选矿废水经混凝沉淀-活性炭吸附处理后回用作选矿用水。混凝沉淀-活性炭吸附处理工艺的药剂用量与反应时间等见表47-1-24。

表 47-1-24　会理锌矿选矿废水处理的工况参数

项　目	用量/mg·L^{-1}	反应时间/min	项　目	用量/mg·L^{-1}	反应时间/min
明　矾	30	1	静止沉降	—	30
PAM	0.2	1 + 5	活性炭	300	30

注：1 + 5 表示先快搅 1min，再慢搅 5min。

C　处理效果

选矿废水经混凝沉淀-活性炭吸附处理后的处理效果见表47-1-25。处理后出水水质各指标均达到《污水综合排放标准》（GB 8978—1996）一级标准。

表 47-1-25　会理锌矿选矿废水处理的效果

项目 指标名称	COD_{Cr}	Pb	Cu	Cd	pH 值
进水水质/mg·L^{-1}	250.70	19.58	27.90	0.52	13.95
出水水质/mg·L^{-1}	30	1.0	0.5	0.10	6 ~ 9
去除率/%	88.0	94.9	98.2	80.8	—

47.1.4.3　宁化行洛坑钨矿有限公司选矿废水处理

A　概要

宁化行洛坑钨矿有限公司在选矿厂的生产过程中，生产废水主要为选矿废水，根据行洛坑钨矿的统计，日排放量约20000t，由于废水中悬浮物含量较高，且在浮选钨矿的工艺中大量使用了含有水玻璃、硅酸钠等起分散作用的选矿药剂，矿浆中的微细矿泥形成一个很稳定的胶体分散系，在自然状态下即使静置半个月，该废水也不会澄清。治理前各排放口废水（包括细泥尾矿废水、加温浮选废水、旋流器溢流废水、重选尾矿废水以及尾矿库溢流废水）水质监测结果列于表47-1-26。

表47-1-26　行洛坑钨矿选矿废水水质监测数据

采样点 水 质	细泥尾矿废水	加温浮选废水	旋流器溢流废水	重选尾矿废水	尾矿坝溢流废水
pH 值	7.8	7.5	7.5	6.0	7.0
SS/g·L^{-1}	96.8	66.5	28.5	1.9	8.3
浊度（NTU）	3000	2650	1820	500	1500
Cu/mg·L^{-1}	1.5	未测	1.4	0.9	1.2
Pb/mg·L^{-1}	0.6	未测	1.0	0.6	1.3
Zn/mg·L^{-1}	<0.1	未测	<0.1	<0.1	<0.1
Cd/mg·L^{-1}	0.1	未测	0.1	0.1	0.1
Cr/mg·L^{-1}	<0.1	未测	<0.1	<0.1	<0.1
TFe/mg·L^{-1}	8.0	未测	0.4	0.5	0.8
COD/mg·L^{-1}	153.8	未测	34.0	22.7	13.0
SO$_4^{2-}$/g·L^{-1}	6.7	未测	8.8	7.1	8.0

由表47-1-26可知，各不同排放口主要污染因子均为悬浮物，且远远超过《污水综合排放标准》（GB 8978—1996）二级标准，需进行处理后排放或回用。

B　工艺说明

废水处理工艺方案以石灰乳作为脱稳剂，氯化铝作为凝聚剂，采用石灰乳＋氯化铝处理细泥尾矿排放口废水后与旋流器溢流排放口废水、重选尾矿排放口废水以1∶1∶3混合后，一起排入尾矿坝。药剂用量及工艺参数见表47-1-27。

表47-1-27　行洛坑钨矿选矿废水处理的工况参数

项　目	石灰乳	氯化铝	1∶1∶3混合后
质量浓度/%	8	10	
搅拌时间/min	3	2	10
静置时间/min	30	30	30

C　处理效果

选矿废水经石灰乳与氯化铝处理细泥尾矿排放口废水后与旋流器溢流排放口废水、重选尾矿排放口废水以1∶1∶3混合后处理效果见表47-1-28。处理后细泥尾矿废水与旋流器溢流废水、重选尾矿废水以1∶1∶3混合，其各项指标均低于尾矿坝溢流废水，将废水处理后水质监测结果与《污水综合排放标准》（GB 8978—1996）相关参数对比可知，处理后出水水质各指标均达到《污水综合排放标准》（GB 8978—1996）二级标准。

表 47-1-28 行洛坑钨矿选矿废水处理的效果

水　质	尾矿坝溢流废水	1:1:3混合	水　质	尾矿坝溢流废水	1:1:3混合
pH 值	7.0	7~8	$Zn/mg \cdot L^{-1}$	<0.1	<0.1
$SS/g \cdot L^{-1}$	8.3	0.02	$Cd/mg \cdot L^{-1}$	0.1	0.1
浊度（NTU）	1500	85	$Cr/mg \cdot L^{-1}$	<0.1	<0.1
$Cu/mg \cdot L^{-1}$	1.2	1.3	$TFe/mg \cdot L^{-1}$	0.8	0.5
$Pb/mg \cdot L^{-1}$	1.3	1.3	$SO_4^{2-}/g \cdot L^{-1}$	8.0	7.3

47.1.4.4 南京铅锌银矿选矿废水处理

A 概要

南京铅锌银矿是华东地区最大的铅锌硫银有色金属矿山。选矿厂总用水量约 $4500m^3/d$，除去铅、锌、硫三种精矿及尾矿充填带走约 $800m^3/d$ 水，最终产生约 $3700m^3/d$ 的选矿废水。

南京铅锌银矿选矿废水的来源及水质分析结果见表47-1-29，主要化学成分分析结果见表47-1-30。由于选矿过程主要采用浮选方法获得不同金属的精矿，因此选矿废水成分复杂，COD_{Cr} 和重金属含量普遍较高，要将其全部处理达标排放，处理难度较大、处理成本高。

表 47-1-29 南京铅锌银矿选矿废水水质

项　目	铅精矿浓缩水	锌精矿浓缩水	硫精矿浓缩水	锌尾矿浓缩水	尾矿浓缩水	混合选矿水
pH 值	8~10.4	11.5~12.0	11~11.7	12.2~12.4	7~8	11~12
$COD_{Cr}/mg \cdot L^{-1}$	200~270	250~330	300~360	450~550	400~500	380~400
$SS/mg \cdot L^{-1}$				177	400~500	380~410
浊度（NTU）				60~70		210~230
总硬度$/mg \cdot L^{-1}$	55	1278	1734	2180	1998	1514
起泡性	强	强	强	强	强	强

表 47-1-30 选矿废水主要化学组成

成　分	铅精矿浓缩水	锌精矿浓缩水	硫精矿浓缩水	锌尾矿浓缩水	尾矿浓缩水	混合选矿水
$Pb/mg \cdot L^{-1}$	5~8	16~20	17~20	70~100	35~45	60~80
$Zn/mg \cdot L^{-1}$	1~2	1.5~2.5	1~2	3.5~6.0	2~4	2~4
$Fe/mg \cdot L^{-1}$	0.15~0.5	0.09~0.15	0.04~0.2	4.0~5.5	0.02~0.1	1.5~3
$SO_4^{2-}/mg \cdot L^{-1}$	130~140	70~80	10~20	700~800	40~50	900~1000
$Cl^-/mg \cdot L^{-1}$	90~100	300~500	250~300	45~50	350~400	60~70

选矿混合废水中药剂成分含量高、有用成分和有害成分并存，直接用于选铅锌会严重影响铅锌主品位，增加铅锌精矿互含，降低铅锌回收率。用于选硫严重影响硫回收率。因此选矿混合废水直接回用于选矿生产是不可行的。废水产生量与回用量的平衡情况见表47-1-31 和表47-1-32。

表 47-1-31 各作业废水产生量

废水产生点	铅精矿浓缩水	锌精矿浓缩水	硫精矿浓缩水	锌尾矿浓缩水	尾矿浓缩水	井下水	合计
废水产生量$/m^3 \cdot d^{-1}$	200	250	950	1800	500	800	4500

表 47-1-32 各作业废水回用量

用水作业点	破碎	磨矿	选铅	选锌	选硫	脱水	充填	绿化	合计
废水回用量/m³·d⁻¹	200	1500	600	800	800	200	200	200	4500

B 工艺说明

针对该废水性质，采用部分废水直接回用，其余废水适度净化处理后再回用的方案，实现了矿山废水 100% 回用于选矿生产中。取得了很好的环境效益和经济效益。

锌尾浓缩废水在选矿废水中流量最大，约 1800m³/d，约占废水处理量的一半。锌尾浓缩废水本身为选锌母液，回用于选锌作业。尾矿浓缩废水 pH 值为中性，含有大量捕收剂、起泡剂、硫酸根离子等，废水量 500m³/d。尾矿浓缩废水为选硫的母液用于选硫。铅精矿、锌精矿浓缩废水，根据其水质特点也可以返回到各自原来的选别作业，但由于铅精矿和锌精矿的浓缩废水量小，水量不够稳定，生产较难控制，仍然需集中到一起处理后再回用。至于硫精矿浓缩废水，呈碱性，对选硫不利，处理后再回用。

从用水点来看，选硫可以用尾矿浓缩废水；选锌和精矿冲洗矿可以用锌尾浓缩废水；选铅快选可以用井下废水，其余废水用于磨矿和选铅。磨矿用水在所有用水点中是用水量最多的地方，约 1500m³/d。根据水量平衡，把其余废水全部送到废水处理站进行适度处理后再回用于磨矿和选铅，能够全部解决废水的去路问题。综上所述针对南京铅锌银矿采用处理及回用流程如图 47-1-8 所示。

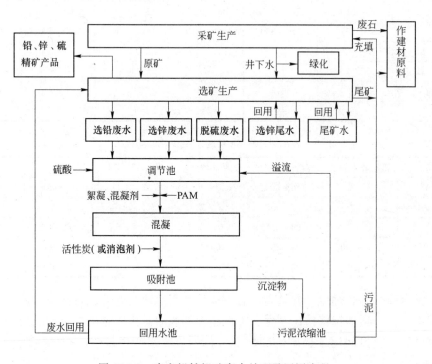

图 47-1-8 南京铅锌银矿废水处理及回用流程

C 处理结果

表 47-1-33 反映了废水回用对选矿指标的影响。可见采用图 47-1-8 废水处理方案，选矿指标在总体上得到了提高，经济效益也随之增加。

表 47-1-33　废水回用对选矿指标的影响

时　间	废水利用情况	废水利用率	精矿品位/%				精矿回收率/%			
			Pb	Zn	S	Ag/g·t^{-1}	Pb	Zn	S	Ag
1987～1993 年	不回用	0	49.1	47.3	35.1	1614	76.9	74.1	76.9	39.1
1993～2001 年	部分直接回用	50	53.0	50.6	38.7	777	84.9	86.9	67.6	43.5
2001～2003 年 4 月	尾矿水、井下水直接回用，其余适度处理再回用	100	61.6	53.4	38.9	1269	89.5	90.7	76.8	60.5
2003 年 5 月	尾矿水、锌尾水、井下水直接回用，其余适度处理再回用	100	63.3	54.1	38.3	813	91.8	92.5	71.0	58.2

47.1.4.5　西藏某铜铅锌选矿废水处理

A　概要

西藏某铜铅锌选矿厂采用铜、铅、锌复合浮选工艺，选矿废水主要由以下几部分组成：铜精矿溢流水、铅精矿溢流水、锌精矿溢流水、底面卫生水、尾矿废水等。选矿废水的来源统计见表 47-1-34。

表 47-1-34　西藏某铜铅锌选矿废水来源

分类项目	日排放量/m^3	年排放量/km^3	所占比例/%
铜精矿溢流水	60.72	18.2	1.53
铅精矿溢流水	662.40	198.7	16.76
锌精矿溢流水	156.24	46.9	3.95
地面卫生水	318.24	95.5	8.05
尾矿废水	2755.44	826.6	69.71
总　计	3953.04	1185.9	100

注：考虑一定的富余，处理水量按照 5000m^3/d 设计。

选矿生产废水中都不同程度含有重金属离子及选矿药剂，如 Cu、Pb、Zn、黄药、松醇油、硫化物、氧化物等，废水水质见表 47-1-35。

表 47-1-35　选矿废水水质

指　标	pH 值	Na	Ca	Cu	Pb	Zn	Cd	As	S^{2-}	COD$_{Cr}$	SS	石油类
选矿废水	11.5	138.5	170	0.1	1.5	0.3	0.01	0.2	2.03	178	79	1.3
（GB 8978—96）规定一级废水标准	6～9	—	—	0.5	1.0	2.0	0.1	0.5	1	100	70	10

注：除 pH 值外，其他指标单位均为 mg/L。

从表 47-1-35 可看出，选矿废水若直接外排，超标项目为 pH 值、S^{2-} 以及 COD$_{Cr}$，SS 污染浓度并不高，这主要是废水经尾矿库的沉降截留作用所致。但将废水直接回用于生产，会导致铅精矿中锌含量过高，影响产品质量，而且废水中重金属离子的富集将会恶化选矿指标，因此废水必须适度处理后才能回用于工艺。

B　工艺说明

实践中，主要采用混凝沉淀法除去废水中的重金属离子，同时还能除去大部分 SS 和部分 COD。由于该废水 COD 不高，不宜采用生化处理，可采用 ClO₂ 化学氧化法进行降解。加入 ClO₂ 氧化大部分有机污染后，再采用鼓风曝气，一方面进一步氧化废水中残存的有机物，另一方面可除去残存的 ClO₂。为尽可能降低废水中残存的重金属离子和有机物，在最后设置一道炉渣吸附工序，出水再调整 pH 值后回用于生产。具体工艺流程如图 47-1-9 所示。

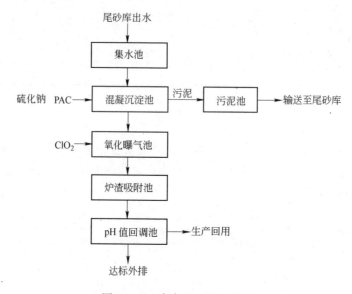

图 47-1-9 废水处理工艺流程

C 处理效果

该项目 2011 年建成投入运行，处理效果明显。出水无色、无刺激性气味，水质见表 47-1-36。处理后的废水完全达到排放标准，并可 100% 循环利用。处理运行费用主要包括电费及药剂费用。据统计，每月处理水量平均为 120km³，电费为 24000 元，药剂费用为 36000 元，折合处理每吨废水为 0.5 元。回用水按照 0.6 元/t 计算，每月可节约水费 72000 元，经济效益和环境效益非常显著。

表 47-1-36 处理前后废水水质

指 标	pH 值	Cu	Pb	Zn	S²⁻	COD_Cr	SS	石油类
处理前	11.5	0.1	1.45	0.3	2.03	178	79	1.3
处理后	7.0	0.01	0.23	0.08	0.5	57	8	0.5
去除率/%	—	—	84.14	73.33	75.37	67.98	90.00	61.54

注：除 pH 值外，其余项目单位为 mg/L。

47.1.4.6 江西某稀土化学选矿废水处理

江西某稀土金属冶炼厂主要利用化学提取方式生产钽、铌和稀土金属。废水主要来自钽铌湿法车间和稀土车间，废水 pH 值较低，含有氟及天然放射性元素铀、钍等。废水排放量约 600m³/d。

采用石灰中和加两次沉淀除氟和软锰矿吸附放射性元素工艺。一次中和沉淀为间断工作，其他为连续作业，工艺流程见图 47-1-10。

当混合废水泵入中和沉淀池后，加入石灰乳，并用压缩空气搅拌，至 pH 值为 9~11 时，停止加石灰乳，继续搅拌 15min，然后静置沉淀 6h 以上，将氟、铀、钍等化合物沉淀下来。在沉淀过程中取上清液作中间控制分析，达到规定标准后，排上清液入二次沉淀池，继续沉淀 2~3h，上清液含氟达 10mg/L 以后，放入软锰矿石过滤柱，吸附放射性物质后，出水入排放池，与全厂其他废水混合后外排。如中间控制分析结果水质未达到规定标准，继续加石灰乳中和，再次沉淀取样分析，直到达到规定标准，才可排入二次沉淀池。中和沉淀池、二次沉淀池内的沉渣送至板框压滤机脱水后运往专用堆场堆存。处理后废水总的氟、铀、钍含量达到国家废水一级排放标准（GB 8978—1996）。

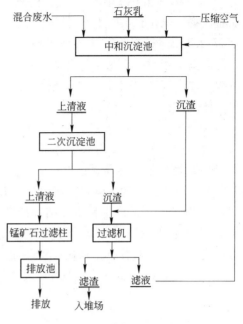

图 47-1-10 废水处理工艺流程

47.2 选矿固体废弃物及防治

47.2.1 选矿固体废弃物的特点及危害

47.2.1.1 选矿固体废弃物分类

选矿过程会产生大量的固体废弃物，主要以尾矿为主。尾矿是选矿厂在特定经济技术条件下，将矿石选取"有用组分"后所排放的废弃物。按照选矿工艺的区别，尾矿可分为以下主要类型：

（1）手选尾矿。手选主要适合于结构致密、品位高、与脉石界限明显的金属或非金属矿石。因此，尾矿一般呈大块的废石状。根据对原矿的加工程度不同，又可进一步分为矿块状尾矿和碎石状尾矿，前者粒度差别较大，但多在 100~500mm，后者多在 20~100mm。

（2）重选尾矿。由于重选过程一般需要采用多段磨矿工艺，所以尾矿的粒度组成范围比较宽。分别存放时，可得到窄粒级尾矿，混合贮存时，可得到符合一定级配要求的连续粒级尾矿。按照作用原理及选矿机械类型的不同，可进一步分为跳汰选矿尾矿、重介质选矿尾矿、摇床选矿尾矿、溜槽选矿尾矿等。

（3）磁选尾矿。尾矿一般含有一定量的铁质造岩矿物，粒度范围比较宽，一般从 0.05mm 到 0.5mm 不等。

（4）浮选尾矿。浮选尾矿特点是粒级较细，通常在 0.5~0.05mm，且小于 0.074mm 的粒级占绝大部分。

（5）化学选矿尾矿。由于化学药液在浸出有用元素的同时，也对矿物颗粒产生一定程度的腐蚀或改变其表面形态，一般可增加尾矿的反应活性。

（6）电选及光电选尾矿。目前这种选矿方法用得较少，通常用于分选砂矿床或尾矿中的贵重矿物，尾矿粒度一般小于1mm。

47.2.1.2 选矿固体废弃物的特点

尾矿是个相对的概念，不是绝对的废弃物，其中仍含有大量有用成分，并与传统的矿产资源一样，表现出明显的资源属性、经济属性与环境属性等。当前，我国尾矿的具体特点主要体现在：

（1）排放量大。据不完全统计，截至2009年底，我国共有尾矿库12655座，其中三等以上大中型尾矿库为533座，占总数的4.2%，四、五等小型尾矿库12122座，占总数的95.8%，尾矿累计堆存量达100亿吨，年产出量达到12亿吨，占全世界尾矿产出量的50%以上。尾矿已成为我国目前产出量最大、综合利用率最低的大宗固体废弃物之一。全国2000～2009年尾矿产生量统计结果如图47-2-1所示。从图中可以看出，我国尾矿排放量从2003年后有明显的增加，到2009年接近12亿吨。图47-2-2是2009年我国各类尾矿所占比例，从中可以看出，铁尾矿产生量最大，约占总尾矿排放量的45%；其次是铜尾矿；另外黄金尾矿占15%，其他有色及稀贵金属尾矿占9%，非金属尾矿占10%。

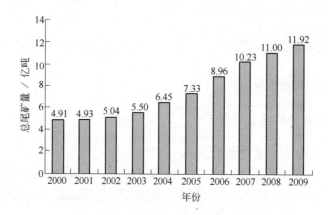

图47-2-1 2000～2009年我国尾矿排放总量

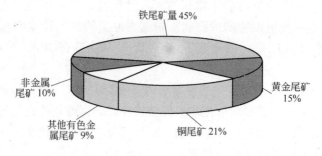

图47-2-2 2009年我国各类尾矿产生量所占比例

（2）资源潜在储量巨大。由于技术水平、装备性能、经济条件等因素的限制，尾矿中常含有除目标矿种主元素之外的其他共（伴）矿物和非金属矿物。特别是老尾矿，由于受当时条件的限制，尾矿中蕴藏的有用组分更加明显。例如，南丹某矿区尾矿库中锡平均品位为0.58%；江西赣南部分尾矿库中的钨、铋等有用组分资源，有的达中型或大型矿山规模；吉林夹皮沟金矿，老矿区金矿尾矿存量约30万吨，含金品位约0.4～0.6g/t（新尾矿库）和 1～1.5g/t（老尾矿库），约蕴含金 1.6t、钼 280t、银 2t、铅 500t。

（3）堆存方式单一，运营成本高，安全隐患突出。目前国内外尾矿的堆存方式根据尾矿的浓度的大小一般可分为三种：湿式排放、膏体排放和干式排放。膏体和干式排放相较于湿式排放虽然具有环境保护效益明显、安全隐患低和回水利用率高等优点，但需增加浓缩或过滤工序，基建投资和生产成本提高。由于当前膏体和干体排放技术成熟性和经济成本等原因，我国绝大部分尾矿采用修建尾矿库进行湿式排放的方式，随着尾矿的数量逐渐增多和尾矿库的服务年限的临近，尾矿库安全隐患日益突出。

（4）综合利用率低。与粉煤灰、煤矸石等大宗工业固体废弃物相比，尾矿的综合利用技术更复杂、难度更大。目前，我国工艺固体废弃物中煤矸石的综合利用率达 62.5%，粉煤灰达 68%，而尾矿的综合利用率只有 13.3%，相比之下，尾矿的综合利用大大滞后于其他大宗工业固体废弃物。

47.2.1.3 选矿固体废弃物对环境的危害

（1）尾矿的堆存需要修建尾矿库，占用大量的土地资源。有资料表明，至 2010 年底我国尾矿堆放占用土地达 2300 多万亩。这些被占用土地的利用性质发生变化，使占地生物生产力大为降低甚至为零。

（2）尾矿中残留的捕收剂、调整剂和起泡剂等药剂，以及含有的铬、铜、铅、锌、锰等重金属离子，随着渗透和迁移作用，对周围河流和土壤造成严重的环境污染，危害农作物的生长和毒害水生生物，破坏生态平衡。

（3）由于选矿过程中原矿通常需要经过破碎、磨矿等工序，导致尾矿粒度往往较细。在气候干旱风大的季节或地区，尾矿库表层沙化严重，可引起扬尘甚至沙尘暴，造成土壤污染、土质退化，威胁人们的生产生活和身体健康。

（4）尾矿在堆存时易流动和塌漏，在雨季可能会造成滑坡、山洪、泥石流等严重地质灾害。

47.2.2 选矿固体废弃物环境污染的防治

防治选矿固体废弃物环境污染可采取的措施主要有以下几个方面：

（1）稳定选矿固体废弃物堆积体，防止冲刷、飞扬。

1）洒水和水幕法向干燥的尾矿表面喷水或在山谷型尾矿坝的坝顶附近向空中喷射形成水幕将污染区和尘源隔绝。

2）覆盖膜法在尾矿表层喷洒覆盖剂使之形成一层"覆盖膜"，达到防尘的目的。通常采用的覆盖剂是一种乳状溶液，具有一定的黏结性能，可以在废弃物表层形成 2～3mm 的壳（膜）层，这样可以使得细粒尾矿不易流失和形成扬尘。这种覆盖剂要求无毒，具有一定的耐雨性、抗寒性和抗风性。

3）覆盖土石或用其他材料做护坡为防止风沙扬尘或被雨水冲蚀，可用土石将尾矿覆盖或用稻草等在尾矿表层堆存。

4）可在尾矿坝坡种植永久性植物，从而达到防沙护坡、改善生态的目的。

5）土地复垦。对于服务期满停止使用的尾矿库可在其表面覆土进行耕种。

（2）改进工艺，从源头减少污染物进入选矿固体废弃物。可以通过工艺改革，从源头杜绝一些危险和高毒性的化学药剂进入生产流程，从而达到改善选矿固体废弃物对环境的危害。

（3）加强固体废弃物的综合利用，变废为宝。由于尾矿排放量逐年增加，国家对于尾矿的综合利用越来越重视，并且多部委联合发布了《金属尾矿综合利用专项规划（2010～2015 年）》，首次以规划的形式明确了尾矿综合利用的重点领域、重点技术与重点项目。但在实践中，我国尾矿综合利用与一些矿业大国相比仍比较滞后。目前我国对尾矿的综合利用主要体现在四个方面：一是有价元素的再选，这在我国一些老尾矿库中表现比较突出，而且潜力很大；二是用于制作水泥、免烧砖等建材，但它主要受制于运输半径的限制；三是根据尾矿的特定组分，用作土壤改良剂及微量元素肥料；四是将尾矿用于井下充填。

固体废弃物综合利用的内容在本手册第 18 章"二次资源综合利用和三废处理"中有详细的介绍，本节对这部分内容只做简要的补充，这里重点介绍尾矿土地复垦方面的内容。

47.2.3 选矿固体废弃物的综合利用与治理

47.2.3.1 从尾矿中回收有用元素与矿物

A 铁尾矿的再选

每生产 1t 铁精矿要排出 2.5～3t 铁尾矿，从铁尾矿中回收铁是铁尾矿综合治理的重要方面。

a 武钢程潮铁矿选矿厂 武钢程潮铁矿属大冶式热液交代矽卡岩型磁铁矿床，排放尾矿含铁品位一般在 8%～9%，尾矿排放浓度 20%～30%，主要金属矿物有磁铁矿、赤铁矿（镜铁矿、针铁矿）；其次为菱铁矿、黄铁矿；少量及微量矿物有黄铜矿、磁黄铁矿等。脉石矿物主要有绿泥石、金云母、方解石、白云石、石膏、钠长石及绿帘石、透辉石等。尾矿主要成分分析结果见表 47-2-1，物相分析结果见表 47-2-2。

表 47-2-1 尾矿主要成分分析结果

成 分	Fe	Cu	S	Co	K_2O	Na_2O	CaO	MgO	Al_2O_3	SiO_2	P
含量/%	7.18	0.018	3.12	0.008	2.86	2.17	13.52	11.48	9.00	37.73	0.123

表 47-2-2 尾矿铁物相分析结果

相 态	磁性物中的铁	碳酸盐中的铁	赤褐铁矿中的铁	硫化物中的铁	难溶硅酸盐中的铁	全铁
品位/%	1.75	0.45	3.75	1.20	0.03	7.18
占有率/%	24.37	6.27	52.23	16.71	0.42	100.00

由表 47-2-2 可知，程潮铁矿选矿尾矿中，磁性物中含铁量为 1.75%，占全铁 24.73%；赤褐铁矿中含铁量为 3.75%，占全铁的 52.23%。矿物工艺学分析可知，磁铁矿多为单体，解离度大于 85%，极少与黄铁矿、赤褐铁矿及脉石伴生；赤褐铁矿多为富伴生体，与脉石伴生，其次是与磁铁矿伴生，在尾矿中尚有一定数量的磁性铁矿物，他们多部分以细微和微细粒嵌布及伴生体状态存在。

程潮铁矿选矿厂选用一台 JHC120-40-12 型矩环式永磁磁选机作为尾矿再选设备进行尾矿中铁的回收。再选后的粗精矿用渣浆泵输送到现有的选别系统继续进行选别，经过细筛—再磨、磁选作业程序，获得合格的铁精矿；再选后的尾矿经原有尾矿溜槽进入浓缩池，然后送往尾矿库，工艺流程见图47-2-3。经过再选后，大大降低了最终尾矿铁品位，金属回收率得到了较大的提高。

b 歪头山铁矿选矿厂 辽宁省本溪市歪头山铁矿属于鞍山式沉积变质岩，选矿厂设计年处理原矿石500万吨，产生的尾矿中主要金属矿物为磁铁矿，脉石主要为石英、阳起石、绿帘石及角闪石，同时含有细粒单体铁矿物及贫连生体，铁品位一般在7%~8%，排放浓度5%~6%。尾矿化学分析、铁物相分析、筛析及磁性分析分别见表47-2-3、表47-2-4和表47-2-5。

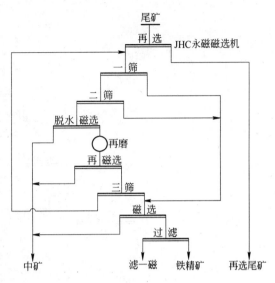

图 47-2-3 程潮铁尾矿再选工艺流程

表 47-2-3 歪头山铁矿选矿尾矿化学组成

成分	TFe	SFe	FeO	SiO$_2$	Al$_2$O$_3$	CaO	MgO	S	P	K$_2$O	Na$_2$O	烧失
含量/%	7.91	5.96	4.63	72.42	3.32	3.93	4.67	0.092	0.095	0.73	0.66	2.63

表 47-2-4 铁物相分析结果

相 态	磁铁矿	假象赤铁矿	赤褐铁矿	碳酸铁	黄铁矿	硅酸铁	全铁
品位/%	3.00	0.55	0.13	0.22	0.09	3.86	7.85
占有率/%	38.21	7.01	1.66	2.80	1.15	49.17	100.00

表 47-2-5 粒度分析结果

粒级/mm	产率/%	铁品位/%	铁分布率/%	粒级/mm	产率/%	铁品位/%	铁分布率/%
+0.2	10.22	4.47	5.78	-0.038 +0.030	1.94	9.05	2.26
-0.2 +0.1	30.16	6.24	23.62	-0.030 +0.019	8.28	13.00	13.57
-0.1 +0.076	7.06	8.33	7.41	-0.019 +0.010	8.90	6.77	7.54
-0.076 +0.050	13.50	10.09	17.08	-0.010	11.76	8.53	12.56
-0.050 +0.038	8.18	9.90	10.18	合计	100.00	7.96	100.00

选矿厂选用 HS-ϕ1600mm×8 盘式磁选机作为尾矿再选的粗选设备，再选后的粗精矿经弱磁选—球磨—磁力脱水槽—双筒弱磁选工艺处理，流程见图47-2-4，可获得产率2.46%，铁品位65.76%，回收率21.23%的优质铁精矿。

c 大红山铁矿选矿厂 云南省玉溪市大红山铁矿为磁、赤铁混合低硫磷酸性矿石，主要金属矿物有磁铁矿、赤铁矿等，脉石矿物主要为石英，其次为斜长石、白云母等。磁铁矿结晶粒度较粗，+0.1mm 约占50%；赤铁矿粒度较细，-0.05mm 超过60%。大红山400万吨/年的选矿厂于2007年投产，生产采用半自磨—球磨机—弱磁选—强磁选—混合精矿再磨—弱磁选—强磁选流程，弱磁选精矿与强磁选精矿合并为最终精矿，一段强磁尾矿

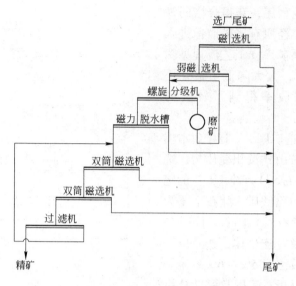

图 47-2-4　歪头山尾矿再选流程

和二段强磁尾矿合并为最终尾矿。系统投产后尾矿品位一直居高不下，其中一段强磁尾矿产率达 40% 以上，铁品位约为 10%；二段强磁尾矿产率达 30% 以上，铁品位约为 25%。根据金属流失的程度，选厂分阶段对尾矿回收进行了研究，首先完成了二段强磁尾矿降尾改造，然后对一段强磁尾矿进行了降尾改造。

　　二段强磁选尾矿粒度较细，－0.074mm 占 89.84%，－0.045mm 占 73.12%。铁矿物在 0.045～0.019mm 粒级中有明显的富集，该粒级产率为 49.38%，金属分布率为 67.21%。由于二段强磁尾矿主要有用矿物为赤铁矿，占 34.05%，改造中对二段强磁尾矿进行了一次粗选、一次精选高梯度强磁选，流程如图 47-2-5 所示，选别结果见表 47-2-6。

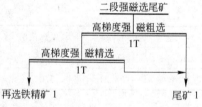

图 47-2-5　二段强磁选尾矿再回收流程

表 47-2-6　改造前后二段强磁选尾矿铁品位对比

阶　段	改造前	改造后
铁品位/%	15.84	13.88

　　从表 47-2-6 中可以看出，原二段强磁选尾矿经一次粗选、一次精选强磁选，可以将铁品位从 15.84% 降至 13.88%，有效控制了金属流失。

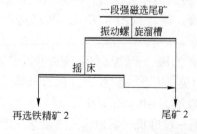

图 47-2-6　一段强磁选尾矿再回收流程

　　一段强磁选尾矿中有用矿物为赤铁矿，占 11%，铁矿物含量明显低于二段强磁选尾矿。此外，一段强磁选尾矿粒度分布较宽，铁矿物在各粒级无明显富集现象。在进行了强磁选和重选流程比较试验后，确定了如图 47-2-6 所示的流程。工程改造于 2011 年 1 月完成并投产，系统共有 30 组振动螺旋溜槽用于粗选作业，98 台摇床用于精选作业，改造效果见表47-2-7。

表 47-2-7　改造前后一段强磁选尾矿铁品位对比

阶　段	改造前	改造后
铁品位/%	12.92	11.30

从表47-2-7可以看出，一段强磁尾矿再选后，可以将铁品位从12.92%降至11.30%，有效控制了金属流失。

B　锡尾矿的再选

我国锡矿山尾矿中有价金属含量较多，潜在的价值巨大。仅云锡公司现有30多个尾矿库就堆存2亿多吨尾矿，含锡约0.18%，铁含量也十分丰富，是锡金属量的100多倍，而且云锡尾矿还共伴生一定的铜、银、铅、锌、砷、铋等有用成分，综合利用价值很大。

云南云龙锡矿为锡石-石英脉硫化矿，尾矿矿物组分以石英为主，其次为褐铁矿、黄铁矿、电气石和少量的锡石、毒砂、黄铜矿等。尾矿中锡品位0.45%，铁为3.71%，其他金属含量较低，锌0.051%、铜0.08%、锰0.068%。在原生锡矿资源日趋枯竭的情况下，云龙锡矿于1992年开始处理老尾矿，采用重选—浮选流程，最终生产工艺见图47-2-7。利用该工艺可获得含锡56.27%、硫0.742%、砷0.223%，锡回收率68.3%的锡精矿和含硫47.48%、锡0.233%、砷4.63%的硫精矿。

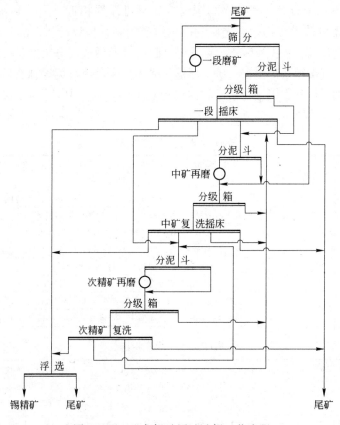

图 47-2-7　云龙锡矿尾矿选锡工艺流程

此外，栗木锡矿也采用重—浮流程从老尾矿中回收锡。重选后精矿含 SnO_2 26.84%，锡回收率 32.99%。硫化矿物浮选流程为一次粗选、两次扫选，精矿含铜 10.8%、SnS_2 6.57%，铜回收率 78%，硫化物 52.66%。硫化矿物经抑制砷浮铜，产出含铜大于 20%、含锡大于 18%、含砷小于 1.5% 的铜锡精矿。锡石浮选产出的精矿含 SnO_2 6.107%，锡石回收率 63.11%。湖南东坡野鸡尾选厂建有 300t/d 规模的重选车间，从尾矿中回收锡石。尾矿含锡 0.2%～0.25%，精矿品位锡 42.93%、回收率 18.66%，年回收精矿锡量 40～50t。湖南大义山矿 1982 年建成 70～100t/d 的选矿厂，从老尾矿中回收锡，年回收锡精矿 31t，品位 55%～61%，回收率 34%～35%。

国外也有一些选矿厂开展了锡尾矿的再选工作。英国罗斯克罗干选厂从含锡 0.3%～0.4% 的尾矿中获得含锡 30% 的锡精矿。巴特莱公司用摇床和横流皮带溜槽再选从含锡 0.75% 的尾矿获得含锡分别为 30.22%、5.53% 和 4.49% 的精矿、中矿和尾矿。加拿大苏里望选厂利用重—磁联合流程从浮选锡的尾矿中选出含锡 60%、回收率 38%～43% 的锡精矿。玻利维亚的一个选厂从含锡 0.3% 的尾矿中产出含锡 20%、回收率 50%～55% 的锡精矿。

C　钨尾矿

钨通常与许多金属矿和非金属矿共生，因此通过钨尾矿的再选可以回收某些金属矿或非金属矿。

a　钨尾矿回收铜、钼　赣州有色金属冶炼厂尾矿中主要金属矿物有黄铜矿、辉铜矿、辉铋矿、黑钨矿、白钨矿、辉钼矿、黄铁矿、毒砂、磁黄铁矿等，非金属矿物有石英、方解石、云母、萤石等。各矿物间铜铋连生且可浮性相近，黑钨和锡石、石英连生，贵金属银伴生在铅铋硫等矿物中。铜矿物以黄铜矿为主，呈致密状，部分解离。

尾矿再选的生产流程见图 47-2-8。尾矿进行脱渣脱药后进入分级磨矿，浮选中采用一次粗选、两次扫选、三次精选得出铜精矿，浮选尾矿经摇床丢弃石英等脉石后经弱磁除铁再送湿式强磁选机选别后得到黑钨细泥精矿和白钨锡石中矿。生产中工艺条件见表 47-2-8，生产指标见表 47-2-9。

表 47-2-8　生产工艺条件

作业名称	工艺条件（药剂用量（以原矿计）单位：g/t）
脱药	硫化钠 3600
磨矿	质量分数 58%，-0.074mm 占 77%，石灰 3800，水玻璃 2000
浮选搅拌	质量分数 30%，亚硫酸钠 1400，硫酸锌 1400，丁基黄药 120，丁黄腈酯 50
浮选粗选	煤油 30，松醇油 60，pH 值为 8.5～9
浮选精选二	亚硫酸钠 1600，硫酸锌 1600，石灰 1000
浮选扫选二	丁基黄药 60，丁黄腈酯 20
重选丢尾	质量分数 20%，冲程 12mm，冲次 310r/min
弱磁除铁	质量分数 30%，磁场强度 1.15×10^5 A/min
湿式强磁选	质量分数 28%，背景场强 11.94×10^5 A/m，磁间隙 1.45mm

表 47-2-9　生产指标

原矿品位/%			精矿品位/%			回收率/%		
			铜精矿		钨细泥精矿			
Cu	Ag	WO$_3$	Cu	Ag	WO$_3$	Cu	Ag	WO$_3$
1.99	0.032	5.57	13.41	0.1479	23.64	83.88	58.23	41.16

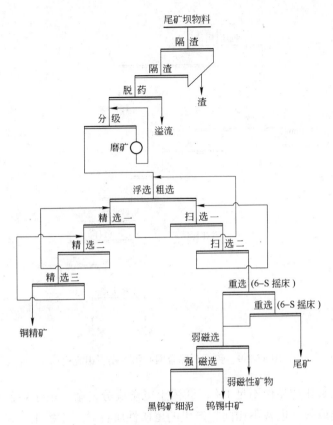

图 47-2-8　钨尾矿再选回收铜、钼生产流程

　　b　钨尾矿综合回收钨、铋、钼　　韶关市棉土窝钨矿是以钨为主的含钨铜铋钼的多金属矿床，棉土窝钨矿选钨后所产生的磁选尾矿中，含 Bi 20%、WO_3 10%～20%、Mo 1.45%、SiO_2 30%～40%，铋矿物以自然铋、氧化铋、辉铋矿以及少量的硫铋铜矿、杂硫铋铜矿存在，其中氧化铋占70%，其中还有黄铜矿、黄铁矿、辉钼矿、褐铁矿以及石英、黄玉等。生产实践中采用重—浮—水冶联合流程（图47-2-9）处理磁选尾矿，综合回收钨、铋、钼。考虑到尾矿中含硅高达 30%～40%，远超过铋精矿含硅标准（＜8%），故在选铋作业前先用摇床重选脱硅，重选精矿经磨矿分级后，进入浮选作业，先浮选易浮的钼和硫化铋，后浮难浮的氧化铋。最后，在常温下对得到的浮选尾矿（钨粗精矿）进行浸出，再通过置换获得合格的铋产品和剩下的钨粗精矿产品。经过该工艺可获得含铋分别为36%和71%的硫化铋精矿和氯氧铋，铋的总回收率高达95%，还得到了含钨36%、回收率90%的钨粗精矿。

　　D　稀土尾矿的再选
　　中国是世界第一大稀土资源国，已探明的稀土资源量约6600万吨。中国稀土生产规模超过20万吨，年产量在10万吨左右，实际产量占全世界的90%以上。稀土尾矿的主要特性有：①尾矿量大。我国南方离子吸附型稀土矿中的稀土含量一般为 0.05%～0.5%，经选矿后产生的尾矿占原矿的99%以上。②不同地区稀土尾矿中稀土氧化物的品位相差悬殊。例如包钢选矿厂尾矿中稀土氧化物的平均品位高达8%，与原矿中的稀土品位相当，价值相当可观。四川省冕宁县牦牛坪稀土尾矿稀土氧化物平均品位为2.5%，南方离子型

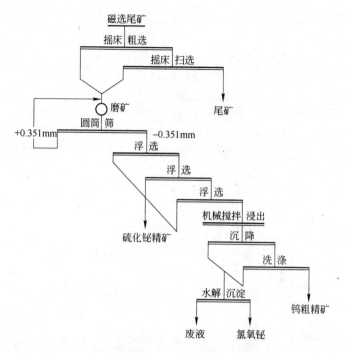

图 47-2-9 钨尾矿综合回收钨、铋、钼流程

稀土矿尾矿中稀土氧化物品位不足 1%。③稀土尾矿成分复杂。由于各矿区稀土成矿条件有差异，稀土的提取效率也各不相同，产生的尾矿性质各异。④稀土尾矿含有不同程度的放射性，非放射废渣的渣量较多。

a 从稀土尾矿中再选回收稀土 包钢稀土三厂利用稀土研究院的研究成果，采用混合浮选—稀土浮选工艺流程，经一次粗选，三次精选从尾矿中回收稀土精矿，获得了品位为 53.32%、回收率为 51.20% 的稀土精矿，以及品位为 34.50%、回收率为 5.23% 稀土次精矿，年生产能力可达 4900t，取得了显著的经济效益。

b 从稀土尾矿中回收铁 稀土尾矿中含有大量铁矿物，如包钢选矿厂强磁中矿经稀土浮选作业后，尾矿中铁品位高达 24%，分布率约为 8%，回收价值巨大。包钢选矿厂根据长沙矿冶研究院的综合回收试验结果，采用反浮—正浮工艺流程从稀土尾矿中回收铁矿物，得到了产率为 26.55%、品位和回收率分别可达 61.65% 和 59.46% 的铁精矿。按年处理稀土尾矿量 50 万吨计算，可年产铁精矿 13 万吨，直接经济效益可达 1000 万元/年。

根据包钢选矿厂浮选稀土尾矿中铁的赋存状态及单体解离度，可采用重—浮流程来富集尾矿中的铁。浮选时采用乳化的氧化石蜡皂作为捕收剂，可从含全铁 26% 的稀选尾矿中获得含全铁 61.97%、回收率 62.59% 的铁精矿。

E 非金属尾矿的再选

a 云母尾矿的再选 河北省灵寿一带是我国碎云母矿的集中产地，开采加工已有 50 多年的历史。碎云母矿经过干式风选后，抛弃产率约 40% 的尾矿。这些总量已近百万吨，不仅挤占土地，更为重要的是，云母尾矿中含有的有用矿物，如云母、长石、石英、铁矿物等得不到回收利用，造成了矿产资源的浪费。

云母尾矿的矿物成分较复杂，非金属矿物主要有白云母、石英、微斜长石、斜长石及少量的绿泥石、高岭土、黑云母和锆石等，金属矿物主要有钛赤铁矿和磁铁矿，各矿物的含量见表47-2-10。

表47-2-10 灵寿云母尾矿的矿物组成和含量

矿物名称	白云母	石英	微斜长石	斜长石	绿泥石	高岭土	黑云母	锆石	钛赤铁矿	磁铁矿
含量/%	28~35	35~40	12~15	3~5	2~4	1~2	1~2	<0.05	4~6	0.5~1

镜下观察到：白云母大部分呈薄片状，部分呈片状集合体；石英、微斜长石和斜长石均为棱角状颗粒，部分长石具有绿泥石化及高岭土化现象；锆石粒度较小，多数为单体，部分包裹于磁铁矿中；钛赤铁矿颗粒呈浑圆状或短柱状；磁铁矿多与钛赤铁矿连晶。

除个别粗颗粒的铁矿物与石英长石连生、个别铁矿物中包有锆石以及一些长石有绿泥石化或高岭土化之外，其余各矿物均已单体解离。

河北灵寿碎云母尾矿云母再选综合试验流程示于图47-2-10。

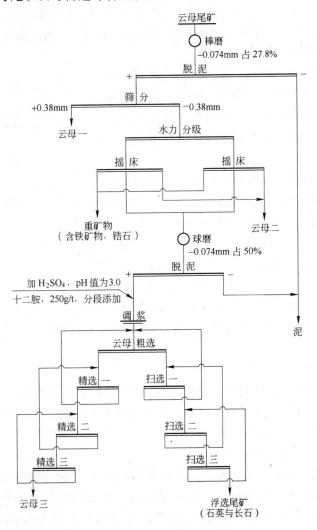

图 47-2-10 尾矿云母再选综合工艺流程

选别所得的指标见表 47-2-11。

表 47-2-11　综合试验流程的产品指标

产品名称	产率(对原矿)/%	品位(含云母)/%	回收率(对原矿)/%
泥	9.0	—	
云母一	4.60	99.5	16.77
重产物	10.0	—	
云母二	14.0	95.0	48.72
云母三	7.0	97.0	24.87
浮选尾矿	55.0	—	
合　计	100.0	27.3	90.36

b　高岭土尾矿的再选　高岭土尾矿是高岭土矿经选矿后排放的固体废弃物,目前我国每年消耗的高岭土总量约在 600 万吨左右,其中通过选矿提纯除杂的高岭土产品约 150 万吨,而由于高岭土资源开采利用率低,仅为 20% 左右,因此每年产生数千万吨的高岭土尾矿,且逐年增长。

高岭土尾矿中仍含有石英、白云母、长石及残余高岭土等矿物成分,通过重选、脱泥、筛分、浮选等分选手段,采用合适的工艺流程,可以得到高岭土精矿、云母精矿、长石精矿、石英精矿等,甚至可以做到无尾矿选矿。

江苏苏州青山白泥矿是我国生产造纸涂料的主要高岭土矿之一,采用水力旋流器精制高岭土,尾矿产率达 40%,现场采用重—浮联合流程从尾矿中综合回收高岭土和黄铁矿。流程见图 47-2-11。生产实践表明,高岭土尾矿经一次摇床分选中矿单独浮选后,可得到产率为 90.96%,Al_2O_3 含量 35.53%、Fe_2O_3 含量为 0.66%、SO_3 含量 0.79% 的陶瓷用高岭土精矿和产率为 9.04%,硫品位为 28% 的黄铁矿精矿,实现了选矿无尾矿生产。

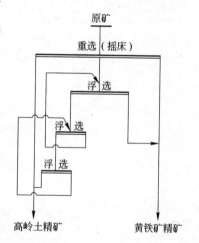

图 47-2-11　高岭土尾矿再选流程图

47.2.3.2　利用尾矿制备建筑材料

尾矿一般经过破碎和分级处理,颗粒较细,级配良好;有些还因经过一定程度的煅烧或化学处理而具有一定的化学活性,因此,非常适合作为建筑材料的生产原料,有些尾矿本身就可作为重要的基本建设材料使用。

A　利用尾矿制备普通墙体砖

马鞍山矿山研究院采用齐大山、歪头山铁矿的尾矿,成功制成了免烧砖。这种免烧墙体砖以细铁尾矿为主要原料,配入少量骨料、钙质胶凝材料和外加剂,加入适量的水,均匀搅拌后模压成型,脱模后经自然养护 28 天成为成品,工艺流程见图 47-2-12。

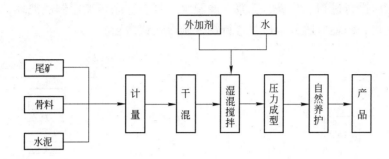

图 47-2-12 铁尾矿免烧砖制备流程

B 利用尾矿生产水泥

掺加铜、铅锌尾矿煅烧水泥，主要是利用尾矿中的微量元素来改善熟料煅烧过程中硅酸盐矿物及熔剂矿物的形成条件，加快硅酸三钙的晶体发育成长，稳定硅酸二钙晶体的结构转型，从而降低液相产生的温度，形成少量早强物质，致使熟料质量尤其是早期强度有明显提高。

对于铜、铅锌尾矿，一般要求其中 CaO 含量较高，而 MgO 含量较低。尾矿中 Fe_2O_3 是水泥的有益成分，适量的 Fe_2O_3 能降低熟料的烧制温度，而 MgO、TiO_2、Na_2O 等成分则是有害组分。根据研究，使用铜、铅锌尾矿、萤石作复合矿化剂烧制水泥熟料效果比石膏、萤石作复合矿化剂更为显著，能使液相温度降低至 1130℃ 左右，使水泥熟料煅烧温度降低至 1250～1300℃。铜、铅锌尾矿生产水泥的一般工艺流程如图 47-2-13 所示。

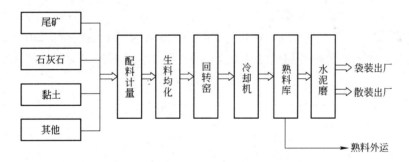

图 47-2-13 铜、铅锌尾矿生产水泥工艺流程

C 尾矿用作陶瓷材料

赣南某钨尾矿中钨金属矿物所占比例较少，大部分为石英、长石、萤石、石榴石等非金属矿物，辅以稀土尾矿可制备陶瓷，工艺流程见图 47-2-14。稀土尾矿 65%～70%，钨尾矿 30%～35% 的配方较佳。工艺过程中烧成温度为 1100～1130℃，烧成率在 90% 以上。

钒钛磁铁矿提钒尾渣中的第四周期过渡元素化合物的总量高达 80%，使得钒钛磁铁矿提钒尾渣具有很强的黑色着色作用、很宽的黑色呈色温度范围和烧结温度范围以及优良的理化性能和成瓷性能。单独的钒钛磁铁矿提钒尾渣煅烧便可制得致密的黑色陶瓷。钒钛黑瓷是在普通陶瓷原料中加入一定比例（25%～100%）的钒钛磁铁矿提钒尾渣制得的陶瓷，具体生产工艺流程如图 47-2-15 所示。将经过预烧的提钒尾渣与普通陶瓷原料按一定比例进行球磨，然后进行过筛、除铁、泥浆压滤脱水、真空练泥等工序制成泥坯，再将泥坯滚压成型，经干燥、修坯后送入辊道窑进行烧成制得钒钛黑瓷。

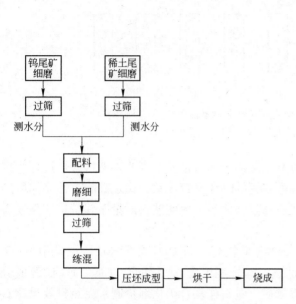

图 47-2-14 钨尾矿与稀土尾矿制备陶瓷流程

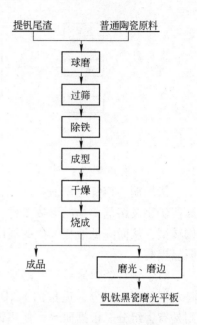

图 47-2-15 钒钛磁铁矿提钒尾渣
生产钒钛黑瓷工艺流程

D 利用尾矿生产其他新型建材

a 加气混凝土   山东金洲矿业集团千岭公司现场金尾矿品位在 0.20g/t 以下，不考虑回收，直接脱水，用于制备加气混凝土等建材产品。加气混凝土流程如图 47-2-16 所示，

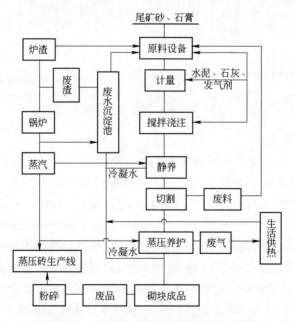

图 47-2-16 金尾矿制备加气混凝土工艺流程

可年产 15 万立方米尾砂加气混凝土砌块（板材），年消耗尾矿 6.6 万吨，此外，还年产 6000 万块尾矿蒸压砖生产线，年消耗尾矿 12.5 万吨，年产 6 万吨聚合物预搅拌砂浆系列产品，年消耗尾矿 4 万吨。三条建材生产线每年可减少尾矿排放、堆存量 23 万吨。

b　陶粒　陶粒具有密度小、质轻，保温、隔热，耐火性能优异，抗震性能好，吸水率低，抗冻性能和耐久性能好，抗渗性好，抗碱集料反应能力优异，适应性强等优点，广泛应用于建材、园艺、食品饮料、耐火保温材料、化工、石油等部门。

美国佛罗里达州的磷酸盐矿泥中含蒙脱石、绿波罗石、银星石等黏土矿物 40%，石英 35%，磷氟灰石 5%。经过干燥的磷酸盐矿泥用圆盘式成球机制粒成球，然后入回转窑中煅烧，烧成温度 1050 ~ 1100℃，所烧制陶粒松散密度为 320 ~ 480kg/m³，抗压碎强度高，质量良好。

在普通砖瓦窑内，用珍珠岩尾矿粉可以烧制成优质的珍珠岩陶粒和陶砂，烧结型的珍珠岩尾矿粉陶粒比烧胀型的黏土陶粒轻，这是珍珠岩尾矿粉陶粒所独具的优势。利用珍珠岩尾矿粉生产陶粒和陶砂，由于原料是工业废渣，设备简单，低温烧成，能耗少，故其生产成本仅为国内其他陶粒的 1/3 ~ 1/2。

c　耐火材料　　由铝土矿尾矿化学成分可知，主要含有 Al_2O_3、SiO_2 及少量的铁、钛、钙、镁等，适合于生产耐火材料，可达到三级品的要求。将铝土矿浮选尾矿直接煅烧后用于制砖，烧制的黏土砖可达到盛钢桶用黏土制品标准要求；如分选出铝土矿尾矿中的赤铁矿、绢云母等矿物，可用于生产较好的耐火材料。

铝土矿尾矿中杂质较多，作为耐火材料时，矿物中的铁和钛杂质会导致过早出现玻璃相而降低耐火材料的性能。高温高压、络合酸浸、氯化焙烧等方法可有效去除其中的 Fe_2O_3、K_2O、TiO_2 杂质，有利于提高耐火材料的性能，可制备出高耐火点的新型耐火材料，除杂后样品耐火度由原来的 1250 ~ 1280℃ 升高到 1690℃，达到国家生产耐火材料原料标准。

铬铁尾渣包含的矿物有镁铝尖晶石、镁橄榄石、玻璃相、金属珠、钙镁橄榄石和铬尖晶石等。橄榄石是一种重要的工业辅助原料，目前主要用于装容热金属、高炉渣调料槽、特种铸砂和特种耐火材料。

d　地聚物　　地质聚合物（Geopolymer）是近年来新发展起来的一种新型无机非金属胶凝材料，它的抗压抗折强度、抗酸碱侵蚀性、抗冻融性、抗碳化等性能均优于普通硅酸盐水泥，是 21 世纪最具发展潜力的一种胶凝材料。

石煤提钒尾渣中的硅、铝总含量较高，理论上一般硅、铝含量较多的铝硅酸盐类物质均具备制备新型碱激发无机胶凝材料条件。将提钒尾渣通过湿法加碱煅烧的方式促进其中晶态组分的分解，有效提高其活性。然后将活化尾渣分别与铝质校正料（包括铝酸钠、偏高岭土、粉煤灰、铝酸盐水泥）复合，与碱硅酸盐溶液（通过硅灰与氢氧化钠溶液反应得到）混合可制备出性能良好的地聚物。此外，利用石煤提钒尾渣为基质也可以制备类地聚物水泥固体粉料，制备流程见图 47-2-17，并通过蒸压养护的方式可以进一步提高试样的抗压强度。

47.2.3.3　用作土壤改良剂或肥料

有些尾矿含有改良土壤的成分，可用作微量元素肥料或土壤改良剂。例如，利用含钙尾矿作土壤改良剂，加入到酸性土壤中，可起到中和酸性，达到改良土壤的目的。

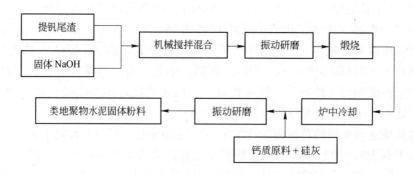

图 47-2-17   石煤提钒尾渣制备类地聚物水泥固体粉料工艺流程

煤矸石、浮选尾煤等含有对农作物有营养价值的微量元素，我国和一些国家都研究过它们在农业中用作肥料的机理。这类尾矿都含有一定量的钼、锌、锰、铜等微量元素，有些还含有较高的硼，这些元素可作为农作物生长的刺激剂。有些矸石、含钙尾矿具有较高的碱性，可中和酸性土壤，改善土壤结构，助长土壤微生物的繁殖等。

重庆煤炭科学研究所和四川农业研究院研究了四川广旺矿务局唐家河选煤厂浮选尾矿中的微量元素含量，探讨了尾矿投入量与农作物增产量的关系。研究表明当尾矿投入量为1000kg/亩时，水稻和小麦可分别增产80kg/亩和64kg/亩，另外花生、马铃薯和玉米也都增产明显。

锰矿床开发利用过程所产生的废石及冶炼排放的尾渣是极好的锰肥，它比锰的纯盐对植物的作用更显著。实验表明，锰渣在掺入一定量的氮、磷、钾等元素后可将其作为一种复合肥使用，锰渣中除了锰之外还可含有磷酐、氯离子、硫酸盐离子以及氧化镁、氧化钙等。尤其是废石及尾矿中锰往往呈 MnO_2 状态，进入土壤后可迅速氧化土壤中的有机体，而使有机体所含的营养物质迅速析出，变成易被植物吸收的状态。锰的浸出渣也可以改善土壤层结构，有利于作物生长。此外，施用适量的电解锰废渣能促进植物的营养生长，改善了施用土壤的理化性能，有利于植物根系的生长。

磷矿浮选尾矿也是制备肥料的较好原料。云南化工研究院曾研究了海口磷矿浮选尾矿的组成，表明其中含有大量的镁和钙，质量分数分别为13.92%和31.17%，两者均是生产磷镁肥的好原料。通过将浮选尾矿矿浆进行沉降分离，获得含水40%~50%的尾矿原料，然后在混合反应器中与磷硫混酸反应，生成物经固化、干燥，即得到磷镁肥产品。混合反应器的含氟尾气可采用传统工艺生产含氟产品。

此外，钼尾矿中的硅、钾、钼等成分是农用肥料的原料，可制成含钾、钙、镁、铜、铁、锌、锰、钼等多种营养元素的优质硅肥。

47.2.3.4   充填采空区

矿山采空区的回填是直接利用尾矿最行之有效的途径之一。将尾矿分级后的粗砂充填采空区是迄今尾矿综合利用时间最早、范围最广的一种途径。有些矿山由于种种原因，无处设置尾矿库，而利用尾矿回填采空区意义就非常重大。如安徽省太平矿业有限公司前常铜铁矿位于淮北平原，由于地理因素无处设置尾矿库，选矿厂排放的尾矿经过技术处理后，全部用于填充采空区；济南钢城矿业公司采用胶结充填采法，提高矿石回采率20%以上；莱芜矿业公司利用尾矿充填越庄铁矿露天采坑，再造了土地，治理了环境；凡口铅锌矿利用尾矿作采空区充填料，其尾矿利用率95%。用尾矿作充填料，其充填费用较低，仅为碎石水力充填费用的 1/10 ~ 1/4。大红山铜矿由于投产时，充填系统未建成使用，导致充填滞后，形成历史欠账，加之近年产量的快速递增，多中段和多层矿体的同时开采，地压活动频繁，部分地段采充平衡被打破。为此，利用外围小选厂尾砂，既解决了井下采空区对充填料源的需要，又解决了小选厂尾砂排放困难、成本高和环保问题，实现双赢。

A 充填技术的发展

我国金属矿山地下开采充填技术，大致经历了三个发展阶段。第一阶段为 20 世纪 60 ~ 70 年代。这一阶段填充采矿法开始得到应用并逐步成熟。第二个阶段为 20 世纪 80 年代，这一阶段我国岩金矿首次应用立式砂仓自流输送填充技术，使填充技术提高到一个新水平。第三个阶段为 20 世纪 90 年代，这一阶段的特点是矿山自觉使用填充法并开发出一种新型充填材料——高水速凝材料（简称高水材料）。它由甲、乙两种固体粉料组成；甲料包括铝酸盐或硫铅酸盐、缓凝剂及调整剂；乙料由石膏、石灰、黏土配以促凝剂组成。甲、乙料分别加入一定量的水制成灰浆，按 1:1 混合后，半小时即可凝结成固体。

B 应用实例

（1）湖南车江铜矿为含铜沉积矿床，层状较稳定。含矿岩石为细粒砂岩，粉状泥质岩。矿体倾角 8 ~ 12°，厚 1 ~ 2m，走向长 400 ~ 500m，宽 300 ~ 350m。矿石和围岩坚固性系数 $f = 5 ~ 7$。采用全面法回采。矿块走向长 30m，倾斜长 50m，一般不留顶底柱。用直径 3 ~ 4m 的不规则矿柱、人工岩柱及金属锚杆支护空区顶板。矿床开采范围扩大，采空区体积达 44 万米^3 时顶板冒落下沉。1 号矿体采空区曾发生两次大范围岩层移动。

因为矿体埋藏浅（20 ~ 88m），并靠近湘江，湘江最高洪水位可高出矿床最低位置 120 多米；矿区地表有高压输电线及国家公路干线通过而不允许陷落。为此，采用尾砂充填处理空区，用全自流及砂泵扬送两种输送方式。

全自流系统为：选矿厂尾砂→明沟（7%）→自溜管道（4.27%）→尾砂坝（贮存）→进砂池（6.28m^3）→钻孔→输送管（φ102mm）→矿房移动胶管→采空区充填→渗透溢流→沉淀池→泵房→尾水→排至地表。其布置如图 47-2-18 所示。

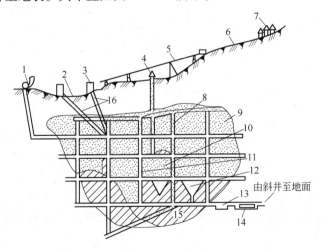

图 47-2-18 车江铜矿尾砂自流充填系统示意图

1—抽风机；2—尾砂坝；3—进砂池；4—老竖井；5—管道；6—明沟；7—选厂；8—人工岩壁；9—充填体；
10—胶管；11—溢流沟；12—作业采场；13—沉淀池；14—泵房；15—尾砂水；16—下砂钻孔

　　两个充填系统布置了 8 个钻孔，担负三个矿体、走向长 3500m 的充填范围。充填效果表明，1 号矿体空区未处理前，顶板冒落面积 1.6 万平方米，地表影响范围 2.68 万平方米。空区充填后，地表稳定，恢复了稻田、鱼塘 1.2 万平方米。

　　（2）山东黄金集团三山岛金矿井下采用的主要采矿方法有点柱法、分层充填法、进路法和混合法四种。各种采矿方法采场的充填均采用尾砂水力充填和尾砂胶结充填系统。采场的回采和充填，由下向上按水平分层进行，采场分层回采结束后，采用废石和尾砂进行分层充填。即先用井下开拓和采准工程的废石回窿充填至 1.5m 左右，再用尾砂充填，并找平；表层 0.4m 高，采用灰砂比为 1∶4 的胶结充填，充填后形成采场下一分层的作业底板。点柱法和分层充填发采场充填后留有 1.0 ~ 1.5m 的爆破补偿空间；进路法采场接顶充填，其中，盘区进路法采场中先施工的进路，其底部 2.6m 高，采用灰砂比为 1∶10 的胶结充填。

　　三山岛金矿地面充填料制备站采用半球形立式砂仓尾砂水力充填及尾砂胶结充填系统，其料浆制备输送基本上实现了自动化仪表控制。整个尾砂水力充填和尾砂胶结充填系统经过多年的应用，不断得到了完善，满足了井下充填要求。在采场内，通过采取各种有效措施，提高了采场胶结充填层强度，减轻了采场胶结充填底板的破坏和减少了水泥的消耗量，从而改善了采场的作业条件，在很大程度上避免了由于大量尾砂混入矿石所造成二次贫化并降低了充填成本。

　　（3）凡口铅锌矿、长沙矿山研究院和长沙有色冶金设计研究院等单位于 1991 年合作完成了高浓度全尾砂胶结充填新工艺和装备的研究。来自选厂的尾砂浆（质量分数 15% ~ 20%），经高效浓密机一段脱水、沉砂（质量分数约 50%）进入圆盘真空过滤机二段脱水，含水率约 20% 的滤饼运至砂仓。湿尾砂和水泥混合搅拌后，充填料浆再自流如高效强力搅拌机进行二次强力活化搅拌后，经垂直钻孔和充填管路自流到进行充填采场。该矿全尾砂中 −74μm 粒级的含量占 62% ~ 84%。充填料浆质量分数为 70% ~ 76%，水泥耗量 214kg/m³，充填能力为 48 ~ 54m³/h。充填体 28 天期单轴抗压强度为 3MPa 左右。

47.2.4　土地复垦

　　土地复垦是指对人类生产、生活过程中造成破坏的土地进行整治，使其恢复到可供利用状态的活动。尾矿复垦是指在尾矿库上复垦或利用尾矿在适宜地点充填造地等与尾矿有关的土地复垦工作。

47.2.4.1　尾矿复垦的方式及实施过程

A　尾矿复垦特点

　　不同选厂尾矿的物化性质有很大差别，同时，尾矿库多处于山地或凹谷，取土与运土困难，对复垦极为不利；另外，尾矿库形成的大面积干涸湖床，刮风天气易引起尘土飞扬，污染当地环境。基于尾矿的这些特点，一般尾矿复垦利用初期大多以环保景观为目的，后期根据其最终复垦利用目标改为实业性复垦，或作半永久性复垦（这一情况是考虑经过一段时期后，尾矿还需回收利用），目前我国尾矿的复垦大致可分为以下几种情况：

　　（1）仍在使用的尾矿库复垦。这类尾矿库的复垦主要利用尾矿坝坡面进行复垦植被，一般是种植芦藤和灌木，而不种植乔木，原因是种植乔木对坝体稳定性不利。如攀枝花钢铁公司某尾矿库，坝体坡面上曾人工覆土，以种草为主，并辅之以浅根灌木种藤本植物。

（2）已满或已局部干涸的尾矿库复垦。这类尾矿库是复垦的主要对象，基本上整个老尾矿库所占用的土地经复垦后都用于耕种。

（3）尾矿砂直接用于复垦。这种类型主要适合于尾矿中不含有毒有害元素的中小矿山，且在矿山周围有适宜的地形。矿山可根据当地地形条件采用灵活多样的复垦模式。

B　尾矿复垦的利用方式

我国尾矿复垦工作主要有如下几种复垦利用方法：

（1）复垦为农业用地。这种复垦方式一般应覆盖表土并加施肥料或前期种植豆科植物来改良尾砂。

（2）复垦为林业用地。大多数尾矿库特别是其坝体坡面覆土后可用于种植小灌木、草藤等植物，库内可种植乔、灌木，甚至经济果木林等。复垦造林在创造矿区卫生优美的生态环境方面起了很大作用，并对周围地区的生态环境保护起着良好的作用。

（3）复垦为建筑用地。有些尾矿库的复垦利用必须与城市建设规划相协调。根据其地理位置、环境条件、地质条件等修建不同功能的建筑物，以便收到更好的社会效益、经济效益和环境效益。复垦建筑用地时的地基处理是关键，应根据尾矿特性、地层构造、结构形式等设计相应的基础条件，在结构设计上采取可靠措施，以达到安全、经济、合理的目的。但尾矿库上修筑的建筑物一般以2~4层为宜，不宜超过5层。

（4）尾砂直接用于种植改良土壤。尾矿砂一般具有良好的透水、透气性能，且有些尾砂由于矿岩性质和选矿工艺不同，还含有植物生长所必需的营养元素，特别是微量元素。

我国近些年来尾矿库的主要复垦利用方式见表47-2-12。

表 47-2-12　我国不同类型矿山尾矿库的复垦方式

分　类	尾矿库名称	复垦利用效果
林业用地	峨口铁矿尾矿库 东鞍山铁矿老尾矿库 东鞍山烧结厂前峪尾矿库 德兴铜矿尾矿库 攀枝花铁矿尾矿库 水口山铅锌矿尾矿库	种植沙枣、沙打旺等，成活率90% 种植樟子松、油松等，成活率90% 种植白榆、刺槐等，成活率90% 坝坡面种植水土保持植物 坝坡面种植山毛豆、金银花等 种植马鞍草、柑橘等五年，年产柑橘约300t
农业用地	莫家洼、韩家沟尾矿库、乌汲选矿厂尾矿库	造田35hm²，种植小麦、玉米等 种植蔬菜、小麦、花生等
农、林用地	南芬选矿厂老尾矿库、金厂峪金矿尾矿库	造地约40hm² 种植果树2000余株，农作物10hm²
尾砂造地	马兰庄铁矿尾矿库	造地约34hm²，种植花生、小麦等
建筑用地	金口岭铜矿尾矿库	修建了一栋四层的办公楼、住宅、学校等

C　尾矿复垦的实施过程

尾矿复垦一般包括以下三个阶段：第一阶段为尾矿复垦规划设计阶段；第二阶段为尾矿复垦工程实施阶段，即工程复垦阶段；第三阶段为尾矿工程复垦后改善与管理阶段，即生物复垦阶段。

复垦规划是复垦工作的准备阶段，决定复垦工程的目的以及技术经济是否可行，是后两阶段的依据。复垦工程实施是复垦规划付诸实现的工程阶段，其实质为各种土地整治工程，保质、保量、准确、准时是该阶段的关键，但该阶段的完成仅仅只是完成了复垦工作的 60% 。

制定尾矿复垦规划应遵循以下几个基本原则：

（1）现场调查及测试的原则。由于尾矿复垦规划不仅需要知道占用的现状，还要根据当地的各种条件确定土地利用方向和进行复垦工程的技术经济分析，因而进行大量细致的土地、气候、水文、市场等情况调查是必需的，并对尾矿理化性质进行测试。

（2）因地制宜原则。尾矿复垦土地利用受到周围环境多种条件的制约。因地制宜对尾矿复垦的土地再利用可以起到投资少、见效快的效果。反之，如果不遵循这一原则，如对不适宜复垦为农业用地的地方硬性复垦为农业用地，其结果只能是适得其反。

（3）综合治理的原则。综合治理有利于优化组合，产生高效益。如对尾矿库积水区和非积水区的不同，工程上有综合的作用，收益上也有综合的效果，值得认真研究与遵循。

（4）服从土地利用总体规划的原则。土地利用总体规划的原则是对一定地域全部土地利用开发、保护、整治进行综合平衡和统筹协调的宏观指导性规划。尾矿复垦规划的实质是土地再利用规划，所以它应是土地利用总体规划的有机组成部分。只有服从于土地利用总体规划才能保证农、林、牧、渔、交通、建设等方面的协调，从而才能恢复或建立一个新的有利于生产、方便生活的生态环境。

（5）最佳效益原则。效益是决定一个工程是否启动的主要依据，也是衡量工程优劣的标准。尾矿复垦不仅仅是恢复土地的利用价值，还要恢复生态环境，所以社会效益和生态效益也是十分重要的。因此，尾矿复垦所期望达到的最佳效益是经济、社会和生态效益的统一。

（6）把尾矿复垦纳入矿山开发和采选计划的原则。尾矿土地占用与矿山选矿生产紧密相关。尾矿常可用来充填低洼的劣质土地，与采选计划的结合可以在基本不增加排尾费用的情况下稍加改变排尾系统来完成，特别是中小矿山效益可观。所以，尾矿复垦规划应与矿山开发和采选计划一致。

（7）动态规划原则。采选生产是一个动态的过程，尾矿的产生也是动态的，采选生产的变动情况又直接影响到尾矿复垦工作，所以尾矿复垦规划应与矿山生产的动态发展相适应。此外，尾矿复垦工程又会因工程过程中发现的地质、水文、土壤、施工等情况需要调整原复垦规划。

47.2.4.2 尾矿工程复垦

尾矿工程复垦的任务是建立有利于植物生长的表层和生根层，或为今后利用尾矿复垦的土地（包括水面）做好前期准备工作。主要工业措施有堆置和处理表土和耕层、充填低洼地、建造人工水体、修建排水工程、地基处理与建设用地的前期准备工作等。适合我国的具体尾矿工程复垦技术主要有以下几种：

（1）尾矿库分期分段尾矿模式。此种模式适用于尾矿量大、服务年限长的尾矿库，要根据尾矿库干坡段进展情况分期分段采用覆土或不覆土复垦方式，然后进行种植。该种复垦模式在迁安首钢矿山公司、大石河矿区尾矿库已分段在尾矿库干坡段种植了紫穗槐和沙棘等，起到固沙固氮、绿化环境、加速熟化、减少污染的作用。经过种植也增加了尾矿砂的有机质含量。

（2）尾矿充填低洼地或冲沟复垦模式。这种复垦模式适用于选矿厂附近有冲沟、山谷或低洼地。这种尾矿库坝短，工程量小，基建费用低。尾矿充填顺序是先充填山谷的地势高处，再充填低处，便于分区复垦，尾矿充满干涸后经推土机平整，在上部覆土或不覆土即可种植农作物。

（3）围池尾矿复垦模式。该复垦模式适应于在矿山附近有大面积滩涂或荒地的选矿厂。

47.2.4.3 尾矿生物复垦

A 尾矿生物复垦的概念及任务

尾矿复垦，除作为房屋建筑、娱乐场所、工业设施等建设用地外，对用于农、林、牧、渔、绿化等复垦土地，在工程复垦工作结束后，还必须进行生物复垦，以建立生产力高、稳定性好、具有较好经济和生态效益的植被。生物复垦是采取生物等技术措施恢复土壤肥力和生物生产能力，建立稳定植被层的活动，它是农林用地复垦的第三阶段工作。狭义的生物复垦是利用生物方法恢复用于农、林、牧、绿化复垦土地的土壤肥力并建立植被。广义的生物复垦包括恢复复垦土地生产力、对复垦土地进行高效利用的一切生物和工程措施。生物复垦主要内容包括土壤改良与培肥方法等。工程复垦后用于农林用地的复垦土壤一般具有以下特点：

（1）尾矿复垦的土地一般土壤有机质、氮、磷、钾等主要营养成分含量均较低，属贫瘠的土壤。

（2）复垦土壤的热量主要来自太阳辐射及矿物化学反应和微生物分解有机物放出的热量，其土壤热容量较小，温度变化快、辐射度大，不易作物出苗和生长，当复垦土地含硫较多时，可被空气氧化提高地温。

（3）尾矿复垦土壤内动植物残体、土壤生物、微生物含量几乎没有，土壤自然熟化能力较差，工程复垦后的土地，可供植物吸收的营养物质含量较少，复垦土壤的孔性、结构性、可耕性及保肥保水性均较差，土壤的三大肥力因素水、气、热条件也较差。因此，生物复垦的主要任务与核心工作是改良和培肥土壤，提高复垦土地土壤肥力。

土壤改良和培肥，不是简单地增加土壤中有机质和营养物质含量，而是针对复垦土壤对植物的所有限制因素，全面改善水、肥、气、热条件及相互间关系。主要生物复垦技术措施有：

（1）种植绿肥增加土壤有机质和氮、磷、钾含量，并疏松土壤。

（2）对地温过高和不易种植的复垦土壤覆盖表土。

（3）初期多施有机肥和农家肥，加速土壤有机质积累，针对复垦土壤缺乏的养分实行均衡施肥。

（4）利用菌肥或微生物活化药剂加速土壤微生物繁殖、发育，快速熟化土壤。

（5）加强耕作、倒茬管理，加速土壤熟化和增加土壤肥力。如初期种植能增加土壤肥力的豆科植物及可以忍受严酷环境的先锋植物等。

B 尾矿生物复垦技术

a 绿肥法　　凡是以植物的绿色部分当作肥料的称为绿肥。作为肥料利用而栽培的作物，叫作绿肥作物。种植绿肥是改良复垦土壤、增加土壤有机质和氮、磷、钾等多种营养成分的最有效方法之一，绿肥的主要改良作用有：

（1）增加土壤养分。绿肥作物多为豆科植物，含有丰富的有机质和氮、磷、钾等营养元素，其中有机质约占15%，氮（N）0.3% ~ 0.6%，磷（P_2O_5）0.1% ~ 0.2%，钾

（K_2O）0.3% ~ 0.5%。

绿肥作物生长力旺，在自然条件差、较贫瘠的土地上都能很好生长。在复垦区种植绿肥作物，成熟后将其翻入土壤，可增加土壤养分。

（2）改善土壤理化状况。种植绿肥作物可以提供土壤有机质和有效养分数量。绿肥在土壤微生物作用下，除释放大量养分外，还可以合成一定数量的腐殖质，对改良土壤性状有明显作用。

豆科绿肥作物的根系发达，主根入土较深，一般根长 2~3m，能吸收深层土壤中的养分，待绿肥作物翻压后，可丰富耕层土壤的养分，为后茬作物所吸收。绿肥作物的根系还有较强的穿透能力，绿肥腐烂后，有胶结和团聚土粒的作用，从而改善土壤理化性状。它还对改良红黄土壤、盐碱土具有显著的效果。不少绿肥作物耐酸耐盐、抗逆性强，随着栽培和生长，土壤可得到改良。

（3）覆盖地面，固沙护坡，防止水土流失。绿肥作物有茂盛的茎叶，覆盖地面可减少水、土、肥的流失，尤其在复垦土地边坡种植绿肥作物，由于茎叶的覆盖和强大的根系作用，减少了雨水对地表的侵蚀和冲刷，增强了固土护坡作用，减弱或防止水土流失。种植绿肥作物，还有抑制杂草生长的作用，避免水分、有效养分的消耗。

　　b　微生物法　　利用菌肥或微生物活化药剂改善土壤和作物的生长营养条件的方法称为微生物法。它能迅速熟化土壤、固定空气中的氮素、参与养分的转化、促进作物对养分的吸收、分泌激素刺激作物根系发育、抑制有害微生物的活动等。微生物法的实施途径主要有以下三种：

（1）菌肥改良土壤。菌肥是人们利用土壤中有益微生物制成的生物性肥料，包括细菌肥料和抗生菌肥料。菌肥是一种辅助性肥料，它本身并不含有植物所需要的营养元素，而是通过菌肥中微生物的生命活动，改善作物的营养条件，如固定空气中的氮素；参与养分的转化，促进作物对养分的吸收；分泌激素刺激作物根系发育；抑制有害微生物的活动等等。因此，菌肥不能单施，要与化肥和有机肥配合施用，这样才能充分发挥其增产效能。

（2）微生物快速改良法（即微生物复垦）。微生物快速改良方法（微生物复垦）是利用微生物活化药剂将尾矿复垦土地快速形成耕质土壤的新的生物改良方法。

（3）施肥法。施肥法改良土壤主要以增施有机肥料来提高土壤的有机质与肥分含量，改良土壤结构和理化性状，提高土壤肥力，它既可改良砂土，也可改良黏土，是改良土壤质地最有效最简便的方法。因为有机质的黏结力和黏着力比砂粒强、比黏粒弱，可以克服砂土过沙、黏土过黏的缺点。有机质还可以使土壤形成结构，使主体疏松，增加砂土的保肥性。

精耕细作结合增施有机肥料，是我国目前大多数地区创造良好土壤结构的主要方法。在耕作方面，我国农民有秋耕深、冬耕冻、伏耕晒以及根据季节和土壤水分状况适时锄地，以改善土壤结构状况的农耕技术。在耕层浅的土壤上采用深耕，加深耕层，结合施用有机肥料，加速土壤熟化，充分发挥腐殖质的胶结作用。我国各地的高产肥沃土壤也都是通过这种措施来创造优良结构的。

47.2.4.4　尾矿生态农业复垦

生态农业复垦是根据生态学和生态经济学原理，应用土地复垦技术和生态工程技术，对尾矿复垦土地进行整治和利用。生态农业复垦不是单一用途的复垦，而是农、林、牧、副、渔、加工等多门类联合复垦，并且相互协调、相互促进、全面发展。它是对现有复垦技术，按照生态学原理进行的组合与装配，利用生物共生关系，通过合理配置植物、动物、微生物，进行立体种植、养殖业复垦；依据能量多级利用与物质循环再生原理，循环利用生产中的农业废物，使农业有机物废物资源化，增加产品输出。充分利用现代科学技术，注重合理规划，以实现经济、社会和生态效益的统一。

对尾矿土地复垦进行生态农业复垦后，就会形成生态农业系统，它是具有生命的复杂系统，包括人类在内，系统中的生物成员与环境具有内在的和谐性。人既是系统中的消费者，又是生态系统的精心管理者。人类的经济活动直接制约着资源利用、环境保护和社会经济的发展。因此，人类经营的生态农业着眼于系统各组成成分的相互协调和系统内部的最适化，着眼于系统具有最大的稳定性和以最少的人工投入取得最大的生态、经济、社会综合效益，而这一目标和指导思想是以生态学、生态经济学原理为理论基础建立起来的。主要理论依据包括以下几个方面：

（1）生态位原理。生态位是指生物种群所要求的全部生活条件，包括生物和非生物两部分；由空间生态位、时间生态位、营养生态位等组成。生态位和种群一一对应。在达到演替顶级的自然生态系统中，全部的生态位都被各个种群所占据。时间、空间、物质、能量均被充分利用。因此，生态农业复垦可以根据生态位原理，充分利用空间、时间及一切资源，不仅提高了农业生产的经济效益，也减少了生产对环境的污染。

（2）生物与环境的协同进化原理。生态系统中的生物不是孤立存在的，而是与其环境紧密联系，相互作用，共存于统一体中。生物与环境之间存在着复杂的物质、能量交换关系。一方面，生物为了生存与繁衍，必须经常从环境中摄取物质与能量，如空气、水、光、热及营养物质等。另一方面，在生物生存、繁育和活动过程中，也不断地通过释放、排泄及残体归还给环境，使环境得到补充。环境影响生物，生物也影响环境，而受生物影响得到改变的环境反过来又影响生物，使两者处于不断地相互作用、协同进行的过程。就这种关系而言，生物既是环境的占有者，同时又是自身所在环境的组成部分，作为占有者，生物不断地利用环境资源，改造环境；而另一方面作为环境成员，则又经常对环境资源进行补偿，能够保持一定范围的物质贮备，以保证生物再生。生态农业复垦遵循这一原理，因地、因时制宜，合理布局与规划，合理轮作倒茬，种养结合。违背这一原理，就会导致环境质量的下降，甚至使资源枯竭。

（3）生物之间链索式的相互制约原理。生态系统中同时存在着许多种生物，它们之间通过食物营养关系相互依存、相互制约。例如绿色植物是草食性动物的食物，草食性动物又是肉食性动物的食物，通过捕食与被捕食关系构成食物链，多条食物链相互连接。构成复杂的食物网，由于它们相互连接，其中任何一个链节的变化，都会影响到相邻链节的改变，甚至使整体食物网改变。

在生物之间的这种食物链索关系中包含着严格的量比关系，处于相邻两个链节的生物，无论个体数目、生物量或能量均有一定比例。通常是前一营养级生物能量转换成后一营养级的生物能量，大约为10∶1。生态农业复垦遵循这一原理巧接食物链，合理规划和选择复垦途径，以挖掘资源潜力。任意打乱它们的关系，将会使生态平衡遭到破坏。

（4）能量多级利用与物质循环再生原理。生态系统中的食物链，既是一条能量转换链，也是一条物质传递链，从经济上看还是一条价值增值链。根据能量物质在逐级转换传递过程中存在的定量关系，食物链越短，结构越简单，它的净生产量就越高。但在受人类调节控制的农业生态系统中，由于人类对生物和环境的调控及对产品的期望不同，必然有着不同的表现，并产生不同的效果。例如对秸秆的利用，不经过处理直接返回土壤，须经过长时间的发酵分解，方能发挥肥效，参与再循环。但如果经过精化或氨化过程使之成为家畜饲料，饲养家畜增加畜产品产出，利用家畜排泄培养食用菌，生产食用菌后的残菌床又用于繁殖蚯蚓，最后将蚯蚓利用后的残余物返回农田作肥料，使食物链中未能参与有效转化的部分能得到利用、转化，从而使能量转化效率大大提高。因此，人类根据生态学原理合理设计食物链，多层分级利用，可以使有机废物资源化，使光合产物实现再生增值，发挥减污补肥的作用。

（5）结构稳定性与功能协调性原理。在自然生态系统中，生物与环境经过长期的相互作用，在生物与生物、生物与环境之间，建立了相对稳定的结构，具有相应的功能。农业生态系统的生物组分是人类按照生产目的而精心安排的，受到人类的调节与控制。生态农业要提供优质高产的农产品，同时创造一个良好的再生产条件与生活环境，必须建立一个稳定的生态系统结构，才能保证功能的正常运行。为此，要遵循以下三条原则：第一，发挥生物共生优势原则，如立体种植、立体养殖等，都可在生产上和经济上起到互补作用；第二，利用生物相克、趋利避害的原则；第三，生物相生相养原则，如利用豆科植物的根瘤菌固氮、养地和改良土壤结构等。许多种生物由于对某一、两个环境条件的相近要求，使它们生活在一起。例如森林中不同层次的植物（乔木、灌木、草本）以及依靠这些植物为生的草食性动物，它们虽没有直接相生相克的关系，但对于共同形成的小气候或化学环境则有相互依存的联系。这种生物与生物、生物与环境之间相互协调组合并保持一定比例关系而建成的稳定性结构，有利于系统整体功能的充分发挥。

（6）生态效益与经济效益统一的原理。生态农业是人类的一种经济活动，生态农业复垦也不例外，其目的是为了增加产出和增加经济收入。在生态经济系统中，经济效益与生态效益的关系是多重的。既有同步关系，又有背离关系，也有同步与背离相互结合的复杂关系。在生态农业复垦中，为了在获取高生态效益的同时，求得高经济效益，必须遵循四个原则。一是资源合理配置原则。应充分地利用国土，这是生态农业复垦的一项重要任务；二是劳动资源充分利用原则。在农业生产劳动力大量过剩的情况下，一部分农民同土地分离，从事农产品加工及农村服务业；三是经济结构合理化原则。既要符合生态要求，又要适合经济发展与消费的需要；四是专业化、社会化原则。生态农业复垦只有突破了自然经济的束缚，才有可能向专业化、商品化过渡。在遵守生态原则的同时，积极引导农业生产接受市场机制的调节。

47.2.4.5　我国尾矿土地复垦的研究进展和实践

A　铜矿尾矿库农业种植与生态恢复

1993～1997 年中国有色金属工业总公司和澳大利亚政府合作进行了长达四年的矿区生态复垦技术合作项目。该项目组织了农业、土工、水工、环保、社区等多学科联合攻关，以综合性系统工程开展尾矿库复垦研究。该项目建立了铜陵有色公司五公里尾矿库无土植被示范场，提出了"兼绿地与建筑用地为一体"的复垦模式。无土复垦技术大大节省了土源和费用，使用了对豆科植物根瘤菌接种技术，直接在尾砂上种植各种具有观赏价值的树木、草坪草和豆科植物，控制了尾砂对环境的污染，恢复了生态环境。复垦后的尾矿库鲜花盛开，小鸟、野兔、昆虫等动植物已经回归。铜陵狮子山矿水木冲尾矿库边坡无土植被稳定技术研究，经过小型试验、扩大试验，已经成功地应用在共 6 期的后期坝的护坡上。在控制坝坡水土流失，特别是控制尾矿库边坡在汛期险情上，取得良好的效果。同时在抑制尾砂污染发挥了作用，节省了大量土地和工程费，减少了耕地的破坏，经济、社会、环境效益显著。无土植被护坡工程比覆土节约 50% 以上的资金投入。中条山毛家湾尾矿库复垦为农业用地，研究了尾砂覆盖方法、尾砂改良熟化措施、作物种植品种、作物中重金属对人体健康的影响。田间试验和示范工程结果表明，用少量黄土与尾砂混合覆盖，改良了尾砂结构，提高了田间持水能力，缩短了土壤熟化时间，复垦投入少、作物产量高，是一种经济有效的复垦方法。其中花生产量达 220kg/亩，高粱达 539kg/亩。为确保种植农作物籽粒的可食性，该项目还对尾砂、土壤以及混合土层所种植作物的重金属进行多年的跟踪分析，作物质量达到食品卫生标准。

B 广西平果铝土矿复垦与生态恢复

平果铝土矿二期工程建成后，每年占用土地达 40hm² 左右，为了保证铝工业持续稳产，每年开采足够铝矿石的同时，必须及时地恢复被采矿作业破坏的土地，包括耕地、林地、草地等，以求实现矿区周围农、林、牧等用地的动态平衡。自 1995 年，北京矿冶研究总院与平果铝业公司合作，进行了长期的矿山复垦研究与实践。针对平果铝土矿复垦土源少、占地速度快、复垦难度大的特点，以加速土壤熟化、缩短复垦周期为重点，短时间内在采矿废弃地和废石堆场重建了以农业耕地为主、林灌草优化的人工生态系统。利用本企业工业废弃物（如剥离土、粉煤灰、洗矿泥等）作为复垦地的人工再造耕层材料，边采矿边复垦。既解决了缺少覆土的难题，又初步实现了矿区废弃物的减量化、资源化和无害化。综合应用生物技术、工程技术、菌根技术，加速土壤熟化及植被重建，效果明显。复垦周期 1.5~2 年，矿区生态环境明显改善。建成了近千亩的示范区。种植的桉树、木薯、甘蔗、蔬菜等长势良好，边坡实现乔、灌、草立体郁闭，植被覆盖度 90% 以上，有效地控制了水土流失，采区复垦率达到 100%，其中耕地面积占复垦面积的 75%。为企业探索了占地、复垦、利用的有效途径，确保了平果铝业公司矿山持续稳产的需求。采用的"边采矿、边剥离、边复垦"工艺达到了世界先进水平。

C 平朔露天煤矿土地复垦与生态重建

平朔露天矿区地处黄土高原东部、山西省北部的朔州市平鲁区境内，沟壑纵横、植被稀疏，对环境改变反应敏感，维持自身稳定的可塑性较小，属黄土丘陵-强烈侵蚀生态脆弱系统。平朔露天矿区是 20 世纪末我国最大的露天煤炭生产基地，大规模的露天煤炭开采，使原本脆弱的生态系统完全破坏，土地复垦与生态重建的复杂性和艰难程度很大。自 20 世纪 90 年代初期，山西省生物研究所、山西农业大学、山西省农业科学院畜牧研究所、山西省环境保护研究所、中国科学院地理研究所和安太堡露天煤矿合作，对平朔露天煤矿的土地复垦问题进行了十余年的研究，认为平朔露天矿区采煤废弃地的复垦重点是重建新生态系统。平朔露天矿区采煤废弃地复垦与生态重建的技术框架包括土地重塑、土壤重构和植被重建。经济上可行的操作工艺是，黄土母质可直接铺覆地表，进行土壤熟化、培肥、种植。持久的植被重建模式是"草、灌、乔同时并举，合理配置"。控制水土流失有效的植被覆盖度应大于 85%。实施"采掘、排弃、造地、复垦"一体化，减少岩土污染、重塑地形坡度、地表物质组成，使重塑的土地、重构的土壤符合水土保持、环境保护和土地复垦的要求，为后续的植被重建打好基础。平朔露天矿区采煤废弃地生态重建的效益可分为三个阶段：第一阶段为零效益或负效益为主的生态系统破损阶段。这阶段采矿可获得效益，但对土地、环境、生态是破坏。这阶段只能要求减少破坏、清洁生产。第二阶段是以生态效益为主的生态系统雏形建立阶段。包括排土场的建设及水土保持、地面整理、土壤熟化、树草种植等。该阶段需大量投资，建成可利用的土地。因此，该阶段主要是投资建设，而不是获得效益。第三阶段为生态效益、经济效益和社会效益高度统一的生态系统动态平衡阶段。该阶段土地已建成，树草已生长，农田已可种植农作物，此时才可真正获得稳定的效益。平朔露天矿区是我国目前露天煤矿区开展土地复垦与生态重建工程规模较大、时间较长、效果较好的一个矿区。

　　D　大冶铁矿矿区复垦与生态恢复

　　武钢大冶铁矿位于黄石市铁山区境内，该矿区有 110 多年的开采历史，是一个大型多金属矿区，年产矿石 250 万吨，是武汉钢铁公司的主要矿石原料基地。目前已造成大片废弃堆积区，面积达 400hm²。20 世纪 80 年代末，矿区生态环境极为恶劣，空气悬浮物多，满天灰尘，水面污染物多，水质混浊，整个矿区生活质量下降，生存空间相对狭小。90年代初，技术人员在硬岩排土场选定 3.3hm²，作为绿化复垦科研试验区。根据岩土的农化指标分析，在试验区树种的选择上，确定了以豆科植物为主的抗旱、耐瘠、适应本地区自然条件的树种，如刺槐、马尾松等。试验共分 4 个小区，分别采取了不同树种、不同栽植方式（凹植、平植、凸植），不同坑穴填充物（排弃岩土、人工矿渣、生活垃圾）进行组合，通过对充填物理化性质的测定，得出结论为：①废石场复垦栽植方式以抽槽挖坑为主；②穴植时，加充填物，以生活垃圾为主；③注意栽植方法，栽植时做到"苗正、根深、土紧"；④首选树种为刺槐、旱柳、侧柏、火棘。因地制宜，科学规划，大胆试验，规范管理，逐步改良土壤，逐年植树造林。绿化面积达 253hm² 了，对减少环境污染、调节气候、涵养水源、保持水土、保护耕地等方面具有重要作用与意义，产生了显著的社会效益、生态效益与经济效益。

　　E　龙岩稀土尾矿场土地复垦与生态恢复

　　福建省长汀县河田稀土尾矿场土地复垦试验场址选于河田芦竹稀土矿区，距长汀县城南 20km，地形平缓，根据局部地貌特点和管护条件，规划设计 4.7hm² 果草化复垦植被恢复区；0.70hm² 林草化复垦植被恢复区。试验场址环境监测结果表明，稀土尾矿场生态环境脆弱。土地复垦、植被恢复存在诸多不利因素。

　　（1）河田芦竹稀土矿区地处福建省水土流失强度区。每生产 1t 氧化稀土，需挖掘800m³ 砂土，废弃矿渣达 1500t，稀土尾矿场土壤水力侵蚀严重，地表冲刷沟网络发达，土壤沙化倾向明显。

　　（2）稀土尾矿场地表多为粗粒石英砂，砾层，太阳热辐射吸收快，夏秋白日地面温度高，昼夜地表温度变化大，7 月中旬裸露地表温度高达 40℃ 的每天达 3~4h。

　　（3）稀土尾矿场土壤酸性强，有机质和有效氮、磷、钾、镁缺乏，保肥供肥能力差。因此，稀土尾矿场进行土地复垦，恢复植被，重建生态系统，必须选择适宜的植物种类，适时种植；进行合理的植物群落生态配置，酸瘦土壤的中和、改良和耕作；采用合理的配方施肥和科学的管理养护等。

　　分别采取了不同草、木本植物，不同植物群落结构的配置，不同土地垦植方法，不同种植方式和密度进行组合，通过对林草化复垦草本生长观测，得出结论为：①稀土尾矿场土地复垦禾本科植物 6 种适宜，豆科和苋科均不适宜，木本植物 4 种树种适宜，豆科灌木不适宜；②果（林）幼苗移栽定植时，坑穴填入稻草、垃圾和基肥。稻草既能保持水分，又增加有机质，就地取材，经济方便，对果（林）幼苗成活、生长十分有利。基肥中三元复合肥料（$N : P_2O_5 : K = 10 : 5 : 10$）与镁肥（$MgO$）配比约为 10 : 1；③实践表明，在确定选用的适宜植物时，呈酸性的稀土尾矿场垦植时不必施石灰（施石灰仅比对照区植物生产量增加 7%），必须配合三元复合肥料加施镁肥（加施镁肥比对照区植物生产量增加 1 倍）；④稀土尾矿场土地复垦、植被恢复，在短期内提高土壤肥力是比较困难的。为了保持植物持续生长，需不断施用肥料。因此，稀土尾矿场土地复垦，推行果草化模式比较合适，因该模式既有生态效益，又有经济效益，管护、施肥条件较林草化好；⑤稀土尾矿场土地复垦，控制水土流失，恢复植被，必须同时设置尾矿拦砂坝，实行生物措施与工程措施相结合，才能取得良好效果；⑥为了协调生态环境效益与社会、经济效益同步发展，以社会经济效益支持生态环境效益持续发展，巩固和拓展稀土尾矿场土地复垦、植被恢复成果，除了果草化混种，以草护果外，也进行了果草化牧草养鹅试验，取得较好效果。

目前，稀土尾矿场土地复垦植被逐渐恢复，重建了矿区生态系统。地表植物生长和植被覆盖率的提高，使生物群落复生，土壤肥力提高，高温季节地表温度下降，水土流失得到控制，产生了显著的社会效益、生态效益与经济效益。

47.2.5 尾矿的其他应用

A 利用铝土矿尾矿制备铝硅合金

根据铝土矿尾矿的组成和特性，铝土矿尾矿可用于制备铝硅合金。该方法主要包括以下几个步骤：①将铝矿尾渣采出进行浸出，获得悬浊液；②在悬浊液中加入絮凝剂并搅拌均匀，静置后将上层清液与沉降层分离，过滤获得滤渣用水洗涤；③将洗涤后的滤渣烘干、破碎，然后与烟煤混合，以纸浆废液为黏结剂制成球团；④将球团烘干，放入电弧炉中进行熔炼，获得一次铝硅合金。图 47-2-19 为该过程的流程示意图。

B 制备高强度高活性氨合成催化剂

稀土在化肥催化剂中的主要作用是用作促进剂，一般兼有电子型和结构型助剂的双重机制。在催化剂中起了结构效应、电子效应、协同效应、稀土元素电子结构的特点是最外层为 $4f^{1+n}5d^{0-1}6s^2$。正常情况下大多数稀土元素的 $5d$ 轨道是空的，空的轨道可用作"催化作用"的电子转移站，因此稀土的加入提高了催化剂的低温活性。经过高温熔制，加入的稀土尾矿中部分稀土元素进入 Fe 的正八面体空隙，形成固溶体，部分稀土氧化物与铁氧化物形成钙钛矿型的稀土复合氧化物，发挥了一个良好的电子授受体的作用，降低了 α-Fe 的电子逸出功。同时加入稀土元素后，K_2O 能更好地发挥电子助剂作用，它在催化剂中生成的化合物使富集的钾分隔，从而扩展了 K_2O 在催化剂表面的分布，提高了钾的分散度。而在一定范围内，催化剂表面碱覆盖率的增大有利于催化活性的提高。催化剂中钾、铝、镁、稀土与铁形成的化合物和磁铁矿相互交错，产生更多的位错和缺陷，而且加入的稀土尾矿含有多种轻稀土成分，易形成多种缺陷结构，它稳定了催化剂的晶粒大小，优化了催化剂表面织构，使还原以后的 α-Fe 产生更多的活性中心，且稀土氧化物与碱金属氧化物或氢氧化物不同，不易迁移，与碱金属相比，能长时间保持稳定发挥其促进作用而延长其寿命，改善了催化性能，尤其是耐热性能，所以适应于工业上长期稳定使用。

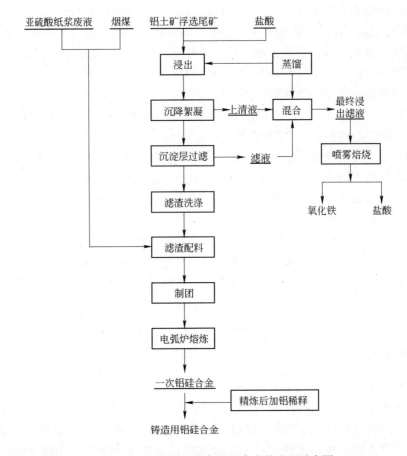

图 47-2-19　铝矿尾渣制备铝硅合金的流程示意图

氨合成催化剂的主要毒物是硫、氯和氧的化合物，润滑油多少都含有硫，目前大多数合成氨厂均采用高变串低变流程，存在低变放硫隐患。而硫、氯等可使催化剂永久中毒，含稀土元素的稀土尾矿催化剂由于部分稀土元素与硫、氯的反应比铁活泼，反应气中的 H_2S、HCl 等与催化剂接触首先生成稀土硫化物、稀土氯化物等，而不会生成硫化铁，而稀土硫化物等在有 NH_3 存在下会迅速同氢和氮反应生成有催化活性的稀土氢化物和稀土氮化物，因此具有较好的抗毒性能。

C　制备硫酸钙晶须

以稀土尾矿为原料提取稀土并制备具有高附加值的硫酸钙晶须材料，不仅能提高稀土尾矿资源的利用率，制备高附加值的产品，同时可缓解稀土尾矿资源对环境的污染。其回收流程如图 47-2-20。

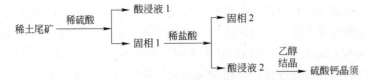

图 47-2-20　稀土尾矿制备硫酸钙晶须流程图

用稀硫酸-稀盐酸溶解稀土尾矿，通过控制反应温度和硫酸、盐酸的浓度等因素，达到溶解稀尾矿中非稀土元素、富集稀土的目的。反应方程式如下：

$$CaF_2 + H_2SO_4 \Longrightarrow CaSO_4 + 2HF \uparrow$$

$$FeS + H_2SO_4 \Longrightarrow FeSO_4 + H_2S \uparrow$$

$$CaSiO_3 + H_2SO_4 \Longrightarrow CaSO_4 + H_2SiO_3（胶体沉淀）$$

$$Fe_2O_3 + 3H_2SO_4 \Longrightarrow Fe_2(SO_4)_3 + 3H_2O$$

$$2CeFCO_3 + 3H_2SO_4 \Longrightarrow Ce_2(SO_4)_3 + 2HF \uparrow + 2H_2O + 2CO_2 \uparrow$$

$$3CeFCO_3 + 3H_2SO_4 \Longrightarrow Ce_2(SO_4)_3 + CeF_3 \downarrow + 3H_2O + 3CO_2 \uparrow$$

$$2CePO_4 + 3H_2SO_4 \Longrightarrow Ce_2(SO_4)_3 + 2H_3PO_4$$

$$ThO_2 + 2H_2SO_4 \Longrightarrow Th(SO_4)_2 + 2H_2O$$

$$Ce_2(SO_4)_3 + 6HF \Longrightarrow 2CeF_3 \downarrow + 3H_2SO_4$$

$$SiO_2 + 4HF \Longrightarrow 2H_2O + SiF_4 \uparrow$$

$$H_2S + CaSiO_3 \Longrightarrow CaS + H_2SiO_3 \downarrow$$

$$CaSO_4 + 2HCl \Longrightarrow CaCl_2 + H_2SO_4$$

从以上方程式可知，通过稀硫酸-稀盐酸溶解稀土尾矿，矿中的稀土、铁和钙元素分别进入不同的物相。

稀硫酸-稀盐酸溶解稀土尾矿，矿中的稀土主要富集在酸不溶物中，稀土的品位为43.6%，回收率为78.82%。用乙醇提取盐酸溶解液中硫酸钙的最佳条件如下：室温，硫酸钙的初始浓度为0.009mol/L左右，pH值为1.0~1.5，溶液与乙醇的体积比为1:2，静置时间为2h，尾矿中钙的回收率达到85%。采用乙醇重结晶的方法可以制备出纯度达98%以上，晶须晶形较好的硫酸钙，平均直径为1μm左右，平均长径比达80。利用稀土尾矿制备高附加值的硫酸钙晶须，为稀土尾矿的综合利用提供一个良好的途径。

D 用作填料

利用钛酸酯偶联剂对石英尾矿进行表面改性，改性后的石英尾矿最高使用温度达211℃，最大抗水高度为3.5m，有优良的防水性能。可作为聚乙烯等塑料的填充剂，在保证制品的加工性和物理机械性能的前提下，适当提高填充量，可降低成本。将$SiO_2$98.0%~99.0%的粉石英尾矿，经过研磨、除杂、环氧树脂处理等工序可生产出理想的电工专用填料。石英尾砂经过超细磨后得到的产品纯度与硅粉产品相近，白度有较大的提高，完全可以用作精细陶瓷、优质微孔硅酸钙、绝缘材料和橡胶、塑料、油漆、涂料等的填料。

E 用作环保材料

根据铝土矿尾矿粒度细、比表面积大、黏度大等特性，可用于制备处理废水材料，对铝矿尾渣进行酸化处理、低温焙烧处理后对含铬废水有良好的处理效果，铬离子去除率可达到95%。高岭石具有很好的吸附性能，试验表明高岭石对含氟水溶液具有一定的吸附作用，因此对铝矿尾渣改性后可用于处理含氟废水。铝矿尾渣中的伊利石的层间存在阳离子，溶液中的重金属离子与层间阳离子可发生交换反应，从而去除溶液中的重金属离子。何宏平等研究表明，伊利石的硅氧四面体中 $1/4 Al^{3+} \rightarrow Si^{4+}$ 置换所产生的正电荷缺失，通过交换吸附金属对其补偿从而具有吸附重金属离子的作用，它对金属离子的吸附能力表现为：$Cr^{3+} > Zn^{2+} > Cd^{2+} > Cu^{2+} > Pb^{2+}$。同时，伊利石对原子能（放射性）半衰期长的锶、铯的同位素废物有独特的吸附固定作用，从而在一定程度上消除放射性污染。

聚合氯化铝铁（PAFC）是近十几年来发展起来的一种新型阳离子复合絮凝剂，兼有铁盐、铝盐混凝剂的特性，具有反应速度快，形成絮凝体大、沉降快、过滤性强等优点。利用高岭土尾矿可制备无机高分子絮凝剂。以苏州高岭土尾矿为原料，在焙烧温度 600~700℃，盐酸质量分数 15%，液固质量比 3:1。酸浸温度 85℃，酸浸时间 5h 的条件下，从中溶出 90% 以上的铁铝，并在以 $Ca(OH)_2$ 溶液为调聚剂，水解聚合温度 55~65℃，聚合 pH 值为 2~3，反应时间 3h 后制备出了复合型无机高分子絮凝剂聚合氯化铝铁（PAFC），该产品对皮革工业废水的浊度、色度、COD_{Cr} 的去除率分别达到 78.23%、87.56% 和 78.95%。

F 制作远红外涂料

远红外涂料亦称高温涂料，是目前工业锅炉、窑炉上普遍使用的高温节能涂料，颜料中的黑色色素通常由第四周期金属元素，如 Co、Ni、Cr、Mn、V、Ti、Fe 等的氧化物组成，一般称作钴系黑色颜料。

一般来说，钒钛磁铁矿提钒尾渣中 Fe_2O_3、Cr_2O_3、TiO_2、MnO_2、SiO_2、Al_2O_3 的总含量较高，渣中大部分属于黑色金属氧化物，红外发射率和吸收性能好，适合作为红外辐射材料的基料使用。其耐火度为 1280~1310℃，适合作为中温远红外涂料的填料。

将钒钛磁铁矿提钒尾渣在 1200℃ 下焙烧 3h 后与黏结剂、烧结剂、固化剂、分散剂等混合、搅拌均匀，可制得远红外涂料。具体工艺见图 47-2-21。

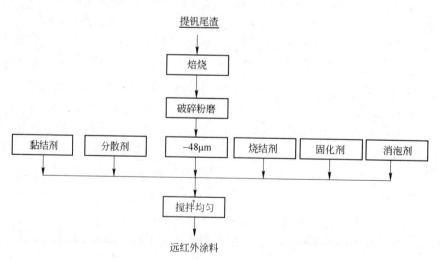

图 47-2-21 钒钛磁铁矿提钒尾渣制远红外涂料工艺流程

研究表明，用钒钛磁铁矿提钒尾渣配制出来的远红外涂料的红外法向全发射率为 0.84，最高耐火温度为 1280~1310℃，节能效率达到 9% 以上，常温和高温下黏附性能良好，可广泛应用于高温工业窑炉中。

47.3　选矿厂大气污染物及其防治

47.3.1　选矿厂粉尘污染及其防治

47.3.1.1　粉尘污染来源及特点

粉尘是飘浮在空气中的固体微粒，其直径一般在 $0.002 \sim 500\mu m$。在选矿生产中，矿石破碎、磨矿、筛分、运输等选矿各环节都会产生粉尘。当物料从高处坠落，造成的空气过剩压力会产生粉尘，如矿仓借助重力下坠，引起周围的空气流动。当矿石落在地面或设备上时，气流便将微细的固体颗粒扬起，形成粉尘。物料和机械在密闭的机壳内运动造成空气过剩的压力，也会产生粉尘。如圆筒筛筛分过程中，当圆筒以一定的圆周速度运转，在筛中靠近筛壁处将产生大于大气压的压力，而在筛的圆筒轴心处的压力又小于大气压力，由于压力差的存在，气流势必向开口处流动，若不妥善处理，亦会产生粉尘。因此，在局部空气过剩的压力条件下，气流带动固体颗粒漂浮，是形成粉尘的主要原因。

选矿厂粉尘的特性如下：

（1）粉尘的密度　粉尘的密度分为真密度、体积密度、堆积密度、振实堆积密度。真密度是单位体积无孔隙的尘粒的质量。体积密度是包括闭孔和开孔体积在内的单位体积尘粒的质量。堆积密度是把已捕集的粉尘或粉料自由填充于某一容器中，在刚填充完后所测得的单位体积质量。在此体积中包括了尘粒内部的孔隙及尘粒之间的孔隙。振实堆积密度是通过振动使粉尘或粉料达到最大填充率时的单位体积粉尘或粉料的质量。

（2）粉尘的粒级分布　粉尘粒径是表征粉尘颗粒大小的最佳代表性尺寸。对球形尘粒，粒径是指它的直径。实际的尘粒形状大多是不规则的，一般也用"粒径"来衡量其大小，然而此时的粒径却有不同的含义。同一粉尘按不同的测定方法和定义所得的粒径，不但数值不同，应用场合也不同。因此，在使用粉尘粒径时，必须了解所采用的测定方法和粒径的含义。例如，用显微镜法测定粒径时，有定向粒径、定向面积等分粒径和投影面积粒径等；用重力沉降法测出的粒径为斯托克斯粒径或空气动力粒径；用光散射法测定时，粒径为体积粒径。在选取粒径测定方法时，除需考虑方法本身的精度、操作难易程度及费用等因素外，还应特别注意测定的目的和应用场合。

（3）粉尘的润湿性　粉尘粒子被水（或其他液体）湿润的难易程度称为粉尘的湿润性。有的粉尘容易被水湿润，与水接触后会发生凝并、增重，有利于粉尘从气流中分离，这种粉尘称为亲水性粉尘。有的粉尘很难被水湿润，这种粉尘称为憎水性粉尘。粉尘的湿润性是选择除尘器的主要依据之一。例如，选用湿式除尘器处理憎水性粉尘，除尘效率不高，如果在水中加入某些湿润剂（如皂角素、平夕加等），可减少固液之间的表面张力，提高粉尘的湿润性，从而达到提高除尘效率的目的。

（4）粉尘的安息角　将粉尘自然地堆放在水平面上，堆积成圆锥体的锥底角称为粉尘的安息角，也叫休止角或堆积角，一般为 $35° \sim 55°$。

粉尘的安息角是评价粉尘流动性的一个重要指标。安息角小的粉尘，流动性好；反之，流动性差。粉尘的安息角是设计除尘器灰斗或料仓锥度、除尘管道或输灰管道斜度的主要依据。安息角与粉尘粒径、含水率、尘粒形状、尘粒表面光滑程度、粉尘黏附性等因素有关。

47.3.1.2　粉尘污染防治措施

粉尘是选矿厂生产中的一类非常普遍的职业危害，粉尘所造成的尘肺病不但严重威胁矿工的生命与健康，而且还给国家与企业带来巨大的经济损失和不良的社会影响。选矿厂粉尘污染防治可以分为减尘、降尘、集尘、排尘和阻（隔）尘等防尘措施。

A　减尘

减尘就是减少和抑制尘源，这是防尘工作治本性措施。为了从根本上防止和减少粉尘，需要改革生产工艺和工艺操作方法，加强防尘规划与管理，控制尘源。加强产尘点密闭是一项重要的防尘措施，产尘设备的密闭质量是除尘效果的关键。选矿厂中的带机转运点、中细碎及筛分等部位是重要的产尘点，而胶带机、筛分机和移动料车是主要的产尘设备，容易产生二次扬尘，污染环境。胶带机的密闭方法有多种，最为实用的方法有整体密闭和双层半密闭罩；振动筛密闭形式根据筛子的规格大小和操作方法来定，一般规格大的多采用整体密闭和大容积密闭；移动料车是较难控制的产尘点，现使用较多的有移动通风槽、"Л"型槽口胶带密封吸尘净化等。

B　降尘

降尘是使悬浮于空气（或风流）中的粉尘及早地沉降，以减少浮游粉尘浓度的防治性措施。由于有些工作场地不易采用封闭尘源的方法，如选煤厂破碎设备结构复杂，体积庞大，工作时处于运动状态，不可能用机械的方法封闭尘源，因此可利用喷水除尘、雾化抑尘等除尘技术，将水、压气输送到各产尘点，实现整个除尘系统由一个中心控制室控制，方便了除尘管理工作，同时无需清灰，避免了二次污染。

C　集尘

集尘是一项将空气中浮游粉尘聚集起来处理的聚集性措施，它主要是利用吸尘器和捕尘器来完成。吸尘器和捕尘器主要是利用扩散、碰撞、直接拦截、重力、离心力等原理使粉尘与空气分离，以降低空气中的浮游粉尘浓度，或者使粉尘连同空气一起通过含水雾滤层或其他过滤材料被收集捕捉、沉淀排出。吸气罩在除尘系统中处于前沿阵地，它主要借助于风机在罩口造成一定的吸气速度而有效地将生产过程中产生的粉尘吸走，经过处理达到收尘净化的目的。

D　排尘

排尘是以加强通风为手段，利用新鲜风流冲淡、排除采用上述防尘措施尚未沉降的那部分浮游粉尘。在国外，如美国为降低选矿厂呼吸性粉尘浓度，设计成从厂房底层百叶窗进新风，污风从厂房顶部经风机排出的抽出式通风系统，利用这种通风系统排尘，作业点粉尘浓度降低50%～70%，呼吸性粉尘浓度降低40%。

E　阻（隔）尘

阻尘是通过各种技术手段防止粉尘与人体接触的一项补救性措施。通风排尘、喷雾降尘、润湿矿体降尘等技术是矿业常见的除尘方式，但使用这些技术后仍有大量的粉尘，特别是呼吸性粉尘会扩散到工作区，很难真正达到除尘的标准。因此，应对操作人员采取个人防护措施，也就是配备防尘面具或口罩，戴与不戴防尘口罩，人体吸入的粉尘量相差近50倍。

47.3.1.3　粉尘污染防治技术

选矿厂粉尘污染防治技术主要有旋风除尘、袋式除尘和湿式除尘。

A　选矿厂除尘设备的工作参数

（1）处理风量　处理风量是指除尘设备在单位时间内所能净化气体的体积量，单位为 m^3/h。处理风量是除尘器处理能力大小的指标。

（2）压力损失　除尘器的压力损失是指含尘气体通过除尘器的阻力，是除尘器进、出口处气流的全压绝对值之差。其值越小，风机的功率越小。

（3）分割粒径　分割粒径是指除尘器的分级除尘效率为 50% 的颗粒粒径。它是表示除尘器性能的很有代表性的粒径。

B　旋风除尘

a　工作原理　　使含尘气流作旋转运动，借助于离心力将尘粒从气流中分离并捕集于器壁，再借助重力作用使尘粒落入灰斗。

b　结构　　旋风除尘器的结构见图 47-3-1。

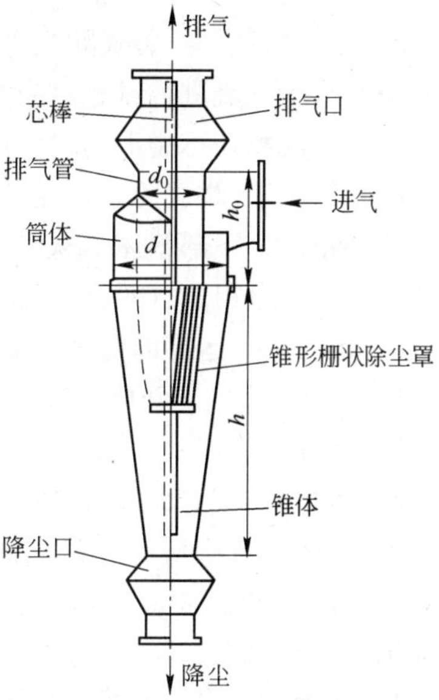

c　运行　　运行操作如下：

图 47-3-1　旋风除尘器结构

（1）检查各连接部位是否连接牢固。

（2）检查除尘器与烟道、除尘器与灰斗、灰斗与排灰装置、输灰装置等结合部的密闭性，消除漏灰、漏气现象。

（3）关小挡板阀，启动通风机、无异常现象后逐渐启动。入口气流速度应控制在 18 ~ 23m/s 范围内。高温条件下运行时应有较大的入口气流速度和较小的截面流速。

d　维护　　维护要点是：

（1）防止漏风　旋风式除尘器一旦漏风将严重影响除尘效果。据估算，除尘器下锥体或卸灰阀处漏风 1% 时除尘效率将下降 5%；漏风 5% 时除尘效率将下降 30%。旋风式除尘器漏风有三个部位：进出口连接法兰处、除尘器本体和卸灰装置。引起漏风的原因如下：连接法兰处的漏风主要是由于螺栓没有拧紧、垫片厚薄不均匀、法兰面不平整等引起的；除尘器本体漏风的主要原因是磨损，特别是下锥体。据使用经验，当气体含尘质量浓度超过 $10g/m^3$ 时，在不到 100 天时间里可以磨坏 3mm 的钢板；卸灰装置漏风的主要原因是机械自动式（如重锤式）卸灰阀密封性差。

（2）预防关键部位磨损　影响关键部磨损的因素有负荷、气流速度、粉尘颗粒，磨损的部位有壳体、圆锥体和排尘口等。防止磨损的技术措施包括：选择优质卸灰阀，加强对卸灰阀的调整和检修，防止排尘口堵塞；使用的卸灰阀要严密，配重得当，防止过多的气体倒流入排灰口；经常检查除尘器有无因磨损而漏气的现象，以便及时采取措施予以杜绝；在粉尘颗粒冲击部位，使用可以更换的抗磨板或增加耐磨层；尽量减少焊缝和接头，必须有的焊缝应磨平，法兰止口及垫片的内径相同且保持良好的对中性；除尘器壁面处的气流切向速度和入口气流速度应保持在临界范围以内。

（3）避免粉尘堵塞和积灰　旋风式除尘器的堵塞和积灰主要发生在排尘口附近，其次发生在进排气的管道里。在吸气口增加一栅网和在排尘口上部增加手掏孔（孔盖加垫片并涂密封膏）有利于避免粉尘堵塞和积灰后的处理。

C   袋式除尘

a   工作原理   袋式除尘器是将棉、毛或人造纤维等材料加工成织物作为滤料，制成滤袋对含尘气流进行过滤。当含尘气流经过滤料表面尘粒被截留下来，清洁气流穿过滤袋后排出。沉积在滤袋上的粉尘通过机械振动，从滤料表面脱落下来，降至灰斗中。

b   结构   袋式除尘器结构主要由上部箱体、中部箱体、下部箱体（灰斗）、清灰系统和排灰机构等部分组成（见图 47-3-2）。

c   运行   运行的要求是：

（1）袋式除尘器开机的条件和程序主要为：

1）预涂灰合格；

2）进出口阀门处于开启状态；

3）电控系统中所有线路通畅，电气、自动控制系统、检测仪表应受电，各控制参数应设定准确，自动报警和联锁保护处于工作状态；

4）压缩空气供应系统工作正常；

5）风机、电机的冷却系统工作正常；

6）引风机启动；

7）卸、输灰系统进入待机状态；

8）袋式除尘器达到设定阻力时，启动清灰控制程序。

（2）袋式除尘系统停机应按照下列顺序进行：

1）引风机停机；

2）压缩空气系统停止；

3）除尘器卸、输灰系统停止；

4）关闭除尘进、出口阀门，开启旁路阀；

5）电气、自动控制系统和仪表断电。

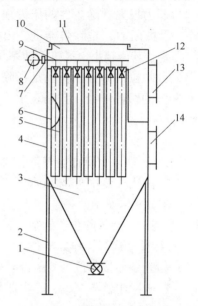

图 47-3-2   袋式除尘器结构

1—卸灰阀；2—支架；3—灰斗；4—箱体；
5—滤袋；6—袋笼；7—电磁脉冲阀；
8—储气罐；9—喷管；10—清洁室；
11—顶盖；12—环隙引射器；
13—净化气体出口；
14—含尘气体入口

（3）维护的要点有：

1）除尘系统管道及设备上气割、补焊和开孔等维护检修必须在引风机停机状态下进行。

2）袋式除尘器运行状态下的检修和维护应该符合下列规定：

①除尘器的检修宜在停机状态下进行。当生产工艺不允许停机时，可通过关闭某个过滤仓室进出口阀门的措施来实现仓室离线检修。

②仓室离线检修时，应实行挂牌制度，并有专人安全监护。应采取措施防止检修人员进入除尘器后检修门自动关闭。

③仓室离线检修宜选择在生产低负荷状态下进行。

④过滤仓室进出口阀门应处于完全关闭状态，并上机械锁。

⑤打开检修仓室的人孔门进行换气和冷却，当煤气、有害气体成分降至安全限度以下且温度低于40℃时，人员方可进入。

⑥检修时应停止过滤仓室的清灰。

⑦及时更换破损滤袋。当滤袋数量较少时，也可临时封堵袋口。

⑧脉冲阀检修可以在除尘器正常运行状态下实时进行。检修时临时关闭供气管路支路阀门即可。

⑨机械设备检修前，应切断设备的气源、电源，并挂合闸警示牌或设专人监护。

3）袋式除尘器系统停运后的检修和维护应符合下列要求：

①关闭除尘器进出口阀门，打开除尘器本体和顶部的人孔门、检查门，进行通风换气和降温，温度降至40℃以下方可进入，人员进入中箱体前，灰斗存灰应排空。

②检查每个过滤仓室的滤袋，若发现破损应及时更换或处理。检查喷吹装置，若发现喷吹错位、松动和脱落应及时处理。反吹风袋式除尘器使用1～2月后应调整滤袋吊挂的张紧度。

③检查进口阀门处的积灰、结构和磨损情况，发现问题及时处理。

④检查滤袋表面粉尘层的状况，检查灰斗内壁是否存在积灰和结垢现象，发现问题及时解决。

⑤检查空气压缩机及空气过滤器，发现堵塞应及时更换或处理。

⑥检查机电设备的油位和油量，不符合要求时应及时补充和更换。

⑦检查喷雾降温系统喷头的磨损和堵塞状况，并及时处理。

⑧检查热工仪表一次原件和测压管的结垢、磨损和堵塞状况，发现问题及时处理。

⑨检查工作完成后，袋式除尘器内部无遗留物，关闭所有检修人孔门，除尘器恢复待用状态。

D　电除尘

电除尘器的工作原理是，利用高压电场对荷电粉尘的吸附作用，把粉尘从含尘气体中分离出来。其结构如图47-3-3所示。

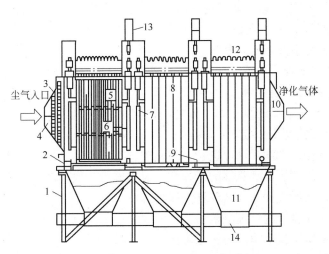

图 47-3-3　电除尘器结构

1—设备支架；2—壳体；3—过风口；4—分均口；5—放电极；6—放电极振打装置；7—放电极悬挂框架；8—沉淀极；9—沉淀极振打及传动装置；10—出气口；11—灰斗；12—防雨板；13—放电极振打传动装置；14—清灰拉链机

电除尘器运行时要注意：

（1）投运前应对设备进行全面检查。

（2）运行前 24h，应将灰斗加热系统投入运行。

（3）运行前 8h，大梁绝缘子室加热器、阴极振打电子转轴室加热器应投入运行。

（4）主机启动后烟尘进入电除尘器，同时将所有振打装置、排灰系统投入运行。

（5）含尘气体中易燃、易爆物质浓度、含尘气体温度、运行压力应该符合设计要求。当含尘气体条件严重偏离设计要求，危及设备安全时，不得运行电除尘器。

（6）电除尘器在高压输出回路开路状态下，不得开启高压电源。在进行高压回路开路试验时，应配备相应安全措施。

（7）停机时应先将电场电压降到零，再断开主接触器。

（8）停机后应将振打及排灰系统置于连续运行状态，待灰斗积灰排完后，停运振打、排灰及灰斗加热系统。

（9）主机停运时间不长，且无检修任务，电除尘器处于备用状态时，应该符合下列要求：

1）电加热、灰斗加热、热风加热系统继续运行；

2）振打、排灰系统仍按照工作状态运行；

3）必要时用热风加热电场。

（10）运行中发现下列情况之一，应停止向相应电场供电，排出故障后重新启动：

1）运行中一次电流上冲超过额定值；

2）高压绝缘部件闪烁严重；

3）阻尼电阻闪烁严重甚至起火；

4）整流变压器超温报警、喷油、漏油、声音异常；

5）供电装置发生严重偏励磁；

6）电流极限失控；

7）供电装置经两次试投均发生跳闸；

8）高压柜晶闸管散热片温度超过 60℃；

9）出灰系统故障造成灰斗堵灰；

10）含尘气体工况发生严重变化，出现危及设备、人身安全的情况。

电除尘器的维护要点是：

（1）对电除尘器应进行巡回检查，发现问题及时处理。

（2）巡回检查应执行下列要求：

1）每周对所有传动件润滑油应进行一次检查，不符合要求的进行处理；

2）及时更换整流变压器呼吸器的干燥剂，每年进行一次整流变压器绝缘油耐压试验；

3）巡回检查排灰系统和灰斗料位计工作状态；

4）定期测量电除尘器的接地电阻；

5）定期进行高压直流电缆的耐压试验；

6）定期检查接地线和接地情况，确保导电性能良好；

7）定期检查继电器和开关箱的锁、门，确保完好；

8）定期检查各指示灯和报警功能，确保完好。

（3）停机后，电场应自然冷却后才能进入电场内部进行检修保养。

（4）电除尘器应该严格执行工作制度，并此案去相应的安全措施。

（5）检修人员进入电场应该按照 JB/T6407 要求执行，电场内部检修人员应戴安全帽、防尘服、防尘靴、防腐手套等劳保用品，同时做好安全监护工作。

E 湿法抑尘

对处理的矿石充分加水淋湿使之不致扬尘。水是普通的媒介，通常掺入增湿剂减少粉尘与水之间的表面张力，改善水对粉尘的润湿性能，提高水对粉尘的捕获能力。湿法抑尘是一种简单、方便、经济、有效的除尘方法，在选矿工艺允许的情况下应首先考虑采用。表 47-3-1 列出了我国选矿厂常见的湿法除尘设备的性能。

表 47-3-1 湿式除尘器的性能比较

项 目	旋风水膜除尘器	CCJ 自激式除尘器	低压文丘里除尘器	三效湿式除尘机组	CJ 系列除尘器
风量范围/m³·h⁻¹	1500～13200	5000～50000	5000～50000	5000～75000	3500～150000
耗水量/t·km⁻³	0.033	0.12	0.45	0.134	0.12
>99%的粉尘粒级/μm	≥20	≥10	≥5	≥1	≥1
安装功率	小	中	中	大	小
维修量	大	大	大	较小	小
安装空间	大	大	中	大	小
入口浓度/g·m⁻³	3	10	20	20	20

从表 47-3-1 可以看出，与其他系列的除尘器相比，CJ 除尘器具有很大的优越性：①风量范围大，适用面广；②用水量小，是相同规格文丘里的 1/4；③对超细粉尘也有很高的效率；④安装功率小，是与其原理相近的三效湿式除尘机组的 2/3；⑤不容易发生堵塞现象，维修量小，生产管理简单。

一般按照矿石 5% 加水，在矿机卸料点、胶带机受料点及给料点、筛分间筛面、筛上排料处及筛下排料处喷水，以降低粉尘量。

F 选矿厂除尘设备的选择

在选矿厂，筛选除尘设备的首要条件之一，就是除尘设备必须满足《工作场所有害因素职业接触限值》（GBZ 2.2—2007）的有关规定。常见粉尘容许浓度见表 47-3-2。选矿厂除尘器中所有的粉尘排放浓度均应满足《大气污染物综合排放标准》（GB 16297—1996）的排放标准。

选矿厂除尘器的选择，按下列因素通过技术经济比较确定：

（1）含尘气体的化学成分、温度、湿度、露点、腐蚀性、爆炸性、气体量及其波动范围和含尘浓度等。

（2）粉尘的化学成分、密度、粒径分布、比电阻、浸润性、吸湿性、黏附性、水硬性、磨琢性和可燃性、爆炸性等。

（3）除尘器的压力损失和分级效率或总效率。

（4）粉尘的回收价值及回收利用形式。

（5）除尘器的设备费、运行费、使用寿命、场地布置及外部水、电源条件等。

（6）维护管理的繁简程度。

表 47-3-2   工作场所空气中粉尘容许浓度

序号	名　称	时间加权平均容许浓度 /mg·m⁻³	短时间接触容许浓度 /mg·m⁻³
1	白云石粉尘，总尘	8	10
2	白云石粉尘，呼尘	4	8
3	电焊烟尘（总尘）	4	6
4	煤尘（游离 SiO_2 含量 <10%），总尘	4	6
5	煤尘（游离 SiO_2 含量 <10%），呼尘	2.5	3.5
6	凝聚 SiO_2 粉尘，总尘	1.5	3
7	凝聚 SiO_2 粉尘，呼尘	0.5	1
8	砂轮磨尘，总尘	8	10
9	石灰石粉尘，总尘	8	10
10	石灰石粉尘，呼尘	4	8
11	水泥粉尘（游离 SiO_2 含量 <10%），总尘	4	6
12	水泥粉尘（游离 SiO_2 含量 <10%），呼尘	1.5	2
13	矽尘，总尘，含 10%~50% 游离 SiO_2 粉尘	1	2
14	矽尘，总尘，含 50%~80% 游离 SiO_2 粉尘	0.7	1.5
15	矽尘，总尘，含 80% 以上游离 SiO_2 粉尘	0.5	1.0
16	矽尘，呼尘，含 10%~50% 游离 SiO_2 粉尘	0.7	1.0
17	矽尘，呼尘，含 50%~80% 游离 SiO_2 粉尘	0.3	0.5
18	矽尘，呼尘，含 80% 以上游离 SiO_2 粉尘	0.2	0.3
19	其他粉尘（不含石棉，不含有毒物质，且游离 SiO_2 含量低于 10%）	8	10

47.3.1.4   应用实例

A   包钢选矿厂破碎车间粉尘控制

包钢选矿厂破碎车间在整个生产工艺流程中，翻车、运输、破碎、筛分的运转过程中会产生大量的粉尘，污染环境，危害职工身体健康。经过多年的攻关改造，破碎车间的粉尘得到了有效控制。

该车间主要对易产生粉尘的设备或运输过程采用水雾密封，控制粉尘外扬，示意图见图 47-3-4。

上扬的粉尘遇到下喷的水雾，吸湿、加重并在下降过程中与正上扬的粉尘碰撞相互吸附，重量加大，落回皮带，起到抑尘的作用，并且水雾落到矿石上可加大矿石湿度，使粉尘吸附于矿石表面，能有效防止二次扬尘，达到治理粉尘的目的。在皮带密封罩上部安装水喷头，其喷头孔径一般为 1~4mm，依水压而定，喷头安装高度以水雾完全覆盖罩口为佳，喷出的水要完全雾化。同时，设计了自动喷水装置，即有料时喷水，无料时停水；物料多时多喷，物料少时少喷。通过进一步改

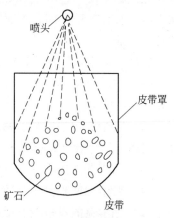

图 47-3-4　皮带密封及喷淋装置

造，提高了除尘效率，设备原理见图47-3-5。原除尘器进风管与除尘器接口处有一段直径较大，利用文丘里管除尘的原理，在 A－A 处加一级上下对喷的水管，形成一级除尘。含尘气体在进入除尘器前先经过水帘，高速气体冲击水帘形成尘水混合的尘雾。尘粒与水雾接触后相互吸附，重量增加再进入除尘室后由于空间突然增大，流速减小，在惯性和自重的作用下，掉入下部水箱中，达到除尘目的。

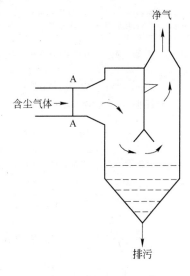

图 47-3-5　改造后除尘器工作原理

通过采取上述系列的治理方法，岗位粉尘浓度由原来的 $10 \sim 50 mg/m^3$ 降到现在的 $8 \sim 10 mg/m^3$，大大改善了车间的环境质量。

B　德兴铜矿破碎车间粉尘控制

德兴铜矿二期选矿厂设计处理能力为15000t/d，碎矿流程采用预先筛分加闭路破碎的新工艺流程，碎矿系统设备配置图见图47-3-6。设计部门根据流程特点，进行通风防尘的设计，主要通风防尘设备见表47-3-3。在流程投入运行后，通风防尘系统暴露了许多问题。如通风系统能力不足，设备性能差，尘源密闭差，供水系统紊乱等问题，导致粉尘浓度严重超标。根据选厂实际情况，通过对尘源产生因素的分析，采取了有效的粉尘治理措施，取得了较好的效果。

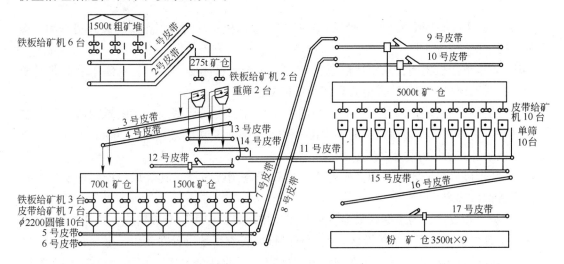

图 47-3-6　碎矿系统设备配置图

a　矿石产尘的原因分析　矿石产尘的原因可分为：①矿石破碎产尘，特点是浓度大，颗粒粗；②矿石筛分产尘，这类粉尘具有浓度小、颗粒细、散布空间大的特点；③矿石输送过程中的产尘，皮带运行时胶带与首轮、尾轮、导向轮、托辊各接触点（面）会引起粉尘飞扬；④矿仓卸料产尘，当矿石经卸矿料车落下矿仓时，受到落差的影响而产生粉尘；⑤二次扬尘，当环境发生变化时，附着在厂房地面、墙壁、设备表面上的粉尘会成为二次扬尘。

表 47-3-3   主要通风防尘设备

序号	安装地点	风机型号	风量/km³·h⁻¹	风压/kPa	除尘器型号	台数	除尘部位
1	重筛厂房	G4-73No9D 右90°	29~44.8	35.6~25.2	文丘里 DW-30	2	重筛，5号、6号皮带尾部，13号、14号皮带受矿点
2	单筛厂房	G4-73No9D 右90°	29~44.8	35.6~25.2	文丘里 DW-30	10	单筛，15号皮带受矿点
3	圆锥厂房	4-79No4.5A 右90°	6.6~12.9	36.7~22.0	文丘里 DW-10	11	5号、6号皮带受矿点
4	7号、8号皮带尾部	4-79No4.5A 左90°	6.6~12.9	36.7~22.0	文丘里 DW-10	1	7号、8号皮带尾部受矿点
5	12号皮带尾部	4-79No4.5A 左90°	6.6~12.9	36.7~22.0	文丘里 DW-10	1	12号皮带尾部受矿点
6	16号皮带尾部	4-72No5A 左90°	8.0~14.7	46.3~29.9	文丘里 DW-10	1	16号皮带尾部受矿点
7	17号皮带尾部	4-72No5A 左90°	8.0~14.7	43.2~56.5	CLS 水膜力型	1	17号皮带尾部受矿点

b   粉尘治理   除尘系统工艺流程图见图 47-3-7。

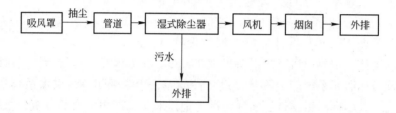

图 47-3-7   除尘系统工艺流程图

(1) 密闭罩和吸风罩。密闭吸风罩包括胶带输送机及其转载点密闭、破碎机密闭、振动筛密闭、受料仓密闭。

1) 胶带输送机密闭：采用单层罩密闭方式，胶带密闭必须严实。密闭罩和胶带挡板采用搭扣活动连接，方便胶带检修后密闭罩恢复。

2) 圆振筛的密闭：筛分厂房圆振筛的密闭设计选用局部密闭，密闭罩内吸风量根据给料高差，物料粒度及筛面大小的不同按每平方米筛面吸风量为 800~1200m³/h 选取，并参考相似条件选矿厂除尘吸风量选取。

3) 圆锥破碎机密闭：在圆锥破碎机下料口设密闭吸风罩，其吸风量参照同类工艺或根据设备型号选取。

4) 吸风罩设计：为了提高吸尘效果和减少排风量，应采取有效措施，防止粉尘扩散，并使吸尘罩尽量接近粉尘的扩散区。吸尘罩的排风管应尽量设置在粉尘扩散区的中心，罩口面积与排风管面积之比最大可为 16∶1。确定适当的吸尘风速，有利于有效捕集粉尘，又不至于吸入颗粒较大的粉尘沉降在风管中，堵塞管道，影响除尘效果。

(2) 增加通风除尘设备   尽管对尘源采取了一些密闭措施，但由于密闭罩内压力大于外部压力，所以粉尘仍然会向外扩散。因此，在原有通风除尘设施的基础上，对除尘能力不足的部位增加除尘设备，见表 47-3-4。

(3) 二次扬尘的治理   在各厂矿点的密闭罩内安装 5~7 只 WA-4 型喷雾嘴，抑制粉尘外逸；在所有皮带运输机的机架上安装 10~15mm 空心水管用于冲洗回程皮带；敞开门窗，有利厂房内的空气对流，使粉尘沉降速度加快。

表 47-3-4 新增除尘设备一览表

序号	安装地点	风机型号	风量/km³·h⁻¹	风压/kPa	除尘器型号	台数	除尘部位
1	1 号、2 号皮带尾部	G4-68No8D 右	17.0 ~ 30.1	29.5 ~ 20.1		2	铁板地下室抽风
2	5 号、6 号皮带尾部	9-26No8D 左 90°	9.0 ~ 15.4	53.6 ~ 42.9	文丘里 WC-1.5	10	5 号、6 号皮带尾部产尘点
3	7 号、8 号皮带尾部	9-26No9D 左 90°	12.5 ~ 21.9	68.1 ~ 55.5	文丘里 WC-1.5	11	5 号、6 号皮带首部，7 号、8 号皮带机产尘点
4	12 号皮带尾部	4-79No8C 右 90°	6.6 ~ 12.9	36.7 ~ 22.0	自激式 CCT/A-20	1	12 号皮带尾部受矿点
5	15 号皮带尾部	G4-68No10D 左 90°	8.0 ~ 14.7	43.2 ~ 56.5	CLS 水膜力型	1	15 号皮带尾部受矿点

c 检测结果　除尘系统运行后，各产尘点及外围环境粉尘浓度大幅度降低。除尘系统运行前后各产尘点的粉尘浓度检测结果见表 47-3-5。

表 47-3-5 各岗位粉尘浓度检测结果

检 测 地 点	粉尘浓度/mg·m⁻³		检 测 地 点	粉尘浓度/mg·m⁻³	
	除尘前	除尘后		除尘前	除尘后
颚式破碎机	8.00	3.20	圆振筛	31.70	7.00
颚式破碎机落料槽	16.25	6.30	2 号皮带落料槽	16.00	6.70
圆锥破碎机	8.50	4.33	4 号皮带落料槽	26.70	7.30
圆锥破碎机落料槽	88.50	6.70	7 号皮带尾部	12.40	7.00
3 号胶带落料处	9.67	5.30			

德兴铜矿建设除尘系统后，岗位粉尘浓度得到了很好的控制，职工工作环境得到了极大的改善，安全质量标准化水平明显提高，取得了较好的经济效益和社会效益。

47.3.2 选矿厂气体污染及防治

47.3.2.1 气体污染来源及特点

气态污染物主要是选别作业中浮选药剂挥发出来产生的含药剂气体（也可以在大范围上归属于有毒有害气体）和特殊矿自身产生的有毒有害气体。有毒有害气体进入人体后会危害人体健康，破坏人体机能，严重时导致死亡。

47.3.2.2 气体污染防治技术

治理上一般采用局部排气系统及时排出有毒有害气体，这部分气体一般量很少，外排经大气稀释扩散，不会影响周围环境。故选矿厂一定要设计合理的通风系统，并不断完善。对治理后有毒有害气体浓度仍然较大，无法达到排放标准的车间，需给工人配备相应的防护用具。

47.4 选矿厂噪声污染及其防治

47.4.1 噪声污染特点、噪声源及危害

47.4.1.1 噪声污染的特点

从物理学的角度讲，噪声是发声体做无规则振动时发出的声音。从心理学的角度讲，凡是妨碍人们正常休息、学习和工作的声音，以及对人们要听的声音产生干扰的声音都属于噪声。通俗地讲，噪声是人们在日常生活和工作中所不需要的杂乱无章的声音。总之，如果声音超过了人们的需要和忍受力就会使人感到厌烦，所以噪声可定义为对人而言，是不需要的声音。

当声音超过人们生活和社会活动所允许的程度时就称为噪声污染。噪声对环境的污染与工业"三废"一样，都是危害人类环境的公害。但噪声属于感觉公害，所以它与其他有毒物质引起的公害不同。首先，它没有污染物，即噪声在空中传播时并未给周围环境留下有毒害性的物质。其次，它具有局限性和分散性，即噪声影响范围上的局限性和噪声声源分布上的分散性，噪声声源往往不是单一的。此外，噪声污染还具有暂时性，噪声对环境的影响不积累，不持久，声源停止发声，噪声随即消失，而且传播的距离也有限。

47.4.1.2 选矿厂噪声源

按噪声源的发生机理不同，选矿厂噪声源可分为机械噪声、空气动力噪声和电磁噪声。

机械噪声是由于机械设备运转时，部件间的摩擦力、撞击力或非平衡力，使机械部件和壳体产生振动而辐射噪声，如破碎机、球磨机、振动筛分机等产生的噪声。机械噪声声源常分布在粗破碎、中破碎、细破碎和选矿主厂房中。凡具有这种噪声的车间有 80% 以上声压级超过 100dB，如圆锥破碎机噪声达 104dB、四辊破碎机噪声达 105dB、球磨机噪声达 98 ~ 101dB，选矿厂主要生产设备噪声级见表 47-4-1。噪声呈宽带性质，峰值一般在500 ~ 1000Hz。

表 47-4-1 选矿厂主要生产设备噪声级

设备类型	主要生产设备	噪声级/dB
破碎设备	破碎机（粗碎）	65 ~ 85
	破碎机（中碎）	91 ~ 95
	MQG250×3600 球磨机	96 ~ 100
	3600×4000 球磨机	101 ~ 105
筛分设备	18×36 振动筛	96 ~ 100
	单层振动筛	101 ~ 105
其他设备	摇床	65 ~ 85
	胶带运输机	91 ~ 95

空气动力噪声是一种由于气体流动过程中的相互作用，或气流和固体介质之间的相互作用而产生的噪声，常见的空气动力噪声有通风机、鼓风机、空气压缩机、喷射器等扰动气体而形成的噪声，存在的范围比机械噪声小，但其危害程度并不亚于机械噪声。抽

风机室的抽风机噪声级普遍超过 100dB，最高 103dB，噪声呈宽带性质、峰值在 500 ~ 2000Hz。

电磁噪声是由于磁场脉动、磁场伸缩引起的电气部件振动而发出的声音，如电机定转子的吸力、电流和磁场的相互作用及磁场伸缩引起的铁芯振动，主要由电动机引起。噪声值明显比前两种要小，多数与上两种噪声共生。其影响往往被更高的噪声掩盖，就本身的噪声来讲也大多数超标。

47.4.1.3　噪声污染的危害

40dB 是正常的环境声音，一般被认为是噪声的卫生标准，大于 40dB 的便是有害的噪声。归纳起来，选矿厂噪声的危害主要表现为以下几个方面：

（1）损伤听力　噪声对人体最直接的危害是听力损害。噪声会使人的听力迟钝，强的噪声会造成耳聋。一般说来，85dB 以下的噪声不至于危害听觉，而超过 85dB 则可能发生危险。国标标准化组织（ISO）规定 500Hz、1000Hz、2000Hz 三个倍频程内听阈提高的平均值在 25dB 以上时，即认为听力受到损伤，又叫轻度噪声性耳聋。表 47-4-2 统计了在不同噪声级下长期工作时的耳聋发病率情况。由表中可知，噪声达到 90dB 时，耳聋发病率明显增加。但是，即使高至 90dB 的噪声，也只是产生暂时性的病患，休息后即可恢复。因此噪声的危害，关键在于它的长期作用。

表 47-4-2　工作 40 年后噪声性耳聋发病率

噪声级/dB（A 计权）	国际统计/%	美国统计/%	噪声级/dB（A 计权）	国际统计/%	美国统计/%
80	0	0	95	29	28
85	10	8	100	41	40
90	21	18			

（2）引起疾病　噪声对人体健康的危害，除听觉外，还会对神经系统、心血管系统、消化系统等有影响。可造成头痛、脑涨、耳鸣、失眠、多梦、记忆力减退、全身疲乏无力等神经衰弱症状。噪声还可使交感神经紧张，从而使心跳加快、心率不齐、血管痉挛和血压升高，严重的可能导致冠心病和动脉硬化。此外，噪声也会引起消化系统方面的诸多疾病。

（3）影响人们的生活　噪声对人们生活的影响主要体现在干扰睡眠和交谈。噪声会缩短人们的熟睡时间，有时使人不能进入熟睡阶段，从而干扰人的正常休息。噪声对语言通信的影响来自噪声对听力的影响。这种影响轻则降低通信效率，重则损伤人们的语言听力。

（4）影响工作效率　在噪声较高的环境下工作，使人感觉到烦恼、疲劳和不安等，从而使人们分散注意力，容易出现差错，降低工作效率。

（5）对儿童和胎儿的影响　在噪声环境下，儿童的智力发育缓慢。有人做过调查，吵闹环境下儿童智力发育比安静环境中的低 20%。

47.4.2　噪声的客观量度和主观评价

噪声的描述方法可分两类：一类是把噪声作为单纯的物理扰动，用描述声波特性的物理量来反应，这是对噪声的客观量度；另一类则涉及人耳的听觉特性，根据人们感觉到的刺激程度来描述，因此被称为对噪声的主观评价。

47.4.2.1　噪声的客观量度

简单地说，噪声就是声音，它具有声音的一切声学特性和规律。

A　声压、声强和声功率

声波引起空气质点的振动，使大气压力产生压强的波动，称为声压，亦即声场中单位面积上由声波引起的压力增量为声压，用 p 表示，其单位为 Pa。通常都用声压来衡量声音的强弱。

正常人的耳朵刚刚能够听到的声音的声压值是 2×10^{-5} Pa，称为听阈声压。使人耳产生疼痛感觉的声压是 20Pa，称为痛阈声压。

声波作为一种波动形式，将声源的能量向空间辐射，人们可用能量来表示它的强弱。在单位时间内，通过垂直声波传播方向的单位面积上的声能，叫作声强，用 I 表示，单位为 W/m^2。

在自由声场中，声压与声强有密切的关系，如式（47-4-1）：

$$I = \frac{p^2}{\rho c} \tag{47-4-1}$$

式中　ρ——空气密度，kg/m^3；

　　　c——空气中的声速，m/s。

声源在单位时间内辐射的总能量叫声功率，通常用 W 表示，单位是 W，$1W = 1N \cdot m/s$。

在自由声场中，声波作球面辐射时，声功率与声强的关系可用式（47-4-2）表示：

$$I = \frac{W}{4\pi r^2} \tag{47-4-2}$$

式中　I——离声源 r 处的平均声强，W/m^2；

　　　r——离声源的距离，m。

B　声压级、声强级和声功率级

从听阈声压 2×10^{-5} Pa 到痛阈声压 20Pa，声压的绝对值数量级相差 100 万倍，因此，用声压的绝对值表示声音的强弱不是很方便。再有，人对声音响度的感觉是与对数成比例的，所以，人们采用声压或能量的对数比表示声音的大小，用"级"来衡量声压、声强和声功率，称为声压级、声强级和声功率级。这与人们常用级来表示风、地震大小的意义是相同的。声压级定义用式（47-4-3）表示：

$$L_p = 10 \lg \frac{p^2}{p_0^2} \tag{47-4-3}$$

或

$$L_p = 20 \lg \frac{p}{p_0} \tag{47-4-4}$$

式中　L_p——声压级，dB；

　　　p——声压，Pa；

　　　p_0——基准声压，$p_0 = 2 \times 10^{-5}$ Pa。

同理，声强级定义如式（47-4-5）。

$$L_I = 10 \lg \frac{I}{I_0} \tag{47-4-5}$$

式中　L_I——声强级，dB；

I——声强，W/m^2；

I_0——基准声强，$I_0 = 10^{-12}$ W/m^2。

在自由声场中 $I = p^2/(\rho c)$，因此，声功率级与声强级数值相等。声功率级定义如式 (47-4-6)：

$$L_W = 10 \lg \frac{W}{W_0} \tag{47-4-6}$$

式中 L_W——声功率级，dB；

W——声功率，W；

W_0——基准声功率，$W_0 = 10^{-12}$ W。

声压级、声强级和声功率级的单位都是 dB（分贝），dB 是一个相对单位，它没有量纲。

C 分贝的运算方法

a 级的相加 级的相加一般可用公式法和查表法。

(1) 公式法 由于级是对数量度，对于不产生干涉作用的互不相干的多个噪声源叠加时，不能进行简单的声压级算术相加，而是根据能量叠加进行声压级计算。对于 n 个声源的声压级计算如式 (47-4-7)：

$$L_{p_T} = 10 \lg \left(\sum_{i=1}^{n} 10^{0.1 L_{p_i}} \right) \tag{47-4-7}$$

(2) 查表法 式 (47-4-7) 可从两个声压级 $\Delta L_p = L_{p_1} - L_{p_2}$ 的差值 $L_{p_1} - L_{p_2}$（假定 $L_{p_1} > L_{p_2}$）求出合成的声压级。因为 $L_{p_2} = L_{p_1} - \Delta L_p$，则有如式 (47-4-7) 的声压级计算法。

$$L_{p_T} = 10 \lg \left(\sum_{i=1}^{n} 10^{0.1 L_{p_1}} + 10^{0.1(L_{p_1} - \Delta L_p)} \right) = L_{p_1} + 10 \lg (1 + 10^{-0.1 \Delta L_p}) = L_{p_1} + \Delta L' \tag{47-4-8}$$

式 (47-4-8) 可制成分贝加法计算表（表47-4-3）或绘成分贝相加曲线（图47-4-1）。从而直接在曲线或表中查出两声压级叠加时的总声压级。从表47-4-3 知，如果两个声压级相差大于 10dB，那么计算总声压级时较小的声压级对总声压级的贡献可以忽略。

表 47-4-3 分贝加法计算表

ΔL_p/dB	0	1	2	3	4	5	6	7	8	9	10	11	12	13	14
$\Delta L'$/dB	3	2.5	2.1	1.8	1.5	1.2	1.0	0.8	0.6	0.5	0.4	0.3	0.3	0.2	0.2

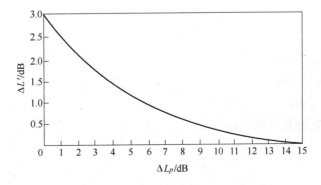

图 47-4-1 分贝相加曲线

b   级的相减   已知某机器运行时的总声压级为 L_{p_T}（包括背景噪声），机器停止运行时的背景噪声声压级为 L_{p_B}，那么被测机器的真实噪声声压级 L_{p_S} 如式（47-4-9）。

$$L_{p_S} = 10 \lg(10^{0.1L_{p_T}} - 10^{0.1L_{p_B}}) \tag{47-4-9}$$

式（47-4-9）也可绘成图 47-4-2 分贝相减曲线或表 47-4-4 分贝减法计算表。由 L_{p_T} 和 L_{p_B} 的差值 ΔL_{p_B} 查出修正值 ΔL_{p_S}。

令 $\Delta L_{p_B} = L_{p_T} - L_{p_B}$，则 L_{p_S} 如式（47-4-10）。

$$\Delta L_{p_S} = L_{p_T} - L_{p_S} = -10 \lg(1 - 10^{-0.1 \Delta L_{p_B}}) \tag{47-4-10}$$

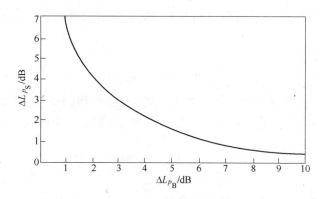

图 47-4-2   分贝相减曲线

表 47-4-4   分贝减法计算表

ΔL_{p_B}/dB	3	4	5	6	7	8	9	10
ΔL_{p_S}/dB	3	2.2	1.65	1.25	1	0.55	0.6	0.46

D   频程和频谱

a   频程   在可听声频率范围内，频率高的声音，人感觉到音调高。频率低则感觉到音调低。由于可听声的频率从 20Hz 到 20000Hz，高达 1000 倍的变化。为了方便起见，通常把宽广的声频变化范围划分为若干个较小的频段，称为频带或频程。

在噪声测量中，最常用的是倍频程和 1/3 倍频程。在一个频程中，上限频率与下线频率之比如式（47-4-11）。

$$\frac{f_u}{f_l} = 2 \tag{47-4-11}$$

式中 f_u——上限截止频率，Hz；

　　　　f_l——下限截止频率，Hz。

式（47-4-11）称为一个倍频程。

倍频程通常用它的几何中心频率来表示，如式（47-4-12）。

$$f_c = \sqrt{f_u f_l} = \frac{\sqrt{2}}{2}f_u = \sqrt{2}f_l \tag{47-4-12}$$

式中 f_c——倍频程中心频率，Hz。

如把倍频程再分成三等分，即 1/3 倍频程，则上限频率 f_u 与下线频率 f_l 之比可用式（47-4-13）表示。

$$\frac{f_u}{f_l} = \frac{\sqrt[3]{2}}{1} \tag{47-4-13}$$

因此，1/3 倍频程的几何中心频率如式（47-4-14）。

$$f_c = \sqrt{f_u f_l} = \sqrt[6]{2} f_l = \frac{f_u}{\sqrt[6]{2}} \tag{47-4-14}$$

1/3 倍频程把频率分得更细，可以更清楚地找出噪声峰值所在的频率。

b　频谱　　频率是描述声音特性的主要参数之一，因此研究声音强度（声压级、声强级等）随频率分布是必要的。声频谱是指组成复音（频率不同的简谐成分合成的声波）的强度随频率而分布的图形，频谱的形状大体可分为三种，见图 47-4-3。

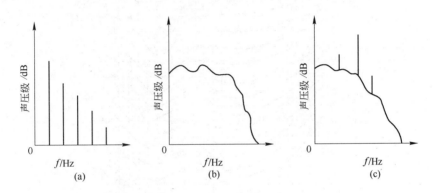

图 47-4-3　声音的三种频谱
（a）线状谱；（b）连续谱；（c）复合谱

线状谱是由一些离散频率成分形成的谱，在频谱图上是一系列竖直线段（图 47-4-3(a)），一些乐器发出的声音属于线状谱。连续谱是一定频率范围内含有连续频率成分的谱，在频谱图中是一条连续曲线（图 47-4-3(b)），大部分噪声属于连续谱。复合谱是连续频率成分和离散频率成分组成的谱（图 47-4-3(c)），有调噪声属于复合谱。

在噪声控制中，对连续谱的噪声，一般是用倍频程或 1/3 倍频程中心频率值为横坐标，声压级为纵坐标，绘出的折线来表示噪声的频谱。

在机械设备噪声的治理中，首先要测量噪声各中心频率下的声压级。由噪声频谱，能清晰地表示出一定频率范围内声压级的分布情况。从噪声频谱中，分析了解噪声的成分和性质，这称为频谱分析。频谱分析时，通常要了解峰值噪声在低频、中频还是高频范围，为噪声提供依据。

47.4.2.2　噪声的主观评价

在噪声的物理量度中，声压和声压级是评价噪声强度的常用量，声压级越高，噪声越强，声压级越低，噪声越弱。但人耳对噪声的感觉，不仅与噪声的声压级有关，而且还与噪声的频率、持续时间等因素有关。人耳对高频率噪声的反应较敏感，对低频噪声的反应较迟钝。声压级相同而频率不同的声音，听起来可能是不一样的。为了反映噪声的这些复杂因素对人的主观影响程度，就需要一个对噪声的评价指标。现将常用的评价指标简略介绍如下。

A   响度级和等响度曲线

根据人耳的特性，人们模仿声压的概念，引出与频率有关的响度级，响度级单位是方（phon）。就是选取以 1000Hz 的纯音为基准声音，取噪声频率的纯音和 1000Hz 纯音相比较，调整噪声的声压级，使噪声和基准纯音（1000Hz）听起来一样响。该噪声的响度级等于这个纯音的声压级（dB）。如果噪声听起来与声压级为 85dB、频率 1000Hz 的基准音一样响，则该噪声的响度级就是 85phon。

利用与基准声音比较的方法，可测量出整个人耳可听范围的纯音的响度级，绘出响度级与声压级频率的关系曲线，反映人耳对各频率的敏感程度的等响曲线，如图 47-4-4 所示。

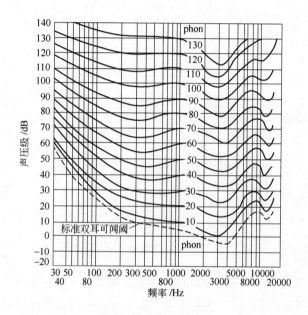

图 47-4-4   等响度曲线

等响曲线的横坐标为频率，纵坐标是声压级。每一条曲线相当于声压级和频率不同而响度相同的声音，即相当于一定响度（phon）的声音。最下面的曲线是听阈曲线，上面 120phon 的曲线是痛阈曲线，听阈和痛阈之间时正常人耳可以听到的全部声音。从等响曲线可以看出，人耳对高频噪声敏感，而对低频噪声不敏感。

响度级是一个相对量，有时需要用绝对量来表征人耳听觉对声音强弱的判断，因此提出以"宋"计的响度这个绝对量。1 宋的定义是：频率为 1000Hz、声压级为 40dB 的纯音所产生的响度，即 40 方响度级声音的响度为 1 宋。响度级每增加 10 方，响度就加倍，它们的关系如式（47-4-15）：

$$N = 2^{(L_N-40)/10} \tag{47-4-15}$$

或

$$L_N = 40 + 33.22 \lg N \tag{47-4-16}$$

式中 N——响度，sone（宋）；

L_N——响度级，phon（方）。

响度不能直接测量，而通过计算得到，史蒂文斯（Stevens）根据大量的生理声学实验提出的计算方法是：首先测出噪声的倍频带声压级，然后由图 47-4-5 查出响度指数，再按式（47-4-17）计算总响度。

$$N_t = N_{max} + F(\sum N_i + N_{max})$$

$$(47-4-17)$$

式中　N_t——噪声的总响度，sone；

　　　N_i——某频率和声压级对应的响度指数，sone；

　　　N_{max}——N_i 中最大的一个响度指数，sone；

　　　F——计权因子，它与频带宽有关，对于倍频程 $F = 0.3$，1/2 倍频程 $F = 0.2$，1/3 倍频程 $F = 0.15$。

有时用响度下降百分率来衡量噪声治理后的效果，响度下降的百分率 η 见式（47-4-18）。

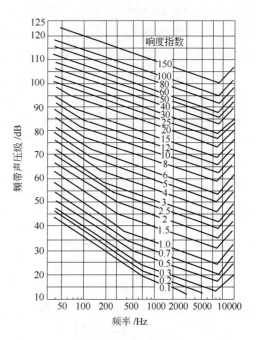

图 47-4-5　响度指数

$$\eta = \frac{N_1 - N_2}{N_1} \times 100\%$$

$$(47-4-18)$$

式中，N_1、N_2 分别表示噪声治理前后的响度，sone。

B　A 声级

用响度和响度级来反映人们对噪声的主观感受过于复杂，为了能使仪器直接测量出人的主观响度感觉，研究人员为了测量噪声的仪器（声级计）设计了一种特殊的滤波器，叫 A 计权网络。通过 A 计权网络测得的噪声值更接近人的听觉，这个仪器测得的声压级称为 A 计权声级，简称 A 声级，记为 L_A。

C　等效连续 A 声级

A 计权声级能较好地评价稳态的、宽频带噪声。对于声级起伏或不连续的噪声，采用噪声能量按时间平均的方法来评价噪声对人的影响更确切，为此提出等效连续 A 声级的概念。

等效连续 A 声级又称等能量 A 计权声级，它等效于在相同的时间间隔 T 内与不稳定噪声能量相等的连续稳定噪声的 A 声级。其符号为 $L_{Aeq \cdot T}$ 或 L_{eq}，数学表达式如式（47-4-19）。

$$L_{eq} = 10 \lg\left[\frac{1}{T}\int_0^T 10^{0.1L_A(t)}\right]$$

$$(47-4-19)$$

式中　L_{eq}——在 T 时间内的等效连续 A 声级，dB；

　　　T——连续取样的时间间隔，s；

　　　$L_A(t)$——t 时刻的瞬时 A 声级，dB。

D　噪声评价数（NR）曲线

前面介绍了 A 声级和等效连续 A 声级作为噪声的评价标准，它是对噪声所有频率的综合反映，很容易测量，所以，国内外普遍将 A 声级作为噪声的评价标准。但是，A 声级是不能代替频带声压级来评价噪声的，因为不同的频谱形状的噪声可以使同一 A 声级值。所以，若想较细致地确定各频带噪声标准，还需用"噪声评价数 NR"来评价噪声。国际标准化组织（ISO）推荐使用一族噪声评价线，即评价曲线，如图 47-4-6 所示。

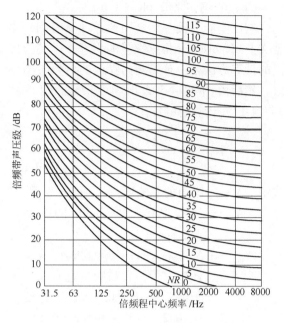

图 47-4-6　噪声评价曲线

47.4.3　噪声的测量

为了研究和控制噪声，必须对噪声进行测定与分析，根据不同的测定目的和要求，可选择不同的测定方法。对于工矿企业噪声的现场测定，一般常用的仪器有声级计、频率分析仪、自动记录仪和优质磁带记录仪等。

47.4.3.1　声级计

声级计是噪声现场测量的一种基本声学仪器。它是一种可测量声压级的便携式仪器。国际电工委员会 IEC651 和 GB 3785—83 将声级计分为 0、Ⅰ、Ⅱ、Ⅲ四种等级（见表 47-4-5）。在噪声测量中，主要使用Ⅰ型（精密级）和Ⅱ型（普通级）。声级计不仅可以单独用于升级测量，还可以和相应的仪器配套，进行频谱分析、振动测量等。

表 47-4-5　声级计分类

类　型	精　密　级		普　通　级	
	0	Ⅰ	Ⅱ	Ⅲ
精度/dB	±0.4	±0.7	±1.0	±1.5
用　途	实验室标准仪器	声学研究	现场测量	监测、普查

声级计一般由传感器、放大器、衰减器、计权网络、检波器和指示器等组成，其工作原理是：声压信号通过传声器转换成电压信号，经过放大器放大，再通过计权网络，则可在表头显示出分贝值。

声级计常用的频率计权网络有三种，称 A、B、C 声级。噪声测量时，如不用频率分析仪，只需读出声级计的 A、B、C 三档读数，就可以粗略地估计该噪声的频率特性。声级计表头读数为有效值，分快、慢两档。快档适用于测量随时间起伏小的噪声；当噪声起伏较大时，则用慢档读数，读出的噪声为一段时间内的平均值。

47.4.3.2　频率分析仪

在实际测量中很少遇到单频声，一般都是由许多频率组合而成的复合声，因此需要对声音进行频谱分析。频率分析仪是用来测量噪声频谱的仪器，它主要是由两大部分组成，一部分是测量放大器，一部分是滤波器。若噪声通过一组倍频程带通滤波器，则得到倍频程噪声频谱；若通过一组 1/3 倍频程带通滤波器，则得到 1/3 倍频程噪声频谱。在矿山噪声测量时，常用倍频程带通滤波器。

47.4.3.3 噪声测量方法

在噪声测量时应注意以下几个方面：

（1）测量噪声要避免风、雨、雪的干扰，若风力在 3 级以上时，要在声级计传声器上加防风罩；大风天气（风力在 5 级以上）应停止测量。

（2）手持仪器进行测量，应尽可能使仪器离开身体，传声器距离地面 1.2～1.5m。离房屋或墙壁 2～3m，以避免反射声的影响。

（3）测点的选择应选择在测量距离大于机器最大尺度两倍外，且避免距离墙壁或其他物体太近。同时应将传声器计量接近机械的辐射面，这样可使噪声的直达声场足够大，而其他噪声源的干扰相对较小。

（4）在测定时，若本底噪声小于被测噪声 10dB 以上，则本底噪声的影响可忽略不计。若其差值小于 3dB 时，则所测得噪声值没有意义；若其差值在 3～10dB 之间，可根据表 47-4-6 进行校正；测定后应做出完整的噪声测定记录。

表 47-4-6 排除本底噪声的修正表

所测出的声源噪声级与本底噪声的差值/dB	3	4, 5	6, 7, 8, 9
修正值	-3	-2	-1

（5）为了保证测量的准确性，仪器每次使用前及使用后要进行校准。可以使用活塞发生器、声级校准器或其他声压校准器来进行声学校准。噪声测量仪器使用一段时间后，应送有关计量部门对其主要性能进行全面检定，检定周期规定为 1 年。

47.4.4 噪声的环境标准

47.4.4.1 听力和健康保护噪声标准

A 国际化标准组织推荐的噪声标准

为了保护人们的听力和健康，1951 年国际标准化组织公布了噪声允许标准，规定每天工作 8h，允许等效连续 A 声级为 80～85dB；时间减半，允许噪声提高 3dB，但不得超过 115dB，如表 47-4-7 所示。

表 47-4-7 ISO 建议的噪声允许标准

每天允许暴露时间/h	8	4	2	1	0.5	0.25	0.125	最高限
噪声级/dB	85～90	88～93	91～96	94～99	95～102	100～105	103～108	115

B 我国的《工业企业噪声卫生标准》

该标准 1979 年 8 月 31 日颁布实施，是听力保护标准，它所规定的噪声标准是指人耳位置的稳态 A 声级或非稳态噪声的等效声级。该标准适用于工业生产车间或作业场所，它为新建和改建企业制定了不同的噪声标准（见表 47-4-8）。表 47-4-9 是现有企业噪声标准。

表47-4-8 新建和改建企业噪声标准

每个工作日接触噪声时间/h	8	4	2	1	0.5	0.25	0.125	最高限
新建、改建、扩建企业允许噪声/dB	85	88	91	94	95	100	103	115
现有企业允许噪声/dB	90	93	96	99	102	105	108	115

表47-4-9 现有企业噪声标准

接触噪声时间/h	8	4	2	1	最高限
许可噪声标准/dB	90	93	94	99	115

对于非稳态噪声的工作环境或工作位置的流动的情况，应测量不同的 A 声级和相应的暴露时间，计算等效连续 A 声级或噪声暴露率。噪声的暴露率是指将暴露时间的时数除以该暴露声级的允许工作的时数。设暴露在 L_i 声级的时数为 C_i，L_i 声级的允许暴露时数为 T_i，则按每天 8h 工作可计算出噪声暴露率：

$$D = \frac{C_1}{T_1} + \frac{C_2}{T_2} + \frac{C_3}{T_3} + \cdots + \frac{C_n}{T_n} = \sum_{i=1}^{n} \frac{C_i}{T_i} \tag{47-4-20}$$

如果 D 大于 1，表明 8h 工作的噪声暴露剂量超过允许标准。

47.4.4.2 声环境质量标准

我国 2008 年 10 月 1 日开始实施的《声环境质量标准》（GB 3096—2008）规定了五类声环境功能区的环境噪声限值及测量方法，如表 47-4-10 所示。

表47-4-10 环境噪声限值 (dB)

声环境功能区类别	时 段		昼 间	夜 间
0 类			50	40
1 类			55	45
2 类			60	50
3 类			65	55
4 类	4a 类		70	55
	4b 类		70	60

0 类声环境功能区：指康复疗养区等特别需要安静的区域。

1 类声环境功能区：指以居民住宅、医疗卫生、文化教育、科研设计、行政办公为主要职能，需要保持安静的区域。

2 类声环境功能区：指以商业金融、集市贸易为主要职能，或者居住、商业、工业混杂，需要维护住宅安静的区域。

3 类声环境功能区：指以工业生产、仓储物流为主要功能，需要防止工业噪声对周围环境产生严重影响的区域。

4 类声环境功能区：指交通干线两侧一定距离以内，需要防止交通噪声对周围环境产生严重影响的区域，包括 4a 类和 4b 类两种类型。4a 类为高速公路、一级公路、二级公路、城市快速路、城市主干路、城市次干路、城市轨道交通（地面段）、内河航道两侧区域；4b 类为铁路干线两侧区域。

47.4.4.3 《工业企业厂界噪声排放标准》（GB 12348—2008）

为了防治工业企业噪声污染，改善声环境质量，制定该标准。该标准规定了工业企业和固定设备厂界环境噪声排放的单位也按该标准执行。排放限值如表 47-4-11 所示。

（1）夜间频发噪声的最大声级超过限制的幅度不得高于 10dB。

（2）夜间偶发噪声的最大声级超过限制的幅度不得高于 15dB。

（3）工业企业若位于未划分声环境功能区的区域，当厂界外有噪声敏感建筑物时，由当地县级以上人民政府参照 GB 3096 和 GB/T 15910 的规定确定厂界外区域的声环境质量要求，并执行相应的厂界环境噪声排放值。

（4）当厂界与噪声敏感建筑物距离小于 1m 时，厂界环境噪声应在噪声敏感建筑物的室内测量，并将表 47-4-11 中相应的限值减 10dB 作为评价依据。

表 47-4-11　工业企业厂界环境噪声排放值　　　　　　　（dB）

厂界外声环境功能区类别 时 段	昼间	夜间
0	50	40
1	55	45
2	60	50
3	65	55
4	70	55

47.4.5 噪声污染防治技术

47.4.5.1 噪声控制的基本原理

噪声的传播一般分为三个环节：噪声源、传播途径和接受者。噪声只有当噪声源、传播途径和接受者同时存在时才构成噪声污染。控制噪声的原理，就是在噪声到达耳膜之前，采取吸声、隔声、消声器、隔振、阻尼减振、个人防护和建筑布局等七大措施，尽力减弱或降低声源的振动，或将传播中的声能吸收掉，或设置障碍，使声音全部或部分反射出去，减弱噪声对耳膜的作用，这样即可达到控制噪声的目的。

根据噪声传播的三个环节，可分别采用三种不同的途径控制噪声。

A　从声源上降低噪声

这是最根本的方面，包括研制和采用噪声低的设备和加工工艺等措施。噪声的起因主要是气流的振动、固体撞击和摩擦时的振动以及磁致伸缩引起铁芯的振动等三种。通过对声源性质和发声机理分析，采取降低激发力、减小系统各环节对激发力的响应以及改变操作程序或改造工艺工程等措施降低噪声源。

B　在传输途径上控制噪声

这是采取声学处理的方法，如吸声、隔声、隔振和阻尼减振等来降低噪声。由于噪声是通过空气或设备、建筑物本身传播的，采用这种办法也可有效地加以控制。利用玻璃棉、毛毡、泡沫塑料和吸声砖等吸声材料，以及共振吸声和微穿孔板吸声结构，能减少室内噪声的反射，可使噪声降低 10～15dB。隔声间和隔声机罩所用的隔声材料要求质量大，故一般多用砖、钢筋混凝土、钢板和厚木板等，此外还要结构密封，没有孔洞。密封罩一般可降低中、高噪声 10 ~ 35dB，双层结构比单层结构在质量上可减少 70% 左右，故较为经济，但要注意防止中间空气层发生共振。填充松软的吸声材料，既可吸声又可减弱隔层振动的传播。用金属板作隔声机罩时，内壁要进行吸声处理，外壁还应涂阻尼材料，在与机器连接处还要进行隔振。隔振就是防止振动能量从振源传递出去。隔振装置的基本形式是由弹性元件（支承装置）和黏性阻件（能量消耗装置）组成，常用的隔振材料有剪切橡皮、金属弹簧、软木、矿渣棉、玻璃纤维和气垫等，一般隔振垫对低频噪声能降低 10dB 左右。阻尼材料是内摩擦损耗大的一些材料，诸如沥青、软橡胶和其他高分子涂料等，这些材料能消耗金属板的振动能量并变成热能散失掉，从而抑制金属板的弯曲振动，降低噪声。

C　在接受点阻止噪声

在某些情况下，噪声特别强烈，在采用上述两种控制措施后，仍不能达到要求，或者工作工程中不可避免地有噪声时，就需要从接收器保护角度采取措施。对于人，可佩带耳塞、耳罩、有源消声头盔等。对于精密仪器设备，可将其安置在隔声间内或隔振台上。

47.4.5.2　吸声

在一般未做任何声学处理的车间或房间内，壁面和地面多是一些硬而密实的材料，如混凝土天花板、抹光的墙面及水泥地面等。这些材料与空气的特性阻抗相差很大，很容易发生声波的反射。若室内声源向空间辐射声波时，接受者听到的不仅有从声源直接传来的直达声，还会有一次与多次反射形成的反射声。通常一次与多次反射声的叠加称为混响声。就人的听觉而言，当两个声音到达人耳的时间差在 50ms 之内时，就分辨不出是两个声音，因而由于直达声与混响声的叠加，会增强接受者听到的声强度。所以同一机器在室内时，常感到比在室外响得多。试验证明，在室内离噪声源较远处，一般可比室外提高约十余分贝。

若用可以吸收声能的材料或结构装饰在房间内表面，便可吸收掉射到上面的部分声能，使反射声减弱，接受者这时听到的只是直达声和已减弱的混响声，使总噪声级降低，这便是吸声降噪的基本思路。

能够吸收较高声能的材料或结构称作吸声材料或吸声结构。利用吸声材料和吸声结构吸收声能以降低室内噪声的办法称作吸声降噪，通常简称吸声。吸声处理一般可使室内噪声降低 3 ~ 5dB，使混响声很严重的车间降噪 6 ~ 10dB。吸声是一种最基本的减弱声传播的技术措施。

A　吸声系数和吸声量

吸声材料或结构吸声能力的大小通常用吸声系数 α 表示。当声波入射到吸声材料或结构表面上时，部分声能被反射，部分声能被吸收，还有一部分声能透过它继续向前传播，故吸声系数的定义如式（47-4-21）。

$$\alpha = \frac{E_a + E_t}{E} = \frac{E - E_r}{E} = 1 - r \qquad (47\text{-}4\text{-}21)$$

式中　E——入射总声能，J；

　　　E_a——被材料或结构吸收的声能，J；

E_t——透过材料或结构的声能，J；

E_r——被材料或结构反射的声能，J；

r——反射系数。

α 值的变化一般在 $0 \sim 1$ 之间。$\alpha = 0$，表示声能全反射，材料不吸声；$\alpha = 1$，表示声能全部被吸收，无声能反射。α 值愈大，材料的吸声性能愈好。通常，$\alpha \geq 0.2$ 的材料方可成为吸声材料。实用中当然主要是希望材料本身吸收的声能 E_a 足够大，以增大 α 值。

吸声系数的大小与吸声材料本身的结构、性质、使用条件、声波入射的角度和频率有关。

材料吸收声音能量的多少除与材料吸声系数有关外，还与面积有关，吸声量亦称等效吸声面积。吸声量规定为吸声系数与吸声面积的乘积，如式（47-4-22）。

$$A = \alpha S \tag{47-4-22}$$

式中　A——吸声量，m^2；

α——某频率声波的吸声系数；

S——吸声面积，m^2。

B　吸声结构

利用共振原理做成的吸声结构称作共振吸声结构。它基本可分为三种类型：薄板共振吸声结构、穿孔板共振吸声结构与微穿孔板吸声结构。吸声结构主要用于对中、低频噪声的吸收。

a　薄板共振吸声结构　构造将薄的塑料、金属或胶合板等材料的周边固定在框架（称龙骨）上，并将框架牢牢地与刚性板壁相结合（图 47-4-7），这种由薄板与板后的封闭空气层构成的系统就称作薄板共振吸声结构。

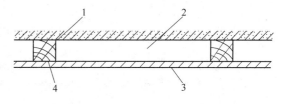

图 47-4-7　薄板共振吸声结构示意图
1—刚性壁面；2—空气层；3—薄板；4—龙骨

吸声原理薄板共振吸声结构实际近似于一个弹簧和质量块振动系统。薄板相当于质量块，板后的空气层相当于弹簧，当声波入射到薄板上，使其受激振后，由于板后空气层的弹性、板本身具有的劲度与质量，薄板就产生振动，发生弯曲变形，因为板的内阻尼及板与龙骨间的摩擦，便将振动的能量转化为热能，从而消耗声能。当入射声波的频率与板系统的固有频率相同时，便发生共振，板的弯曲变形最大，振动最剧烈，声能也就消耗最多。

吸声特性弹簧振子的固有频率如式（47-4-23）：

$$f_0 = \frac{1}{2\pi} \sqrt{\frac{K}{M}} \tag{47-4-23}$$

式中　f_0——固有频率，Hz；

K——弹簧劲度，kg/s^2；

M——振动物体的质量，kg。

也可用式（47-4-24）估算。

$$f_0 = \frac{60}{\sqrt{mh}} \tag{47-4-24}$$

式中　m——板的面密度，$m = $ 板厚 × 板密度，kg/m^2；

　　　h——板后空气层厚度，m。

由式（47-4-24）可知，薄板共振结构的共振频率主要取决于板的面密度与板后空气层的厚度。增大 m 或 h，均可使 f_0 下降。实用中，薄板厚度通常取 3~6mm，空气层厚度一般取 3~10cm，共振频率多在 80~300Hz，故通常用于低频吸声。但吸声频率范围窄，吸声系数不高，在 0.2~0.5。

b　穿孔板共振吸声结构　　在薄板上穿以小孔，在其后与刚性壁之间留一定深度的空腔所组成的吸声结构称为穿孔板共振吸声结构。按照薄板穿孔的数目分为单孔共振吸声结构与多孔穿孔板共振吸声结构。

（1）单孔共振吸声结构　　单孔共振吸声结构又称作"亥姆霍兹"共振吸声器或单腔共振吸声器。它是一个封闭的空腔，在腔壁上开一个小孔与外部空气相通的结构（图 47-4-8(b)、(c)），可用陶土、煤渣等烧制或水泥、石膏浇注而成。

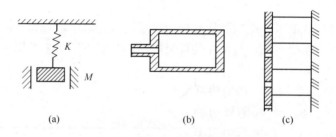

图 47-4-8　单孔共振吸声结构

(a) 质量-弹簧系统；(b) 单孔共振吸声结构剖面；(c) 单孔共振吸声结构组合图

吸声机理：单孔共振吸声结构也可比拟为一个弹簧与质量块组成的简单振动系统（图 47-4-8(a)），开孔孔颈中的空气柱很短，可视为不可压缩的流体，比拟为振动系统的质量 M，声学上称为声质量；有空气的空腔比作弹簧 K，能抗拒外来声波的压力，称为声顺；当声波入射时，孔颈中的气柱体在声波的作用下便像活塞一样做往复运动，与颈壁发生摩擦使声能转变为热能而损耗，这相当于机械振动的摩擦阻尼，声学上称为声阻。声波传到共振器时，在声波的作用下激发颈中的空气柱往复运动，在共振器的固有频率与外界声波频率一致时发生共振，这时颈中空气柱的振幅最大并且振速达到最大值，因而阻尼最大，消耗声能也就最多，从而得到有效的声吸收。

吸声特性"亥姆霍兹"共振器的使用条件必须是空腔小孔的尺寸比空腔尺寸小得多，并且外来声波波长大于空腔尺寸。这种吸声结构的特点是吸收低频噪声并且吸收频带较窄（即频率选择性强），因此多用在有明显音调的低频噪声场合。

单腔共振体的共振频率一般由下式求出：

$$f_0 = \frac{c}{2\pi} \sqrt{\frac{S}{Vl_k}} f \tag{47-4-25}$$

式中　c——声速，m/s；

    S——小孔截面积，m^2；

    V——空腔体积，m^3；

    l_k——小孔有效颈长，m。

从式（47-4-25）可知，只要改变孔颈尺寸或空腔的体积，就可以得到各种不同共振频率的共振器，而与小孔和空腔的形状无关。

（2）多孔穿孔板共振吸声结构 构造与吸声机理：多孔穿孔板共振吸声结构通常简称为穿孔板共振吸声结构，实际是单孔共振器的并联组合，故其吸声机理同单孔共振结构，但吸声状况大为改善，应用较广泛。

吸声特性及其改善：对于薄板上孔均匀分布且孔大小相同的结构，则每一小孔占有的空间体积相同，故穿孔板结构的共振频率应与其单孔共振体相同。这种结构的共振频率如式（47-4-26）。

$$f_0 = \frac{c}{2\pi} \sqrt{\frac{P}{hl_k}} \tag{47-4-26}$$

式中 c——声速，m/s；

    P——穿孔率；

    h——空腔深度，m；

    l_k——小孔有效颈长，m。

由式（47-4-25）、式（47-4-26）可知，板的穿孔面积越大，吸声的频率越高；空腔越深或板越厚，吸声的频率越低。一般穿孔共振吸声结构主要用于吸收低、中频噪声的峰值，吸声系数为 0.4~0.7。

工程上一般取板厚为 2~5mm，孔径为 2~10mm，穿孔率为 1%~10%，腔深为 100~250mm。尺寸超过以上范围，多有不良影响，例如穿孔率在 20% 以上时，几乎没有共振吸声作用，而仅仅成为护面板了。

c 微穿孔板吸声结构 该结构是为克服穿孔板共振吸声结构吸声频带较窄的缺点而研制的。

结构：在厚度小于 1mm 的金属薄板上钻出许多孔径小于 1mm 的小孔（穿孔率为 1%~4%），将这种孔小而密的薄板固定在刚性壁面上，并在板后留以适当深度的空腔，便组成了微穿孔板吸声结构。薄板常用铝板或钢板制作，因其板特别薄且孔特别小，为与一般穿孔板共振吸声结构相区别，故称作微穿孔板吸声结构。它也有单层、双层与多层之分。

吸声机理与吸声特性：微穿孔板吸声结构实质上仍属于共振吸声结构，因此吸声机理也相同。利用空气柱在小孔中的来回摩擦消耗声能，用腔深来控制吸声峰值的共振频率，腔越深，共振频率愈低。但因为其板薄孔细，与普通穿孔板比较，声阻显著增加，声质量显著减小，因此明显地提高了吸声系数，增宽了吸声频带宽度。

微穿孔板吸声结构的吸声系数很高，有的可达 0.9 以上；吸声频带宽，可达 4~5 个倍频程以上，因此属于性能优良的宽频带吸声结构。减小微穿孔板的孔径，提高穿孔率，或使用双层与多层微孔板，可增大吸声系数，展宽吸声带宽，但孔径太小，易堵塞，故多选 0.5~1.0mm，穿孔率多以 1~3 为好。微孔板结构吸声峰值的共振频率与多孔板共振结构类似，主要由腔深决定：若以吸收低频声为主，则空腔宜深；若以吸收中、高频声为主，则空腔宜浅。腔深一般可取 5 ~ 20cm。

微穿孔板吸声结构的应用：它可广泛应用于多种需采用吸声措施的情况，包括一般高速气流管道中。耐高温、耐腐蚀，不怕潮湿和冲击，甚至可承受短暂的火焰，同时，微穿孔板结构简单，设计计算理论成熟、严谨。微孔板的缺点是孔小，易于堵塞，宜用于洁净的场所，并且微孔加工目前成本较高。

C　多孔吸声材料

在材料表面和内部有无数的微细空隙，这些空隙互相贯通并且与外界相通的吸声材料称作多孔吸声材料。其固定部分在空间组成骨架，称作筋络。当声波入射到多孔吸声材料的表面时，可沿着对外敞开的微孔射入，并衍射到内部的微孔内，激发孔内空气与筋络发生振动，由于空气分子之间的黏滞阻力、空气与筋络之间的摩擦阻力，使声能不断转化为热能而消耗；此外，空气与筋络之间的热交换也消耗部分声能。结果反射出去的声能大大减小。

多孔吸声材料按照外观形状，可分为纤维型、泡沫型、颗粒型三类。

纤维型材料由无数细小纤维状材料组成，如毛、木丝、甘蔗纤维、化纤棉、玻璃棉、矿渣棉等有机和无机纤维材料。泡沫型材料是由表面与内部皆有无数微孔的高分子材料制成，如聚氨酯泡沫塑料、微孔橡胶、海绵乳胶等。颗粒状材料有膨胀珍珠岩、蛭石混凝土和多孔陶土等，其中膨胀珍珠岩是将珍珠岩粉碎、再急剧升温焙烧所得的多孔细小粒状材料。

多孔吸声材料微孔的孔径多在数微米到数十微米之间，孔的总体积多数占材料总体积的 90% 左右，如超细玻璃棉层的孔隙率可大于 99%。为了使用方便，一般将松散的各种多孔吸声材料加工为板、毡或砖等成型，如工业毛毡、木丝板、玻璃棉毡、膨胀珍珠岩吸声板、陶土吸声砖等。

D　吸声降噪的设计

选择和设计吸声结构，应尽量先对声源进行隔声、消声等处理，当噪声源不宜采用隔声措施，或采用隔声措施后仍达不到噪声标准时，可用吸声处理作为辅助手段。对于湿度较高的环境，或有清洁要求的吸声设计，可采用薄膜覆面的多孔材料或单、双层微穿孔板共振吸声结构。穿孔板的板厚及孔径均不大于 1mm，穿孔率可取 0.5% ~ 3%，空腔深度可取 50 ~ 200mm。进行吸声处理时，应满足防火、防潮、防腐、防尘等工艺与安全卫生要求，还应兼顾通风、采光、照明及装修要求，也要注意埋设件的布置。

吸声降噪宜用于混响声为主的情况。如在车间体积不太大，内壁吸声系数很小，混响声较强，接收者距声源又有一定距离时，采用吸声处理可以获得较理想的降噪效果。而在车间体积很大的情况下，类似声源在开阔的空间辐射噪声，或接收者距声源较近，直达声占优势时，吸声处理效果不会明显。对于一般的半混响房间，在接收点与声源距离大于临界半径时，进行吸声处理可以获得较好的效果。

a　吸声设计程序　　一般有如下程序：

(1) 详细了解待处理房间的噪声级和频谱。首先了解车间各种机电设备的噪声源特性，选定噪声标准。

(2) 根据有关噪声标准，确定隔频程所需的降噪量。

(3) 估算或进行实际测量要采取吸声处理车间的吸声系数（或吸声量），求出吸声处理需增加的吸声量或平均吸声系数。

（4）选取吸声材料的种类及吸声结构类型，确定吸声材料的厚度、表观密度、吸声系数，计算吸声材料的面积和确定安装方式等。

b　设计计算　　设计计算主要是：

（1）房间平均吸声系数和计算。如果一个房间的墙面上布置 n 种不同的材料时，它们对应的吸声系数为 α_1、α_2、$\cdots$、α_n，吸声面积为 S_1、S_2、$\cdots$、S_n，房间的平均吸声系数用式（47-4-27）计算。

$$\bar{\alpha} = \frac{\sum\limits_{i=1}^{n} S_i \alpha_i}{\sum\limits_{i=1}^{n} S_i} \tag{47-4-27}$$

（2）吸声量的计算如式（47-4-28）。

$$A_i = \sum_{i=1}^{n} \alpha_i S_i \tag{47-4-28}$$

式中　A_i——第 i 种材料组成壁面的吸声量，m^2；

　　　α_i——第 i 种材料的吸声系数；

　　　S_i——第 i 种材料的面积，m^2。

（3）室内声级的计算。房间内噪声的大小和分布取决于房间形状、墙壁、天花板、地面等室内器具的吸声特性，以及噪声源的位置和性质。室内声压级用式（47-4-29）计算。

$$L_P = L_W + 10 \lg\left(\frac{Q}{4\pi r^2} + \frac{4}{R_r}\right) \tag{47-4-29}$$

式中　L_P——室内声压级，dB；

　　　L_W——声功率级；

　　　Q——声源的指向性因素，声源位于室内中心，$Q=1$；声源位于室内地面或墙面中心，$Q=2$；声源位于室内某一边线中心，$Q=4$；声源位于室内某一角，$Q=8$；

　　　r——声源至受声点的距离，m；

　　　R_r——房间常数，定义式如式（47-4-30）。

$$R_r = \frac{S\bar{\alpha}}{1 - \bar{\alpha}} \tag{47-4-30}$$

（4）混响时间计算。在总体为 $V(m^3)$ 的扩散声场中，当声源停止发声后，声能密度下降为原有数值的百万分之一所需的时间，或房间内声压级下降60dB所需的时间，叫做混响时间，用 T 表示。其定义为赛宾公式：

$$T = \frac{0.161V}{S\bar{\alpha}} \tag{47-4-31}$$

（5）吸声降噪量的计算。吸声处理前后的声压级差 I_p 即为降噪量，可由下式计算：

$$\Delta I_P = 10 \lg\left(\frac{T_1}{T_2}\right) \tag{47-4-32}$$

式中　T_1——吸声处理前的室内混响时间，s；

T_2——吸声处理后的室内混响时间，s。

47.4.5.3　隔声

用构件将噪声源和接受者分开，阻断空气声的传播，从而达到降噪的目的的措施称为隔声。隔声是噪声控制中最有效的措施之一。具有隔声能力的屏蔽物称为隔声构件或隔声结构。隔声所采用的方法，如制作隔声罩，将吵闹的机器设备用能够隔声的罩形装置密封或局部密封起来；或者在声源与接受者之间设立隔声屏障；或者在很吵闹的场合中，开辟一个安静的环境，建立隔声间，如隔声操作室、休息室，以保护工人不受噪声干扰，保护仪器不受损坏等。

A　隔声原理

声波在通过空气的传播途径中，碰到一匀质屏蔽物时，由于分界面特性阻抗的改变，使部分声能被屏蔽物反射回去，一部分被屏蔽物吸收，只有一部分声能可以透过屏蔽物传到另一个空间去。显然，透射声能仅是入射声能的一部分，因此，设置适当的屏蔽物便可以使大部分声能反射回去，从而降低噪声的传播。具有隔声能力的屏蔽物称作隔声构件或者隔声结构，如砖砌的隔墙、水泥砌块墙、隔声罩体等。

B　透声系数与隔声量

隔声构件本身透声能力的大小，用透声系数 τ 来表示，它等于透射声功率与入射声功率的比值，即

$$\tau = \frac{W_t}{W} \tag{47-4-33}$$

式中　W_t——透过隔声构件的声功率，W；

　　　W——入射到隔声构件上的声功率，W。

τ 值愈小，表示隔声性能愈好；通常所指的 τ 是无规入射时各个入射角度透声系数的平均值。

隔声量，又称传声损失，是指墙或间壁一面的入射声功率级与另一面的透射声功率级之差，用 R 表示。隔声量等于透射系数的例数取以 10 为底的对数，即

$$R = 10 \lg\left(\frac{1}{\tau}\right) \tag{47-4-34}$$

或

$$R = 10 \lg\left(\frac{I_i}{I_t}\right) = 20 \lg\left(\frac{p_i}{p_t}\right) \tag{47-4-35}$$

式中　I_i，I_t——分别为入射声强和透射声强，W/m²；

　　　p_i，p_t——分别为入射声压和透射声压，Pa。

隔声量的大小与隔声构件的结构、性质有关，也与入射声波的频率有关。同一隔声墙对不同频率的声音，隔声性能可能有很大差异。故工程中常用 125～4000Hz 的 6 个倍频程中心频率的隔声量的算术平均值来表示某一构件的隔声性能，称为平均隔声量。为更准确表示某一隔声构件的隔声性能，可选用 ISO 推荐的隔声指数作为评价标准。

C　单层均质墙的隔声性能

a　单层均质墙隔声的频率特性　　隔声中，通常将板状或墙状的隔声构件称作隔墙、墙板或简称为墙。仅有一层墙板称作单层墙，有两层或多层、层间有空气等其他材料，则

称作双层或多层墙。

实践证明，单层均质墙的隔声量与入射声波的频率关系很大，其变化规律如图47-4-9中曲线所示，该曲线大致可分为4个区。

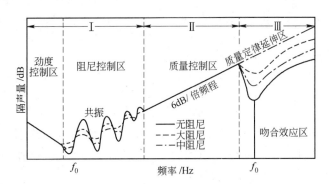

图 47-4-9 单层均质墙的隔声频率特性曲线

第1个区称为劲度控制区。这个区的控制范围从零直到墙体的第1共振频率 f_0 为止。在该区域内，随着入射声波频率的增加，墙板的隔声量逐渐下降。声波频率每增加一个倍频程，隔声量下降6dB。

第2个区称作阻尼控制区，又称作板共振区。当入射声波的频率与墙板固有频率相同时，引起共振，墙板振幅最大，振速最高，因而透射声能急剧增大，隔声量曲线呈显著低谷；声波频率是共振频率的谐频时，墙板发生的谐振也会使隔声量下降，所以在共振频率之后，隔声量曲线连续又出现几个低谷，第1个低谷是共振谐频处，又称第1共振频率。但本区域内随着声波频率的增加，共振现象越来越弱，直至消失，所以隔声量总的仍呈上升趋势。

阻尼控制区的宽度取决于墙板的几何尺寸、弯曲劲度、面密度、结构阻尼的大小及边界条件等，对一定的墙板，主要与其阻尼大小有关，增加阻尼可以抑制墙板的振幅，提高隔声量，并降低该区的频率上限，缩小该区范围，所以称作阻尼控制区。第1、2区又常合并称为劲度与阻尼控制区，若第1、2区合并，那么隔声频率曲线共分为3个区（图47-4-9）。

第3个区是质量控制区。在该区域内，隔声量随入射声波的频率直线上升，其斜率为6dB/倍频程。而且墙板的面密度愈大，即质量愈大，隔声量愈高，故称质量控制区。

第4个区是吻合效应区。在该区域内，随着入射声波频率的继续升高，隔声量反而下降，曲线上出现一个深深的低谷，这是由于出现了吻合效应的缘故。增加板的厚度和阻尼，可使隔声量下降趋势得到减缓。越过低谷后，隔声量以每倍频程10dB趋势上升，然后逐渐接近质量控制的隔声量。

b 单层均质墙的隔声量和质量定律　　声波在空气中的传播途径上，当遇到墙状固体障碍物时，由于空气与固体介质特性的差异，在两分层界面上将产生两次反射与透射。在理想的条件下，可以导出单层墙在质量控制区的声波垂直入射时的隔声量 $R_\perp$ 如式（47-4-36）。

$$R_\perp = 10 \lg \left[1 + \left(\frac{2\pi fm}{2\rho_0 c} \right)^2 \right] \qquad (47\text{-}4\text{-}36)$$

式中　f——入射声波频率，Hz；

ρ_0——空气密度，kg/m^3；

m——墙板面密度，kg/m^2；

c——声速，m/s。

对于砖、钢、木、玻璃等常用材料，常有 $\left(\dfrac{2\pi fm}{2\rho_0 c}\right) \gg l$，因此 $R_\perp$ 如式（47-4-37）或式（47-4-38）。

$$R_\perp = 10 \ \lg\left(\frac{2\pi fm}{2\rho_0 c}\right)^2 \tag{47-4-37}$$

或
$$R_\perp = 20 \ \lg m + 20 \ \lg f - 43 \tag{47-4-38}$$

式（47-4-38）定量地描述了单层均质墙的隔声量与面密度及入射声波频率之间的关系。在声波频率一定时，墙板面密度越大，隔声量越高。因此被称作质量定律。由此式知，m 或 f 增加一倍，隔声量都增加6dB。

但实际上，墙面积不可能无限大，而且墙有弹性，有阻尼与损耗，因此按式（47-4-38）计算的结果与实测值存在误差。对于一个单层均质墙板，假定不考虑边界的影响，在无规入射条件下，主要只考虑墙板面密度与入射声波频率两个因素时，可用下面的经验式估算隔声量如式（47-4-39）。

$$R = 18 \ \lg m + 12 \ \lg f - 25 \tag{47-4-39}$$

由式（47-4-39）可知，若频率不变时，面密度每增加一倍，隔声量约增加5.4dB；当面密度不变时，频率每增加一倍，隔声量增加约3.6dB。

若采用平均隔声量 $\overline{R}$ 表示墙板的隔声性能时，在频率 $100 \sim 200Hz$ 范围内，可采用式（47-4-40）和式（47-4-41）的经验式进行计算。

$$\overline{R} = 13.51 \ \lg m + 14 \qquad (m \leqslant 200kg/m^2) \tag{47-4-40}$$

$$\overline{R} = 16 \ \lg m + 18 \qquad (m \geqslant 200kg/m^2) \tag{47-4-41}$$

D   双层墙的隔声

实践与理论证明，单纯依靠增加结构的重量来提高隔声效果既浪费材料，隔声效果也不理想。若在两层墙间夹以一定厚度的空气层，其隔声效果会优于单层实心结构，从而突破质量定律的限制。两层匀质墙与中间所夹一定厚度的空气层所组成的结构，称作双层墙。

一般情况下，双层墙比单层墙隔声量大 $5 \sim 10dB$；如果隔声量相同，双层墙的总重比单层墙减少 $2/3 \sim 3/4$。工程应用中，双层墙平均隔声量的估算经验公式如式（47-4-42）和（47-4-43）。

$$\overline{R} = 16 \ \lg(m_1 + m_2) + 8 + \Delta R \qquad (m_1 + m_2) > 200kg/m^2 \tag{47-4-42}$$

$$\overline{R} = 13.5 \ \lg(m_1 + m_2) + 14 + \Delta R \qquad (m_1 + m_2) \leqslant 200kg/m^2 \tag{47-4-43}$$

式中 ΔR——空气层附加隔声量，dB。

E   隔声间

在吵闹的环境中建造一个具有良好隔声性能的小房间，或者将多个强声源（或单台大型噪声源）置于上述房间中，以保护周围环境的安静，这种由不同隔声构件组成的具有良好隔声性能的房间称作隔声间。通常多用于对声源难做处理的情况，如强噪声车间的控制室、观察室，声源集中的风机房、高压水泵房，以及民用建筑中高级宾馆的房间等。

隔声间有封闭式和半封闭式之分。一般多用封闭式。隔声间除需要有足够隔声量的墙体外，还需要设置具有一定隔声性能的门、窗或观察孔等，如果门、窗设计不好或孔隙漏声严重，都会大大影响隔声效果。

a 带有门或窗的组合体的隔声能力 带有门或窗的墙板总隔声量 R 可按式（47-4-44）计算。

$$R = R_l + 10 \lg \frac{1 + \dfrac{S_1}{S_2}}{\dfrac{S_1}{S_2} + 10^{0.1(R_1 - R_2)}} \tag{47-4-44}$$

式中 R_1——墙板本身（除门、窗之外的墙面）的隔声量，dB；

R_2——门或窗的隔声量，dB；

S_1——墙板面积（应扣除门、窗面积），m^2；

S_2——门、窗面积，m^2。

b 同时带有门、窗的组合体的隔声能力 若在一个隔声组合体中，同时有门和窗时，R_2 应该用门和窗本身组合后的等效隔声量 R_3 来代替，S_2 应该用 S_3 来代替，R_3 和 S_3 分别如式（47-4-45）和式（47-4-46）。

$$R_3 = R_M + 10 \lg \frac{1 + \dfrac{S_M}{S_C}}{\dfrac{S_M}{S_C} + 10^{0.1(R_M - R_C)}} \tag{47-4-45}$$

$$S_3 = S_M + S_C \tag{47-4-46}$$

式中 R_M——门的隔声量，dB；

R_C——窗的隔声量，dB；

S_M——门的面积，m^2；

S_C——窗的面积，m^2。

F 隔声罩和隔声屏

a 隔声罩 将噪声源封闭在一个相对小的空间内，以减少向周围辐射噪声的罩状结构，通常称为隔声罩。有时为了操作、维修的方便或通风散热的需要，罩体上需开观察窗、活动门及散热消声通道等。例如，如果机器噪声很高，特别是当机器机体辐射噪声很强时，给机器加个罩子，往往可以收到明显的降噪效果。隔声罩有密封型与局部开敞型，固定型与活动型之分。常用于车间内独立的强声源，如风机、空压机、柴油机、电动机、变压器等动力设备，以及破碎机、球磨机等机械设备。当难以从声源本身降噪，而生产操作又允许将声源全部或局部封闭起来时，使用隔声罩会获得很好的效果，其降噪量一般在 10~40dB。

隔声罩的降噪效果通常用插入损失来表示，即隔声罩设置前后，同一接受点的声压级之差，记作 IL，如式（47-4-47）所示。

$$IL = L_{p1} - L_{p2} \tag{47-4-47}$$

式中　L_{p1}——无隔声罩时接收点的声压级，dB；

　　　L_{p2}——有隔声罩时同一接收点的声压级，dB。

隔声罩的总隔声量如式（47-4-48）。

$$R_{\text{实}} = 10 \lg \frac{\displaystyle\sum_{i=1}^{n} S_i \alpha_i}{\displaystyle\sum_{i=1}^{n} S_i \tau_i} \qquad (47\text{-}4\text{-}48)$$

式中　S_i——隔声罩内各构件的面积，m^2；

　　　α_i——隔声罩内各构件的吸声系数；

　　　τ_i——隔声罩内各构件的传声系数；

　　　n——构成隔声罩的构件个数。

b　隔声屏　　用来阻挡声源和接收者之间直达声的障板或帘幕状屏蔽物，称为隔声屏。隔声屏一般用来阻挡直达声。声波在空气中传播遇到障碍物时，若障碍物本身的隔声量足够大，其尺寸也远大于峰值频率的波长，则大部分声能被反射，障碍物后面的一定范围内，仅接收到很少的透射声与小部分衍射声，形成声影区，接收点便应设计在此范围内，这就是隔声屏的降噪原理。

隔声屏的插入损失如式（47-4-49）。

$$IL = 10 \lg \left(\frac{\dfrac{Q}{4\pi r^2} + \dfrac{4}{R_r}}{\dfrac{Q_B}{4\pi r^2} + \dfrac{4}{R_r}} \right) \qquad (47\text{-}4\text{-}49)$$

式中　Q_B——声源的合成指向特性。

此式表明，插入损失大小与房间的吸声状况、接收点与声源的距离、声源的合成指向特性（路程差与声波波长）密切相关。

47.4.5.4　消声器

消声器是一种在允许气流通过的同时，又能有效地阻止或减弱声能向外传播的装置。它是降低空气动力性噪声的主要技术措施，主要安装在进、排气口或气流通过的管道中。一个性能好的消声器，可使气流噪声降低 20~40dB，因此在噪声控制中得到了广泛的应用。

A　消声器的分类

消声器的形式很多，按其消声机理大体分为四大类：阻性消声器、抗性消声器、微穿孔板消声器和扩散消声器。阻性消声器是一种吸收型消声器，它是把吸声材料固定在气流通过的通道内，利用声波在多孔吸声材料中传播时，因摩擦阻力和黏滞阻力将声能转化为热能，达到消声的目的。其特点是对中、高频有良好的消声性能，对低频消声性能较差，主要用于控制风机的进排气噪声、燃气轮机进气噪声等。抗性消声器适用于消除低、中频的窄带噪声，主要用于脉动性气流噪声的消除，如用于空压机的进气噪声、内燃机的排气噪声等的消除。微穿孔板消声器具有较好的宽频带消声特性，主要用于环境较卫生的场合。扩散消声器也具有宽频带的消声特性，主要用于消除高压气体的排放噪声，如锅炉排气、高炉放风等。在实际应用中，往往采用两种或两种以上的原理制成复合型的消声器。

B 消声器的性能评价

消声器的性能主要从以下三个方面来评价：

（1）消声性能 消声器的消声性能，即消声器的消声量和频谱特性。消声器的消声量通常用传声损失和插入损失来表示。现场测试时，也可以用排气口（或进气口）处两端声级来表示。消声器的频谱特性一般以倍频1/3频带的消声量来表示。

（2）空气动力性能 消声器的空气动力性能是评价消声性能好坏的另一项重要指标，是指消声器对气流阻力的大小。也就是指安装消声器后输气是否通畅，对风量有无影响，风压有无变化。在气流通道上安装消声器，不仅要考虑消声器的消声性能，还必须考虑消声器对空气动力设备空气动力性能的影响。否则，则在某种情况下，消声器可能会使设备的效能大大降低，甚至无法正常使用。

（3）结构性能 消声器的结构性能是指它的外形尺寸、坚固程度、维护要求、使用寿命等。好的消声器除应有良好的声学性能和空气动力性能之外，还应该具有体积小、重量轻、结构简单、便于维护等特点。

C 阻性消声器

阻性消声器是利用吸声材料的吸声作用，使沿通道传播的噪声不断被吸收而逐渐衰减的装置。把吸声材料固定在气流通过的管道内壁，或按一定方式在通道中排列起来，就构成了阻性消声器。当声波进入消声器中，引起阻性消声器内多孔材料中的空气和纤维振动，由于摩擦阻力和黏滞阻力，使一部分声能转化为热能而散失掉，从而起到消声的作用。

阻性消声器应用十分广泛，它对中、高频范围的噪声具有较好的消声效果。

阻性消声器一般可分为直管式、片式、折板式、蜂窝式、声流式、迷宫式和弯头式等几种，如图47-4-10所示。

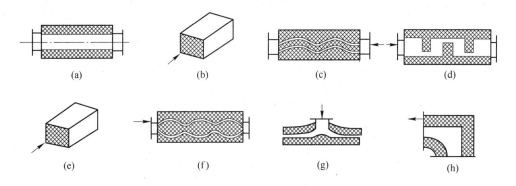

图 47-4-10 阻性消声器结构示意图

（a）直管式；（b）片式；（c）折板式；（d）迷宫式；（e）蜂窝式；（f）声流式；（g）盘式；（h）弯头式

a 阻性消声器消声量的计算 阻性消声器的消声量与消声器的结构形式、长度、通道横截面积、吸声材料性能、密度、厚度以及穿孔板的穿孔率等因素有关。消声量可用式（47-4-50）近似计算。

$$\Delta L = \varphi(a_0) \frac{P}{S} l \qquad (47\text{-}4\text{-}50)$$

式中　ΔL——消声量，dB；

　　$\varphi(a_0)$——与材料吸声系数 a_0 有关的消声系数，见表 47-4-12，dB；

　　　　P——通道截面的周长，m；

　　　　S——通道横截面面积，m^2；

　　　　l——消声器的有效长度，m。

　　由式（47-4-50）看出，阻性消声器的消声量与消声系数有关，即材料的吸声性能越好，声量越高；其次，消声量与长度、周长成正比，与横截面面积成反比。因此，设计消声器时，选择吸声材料要挑选有较高吸声系数的材料，准确计算通道各部分的尺寸。

表 47-4-12　$\varphi(a_0)$ 与 a_0 的关系

a_0	0.10	0.20	0.30	0.40	0.50	0.6 ~ 1.0
$\varphi(a_0)$	0.11	0.24	0.39	0.55	0.75	1.0 ~ 1.5

　　b　高频失效频率　　阻性消声器的实际消声量大小与噪声的频率有关。声波的频率越高，传播的方向性越强。对于一定截面积的气流通道，当入射声波的频率高到一定的程度时，由于方向性很强而串成"声束"状传播，很少接触贴附在管壁的吸声材料，消声量明显下降。产生这一现象的声波频率称为上限失效频率 f_n，f_n 可用经验公式（47-4-51）计算。

$$f_n \approx 1.85c/D \qquad (47\text{-}4\text{-}51)$$

式中　c——声速，m/s；

　　　D——消声器通道的当量直径，m。

　　其中圆形管道取直径，矩形管道取边长的平均值，其他可取面积的开方值。

　　当频率高于失效频率时，每增高一个倍频带，其消声量约下降 1/3，可用式（47-4-52）估算。

$$\Delta L' = \frac{3-n}{3}\Delta L \qquad (47\text{-}4\text{-}52)$$

式中　$\Delta L'$——高于失效频率的某倍频程的消声量；

　　　ΔL——失效频率处的消声量；

　　　n——高于失效频率的倍频程频带数。

　　D　抗性消声器

　　抗性消声器不使用吸声材料，而是利用管道截面的突变或旁接共振腔使管道系统的阻抗失配，产生声波的反射、干涉现象，从而降低由消声器向外辐射的声能，达到消声的目的。抗性消声器的选择性较强，适用于窄带噪声和低、中频噪声的控制。常见的抗性消声器有扩张室式、共振腔式和干涉式。此外，还有弯头、屏障、穿孔片等组合而成的消声器等，如图 47-4-11 所示。

　　a　扩张室式消声器　　扩张室式消声器也称为膨胀室式消声器，它是由管和室组成的。

　　（1）扩张室式消声器的消声原理　　利用声传播中的不连续结构产生声阻抗的改变，引起声反射而达到消声的目的。典型的扩张室式消声器的结构如图 47-4-12 所示。

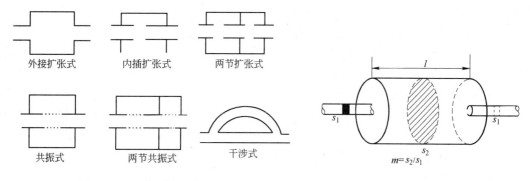

图 47-4-11 常见抗性消声器   图 47-4-12 扩张室式消声器

（2）改善扩张室式消声器性能的方法 扩张室式消声器的消声特性是周期性变化的，即某些频率的声波能够无衰减地通过消声器。由于噪声的频率范围一般较宽，如果消声器只能消除某些频率成分而让另一些频率成分顺利通过，这显然是不利的。为了克服扩张室式消声器这一缺点，必须对扩张室式消声性能进行改善处理，主要方法如下：

1）在扩张室式消声器内插入内接管，以改善它的消声性能。

2）采用多节不同长度的扩张室串联的方法，可解决扩张室对某些频率不消声的问题。在实际工程上，为了获得较高的消声效果，通常将这两个方法结合起来运用。即将几节扩张式消声器串联起来，每节扩张室的长度各不相等，同时在每节扩张室内分别插入适当的内接管。这样，便可在较宽的频率范围内获得较高的消声效果。

b 共振腔消声器   共振腔消声器是由管道壁开孔与外侧密闭空腔相通而构成。

（1）共振腔消声器的消声原理 共振腔消声器从本质上看，也是一种抗性消声器。它是在气流通道的管壁上开有若干个小孔，与管外一个密闭的空腔组成，有旁支型和同轴型，如图 47-4-13 所示。

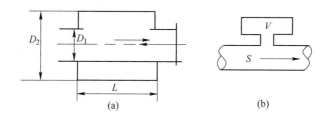

图 47-4-13 共振腔消声器
（a）同轴型；（b）旁支型

共振腔消声器实质上是共振吸声结构的一种应用，其基本原理基于亥姆霍兹共振器。管壁小孔中的空气柱类似活塞，具有一定的声质量，密闭空腔类似于空气弹簧，具有一定的声顺，两者组成一个共振系统。当声波传至颈口时，在声压作用下空气柱便产生振动，振动时的摩擦阻尼使部分声能转换为热能耗散掉。同时，由于声阻抗的突然变化，一部分声能将反射回声源。当声波频率与共振腔固有频率相同时，便产生共振，空气柱振动速度达到最大值，此时消耗的声能最多，消声量也就最大。

（2）改善共振腔消声器性能的方法 共振腔消声器的优点是特别适宜于低、中频成分突出的噪声，且消声量比较大。缺点是消声频带范围窄，对此可采用以下方法改进：

1）选定较大的 k 值。在偏离共振频率时，消声量的大小与 k 值有关，k 值大，消声量也大。因此，欲使消声器在较宽的频率范围内获得明显的消声效果，必须使 k 值设计得足够大。

2）增加声阻。在共振腔中填充一些吸声材料，或在孔颈处衬贴薄而透声的材料，都可以增加声阻，使有效消声的频率范围展宽。这样处理尽管会使共振频率处的消声量有所下降，但由于偏离共振频率后的消声量下降变得缓慢，从整体看还是有利的。

3）多节共振腔串联。把具有不同共振频率的几节共振腔消声器串联，互相错开，可以有效地拓宽消声频率范围。

E　微穿孔板消声器

在厚度小于 1mm 的金属板上钻许多孔径为 0.5~1mm 的微孔，穿孔率一般在 1%~3%，并在穿孔板后面留有一定的空腔，即成为微穿孔板吸声结构。这是一种高声阻、低声质量的吸声元件。与一般穿孔板相比，由于孔很小，声阻就大得多，因而提高了结构的吸声系数。低的穿孔率降低了其声质量，使依赖于声阻与声质量比值的吸声频带宽度得到拓宽。同时微穿孔板后面的空腔能够有效地控制共振吸收峰的位置。为了保证在宽频带有较高的吸声系数，可采用双层微穿孔板结构。因此，从消声原理上看微穿孔板消声器实质上是一种阻抗复合式消声器。微穿孔板消声器的结构形式类似于阻性消声器，按气流通道的形状，可分为直管式、片式、折板式、声流式等。

F　扩散消声器

排气喷流噪声在工业生产中普遍存在，如工厂中各种空气动力设备的排气、高压锅炉排气放风以及喷气发动机试车、火箭发射等都辐射出强烈的排气喷流噪声。这种噪声的特点是声级高，频带宽，传播远，严重危害人的身心健康，并污染环境。扩散消声器是从声源上降低噪声的，在这一点上与阻性消声器不同。它是利用扩散降速、变频或改变喷注气流参数等达到消声效果的。下面按照消声的原理简要介绍不同种类的扩散消声器。

a　小孔喷注消声器　　小孔喷注消声器的消声原理是从发声机理上使它的干扰噪声减小。小孔喷注消声器用于消除小口径高速喷流噪声，喷注噪声的峰值频率与喷口直径成反比。如果喷口直径变小，喷口辐射的噪声能量将从低频移向高频，结果低频噪声被降低，高频噪声反而增高。如果孔径小到一定值，喷注噪声将移到人耳不敏感的频率范围去，根据这个原理，将一个大的喷口改用许多小喷口来代替，从发生机理上使它的干扰噪声减少，如图 47-4-14 所示。

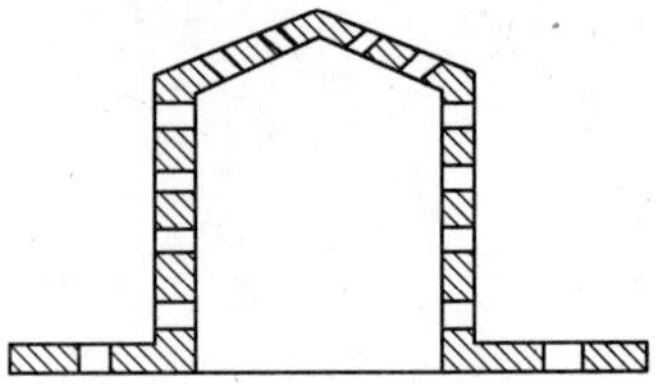

图 47-4-14　小孔喷注消声器

从实用的角度考虑，孔径不宜选得过小，因为过小的孔径不仅难于加工，同时易于堵塞，影响排气量。一般选择直径 1~3mm 的孔径较合适。如果小孔直径大于 5mm，这种构造就逐渐成为大孔消声扩散器。小孔喷注消声器由于各孔排出喷注的互相干扰而降低噪声（一般在高频降低 10dB 左右）。此外，如果小孔之间距离较近，气流经过小孔后形成多个小喷注，再汇合形成较大的喷注，使消声效果降低。为此，小孔喷注消声器必须有足够的孔心距。

b 节流降压消声器 节流降压消声器（图47-4-15）是利用节流降压原理制成的。根据排气量的大小，设计通流面积，使高压气体通过节流孔板时，压力得到降低。如果多级节流孔板串联，就可以把原来高压气体直接排空的一次性压降，分散成若干小的压降。由于排气噪声功率与压力降的高次方成正比，所以这种把压力突变排空改为压力渐变排空，便可以取得较好的治声效果，这种消声器通常有15~30dB的消声量。

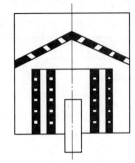

图47-4-15 节流降压消声器

c 多孔扩散消声器 多孔扩散消声器是根据气流通过多孔装置扩散后，速度及驻点压力都会降低的原理设计制作的一种消声器。图47-4-16是几种多孔扩散消声器的结构示意图。它利用粉末冶金、烧结塑料、多层金属网、多孔陶瓷等材料替代小孔喷注，其消声原理与小孔喷注消声器的消声原理基本相同。小孔喷注消声器的孔心距与孔径之比较大，从理论上说，它把每个喷射束流看成是独立的，可以忽略混合后的噪声。而多孔扩散消声器孔心距与孔径之比较小，排放的气流被滤成无数小气流，不能忽略混合后产生的噪声，这是上述两种消声器的不同点。另外，多孔扩散消声器因由多孔材料制成，还有阻性材料起吸声作用，吸收一部分声能。

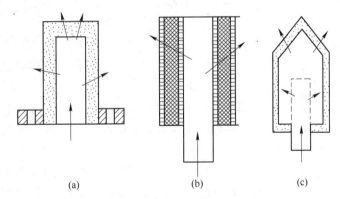

(a) (b) (c)

图47-4-16 多孔扩散消声器
（a）粉末冶金型；（b）小孔丝网组合型；（c）陶瓷型

47.4.5.5 隔振及阻尼减振

物体的振动除了向周围空间辐射在空气中传播的声（空气声）外，还能以弹性波的形式在基础、地板和墙壁中传播，并在传播过程中向外辐射噪声，这种通过固体传播的声波称为固体声。振动控制的常用措施：一是控制振动源振动，即消振；二是在振动传播路径上采取隔振措施，或在受控对象上附加阻尼材料或阻尼元件，通过减弱振动传递或加大能量消耗减少受控对象对振源激励的响应。可以采用以下方法实现隔振：

（1）采用大型基础；

（2）在机械振动基础周围开设防振沟；

（3）在振动设备下安装隔振器如隔振弹簧、橡胶垫等，使设备与基础之间的刚性连接变成弹性支撑。

表 47-4-13 表示常用噪声控制措施的降噪原理与应用范围。

表 47-4-13   常用噪声控制措施的降噪原理与应用范围

措施种类	降噪原理	应用范围	减噪效果/dB
吸声	利用吸声材料或结构,降低厂房、室内反射声,如悬挂吸声体等	车间内噪声设备多且分散	4 ~ 10
隔声	利用隔声结构,将噪声源和接受者隔开,常用的有隔声罩、隔声间和隔声屏	车间工人多,噪声设备少,用隔声罩;反之,用隔声间;当使用两者均不行时,用隔声屏	10 ~ 40
消声器	利用阻性、抗性、小孔喷注和多孔扩散等原理消减气流噪声	气动设备的空气动力性噪声,各类放空排气噪声	15 ~ 40
隔振	把具有振动的设备,从与地板刚性接触改为弹性接触,隔绝固体声传播,如隔振基础、隔振器	设备振动厉害,固体传播远,干扰居民	5 ~ 25
减振(阻尼)	利用内摩擦、耗能大的阻尼材料,涂抹在振动构件表面,减少振动	机器设备外壳、管道振动噪声严重	5 ~ 15

47.4.5.6 噪声的个人防护

在其他技术措施不能有效地控制噪声,或者只有少数人在吵闹的环境下工作时,个人防护仍是一种既经济又实用的有效方法。

A   对听觉和头部的防护

对听觉的防护措施主要有耳塞、耳罩、防声头盔和防声棉。

耳塞是插入外耳道的护耳器。主要有预模式耳塞、泡沫塑料耳塞和入耳膜耳塞三种。它们的隔声量多在 15 ~ 27dB。良好的耳塞应具有隔声性能好,佩戴舒适方便、无毒性。不影响通话和经济耐用等特点。

耳罩是将整个耳郭封闭起来的护耳装置。它是根据隔声原理,阻挡外界噪声向人耳内传送起到护耳作用。耳罩主要由硬塑料、硬橡胶、金属板等制成的左右两个壳体、泡沫塑料外包聚氯乙烯薄膜制成的密封垫圈、弓架以及吸声材料四部分组成。其平均隔声量在 15 ~ 25dB,高频可达 30dB。耳罩的缺点是体积大,在炎热夏季或高温环境中佩戴较闷热。

强噪声对人的头部神经系统有严重的危害,为了保护头部免受噪声危害,常采用戴防声帽,防声帽有软式和硬式两种。软式防声帽是人造革帽和耳罩组成,耳罩可以根据需要放下或翻到头上,这种帽子戴上较舒适。硬式防声帽是由玻璃钢制外壳,壳内紧贴一层柔软的泡沫塑料,两边装有耳罩。防声帽隔声量一般在 30 ~ 50dB。其缺点是体积较大,夏天闷热。

防声棉是一种塞入耳道的护耳道专用材料。它是直径为 1 ~ 3μm 的超细玻璃棉经化学处理制成的,外形不定。使用时,用手提成锥形塞入耳道即可。防声棉的隔声量随频率增高而增加,隔声量为 15 ~ 20dB。

B   人的胸、腹部防护

当噪声超过 140dB 以上,不但对听觉、头部有严重的危害,而且对胸部、腹部各器官也有极严重的危害,尤其是心脏。因此,在极强噪声的环境下,要考虑人们的胸部防护。

防护衣是由玻璃钢或铝板、内衬多孔吸声材料组成,可以防噪、防冲击声波,以期达到对胸、腹部的保护。

47.4.6　选矿厂噪声污染及其防治实例

47.4.6.1　破碎阶段噪声污染及其防治

在选矿流程中，破碎阶段是必不可少的工序，在破碎过程中装备有各种大型的破碎设备，如颚式破碎机、圆锥破碎机、锤式破碎机等，这些设备在碎矿时产生的噪声是破碎阶段的主要噪声来源。

大多数破碎设备的声级都超过允许值 10~25dB，可高达 105~110dB，其中部分破碎设备的噪声级见表 47-4-14。

表 47-4-14　部分破碎设备的噪声级

设备名称及型号	噪声级/dB
颚式破碎机 PEJ1500×1200	92~105
圆锥破碎机 PYBϕ2200	100~105
圆锥破碎机 PYDϕ2200	92~105

破碎机的噪声是破碎矿石时产生撞击力和挤压力而引起的，主要原因是被破碎矿石弹性变形引起机体强烈振动、传动齿轮的啮合不良、碎矿零件质量不平衡、矿石撞击配料板和进料斗产生的振动等。整个破碎机的噪声可概括为落料噪声、破碎噪声和出料噪声三部分，此外还有电动机的传动噪声。落料噪声是矿石下落时对破碎机壳体的冲击所造成的，系非稳态脉冲噪声；破碎噪声是破碎机生产运行时对矿石挤压而产生的，系稳态连续噪声，距机壳 1m 处为 100~105dB，噪声频谱呈低、中频特性，峰值在 500~1000Hz；出料噪声是破碎后的矿石自出料口下落时对溜槽冲击而产生的噪声，系非稳态脉冲噪声，距出料口 0.5m 处噪声声级为 103~105dB。

破碎车间的噪声都超过了允许的噪声级 85dB，这种噪声对人体健康有极大的危害，会损伤人的听力，影响神经系统，还会造成心血管系统和消化系统的紊乱。

为了降低破碎阶段的噪声对人体健康带来的影响，国内外都采用了许多措施来减小噪声的危害。破碎车间的噪声可从以下三个方面进行控制：

（1）声源控制　通过改进破碎机的结构，提高各个部件的加工精度和装配质量，采用合理的操作方法等，降低声源的噪声发射功率。一是在破碎机和支承结构之间安装具有高度内摩擦的材料作为衬垫，以便降低衬板振动传递给相连的各个零件和部件；二是在所有破碎物料的撞击处加装耐磨的橡胶作为衬板；三是对于破碎机旋转部件应仔细进行平衡，减少圆锥轴套和偏心轴的间隙，以便降低振动强度。

（2）噪声传播途径的控制　一是在破碎机机架外壳、机座、给料板和进料漏斗的传动表面应覆盖阻尼材料，以减少噪声辐射的面积；二是破碎机给料装置要隔声，破碎机应安装在防振器上面。

（3）个人防护　减少在破碎机旁边的暴露时间，在车间工作的人佩带护耳器（耳塞、耳罩等），以减小噪声的影响，同时实行轮流工作制。

选场实际应用结果表明，在采取第（1）、（2）项措施后，破碎机整体噪声可降低至 12~15dB。国内外采用隔声罩封闭整个破碎机，可使破碎机全负荷运转时的噪声级下降到 10~20dB。鞍钢齐大山选场曾在中碎机上安装了吸声体的隔声罩，隔声效果很好，但是由于检修时拆装麻烦、罩内落矿不方便清理等原因，没有坚持下来。最理想的方法是建造隔声操作间，操作间内、外层用钢板，两层钢板间衬以矿棉吸声材料，并在室内壁上贴隔声层，可使整个操作间噪声显著降低。

47.4.6.2　磨矿阶段噪声污染及其防治

磨矿主要是将矿石磨细的工段，磨矿车间的噪声主要来自球磨机和棒磨机磨矿过程及其所配的电动机运转时产生的噪声。磨矿机的声级视磨矿机的结构类型、磨矿机内物料的负荷（填充率）、所磨物料的类型、工作条件、磨矿介质类型、球径、衬板的磨损程度等决定。

磨矿机的噪声主要来自：磨矿介质撞击磨机机体和端盖衬板；传动装置齿轮啮合处；齿轮磨损；磨矿机两端（给矿端和排矿端）轴颈没有密封，传出噪声；衬板造成的声震，传给机体外表面和端盖；齿轮箱防护装置不密封；给料、排料装置上物料的撞击声。球磨机中钢球撞击磨矿机机体产生的噪声最强，球磨机噪声源是：钢球与钢球之间的撞击声；钢球与物料、内衬钢板的摩擦声；钢球与物料、内衬钢板的撞击声；传动机构即减速箱与电动机的噪声。其中机体噪声为 90 ~ 100dB，齿轮啮合处噪声为 102 ~ 105dB，排矿一端噪声在 98 ~ 100dB。在球磨机 1m 处的噪声级为 102 ~ 113dB，其频谱呈高频，频带较宽，声场较稳定。这样强烈的噪声不仅严重危害工人身心健康，而且也严重地污染周围的环境。

降低磨矿机噪声的办法，最好采用无介质磨矿法或减少磨矿介质撞击磨矿机机体，自磨机、半自磨机和砾磨机的噪声较小。现在的工艺就是要减少磨矿介质的撞击，减少齿轮啮合的噪声、采取措施减小排矿端的噪声。

目前，许多企业采取措施，大大降低了噪声，这些措施有：在机体和钢板之间垫以橡胶材料；在机体、排矿端和磨矿机装置部件都采取隔声装置。

A　以橡胶衬板代替钢衬板

许多国家广泛采用橡胶代替磨矿机中的钢衬板，如俄罗斯生产 14112、14478 和 1801 -6 混合橡胶，瑞典斯克加和特列博格公司生产的各种衬板在北欧和美洲各国广泛应用，效果良好。

B　安装隔声装置

为了降低开启排矿端发出的噪声，可在旋转的排矿轴颈处安装一个隔声板或是装有带隔声垫的带罩的隔声屏。北京耐火材料厂成功地使用在 1.5m × 5.7m 球磨机上，降噪量达到 30dB。但因球磨机运转时产生大量的热，必须解决罩内通风散热问题。加罩后对设备维修、加滑润油都会带来不方便。该方法在小型球磨机上使用效果较好，但矿用大型球磨机带有分级机，使用上有困难。

C　改进设备条件

为了降低因机体内旋转物料不平衡、齿圈周边形状变形、齿圈上齿的磨损不匀、齿轮啮合时引起的撞击噪声，在传动电动机和轴齿轮之间采用弹性联轴节，使齿圈、机体、轴齿轮装上防护隔声装置，在机体内表面衬 10 ~ 15mm 厚的橡胶，采取这些措施之后可降低噪声声级 10 ~ 15dB。

D　设计隔声间

在条件许可时，将球磨机集中在专门球磨机室内，并进行全面的声学处理，可取得较隔声罩更好的隔声效果。但矿用球磨机带有分级机，而且球磨机是破碎筛分、磨矿分级和选别系列中的某一设备，因此，单独将所有球磨机集中而建造隔声间是有困难的。最理想的降噪办法是建造工人操作休息的隔声间，把操纵球磨机的按钮和监测仪表集中在隔声室内，工人上班期间主要在隔声间进行操作和监测。

47.4.6.3 其他阶段噪声污染及其防治

在选矿厂中，除破碎车间和磨矿车间产生的噪声外，筛分机、皮带运输机、过滤机、跳汰机等都会发出噪声和振动，大部分都超出了允许的噪声级，应对这些设备进行噪声防治。

A 筛分机噪声的防治

筛分机的噪声特性视筛分机的结构、筛分机筛面的形式、工作条件、所筛的物料粒度和硬度而定。中频和低频筛分机中，由传动装置不平衡块旋转产生的离心力引起筛框侧壁的振动，振动器轴承部件的撞击，以及物料对筛板的撞击都是筛分机噪声源。

整个振动筛噪声声源可概括为三个方面：一是矿石在筛分过程中不断撞击金属筛面与边框，产生强烈的筛分噪声；二是筛出的大块矿石下落过程中连续撞击金属溜槽壁，产生的高落料噪声；三是机器运转中轴承部件与筛箱体辐射出较强的机械噪声。前两者属撞击噪声，主要表现为中、高频，后者属机械噪声，主要表现为低、中频。

振动筛噪声治理可采取如下措施：

(1) 筛分噪声治理 筛分噪声是由矿石撞击金属筛面而产生，可采取橡胶筛板代替金属筛面的方法加以控制。若用橡胶筛板代替金属筛面，可使矿石撞击筛面时间延长和使用筛面阻尼系数增加，即可使加速度噪声和自鸣噪声减少。

马钢姑山铁矿选厂采用了耐磨橡胶筛板，整个筛板不易拉伸变形，克服了单一的弹性材料制作筛板，使用一段时间后拉伸变形下垂而形成堵孔现象。

(2) 落料噪声治理 矿石从筛端落入溜槽，在溜槽壁、底区域产生撞击噪声。因此，控制落料噪声最好的办法是在撞击处安装橡胶撞击衬板。为使衬垫能最大限度地降低噪声及最少的磨损，美国矿山局试验得出的结论是，衬垫的寿命取决于落料的撞击角度、板的最佳厚度和安装方式。

(3) 机械噪声治理 机械噪声主要有轴承噪声和箱体噪声。为了降低振动筛的噪声级，可在振动器外壳与机架之间安装减振器，并对减振器的刚性进行合理选择，使振动器振幅达到最小。这样就可以降低轴承相互撞击强度，提高使用寿命，同时也能减少轴承部件辐射的噪声。

鞍钢齐大山选矿厂将振动筛进行密闭，里侧吊挂防尘吸声体。作为内吸外隔的防噪声隔声间，将防噪声和防尘相结合，在结构上顶部盖板制成可拆的活动盖板，便于检修，可使环境噪声降至90dB以下。

激振器体外加软式隔声罩，在筛机上方设悬吊吸声体，有效吸收振动筛的直达噪声，降低混响效果，加强筛机的维护工作，防止因个别部件松动而产生额外振动，尤其要定期更换筛板。

B 皮带运输机卸载装置噪声的治理

选矿厂车间装有多种运料设备，如皮带运输机、斗式提升机、刮板斗式运输机和自流运输（如流槽漏斗等）。传动装置的噪声特性由电动机、减速器的型号、零件磨损程度、负荷、传动装置在机上的安装状况对噪声都有影响。

降低传送装置的噪声方法有：

（1）采用金属网格内镶耐磨橡胶制作料斗，物料落入料斗撞击耐磨橡胶时，橡胶发生变形而贮存能量，然后缓慢释放，减缓了撞击力而降低噪声。

（2）在溜槽和分矿箱上衬橡胶或旧胶带，以降低大块物料的撞击噪声。尽量利用物料层作缓冲，减少矿块对仓壁的撞击。矿仓内尽量不放空，皮带运输机头部采用吸声的覆盖面材料，可以降低噪声。

（3）为了避免物料与物料之间碰撞产生的噪声，在传送链上均匀设置许多小料斗，整个卸载装置本身无动力，物料落入料斗给传送链以冲击力，迫使传送链旋转，物料随料斗运动，其间无相对运动，避免了物料与物料之间的碰撞。

C   跳汰机、真空过滤机、真空泵及管道噪声的防治

a   跳汰机的降噪方法   将风阀排气端盖改为隔声端盖；在风阀排气口进行扩散消声；在每台风阀排气口安装一台立式消声器；每个消声器的出口汇总到一条总的消声排气管道。跳汰机风阀消声器必须依据风阀排气噪声的频率特性以及其声级的高低进行设计，否则将难以达到预期效果。

某煤矿在洗选过程中，CT_4 型筛侧空气室跳汰机的 6 个风阀在排气期有节奏的产生尖锐的噪声，其产生的噪声强度高达 110dB 以上，严重超过国家标准。CT_4 型筛侧空气室跳汰机排气口产生的噪声，就是跳汰机内的气流碰撞出风口的金属物产生的。在风压一定的条件下，出风口截面积越小声音越大，反之就越小。当 CT_4 型筛侧空气室跳汰机内的空气经出风口排至大气时，与外界空气产生碰撞声，两种声音叠加便产生了操作工人所接触的噪声。因此，要解决 CT_4 型筛侧空气室跳汰机的噪声，一是要在风阀排气口处加大出气口截面，使声音变小；另外，隔声也是一种防止声音传播的有效方法。在研究分析噪声的产生及消声原理后，制定了加大出风口截面—隔声—排放消声方案：原排气口为 90mm × 60mm，加大后的排气口为 150mm × 110mm，增加了 3 倍。隔离主要是在 6 个风阀排气口上安装消声扩散盒，把噪声隔在消声盒内，然后用排气管将 6 个消声扩散盒出口并起来，将噪声引至室外排放，实现二次消声。跳汰机进行消声技术改造后效果良好，噪声强度降低至 80dB，给操作工人创造了一个良好的生产工作环境，保障了工人的身心健康，取得了较明显的效果。

b   真空过滤机、真空泵及管道降噪方法   真空过滤器在吹气时造成空气动力学噪声，在真空过滤机吹滤饼时噪声超过允许值。前苏联和其他国家的研究表明，改进空气分配器配件，或将其换为阀型的分配器，在吹气时降低空气速度和利用外壳使空气分配器部件隔声，都可以降低真空过滤器的声级。为了降低结构噪声，最好采用噪声小的材料制造真空过滤机的各个部件。泵装置、管道和管件也是选矿厂车间中的噪声源。在真空泵两端轴承处、真空泵电机和汽水分离处加隔声罩，隔声罩内装吸声材料；在排气口与汽水分离器之间加消声器，以衰减排气噪声；泵的工作噪声也取决于装配精度、工作条件、基础安装的方法以及与管道连接的方法；安装得当，可使泵运转平稳，因此要仔细加以调节；同时流体通过管道时，也产生强烈的振动，为了降低噪声，在管道处利用特殊的隔声垫。

西维尔煤炭公司米杜·里弗选煤厂真空过滤机的压风装置和泵是全厂最大的噪声源，尾煤过滤机压风装置的噪声级为 117dB，尾煤圆盘过滤机的噪声级为 93dB，真空泵和循环

水泵的噪声级为 105dB。

真空过滤机压风装置上的旁边阀门是最大的噪声源。它发出的噪声由两种频率组成：一种是泵的叶片频率，另一种是从其空过滤机压风装置排风口邻近的 1 磅/平方英寸的减压阀发出的高频噪声。在圆盘真空过滤机系统内，泵的叶片通道频率的强烈影响也是十分明显的。环绕着旁通阀的排风口设一个专门设计的高频消声器。安装在尾煤过滤机压风装置和精煤过滤机压风装置上的消声器，使旁通阀门处的噪声降低 25dB 以上。在真空过滤机各圆盘之间，由压风装置引起的噪声降低了 10 ~ 15dB。在离压风装置几英尺的地方，上述噪声也降低了 10 ~ 15dB。

真空泵给厂房内外都带来噪声。厂外噪声由泵排风造成。厂内噪声由多个噪声源产生，其中包括泵用电机、有关管路及泵壳。由于有泵的地方都已隔离，传到厂内其他地方的噪声已是很小，因此泵的本身就无需进行噪声处理，只是在伸出厂房外面的真空泵排风口安设大型消声器。为了把真空泵、清水泵同厂房的其余部分隔开，安装了便于检修人员通过的隔声帘。隔声帘从天花板一直挂到地面，即在离地面八英尺高处设一导轨，隔声帘一端装有一组滚轮，滚轮挂在导轨上；这样检修人员进出就很方便；由导轨向上到天花板部分的隔声帘是固定的，在所有凹凸不平处都挂严，以免漏音。为了防止隔声室温度过高，可安设往外抽风的风扇。安装的隔声帘降低噪声约 9dB。上述降低噪声措施是比较成功的，使噪声降到同附近噪声源噪声一样的水平。

参 考 文 献

[1] Akci. A. Microbial Destruction of Cyanide Wastes in Gold Mining[J]. Biotechnology Letters，2003(25)：445 ~ 450.

[2] Bao S X, Zhang Y M, Liu T, et al. Evolution and morphometric characterization of fouling on membranes during the desalination of high $CaSO_4$ supersaturated water by electrodialysis[J]. Desalination, 2010, 256：94 ~ 100.

[3] Chen Y L, Zhang Y M, Chen T J, et al. Preparation of eco-friendly construction bricks from hematite tailings[J]. Construction and Building Materials, 2011, 25：2107 ~ 2111.

[4] Das S K, Kumar S, Ramachandrarao P. Exploitation of iron ore tailing for the development of ceramic tiles[J]. Waste Management, 2000, 20：725 ~ 729.

[5] Li C, Sun H H, Bai J, et al. Innovation methodology for comprehensive utilization of iron tailings Part 1：The recovery of iron from iron ore tailings using magnetic separation after magnetizing roasting[J]. Journal of Hazardous Materials, 2010, 174：71 ~ 77.

[6] Li C, Sun H H, Yi Z L, et al. Innovation methodology for comprehensive utilization of iron ore tailings Part 2：The residues after iron recovery from iron tailings to prepare cementitious material[J]. Journal of Hazardous Materials, 2010, 174：78 ~ 83.

[7] Li S H, Zheng B S, Zhu J M, et al. The distribution and natural degradation of cyanide in goldmine tailings and polluted soil in arid and semiarid areas[J]. Environment Geology, 2005, 47(8)：1150 ~ 1154.

[8] Michael R N, David L V. Revegetation of coarse taconite iron ore tailing using municipal solid waste compost[J]. Journal of Hazardous Materials, 1995, 41：123 ~ 134.

[9] Sakthivel R, Vasumathi N, Sahu D, et al. Synthesis of magnetite powder from iron ore tailings[J]. Powder Technology, 2010, 201：187 ~ 190.

[10] Thilo R. Simple Modelling of Sorption of Iron – cyanide Complexes on Ferrihydrite[J]. Journal of Plant Nutri-

tion and Soil Science, 2001, 164(6): 651~655.

[11] Wang L, Ren R C, Liu Y. Application of DTA in preparation of glass-ceramic made by iron tailings[J]. Praocdia Earth and Planetary Science, 2009, 1: 750~753.

[12] Wang Y H, Lan Y, Hu Y M. Adsorption mechanisms of Cr(Ⅵ) on the modified bauite tailings[J]. Minerals Engineering, 2008, 21: 913~917.

[13] Zeng L, Li M, Liu J D. Adsorptive removal of phosphate from aqueous solutions using iron oide tailings[J]. Water Research, 2004, 38: 1318~1326.

[14] 包申旭, 张一敏, 丁晓涛. 循环式电渗析器在高盐水体脱盐中的特性研究[J]. 武汉理工大学学报, 2010, 32(5): 84~87.

[15] 包申旭, 张一敏, 刘涛, 等. 电渗析处理石煤提钒废水[J]. 中国有色金属学报, 2010, 20(7): 1440~1445.

[16] 常红亮. 凤凰山矿选煤厂除尘系统的技术改造[J]. 煤炭加工与综合利用, 2007(1): 49~51.

[17] 陈国华, 刘心宇. 尾矿微晶玻璃的制备及其性能研究[J]. 硅酸盐通报, 2005(2): 80~83.

[18] 陈永亮, 张一敏, 陈铁军. 铁尾矿建材资源化研究进展[J]. 金属矿山, 2009(1): 162~165.

[19] 陈章, 张一敏, 陈铁军. 鄂西赤铁矿尾矿制备劈开砖试验研究[J]. 武汉理工大学学报, 2011, 33(2): 115~118.

[20] 陈震. 选煤厂噪声污染源的分析与治理[J]. 煤炭加工与综合利用, 2007(6): 42~44.

[21] 邓志敢, 魏昶, 李兴彬, 等. 钒钛磁铁矿提钒尾渣浸出钒[J]. 中国有色金属学报, 2012, 22(6): 1770~1777.

[22] 付金施, 樊尧舜. 选煤厂噪声分析及综合治理[J]. 矿业安全与环保, 2001, 28(6): 55~60.

[23] 傅开彬, 林海, 涂昌能, 等. 某锰尾矿再选试验研究[J]. 金属矿山, 2009(10): 172~175.

[24] 韩家骅, 靳朝阳. 矿山企业的噪声源及治理措施[J]. 矿业工程, 2008, 6(1): 60~61.

[25] 何敏, 兰新哲, 朱国才, 等. 离子交换树脂处理含氰废水进展[J]. 黄金, 2006, 27(1): 45~48.

[26] 胡佩伟, 杨华明, 陈文瑞, 等. 高岭土尾砂制备混凝土活性掺合料的试验研究[J]. 金属矿山, 2010(3): 174~179.

[27] 黄少文, 吴波英, 徐玉华. 稀土尾矿代替黏土配料烧制硅酸盐水泥熟料的研究[J]. 中国矿业, 2006, 15(2): 54~58.

[28] 惠学德, 谢纪元. 膏体技术及其在尾矿处理中的应用[J]. 中国矿山工程, 2011, 40(2): 49~54.

[29] 李小生. 德兴铜矿废水处理系统的 HDS 工艺改造[J]. 金属矿山, 2010(2): 179~181.

[30] 李学琨. 降低选煤厂环境噪声的措施[J]. 选煤技术, 1978(6): 36~40.

[31] 李永聪. 碎云母矿风选尾矿再选初探[J]. 非金属矿, 2005, 25(2): 39~40.

[32] 梁伟斌, 赵武, 杨华明. 高岭土尾矿高效开发利用的新进展[J]. 矿产综合利用, 2011(4): 6~9.

[33] 刘文永, 张长梅, 许晓亮, 等. 用铁尾矿烧制胶凝材料的试验研究[J]. 金属矿山, 2010(12): 175~178.

[34] 吕宪俊, 陈丙辰. 某尾矿中稀土的赋存状态及其综合回收研究[J]. 矿产保护与利用, 1998(4): 22~24.

[35] 缪建成, 王方汉, 胡继华. 南京铅锌银矿废水零排放的研究与实践[J]. 金属矿山, 2003(8): 56~58.

[36] 牛福生, 李淮湘, 周闪闪, 等. 从某铁尾矿中回收二氧化钛试验研究[J]. 金属矿山, 2010(1): 178~179.

[37] 秦红彬, 张海龙, 徐利华, 等. 钼尾矿中有价金属的提取与分离[J]. 金属矿山, 2010(5): 175~178.

[38] 卿黎, 曾波, 张宗华, 等. 云南中低品位磷矿资源利用的必要性[J]. 矿产综合利用, 2005(6): 29~

33.

[39] 汪光辉. 罗河铁矿小选厂除尘系统设计与实践[J]. 现代矿业, 2011 (4): 47~48.

[40] 韦冠俊. 破碎、磨矿车间噪声控制[J]. 金属矿山, 1993(2): 51~54.

[41] 薛文平. 含氰废水的自然净化[J]. 黄金, 1992, 13(1): 43~47.

[42] 杨新亚. 石膏尾矿现状及资源化利用进展[J]. 中国矿业, 2006, 15(4): 37~45.

[43] 张婷婷, 张一敏, 陈铁军. 用鄂西某赤铁矿尾矿制备蒸养砖[J]. 金属矿山, 2010(6): 182~185.

[44] 张小良, 陈建华. 矿山粉尘防止技术的进展[J]. 矿产保护与利用, 2002(3): 51~54.

[45] 赵新科, 郭雯. 南沙沟铅锌尾矿综合利用试验研究[J]. 矿产保护与利用, 2010(1): 52~54.

[46] 郑雅杰, 彭振华. 铅锌矿选矿废水的处理及循环利用[J]. 中南大学学报: 自然科学版, 2007, 38 (3): 468~473.

附　录

附录1　常见筛制

附表1　常见筛制

泰勒标准筛		日本 T15	美国标准筛	国际标准筛	前苏联筛	英 NMM 筛系标准筛		德国标准筛 DIN-1171		上海标准筛	
网目/孔·in⁻¹	孔径/mm	孔径/mm	孔径/mm	孔径/mm	孔径/mm	网目/孔·in⁻¹	孔径/mm	网目/孔·cm⁻¹	孔径/mm	网目/孔·in⁻¹	孔径/mm
网目/孔·in⁻¹	孔径/mm	孔径/mm	孔径/mm	孔径/mm	孔径/mm	网目/孔·in⁻¹	孔径/mm	网目/孔·cm⁻¹	孔径/mm	网目/孔·in⁻¹	孔径/mm
		9.52									
2.5	7.925	7.93	8	8							
3	6.68	6.73	6.73	6.3							
3.5	5.691	5.66	5.66								
4	4.699	4.76	4.76	5						4	5
5	3.962	4	4	4						5	4
6	3.327	3.36	3.36	3.35						6	3.52
7	2.794	2.83	2.83	2.8		5	2.54				
8	2.262	2.38	2.38	2.3						8	2.616
9	1.981	2	2	2	2					10	1.98
					1.7						
10	1.651	1.68	1.68	1.6	1.6	8	1.57	4	1.5	12	1.66
12	1.397	1.41	1.41	1.4	1.4			5	1.2	14	1.43
					1.25	10	1.27			16	1.27
14	1.168	1.19	1.19	1.18	1.18			6	1.02		
16	0.991	1	1	1	1	12	1.06			20	0.995
20	0.833	0.84	0.84	0.8	0.8	16	0.79			24	0.823

泰勒标准筛		日本 T15	美国标准筛	国际标准筛	前苏联筛	英 NMM 筛系标准筛		德国标准筛 DIN-1171		上海标准筛	
网目/孔·in⁻¹	孔径/mm	孔径/mm	孔径/mm	孔径/mm	孔径/mm	网目/孔·in⁻¹	孔径/mm	网目/孔·cm⁻¹	孔径/mm	网目/孔·in⁻¹	孔径/mm
24	0.701	0.71	0.71	0.71	0.71			8	0.75		
					0.63	20	0.64	10	0.6	28	0.674
28	0.589	0.59	0.59	0.6	0.6			11	0.54	32	0.56
32	0.495	0.5	0.5	0.5	0.5			12	0.49	34	0.533
					0.425					42	0.452
35	0.417	0.42	0.42	0.4	0.4	30	0.42	14	0.43		
42	0.351	0.35	0.35	0.355	0.355	40	0.32	16	0.385	48	0.376
					0.315						
48	0.295	0.297	0.297	0.30	0.3			20	0.3	60	0.295
60	0.246	0.25	0.25	0.25	0.25	50	0.25	24	0.25	70	0.251
					0.212						
65	0.208	0.21	0.21	0.2	0.2	60	0.21	30	0.2	80	0.2
80	0.175	0.177	0.177	0.18	0.18	70	0.18				
					0.16	80	0.16				
100	0.147	0.149	0.149	0.15	0.15	90	0.14	40	0.15	110	0.139
115	0.124	0.125	0.125	0.125	0.125	100	0.13	50	0.12	120	0.13
					0.106					160	0.097
150	0.104	0.105	0.105	0.1	0.1	120	0.11	60	0.1	180	0.09
170	0.088	0.088	0.088	0.09	0.09			70	0.088		
					0.08	150	0.08			200	0.077
200	0.074	0.074	0.074	0.075	0.075			80	0.075		
230	0.062	0.062	0.062	0.063	0.063	200	0.06	100	0.06	230	0.065
270	0.053	0.053	0.052	0.05	0.05					280	0.056
325	0.043	0.044	0.044	0.04	0.04					320	0.05
400	0.038										

附录2　矿物的物理化学性质

附表2　常见矿物的理化性质

矿物名称	分子式	主要元素或氧化物		密度 /t·m^{-3}	莫氏硬度
		名　称	含量/%		
铁	Fe	Fe	100.0	7.87	4.5
磁铁矿	Fe_3O_4	Fe	72.4	4.9~5.2	5.5~6.5
赤铁矿	Fe_2O_3	Fe	70.0	4.8~5.3	5.5~6.5
褐铁矿	$2Fe_2O_3 \cdot 3H_2O$	Fe	57.1	3.4~4.4	1.0~5.5
菱铁矿	$FeCO_3$	Fe	48.2	3.8~3.9	3.5~4.5
镜铁矿	Fe_2O_3	Fe	70.0	4.8~5.3	5.5~6.5
针铁矿	$Fe_2O_3 \cdot H_2O$	Fe	63.0		
假象赤铁矿	$\gamma\text{-}Fe_2O_3$	Fe	70.0		
锰	Mn	Mn	100.0	7.44	6.0
软锰矿	MnO_2	Mn	63.2	4.7~4.8	1.0~2.5
硬锰矿	$mMnO_2 \cdot MnO \cdot nH_2O$	Mn	49.0~62.0	3.7~4.7	5.0~6.0
水锰矿	$Mn_2O \cdot H_2O$	Mn	62.5	4.2~4.4	3.5~4.0
菱锰矿	$MnCO_3$	Mn	47.8	3.3~3.6	3.5~4.5
褐锰矿	$3Mn_2O_3 \cdot MnSiO_3$	Mn	63.6	4.7~4.8	6.0~6.5
黑锰矿	Mn_3O_4	Mn	72.0	4.7~4.9	5.0~5.5
锰方解石	$(Ca,Mn)CO_3$	Mn	35.5		
黝锰矿	MnO_2	Mn	63.2	4.8~4.9	6.0~6.5
硫锰矿	MnS	Mn	63.1		3.5~4.0
铬	Cr	Cr	100.0	7.14	9.0
铬铁矿	$FeO \cdot Cr_2O_3$	Cr_2O_3	68.0	4.3~4.6	5.5~7.5
铬酸铅矿	$PbCrO_4$	CrO_3	30.9		
		PbO	69.1	5.9~6.1	2.5~3.0
钒	V	V	100.0	6.11	
绿硫钒矿	VS_4 或 V_2O_5	V	19.0	2.6~2.7	2.5
钒钛磁铁矿	Fe_2O_3 中 Fe 部分被 V, Ti 置换				
钒铅矿	$Pb_5Cl(VO_4)_3$	V_2O_5	19.4	6.7~7.2	2.8~3.0
钒云母	$H_2K(Al,V)_3(SiO_4)_3$	V_2O_5	20.0	2.9~3.0	2.0
钒铅锌矿	$(Pb,Zn)_2(OH)VO_4$	V_2O_5	22.7	5.9~6.2	3.5
钒铜矿	$6(Cu,Ca,Be)OV_2O_5 \cdot 15H_2O$	V_2O_5	15.8		
钒铅铜矿	$Pb,Cu(VO_4)(OH)$			5.8	3.0~3.5
钛	Ti	Ti	100.0	4.5	4.0
金红石	TiO_2	Ti	60.0	4.1~5.2	4.0~6.5
钛铁矿	$FeTiO_3$	Ti	31.6	4.5~5.5	5.0~6.0
钛磁铁矿	Fe_2O_3 中 Fe 部分被 Ti 置换	TiO_2	25.0		
榍石	$CaTiSiO_5$	Ti	24.5	3.4~3.6	5.0~5.5
钙钛矿	$CaTiO_3$	Ti	35.2		

矿物名称	分子式	主要元素或氧化物		密度 /t·m⁻³	莫氏硬度
		名　称	含量/%		
铜	Cu	Cu	100.0	8.96	3.0
自然铜	Cu	Cu	100.0	8.9	3.0
黄铜矿	$CuFeS_2$	Cu	34.5	4.1~4.3	3.5~4.0
辉铜矿	Cu_2S	Cu	79.8	5.5~5.8	2.5~3.0
斑铜矿	Cu_5FeS_4	Cu	63.3	4.9~5.4	3.0
铜蓝	CuS	Cu	66.4	4.6~6	1.5~2.0
黝铜矿	$4Cu_2S \cdot Sb_2S_3$	Cu	52.1	4.4~5.1	3.0~4.5
		Sb	29.2		
砷黝铜矿	$4Cu_2S \cdot As_2S_3$	Cu	57.5	4.4~4.5	3.0~4.0
斜方硫砷铜矿	$3Cu_2S \cdot As_2S_5$	Cu	48.3	4.4~4.5	3.0~3.5
赤铜矿	Cu_2O	Cu	88.8	5.8~6.2	3.5~4.0
黑铜矿	CuO	Cu	79.8	5.8~6.2	3.0~4.0
蓝铜矿	$2CuCO_3 \cdot Cu(OH)_2$	Cu	55.3	3.7~3.8	3.5~4.0
孔雀石	$CuCO_3 \cdot Cu(OH)_2$	Cu	57.5	3.7~4.1	3.5~4.0
硅孔雀石	$CuSiO_3 \cdot 2H_2O$	Cu	36.2	2~2.2	2.0~4.0
氯铜矿	$CuCl_2 \cdot 3Cu(OH)_2$	Cu	59.5	3.7	3.0~3.5
水胆矾	$CuSO_4 \cdot 3Cu(OH)_2$	Cu	56.2	3.8~3.9	3.5~4.0
胆矾	$CuSO_4 \cdot 5H_2O$	Cu	31.8	2.1~2.3	2.5
硫镓铜矿	$CuGaS_2$	Cu	32.1	4.2	3.0~3.5
硫砷铜矿	Cu_3AsS_4	Cu	48.4	4.4~4.5	3.5
脆硫锑铜矿	Cu_3SbS_4	Cu	43.0	4.0~4.6	3.5
铅	Pb	Pb	100.0	11.3	1.5
方铅矿	PbS	Pb	86.6	7.4~7.6	2.5~2.7
白铅矿	$PbCO_3$	Pb	77.5	6.4~6.6	3.0~3.5
铅矾	$PbSO_4$	Pb	68.3	6.1~6.4	2.7~3.0
脆硫锑铅矿	$Pb_4FeSb_6S_{14}$	Pb	40.1	5.5~5.6	2.5~3.0
车轮矿	$CuPbSbS_3$	Pb	42.5	5.7~5.9	2.5~3.0
砷铅矿	$(Pb,Cl)Pb_4As_3O_{12}$	Pb	69.7	7.0~7.3	3.5
水白铅矿	$2PbCO_3 \cdot Pb(OH)_2$	Pb	80.5	6.14	1.0~2.0
磷氯铅矿	$Pb_5Cl(PO_4)_3$	Pb	76.4	6.9~7.1	4.0
青铅矿	$PbCuSO_4 \cdot (OH)_2$	Pb	5.1	5.3~5.5	2.5
硫锑铅矿	$Pb_5Sb_4S_{11}$	Pb	55.4	6.23	2.5~3.0
硫砷铅矿	$Pb_2As_2S_5$	Pb	57.0	5.5	3.0
硫铅镍矿	$Ni_3Pb_2S_2$	Pb	63.3	8.85	4.0
硒铅矿	$PbSe$	Pb	72.4	8.0~8.2	2.5~3.0
钒铅矿	$Pb_5(VO_4)_3Cl$	Pb	67.7		
铅铁矾	$PbFe_6(SO_4)_4(OH)_{12}$	Pb	18.3		
锌	Zn	Zn	100.0	7.1	2.5
闪锌矿	ZnS	Zn	67.0	3.9~4.1	3.5~4.0
菱锌矿	$ZnCO_3$	Zn	52.0	4.1~4.5	5.0

矿物名称	分子式	主要元素或氧化物		密度 /t·m⁻³	莫氏硬度
		名　称	含量/%		
红锌矿	ZnO	Zn	80.3	5.4～5.7	4.0～4.5
异极矿	$H_2Zn_2SiO_5$	Zn	54.0	3.3～3.6	4.5～5.0
铁闪锌矿	$(Zn,Fe)S$	Zn	46.5～56.9	3.9～4.2	5.0
水锌矿	$ZnCO_3·2Zn(OH)_2$	Zn	59.5	3.5～3.8	2.0～2.5
锌铁尖晶石	$(Zn,Mn)Fe_2O_4$	Zn	22.0	5.0～5.2	6.0～6.5
硅锌矿	Zn_2SiO_4	Zn	58.5	3.9～4.1	5.5
菱锌铁矿	$(Zn,Fe)CO_3$	ZnO	64.8		
钨	W	W	100.0	19.3	7.5
钨锰铁矿	$(Fe,Mn)WO_4$	WO_3	76.5	7.3	5.0～5.5
钨酸钙矿	$CaWO_4$	WO_3	80.6	5.9～6.2	4.5～5.0
钨铁矿	$FeWO_4$	WO_3	76.3	7.5	5.0
钨锰矿	$MnWO_4$	WO_3	76.6	7.2	4.0～4.5
钨华	WO_3	W	79.3	2.1～2.2	1.0～2.0
钨铜矿	$CuWO_4$	W	59.0	3.0～3.5	4.5～5.0
钨酸铅矿	$PbWO_4$	WO_3	51.0	7.8～8.1	2.7～3.0
锡	Sn	Sn	100.0	7.31	2.0
锡石	SnO_2	Sn	78.6	6.8～7.1	6.0～7.0
黝锡矿	Cu_2FeSnS_4	Sn	27.5	4.3～4.5	4.0
（黄锡矿）		Cu	29.5		
圆柱锡矿	$6PbS_6·SnS_2·Sb_2S_3$	Pb	35.0	5.4	2.5～3
钼	Mo	Mo	100.0	10.2	5.5
辉钼矿	MoS_2	Mo	60.0	4.7～5	1.0～1.5
彩钼铅矿	$PbMoO_4$	Mo	26.0	6.3～7	2.7～3.0
钨钼钙矿	$Ca(Mo,W)O_4$			4.5	3.5
钼钙矿	$CaMoO_4$	Mo	47.9	4.5	3.5
钼华	MoO_3	Mo	66.7	4.5	1.0～2.0
铋	Bi	Bi	100.0	9.8	2.5
自然铋	Bi	Bi	100.0	9.7～9.8	2.0～2.5
辉铋矿	Bi_2S_3	Bi	81.2	6.4～6.5	2.0～2.5
铋华	Bi_2O_3	Bi	89.6	4.3	1.0～2.0
泡铋矿	$Bi_2O_3CO_3·H_2O$	Bi	76.8	6.9～7.7	4.0～4.5
硒铋矿	Bi_2Se_3	Bi	63.7	6.2～6.6	2.5～3.5
硫铋铅矿	$Pb_3Bi_2S_6$	Bi	42	6.4～6.7	2.3～3.0
辉碲铋矿	$Bi_2(Te,S)_3$	Bi	59.0	7.3～7.6	1.5～2.0
叶碲铋矿	Bi、Te、S、Ag	Bi	70.2	8.3～8.4	1.0～2.0
硅铋矿	$Bi_4(SiO_4)_3$	Bi	69.4	6.1	4.5
砷酸铋矿	$3Bi_2O_3·As_2O_5·2H_2O$	Bi	40.5	6.4	3.0～4.5
辉铋铅矿	$6PbS·Bi_2S_3$	Bi	21.5	4.6	
针硫铋铅矿	$2PbS·Cu_2S·3Bi_2S_2$	Bi	57.0	6.1～6.3	2.0～2.5
镍	Ni	Ni	100.0	8.9	4

| 矿物名称 | 分子式 | 主要元素或氧化物 | | 密度 /t·m⁻³ | 莫氏硬度 |
		名 称	含量/%		
针硫镍矿	NiS	Ni	64.7	5.3~5.7	3.0~3.5
镍黄铁矿	(Fe,Ni)S	Ni	18.0~40	4.6~5.1	3.4~4.0
硫砷镍矿	NiAsS	Ni	35.4	5.6~6.2	5.5
翠镍矿	$NiCO_3 \cdot 2Ni(OH)_2 \cdot 4H_2O$	Ni	46.8	2.6	3.0
砷镍矿	$NiAs_2$	Ni	28.1	6.4~6.6	5.5~6.0
红砷镍矿	NiAs	Ni	43.9	7.3~7.7	5.0~5.5
硅镍矿	$2NiO \cdot 2MgO \cdot 3SiO_2 \cdot 6H_2O$	Ni	22.6	2.4	2.0~4.0
暗镍蛇纹石	$H_2(Ni,Mg)SiO_4 \cdot H_2O$	Ni	25.0~30.0	2.4	2.0~4.0
镍华	$Ni_3As_2O_8 \cdot 8H_2O$	Ni	37.4	3.0~3.1	1.0~2.5
柴硫镍铁矿	Ni_2FeS_4	Ni	38.9	4.5~4.8	4.5~5.5
红锑镍矿	NiSb	Ni	32.5	8.2	5.5
辉镍矿	Ni_3S_4	Ni	57.8	4.5~4.8	4.5~5.0
辉砷镍矿	NiAsS	Ni	34.4	5.6~6.2	5~5.5
硫铅镍矿	$Ni_3Pb_2S_2$	Ni；Pb	26.8；63.2	8.8	4.0
钴	Co	Co	100.0	8.92	5.5
硫钴矿	Co_3S_4	Co	57.9	4.8~5.0	5.5
砷钴矿	$(Co,Ni,Fe)As_{3-x}$	Co；Ni	28.2；28.1	6.4~6.6	5.5~6.0
方钴矿	$CoAs_3$	Co	20.7	6.5~6.8	5.5~6.0
辉砷钴矿	CoAsS	Co	35.5	5.8~6.3	5.5~6.0
硫铜钴矿	Co_2CuS_4	Co	38.0	4.8	5.5
钴土矿	$CoMn_2O_5 \cdot 4H_2O$	Co	25.0	3.1~3.2	1.0~2.0
钴华	$Co_3(AsO_4)_2 \cdot 8H_2O$	Co	29.0	2.9~3.0	1.5~2.5
硫镍钴矿	$(Co,Ni,Fe)_3S_4$	Co	27.4		
含钴黄铁矿	$(Fe,Co)S_2$	Co	33.0		
含钴磁黄铁矿	(Fe,Ni,Co)S	Co	28.7	4.5~4.6	3.5~4.5
水钴矿	$(Co,Ni)_2O_3 \cdot 2H_2O$	Co	50.0~60.0	3.4	3.0
钴镍黄铁矿	$(Co,Fe,Ni)_9S_8$	Co	29.0		
锑	Sb	Sb	100.0	6.68	2.0
辉锑矿	Sb_2S_3	Sb	71.4	4.5~4.6	2.0
锑硫镍矿	NiSbS	Sb	57.3	6.4	5.3
黄锑矿	Sb_2O_4	Sb	78.9	4.1	4.0~5.0
硫氧锑矿	Sb_2S_2O	Sb	75.0	4.5~4.6	1.0~1.5
红锑镍矿	NiSb	Sb	67.5	7.5	5.5
锑华	Sb_2O_3	Sb	83.5	5.5	2.5~3.0
黄锑华	$Sb_2O_4 \cdot nH_2O$	Sb	74.5	5.1~5.3	4~5.5
汞	Hg	Hg	100.0	13.6	
自然汞	Hg	Hg	100.0	13.6	
辰砂	HgS	Hg	86.2	8.0~8.2	2.0~2.5
硫汞锑矿	$HgS \cdot 2Sb_2S_3$	Hg	22.0	4.8	2.0
甘汞	HgCl	Hg	85.0		

矿物名称	分子式	主要元素或氧化物		密度 /t·m⁻³	莫氏硬度
		名　称	含量/%		
黑辰砂	HgS	Hg	86.2	7.7	3.0
灰硒汞矿	HgSe	Hg	71.7	8.2~8.4	2.5
铝	Al	Al	100.0	2.7	2.9
铝土矿	$Al_2O_3 \cdot 2H_2O$	Al_2O_3	73.7	2.4~2.6	1.0~3.0
水铝石	$Al_2O_3 \cdot H_2O$	Al_2O_3	85.0	3.3~3.5	6.5~7.0
水铝氧	$Al_2O_3 \cdot 3H_2O$	Al_2O_3	65.4	2.3~2.4	2.5~3.5
尖晶石	$MgO \cdot Al_2O_3$	Al_2O_3	71.8	3.5~4.5	7.5~8.0
刚玉	Al_2O_3	Al	52.9	3.9~4.1	9.0
含水硅酸铝	$mAl_2O_3 \cdot nSiO_2 \cdot H_2O$				
蓝线石	$8Al_2O_3 \cdot B_2O_5 \cdot H_2O$				
红柱石	$Al_2O_3 \cdot SiO_2$	Al_2O_3	63.2	3.6	4~7.0
硅线石	$Al(AlSiO_4)O$	Al_2O_3	63.1	3.2	7.0
蓝晶石	$Al_2(SiO_4)O$	Al_2O_3	63.1	3.5~3.6	5.5~7.0
金	Au	Au	100.0	19.3	2.5
自然金	Au	Au	99.0	16.0~19.0	2.5~3.0
碲金矿	$AuTe_2$	Au	44.0	9.0~9.3	2.5
斜方碲金矿	$(Au,Ag)Te_2$	Au	35.5	8.3~8.4	2.5
叶状碲金矿	$Au_2Pb_{14}Sb_3Te_7S_{17}$	Au	7.8	6.8~7.2	1.0~1.5
针碲金银矿	$(Au,Ag)Te$	Au；Ag	24.5	7.9~8.3	
银	Ag	Ag	100.0	10~10.5	
自然银	Ag	Ag	72.0~100.0	10.1~11.1	2.5~3.0
辉银矿	Ag_2S	Ag	87.1	7.2~7.3	2.0~2.5
锑银矿	Ag_9SbS_6	Ag	75.6	6.0~6.2	2.0~3.0
脆银矿	Ag_5SbS_4	Ag	68.5	6.2~6.3	2.0~2.5
硒铅银矿	$(Ag,Pb)Se$	Ag	43.0	8.0	2.5
硫锑铜银矿	$(Ag,Cu)_{16}(Sb,As)_2S_{11}$	Ag	75.6	6.0~6.2	2.0~3.0
浓红银矿	Ag_3SbS_3	Ag	60.0	5.7~5.8	2.5~3
淡红银矿	Ag_3AsS	Ag	65.4	5.5~5.6	2.0~2.5
碘银矿	AgI	Ag	46.0	5.6~5.7	3.0~4.0
角银矿	AgCl	Ag	75.3	5.5	1.0~1.5
硒铜银矿	AgCuSe	Ag；Cu	18.7	7.5	
铂；钯	Pt；Pd	Pt；Pd	100.0		
自然铂	Pt	Pt	70.0~96.0	14.0~19.0	4.0~4.5
砷酸铂矿	$PtAs_2$	Pt	56.5	10.6	6.0~7.0
铋碲钯铂矿	$(Pt,Pd)(Te,Bi)_2$	Pt	18.6~30.8		
等轴铋碲钯矿	$Pd(Te,Bi)_2$	Pd	23.1~33.2		
		Te	50.8~56.3		
（铋碲钯矿）		Bi	14.2~16.1		
碲铂矿	$Pt(Sn,Te)$	Pt	54.8		
铱锇矿	$IrO_3(Rn,Pt,Be)$			19.3~21.1	6.0~7.0

续附表 2

矿物名称	分子式	主要元素或氧化物		密度 /t·m^{-3}	莫氏硬度
		名称	含量/%		
铌	Nb	Nb	100.0	8.57	
铌铁矿	$(Fe,Mn)[(Nb,Ta)O_3]_2$	Nb_2O_5	10.0~15.0	5.3~7.3	6.0
褐钇铌矿	$Y(Nb,Ta)O_4$	Nb	21.7		
烧绿石	$CaNaNb_2O_6F$	Nb	73.0	4.2	5~6.0
钛铌钙铈矿	$(Nb,Ca,Ce)(Ta,Ti,Nb)O_3$	$TiO;Nb_2O_5$	40.0;12.5	4.7~4.8	5.5~6.0
重铌铁矿	$(FeNb_2O_6)$	Nb_2O_5	79.0		
钛铁金红石	$(Ti,Nb,Ta,Fe)O_2$	Nb	22.7		
钽	Ta	Ta	100.0	16.6	
钽铁矿	$(Fe,Mn)Ta_2O_6$	Ta_2O_5	50.0~70.0	6.5~7.3	6.0
细晶石	$CaNaTa_2O_6(OH)$	$Na_2O;Ta_2O_5$	5.7;82.1	6.4	5.0~6.0
重钽铁矿	$Fe(Ta,Nb)_2O_6$	$Ta_2O_5;Nb_2O_5$	73.9;11.3	7.3~7.8	6.0
铌钽锑矿	$(SbO)_2(Ta,Nb)_2O_6$	$Ta_2O_5;Nb_2O_5$	51.1;7.5	6.0~7.4	5.0~5.5
锰钽铁矿	$MnTa_2O_6$	Ta_2O_5	86.0		
铍	Be	Be	100.0	1.85	5
绿柱石	$3BeO·Al_2O_3·6SiO_2$	BeO	14.0	2.6~2.8	7.5~8.0
金绿宝石	$BeO·Al_2O_3$	BeO	19.8	3.5~3.8	8.5
似晶石	$2BeO·BiO_2$	BeO	45.5	3.0	7.5~8.0
磷钠铍石	$NaBePO_4$	BeO	8.2~19.8	2.8	5.8
白闪石	$Na(BeF)Ca(SiO_3)_2$	BeO	10.3	2.96	4.0
日光石榴子石	$(Mn,Fe)_2(Mn_2S)Be_3(SiO_4)_3$	BeO	13.6	3.1~3.3	6.0~6.5
硅酸铍石	$H_2O·4BeO·2SiO_2$	BeO	42.1	2.3~2.6	6.0~7.0
铍硅石	$Be_4(Si_2O_7)(OH)_2$	BeO	49.0		
香花石	$Ca_2(BeSiO_4)_3·2LiF$	BeO	15.8	2.9~3.0	6.5
锂	Li	Li	100.0	0.53	0.6
锂铍石	$Li_3(BeSiO_4)$	$Li_2O_3;BeO$	23.4;25.4	2.6	7.0
锂辉石	$LiAl(SiO_3)_2$	Li_2O	8.4	3.1~3.2	6.0~7.0
锂云母	$(Li,K)_2(F,OH)_2Al_2(SiO_3)_2$	Li_2O	3.0~5.0	2.8~2.9	2.5~4.0
铁锂云母	$(K,Li)_3Fe(AlO)Al(F,OH)_2(SiO_4)_3$	Li_2O	1.0~5.0	2.8~3.2	2.5~3.0
透锂长石	$LiAl(Si_2O_5)_2$	Li_2O	1.9~4.5	2.3~2.4	6.0~6.5
磷锂铁矿	$LiFePO_4$	Li_2O	9.5	3.4~3.7	4.5~5.0
磷锂锰矿	$LiMnPO_4$	Li_2O	9.6	3.4~3.6	4.5~5.0
磷锂石	$Li(Al,F)PO_4$	Li_2O	10.1	3.0~3.1	6.0
钡	Ba	Ba	100.0		
重晶石	$BaSO_4$	BaO	65.7	4.3~4.7	2.5~3.5
菱钡矿	$BaCO_3$	BaO	77.7	4.2~4.4	3.0~4.0
包头矿	$Ba(Ti,Nb)_8O_{16}(SiO_4O_{12})Cl$	BaO	37.5	4.4	6.0
锶	Sr	Sr	100.0		
天青石	$SrSO_4$	Sr	47.7	3.5~4.0	3.9~4.0
菱锶矿	$SrCO_3$	Sr	59.3	3.6~3.8	3.5~4.0
锆	Zr	Zr	100.0		

矿物名称	分子式	主要元素或氧化物		密度 /t·m^{-3}	莫氏硬度
		名 称	含量/%		
锆英石	$Zr(SiO_4)$	ZrO_2	67.2	4.4~4.8	7.0~8.0
单斜锆矿	ZrO_2	ZrO_2	100.0	5.5~6.0	6.5
锗	Ge	Ge	100.0		
锗 石	Cu_3GeS_4				
硫银锗矿	$3AgSGeS_2$	Ag；Ge	73.5；8.3	6.1	2.5
铊	Tl				
红铊矿	$TlAsS_2$	Tl	60.0		
硒铊银铜矿	$(Cu,Tl,Ag)_2Se$	Tl	16.3~16.9		
硫砷铊铅矿	$TlPbAs_2S_7$				
辉铊锑矿	$Tl(AsSb)_2S_5$	Tl	32.0		
镉	Cd	Cd	100.0	8.6	2.0
硫镉矿	CdS	Cd	77.7	4.9~5.0	3.0~3.5
菱镉矿	$CdCO_3$	Cd	65.0		
铯	Cs				
铯榴石	$CsAl,Si_2O_6·xH_2O$				
稀土金属					
钪钇石	$(SeY)_2Sc_2O_7$	Sc	38.4		
独居石	$(Ce,La,Nb,Pr,Y,Er)PO_4·SiO_2·ThO_2$	ThO_2	18.0	4.9~5.3	5.0~5.5
氟碳铈矿	$(Ce,La)(CO_3)F$	Ce_2O_3；La_2O_3	37.2；37.6	4.7~5.1	4.0~4.5
氟碳铈钡矿	$Ba_3Ce_2(Co_3)_5F_2$	BaO	44.6	4.4	4.5
磷钇矿	YPO_4	Y	48.5		
黄河矿	$BaCe(CO_3)_2F$	BaO	36.6	4.5~4.6	4.7
铀	U	U	100.0	19.05	
沥青铀矿	$UO_2·UO_3·Pb·Th·Ca·Ra$	U_3O_8	76.0~91.0	6.4~9.7	3~6.0
铀铋矿	$Bi_2O_3·2UO_3·3H_2O$	UO_3；Bi	52.7；38	6.4	2.3
铜铀云母	$CuO·2UO_3·P_2O_5·8H_2O$	UO_3	61.2	3.4~3.6	2.0~2.5
钙铀云母	$CaO·2UO_3·P_2O_5·8H_2O$	UO_3	62.7	3.1~3.2	2.0~2.5
砷酸铜铀矿	$CuO·2UO_3·As_2O_5·8H_2O$	UO_3	56.0	3.2	2.0~2.5
磷酸钡铀矿	$BaO·2UO_3·P_2O_5·8H_2O$	UO_3	56.7	3.5	2.0~2.5
钒酸钾铀矿	$K_2U_2V_2O_{12}·3H_2O$	UO_3	47.0	2.0~2.5	1.0~1.5
铀黑矿	$KUO_2·LUO_3·mPbO$	UO_2	15.0~24.0		
		UO_3	50.0~70.0	3.1~4.8	1.0~4.0
钍	Th	Th	100.0	11.7	
硅钍石	$ThSiO_4$	ThO_2	81.5	4.4~5.4	4.5~5.0
方钍石	$ThO_2·U_3O_8$	ThO_2	23.8	9.3~9.7	6.5
硒	Se	Se	100.0		
硒铅矿	$PbSe$	Se	27.6	7.6~8.8	2.5~3.0
硒镍矿	$NiSe_2$				
红硒铜矿	$CuSeO_3·2H_2O$	Cu；Se	28.1；34.9	3.8	2.5~3.0

续附表 2

矿物名称	分 子 式	主要元素或氧化物		密度 /t·m⁻³	莫氏硬度
		名　称	含量/%		
碲	Te				
碲铅矿	PbTe	Te	38.1	8.2	3.0
碲铋矿	BiTe₂	Te	57.0		
碲辉锑铋矿	BiTeS	Te	35.0		
碲银矿	Ag₂Te	Ag	63.0	8.3~8.9	2.5~3.0
硫	S	S	100.0	2	2
硫黄	S	S	100.0	2.0~2.1	1.5~2.5
黄铁矿	FeS₂	S；Fe	53.4；46.6	4.9~5.1	6.0~6.5
磁黄铁矿	Fe₅S₆~Fe₁₆S₁₇	S；Fe	40.0；60.0	4.6~4.8	3.5~4.5
白铁矿	FeS₂	S；Fe	53.4；46.6	4.8~4.9	6.0~6.5
砷	As	As	100.0	5.73	
毒砂	FeAsS	As	46.0	5.9~6.2	5.5~6.0
雌黄	As₂S₃	As	61.0	3.4~3.5	1.5~2.0
雄黄	AsS	As	70.1	3.4~3.6	1.5~2.0
斜方砷铁矿	FeAs₂	As	72.4	7.0~7.4	5.0~5.5
砷华	As₂O₃	As	75.8	3.7	1.5
磷	P	P	100.0		
磷灰石	Ca₅(PO₄)₃(F,Cl,OH)	P₂O₅	42.5	3.2	5.0
碳氟磷灰岩	Ca₁₀P₆₋ₓCₓO₂₄₋ₓ(F,OH)₂₊ₓ	P₂O₅	35.4~41.8	<3.2	<5.0
其他矿物					
石英	SiO₂	Si	46.7	2.6	7.0
萤石	CaF₂	F；Ca	48.9；51.1	3.0~3.2	4.0
白云石	(Ca,Mg)CO₃	CaO；MgO	30.4；21.7	2.8~2.9	3.5~4.0
方解石	CaCO₃	CaO	56	2.7	3.0
菱镁矿	MgCO₃	MgO	47.8	2.9~3.1	3.5~4.5
光卤石	KCl·MgCl₂·6H₂O	K；Cl	14.1；38.3	1.6	1.0
硫镁石	MgSO₄·H₂O	Mg	17.6	2.5	3.5
钾盐镁矾	MgSO₄·KCl·3H₂O	KCl	30.0	2.13	3.0
石膏	CaSO₄·2H₂O	CaO；SO₃	32.5；46.6	2.2~2.4	1.5~2.0
硬石膏	CaSO₄	CaO	41.1	2.7~3.0	3.0~3.5
冰晶石	Na₃AlF₆	Al；F	13.0；54.4	2.5~3.0	2.9~3.0
钾盐	KCl	K	52.4	1.9~2.0	2.0
杂卤石	K₂SO₄·MgSO₄·2CaSO₄·2H₂O			2.0~2.2	2.5~3.0
硝石	KNO₃	K；N	38.6；13.9	2.1~2.0	2.0
钙硝石	Ca(NO₃)₂·H₂O				0~2.0
钠硝石	NaNO₃			2.2~2.3	1.5~2.0
镁硝石	Mg(NO₃)₂·6H₂O			2.0~3.0	1.0~2.0
碳钠石	Na₂CO₃·10H₂O			2.1	2.5~3.0
芒硝	NaSO₄·10H₂O	Na₂O；SO₃	19.3；24.8	1.5	1.5
硼砂	Na₂B₄O₇·10H₂O	B₂O₃	36.6	1.7	2.0~2.5

矿物名称	分子式	主要元素或氧化物		密度 /t·m⁻³	莫氏硬度
		名　称	含量/%		
方硼石	$Mg_7Cl_2B_{16}O_{30}$	B_2O_3	62.1	2.9~3.0	4.5~7.0
明矾石	$K_2O \cdot 3Al_2O \cdot 4SO_4 \cdot 6H_2O$	K_2O; Al_2O_3	11.4; 37.0	2.6~2.8	3.5~4.0
黄玉	$Al_2(F,OH)_2SiO_4$			3.4~3.7	8.0
绿帘石	$Ca_2(Al,Fe)(OH)(SiO_4)_3$			3.2~3.4	6.0~7.0
石榴子石	$(Ca,Mg,Fc,Mn)_3$ $(Al,Fe,Mn,Cr,Ti)_2$ $(SiO_4)_3$			3.4~4.3	6.5~7.0
正长石	$KAlSi_3O_8$	Al_2O_3	18.4	2.5~2.65	6.0~6.5
钠长石	$NaAlSi_3O_8$	Al_2O_3	19.5	2.6	6.0~6.5
白云母	$H_2KAl_3(SiO_4)_3$	Al_2O_3	38.5	2.7~3.1	2.0~2.5
黑云母	$(H,K)_2(Mg,Fe)_2$ $Al_2(SiO_4)_3$			2.7~3.1	2.5~3.0
绿泥石	$H_4Mg_3SiO_9 + H_4$ $Mg_4Al_2SiO_9$			2.6~2.9	2.0~3.0
蛇纹石	$H_4Mg_3Si_2O_9$	Mg	43.0	2.5~2.8	4.0
滑石	$H_2Mg_3(SiO_3)_4$	Mg; Si	19.2; 29.6	2.5~2.8	1.0~1.5
高岭土	$H_4Al_2Si_2O_9$	Al_2O_3	39.5	2.2~2.6	2.0~2.5
石墨	C	C	100.0	2.0~2.2	1.0~2.0
金刚石	C	C	100.0	3.5	10.0
锰橄榄石	Mn_2SiO_4			4.0~4.1	6.5~7.0
透闪石	$CaMg_3(SiO_3)_4$			2.9~3.4	5.0~7.0
膨润土	$(Ca,Mg)OSiO_2(Al,Fe)_2O_3$			2.1	1.0
橄榄石	$(Mg,Fe)_2SiO_4$			3.3	6.5~7.0
岩盐	$NaCl$	Na	39.4	2.1~2.6	2.5
多水高岭土	$H_4Al_2O_3 \cdot 2SiO_3 \cdot H_2O$			2.0~2.2	1.0~2.0
蛭石	$(Mg,Ca)_{0.7}(Mg,Fe^{3+},Al)_6[(Al,Si)_8O_{20}](OH)_4 \cdot 8H_2O$			2.7	1.5
硅藻土	$SiO_2 \cdot nH_2O$			2.2	2.0
玉髓	SiO_2	SiO_2	97.0~99.0	2.7~2.9	7.0
铁石棉	$(Fe,CaH_2Mn)OSiO_2$			2.2~2.3	
钙长石	$CaAl_2Si_2O_8$	Al_2O_3	36.7	2.7~2.8	6.0~6.1
直闪石	$(Mg,Fe)SiO_3$			3.0~3.2	5.0
方沸石	$NaAlSi_2O_6 \cdot 2H_2O$	Al_2O_3	23.2	2.2~2.3	5.0~5.5
阳起石	$Ca(Mg,Fe)_3(SiO_3)_4$			3.0~3.2	5.0~6.0
蛋白石	$SiO_2 \cdot nH_2O$			1.9~2.3	5.5~6.5
蔷薇辉石	$MnSiO_3$	Mn	42.0	3.4~3.7	5.5~6.5
叶蜡石	$H_2Al_2(SiO_3)_4$	Al_2O_3	28.3	2.8~2.9	1.0~2.0
角闪石	$(Ca,Mg,Al,Fe,Mn,Na_2,K_2)SiO_3$			2.9~3.4	5.0~6.0
电气石	$(Mg,Fe,Ca,Na,K,Li\cdots)_9Al_3(BOH)_2(SiO_5)_4$			3.0~3.2	7.0~7.5

附录3 矿物的比磁化系数

附表3 矿物的比磁化系数

序 号	矿物名称	比磁化系数/nm³·kg⁻¹	
		变 化 范 围	平 均 值
1	磁铁矿		92000.00
2	含钒钛磁铁矿		73000.00
3	磁黄铁矿	11530.00 ~ 2671.02	4321.95
4	钛铁矿	1173.33 ~ 224.56	315.60
5	铬铁矿	900.00 ~ 136.51	286.70
6	黄铜矿	171.75 ~ 29.97	67.53
7	黑云母	57.81 ~ 52.60	54.24
8	黑钨矿	42.33 ~ 32.03	39.42
9	铌铁矿	39.71 ~ 36.41	37.38
10	褐铁矿	36.52 ~ 32.00	33.10
11	黄铁矿	70.36 ~ 11.30	26.98
12	角闪石	28.89 ~ 21.31	25.54
13	褐钇铌矿	29.20 ~ 21.16	24.13
14	赤铁矿	30.91 ~ 18.91	23.18
15	绿帘石	23.11 ~ 20.15	20.94
16	绿泥石	46.19 ~ 12.24	19.96
17	电气石	20.29 ~ 18.80	19.38
18	独居石	20.42 ~ 17.81	18.61
19	蛇纹石	17.09 ~ 13.33	15.79
20	滑 石	27.68 ~ 8.50	14.60
21	橄榄石	14.86 ~ 9.92	13.24
22	金红石	14.55 ~ 11.17	12.30
23	磷灰石	19.00 ~ 9.39	11.34
24	香花石	23.10 ~ 2.99	7.78
25	包头矿	9.57 ~ 5.08	6.50
26	绿柱石	7.14 ~ 4.29	5.27
27	辉锑矿	4.94 ~ 0.42	1.66
28	闪锌矿	2.39 ~ 1.25	1.62
29	锡 石	2.16 ~ 0.42	0.83
30	锆 石	1.06 ~ 0.64	0.79
31	毒 砂	0.81 ~ 0.57	0.63
32	萤 石	1.54 ~ 0.14	0.51
33	白钨矿	1.25 ~ 0.079	0.38
34	方解石	1.52 ~ -0.08	0.37
35	泡铋矿	0.00 ~ -0.28	-0.096
36	辉钼矿	0.00 ~ -0.17	-0.098
37	白铅矿	-0.23 ~ -0.52	-0.27
38	重晶石	-0.25 ~ -0.44	-0.30
39	正长石	-0.25 ~ -0.61	-0.33
40	黄 玉	-0.32 ~ -0.37	-0.36
41	石 英	-0.41 ~ -1.03	-0.50
42	方铅矿	-0.24 ~ -0.90	-0.62

附录4　主要矿物的可浮性

附表4　主要矿物的可浮性

分　类		浮选特点	可浮选的矿物
I	有色金属硫化矿	矿物表面润湿性小，易浮，用黄药类作捕收剂，用石灰、亚硫酸、硫酸、碳酸钠作介质调整剂	自然铜、金、银、铂等，黄铜矿、辉铜矿、铜蓝、斑铜矿、黝铜矿、斜方硫砷铜矿、砷黝铜矿、碲金矿、碲金银矿、方铅矿、闪锌矿、黄铁矿、磁黄铁矿、砷黄铁矿、白铁矿、针硫镍矿、镍黄铁矿、辉砷镍矿、红镍矿、砷镍矿、硫铜钴矿、辉锑矿、脆硫锑铅矿、硫锑银矿、车轮矿、辰砂、氯硫汞矿、辉铋矿、雄黄、雌黄、毒砂
II	有色金属氧化矿	矿物表面润湿性大，较难浮。 1. 硫化后用黄药类捕收剂或用阳离子捕收剂，有时尚需加温； 2. 用脂肪酸（皂）类作捕收剂	孔雀石、石青、赤铜矿、硅孔雀石、蓝铜矿、白铅矿、铅矾、钼铅矿、砷铅矿、磷酸氯铅矿、钒铅矿、彩钼铅矿、菱锌矿、红锌矿、硅酸锌矿、硅锌矿、异极矿、菱钴矿、锑华、黄锑矿、红锑矿、黄锑华、铋华、泡铋矿、砷华、臭葱石
III	氧化物、硅酸盐、铝硅酸盐类矿物	矿物表面润湿性视矿物成因而变，共生矿物对能否分选起很大影响。用脂肪酸或阳离子捕收剂常可浮，但需很仔细地调整 pH 值、抑制剂、活性剂等	赤铁矿、磁铁矿、菱铁矿、钛铁矿、铬铁矿、褐铁矿、假象赤铁矿、软锰矿、菱锰矿、褐锰矿、钨铁矿、钨锰矿、钨锰铁矿、钼铁矿、铌铁矿、锆英石、绿柱石、独居石、金红石、锡石、锂辉石、石英、电气石、铁铝榴石、黄玉、橄榄石、绿廉石、透闪石、榍石、蔷薇石、辉石、钙长石、黑云母、白云母、钠长石、钠硼解石、霞石、正长石、霓石、蓝晶石、红柱石、高岭土、石棉
IV	极性类矿物	矿物表面离子键能强、用脂肪酸类捕收剂能很好浮选，但需仔细调整 pH 值，并加入特效的抑制剂	白钨矿、萤石、方解石、磷灰石、磷块岩、重晶石、菱镁石、白云石
V	碱金属及其可溶性盐类矿物	在本身饱和溶液中可进行浮选，常用脂肪酸或阳离子捕收剂	石盐、钾盐、钾镁盐、矾、无水钾镁矾、杂卤石、硼砂、单斜方硼石、钾芒硝、芒硝、光卤石
VI	非极性类矿物	矿物表面润湿性小，极易浮，用非极性捕收剂或仅用起泡剂可浮	辉钼矿、石墨、自然硫、煤、滑石、硼酸

附录5 某些物料的松散密度、安息角、摩擦系数

附表5 某些物料的松散密度、安息角、摩擦系数

序号	物 料 名 称	松散密度 /t·m⁻³	安息角 /(°)	摩擦系数 对混凝土	对钢板
1	铁矿石	1.8~2.0	40		
2	磁铁矿	2.5~3.5	45		
3	赤铁矿	2.5~3.0	45		
4	褐铁矿	1.2~2.0	45		
5	钒钛磁铁矿	2.0~2.3	40		
6	碳酸锰矿（含Mn 22%）	2.2	37~38		
7	氧化锰矿（含Mn 35%）	2.1	37		
8	堆积锰矿	1.4	32		
9	层状氧化铜矿	1.6	38		
10	致密块状含铜黄铁矿	2.5~3.0	37~39		
11	浸染状含铜黄铁矿	1.9~2.1	38		
12	矽卡岩型铜矿	1.9~2.0	38		
13	脉状铜矿	1.6~1.7	38~40		
14	镍 矿	1.7	38		
15	钼 矿	1.65	36		
16	铅锌矿石	2.1	37~41		
17	铜铅锌矿石	1.82	38~40		
18	氧化铅锌矿石	1.6	40		
19	锑矿石	1.62	36~37		
20	汞矿石	1.5~1.6	43~44		
21	钨矿石	1.7~1.8	37~39		
22	锡石硫化矿	2.0			
23	残积砂锡矿	1.6			
24	金矿石	1.6	40		
25	硫铁矿	1.69	40		
26	石灰石	1.4~1.7	35~45		0.55
27	白云石	1.2~2.0	35		
28	萤 石	1.6	40		
29	磷灰石	1.6~1.9	40~50		

序号	物料名称	松散密度 /t·m⁻³	安息角 /(°)	摩擦系数	
				对混凝土	对钢板
30	石　膏	1.35	40	0.55	0.35
31	铁烧结块	1.7~2.0	45		
32	菱镁矿	1.6	40~41		
33	黏土（干）	1.6	35~40	0.50	0.30
34	小块干无烟煤	0.7~1	27~30	0.50	0.30
35	烟　煤	0.8	30~40	0.60	0.30
36	褐　煤	0.6~0.8	35~45	0.70	0.35
37	焦　炭	0.36~0.53	35	0.84	0.47
38	水　泥	1.6	30	0.58	0.30
39	铁精矿（含铁60%左右）	1.6~2.5	30~34	0.50	0.30
40	硫铁精矿	2.0	30~34	0.55	0.45
41	铜精矿	1.8~2.3	28~32	0.55	0.45
42	镍精矿	1.7	30~34	0.45	0.40
43	钼精矿	1.1~2.0	22~25	0.35	0.30
44	铅精矿	2.4~3.3	30~34	0.60	0.50
45	锌精矿	2.1	28~32	0.60	0.50
46	锑精矿	1.5~2.0			
47	钨精矿	2.8~3.0			
48	锡精矿	3.20	29~32	0.55	0.40
49	金精矿	1.4~1.7			
50	萤石粉	2.0	28~32	0.60	0.45
51	磷精矿粉	1.6			
52	硫精矿粉	1.7~2.4			
53	镁　粉	1.8	33	0.53	0.35
54	消化石灰粉	0.7	35	0.55	0.35
55	铁粉（硫铁矿废渣）	1.6	33	0.55	0.35
56	粉煤灰	0.7~0.8	25~30	0.55	0.40
57	干　砂	1.6	35	0.70	0.50
58	湿　砂	1.81	40	0.65	0.40
59	干砾石	1.8	35~45	0.45	0.75
60	尾矿砂（干）	1.25~1.6	27~36		

注：精矿的松散密度考虑了压密影响，含水小于12%。

附录6　常见矿物中英文对照

铜矿物

黄铜矿	Chalcopyrite
斑铜矿	Bornite
辉铜矿	Chalcocite
铜蓝	Covellite
孔雀石	Malachite
蓝铜矿	Azurite
黝铜矿	Tetrahedrite
砷黝铜矿	Tennantite
银黝铜矿	Freibergite
硅孔雀石	Chrysocolla
赤铜矿	Cuprite
黑铜矿	Tenorite
蓝辉铜矿	Digenite
水胆矾	Brochantite
自然铜	Native copper

镍矿物

镍黄铁矿	Pentlandite
紫硫镍矿	Violarite
辉镍矿	Polydymite
针镍矿	Millerite
硅镁镍矿	Garnierite
富镍绿泥石	Nimite
红土矿	Laterite
镍华	Annabergite
碧矾	Morenosite
翠镍矿	Zaratite

钴矿物

硫钴矿	Linnaeite
方钴矿	Skutterudite
硫铜钴矿	Carrolite
钴土矿	Asbolite
辉砷钴矿	Cobaltite
砷钴矿	Smaltite
水钴矿	Heterogenite
菱钴矿	Spherocobaltite
钴华	Erythrite

铅矿物

方铅矿	Galena
白铅矿	Cerussite
铅矾	Anglesite
铅黄	Massicot
铅铁矾	Plumbojarosite
硫锑银铅矿	Andorite
铅丹	Minium

锌矿物

闪锌矿	Sphalerite
纤锌矿	Wurtzite
红锌矿	Zincite
菱锌矿	Smithsonite
锌尖晶石	Gahnite
水锌矿	Hydrozincite
铁闪锌矿	Marmatite
硅锌矿	Willemite
异极矿	Hemimorphite
皓矾	Goslarite

钨矿物

黑钨矿	Wolframite
钨锰矿	Huebnerite
钨铁矿	Ferberite
白钨矿	Scheelite
钨华	Tungstite
水钨华	Hydrotungstite

锡矿物

锡石	Cassiterite
黝锡矿（黄锡矿）	Stannite
硫锡矿	Herzenbergite
水锡矿	Varlamoffite

圆柱锡矿	Cylindrite	**钒矿物**	
		钒云母	Roscoelite
钼矿物		钒铅矿	Vanadinite
辉钼矿	Molybdenite		
钼华	Molybdite	**锑矿物**	
钼铅矿（彩钼铅矿）	Wulfenite	辉锑矿	Stibnite
		锑华	Valentinite
硫矿物		方锑矿	Senarmontite
黄铁矿	Pyrite	锑赭石（黄锑矿）	Cervantite
磁黄铁矿	Pyrrhotite	黄锑华	Stibiconite
铝矿物		**铋矿物**	
一水硬铝石	Diaspore	辉铋矿	Bismuthinite
三水铝石	Gibbsite	自然铋	Bismuth
一水软铝石	Boehmite	铋华	Bismite
刚玉	Corundum	泡铋矿	Bismuthite
红柱石	Andalusite		
蓝晶石	Cyanite	**砷矿物**	
铝土矿	Bauxite	雄黄	Realgar
莫来石	Mullite	雌黄	Orpiment
高岭石	Kaolinite	砷华	Arsenite
叶蜡石	Pyrophyllite	毒砂	Arsenopyrite
铁矿物		**锰矿物**	
磁铁矿	Magnetite	软锰矿	Pyrolusite
赤铁矿	Hematite	硬锰矿	Psilomelane
褐铁矿	Limonite	褐锰矿	Braunite
菱铁矿	Siderite	黑锰矿	Hausmannite
针铁矿	Goethite	水锰矿	Manganite
镜铁矿	Specularite	黝锰矿	Polianite
白铁矿	Marcasite	菱锰矿	Rhodochrosite
纤铁矿	Pyrosiderite		
		金矿物	
铬矿物		自然金	Native gold
铬铁矿	Chromite	银金矿	Electrum
		碲金矿	Calaverite
钛矿物			
金红石	Rutile	**银矿物**	
钛铁矿	Ilmenite	自然银	Silver
钙钛矿	Perovskite		

深红银矿	Pyrargyrite
淡红银矿	Proustite
辉银矿	Argentite
辉锑银矿	Miargyrite
角银矿	Cerargyrite
碲银矿	Hessite

汞矿物

| 辰砂 | Cinnabar |
| 自然汞 | Mercury |

铂族矿物

砷铂矿	Sperrylite
自然铂	Platinum
铁铂矿	Ferroplatinum
自然钯	Palladium
硫铂矿	Cooperite
铱锇矿	Iridosmine
承铂矿	Chengbolite
硫锇矿	Erlichmanite

稀土矿物

独居石	Monazite
氟碳铈矿	Bastnaesite
磷钇矿	Xenotime

稀有元素矿物

易解石	Eschynite
锂辉石	Spodumene
锂云母	Lepidolite
铌铁矿	Niobite
钽铁矿	Tantalite
烧绿石	Pyrochlore
重钽铁矿	Tapiolite
细晶石	Microlite
绿柱石	Beryl
铍石	Bromellite
日光榴石	Helvite
锆石	Zircon

放射性元素矿物

钍石	Thorite
晶质铀矿	Uraninite
铜铀云母	Torbernite
沥青铀矿	Pitchblende

其他矿物

天青石	Celestite
重晶石	Barite
硒铜矿	Berzelianite
硒银矿	Naumannite

非金属矿物

石墨	Graphite
金刚石	Diamond
石英	Quartz
萤石	Fluorite
正长石	Orthoclase
长石	Feldspar
白云母	Moscovite
明矾石	Alunite
硝石	Nitre
黑云母	Biotite
方解石	Calcite
白云石	Dolomite
磷灰石	Apatite
橄榄石	Olivine
普通辉石	Augite
角闪石	Diastatite
斜绿泥石	Clinochlore
铁绿泥石	Ripidolite
叶蛇纹石	Antigorite
纤蛇纹石	Chrysotile
利蛇纹石	Lizardite
水镁石	Brucite
方镁矿	Periclase
菱镁矿	Magnesite
滑石	Talc
蛭石	Vermiculite

沸石	Zeolite	膨润土	Bentonite
硅灰石	Wollastonite	透辉石	Diopside
硅线石	Sillimanite	凹凸棒石	Attapulgite
绢云母	Sericite	石棉	Asbestos
蓝宝石	Sapphire	硅藻土	Diatomite
绿宝石	Beryl	石榴子石	Garnet
绿帘石	Epidote	石膏	Gypsum
绿泥石	Chlorite	高岭土	Kaolin
绿松石	Turquoise	叶蜡石	Yelashi
蒙脱石	Montmorillonite	海泡石	Sepiolite
钠长石	Albite	霞石	Nepheline

附录7　环境保护主要相关标准目录

A　环境质量标准目录

《环境空气质量标准》GB 3095

《地表水环境质量标准》GB 3838

《地下水质量标准》GB/T 14848

《海水水质标准》GB 3097

《声环境质量标准》GB 3096

《土壤环境质量标准》GB 15618

B　污染物排放标准目录

《大气污染物综合排放标准》GB 16297

《工业炉窑大气污染物排放标准》GB 9078

《锅炉大气污染物排放标准》GB 13271

《污水综合排放标准》GB 8978

《钢铁工业水污染物排放标准》GB 13456

《工业企业厂界环境噪声排放标准》GB 12348

《建筑施工场界环境噪声排放标准》GB 12523

《一般工业固体废物贮存、处置场污染控制标准》GB 18599

《危险废物填埋污染控制标准》GB 18598

附录8　劳动安全与工业卫生主要相关标准目录

《选矿安全规程》GB 18152

《建筑设计防火规范》GB 50016

《钢铁冶金企业设计防火规范》CB 50414

《建筑灭火器配置设计规范》GB 50140

《建筑物防雷设计规范》GB 50057

《建筑物抗震设计规范》GB 50011

《工业企业设计卫生标准》GB Z1

《工作场所有害因素职业接触限值》GB Z2

《工业企业噪声控制设计规范》GB J87

《作业场所局部振动卫生标准》GB 10434

《采暖通风与空气调节设计规范》GB 50019

《生产过程安全卫生要求总则》GB 12801

《生产设备安全卫生设计总则》GB 5083

《冶金企业安全卫生设计暂行规定》冶生（1996）204 号

《有色金属工厂安全卫生设计暂行规定》（88）中色安字第 0958 号

《供配电系统设计规范》GB 50052

《矿山电力设计规范》GB 50070

《10kV 及以下变电所设计规范》GB 50053

《电力装置的继电保护和自动装置设计规范》GB 50062

《工业企业照明设计标准》GB 50034

《工业企业煤气安全规程》GB 6222

《工业企业总平面设计规范》GB 50187

《工业企业厂区铁路、道路运输安全规程》GB 4387

《机械安全》GB 12265

《破碎设备安全要求》GB 18452

《机械设备防护罩安全要求》GB 8196

《防护屏安全要求》GB 8197

《带式输送机安全规程》GB/T 14784

《尾矿库安全技术规程》AQ 2006

《选矿厂尾矿设施设计规范》ZB J1

《水工建筑物抗震设计规范》DL 5073

《防洪标准》GB 50201

《放射卫生防护基本标准》

《辐射防护规定》

《放射性物质安全运输规定》